U0201499

林翔云　林君如　编著

香料学

Discipline of Flavor & Fragrance

化学工业出版社

·北京·

内 容 简 介

本书包含香料植物学、天然香料、气味学、合成香料、香精、加香工艺学、香文化、芳香疗法和芳香养生等专业学科内容，以香料的提取、精制、合成、生产、检测和香精的配制、应用等为主，兼以介绍一些相关的香料香精的其他知识。可作为香料、香精、食品、日用品、卷烟、饲料、酒、调味品、各种添加剂制造厂和香料植物种植加工场的负责人、调香师、评香师、加香实验师、芳疗师、管理人员、工程技术人员等的阅读材料，以及各类轻工业技术院校、技工学校的教材。

图书在版编目（CIP）数据

香料学/林翔云，林君如编著 .—北京：化学工业出版社，2023.8

ISBN 978-7-122-43296-4

Ⅰ.①香…　Ⅱ.①林…②林…　Ⅲ.①香料-研究　Ⅳ.①TQ65

中国国家版本馆 CIP 数据核字（2023）第 065043 号

责任编辑：夏叶清　　　　　　　　　　文字编辑：任雅航
责任校对：刘曦阳　　　　　　　　　　装帧设计：韩　飞

出版发行：化学工业出版社（北京市东城区青年湖南街 13 号　邮政编码 100011）
印　　装：北京建宏印刷有限公司
787mm×1092mm　1/16　印张 28½　字数 991 千字　2023 年 7 月北京第 1 版第 1 次印刷

购书咨询：010-64518888　　　　　　　售后服务：010-64518899
网　　址：http://www.cip.com.cn
凡购买本书，如有缺损质量问题，本社销售中心负责调换。

定　　价：198.00 元

前　言

何为香料？广义上，"有香味的物质"就是香料。它包括香料、香精以及加香产品，涵盖了整个香料香精工业；狭义上来说，香料香精是为各类加香产品配套的香原料，其加香产品涉及食品、饲料、医药、纺织、日用品、化妆品、卷烟、香水、牙膏、皮革、塑料等行业。

纵观整个香料香精行业，我国作为全球最重要的香料供应国、香精消费国及生产基地，在全球香料香精市场份额约占五分之一，成为全球香料香精研发新技术、新产品的重要聚焦地区之一。近年来，全球主要香料香精公司逐步将生产基地转移至发展中国家和地区，也为我国香料香精行业的发展注入了新的动力和活力。

正如邹韬奋先生所言：实践决定理论，真正的理论也有着领导行动的功用。我国香料香精行业的活跃实践呼唤着行业专业理论的指引与领导。有鉴于此，笔者特地编撰此书，旨在为广大香料香精行业从业者提供必要的理论参考。市面上现有与香料香精有关的书籍，包括笔者此前所著，大多从各自领域阐述香料的不同方面，鲜少把整个香料香精全貌汇总。"香料学"本意在研究所有香味物质的科学，笔者将毕生所学及香料香精从业 40 余年之经验，从不同的专业学科角度，力求把香料香精工业及有关联性的专业技术知识汇聚一堂，全面系统奉呈于读者。本书以香料的提取、精制、合成、生产、检测和香精的配制、应用等为主，兼以介绍一些相关的香料香精知识，力求科学性、人文性并存，理论性、实用性兼具，以期能为广大从业同仁提供些许专业助力。

本书成书过程中，林君如协助搜集了大量资料并参与了部分章节的撰写，化学工业出版社的编辑等提出了许多专业修改建议，黄世纯、王丽萍、江崇基、戴玲玲、葛淑英、黄清梅、王淑兰、陈秀桂等同志参与了此书的资料收集和数据校对、验证等工作，在此一并致以诚挚的感谢！

弘一法师在《将去净峰留题》中吟咏道："我到为植种，我行花未开。岂无佳色在，留待后人来。"在香料香精行业这百花盛开的园地中，"香料学"犹如一株傲霜挺立的黄菊，笔者曾行至园中，为之挖坑定植、培土浇水，现吾秋晚将归，菊犹含蕾未吐，期待更多同侪协力为之扶苗施肥、修根疏枝，助之苗壮成长、色艳群英。

林翔云

辛丑深秋于鹭岛

目　　录

绪论 ……………………………………… 1
　香料术语 …………………………………… 1

第一章　香 ……………………………… 6
　第一节　香文化 …………………………… 6
　　一、人类用香历史 ……………………… 6
　　二、中国烹饪文化 ……………………… 7
　　三、熏香文化 …………………………… 8
　　四、香水文化 …………………………… 9
　　五、中国烟文化 ………………………… 11
　　六、酒文化 ……………………………… 11
　　七、茶文化 ……………………………… 12
　　八、中医药文化 ………………………… 14
　第二节　香的物理化学与化学物理 ……… 15
　　一、气味的本质 ………………………… 15
　　二、嗅觉的形成 ………………………… 15
　　三、阿莫尔气味理论 …………………… 17
　　四、嗅觉的机制 ………………………… 19
　　五、香味与香味物质结构之间的关系 … 21
　　六、香味与分子结构之间的关系 ……… 21
　　七、香型与分子结构特征的关系 ……… 22

第二章　天然香料 …………………… 25
　第一节　概述 ……………………………… 25
　第二节　动物香料 ………………………… 27
　　一、麝香 ………………………………… 27
　　二、麝鼠香 ……………………………… 27
　　三、灵猫香 ……………………………… 28
　　四、龙涎香 ……………………………… 29
　　五、海狸香 ……………………………… 29
　　六、水解鱼浸膏 ………………………… 30
　　七、海鲜浸膏 …………………………… 30
　第三节　植物香料 ………………………… 31
　　一、精油、净油与浸膏 ………………… 31
　　二、单离香料 …………………………… 48
　　三、酊剂 ………………………………… 51
　　四、油树脂 ……………………………… 53
　　五、纯露 ………………………………… 56
　　六、烟熏香料 …………………………… 59
　第四节　微生物发酵产物 ………………… 60

　第五节　美拉德反应产物 ………………… 63
　　一、美拉德反应的原理及影响因素 …… 63
　　二、美拉德反应的应用 ………………… 65
　第六节　"自然反应"产物 ……………… 70
　第七节　天然香料"下脚料"的利用 …… 71

第三章　香料植物学 ………………… 74
　第一节　香料植物资源 …………………… 74
　　一、香料植物的应用与发展史 ………… 74
　　二、形成香气成分的植物细胞和组织 … 78
　第二节　香料植物分类 …………………… 79
　　一、辛香料植物 ………………………… 80
　　二、其他香料植物 ……………………… 86
　第三节　植物提取香料 …………………… 88
　　一、精油的提取方法 …………………… 88
　　二、蒸馏法提取精油的主要设备 ……… 90
　　三、蒸馏法的工艺流程 ………………… 90
　　四、精油原料植物的种植要求和采集标准及
　　　精油的储藏 ………………………… 91
　第四节　香料植物的综合利用 …………… 92
　第五节　掺假精油的辨别 ………………… 96

第四章　合成香料 …………………… 102
　第一节　萜烯类及其氧化物 …………… 102
　　一、蒎烯 ……………………………… 102
　　二、月桂烯 …………………………… 104
　　三、苧烯 ……………………………… 105
　　四、石竹烯 …………………………… 106
　　五、长叶烯 …………………………… 106
　　六、桉叶油素 ………………………… 107
　第二节　醇类 …………………………… 107
　　一、叶醇 ……………………………… 107
　　二、苯乙醇 …………………………… 109
　　三、桂醇 ……………………………… 110
　　四、香茅醇、玫瑰醇、香叶醇、橙花醇 … 111
　　五、芳樟醇 …………………………… 113
　　六、二氢月桂烯醇 …………………… 115
　　七、松油醇 …………………………… 116
　第三节　醚类 …………………………… 117
　　一、二苯醚和甲基二苯醚 …………… 117

二、乙位萘甲醚和乙位萘乙醚 …………… 118
三、对甲酚甲醚 …………………………… 119
四、玫瑰醚 ………………………………… 120
五、龙涎醚和降龙涎醚 …………………… 121
第四节 酚类及其衍生物 ……………………… 122
一、丁香酚和异丁香酚 …………………… 122
二、麦芽酚和乙基麦芽酚 ………………… 124
三、麝香草酚 ……………………………… 124
第五节 醛类 …………………………………… 125
一、脂肪醛 ………………………………… 125
二、甲位戊基桂醛和甲位己基桂醛 ……… 127
三、羟基香茅醛、铃兰醛、新铃兰醛和兔耳
草醛 …………………………………… 128
四、香兰素和乙基香兰素 ………………… 130
五、洋茉莉醛与新洋茉莉醛 ……………… 131
六、女贞醛 ………………………………… 133
七、柑青醛 ………………………………… 134
八、苯甲醛 ………………………………… 134
第六节 酮类 …………………………………… 135
一、对甲基苯乙酮 ………………………… 135
二、紫罗兰酮类 …………………………… 136
三、覆盆子酮 ……………………………… 137
四、突厥酮类 ……………………………… 138
五、甲基柏木酮和龙涎酮 ………………… 140
第七节 缩醛缩酮类 …………………………… 142
一、苯乙醛二甲缩醛 ……………………… 142
二、苹果酯 ………………………………… 142
三、风信子素 ……………………………… 143
第八节 酸类 …………………………………… 144
一、草莓酸 ………………………………… 144
二、苯乙酸 ………………………………… 145
第九节 酯类 …………………………………… 146
一、乙酸苄酯 ……………………………… 146
二、乙酸苯乙酯 …………………………… 147
三、乙酸香茅酯、乙酸香叶酯、乙酸橙
花酯和乙酸玫瑰酯 …………………… 148
四、乙酸芳樟酯 …………………………… 149
五、乙酸松油酯 …………………………… 151
六、乙酸异龙脑酯 ………………………… 152
七、乙酸对叔丁基环己酯 ………………… 153
八、乙酸异壬酯 …………………………… 153
九、水杨酸丁酯和水杨酸戊酯类 ………… 154
十、二氢茉莉酮酸甲酯 …………………… 155
十一、苯甲酸苄酯与水杨酸苄酯 ………… 157
十二、苯乙酸苯乙酯 ……………………… 158
十三、乙酸叶酯 …………………………… 158

附：邻苯二甲酸二乙酯 …………………… 159
第十节 内酯类 ………………………………… 160
一、丙位壬内酯 …………………………… 160
二、丙位十一内酯 ………………………… 161
三、丁位癸内酯 …………………………… 162
四、香豆素 ………………………………… 162
第十一节 合成檀香 …………………………… 163
一、合成檀香 803 ………………………… 163
二、合成檀香 208 ………………………… 164
三、"爪哇檀香" …………………………… 165
第十二节 人造麝香 …………………………… 166
一、葵子麝香、二甲苯麝香和酮麝香 …… 166
二、佳乐麝香、吐纳麝香和萨利麝香 …… 168
三、麝香 105、十五内酯和麝香 T ……… 170
第十三节 杂环类 ……………………………… 172
一、吲哚 …………………………………… 172
二、2,3,5-三甲基吡嗪 …………………… 173
三、异丁基喹啉 …………………………… 174
第十四节 含氯、含氮、含硫化合物 ………… 175
一、结晶玫瑰 ……………………………… 175
二、邻氨基苯甲酸甲酯 …………………… 175
三、柠檬腈 ………………………………… 176
四、二丁基硫醚 …………………………… 177
第十五节 "全合成香料"的制造工艺 ……… 178
第十六节 "半合成香料"的制造工艺 ……… 181
一、以香茅油和柠檬桉叶油合成 ………… 181
二、以山苍子油合成 ……………………… 181
三、以八角茴香油合成 …………………… 181
四、以丁香油或丁香罗勒油合成 ………… 182
五、以松节油合成 ………………………… 183
第十七节 合成香料以及其他工业"下脚料"
的利用 ………………………………… 183

第五章 香精配制 ……………………………… 186
第一节 调香理论 ……………………………… 186
一、三值理论 ……………………………… 186
二、混沌调香理论 ………………………… 200
三、气味关系图理论 ……………………… 208
四、香气总蒸气压连比例现象 …………… 226
五、香料、香精与香水的"陈化" ……… 230
六、仿香与创香 …………………………… 231
第二节 食用香基 ……………………………… 251
一、水果香型 ……………………………… 252
二、坚果香型 ……………………………… 255
三、熟肉香型 ……………………………… 255
四、乳香型 ………………………………… 255

五、辛香型 …………………… 256
六、凉香型 …………………… 257
七、菜香型 …………………… 258
八、花香型 …………………… 259
九、其他香型 ………………… 259
第三节　配制食用香精 ……… 260
一、甜食香精 ………………… 260
二、咸味香精 ………………… 261
三、混合香辛料 ……………… 263
四、调味品 …………………… 263
第四节　酒用香精 …………… 266
第五节　日用香精 …………… 270
第六节　药用香精 …………… 271
第七节　牙膏漱口液香精 …… 272
第八节　饲料香精 …………… 273
一、饲料香精的作用机理 …… 274
二、饲料香精的种类 ………… 275
三、饲料香精的功能 ………… 275
四、饲料香精配方 …………… 277
五、饲料香味剂 ……………… 278
六、饲料香精中香料的研究方法 … 281
七、饲料香精的研究概况 …… 281
八、饲料香精的防腐、抗氧化作用 … 281
九、无抗生素精油香味剂 …… 282
第九节　烟用香精 …………… 287
一、科学、全面地研究吸烟与健康的
　　关系 …………………… 287
二、烟草加香 ………………… 289
三、烟用香精的调香技术及需要注意的
　　问题 …………………… 290
四、烟用香精配方示例 ……… 296
五、烟用香精评香的方法及要求 … 301
六、电子烟 …………………… 302
第十节　香精的制造 ………… 303
第十一节　香精的再混合 …… 304
第十二节　微胶囊香精 ……… 306

第六章　加香工艺学 ………… 309
第一节　加香产品制造厂的加香实验室 … 309
第二节　香精厂的加香实验室 … 310
第三节　感官分析 …………… 311
第四节　人的嗅觉 …………… 312
第五节　电子鼻和电子舌 …… 313
第六节　现代评香组织 ……… 316
一、嗅觉的基本规律 ………… 316

二、评香的类型 ……………… 317
三、评香员的选择和培训 …… 317
四、评香试验环境 …………… 318
五、评香分析常用方法 ……… 319
第七节　各种产品的加香 …… 320
一、食品的加香 ……………… 320
二、饲料的加香 ……………… 338
三、各种日用品的加香 ……… 344
第八节　微胶囊香精的应用 … 384
第九节　香料香精法规 ……… 385
一、食用香料的立法和管理 … 385
二、日用香料的立法和管理 … 387
三、结论 ……………………… 387
第十节　香物质的分析 ……… 401

第七章　芳香疗法和芳香养生 … 404
第一节　亚健康 ……………… 404
第二节　现代芳香疗法的兴起 … 406
第三节　香料植物及其精油的功能 … 407
一、杀菌防腐功能 …………… 407
二、驱虫、杀虫和消除甲醛等功能 … 407
三、抗氧化功能 ……………… 408
四、美容香体功能 …………… 408
五、平衡心理功能 …………… 408
六、香化功能 ………………… 409
七、调味功能 ………………… 409
八、食用功能 ………………… 410
九、着色功能 ………………… 410
十、赋香功能 ………………… 411
十一、养生功能 ……………… 411
十二、药用功能 ……………… 412
第四节　常用的芳香疗法精油 … 413
第五节　正确认识精油 ……… 416
第六节　复配精油 …………… 421
第七节　精油的使用方法 …… 427
第八节　精油直接用于日用品的加香 … 428
第九节　芳香疗法和芳香养生的科学依据 … 431
一、气味对身体的影响 ……… 431
二、简单易行的实验 ………… 432
三、动物实验 ………………… 432
四、芳香物质对人体的影响 … 434

参考文献 ……………………… 443

资料库（电子版二维码） …… 449

绪　　论

人类发现、使用香料至今已有数千年历史了，这期间不断有人尝试将其归类、研究，试图从感性认识上升到理性认识，经历了很长时间，收效甚微。直到"化学"这门科学的问世，人们才逐步揭开香料之谜，认为香料的气味、功能等都是由它们的化学组成、分子结构决定的，现代芳香疗法、芳香养生的兴起又进一步提起科学家们对香料的兴趣，"香料学"应运而生。

"科学"是建立在可检验的解释和对客观事物的形式、组织等进行预测的有序的知识系统。"香料学"属于科学的一个分科，同其他学科一样，"香料学"把目前人们已知的各种香料知识通过细化分类研究，形成逐渐完整的知识体系。

"香料学"是社会科学和自然科学的交叉，在自然科学里，它包含了生物科学、物理科学、化学科学、现代医学和数学的部分内容，同其他自然科学的分科一样，"香料学"的根本目的也在于发现自然现象背后的规律。自然科学认为超自然的、随意的和自相矛盾的现象是不存在的。自然科学的最重要的两个支柱是观察和逻辑推理，由对自然的观察和逻辑推理，自然科学可以引导出大自然中的规律。假如观察的现象与规律的预言不同，要么是因为观察中有错误，要么是因为至此为止被认为是正确的规律是错误的，超自然因素是不存在的。但现代的"香料学"又包含了部分社会科学例如经济学、社会学、人类学甚至文学等方面的内容，这些内容目前还不能完全用自然科学的理论概括。所以本书不仅采用现代科学的实验手段和严密的逻辑推理，而且介绍了一些经验的、历史的、艺术性的、符合大众意愿的说法与做法——例如有关天然香料与合成香料的香气归类、性能功效、发展前景等。

香料术语

香——气味好闻，与"臭"相对。会意字，据小篆，从黍，从甘。"黍"表谷物；"甘"表香甜美好。本义：五谷的香。单字用作名词时意为"卫生香"及烧香拜佛用的香，现在统称"燃香"。

臭——通常是指下列第 1 条，即"难闻的气味"：

1. 难闻的气味。《国语·晋语》："惠公改葬申生，臭彻于外。"

2. 香气。《易·系辞上》："同心之言，其臭如兰。"

3. 名词，气味之总名。气味通于鼻称臭（即嗅，念 xiù），在口者称味。

味——舌头尝东西所得到的感觉和鼻子闻东西所得到的感觉。

滋味——舌头感觉的味道，酸、甜、苦、咸、鲜、"肥"、辣、涩等。如《老残游记续集遗稿》第一回说的："鼻能审气息，舌能别滋味。"

味觉——某些溶于水或唾液的化学物质作用于舌面和口腔黏膜上的味蕾所引起的感觉，由酸、甜、苦、咸、鲜、"肥" 6 种基本感觉组成。

口感——食物在口腔中所引起的感觉的总和，包括味觉、硬度、黏性、弹性、附着性、温度感等。

嗅觉——挥发性物质作用于嗅觉器官而产生的感觉。

伏觉——又称费洛蒙感觉，信息素作用于犁鼻器产生的感觉，经常被人称为"第六感觉"。

犁鼻器——在鼻腔前面的一对盲囊，开口于口腔顶壁的一种化学感受器，能够感觉用于影响同种动物行为的信息素。

信息素——又称外激素，是由个体分泌到体外被同物种的其他个体通过犁鼻器察觉，使后者表现出某种行为、情绪、心理或生理机制改变的物质。

气味——专指人和动物通过嗅觉器官得到的感觉。

香味——令人感到愉快舒适的气息和味感的总称，是通过动物和人的嗅觉和味觉器官得到的感觉。

臭味——通常是指下列第 1 条，即"臭恶之气味"：

1. 臭恶之气味。《周礼·天官·内饔》："辨腥臊膻香之不可食者。"汉郑玄注："腥臊膻香可食者，是别其不可食者，则所谓者皆臭味也。"清赵翼《裙带鱼臭如醃鲞莪洲白门乃酷嗜诗以调之》："臭味辒辌不可亲，嗜痂偏作席间珍。"

2. 气味。汉仲长统《昌言下》："性类纯美，臭味芬香，孰有加此乎？"宋苏轼《题杨次公蕙》诗："蕙本兰之族，依然臭味同。"

3. 比喻志趣。汉蔡邕《玄文先生李休碑》："凡其亲昭朋徒，臭味相与，大会而葬之。"唐元稹《与吴端公崔院长五十韵》："吾兄谙性灵，崔子同臭味。投此挂冠词，一生还自恣。"清方苞《赠潘幼石序》："岂臭味之同，虽先生亦有不能自主者耶？"

4. 比喻同类。《左传·襄公八年》："季武子曰：'谁敢哉！今譬于草木，寡君在君，君之臭味也。'"杜预注："言同类。"唐李百药《房彦谦碑》："且复留连宴赏，提携臭味，登山临水，必动咏言。"宋苏轼《下财启》："凤缘契好，获媾婚姻，顾门阀之虽微，恃臭味之不远。"

香料——广义上，"有气味的物质"就是香料。任何物质，不管是天然的还是人造的，活的还是死的，生物质还是矿物质，有机物还是无机物，只要带有气味，不管这气味是"香"的还是"臭"的，有毒的还是无毒的，强烈的还是淡弱的，都可以叫做"香料"。所以，加香后的物品都算是"香料"；未加香的物品，只要带有某种气味，不管这气味强还是弱，也都可以把它看作是一个"香料"。但在香料工业里，只有"用来配制香精的有气味的物质"才叫做"香料"。

本书中为了叙述方便，主要采用的是后一个定义，即"香料"的狭义定义。香料都含有挥发物，但不一定能挥发干净。也就是说，香料里面可能含有非香料物质。

香料可以分成两大类，即食用香料和非食用香料。非食用香料又叫日用香料。如按来源分类，则分为天然香料与合成香料两大类。

天然香料——以前的定义是"取自自然界的、保持原有动植物器官或分泌物香气特征的香料"。通常利用自然界存在的芳香植物的含香器官和泌香动物的腺体分泌物为原料，采用粉碎、发酵、蒸馏、压榨、冷磨、萃取以及吸附等物理和生物化学方法进行加工提制而成，分为动物性和植物性香料两大类。现在把微生物发酵物、美拉德反应产物、天然香料自然反应产物等也称为天然香料。

合成香料——包括半合成和全合成方法制成或用天然香料单离出来的香料。按有机化合物的官能团分类，主要有烃类、萜类、醇类、醚类、酸类、酯类、内酯类、醛类、酮类、缩醛（酮）类、腈类、酚类、杂环类及其他各种含硫含氮化合物等。

天然等同香料——代表该香料原料物质存在于自然界中，但是采用合成方法制造获得的。

单离香料——是指用物理或化学方法从天然香料中分离得到的单一成分香料。如月桂烯、薄荷脑、左旋芳樟醇、右旋芳樟醇、桉叶油素、天然香叶醇、天然柠檬醛等。

"脑"——天然香料用物理方法提取出的精华部分，大多数在常温下是固体。如樟脑、龙脑、薄荷脑等。

单体香料——合成的单一香料化合物与单离香料的总称。

香精——两个或两个以上香料的混合物即为香精。香精可以全部是香料的混合物，也可以含有非香料成分，如溶剂（包括水）、色素、乳化剂、稳定剂、抗氧化剂、载体、包容物及其他必要的添加剂等。

香精也是分成两大类，即食用香精和非食用香精。非食用香精通常又叫日用香精。

稀释剂——调节香精浓度的溶剂，常用的稀释剂为水、乙醇、丙二醇、二丙二醇、柠檬酸三乙酯、邻苯二甲酸二乙酯、植物油、矿物油等。

闻香纸——又称试香纸、香水试条。一般是质地厚而结实的纸，长 $10\sim20\mathrm{cm}$，宽 $0.5\sim1.5\mathrm{cm}$。使用时在纸条上沾一滴液体香料、香精或香水，供人们嗅闻、观察、比较、测试香味之用。

香基——具有一定香气特征的香料混合物，所以也属于香精。香基代表某种香型，并作为香精中的一种"香料"来使用，例如要让某一个香精多一些茉莉花香韵，可以往其中加入一定量的茉莉花香基。任何一种香精也都可以当做香基使用。

头香——也称为顶香，是人们对香料、香精或香制品嗅辨中最初片刻时的香气印象，或者是人们首先嗅感到的香气特征。头香是香精整个香气的一个组成部分，一般由香气扩散力较好的香料所形成。把香料、香精或香水沾在闻香纸上，半个小时内嗅闻到的香气为头香。

体香——头香与底香中间过渡的香味。有人认为体香是香料或香精的"灵魂"。在闻香纸上，半个小时后到四个小时内嗅闻到的香气为体香。

基香——也称为底香，香料、香精最后散发的香味。在闻香纸上，四个小时后还能嗅闻到的香气为基香。

香韵——多种香气结合在一起所带来的某种香气韵调，是某种香料、香精或香制品的香气中带有的某些香气韵调而不是整个物料的香气特征。

香型——也称香气类型，用来描述某种香料、香精或香制品的整个香气类型或格调。

气味阈值——在一定温度及压力下，人或动物的嗅觉把一种物质与纯空气区分开的最低浓度值（在空气中）。其单位有 $\mathrm{mg/m^3}$（空气）、$\mathrm{mg/cm^3}$（空气）及 $\mathrm{mol/m^3}$（空气）等。

味觉阈值——在一定条件下被人或动物的味觉系统所感受到的某刺激物的最低浓度值。其单位有 $\mathrm{mg/1000kg}$（溶剂）、$\mathrm{mg/kg}$（溶剂）及 $\mathrm{mol/kg}$（溶剂）、$\mathrm{mol/1000kg}$（溶剂）等。

感官分析——或称感官评价，是将实验设计和统计分析技术应用于人类和动物的感官（视觉、听觉、嗅觉、味觉、触觉）的一种分析方法，目的在于评估某种物品的品质和价值。该分析需要测试产品并纪录反馈的评估员进行评价（香料、香精和加香产品的感官评价即为评香）。通过对结果应用统计技术可能会获得潜藏于结果之下的推论和信息。

理化分析——通过物理、化学、物理化学等分析手段进行分析，确定物质成分、性能、微观与宏观结构和用途等。

物理分析——主要对物质材料进行分析、检验，确定一些物理数据，如密度、折射率、熔点、沸点、蒸气压的测定以及一些简单的光谱分析、超声分析等。

化学分析——利用物质的化学反应为基础的分析方法。化学分析历史悠久，是分析化学的基础，又称为经典分析。化学分析有定性分析和定量分析两种。

物理化学分析——即仪器分析，基于物理或物理化学原理和性质而建立起来的分析方法，也就是以测量物质的物理性质为基础的分析方法。所以，与化学分析法比较，也可以叫做"物理分析法"或"物理化学分析法"。这类方法通常是以测量光、电、热、声、磁等物理量而求得分析结果的，而测量这些物理量，一般必须使用组装成套的仪器设备，因此称为"仪器分析"。仪器分析的结果往往是相对定量的，一般根据标准工作曲线估计出来。

辨香——识辨香气，区分、辨别出各种香味，评定其优劣，鉴定品质等级，识辨出被辨评样品的香气特征，如香韵、香型、强弱、扩散程度和留香持久性等。对于调香师、评香师和加香实验师来说，辨香就是能够区分辨别出各类或各种香料、香精、加香和未加香产品的香气或香味，能评定它的"好""坏"以及鉴定其品质等级。如果是辨别一种香料混合物或加香产品，还要求能够指出其中香气和香味大体上来自哪些香料，能辨别出其中"不受欢迎"的香气和香味来自何处。

评香——对比香气或鉴定香气。嗅辨和比较香料、香精、加香产品的香韵、头香、体香、基香、香气强度、协调程度、留香程度、相像程度、香气的稳定程度和色泽的变化等。

评香师——对各种香料、香精和加香产品的香气进行评价的人员。

嗅盲——某些人对某种或者某些香料气体无嗅感，但不是嗅觉完全缺失。

嗅觉疲劳——也称为嗅觉适应现象。人们长期接触某种气味，无论该气味是令人愉快的还是令人憎恶的，都会引起人们对所感受气味强度的不断减弱，这一现象叫做嗅觉疲劳。一旦脱离该气味，让鼻子暴露于新鲜空气中，对所感受的气味感觉可以恢复如常。

油——常温下为液体的憎水性物质的总称，通常指食用油。形声字，从水，从由，由亦声。"由"意为"滑动"。"水"指"汁水""液体"。"水"与"由"联合起来表示"润滑的液体"。本义：润滑的（动植物）汁液，一般指动物的脂肪和由植物或矿物中提炼出来的脂质物。

油脂——食用油和脂肪的统称。从化学成分上来讲油脂都是高级脂肪酸与甘油形成的酯。植物油在常温常压下一般为液态，称为油，而动物脂肪在常温常压下为固态，称为脂。油脂均为混合物，无固定的熔沸点。油脂不但是人类的主要营养物质和主要食物之一，也是重要的工业原料。制法有压榨法、溶剂提取法、水代法和熬煮法四类。所得的油脂可按不同的需要，用脱磷脂、干燥、脱酸、脱臭、脱色等方法精制。

精油——又称天然精油，从广义上讲，是指从香料植物和泌香动物的器官中经加工提取所得到的挥发性含香物质制品的总称。从狭义上讲，精油是指用水蒸气蒸馏法、压榨法、冷磨法或干馏法从香料植物器官中所制得的含香物质的制品。

薁——俗称蓝油烃，一种青蓝色片状晶体，CAS 号：275-51-4，熔点：99℃，沸点：242℃。薁是萘的异构体，如果不考虑桥键，它有 10 个 π 电子，符合 $4n+2$ 规则，具有芳香性。符合休克尔规则，具有平面结构，能进行硝化和傅克反应。薁类化合物是许多植物挥发油的成分之一。

薁的化学结构式

薁类化合物的沸点一般在 $250\sim300℃$。植物精油分馏时，高沸点馏分可见到美丽的蓝色、紫色或绿色的现象时，表示可能有薁类化合物存在。薁类化合物溶于石油醚、乙醚、乙醇、甲醇等有机溶剂，不溶于水，溶于强酸。薁类化合物具有随水蒸气挥发的性质，可将含有薁类化合物的药物与水共蒸馏，使薁类成分随水蒸气一并馏出。薁类化合物易溶于强酸，借此可用 $60\%\sim65\%$ 硫酸或磷酸从挥发油中提取薁类成分，硫酸或磷酸提取液加水稀释后，薁类成分即沉淀析出。自然界里大约 20% 的天然精油含有薁类化合物，薁类化合物有抗过敏、抗炎、促进伤口愈合等作用，用于治疗辐射热灼伤、皲裂、冻疮等。

纯露——用水蒸气蒸馏法提取精油时得到的副产品，即精油上面或下面含少量特殊香料成分的蒸馏水。

酊剂——用一定浓度的乙醇浸提香料植物器官或其渗出物以及泌香动物的含香器官或其香分泌物所得的含有一定数量乙醇的香料制品，常温下制得的酊剂称为"冷法酊剂"，在加热回流条件下制得的酊剂称为"热法酊剂"。

除萜精油——采用减压分馏法或选择性溶剂萃取法，或分馏－萃取联用法将精油中所含的单萜烯类化合物（$C_{10}H_{16}$）或倍半萜烯类化合物（$C_{15}H_{24}$）除去或除去其中的一部分，这种处理后的精油叫做除萜精油。

精制精油——用再蒸馏或真空精馏处理过的精油，其目的是将精油（原油）中某些对人体不安全的或带有不良气息的或含有色素的成分除去，用以改善产品的质量。

浓缩精油——采用真空分馏或萃取或层析等方法，将精油（原油）中某些无香气价值的成分除去后的精油成品。

配制精油——采用人工调配的方法，制成近似该天然品香气和其他质量要求的精油。

全天然配制精油——采用天然精油或其中某些馏分与单离香料配制的精油，可以代替天然精油使用。不得含有非天然成分，与重组精油类似。

重组精油——也叫重整精油，采用一定的方法去除精油的某些成分，不补入或补入一些其他物质，使其香气和其他质量要求与该天然品相似。如果补入的成分来于天然物质，人们还是把它视同"全天然"精油。

复配精油——又称"复方精油"，由两种或两种以上的精油混合而成，要求混合后的液体上下均匀一致，不分层，不沉淀。实际上，在合成香料出现之前所有的香精都是复配精油。

浸膏——用有机溶剂或超临界二氧化碳浸提香料植物器官（有时包括香料植物的渗出物树胶或树脂）所得的膏状香料制品。

辛香料——也称香辛料，专门作为调味用的香料植物全草或其枝、叶、果、籽、皮、茎、根、花蕾、分泌物等，有时也指从这些香料植物中制得的香料制品。

　　香树脂——用有机溶剂浸提香料植物渗出的树脂样物质所得到的香料制品。

　　香膏——香料植物由于生理或病理的原因而渗出带有香料成分的树脂样物质。

　　树脂——有天然树脂和合成树脂两种：天然树脂是植物渗出植株外的萜类化合物因受空气氧化而形成的固态或半固态物质，不溶于水，多数天然树脂是没有香气的；合成树脂是人工合成的树脂，有时候也指将天然树脂中的精油去除后的制品。

　　油树脂——有天然油树脂和经过制备的油树脂之分：天然油树脂是树干或树皮上的渗出物，通常是澄清、黏稠、色泽较浅的液体；经过制备的油树脂是指采用能溶解植物中的精油、树脂和脂肪的无毒溶剂或超临界二氧化碳浸提植物剂，然后蒸去溶剂、二氧化碳所得的液态制品。本书中叙述的"油树脂"指的都是这种油树脂。

　　油树脂是指采用适当的溶剂从辛香料原料中将其香气和口味成分尽可能抽提出来，再将溶剂蒸馏回收，制得的黏稠状、含有精油的树脂性产品。其成分主要有：精油、辛辣成分、色素、树脂及一些非挥发性的油脂和多糖类化合物。与精油相比，油树脂的香气更丰富，口感更丰满，具有抗菌、抗氧化等功能。油树脂能大大提高香料植物中有效成分的利用率。例如：桂皮直接用于烹调，仅能利用有效成分的 25%，制成油树脂则利用率可达 95% 以上。油树脂是由芳香油、脂肪油及树脂物质所组成的混合体，呈深棕色或绿色液体，它的挥发油含量、颜色等理化指标与生产方法有关，生产工艺不同其理化指标有所差异，但均含有每种辛香料的芳香成分、辛香味成分、脂肪油等有效成分，具有该种辛香料的香味、滋味和感观特性。

　　树胶——来自植物和微生物的一切能在水中生成溶液或黏稠分散体的多糖和多糖衍生物。

　　树胶树脂——植物的天然渗出物，包含有树脂和少量的精油，它们部分溶于烃类溶剂或含氯的溶剂。

　　油-树胶-树脂——植物的天然渗出物，其中含有精油、树胶与树脂，典型的品种是没药油-树胶-树脂。

　　香脂——用脂肪（或油脂）冷吸法将某些鲜花中的香料成分吸收在纯净无臭的脂肪（或油脂）内，这种含有香料成分的脂肪（或油脂）称为香脂。

　　净油——用乙醇萃取浸膏、香树脂或香脂的萃取液，经过冷冻处理，滤去不溶于乙醇的全部物质（多半是蜡质，或者是脂肪、萜烯类化合物），然后在减压低温下，谨慎地蒸去乙醇的产物。用乙醚萃取纯露中的香料成分、蒸去乙醚后的产物也是净油。

第一章 香

香是人类美好的文化感受，更是人类生命中美丽动人的高峰体验。因此香在人类的文明发展当中，有着重要的意义。提到香，一般人脑海中就会浮现芬芳的气味及各种对美好气味的记忆，联想起花香、烧香、食物的香味、香水的香味、洗发精的香味、木材的香味等等，香与我们的生活可说是息息相关，无处不在。

"香料学"作为研究香料的学科，是一门横跨社会科学和自然科学的交叉学科。因此，从社会科学的维度回顾香文化的悠久历史，从自然科学的维度分析香的物理化学与化学物理，将有助于我们更全面、更深入地把握这门新兴学科，使其在 21 世纪大放异彩。

第一节 香文化

香文化包括饮食文化、烹饪文化、熏香文化、香水文化、烟文化、酒文化、茶文化、中医药文化等，这些文化都跟香料、香精、香制品、气味学的方方面面有关。

一、人类用香历史

看古今中外的用香史，在利用芳香植物方面，古人并不比我们差，而且很多方法沿用至今，现在很多著名的香氛、香水甚至是护肤产品、沐浴产品都是源自古老的"芳香哲学和芳香疗法"，古代的人们把大自然最原始的气味用于宗教、生活、美食、防腐、护肤的方方面面。

距今 5000 年左右，古埃及人就开始使用香料，这远远比埃及其他的文明更早。埃及人发明的可菲（kyphi）神香（古埃及的一种神秘香料混合物）是人类最早的"香水"，由于当时还没有精炼高纯度酒精的技术，所以准确地说，这种"香水"应称作"香油"，是由祭司和法老专门制成的。

后来，埃及人的聪明智慧让他们特别善用各种植物香料及芳香疗法，比如他们会用没药油处理木乃伊，以保证不腐。古代埃及人也在烹制食品时放入胡椒、桂皮、石竹花、茴香和锦葵籽，这份食用香料名单中后来加入了辣椒、咖喱粉、孜然这些典型的阿拉伯香料，一直用到今天。

今天尼罗河西岸的伊德夫神庙，是一座重要的古埃及神庙遗址，这里也是当时的香水实验室。大厅的西北角一个狭小的房间，没有窗户也没有其他的孔道作为通风设备。这看起来像香料储藏室的小房间正是古埃及人的香水实验室。墙壁上的象形文字记载着几个世纪不对外公开的神秘香精配方，从原料、比例、添加顺序、加热和浸泡时间以及所需器皿，一直到成品的重量在当时都有详细的规定。这一时期，香精和化妆品制作工艺更被严密地垄断。

对于法老的庶民来说，香精和香水也几乎成了生活必需品，因为当时在公共场所中不涂"香水"是违法的。古埃及女子把香精当成美容养颜的秘方而乐此不疲，而利用芳香油来护肤、沐浴、熏香直到今天，也是我们生活中的重要组成部分，而且随着近年"植物天然"概念的回归，芳香理念更加深入人心。

大约在 4300 年前，中国人开始把某些鲜花用为香料，同时也使用其他一些有香气的青草、树叶和木质，麝香开始作为药用。

3500 年前，印度在宗教仪式中使用香料——以檀香、安息香和乳香制成熏香，也将晚香玉和水仙用于香料中。

3000 年前，印度灵猫和龙涎香开始用于香料。

2500 年前，在中东，新约《希伯来书》中所载的涂香油礼中所使用的香料包括——格蓬、藏红花、赖百当、乳香、甘松香、没药和肉桂树脂。

中国人用香的历史和对香料的研究都很悠久，芳香植物很早就被古人用来香体、辟秽、改善环境，寺庙中都会用香或者焚烧松枝。早期用香的方式相对比较简单，有时就是直接插戴香草。屈原《离骚》中即称："扈江离与辟芷兮，纫秋兰以为佩。"意思是将江离芷草披在肩上，把秋兰结成索佩挂身旁，这就是战国时流行的一种插戴香草风俗。

古人也喜欢将香草采摘阴干后，装进小口袋里，做成香包，就是我们所知的"香囊"；到了汉代就大面积地开始流行熏香；唐宋时，香品的品种越发丰富，如香粉、香丸、香饼、香膏等合成香品都已在民间使用，有的专门用来香体，有的专门用于香口（去除口臭），有的专门用于改善空气质量。

中国人开始用"香水"，应该是在唐末，古人又称香水为"花露"。明清时，贵族女性开始使用进口香水，其时中国与欧洲的贸易往来频繁又比较方便，所以很多欧洲的香水得以运送到中国。古人也重视"香气养性"的观念，这种观念一直到现在都被人津津乐道，明王象晋在《群芳谱》中称："香气能疗人心疾，不独调粉为妇人面饰而已。"也就是说古代的人，早早地就懂得用芳香来改善情绪，用香气来改善身心。

18世纪中叶以后，巴黎人的兴趣转向了植物香料，柠檬、橘子、玫瑰花等都可以制成香袋、香水、沐浴产品。法国南部的里维埃拉沿海气候湿润，当地小镇格拉斯就成了用来制成香水的各种鲜花的栽培中心，直到今天，这里仍是制造香水的重要地区。到了19世纪末、20世纪，因为工业的兴起，法国香水业以达了鼎盛。

人类用香的时间和人类历史一样长，一直到今天，我们用的洗衣液、沐浴露、护肤品、洗发水、空气清新剂等，无一例外都会添加不同的香气。随着人们对健康的重视以及对产品的安全性要求越来越高，更多的品牌回归植物本身的香气，让产品散发出自然香调，这体现在香水、沐浴产品、清洁产品、护肤品上更为鲜明。

二、中国烹饪文化

烹饪是人类在烹调与饮食的实践活动中创造和积累的物质财富与精神财富的总和。它包含烹调技术、烹调生产活动、烹调生产出的各类食品、饮食消费活动以及由此衍生出的众多精神产品。中国烹饪文化具有独特的民族特色和浓郁的东方魅力，主要表现为以味的享受为核心、以饮食养生为目的的和谐与统一。

中国的烹饪艺术是在烹饪历史发展过程中，逐渐形成、发展并丰富起来的，具有实用目的与审美价值紧密相连的特点。如陶制炊器的器形从实用需要设计出发，本意为放置平稳，受热均匀，但却给人以对称、均衡美的感受。陶器、铜器、铁器的不断演进，不仅是对工艺、性能方面的改进，还包含着追求形式美的意愿。随着物质生产的发展和社会生活的进步，烹饪越来越具有审美性质，直至发展成为实用与审美并重的各种花色造型菜点及丰盛华丽的筵席。中国烹饪艺术虽然受到烹饪原料、烹饪技术、食品实用功能等因素的制约，具有相对的局限性，但它与其他艺术种类相比较，却有自己的艺术特点，即融绘画、雕塑、装饰、园林、调香、调味、辨香等艺术形式于一体。

中国烹饪艺术的表现形式有多种多样，这里主要通过肴馔本身的色、形、香、味、质与筵席组合来说明。人们常把前者概称为味觉艺术，将后者称为筵席艺术。

味觉艺术与筵席艺术归结为味的艺术。

中国烹饪既讲究生理味觉的美，也注重心理味觉（即味外之味）的美，从而使人们在烹调师调制的饮食之中得到物质与精神交融的满足。这便是中国烹饪艺术精髓之所在。

1. 味觉艺术

人对于食物的选择早已摆脱了对先天本能的依赖，主要凭教养获得的后天经验，包括自然的、生理的、心理的、习俗的诸多因素，其核心则是对味的实用和审美的选择。烹饪艺术所指的味觉艺术，是指审美对象广义的味觉。广义的味觉错综复杂。人们感受的肴馔的滋味、气味，包括单纯的咸、甜、酸、苦、辛、鲜和千变万化的复合味，属化学味觉；肴馔的软硬度、黏性、弹性、凝结性及粉状、粒状、块状、片状、泡沫状等外观形态及馔肴的含水量、油性、脂性等触觉特性，属物理味觉；由人的年龄、健康、情绪、职业，以及进餐环境、色彩、音响、光线和饮食习俗而形成的对馔肴的感觉，属心理味觉。中国烹饪的烹与调，正是面对错综复杂的味感现象，运用调味物质材料，以烹饪原料和水为载体，表现味的个性，进行味的组合，并结合人们心理味觉的需要，巧妙地反映味外之味和乡情乡味，来满足人们生理的、心理的需要，展示实用与审美相结合的烹饪艺术核心的味觉艺术。烹饪技术是实现味觉艺术的手段，其主旨是"有味使之出，无味使之入"。

2. 筵席艺术

这是中国烹饪艺术的又一表现形式。一份精心设计编制的筵席菜单,对菜点色、形、香、味、质的组合,餐具饮器的配置,烹调技法的运用,菜肴、羹汤、点心的排列,肴馔总体风味特色的表现,都有周密的安排。它是时代、地区、饭店(或餐馆)的烹调技术水平和烹饪艺术水平的综合反映。审美主体——与筵者的食欲、情绪、心理,均受筵席菜单设计的烹饪艺术效果所影响。

筵席艺术遵循现实美(包括社会环境、社会事物的美和自然事物的美)与艺术美的美学一般原理进行艺术创作。传承至今的筵席艺术创作活动,主要有下列两点:

① 筵席格局以菜肴为中心,体现艺术形式上的多样统一。筵席菜肴的多样化,通过炸、熘、爆、炒、烧等多种技法,荤素原料多种选配,丁、丝、块、条、片等多种形态,黄、红、白、绿等多种色彩,酥、脆、嫩、软等多种质地,咸、甜、鲜、香等多种味感表现其艺术性。

② 菜点组合排列,表现艺术节奏与旋律感。筵席菜点的这种味的起伏变化,有若音乐旋律中的节奏强弱、速度快慢、旋律高低,使筵者越吃越有兴趣,越吃越有味道。

中国烹饪中的科学内涵十分丰富,其中心内容,在于符合营养要求,达到养生效果的烹调与饮食的终极目的。

1. 五味调和的美食观

《黄帝内经》说:"天食人以五气,地食人以五味。""谨和五味,骨正筋柔,气血以流,腠理以密。如是则骨气以精,谨道如法,长有天命。"味是饮食五味的泛称,和是饮食之美的最佳境界。这种和,由调制而得,既能满足人的生理需要,又能满足人的心理需要,使身心需要能在五味调和中得到统一。美食的调和,是对饮食性质、关系深刻认识的结果。味是调和的基础,阴阳平衡是人体健康的必要条件。饮食五味的调和,以合乎时序为美食的一项原则。中国烹饪科学依据调顺四时的原则,调和与配菜都讲究时令得当,应时而制作肴馔。追求肴馔适口,应以适口者为珍。

2. 养生食治的营养观

《黄帝内经》说:"味归形,形归气,气归精,精归化。""五味入口,藏于肠胃,味有所藏,以养五气,气和而生、津液相成,神乃自主。"这个观念认为人的饮食,目的在于使人体气足、精充、神旺、健康长寿。围绕着这个目的,逐渐形成了中国式的传统的养生食治学说。"五谷为养,五果为助,五畜为益,五菜为充"这一膳食结构不仅使中华民族得以生存与发展,而且避免了许多"文明病"的困扰,为海外营养学家所称道。还有一个收获则是药膳,有无病养生、有病食治的效果。它与法国烹饪、土耳其烹饪齐名,并称为世界烹饪的三大风味体系。

三、熏香文化

熏香并非国人的专利,埃及、波斯、希腊在历史上都有熏香的记载。经过几千年的发展,整个香文化使香的现实作用发生着巨大的变化,从宗教祭祀礼拜的用途,到社会价值地位以及个人品味的体现,发展到生活中的运用,以香来提升生活情境,熏香衣服、净化环境。香的使用从高高在上走进了日常生活中。

在这里不得不单独提一下印度,作为佛教的发源地,同时也是全球有名的香料大国,印度香业的历史,只能用古远来形容。从采用檀香礼佛朝拜焚香,到后来采用丰富多彩的香料制作各种类型的香品,而这些种类繁多的香品,不仅气味丰富,同时各具功效。印度在香的发展史上,占据了举足轻重的地位。

中国用香的历史也非常久远,陪伴着中华民族走过了数千年的兴衰。生活用香,其历史也可追溯至上古以至远古时期,从近几十年考古发现的陶熏炉等文物表明,早在四五千年以前,在黄河流域和长江流域的先祖们已经开始使用香品了。

3000多年前的殷商甲骨文有了"柴"字,指"手持燃木的祭礼",堪为祭祀用香的形象注释。西周到春秋时期伴随香炉的广泛使用,熏香风习更为普遍。向皇帝奏事的官员也要先熏香(烧香熏衣),奏事时还要口含"鸡舌香"(南洋出产的丁子香树的花蕾,用于香口)。熏炉向南传播,甚至传入东南亚(在印度尼西亚苏门答腊就曾发现刻有西汉"初元四年"字样的陶炉熏炉)。直接放在衣物中熏香的熏笼和盖在被子里的熏球(也叫"香囊",由两个半球形的镂空的金属片扣在一起,中央悬挂一个杯形的容器,在容器内可以焚烧香品,即使把香球拿在手里摇摆晃动,容器内的香品也不会倾洒出来)也出现了。其时熏香的作用一是养性,二是祛瘟除虫，三是用来祭祀。

春秋战国时期由于地域所限，中原地区气候温凉，不适宜热带香料植物生长，香木香草种类较少。秦汉时期国家统一、疆域扩大，南方湿热地区香料渐入中原地区。随着"陆上丝绸之路"和"海上丝绸之路"的活跃，东南亚、南亚以及欧洲的香料种类传入中国（沉香、檀香、安息香、苏合香、鸡舌香等），熏香开始流行于贵族阶层。

魏晋南北朝时期，熏香在上层社会更为普遍。道教佛教兴盛，两家都提倡用香，出现"香方""药香"，"香"的含义也发生了衍变，不再仅指"单一香料"，也常指"由多种香料依香方调和而成的香品"，也就是后来所称的"合香"。从单品香料演进到多种香料的复合使用，这是香品的一个重要发展。

香文化在隋唐时期虽然还没有完全普及到民间，但这一时期却是香文化史上的一个重要阶段，香文化的各个方面都获得了长足的发展，从而形成了一个成熟、完备的香文化体系。

安史之乱前，西域的大批香料通过横跨亚洲腹地的丝绸之路源源不断地运抵中国；安史之乱后，北方的"陆上丝绸之路"被阻塞，南方的"海上丝绸之路"开始兴盛起来，从而又有大量的香料经两广、福建进入北方。随着香料贸易的繁荣，唐朝还出现了许多专门经营香材香料的商家。文人、药师、医师及佛家、道家人士的参与，使人们对香的研究和利用进入了一个精细化、系统化的阶段。对各种香料的产地、性能、炮制、作用、配伍等都有了专门的研究，制作合香的配方更是层出不穷。

宋元明清：香文化扩展到普通百姓，普及于社会的方方面面，出现了《洪氏香谱》等一批关于香的专著。航海技术发达，"海上丝绸之路"（又称"香料之路"），大量进口外国香料，并向外输出麝香等中国盛产的香料，市舶司（海关）对香料贸易征收的税收甚至成为国家的一大笔财政收入，乳香等香料由政府专卖，民间不得私自交易。香成为普通百姓日常生活的一个部分，居室厅堂里有熏香，各式宴会庆典场合也要焚香助兴，各式各样精美的香囊香袋可以挂佩，制作点心、茶汤、墨锭等物品时也会调入香料，集市上有专门供香的店铺，可请人上门作香，富贵之家的妇人出行，常有丫鬟持香薰球陪伴左右，文人雅士不仅用香，还亲手制香，并呼朋唤友，鉴赏品评。

香的制作工艺也在逐步提高。到了近代出现了足以乱真的合成香料和香精，并慢慢取代天然香料成为制香的主要原料。由于化学工业的发展，在19世纪后半期，欧洲就已出现了人工合成香料。这些合成香料不仅能大致地模拟出绝大多数天然香料的气味，而且原料（如石油、煤焦油等）易得，成本价格比较低廉，并能轻易产生浓郁的、诱人的香味，所以很快就取代了天然香料，成为现代工业生产中的一个门类。

芳香疗法和芳香养生的兴起和普及使传统的熏香文化得到新的发展动力，方兴未艾。

四、香水文化

"香水文化"最早起源于埃及、印度、罗马、希腊、波斯等古国。11世纪的十字军东征，给欧洲带来了灿烂的东方文明。法国人使用香料香精和化妆品始于13世纪前后，主要是贵族社会。随着东西方贸易的不断加强，香水这种人见人爱的产品逐渐为欧洲人所接受。

香水是一种技术产品，但它更是一种文化产品。配制香水是一个复杂的过程。调配师是艺术巨匠，他要依据人们审美情趣的变化和要求来创造。据介绍，一种新产品的试制一般至少需要一年的时间，而它的推广则需好几年的时间和大量的广告费用。要知道，在已有数千种产品的情况下，再创造出新的有特色的产品，是很不容易的。当然，要把人类现有的8000多种香精原料和它们的不同用量进行排列组合，那也将是无穷无尽的事。而且随着科学的发展，人们还会发现新的可用来调配香水的原料。

香水也有个性。每种香水都具有其意义内涵和审美效果，所以在选用香水时要特别予以注意。首先要分清是女用还是男用香水，女用在使女性本身得到满足之外还对男性有吸引作用，而男用香水则反之。其次，选用香水，要注意使用场合、对象、季节、时辰、服饰、个人年龄、个人和他人身体状况等因素。要做到个人他人相宜、场合时辰相宜、浓淡相宜真是件不太容易的事。可以说，选用香水是对选用者文化素质和个人修养的测定。

法国香水的生产大量使用天然原料。鲜花（玫瑰花、茉莉花）、水果（柠檬、柑橘）、球类植物（晚香玉）等都是香水生产的原料。随着原料成本的增加，香水产地的格拉斯地区大量地依赖进口原料了，自己仅种植部分花卉植物。

天然原料造价较高，比如600kg的茉莉花只可提取1kg的茉莉精油。由于化学工业的发展，二十世纪初，人们开始采用合成的方式生产香水和化妆品，这一领域从此出现重大的变革。香型的范围扩大了，从而弥补了天然原料的不足。

全世界有 3500 种香草植物可以助人释缓压力，然而只有大约 200 种香料植物可以最终被提炼为香水用精油。香水不仅仅只有芳香，还可以舒展隐藏在内心的某种情绪，手腕处滴上一滴香水，看着它在浸入肌肤的同时，还优雅地散发着香气，这片飞絮般的柔情可以抚慰心情。

无论在居室还是办公室，恰当地喷上清淡的香水，若有若无的香气不仅能美化生活，制造一些浪漫氛围，也能释缓紧张的工作压力。如遇到不如意之事，如果情绪低沉，喷散一种可令人振奋的香水，心情将有所改善。

法国香水的摇篮位于法国南部的小城自格拉斯。这个地区即使在今天，也是法国香水的重要产地和原料供应地。法国第一家香料香精生产公司 1730 年诞生于格拉斯市，后来发展到最多的时候达到了上百家。现在群雄割据的局面已经消失，合并成三家规模较大的香料香精生产公司。应该讲，格拉斯市一直承担着为法国名牌香水销售公司配制香水的业务，而名牌香水销售公司最多在此基础上按比例调入中性酒精和蒸馏水，再加上包装即可。风靡世界的"香奈儿 5 号"香水就诞生于此。

如今，香水艺术及其诞生地格拉斯已被正式授予"世界文化遗产"，列入旨在保护全球最珍贵传统的联合国教科文组织人类非物质文化遗产名录。这表明，格拉斯独特的香水"制作技艺"，包括香水植物的种植，对天然原料的认知和加工，以及香水调配艺术等，已获得联合国教科文组织专业委员会的认可。

近两年来全球香水市场可谓跌宕起伏，从美妆巨头们的动向来看，小众个性的品牌和奢侈品牌香水一样受欢迎。

在奢侈品的推动下，高端香水一直占据市场龙头地位。虽然全球香水市场整体低迷，不过高端香水和定制香水的增长却十分迅速，增速普遍高于大众香水品牌。根据欧睿国际的数据，过去五年内北美大众香水销售额下跌 15%，高端香水却上涨 16%，亚太地区的高端香水也大涨 41%，高于大众香水 33% 的增长。

中国香水消费仍处于初级阶段，国际著名香水品牌在目前市场仅局限于高端消费市场和高端销售渠道；而国内大多数品牌则由于技术力量的薄弱、时尚文化的欠缺等发展受到制约。从市场培育到初步成熟，中国香水业的大发展预计还需要几十年。

前瞻分析认为，考虑到目前我国国民化妆品消费水平仍处于较低水平，未来有较大成长空间，结合前几年行业发展状况，预计到 2026 年，中国香水市场销售额将达到近 400 亿元人民币，预计未来五年，中国香水市场的年复合增长率将维持在 22% 左右，约为世界香水市场整体增长率的 3 倍。

就国内香水市场来说，消费者对小众香接受度和喜爱程度越来越高，而对那些在每个商场都能见到的香水丧失兴趣。换句话说，撞香如撞衫，如果走在街上经常闻到自己熟悉的味道，那还是另寻新香吧。

据相关调研显示，在消费者群体中，每 100 个香水爱好者就有 30 个 95 后，95 后女性偏爱清新淡雅型香水，而 85 后和 90 后女性则进入了御姐时代，对品牌有了更高的追求，为香水消费额度贡献最高。值得注意的是，2015～2018 年男士香水销售额增速均在 55% 以上。

这是一个消费核心驱动的时代，成长于互联网时代的 90 后、00 后，已成为消费主力军。新一代年轻人，他们对于消费有了与上一辈截然不同的需求，他们身上的标签更加多元化。对于美与香，他们也有了自己的理解。

随着社会开放程度的提高，人们追求自由和个性化，男女性别差异被淡化，并反对权威和世俗的眼光，这种思想最直接的体现就是"中性风"的流行，为男则应阳刚稳重，为女则应温柔贤淑的界定被逐渐打破，这在服装、发式、美妆等方面都有明显体现。

香水品类，最为明显的表现则是市面上中性香水单品越来越多，并且开始流行男香女用，以满足人们对于自身喜好、个性的追求与彰显。各大香水品牌开始主推中性款单品，并强调此产品男女均适用。

据悉，无论在美国、欧洲还是中国，许多 35 岁以下的年轻消费者都不再喜欢香味太大众的香水。香水的不同香调拥有专属受众，"不撞香"对于年轻一代消费者而言相当重要。

一款香调的香水产品，同时会有同一香调的配套产品，包括沐浴及身体护理、香氛蜡烛、香薰、布料香氛等品类。对于香水产品来说，除了最基本的产品香调，香水瓶以及包装可以说是决定消费者买不买的第二因素。

简言之，香水市场需要价格和品质相匹配的产品；需要新的品类去满足消费者变化的生活方式和个体身份需求；需要品牌拥有和消费者一样价值观的故事。未来的产品不局限于"健康原料"，而是更让人信服的健康，包括成套可信的趋势新理念，超常规使用场景，眼见为实的天然健康。

可以看到，本土香水企业的积极创新升级，外加之众多品牌的入局以及卖力营销，在一定意义上改变了消费者的香水使用习惯，促进了整个品类的发展。而在竞争逐渐激烈的市场，如何满足年轻一代消费者的个性需求，并兼顾产品的实用性，是香水品牌的重要议题。显然，"不撞香"将会是香水品牌与新一代消费者沟通的合适契机。

五、中国烟文化

烟源自于中南美洲，传入欧洲，自明朝万历年间利马窦以鼻烟入贡，烟开始传入中国，后鼻烟风靡朝野，各种鼻烟用具也应运而生，鼻烟用具上刻着的、雕着的都有着中国文化的印迹。到崇祯末年，吸烟之风已在中国盛行。清人陈琮在他所撰《烟草谱》一书中对烟倍加称颂："烟之为用，其利最溥，辟瘴祛寒之外，坐而闲窗，饭后散步，可以遣寂除烦；挥尘闲吟，篝灯夜谈，可以远避睡魔；醉筵醒客，夜雨逢窗，可以佐欢解渴。斗室之中，热沉松，饮芥片，而一枝斑管呼吸纤徐，未始非岑寂中之一助也！"烟作为馈赠和待客之物在中国古时，胜于酒和茶。陆耀《烟谱》云："酒食可缺也，而烟决不可缺，宾主酬酢，先以此物为敬。"文人墨客以烟为题的文章、诗词在文苑中俯拾即是。

烟草的发展史，也是一部数百年吸烟和反吸烟的略带戏剧色彩的历史，一路棒打一路颂歌。在发展中禁烟，在禁烟中发展，在禁烟中越来越强大，在发展中越来越名正言顺，成为国家经济命脉中不可缺少的源泉。我国明朝曾出现过反烟浪潮，但当时民间已经形成"三尺之童，无不吸烟"的现状，最后终由边关守将洪承畴以军旅免遭疫疫为由奏请朝廷而得开禁。到清乾隆年间，官府逐渐明了烟草的价值，对烟草的态度稍有缓和，遂准许民间在城镇市郊及菜园里种烟。到了嘉庆以后（1799年），烟草形势大变，原有禁律逐渐废弛，政府非但不再坚持禁烟法令，反而对主张禁烟的加以惩处。清中期，随着吸烟的发展，北至松花江，南至雷州半岛，东起胶州半岛，西至甘肃、新疆等地皆有烟草种植。

2004年4月，中国发射了"神舟四号"宇宙飞船，带上太空农作物种子中就有烟草种子，由此可见烟草在我国农作物中的重要地位。我国现有22个地区，300多个县，2000万农民从事烟草种植。烟草企业200家左右，从业人员50多万人，相关产业依靠烟草业谋生的约1.2亿人。烟草，一种原本弱小的野生植物，以其神奇的魔力牵引着人的欲望和神经，控制了世界的经济命脉。可以毫不夸张地说，烟草已经融入了社会本身。

醉翁之意不在酒，烟民之趣不在烟。因为烟的气韵，不仅在于品吸，更在于吸烟的和气氛围，吸烟的超凡感受，吸烟的神游意趣，吸烟的仪式美感，以及整个吸烟过程所带来的气质和快感……

香烟香烟，烟的香味决定了它的"价值"，香味好，价格也高。发展到现在，香的重要性已经超过了烟草，甚至"香烟文化"最终演变成没有烟草的"香文化"！

六、酒文化

酒文化是指酒在生产、销售、消费过程中所产生的物质文化和精神文化总称。酒文化包括酒的制法、品法、作用、历史等，既有酒自身的物质特征，也有品酒所形成的精神内涵，是制酒饮酒活动过程中形成的特定文化形态。

酒文化在中国源远流长，不少文人学士写下了品评鉴赏美酒佳酿的著述，留下了斗酒、写诗、作画、养生、宴会、饯行等酒神佳话。酒作为一种特殊的文化载体，在人类交往中占有独特的地位。酒文化已经渗透到人类社会生活中的各个领域，对人文生活、文学艺术、医疗卫生、工农业生产、政治经济各方面都有着巨大影响和作用。

中国是酒的故乡，酒和酒类文化一直占据着重要地位。酒是一种特殊的食品，是属于物质的，但酒又融于人们生活之中。作为一种特殊的文化形式，在传统的中国文化中有其独特的地位，其中也衍生出了酒政制度。在几千年的文明历史中，酒几乎渗透到社会生活中的各个领域。首先，中国是一个以农业为主的国家，因此一切政治、经济活动都以农业发展为立足点。而中国的酒，绝大多数是以粮食酿造的，酒紧紧依附于农业，成为农业经济的一部分。粮食生产的丰歉是酒业兴衰的晴雨表，各朝代统治者根据粮食的收成情况，通过发布酒禁或开禁，来调节酒的生产，从而确保民食。

中国是酒的王国。酒，形态万千，色泽纷呈；品种之多，产量之丰，皆堪称世界之冠。中国又是酒人的乐土，地无分南北，人无分男女老少，饮酒之风，历经数千年而不衰。中国更是酒文化的极盛地，饮酒的意义远不止生理性消费，远不止口腹之乐；在许多场合，它都是作为一个文化符号，一种文化消费，用来表示一种礼仪，一种气氛，一种情趣，一种心境；酒与诗，从此就结下了不解之缘。不仅如此，中国众多的名酒不单给人以美的享受，而且给人以美的启示与力的鼓舞；每一种名酒的发展，都包括劳动者一代接一代的探索奋斗，英勇献身，因此名酒精神与民族自豪息息相关，与大无畏气概紧密相接。

酒，在人类文化的历史长河中，它已不仅仅是一种客观的物质存在，而是一种文化象征，即酒神精神的象征。

在中国，酒神精神以道家哲学为源头。庄周主张，物我合一，天人合一，齐一生死。庄周高唱绝对自由之歌，倡导"乘物而游""游乎四海之外""无何有之乡"。庄子宁愿做自由的在烂泥塘里摇头摆尾的乌龟，而不做受人束缚的昂首阔步的千里马。追求绝对自由、忘却生死利禄及荣辱，是中国酒神精神的精髓所在。

世界文化现象有着惊人的相似之处，西方的酒神精神以葡萄种植业和酿酒业之神狄奥尼苏斯为象征。到古希腊悲剧中，西方酒神精神上升到理论高度，德国哲学家尼采的哲学使这种酒神精神得以升华，尼采认为，酒神精神喻示着情绪的发泄，是抛弃传统束缚回归原始状态的生存体验，人类在消失个体与世界合一的绝望痛苦的哀号中获得生的极大快意。

在文学艺术的王国中，酒神精神无所不往，它对文学艺术家及其创造的登峰造极之作产生了巨大深远的影响。因为，自由、艺术和美是三位一体的，因自由而艺术，因艺术而产生美。

因醉酒而获得艺术的自由状态，这是古老中国的艺术家解脱束缚获得艺术创造力的重要途径。"志气旷达，以宇宙为狭"的魏晋名士、第一"醉鬼"刘伶在《酒德颂》中有言："有大人先生，以天地为一朝，万期为须臾，日月为扃牖，八荒为庭衢。""幕天席地，纵意所如。""兀然而醉，豁然而醒，静听不闻雷霆之声，孰视不睹山岳之形。不觉寒暑之切肌，利欲之感情。俯观万物，扰扰焉如江汉之载浮萍。"这种"至人"境界就是中国酒神精神的典型体现。

"李白斗酒诗百篇，长安市上酒家眠，天子呼来不上船，自称臣是酒中仙。"（杜甫《饮中八仙歌》）"醉里从为客，诗成觉有神。"（杜甫《独酌成诗》）"俯仰各有态，得酒诗自成。"（苏轼《和陶渊明饮酒》）"一杯未尽诗已成，诵诗向天天欲惊。"（杨万里《重九后二日同徐克章登万花川谷月下传觞》）。南宋政治诗人张元年说："雨后飞花知底数，醉来赢得自由身。"酒醉而成传世诗作，这样的例子在中国诗史中俯拾皆是。

不仅为诗如是，在绘画和中国文化特有的艺术书法中，酒神的精灵更是活泼万端。画家中，郑板桥的字画不能轻易得到，于是求者拿狗肉与美酒款待，在郑板桥的醉意中求字画者即可如愿。郑板桥也知道求画者的把戏，但他耐不住美酒狗肉的诱惑，只好写诗自嘲："看月不妨人去尽，对月只恨酒来迟。笑他缣素求书辈，又要先生烂醉时。""吴带当风"的画圣吴道子，作画前必酣饮大醉方可动笔，醉后为画，挥毫立就。"元四家"中的黄公望也是"酒不醉，不能画"。"书圣"王羲之醉时挥毫而作《兰亭集序》，"遒媚劲健，绝代所无"，而至酒醒时"更书数十本，终不能及之"。李白写醉僧怀素："吾师醉后倚胡床，须臾扫尽数千张。飘飞骤雨惊飒飒，落花飞雪何茫茫。"怀素酒醉泼墨，方留其神鬼皆惊的《自叙帖》。草圣张旭"每大醉，呼叫狂走，乃下笔"，于是有其"挥毫落纸如云烟"的《古诗四帖》。

酒的香气十分复杂，不同的酒品香气各不相同，同一种酒品的香气也会出现变化，以白酒为例，概括起来香型可分为酱香、浓香、清香、米香、其他香五大香型。黄酒的香气一般用香气芬芳、醇香浓郁等词语描述。只有调香师、评香师、酒品勾兑师才用极其丰富的语言来描述酒的香气，他们不是像文人们那样歌颂酒、美化酒香，而是为了调配出更多更好的、满足众人口味的各种香酒以适应日益增长的酒品市场。当今世界，个性化已经成为各种商品的流行趋势，酒香的个性将来也可能出现。

七、茶文化

茶文化意为饮茶活动过程中形成的文化特征，包括茶道、茶德、茶精神、茶联、茶书、茶具、茶画、茶学、茶故事、茶艺等。茶文化起源地为中国。功夫茶文化则起源于中国广东省潮汕地区。中国是茶的故乡，中国人饮茶，据说始于神农时代。直到现在，中华同胞还有民以茶代礼的风俗。中国各地对茶的制作是多种多样的：有潮州凤凰单丛茶、有太湖的熏豆茶、苏州的香味茶、湖南的姜盐茶、成都的盖碗茶、台湾的冻顶茶、杭州的龙井茶、福建的乌龙茶等。

全世界一百多个国家和地区的人喜爱品茶，各国茶文化各不相同，各有千秋；中国茶文化反映出中华民族悠久的文明和礼仪。

中国是茶的故乡，也是茶文化的发源地。中国茶的发现和利用已有四千七百多年的历史，且长盛不衰，传遍全球。茶是中华民族的举国之饮，发于神农，闻于鲁周公，兴于唐朝，盛于宋代，普及于明清之时。中国茶文化糅合佛、儒、道诸派思想，独成一体，是中国文化中的一朵奇葩！同时，茶也已成为全世界最大众化、最受欢迎、最有益于身心健康的绿色饮料。茶融天地人于一体，提倡"天下茶人是一家"。

茶文化的内涵其实就是中国文化内涵的一种具体表现。中国素有礼仪之邦之称谓，茶文化的精神内涵即是通过沏茶、赏茶、闻茶、饮茶、品茶等习惯与中国的文化内涵和礼仪相结合形成的一种具有鲜明中国文化特征的一种文化现象，也可以说是一种礼节现象。礼在中国古代用于定亲疏，决嫌疑，别同异，明是非。在长期的历史发展中，礼作为中国社会的道德规范和生活准则，对中国精神素质的修养起了重要作用；同时，随着社会的变革和发展，礼不断被赋予新的内容，和中国一些生活中的习惯与形式相融合，形成了各类中国特色的文化现象。茶文化是中国具有代表性的传统文化。中国不仅是茶叶的原产地之一，而且，在中国不同的民族，不同的地区，至今仍有着丰富多样的饮茶习惯和风俗。

种茶、饮茶不等于有了茶文化，仅是茶文化形成的前提条件，还必须有文人的参与和文化的内涵。唐代陆羽所著《茶经》系统地总结了唐代以及唐以前茶叶生产、饮用的经验，提出了精行俭德的茶道精神。陆羽和皎然等一批文化人非常重视茶的精神享受和道德规范，讲究饮茶用具、饮茶用水和煮茶艺术，并与儒、道、佛哲学思想交融，而逐渐使人们进入他们的精神领域。在一些士大夫和文人雅士的饮茶过程中，还创作了很多茶诗，仅在《全唐诗》中，流传至今的就有百余位诗人的四百余首，从而奠定中国茶文化的基础。

古老的中国传统茶文化同各国的历史、文化、经济及人文相结合，演变成英国茶文化、日本茶文化、韩国茶文化、俄罗斯茶文化及摩洛哥茶文化等。在英国，饮茶成为生活一部分，是英国人表现绅士风度的一种礼仪，也是英国女王生活中必不可少的程序和重大社会活动中必需的仪程。日本茶道源于日本本土但有受中国的影响。日本茶道具有浓郁的日本民族风情，并形成独特的茶道体系、流派和礼仪。韩国人认为茶文化是韩国民族文化的根，每年5月24日为全国茶日。茶人不分国界、种族和信仰，茶文化可以把全世界茶人联合起来，切磋茶艺，进行学术交流和经贸洽谈。

茶与香的结缘始于南宋，已有1000余年的历史。最早的加工中心是在福州，从12世纪起花茶的窨制已扩展到苏州、杭州一带。明代顾元庆（1487—1565年）《茶谱》一书中较详细地记载了窨制花茶的香花品种和制茶方法："茉莉、玫瑰、蔷薇、兰蕙、橘花、栀子、木香、梅花，皆可作茶。诸花开时，摘其半含半放之香气全者，量茶叶多少，摘花为茶。花多则太香，而脱茶韵；花少则不香，而不尽美。三停茶叶，一停花始称。"但大规模窨制花茶则始于清代咸丰年间（1851—1861年），到1890年花茶生产已较普遍。花茶是中国特有的茶类，主产区为福建、浙江、安徽、江苏等省，近年来湖北、湖南、四川、广西、广东、贵州等省、自治区亦有发展，而非产茶的北京、天津等地，亦从产茶区采进大量花茶毛坯，在花香旺季进行窨制加工，其产量亦在逐年增加。花茶产品，以内销为主，从1955年起出口港澳和东南亚地区，以及东欧、西欧、非洲等地。

花茶是集茶味与花香于一体，茶引花香，花增茶味，相得益彰，既保持了浓郁爽口的茶味，又有鲜灵芬芳的花香。冲泡品吸，花香袭人，甘芳满口，令人心旷神怡。花茶不仅有茶的功效，而且花香也具有良好的药理作用，裨益人体健康，有些花草茶，具有排出宿便、调节肠胃循环、排毒等功效。具有美容护肤、美体瘦身、排毒除臭的功用，帮助瘦小腹最佳。也是饮食油腻者，应酬多的族群首选，防止油性大便对肠道的粘连。

不同花茶的功效不同，比如说洋甘菊特别具有安定神经与助消化系统的作用，最适合餐后与睡前饮用，是容易失眠的人的最佳茶饮。花茶有减肥、解暑热、散瘀血、降血压、降血脂、化热、消水肿等功效。玉蝴蝶花、千日红、红巧梅、桃花等，常喝都有美容、润肤、祛斑、减肥等效果。芦荟有清火去痘的作用。黄色的金莲花，能治鼻炎、扁桃体炎、口疮等，对专门吸烟的人很有效果。紫罗兰能保护支气管，适合吸烟过多者饮用，同时还有治疗便秘的功效。

其实在花茶盛兴前，人们就已经在泡茶时加入各种香料尤其是既是香料又是药草的"香辛料"，除了赋予茶香以外还让饮茶成为"药饮"，相当于现代的"保健食品"。

茶文化起源于中国，发展在东方，包括日本、韩国和泰国都有很深的茶道。可世界上饮茶最多的却是英国，英国有着相对悠久的茶文化。在十七世纪大航海时代茶传到西方，现在的英国，喝茶已经成为全民的爱好，或者说嗜好更准确一些。有一组数字很能说明问题：英国人平均每天喝4杯茶，人均年消耗茶叶10kg以上。英国人喝红茶，而且是那种色泽红褐、闪着油光的红茶，英国人喝红茶往往要加糖加牛奶，这和我们大不一样。

英国的茶文化实际上说的就是红茶文化，变异了的红茶文化。话虽如此，可英国人品茶的水准，相当的专业。英国人在日常生活中，经常饮用英国早餐茶及伯爵红茶。其中英国早餐茶又名开眼茶，系精选印度、锡兰、肯尼亚各地红茶调制而成，气味浓郁，最适合早晨起床后享用。伯爵红茶则是以中国茶为基茶，加入佛手柑等材料调制而成，香气特殊，风行于欧洲的上流社会。

英国人在一天中许多不同的时刻，都会暂停下来喝杯茶。英国女皇爱好饮茶并深深地影响了英国人喝早餐茶的风气。英国女爵安娜玛利亚于19世纪40年代带动了喝下午茶的习惯；维多利亚女皇更是每天喝下午茶，将下午茶普及化。传统的英式下午茶，会在三层篮上放满精美的佐茶点心，有三道精美的茶点：最下层，是佐以熏鲑鱼、火腿、小黄瓜的美味的条形三明治；第二层则放英式圆形松饼搭配果酱或奶油；最上方一层放置令人食欲大动的时令水果塔。食用时，由下而上按序取用。

以茶助思、以茶会友、以茶调情，料想英国的绅士们品茶时也无外乎这几种类型。英国人好喝下午茶，三五好友结伴前往，餐厅里茶和小点心成套搭配，优雅的英国人赋予了茶更新的意义。

现代芳香疗法和芳香养生热潮的兴起让茶与香的"结缘"更加丰富多彩，而且更有意义——把薰衣草、芳樟叶、肉桂叶、天竺桂叶、月桂叶、洋甘菊、八角茴香叶、松针叶、柠檬片、发酵好的香荚兰豆荚等同茶叶一起浸泡或煎煮饮用成为一种时尚，用各种纯露（薰衣草纯露、芳樟叶纯露、玫瑰花纯露等）泡茶或者在泡好的茶汁里加几滴纯露饮用也让年轻人趋之若鹜。

八、中医药文化

我国是世界文明古国之一。在距今约100万年前的"原始群"时代，人类为了身体健康，在采集野果、种子和植物根茎的过程中，经过无数次的尝试，逐渐认识到哪些植物可以治病，初步积累了一些关于植物药的知识。进入氏族公社以后，狩猎和捕鱼已成为人们生活的重要来源，又发现一些动物具有治疗疾病的作用。这样，又使人类认识了一些动物药。到了氏族公社后期，原始农业有了较大发展。人类定居下来后，在栽培植物的过程中，有条件对农作物和周围植物进行长期细致的观察和尝试，认识了更多的植物药。古人说的"神农尝百草""一日而遇七十毒""药食同源"就是中医药早期产生的概括。

夏代有了酒，商代发明了汤液，开始了中药的应用。周代，出现了食医、疾医、疡医、兽医的分工，又把中药的应用推进了一步。春秋战国时期，已有记载药物研究的早期文献，中医药理论体系开始形成。秦汉时期，产生了药物学专著，中医药学理论体系初步建立。东汉末年的著名医药学家华佗，创制了全身麻醉剂——麻沸散，开创了麻醉药用于外科手术的先河。两晋、南北朝出现了成药和总结药材加工炮制技术的专著，构成了中药的三大部分（药材、饮片和成药）的雏形。唐、宋、元时期，国家组织编订了具有药典性质的药学专著，向全国颁行。到了明清时期，中医药经过几千年的积累，不断得到丰富，产生了《本草纲目》这样的药学专著，使中医药学达到了历史上前所未有的高度。

中医是以哲学、宇宙观、生命观为基础，重视人与自然的关系，"阴阳五行、天人合一"，整体观念，辨证论治，"望、闻、问、切"，重视"脉象"的变化；中药有四气五味、升降浮沉、归经、有毒无毒、复方配伍、加工炮制等特点。

中药的药性主要有四气五味，四气指的是：寒热温凉；五味指的是：酸苦甘辛咸。寒性方面：寒＞凉，热性方面：热＞温。每味中药都有四气五味，是前人总结出来的，没有什么规律。只是使用过程中必须遵循：寒则热之，热则寒之。

中医药学是以人文科学理念构架自然科学体系的少有的学科之一，它本身是科学文化和人文文化的有机统一体。中医药是文化型的科技，又是科技型的文化。中医药文化是中国文化之中最贴近民生、最为民生不可或缺的宝贵文化之一，因此，中医药文化产业是一个既满足人的身、又能满足人的心需求的民生产业。中医药文化渗入人的吃喝玩乐、衣食住行的所有行为中，渗入人的生产和生活的所有活动中，中医药文化具有大众文化特征。中医药文化产品及服务本身也是一种通过特殊的审美活动达到防病治病，维护提升人的身心灵德健康水平和延年益寿目的的审美疗法，如音乐疗法、色彩疗法、绘画书法疗法、戏曲疗法、相声疗法、故事疗法、娱乐疗法、观赏疗法、旅游疗法等。中医药文化产品和文化服务带有强烈的中华文化特征，含有丰富的中华文化元素，更具东方文化魅力足以感召世人。

中药学作为中国文化的内容，不像西方医学，而是人人都知其然，有着浓厚的文化氛围和生成土壤，是中华民族长期以来围绕医药进行认识实践，由此创建的一切成果及其经历的过程。可以说中医学是一种产业，一种技术，也是一门学术。其体现了中华优秀传统文化的核心价值理念，原创思维方式，融合了中国历代自然科学和人文科学的精华，凝集古圣先贤和儒家、道家、佛家文化的智慧。总而言之，中医药文化植根于民族文化的土壤。

其实中医药文化，也就是指有关中医的思维方式、传统习俗、行为规范、生活方式、文学艺术，甚至一些影响深远的事件等。笼统地说，文化是一种社会现象，是人们长期创造形成的产物。同时又是一种历史现象，是社会历史的积淀物。确切地说，文化是指一个国家或民族的历史、地理、风土人情、传统习俗、生活方式、文学艺术、行为规范、思维方式、价值观念。中医使用的是非对象思维方式，即中医学主张把天文、地理、人事作为一个整体看待。人既是自然的人，又是社会的人。人生活在自然界又生存在人类社会之中，不能离开社会群体而生存。影响健康和疾病的因素，既有生物因素，又有社会和心理的因素，这是自古以来人们已经感觉到了的客观事实。中医学从"天人相应"和"七情六欲"等观点出发，从人与自然，人与社会的关系中去理解和认识人体的健康和疾病，十分重视自然环境和心理因素的作用，并贯穿在病因考查、诊断治疗以及保健预防的各个环节中，强调要"顺四时而适寒暑"。同时中医认为人体本身也是有机整体。把人的五脏与五体、九窍、五声、五音、五志、五液、五味等联系起来，组成整个人体和五个系统，在此基础上又根据脏腑的表里关系通过经络联系起来，共同协调地完成人的生命活动。这种形神合一，以神统形的整体观来源于中国传统文化的大统一的整体观等。

芳香疗法，顾名思义，也就是运用薰、炒、泡等花样法式发挥香料的独特医药疗效，以达到治病防病的现实目的。芳香养生虽不是李时珍的专利，但却在其经典药学著作《本草纲目》中详细记载了各种香料在"芳香治疗"和"芳香养生"方面疗效显著的实践应用。如关于李时珍家乡特产蕲艾就有记载：5月5日鸡未鸣时，采艾似人形者揽而取之，收以灸病甚验，是日采艾为人，悬于户上，可禳毒气，其茎干之，染麻油引火点灸炷，滋润灸疮，至愈不疼，亦可代蓍，及作烛心……治妊娠风寒，用熟艾3两，未醋炒极热，以绢包熨脐下，良久即苏……治头风久痛，蕲艾揉为丸，时时嗅之，以黄水出为度……治膁疮口冷，熟艾烧烟熏之……治风虫牙痛，化蜡少许，摊纸上，铺艾，以箸卷成筒，烧烟，随左右薰鼻，吸烟令满口，呵气，即疼止肿消。由此可见，在平时人们作为香料的蕲艾在加以一定的运用之后，却是有着可以痛消肿、解毒清瘟功效的神奇草药。

有意思的是，李时珍的《本草纲目》中还谈到古代人们用薰香法止瘟疫，这同中世纪的欧洲相关疗法非常相似。看来，中西方同样对中医这一神奇芳香疗法情有独钟，并且在实践中也得到广泛的运用。

第二节　香的物理化学与化学物理

一、气味的本质

世间万物，有的有气味，有的没有气味。物质大多数都由分子组成，为什么有些分子会带有气味，气味的本质是什么？

有气味的"东西"，比如带有花香、腥臭或者"化学臭"的固体或液体物质，也有像氨气一样有气味的气体，而"纯净"的空气、水和一些物体我们认为是无气味的。那么气味本身的性质是什么，是分子的"特征""属性"还是分子、原子内部的振动？

二、嗅觉的形成

首先需要大家理解的是：气味这一概念出自人（或者别的动物）的大脑对空气中特别的化学成分的感知与识别。也就是说，气体分子本身是没有气味这一属性的，是大脑"制造"了气味。见图1-1。

人体内感受气味的是在鼻腔顶部的嗅黏膜，那里分布着很多嗅细胞。但是它并不是在呼吸空气的主要通路上，而是受鼻甲阻挡，所以只能接触到回旋方式的气体。如果你想增强呼吸的敏感度，可以采用短促而快速的呼吸，这样会让更多的气体接触嗅黏膜。

简单地说，嗅觉产生的过程是这样的：嗅细胞（图1-1中的6）感受到空气中的特定成分后，会产生神经冲动。嗅细胞穿过鼻腔上皮（4）和骨板（3），把嗅觉神经冲动送到大脑底部的嗅球（1）中。这里有 2000 多个嗅小球（5），接受对应的气味信号。嗅小球收到信号后，激活相联系的僧帽细胞（2），把信号传递到大脑中更高级的嗅觉中枢。

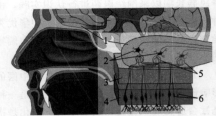

图 1-1　人体的嗅觉感受器
1—嗅球；2—僧帽细胞；3—骨板；
4—鼻腔上皮；5—嗅小球；6—嗅细胞

嗅觉能够识别的气味种类很多。这就要求嗅觉细胞能够和多种气体分子发生反应。人体中有约 1000 个基因用于生产不同的感受嗅觉的蛋白质，或气味受体。这些气味受体分布在嗅觉细胞上，分别和特定的几种气体反应。就是说，一种受体只能感应几种特定的气体。但是，多个受体可能对相同的气体都有感应，这样受体可以以组合的方式感应数量庞大的气体类型（10000 多种）。

所以，气味并不是气体本身的属性，而是人的大脑认识周围环境的一种能力，本质上是生物化学反应和神经活动，是在漫长的进化历程中逐渐形成的。人类和各种动物对气味的识别都是用于帮助适应环境，提高生存概率的。所以，人的嗅觉选择性地识别对生存有意义的气体。人类能够识别的气味大体上可以分为以下几类：

香味：主要来自食物，如水果、香料、煮熟的蛋白质（肉香），或者可以找到食物的线索，如花、草，或者有利的环境，如木头、大海、矿物等；

臭味：可能来自对人体有害的物质，有的含有硫、氮等元素；

腥味：来自生的动物蛋白质，人类学会吃熟食后就把它当成是一种厌恶的气味了；

膻味：来自生的动物脂肪；

焦糊味：来自经过高温的食物。

人的嗅觉和味觉是有联系的。味觉其实相对简单，长期以来，人们认为只有 4 种味觉：酸，甜，苦，咸，后来又加上了鲜。最近科学家认为"肥"也是一种味觉。这样味觉就有 6 种，是不是太少了？因为我们吃饭的时候感觉味道很复杂，远远不是这几种味道能够概括的，这就是嗅觉的功劳——感冒时鼻子不通，吃东西没有"味道"就是这个道理。

很多动物都有一个辅助嗅觉系统用于感受异性的荷尔蒙，人类同样可以闻到异性的荷尔蒙气味。这种特殊气味的荷尔蒙叫费洛蒙。每个人的气味都是不一样的，它体现了人体免疫系统的一些特性。由于免疫系统差异较大的人结合产生的后代会比较健康，所以人类倾向于选择这样的人作为伴侣。

气味本质上也可以看作是一种信息，是气体分子与人体感受器相互作用后产生的生物电信号，传达到大脑之后被人理解为气味。没有气体分子和感受器的相互作用便不存在相应属性的信息。与其说气体分子为什么会有气味，不如说人体为什么存在相应的感受器。

1. 振动学说（放射说）

认为嗅觉类似于视觉和听觉，气味的传播就像光波或声波那样通过振动产生。

从发出气味的物质到感受到这种气味的人之间，距离远近不同，但是在这段距离中气味的传播和光或声音一样，是通过振动方式进行的，即气味特性与气味分子的振动特性有关。

在口腔温度范围内，气味分子振动能级是在红外或拉曼光谱区，振动频率大约在 $100\sim700/cm$。当人的嗅觉受体感受到分子的振动能，亦即气味对人的嗅觉上皮细胞造成刺激后，便使人产生嗅觉。

这一学说能较好地解释气体分子光谱数据与气味特征的相关性，并能预测一些化合物的气味特性。

2. 化学学说

气味分子以微粒的形式扩散，进入鼻腔后与嗅觉细胞的感受膜之间发生化学反应，对嗅觉细胞造成刺激，从而使人产生嗅觉。但是也有人认为在这一过程中不是由化学反应，而是由吸附和解吸等物理化学反应引起的刺激，即所谓"相界学说"。提倡这类学说的人很多，目前这类学说较有名的有三个：立体结构学说、渗透和穿刺学说、外形-功能团学说。

立体结构学说认为：嗅感都由有限的几种原臭组成，每种原臭都有特定的嗅觉细胞受体。渗透和穿刺学说认为：嗅觉细胞能被气味的刚性分子所渗透和极化，定向双直膜可能暂时被穿孔，并借此进行离子交换，产生神经脉冲。外形-功能团学说认为：气味分子的形状、大小以及功能团的性质、位置不同，因而吸附在嗅黏膜后的排列状态也不一样，使嗅觉细胞产生不同的刺激而形成嗅觉。

3. 酶学说

认为嗅感是由于气味分子刺激了嗅黏膜上的酶，使酶的催化能力、变构传递能力、酶蛋白的变形能力等发生了变化而形成的。不同气味之间的差别在于气味物质对嗅觉感受器表面的酶丝所施加的影响不同。

4. 立体结构学说

此种学说也称"键和键孔说"，认为气味之间的差别是由气味物质分子的外形和大小决定的。这种嗅觉模型早在两千多年前诗人 Lucretius 就提出了。他想象鼻腭上有很多不同大小和形状的小孔，每一种气味物质，放出具有特定形状气味的"分子"，当这些"分子"嵌进"腭上"的小孔时就产生了嗅觉，而假设"分子"所进入的小孔的形状决定气味的类型。最近多年的研究证明，Lucretius 的这种想象基本上是正确的。

具有相同气味的分子，其外形上也有很大的共同性；而分子的几何形状改变较大时，嗅感也就发生变化。例如：两个分子结构相同，仅呈现两个异构体，互为镜像关系，就可能具有不同的气味；改变苯环上取代基的位置，可以明显改变该化合物的气味；而对含 14~19 个碳原子的大环化合物做相当大的重排改变时，对气味特性也不会有很大影响。

因此，决定物质气味的主要因素可能是整个分子的几何形状，而与分子结构或成分的细节无关。此外，也有些"原臭"的气味取决于分子所带的电荷。在此引用了"锁钥"概念，即假设嗅觉系统仅由几种不同类型的受体细胞构成，每一种受体代表一种独特的基本气味，气味分子通过与这些细胞上的受体位置，就像钥匙开锁一样恰如其分地紧密嵌入受体空间，就可产生嗅觉作用，人即能捕捉到这种气体的特征气味。"锁钥"概念曾十分成功地解释了酶与底物作用的专一性、抗原-抗体的特异性反应等。

三、阿莫尔气味理论

1. 嗅觉受体

无论滋味还是嗅味都必须由人或动物的感觉而知，感觉的敏感位置就是受体。感觉挥发性低分子量有机分子（香味、香料、气味剂等）的感觉细胞就是嗅觉受体。对人类来说，就是鼻腔内的嗅感上皮区域，也叫鼻黏膜。它位于人的鼻腔前庭部分，包括中鼻膜的后壁和后鼻甲的中隔。

鼻黏膜上密集排列着许多嗅感受器——嗅觉细胞，它由嗅纤毛、嗅小胞、细胞树突和嗅细胞体等组成。人类鼻腔每侧约有 2000 万个嗅觉细胞，嗅觉细胞和其周围的支持细胞、分泌粒并列形成嗅黏膜。支持细胞上面的分泌粒分泌出的嗅黏液覆盖在嗅黏膜表面，液层厚约 $100\mu m$，具有保护嗅纤毛、嗅觉细胞组织以及溶解 Na^+、K^+、Cl^- 等的功能。

能被嗅觉器官感觉的气味物质，必须具备以下三个条件：

（1）必须是挥发性物质；

（2）必须能溶解于水，即使溶解度极小也行。因神经末梢表面有一层水膜，若气味物质完全不溶于水，会受到水膜隔阻，达不到神经末梢，无法把信号传入大脑因而不能引起嗅觉；

（3）要求气味物质能溶于脂质中，这样才能使它透过神经末梢细胞膜的脂层结构。

2. 阿莫尔立体结构学说简介

阿莫尔气味理论提出了嗅觉理论模型：嗅觉是以分子的立体结构为基础的，同时把气味分为七种基本气味——七种"原臭"或基本嗅，其中每一种在嗅觉神经末梢上都有一适当形状的接受体。

7 种"原臭"——樟脑气味、花香气味、麝香气味、薄荷气味、醚样气味、辛辣气味（刺激气味）、腐败气味。

任何一种气味皆可由这 7 种"原臭"按一定比例混合而成，就像各种颜色是由光的三原色红、绿、蓝调配成的，各种味觉是由甜、咸、苦、酸四种基本味觉（早期认为"鲜"味是可以配制出来的）调配而成的一样。

把鼻腔内部也分为 7 类不同气味的受体位置。这些气味的受体位置，可以看成是神经纤维细胞膜上的超显微裂缝或小孔。每个裂缝或小孔有特定的形状和大小，假设每一个裂缝或小孔可以接受一个适宜构型的气味分子；有些气味分子可能适合两个嗅觉受体，如它以整个分子的宽面插入一个大受体位置，或以某一端基朝前地插入一个较小的受体位置，这样能结合两类受体位置的气味分子，反映到大脑中而引起复合的嗅觉。

经 X 射线衍射、红外光谱、电子束探针等现代化的仪器检测，发现和提出了 7 种"原臭"分子的空间结构模型（图 1-2）。

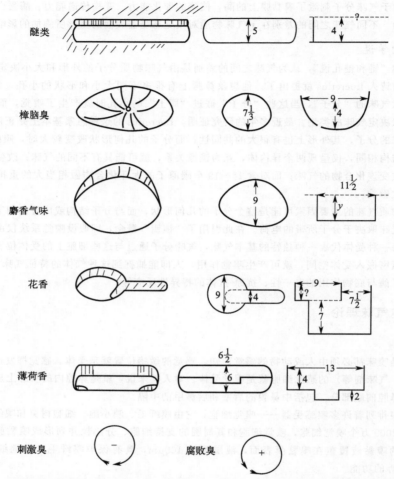

图 1-2 阿莫尔学说手绘七种气味的感受部位（左）及各种"键孔"的形状和大小（右）

具有醚臭的分子像棒状，厚约 5Å。

樟脑气味的分子近似球体形状，直径约为 7Å；樟脑气味分子的受体位置像是一个半球形的碗，其直径大约有 7Å 来适合樟脑气味分子的碗状受体模型。

麝香气味分子是一个直径约为 10Å 的圆盘状。

令人愉快的花香气味分子是一个圆盘并连有一个尾巴——有点像风筝，头的直径为 9Å，尾为 4Å。

薄荷分子是楔形的，并有一个强电负性原子团，能在楔形分子的边缘形成氢键。

辛辣气味与腐败气味分子与上述的模型不匹配。这两种气味的分子与其形状和大小无关，关键是分子所带的电荷。辛辣气味分子缺少电子而带正电荷，为亲电子物质；腐败气味分子是由有剩余电子的物质所引起的，为亲核物质。

在嗅感上皮区域（嗅黏膜）相应存在有若干种形状、大小不同的凹形嗅觉受体，如同"键孔"或"锁眼"，当气味分子像"键"或"锁匙"一样插入时，嗅觉细胞便受到刺激而产生嗅感。对于那些不属于原臭的其他气味，一般认为是几种气味分子同时刺激了不同形状的嗅觉细胞后产生复合气味的结果。

实验的验证：

（1）按照这个理论中分子空间形状与气味有高度相关性的观点，若知道了一个分子的几何形状，就可以预测该分子应具备什么气味。

（2）气味理论认为：天然物质的气味是十分复杂的，是由几种原臭分子共同作用嗅觉细胞而产生的，能否由几种基本气味按一定比例混合而成呢？如以雪松油气味作为实验对象，发现该气味的主要气味物质可由樟脑臭、花香气味、麝香和薄荷气味这 4 种气味组合而成。从分子的结构来看，具有雪松油气味特征的化合物分子结构适合这 4 种基本气味的气味受体。

能否用这 4 种原臭分子的不同数量组合来复制出雪松油的气味？经过 86 次试验，Amoore 等终于找到了一种具有天然雪松油气味的数量组合。此外，他们还用这 4 种原臭成功地调配出具有天然檀香木油的气味组合。

（3）为了得到在嗅黏膜上确实存在不同形状受体的直接证明，麻省理工学院工艺研究所的 R. C. Gesteland 曾用微电极测量青蛙嗅觉细胞对不同气味的电脉冲反应，发现青蛙中不同的嗅觉细胞对不同气味分子具有选择性反应，并探明青蛙嗅觉器官有 8 种不同的嗅觉受体，其中有 5 种与人类的原臭相吻合，即樟脑臭、麝香臭、醚臭、辛辣臭（刺激臭）和腐败臭。这是个极大的进展。

（4）针对鉴定单纯的基本气味而设计的。如果上述的嗅觉理论是正确的，那么只有适应于某一特定形状和大小嗅觉受体的分子而不是其他类型的分子能够代表某种单纯的基本气味，具有相同形状、大小的分子，就应该有相近似的气味；反之，则气味就不同了。

例如两种相同形状和大小的不同结构，都具有极相似的花香气味分子，如果两种分子具有不同种类的分子特征，一种具有花香气味的分子风筝形特征，另一种是具有腐败臭味化合物的亲核电荷特征，则经人们主观判断，就可以得出其气味极不相同。

Jahnston 曾用蜜蜂代替人的嗅觉做了同样的实验，来检验蜜蜂对两种气味的辨别能力。

（5）实验由受气味训练过的人来识别。选用 5 种化合物，分属三种不同类化合物，内部结构也不一样，外部形状皆为圆盘状，让人来嗅，结果皆可辨认出麝香味，可是到进行气味鉴定时，他们就无法将这 5 种化合物分别识出，即能嗅出气味但分辨不出，说明形状相似的物质有相似的气味。

四、嗅觉的机制

2004 年 10 月 4 日，诺贝尔基金会宣布把本年度的诺贝尔生理学或医学奖颁发给美国科学家理查德·阿克塞尔（Richard Axel）和琳达·巴克（Linda B. Buck），以表彰他们在研究人类嗅觉方面的贡献。

两位科学家的主要成就在于他们揭示了人类嗅觉系统的奥秘，告诉世界"我们是如何能够辨认和记得 1 万种左右的气味"的。

气味——也就是嗅觉，与视觉、听觉、味觉、肤觉一起，构成了人类 5 种主要的感知外部世界的方式。嗅觉往往让人留下深刻的印象：独特的花香会唤起一个人久远的美好回忆，一种难闻的气味也会让人对某种食物避之唯恐不及。嗅觉不仅让人的感受更加细致入微，而且对很多动物感知周围环境，以至于更好地生存也起着重要的作用。那么嗅觉是怎样产生的呢？

人类对气味问题的思索至少可以追溯到公元前 4 世纪的古希腊时代。当时著名的学者亚里士多德认为，气味是有气味的物质发出的辐射。而另一位希腊学者伊壁鸠鲁，则在德谟克利特原子论的基础上来解释嗅觉。他认为是不同形状的原子让鼻子感觉到不同的气味。他曾经天真地设想，引起甜味嗅觉的是光滑、圆圆的原子，而酸味则是由尖的原子产生的。后来的研究表明，不同的气味确实是由不同结构的物质引起的，但是并不是什么圆的或者尖的"原子"。

后来，苏格兰的科学家蒙克里夫于 1949 年提出了一种气体立体化学理论，认为气体分子的形状如同我们常见的物体那样，多种多样，千姿百态，有球形、船形、椅形等。气体立体化学理论认为，人和动物的鼻子都有感觉灵敏的鼻窦，在鼻窦的细胞中有专门接受外界气体分子的受体，它也是一种分子。当外界气体分子和鼻窦受体分子像模具和模型一样相互吻合并发生反应时，产生的信号便刺激大脑，就可以使人闻到气味。如果外界气味分子和鼻窦受体分子不吻合、不反应，人就闻不到气味。

再后来，美国的阿莫尔对此理论提出了一个较为完整的嗅觉化学机制，但两者大同小异，观点基本相同。

不过，这种理论也遇到了一些新的挑战。例如，有的物质化学结构虽不同，却有相同气味；也有一种物质同时具有两种气味……这些问题用上述理论都难以解释，因此上述理论也不完善，但人们对嗅觉的认识却在步步深入。

对于嗅觉产生机理这一难解的谜题，终于理查德·阿克塞尔和琳达·巴克，通过他们自己开拓性的工作找到了解开这一谜底的钥匙。两位科学家于 1991 年发表了有关这一课题的基础论文，介绍了气味受体基因大家族。后来，两人又各自独立工作，更加深入地阐明了整个嗅觉系统的工作原理。

嗅觉受体的激发过程——嗅觉受体属于G蛋白偶联受体，是一种细胞表面受体。每个嗅觉受体都是一条跨膜7次的多肽链。多肽链创建了一种黏合球囊，气味物质可以黏附在上面。一旦嗅觉受体与特定的气味分子结合，它们的构型就会发生变化，进而引起另一种蛋白质——G蛋白质——也发生变化。G蛋白质又转而刺激环磷酸腺苷（cAMP）的形成。cAMP是一种信使分子，可激活离子通道，让其开通，然后使细胞被激活。最终的结果是引发一次神经冲动——一个脉冲电信号被送到了嗅球。

阿克塞尔、巴克和他的同事们开始研究嗅觉神经细胞的蛋白质受体，但是他们并没有直接研究蛋白质，而是转而研究基因。基因是组成我们身体蛋白质的"图纸"。通常一个基因负责制造一种蛋白质。既然在嗅觉神经细胞的细胞膜上有蛋白质，那么就一定有对应的基因。通过基因克隆的方法，阿克塞尔找到了一群负责制造蛋白质受体的基因，这一群基因只在嗅觉神经细胞中表达。

巴克首先取得了一个"非常巧妙的"新突破。她做的三个假设极大地缩小了研究范围。

她首先依据实验室的研究成果，假设受体在形态上和功能上的一些特性，这就能缩小研究范围。其次，她假设气味受体是一个相互关联的蛋白质家族中的成员，这样就可以从大型蛋白质族群入手研究。另外，她主张锁定只对嗅觉细胞中出现的基因进行研究。

阿克塞尔称，巴克的大胆假设为他们的研究至少节省了好几年的时间，这就使得研究小组能集中对一些可能专门为受体蛋白质编码的基因进行研究，从而取得较大进展，终于发现了一个庞大的基因家族。

让阿克塞尔出乎意料的是，这一群基因的数量竟然有这么多：大约有一千个负责嗅觉的基因。也就是说，有大约一千种蛋白质受体。这是人类数量最大的一族基因，大约占人类基因总数的1%。这也就是他和琳达·巴克在1991年的《细胞》杂志上发表的论文。

一千个基因带来了另一个问题：那么多蛋白质是怎么排列的？如果每一个嗅觉神经细胞都拥有这么多蛋白质受体，那么也许无论什么气味分子都会引发神经冲动。这样一来，大脑就很难区分不同的气味。另一种可能性是，一个嗅觉神经细胞只有1种蛋白质受体。这样，一种气味分子只能让某些——而不是全体——嗅觉神经细胞向大脑发出信号。

阿克塞尔和巴克分别独立地证明了每个单独的嗅觉受体细胞只表达一种并且只有一种气味受体基因。因此，气味受体有多少，就有多少类型的嗅觉受体细胞。我们能闻到上万种气味，但是对应的蛋白质受体只有不到400种。如果一种蛋白质受体只负责一种气味，那么我们的全部基因都负责制造蛋白质受体，也不够用。

奥妙在于，一种蛋白质受体能够特异地和多种气味分子结合，同时一种气味分子也可能特异地和多个蛋白质受体结合。而大多数气味是由多种气味分子构成的，这就导致了一种结合密码以形成一种"气味类型"。这样，400种蛋白质组合出上万种气味模式，并非不可能。由此就构成了识别气味能力的基础并且形成了约对1万种不同气味的记忆。

阿克塞尔和巴克通过确定大脑中第一个中转站组织，深化了他们的研究。嗅觉受体细胞把它的神经突触送到嗅球，在嗅球中约有2000个精确限定的微小区域，即球囊。他们独立地证明了携带有同一类型受体的受体细胞把其突触聚集到同一种球囊中。这种来自具有同一受体细胞的信息聚集到同一球囊的现象证明了球囊也具有显著的特异性。

在球囊中不仅能发现来自嗅觉受体细胞的神经突触，而且发现它们与下一个水平的神经细胞——僧帽状细胞——联系在一起。每个僧帽状细胞只由一个球囊激活，因此，信息流的特异性（即某种特殊的气味）得以维持。最后，通过长长的神经突触，僧帽状细胞把信息传递到大脑的几个部位。巴克证明，这些神经信号（信息）到达大脑皮质精确的微小区域。因此，来自几种类型气味受体的信息在大脑皮质整合为一种气味类型特征并记录。最终气味得到破译，并使得我们产生了气味识别的有意识体验。

阿克塞尔和巴克所发现的嗅觉系统的一般性原理似乎也可以应用到其他感觉系统。比如另外一种用于传递信息的"气味"——信息素。

昆虫常常使用这类物质，在哺乳动物中也有类似的现象，但是即便哺乳动物也使用类似的信息素，它们也不是由嗅觉上皮负责感知的。在鼻腔中有一个叫做犁鼻器的组织负责感知信息素。

然而，阿克塞尔等科学家发现，人类犁鼻器上感知信息素的蛋白质受体和用于感知气味的蛋白质受体有较大的差别。这说明嗅觉上皮和犁鼻器在很早以前就可能已经分别进化了。

一些研究表明，在啮齿类动物中存在"一见钟情"的信息素。现在已经肯定，人类也有犁鼻器，也有类似作用的信息素。

哥伦比亚大学校长布林格说，他们的研究"解决了我们大脑是如何把感觉转化为知识的，能够提高人们的生活质量"。如今，两位科学家所做基础研究的理论或是科研成果已经运用到了实际生活中，或是对其他科学研究起到了帮助作用。

老鼠被训练搜寻地震后被埋在废墟下的人们。老鼠嗅觉灵敏，利用嗅觉原理经过数月训练记住人类的气味后，科学家在它脑内植入电极，并与电子发报机相连。当它们被派往废墟现场，嗅到"目标"的气味之后，脑电波波动图形显示"啊哈……找到了"。此时，技术人员可通过设备确定小老鼠的位置，同时也就能知道被困人员的下落。

另外，日本研究人员正研究一种气味枪，可以用在商场等地。当顾客从面包房前走过时，摄像头会指挥气味枪喷出面包香味，以此来吸引顾客。

美国洛克菲勒大学的研究人员发现，蚊子的嗅觉依赖于 Or83b 号基因，如果采用化学方法使该基因功能失效，蚊虫就难以找到猎物——人了。

对于嗅觉的研究为人们提供了一个了解自身的方式，特别是在人类基因组计划初步完成之后，科学家可以开始考虑，进化是如何塑造了人们的嗅觉。

例如，为什么人们有大致相同的嗅觉好恶？有些嗅觉基因的突变是否在进化史上改变了人们的饮食习惯？

当然，还有一个理查德·阿克塞尔和琳达·巴克，以及今天所有的生物学家都尚不能提供准确答案的大问题：当嗅觉的信号传递到大脑之后，大脑究竟如何处理它们。不仅仅是嗅觉，这实际上是在问，大脑的具体工作机制是什么？

五、香味与香味物质结构之间的关系

香味物质属于有气味物质的一部分。目前化学家有系统研究过的有机化合物数量约 200 万种，其中有气味的化合物占数目的 1/5，即 40 万种。

1959 年，日本人小幡不尔太朗在总结前人理论的基础上，概括了有气味的有机化合物必须具备的条件为：

（1）这种物质必须具有挥发性，因为只有可以挥发的物质，分子才能到达鼻黏膜，从而产生气味。

（2）分子量在 29～300（现在认为应该改为 17～340），才有可能产生气味。

（3）能产生气味的物质，必须是油（脂）、水双溶性的，有些有机物只溶于水而不可溶于油（脂），所以几乎无气味。

（4）分子中具有某些原子或原子团（可称为发臭原子或发臭基），发臭原子指位于元素周期表的 Ⅳ～Ⅶ 主族的原子，其中磷、砷、硫、锑为发恶臭（强烈气味）原子。发臭原子团主要有：羰基（＞C＝O）、醛基（—CHO）、甲醇基（—CH₂OH）、酯基（—CO₂R）、氨基（—NH₂）、醚基（—O—）、羧基（—CO₂H）以及碳酸基（—OCOO—）。

（5）折光率在 1.5 左右。

（6）拉曼效应测定的波数在 1400～3500cm⁻¹ 内。

以上 6 条可作为判断分子有无气味的依据。

什么样结构的化合物有香味，什么样的结构与某一类香味相关呢？目前对于香味与结构之间关系的研究尚未完全达到确立基本规律的地步，其原因是：

（1）气味表现、阈值会因人而异；

（2）气味因浓度而发生变化；

（3）由于相加和相抵的效果，混合物的气味不简单地表现出加和状态，所以，想定量地表示出香气试验是很困难的。

深入研究香味与其结构之间的关系，对于新香味物质的研制、开发和利用有指导作用。

六、香味与分子结构之间的关系

1. 从气味预测分子结构

评价某致香物有"醇香、酯香"时，事实上也把这种致香物中含有醇、酯类指明了。一般来说，当分子量比较小，基团在整个分子中占的比例较大时，基团对气味的影响是主要的，气味的表现主要由它决定，例如，含有—OH、—O—、—SH—（巯基）、—S—（硫醚基）、—NH₂、—CO—、—COOH、—COOR 基团的化合物分别有各自的共同气味。

低级酯类（C6 以上）一般有轻微的果实香，而且这些酯类均有共同香气，给人的香气感觉相似。分子内酯基的位置对气味影响不大。

2. 从气味预测分子的部分结构

当基团不是单独的置换基，而是和分子整体结构有关时，根据一定的气味预测出酮的部分结构例子很多。例如，焦糖的香气使人联想到蔗糖带有甜味的芳香，只有这种化合物中具有环状 2-酮体的烯醇结构。

3. 从气味研究分子骨架结构

当把共同香气的化合物放在一起比较时，可以看出不一定是基团一部分结构相同，而是和分子整个结构有关。例如上面化合物有共同的基香香气，但无相似的分子结构，基团也各异，只是它们具有共同的骨架，说明香气与有关活泼电子的分布无关。

4. 同系结构的气味

归纳起来有以下几点：

（1）在同系列化合物中，低级化合物的气味取决于所含的官能团，而高级化合物的气味取决于分子结构的形状大小。

例如，天然麝香是一种珍贵的动物香料，其主要成分是 3-甲基环十五酮，即麝香酮，自人们发现天然麝香中的麝香酮以来，合成了许多大环麝香化合物。分子较小时（C6 以下）气味由官能团决定，随着碳原子数的增加，分子体积越来越大，气味趋向由整体结构决定，C8～C9 表现出樟脑气味，C15～C16 表现出共同的麝香香味。

（2）相似的分子排列，分子中有不饱和基团的化合物的气味较强，有些化合物由于不饱和度的增加，香气变得优美。

（3）在苯的衍生物中，有相同类型基团存在时，有相似的气味。如苯环上引入—CH、—NO₂、—CN 等，一般产生相似的气味。例如分子中 R—NO₂、—CHO、—CN 等。

5. 异构体的香味

（1）碳链异构体的香味。一般来说，有侧链的异构体比无侧链的异构体香味强且悦人，但脂肪族类化合物中，碳链异构体之间的气味无显著差异。

（2）位置异构体。大多数化合物与它的相应位置异构体有类似气味。

（3）几何异构体的香味。几何异构体之间的气味在本质上是相似的，只是顺式异构体比反式异构体的气味更优雅，反式异构体比顺式异构体的气味更清淡。

（4）差向异构体的香味。差向异构体之间的本质气味是相同的，但香气强度有差异。例如，在分子中具有竖键的醇类比具有横键的异构体有更强的气味，尤其在檀香香料中表现更为强烈。

（5）光学异构体的香味。光学异构体之间的香味，目前尚未总结出明显的规律性，有些对映体之间显现的香味相同，但气味强度上有差异，有些异构体之间则呈现明显不同的香气特征。到目前为止，没有发现在光学异构体中有气味而另一种没有气味的报道。

七、香型与分子结构特征的关系

香型即香气类型。人们把具有相同香气物质归类在一起就构成了某些香型。关于香型的分类方法有很多，这里只对几种香味化学中有意义的香型和与之对应的分子结构特征予以总结。

（一）麝香分子及其分子结构特征

1. 苯系硝基麝香化合物

这类化合物的分子特征是：

（1）分子中至少具备两个硝基、一个甲基和一个叔丁基；

（2）与苯环直接相连的为带有孤对电子的结构，或重链结合的结构，如果没有这种基团，苯环上必须有第三个硝基存在。

2. 苯系非硝基麝香化合物

1948 年，卡平特（Carpenter）等人首先报道了某些化合物具有麝香香气，从而开辟了苯系非硝基麝香的领域。

到目前为止，已有大量的非硝基苯麝香问世。这类物质一般表现出较好的光敏性。其分子特征是：

（1）碳原子数在 14～20 之间，最好在 16～18 之内；

（2）2,3-二氢茚或 1,2,3,4-四氢萘的骨架；

（3）一个酰基和一个仲丁基或叔丁基作为独立的基团与苯环相连，最好是乙酰叔丁苯与苯环相连；

（4）与芳环相连的非芳环的碳原子有一个是叔碳原子或季碳原子，最好是季碳原子。

3. 大环麝香化合物

这类化合物的分子结构特征如下：

（1）环中碳原子数为 13～19 的环酮；

（2）碳原子数为 13～15 的环碳酸酯；

（3）环中碳原子数为 15～19 的酸酯；

（4）环中碳原子数为 14～18 的环内酯；

（5）环中碳原子数为 14～19 的环胺。

（二）紫罗兰香及其分子结构特征

自 1934 年卡其伽首先提出紫罗兰酮的结构以来，人们已经合成出许多紫罗兰香味的化合物。

该类香气物质具有的分子结构特征是：具有 1,3-烯醇式环乙烯，在上述取代基两侧至少具备两个甲基，甲基数目增多则气味加强。

（三）苦杏仁香型及其分子结构特征

包伦斯总结了一系列具有杏仁香味的化合物，其分子结构特征为：

（1）分子中至少有一个官能团，而这个官能团是吸电子基；

（2）吸电子基连接到苯环共轭体系（苯环或五元杂环）或吸电子基连接到苯环共轭体系的双链上。

（四）茉莉香及其分子结构特征

19 世纪末 20 世纪初，人们才开始茉莉香化学的研究，自茉莉油中分离并鉴定出关键香气成分"茉莉酮""茉莉内酯"和"茉莉酮酸甲酯"以后，合成了大量的茉莉香味化合物。

后来，人们还发现有些与茉莉油无关的成分也具有茉莉香气，这些化合物包括利用羟醛缩合反应得到的某些酮和醛。

从上述化合物中总结出的茉莉香味的分子结构特征为：环绕一个中心碳原子上连有三个不同的基团，即：一个强的极性基团（官能团）、一个含有 C5 或 C6 的烷基侧链和一个较弱的极性基团。

（五）檀香及其分子结构特征

其分子可归纳为以下几个类型：

（1）檀香衍生物，同系物及同分异构体；

（2）萜乙醇类；

（3）烯衍生物类；

（4）其他化合物。

布伦克等人根据檀香分子结构总结出了檀香分子的结构特征是：具有 12～17 个碳原子以及与大分子基团部分具有特定距离的羟基的分子有檀香香气。分子中 C2 和 C6 位置上的支链化，有利于檀香香气的嗅觉效果，C7 位置上的双链是必要的，该双链可以被醚基、环丙烷环或具有立体障碍的环所替代。

（六）肉香物质的分子结构特征

孙宝国对具有肉香味的含硫香料分子结构与香味关系进行了分析总结，得出以下结论：

（1）含硫香料分子中对于肉香味形成起关键作用的是与碳原子以 σ 键相连的二价硫原子。

（2）在肉香味的形成过程中，起决定性作用的是分子结构而不是硫原子个数。

（3）分子中的二价硫原子和邻位碳原子上的二价杂原子（O 或 S）的协同作用导致分子产生肉香味。

（4）具有肉香味的含硫香料分子量一般为 90～300，分子中硫原子个数一般不超过 4 个，其他杂原子个数一般不超过 2 个。

（5）具有肉香味的含硫香料分子的结构通式为（图 1-3）：

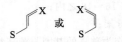

图 1-3　具有肉香味的含硫香料分子结构通式 X 为 O 或 S

根据上述结论可以断定，与 2-甲基-3-甲硫基呋喃和甲基-2-甲基-3-呋喃基二硫具有类似分子骨架的 2-甲基-3-甲硫基噻吩和甲基-2-甲基-3-噻吩基二硫应具有肉香味。这一结论与实际情况是一致的，见图 1-4。

图 1-4　2-甲基-3-甲硫基噻吩和甲基-2-甲基-3-噻吩基二硫分子结构图

上述两个化合物尚未被批准允许作为香料使用。

又如，从牛肉提出物中发现的重要焙焦糖香味香料 4-羟基-5-甲基-3(2H)-呋喃酮（FEMA No. 3635）并不具有肉香味，但当其羟基被巯基取代后就具有了肉香味（含硫香料分子骨架）。

如果发生变化的是环上的氧，也会产生肉香味，如菠萝、草莓的香成分 2,5-二甲基-4-羟基-3(2H)-呋喃酮（FEMA No. 3174）具有强烈的菠萝-草莓样香味，不具有肉香味；而 2,5-二甲基-4-羟基-3(2H)-噻吩酮则具有肉香味。

目前文献报道过的 100 多种符合上述结构特征的化合物，都具有肉香味。其分子结构与香味之间的关系与上面的结论可以很好地吻合。可以肯定，这个结论用来预测具有肉香味的新化合物具有一定的指导作用。

第二章 天然香料

第一节 概 述

天然香料一般是指以动植物的芳香部位为原料，经过简单加工制成的原态香材，植物香料的形态大多保留了植物固有的一些外观特征，如香木块、香木片、"香叶"等；或者是利用物理方法（水蒸气蒸馏、浸提、压榨等）从天然原料中分离出来的芳香物质，其形态常为精油、浸膏、油树脂、净油、香膏、酊剂等，如玫瑰油、茉莉浸膏、香荚兰酊、白兰香脂、吐鲁香树脂、水仙净油等。

自然界中现已发现的香料植物有 3600 多种，得到有效利用的有 400 多种。植物的根、干、茎、枝、皮、叶、花、果实或树脂等皆可成香，例如，茉莉、玫瑰取自植物的花；香茅草、桉树、樟树取自植物的叶；豆蔻、小茴香、鸡舌香取自果实部；甘松、木香取自根部；檀香、降真香取自木材；龙脑、乳香取自树脂。动物香料多为动物体内的分泌物或排泄物，有十几种，常用于日用品加香的有麝香、灵猫香、海狸香和龙涎香 4 种，食用动物香料有鱼、虾、蟹、禽畜肉等提取的油、酊剂、浸膏、浓缩物等。

天然香料广泛分布于植物或动物的腺囊中。天然香料大多有其特有的定香作用、协调作用及独特的天然香韵，许多是目前的合成香料难以媲美的。天然香料的主要成分有萜烯、芳香烃、醇、酸、酮、醚、酯、酚和含硫含氮化合物、杂环化合物等。

古代人类使用的都是天然香料，第一次世界大战后才开始大力发展合成香料。玫瑰、茉莉、白兰、桂花、薰衣草、晚香玉等仍是时下流行的花香型天然植物香料，也是素心兰型和东方香型等各种日用香精的重要成分。天然动物香料品种较少。天然香料一般分为浸膏、净油、精油、压榨油、单离香料、酊液和香树膏七类。天然植物香料是由植物的花、叶、茎、根和果实，或者树木的叶、木质、树皮和树根中提取的易挥发芳香组分的混合物。随着人们消费观念的改变，考虑到化学合成物质的安全性及环境问题，目前化学合成香料的用量进展减慢，而天然香料的应用日益广泛，增长较快。天然香料以其绿色、安全、环保等特点，日益受到人们的喜爱。世界天然香料产量正以每年 10%～15% 的速度递增。近年来，瑞士、美国、德国、日本和韩国等国家对天然香料的应用研究很活跃，主要趋向于研究天然香料的功能性，如免疫性、神经系统的镇静性、抗癌性、抗氧化性、抗老化性、抗炎性、抗菌性和对某些动物的驱避作用等。

中国拥有丰富的植物性天然香料资源，有 500 余种芳香植物广泛分布于 20 个省市，但由于提取加工工艺比较落后，香料资源只有部分被开发利用。很多植物性天然香料只能做到初步提取，而且收率和纯度都较低；有一些产品被运到国外进行深加工。这不仅导致中国市场植物性天然香料紧缺，而且严重浪费中国的宝贵资源。

我国的天然香料利用，有文字记载的可追溯到三千多年前的夏商时代，早有采集植物香料作为医药用品来驱疫避秽。当时人类对植物中挥发出的香气已很重视，闻到百花盛开的芳香时，同时感受到美感和香气快感。在夏商周三代，对香粉胭脂就有记载，张华博载 "纣烧铅锡作粉"，中华古今注也提及 "胭脂起于纣"，久云，"自三代以铅为粉，秦穆公女美玉有容，德感仙人，肖史为烧水银作粉与涂，亦名飞云丹，传以笛曲终而上升"，可见脂粉一类产品早在夏商周三代已使用。春秋以后，宫粉胭脂在民间妇女中也开始使用。阿房宫赋中描写宫女们消耗化妆品用量之巨，令人叹为观止。《齐民要术》记有胭脂、面粉、兰膏与磨膏的配制方法。这些化妆品的配制都要使用香料，即天然香料。

较珍贵的天然香料，在调香中除起圆和谐调、增强香气等作用外，还有使香气持久的定香作用，主要有：檀香、沉香、乳香、麝香、灵猫香、海狸香和龙涎香等。通常以乙醇制成酊剂，并经存放令其圆熟后使用。动物性香料在未经稀释前，香气过于浓艳反而显得腥臊，稀释后即能发挥特有的赋香效果。

　　大部分天然香料属植物性香料。以芳香植物的花、果、叶、枝、皮、根或地下茎、种子等含有精油的器官及树脂分泌物为原料，可制成各种不同形态的香料产品。在世界各地，尤其在热带和亚热带地区，都有各种芳香植物的栽培和生长，如印度的檀香、保加利亚的玫瑰、中国的薄荷和八角茴香、斯里兰卡的肉桂以及法国的薰衣草等均著称于世。虽然含有精油的植物很多，但常用的只有200余种。产量较大的有松节油、薄荷油、香茅油、柑橘油以及桉叶油、樟叶油等。天然植物原料经采集、整理、筛选以及适当处理，如短时间热水浸渍、干燥、粉碎，即可直接作赋香原料或作调味料使用，如玫瑰花干、八角、桂皮、月桂叶等，但大多数都制成精油使用。因此，精油是植物性香料的代表。此外，还有浸膏、净油、香树脂、油树脂和酊剂等制品。

　　（1）精油：天然香料制品中最常用的形态。通常采用水蒸气蒸馏法制取，少数采用冷榨、冷磨方法。呈透明澄清，无色至棕褐色，具有挥发性特征芳香的油状液体，因而又称挥发油。具有易燃性和热敏性，一般不溶或微溶于水，易溶于有机溶剂，大多数精油的密度小于水。精油中的含氧化合物常为其主香成分。由于精油中的萜烯化合物易氧化变质，将萜烯成分除去后称为除萜精油。将精油中有效成分加以浓缩所得产品称为浓缩油，如二倍浓缩甜橙油等。除萜精油水溶性较好，是配制水溶性香精的重要原料。主要的精油有玫瑰油、香叶油、薰衣草油、檀香油、薄荷油等。

　　（2）浸膏：采用溶剂萃取法制取。具有特征香气的黏稠膏状液体或半固体物，有时会有结晶析出。浸膏所含成分常较精油更为完全，但含有相当数量的植物蜡和色素，在乙醇中溶解度较小，色深，使用上受到一定限制，以此法制成净油或脱色的浸膏。常用的有茉莉花、桂花等浸膏。

　　（3）净油：以纯净乙醇作溶剂，浸膏在低温下进行萃取后再经过冷冻除蜡制成的产品，可直接用于配制各种高档香水。常用的有晚香玉、茉莉等净油。

　　（4）香树脂：用乙醇作溶剂，萃取某种芳香植物器官的干燥物，包括香膏、树胶、树脂等渗出物和动物的分泌物，从而获得的有香物质的浓缩物。香树脂多半呈黏稠液体，有时呈半固体，如橡苔香树脂等。

　　（5）油树脂：用食用挥发性溶剂萃取辛香料，制成既含香、又有味的黏稠液体和半固体。多数作食用香精，如生姜油树脂等。

　　（6）酊剂：用天然芳香物质作原料，以一定浓度纯净乙醇进行萃取，再将萃取液经适当回收溶剂制得的产品，如麝香酊、排草酊、枣子酊等。

　　由于野生植物的采集很受季节、气候等因素的制约，采收的产量有限，出产也不稳定；而且，那些出产名贵香料（沉香、檀香、麝香）的动植物大都遭到了过度的采伐猎取，时至21世纪大多已成为濒危物种，所以大多数天然原料的生产都主要是依靠人工种植。

　　要保证人工种植香料品质，需要注意很多方面的因素。首要的是品种因素：同一种植物中常分为不同的亚种，各亚种的性状也常有较大的差异。

　　水土自然环境：植物生长区域的水分、温度、光照、土壤、空气以及周边的植物群落等自然因素，都会直接影响植物的质量。

　　成熟周期：从培育到采摘之间的时间长短是一个很重要因素。对某些香料来说，其"孕育"时间越长，质量也越高，例如沉香，其"三年香"的价格差不多正是"一年香"的三倍。薰衣草自种植后，约在第三年才是成熟期，出油质量最好，超出这个阶段后其质量也会下降。

　　栽培的方式：在这方面，栽培方法、栽培经验固然是重要因素，但更重要的是工业污染的程度。化学肥料、化学农药以及空气污染等都会直接导致香料质量的降低。在一些不发达国家，由于化学肥料甚至比天然肥料还贵，所以很少被使用，这反而使他们出产的香料品质更好。

　　采取的部位：植物的根、干、枝、叶、花、果实等不同的部位，芳香成分的含量各不相同，如檀香，越靠近根部和树心的部分含油量越高。

　　采取的时机：同一棵植株在不同的天气、不同的时辰、不同的生长阶段采摘，其芳香成分也会不同。从中医学的角度来看，这就更是一个十分重要的因素，不仅影响香料的药力，甚至会改变香料的药性。

　　凡具有异香的植物都可以提取芳香油。中国出产的植物性芳香油的种类，据不完全统计达两百多种。最主要的是八角油、丁香油、桂皮油、月桂油、香草油、柠檬油和薰衣草油等数十种。

　　配制日用品香精使用的天然香料主要有两种：动物香料和植物香料，另外三种香料——美拉德反应产物、微生物发酵产物及自然反应产物大部分用于配制食品香精。

第二节　动物香料

在配制食品和日用品香精时，可供使用的动物香料并不多，有些品种昂贵而不可多得，常见的只有麝香、麝鼠香、灵猫香、龙涎香、海狸香、水解鱼浸膏与各种海鲜浸膏等寥寥几种。后两种主要用于配制食用和饲料用香精。

一、麝香

麝香是中国的著名特产之一。"西藏麝香"自古以来就是西方人士梦寐以求的天然宝物，中国古代四大对外通商渠道是北丝绸之路、南丝绸之路、海上丝绸之路和经过西藏的"麝香之路"，足以说明麝香在世人心目中的地位。

麝香的香气其实并不像人们传说的那么美好，即使在配成很稀的溶液时也是如此。调香师喜欢麝香的原因在于它优秀的"定香性能"，还有它所谓的"动情感"——一种香精里面加入少量的天然动物香料，通常就会让人闻起来有一种愉悦、兴奋的感觉。这个长期以来困惑科学家们的现象目前有了新的解释：原来人类的鼻腔里面也有其他哺乳动物共有的、能够接收信息素（费洛蒙）的"犁鼻器"，只是它已经退化到肉眼几乎看不到的程度，直到前几年才被"找"到。由于"费洛蒙"没有气味，难怪人们花了几十年的时间把用气相色谱法从天然麝香分析得到的几乎所有的香气成分再配成"惟妙惟肖"的麝香香精还是"骗"不了一般人的鼻子。

用气相色谱法分析天然麝香，可以得到几百个挥发性成分，以前香料工作者只注意那些有香气的成分，忽略了那些"对香气没有贡献的物质"。自从找到人类"犁鼻器"并确认人也与其他动物一样可以发送和接收"费洛蒙"以后，科学家们已开始在天然麝香的挥发性成分里寻找"费洛蒙"，希望能揭开这个长期以来困扰人们的天然香料"动情感"之谜。

天然麝香对香料工作者最大的"贡献"在于它启发了人们开发一系列合成香料——合成麝香的创造性工作。自从一百多年前鲍尔在实验室里合成出第一个具有麝香香气的物质——"鲍尔麝香"以来，科学家们对合成麝香香料的兴趣和实验就从未断过，合成麝香香料成为香料工业里面一支生机勃勃、永不衰退的生力军。

天然麝香一般都是先配成"麝香酊"再用于香精配方中的。3％麝香酊的制法如下：

"麝香子"	3g	95％乙醇	96g
氢氧化钾	1g		

按上述配方配好以后，密封贮藏 3 个月以上，过滤备用。利用"活体取香"得到的香膏也可代替上述的"麝香子"制成"麝香酊"。

表 2-1 是一个用麝香酊配制的香水例子：

表 2-1　水仙花香水的配方

组分	用量/g	组分	用量/g
水仙花香水香精	15	茉莉净油	0.5
麝香酊	12	水仙净油	0.5
吐纳麝香	2	乙醇(95％)	70

本书中列举的香精配方都是"框架式""示范性"的，或者说它们还不能算是"完整的配方"，一般都比较简单，读者在使用这些配方时可以再试着多加入一些香气类似的香料（使得香精的配方复杂一些，例如上述配方里用的"吐纳麝香"，可以试着改用佳乐麝香、麝香 T、麝香 105、环十五内酯等代替一部分），以使最终调出的香精香味更加宜人、和谐，更有使用价值。

二、麝鼠香

由于麝香来源越来越少，并在许多国家已被明令禁用，但麝香对于配制香水和化妆品香精来说又是不可或缺的，人们不得不寻找其替代品。除了用化学法制取"合成麝香"外，从其他动物中寻找类似麝香的香料也是一条途径。麝鼠活体取香就是其中较为成功的一例。

麝鼠原产北美，后传入欧洲，辗转传入我国。每只麝鼠每年通过活体取香可得麝鼠香 5g 左右。麝鼠香又称"美国麝香"，用石油醚提取麝鼠香至少可以得到 37 种香料成分，主要是十二到二十八碳烯酸甲酯与乙酯、十五烷酮和十七环烷酮、十五环烯酮和十七环烯酮、胆甾烷二烯等，用其他溶剂还可以从麝鼠香中分别得到胆甾-5-烯-3-醇、癸炔、庚醛到十一醛、十一碳烯醛、辛酸、壬酸等。

同麝香一样，麝鼠香也要先制成"麝鼠香酊"，再用于香水与化妆品香精的配制上。麝鼠香酊的制法如下：

麝鼠香	5g	95%乙醇 93.5g
氢氧化钾	1.5g	

按上述配方配好以后，密封贮藏 3 个月以上，过滤备用。表 2-2 为三花香水的配方。

表 2-2　三花香水的配方

组分	用量/g	组分	用量/g
茉莉香精	13.5	癸醛(10%)	0.1
茉莉净油	0.6	麝香酮	0.2
橙花净油	0.3	龙涎香酊(3%)	2.0
玫瑰净油	0.2	麝鼠香酊剂(5%)	3.0
灵猫香净油	0.1	乙醇	80.0

三、灵猫香

灵猫香是大灵猫香腺囊中的分泌物。将灵猫缚住，用角制小匙插入会阴部的香腺囊中，刮出浓厚的液状分泌物，即灵猫香。每隔 2～3 日采取一次，每次可得 3～6g。

除上述品种外，尚有小灵猫，又名斑灵猫，其香腺囊中的分泌物亦同等入药或用于配制香精。但小灵猫体型较小，香腺囊较不发达。

新鲜的灵猫香为蜂蜜样的稠厚液，呈白色或黄白色；经久则色泽渐变，由黄色而终成褐色，呈软膏状。不溶于水，逢酒精仅能溶一部分，点火则燃烧而发明焰。气香，近嗅带尿臭，远嗅则类麝香；味苦。以气浓、白色或淡黄色、匀布纸上无粒块者为佳。

大灵猫分泌物雄体每只年产灵猫香 50～60g，雌体每只年产 20g 左右。

灵猫香熔点为 35～36℃，含灰分 0.3%～2.0%，乙醚提取物 12%～20%，酸价 118.2～147.3，皂化价 55.4～182.8；醇提取物 45%～58%，皂化价 76～97，酸价 118～148；氯仿提取物 0.3%～6.4%，酸价 5.9～20.0，皂化价 98～160，水分 13.5%～21.0%。

灵猫香中含多种大分子环酮，如灵猫香酮，即 9-顺-环十七碳烯-1-酮，含量为 2%～3%。另含多种环酮，其中 5-顺-环十七碳二烯酮含量高达 80%，环十七碳酮 10%，9-顺-环十九碳烯酮 6%，6-倾-环-十七碳烯酮 3%，环十六碳酮 1% 等，以及相应的醇和酯。并含吲哚等，又含粪臭素、乙醛、丙胺及几种未详的游离酸类。

每只小灵猫年产灵猫香 30g 左右。刮香的丙酮溶解物含量为 80%～95%，乙醇溶解物含量为 35%～65%，无机物炽灼残渣为 0.1%～0.8%，60℃真空干燥失重 3.0%～6.0%。小灵猫分泌物含多个大分子环酮，以灵猫香酮、环十五酮为主，其成分含量与小灵猫的性别、年龄、取香方法不同而相异：沁香灵猫香酮的含量分别为 36%（雄）和 78%（雌），环十五酮含量分别为 63%（雄）和 20%（雌）；刮香灵猫香酮的含量分别为 34%（雄）和 75%（雌），环十五酮含量为 64%（雄）和 24%（雌）；挤香灵猫香酮含量分别为 22%（雄）和 75%（雌），环十五酮含量为 77%（雄）和 24%（雌）。

"灵猫香"这种香料不管稀释到什么程度，给人的感觉都是"臭"的，几乎没有人会喜欢这种"香气"。但在许多香精的配方里，灵猫香却还是经常用到的，虽然它远不如麝香用得普遍，对灵猫香的科学研究也远远不及麝香。

我国杭州动物园驯养灵猫并进行"活体取香"已取得成功、投入生产，价格适中，不仅可用于配制香水香精，在一些中档的日用香精中也已得到应用。表 2-3 为晚香玉香水的配方。

表 2-3 晚香玉香水的配方

组分	用量/g	组分	用量/g
晚香玉香水香精	15	十五内酯	2
茉莉净油	0.5	灵猫香酊(3%)	2
苦橙花油	0.4	酒精(95%)	80
麝葵子油	0.1		

四、龙涎香

龙涎香与麝香的香韵几乎是所有高级香水和化妆品必不可少的。天然龙涎香是所有香料中留香最久的,许多文学作品中把它描述为可"与日月共长久",这是由于天然龙涎香所含的香料成分蒸气压都极低,挥发慢,而香气强度又极高,在非常低的浓度下就能被闻到。还有一个解释是:龙涎香的主要致香成分龙涎香醇是一种三环三萜类化合物(见图2-1),常温下为结晶状,熔点为82~83℃,沸点高达495.3℃(101.325kPa),蒸气压:$9.2×10^{-10}$Pa(25℃),本身并没有香气,要在空气中发生变化——氧化后才产生香气。龙涎香醇的氧化是极其缓慢的过程,所以龙涎香的香气可以保持很长时间。

与其他动物香料不同的是,经过海水漂洗了几十年甚至几百年后被人打捞起来的天然龙涎香已无任何腥膻臭味,它散发着淡淡的、宜人的、令人为之心动而又说不出所以然的高雅细致的"香水香气",当然,直接从抹香鲸体内取出的龙涎香则带着强烈的令人厌恶的腥臭味,要靠香料工作者反复地洗涤、复杂的理化处理过程才能得到符合调香要求的"天然龙涎香"。

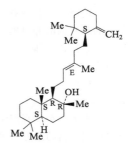

图 2-1 龙涎香醇结构式

关于龙涎香的形成机理,过去有许多传说和猜想,现已基本弄清楚了:原来抹香鲸最喜欢吞吃章鱼、乌贼、锁管这些动物,章鱼类动物体内坚硬的"角质"可以抵御胃酸的侵蚀,在抹香鲸的胃内消化不了,如直接排出体外的话,势必割伤肠道,在千万年的进化过程中,抹香鲸已经适应大量吞食章鱼类动物而无恙,它的胆囊分泌大量胆固醇进入胃内把这些"角喙"包裹住,然后慢慢排出——这就是为什么解剖抹香鲸时经常会在鲸的肠里找到"天然龙涎香"的原因。

天然龙涎香同样也是先把它制成"龙涎香酊"再用来配制香精的。表2-4为紫罗兰香水的配方。

表 2-4 紫罗兰香水的配方

组分	用量/g	组分	用量/g
紫罗兰香精	14	龙涎香酊(3%)	13
金合欢净油	0.5	麝香酊(3%)	2
檀香油	0.2	灵猫净油	0.1
玫瑰油	0.1	酒精(95%)	70
酮麝香	0.1		

五、海狸香

严格说来,"海狸香"应叫做"河狸香"才对,因为"海狸"并不生长在海里。从河狸的香囊里取出分泌物,用火烘干就是商品海狸香,所以海狸香总是带着明显的焦熏气味,这是海狸香与其他动物香料最大的不同之处。

新鲜的海狸香为乳白色黏稠物,经干燥后为褐色树脂状。俄国产的海狸香具有皮革-动物香气。加拿大产的海狸香为松节油-动物香。经稀释后则具有温和的动物香香韵。

海狸香为动物性树脂,除含有微量的水杨苷、苯甲酸、苯甲醇、对乙基苯酚外,其主要成分为含量4%~5%的结构尚不明的结晶性海狸香素。1977年瑞士化学家在海狸香的分析中鉴定出喹啉衍生物、三甲基吡嗪和四甲基吡嗪等含氮香成分。

我国直到现在还没有生产海狸香,这种香料全靠进口供应。海狸香价格较低,因此可以用于一些中档化妆品香精的配制，这些香精使用海狸香的目的也是让人闻起来有"动情感"。

同其他动物香料一样，海狸香也是先把它制成"海狸香酊"并"熟化"几个月再用于配制香精的。海狸香酊的制法如下：

| 海狸香 | 10g | 95%乙醇 | 88.5g |
| 氢氧化钾 | 1.5g | | |

按上述配方配好以后，密封贮藏 3 个月以上，过滤备用。表 2-5 为兰花香水的配方。

表 2-5 兰花香水的配方

组分	用量/g	组分	用量/g
兰花香精	15	海狸香酊（10%）	12
昆仑麝香	2	紫罗兰叶净油	0.5
香叶油	0.5	乙醇（95%）	70

六、水解鱼浸膏

水解鱼浸膏是用海鱼为原料，经蒸煮、磨浆、压汁、浓缩制成的乳黄色或浅棕色液体，具有鱼腥味。在热水中易溶，能散发出鱼特有的香味。含有鱼全部的有效营养成分，是食品、调味品的增鲜剂和增香剂，添加后能赋予食品独特的醇和口感，是人类及动物的营养补偿剂和诱食剂。

外观：暗棕色液体

蛋白质≥40%

灰分≤15%

pH：5.0～7.0

下面是用水解鱼浸膏配制的香精例子：

鱼香食用香精的配方（单位为质量份）：

水解鱼浸膏	20.000	异戊醛	0.005
鱼肉酶解物美拉德反应产物	79.600	2-辛酮	0.005
2-甲基庚醇	0.005	2-乙酰基呋喃	0.150
苄醇	0.015	1,4-二噻烷	0.002
1,5-辛二烯-3-醇	0.050	2-甲基-3-呋喃硫醇	0.001
2,6-二甲氧基苯酚	0.010	4-乙基愈创木酚	0.157

其中的"鱼肉酶解物美拉德反应产物"制法如下：

取鱼肉酶解物180份（质量份，余同），葡萄糖16份，甘氨酸4份，丙氨酸4份置于带有搅拌和加热装置的耐压反应锅里，在120℃反应40min，冷后倾出包装即为"鱼肉酶解物美拉德反应产物"。

鱼腥香饲料香精配方（单位为质量份）：

水解鱼浸膏	20.00	吲哚	0.15
哌啶	6.50	尿素	2.00
三甲胺水溶液	6.00	鱼粉	63.75
氨水	1.50		

上述原料混合均匀后即为鱼腥香香味素，每吨猪饲料加入 0.5kg 即有明显的诱食效果。

七、海鲜浸膏

海鲜浸膏目前有各种鱼浸膏、虾浸膏、蟹浸膏、鱿鱼浸膏、乌贼浸膏等，由各种鱼、虾、蟹、鱿鱼、乌贼等肉、皮、壳、足、刺、翅、骨、内脏或其他海鲜食品加工时副产的"下脚料"用水或不同浓度的乙醇提取得到，带有强烈的海鲜气味，可以直接用于各种食品、饲料的加香，也可以用来配制食品和饲料香精。

海鲜香精的配方（单位为质量份）：

| 海鲜浸膏 | 10 | 蟹肉酶解物美拉德反应产物 | 70 |
| 水解鱼浸膏 | 20 | | |

海鲜宠物香味素的配方（单位为质量份）：

海鲜浸膏	10	鱼粉	20
蟹肉酶解物美拉德反应产物	40	肉粉	30

第三节　植物香料

植物性天然香料是从芳香植物的全草或其枝、叶、果、籽、皮、茎、根、花蕾、分泌物等提取出来的有机混合物。大多数呈油状或膏状，少数呈树脂状或半固态。根据产品的形态和制法，通常称为精油、浸膏、净油、香脂、香树脂、酊剂和纯露等。

一、精油、净油与浸膏

从植物及其分泌物提取出来的精油、净油与浸膏都可以直接用来配制香精，也可以直接用于芳香疗法和芳香养生。但有些植物浸膏不能完全溶解于香精和95％乙醇，配制香水时会发生雾化、浑浊、沉淀，影响外观和质量，所以有必要用95％乙醇溶解过滤再蒸馏回收乙醇得到净油。这种净油和用压榨离心法得到的油都是精油，都可以用于芳香疗法与芳香养生，但有些商家或者无知或者故意声称"只有水蒸气蒸馏法得到且浮在水面上的油才是精油"，混淆视听。

1. 茉莉花浸膏与净油

在所有的"花香"里面，茉莉花无疑是最重要的花之一——很多日用香精里都包含茉莉花香气，很多香水、香皂、化妆品都可以嗅闻到茉莉花的香味。不仅如此，茉莉花香气对合成香料工业还有一个巨大的贡献：数以百计的花香香料是从茉莉花的香气成分里发现的或是化学家模仿茉莉花的香味制造出来的——茉莉花的香气是花香中最"丰富多彩"的，其中包含有"恰到好处"的动物香、青香、药香、果香等。直到今日，解剖茉莉花的香气成分仍然不断有新的发现。许多有价值的新香料最早都是在茉莉花油里面发现的。

茉莉花有"大花""小花"之分，"大花"比"小花"小得多。小花茉莉的香气深受我国人民的喜爱，不单用于日用品的加香，还大量用于茶叶加香。福州盛产茉莉花茶，自古以来大量种植小花茉莉，自然也是小花茉莉浸膏和小花茉莉净油的主要出产地了。近年来，由于调香的需要，有些地区也种植大花茉莉，并开始提取大花茉莉浸膏和大花茉莉净油出售。

同其他鲜花浸膏的生产一样，茉莉花浸膏也是用一种或数种有机溶剂浸取茉莉鲜花的香气成分后再蒸去溶剂而得到的。用二氧化碳超临界萃取法得到的浸膏香气更加优秀，也更接近天然鲜花的香气，现已工业化生产。

用纯净的酒精可以再从茉莉花浸膏里萃取出茉莉净油，更适合于日用香精的配制需要，因为茉莉花浸膏里面的蜡质不溶于酒精，会影响香精在许多领域里的应用。

茉莉花浸膏和净油可以直接用于花茶、饮料和糕点的加香。

茉莉花香水的配方（单位为质量份）：

茉莉香精	13.5	癸醛(10％)	0.1
茉莉净油	0.6	麝香酮	0.2
橙花净油	0.3	龙涎香酊(3％)	2.0
玫瑰净油	0.2	麝香酊剂(3％)	3.0
灵猫香净油	0.1	95％乙醇	80.0

2. 玫瑰花浸膏与净油

玫瑰原产我国，现传遍全世界，对这种花及其香气最为推崇的是欧洲各界人士，由于民间普遍以玫瑰花作为爱情的象征，自然地玫瑰花的香气也成了香水的主香成分。保加利亚、土耳其、摩洛哥、俄罗斯等国都有大面积的玫瑰花种植基地，我国的山东、甘肃、新疆、四川、贵州和北京也都有一定面积的玫瑰花栽种地，品种不一，也有不少是从国外引种的优良品种，现已能提取浸膏和净油供应市场。

同茉莉花油一样，玫瑰花油的成分也是相当复杂的，而且"层出不穷"——几乎每年都有新的发现。有相当多的"合成香料"是在玫瑰花油里发现再由化学家在实验室里制造出来的，除了早先发现并合成、大量生产使用的香叶醇、香茅醇、橙花醇、苯乙醇、乙酸香叶酯、乙酸香茅酯、乙酸橙花酯等，近二十年来较重要的发现并工业制造、广为使用的有玫瑰醚、突厥酮等。

玫瑰浸膏和玫瑰净油的香气虽然较接近玫瑰花的香气，但如果拿着玫瑰鲜花来对照着嗅闻比较，差距还是很大的。用蒸馏法得到的玫瑰精油差距就更大了，因为有许多香料成分溶解在水里，所以蒸馏玫瑰花副产的"玫瑰水"也是宝贵的化妆品原料，也有人把它直接作为化妆水使用。

由于价格昂贵，玫瑰浸膏和玫瑰净油只是在配制香水香精与高档化妆品香精时才少量应用。在我国，使用得更多的是墨红浸膏和墨红净油。

玫瑰花香水的配方（单位为质量份）：

玫瑰净油	0.4	香柠檬油	0.1
玫瑰香精	5.0	香叶油	0.2
麝香酊剂	3.0	95％乙醇	91.1
甜橙油	0.2		

3. 墨红浸膏与净油

墨红月季原产德国，其花香气酷似玫瑰，且得油率较高，因而成为我国玫瑰香料的代用品，浙江、江苏、河北、北京都有一定面积的栽培。墨红浸膏和净油价格都分别只有玫瑰浸膏和净油的一半左右，所以我国的调香师比较喜欢用它。

实际上，在高、中档香水和化妆品香精里加入墨红浸膏或墨红净油与加入玫瑰浸膏或玫瑰净油的效果非常接近，而成本则降了许多。诚然，二者的香气还是有微妙的差别的，但这个差别并没有比不同品种玫瑰油的差别大。

同茉莉花浸膏和净油一样，玫瑰花浸膏和净油、墨红浸膏和净油也可以直接用于花茶、饮料和糕点的加香。表 2-6 为东方型香水的配方。

表 2-6　东方型香水的配方

组分	用量/g	组分	用量/g
檀香油	1.2	龙蒿油	0.5
香兰素	1.8	当归油	0.1
麝香酮	0.6	香紫苏油	0.6
麝香 T	0.4	香根油	1.2
龙涎香酊	0.5	纯种芳樟叶油	0.6
广霍香油	0.4	薰衣草油	0.06
异丁香酚	0.7	香豆素	0.3
甲基紫罗兰酮	1.0	洋茉莉醛	0.7
橡苔浸膏	0.7	依兰依兰油	1.4
香柠檬油	4.5	乙酸桂酯	0.5
茉莉油	0.4	安息香浸膏	1.0
玫瑰花油	0.3	墨红净油	0.5
冬青油	0.04	乙醇(95％)	80.0

4. 桂花浸膏与净油

桂花是亚洲特有的、深受我国民众喜爱的香花。在欧美国家，由于大多数人不知桂花为何物，连调香师也以为桂花就是"木樨草花"，常常把桂花和木樨草花混为一谈。其实桂花虽也称木樨花，却不是木樨草花，与木樨草花的香气差别还是比较大的：桂花香气较甜美，而木樨草花的香气则偏清香。

桂花在我国广西、安徽、江苏、浙江、福建、贵州、湖南等省均有栽培，广西、安徽与江苏产量最大，并有生产浸膏和净油供应各地调香的需要，部分出口。

由于桂花浸膏和净油的主香成分都是紫罗兰酮类，与各种花香、草香、木香都能协调，所以桂花浸膏和净油不仅用于调配桂花香精，在调配其他花香、草香、木香香精时也可使用。

当然，由于价格不菲，它们也只能有限地用于比较高级的香水和化妆品香精中。表 2-7 为康乃馨香水的配方。

表 2-7　康乃馨香水的配方

组分	用量/g	组分	用量/g
香叶醇	2	甲基紫罗兰酮	5
羟基香茅醛	5	吲哚(10%溶液)	2
桂酸戊酯	4	乙酸苄酯	4
松油醇	8	佳乐麝香	5
丁香酚	10	吐纳麝香	5
异丁香酚	17	邻氨基苯甲酸甲酯	3
纯种芳樟叶油	5	乙酸芳樟酯	10
桂醇	13	桂花浸膏	2

5. 树兰花浸膏与树兰叶油

树兰是我国的特产，又称米兰，在闽南地区被称为"米仔兰"，其花清香带甜而有力持久、耐闻。我国南方各省均有栽培，但花的产量不高，只有福建漳州地区的树兰花开得较多，得油率也高，有生产一定量的树兰花浸膏和净油供调香使用。原来用有机溶剂提取的浸膏和净油颜色较深，香气与鲜花相比差距较大，如用超临界二氧化碳萃取则色泽和香气都要好得多，更受欢迎。

树兰花浸膏较易溶于乙醇和其他香料之中，且具有极佳的定香性能，因而得到调香师的青睐。树兰叶油价廉，香气和定香性能都比不上树兰花浸膏，但在档次较低的香料里"表现"也不错，同样受到欢迎。这两种香料有一个最大的特色就是在类似茉莉鲜花香和依兰依兰花香的基础上带强烈的茶叶清香，配制带茶叶香气的香精时，免不了要使用较多的叶醇和芳樟醇，这两个香料沸点都很低，不留香，加入适量的树兰花浸膏或树兰叶油就能克服。表 2-8 为兰花香水的配方。

表 2-8　兰花香水的配方

组分	用量/g	组分	用量/g
兰花香精	12	麝香酊(3%)	2
吐纳麝香	2	紫罗兰叶净油	0.5
水杨酸戊酯	2	树兰花浸膏	1
香叶油	0.5	乙醇(95%)	80

6. 赖百当浸膏与净油

赖百当浸膏学名应是岩蔷薇浸膏，"赖百当"是译音。赖百当净油可用赖百当浸膏提取得到，由于这种"净油"在常温下仍为半固体，须再加入无香溶剂（如邻苯二甲酸二乙酯等）溶解成为液体以便于使用，所以市售的"赖百当净油"香气强度并不比赖百当浸膏大，在一个香精的配方里如用赖百当净油代替赖百当浸膏时，用量不能减少，而配制成本却提高了。因此，在大部分场合，调香师还是乐于使用赖百当浸膏的。

这种产于植物的树脂却被调香师当作动物香的替代使用，虽然它们也有些花香、药草香，但主要是龙涎香和琥珀膏香。由于现今天然龙涎香和琥珀都不易得到，调香师在调配中档香精时，干脆就把赖百当浸膏和赖百当净油当作龙涎香使用，香气当然要差一些，但留香力却还是相当不错的。表 2-9 为百合花香水的配方。

表 2-9　百合花香水的配方

组分	用量/g	组分	用量/g
羟基香茅醛	3	依兰依兰油	2
松油醇	5	茉莉花净油	1
乙酸芳樟酯	2	赖百当浸膏	1
纯种芳樟叶油	6	乙醇(95%)	80

7. 鸢尾浸膏与净油

在老一辈调香师的心目中，鸢尾浸膏及鸢尾净油是调配花香香精必不可少的原料之一，现今虽然已风光不再，调配高级香水和化妆品香精时还是常常用到它们。调香师只要在香精里用到紫罗兰酮类香料，总是"顺势"加入一点鸢尾浸膏或净油，以修饰紫罗兰香气。国人特别喜爱的桂花香，因为调配时免不了使用大量的紫罗兰酮类香料，鸢尾浸膏及其净油便在这里有了一个固定的用场。而在国外，鸢尾浸膏及其净油主要是用于调配紫罗兰、金合欢和木樨草花香精或随着配制紫罗兰油、金合欢油和木樨草花油而加入香精的。

由于近年来价格不断上涨，年轻的调香师们宁愿避开它们不用而以合成的"鸢尾酮"代替。诚然，合成"鸢尾酮"与鸢尾浸膏及其净油的香气还是有距离的，而且鸢尾浸膏及其净油优秀的定香能力也是老一辈调香师"舍不得"放弃它们的一个原因。通过分析，鸢尾浸膏及其净油含有大量的十四烷酸，因此，"配制鸢尾油"也加入了同样多的十四烷酸，但却发现在定香能力方面还是不能与鸢尾浸膏及其净油相比。看起来，天然香料的所谓"定香作用"，我们的认识还是远远不够的。表 2-10 为紫罗兰香水的配方。

表 2-10　紫罗兰香水的配方

组分	用量/g	组分	用量/g
紫罗兰香精	13.5	龙涎香酊(3%)	3
金合欢净油	0.5	麝香酊(3%)	2
檀香油	0.2	灵猫净油	0.1
玫瑰油	0.1	鸢尾浸膏	0.5
吐纳麝香	0.1	酒精(95%)	80

8. 玉兰花油与玉兰叶油

玉兰花又叫白兰花、白玉兰，因此，玉兰花油也叫白兰花油；同样，玉兰叶油也叫白兰叶油。玉兰花的香气是国人相当熟悉并且非常喜欢的一种花香。夏日傍晚，在福建、广东的沿海城市里，马路、街道两旁高大的玉兰树散发着迷人的芳香。福建有些地方还用玉兰花窨茶，虽然这种"玉兰花茶"的知名度没有"茉莉花茶"那么高，但有机会喝过它的人都忘不了它那特殊的、迷人的香韵。

用玉兰花提取精油，蒸馏法得率约 0.2%～0.3%，而有机溶剂萃取浸膏得率只有 0.1%，萃取后的花渣可再用蒸馏法提取 0.1%～0.2%的花油，说明有些精油成分需要通过加热等方式才能游离出来。花油价格昂贵，基本上用于调配香水香精和高级化妆品香精。

玉兰叶油的价格就便宜多了，大概只相当于玉兰花油的十分之一，甚至还更低些。玉兰叶油是公认的"高级芳樟醇香气"（在所有使用芳樟醇的配方里，只要用玉兰叶油取代部分芳樟醇，整个香精的香气就显得高贵多了），因为它还带着玉兰花优雅的花香。

玉兰花的香气在南方各地广受欢迎，香料厂可以提供从天然玉兰花提取出来的"玉兰花油"，但香气与天然的玉兰花相去甚远，而且价格不菲，不可能直接用这种精油来给日用品加香，只能用它配制更加接近天然玉兰花香气的香精。表 2-11 为玉兰花香水的配方。

表 2-11　玉兰花香水的配方

组分	用量/g	组分	用量/g
白兰花香精	10	麝鼠香酊(3%)	2
吐纳麝香	2	玉兰花油	1.5
纯种芳樟叶油	2	乙酸芳樟酯	2
茉莉花净油	0.5	乙醇(95%)	80

9. 玳玳花油与玳玳叶油

在国外常用的天然香料里，苦橙花油和橙叶油占有重要的位置。我国没有这种资源，全靠进口供应。但国内有香型类似的玳玳花油与玳玳叶油，可以用玳玳花油和玳玳叶油配制出惟妙惟肖的苦橙花油和橙叶油。事实上，玳玳花油和玳玳叶油也没有必要全配成苦橙花油和橙叶油，现在国内的调香师已经在各种香精配方里面熟练地使用玳玳花油和玳玳叶油了，这两种油的需求量一直在增加。

由于欧美国家"古龙水"的销售量非常大，男士们几乎天天使用，而在古龙水的配方里面苦橙花油和橙叶油占有很大的比例，因此，在男士们使用较多或者男女共用的"中性"日用品所用的香精里，玳玳花油和玳玳叶油的用量较大。

在调香师对各种花香的"归类"里，橙花比较接近于茉莉花香。因此，玳玳花油和玳玳叶油也常被用于调配成"配制茉莉花油"，再用于各种香精里面。大家知道，茉莉花与玫瑰花的香气是调香师"永恒的主题"，苦橙花油、橙叶油、玳玳花油和玳玳叶油使用量的不断增加也就不足为奇了。表 2-12 为佛手香水的配方。

表 2-12　佛手香水的配方

组分	用量/g	组分	用量/g
柠檬油	1	丁香油	1
佛手柑油	1	玳玳叶油	5
甜橙油	2	安息香膏	5
玳玳花油	5	乙醇(95%)	80

10. 依兰依兰油与卡南加油

依兰依兰油有时也简称依兰油。在常用的天然香料里，依兰依兰油与卡南加油的使用量是比较大的，这是由于这两种油的价格都比较低廉，而调香师对它们的"综合评价分数"却比较高。依兰依兰油具有宜人的花香，并带有一种特殊的动物香——一般认为花香里带有动物香是比较高级的，因此，配制各种花香香精都可以大量使用它，非花香（如醛香、木香、膏香、粉香）香精也可以适量使用。卡南加油（卡南加树与依兰依兰树是同品异型物）可以认为是香气较差一点、价格也较低的依兰依兰油，用在较低档香精的调配上。

依兰依兰和卡南加的原产地和目前大量生产地都是南洋群岛，我国福建、海南、广东、广西、云南等省（自治区）早已引种成功，并进行"矮化"（依兰依兰和卡南加树在自然条件下可长到 20～30m 高，采花不易）培植，直接蒸馏和有机溶剂萃取、超临界二氧化碳萃取提油均得到令人满意的结果，但目前产量还不大，每年还要从印度尼西亚进口一定的数量以满足国内调香的需要。表 2-13 为依兰香水的配方。

表 2-13　依兰香水的配方

组分	用量/g	组分	用量/g
依兰依兰油	7	玫瑰油	2
纯种芳樟叶油	1	白兰花油	1
佳乐麝香	4	香豆素	1
乙酸芳樟酯	2	树兰花净油	1
水杨酸戊酯	1	乙醇(95%)	80

11. 薰衣草油

在香料工业里，薰衣草有三个主要品种：薰衣草（"正"薰衣草）、穗薰衣草和杂薰衣草，用它们的花穗蒸馏得到的精油分别叫做薰衣草油、穗薰衣草油和杂薰衣草油。薰衣草油香气是清甜的花香，惹人喜爱，主要成分是乙酸芳樟酯（约 60%）和芳樟醇，我国新疆大量种植的也是这个品种；穗薰衣草油则是清香带凉的药草香，主要成分是桉叶油素（约 40%）、芳樟醇（约 35%）和樟脑（约 20%）；杂薰衣草是薰衣草和穗薰衣草的杂交品种，其油的香气也介乎薰衣草油与穗薰衣草油之间，由于单位产量较高，大量种植，价格也较低廉。

薰衣草油是目前世界风靡的"芳香疗法"使用的精油中一个极其重要的品种。薰衣草油的主要成分是乙酸芳樟酯，这个化合物对人来说是起镇静作用的；穗薰衣草油的主要成分是桉叶油素和樟脑，这两个化合物对人来说都是起清醒、兴奋作用的，所以效果刚好相反；而杂薰衣草油则不适合作"镇静"或者"提神"用剂。

在调香术语里面，"薰衣草"代表一种重要的花香型，在欧美国家，单单用薰衣草油加酒精配制而成的"薰衣草水"非常流行，相当于我国的"花露水"。由于薰衣草油留香时间不长，配制成各种日化香精需要加入适量的"定香剂"，若是加入的"定香剂"香气强度不大，则还是薰衣草香味；如果加入较大量的香气强度大的"定香剂"，就有可能"变调"成为另一种香型了，例如加入大量的香豆素、橡苔浸膏等豆香香料则成了"馥奇"香型。表 2-14 为薰衣草香水的配方。

表 2-14　薰衣草香水的配方

组分	用量/g	组分	用量/g
正薰衣草油	15	佳乐麝香	0.5
安息香膏	2	麝香 T	0.5
苏合香膏	2	乙醇(95%)	80

12. 香紫苏油和紫苏油

香紫苏和紫苏不是一个品种，许多人知道中药里面有一种"紫苏"，以为香紫苏就是紫苏，待拿到香紫苏油一闻，才发现跟紫苏完全不一样。紫苏油又叫紫苏草油、红紫苏油，福建和广东也有少量生产，但很少用于调香，主要成分是紫苏醛（约 55%）和苧烯（约 25%），或许可用于"芳香疗法"，也可直接作为"香熏油"或配制"香熏油"的原料。

调香作业中常用的是香紫苏油。与薰衣草油相似，香紫苏油的主要成分也是乙酸芳樟酯和芳樟醇，但香紫苏油的香气却呈现龙涎香、琥珀一样"氤氲""深沉"的动物香，并且留香持久，调香师基本上是把它作为动物香料使用的。在各种日化香精里，加上适量的香紫苏油，就可闻出令人"动情"的龙涎香气来，而且让人觉得更有"天然感"。

有趣的是，香紫苏好像"注定"与龙涎香"有缘"——从香紫苏植株中可提取一种叫做"香紫苏醇"的化合物，用它来合成价值很高的一种香料"降龙涎醚"比较容易，这也是香紫苏受到香料工作者重视的一个原因。表 2-15 为夜来香香水的配方。

表 2-15　夜来香香水的配方

组分	用量/g	组分	用量/g
香叶醇	2	甲基紫罗兰酮	5
纯种芳樟叶油	10	乙酸芳樟酯	5
羟基香茅醛	5	吲哚(10%溶液)	2
桂酸戊酯	4	乙酸苄酯	4
松油醇	8	吐纳麝香	5
丁香酚	10	佳乐麝香	5
异丁香酚	17	邻氨基苯甲酸甲酯	3
铃兰醛	5	香紫苏油	10

13. 香叶油

香叶油的主要成分是香叶醇和香茅醇，这两个化合物也是玫瑰油的主要成分，因此，香叶油便成为配制玫瑰香精的重要原料。但是，玫瑰油是甜美、雅致的香气，而香叶油却是带着强烈的、清凉的药草气息，这是因为它含有较大量草青气化合物。所以，配制玫瑰香精时香叶油的加入量是有限的。如果把香叶醇从香叶油中提取出来再用于配制玫瑰香精，则可以用到 50% 甚至更多一些，来自香叶油的香叶醇香气非常好，远胜过从香茅油提取出来或合成的香叶醇，虽然它的"纯度"并不一定高，因为其"杂质"成分也都是配制玫瑰香精的原料，不需要过度"提纯"。

在用蒸馏法制取香叶油的过程中要注意"冷凝水"（即香叶油"纯露"）的回收（最好是让它回流到蒸馏罐中）。因为香叶油的香气成分大部分是醇类，比较容易溶解于水，现在有人用它配制"化妆水"，效果很好，值得推广。表 2-16 为玫瑰香水的配方。

表 2-16　玫瑰香水的配方

组分	用量/g	组分	用量/g
玫瑰净油	2.0	纯种芳樟叶油	1.0
玫瑰香精	5.0	香叶油	2.0
麝鼠香酊剂(3%)	3.0	墨红浸膏	6.0
乙酸苄酯	1.0	乙醇(95%)	80.0

14. 丁香油和丁香罗勒油

在香料工业中，讲到"丁香油"大家都明白指的是"丁子香油"，不会是"紫丁香油"或"白丁香油"，因为只有"丁子香油"才有大量生产供应。几十年来这一行业的人们已经习惯于把它简称为"丁香油"，"丁香罗勒油"在产地也经常被简称为"丁香油"。在本书中我们只把"丁子香油"称作"丁香油"。

严格说来，"丁香油"还可分为"丁香叶油"和"丁香花蕾油"两种，后者的香气较好，用于配制较为高档的香精。平时我们讲"丁香油"主要指"丁香叶油"，如果是"花油"的话，应该叫"丁香花蕾油"，别人才不会弄错。

丁香油和丁香罗勒油都含有大量的丁香酚，香气也都很有特色，既可以直接用来配制香精，也都可以用来提取丁香酚。丁香酚既可以直接用来调香，也可以再进一步加工成其他重要的香料（异丁香酚、丁香酚甲醚、甲基异丁香酚、乙酰基丁香酚、乙酰基异丁香酚、苄基异丁香酚、香兰素、乙基香兰素等）。从丁香油和丁香罗勒油中提取丁香酚是比较容易的，只要用强碱的水溶液就可以把丁香酚变成酚钠盐溶解到水中，分出水溶液再加酸就可以提出较纯的丁香酚了。

丁香酚是容易变色的香料，因此，丁香油和丁香罗勒油也是容易变色的，在配制香精时要注意这一点。表2-17为丁香香水的配方。

表 2-17　丁香香水的配方

组分	用量/g	组分	用量/g
丁香油	10	玫瑰油	1
洋茉莉醛	1	佳乐麝香	4
苯甲酸苄酯	4	乙醇(95%)	80

15. 甜橙油和除萜甜橙油

甜橙油目前无疑是所有天然香料里产量和用量最大、最廉价的（有人还会提出松节油的产量更大，但松节油目前还很少直接用于调香，而主要用作合成其他香料的原料），年产量2～3万吨。美国和巴西盛产甜橙，甜橙油作为副产品大量供应全世界，通常单价为1美元/kg左右，有时甚至低于0.5美元/kg，从而发生把它作为燃料烧掉以维持"正常"价格的商业行为，令人扼腕。由于它的高质量和低价格，使得类似的产品——柑橘油几乎没有市场。许多柑橘类油如柠檬油、香柠檬油、圆柚油等都可以用廉价的甜橙油配制出来。

甜橙油含苎烯90%以上，留存时间很短，只能作为"头香香料"使用。但它的香气非常惹人喜爱，所以用途极广，既大量用于调配食品香精，也大量用于调配各种日用香精。

在日用香精的配方里，除了直接使用甜橙油外，还常常使用除萜甜橙油，这是因为甜橙油里大量的苎烯有时会给成品香精带来不利的影响——有些香料与苎烯相溶性不好，出现混浊、沉淀现象；苎烯暴露在空气中容易氧化变质，香气和色泽易于变化，造成质量不稳定；甜橙油加入量大时计算留香值低，实际留香时间也不长……为了克服这些缺点，有的香料厂就专门生产"除萜甜橙油"出售，名为"3倍甜橙油""5倍甜橙油""10倍甜橙油"等。实际上，"除萜甜橙油"的香气往往不如不除萜的好，所以，所谓"3倍""5倍""10倍"是要打折扣的。表2-18为柠檬香精的配方。

表 2-18　柠檬香精的配方

组分	用量/g	组分	用量/g
柠檬油	20	山苍子油	10
甜橙油	50	乙酸芳樟酯	2
白柠檬油	5	乙酸松油酯	2
癸醛	1	苯甲酸苄酯	10

16. 柠檬油与柠檬叶油

欧美国家的人们特别喜欢柠檬油的香气，因此，在欧美国家流行的各种香水、古龙水里，以柠檬作为头香的为数不少。与甜橙油相比，柠檬油带有一种特殊的"苦气"，也许正是这股特殊的"苦气"吸引了众多的爱好者趋之若鹜，因此，"配制柠檬油"也应带有这股"苦气"，否则便与一般的柑橘油无异，失去它的特色。

天然柠檬油里含有一定量的柠檬醛（柠檬醛也是"苦气"的组成部分），这是对柠檬油香气"贡献"最大的化合物。含量最多的当然还是苎烯，同甜橙油一样，柠檬油也有"除萜柠檬油"或者叫做"X倍柠檬油"的商品出售。把苎烯去掉50％左右的"除萜柠檬油"（相当于"5倍"的柠檬油）特别适合于配制古龙水和美国式的花露水，因为古龙水和美国式花露水的配制用的是75％～90％的酒精，这种含水较多的酒精只能有限地溶解萜烯。

柠檬叶油的香气与柠檬油差别较大，也不同于其他的柑橘油和柑橘叶油。令人感兴趣的是它竟然带有一种青瓜的香气，因此，柠檬叶油可以用来配制各种瓜香香精。对喜欢"标新立异"的调香师来说，柠檬叶油是创造"新奇"香气的难得的天然香料之一。表2-19为柠檬香水的配方。

表2-19　柠檬香水的配方

组分	用量/g	组分	用量/g
柠檬油	10	白柠檬油	1
香柠檬油	2	水杨酸苄酯	2
安息香膏	5	乙醇(95％)	80

17．香柠檬油

香柠檬油与柠檬油的香气有很大的不同，刚刚接触香料的人们常常被这两种精油的名称搞乱。香柠檬油的香气以花香为主，果香反而不占"主导地位"了——香柠檬油的成分里面，苎烯含量较少，而以"标准花香"的乙酸芳樟酯为主要成分。香柠檬油的香味也几乎是"人见人爱"，很少有人不喜欢它，这就是在众多的香水香精配方里面经常看到香柠檬油的原因。

同柠檬油一样，调香师也经常使用"配制香柠檬油"，一方面是为了降低成本，另一方面则是因为天然香柠檬油的香气经常有波动，色泽也不一致。每个调香师都有自己配制香柠檬油的配方，用惯了反而更得心应手。调香师对天然香柠檬油还有一怕——怕其中的香柠檬烯含量过高。IFRA（国际食品香料协会）规定在与皮肤接触的产品中，香柠檬烯的含量不得超过75×10^{-6}，假如用的香柠檬油含香柠檬烯0.35％的话，那么它在香精里的用量就不能超过2％。为此，调香师要把每一批购进的香柠檬油都检测一下它的香柠檬烯含量才敢使用。其他柑橘类精油多少含有一点香柠檬烯，也要检验合格才能用于调配日化香精。

天然香柠檬油和配制香柠檬油都被大量用于配制古龙水和美国花露水，在其他日用品香精里面也是极其重要的原料。虽然香柠檬油留香要比柠檬油好一些，但它仍是介乎"头香"与"体香"之间的香料，在配制香水和化妆品香精时如果用了大量的香柠檬油，要让它留香持久便成了难题——"定香剂"加多了香型会"变调"。

我国出产的香橼油（佛手柑油）香气、成分与香柠檬油接近，可以代替使用。表2-20为香柠檬香水的配方。

表2-20　香柠檬香水的配方

组分	用量/g	组分	用量/g
香柠檬油	12	玳玳花油	1
丁香油	2	安息香膏	4
玫瑰净油	1	乙醇(95％)	80

18．山苍子油

山苍子油是我国的特产香料油，虽然它含有较多的柠檬醛，但由于含有不少"香气不怎么令人喜欢"的成分，直接嗅闻之并不美好，因而较少出现在香精配方里，而是从中提取出高纯度的柠檬醛再用于配制香精。

其实用一定规格的山苍子油直接配制香精在许多场合下不但是可行的，而且还常奏奇效！通常讲的"香气不怎么令人喜欢"指的是那些带着辛辣气息、像生姜一样的成分，聪明的调香师就跟炒菜放生姜一样把这种有特色的香味利用起来，调出美妙、和谐的香精！例如调香仿天然玫瑰花香的玫瑰香精，一般要加少量的柠檬醛和少量的姜油，此时直接加山苍子油岂不更好！配制柠檬油，直接往甜橙油里面加山苍子油比加柠檬醛调出的成品香气更加自然、更加惹人喜爱。表2-21为柠檬香精的配方。

表 2-21 柠檬香精的配方

组分	用量/g	组分	用量/g
柠檬油	44	山苍子油	8
甜橙油	30	乙酸芳樟酯	1
白柠檬油	5	乙酸苯乙酯	1
癸醛	1	苯甲酸苄酯	10

19. 桉叶油

在香料工业里，一般讲"桉叶油"都是指"蓝桉叶油"，只因"蓝桉叶油"含桉叶油素高，有大规模生产供应——我国云南就大量种植蓝桉以生产蓝桉叶油销售全世界。现在还有从"桉樟"（即油樟）——一种叶子的油里含大量桉叶油素的樟科樟属植物——叶子得到的"桉樟叶油"（或叫"樟桉叶油"）和从提取天然樟脑得到的副产品"白樟油"分馏出来的"桉樟油"（国外称之为"中国桉叶油"），香气虽有差异，但同样被调香师用于调配香精。

早期调香师较少把桉叶油用于调配日用品香精中，嫌它有"辛凉气息"、有"药味"，现在随着"回归大自然"的热潮，调香师发现桉叶油加入日用品香精中有助于增加"天然感"，才使被冷落几十年的桉叶油重新"焕发青春"。

直接把桉叶油加在香精里和加桉叶油素是不一样的，前面介绍过蓝桉叶油与桉樟叶油、桉樟油香气不一样，主要是因为"杂质"的不同，而这些"杂质"也赋予所配制香精不同的"天然气息"。表 2-22 为风油精的配方。

表 2-22 风油精的配方

组分	用量/g	组分	用量/g
桉叶油	12	冬青油	33
薄荷脑	40	樟脑	1
薰衣草油	2	丁香油	1
香兰素	1	白矿油	10

20. 茶树油

茶树油是近十几年来天然精油里发展最快的一颗新星，原产于澳大利亚，现我国和印度也有种植并提取精油，价格逐年下降，除直接用于芳香疗法、配制各种护肤护发品和盥洗用品以外，调香师也开始把它用于某些特殊香精的配制。在日用品里加入用茶树油配制的香精具有双重作用：赋香与杀菌。

茶树油里面含有 30%～40% 松油醇-4，10%～20% 1,8-桉叶油素，前者具有紫丁香的花香香气，而后者是清凉的草、药气味，直接嗅闻之并不美好，但由于现今"崇尚大自然"的结果，人们已经逐渐并开始适应、甚至喜爱这种"有自然感"的香味了。事实上，最早的古龙水使用了大量的迷迭香油，而迷迭香油就是属于这种香气的天然香料，至今仍然广受欢迎。松油醇-4 和桉叶油素都具有消炎、杀菌、净化空气的作用，因此，用茶树油配制的香精很适合作空气清新剂用。在香精里面加入比较多的茶树油时，要注意不让桉叶油素的清凉药草香气过分暴露。表 2-23 为杀菌消炎复配精油的配方。

表 2-23 杀菌消炎复配精油的配方

组分	用量/g	组分	用量/g
茶树油	40	冬青油	5
桉叶油	5	丁香油	10
牛至油	10	肉桂油	10
纯种芳樟叶油	10	杂薰衣草油	10

21. 松节油

在大部分调香师的眼里，松节油好像"不属于香料"，只是作为生产中不可胜数的"合成香料"的起始原料，在调配各种香精时，也很少想到使用松节油。但在分析各种天然香料时，却几乎每一次都要看到"甲位蒎烯""乙位蒎烯",而这两个蒎烯就是松节油的主要成分。由此可见,在调配、仿配天然精油时,松节油是不能"忘掉"的。在当今"芳香疗法"盛行时,松节油更是配制各种"香熏油"的常用材料。

几年前,日本有人通过实验证实蒎烯可以减轻人的疲劳。事实上,到原始森林去进行"森林浴"也是因为林间空气里含有大量蒎烯。人们自然会想到在家里、办公室里也能享受这种"蒎烯疗法",最简单的操作是洒点松节油。松节油的气味许多人不喜欢,而且它不留香,所以应该把它配成令人喜爱的、留香较久的香精再做成空气清新剂。表 2-24 为松筋活络复配精油的配方。

表 2-24　松筋活络复配精油的配方

组分	用量/g	组分	用量/g
松节油	42	松针油	8
薄荷油	10	冬青油	10
杉木油	5	桉叶油	10
龙脑油	5	杂薰衣草油	10

22. 纯种芳樟叶油

在全世界每年使用量最多的 25 种香料中,芳樟醇一直名列前茅,年用量高达 1 万吨以上,而用于合成芳樟酯类香料、维生素 A 和维生素 E、β-胡萝卜素等使用的芳樟醇每年也要 4 万吨以上,二者加起来每年超过 5 万吨。天然芳樟醇的资源有限,虽然含有芳樟醇的天然香料不计其数(这也是在几乎所有的日用香精里都能检测到它的缘故),但可用于从中提取芳樟醇或直接作为芳樟醇加进香精里的天然香料品种只有芳樟木油、芳樟叶油、白兰油、玫瑰木油、伽罗木油和芫荽籽油等寥寥数种,其他天然香料如橙叶油、柠檬叶油、玳玳叶油、香柠檬薄荷油以及从茉莉花、玫瑰花、依兰依兰花、玉兰花、树兰花、薰衣草等各种花、草提取出来的精油里面所含的芳樟醇则是以"次要成分"进入香精的。当今世界使用的芳樟醇百分之九十几来自"合成芳樟醇"。

从芳樟木油、芳樟叶油提取的芳樟醇是目前天然芳樟醇的主要来源之一,我国的台湾和福建两省从二十世纪二十年代就已开始利用樟树的一个变种——芳樟的树干、树叶蒸馏制取芳樟木油和芳樟叶油并大量出口创汇。天然的芳樟树毕竟有限,经过将近一个世纪的滥采滥伐至今已所剩无几,人工大量种植芳樟早已排上日程。福建的闽西、闽北地区采用人工识别(鼻子嗅闻)的方法从杂樟树苗中筛选出含芳樟醇较高的"芳樟"栽种进而提炼"芳樟叶油"也有二十几年的历史了。用这种办法可以得到芳樟醇含量 60% 以上的精油,个别厂家可以成批供应含芳樟醇 70% 的"芳樟叶油",再用这种"芳樟叶油"精馏得到主成分 95% 以上的"天然芳樟醇"。由于樟叶油的成分里面除芳樟醇以外,主要杂质是桉叶油素和樟脑,而这两种物质的沸点与芳樟醇非常接近,即使很"精密"的精馏也不容易把这两种杂质除干净,所以用这种方法得到的"天然芳樟醇"与"合成芳樟醇"的香气相比也好不到哪里去,成本也不低。

樟树和芳樟的一个特点是用种子繁殖时易发生化学变异——大约只有 10%～20% 能保持母本的特性。因此,即使找到一株叶含芳樟醇 98% 的"纯种芳樟",用它的种子播种育苗,也只有极少部分算是"芳樟",其余仍是杂樟,用"无性繁殖"能较好地解决这个难题。在所有的日用香精(其实也包括食品香精、饲料香精和烟用香精)配方里,只要有用到芳樟醇的地方,全部改用这种"纯种芳樟叶油"配出的香精香气质量都会有所提高,香气强度(即香比强值)也较大。诚然,"纯天然"也是吸引调香师乐于使用它的一个原因。表 2-25 为抗抑郁精油的配方。

表 2-25　抗抑郁精油的配方

组分	用量/g	组分	用量/g
柠檬油	10	山苍子油	1
甜橙油	10	薄荷油	5
薰衣草油	15	玫瑰花油	4
安息香油	15	纯种芳樟叶油	40

23. 香茅油

香料用的香茅油主要有两个品种:爪哇种与斯里兰卡种。二者的主要成分都是香茅醛、香茅醇与香叶醇以及这两种醇的乙酸酯,爪哇种的含醛量和总醇量都比较高,因而种植量也大。我国目前是爪哇种香茅油的种植、出口与消费大国，印度尼西亚和越南产量也大，但消费不多。

香茅油可直接提取香茅醛、香茅醇和香叶醇，也是这三种香料最主要的天然来源。一般爪哇种香茅油含香茅醛 35%～40%、香茅醇 20%～25%、香叶醇 15%～20%、乙酸香茅酯和乙酸香叶酯约 5%。由于香茅醇与香叶醇的沸点较为接近，而且都是玫瑰花香气，所以天然的香茅醇总是含有不少的香叶醇，而天然的香叶醇也总是带着较多的香茅醇。直接用精馏法提取香茅醛留下的部分有人就把它当作"粗玫瑰醇"出售，可用于配制一些中低档的日用香精特别是熏香香精。

将香茅醛还原可以得到香茅醇，许多香料厂直接以香茅油作原料用"高压加氢法"还原其中的香茅醛，由于"高压加氢法"免不了会生成少量的四氢香叶醇，使得产物香气不佳。厦门牡丹香化实业有限公司的科研人员在几年前找到了一种新的还原剂，这种还原剂能够专门还原香茅醛的"醛基"，而不与其他双键起作用，香茅油用这种方法还原后得到的产物（也被称为"玫瑰醇"）不含四氢香叶醇，香气甜润、充满天然玫瑰花香，可以直接用来配制各种日用香精（代替价格昂贵的玫瑰花油），也可以用它来提取质量优异的香茅醇与香叶醇。

几乎所有的人一闻到香茅油就会说"像洗衣皂的味道"，这是因为洗衣用肥皂从一开始工业化大量生产就与香茅油结缘，至今仍未改变。直接用香茅油作"肥皂香精"也是可以的，香茅油中的香茅醛香气强度大，能有效地掩盖各种油脂的腥膻臭味，但香茅油留香力较差，最好还是把它调配成专用的"皂用香精"使用效果更优。表 2-26 为驱蚊复配精油的配方。

表 2-26　驱蚊复配精油的配方

组分	用量/g	组分	用量/g
柠檬桉油	15	山苍子油	10
甜橙油	10	薰衣草油	10
纯种芳樟叶油	10	桉叶油	5
香叶油	10	香茅油	30

24. 柠檬桉油

柠檬桉油是与香茅油同一类香气的天然精油，二者都含有大量的香茅醛，前者香茅醛含量超过后者的两倍——含 70%～80%，甚至高达 90%！因此，如果仅仅为了得到香茅醛的话，种植柠檬桉油是更合算的。

柠檬桉是一种生长在热带、亚热带的高大乔木（是目前世界上已知长得最高的植物），木材坚硬笔直，经济价值高，在我国南方大量种植已将近一个世纪，利用这些作为绿化、木材使用的高大树木每年采收一些细枝叶蒸馏而得到的精油一直是我国柠檬桉油的主要来源。如果只是为了得到香料，则应采用"矮化密植"方式作业，以利于采收和提高精油产量。

从柠檬桉油提取香茅醛比香茅油更容易，得率也高得多。直接用柠檬桉油制取羟基香茅醛也已经在许多工厂实现。香茅醛还原可以得到香茅醇，柠檬桉油直接还原得到的"粗香茅醇"也可以用来配制一些对香气要求不太高的日用香精，这同香茅油都是相似的。表 2-27 为洗衣皂香精的配方。

表 2-27　洗衣皂香精的配方

组分	用量/g	组分	用量/g
柠檬桉油	40	香茅油	5
甜橙油	10	乙酸松油酯	10
杉木油	5	松油醇	10
鸢尾酯	10	苯甲酸苄酯	10

25. 檀香油

檀香油历来是调香师特别喜爱的天然香料之一，其香气柔和、透发、有力，留香持久，几乎各种日用品香精中只要加入少量檀香油就让人觉得"高档"了许多。遗憾的是由于资源太少，三十几年前印度突然宣布大幅度涨价后就再也没有回落过，调香师不得不寻找代用品，全世界的有机化学家也纷纷加入到分析、"解剖"、仿制檀香油和开发具有檀香香气的化合物，至今已有多个"合成檀香"香料问世并被调香师认可而得以应用。

我国老一辈香料工作者也不遗余力地从国外引进、自己研制了合成檀香 803、合成檀香 208、合成檀香 210、檀香醚等，再经过调香师的共同努力，用这些"合成檀香"配制出了香气与天然檀香油很接近的"人造檀香油"，基本可以满足各种日用品的加香要求。

不过，调香师直至今日还是没能用现有的各种合成香料调配出"惟妙惟肖"的檀香油，同各种天然的动物香料一样，天然檀香油那种奇妙的"动情感"至今仍让科学家们伤透脑筋。

天然檀香油含有大量的檀香醇，这个化合物至今还没能比较"经济"地大量合成出来供应市场，今后即使找到比较"廉价"的合成方法，也不能说"人造檀香油"已经"大功告成"，因为檀香醇的香气还不能代表天然檀香油的"精髓"，这正如各种柑橘油（柠檬油、甜橙油等）的情形一样——虽然各种柑橘油的主要成分都是苧烯，有的油苧烯含量超过 90%，但苧烯的香气绝对代表不了各种柑橘油的香气。

在各种香精配方里，少量的檀香油就有定香作用，而多量的檀香油就能在体香甚至在头香中起作用，这个天然香料油好就好在它的香气自始至终"一脉相承""贯穿到底"。表 2-28 为东方香水香精的配方。

表 2-28 东方香水香精的配方

组分	用量/g	组分	用量/g
檀香油	8	柏木油	8
香豆素	2	薰衣草油	5
香叶醇	5	纯种芳樟叶油	10
广藿香油	2	香根油	3
吐纳麝香	5	鸢尾酯	10
十一醛	1	苯甲酸苄酯	2
香兰素	1	水杨酸苄酯	3
秘鲁香膏	10	安息香膏	10
佳乐麝香	5	5%麝鼠香膏	10

26. 柏木油

在全世界寥寥可数的几种木香香料中，柏木油的重要性远远超过了檀香油，虽然它的香气比檀香油"差多了"，这是因为目前柏木油供应充足，价格低廉，檀香油则是"物以稀为贵"。同时香料工作者在实验室里合成了一系列具有天然柏木油香气的化合物。

由于目前柏木油价格非常低廉，调香师使用得较多，"配制檀香油"是它"大显身手"的"好地方"；在日用化学品和熏香用品里使用量极大的"玫瑰檀香香精"里用量也较多，用量在其他香料之上；在常用的玫瑰香精里，柏木油也经常被加入作为"定香剂"；在"东方香"型、木香型香精中，柏木油的用量都是较大的。

不少地方的农民用"土法"制取柏木油，有的用直接火干馏取油，制得的柏木油焦味很重，除了偶尔直接用一点配制皮革香香精（这种香精需要一点烟熏味）外，其余的都要经过处理除去焦味——一般用碱洗就可以去焦味，因为产生焦味的化合物主要是一些酚类，酚可以溶解在碱水里。现在倾向于用"水煮"或水蒸气蒸馏法提油，但由于柏木油中的许多成分沸点较高，蒸馏时间要很长，而且提不"干净"，最好用"加压水蒸气蒸馏法"，这需要一定的投资，千万不要用未经有关部门检测合格的"土锅炉"进行压力操作！

从柏木油中可以提取柏木脑和数量更多的柏木烯，这两个单体香料都是既可以直接用来调香，也是制取许多合成香料如乙酸柏木酯、甲基柏木醚、甲基柏木酮等的重要原料。提出柏木脑和柏木烯后留下的"素油"仍可以作为配制低档香精的原料。

所有柏木油中含有的香料成分及由它们衍生的化合物留香时间都比较长，都可以用作"定香剂"。

有一种柏木油颜色是鲜红的，习称"血柏木油"，其香气比较接近于檀香的香气，因而常被用来作为配制檀香油的主要原料，可惜现在资源已经枯竭，市场上难以见到了。表 2-29 为檀香香精的配方。

表 2-29 檀香香精的配方

组分	用量/g	组分	用量/g
柏木油	15	杉木油	4
合成檀香803	25	鸢尾酯	5
合成檀香208	10	佳乐麝香	10
合成檀香210	10	苯甲酸苄酯	10
广藿香油	2	香根油	3
香兰素	1	水杨酸苄酯	5

27. 杉木油

杉木根及杉木加工废弃物中富含杉木精油，并且其中主要成分为柏木醇、α-柏木烯、β-柏木烯、罗汉柏烯等，从主要化学组成及香气特征来看非常接近柏木油，所以可以替代柏木精油用于香料工业。杉木为中国南方最重要的造林树种，每年采伐留下的树根及加工的废弃物甚多，所以以此为原料提取杉木油，并替代柏木油用于香料工业。对于满足市场对柏木系香料的需求、对资源的综合利用意义重大。

杉木油的提取加工可采用水蒸气蒸馏法和干馏法。水蒸气蒸馏得到的精油品质最好，澄清透明、香气纯正，最适合用于调香，但水蒸气蒸馏法精油得率很低，一般为1%～2%，所以成本较高，而干馏法提取得油率很高，并且可同时得到木醋液、木焦油、木炭及不凝性可燃气等，工业利用价值较高。但是由于干馏油颜色深，杂质多，特别是有强烈的焦苦气味，所以不能直接用于调香，通常需要进行精制处理。常用的精制方法主要是用酸碱处理，然后再真空精馏，这样处理过的精油色泽、气味得到了明显的改善，可以用于调配日用香精。表2-30为佳木香精的配方。

表 2-30 佳木香精的配方

组分	用量/g	组分	用量/g
柏木油	10	杉木油	19
合成檀香803	5	鸢尾酯	5
合成檀香208	5	佳乐麝香	3
合成檀香210	10	苯甲酸苄酯	5
乙酸芳樟酯	5	纯种芳樟叶油	5
甲基柏木酮	10	龙涎酮	10
广藿香油	1	香根油	1
吐纳麝香	1	水杨酸苄酯	5

28. 广藿香油

广藿香油是调香师特别喜爱的少数难得的"全能性"天然香料之一，所谓"全能性"是指有些香料既可以做基香香料，又可以做头香香料——当然也可以做体香香料了。按照朴却的香料分类理论，凡在闻香纸上留香超过60天的都可以被用来做"基香香料"，这些"基香香料"大部分香气强度不大，加入香精里面不大影响"头香"香气，广藿香油则不但留香时间大大超过60天，而香气强度又相当大，少量加进香精里面，它的香气在"头香"段就可以明显地闻到。类似的香料不多，大家较为熟悉的有檀香油、茉莉净油、赖百当净油、鸢尾净油、桂花净油、香紫苏油、香叶油、香根油、甘松油等屈指可数的几个，也都被调香师视为珍品。

广藿香虽是草本植物，但广藿香油却被调香师当作木香香料使用。不过，当使用量过大时，广藿香油的"药味"显出来却不太受欢迎——除非本来就是要配制"药香香精"。须知广藿香与中药里的藿香不是同一个植物，二者香气完全不同。

广藿香油是较为罕见的直到今日还没有合成代替物的一个特殊精油，也就是说现在市场上还没有全部用合成香料配制的广藿香油出售——组成广藿香油香气的几个主要化合物至今还没有"经济"的合成方法。这造成有时候种植广藿香的地区碰上天灾或者人祸减产时，广藿香油的价格会在短时间里飙升到天价！

我国现在已经是少数的出口广藿香油的国家之一，主要产地在海南和广东两省，但产量波动较大，有时一年出 100 多吨，有时才几十吨。质量原来也不稳定，现在采用"分子蒸馏法"精制要好多了，有的厂家还可以根据用户的要求生产出特殊规格的广藿香油（颜色浅淡的、含醇量高的等）以减少进口。表 2-31 为玫瑰檀香香精的配方。

表 2-31　玫瑰檀香香精的配方

组分	用量/g	组分	用量/g
玫瑰醇	15	香叶醇	10
苯乙醇	5	香叶油	3
柏木油	5	杉木油	4
合成檀香 803	5	鸢尾酯	5
合成檀香 208	5	佳乐麝香	10
合成檀香 210	5	苯甲酸苄酯	7
鸢尾酯	5	甲基柏木酮	5
广藿香油	1	香根油	1
龙涎酮	2	檀香油	3
香兰素	1	水杨酸苄酯	3

29. 香根油

同广藿香油一样，香根油也是"全能性"的天然木香香料之一，但它的香气与广藿香油完全不同，广藿香油带着一种"干的药香"，而香根油则带着一种"甜润的壤香"，质量稍次的则有"土腥气"，二者结合倒是既"互补"又"相辅相成"，所以调香师经常同时使用它们，不偏不倚，相得益彰。

香根油的主要成分是香根醇，现在已有合成品供应，但香气还是与天然品差距较大。直接把香根油"乙酰化"（而不是提出香根醇再"酯化"）制得的产品叫做"乙酰化香根油"，在调香上也很有价值，但目前 IFRA 对香根油的"乙酰化"有一些具体的规定，不符合这些规定的不能用于调配日用化学品香精。

香根油和"乙酰化香根油"颜色都很深，这也是调香师不敢大量使用它们的一个主要原因，香料制造厂也曾经想方设法对它们进行"脱色"处理，颜色是变淡了，但香气也"变淡"了，看来有些深颜色的化合物也可能是香根油的主要香气成分。表 2-32 为密林香精的配方。

表 2-32　密林香精的配方

组分	用量/g	组分	用量/g
柏木油	5	杉木油	4
合成檀香 803	5	鸢尾酯	5
甲基柏木酮	10	乙酸异龙脑酯	10
合成檀香 208	5	佳乐麝香	10
合成檀香 210	5	苯甲酸苄酯	10
广藿香油	2	香根油	10
香兰素	1	水杨酸苄酯	5
香豆素	2	水杨酸戊酯	4
纯种芳樟叶油	4	橡苔素	3

30. 甘松油

甘松油也属于木香香料之一，但甘松油的"药味"更明显，与甘松油同一路香气的缬草油就"划归"药香香料了。在配制木香香精时，甘松油的用量更要谨慎，否则将配成"药木香香精"。

物如其名，"甘味"也是甘松油香气的特色之一，在各种香精里面，加一点甘松油就如同在中药里加甘草一样，不过，中药里加甘草是让味觉有"甘味"，而香精里加甘松油则是让嗅觉有"甘味"。在配制药香香精时，加入甘松油（此时就可以多加了）会令人觉得闻起来"舒服"得多，因为人们对"药味"的畏惧在于"苦"（所谓"良药苦口"）——哄小孩子吃药要加糖也是这个道理。

甘松油是配制熏香香精的重要原料之一，因为甘松油在熏燃时散发出一种令人愉悦的香气，而"同一路香气"的缬草油熏燃时香气就差多了。表 2-33 为药草香精的配方。

表 2-33　药草香精的配方

组分	用量/g	组分	用量/g
甘松油	10	缬草油	5
柏木油	15	杉木油	5
丁香油	15	肉桂油	5
香柠檬油	5	水杨酸戊酯	10
合成檀香 210	5	苯甲酸苄酯	10
广藿香油	6	香根油	3
香兰素	1	水杨酸苄酯	5

31. 亚洲薄荷油与椒样薄荷油

亚洲薄荷油与椒样薄荷油的香气有差别，直接嗅闻时后者比较"清爽"一些，但前者含薄荷脑高，可用来"提脑"，提取薄荷脑后副产的"薄荷素油"还含有不少薄荷脑，香气也较薄荷原油好一些，可直接用于配制许多日用品香精，也可以用来配制椒样薄荷油。

亚洲薄荷油原先大量直接用于配制万金油、风油精、祛风油、白花油等治疗小伤小病的"万用精油"，如今都已改为用提取出来的薄荷脑配制，这样质量更有保证。牙膏、漱口液、口香糖等也大量使用亚洲薄荷油和天然薄荷脑，市场用量非常大，而且每年都在增长。有的牙膏香精采用天然薄荷脑和椒样薄荷油为主配制，因为有不少人更喜欢椒样薄荷油的香气。椒样薄荷我国也已大量种植生产，现在不但不用进口，每年还出口不少。

薄荷脑和薄荷油作为现代"芳香疗法"中起清醒作用的主要成分，用途越来越广。表 2-34 为薄荷烟用香精的配方。

表 2-34　薄荷烟用香精的配方

组分	用量/g	组分	用量/g
薄荷油	50	薄荷脑	32
香豆素	5	云烟浸膏	5
香兰素	3	烟花浸膏	5

32. 留兰香油

留兰香油又叫绿薄荷油，说明它与薄荷"有缘"。的确，由于留兰香和薄荷是同科近缘植物，如果把二者种在一起，就很容易由于花粉混杂，造成杂交使品种退化。我国江苏、安徽、湖南等大面积种植薄荷与留兰香的地方，就规定把这两种植物隔江而种，依靠宽阔的长江江面阻止花粉"杂交"，但仍然防不胜防，薄荷与留兰香专家辛辛苦苦培植的优良品种往往不过几年就退化了。

留兰香油的最主要用途在于配制牙膏和漱口液香精，虽然留兰香油并没有"清凉"感，但它与薄荷的香气非常协调，能起到相辅相成的作用，所以许多牙膏和漱口水香精喜欢采用"薄荷留兰香"香精。

除了牙膏、漱口水以外，其他日用品香精较少使用到留兰香油，最近由于"回归大自然"热潮，有人调出明显带有留兰香香气的香精用于空气清新剂取得成功，留兰香油在这方面也许会开始有些"用武之地"。表 2-35 为留兰香牙膏香精的配方。

表 2-35　留兰香牙膏香精的配方

组分	用量/g	组分	用量/g
薄荷油	20	薄荷脑	32
留兰香油	40	甜橙油	5
水杨酸甲酯	2	香兰素	1

33. 花椒精油

从花椒中提取出的挥发性油，是花椒香气的主要有效成分，每千克精油相当于 60～100 千克原料花椒所具有的香气程度。可直接或稀释后用于调制产生花椒的特有香气，是食品加工企业和香料行业理想的调香原料。表 2-36 为辛香复配精油的配方。

表 2-36　辛香复配精油的配方

组分	用量/g	组分	用量/g
花椒油	20	八角茴香油	20
肉桂油	20	甜橙油	5
丁香油	20	姜油	15

34. 橡苔浸膏和橡苔净油

在早先配制"馥奇"香精和"素心兰"香精时，都要大量使用橡苔浸膏和橡苔净油，现在由于 IFRA"实践法规"对它用量的限制，加上"合成橡苔素"的工业化生产供应，还有它自身的一些缺点——色泽、价格时常波动等，市场需求量正在减少。

橡苔浸膏和橡苔净油的留香时间都较长，有不错的定香作用，加在香精里面能起到一种"稳重"香气的作用，也就是使得原先显得"轻飘"的香气变得"厚实""浓郁"一些。橡苔浸膏和橡苔净油本身的香气是自然界的"苔藓"气味加上豆香、干草香，因此，要调制"自然气息""乡土气息""秋收"之类的香精免不了使用它们。它们与香豆素、薰衣草油一起使用就组成了"馥奇"香型，再加上香柠檬油等就组成了"素心兰"香型，这两个都是香水和化妆品香精里极其重要的香型，橡苔浸膏和橡苔净油的重要性不言而喻。

橡苔浸膏和橡苔净油的颜色是墨绿色带点黄棕色，但有时绿色淡而黄棕色明显起来，并不能说明是质量问题。橡苔净油是从橡苔浸膏提取出来的，杂质更少一些，所以在使用的时候可以少用一点，香气没有太大的差别。

"合成橡苔素"的香气与橡苔浸膏、橡苔净油相比还是有差距的，所以调香师们把以前香精里面用的橡苔浸膏、橡苔净油改成"合成橡苔素"时还是持谨慎态度，不敢全部改掉，一般是按 IFRA"实践法规"执行（橡苔浸膏或橡苔净油用量不超过 3%），其余的用"合成橡苔素"补足。表 2-37 为素心兰香精的配方。

表 2-37　素心兰香精的配方

组分	用量/g	组分	用量/g
柠檬油	3	甜橙油	2
乙酸苄酯	5	苯乙醇	5
乙酸苏合香酯	1	铃兰醛	4
柏木油	2	杉木油	1
合成檀香 803	5	鸢尾酯	5
甲基柏木酮	5	香柠檬油	10
合成檀香 208	2	佳乐麝香	5
薰衣草油	5	苯甲酸苄酯	10
广藿香油	1	香根油	1
香兰素	1	水杨酸苄酯	5
香豆素	4	水杨酸戊酯	2
玫瑰油	1	桂花油	1
纯种芳樟叶油	4	橡苔素	3
乙酸芳樟酯	5	橡苔浸膏	2

35. 安息香浸膏

安息香浸膏有时又被称为安息香树脂，有人认为安息香树脂包含着一些不溶于乙醇的杂质，安息香浸膏更"纯净"一些。在膏香香料里，安息香浸膏无疑是使用最多、调香师也最了解的品种，它的香气淡弱，颜色也较浅淡，加入香精里面一般既不大影响到整体的香味，又可增加留香时间，价格也较为低廉。

"现代派"的调香师不太喜欢用天然膏香香料，认为它们的香气成分无非就是苯甲酸酯、水杨酸酯、桂酸酯类、香兰素等，用这些合成香料自己调配更方便，也更"安全"一些。其实天然膏香香料还是有各自的特色的，用各种合成香料配制还不能完全把它们的"自然气息"再现出来。

苯甲酸苄酯是安息香浸膏的主要成分，有时含量高达 80%，因此，在香精里加了安息香浸膏等于加了"天然苯甲酸苄酯"，在当今"回归大自然"、崇尚天然材料的时代，特别是配制"芳香疗法"精油时，安息香浸膏可以作为"天然定香剂"加入其中。表 2-38 为西部牛仔香精的配方。

表 2-38　西部牛仔香精的配方

组分	用量/g	组分	用量/g
乙酸苄酯	5	苯乙醇	5
甲位己基桂醛	3	香叶醇	5
薰衣草油	3	紫罗兰酮	3
柏木油	5	杉木油	3
合成檀香 803	5	鸢尾酯	5
甲基柏木酮	7	乙酸异龙脑酯	2
合成檀香 208	5	佳乐麝香	5
合成檀香 210	5	苯甲酸苄酯	5
广藿香油	1	香根油	2
香兰素	1	水杨酸苄酯	5
香豆素	2	水杨酸戊酯	4
纯种芳樟叶油	4	橡苔素	3
墨红浸膏	2	安息香膏	5

36. 沉香与沉香油

双子叶植物瑞香科乔木沉香或白木香在受到自然界的伤害（如雷击、风折、虫蛀等）或受到人为破坏以后在自我修复过程中分泌出的油脂受到真菌感染，所凝结成的分泌物就是沉香，以质坚体重、含树脂多、香气浓者为佳。

沉香的丙酮提取物经皂化蒸馏，得挥发油 13%。其中含苄基丙酮、对甲氧基苄基丙酮等，此挥发油即为真正的沉香油。直接利用水蒸气蒸馏法从油水分离器里得到的粗油呈奶白色或者淡黄色，流动性比较差。在 5℃ 左右转变为蜡状，看起来有点像炼乳。利用溶剂萃取法，经过蒸馏或者蒸发去除溶剂后得到的浸膏为金黄色，在数量比较大的情况下由于透明度太低呈现黑色。原因是溶剂萃取法会溶解出分子结构比较复杂的植物蜡、树脂和色素。在室温下（15℃ 左右）流动性看起来很好，是因为其中残留有相当数量的溶剂。在真空条件下再次除去残留溶剂，经过精馏得到的精制精油（挥发性成分）为淡黄色，与水蒸气蒸馏法得到的产物在外观上类似，但是比其颜色稍深。利用超临界萃取法得到的粗油呈金黄色，流动性很差，在 10℃ 左右即转变为蜡状，这是因为里面含有大量的树脂和植物蜡。这个粗油的味道与水蒸气蒸馏法的味道非常相像，但是在其头香中多了一种腥气。这种腥气是植物本身的气味，没有出现在水蒸气蒸馏法的产物中，估计是在煮熟之后这种含有腥味的物质发生了某种转化。超临界萃取法得到的精油的物理性状与溶剂萃取法得到的精油类似。

现在有许多"沉香油"加工厂采用溶剂萃取的方法进行生产，将经过蒸发或者蒸馏去除溶剂的浸膏称为"沉香油"出售。除了沉香木之外，添加到原料里面的非沉香木包括香茅草、广藿香、檀香木、花梨木、印度紫檀等。这些浸膏通常呈黑色，由于加工设备过于简陋，含有大量的残留有机溶剂（有的高达 10% 甚至更多）。因为原料里面确实有一些沉香木，这些"沉香油"里面也含有微量来自沉香木的挥发性成分。在这种非常复杂的混合物中，沉香精油的香味很特殊，其留香时间也最长，因此涂抹到皮肤或者织物上还是会闻到沉香油的味道。来自其他植物的挥发性成分因为其挥发性比较好，又经过有机溶剂的稀释，很快就会挥发掉，最后只留下沉香油的香气。

沉香和沉香油主要用作熏香品，因为它特别的香气必须在熏燃时才能释放出来。表 2-39 是一个用沉香油配制的熏香香精例子：

表 2-39　玫瑰沉香薰香香精的配方

组分	用量/g	组分	用量/g
沉香油	27	苯乙醇	25
香叶油	3	香叶醇	5
香兰素	3	紫罗兰酮	3
柏木油	5	杉木油	2
合成檀香 803	2	鸢尾酯	2
甲基柏木酮	3	水杨酸戊酯	4
合成檀香 208	2	佳乐麝香	3
合成檀香 210	2	苯甲酸苄酯	3
广藿香油	1	香根油	2
香兰素	1	水杨酸苄酯	2

二、单离香料

用物理或化学方法从天然香料中分出的单体香料，由于成分单纯，香气较原来精油更加独特而更有价值。例如从薄荷油中分出的薄荷脑，在薄荷油中含有 75% 的薄荷醇，用重结晶的方法从薄荷油中分离出来的薄荷醇就是单离香料，俗名薄荷脑；从山苍子油中分出的柠檬醛，从丁香油中分出的丁香酚，从鸢尾根油中分出的鸢尾酮；具有玫瑰香气的香叶醇、香茅醇是借用蒸馏法从香茅油中分离出来的具有单一化学结构且利用价值高的化合物。它是单一化学结构的化合物，可作为调和香料（香精）的重要原料及其他用途，也可用作制备合成香料的原料。

例如：

天然香茅醛——香茅醛由香茅油或柠檬桉油中单离得到，为右旋体，具有强烈清新的柑橘、香茅、玫瑰香气；广泛应用于高档日化香精、美容护理用品，以及各类食品香精中，同时可作为医药中间体如保幼激素的原料。

天然柠檬醛——由山苍子油中分离精制而得，体现强烈而真实的柠檬样香气，能提供天然感强的新鲜柠檬气息，特别弥散，高性价比；用于高档日化香精、美容护理用品，以及广泛用于食品香精中，如苹果、樱桃、姜、葡萄、柠檬、白柠檬、橙、圆柚、香辛料、草莓、香草香精。

天然玫瑰醇——玫瑰醇由天然爪哇香茅油精馏及精制所得，主要成分为香茅醇和香叶醇，含少量橙花醇，不含香茅醛。玫瑰香气幽雅清甜；性价比高，可广泛应用于各种日化及玫瑰、苹果、覆盆子、桃、柠檬等食用香精中，用于各类型日化香精、美容护理用品、洗烫护理用品、家居用品中。

天然香叶醇——香叶醇由天然爪哇香茅油精馏所得，主要成分为香叶醇及香茅醇，含少量橙花醇。香气清新甘甜，高性价比，可广泛应用于各种日化及玫瑰、苹果、覆盆子、桃、柠檬等食用香精中，也可用于各类型日化香精、美容护理用品、洗烫护理用品、家居用品中。

天然香茅醇——香茅醇由柠檬香茅油精馏所得，主要成分为香叶醇及香茅醇，含少量橙花醇，高性价比，可广泛应用于各种日化及玫瑰、苹果、覆盆子、桃、柠檬等食用香精中，也可用于各类型日化香精、美容护理用品、洗烫护理用品、家居用品中。

天然芳樟醇——芳樟醇由芳樟叶油精馏所得，有左旋芳樟醇和右旋芳樟醇两种，香气有所差异，高性价比。可广泛应用于各种日化及玫瑰、苹果、覆盆子、桃、柠檬等食用香精中，也可用于各类型日化香精、美容护理用品、洗烫护理用品、家居用品中。目前有许多"重整精油"（重整薰衣草油、重整玫瑰花油、重整茉莉花油等）也都要用到左旋芳樟醇。

天然丁香酚——丁香酚由丁香油精馏所得，主要成分为丁香酚，高性价比。可广泛应用于各种日化及玫瑰、苹果、覆盆子、桃、柠檬等食用香精中，也可用于各类型日化香精、美容护理用品、洗烫护理用品、家居用品中。

香叶玫瑰醇——玫瑰醇由天然爪哇香茅油精馏及精制所得，主要成分为香茅醇和香叶醇，含少量橙花醇，不含香茅醛。玫瑰香气幽雅清甜，性价比高。可广泛应用于各种日化及玫瑰、苹果、覆盆子、桃、柠檬等食用香精中，也可用于各类型日化香精、美容护理用品、洗烫护理用品、家居用品中。

天然榄香醇——天然存在于马尼拉产的榄香油以及爪哇产的香茅油中，具有轻淡而愉悦的花香、微带辛香、似香叶醇的玫瑰香韵，作为定香剂修饰剂，能与檀香油、愈创木油、柳酸酯类等多种原料很好混合，改善香精中某些原料的化学气息而使香气圆和甜醇，广泛用于日化香精配方中。

单离香料的生产主要有蒸馏法、重结晶法、冻析分离法及化学处理法，下面介绍后两种方法。

1. 冻析法

冻析是利用天然香料混合物中不同组分的凝固点的差异，通过降温的方法使高熔点的物质以固状化合物的形式析出，使析出的固状物与其他液态成分分离，以实现香料的单离提纯。其原理与结晶分离过程类似，但是一般不采用分步结晶等强化分离的手段，而且固态析出物也不一定是晶体。

在日化、医药、食品、烟酒工业有着广泛应用的薄荷脑（薄荷醇）就是从薄荷油中通过冻析的方法单离出来的，工艺步骤如下：

薄荷油→冻析（脱脑薄荷油）→粗薄荷脑→烘脑→冷却→薄荷脑

在食用香精中应用广泛的芸香酮，可以通过冻析方法从芸香油中分离出来。用于合成洋茉莉醛和香兰素的重要原料黄樟油素则主要是使用冻析结合减压蒸馏的方法生产的，其工艺步骤如下：

黄樟油→冷冻（0℃左右）→过滤→粗黄樟油素→减压蒸馏→黄樟油素

2. 化学处理法

利用可逆化学反应将天然精油中带有特定官能团的化合物转化为某种易于分离的中间产物以实现分离纯化，再利用化学反应的可逆性使中间产物复原成原来的香料化合物，这就是化学处理法制备单离香料的原理。

（1）亚硫酸氢钠加成物分离法。醛及某些酮可与亚硫酸氢钠发生加成反应，生成不溶于有机溶剂的磺酸盐晶体加成物。这一反应是可逆的，用碳酸钠或盐酸处理磺酸盐加成物，便可重新生成对应的醛或酮。但是在反应过程中如果有稳定的二磺酸盐加成物生成，则反应就变成不可逆反应。为了防止二磺酸盐加成物的生成，常用亚硫酸钠、碳酸氢钠的混合溶液而不用亚硫酸氢钠溶液，反应原理如下：

$$R-\overset{\overset{\displaystyle O}{\|}}{C}-H + Na_2SO_3 + H_2O \longrightarrow R-\overset{\overset{\displaystyle OH}{|}}{\underset{\underset{\displaystyle OSO_2Na}{|}}{C}H} + NaOH$$

$$R-\overset{\overset{\displaystyle OH}{|}}{\underset{\underset{\displaystyle OSO_2Na}{|}}{C}H} + HCl \longrightarrow R-\overset{\overset{\displaystyle O}{\|}}{C}-H + SO_3\uparrow + NaCl + H_2O$$

该法一般的工艺步骤说明参见图 2-2：

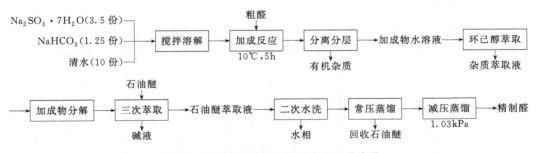

图 2-2 亚硫酸氢钠加成物分离法工艺步骤

亚硫酸氢钠加成物分离法的工艺流程见图 2-3：

采用亚硫酸氢钠法生产的比较重要的单离香料有：柠檬醛、肉桂醛、香兰素和羟基香茅醛。此外还有枯茗醛、胡薄荷醛和薄荷酮等。在这些醛酮类单离香料的生产过程中，除了加成反应、分层分离、酸化分解等步骤，一般还需要减压蒸馏等手段作为前处理工序或后处理工序。

（2）酚钠盐法。酚类化合物与碱作用生成的酚钠盐溶于水，将天然精油中其他化合物组成的有机相与水相分层分离，再用无机酸处理含有酚钠盐的水相，便可实现酚类香料化合物的单离。在各类香精中有着广泛应用的丁香酚、异丁香酚和百里香酚都是用酚钠盐法生产的。酚钠盐法单离丁香酚的反应原理见图 2-4。

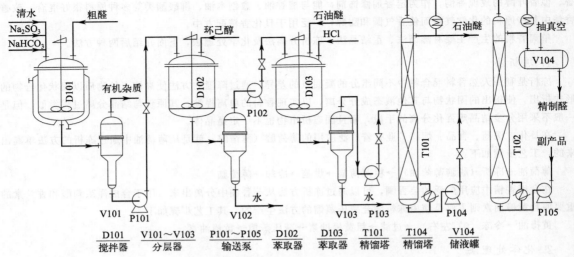

图 2-3 亚硫酸氢钠加成物分离法工艺流程

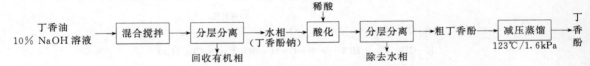

图 2-4 酚钠盐法单离丁香酚的反应原理

工艺步骤说明参见图 2-5：

丁香油
10% NaOH 溶液 → 混合搅拌 → 分层分离 → 水相（丁香酚钠）→ 酸化（稀酸）→ 分层分离 → 粗丁香酚 → 减压蒸馏（123℃/1.6kPa）→ 丁香酚
                        ↓回收有机相   ↓除去水相

图 2-5 酚钠盐法单离丁香酚的工艺流程

生产工艺流程参见图 2-6：

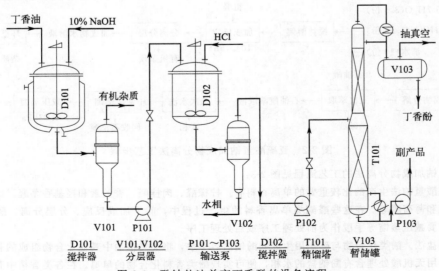

图 2-6 酚钠盐法单离丁香酚的设备流程

（3）硼酸酯法。硼酸酯法是从天然香料中单离醇的主要方法之一。硼酸与精油中的醇可以生成高沸点的硼酸酯，经减压精馏与精油中的低沸点组分分离后，再经皂化反应即可使醇游离出来。以硼酸酯法作为主要方法生产的醇类单体香料有香茅醇、玫瑰醇、芳樟醇、岩兰草醇、檀香醇等。一般经皂化反应得到的粗醇都要经过减压蒸馏再进行精制。硼酸酯法的反应原理如下：

$$3ROH + B(OH)_3 \longrightarrow B(OR)_3 + 3H_2O$$
$$B(OR)_3 + 3NaOH \longrightarrow 3ROH + Na_3BO_3$$

生产工艺步骤说明参见图 2-7：

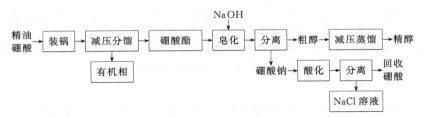

图 2-7　硼酸酯法单离香料的生产工艺步骤

生产工艺流程参见图 2-8：

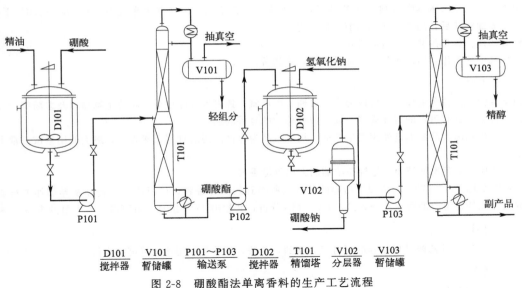

| D101 | V101 | P101～P103 | D102 | T101 | V102 | V103 |
| 搅拌器 | 暂储罐 | 输送泵 | 搅拌器 | 精馏塔 | 分层器 | 暂储罐 |

图 2-8　硼酸酯法单离香料的生产工艺流程

三、酊剂

在各种天然香料里，酊剂是最容易制造的，只要把有香味的材料加乙醇浸泡（加热或不加热，最好使用超声波浸取）一定的时间，滤取清液就是酊剂了（分热法和冷法两种酊剂）。酊剂目前主要用于配制烟用香精和某些饮料。

1. 香荚兰豆酊

具清甜的豆香，有很好的香草奶油气息。主要成分是香兰素，还有大茴香醛、大茴香醇、大茴香酸、香兰酸、大茴香酸及一些醛类，例如对羟基苯乙醛。本品由兰科植物香荚兰的果实制得，产于墨西哥、马达加斯加、留尼汪、印尼等地，我国也有引种。将未完全成熟的香荚兰果经水浸、热晒、发酵、烘干等工艺制成深棕色香荚兰豆，再用乙醇浸制成酊剂。用于巧克力、糖果、调味剂和烟草用，在高级香水、香粉、香精中也应用它，医药上用作芳香剂。

国际上有三种具有代表性的香荚兰豆，即墨西哥香荚兰、塔希提香荚兰和哥德洛普香荚兰。

酊剂是利用香荚兰豆荚（或豆）经一定浓度乙醇浸提而成，豆荚含香兰素高于豆，尚有净油产品形态。该产品具有清甜豆香带有粉香与膏香，留香持久。在卷烟烟气中的作用是增加甜香和香荚兰香。

2. 黑香豆酊

具清甜和润的豆香，主要成分是香豆素等。本品由豆科植物黑香豆的种子加工后用酒精浸制而得，产于南美洲的委内瑞拉、圭亚那、巴西等地。本品常与香荚兰豆酊同时应用于烟草、高级香水和香粉香精中，也用于提制香豆素。药用可作为强心剂。黑香豆酊作为烟草添加剂，添加到烟丝中有利于增强烟香、遮盖杂气，使烟气细腻，改善刺激和余味，使烟香风格向浓香转变。

用适当干燥的黑香豆经醇浸提而得黑香豆酊，分热法和冷法两种酊剂，另外还有浸膏及脂肪油产品。产品主要成分是香豆素，油类产品可达 $20\%\sim45\%$ 的含量。

产品感官特性：清甜醇和的豆香、膏香，香气浓郁多韵。似烟叶发酵后的甜的膏香，又兼有一种似焦非焦的甜香，净油香气浓厚，甜而温和，是香豆素-药草香，带桃李或糖浆甜的底韵。

3. 咖啡酊

咖啡种子的衍生物，有热法酊剂、非酒精萃取物、浓缩萃取物、冷法酊剂、馏出液（65%酒精）。含有多种生物碱（咖啡因、腺嘌呤、鸟嘌呤、黄嘌呤等）和其他杂环化合物，还含有糠醇、硫衍生物和少量挥发性酸、挥发性酯类、醛类等六十余种芳香性物质及单宁和焦糖等。为我国规定允许使用的食用香料，主要用于酒类、软饮料和糕点等。

咖啡酊由茜草科木本咖啡树的成熟种子，经干燥，除去果皮、果肉和内果皮后，在 $180\sim250℃$ 下焙烤，冷却，磨成细粒状后，用有机溶剂乙醇抽提而得。

感官特性：典型的芳香，苦的香味。

在烟气中的作用：增浓香气，增加烘烤香，味变苦。

4. 可可酊

理化特性：深棕色液体，主要成分为可可酯、可可碱、挥发性香味成分、嘌呤生物碱以及多酚等。

感官特征：具有可可的特征香气，以及似香荚兰的豆香底韵。

应用：按我国食品添加剂使用卫生标准，规定本品为允许使用的食用天然香料，最大使用量按正常生产需要而定。

化学性质：褐色澄清液体，呈纯正浓缩的天然可可香气。

可可酊是用 $40\%\sim70\%$ 乙醇浸提粉碎的可可豆所得到的一种香料，广泛应用于食品及卷烟加工行业。液液萃取法提取的可可酊的香味成分，经过 GC－MS 分析，共检出 47 种组分。可可酊含有大量的多酚。

5. 可可壳酊

用 $40\%\sim70\%$ 的乙醇浸提粉碎的可可豆壳得到，价廉，其香气和用途与可可酊类似。

6. 独活酊

为伞形科植物重齿毛当归、紫茎独活、牛尾独活、软毛独活等的根及根茎用乙醇冷法或热法浸提而得。

独活酊可用作改善烟草香气，矫正吸味，特别在混合型卷烟的加料方面可增强香味，浓郁可口。独活酊的主要成分为瑟丹内酯、2-苯并 $[c]$ 呋喃酮类、十五内酯、二氢欧山芹醇乙酸酯、蛇床子素、二氢欧山芹醇当归酸酯和二氢欧山芹醇等。

香气：具有琥珀香、鸢尾粉甜香、木香、膏香和麝香的底韵。香气浓郁，留香持久。

在烟气中的作用：矫正吸味，增加烟香，可产生烟味浓馥的效果。

独活主要产于德国、匈牙利、捷克斯洛伐克、荷兰、法国等。

7. 白芷酊

利用中草药白芷经冷浸或热浸制成的酊剂。

感官特性：木香及药草样香气，似有酱香。

在烟气中的作用：增加和矫正吸味，掩盖杂气。

8. 啤酒花酊

也称忽布酊，攀援藤木上的雌性茅黄花序和含腺毛状物经干燥后，用一定浓度乙醇浸提而成。产品成分复杂，含有蛇麻酮、二聚戊烯、十八碳酸、草酮、二十六烷酸、二十六烷醇、α-石竹烯、β-石竹烯等。蛇麻酮是苦味来源。

感官特性：苦的药香味。

在烟气中的作用：增加清香。

四、油树脂

油树脂是用无毒溶剂从辛香料中萃取得到的油状制品，含精油和对味感有作用及可增强香味的非挥发性组分。如辣椒经萃取可得浓缩辣椒素及其衍生物，黑胡椒经萃取可得胡椒碱及其同系物。

粉末状辛香料是我国目前食品工业中使用最多的一种。传统粗加工辛香料，在加工过程中，不论是采用锤片式粉碎还是轧辊式、磨盘式粉碎，都会在粉碎过程中发热，导致原料中有效成分的挥发、氧化变质。尽管粉末辛香料加工简便、使用方便，但存在不可弥补的品质缺陷。如：香气强度和香气质量不稳定；贮存期间香气和香味易损失、变质；在加香产品中香味分布不均匀；对加香产品的外观有影响，常有黑色或褐色、棕色斑点；自身含有的酶系会产生酶褐变；体积大，给包装、贮存、运输带来一定影响；容易污染和混入杂质、尘土，甚至人为掺伪。如：用红色素浸染的麸皮掺入辣椒粉中，黄土掺入花椒粉中，掺伪成为价格恶性竞争后的一种恶劣现象。

油树脂是指采用适当的溶剂从辛香料原料中将其香气和口味成分尽可能抽提出来，再将溶剂蒸馏回收，制得的稠状、含有精油的树脂性产品。其成分主要有：精油、辛辣成分、色素、树脂及一些非挥发性的油脂和多糖类化合物。

与精油相比，油树脂的香气更丰富，口感更丰满，具有抗菌、抗氧化等功能。油树脂能大大提高香料植物中有效成分的利用率。例如：桂皮直接用于烹调，仅能利用有效成分的25％，制成油树脂则利用率可达95％以上。可见，精油和油树脂已成为辛香料的重要发展方向。

1. 辣椒油树脂

又称辣椒提取物、辣椒油、辣椒精油，是含有多种物质的混合物，主要含有辣椒色素类物质和辣味类物质。

其代表物为辣椒红素、辣椒玉红素、辣椒黄素、玉米黄质、堇菜黄素、辣椒红素二乙酸酯、辣椒红素软脂酸酯等；辣味物质中包括辣椒素、辣椒醇、二氢辣素、降二氢辣素等。其他的有胡萝卜素、酒石酸、苹果酸等。

辣椒油树脂由茄科中辣椒尤其是牛角椒等成熟（红色）果实经粉碎后用有机溶剂（乙醚、丙酮或乙醇）提取而得。产品呈暗红色至橙红色，略黏。有强烈辛辣味，并有炙热感，可及整个口腔至咽喉。

辣椒油树脂的主要成分从石油醚中析出，为有光泽的针状结晶，熔点为181～182℃。最大吸收光波为483nm，比旋光度 $[\alpha]$ cd 为＋36°（氯仿中）。溶于丙酮、氯仿；也易溶于甲醇、乙醇、乙醚、苯；略溶于石油醚、二硫化碳；不溶于水和甘油而溶于大多数非挥发性油；耐热、酸、碱；遇 Fe^{3+}、Cu^{2+}、Co^{2+} 等可使其褪色；遇 Pb^{3+} 形成沉淀。

如作为粗品，往往含有辣椒红素约50％、辣椒玉红素约8.3％、玉米黄质约14％、β-胡萝卜素约13.9％、隐辣椒质约5.5％等。其 Scoville 辣值在 100000 至 2000000 之间。残留溶剂≤0.003％，重金属（以 Pb 计）≤0.002％。可部分溶于乙醇，但可溶于大多数非挥发油类（或食用油）。

在食品工业中可作调味、着色、增香剂和健身辅助剂等，也可作为制成其他复合物或单一制剂的原料。目前市场上也把辣椒提取物加工成水分散性制剂以扩大应用面。

2. 花椒油树脂

采用萃取法从花椒中提取的含有花椒全部风味特征的油状制品，每公斤相当于20～30公斤花椒所具有的香气和麻感，且性状稳定，使用时分散均匀无残留物，是调制花椒香气、麻味的理想原料。

3. 八角油树脂

由芳香油、脂肪油及树脂物质所组成的混合体，呈深棕色或绿色液体。

4. 胡椒油树脂

由胡椒科植物胡椒的干制浆果（黑胡椒、白胡椒）经有机溶剂、超临界流体等提取浸提所得。为淡黄绿色至深绿色半固体，具有胡椒的特征香气和香味。含5%～26%的挥发油（通常为20%～26%）和30%～55%的胡椒碱（通常为40%～42%）。可直接代替胡椒用于食品。

5. 肉豆蔻油树脂

由植物肉豆蔻果实经有机溶剂浸提得到，为淡黄色至黄橙色黏稠液体。挥发油含量为（60～80）mL/100g，具有肉豆蔻的特征香气和香味，常代替粉碎的肉豆蔻用于食品。

肉豆蔻果实经水蒸气蒸馏可得肉豆蔻油，为无色至黄色液体。

东印度肉豆蔻油相对密度为0.880～0.910，折射率为1.474～1.488，旋光度为＋8～＋30(25℃)，蒸发残渣≤60mg/3mL。

西印度肉豆蔻油相对密度为0.854～0.880，折射率为1.469～1.476，旋光度为＋25～＋45（25℃），蒸发残渣≤50mg/3mL。

肉豆蔻油广泛用于食品香精，也用于日用香精。

6. 肉豆蔻衣油树脂

由肉豆蔻科植物肉豆蔻果实的果衣经有机溶剂提取得到，常作为肉豆蔻衣的代用品。用于调味品、焙烤食品、肉类食品等。为红橙色至棕红色黏稠液体，挥发油含量为（40～50）mL/100g。

7. 姜油树脂

由姜科植物姜的根茎用有机溶剂提取得到，为深棕色黏性或高黏性的液体，具有姜特有的香和味。姜辣味强烈，香气特异。可溶于乙醇。挥发油含量为（18～35）mL/100g，残留溶剂≤0.003%，重金属含量（以Pb计）≤0.002%。可代替姜粉，直接用于食品。

折光指数为1.5000～1.5200；相对密度为0.9300～0.9900（20℃）；酸值≤20mgKOH/g。

生产工艺：生姜的新鲜根茎，经清洗、切片、晾晒后制成干姜片经低温粉碎后，采用超临界CO_2萃取技术生产。主要成分：姜醇、姜酚、姜酮、水芹烯、芳姜黄烯、β-榄香烯等。

本品提取过程在35～45℃条件下进行，接近室温，所提取物质保留了干姜中的全部辛香成分，香气特异，姜辣味成分含量高，可掩盖异味；可溶于乙醇，与植物油互溶。

本品每克的香气和风味相当于纯原粉50g。可用于熟肉制品、方便食品、膨化食品、焙烤食品、食用调味料、啤酒饮料、医药保健品等。可直接添加或用乙醇、植物油稀释后使用。依据产品的风味要求添加，参考用量：熟肉制品0.01%～0.03%；调味料0.02%～0.05%；膨化食品、方便食品及焙烤食品0.005%～0.01%；啤酒饮料0.001%～0.005%。

8. 姜黄油树脂

是以香味料和色素为主的复合物，由姜黄用下列溶剂中的一种或若干种提取而得：丙酮、异丙醇、乙醇、甲醇、二氯乙烷、二氯甲烷、己烷、三氯乙烯。

用姜黄油树脂所配制成的食用着色剂混合物，只能选用可安全和适用于食品着色的着色剂混合物稀释剂。

主要成分：姜黄酮、姜黄色素、α-水芹烯、姜酮、桉油酚和冰片等。

性状：提取自姜黄，黄橙色至红棕色黏性膏状液体，色素含量20%～35%，具有特殊香气。姜黄色素含量一般根据不同要求形成不同的标准化规格，可根据需要提取姜黄油。

一般含姜黄素类37%～55%、挥发油25%以上。可根据需要用溶剂稀释，配置水溶性姜黄色素或油溶性姜黄色素，可含有乳化剂和抗氧化剂，呈黄色液体，姜黄素类含量为6%～15%、挥发油含量为0%～10%。

用于肉类、农产品、水产品、腌渍品、糖渍品等快速消费食品和方便食品领域。

限量：GB 2760—2011食品添加剂使用标准规定为食用香料。GMP、FEMA规定：调味料640mg/kg、肉类20～100mg/kg、腌渍品200mg/kg。

9. 番茄油树脂

番茄红素油树脂是番茄色素提取物的总称，其中包含脂肪酸甘油酯和类胡萝卜素、番茄红素等。标识的每100g含番茄红素0.618g或者1g，事实上指的是番茄油树脂的质量而非纯番茄红素的质量。番茄油树脂中含有较多的脂肪酸甘油酯（65%）和不皂化物（27%），主要含不饱和脂肪酸（74%～75%），其中亚油酸质量分数

为 $51\%\sim52\%$，油酸质量分数为 $22\%\sim23\%$。番茄油树脂中类胡萝卜素主要是番茄红素，另外有少量的 β-胡萝卜素。

科学性、经济性、标准化地使用辛香料油树脂是形成风味的保证，鉴于目前使用粉状辛香料出现的种种缺点与不可避免的缺憾，因此在方便面调味中倡导使用油树脂。见表 2-40。

必须说明的是：尽管等值表提供了等值的数量，但是真正意义上的等值是不可能的，因为粉状物在贮存及粉碎过程中挥发油有损失。

表 2-40　方便面常用的天然油树脂等值表

序号	品名	等值量	挥发油含量或其他成分
1	红葱精油	1kg 相当于 20kg 红葱头	
2	生姜树脂精油	1kg 相当于 40kg 干姜	挥发油 30%
3	大蒜精油	1kg 相当于 300kg 蒜	
4	水性辣椒树脂精油	1kg 相当于 66kg 辣椒粉	辣椒素为 6.6%，辣度 100 万单位(史高维尔单位,余同)
5	油性辣椒树脂精油	1kg 相当于 66kg 辣椒粉	辣椒素为 6.6%，辣度 100 万单位
6	黑胡椒油树脂	1kg 相当于 20kg 黑胡椒粉	
7	八角精油	1kg 相当于 20kg 八角粉	
8	肉桂精油	1kg 相当于 20kg 肉桂粉	
9	花椒油树脂	1kg 相当于 20kg 干花椒籽	
10	肉桂油树脂	1kg 相当于 40kg 桂皮	挥发油 55%～70%
11	丁香枝精油	1kg 相当于 12kg 丁香花蕾	
12	肉豆蔻油树脂	1kg 相当于 20kg 肉豆蔻粉	挥发油 30%
13	迷迭香油树脂	1kg 相当于 20kg 干叶	挥发油 5%
14	小豆蔻油树脂	1kg 相当于 33kg 小豆蔻	挥发油 60%

辛香油树脂的使用方法主要有以下几种。

1. 与肉味香精进行合理搭配

方便面调味酱的一般制作工艺是：混合油加热—肉的熟化—炒香—补充呈味配料。应将肉类充分用油熟化炸香后，在酱料已经开始降温时加入肉味香精。肉味香精虽然有协调的头香、体香和基香，但在加入调味酱之后，必然引起香与味的重组，在此时补充油树脂可能使整个调味酱体香丰盈，起到提升与强化的作用，对肉味香精具有极好的辅助呈香作用。

2. 不同品种油树脂之间的搭配

花椒与大茴香是中式风味最常用的两种辛香料，是黄金搭档，花椒与辣椒更是形成麻辣风味的主要原料，人们在使用粉状料时，只要称好各自的质量，直接混在一起就可以投入料锅之中。但是复配油树脂时尽量不直接相混，因为油树脂是黏稠高浓度的物质，自身结构复杂，其中的醇与醛之间、醇羟基与羧基之间会产生一定的缩合与反应，而且会影响分散的均匀性，因此，正确的方法是：取出一定数量的基料，先加入一种油树脂搅拌均匀之后再加入另一种直至均匀。

由于方便面的调味酱在配料和加工方式上所产生的风味物质、所进行的热反应也是美拉德反应，有脂质、丰度极高的肽类，所以油树脂是可以直接溶解的。油树脂自身既不溶于水又不溶于油的缺憾在酱料中不成为缺憾，而有着"相似者相溶"的优势。

可以用盐、糖、味精等粉状或结晶状物为担体，先将油树脂加其中混匀再投入已经开始降温的料中。

添加量是对加香产品风味、品质、价格影响极大的因素。添加量小，风味不足，添加量大辛香料多数会产生药气。为此添加量必须适宜。一般参考添加量（质量比）为万分之二至万分之五。在添加前首先做好添加量试验，正式添加时也应先部分添加，再逐步分次加入。添加完毕后要经园熟后（一般 4～6h）包装出品。

综上所述：油树脂在方便面调味中的优势是显而易见的，加入调味酱总量万分之二至万分之五的油树脂，能使风味更圆润、更醇厚。对麻辣、香辣等风味，油树脂更有加入量少、味道足、回味长的特点。

五、纯露

纯露就是香料植物用水蒸气蒸馏法制取精油时副产的冷凝水溶液。

精油有几种提取方法，水蒸气蒸馏法是最主要的，一般是一个锅炉产生蒸汽，一个大桶里面装着植物材料，下面放一点点水。蒸汽进入植物材料把里面的精油带出来，进入冷凝器降温至接近室温。油和水都冷凝成液体，这个时候油水会自然分开，再用油水分离器进行分离，大多数精油比水要轻一点，所以是浮在水上的，分离出来就是精油，下面的液体就是纯露；如果油比水重，像丁香油、肉桂油比水重则会沉到下面，上面的蒸馏水也是纯露；比较罕见的是部分精油浮在水上，另一部分精油沉在水下，中间的水溶液也是纯露。

比如玫瑰花纯露，它其实就是全世界第一个真正的香水——直到现在人们还认为这个才是真正的香水，我们现在在讲的香水都不能称为香水，因为全部都是酒精溶液。在化学中这种酒精溶液应该叫做酊，所谓的"香水"应该叫"香酊"，但大家都叫香水也不好改正了。

纯露跟蒸馏水也是有区别的，蒸馏水我们可以用电导仪测一下，电导率非常低，也就是电阻很大，因为它是纯水，导电性不好。而纯露的导电性挺好，也就是说香料材料里可以挥发的一些成分跟水蒸气一起出来，如果是水溶性的就溶解在蒸馏水里变成纯露。有人简单地把精油加在水里面，或者加入一些乳化剂让精油溶解在水里，就声称是"纯露"了，这是不对的。纯露的成分跟精油不是一回事，精油是能够挥发的油溶性成分，不溶于水，纯露是植物材料中可挥发的能溶于水的成分形成的水溶液。

我们还是以玫瑰花纯露和玫瑰花精油来举例说明：用大量的玫瑰花纯露再通过蒸馏或有机溶剂萃取得到一点点的精油，然后做气质联用分析，发现跟玫瑰精油的成分完全是两码事。玫瑰花油的主要成分是香叶醇和香茅醇，而玫瑰纯露的主要成分是苯乙醇。有人认为苯乙醇不值钱，合成的苯乙醇每千克才几十块钱，但天然的苯乙醇一千克要好几万块钱。所以天然苯乙醇不是合成苯乙醇可比的。

纯露中除了含有少量精油成分外，还含有全部植物体内的可挥发水溶性物质。拥有全部植物水溶性物质的纯露，其所含的一些成分是精油所缺乏的。其低浓度的特性容易被皮肤所吸收，不含酒精等成分，温和而不刺激。纯露可以每天使用，亦可替代纯水调制各种面膜等。有人用稀释后的芳樟叶、薰衣草、白兰花、玫瑰花、茉莉花、桂花纯露泡茶，取得异乎寻常的效果。

常见的纯露使用方法有以下几种：

（1）饮用：一日三次，一次一汤匙，当然也可加入冰糖、山楂片混合冲水，长期饮用可以改善口腔气息，调节内分泌失调引起的经期不稳、皮肤暗淡、便秘等问题，有利于健康；

（2）敷脸：把面膜纸用纯露浸湿，敷在脸上至八成干后取下扔掉，效果最好，最明显；不要等纸膜全干了才取下来，因为这样水分及营养会被倒吸到纸膜上；

（3）替代爽肤水：每次洗脸后，把纯露喷在脸上，用手轻轻拍打脸部，连续使用数星期，皮肤水分可以增加 10%～20%；

（4）护肤：如作为化妆水，搭配基础油和精油制作的乳霜或乳液等；

（5）面部喷雾：将本品或几种纯露混合后做面部喷雾，皮肤可快速吸收，感觉干燥后，再喷雾，皮肤干燥的时间间隔也增大，反复 10 次，皮肤含水量就可以短时间提高很多，以后每 3h 做一次喷雾，皮肤就能保持水灵灵、鲜活的状态，对各种肤质均有效；

（6）护发：喷于头发上有使头发顺滑柔润等功效；

（7）沐浴：加入纯露进行芳香泡澡；

（8）室内喷洒：作为纯天然空气清新剂，在室内喷几下，可以杀菌、留香。若为极其敏感皮肤，首次使用请用纯净水稀释到 30% 浓度。

实际上，纯露的主要效果是补水，因此，仅仅通过敷面膜、喷、拍等使用方法就声称可以达到延缓衰老、回春美白的效果是有些牵强的。

1. 玫瑰花纯露

该纯露为最受推崇的纯露。玫瑰花纯露取自蒸馏玫瑰花精油的第 4h 内的蒸馏原液，此时的原液成分最为饱和、完整，完美地保留了玫瑰花材最新鲜、最滋养的亲水性精华，所以功效卓越，气味也很浓郁。

玫瑰花纯露中含有少量玫瑰精油，但其化学成分与玫瑰精油并不完全相同，可以起到相辅相成的作用。它蕴含 300 多种天然成分，气味芬芳甜美，具有平缓、静心、抚慰特质。玫瑰纯露补水能力强，还有一定的美白功效，抗氧化的口碑也不错。此外，它还是温和的杀菌剂和收敛剂。可增强皮肤光泽，迅速补充水分，增强皮肤活力。

气味：纯正的玫瑰花香气，前调清新，中调是芳香甜美的花香调，仔细闻会感觉到一缕浓郁的暗香，层次丰富。

玫瑰花纯露目前是护肤中使用最广泛的花水，具有保湿、美白、亮肤、淡化斑点、平缓、静心、抚慰和抗发炎的特质，这些特性都使它成为良好的皮肤保养剂。敏感的皮肤也可以安全地使用玫瑰花纯露，并且它还是干性皮肤很好的保养液。

用法：早晚洁肤后，取适量拍于面部、颈部，可在任何时候喷洒于面部。有过敏现象者，可做敷压处理。

2. 芳樟叶纯露

纯种芳樟叶油的成分非常简单，几乎就是纯粹的左旋芳樟醇，"杂质"就是几个常见的简单的萜烯。所以许多人以为芳樟纯露应该只有两个成分——蒸馏水和左旋芳樟醇而已。其实芳樟叶纯露的成分可比想象的复杂多了，虽然香气有一点点像芳樟叶油，但事实上也是两码事。它含有的是那些水溶性的、对人体有价值、有用的成分，是一个全天然的化妆水，在化妆前、卸妆后直接使用效果很好。

主要功能：保湿、抑菌、杀菌、消炎、祛斑、美白、亮肤。能平衡油脂分泌，收敛毛孔，避免感染；清洁调理油性肤质，并能促进青春痘或小伤口迅速愈合，加快细胞再生，避免青春痘和伤口留下疤痕，适合混合性偏油、油性、粉刺暗疮、毛孔粗大肌肤。

可以作为护发水使用，赋予发丝活力，不易滋生头皮屑。具有平缓、静心、抚慰和抗发炎的特质，并且是温和的杀菌剂和收敛剂。

芳樟纯露非常温和，可以直接作为漱口液、洗眼水、洗鼻剂和洗耳液。

纯种芳樟纯露具有令人愉悦的清香而又淡雅、持久的花香香气，其最有特色的功效是抗抑郁，防止皮肤老化，促进细胞的再生能力。对各种皮肤均有滋润作用，可以抚平肌肤细纹，使肌肤明亮光泽、柔嫩，能够改善皮肤质地，营养肌肤，是一种理想的保水剂，保湿性能良好。润而不腻，极易为皮肤吸收，有助皮肤微酸性保护膜的形成，提高过敏肌肤的免疫功能，改善肤质状况，早晚抹于面部及身体各部可保持肌肤恒久滋润，性质温和，过敏性皮肤使用也无妨。

芳樟纯露的抗氧化性能实验：把新鲜苹果切开，在切面上分别涂抹芳樟纯露和蒸馏水，放置数分钟后观察，可以明显看到涂抹了芳樟纯露的苹果切面不容易氧化变色。见图 2-9。

3. 茶树纯露

具有调节、净化、抗炎、收敛作用，控制油脂分泌，使暗疮伤口加快愈合，油性、暗疮皮肤尤其适用。

适用肤质：适合所有肌肤。

使用方法：代替日常护肤过程中的爽肤水，直接在洁面后使用。

取 15～20mL 纯露，将面膜纸放入至面膜纸被泡开，做面膜湿敷 15～20min，在面膜没有完全干透的时候取下效果最佳。

4. 薰衣草纯露

是最常用的纯露之一，也是大家最容易接受的纯露之一。它和薰衣草精油一样，因为温和而受到大家的喜爱和广泛接受，但是它的气味并不如薰衣草精油那般清香甜美。

主要功能：保湿，杀菌，消炎，平衡油脂分泌，收敛毛孔，抑制细菌生长，避免感染；清洁调理油性肤质，并能促进青春痘或小伤口迅速愈合，加快细胞再生，避免青春痘和伤口留下疤痕，适合混合性偏油、油性、粉刺暗疮、毛孔粗大肌肤。同时，薰衣草特有的清新淡雅的香味也是男性护肤的首选。可以作为护发水使用，赋予发丝活力，不易滋生头皮屑。

适用肤质：适合所有肌肤。

使用方法：代替日常护肤过程中的爽肤水，直接在洁面后使用。

取 15～20mL 纯露，将面膜纸放入其中至面膜纸被泡开，做面膜湿敷 15～20min，在面膜没有完全干透的时候取下效果最佳。

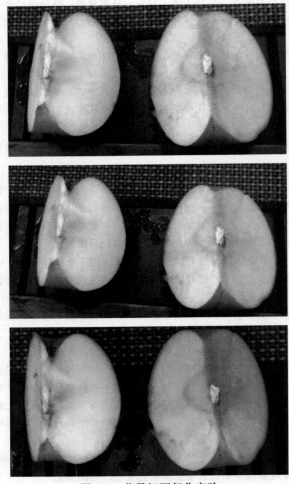

图 2-9　苹果切面氧化实验

左边涂抹的是芳樟纯露，右边涂抹的是蒸馏水；上图、中图和

下图分别是涂抹 5min、8min、10min 后拍摄的照片

5. 茉莉花纯露

有效收缩毛孔，可以平衡皮肤的油脂分泌，帮助清洁肌肤，赶走油腻并去痘。对老化干燥肌肤有帮助，气味迷人清新、令人镇定，适合所有类型的肌肤。

主要功能：茉莉花纯露有促进循环的效果，对于干燥缺水的肌肤较为有效，它的这种活络特质，能使皮肤柔软，有弹性，改善小细纹，并且使皮肤细嫩明亮，具有优越的保湿、抗老化效果，并且对容易燥热的，甚至是有瘢痕的肌肤，都有效果。

6. 洋甘菊纯露

有些沉厚的药味比起其他纯露来说相对容易接受。洋甘菊纯露即使不稀释直接使用也很少会过敏。

能减轻烫伤、水泡，有消炎、柔软皮肤、治疗创伤的作用；能镇定晒后红肿肌肤，避免肌肤晒伤，防止黑色素沉淀；健全修复角质（比如光热敏感的皮肤，角质过薄等）、抗过敏（对发作在皮肤上的过敏表现具有安抚和治疗作用）、加强微循环（比如修复红血丝）、收敛排水（改善眼袋浮肿等）、加强新陈代谢（通过加强新陈代谢具有一定的美白效果）。

德国洋甘菊是四大滴眼纯露之一，可以用于清洗眼部，如和意大利永久花调和湿敷眼部，对黑眼圈有一定的效果。

7. 迷迭香纯露

因为对头发的特殊效果，所以也被大家关注，但是它让人不愉快的味道又吓跑了许多尝试者。它和薰衣草纯露混合在一起喷头发，让头发在秋天里不那么干燥爱起静电。

8. 柠檬纯露

美白补水，有效淡化色素，抗氧化，抗自由基。使暗淡肤质恢复亮泽白皙，促进细胞代谢，提高皮肤的亮白度。

9. 薄荷纯露

主要功能：促进细胞再生，柔软皮肤，平衡油脂分泌，清洁皮肤，消毒抗菌，避免感染，促进青春痘和小伤口迅速愈合，防止留下疤痕，并能保湿、收敛毛孔，有特殊清凉感觉，非常适合用于调理易生粉刺或毛孔粗大的肌肤。对发痒、发炎、灼伤的皮肤有缓解功效。

10. 橙花纯露

含微量的橙花精油及植物蜡成分。兼具美白补水的双重作用。净化肌肤底层，改善肌肤暗哑。使用橙花纯露后可以令后续的护肤产品更快吸收，兼具抗炎和抗真菌效果。

有人认为"所有纯露都差不多"，都是补水、清洁、赋香、清新，有一定的杀菌抑菌和抗氧化作用。其实不然，因为各种芳香植物用水蒸气蒸馏时带出的物质有的水溶性成分多，有的少，这样势必造成用它们制作的纯露有的"有效成分"高，有的低。一般来说，精油成分里含醇量较多的其纯露的"有效成分"也较多，例如玫瑰花纯露就含有较多的苯乙醇、芳樟醇、香叶醇、香茅醇、橙花醇等，同理，纯种芳樟纯露含有更多的芳樟醇，薰衣草纯露含有的芳樟醇就少一些，但与其他纯露的含醇量相比则还是不低的——它们都是目前公认最好的纯露。茶树油含有较多的4-松油醇，所以其纯露也不错，薄荷油纯露则含有较多的薄荷醇，功效也都能显现出来。松节油、甜橙油、柠檬油、桉叶油、树兰花油等的纯露"有效成分"很少，价值较低。

六、烟熏香料

烟熏香料一般是自由流动的棕色液体至深色（黑色）黏稠半固体，有明显的烟熏香味和涩味。作为商品，有水、丙二醇、植物油等稀释的液体烟熏香料，其中可含有乳化剂；也可由麦芽糊精或盐类作载体配成固体烟熏香料。

用途：增香剂，食用色素。

生产方法：硬木在缺乏空气的条件下热解所得烟的浓缩物，俗称"木醋液""烟熏液"。所用原料必须不含杀虫剂、木材防腐剂及其他可移入木材烟中的有害健康的外来杂质。粗制木醋液须经离析、分馏或高度纯化，以除去烟中的有害健康成分，如环核芳香烃等。

烟熏香料为浓缩制剂，不能由烟熏食品原料中得到，用于使食品产生烟熏类香味的目的，可以加入香味添加物。

烟熏食品香精摆脱了烟和烟熏概念的控制和束缚，能够使人们很方便地食用烟熏调味品，享受烟熏香气所赋予的快乐和美感。

烟熏调味品可分为原生型和派生型两大类：

原生型烟熏调味品是植物性材料经高温裂解精制而得。主要成分是有机酸、酚类和羟基化合物三大类。香味浓郁、纯正，是一种高档的调味品。具有广谱抗菌作用，可抑制常见的细菌、霉菌和酵母菌的生长，是一种天然抗菌剂，同时具有较强的抗氧化能力。

派生型烟熏调味品是由原生型烟熏调味品用水或其他溶液稀释，或与其他调味品复合而成的，例如与酱油、醋、味精等复合，经过特殊的工艺，严格控制精制而成，具有香味浓郁、纯正，香气持久等优点，是高档的烟熏肉味调味品，并不是烟熏液与肉味香料简单复合的产物。

烟熏肉味调味香精的开发具有重要的意义，它不仅仅针对食品企业应用，而且可直接面向千家万户，餐馆饭店的菜肴烹调，能使烟熏肉味的食品更快地普及。

烟熏肉味香精的使用大致有以下几种形式：

（1）按照配方，将烟熏肉味香精直接添加到食品中，搅拌均匀即可。食品形态可以是肉糜、颗粒食品、液体食品及粉体食品等。

（2）将烟熏肉味香精稀释至一定浓度，再将食品浸泡，经过一定时间取出沥干，再烘烤至熟即成，或将稀释液直接涂抹于熟制品表面渗干即可。这种烟熏肉味香精既有良好的烟熏味和肉味香气，又有一定的色泽，同时具有抗菌、抗氧化酸败的功能，因而制成的食品色泽诱人，同时耐储藏。

（3）直接用于需要烹饪调味的食品中，如炒肉丝、炒豆腐丝、炒豆芽、炒土豆丝、红烧肉等家常菜，在起锅前适量加入，炒匀，即成香气扑鼻、鲜美无比的烟熏肉味菜了。

烟熏香料现在也用于饲料添加剂中，作为饲料香味剂的一种。目前最大的用途是与其他天然香料配制而成的"无抗饲料精油添加剂"，详见本书第五章香精配制第八节"饲料香精、无抗精油香味剂"一节的内容。

第四节　微生物发酵产物

微生物制造的香料即微生物发酵产物其实人们是非常熟悉的，家庭厨房里酒、醋、酱油和各种酱、泡菜、腌菜、腐乳、奶酪、鱼露、虾油、豆豉、酒糟等都是微生物发酵产物。香料工作者自然而然会想到用微生物发酵来制造香料，但说得容易，做起来难，除了一些低级醇、低级醛、低级酮和低级碳酸类外，目前调香师大量使用的香料还极少能用微生物发酵制取。但微生物发酵产物毕竟也是天然香料，香料工作者仍然不遗余力地尝试用各种科学手段，力图在这个领域取得较大的突破，让调香师早日用上更多的这种"天然香料"。

目前利用微生物发酵方法已经实现大规模工业化生产的有机酸有：乳酸、柠檬酸、醋酸、葡糖酸、衣康酸、苹果酸以及各种氨基酸等。

现以乳酸为例说明：糖类物质在厌氧条件下，由微生物作用而降解转变为乳酸的过程称为乳酸发酵。发酵性腌菜主要靠乳酸菌发酵，产生乳酸来抑制其他微生物活动，使蔬菜得以保存，同时也有食盐及其他香料的防腐作用。发酵性蔬菜在腌制过程中，除乳酸发酵外，还有酒精发酵、醋酸发酵等，生成的酸和醇结合，生成各种酯，使发酵性腌菜都具有独特的风味。酸奶的发酵过程也类似。早在160多年前，人们就将麦芽或酸乳放入淀粉浆和牛乳中，任其自然发酵，然后逐渐中和而产出乳酸。1881年在美国实现用微生物发酵法工业化生产乳酸。我国在1944年也已用微生物发酵法生产乳酸钙。乳酸钙用硫酸处理就可以得到乳酸了。

用微生物发酵法生产得到的有机酸有的可以直接作为香料使用，但使用更多的是它们的酯，如乳酸可以通过酯化得到乳酸乙酯、乳酸丁酯等，它们都是配制食用和日用香精重要的香原料。

虽然在乙醇发酵过程中副产的"杂醇油"和有机酸只有乙醇产量的百分之几，但由于乙醇发酵如今已经发展成为一个巨大的工业体系，在"能源危机"的今天，以乙醇代替石油作内燃机燃料已经排上能源工程师们的工作日程了，今后乙醇的产量将是现在的几十倍甚至几百倍，所以乙醇发酵的副产物也不容忽视。"杂醇油"里常见的香料和香料中间体有：甲醇、丙醇、丁醇、异丁醇、戊醇、2-甲基丁醇、异戊醇、己醇、3-甲基戊醇、庚醇、异丙醇、2-丁醇、2-戊醇、叔丁醇、叔戊醇、叔己醇、异戊醇、异戊醛、异戊酸、甲酸异戊酯、乙酸异戊酯、丙酸异戊酯、丁酸异戊酯、己酸异戊酯、庚酸异戊酯、苯乙酸异戊酯、水杨酸异戊酯、异戊酸异戊酯、异戊酸乙酯、异戊酸丁酯、异戊酸苯乙酯、异戊酸香叶酯、异戊酸甲酯、异戊酸丙酯、异戊酸异丙酯、异戊酸-2-甲酸丁酯、异戊酸己酯、异戊酸辛酯、异戊酸壬酯、异戊酸烯丙酯、异戊酸叶酯、异戊酸环己酯、异戊酸玫瑰酯、异戊酸芳樟酯、异戊酸橙花酯、异戊酸薄荷酯、异戊酸松油酯、异戊酸龙脑酯、异戊酸苄酯、异戊酸-3-苯基丙酯、异戊酸桂酯、异戊酸铵、异戊酸异龙脑酯、壬酸异戊酯、十二酸异戊酯、丙酮酸异戊酯、桂酸异戊酯、辛酸异戊酯等。这些物质从"杂醇油"里分离出来，有的直接就可以作香料使用，有的再通过酯化或其他化学反应生产各种各样香料用来调配食用和日用香精。

有人利用农副产品如玉米、豆饼等廉价原料，利用高抗产物阻遏的地衣芽孢工程菌株，应用酶工程、发酵工程和生化工程技术，先液体发酵，制备2,3-丁二酮发酵培养物；再常压蒸馏浓缩，馏出液加入氧化剂氧化，转入精馏塔精馏，控制回流比，得高纯度的单体香料2,3-丁二酮。

微生物发酵法生产香料苯乙醇：

中国烟草总公司郑州烟草研究院研究人员利用蒸馏萃取装置、气相色谱仪和气相色谱-质谱联用仪对烤烟烟梗和叶片主要中性香味成分进行分析，表明云南烟梗中含量较高的中性香味成分主要有苯甲醇、苯乙醛、β-苯乙醇等。

苯乙醇是芳香化合物中较为重要和应用广泛的一种可以食用的香料，因具有柔和、愉快而持久的玫瑰香气而广泛用于各种食用香精、烟用香精和日用香精中。苯乙醇存在于许多天然的精油里，目前主要是通过有机合成或从天然物中萃取获得该产品。随着食品生物技术的飞速发展和人民生活水平的不断提高，特别是我国加入世界贸易组织，人们越来越重视食品的安全性，追求有机食品、生态食品、绿色食品已成为一种时尚，国内外食品生产研发人员也越来越倾向于使用天然食品添加剂。由此，通过微生物发酵法生产天然苯乙醇香料的工艺研究得到国内外业内人士的广泛关注与重视。该工艺包括利用农业副产物烟草作为生物转化的前体物，添加适当的培养基，选用合适的菌种（如产朊假丝酵母、酿酒酵母、中国克鲁维酵母），在一定的发酵工艺条件下进行发酵培养，降解了烟草中的木质素、果胶和多酚类化合物，并转化成苯乙醇，然后用萃取或离子交换树脂吸附分离的方法予以提纯。所得到的苯乙醇具有纯正的天然香味，可作为天然香料用于食品中。整个生产工艺简便，具有广泛的工业化发展前景，为农业副产物烟草找到了一条绿色的应用途径。

江苏食品职业技术学院生物工程系黄亚东等人经试验研究表明：苯乙醇具有玫瑰风味，它是清酒和葡萄酒等酒精饮料中的重要风味化合物。利用啤酒酵母生产风味物质的原理即为利用酶或微生物将前体物苯丙氨酸转化为食品风味苯乙醇香料。因为在啤酒酵母中芳香族氨基酸生物合成主要受 DAHP 合成酶、分支酸合成酶、分支酸变位酶、邻氨基苯甲酸合成酶、预苯酸脱水酶和预苯脱氢酶的调节，在啤酒酵母细胞 L-苯丙氨酸形成苯乙醇的途径中，α-酮酸脱氢酶起主要作用。所以利用啤酒酵母可衍生出多种天然风味物质、风味前体物质或风味增强剂，它与用传统的环氧乙烷与苯缩合精制得到的化学合成苯乙醇香料比较，具有香味柔和、天然纯正、健康安全不可比拟的优越性。

山东农业大学的学者研究文献，综述了国内外在烟叶人工发酵过程中几种增香途径及其研究进展，包括微生物、酶、糖和有机酸、美拉德反应产物及氨化等方法。研究表明：近年来微生物、酶因其投入量少，增香效果明显，微生物发酵生产天然香料和天然香精已成为世界上许多国家食品添加剂的研发热点。而烟草在芽孢杆菌、枯草杆菌、假单胞杆菌等微生物发酵过程中能产生苯甲醇、苯乙醇等天然玫瑰香味成分，用于烟叶发酵、增加烟叶香气，不失为一种理想的方法。

国外学者对烟叶人工发酵早有大量研究，他们发现在烤烟叶面微生物中，细菌占绝对优势，放线菌和霉菌较少。细菌中以芽孢杆菌属为优势菌群，霉菌中以曲霉为优势菌群。优良品种烤烟叶面微生物数量较大，种类较多。微生物是推动烟叶发酵、提高烟叶香气不可忽视的原因之一，这对国内外从事烟叶香气研究学者而言具有很大的吸引力。

20 世纪 60 年代，石油发酵开始应用于炼油工业，70 年代以来石油发酵已用于生产化工原料如反-丁烯二酸、丙酮霉酸、乳酸、二吡啶碳酸、柠檬酸、α-酮戊二酸等，用阴沟假丝酵母突变菌株发酵生产十二烷二酸，开拓了石油发酵生产长链二元酸的新途径。

麝香是名贵中药材，也是制备中成药的重要原料，也可做香料，价格昂贵。天然麝香中具有生理活性的主要有效成分是麝香酮。目前，保护野生动物成为全球共识，因此天然麝香不再允许使用。已经成功合成出多种长链二元酸并实现产业化的我国科学家，正在酝酿借助微生物之力"合成"高级麝香。

长链二元酸在自然界中并不存在，长期以来只能通过化学方法合成，但化学方法需要高温高压，严重污染环境，成本高而产量低。从 20 世纪 70 年代起，日本、中国、美国、德国等国的科学家尝试用微生物发酵进行生产。最早的菌株应该是在油田附近的土壤或者炼油厂水沟里找到的，科学家在几十万株微生物菌株中一步步培育出"产"酸水平较高的几株菌种。在一种内含石油副产物——正烷烃的培养液中加入这些菌种，就能高效神奇地合成长链二元酸，进而可以制造出高级香料、高性能尼龙工程塑料、高级润滑油、高级油漆等。在实验室里，科学家一步步提高微生物发酵的"产"酸水平，每升培养液的"产"酸水平从数十克提高到 200g 以上，1.2kg 至 1.5kg 正烷烃可以变成 1kg 二元酸，附加值大为提高。经过多年努力，我国微生物学家在长链二元酸生物发酵领域获得一系列突破，并成功实现产业化，中国也因此成为全世界长链二元酸生物发酵的生产和出口大国。

长链二元酸是指碳链中含有 10 个以上碳原子的脂肪族二羧酸，是一类用途极其广泛的重要精细化工产品。用含有 11 个至 18 个碳原子的长链二元酸，可以合成具有不同香型的大环酮香料。尤其是用微生物发酵生产的十五碳二元酸为原料，合成环十五酮和麝香酮时，合成步骤简单，成本大大降低。这种合成的麝香酮完全可以代替天然麝香配制中成药，在医药上将有广泛用途，对我国中医药走向世界具有十分重要的意义，但目前最主要还是用于配制各种日用香精。

微生物发酵法生产香料，并不一定都要分离出"单体香料"出来，有时候发酵后的"大杂烩"就可以直接

使用。下面是一个例子:

加香加料是卷烟工艺中的关键环节,是完善产品风格的决定性因素和提高卷烟香气质量的有效手段之一。目前烟用香料按来源主要分为3类,即来自烟草本身的香料如烟草精油、浸膏等,来自非烟草的天然植物香料如从各种植物的花、果实、根、茎、叶中提取的精油、浸膏、酊剂等,人工合成的香料如醇、醛、酮等单体香料。按香料生产方法的不同主要分为2种,即采用各种分离手段直接从烟草或其他植物中提取的天然香料和采用化学反应合成的香料。目前,这两种方法在烟用香料生产中各具优点,并发挥着重要作用。然而,这两种方法均存在其各自的局限性,对于某种植物香料,其香气组分及特征是恒定的,我们很难按照对香味的需要使植物产生具有另一种风味的香料,而且植物提取香料的开发由于可用植物资源的有限而存在局限性。对于化工合成香料,除香气单一外,由于受合成方法及条件的限制,很多优良香气成分尚不能人工合成,或成本太高。随着卷烟消费者对产品质量需求的不断提高以及烟用香料行业竞争的日益加剧,进一步开发新型香料及其生产技术,已受到各香料公司和烟厂的广泛重视。鉴于以上原因,国内有人探讨了利用产香微生物发酵生产烟用香料的方法,以期找到一种经济、高效且可定向生产天然烟用香料的新途径,并开发出传统香料生产法所不能生产的新型烟用香料。

微生物发酵生产烟用香料的生物学基础。随着近代微生物发酵工程的迅猛发展,微生物发酵已广泛应用在人类生活的各个方面,如各具风味的酱、醋、酸奶、面包等均是利用特定的微生物发酵作用生产出来的。由于微生物在增殖过程中可产生庞大的高活性酶系,如多糖水解酶类、蛋白酶类、纤维素酶类、酯化酶类、氧化还原酶类及裂合酶类等,在酶促作用、化学作用及微生物体内复杂代谢的协同作用下,便可使底物发生分解、降解、氧化、还原、聚合、偶联、转化等作用,形成复杂的低分子化合物,其中包括各种香味化合物,如醇类、醛类、酮类、酸类、酯类、酚类、呋喃类、吡嗪类、吡啶类和萜烯类等,这些香气物质无疑也是烟草的香气组分。微生物产生的香味物质是否适合于烟草香气特征,取决于产香菌的种类、培养基的组成成分和配比以及发酵条件(温度、湿度、酸碱度、诱导物、供氧等)。通过选择特定的菌种、培养基和发酵条件,就可定向发酵生产出适合各种类种或香型卷烟加香的烟用香料香精。

微生物发酵生产烟用香料方法实例及加香试验。

菌株:从烟叶上分离并纯化的1株产香菌

原料:

组成种类	比例(干重)	豆粕(含蛋白质48%、脂肪1%、碳水化合物	
烟末	30%	22%)	30%
烟秸秆、顶芽、腋芽	30%	其他	10%

发酵方法:

取配好的原料500g,粉碎后适当润水,于100℃蒸煮30min,冷却后接入产香菌,于30~60℃温度条件下发酵5天。然后将发酵产物于100℃加热回流30min灭菌,冷却后以乙醚(也可用乙醇或正己烷等)为溶剂萃取发酵产物,萃取液经氮气流挥发除去乙醚后得40g香料(TMF),产率为8%。

该香料的性状:

状态棕黄色树脂状物(以乙醚为萃取剂)或深棕色黏稠状膏体(以乙醇为萃取剂);

香气:浓郁的果香、坚果香、焦糖香、烤香、酱香、草药香、烟草香;

溶解性:醇溶、部分水溶,可完全溶于50%~95%的乙醇溶液。

该香料加香试验及评吸结果:

以85%乙醇为溶剂,按0.1%的量将TMF加入单料烟及成品卷烟中,平衡24h后进行评吸,结果表明,TMF与烟香谐调,能显著提高卷烟香气质量,使烟气醇和而饱满,并能减轻杂气和刺激性,改善余味,可用于中、高档卷烟加香。

产香微生物发酵生产烟用香料技术评价:研究表明,该法生产的香料不仅与烟香谐调、香气品质优良、风格独特,而且其生产工艺简便,易于推广,具有开发与应用价值。

(1)香料的风格独特。产香微生物发酵产生的香料系由多组分构成,香气浓郁,集果香、坚果香、焦糖香、烤香、酱香、草药香、烟草香为一体,具有独特风格而又与烟香谐调,不仅能显著提高香气质量,使烟气醇和、细腻、饱满,而且能产生由化工合成香料及天然植物提取香料所不能达到的效果。将其应用于调香工艺,可有助于形成卷烟产品的独特风格,在卷烟新产品开发加香工艺中可发挥较大作用。

（2）香料风格可定向调控。通过调节发酵原料组成、配比、菌种及发酵条件，同时采用各种提取、分离手段将产物分为不同的组分如酸性、中性组分，甚至某几种重要香气成分，则可以定向改变发酵香料的香气特征，以满足各类型卷烟的加香要求，形成定型的如清香型烤烟微生物合成香料、浓香型烤烟微生物合成香料、混合型卷烟微生物合成香料等；也可以根据不同品牌卷烟加香要求，开发出适合某种品牌卷烟的专用香料。

（3）原料易得，成本低。所有富含淀粉、蛋白质、脂质、纤维素、香味前体物的植物、作物、有机化合物等均可作为原料选择对象，如烟草作物：低次烟叶、烟末、烟梗、烟茎、顶芽、侧芽、花蕾、种子；非烟草作物：豆类、禾谷类、花生饼、菜籽饼、芝麻饼、椰子饼等；香料植物：芸香科、檀香科、唇形科、橄榄科等的根、茎、叶、花、果实；有机化合物：单糖、氨基酸、蛋白质、烟碱、类胡萝卜素、淀粉等。上述原料成本普遍较低，烟草原料中除低次烟叶、烟末、烟梗目前可用于生产薄片外，其他部分均未得到合理利用，如将其用于生产烟用香料，不仅能变废为宝，而且经济效益显著。

（4）反应简捷，条件温和。原料按一定配方前处理并接种后，只需通过发酵过程，便可将原料转化为化工生产需多步反应才能完成的产品，且整个过程均可在较温和的温度、压力条件下进行，对设备条件要求不高，安全易行。

第五节　美拉德反应产物

一、美拉德反应的原理及影响因素

美拉德反应是一种在自然界里非常普遍的非酶褐变现象，该技术在肉类香精及烟草香精中有非常好的应用，所形成的香精具有天然肉类和其他天然物质香味的逼真效果，这种效果目前全用合成香料调配还无法达到。在香精生产中的应用国外研究比较多，国内研究应用目前还是少一些。美拉德反应技术在香精领域中的应用打破了传统的香精调配和生产工艺的范畴，是一种全新的香精生产应用技术，值得大力研究和推广。

美拉德反应机理：1912 年法国化学家美拉德发现甘氨酸与葡萄糖混合加热时能形成褐色的物质。后来人们发现这类反应不仅影响食品的颜色，而且对其香味也有重要作用，并将此反应称为非酶褐变反应。1953 年 Hodge 对美拉德反应的机理作出了系统的解释，大致可以分为 3 个阶段：

1. 起始阶段

（1）席夫碱的生成：氨基酸与还原糖加热，氨基与羰基缩合生成席夫碱。

（2）N-取代糖基胺的生成：席夫碱经环化生成。

（3）阿姆德瑞化合物生成：N-取代糖基胺经阿姆德瑞重排形成阿姆德瑞化合物（1-氨基-1-脱氧-2-酮糖）。

2. 中间阶段

在这个阶段，阿姆德瑞化合物通过三条路线进行反应：

（1）酸性条件下：经 1,2-烯醇化反应，生成羰基甲呋喃醛。

（2）碱性条件下：经 2,3-烯醇化反应，产生褐脱氢还原酮类，有利于阿姆德瑞重排产物形成脱氧体，它是许多食品香味的前驱体。

（3）斯特勒克降解反应：继续进行裂解反应，形成含羰基和双羰基化合物，以进行最后阶段反应或与氨基进行斯特勒克分解反应，产生斯特勒克醛类。

3. 最终阶段

此阶段反应复杂，机制尚不清楚，中间阶段的产物与氨基化合物进行醛基-氨基反应，最终生成类黑精。美拉德反应产物除类黑精外，还有一系列中间体还原酮及挥发性杂环化合物，所以并非美拉德反应的产物都是呈香成分。

美拉德反应的影响因素：

（1）糖氨基结构：还原糖是美拉德反应的主要物质，五碳糖褐变速度是六碳糖的 10 倍，还原性单糖中五碳糖褐变速度排序为：核糖＞阿拉伯糖＞木糖，六碳糖则为：半乳糖＞甘露糖＞葡萄糖。还原性双糖分子量大，反应速度也慢。在羰基化合物中，α-乙烯醛褐变最慢，其次是α-双羰基化合物，酮类最慢。胺类褐变速度快于氨基酸。在氨基酸中，碱性氨基酸褐变速度慢，氨基酸比蛋白质慢。

（2）温度：20～25℃氧化即可发生美拉德反应。一般每相差10℃，反应速度相差3～5倍。30℃以上速度加快，高于80℃时，反应速度受温度和氧气影响较小。

（3）水分：水分含量在10％～15％时，反应易发生，完全干燥的食品难以发生反应。

（4）pH值：当pH值在3以上时，反应随pH值增加而加快。

（5）化合物：酸式亚硫酸盐抑制褐变，钙盐与氨基酸结合成不溶性化合物可抑制反应。

目前对于美拉德反应初级、中级阶段机理已经基本明确，但是终级阶段机理还不是很明确。以下用葡萄糖与胺反应说明美拉德反应整个过程。

1. 初级阶段

还原糖与氨基化合物反应经历了羰氨缩合和分子重排过程。首先体系中游离氨基与游离羰基发生缩合生成不稳定的亚胺衍生物——席夫碱，它不稳定随即环化为N-葡萄糖基胺。N-葡萄糖基胺在酸的催化下经过阿姆德瑞分子重排生成果糖基胺（1-氨基-1-脱氧-2-酮糖）。初级反应产物不会引起食品色泽和香味的变化，但其产物是不挥发性香味物质的前体成分。

2. 中级阶段

此阶段反应可以通过三条途径进行：

第一条途径：在酸性条件下，果糖基胺进行1,2-烯醇化反应，再经过脱水、脱氨最后生成羟甲基糠醛。羟甲基糠醛的积累与褐变速度密切相关，羟甲基糠醛积累后不久就可发生褐变反应，因此可以用分光光度计测定羟甲基糠醛积累情况作为预测褐变速度的指标。

第二条途径：在碱性条件下，果糖基胺进行2,3-烯醇化反应，经过脱氨后生成还原酮类和二羰基化合物。还原酮类化学性质活泼，可进一步脱水再与胺类缩合，或者本身发生裂解生成较小分子如二乙酰、乙酸、丙酮醛等。

第三条途径：美拉德反应风味物质产生于此途径。在二羰基化合物的存在下，氨基酸发生脱羧、脱氨作用，成为少一个碳的醛，氨基转移到二羰基化合物上，这一反应为斯特勒克降解反应。这一反应生成的羰氨类化合物经过缩合，生成吡嗪类物质。

此阶段包括两类反应，即醇醛缩合：两分子醛自相缩合，进一步脱水生成更高级不饱和醛；生成类黑精的聚合反应：中级阶段生成产物（葡萄糖酮醛、3-DG、3，4-2 DG、HMF、还原酮类及不饱和亚胺类等）经过进一步缩合、聚合形成复杂的高分子色素。

反应的影响因素：从发生美拉德反应速度上看，糖的结构和种类不同导致反应发生的速度也不同。一般而言，醛的反应速度要大于酮，尤其是α，β-不饱和醛酮反应及α-双羰基化合物；五碳糖的反应速度大于六碳糖；单糖的反应速度要大于双糖；还原糖含量和褐变速度成正比关系。

常见的几种引起美拉德反应的氨基化合物中，发生反应速度的顺序为：胺类＞氨基酸＞蛋白质。其中氨基酸常被用于发生美拉德反应。氨基酸的种类、结构不同会导致反应速度有很大的差别。比如：氨基酸中氨基在ε-位或末位则比α-位反应速度快；碱性氨基酸比酸性氨基酸反应速度快。

pH3～9范围内，随着pH上升，褐变反应速度上升；pH≤3，褐变反应程度较轻微。在偏酸性环境中，反应速率降低。因为在酸性条件下，N-葡萄糖胺容易被水解，而N-葡萄糖胺是美拉德特征风味形成的前体物质。铜与铁可促进褐变反应，其中三价铁的催化能力要大于二价铁。

在美拉德反应初期阶段就加入亚硫酸盐可有效抑制褐变反应的发生。主要原因是亚硫酸盐可以和还原糖发生加成反应后再与氨基化合物发生缩合，从而抑制了整个反应的进行。

在实际生产过程中，根据产品的需要，要对美拉德反应进行控制。基于以上分析我们可以总结出控制美拉德反应程度的措施：

（1）除去一种反应物：可以用相应的酶类，比如葡萄糖转化酶，也可以加入钙盐使其与氨基酸结合成不溶性化合物。

（2）降低反应温度或将pH调制成偏酸性。

（3）控制食品在低水分含量下。

（4）反应初期加入亚硫酸盐也可以有效控制褐变反应的发生。

二、美拉德反应的应用

1. 肉类香味形成的机理

（1）肉类香味的前体物质。生肉的气味很淡，甚至可以认为是没有香味的（与熟肉相比），只有在蒸煮和焙烤时才会有香味。在加热过程中，肉内各种组织成分间发生一系列复杂变化，产生了挥发性香味物质，目前有 1000 多种肉类挥发性成分被鉴定出来，主要包括：内酯化合物、吡嗪化合物、呋喃化合物和硫化物。大致研究表明形成这些香味的前体物质主要是水溶性的糖类和含氨基酸化合物以及磷脂和三甘酯等类脂物质。肉在加热过程中瘦肉组织赋予肉类香味，而脂肪组织赋予肉制品特有风味，如果从各种肉中除去脂肪，则肉的香味是一致的，没有差别。

（2）美拉德反应与肉味化合物。并不是所有的美拉德反应都能形成肉味化合物，但在肉味化合物的形成过程中，美拉德反应起着很重要的作用。肉味化合物主要有 N 杂环化合物、S 杂环化合物、O 杂环化合物和其他含硫成分，包括呋喃、吡咯、噻吩、咪唑、吡啶和环乙烯硫醚等低分子量前体物质。其中吡嗪是一些主要的挥发性物质。另外，在美拉德反应产物中，硫化物占有重要地位。若从加热肉类的挥发性成分中除去硫化物，则形成的肉香味几乎消失。

肉香味物质可以通过以下途径产生：

氨基酸类（半胱、胱氨酸类）通过美拉德和斯特勒克降解反应产生；

糖类、氨基酸类、脂类通过降解产生；

脂类（脂肪酸类）通过氧化、水解、脱水、脱羧产生；

硫胺、硫化氢、硫醇与其他组分反应产生；

核糖核苷酸类、核糖-5′-磷酸酯、甲基呋喃醇酮通过硫化氢反应产生。

可见，杂环化合物来源于一个复杂的反应体系，而在肉类香气的形成过程中，美拉德反应对许多肉香味物质的形成起了重要作用。

（3）氨基酸种类对肉香味物质的影响。对牛肉加热前后浸出物中氨基酸组分分析，加热后有变化的主要是甘氨酸、丙氨酸、半胱氨酸、谷氨酸等，这些氨基酸在加热过程中与糖反应产生肉香味物质。吡嗪类是加热渗出物特别重要的一组挥发性成分，约占 50%。另外从生成的重要挥发性肉味化合物结构分析，牛肉中含硫氨基酸、半胱氨酸、胱氨酸以及谷胱甘肽等，是产生牛肉香气不可少的前体化合物。半胱氨酸产生强烈的肉香味，胱氨酸味道差，蛋氨酸产生土豆样风味，谷胱氨酸产生较好的肉味。当加热半胱氨酸与还原糖的混合物时，便得到一种刺激性的特征性气味，如有其他氨基酸混合物存在的话，可得到更完全和完美的风味。

（4）还原糖对肉类香味物质的影响。对于美拉德反应来说，多糖是无效的；双糖主要指蔗糖和麦芽糖，其产生的风味差；单糖具有还原力，包括戊糖和己糖，是最有效的。研究标明，单糖中戊糖的反应性比己糖强，且戊糖中核糖反应性最强，其次是阿拉伯糖、木糖。由于葡萄糖和木糖，廉价易得，反应性良好，所以常用葡萄糖和木糖作为美拉德反应原料。

（5）环境因素对反应的影响。相对来说，通过美拉德反应制取牛肉香精需要较长的时间和较浓的反应溶液，而制取猪肉和鸡肉香精只需较短的加热时间和较稀的反应溶液、较低的反应温度。反应混合物 pH 值低于 7（最好在 2～6）反应效果较好；pH 大于 7 时，由于反应速度较快而难以控制，且风味也较差。不同种类的氨基酸比不同种类的糖类对加热反应生成的香味特征更有显著影响。同种氨基酸与不同种类的糖，产生的香气也不同。加热方式不同，如"煮""蒸""烧"等不同烹调方式，同样的反应物质可产生不同的香味。

2. 肉类香精的生产

从 1960 年开始，就有人研究利用各种单体香料经过调和生产肉类香精，但由于各种熟肉香型的特征十分复杂，这些调和香精很难达到与熟肉香味逼真的水平，所以对肉类香气前体物质的研究和利用受到人们的重视。利用前体物质制备肉味香精，主要是以糖类和含硫氨基酸如半胱氨酸为基础，通过加热时所发生的反应，包括脂肪酸的氧化、分解，糖和氨基酸热降解，羰氨反应及各种生成物的二次或三次反应等，所形成的肉味香精成分有数百种。以这些物质为基础，通过调和可制成具有不同特征的肉味香精。美拉德反应所形成的肉味香精无论从原料还是过程均可以视为天然，所得肉味香精可以视为天然香精。

美拉德反应自被发现以来，由于其在食品、医药领域中的重要影响，引起了各国化学家的兴趣。但由于食品的组分太复杂，要完全弄清楚美拉德反应的机理，仍是一件难事。为了研究美拉德反应的机理，人们通常用简单的几个原料，如某种氨基酸和糖类进行模拟反应，再研究反应的产物组成及生成途径。但至今，人们只是对该反应产生低分子量物质的化学过程比较清楚，而对该反应产生的高分子聚合物的研究尚属空白。近三十年来，一些微量和超微量分析技术应用于食品化学领域的研究之中，如气相色谱、高压液相色谱、核磁共振谱、质谱以及气相色谱-质谱联用、气相色谱-红外光谱联用等，使美拉德反应化学的研究得到了极大发展。另外，食品化学家近年来将动力学模型引入对美拉德反应的研究中。运用这种方法的优点在于不需要考虑美拉德反应复杂的反应过程，而只需要研究反应物、产物的质量平衡以及特征中间体的生成与损失来建立动力学模型，从而预测反应的速率控制点。

目前对于美拉德反应的研究主要有以下几个方面：美拉德反应过程中新的特征中间体及终产物的分离与鉴定，进一步揭示美拉德反应的机理；在反应香味料的生产中如何控制反应条件，使反应中生成更多的特征香味成分及反应香味料稳定性的影响因素；研究美拉德反应中褐色色素、致癌杂环含氮化合物形成的动力学过程，为食品加工处理提供有效的控制点；美拉德反应产物对慢性糖尿病、心血管疾病、癌症等的病理学研究以及其对食品安全性的影响。

（1）美拉德反应在食品添加剂中的应用：近年来，人们已用动植物水解蛋白、酵母自溶产物为原料，制备出成本低、安全且更为逼真的、更接近天然风味的香味料。然而，仅靠用美拉德反应产物作为香味料，其香味强度有时还是不够的，通常还需要添加某些可使食品具有特殊风味的极微量的所谓关键性化合物。如在肉类香味料中可加 1-甲硫基乙硫醇等化合物，在鸡香味料中可加顺-4-癸烯醛和二甲基三硫等物质；在土豆香味料中可加 2-烷基-3-甲氧基吡嗪等物质，在蘑菇香味料中可加 1-辛烯-3-醇、环辛醇、苄醇等物质。如此调配出来的香味料，不仅风味逼真，而且浓度高，作为食品添加剂只要添加少量到其他食品中即可明显增强食品香味，如将这些香味料加在汤粉料、面包、饼干中，或用于植物蛋白加香中，都只要添加少量，就可获得满意的效果。

（2）美拉德反应在色泽方面应用广泛，在酱油、豆酱等调味品中褐色色素的形成也是因为美拉德反应，这种反应也称为非酶褐变反应。这些食品经加工后会产生非常诱人的金黄色至深褐色，增强人们的食欲。在奶制品加工储藏中由于美拉德反应可能生成棕褐色物质，但这种褐变却不是人们所期望的，是食品厂家所要极力避免的。在食品香气风味中，例如某些具有特殊风味的食品香料，一般称之为热加工食品香料的烤面包、爆花生米、炒咖啡等所形成的香气物质，这类香气物质形成的化学机理就是美拉德反应。在酱香型白酒生产过程中，美拉德反应所产生的糠醛类、酮醛类、二羰基化合物、吡喃类及吡嗪类化合物，对酱香酒风格的形成起着决定性作用。美拉德反应在食品香料香精、肉类香料香精中的应用也相当广泛。目前市场上销售的风味调味料，如火腿肠、小食品中应用的风味调味料，大多数是合成的原料复配成的。市场销售的牛肉味、鸡肉味、鱼味、猪肉味等风味调味料大多含动植物脂肪、大豆蛋白粉、糖、谷氨酸钠、盐、辛香料、酵母浸提物等，其中的动植物脂肪并没有转化。在美拉德反应中，不存在动物脂肪；用动物脂肪的也在反应中将其转化为肽、胨及肉味物质，不以脂肪存在，所以美拉德反应制得的香料，风味天然、自然、逼真，安全可靠，低脂低热值，是人们保健的美食产品。

（3）美拉德反应与食品营养的关系以及在食品中的控制：从营养学的观点来考虑，美拉德反应是不利的。因为氨基酸与糖在长期的加热过程中会使营养价值下降甚至会产生有毒物质。因此，利用美拉德反应赋予食品诱人的风味的前提下，必须控制好反应条件，一般温度不超过 180℃，时间不超过 4h，注意增加某些活性添加剂。例如，在果蔬饮料的加工生产中，常常由于褐变而导致产品品质劣化，一般来说，虽然果蔬褐变，主要原因是酶褐变，但对于水果中的柑橘类和蔬菜来说，由于含氮物质的量较高，也往往容易发生美拉德反应而导致褐变，生产中应注意当 pH 值＞3 时，pH 值越高，美拉德反应的速度越快，在果蔬饮料加工生产中，保证正常口感的前提下，应尽可能降低 pH 值，来减轻美拉德反应的速度。当糖液浓度为 30%～50%时，最适宜美拉德反应的进行，在饮料生产中，原糖浆的浓度一般恰是这个浓度，在配料时，应避免将果蔬原汁直接加入原糖浆中。在面包生产中应充分利用美拉德反应，在焦香糖果生产中要有效地控制美拉德反应，在果蔬饮料生产中应避免美拉德反应，这样才能得到高品质的食品。另外，应用美拉德反应，不添加任何化学试剂，在控制的条件下，使蛋白质、糖类发生碳氨缩合作用，生成蛋白质-糖类共价化合物。该化合物比原来蛋白质的功能性质得到极大的改善，无毒，且具有较强的乳化活力和较大的抵抗外界环境变化的能力，扩大了蛋白质在食品和医药方面的用途。而且，美拉德反应的终产物——类黑精具有很强的抑制胰蛋白酶的作用。现已知道，胰蛋白酶在胰脏中产生，若此酶被抑制，就会引起胰脏功能的昂进，促进胰岛素的分泌。含有类黑精的豆酱可作为促进胰岛素分泌的食品，有待用于糖尿病的预防和改善。

（4）美拉德反应产物的其他作用：经大量研究表明，美拉德反应中间阶段产物与氨基化合物进行醛基-氨基反应最终生成类黑精。类黑精是引起食品非酶褐变的主要物质，在产生类黑精的同时，有系列的美拉德反应中间体——还原酮类物质及杂环类化合物生成，这类物质除能提供给食品特殊的气味外，还具有抗氧化、抗诱变等特性。在 20 世纪 80 年代以后，对于美拉德反应产物的抗氧化、抗诱变等特性方面的研究逐渐增多。随着科学技术的不断发展，在食品工业中广泛应用的合成抗氧化剂在当今食品工业是非常重要的。因此深入研究其抗氧化、抗诱变、消除活性氧等性能是近年来食品营养学、食品化学领域的热门。

美拉德反应在近几十年来一直是食品化学、食品工艺学、营养学、香料化学等领域的研究热点。因为美拉德反应是加工食品色泽和浓郁芳香的各种风味的主要来源，特别是对于一些传统的加工工艺过程如咖啡、可可豆的焙炒，饼干、面包的烘烤以及肉类食品的蒸煮。另外，美拉德反应对食品的营养价值也有重要的影响，既可能由于消耗了食品中的营养成分或降低了食品的可消化性而降低食品的营养价值，也可能在加工过程中生成抗氧化物质而增加其营养价值。对美拉德反应的机理进行深入的研究，有利于在食品贮藏与加工的过程中，控制食品色泽、香味的变化或使其反应向着有利于色泽、香味生成的方向进行，减少营养价值的损失，增加有益产物的积累，从而提高食品的品质。

美拉德反应产物是棕色的，反应物中羰基化合物包括醛、酮、还原糖，氨基化合物包括氨基酸、蛋白质、胺、肽。反应的结果使食品颜色加深并赋予食品一定的风味。比如：面包外皮的金黄色、红烧肉的褐色以及它们浓郁的香味，很大程度上都是由于美拉德反应。但是在反应过程中也会使食品中的蛋白质和氨基酸大量损失，如果控制不当也可能产生有毒有害物质。

通过控制原材料、温度及加工方法，可制备各种不同风味、香味的物质。比如：核糖分别与半胱氨酸及谷胱甘肽反应后会分别产生烤猪肉香味和烤牛肉香味。相同的反应物在不同的温度下反应后，产生的风味也不一样，比如：葡萄糖和缬氨酸分别在 100～150℃ 及 180℃ 条件下反应会分别产生烤面包香味和巧克力香味；木糖和酵母水解蛋白分别在 90℃ 及 160℃ 下反应分别产生饼干香味和酱肉香味。加工方法不同，同种食物产生的香气也不同。比如：土豆经水煮可产生 125 种香气，而经烘烤可产生 250 种香气；大麦经水煮可产生 75 种香气，经烘烤可产生 150 种香气。

可见利用美拉德反应可以生产各种不同的香精。

目前国内已经研究出利用美拉德反应制备牛肉、鸡肉、鱼肉香料的生产工艺——有人利用鸡肉酶解物/酵母抽提物进行美拉德反应来产生肉香味化合物，利用鳙鱼的酶解产物、谷氨酸、葡萄糖、木糖、维生素 B_1 进行美拉德反应制备鱼味香料。其中风味物质主要包括呋喃酮、吡喃酮、吡咯、噻吩、吡啶、吡嗪等含氧、氮、硫的杂环化合物。

抗氧化作用：美拉德反应产物的抗氧化活性是由 Franzke 和 Iwainsky 于 1954 年首次发现的，他们对加入甘氨酸-葡萄糖反应产物的人造奶油的氧化稳定性进行相关报道。直到 20 世纪 80 年代，美拉德反应产物的抗氧化性才引起人们的重视，成为研究的热点。研究表明美拉德反应产物中的促黑激素释放素、还原酮、一些含 N、S 的杂环化合物具有一定的抗氧化活性，某些物质的抗氧化活性可以和合成抗氧化剂相媲美。Lingnert 等人的研究发现在弱碱性（pH＝7～9）条件下组氨酸与木糖的美拉德反应产物表现出较高的氧化活性，Beckel、朱敏等人先后报道在弱酸性（pH＝5～7）条件下，精氨酸与木糖的抗氧化活性最佳。也有人研究木糖与甘氨酸、木糖与赖氨酸、木糖与色氨酸、二羟基丙酮与组氨酸、二羟基丙酮与色氨酸、壳聚糖和葡萄糖的氧化产物有很好的抗氧化作用。可见美拉德反应物可以作为一种天然的抗氧化剂。但是目前对美拉德反应产物抗氧化活性的研究还不充分，对其中的抗氧化物质和抗氧化机理还有待人们进一步研究。

美拉德反应在食品香精生产中的应用：许多肉香芳香化合物是由水溶性的氨基酸和碳水化合物，在加热反应中，经过氧化脱羧、缩合和环化反应产生含氮、氮和硫的杂环化合物，包括呋喃、呋喃酮、吡嗪、噻吩、噻唑、噻唑啉和环状多硫化合物，同时也生成硫化氢和氨。在杂环化合物中，尤其是含硫的化合物，是组成肉类香气、滋味的主要成分，几种硫取代基的呋喃化合物，具有肉类香气、滋味，如 3-硫醇基-2-甲基呋喃和 3-硫醇基-2,5-二甲基呋喃。在一般呋喃化合物中，在 β 位碳原子上连有硫原子的产品具有肉类香气、滋味，而在 α 位碳原子上连有硫原子的品种，就有类似硫化氢的香气。另外，噻吩化合物具有煮肉的香气，噻吩化合物由半胱氨酸、胱氨酸和葡萄糖、丙酮醛于 125℃、pH＝5.6、反应 24h 下生成，如 4-甲基-5-(α-羟乙基) 噻唑、2-乙酰基-2-噻唑啉、12-乙酰基-5-丙基-2-噻唑啉等。

将美拉德反应用于食品香精生产之中，我国还是近几年才开始的。在反应中，使用的氨基酸种类较多，有L-丙氨酸、L-精氨酸和它的盐酸盐、L-天冬氨酸、L-胱氨酸、L-半胱氨酸、L-谷氨酸、甘氨酸、L-组氨酸、L-亮氨酸、L-赖氨酸和它的盐酸盐、L-乌氨酸、L-蛋氨酸、L-苯丙氨酸、L-脯氨酸、L-丝氨酸、L-苏氨酸、L-色氨酸、L-酪氨酸、L-异亮氨酸等，它们在反应中，能生成一定的香气物质。L-胱氨酸、L-半胱氨酸、牛磺酸、维生素 B_1 等，均能产生肉类香气、滋味。

① 甘氨酸，能产生焦糖香气、滋味；

② L-丙氨酸，能产生焦糖香气、滋味；

③ L-缬氨酸，能产生巧克力香气、滋味；

④ L-亮氨酸，能产生烤干酪香气、滋味；

⑤ L-异亮氨酸，能产生烤干酪香气、滋味；

⑥ L-脯氨酸，能产生面包香气、滋味；

⑦ L-蛋氨酸，能产生土豆香气、滋味；

⑧ L-苯丙氨酸，能产生刺激性香气、滋味；

⑨ L-酪氨酸，能产生焦糖香气、滋味；

⑩ L-天冬氨酸，能产生焦糖香气、滋味；

⑪ L-谷氨酸，能产生奶油糖果香气、滋味；

⑫ L-组氨酸，能产生玉米面包香气、滋味；

⑬ L-赖氨酸，能产生面包香气、滋味；

⑭ L-精氨酸，能产生烤蔗糖香气、滋味。

在美拉德反应中，使用的糖类包括：葡萄糖、蔗糖、木糖醇、鼠李糖和多羟醇，如山梨酸醇、丙三醇、丙二醇、1,3-丁二醇等。

美拉德反应的操作要求：一般情况下，美拉德反应的温度不超过180℃，一般为100～160℃之间。温度过低，反应缓慢，温度高，则反应迅速。所以，可以按照生产条件，选择适当的温度。一般来说，反应温度和时间成反比。在反应过程中，需要不断搅拌，使反应物充分接触，并均匀受热，以保证反应的正常进行。当需要加入植物油时，最好将植物油先加入反应锅内，然后将溶有氨基酸和醇类的水在搅拌情况下慢慢加入。在反应过程中，由于在加热情况下，水会翻腾溢出，同时，一部分芳香化合物也随之挥发，因此，锅顶必须装有使逸出的气体能充分冷却的冷凝器，而且，采用较低温度的冷却水会更好。总之，既要让其充分回流，又尽量能使芳香化合物的损失减少。由于美拉德反应比较复杂，终点的控制必须非常严格，达到反应终点时，反应产物要迅速冷却至室温，以免在较高温度下，继续反应，引起香气、滋味的变化，反应后的产品一般要求在10℃下贮存。美拉德反应使用的生产设备，容量不宜太大，根据国外经验，一般以200L以下为宜，因为容量过大，易造成反应物接触不匀、加热不匀等现象，使反应后每批产品的香气、滋味不一致。设备材质宜为不锈钢，锅内有夹套、不锈钢蛇管，用作加热和冷却。不锈钢搅拌器用框板式，转速为60～120r/min。锅密闭，锅盖上设窥镜，加料口、抽样口、回流管连通不锈钢冷凝器，冷凝器通大气。操作时，必须严格控制温度，待反应结束前，停止搅拌，从锅底或锅盖抽样口处抽取反应的产品样品检验色泽、香气、滋味等有关质量指标，确认质量符合要求后，就立即冷却、停止反应。

食品香精多数还是按照天然食品的香气、滋味特点，通过调香技艺，用香料配制而成。反应香料为配制食品香精提供了一条新的途径。反应香料在国际上被认为是属于天然香料范畴，它是一种混合物，或是以一定的原料在反应条件下生成的产品，具有某些食品的特征香气与香味。目前，通过美拉德反应，可生成肉类、海鲜类、焦糖等香气、滋味，拟真度较高。以我国现有的技术水平，还难以用现有的香料品种配制出上述这些香气或滋味，因此，反应香料受到食品香精生产厂的高度重视。调香者有时会感到反应香料的浓度不够，或缺少某一部分香气、滋味，因此，调香者往往再补加一些其他可食用的香料，以提高香料浓度和调整香气、滋味，最后制得香精，供食品加工使用。近年来，由于分析仪器不断改进，分析手段大大提高，使食品中的少量甚至微量成分逐步被发现，研发人员进一步了解了食品中香气、滋味的成分，又通过合成手段，开发了大量新的食品香料。科技人员经过努力，将这些新的食品香料配制到食品香精之中，就开发了一些新的香精，如鸡肉香精。

反应香料是指为了突出食品香味的需要而制备的一种产品或一种混合物，它是由在食品工业中被允许使用的原料（这些原料或天然存在，或是在反应香料中特许使用）经反应而得。

用作生产反应香料的原料主要有：

1. 蛋白质原料

（1）含有蛋白质的食品（肉类、家禽类、蛋类、奶制品、海鲜类、蔬菜、果品、酵母和它们的萃取物）；

（2）肽、氨基酸和它们的盐；

（3）上述原料的水解产物。

2. 糖类原料

（1）含糖类的食品（面类、蔬菜、果品以及它们的萃取物）；

（2）单糖、双糖和多糖类（蔗糖、糊精淀粉和可食用胶等）；

（3）上述原料的水解产物。

3. 脂肪原料

（1）含有脂肪和油的食品；

（2）从动物海洋生物或植物中提取的脂肪和油；

（3）加氢的、脂转移的，或者经分馏而得的脂肪和油；

（4）上述原料的水解产物。

4. 其他原料

水、缓冲剂、药草和辛香料、肌苷酸及其盐、鸟苷酸及其盐、硫胺素及其盐、抗坏血酸及其盐、乳酸及其盐、柠檬酸及其盐、硫化氢及其盐、氨基酸酯、肌醇、二羟基丙酮、甘油等。

制作实例：

焦糖香基的配方为：

葡萄糖浆	350g	l-赖氨酸盐酸盐	2g
水	100g	蔗糖	260g
炼奶	300g	乳清粉	28g

以上原料混合置于有搅拌和加热装置的反应锅里，在106℃搅拌40min，倾出反应物冷却包装，即为焦糖香基。

咖啡香基的配方为：

葡萄糖	24g	赖氨酸	5g
麦芽糖	96g	甘油	1000g
天门冬氨酸	10g	水	500g
精氨酸	35g		

以上原料混合置于有搅拌和加热装置的耐压反应锅里，在1.18MPa压力、120℃下搅拌5h，倾出反应物冷却包装，即为咖啡香基。

牛肉香基的配方为：

l-赖氨酸盐酸盐	544g	氯化钾	44g
盐酸硫胺素	506g	磷酸氢钾	35g
无糖植物水解蛋白	1519g	磷酸氢铵	211g
水	5005g	磷酸	30g
十六酸	35g	乳酸钙	18g
谷氨酸	35g		

以上原料混合置于有搅拌、加热和回流装置的耐压反应锅里，加热搅拌回流3h，冷却至室温，加入95%乙醇2000g搅拌均匀，倾出反应物包装，即为牛肉香基。

红烧牛肉香基的配方为：

巯基乙酸	40g	木糖	60g
核糖	100g	大麦谷酰水解物（含水20%）	1150g

| 奶油 | 720g | 水 | 1050g |

以上原料混合置于有搅拌和加热装置的反应锅里，先调整 pH 到 6.5，在 100℃搅拌 2h，倾出反应物，除去上层奶油，冷却包装，即为红烧牛肉香基。

猪肉香基的配方为：

脯氨酸	150g	核糖	80g
半胱氨酸	125g	黄油	20g
蛋氨酸	30g	甘油	2500g

以上原料混合置于有搅拌和加热装置的反应锅里，在 120℃搅拌 60min，倾出反应物冷却包装，即为猪肉香基。

猪肉香基的配方为：

猪肉酶解物	2800g	葡萄糖	30g
酵母膏	80g	水	300g
L-赖氨酸盐酸盐	40g		

以上原料混合置于有搅拌和加热装置的反应锅里，在 100℃搅拌 120min，倾出反应物冷却包装，即为猪肉香基。"羊肉香基""鱼肉香基""蟹肉香基""虾肉香基"也用同样的方法制作，只是原料中的"猪肉酶解物"分别改为"羊肉酶解物""鱼肉酶解物""蟹肉酶解物""虾肉酶解物"。

鸡肉香基的配方为：

鸡肉酶解物	3600g	丙氨酸	100g
水解植物蛋白	2800g	甘氨酸	55g
酵母	2600g	半胱氨酸	155g
谷氨酸	60g	木糖	510g
精氨酸	50g	桂皮粉	7g

以上原料混合置于有搅拌和加热装置的耐压反应锅里，130℃下搅拌 40min，倾出反应物冷却包装，即为鸡肉香基。

上列各配方中的分量适合于实验室实验，如把"克"改为"千克"就是工业上使用的配方了。调香师应该按照实际情况和实验的结果稍作加减、调整，不能把它们看作"教条"而不敢改动。

美拉德反应制作的"香基"可以直接作为香精使用，也可以再加入其他合成或天然香料配制成香气较浓的香精。

第六节　"自然反应"产物

笔者曾经做过一个实验：在 10g 纯种芳樟叶油中加入天然乙酸（用酿造的白醋精馏得到）10g，密封 2 个月后自然变化形成了一个香气非常好的食用香精，用来配制酒、醋、各种调味料、食品、饮料等都极适宜，也可以直接用作空气清新剂香精。该产物通过气质联机分析，其中含有乙酸、芳樟醇、蒎烯、间伞花烃、桉叶油素、氧化芳樟醇、万寿菊酮、4-松油醇、甲位松油醇、橙花叔醇、乙酸芳樟酯、乙酸松油酯、乙酸橙花酯、乙酸香叶酯、杜松醇、松香烯、石竹烯、香柠檬烯、葎草烯、广藿香烯、金合欢烯、瑟林烯、西柏烯、斯巴醇等二十几种单体香料。

另取纯种芳樟叶油 40g 加入天然乙酸 10g，密封 3 个月后再加入天然乙酸 40g，再密封 3 个月做气质联机分析，得到的谱图和数据分析，含有羟基乙酸、乙酸、芳樟醇、二氢芳樟醇、去氢芳樟醇、8-羟基芳樟醇、蒎烯、间伞花烃、月桂烯、邻伞花烃、桉叶油素、氧化芳樟醇、氧化芑烯、万寿菊酮、4-松油醇、甲位松油醇、橙花叔醇、乙酸芳樟酯、乙酸松油酯、乙酸橙花酯、乙酸龙脑酯、乙酸香叶酯、杜松醇、松香烯、石竹烯、香柠檬烯、葎草烯、广藿香烯、瑟林烯、西柏烯、斯巴醇、大根香叶烯、檀香烯等三十几种单体香料。

从这两个自然反应产物的成分中我们可以看出，芳樟醇同乙酸混合后"自然反应"产生了许多新的香料物质，其中"产量"最大的是乙酸松油酯、乙酸香叶酯和乙酸芳樟酯，它们都是芳樟醇和芳樟醇在酸性条件下异构化"变成"松油醇、香叶醇同乙酸酯化反应的产物，同时芳樟醇还通过氧化等反应产生了氧化芳樟醇、桉叶油素及各种萜烯和萜烯的衍生物，包括倍半萜烯和二萜化合物，这些产物大多分子量比芳樟醇大，留香时间也较长久，可以作为体香和基香成分，足以组成一个"完整"的香精配方了。"自然反应"后在适当的时间里香气令人愉悦，可以在这个时候令其停止反应（比如加碱中和去掉酸性、精馏回收未反应的乙酸和芳樟醇等），则得到一个"有用"的香精了。

这个实验给调香师带来一个全新的概念：也许有时候不必那么"麻烦"自己动手调配香精，只要把 2 个或 2 个以上会互相起反应的香料放在一起，让它们充分反应就可能会产生一个有意义的香精出来！可以想象，用天然芳樟叶油和其他天然有机酸如丁酸、乳酸、柠檬酸、苹果酸、酒石酸和各种氨基酸反应一段时间也会生成不同"风味"的香精，其他天然精油只要含有较大量的芳樟醇、苧烯、蒎烯等"活泼"成分，与天然有机酸也有可能"自然反应"产生我们期望的香精。

可以把这一类"自然反应"产物归入"天然香料"或"天然香精"（从它们的成分中可以看出，里面的成分都是天然香料单体，而且都是可以食用的香料），它们的安全性也不容置疑。通过精馏回收"香精"中未反应的乙酸和芳樟醇（可再次混合在一起反应，与起始原料完全一样），得到的香料混合物或单体香料，仍然是"天然级"的，根据它们的香气特点，可以直接用作食品香精或日用香精，也可作配制"天然香精"的香原料。

再看一个实验：在一个容量为 2L 的回流反应瓶里加入 1250g 水、180g 天然柠檬酸、150g 纯种芳樟叶油，加热到 100℃（同时搅拌）保持 3h，随后蒸馏出一种带有甜柠檬和丁香花香气的"精油"，其化学成分百分比如下：

月桂烯醇	1.5	玫瑰醚	5.0
二氢芳樟醇	0.5	月桂烯	1.4
乙位松油醇	0.8	苧烯	2.9
桧烯水合物	0.4	顺-乙位-罗勒烯	1.2
甲位松油醇	34.1	6,7-环氧罗勒烯	0.6
3,7-二甲基-1-辛烯-3,7-二醇	0.9	反-乙位罗勒烯	2.4
橙花醇	2.8	氧化芳樟醇	0.6
香叶醇	9.8	异松油烯	2.8
反-罗勒烯醇	1.6	芳樟醇	27.2
顺-罗勒烯醇	3.5		

这个"精油"香气甚好，可以作为一个"完整"的香精直接用来给食品、饮料或其他日用品加香，也可以作为一个"香基"用来配制食用或日用香精。

相信随着研究的深入，这种"天然香料"——"自然反应"产物会像美拉德反应产物一样不断地涌现出来，以满足各行各业人们对香料香精的需求。

第七节　天然香料"下脚料"的利用

有许多天然香料在使用前还要经过多重处理阶段才能达到配制香精或者其他用途的需要，例如"去头去尾"（用精馏法提取一段馏分，去掉"头油"和"尾油"）、冷冻处理（提取或去掉在低温下析出、结晶出来的物质）、提取各种单离香料等，于是产生了大量的"头油""尾油"和"废液""废渣"，这些"下脚料"如不充分利用的话，不但浪费资源，势必还要成为新的污染源，对环境造成不良的影响。

完全采用物理方法处理天然香料余下的"下脚料"仍然得到的是一种天然香料，例如亚洲薄荷油提取薄荷脑留下的"薄荷素油""除萜精油"等都是天然香料，只要香气满足配制某种香精或者直接可以用于某种产品的加香需要，就直接加以利用。

有些天然香料"下脚料"香气、成分比较复杂，不好直接利用，可以按照它们的香味再同其他香料配制成香精，这当然要求调香师有更"高超"的技术才行。

各种香料的下脚料也有"三值"，先测定或者评估它们各自的香比强值、留香值和香品值，再判定它们各自是属于哪一种香型，在"自然界气味关系图"里的哪一个位置，最好是品评、确定并填好它们各自的"气味ABC 表"，这样就可以更好地利用它们了。

更多的天然香料"头尾油""下脚料"可以通过精馏、分子精馏得到一个个单离香料或者特定馏分，作为配制各种香精的原料。

下面是天然香料"下脚料"利用的几个例子（表 2-41～表 2-43）：

表 2-41 百花香精的配方

组分	用量/g	组分	用量/g
乙酸苯乙酯	2	乙酸苏合香酯	1
丙位壬内酯	1	兔耳草醛	1
香叶醇	5	甲基紫罗兰酮	5
松油醇	2	水杨酸戊酯	2
鸢尾酯	4	二氢茉莉酮酸甲酯	5
纯种芳樟叶油	10	乙酸芳樟酯	5
羟基香茅醛	5	吲哚（10％溶液）	2
桂酸戊酯	4	乙酸苄酯	4
松油醇	8	吐纳麝香	5
丁香酚	2	佳乐麝香	5
异丁香酚	2	邻氨基苯甲酸甲酯	3
铃兰醛	5	香紫苏油	2
山苍子头油	4	芳樟叶油底油	6

表 2-42 山谷香精的配方

组分	用量/g	组分	用量/g
鸢尾酯	5	乙酸苄酯	5
苯乙醇	5	香根油	2
香叶醇	2	紫罗兰酮	5
依兰依兰油	4	丙位十一内酯	1
纯种芳樟叶油	5	乙酸芳樟酯	6
羟基香茅醛	5	苯乙酸对甲酚酯	1
水杨酸戊酯	4	乙酸苯乙酯	4
松油醇	2	麝香 T	5
丁香酚	1	佳乐麝香	5
异丁香酚	1	邻氨基苯甲酸甲酯	2
苯甲酸苄酯	3	水杨酸苄酯	6
铃兰醛	5	香紫苏油	1
松节油尾油	10	广藿香油头油	5

表 2-43 森林香精的配方

组分	用量/g	组分	用量/g
乙酸异龙脑酯	10	杉木油	10
香叶醇	2	异甲基紫罗兰酮	5
纯种芳樟叶油	5	乙酸芳樟酯	5
苯乙醇	5	薰衣草油	4
羟基香茅醛	5	对甲酚甲醚（10％溶液）	2
桂酸戊酯	4	乙酸苄酯	4
松油醇	7	吐纳麝香	5
丁香酚	1	佳乐麝香	5
异丁香酚	2	邻氨基苯甲酸甲酯	3
铃兰醛	5	香紫苏油	1
杂樟油头油	5	柏木油底油	5

上述几种"头底油"的三值和"气味 ABC"数值如表 2-44、表 2-45 所示：

表 2-44　天然香料几种"头底油"的三值表

香料名称	香比强值	香品值	留香值
山苍子头油	100	5	12
芳樟叶油底油	50	8	80
松节油尾油	60	2	90
广藿香油头油	180	15	25
杂樟油头油	160	10	8
柏木油底油	20	5	100

表 2-45　天然香料几种"头底油"的"气味 ABC"数值表

香料名称（英文字母）	C	B	L	J	R	Li	O	Le	G	I	Cm	K	S	Ag	Z	H	W	P	T	Q	Mo	Mu	Y	Vi	D	Ac	E	A	X	U	Fi	M	Ve	V	N	F
香料中文简称	橘	橙	薰	茉	玫	铃	兰	叶	青	冰	樟	松	檀	沉	芳	药	辛	酚	焦	膏	苔	菇	土	酒	乳	酸	醛	脂	麝	臊	腥	瓜	菜	豆	坚	果
山苍子头油	30							10							20	10													10						20	
芳樟叶油底油			10	10	20		20												20		10													10		
松节油尾油											60				10	10					10					10										
广藿香油头油												10	40								10					10										
杂樟油头油										10	60	10			20																					
柏木油底油							10				30								10		10					10										

第三章　香料植物学

　　用来提取、制备香原料的植物即是香料植物。具体地说，香料植物是指含有香料或潜香物质且具有香化、药用、养生、食用等多种功能的一类植物，包括香草、香花、香果、香蔬、香树、香藤等。

　　香料植物中的草本植物常谓之"香草"。香草不是植物学或生物学上的专用名词，而是一个约定俗成的词汇。含有挥发性成分、并具有多种功能的以草本为主要特征的一类植物，俗称为香草。有个别香草品种不含有挥发性成分，如羽叶薰衣草、柳叶马鞭草等，但其同科同属植物是香料植物，具有很好的观赏价值，可称其为"观赏性香草"。

　　木本植物也有许多属于香料植物，著名的有"四大木香"植物——沉（沉香）、檀（檀香）、樟（樟木）、柏（柏木），品种虽然少于草本香料植物，但其重要性、经济效益、社会效益、对香文化的"贡献"甚于草本植物，理应引起香料工作者更多的关注，投入更大的热情。

　　香料植物是天然香料的主要来源。天然香料主要是指含有挥发性成分的动植物提取、制备出的香原料，还包括微生物制造的香料、美拉德反应产物和自然反应产物等，植物性香料占有较大的比例，其产业相对于合成香料产业而言称为天然香料产业。人类进入21世纪以来，"回归自然""返璞归真""健康至上"的潮流成为全世界的主流意识和共识。随着天然香料产业的快速发展，关注香料植物和天然香料产业的人越来越多，天然香料产业发展迅猛。随着时间的推移，人们对香料植物的认识会更加深入，应用会越来越延伸到生活的方方面面，通过对一株株植物的研究和利用能改变人们的观念，提升人们的生活品味和质量，甚至影响整个未来世界。

第一节　香料植物资源

一、香料植物的应用与发展史

　　人类对香料植物的应用与发展，有据可查的历史可追溯到5000年前，埃及、希腊、印度、中国等文明古国都是最早应用香料植物并有文物、资料记录下来的国家。香料植物在这个时期的利用都和它的药用性相关，用于沐浴、治病、供奉、祭祀、防腐和调味。在世界历史中，缺少香料的历史是不可想象的。香料直接与战争、贸易线路、美洲的发现、教皇的法令、医疗保健、化妆品和宗教仪式等有关，与烹饪的关系更是密切。

　　远古的人类可能会意外地发现，某些他们当作食物的叶片、浆果或树根，病患吃了之后竟然觉得比较舒服；或者他们发现这些叶片、浆果或树根的汁液，可以促进伤口的愈合；他们也可能观察到生病的动物会选取某些特殊的植物来吃；有些食物、药物带着令人难忘的特殊香味。这些发现，对当时完全依赖四周环境资源维生的人类来说，是非常宝贵的知识。因此，一旦有了这类新发现，人们就口耳相传，慢慢地整个部落的人都具有了这种知识——这就是"药食同源""香食同源""药香同源"说法的依据。

　　有人发现燃烧某些灌木的小枝条或树干，会发出烟和香气，让人们或者昏昏欲睡，或者清醒振奋，或者快乐，或者消沉。如果所有围在火堆旁的人都有同样的感觉，而再次燃烧同种灌木的枝条时，又出现相同的情况，人们就会认为这种灌木具有"魔力"，会产生特殊的功用。利用"烟"来治病，可以说是最早出现的医疗方式之一。

　　西方世界栽培使用香料植物的历史，可追溯至古巴比伦、古埃及、古希腊、古罗马时代。当时人们已经发现某些具有特殊香味的植物，有助于舒缓心情、提神醒脑、集中注意力，还可用来入菜、烹调料理，甚至还有保存食物的防腐作用。欧美人士习惯以薰衣草、迷迭香、百里香、牛至、芫荽、鼠尾草等香料植物来烹调蔬菜和肉类食物，而东方人士则更多地应用葱、蒜、韭、姜、花椒、茴香、肉桂等，现今很多人在自家靠近厨房的窗台、后院栽种各种香料植物，随时可摘采来烹调，非常便利，同时也具有绿化、美化、香化环境的效果。这种将栽培香料植物的目的与生活、饮食、保健、情趣紧密结合，就是所谓的"厨房园艺（kitchen garden）"的主要精神。厨房园艺目前在欧美、日本已发展成为一种很普通的生活方式。

最早把香料植物应用于香化环境的资料记载是公元前 670 年左右亚述王 Ashurbanjpal 的游乐园和公元前 520 年左右 Dareios 王所建的乐园，园中种植了多种香料植物；还有公元前 350 年的亚历山大国王征服了波斯，建造了优雅的栽有多种香料植物的游乐园，后被传播到希腊，经过希腊文化熏陶一直流传到罗马。

公元前 230 年左右被称之为植物学之父的泰奥弗拉斯托斯（Theophrastus），在其所著的《植物志》中，将包括香料植物在内的乔木、灌木、草本植物进行分类，罗马人应用这些植物将庭院艺术化，美化他们的别墅和庄园。中世纪象征学术中心的修道院里收藏有 Dioscorides《药物志》的手抄本，修女们在庭院里学习种植薰衣草、迷迭香等香料植物。英国药剂师 John Karkinson（1567—1650）在 1629 年所著的《太阳的乐园——地上的乐园》书中记载了多种香料植物，并详细讲述它们的栽培方法、料理方法和药用功能，从此以后香料植物香化庭院的做法在欧洲盛行起来。

印度人对植物的利用，反映出他们对自然界生生不息、持续不断变化的宗教观和哲学观。印度最古老的宗教典籍——公元前 2000 年的《吠陀经》，记载了药方以及对植物的祈祷文。印度的药物，大部分是用植物制成的，充分反映出印度主要宗教的素食精神。印度的阿育王（公元前 3 世纪）组织和管理药用植物的种植方法，人们在药用植物生长成熟过程中，必须投入相当大的精力。印度的药材因而成为亚洲著名的高贵药材，甚至在西方的药方中也可以找到印度药材的踪影。印度药材的主要种类是安息香、藏茴香、豆蔻、丁香、姜、胡椒、檀香、大麻、海狸香油、芝麻油、芦荟和甘蔗油，几乎都是香料植物。现代的芳香疗法中，还保留着使用前 7 种植物的精油。

香料植物的利用是与香料植物栽培同时相伴的，野生的香料植物逐渐被人们认识、驯化和栽培，并在栽培的同时探索了其利用的方法和途径。

香料植物用于治疗疾病的历史与人类同样久远，或许更久远。以动物而言，当它们有病痛时，总会寻找某种药草或青草，而人类是在渐渐察觉吃完某种植物后产生的效用，才开始研究开发这种植物的药用价值的。

公元前 3000 年，埃及人就利用香料植物作为药材和化妆品，甚至用来保存尸体。基于公共和个人使用的目的，埃及人储存许多香料，从多本古籍的描述中（最早的记载约是公元前 2890 年），我们知道了埃及人使用数种药材以及使用方法，他们将内服药制成药丸、药粉、栓剂、药饼和药汤，外用药制成油膏和药糊等。他们使用的药材十分广泛，包括树木、花草、动物和矿物，连植物的灰烬和烟也是药材之一。洋茴香、蓖麻油、雪松、芫荽、小茴香、大蒜、葡萄和西瓜等，都是当时埃及人常用的药材。在公元前 3 世纪以前，埃及人就已经有简单的提取精油的蒸馏技术了。在埃及的东部——两河（幼发拉底河和底格里斯河）流域的美索不达米亚平原上，巴比伦的医师已经把药物的制法和处方记录在泥板上，而早期刻在泥板上的文字，都是苏美尔人的楔形文字。另外在烹调上，埃及人的香料利用也令人佩服，他们在大麦面包中添加诸如藏茴香、芫荽与洋茴香，让面包更利消化，并常吃洋葱与大蒜，在木乃伊的墓中都可见作为陪葬品的洋葱球。

埃及人提升了利用植物精油以调节情绪、防腐与控制疾病的技术，以后植物的药效仍不断有新的发现。希波克拉底是公认的医学之父，是第一位以翔实观察来建构医学知识与治疗原则的医师。从此以后，医师们全都恪守希波克拉底宣言所揭示的原则。此时，植物知识的积累和普及达到一日千里的速度，在泰奥弗拉斯托斯（Theophrastus）这位素有植物学之父的著作《植物史》（historia plantarum）问世后达到巅峰。在芳香疗法的历史上，阿拉伯历史上最伟大的医师之一阿比西纳（公元 980—1037 年）改良旧有的蒸馏精油技术，在原有设备上添加了冷却圈环，并于 11 世纪时出版了《医学规范》（the canon of medicine）著作，到 16 世纪中叶为止都被奉为医典。阿拉伯人也是擅长贸易的商人，是许多东方植物传入欧洲的功臣，为欧洲人带来许多香辛料并用于烹饪与医药上。

国外对香料植物的应用与香水有着密切的关系。香水这个词，从拉丁文"perfumum"衍生而来，意思是穿透烟雾。埃及历史表明，精油和油膏用于沐浴，它们通常储存在精致的容器里，这在古埃及坟墓中发现了一些例证。公元前 1500 年，埃及艳后克娄巴特拉（Cleopatra）就经常使用 15 种不同气味的香水和精油来沐浴，甚至还用香水来浸泡她的船帆；古罗马人喜欢把香水涂在任何地方：马的身上，甚至造墙的砂浆中。古埃及时代，在公共场合不涂香水甚至被认为是违法的。其后，随着罗马帝国的没落，香水的发展也分成了两个不同的领域。一方面，德国教士发明了蒸馏技术；另一方面，香水王国——法国从东方进口的独特香料中，发掘其中的芳香特质。于是，欧洲香水工艺开始进入了繁盛时期。

12世纪时"阿拉伯香水"即精油，闻名全欧洲。当时十字军东征的骑士，不但把香水带回欧洲，也把蒸馏萃取精油的技术带回本国，并尝试在欧洲内陆栽种一些原产于地中海沿岸具有香味的灌木，并以这些灌木及欧洲原产的薰衣草、迷迭香和百里香作为原料生产精油。中世纪的文献记载了制作薰衣草纯露和浸泡液的多种方法。印刷术发明之后，这些制作方法很快被印制在《药草学》书中。

16世纪时，识字的人可以按照书中的制作程序，制造浸泡液、纯露、药汁和其他的药草制剂。当时的家庭主妇都会制作这些药草制剂来治疗家人的疾病，或是制成香包、薰衣草袋和其他的药草包，用以增加家中的香气或防止害虫蛀蚀，而更复杂的药草制剂，必须向药剂师购买。药剂师通常都有幢大房子，内有一间蒸馏室，可以自己生产和贩卖珍贵的精油（当时称为"化学油"）。

16世纪与17世纪堪称是欧洲药草史上最灿烂的黄金时代，随着英国皇家学院的成立，带动了知识的跃进，包括林奈的植物分类、库克的探险以及诸如毛地黄、牛痘、奎宁与麻醉药的医学发现。

17世纪是香水业最辉煌的岁月，它的发展取得巨大的成绩，法国国王路易十四对香水的要求十分苛刻，有力地推动了法国香水的发展。

到18世纪末，医药界还在广泛应用精油，然而随着化学的逐渐蓬勃发展并成为一门学科后，植物的药效成分可以在实验室中合成，而且效果更强、更快，芳香疗法在药学界的地位逐渐风光不再。

19世纪末、20世纪初，化学家们将几种有效的单一物质合成新的药物，不再依赖天然的混合物来治病，人们使用精油的种类缩减，合成的药物尤其是煤焦油的衍生物，逐渐取代了天然的精油，特别是20世纪后期，这种情况尤甚。

直到20世纪初，才由旅居缅甸的华人胡文虎、胡文豹兄弟及法国化学家盖特佛塞博士重新燃起对芳香疗法的兴趣。芳香疗法这个词组也是盖特佛塞首先使用，并以此撰写数本著作。在实验室灼伤手之后，他谈到自己如何立即将手浸到身旁刚好盛着薰衣草精油的容器中，而后惊讶地发现疼痛立即消除，而且不留伤疤。他持续进行有关精油的实验，并应用于第一次世界大战时军队医院伤患者身上，包括使用诸如百里香、丁香、洋甘菊、柠檬的精油，取得了令人惊讶的效果。

第二次世界大战期间，医学上继续使用精油来预防瘢痕、治疗灼伤和促进伤口愈合。法国生化学家摩利夫人扩大了此研究，将芳香疗法带入化妆品，将医学、健康与美容相结合。现今，欧洲的医师广泛地将芳香疗法与草药疗法相结合，在法文中以具意义的名词综括为"软性医学"（medicinedouce）。因此，医药界又再度青睐天然的疗法，使用精油的天然疗法可缓慢、温和地发挥抗生素的效用，在杀死细菌或病毒时，并不会摧毁其他功能，以刺激人体免疫系统的增强。

芳香疗法在西方经历了不平凡的历程。在早期，古埃及的祭司们便将树脂、薄荷和花粉等材料应用到医疗、宗教仪式、死亡铭记等各个方面，并且使用一种叫"没药"的香料植物来保存木乃伊，以致经过若干世纪以后仍然保存得非常完好。到第3世纪的罗马帝国时，香水和精油的应用十分广泛，随着罗马帝国的衰败，香水和精油的使用也跟着衰退，一直到12世纪，在十字军东征的影响下，欧洲贸易路线扩展到中东，而异国的天然香料、药草和香熏也大量涌入欧洲，因此芳香疗法的要领才真正深植欧洲人的心中，由于蒸馏技术进入欧洲，法国的南部成为香水的主要生产中心。

至今，包括法国、英国、伊朗、澳大利亚、美国、南非、德国、瑞士等国早已开始了医学的芳香疗法的临床试验，并取得相当成效。从基础的"芳香分子导入""芳香按摩""芳香与心智、身体的互动"到"怀孕、生产妇女的呵护""压力处理"等，芳香疗法不再只是好闻的、单纯的芳香味道而已，借助着复方纯植物精油特性，运用香熏吸入、沐浴、按摩等方式，深入人体，激发身体全面运动，提升人体的自愈力，加强镇定及重生能力，以达到预防及治疗的功效。

若提及早期的香料植物栽培，除了法国外，还有地中海沿岸、北非到西亚、南亚等地区，主要分布在温带、热带、亚热带地区。所栽培的品种，视当地的气候、温度、地形及应用状况而定，而这些地区，正是人类文明的起源地。现在研究专家一般比较偏重于地中海沿岸，除了品种较多外，其利用与栽培也比较有系统。但是，现在在南美洲的一些热带地区，人们也发现了相当丰富的香料植物资源，并且正在努力发掘和开发。

我国应用香料植物的历史源远流长，有资料可证的为距今4000多年，略迟于古巴比伦、古埃及和古印度。

芳草入药以疗疾，燃烧芳香树木和熏香以敬神和清洁空气。在《天香传》中称"香之为用从上古矣"。"神农尝百草，华夏万里香"。相传神农（炎帝）"教民耕作，栽种桑麻，烧制陶器……为民治病，始尝百草"。其实百草中很多是香料植物，"端午习俗，艾蒲苍香"，为纪念屈原的端午节活动，更把芳香疗法推广成为全民文化活动，节日期间人们焚烧或熏燃艾、蒿、菖蒲等香料植物来驱疫避秽，杀灭越冬后的各种害虫以减少夏季的疾病，饮服各种香料植物熬煮的"草药汤"和"药酒"，以驱除体内积存的毒素。公元前104年的《神农本草经》中记载的药物有365种，其中252种是香料植物（1997年收入《中家药典》的就有158种）。到了明朝，李时珍所著《本草纲目》中已有专辑《芳香篇》，系统地叙述各种香料植物的来源、加工和应用情况。自此很长一段时期中国香料植物的发展越来越集中于具有食物配料性质的品种上，"民以食为天，食以味为先"。香料植物加上厨师的手艺，产生出丰富多彩的色、香、味俱佳的食品，于是就有了美食之说。

我国幅员辽阔，横跨多个气候带，植物资源相当丰富，香料植物在中国的栽培和利用的历史极为悠久。早在夏商时期，《诗·周颂·载芟》中就有记载："有椒其馨"。《荀子·礼论》中也有"刍豢稻粱，五味调香，所以养口也；椒兰芬苾，所以养鼻也"的记载。香料植物除了用作调味品外，秦朝时已经出现了将某种药物或香料放在口中除去口臭的做法。《神农本草经》记载，香蒲可治"口中烂臭"，水苏亦能"辟口臭"。用香料植物熬汤强身健体也多有记载，明代《本草纲目》中有："紫苏嫩时采叶，和蔬茹之或盐及梅卤作菹食甚香，夏月作熟汤饮之。"李时珍对其名称也有解释："苏从酥，舒畅也。苏性舒畅，和气行血，故谓之苏。曰紫苏者，以别白苏也。"提到了"紫苏"名称的由来。至于在沐浴水中放置香料是秦汉社会上层中常见的情形。《楚辞·九歌·云中君》："浴兰汤兮沐芳。"《夏小正》中记载："五月蓄兰为沐浴。"战国时屈原的《离骚》中有："余既滋兰之九畹兮，又树蕙之百亩。"据考证，此处的兰均非现代所指的兰花，为菊科的泽兰；蕙也不是现代的蕙兰，而是唇形科的罗勒。随着中外交往的开展，一些外来香料也可用于沐浴。相传灵帝初平三年，令用西域所献茵墀香煮以为汤，宫人以之浴浣毕，使以余汁入渠，名曰"流香渠"。

熏香，在中国古代乃至于现代都是十分常见的。熏香主要用于祭祀场合或用于室内空气的清洁，熏香的工具主要有香炉和熏笼，用以熏香的香料主要是薰草。《广雅·释草》说："薰草，蕙草也。"《名医别录》："薰草，一名蕙草，生下湿地。"薰草即茅香，是禾本科茅香属多年生草本植物。屈原在《离骚·九歌》中多次提到各种香料，并以香草美人喻指人和事，诗中还提到一种香囊——佩帏。宋朝苏轼有"风来蒿艾气如熏"的佳句。直至今天，在中国很多少数民族地区，端午节人们大量熏燃艾蒿之类的香料植物，有的地方则将香蒲、艾蒿等插在门上辟邪。

我国也拥有栽培与利用香料植物药材的悠久历史，这些药材可作为附加药剂、补药等。《黄帝内经》是我国最早的一部医学典籍，大概在战国时期就已出现。早在六七千年以前，我国就以农耕为主要生产劳动，因此与农业生产密切相关的植物栽培与利用知识就不断得到孕育和总结。

我国土地辽阔、地形错综复杂、气候条件多样，从寒冷的黑龙江到炎热的海南岛，从天山南北到东海之台湾省，蕴藏着极为丰富的药材资源，特别是香料植物资源。几千年来，人类在同疾病做斗争的过程中，经历了无数次无意和有意的试用、观察、反复实践，不断创造、累积和丰富医药知识，使之上升为中医药理论，并用以指导实践。随着人类对药物需求、认识的与日俱增，药物的来源由自然野生发展到人工栽培、驯养；由植物、动物、矿物发展到化学及生物制品；由充分利用本国药草资源发展到大量引进利用西方的香料植物资源。药物知识的传播，由口耳相传发展到文字记载和电视等媒体的传播。随着科技的不断发展，香料植物的生产栽培、加工炮制和制剂以及提取应用均向现代化方向迈进，这为我国中医药事业的发展开拓了新的广阔领域。

现如今，香料植物逐渐在我国发展起来了，其中台湾地区尤为活跃，在台湾香草家族事业联盟的组织推动下，台湾的天然香料产业蓬勃兴起。上海、广东、北京、云南、山东、福建、江西、浙江、安徽、湖南、海南等省市紧紧跟上，建基地、开办香料植物园、出版香料植物书刊等，一派兴旺景象。新疆伊犁百尺竿头更进一步；安徽从皖西北到皖南，南北携手决心"香化"安徽；北京建成了密云紫海香堤香草艺术庄园，在那里，中国农业大学进行了教学实习活动；福建联合周边省份共同建立了数万公顷的纯种芳樟与其他香料植物基地……

近年来香料植物种植面积迅速扩大，加工技术飞速进步，工艺流程日趋完善，利用压缩丁烷和超临界二氧化碳萃取技术来提取新鲜香料植物精油和辛香料等取得了新进展。另外，精油的深加工采用了分子蒸馏技术，使那些沸点较高、色泽较深、黏度大、香气粗糙的精油和一些净油类产品得到精制、提纯和脱色，使香料植物的应用更加方便有效，除了应用在化妆品等日化产品行业、食品调味料行业外，在医药行业、食品抗氧化和防腐方面的地位也越来越重要，可以说香料植物已经深入到我们生活的各个方面。

二、形成香气成分的植物细胞和组织

精油分布在植物体内不同的器官，如根、茎、叶、花、果、籽等内。一般精油分布较多的器官是花和果，其次是叶，再次为茎。在各种器官内精油的分布也因植物种类不同，差别很大。如菖蒲属、水杨梅属、阿魏属、旋覆花属、鸢尾属等的精油主要集中分布在根部和块茎内，樟科的一些种和松柏科植物则以茎秆或树干中精油含量最高，香叶天竺葵、薄荷、柠檬香茅等的精油以叶中含量最高。

在花中精油的分布也不平衡，最常见的是花冠部分，其次是花萼和花丝。如重瓣玫瑰、茉莉、白兰、桂花、依兰、晚香玉等的精油是在花瓣内；而薰衣草的精油则大量集中在花萼内，尤以花萼向外的一面和中段的油腺分布最多，花梗和苞片上分布较少，以花冠和花丝上最少；香紫苏的精油则主要分布在花的苞片内。

同一种植物的不同器官中，精油的成分和含量也有所不同。如薄荷花的精油则比叶的精油含酮量高。对于锡兰肉桂，树皮中含 80% 肉桂醛和 8%～15% 丁香酚，而叶中含 70%～90% 丁香酚和 0%～4% 肉桂醛，根中含 50% 的黄樟油素，而不含丁香酚和肉桂醛。芫荽叶的精油也与其果实的精油不同，叶的精油是由癸醛、癸烯醛和其他醛类组成，而果实中主要是右旋芳樟醇（50%～80%）、二聚戊烯和其他烃类。

相同的植物器官因位置不同，精油成分也不同。如杂种罗勒的下部叶片含柠檬醛，面上部叶片则没有这一成分。瑞士岩松的嫩松针其上半部和下半部松针油的成分不同，上半部的松针油的旋光度为右旋，主要成分为 α-蒎烯；下半部油为左旋，主要成分是 1-杜松烯。但是，多数植物当器官相同虽然位置不同，其精油成分差异不大，即成分相同，仅各成分的含量比例不同。

植物的挥发性成分是植物从细胞原生质体中分离出的分泌物质（精油）。在植物界中，有许多种植物具有分泌精油的细胞和组织。在香料行业中统称为油胞，在植物解剖学上将其细胞划归两大类：外部的和内部的精油分泌结构。

1. 外部的分泌结构

外部的分泌结构是由植物的表皮组织形成的，如腺毛（即油腺）是由表皮和细胞突起而形成，由头细胞和柄细胞两部分所组成。柄细胞可以由单细胞或多细胞，甚至几行细胞组成。头细胞也是由单细胞或多细胞组成。腺毛的头细胞起着生成精油的作用。在头细胞的外面共同披有一层膨大的角质膜，头细胞分泌的精油积聚在这层角质膜下。当轻轻碰触时，角质膜即会破裂，精油挥发到空气中，因而能嗅到香气。

腺毛的柄细胞一般是由非腺细胞组成，只起同化作用，不能分泌精油。但是薰衣草腺毛的头细胞和柄细胞中都有精油形成。各种植物的腺毛都具有特定的形状，因此可作为植物分类的依据。唇形科植物腺毛的头细胞可经多次分裂形成 8 个细胞，构成外形为盾状（鳞片状）的头细胞，因此又称此种腺毛为腺鳞，如薰衣草、薄荷等。法恩（Fanh）认为椒样薄荷有两种类型：一种是头状腺毛由 3 个细胞组成，只具有一个头细胞；另一种是由 10 个细胞组成，具有 8 个头细胞（盾形）。而索菲里斯托娃认为，薰衣草的头状腺毛是形成盾状腺毛（或腺鳞）的早期阶段。菊科植物分泌精油的腺毛由 1～3 层细胞，个别由 5 层细胞组成。每层为 2 个细胞，只有顶部的一对细胞稍膨大，执行分泌精油的功能，如牛蒡嫩枝上具有扁平的腺毛，由 16 个细胞组成。精油积聚在上部细胞和其上部包被的角质层中间。见图 3-1 和图 3-2。

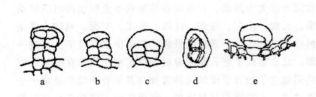

图 3-1　菊科油腺

a，b，c—侧面；d—顶部透视图（德国洋甘菊

Matricaria chamomilla）；e—山道年蒿（*Artemiaiacina*）

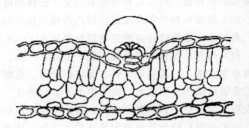

图 3-2　薄荷（*Mentha haplocalyx*）叶片

横切面上的油腺

2. 内部的分泌结构

内部分泌细胞常称为特化的细胞，分布在其他较不特化的细胞中。这种精油细胞是内部精油分泌结构中最原始的一种，由一些增大的薄壁组织细胞组成，位于茎叶的维管组织和基本组织内（如腊梅科、樟科、木兰科等）。菖蒲属的精油分泌细胞呈木栓化，分散在块茎内；而缬草的精油细胞则呈数层排列在一起，在植物发育早期形成，分布在栅栏组织或海绵组织内，在皮层或髓部。姜的精油细胞分布在根状茎的基本组织中，而小豆蔻的分泌细胞则在种皮的最内一层。见图3-3、图3-4。

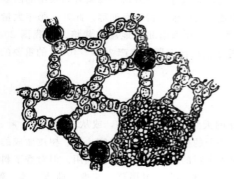 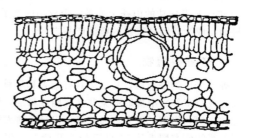

图 3-3 菖蒲（*Acorus calamus* L.）地下　　　　图 3-4 柑橘叶片内的精油腔
　　　茎横切面上的精油分泌细胞

3. 精油分泌腔与分泌道

精油分泌腔道与分泌细胞不同，是由细胞溶解（溶生间隙）或细胞分开（裂生间隙）后形成的间隙。裂生精油分泌腔（道），是由细胞分开和扩大细胞间隙形成的。此种类型分布较广，用肉眼即可看到，迎光看时，裂生分泌腔（道）呈别针头状或管道状的透明点。在精油分泌腔形成时，最早由一个细胞、一行细胞开始横向分裂，每个细胞各自形成4个细胞，4个细胞再自中间分解，形成细胞间隙，间隙逐渐扩大，其周围细胞径向分裂，围绕腔道的周围，不断增加细胞数量。所形成的精油分泌腔（道）由一层上皮细胞包围，由这层上皮细胞向腔道内分泌精油，在裂生分泌腔（道）尚未形成时，上皮细胞中不能形成精油或其他分泌物。伞形科植物具有裂生分泌腔，在种子中的称为精油分泌腔或管，在茎和根中则呈较长的精油分泌道。松科植物中具有裂生精油分泌道，通常称为树脂道。树脂道中有油树脂，是由松香与松节油组成。见图3-5、图3-6。

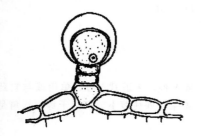 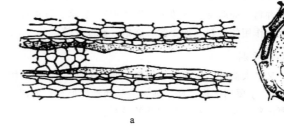

图 3-5 香叶天竺葵叶片上的　　　　图 3-6 圆叶当归根的溶生精油腔
　　　单细胞油腺　　　　　　　　　　　a—横切面；b—纵切面

第二节　香料植物分类

我国是天然香料植物资源大国，从南到北都有香料植物的分布，但主要香料产地集中在长江以南地区，以云南、广西、贵州、海南、湖南、广东、福建、四川、湖北等产量最大。据不完全统计，目前我国已发现有开发利用价值的香料植物种类有 60 多科 400 多种，其中进行批量生产的天然香料品种已达 100 多种。传统的出口商品八角茴香（我国八角茴香油产量占世界总产量的 80%）和中国桂皮（中国肉桂油产量占世界总产量的 90%）主要分布于华南各省及福建南部，尤以广东、广西最多；曾经闻名世界的中国薄荷脑及薄荷素油主要产于江苏、安徽、江西、河南等省；山苍子油主要产于湖南、湖北、广西、江西等省；名贵的茉莉、玫瑰、桂花、白兰、薰衣草等资源主要分布于福建、广东、广西、云南、贵州、湖南、四川、浙江、山东、甘肃、新疆等省区；柏木油和杉木油主要产于贵州、福建、江西、四川、浙江等省；四川、湖北主要盛产柑橘、甜橙、香橙、柚、柠檬等；一些纯热带香料植物如香荚兰、丁香、肉豆蔻、胡椒等主要栽培于海南省和云南的西双版纳地区。我国盛产的香料油品种还有杂樟油及樟脑、香茅油、姜油、桉叶油、留兰香油等。此外，每年大量出口的香辛料植物资源如生姜、洋葱、大蒜、辣椒、芫荽、小茴香等在我国南北各地均有栽培。如我国 20 世纪 50—60 年代开发成功的山苍子油是一个成功的例子，现在山苍子油已经发展成年产 2000～4000t 的重要的单萜类香料油，成为我国最重要的精油产品之一。

一、辛香料植物

辛香料又称为香辛料，是一类具有芳香和辛香等典型风味的天然有机物性制品，或从植物（花、叶、茎、根、果实或全草等）中提取的某些油树脂或精油，原来泛指一些干的植物的种子、果实、根、树皮做成的调味料的总称，例如胡椒、丁香、肉桂等。很早以前人们就开始对香辛料的抗氧化作用加以利用。但对香辛料抗氧化作用的系统研究则是从 20 世纪初才开始的，相继发现了丁香、迷迭香、鼠尾草、花椒、茴香、姜、辣椒、桂皮等具有很强的抗氧化活性和抑菌防腐的作用。直接使用丁香、生姜等可使猪油腐败时间大为延缓，对大豆油、米糠油、芝麻油等也表现出相当的抗氧化能力。

辛香味香料主要是指在食品调味调香中使用的芳香植物的干燥粉末或精油。人类古时就开始将一些具有刺激性的芳香植物作为药用用于饮食，它们的精油含量较高，有强烈的呈味、呈香作用，不仅能促进食欲，改善食品风味，而且还有杀菌防腐功能。现在的辛香料不仅有粉末状的，还有精油或油树脂形态的制品。

辛香料主要是被用于为食物增加香味，而不是提供营养。用于香料的植物有的还可用于医药、宗教、化妆、香氛或食用。辛香料较少单独使用，大部分以数种或数十种成分调和构成。

1．辛香料的分类
辛香料细分成 5 类：

（1）有热感和辛辣感的香料，如辣椒、姜、胡椒、花椒等。

（2）有辛辣作用的香料，如大蒜、葱、洋葱、韭菜、辣根等。

（3）有芳香性的香料，如月桂、肉桂、丁香、众香子、香荚兰豆、肉豆蔻等。

（4）香草类香料，如茴香、葛缕子（姬茴香）、甘草、百里香、枯茗等。

（5）带有上色作用的香料，如姜黄、红椒、藏红花等。

2．常用的辛香料
（1）八角：又名大茴香、木茴香、大料，属于香木类木本植物。味食香料，味道甘、香，单用或与它药（香药）合用均美。主要用于烧、卤、炖、煨等动物性原料；有时也用于素菜，如炖萝卜、卤豆干等。八角是五香粉中的主要调料，也是卤水中最主要的香料。

属性：性温。

功用：治腹痛，平呕吐，理胃宜中，疗疝瘕，祛寒湿，疏肝暖胃。

（2）茴香（即茴香籽）：又名小茴香、草茴香。属香草类草本植物，味食香料。味道甘、香，单用或与它药合用均可。茴香的嫩叶可做饺子馅，但很少用于调味。茴香籽主要用于卤、煮禽畜菜肴或豆类、花生、豆制品等。

味道、属性、功用与八角大致相同。

（3）桂皮：又名肉桂，即肉桂树之皮，属香木类木本植物。味食香料，味道甘、香，一般都是与它药合用，很少单用。主要用于卤、烧、煮、煨禽畜等菜肴，是卤水中的主要调料。

属性：性大热，燥火。

功用：益肝，通经，行血，祛寒，除湿。

（4）桂枝：即桂树之细枝，味道、用途、属性、功用与桂皮大致相同，只不过不及桂皮味浓。

（5）香叶：即月桂树之叶，现在泛指所有樟科植物的叶子。气味、用途、属性、功用与桂皮相似，但味道较淡。

（6）砂姜：又名山柰、山辣，属香草类草本植物。食用香料，味道辛、香，生吃熟食均可，单用或与它药合用均佳。主要用烧、卤、煨、烤等动物性菜肴。常加工成粉末用之，在粤菜中使用较多。

属性：性温。

功用：入脾胃，开郁结，辟恶气，治胃寒疼痛等症。

（7）当归：属香草类草本植物，味食香料，味甘、苦、香。主要用于炖、煮家畜类菜肴。因其味极浓，故用量甚微，否则，反败菜肴。在药膳中则多用。

属性：性温。

功用：补血活血，调气解表，治妇女月经不调、白带、痛经、贫血等症，为妇科良药。

（8）荆芥：属香草类草本植物，食用香料。味道辛、香，用途不广，有时用于烧、煮肉类，主要作菜用。

属性：性温。

功用：入肺肝，疏风邪，清头目。

（9）紫苏：唇形科紫苏属一年生草本植物。味道辛、香，用途不广。但用于炒田螺，味道极妙，有时用于煮牛羊肉等。

属性：性温。

功用：解表散寒，理气和中，消痰定喘，行经活络。可治风寒感冒，发热恶寒，咳嗽气喘，恶心呕吐，食鱼蟹中毒等症，梗能顺气安胎。

香紫苏为唇形科鼠尾草属，原产于法国格拉斯地区，我国二十世纪七十年代从东欧引进，主要用于香料工业做原料，其香气、性能和功效都与紫苏不同，不能互相代用。

（10）薄荷：属香草类草本植物。味道辛、香。主要用于调制饮料和糖水，有时也用于甜肴。

属性：性寒。

功用：清头目，宣风寒，利咽喉，润心肺，辟口臭。

（11）栀子：又名黄栀子、山栀子，味食香料，也是天然色素，色橙红或橙黄。味道微苦、淡香。在辛香料里面用得较少，有时用于禽类或米制品的调味，一般以调色为主。

属性：性寒。

功用：清热泻火，可清心肺之热，主治热病心烦、目赤、黄疸、吐血、衄血、热毒、疮疡等症。

（12）白芷：属香草类草本植物，味食香料。味道辛、香，一般都是与它药合用，主要用于卤、烧、煨禽畜类菜肴。

属性：性温。

功用：祛寒除湿，消肿排脓，清头目。

（13）白豆蔻：属香草类草本植物，味食香料。味道辛、香，与它药合用，常用于烧、卤、煨等禽畜菜肴。

属性：性热、燥火。

功用：入肺，宣邪破滞，和胃止呕。

（14）草豆蔻：属香草类草本植物，味食香料。味道辛、香、微甘，与它药合用，主要用于卤、煮、烧、焖、煨禽畜等菜肴。

属性：性热。

功用：味性较白豆蔻猛，暖胃温中，疗心腹寒痛，宣胸利膈，治呕吐，燥湿强脾，能解郁痰内毒。

（15）肉豆蔻：属香草类草本植物，味食香料。味道辛、香、苦，与它药合之，用于卤煮禽畜菜肴。

属性：性温。

功用：温中散逆，入胃除邪，下气行痰，厚肠止泻。

（16）草果：属香草类草本植物，食用香料。味道辛、香，与它药合用，用于烧、卤、煮、煨等荤菜。

属性：性热、燥火。

功用：破瘴疠之气，发脾胃之寒，截疟除痰。

（17）姜黄：属香草类草本植物，食用香料。味道辛、香、苦。它是色味两用的香料，既是香料，又是天然色素。一般以调色为主，与它药合用于牛羊类菜肴，有时也用于鸡鸭鱼虾类菜肴。它还是咖喱粉、沙嗲酱中的主要用料。

属性：性温。

功用：破气行瘀，祛风除寒，消肿止痛。

（18）砂仁：属香草类草本植物，味食香料。味道辛、香，与它药合用，主要用于烧、卤、煨、煮等荤菜或豆制品。

属性：性温。

功用：逐寒快气，止呕吐，治胃痛，消滞化痰。

（19）良姜：属香草类草本植物，味食香料。味道辛、香，与它药合之，用于烧、卤、煨等菜肴。

属性：性温。

功用：除寒，止心腹之疼，散逆治清涎呕吐。

（20）丁香：又名鸡舌香，属香木类木本植物，味食香料。味道辛、香、苦，单用或与它药合用均可。常用于扣蒸、烧、煨、煮、卤等菜肴，如丁香鸡、丁香牛肉、丁香豆腐皮等。因其味极其浓郁，故不可多用，不然，则适得其反。

属性：性温。

功用：宣中暖胃，益肾壮阳，治呕吐。

（21）花椒：又叫川椒，其实并非四川独有，也并非四川产的独好。我国华北、西北、华中、华东等地区均有生产。花椒属木本植物，味食香料，味道辛、麻、香，凡动物原料皆可用之，单用或与它药合用均宜，但多用于炸、煮、卤、烧、炒、烤、煎等菜肴。荤素皆宜，在川菜中，对花椒的使用较广较多。

（22）孜然：味食香料，味辛、香。通常是单用，主要用于烤、煎、炸羊肉、牛肉、鸡、鱼等菜肴，是西北地区常用而喜欢的一种香料。孜然的味道极其浓烈而且特殊，南方人较难接受此味，故在南方菜中极少有孜然的菜肴，现在有所改变。

属性：性热。

功用：宣风祛寒，暖胃除湿。

（23）胡椒：属藤科植物，味食香料。味道浓辛、香，一切动物原料皆可用之，汤、菜均宜。因其味道极其浓烈，故用量甚微，常研成粉用之。胡椒在粤菜中用得较广。

属性：性热。

功用：散寒，下气，宽中，消风，除痰。

注：胡椒能发疮助火，伤阴，胃热火旺者忌吃。

（24）甘草：又名甜草，属草本植物，味食香料，味甘，主要用于腌腊制品及卤菜。

属性：性平。

功用：和中，解百毒，补气润肺，止咳，泻火，止一切痛，可治气虚乏力，食少便溏，咳嗽气喘，咽喉肿痛，疮疡肿毒，脘腹及四肢痉挛作痛等症。

注：多食令人呕吐。

（25）罗汉果：属藤科植物，味食香料。味道甘，主要用于卤菜。

功用：清热，解毒，益气，润肺，化痰，止咳，解暑，生津，清肝，明目，润肠，舒胃，可治呼吸系统、消化系统、循环系统的多种疾病，尤其对支气管炎、急慢性咽喉炎、哮喘、高血压、糖尿病等症均有显著疗效。

（26）香茅：属香草类草本植物，味食香料。味道香，微甘。通常是研成粉用之。主要用于烧烤类菜肴，也用于调制复合酱料。

属性：性寒。

功用：降火，利水，清肺。

（27）陈皮：又称橙皮、黄果皮，是芸香科植物柑橘、香橙的果皮。剥下的果皮经过晒干或烘干而成。含有大量的维生素A，可作为健胃剂。陈皮很早就是中药的一种，味辛微苦，入脾、肺二经，治咳嗽化痰，属木本植物。味食香料，味道辛、苦、香，单用或与它药合用均宜。主要用于烧、卤、扣蒸、煨等荤菜，也用于调制复合酱料。

(28) 橙叶：味食香料。味道、用途、属性、功用与陈皮大致相同。

(29) 乌梅：味食香料。味道酸、香，其用途不大，只用于调制酸甜汁，或加入醋中泡之，使醋味更美。

(30) 刀豆：豆科藤类植物刀豆的成熟种子。味甘，性温。可温中下气，益肾补元。

(31) 龙眼肉：即桂圆，无患子科乔木龙眼的假种皮。味甘，性温，可补气血，益心脾，可治失眠健忘等症。

(32) 山楂：蔷薇科乔木或大灌木山楂、山里红或野山楂的成熟果实。味酸、甘，性微温。可消食化积，活血化瘀。

(33) 枣，即大枣：鼠李科灌木或小乔木枣的成熟果实。味甘，性微温。可补中益气，养血安神，缓和药性。

(34) 木瓜：蔷薇科灌木贴梗海棠的成熟果实。味酸，性温。可除湿利痹，缓急舒筋，消食，治脚气。

(35) 白扁豆，即扁豆：豆科藤类植物扁豆的成熟种子。味甘，性平。可健脾化湿，可治脾虚泄泻等症。

(36) 百合：百合科草本植物百合、细叶百合或卷丹的鳞茎。味甘，性微寒。可清热，养阴，润肺，宁神。

(37) 青果，即橄榄：橄榄科乔木橄榄的果实。味甘、涩，性温。可利咽消肿，理气止痛。

(38) 芡实：睡莲科草本植物芡的成熟种仁。味甘、湿，性平。可健脾止泻止带，补肾固精缩尿。

(39) 赤小豆：豆科草本植物赤小豆或赤豆的成熟种子。味甘、酸，性平。可利水消肿，利湿退黄。

(40) 佛手：芸香科小乔木或灌木佛手柑的果实。味辛、苦、酸，性温。能疏肝理气，化痰宽胸。

(41) 杏仁：蔷薇科乔木山杏、西伯利亚杏、东北杏或苦味杏的成熟种子。味苦，性温，有小毒。可止咳平喘，润肠通便。

(42) 昆布，即海带：海带科植物海带或翅藻科植物昆布的叶状体。味咸，性寒。可消痰软坚，利水退肿。

(43) 桃仁：蔷薇科小乔木桃或山桃的成熟种子。味苦、甘，性平。可活血祛瘀，润肠通便。

(44) 莲子：睡莲科水生植物莲的成熟种子。味甘、涩，性平。可健脾止泻，补肾固精，养心安神。

(45) 桑椹：桑科乔木桑的果穗。味甘，性寒。可补阴血，益肝肾，润肠通便。

(46) 榧子，即香榧：红豆杉科乔木榧的种子。味甘，性平。可杀虫，润肺，缓泻。

(47) 黑芝麻：亚麻科草本植物黑芝麻的成熟种子。味甘，性平。可补肝肾，润五脏。

(48) 莴苣：菊科草本植物莴苣的茎或叶。味苦，性寒。可治热毒、疮肿、口渴。

(49) 薏苡仁：禾本科草本植物薏苡的种仁。味甘、淡，性凉。可利水渗湿，清热排脓，益肺健脾。

(50) 枸杞子：茄科灌木枸杞的成熟果实。味甘，性平。可补精血，益肝肾，明目。

(51) 酸枣仁：鼠李科灌木或小乔木酸枣的种子。味甘，性平。可养心安神，收敛止汗，治失眠。

(52) 玳玳花：芸香科灌木或小乔木玳玳花的花蕾。味甘、微苦，性平。可理气宽胸，开胃止呕。

(53) 决明子：豆科草本植物决明或小决明的成熟种子。味甘、苦、咸，性微寒。可清肝明目，润肠通便。

(54) 莱菔子，即萝卜籽：十字花科草本植物萝卜的成熟种子。味辛、甘，性平。可消食化积，止咳化痰平喘。

(55) 菊花：菊科草本植物菊的头状花序。味甘、苦，性微寒。可疏散风热，清肝明目，清热解毒，平降肝阳。

(56) 藿香：唇形科草本植物广藿香或藿香的地上部分。味辛，性微温。可化湿行气，和中醒脾，祛暑解表。注意：藿香和广藿香的香气大不一样，性能功效也有所差别，有时不能互相代用。

(57) 郁李仁：蔷薇科灌木欧李或郁李的成熟种子。味辛、苦，性平。可润肠通便，利水消肿。

(58) 白果：银杏科乔木银杏的成熟种子。味甘、苦、涩，性平，有小毒。可止咳平喘，止带。

(59) 薤白：百合科草本植物薤或小根蒜的鳞茎。味辛、苦，性温。可通阳开痹，温中理气。

(60) 香橼：芸香科小乔木枸橼或香圆的成熟果实。味辛、苦、酸，性温。可疏肝理气，化痰。

(61) 茯苓：多孔菌科真菌茯苓的菌核。味甘、淡，性平。可利水渗湿，健脾化痰，宁心安神。

(62) 火麻仁：桑科草本植物大麻的成熟果实。味甘，性平。可润肠通便，用于肠燥便秘。

(63) 红花：菊科草本植物红花的筒状花序。味辛，性温。可活血祛瘀，可治疮疡肿痛、跌扑伤痛、风湿痹痛、月经不调等症。

红花与西红花不同——红花是菊科一年生草本植物红花的干燥花，别名草红花、红蓝花、刺红花，性辛、温，归心、肝经，产于河南、新疆等地，有活血通经、祛瘀止痛的功效；西红花是鸢尾科多年生草本植物番红花的柱头，别名藏红花、番红花。原产于欧洲及中亚地区，以前多由印度、伊朗等地经西藏传入内地，故名为藏红花。中国浙江、北京、江苏等地也有少量栽培，该药性味甘微寒，归心、肝经。西红花与红花都有活血化瘀通经的作用，但西红花力量较强，又兼凉血解毒之功，尤宜于温热病热入血分发斑、热郁血瘀者。

（64）麦芽：禾本科草本植物大麦的成熟果实经发芽的加工品。味甘，性平。可消食化积、回乳，用于食积停滞。

（65）香薷：唇形科草本植物海洲香薷的地上部分。味辛，性微温。可发汗解表、祛暑化湿、利水消肿。

（66）荷叶：睡莲科水生植物莲的叶。味苦，性平。可清热解暑，升发清阳，并可止血。

（67）白茅根：禾本科草本植物白茅的根茎。味甘，性寒。可凉血止血，清热生津，利尿。鲜用为佳。

（68）桑叶：桑科乔木桑的叶。味苦、甘，性寒。可疏散风热，清泻肺热，清肝明目，凉血止血。

（69）马齿苋：马齿苋科草本植物马齿苋的地上部分。味酸，性寒。可清热解毒，治痢，消痈。

（70）芦根：禾本科草本植物芦苇的根茎。味甘，性寒。可清泻肺胃，生津止咳。鲜用为佳。

（71）蒲公英：菊科草本植物蒲公英的全草。味苦、甘，性寒。可清热解毒消痈，可治疮疡肿痛、咽喉炎症、肝胆疾患、尿路感染等。

（72）益智仁：姜科草本植物益智的成熟果实。味辛，性温。可补肾固精缩尿，温脾止泻摄涎。

（73）淡竹叶：禾本科草本植物淡竹叶的茎叶。味甘，性寒。可清热除烦，利尿，用于热病烦热，口舌生疮，小便短赤。

（74）胖大海：梧桐科乔木胖大海的成熟种子。味甘，性寒。可清肺止咳，利咽开音，润肠通便。

（75）金银花：忍冬科藤本植物忍冬、红腺忍冬、山银花或毛花柱忍冬的花蕾或带初开的花。可清热解毒，可治外感风热、咽喉肿痛、热毒血痢等。

（76）葛根：豆科藤本植物野葛或甘葛藤的根。味甘、辛，性平。可发表解肌、透疹、生津，升阳止泻。

（77）虎尾轮：豆科植物猫尾射的全草，一种闽南地区的民间草药，也可做火锅汤料。产于福建、江西、湖南、广东、海南、广西、贵州、云南及台湾，印度、缅甸、越南、马来西亚、菲律宾、澳大利亚也有分布。甘微苦，平。活血通络，理气和中。治胃及十二指肠溃疡、肺结核、白带、关节炎、小儿疳积。此品煲汤，香气袭人，口感极佳，"虎尾轮童子鸡汤"更是风靡民间的营养食谱。

（78）山药：薯蓣科草本植物薯蓣的块茎。味甘，性平。可补脾养肺，益肾涩精。

（79）柠檬草：是东南亚料理的一大特色，尤其有一股柠檬清凉淡爽的香味，特别适合泰式料理，常见于泰国菜。气味芬芳而且有杀菌抗病毒的作用，从古至今受到医家的推崇。平日饮用，可有效预防疾病，增强免疫力，达到有病治病，无病强身的效果。常应用于海南鸡饭、泰式冬阴功汤等。

（80）罗勒：又名九层塔，为唇形科植物罗勒的一年生草本植物，其花呈多层塔状，故称为"九层塔"，由于其叶与茎及花均有浓烈的八角茴香味，也叫兰香罗勒，全草具疏风解表，化湿和中，行气活血，解毒消肿之效，广泛分布于亚洲、欧洲、非洲及美洲的热带地区。西餐里很常见，和番茄特别搭配；潮菜中又名"金不换"。近年发展很快，我国南北各地特别是南方及沿海一带均有种植。

（81）山葵：植株呈深绿色，圆形叶柄呈淡红色或青白色，根茎呈淡褐色圆柱状。辛辣、刺激，叶子有独特香味，是一种经济价值较高的蔬菜兼药用植物，根、茎、叶均可食用。用根茎研磨成酱，色泽鲜绿，具有强烈的香辛味，可作为吃生鱼片、寿司和荞麦面等的佐料，也是海鲜调味品——青芥辣的加工料；叶柄、分蘖茎可直接做成新鲜蔬菜，如切成段与酱、酒糟、醋等腌渍后，别有风味；其药用价值主要有预防蛀牙、预防癌症、防止血液凝块、治疗气喘和减轻神经性疼痛。主要野生于日本和我国阴冷潮湿的山野溪谷等特殊的生态环境中。

（82）黄芪：多年生草本黄芪的根，有增强机体免疫功能、保肝、利尿、抗衰老、抗应激、降压和较广泛的抗菌作用。黄芪是百姓经常食用的天然品，民间流传着"常喝黄芪汤，防病保健康"的顺口溜。做菜做汤可去腥味。

（83）沉香：调味香料；增加辛香。

（84）丹皮：有浓烈而特殊的香味，味微甜，较为辛辣。

（85）党参：味苦，去腥，增加口感。

（86）广木香：味道辛、苦，增加香味。

（87）枳壳：味辛、甘，酸，去腥，增香。

（88）五加皮：味辛，去腥。

（89）排草：增香，卤料中一般都有加入。

（90）千里香：味微辛，苦而麻辣。

（91）山黄皮：提香，增甜。

（92）白芍：味苦、酸，去腥。

（93）芫荽子，即香菜籽：增加菜香，去腥去膻。

（94）香果：整粒品作为汤类、烹饪、腌制等用，粉状品常用于水果蛋糕、香肠等。

（95）甘松：是一种提味香料，香味浓厚，有麻味，特别是针对牛羊肉除异解骚的必用原料。

（96）辛夷：芳香四溢，是卤菜烤肉的必备材料。

（97）莳萝：味道辛辣，有特异香气，可以提升麻辣火锅的香辣味。

（98）辣椒：增加辣味，去腥。

（99）红曲米：用糯米等米用红曲霉发酵制成，一般用于调色作用，着色能力非常强，而且也不褪色，稍微有酸味，陈久的质量最佳。

（100）紫草：根部用于川式的菜肴中。呈红润色，90％的作用是用于调色，增香去异作用微小，量一定要把握好，量过多，会呈现紫色。

（101）香荚兰豆：又名香子兰、香草兰、香草、香兰，是热带雨林中典型的一种大型兰科香料植物。

在国外香荚兰的使用非常普遍，已经进入一般百姓的家庭了。香荚兰经加工为干成品后可直接利用，也可以制成酊剂、浸膏、油树脂。由于具有特殊的香型，因而被广泛用于调制各种高级香烟、名酒、特级茶叶、化妆品，为各类糕点、饼干、糖果、奶油、咖啡、可可、冰淇淋等食品和饮料的配香原料。

香荚兰豆提取物应用于卷烟添香般固香，它可以大大提高卷烟的质量档次，具有醇和烟气，协调烟味，增加烟香，使烟香细腻柔和。

主要用于制造冰淇淋、巧克力、利口酒等食品的配香原料；还可用于化妆品业、发酵和装饰品业上；同时可作药用，其果荚有催欲、滋补和兴奋作用，具有强心、补脑、健胃、解毒、祛风、增强肌肉力量的功效，作芳香型神经系统兴奋剂和补肾药，用来治疗癔病、忧郁症、阳痿、虚热和风湿病。

（102）鱼腥草：即蕺菜，也称折耳根，三白草科草本植物鱼腥草的茎叶。味辛，性微寒，有特殊香味。可清热解毒，排脓，宜生食。

鲜品直接使用的辛香料（即"五荤"——练形家以小蒜、大蒜、韭、芸苔、胡荽为五荤，道家以韭、薤、蒜、芸苔、胡荽为五荤，佛家以大蒜、小蒜、兴渠、慈葱、葱为五荤。兴渠，即阿魏也。）有：

（103）葱：气味辛，微温，无毒。

主治：除瘴气恶毒。久食，强志益胆气。

（104）洋葱：普通的廉价家常菜。其肉质柔嫩，汁多辣味淡，品质佳，适于生食。洋葱供食用的部位为地下的肥大鳞茎（即葱头）。在国外被誉为"菜中皇后"，营养价值较高。

洋葱含有葱蒜辣素，有浓郁的香气，加工时因气味刺鼻而常使人流泪。正是这特殊气味可刺激胃酸分泌，增进食欲。动物实验也证明，洋葱能提高胃肠道张力、促进胃肠蠕动，从而起到开胃作用。

（105）蒜：气味辛，性温，有小毒。主治：归脾肾，主霍乱，腹中不安，消谷，理胃温中。

陶弘景曰："小蒜生叶时，可煮和食。至五月叶枯，取根名蒜子，正尔啖之，亦甚熏臭。"

（106）姜：根茎供药用，鲜品或干品可作烹调配料或制成酱菜、糖姜。茎、叶、根茎均可提取精油，用于食品、饮料及化妆品香料中。

主治：心腹冷痛，吐泻，肢冷脉微，寒饮喘咳，风寒湿痹。

（107）韭菜：按食用部分可分为根韭、叶韭、花韭、叶花兼用韭四种类型。即叶、花葶、花和根均作蔬菜食用；种子等可入药，具有补肾、健胃、提神、止汗、固涩等功效。在中医里，有人把韭菜称为"洗肠草"。

（108）芸苔：别名油菜花。李时珍曰："此菜易起苔，须采其苔食，则分枝必多，故名芸苔，而淮人谓之苔芥，即今油菜，为其子可榨油也。"

（109）芫荽：即胡荽、香菜，是人们熟悉的提味蔬菜，状似芹，叶小且嫩，茎纤细，味郁香，是汤、饮中的佐料，多用于做凉拌菜佐料，或烫料、面类菜中提味用。芫荽子与芫荽叶香气有别。

(110) 藠头：别称荞头、荞子、蕌（念 xiè）。香气浓郁，肥嫩脆糯，鲜甜而微带酸辣，具有增食欲、开胃口、解油腻和醒酒的作用，是佐餐的佳品。

(111) 芥子：十字花科植物白芥或芥的干燥成熟种子。前者习称"白芥子"，后者习称"黄芥子"。

芥籽含黑芥籽苷，苷本身无刺激作用，但遇水后经芥籽酶的作用生成挥发油，主要成分为异硫氰酸烯丙酯，有刺鼻辛辣味及刺激作用。

味辛，性温。

功能主治：温肺豁痰利气，散结通络止痛。用于寒痰喘咳、胸胁胀痛、痰滞经络、关节麻木、疼痛、痰湿流注、阴疽肿毒等。

(112) 阿魏：体性极臭而能止臭。婆罗门云："熏渠即是阿魏，取根汁曝之如胶，或截根晒干，极臭。常食用之，云去臭气。"新鲜茎叶可以作为时蔬，每年在新疆五月份采摘，只去部分茎叶，不妨碍阿魏的生长。

上述辛香料有的也是工业上常用的香料植物。

二、其他香料植物

(1) 香料工业常用的香料植物

① 花精油植物：玫瑰、月季、蔷薇、大花茉莉、小花茉莉、素馨、桂花（金桂、银桂、丹桂、月月桂）、白兰、黄兰、广玉兰、木兰、辛夷、鸢尾花、铃兰、梅花、腊梅、水仙、洋水仙、番红花、牡丹、紫荆、栀子、百合、依兰依兰、玉簪、鹰爪、鸡蛋花、荷花、姜花、菊花、树兰（米兰）、紫丁香、丁（子）香、橙花、玳玳花、柚花、柑橘花、山楂花、龙眼花、荔枝花、芒果花、桉树花、樟花、红花、九里香、山苍子花、黄花菜、缬草、岩蔷薇、薰衣草、刺槐、金合欢、紫藤、海桐、沙枣、紫罗兰、辣木、月见草、夜来香、晚香玉、含笑、忍冬（金银花）、啤酒花、康乃馨、杜鹃花等，这些香花大多比较宝贵，得油率大部分也比较低，因而花的精油、净油和浸膏大部分都显得珍贵一些。

② 叶精油植物：桉、樟、肉桂、天竺桂、山苍子、油樟、云南樟、八角樟、长柄樟、大叶樟、沉水樟、臭樟、芳樟、岩樟、米槁、菲律宾樟、猴樟、湖北樟、黄樟、银木、坚叶樟、阔叶樟、尾叶樟、毛叶樟、细毛樟、短序樟、锡兰肉桂、爪哇肉桂、软皮桂、花桂、聚花桂、土肉桂、假桂皮树、网脉桂、红辣槁树、香桂、野黄桂、阴香、狭叶阴香、狭叶桂、川桂、粗脉桂、大叶桂、刀把木、滇南桂、钝叶桂、银叶桂、柴桂、辣汁树、兰屿肉桂、华南桂、卵叶桂、毛桂、锈毛桂、平托桂、屏边桂、月桂、琼楠、小叶樟、栳树、牛樟、冇樟、土樟、锡兰樟、厚壳桂、土楠、腰果楠、三蕊楠、乌药、内荏子、香叶树、铁钉树、白叶钓樟、大香叶树、木姜子、山胡椒、黄肉树、假长叶楠、大叶楠、小西氏楠、恒春桢楠、菲律宾楠、猪脚楠、香楠、青叶楠、新木姜子、五掌楠、酪梨、雅楠、潺槁树、玉桂松、松、杜松、柏、杉、冷杉、桧、沙针、桦、竹、石竹、白兰、黄兰、菊、艾、蒿、龙蒿、薰衣草、杜鹃、马樱丹、芦荟、岩蔷薇、过路黄、番石榴、柠檬、橙、玳玳、柚、柑橘、百里香、地椒、薄荷、椒样薄荷、金钱薄荷、留兰香、藿香、广藿香、茴藿香、迷迭香、活血丹、胡卢巴、姜味草、荆芥、土荆芥、罗勒、丁（子）香、丁香罗勒、香蜂花、牛至、甘牛至、马郁兰、香青兰、神香草、石芽芒、香薷、石香薷、鱼腥草、小鱼仙草、鼠尾草、紫苏、香紫苏、吉龙草、益母草、冬青、木豆、地檀香、滇白珠、杜香、香茅、柠檬草、橘草、枫茅、芸香草、紫罗兰、艾纳香、苍耳、泽兰、佩兰、马鞭草、黄荆、山草果、细辛、互叶白千层、黄金宝树、稠李、烟草、欧芹、莳萝、芫荽、众香、菖蒲、树兰、九里香、降真、黄皮、八角茴香、小茴香、排草、灵香草等，这些树叶或草叶产量都比较高，所以叶油一般都不会太贵。只有少数的像紫罗兰叶子由于产量低，提取精油得率也低，所以它们的叶油、叶浸膏单价比花油、花浸膏还高。

③ 枝干精油植物：松、杜松、柏、桧、杉、樟、桦、芦笋、岩蔷薇、油楠、地檀香、杜鹃、黄荆、互叶白千层、黄金宝树、稠李、檀香、绿檀等，虽然可以提取精油的植物枝干品种不多，但它们中有几种产量极大，如松节油、柏木油、杉木油、樟木油等，都是重要的天然香料。

④ 果肉、果实、果皮、荚果和籽类精油植物：甜橙、柠檬、柑、橘、柚、番荔枝、番木瓜、菠萝、草莓、香荚兰、合欢、八角茴香、小茴香、胡卢巴、香芹、旱芹、白芥、辣椒、花椒、山苍子、芫荽、柏、紫穗槐、香榧、胡椒、肉豆蔻、草果、砂仁、黄葵、苍耳、茴芹、孜然等，柑橘类水果的果皮和果肉都可以用压榨法或水蒸气蒸馏法提取精油，但压榨法提取得到的精油香气、质量都较好，也比较受欢迎。其他大部分是辛香料，可以直接使用，也可以用水蒸气蒸馏法、有机溶剂提取法、超临界二氧化碳萃取法、亚临界溶剂提取法等得到

精油、浸膏或油树脂。

⑤ 鳞茎精油植物：葱、洋葱、蒜、薤等，一般直接食用，也可以用水蒸气蒸馏法提取精油。

⑥ 皮精油植物：肉桂、柏、杉、桦、厚朴、稠李等，肉桂可以直接使用，也可以提取精油、浸膏和油树脂，其他皮类香料用得不多。丹皮和厚朴主要作为中药使用。

⑦ 树脂精油植物：安息香、秘鲁香、吐鲁香、苏合香、枫、没药、乳香、龙脑香、沉香、阿魏、岩蔷薇等，香树脂可以直接用于配制香精，也可以提取精油。

⑧ 根和根茎精油植物：甘松、缬草、甘草、樟、松、杉、香根草、败酱草、山败酱、马蹄香、狗脊、降香、茅香、姜、姜黄、高良姜、莪术、郁金、山柰、苍术、木香、土木香、一条根、当归、欧当归、川芎、莎草（香附子）、沙针、菖蒲、人参、鸢尾等，这些植物的根和根茎有的是常用的辛香料，可以直接食用，也可以提取精油；有的产量较大，是香料工业里的"大宗"产品。

(2) 没有用于工业上提取精油的香料植物

为数更多，它们有的直接使用，有的可以提取浸膏、浓缩物或者纯露加以利用，这里就不一一列举了。

表 3-1 是部分精油的萃取与得率。

表 3-1　部分精油的萃取与得率

植物	使用部分	得油率/%	植物	使用部分	得油率/%
玫瑰	花瓣	0.005~0.010	柠檬	叶	0.2~0.6
茉莉	花	0.1~0.2	香蜂草	叶和上端枝	0.015
依兰依兰	花	0.1~1.0	马郁兰（墨角兰）	叶	0.8~1.0
桂花	花	0.3~0.9	肉豆蔻	种子	15~25
多香果	地面种子	4.0~5.0	橙	果皮	1.5~2.0
当归	根	0.3~1.0	橙花	鲜花	0.1~0.3
当归种子	种子	0.6~1.5	橙叶	叶	0.2~0.6
八角（大茴香）	种子	1.5~4.0	牛至	叶和上衣	1.0~1.4
山金车	根	0.8~1.2	欧芹	种子	6.0~6.4
山金车	鲜花	0.8~1.2	欧芹	叶和上衣	0.4~0.5
罗勒（九层塔）	叶和上端枝	0.5~1.5	松针	叶（针）	0.5~3.0
月桂	叶	2.5~3.5	迷迭香	叶	1.5~2.5
白千层	树叶和嫩枝	0.8~1.2	檀香	木	4.0~5.0
香芹籽	种子	3.2~7.4	冬青	叶	0.6~0.7
肉桂	肉桂皮	1.0~2.0	西洋蓍草	鲜花和上端	0.01~0.50
肉桂	叶	0.3~0.5	香茅	全草去根	0.6~1.5
雪松木	木片 刨花	4.0~5.0	柠檬草	全草去根	0.5~1.4
德国洋甘菊	鲜花	0.3~1.0	岩兰草	根	3.0~5.0
罗马洋甘菊	鲜花	0.3~1.0	山苍子	种子	3.0~6.0
锡兰肉桂	肉桂皮	0.1~0.5	薄荷	全草去根	1.0~2.5
快乐鼠尾草	叶和上端芽	0.1~0.34	椒样薄荷	全草去根	0.1~1.0
丁香芽	芽	14~21	紫苏	全草去根	0.4~0.8
丁香叶	叶	1.5~2.0	香紫苏	全草去根	0.1~0.3
香菜（胡荽）	种子	0.8~1.2	广藿香	全草去根	2.0~2.8
莳萝籽（洋茴香）	种子	2.5~4.0	白兰	花	0.2~0.3
莳萝（洋茴香）	整株	0.3~1.5	白兰	叶	0.4~0.8
桉树	树叶和嫩枝	1.0~7.0	艾	全草去根	0.2~1.2
柠檬桉	叶	1.0~3.0	樟	叶	0.1~5.0
茴香种子	种子	4.0~6.0	樟	茎	0.1~10.0
乳香	树脂胶	3.5~6.0	樟	根	0.2~2.8
香叶天竺葵	叶	0.3~2.0	芳樟	叶	0.5~2.6
杜松	果实	1.2~1.8	桉樟	叶	1.0~4.0
薰衣草	鲜花和上端	0.5~1.0	柏	茎	1.0~6.0
柠檬	果皮	1.5~2.5	杉	茎	1.0~5.0

第三节　植物提取香料

一、精油的提取方法

在天然香料产业中，植物精油在香料植物利用中一直占有很重要的一个环节。最早使用精油的是古埃及人，他们把刚刚采摘下来的新鲜花瓣浸在油脂里，萃取出来的香气浓郁的液体就是含精油的动植物油。植物精油主要蕴藏在植物的根部、木质、叶、花朵或果实的组织内，含有多种油性成分。

1. 精油的提取方法

精油是植物体内所含的芳香化合物混合体，可借由蒸馏或溶剂萃取而得。精油的提取方法主要有以下几种。

（1）水蒸气蒸馏法。一种常用的普通的萃取方法。加工时把植物放进蒸馏釜加热，香料与水构成精油与水的互不相溶体系。加热时，随着温度的升高，精油和水均会加快蒸发，产生混合体蒸气，其蒸气经锅顶鹅颈导入冷凝器中得到水与精油的液体混合物，经过冷却和浓缩后，即可得到精油和"香水"（纯露）。罗勒草、薰衣草、桉树叶、樟树叶等常用此法萃取。此法操作简单，成本较低，是最常见的萃取方法。

（2）水汽扩散法。又称浸透法，与蒸馏法非常类似，差别在于水汽扩散法的蒸汽是位于植物上方，而植物及水汽浸透之后的液体位于下方。较之于蒸馏法，水汽扩散法的萃取程序快速方便，特别是一些坚硬的木质或树皮，其精油成分比较不容易释放出来，用水汽扩散法来处理就会快得多，萃取出来的精油具有优异的香气，并且会比蒸馏法萃取的精油颜色更加深浓。本法得油率高，蒸馏时间短，能耗低，设备简单。由于水汽扩散强化了蒸馏中的扩散作用，抑制了水解、热解等不利因素，因而油质较好。

（3）溶剂萃取法。此法是一个物理过程，其难点是要选择适用的低沸点的有挥发性的溶剂，如石油醚、二硫化碳、四氯化碳等，直接浸泡香料植物，溶剂与固体香料接触，经过渗透、溶解、分配、扩散等一系列物理过程，将原料中的香成分提取出来。该方法的优点是能将低沸点、高沸点组分都提取出来，利用物理方式，很好地保留了植物香料中的原有香气，将植物香料制成香料产品，它是提取香花类精油的常用方法。萃取的主要香料植物有茉莉、玫瑰、桂花、当归、晚香玉、肉桂、安息香等。

（4）油脂分离法（脂吸法）。此法又称吸收法、吸附法，即利用吸附剂，把精油从植物中分离出来。这一方法曾大量用于精油工业生产，特别是萃取一些花瓣类精油，如茉莉、橙花、玫瑰、兰花、晚香玉、白兰等。本方法加工过程温度低，芳香成分不易破坏，产品香气质量佳。

具体做法是——用无臭猪油3份与牛脂2份的混合物，均匀地涂在面积50cm×100cm的玻璃板两面，然后将此玻璃板嵌入5～10cm高的木制框架中，在玻璃板上面铺有金属网，网上放一层新鲜鲜花瓣，这样一个个的木框玻璃板重叠起来，花瓣被包围在两层脂肪中间，挥发油逐渐被脂肪吸收。每一两天更换一次新鲜花瓣，约1周后，待脂肪充分吸收芳香成分后，刮下脂肪，即为香脂，可直接供香料工业用，也可加入无水乙醇共搅，醇溶液减压蒸去乙醇即得净油。此法是高贵花朵精油较昂贵的萃取方法。

（5）压榨法。此法专门用来萃取贮藏在果皮部分的精油，如柑橘类的果实。方法是压碎水果的外皮以释出果皮底下的精油。将含精油较多的果皮如鲜橘、柑、橙、柠檬、佛手柑、葡萄柚、红柑的果皮等，用冷磨或机械冷榨的方法萃取。一般材料需经撕裂、粉碎、压榨，最好是在冷却条件下，将精油从植物组织中挤压出来，然后静置分层或用离心机分出油，即得粗品。此法所得的产品不纯，可能含有水分、叶绿素、类胡萝卜素、胶质、黏液质及细胞组织等杂质而呈混浊状态，同时也难将精油全部压榨出来，故可将压榨过的残渣再进行水蒸气蒸馏，使精油提取完全。

工业生产方法主要包括整果冷磨法和果皮压榨法，滚筒法可使果实清洗、油细胞分离、压榨等生产过程全部实现机械化。压榨法生产过程在常温下进行，以便确保精油中萜烯类化合物不发生反应，因而所得的精油可保持原有的新鲜香味。但冷压榨法存在操作复杂、得油率低、生产效率低等问题。压榨法萃取的精油含有蜡等非挥发性物质，使得压榨精油的保存期限较短，会在6～9个月间出现变质的情况，而多数蒸馏的精油却可保存两年以上。

（6）二氧化碳萃取法。即利用高压，用液体 CO_2 或低压下的超临界 CO_2 流体，植物精油在超临界 CO_2 流体中的溶解度很大，几乎能完全互溶，因此精油可完全从植物组织中被抽提出来，加之超临界流体对固体颗粒的渗透性很强，使萃取过程不但效率高，而且与传统工艺相比具有较高的收率。二氧化碳超临界流体萃取法应用于提取芳香挥发油，具有防止氧化、热解及提高品质的突出优点。例如紫苏中特有的香味成分紫苏醛、紫丁香花中具有的独特香味成分均不稳定，易受热分解，用水蒸馏法提取时会受到破坏，香味大减，采用二氧化碳超临界流体萃取所得精油气味和原料相同，明显优于其他方法。由于其工艺技术要求高，设备费用投资大，目前在我国仅限于中小规模生产和实验室研究用。

（7）超声波萃取法。超声波提取是一种利用外场介入强化提取过程，用溶媒进行天然植物中有效成分提取的一种方法，具有被浸提的活性物质活性不被破坏、提取时间短、产率高、条件温和等优点。

（8）微波辐照诱导萃取法。与常规蒸馏法和萃取法相比，微波辐照诱导萃取法得到的产品品质较好，色泽浅，而且还体现出生产的高效率和高选择性，以及不会破坏天然热敏物质的结构等优点。

有人用微波辐照水蒸馏提取山苍子果实中的精油，发现微波法的提取时间只是传统的水蒸气蒸馏法提取时间的 1/4，但微波法提取的精油得率较传统法增加了 2.48%，而且精油中柠檬醛的含量提高了 6.14% 以上。

（9）无溶剂微波萃取。无溶剂微波萃取的原理是：在不使用有机溶剂的条件下，对原料进行微波辐照，原料内部的水分通过微波的内加热作用气化膨胀，从而使腺体及其油性包裹物破裂，将细胞中的精油释放出来，随水分的蒸发在微波发射腔外被冷凝，在分水器中分层，即可收集得到。无溶剂微波萃取适用于天然产物的萃取，尤其适合天然热敏性物质的萃取，可以直接应用新鲜香料植物进行提取，所得精油香气逼真。无溶剂微波萃取法不必像其他常规萃取方法在萃取前进行物料预干燥等预处理步骤，萃取时间比水蒸气蒸馏法也大大缩短。因为不使用溶剂进行萃取，可以得到不含溶剂残留的精油。

无溶剂微波萃取技术与现有其他萃取技术相比有明显的优势。溶剂萃取法耗能大、耗时长、提取效率低、工业污染量大。超临界流体萃取法提取效率高，产品香气好，但设备复杂，溶剂选择范围窄，需高压容器和高压泵，故投资成本较高，建立大规模提取生产线有工程难度。水蒸气蒸馏虽然具有设备简单容易操作、成本低、产量大的优点，但是提取过程时间长、温度高、系统开放，其过程易造成热不稳定、易氧化成分的破坏及挥发损失，对部分组分有破坏作用，而且要用到大量的水。

（10）分子蒸馏技术。分子蒸馏技术是一种新型的液-液分离或精细分离的高新技术。分子蒸馏是在低氧惰性条件下进行的，具有蒸馏温度低、物料受热时间短、操作压力低（真空度高）、分离程度及产率高、产品品质好、天然物质的成分在蒸馏前后不会有太大变化、分离后的产品可避免有机溶剂污染等优点，特别适用于对高沸点、热敏性以及易氧化物料的分离纯化。该技术已经广泛应用于石油化工和食品香料等领域，特别适用于天然物质的提取与分离。

（11）旋转锥体柱蒸馏方法。旋转锥体柱蒸馏方法是天然香料提取中较为前沿的技术。旋转锥体柱分离装置的核心是 SCC 分离柱，人们将其认为是蒸馏或反萃取柱，它属于填充柱、板式柱和泡罩柱等传质装置的一种。其主体部分是 1 个中心带转轴的直立不锈钢柱体，内部由交替的旋转锥和固定锥堆叠而成，旋转锥与轴相连，固定锥安装在圆柱的内壁上。工作时，物料沿锥体表面层层落下，蒸汽在真空下把来自液体或浆类物质的香气和可溶性物质萃取分离出来。SCC 最大的特点是，由于锥形碟片旋转，离心作用可将产品摊铺成薄膜，这样蒸汽可将产品中需要提取的挥发性物质完整地提取出来。同时，由于蒸汽同产品薄膜的充分接触，相互进行了充分的传热和传质，也能将需要萃取出的可溶性物质完全萃取出来，溶于溶剂中。这样既可分离出挥发性物质，也可萃取出可溶性物质。

SCC 的优点主要有：提取出的挥发性物质最完整；回收的量最多；萃取出可溶性物质的时间最短，且含量最高；适用产品黏度非常大，黏度高达 20Pa·S 的产品也可适用；能耗低。目前，SCC 在 20 多个国家被使用，应用领域广泛。世界著名的香料香精公司多采用与此法相应的设备生产果味天然香料香精。

此外，精油提取的方法还有酶提取法、微胶囊双水相萃取法等，采用的不多，这里不再详述。

以上天然香料的提取方法各有其优缺点，并且分别适合不同的对象，为获得天然逼真、具有独特香韵的高品质香料提供了有力保证。

2. 精油的提取技术要求

精油的萃取应该选择不破坏植物精油质量的方法，尽量不添加外带的化学物质，不使用化学防腐剂，这样萃取出来的才是好的植物精油。高温、高压的方法通常会把精油中许多有用的物质、有效的成分"杀死"。

二、蒸馏法提取精油的主要设备

天然植物精油萃取有多种方法和方式，其设备也是多种多样的。用蒸馏法萃取精油的常用的方法及设备如下。

蒸馏法是提取植物精油最常用的方法，适用于精油与细胞容易分离的原料的提取。一般来说，叶、花、根、茎等较为柔软的植物部分不需经过前处理就可以放入蒸馏罐中，而木材、树皮、种子及根部等较为坚硬的部分就要先经过切割压碎或磨碎等处理，然后可用共水蒸馏、隔水蒸馏或水蒸气蒸馏法提取。其蒸馏方式、蒸馏速度、压力、温度等因素对出油率及其质量均有影响。前两种方法虽然简单，但油受热温度较高，易引起植物焦化和某些成分的分解，目前很少使用。后一种方法提油温度相对较低，但设备较前两种方法略复杂。馏出液若油水不分离，可采用盐析法促使精油自水中析出或将初次蒸馏液重新蒸馏。在盐析后，用低沸点有机溶剂加乙烯醚萃取精油，也可用同步蒸馏萃取法使水蒸气蒸馏和馏出液为溶剂萃取两步合而为一。由于此法所获物是精油，在有机溶剂中的体积较大，便于操作，避免了通常蒸馏法提取精油时在器壁上吸附损失及转移微量精油时的操作困难。

蒸馏法具有设备简单、操作容易、成本低、提油率较高等优点，缺点是精油与水接触时间较长，温度较高，某些含有对热不稳定成分的精油容易产生相应成分的分解而影响精油的品质。对热不稳定的精油不能用蒸馏法提取。实验室水蒸气蒸馏装置及小型水蒸气蒸馏工业设备见图 3-7 和图 3-8。

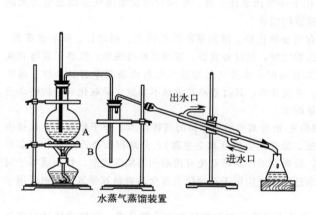

图 3-7　实验室水蒸气蒸馏装置

图 3-8　小型水蒸气蒸馏工业设备

香料工业里蒸馏法提取精油设备主要分四大部分：

（1）蒸馏釜。材质 304 不锈钢，温度控制在 100～109℃，规格一般为：

Tu40 型，总容积 0.15～0.22m³，电压 380V，功率 8～10kW，设备使用面积 20m² 一台，一般在 60 亩种植面积内为好。

Tu60 型，总容积 0.5～0.6m³，电压 380V，功率 12～14kW，设备使用面积 40m² 一台，一般在 80～100 亩种植面积为好。

Tu130 型，总容积 2～3m³，电压 380V，功率 20～25kW，设备使用面积在 100m²，要使用蒸汽，压力为常压（一个大气压）。一般在 200 亩以上种植面积为好。

（2）冷凝器。材质 304 不锈钢，温度控制在 30～40℃，精油挂壁少，一般按型号的大小配比冷凝器。

（3）油水分离器。一般采用下大、上小锥形为好，上部留有玻璃观检孔为好，大小要依据蒸馏釜的型号配对。

（4）控制柜。主要能够控制蒸馏釜温度在 100～110℃恒温，自动控制冷凝器温度在 25～40℃。

三、蒸馏法的工艺流程

以薄荷为例来说明香料植物提取精油的工艺流程——农村产区可采用水蒸气蒸馏法提取。植株割下后，先把下部自然脱叶部分（无叶茎秆）铡掉，随后摊放于田间晒至半干以上再进行蒸馏，这样既可减少蒸馏次数，节省燃料和人工，又可使出油速度快，缩短蒸馏时间。产区多采用直接烧火常压水上蒸馏。其操作程序是：蒸馏前应先检查和清洗蒸馏设备的各个部分，然后空蒸（锅中只加水不加原料）1 h 左右以去掉残存的气味。锅内加水至距蒸垫 20cm 左右处。将已晒干的原料均匀投入锅中，中间松紧适度，周围适当压紧些，顶部呈圆头形。盖上锅盖，往连接处的水封槽内加满水，往冷凝桶内加满水，放置好盛满水的油水分离器。烧旺火（也可用蒸汽）使锅内水尽快沸腾，待冷凝器大部分出油口有油水混合液流出时，控制热源保持平稳（一般 1m³ 蒸馏锅每分钟流量为 1000mL 以上），流出液温度为 36～40℃。蒸馏终点：一般每锅蒸馏 1.5～2h，以流出液澄清，油花极小（似芝麻大小）时为蒸馏终点，停止烧火（或关掉蒸汽），出料取油。薄荷的地上部（茎、枝、叶和花序）出油率为 0.5%～0.6%，经水上蒸馏所得到的精油称薄荷原油，原油再经冷冻、结晶、分离、干燥等精制过程，即可得到无色透明柱状晶体的左旋薄荷醇（俗称薄荷脑），提取部分左旋薄荷醇后所剩余的薄荷油即为薄荷素油（又称薄荷脱脑油）。一般 100kg 薄荷茎叶，可出油 1kg 左右。

薄荷脑的制备——将薄荷油放入铁桶内，埋入冰块中（冰块由加 1% 食盐的水制成），使温度下降至 0℃ 以下，薄荷油便结晶出薄荷脑，再经干燥即得薄荷脑粗制品。一般薄荷油中含薄荷脑 80% 左右。

香料植物提取精油的工艺流程因香料植物品种不同、加工目的不同而有所变化，但其原理和主要流程是一致的。

蒸馏法技术操作规程：

（1）使用前先打开蒸馏釜上面的排气阀门，用抽水泵（扬程 20m）向蒸馏釜内加水，加水量在蒸馏釜高度的 1/3～1/4，依香料植物品种定进水量，在蒸馏釜内没有水的状态下，一定不要打开电源通电，以免烧毁电热管，使用完毕后，先断掉电源。

（2）物料添加量。首先打开蒸馏釜上部的加料门，在此处加入物料，加料量一般为总体面积的 1/2～1/3，花类的装量应少于装水量，茎、木屑的装量一般超过水量。

（3）电源制柜。使用前先检查电源电压是否稳定，设备外壳是否接入地线，以防漏电发生。蒸馏釜温控器的温度设定在 100～109℃，油水分离器的温度设定在 35～40℃ 之间均可。

（4）冷凝塔上水量。应观察油水分离器的温度，温度在 35～40℃ 之间冷凝水正常，温度超过 40℃ 应该加大冷凝水流量，降低冷凝水的温度。

（5）在开机前要检查设备底部的碟阀门、排料门是否在封闭状态，以免漏水漏气。

（6）首次使用，最好用柠檬酸 1kg，加水 0.15m³ 空蒸馏 1h 以上，进行清洗设备，然后把废水排掉，用清水清洗 1～3 次，再装物料。

（7）装水装料完成，检查其他部位，没有漏水漏气现象时，开始送电。待温度上升到 100℃，放气阀门有蒸汽放出时关掉放气阀门。进行蒸馏过程，整个蒸馏过程掌握在 2.0～2.5h。

（8）油水分离。在蒸馏过程中，油水分离上部的视镜油量一般在水的上面，在蒸馏过程中，需要放出精油时，可以关闭回流阀门，让油水分离上部的视镜油量上升，当油水分离上部的视镜油量上升到小漏斗部位时，精油进入油管流出，出油管口要接入一个装油的容器，把油分离完毕，再打开回流阀门，继续回流。

（9）出料。蒸馏过程 2 h 以上收集精油和纯露，收集完成后，断掉电源停止加热，打开蒸馏釜上面的排空阀门，蒸馏釜下面的人字门出料口出料。然后放掉底部的污水。

随着精油使用的推广和普及，目前全世界有着专属的最佳产地，叙利亚、土耳其和保加利亚以玫瑰精油名扬天下，印度以茉莉精油和檀香油闻名，欧洲和巴尔干岛以薰衣草精油闻名，法国和地中海沿岸地区以迷迭香精油闻名，法属留尼汪岛以天竺葵精油闻名。这些精油之所以以较高的品质闻名于世，不仅仅是因为栽种基地的天气和土壤等条件优越，更主要的是都拥有自己的香料植物培育园，以便能控制采集时间，同时他们有精良的加工设备和严格的质量管理，以确保精油的高活力品质。

四、精油原料植物的种植要求和采集标准及精油的储藏

1. 种植

纯正的精油均是从有机栽培的植物中萃取的，在无污染的环境下种植，尽量少用或不使用化学肥料、化学杀虫剂、除草剂，以避免化学污染。因为农药、化肥有可能会残留少量在植物体中，在萃取的过程中进入精油

内，所以无论种植、除草、采摘等过程都应尽量采用人工处理。采收后必须存放在帆布袋中，忌用塑料袋。萃取纯质精油，有的需要 3 次提炼 3 次萃取。

2. 采集

要保证获得高质量的精油，必须在最香的时刻用手工采集花瓣和植株，并在 24h 内送到工厂进行加工。制造精油的植物须得到精心的照顾。

（1）采集的季节和时间。在不同的季节，一天当中不同的时间采集，其精油会具有不同的"活性"。植物的采收，必须在成熟时，当花成熟时会产生特殊的香味，而且最好在植物受精前采集。因为有些植物的花朵成熟后，在受精前具有的香味可维持 8d 之久，而受精之后香味在 1h 之内就有可能消失。

（2）采集部位的选择。单一植物由其不同的部位可萃取不同的精油，其功效、用法、价格差异很大。

3. 精油储藏的环境

精油易挥发，必须储存于密封完好、深色的玻璃瓶内或铝合金器皿内，避免使用塑胶、易溶解或油彩表面的容器。光、热、温湿度及空气都会使精油产生化学反应，而破坏蕴藏其中的生命力，所以储存精油的容器应避光、紧密封盖，储放的地点必须阴凉、干燥。精油的药用期限为 3～5 年，所以最好在保存期限内使用。但经过稀释或调制过后的精油，其使用期限会缩至几个月。

在相当好的储存状况下（意指保持在常温状况之下），品质好的精油保存期限比粗制滥造的精油久得多。大部分精油可保存 4～5 年，柑橘类的精油可保存 1～2 年。这也与酒的保存类似，精油中也有放了几十年却越陈越香的好油。如果你有窖室，放瓶密封的玫瑰油、茉莉油、纯种芳樟叶油、花梨木油或广藿香油在窖里，这些油可以保存很久。

此外，要有良好的植物品种、先进的栽培技术、适宜而肥沃的土壤、合适的灌溉设备、优良的遮蔽设施、现代的采收机械及蒸馏设备等条件搭配，才能生产出优质的高级精油。

第四节　香料植物的综合利用

天然香料主要来源于香料植物，从香料植物的全草或其枝、叶、果、籽、皮、茎、根、花蕾、分泌物中通过蒸馏、萃取、吸附、压榨等方法提取各种精油以后，副产相当于精油数十倍乃至数千倍质量的"残渣""废液"，长期以来或随便丢弃，或当柴烧，很少得到充分利用，甚为可惜。

一棵草木，精油只是大量生物质里的一小部分，也许它"最有价值"的并不只是这一点点精油，例如柑橘类（橙、柠檬、柑、橘、柚等）植物，人类大量种植它们最早、最大的目的是其可食用的果肉，在收获、加工时除了得到果肉（果汁）外，还可以从果皮中提取价值很高的果胶、橙皮苷、类胡萝卜素；从花、叶中可以制取黄酮、叶绿素、类胡萝卜素、活性多糖等；大量的枝干、根也很有利用价值。精油（虽然果肉、果皮、花、叶都含有精油）在这些加工工序中都是作为"副产品"得到的，只是该植物的"第二价值"，或许是"第三价值"或"第四价值"。

花用香料植物——玫瑰、月季、蔷薇、大花茉莉、小花茉莉、素馨、桂花（金桂、银桂、月月桂等）、白兰、黄兰、广玉兰、木兰、辛夷、铃兰、兰花、梅花、腊梅、水仙、洋水仙、番红花、红花、牡丹、紫荆、栀子、百合、洋百合、依兰依兰、玉簪、鹰爪花、鸡蛋花、荷花、姜花、各种菊花、树兰（米兰）、紫丁香、丁（子）香、橙花、玳玳、柚花、各种柑橘花、龙眼花、荔枝花、芒果花、山楂花、板栗花、樟花、红花、九里香、山苍子、金针菜、缬草、岩蔷薇、薰衣草、刺槐、金合欢、紫藤、海桐、沙枣、紫罗兰、辣木、月见草、夜来香、含笑、金银花、啤酒花、康乃馨、杜鹃等，这些香花大多比较宝贵，从中取得的精油也较贵重，最好采用超临界、亚临界二氧化碳或适当的有机溶剂萃取得到浸膏，再用乙醇提取净油，这样做一般得率会高一些。采用水蒸气蒸馏法提取精油时的副产品"纯露"有许多现已用于芳香疗法或配制化妆水，如玫瑰纯露、桂花纯露、玳玳花纯露、薰衣草纯露、芳樟花纯露等均得到消费者好评，生产工厂也受益匪浅。蒸馏后的"残渣"可以提取色素（花青素、类胡萝卜素等）、多酚（黄酮、酚酸、原花青素等）、活性多糖、各种维生素（主要是维生素 C、维生素 E 等）、矿物质等。这些成分都是非常宝贵的，可以作为高级化妆品、食品和保健品的添加剂。提取这些成分后的"渣子"一般都含有较多的蛋白质、淀粉、膳食纤维等，可以提取利用或直接用作饲料。目前我国只有玫瑰花、茉莉花、桂花、栀子花和金银花的综合利用开展了一些前期工作，其他花的综合利用几乎都不受重视，今后要加强这方面的研究。

叶用香料植物——桉、樟、肉桂、天竺桂、月桂、松、杜松、柏、竹柏、杉、桦、竹、艾、蒿、龙蒿、菊、薰衣草、杜鹃、芦荟、岩蔷薇、过路黄、灵香草、排香草、柠檬、橙、玳玳、柚、各种柑橘、百里香、地椒、薄荷、椒样薄荷、留兰香、藿香、广藿香、茴藿香、迷迭香、活血丹、胡卢巴、姜味草、荆芥、土荆芥、罗勒、丁香罗勒、香蜂花、牛至、甘牛至、马郁兰、香青兰、神香草、石荠苎、香薷、石香薷、小鱼仙草、鼠尾草、紫苏、香紫苏、吉龙草、益母草、冬青、木豆、地檀香、滇白珠、杜香、香茅、柠檬草、橘草、枫茅、芸香草、紫罗兰、艾纳香、苍耳、泽兰、佩兰、柠檬马鞭草、黄荆、山草果、细辛、天竺葵、互叶白千层（茶树）、稠李、烟草、欧芹、莳萝、芫荽、众香、菖蒲、树兰、九里香、降香、黄皮、山苍子、八角茴香、小茴香等，它们的叶子大多是用水蒸气蒸馏法提取精油的，蒸馏后的"叶渣"目前都是就地当作燃料烧掉，虽然这也算是一种"综合利用"，但如果有机会分析一下"叶渣"的成分，就会觉得太可惜了。所有植物的绿叶都含有丰富的叶绿素、类胡萝卜素，大多数还含有一种或多种有价值的药用或保健用物质，如多酚（黄酮、酚酸、原花青素等）、生物碱、木脂素、皂苷、活性多糖、有机酸、萜类化合物、甾醇多酚、维生素等。只要通过分析，"找出"其中一个较有价值的成分，把它提取出来，都有可能创造很高的经济效益。如桉树叶大多含有较多的黄酮，提取桉叶油后的"渣"可以用热水、乙醇等浸取出黄酮，提纯后即得成品（芦丁），价值甚高，现在国内外需求量很大；香紫苏"渣"可提取香紫苏醇（用于制造降龙涎香醚和香紫苏内酯）；薰衣草"渣"可以提取类胡萝卜素、叶绿素、维生素E、激素、脂肪酸酯等；各种松叶提取松叶油后都可以再进一步用有机溶剂提取"松叶（松针）浸膏"，这松叶浸膏富含叶绿素、类胡萝卜素、花青素、各种维生素、多酚、苷类、萜类、粗蛋白、氨基酸、不饱和脂肪酸等，现已开发作为一种保健品。当然也可以把浸膏里每一种成分分离出来利用，价值更高，如艾蒿叶"渣"可以提取多酚（黄酮、酚酸、儿茶素等）、甾醇和多糖；迷迭香全草提取精油后再用有机溶剂提取鼠尾草酸、鼠尾草酚、迷迭香酚、表迷迭香酚、异迷迭香酚等抗氧化剂；提取精油后的"残渣"有的可以制作植物膳食纤维材料。

枝干用香料植物——松、杜松、柏、桧、杉、樟、桦、花榈木、玫瑰木、枷罗木、芦笋、岩蔷薇、油楠、地檀香、杜鹃、黄荆、互叶白千层（茶树）、稠李、檀香、绿檀等。大的树干需要破碎成"木屑"才能用水蒸气蒸馏法提取精油，但蒸馏时间仍较长，消耗燃料多，得率较低，有些山区农民用干馏法制取松、柏、杉的焦油（木馏油），副产品木醋酸（对食品有增香、除臭及防腐作用，是一种天然香料兼防腐剂，用于肉类、鱼类、贝类干制品的增香防腐，如熏火腿、洋火腿、香肠、鱼肉块、鱼香肠、鱼糕和鱼肉卷等，也用于沙丁鱼罐头、鳗鱼罐头和盐水火腿等，现在也用作饲料添加剂，其他工农业用途也在不断开发之中）和木炭（有的做成活性炭，价值更高）。松、柏、杉的焦油（木馏油）先用碱提取各种酚（愈创木酚、苯酚、邻甲酚、间甲酚、对甲酚、4-乙基愈创木酚、二甲苯酚等）加以利用，余下的再精制为松、柏、杉精油。其他植物枝干的综合利用与叶子的利用有些相似，有的枝干含有价值较高的药用成分，可以用有机溶剂萃取蒸馏后的"残渣"加以利用。

枝干与叶用香料植物——此类香料植物提取各种"高价值"成分以后的"渣子"，一般还可以用来种植食用菌，进一步提高它的利用价值。含半纤维素较高的"渣子"可以用水解法生产低聚木糖，这是一种很好的保健品，今后可能大量用作饲料添加剂；含纤维素较高的"渣子"可以用来造纸或制造各种人造板（纤维板、胶合板、木屑板等），也可以考虑发酵制造沼气用来照明、发电等；含木质素较高的"渣子"可以考虑用氧化法制造香兰素和紫丁香醛；现在已经有办法用适当的溶剂、硫酸作催化剂把纤维素、半纤维素、木质素等高分子物质全部转化成液状的"多元醇"，用来制造醇酸树脂、胶合板等合成材料。

果肉、果实、果皮、荚果和种籽类用香料植物——甜橙、柠檬、柑、橘、柚、越橘、番荔枝、番木瓜、菠萝、草莓、香荚兰、合欢、八角茴香、小茴香、胡卢巴、香芹、旱芹、白芥、辣椒、花椒、山苍子、芫荽、柏、紫穗槐、香榧、胡椒、肉豆蔻、草果、砂仁、黄蜀葵、苍耳、茴芹、孜然等。柑橘和其他水果类（番荔枝、番木瓜、菠萝、草莓等）目前主要是采用压榨法得到果汁，再用高速离心机将精油分离出来，精油是生产果汁的"副产品"，果皮也是用压榨或离心法制取精油的。柑橘类果皮压榨后得到的"渣"可以提取黄酮（橙皮苷、新橙皮苷、柚皮苷、枳苷、柑橘素、二氢川陈皮素、甲基橙皮苷等）、柠檬苦素、生物碱（辛弗林、N-甲基酪胺等）、橘红多糖、果胶、类胡萝卜素、各种维生素等，其价值超过精油。提取精油后的砂仁"渣"含皂苷，可以提取利用。胡卢巴"渣"可以制取胡卢巴胶和薯蓣皂素。种籽类提取精油后，有的含油脂量甚高，可以用压榨法或溶剂萃取法提取油脂。提取油脂后的"粕"一般蛋白质和淀粉含量较高，可以作饲料（加在其他饲料里喂养动物）。白芥提取芥子油（精油和油脂）后还可以提取各种甾醇和白芥子苷。小茴香提取精油和油脂后的"渣"还可以提取药用类黄酮。八角茴香用水蒸气蒸馏法提取精油后的"残渣"含有超过10%的莽草酸，可以用甲醇等有机溶剂或水浸取、精制得到。莽草酸有抗炎、镇痛作用，通过影响花生四烯酸代谢，抑制血小板聚集，抑制动、静脉血栓及脑血栓形成，可作为抗病毒和抗癌药物中间体，还用于制造可有效对付致命的 H5N1 型禽流感病毒的药物"达菲"。

鳞茎用香料植物——葱、洋葱、蒜、薤等用水蒸气蒸馏法提取精油后余下的"渣"含有大量的蛋白质、淀粉、膳食纤维、脂肪、各种维生素、类胡萝卜素、氨基酸、微量元素（尤其是硒、有机锗）等，营养丰富，仍然可以做成各种各样的菜肴、调味料、食品等——去掉强烈的辛辣味后往往更受一般人欢迎。提取精油后的洋葱"渣"含有较多的酚酸，食用后对高血压、高血脂和心脑血管病人仍有很好的保健作用；洋葱是目前所知极少数含前列腺素 A 的食物，前列腺素 A 能扩张血管、降低血液黏度，因而具有降血压、减少外周血管和增加冠状动脉的血流量、预防血栓形成的作用，对抗人体内儿茶酚胺等升压物质的作用，又能促进钠盐的排泄，因此可以考虑从提取精油后的洋葱"渣"中提取前列腺素 A；洋葱"渣"还含有一种名叫"栎皮黄素 9"的物质，这是一种天然的血液稀释剂，是目前所知最有效的天然抗癌物质。大蒜所含的 100 多种成分中，其中几十种成分都有单独的抗癌作用。提取精油后的大蒜"渣"仍含有大量的蒜氨酸、大蒜辣素、大蒜新素、大蒜肽、胡蒜素等，蒜氨酸进入血液时便成为大蒜素，这种大蒜素即使在较低浓度时仍能杀死伤寒杆菌、痢疾杆菌、流感病毒等。大蒜素与维生素 B_1 结合可产生蒜硫胺素，具有缓解疲劳的作用。大蒜素还能促进新陈代谢，降低胆固醇和甘油三酯的含量，并有降血压、降血糖的作用，故对高血压、高血脂、动脉硬化、糖尿病等有一定疗效。大蒜含有的肌酸酐是参与肌肉活动不可缺少的成分，对精液的生成也有作用。大蒜"渣"还含有较多的黄酮、活性多糖、糖脂、蒜氨酸酶等，这些物质可以进一步提取利用。

皮用香料植物——肉桂、柏、杉、桦、厚朴、稠李等植物的树皮，用水蒸气蒸馏法提取精油后一般含有较多的多酚，可以用水浸取法把多酚提取出来，其中许多可以作保健或功能性食品添加剂，价值最低的制作栲胶，余下的"渣"同枝干精油植物的利用类似。

树脂用香料植物——安息香、秘鲁香、吐鲁香、苏合香、枫、没药、乳香、龙脑香、沉香、阿魏等，这些树脂制取纯净的净油后留下的"渣"都可以粉碎（或加入木料中粉碎）用作熏香材料，安息香、秘鲁香、吐鲁香、苏合香、枫等树脂有时含有较多的香兰素，可以考虑提取这种"天然香兰素"提高经济效益。

根和根茎香料植物——甘松、缬草、甘草、樟、松、杉、香根草、败酱草、山败酱、马蹄香、狗脊、降香、香茅、姜、姜黄、高良姜、莪术、郁金、山柰、苍术、木香、土木香、当归、欧当归、川芎、莎草（香附子）、沙针、菖蒲、人参、鸢尾等，这些香料植物许多是药材，提取精油后的"残渣"仍然含有药用成分。如甘松"渣"含缬草萜酮、甘松新酮、甘松酮、甘松醇、青木香酮、广藿香酮、β-广藿香烯、甘松香醇、β-橄榄烯、甘松环氧化物、甘松香酮、异甘松新酮、甘松新酮二醇、甘松呋喃、去氧甘松香醇、甘松二酯、齐墩果酸、熊果酸、谷甾醇等；缬草"渣"含缬草素（可作安眠和降血压药物）、缬草碱、鼬草宁碱、缬草生物碱、猕猴桃碱、缬草宁碱等生物碱，尚含缬草三酯、异戊酰氧基二氢缬草三酯、缬草环臭蚁醛酯苷、咖啡酸、绿原酸、黄酮、谷甾醇等；甘草"渣"含有甘草甜素、甘草皂苷、黄酮、酚酸、香豆精、生物碱、甘草新木脂素、谷甾醇、甘草多糖等；当归"渣"含阿魏酸、豆甾醇、谷甾醇等；欧当归"渣"含绿原酸、咖啡酸、香豆素衍生物等；山柰"渣"含山柰酚、山柰素和皮香豆素；川芎"渣"含 4-羟基苯甲酸、咖啡酸、香荚兰酸、阿魏酸、瑟丹酸、大黄酸、香荚兰醛、匙叶桉油烯醇、β-谷甾醇等；姜黄"渣"含姜黄素、双去甲氧基姜黄素、去甲氧基姜黄素、二氢姜黄素、姜黄新酮、姜黄酮醇、原莪术二醇、莪术双环烯酮、去氢莪术二酮、姜黄酮、甜没药姜黄醇、莪术烯醇、异原莪术烯醇、莪术奥酮二醇、原莪术烯醇、表原莪术烯醇、姜黄多糖、菜油甾醇、豆甾醇、β-谷甾醇、胆甾醇、苦味素等；高良姜"渣"含黄酮、皂苷等；人参"渣"含有大量的人参皂苷、甾醇及其甾类等；姜用压榨法、水蒸气蒸馏法、有机溶剂和二氧化碳萃取法得到精油或净油后的"残渣"都含有较多的姜辣素（分解生成姜酮、姜烯酮）、2-哌啶酸及天冬氨酸、谷氨酸、丝氨酸等多种氨基酸等，还含有大量的淀粉，可以单独提取出来利用；姜油"残渣"可以制作上好的植物膳食纤维产品；提取精油后的鸢尾根茎粉和山柰根茎粉可作熏香材料，也用于制作香囊内容物。根茎一般含有大量的淀粉，所以提取精油后的根茎可以粉碎、筛分制取淀粉，用于各种工业生产。

用超临界、亚临界二氧化碳提取各种辛香料的油树脂已经不是什么"新事物"了，这种方法可以一步到位把辛香料里面水溶性、醇溶性和油溶性物质全部提取出来，还可以利用"分步降压"法把萃取到的物质按极性"切分"开，就像精馏法一样，更有利于辛香料的综合利用。例如辣椒，原来用水蒸气蒸馏法得到的精油只有香味，没有辣"味"，现在用超临界二氧化碳萃取，得到的浸膏、净油色香味俱佳，既包含了全部的香味物质，辣椒素、色素（辣椒红，属于类胡萝卜素）也全在其中。用这种浸膏再分步提取精油、辣椒素和类胡萝卜素也是很有价值的。其他辛香料如胡椒、花椒、姜、姜黄、藏红花、大蒜、葱和洋葱等用超临界、亚临界二氧化碳提取都与辣椒相似，是目前公认最好的提取方法。超临界、亚临界二氧化碳提取各种辛香料后余下的"残渣"一般含有较多的蛋白质、淀粉，可作饲料。

香料植物非产油部位的综合利用——如栀子的果实可以制取各种食用色素；黄蜀葵的根、茎可制取黄蜀葵胶；牡丹的干燥根皮是一种中药，秋季采挖根部，除去细根，剥取根皮，晒干即为"丹皮"，生用或炒用，《本草纲目》称丹皮"滋阴降火，解斑毒，利咽喉，通小便血滞"。牡丹酚（丹皮的主要药用成分）有抗炎作用和镇静、降温、解热、镇痛、解痉等中枢抑制作用及抗动脉粥样硬化、利尿、抗溃疡等作用。牡丹皮的甲醇提取物有抑制血小板聚集的作用，对高血压有显著疗效。牡丹的茎、叶可以治疗血瘀病。柠檬的根和叶含伞形花内酯、东莨菪素、槲皮素、马栗树皮素和根皮素。甘草的叶含黄酮化合物——新西兰牡荆苷、水仙苷、烟花苷、芸香苷（芦丁）、异槲皮苷、紫云英苷、乌拉尔醇、新乌拉醇、新乌拉尔醇、乌拉尔宁、乌拉尔素、槲皮素、乌拉尔新苷等。甘草的地上部分分离可得到东莨菪素、刺芒柄花素、黄羽扇豆魏特酮、刺酮素以及甘草宁等。洋葱的根、叶含有较多的酚酸、黄酮和活性多糖，洋葱皮含有山奈苷和山奈酚——这些成分都可以提取出来作药用或保健品用。有许多香料植物的种子含油脂较多，如樟科、松科植物的大部分品种、侧柏、榿、化香树、白桦、无花果、观光木、瓜馥木、苦楝、香椿、黄连木、青香木、紫椴、花椒、茶、番木瓜、白木香、待霄草、藤五加、灯台树、华山矾、夹竹桃、藿香等的种子都可以用来制取油脂。金合欢等树干分泌出的树胶，成分与阿拉伯胶相同，可作阿拉伯胶使用。木本香料植物的枝干作为木材、人造板、造纸、熏香材料、烧炭（包括活性炭）、种植食用菌等。

蒜渣是大蒜用水蒸气蒸馏法提取大蒜油后的渣滓，为黄色或黄白色、有臭味的稠稀状，不能直接食用，必须经过处理后方可用。蒜渣中含有胃液、肠液可消化吸收的营养物质，最有药用价值的是大蒜超氧化物歧化酶（SOD）和特别高含量的有机锗与硒。SOD是专一的氧自由基清除剂。氧自由基可以破坏机体细胞、活化致癌物质、促进衰老，而SOD可以阻止生命氧化衰亡，目前已应用于治疗自身免疫性疾病如氧中毒、糖尿病、心血管疾病等。另外，植物来源的SOD无抗体干扰。SOD作为一种活性酶，催化清除超氧基因，并和过氧化酶等配合作用，能有效地防御活性氧对生物体的毒害作用。SOD在抗辐射损伤、抗炎症、预防衰老和治疗癌症、肿瘤等方面都能起到重要的作用。SOD和蒜素的特殊功能已被视为天然的功能因子，广泛应用于临床、化妆品、牙膏、食品等方面。

有人将从大蒜厂取回的大蒜渣用中速离心机沉降分离，然后将固体蒜粉与蒜渣液体分离开，蒜渣液体再经过二次高速沉降过滤得到无悬浮固体的澄清溶液，脱色与苹果醋制成蒜香苹果醋保健饮料。将分离出的固体蒜粉在烘干箱中干燥，使其含水量小于5％，然后将烘干蒜粉再经过粉碎过筛、拌松加干虾粉（或鸡粉）、姜粉、胡椒粉、虾子香精、食盐、味精等配制成蒜香海鲜调味料，在各大超市销售，成为畅销品。

人参中含有极高的有机锗，而蒜中有机锗的含量是人参的3倍，几乎全留在蒜渣中。有机锗能迅速吸收氧气，供给体内各器官，有明显的抗癌作用，同时加强生命体的免疫机能，并具有降低血压的功能。硒（Se）是人体必需的重要微量元素之一，硒能使人体产生大量谷胱甘肽，谷胱甘肽是抗氧化剂，其抗氧化能力比维生素E高500倍，对细胞膜有保护作用，能提高机体细胞的免疫能力，而恶性肿瘤由于得不到氧的供应而受抑制。

有人研究了丁香罗勒、薰衣草、薄荷等植物残渣中的萃取物，该萃取物是花草类原料用水蒸气蒸馏提取精油后的残渣经苯萃取而得。对所列产物组分研究表明，它们全部是复杂的混合物，内含有机酸、酯、羟基化合物、羧基化合物和不饱和化合物。此外这些产物中还含有叶绿素衍生物、类胡萝卜素和生育酚。

叶绿素衍生物在牙膏中最有效，因为能减少和抑制牙床出血和口腔炎，胡萝卜素是维生素A原，具有抑制皮脂腺的作用，能愈伤、防止皮肤干燥和防止形成头皮屑以及能改善发根生命活动。生育酚（维生素E）是一种天然抗氧剂，能防止膏霜中维生素A、维生素C和油脂的氧化，还能使皮肤柔软和加强皮肤代谢，可用于保湿剂中。类黄酮具有广谱的生物作用，多数起维生素P活性作用。

产物中叶绿素衍生物的含量，在丁香罗勒残渣萃取物中达到2.0％，而在薰衣草残渣萃取物中为3.5％。

类胡萝卜素在玫瑰香叶残渣萃取物中含量为 0.02%，而在薰衣草残渣萃取物中达到 0.7%。生育酚的含量在丁香罗勒残渣萃取物中最高达 0.4%。

在薰衣草和香紫苏植物残渣中发现有高分子的正构烷烃、色素、类胡萝卜素和叶绿素、甘油三酸酯、游离脂肪酸和甾醇。

蒸馏后的玫瑰残渣中含有类黄酮类，具有维生素 P 的作用。

有人对水蒸气蒸馏提取精油后的花草类原料残渣中提出的蜡质和萃取物的成分作了深入研究，所研究的产物都含有类胡萝卜素、生育酚、叶绿素衍生物、类黄酮等生物活性物，可把这些产物用作制取化妆品的原料。

生物浓缩物，来自花草类精油原料，是深绿色膏状物，含叶绿素衍生物 1.5%～2.0%，生育酚 50～70mg/kg，类脂化合物 3.0%～5.0%，干渣 45%～60%，水 36%～45%，以及有机酸钠盐、三萜醇、甾醇、植醇等。香料植物的生物浓缩物的得率为 60%～70%，精蜡（类脂化合物）为 20%～30%（均以干重计）。每年在精油部门可汇集 100～170 万吨的花草类植物残渣，从中可生产 50～80 万吨萃取物，加工成生物浓缩物（35～60 万吨）和类脂化合物（15～26 万吨），是获取含叶绿素制品和类脂化合物的很大的原料来源。

生物浓缩物具有消炎和愈伤作用，在化妆品中加入 0.3%～0.6%时，可呈绿色。现在我国已掌握了薰衣草生物浓缩物的生产，出售加有薰衣草浓缩物的新的高效膏霜和牙膏。

精蜡（类脂化合物）是黏稠的膏状物，黄棕色，具有令人愉快的花草香，该产物内含高分子的正构烷烃、类胡萝卜素和其他类脂化合物特征的生物活性物，可用于新的发用制剂、美容品和化妆膏霜中。

茉莉和杜鹃浸膏制取净油时，可得到 40%～50%蜡，由于会引起过敏和颜色加深，它在化妆品中的应用受到限制。对来自茉莉和杜鹃净油生产中蜡的研究表明，从中可得到两类天然产物：用于香精的香味物和化妆品用的类脂化合物。有人详细地研究了香味物和精蜡的类脂化合物的加工方法，该蜡没有过敏作用，固体物总得率占加工蜡的 50%～65%。

茉莉蜡中获得的新香味物是棕色的膏状物，具茉莉香带吲哚韵，溶于 96%乙醇，得率 28%～30%，已确定含植醇 25%～35%，苄醇 13%～14%，还有异植醇、金合欢醇、酯等，包括苯甲酸乙酯、茉莉酮、甘油酯和有机酸等。

茉莉蜡中分出的第二个天然产物——精蜡（茉莉类脂化合物）是淡黄到黄色的固体，具有茉莉韵的花香，主要含类胡萝卜素和高级正构烷烃，熔点为 50～60℃，产物无过敏作用，可推荐用于化妆品中。得率为 38%～40%。

杜鹃蜡加工时可得新的含香物 A 和精蜡——杜鹃类脂。A 是棕色膏状物，具杜鹃香，组分中有约 30%羟基化合物、酸、酯。羟基化合物是香气的主要载体。

杜鹃精蜡（杜鹃类脂）是黄色固体，含有类胡萝卜素和高级正构烷烃，熔点为 50～60℃。该产品无过敏作用，可用于化妆品中。

当在含醇量高的薄荷油中分出结晶薄荷醇时会产生含薄荷醇低的剩余物，其中含 13%～28%游离和结合的薄荷醇，65%～72%异薄荷醇，剩余物的量占加工油的 8%～15%。

有人研究了从低薄荷醇剩余物中分离香味物 B 的方法。B 是带有薄荷香和稍有凉味的香料混合物，由天然的薄荷酮异构体（不低于 75%）、天然的 L-薄荷醇（不超过 10%）和薄荷酯（不超过 5%）组成。该产品生产量为 7～8t/a，占加工薄荷油量的 10%左右。

香紫苏精油生产的植物残渣是制取有价值的天然产物香紫苏醇（合成具龙涎香香料的原料）的来源。已研究了在香紫苏醇氧化的基础上合成有价值的香料"龙涎醛""龙涎醚""香紫苏酮"。为了扩大香紫苏醇加工的效率，在合成龙涎醚时还得到附加的香料品种：龙涎醇和酮氧化物。

第五节　掺假精油的辨别

精油的掺假目前已成为全世界调香师一个极其头痛的问题。早期的调香师只能用鼻子辨别精油是否掺假，有时候眼睛也能识别一些，如色泽、荧光、黏稠度、透明度、浊度、放在冰箱里过夜看看有没有结晶或结晶多少等等，但高明的作假者还是有办法瞒过这些调香师，比如使用无香或香气很淡的溶剂（一般不会用酒精）、加色素、荧光素和增稠剂等。现在有了各种先进的仪器如旋光仪、分光光度计、折光仪、密度计、电子鼻、气相色谱仪尤其是气质联机的应用，有时还可以用到液相色谱仪等，一般的作假较容易识别。但是，作假者照样会使用现代的"高精尖"仪器，也会使用现在才有的香原料和溶剂，新的作假手段层出不穷，调香师如掉以轻心，一不小心就会上当。

下面是常见的精油掺假例子，见表 3-2。

表 3-2　常见精油掺假例子

精油	常掺入的物质
沉香油	各种油脂、树脂，凡士林，蜂蜡，一缩二丙二醇，邻苯二甲酸二乙酯，香根油等
桉叶油	松油、白樟油
白柠檬油	柠檬油、松节油、双戊烯、松油烯等
白千层油	桉叶油、乙酸松油酯、丙酸松油酯、松油醇等
百里香油	牛至油、白百里香油、松针油、迷迭香油、桉叶油、红百里香油、萜烯类
柏木油	（不同品种互相掺和）长叶烯、花侧柏木烯等
茶树油	松油醇、桉叶油、萜烯类
橙花油	合成乙酸芳樟酯、芳樟醇、橙花醇、橙花叔醇、橙叶油、苦橙油等
橙叶油	枫茅油、合成柠檬醛、芳樟醇、柠檬油等
春黄菊油	合成母菊薁、其他花油
刺柏油	蒎烯、莰烯、月桂烯、松节油、刺柏枝条油等（真正的刺柏油极少，常见的是发酵品或掺假物）
大茴香油	小茴香油、莳萝油、大茴香枝叶油、矿物油、各种油脂等
蔓荆子油	（大部分商品油有掺假）柠檬油、枫茅油、香茅油、柠檬醛、马鞭草油等
丁香花油	丁香叶油、丁香烯、松油醇、二苄醚、甘油等
椴树花油	椴树花或其他花的热脂肪浸渍物
防臭木油	柠檬草油、合成柠檬醛
枫茅油	木姜子油、山苍子油、千日菊油等
葛缕子油	合成右旋葛缕酮、右旋苧烯、葛缕子壳油等
广藿香油	柏木油、丁香油、松香酸甲酯、香根油残渣、蓖麻油及其残渣、石竹烯等萜烯类
桂皮油	桂叶油、白桂皮油、丁香叶油、丁香酚、桂醛、煤油等
黑香豆净油	香豆素
姜油	良姜油
椒样薄荷油	薄荷素油、日本薄荷油（有时掺入量高达85％也难以检出）
金合欢浸膏	含羞花浸膏、异丁香酚、人造金合欢香基等
金盏花油	金盏花或其他花的热脂肪浸渍物
康涅克油	庚酸乙酯、人造康涅克油
苦橙叶油	合成芳樟醇、乙酸芳樟酯、芳樟油、杂柑橘叶油、橙花酮等
灵猫香	吲哚、甲基吲哚、苯乙酸、对甲基四氢喹啉、凡士林、胆固醇、脂肪酸、椰子油、大豆油、羊毛脂等
龙涎香	各种合成麝香、香兰素等
罗勒油	合成芳樟醇等
没药油	红没药油
玫瑰草油	姜草油
玫瑰木油	芳樟木油、芳樟叶油（掺杂的形态呈正反应）、合成芳樟醇、乙酸芳樟酯等
玫瑰油	玫瑰草油、香茅油、愈创木油、鲸蜡、合成香叶醇、合成香茅醇、苯乙醇、邻苯二甲酸二乙酯等
纯种芳樟叶油	合成芳樟醇、杂樟油中馏分
迷迭香油	桉叶油素、桉叶油、樟脑、鼠尾草油、合成松油醇、来自柏木油的萜烯等
秘鲁香膏	松香、各种油脂、苯甲酸苄酯、苄醇、水杨酸苄酯、香兰素、苯甲酸、桂酸乙酯、桂醇等
茉莉净油	吲哚、甲位戊基桂醛、甲位己基桂醛、依兰油、卡南加油、乙酸苄酯、茉莉酮等
茉莉油	依兰油、卡南加油、乙酸苄酯、吲哚、甲位戊基桂醛、甲位己基桂醛等
柠檬油	橙油、蒸馏柠檬油、苧烯、柠檬醛、BHT（抗氧化剂）、BHA（抗氧化剂）等
芹菜籽油	芹菜全草油、芹菜籽壳油、苧烯等
肉豆蔻油	肉豆蔻醚，来自肉豆蔻油和茶树油等的萜烯类（月桂烯、莰烯、松油烯、蒎烯、双戊烯等）
乳香油	蒎烯、松节油、带乳香香气的合成香料等
山苍子油	枫茅油、合成柠檬醛等

精油	常掺入的物质
麝葵籽油	合成葵内酯、巨环内酯、金合欢醇等
莳萝油	苎烯、香芹酮、黄蒿子油等
鼠尾草油	美国柏木油、玫瑰草油等
松节油	石油及石油制品
松针油	莰烯、蒎烯、乙酸异龙脑酯等
苏合香膏	松香、石油、松节油、油脂酸、桂醇、桂醛、香兰素、桂酸酯类等
檀香木油	脂檀油、南洋杉油、柏木油、乙酸甘油酯、苯甲酸苄酯、各种合成檀香等
月桂叶油	丁香叶油、玫瑰木油萜类、白柠檬油萜类、月桂烯等
甜橙油	苦橙油、分馏或蒸馏过的柑橘皮油、双戊烯等
晚香玉净油	对甲苯磺酸甲酯、丙位十一内酯、苯甲酸甲酯、邻氨基苯甲酸甲酯、黄姜花净油、蜡菊油、依兰油等
香根油	杂草根油、香根醇、柏木油、脂檀油、石竹烯等萜烯类
香柠檬油	合成芳樟醇、乙酸芳樟酯、苎烯、柠檬醛、乙酸松油酯、酸柠檬油、苦橙油、邻苯二甲酸二乙酯等
香叶油	玫瑰草油、香茅油、合成香叶醇、合成香茅醇等
香紫苏油	合成芳樟醇、乙酸芳樟酯、薰衣草油、丙酸芳樟酯、香柠檬薄荷油等
橡苔浸膏	高沸点有机溶剂、柏木油、丁香油、香豆素、香蛇鞭菊浸出物、二甲基代对苯二酚、异丁基喹啉等
小豆蔻油	西班牙紫苏油、松油馏段等
小茴香油	苦小茴香油、合成反式大茴香脑、小茴香酮、甲基黑胡椒酚、苎烯等
薰衣草油	乙酰化杂薰衣草油、穗薰衣草油、合成芳樟醇、合成乙酸芳樟酯、杂樟油、芳樟叶油、玫瑰木油等
依兰油	卡兰加油、椰子油、石蜡油、蓖麻油、秘鲁香膏、对甲酚甲醚、香兰素、苯乙醇、苯甲酸苄酯等
圆叶当归油	水芹烯、独活根油等

上网查一下，你会发现许多销售精油的厂商有大量关于怎样鉴别精油的真假、好坏、有没有掺假等的文章，下面列举几种网上教人"鉴别精油"的"方法"：

（1）劣质精油香薰弥漫化学气味。天然精油，闻起来应该是浓郁的自然花果香，而非人工香味。因为精油的芳香成分十分容易溶解在酒精里，所以一般纯度不高的精油都是混合了酒精，化工制成的。

（2）纯度越高的精油，渗透力越强。滴一点精油在手腕内侧，再用手指按摩两三下即可测试，高纯度精油会瞬间被吸收，并且不会留下亮亮的油脂印象。

（3）滴入冷水中，精油或沉在容器底部，或漂浮在水上，但一定不会扩散开，而且芳香满腹。滴入热水中时，纯精油会迅速扩散成微粒状，不纯的精油只会成浮油状。

（4）劣质精油呈白色或透明色状，而纯正精油的颜色是黄色或淡黄色的。而且精油通常都容易挥发，所以应该是装在深色瓶子中保存，如果商贩推荐你买透明瓶装且液体非常稀的精油，那一定是勾兑的劣质精油。

（5）将少许精油滴入干净空杯子内，纯正精油滴入后会挂着杯壁，而劣质精油将流到杯底。

（6）廉价精油多为合成品，因为精油号称液体黄金，在国外被认为是奢侈品。精油的昂贵主要是在于产地和萃取的方式。每种不同的精油都有适合自己生长的地域。

（7）滴一滴精油在纸巾上，气味清香，干后不会留有油渍，但香味还在；不纯的精油是掺和了其他油，所以会有油渍。

……

上面这些"鉴别精油"的"方法"和"经验"都是没有任何"实用"价值的，最好不信。首先精油不一定都非常昂贵，例如目前桉叶油——商人们喜欢叫它"尤加利油"——每千克一百元（人民币）左右。其实用于芳香疗法和芳香养生领域里真正昂贵的只有玫瑰花油、茉莉花油、桂花油、白兰花油、玳玳花油、沉香油、檀香油等寥寥几种而已，其余的精油每千克价格都是几百元到一千多元（人民币）；天然精油的气味不一定都令人愉悦，有的气味令人作呕，唯恐避之不及，而用合成香料配制的香精有的香气反而相当美好；有的精油挥发很快，有的挥发却极慢；稀释精油极少用酒精，用得最多的是各种植物油脂和各种挥发较慢、香气极淡的有机溶剂；有的精油皮肤吸收较快，有的较慢；各种精油的密度不一样，有的比水轻，有的比水重；有的像水一样清晰透明无色，有的带有各种颜色，有的还容易变色（变深或变浅），有的黏稠不易化开……

说实话，精油的鉴别也确实不易，尤其是"行家"作假就更难以辨别。下面介绍几种方法供参考。

1. 望

（1）精油的包装：精油会挥发，所以一定要储藏在密闭的容器里，大容量的包装有铁桶、铝桶、塑料桶等，有的精油里面的成分会与铁、铝、塑料添加剂发生化学反应造成变质，必要时在铁桶或铝桶内衬不溶性树脂。小容量（1~100mL）通常会保存在深色密闭的玻璃瓶里，有特殊的耐酸碱、耐溶剂的瓶盖，防止日光及氧气渗入，这样精油才不易挥发、变质。标签上应标明品名（在中国销售的一定要有中文名）、产地、生产单位、容量、生产日期、保质期及安全保存注意事项等。

（2）精油的相对密度：把精油滴在水里看浮沉，精油有的比水轻，有的比水重，查一下精油的相对密度就知道了。

（3）精油的颜色：大多数精油外观透明，带浅淡的黄棕色，久贮后的精油颜色会深一些。比较特殊的是用压榨法或"手工法"制得的柑橘类精油如甜橙油、柠檬油、香柠檬油、佛手柑油、白柠檬油、柑油、橘子油、柚油、圆柚油等，它们都含有一定量的类胡萝卜素等色素，新鲜时呈淡黄、黄、黄橙色，久贮后由于类胡萝卜素的降解失色，颜色会越来越浅。

也有一些精油颜色较深，有的有特殊的、容易辨认的颜色，例如德国洋甘菊油，因为含有"薁"（俗称"蓝油烃"），所以它的颜色是深蓝色的。

薁有蓝、深蓝、紫蓝、紫红、紫灰、绿色、橙黄等各种颜色甚至黑色，含薁的精油如吐鲁香脂、香附子油、众香子油、依兰依兰油、格蓬油、广木香油、柏木油、血柏木油、崖柏油、广藿香油、香根油、黄春菊油、德国洋甘菊油、古芸香油等就带有不同的色泽，容易辨认。我国含薁的精油有200多种。

（4）精油的质地：品质愈精纯的精油，渗透力愈强。将测试的精油轻擦在手背或手腕内侧，再用指尖稍微按摩几下，品质好的精油会在短时间内被吸收，不会在皮肤上留下亮亮的、滑润的油脂成分——此法只能用于辨别易挥发油。

也可以仔细观察精油中是否含有杂质，比如以传统的冷冻压榨法从果皮中压出的精油，其中会留下少许残渣，说明没有滤净，这会使产品品质不佳。

这个方法主要用来辨别"纯精油"或是加了油脂的"精油"，因为大多数按摩用的"精油"都添加了大量的"基础油"，也就是油脂（植物油脂）。

（5）精油的融合程度：品质纯正的精油亲油性很强，与"基础油"完全相溶，不会浑浊、沉淀。

"望"也包括直接到生产地、种植基地去实地考察，这叫"眼见为实"，当然这是大批量购买者才可能也有必要做的事，但是真正成交仅仅靠这一"望"显然还是不够的。

2. 闻

这个步骤其实是挺关键的，就是要通过我们的鼻子去嗅闻。植物精油散发出固有的"天然"香味，其中的大多数目前完全用合成香料还难以配制出一模一样的气味。嗅闻其前味、中味、后味会有不同的感受，有经验的人员单靠鼻子就可以辨别出许多样品，但对于用"无香溶剂"稀释的精油，再灵敏的鼻子也无能为力。

3. 问

因为精油是用植物的某一部分提取出来的，植物会因生长地区的差异、土地的质量、温度、气候、湿度、种植的水准、收成的时间以及处理、制取的方式方法不一样而直接导致精油的品质不一样。所以我们需要通过各种相关知识来了解精油的产地、加工方法、储存等信息。

对于较大批量的精油采购，多问几个"什么"或"是什么"是有好处的，有时候会让作假者回答问题时露出破绽。

4. 测

如果样品量较多的话，测定样品的密度、折射率、旋光度、沸点、蒸气压、溶解性等可以鉴别精油纯度。

每种精油的密度都有一定的稳定性，比如花梨木油的密度一般为 $0.85g/cm^3$，如果你购入的花梨木精油密度高达 $0.90g/cm^3$，意味着这瓶精油可能添加了其他东西。

从精油折射率的测定也可以知道精油的纯度。

测旋光度看精油真伪：绝大多数合成香料没有旋光性，或者是外消旋的，而天然香料成分有的有左旋或者右旋的特性，表3-3是一些精油的旋光度。

表 3-3 一些精油的旋光度

精油	最小旋光度	最大旋光度	精油	最小旋光度	最大旋光度
树兰花油	−11.0	−4.0	柠檬草油	−3.0	+1.0
脂檀油	+10.0	+60.0	白柠檬油	+35.0	+53.0
当归根油	0	+46.0	蒸馏白柠檬油	+34.0	+47.0
当归籽油	+4.0	+16.0	伽罗木油	−13.0	−5.0
香柠檬油	+8.0	+30.0	中国山苍子油	+2.0	+12.0
巴西玫瑰木油	−4.0	+5.0	圆叶当归油	−1.0	+5.0
秘鲁玫瑰木油	−2.0	+6.0	肉豆蔻衣油	+2.0	+45.0
白樟油	+16.0	+28.0	意大利柑油	+63.0	+78.0
黄樟油	+1.0	+5.0	西班牙牛至油	−2.0	+3.0
依兰依兰油	−25.0	−67.0	西班牙甘牛至油	−5.0	+10.0
卡南加油	−30.0	−15.0	甘牛至油	+14.0	+24.0
小豆蔻油	+22.0	+44.0	亚洲薄荷素油	−35.0	−16.0
胡萝卜籽油	−30.0	−4.0	椒样薄荷油	−32.0	−18.0
香苦木油	−1.0	+8.0	白兰花油	−13.0	−9.0
柏叶油	−14.0	−10.0	白兰叶油	−16.0	−11.0
大西洋雪松木油	+55.0	+77.0	没药油	−83.0	−60.0
贵州柏木油	−35.0	−25.0	红没药油	−32.0	−9.0
得克萨斯柏木油	−50.0	−32.0	乳香油	−15.0	+35.0
芹菜籽油	+48.0	+78.0	苦橙油	+88.0	+98.0
爪哇香茅油	−6.0	0	蒸馏甜橙油	+94.0	+99.0
香紫苏油	−20.0	−6.0	欧芹草油	−9.0	+1.0
广木香根油	+10.0	+36.0	欧芹籽油	−11.0	−4.0
荜澄茄油	−43.0	−12.0	广藿香油	−66.0	−40.0
孜然油	+3.0	+8.0	胡薄荷油	+15.0	+25.0
欧洲莳萝籽油	+70.0	+82.0	黑胡椒油	−23.0	+4.0
印度莳萝籽油	+40.0	+58.0	巴拉圭橙叶油	−4.0	+1.0
美国莳萝籽油	+84.0	+95.0	众香子油	−5.0	0
龙蒿油	+1.3	+6.5	迷迭香油	−5.0	+10.0
加拿大冷杉油	−24.0	−19.0	西班牙鼠尾草油	−12.0	+24.0
西伯利亚冷杉油	−45.0	−33.0	东印度檀香油	−21.0	−15.0
格蓬油	+1.0	+13.3	澳大利亚檀香油	−20.0	−3.0
香叶油	−14.0	−7.0	加拿大细辛油	−12.0	0
姜油	−47.0	−28.0	留兰香油	−60.0	−45.0
圆柚油	+91.0	+96.0	云杉油	−25.0	−10.0
愈创木油	−12.0	−3.0	苏合香油	0	+4.0
刺柏子油	−15.0	0	压榨红橘油	+88.0	+96.0
赖百当油	+0.15	+7.0	艾菊油	+28.0	+40.0
月桂叶油	−19.0	−10.0	茶树油	+6.0	+10.0
薰衣草油	−12.0	−6.0	百里香油	−3.0	0
杂薰衣草油	−6.0	−2.0	缬草油	−28.0	−2.0
穗薰衣草油	−7.0	+5.0	美国土荆芥油	−4.0	−3.0
冷榨柠檬油	+67.0	+78.0	芳樟叶油	−18.0	−11.0
蒸馏柠檬油	+55.0	+75.0			

表 3-3 是目前市面上用于芳香疗法和芳香养生的精油旋光度的数据，有些数据与《香料香精辞典》（林翔云著，化工出版社 2007 年出版）、各地香精厂的"常用香料理化数据表"不一样，这是因为后二者是香精厂用于调配香精时使用精油的数据，工业用香料有的不适合用于芳香疗法和芳香养生。

当样品量不多，可以用气相色谱检测，把测定结果的谱图与标准品的"指纹图"对照看看有没有差别，差别在哪里。天然精油虽然由于来源植物、气候、种植方法、采集方法、提取技术等原因造成香料成分、含量有些差异，但只要品种是一致的，其香料成分和含量一般也都相近。每一种精油的气相色谱图都有自己的"特色"，就像人的指纹图一样，容易辨认。现在可以方便地从有关的资料或者上网找到各种精油的"指纹图谱"对照，识别它们。

目前最权威、最令人信服的是用气相色谱－质谱（气质联机）测试鉴别精油的成分。

"气质联机"是目前识别掺假精油最有力的武器，如丁香花油里面含有二苄醚或甘油、玫瑰油里含较大量的邻苯二甲酸二乙酯（天然玫瑰油里面有时含有极少量邻苯二甲酸二丁酯，却不含邻苯二甲酸二乙酯）、龙涎香里含香兰素、茉莉花油里含甲位戊基桂醛或甲位己基桂醛等就可以断定掺假，但如果掺了该精油里面本来就有的成分，如橙花油、橙叶油、罗勒油、玫瑰木油、芳樟叶油、香紫苏油里掺了合成芳樟醇，这时只能根据经验判别——"正常"的精油是否含有这么多量的这种成分，或者测精油的旋光度（如合成芳樟醇是外消旋的，旋光度接近于 0，而天然精油里面所含的芳樟醇要么是左旋的，要么是右旋的）。其他仪器可以协助检测精油是否掺假。用测定"碳同位素含量"的方法做所谓"天然度"分析也不一定可靠，因为目前大量的"合成香料"是用松节油、甜橙油或其他廉价精油为起始原料制备的，它们的"碳同位素含量"与天然精油没有区别。

质谱技术能够把色谱图上的每一个峰解读出来，如果能够确定其中一个或几个成分是自然界不存在、只能是化学制造的，例如二氢月桂烯醇、甲位戊基桂醛、甲位己基桂醛、铃兰醛、二苯醚、甲基二苯醚、萘甲醚、萘乙醚、乙酸对叔丁基环己酯、乙酸邻叔丁基环己酯、联苯、甲基柏木酮、龙涎酮、二氢茉莉酮酸甲酯、乙基香兰素、缩醛缩酮类、三环癸酯类、含卤化合物、腈类、各种合成檀香、合成麝香等，或者多量的邻苯二甲酸二乙酯（天然精油有的含有少量的邻苯二甲酸酯类）、丙二醇、柠檬酸三乙酯等，就可以断定这样品有问题，至少是掺假。

反过来，每一种精油都含有一些必定固有的成分，例如芳樟油、薰衣草油、白兰叶油、玫瑰木油、伽罗木油、芫荽籽油、茉莉花油、橙花油里的芳樟醇，玫瑰花油和香叶油里的玫瑰醚，薰衣草油里的薰衣草醇和薰衣草酯，椒样薄荷油里的薄荷呋喃，茶树油里的松油烯-4-醇，黄花蒿油里的蒿酮，等等，在这些精油里面如果测不出那些特定成分或者特定成分的含量低于某个数值，也可以判定该精油有问题、不合格。

需要指出的是，不能把"配制精油""重组精油""除萜精油""精制精油""复配精油"同"掺假精油"的概念混淆起来，"掺假"是不道德的商业行为，用欺骗的方式来损害消费者的利益；而"配制精油""重组精油""除萜精油""精制精油""复配精油"等是调香师专为调香或某些工业上的用途精心设计、制作的产品或中间体，对调香师来说意义重大，有时还非用不可，像"香柠檬油"这种天然品中往往含有有害物质（香柠檬烯、呋喃香豆素等），调香师宁可使用更安全些的"配制香柠檬油"。

第四章 合成香料

合成香料虽然只有短短100多年的历史，但发展速度非常快，而且品种繁多，常用的合成香料列在一张纸上，就令人看得眼花缭乱。全世界各大香料公司不遗余力地开发了数目巨大的新型香料，但能够经得起严格"安全测试"的品种并不多，再加上"市场检验"优胜劣汰的结果，留下来的就更少了。不但如此，原来调香师已经用了几十年的"老品种"现在经过反复的安全评价，又有一些淘汰出局，所以目前合成香料在"品种"和"数量"方面算是比较稳定的。

按照目前香料界的习惯分类法，"合成香料"并不一定全是"用化学方法制造的香料"，而是包括了那些从天然香料中提取出来的香料单体。这样，"合成香料"中的一部分就有两个来源：一个是用石油、煤焦油、天然气、松节油、芒烯、甜橙油、杂醇油、各种油脂等与酸、碱等"化学物质"通过各种化学反应生成的；一个是从比较廉价的天然香料中通过精馏、结晶等"物理方法"提取出来的（所谓的"单体香料"或"单离香料"）。

目前人们对天然香料与合成香料的总体评价见表4-1。

表4-1 目前人们对天然香料与合成香料的总体评价

评价内容	天然香料	合成香料
常用品种	较少	较多
香气	一般较好	一般较差
人群可接受度	较高	较低
化学纯度	较低	较高
旋光性	一般有	大多测不出(消旋为主)
对人的安全度	一般较高	一般较低
色泽	一般有色，较差	一般无色透明，较好
生产成本	一般较高	一般较低
价格	波动较大	波动较小
品质稳定性	不太稳定	较稳定
供应	较常缺货	比较正常
生产时对环境的影响	大多环境友好	一般有污染
综合利用潜力	大	小
用于配制	高档香精	中低档香精
用于芳香疗法	已成为世界潮流	目前认可度较低

第一节 萜烯类及其氧化物

一、蒎烯

蒎烯是单萜烯，有两种异构体：

(1) α-蒎烯（α-pinene）——松节油的最主要成分。无色透明液体，具有松萜特有的气味。密度为 $0.8582g/cm^3$，沸点为 156℃，折射率为 1.4658（20℃）。有左旋、右旋和消旋等式。不溶于水，溶于乙醇、乙醚等有机溶剂，易溶于松香。用作漆、蜡等的溶剂和制莰烯、水合萜二醇、松油醇、松油脂、松油醚、龙脑、合成樟脑、合成树脂等原料。

(2) β-蒎烯（β-pinene）——松节油的次主要成分。无色透明液体，也具有松萜特有的香气，与 α-蒎烯稍有差别。密度为 $0.8654g/cm^3$。沸点为 164℃，折射率为 1.4739（20℃）。与 α-蒎烯一起可用作溶剂等，分离后用作制合成树脂、芳樟醇等的原料。

α-蒎烯和β-蒎烯可由松节油在减压下分馏而制得。

调香师对蒎烯一点也不陌生，但在以前所有"公开"的香精配方里却很少出现蒎烯的名字，这是一个很奇怪的现象。究其原因可能是蒎烯太容易得到，价格低廉，留香不长，香气"一般"，等等。由于几乎所有天然精油里都或多或少地含有α-蒎烯和β-蒎烯，调香师在调香时发现了它们的"特殊价值"，才重新认识到蒎烯在调香作业中的重要性。

近年来，大量的科学家致力于"植物精气"（植物的器官或组织在自然状态下释放出的气态有机物）的研究，大力推荐"森林浴""森林医院""森林疗法"等，推崇"植物精气"（phytoncidere，意为植物的杀菌素）对人的益处。已有的资料表明，几乎所有植物的"植物精气"成分里排在第一位的都是α-蒎烯或β-蒎烯。有人对植物精气里各种萜类化合物对人的生理功效进行研究，确认蒎烯对人有镇静、降血压、祛痰、利尿、抗肿瘤、抗风湿、抗炎、抗组胺、抗菌、止泻、驱虫、杀虫、强壮、麻痹等功效。

虽然有时候可以直接用松节油代替α-蒎烯和β-蒎烯用于调香，但毕竟α-蒎烯、β-蒎烯和松节油的香气还是有差别的，试看下面的香精配方例子：

波罗尼亚精油的配方（单位为质量份）：

α-蒎烯	10	乙酸十二酯	10
β-蒎烯	10	水杨酸戊酯	3
苧烯	2	长叶烯	3
癸酸乙酯	1	石竹烯	3
桉叶油	10	香叶醇	3
柏木油	10	辛醛	0.1
纯种芳樟叶油	3	壬醛	0.2
茉莉酮酸甲酯	6	十一醛	0.1
β-紫罗兰酮	20	二氢茉莉酮酸甲酯	5.6

腊梅香精的配方（单位为质量份）：

α-蒎烯	2	乙酸苄酯	12
苧烯	1	香叶醇	15
莰烯	1	苯乙醇	10
左旋芳樟醇	15	檀香 803	5
乙酸异龙脑酯	2	二氢茉莉酮酸甲酯	5
龙脑	1	苯甲酸苄酯	5
松油醇	12	铃兰醛	12
水杨酸乙酯	2		

金合欢香精的配方（单位为质量份）：

α-蒎烯	6	香茅醇	7
β-蒎烯	3	乙酸香叶酯	4
月桂烯	4	苄醇	5
苧烯	5	甲基丁香酚	1
莰烯	4	对甲酚	1
纯种芳樟叶油	10	间甲酚	1
苯甲醛	7	乙酸丁香酚酯	2
水杨酸甲酯	5	大茴香醛	3
松油醇	7	紫罗兰酮	10
香叶醇	9	乙酸苄酯	6

马尾松植物精气香精的配方（单位为质量份）：

α-蒎烯	80	莰烯	3
β-蒎烯	6	月桂烯	3

松油烯	1	枞油烯	2
石竹烯	1	苧烯	1
长叶烯	1	水芹烯	2

松植物精气香精的配方（单位为质量份）：

α-蒎烯	46	乙酸龙脑酯	5
β-蒎烯	10	桉叶油素	2
月桂烯	10	樟脑	1
桧烯	10	龙脑	1
松油醇	5	柏木油	10

樟植物精气香精的配方（单位为质量份）：

α-蒎烯	30	乙酰化芳樟叶油	2
β-蒎烯	6	乙酸龙脑酯	5
苧烯	5	桉叶油素	2
月桂烯	10	樟脑	11
桧烯	10	龙脑	1
纯种芳樟叶油	10	肉桂烯	5
松油醇	3		

二、月桂烯

月桂烯有时也被称为"香叶烯"，本身具有令人愉快的香气，并且还有一个"本领"——适当加入就能使"全部用人造香料调配的香精"产生"天然感"，价格又极其低廉，可惜长期以来没有受到调香师的重视——在以前的香精配方里很少出现它的影子。随着"回归大自然"的呼声，调香师们在大量配制"人造精油"时又注意到它了，原来它在自然界中到处可见！在天然精油里，含月桂烯较多的是黄柏果油（92％）、黄栌叶油（52％）和柔布枯油（43％），其次是日本黄檗果油、香脂云杉油、香脂冷杉油、加拿大铁杉油、香紫苏油、马鞭草油、蛇麻油、松节油等，也存在于枫茅、柏木、艾蒿类、橙子和柠檬等中。

月桂烯很容易用松节油制造：利用松节油中的乙位蒎烯在高温下裂解，再通过精馏就可得到。在用松节油合成许多重要的香料（如芳樟醇、香叶醇、橙花醇、二氢月桂烯醇、新铃兰醛、柑青醛、甜橙醛、薄荷脑等）过程中，月桂烯是重要的中间体。

下面是使用月桂烯调配香精的例子：

松林清新剂香精的配方（单位为质量份）：

月桂烯	20	松油醇	20
松节油	20	女贞醛	1
乙酸异龙脑酯	10	铃兰醛	4
二氢月桂烯醇	5	柏木油	20

杜松香精的配方（单位为质量份）：

月桂烯	10	乙酸异龙脑酯	10
松节油	15	柏木油	30
长叶烯	15	松油醇	20

药草香香精的配方（单位为质量份）：

月桂烯	25	香豆素	4
乙酸松油酯	30	二苯醚	25
二氢月桂烯醇	5	麝香草酚	5
乙酸苄酯	8	乙酸三环癸烯酯	20
乙酸异龙脑酯	8	合计	150
芳樟叶油	20		

三、苧烯

苧烯又叫柠檬烯、柠烯、白千层烯、香芹烯、二聚戊烯、1,8-萜二烯等，具有令人愉快的柠檬香气，存在于 300 多种精油中。在所有的柑橘油（甜橙油、柠檬油、香柠檬油、红柑油、柚油、橘油等各种柑橘皮油和肉油）里，苧烯是最主要的成分，有的高达 95%，在各种"除萜"精油工艺中，萜烯作为副产品被大量生产出来。全世界每年生产的柑橘类产品达 5600 万吨，理论上可副产"天然苧烯"3.2 万吨，但通常只生产 1 万多吨供应市场。这种苧烯有旋光性，绝大多数是右旋的。来自松节油与合成樟脑时副产的苧烯不具旋光性，一般称为"双戊烯"，实际上是以双戊烯为主的多种环萜烯的混合物，所以香气要差得多。苧烯不溶于水，去油脱污能力很强。

除了直接作香料使用外，以苧烯为原料还可以制成各种工业制剂而用于不同的目的。下面是苧烯在工农业方面的用途：

（1）安全溶剂：用于替代混合溶剂配方中的有毒溶剂，如替代二甲苯、氯化物溶剂、乙二醇、甲基乙基酮、二甲苯、氟里昂、氟氯氧化物等；

（2）普通清洗剂：含有苧烯的水基系统清洗剂；

（3）印刷行业清洗剂：用于清洗除去滚筒和印刷机上的油墨和胶体；

（4）混凝土清洗剂：交通部门可用来清除路基、桥梁等处的焦油和沥青，或清除混凝土上的乱涂乱画；

（5）污渍清洗剂：苧烯对油脂、油漆、泡泡糖"渣"等都有效，如加入含酶剂可除血渍，加入低浓度酸类可除铁锈、咖啡和茶渍；

（6）航空清洗剂：去除航空发动机积碳等物质；

（7）纺织印染：生产除油除脂的织物助剂；

（8）石棉清洗剂：用在石棉的去除上；

（9）电子清洗剂：用在电路板和电子元器件的清洗上；

（10）油漆涂料行业：作为生产油漆涂料的主要原料，生产天然环保的油漆涂料；

（11）气雾剂：可以添加在气雾剂中；

（12）泡沫聚苯乙（丙）烯回收利用：利用苧烯回收泡沫聚苯乙（丙）烯——将废聚苯乙（丙）烯发泡塑料粉碎后与苧烯混合溶解，获得含有聚苯乙（丙）烯发泡塑料的溶液，减压精馏得到聚苯乙（丙）烯并回收苧烯；

（13）家化行业：配制家用清洗护理产品（洗手液、地板清洁剂、地毯除污剂、厨房除油剂、芳香剂等）；

（14）化工行业：用于合成萜烯树脂、油漆涂料等方面；

（15）医药行业：化解人体内结石、制造减肥药等；

（16）农业方面：用作家庭和田间安全高效的卫生杀虫剂。

下面是使用苧烯配制的香精例子：

柠檬清新剂香精的配方（单位为质量份）：

苧烯	60	二氢月桂烯醇	5
甜橙油	20	苯乙酸苯乙酯	5
山苍子油	10		

清幽香精的配方（单位为质量份）：

苧烯	10	柏木油	7
洋茉莉醛	9	铃兰醛	3
左旋芳樟醇	28	甲基柏木酮	6
乙酸芳樟酯	10	乙酸苏合香酯	1
甜橙油	10	混合醛	1
乙酸苄酯	12	紫罗兰酮	5
二氢茉莉酮酸甲酯	5	玫瑰醇	8
香豆素	5	合计	120

古龙水香精的配方（单位为质量份）：

苧烯	10	乙酸松油酯	34
柠檬油	7	柠檬醛	1
白柠檬油	1	香叶油	3
甜橙油	8	苯乙醇	20
香柠檬油	14	香兰素	2
桉叶油	1	麝香 T	5
乙酸异龙脑酯	1	铃兰醛	8
橙叶油	16	丁香油	2
薰衣草油	5	橙花素	2
乙酸芳樟酯	60	合计	200

四、石竹烯

石竹烯主要指乙位石竹烯，存在于 60 多种植物精油中，商品石竹烯基本上都是从丁（子）香油中提取出来的，因此也叫"丁香烯"。石竹烯的香气介乎松节油与丁（子）香油之间，在日用香精里适量加入，可赋予"天然的"香气，近年来逐渐受到重视。

石竹烯的沸点较高，留香时间较长，在调配"富有大自然气息"的香精时，除了适当加入月桂烯、苧烯等"自然"头香香料外，通常还要加入石竹烯让配出来的香精在体香和基香也有"自然"气息，但加入量要控制好，不要让它过于暴露。在配制诸如"森林香""松木"等木香香精时，用量可以多些。

下面是使用石竹烯较多的香精例子，供参考：

森林清新剂香精的配方（单位为质量份）：

石竹烯	20	乙酸异龙脑酯	20
松节油	10	合成檀香 208	10
甜橙油	10	合成檀香 803	10
柏木油	20		

新鲜木香香精的配方（单位为质量份）：

石竹烯	25	香豆素	2
香柠檬油	30	异长叶烷酮	30
二氢月桂烯醇	15	甲基柏木酮	30
甜橙油	3	甲基柏木醚	10
二氢茉莉酮酸甲酯	10	香兰素	1
香叶油	2	合计	160
香紫苏油	2		

五、长叶烯

与石竹烯相似，长叶烯也是一种沸点较高、有一定留香能力的萜烯香料。精馏松节油在"后段"就可以获得数量不少的长叶烯，而长叶烯的香气也接近于松节油，稍微带点柏木油的木香，所以一般香精里如果用到松节油的话，基本上都可以换成长叶烯，以增加留香值。

用长叶烯可以合成许多常用的香料，如异长叶烷酮、乙酸长叶酯、乙酸异长叶烯酯、乙酰基长叶烯等，近年来也经常出现在一些环境用香精的配方里，但加入量不宜过多，以免香气太过"生硬"。

下面是两个长叶烯使用量较多的香精配方例子：

松林百花清新剂香精的配方（单位为质量份）：

长叶烯	30	苯乙醇	8
乙酸龙脑酯	10	左旋芳樟醇	10
乙酸异龙脑酯	10	玫瑰醇	4
乙酸苄酯	10	檀香 208	5
甲位己基桂醛	8	柏木油	5

松山香精的配方（单位为质量份）：

乙酸异龙脑酯	32	苯甲酸	5
二甲苯麝香	6	松油醇	13
酮麝香	4	十醛	1
柏木油	6	二氢月桂烯醇	4
苯乙酸	4	长叶烯	5
水仙醇	20		

六、桉叶油素

香料工业上提到的桉叶油素一般指 1,8-桉叶油素，简称桉叶素，它的异构体——1,4-桉叶油素较为少见，自然界里存在量也较少，本书中提到的桉叶油素除特别指出的以外，也都是指 1,8-桉叶油素。其结构式见图 4-1。

桉叶油素在自然界里也是普遍存在的，在"蓝桉油"里有时含量高达 80%（一般为 60% 左右）；在"桉叶油素型"樟叶油（简称"樟桉叶油"或"桉樟叶油"）里，含量也高达 60%，偶见 80% 以上的；在用樟脑油提取樟脑留下的"白油"里，桉叶油素也高达 40% 以上——这三种都是提取桉叶油素的原料。

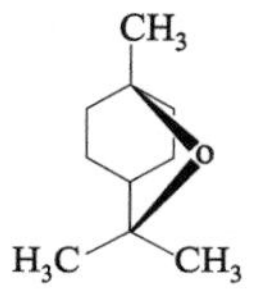

图 4-1　1,8-桉叶油素的结构式 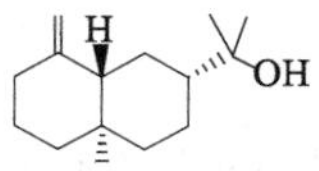　　　　　图 4-2　β-桉叶油醇分子结构式

桉叶油素有很好的杀菌防腐作用，在医药上有广泛的用途，众所周知的万金油、清凉油、风油精、白花油等，桉叶油素都是主要成分之一，当今更是大量用于各种芳香疗法用品中。欧美各国畅销的各种牙膏里，经常可以闻到桉叶油素的香气，但在我国，带桉叶油素香气的牙膏却不大受欢迎，销路有限。

经常有人把桉叶油素叫成"桉叶醇"或"桉油醇"，这都是错的。桉叶醇也叫桉油醇、β-桉叶醇，其结构式见图 4-2。

下面是两个使用桉叶油素的香精配方例子：

桉树油牙膏香精的配方（单位为质量份）：

桉叶油素	30	薄荷素油	30
薄荷脑	30	留兰香油	10

薰衣草清新剂香精的配方（单位为质量份）：

桉叶油素	10	纯种芳樟叶油	30
乙酸异龙脑酯	5	杂薰衣草油	10
乙酸芳樟酯	40	安息香膏	5

第二节　醇　类

一、叶醇

叶醇的学名是顺式-3-己烯醇、β,γ-己烯醇。在当今"回归大自然"的思潮冲击之下，叶醇以它清爽的绿叶清香博得了人们的喜爱，特别是千百年来对茶叶的香气有着执着爱好的国人，对叶醇的香味更是喜爱有加。可惜的是，我国十几年前仍没有一家工厂能规模化地生产叶醇，不但调香用的叶醇全靠进口，所有的叶醇酯类香料也是用进口的叶醇加工的，成本太高，造成调香师不敢在调配香精时放手使用。现在国内已经有一定量的生产，价格也降下来了。

天然叶醇存在于发酵过的茶叶中，可采用浸提法而得。在绿茶的精油中含量高达 30％～50％。

合成叶醇的第一步是用 1-丁炔和金属钠在液氨中反应，形成氰化钠。然后与环氧乙烷反应，通过水解生成了顺-3-己炔-1-醇。最后一步是不完全加氢反应。反应中用到林德拉催化剂，将三键加成为双键。这种催化剂中的钯需用铅来作部分毒化，而碳酸钙（或氧化铝）是用来作为载体。不完全氢化反应需要在高压条件下进行（10MPa），反应介质为水和氢氧化物或碱金属的盐。通常反应后能得到纯度为 98.2％的顺-3-己烯-1-醇。

叶醇的香气虽好，但沸点低，留香不长。因此，最好把它与苯甲酸叶酯、水杨酸叶酯等沸点高一些的叶醇酯类一起使用以克服这个缺点。许多花香、果香、草香香精里只要加入少量的叶醇及其酯类，便能改善头香。由于叶醇挥发极快，在配制香精时，刚刚加入的叶醇强烈地掩盖了其他香料的香气，造成"假头香"，而在放置了一段时间以后香气变化太大，其他沸点较低的香料也有这种情形。有经验的调香师为了保险起见，不得不多加一些，这也是叶醇虽然香气强度很大，但使用量却不少的一个原因。

下面是几个以叶醇香气为主的香精配方例子：

茶叶香清新剂香精的配方（单位为质量份）：

叶醇	5	二氢茉莉酮酸甲酯	10
苯甲酸叶酯	2	橙花叔醇	10
水杨酸叶酯	2	甲位己基桂醛	10
芳樟醇	20	苯甲酸苄酯	5
香叶醇	20	水杨酸苄酯	5
苯乙醇	11		

桂花香精的配方（单位为质量份）：

桃醛	4	乙酸苄酯	2
丙位癸内酯	3	松油醇	2
二氢乙位紫罗兰酮	16	芳樟醇	9
乙位紫罗兰酮	35	芳樟醇氧化物	11
乙酸苯乙酯	2	10％九醛	6
香叶醇	7	叶醇	3

时新香精的配方（单位为质量份）：

苯甲酸甲酯	12	麝香草酚	2
苯甲酸乙酯	12	橙花酮	1
苯乙酸丁酯	2	二氢月桂烯醇	5
格蓬酯	2	玫瑰醇	20
榄青酮	1	檀香 208	5
香柠檬醛	2	花萼油	50
格蓬浸膏	1	赛柿油	30
杭白菊浸膏	2	甜橙油	20
甲酸香叶酯	3	十醛	1
乙酸香茅酯	2	甲基壬基乙醛	1
丙酸三环癸烯酯	4	香柠檬油（配制）	48
壬酸乙酯	7	异丁基喹啉	1
水杨酸甲酯	9	橡苔浸膏	12
白柠檬油	3	乙酸苏合香酯	7
缬草油	1	十八醛	10
10％乙酸对甲酚酯	2	叶醇	20
桂酸乙酯	2	合计	300

叶醇的生产方法：

（1）以 3-己炔-1-醇为关键中间体，在林德拉催化剂（Pd/CaCO₃）催化下顺式加氢得叶醇——在 -34℃ 以下，向反应瓶内的液 NH_3 中通入乙炔，并使乙炔在液氨中饱和，加入 5.8g 钠，得乙炔钠；再加入 17mL 溴乙烷和 30mL 无水乙醚，搅拌 4h，得丁炔；然后分批投入 5.8g 钠和 0.1g 无水硝酸铁生成丁炔钠；在 $-40℃$ 下，加入 23mL 环氧乙烷，搅拌 24h，加入 17.3g NH_4Cl 和适量水进行水解，分离，蒸馏得 3-己炔-1-醇；3-己炔-1-醇在林德拉催化剂下加 H_2 得到叶醇，产率为 80%。

（2）大茴香醚通过 Birch 还原制得甲氧基环己二烯，经 O_3 氧化，再用 $NaBH_4$ 还原、对甲苯磺酸（PTS）脱水，最后用 $LiAlH_4$ 还原成叶醇，总收率为 38.3%。

二、苯乙醇

苯乙醇是一种非常廉价、香气淡弱的香料，在香精里不是主香原料，但用量很大。苯乙醇还有一个令调香师喜爱的特性：对各种香料都有良好的互溶性。当调香师发现调好的香精浑浊、分层或沉淀时，加入适量的苯乙醇通常就可以变澄清透明（松油醇也有这个"本领"，但会影响香气）。因此，几乎在所有的日用品香精里都可以测出一定量的苯乙醇来。笔者创造的"三值理论"里把苯乙醇的香比强值定为 10，其他香料的香比强值都是与苯乙醇相比较得出的，原因也在于苯乙醇的普遍存在和同各种香料良好的相溶性（可以把一种香料与一定比例的苯乙醇混合溶解在一起嗅闻香气从而估计该香料的香比强值）。

苯乙醇是玫瑰油的主要成分之一，更是蒸馏玫瑰花时副产的"玫瑰水"的第一成分，因此，配制玫瑰香精肯定少不了它。在配制茉莉香精时，苯乙醇能够使甲位戊基桂醛和甲位己基桂醛的"化学气息"减轻，所以苯乙醇也是茉莉香精配制的"必用成分"。由于玫瑰和茉莉是所有的日用香精里面重要的香气组分，苯乙醇的重要性也就不言而喻了。

苯乙醇的生产方法较多，我国主要采用由苯乙烯为原料生产。该法生产的苯乙醇，质量高，原料简单、易得，成本低、工艺合理等。可以将其变为硼酸酯或与氯化钙生成加成物的方法进行提纯。

苯乙醇在常温时香气淡弱，在温度比较高的时候就不弱了，这个特性使得它可以大量用于熏香香精的配制上。较为低档的熏香香精使用大量的香料下脚料和硝基麝香（特别是二甲苯麝香），苯乙醇是这些下脚料与硝基麝香良好的溶剂，一举两得，相得益彰。

兹举几例说明：

玫瑰麝香熏香香精的配方（单位为质量份）：

苯乙醇	30	紫罗兰酮底油	2
玫瑰醇	20	香叶醇底油	3
苯乙酸	4	二甲苯麝香脚子	13
香叶油	4	酮麝香脚子	7
檀香 803	6	麝香 105 下脚料	5
乙酸对叔丁基环己酯	6		

玫瑰香精的配方（单位为质量份）：

香叶醇	10	癸醇	1
苯乙醇	48	乙酸苯乙酯	2
玫瑰醇	18	10%十一烯醛	1
桂醇	2	壬酸乙酯	1
甲酸香叶酯	2	松油醇	2
乙酸香茅酯	3	香柠檬醛	1
芳樟醇	2	天然香叶油	2
丁香酚	1	10%玫瑰醚	1
苯乙醛二甲缩醛	1	山萩油	2

粉麝香精的配方（单位为质量份）：

香叶醇	6	甲酸香叶酯	1
甜橙油	2	乙酸香茅酯	1
乙酸松油酯	4	左旋芳樟醇	1
洋茉莉醛	4	乙酸芳樟酯	3

乙酸苄酯	2	葵子麝香	4
玫瑰醇	6	酮麝香	4
苯乙醇	13	檀香803	1
二苯醚	3	铃兰醛	5
结晶玫瑰	2	丁香酚	1
松油醇	5	香兰素	2
香豆素	2	芸香浸膏	2
广藿香油	2	10％十醛	1
柏木油	3	苄醇	6
紫罗兰酮	3	甲位戊基桂醛	2
水杨酸戊酯	3	香柠檬醛	1
二甲苯麝香	2	乙酸柏木酯	1
橡苔浸膏	2		

苯乙醇的生产方法：

（1）氧化苯乙烯法——以氧化苯乙烯在少量氢氧化钠及骨架镍催化剂存在下，在低温、加压下进行加氢即得。

（2）环氧乙烷法——在无水三氯化铝存在下，由苯与环氧乙烷发生 Friedel-Crafts 反应制取之。

（3）苯乙烯在溴化钠、氯酸钠和硫酸催化下进行卤醇化反应，得溴代苯乙醇，加 NaOH 进行环化得环氧苯乙烷，再在镍催化下加氢而得。

三、桂醇

桂醇又称"肉桂醇"，具有类似风信子的膏甜香气，香气较为淡而沉闷，是醇类香料里留香比较久的一种。调香时需要"桂甜"就要用到它，因此，各种花香（如茉莉、玫瑰、铃兰、紫丁香、夜来香、香石竹、"葵花"等）香精里都有它的"影子"，凡是带"甜香"的香也免不了用它。忍冬花（俗称金银花）香精里可用到 30％。在早期的香水香精配方里，使用较多的香膏、香树脂如苏合香膏、安息香膏、秘鲁香膏、吐鲁香膏等作为定香剂，现今已少用，一些"仿古"的香精可以加些桂醇使得"尾香"（基香）带有这些香膏的气息。

制法：以乙醇或甲醇作为溶剂，在碱性介质（pH＝12～14）中加入硼氢化钾，完全溶解后，在 12～30℃下滴加肉桂醛，肉桂醛滴加完毕后继续反应至反应完全，加丙酮分解过量的硼氢化钾，用盐酸或稀硫酸调 pH 值到 7，升温常压回收乙醇或甲醇，完毕后降温到 40～50℃静置分层，分掉下层废水得肉桂醇粗品，将肉桂醇粗品减压蒸馏得肉桂醇成品，本方法工艺简单，生产成本低，无污染，产品质量稳定可靠，生产肉桂醇的收率可高达 90％。

桂醇比较稳定，也较耐碱，所以也较多地用在肥皂、香皂和其他洗涤剂的香精里面。下面是桂醇用得较多的几个香精例子：

风信子香精的配方（单位为质量份）：

乙酸苄酯	18	苯乙酸苯乙酯	2
苄醇	23	水杨酸苄酯	1
苯乙醇	14	甜橙油	1
桂醇	16	风信子素	2
丁香油	2	叶醇	1
10％吲哚	2	乙酸苯乙酯	2
苯甲酸苄酯	6	苯乙醛二甲缩醛	10

金银花香精的配方（单位为质量份）：

桂醇	30	松油醇	10
乙酸苄酯	10	纯种芳樟叶油	10
苯乙醇	20	水仙醇	10
芳香醚	10		

金银花香精的配方（单位为质量份）：

松油醇	15	苯乙醇	10
桂醇	30	洋茉莉醛	4
甲位戊基桂醛	3	乙酸苄酯	16
玫瑰醇	10	邻氨基苯甲酸甲酯	5
左旋芳樟醇	7		

玫瑰花香精的配方（单位为质量份）：

苯乙醇	35	10％甲基壬基乙醛	2
香叶醇	24	10％乙位突厥酮	3
香茅醇	10	10％玫瑰醚	2
赖百当浸膏	1	香叶油	2
桂醇	3	苯乙醛二甲缩醛	1
紫罗兰酮	3	丁香油	1
甲基柏木酮	3	香兰素	6
柏木油	4		

这个香精的香气相当宜人，接近天然玫瑰花的香味。

四、香茅醇、玫瑰醇、香叶醇、橙花醇

这四个醇都是配制玫瑰香精的重要原料，香气也比较接近，市售的香茅醇里面往往有一定比例的香叶醇，而香叶醇里面也几乎都含有不少的香茅醇，橙花醇也经常在这两个香料里面存在。商品玫瑰醇不一定就是"香茅醇的左旋异构体"，而常常是香茅醇与香叶醇一定比例的混合物，有时甚至是香茅醇、香叶醇、橙花醇的混合物。不过这都"无伤大雅"，只要"混合香气"能固定，作为一种商品它仍然可以得到肯定，这是香料行业里的一大特色。

一般认为，香叶醇较"甜"但带有一点"土腥气"；香茅醇有点"青气"而显得稍"生硬"；橙花醇则带着橙花的特异清香。这三种醇按一定的比例混合在一起刚好互补不足，加上苯乙醇就组成了天然玫瑰花的甜美香气。当然，配制玫瑰花香精时除了用这四个醇为主香原料，还要加入少量其他"修饰"香料，必要时还得加些"定香剂"，因为这四个醇留香时间都不长。常用的定香剂有结晶玫瑰、桂醇、苯乙酸苯乙酯、乙酸柏木酯等，高级香水香精可用玫瑰花浸膏或墨红浸膏。这些材料也是上述四种醇单独使用时的定香剂。

在皂用香精的配制时，香叶醇有一个非常重要的作用，它能够让加在肥皂里易变色的香精稳定而不易造成变色。例如有一个皂用香精配方里有葵子麝香、洋茉莉醛和香豆素，实践证明它不能用于白色香皂，因为变色很严重，加入适量的香叶醇后，基本上就不会引起变色了，用它配制的白色香皂放置2年以上观察，色泽还是令人满意的。

下面是使用这四种醇为主要原料配制的香精实例：

玫瑰香精的配方（单位为质量份）：

结晶玫瑰	4	二苯醚	5
苯乙醇	46	10％玫瑰醚	2
乙酸苯乙酯	5	10％乙位突厥酮	2
香叶醇	20	左旋芳樟醇	1
香茅醇	15		

春花香精的配方（单位为质量份）：

10％十二醛	3	乙酸邻叔丁基环己酯	12
大茴香醛	3	苯乙醇	42
玫瑰醇	44	乙酸苏合香酯	2
麝香105	10	丙酸三环癸烯酯	10
甲位己基桂醛	42	甲基紫罗兰酮	20
龙涎酮	8	铃兰醛	4

这个香精香气清醇高雅，闻之如置身百花齐放的环境中。

玫瑰花香精的配方（单位为质量份）：

香叶醇	40	10％玫瑰醚	2
苯乙醇	25	10％十一烯醛	1
甲基紫罗兰酮	15	香叶油	4
50％赖百当浸膏	4	乙酸香叶酯	5
10％乙位突厥酮	4		

清果香香精的配方（单位为质量份）：

玫瑰醇	15	10％甲基壬基乙醛	2
铃兰醛	10	甜橙油	4
芳樟醇	6	乙酸松油酯	6
乙酸芳樟酯	10	邻氨基苯甲酸甲酯	5
乙酸苄酯	6	紫罗兰酮	5
茉莉素	2	水杨酸苄酯	8
甲酸香叶酯	3	苹果酯	4
乙酸香茅酯	2	橙花酮	1
柠檬醛	1	玳玳花油	1
香柠檬醛	1	乙酸柏木酯	8

果花香香精的配方（单位为质量份）：

丙位癸内酯	10	甜橙油	16
二甲苯麝香	8	苯乙醇	8
檀香803	6	乙酸苄酯	10
苯甲酸苄酯	5	柠檬腈	2
二氢茉莉酮酸甲酯	4	赛维它	2
羟基香茅醛	3	乙酸苏合香酯	1
乙酸芳樟酯	3	10％乙位突厥酮	3
芳樟醇	6	玫瑰醇	10
二氢月桂烯醇	3		

"花丛"香精的配方（单位为质量份）：

水杨酸甲酯	1	乙酸香叶酯	3
新洋茉莉醛	1	二氢茉莉酮酸甲酯	10
乙酸苏合香酯	1	苯乙醛二甲缩醛	5
对甲酚甲醚	1	橙花醇	8
吲哚	2	香茅醇	10
香叶醇	2	乙酸苄酯	26
乙酸芳樟酯	2	铃兰醛	26
芳樟醇	2		

铃兰香精的配方（单位为质量份）：

香茅腈	1	苯乙醛二甲缩醛	4
二氢月桂烯醇	6	丁香酚	2
香茅醇	40	紫罗兰酮	2
橙花醇	20	甲基柏木酮	12
香叶醇	20	素凝香	12
苯乙醇	40	铃兰醛	20
四氢芳樟醇	12	兔耳草醛	1
乙酸香茅酯	4	合计	200
苯乙酸甲酯	4		

工业上生产香叶醇和橙花醇，是以月桂烯为原料。月桂烯的一级氯化物与乙酸钠共热，得香叶醇和橙花醇的乙酸酯混合物。然后将此粗酯皂化，再蒸馏得约含 60% 香叶醇和 40% 橙花醇的混合物，仔细分馏可得高品级的香叶醇和橙花醇。用 α-蒎烯为原料，通过芳樟醇也可生产高质量的香叶醇。

天然精油含有右旋或左旋香茅醇及其消旋体。右旋香茅醇主要存在于芸香油、香茅油和柠檬桉油中；左旋香茅醇主要存在于玫瑰油和天竺葵属植物的精油中。右旋香茅醇沸点为 244.4℃，密度为 0.8590g/cm^3（20℃），比旋光度为 +6.8°。左旋香茅醇沸点为 108～109℃（1333Pa），相对密度为 0.859（18/4℃），比旋光度为 -5.3°。二者均为无色液体，具有甜玫瑰香，左旋体的香气比右旋体幽雅。香茅醇较香叶醇稳定。香茅醇脱氢或氧化生成香茅醛。

右旋和消旋香茅醇由精油中的香茅醛部分制造；也可用精油中的右旋或消旋香叶醇制造；还可由合成的香叶醇和橙花醇的混合物经部分氢化制得；或由异丙醇用钡活化的亚铬酸铜在 180℃ 加压下反应生产，产率为 90%，是一种工业方法；现在也有用具有光学活性的蒎烯制造的左旋香茅醇。

左旋香茅醇通常称为玫瑰醇。

五、芳樟醇

在全世界每年列出的最常用和用量最大的日用香料中，芳樟醇几乎年年排在首位。这并不奇怪，因为差不多所有的天然植物香料里面都有芳樟醇的"影子"——从 99% 到痕迹量的存在。含量较大的有芳樟叶油、芳樟木油、伽罗木油、玫瑰木油、芫荽籽油、白兰叶油、薰衣草油、玳玳叶油、香柠檬油、香紫苏油及众多的花（茉莉花、玫瑰花、玳玳花、橙花、依兰依兰花等）油。在绿茶的香成分里，芳樟醇也排在第一位。诚然，在香精里面检测出芳樟醇，并不代表调香师在里面加入了单体芳樟醇，经常是由于香精里面有天然香料，芳樟醇本来就是这些天然香料的一个成分。

芳樟醇本身的香气颇佳，沸点又比较低，在朴却的香料分类法里，芳樟醇属于"头香香料"，在调香师试配一个香精的过程中觉得它"沉闷""不透发"时，第一个想到的是"加点芳樟醇"，所以每一个调香师的架子上，芳樟醇都是排在显要位置上的。

下面举几个芳樟醇用量较大的香精例子：

玉兰香精的配方（单位为质量份）：

10% 吲哚	10	苯乙醛二甲缩醛	3
左旋芳樟醇	20	乙酸芳樟酯	3
己酸烯丙酯	1	乙酸桂酯	3
丁酸乙酯	1	乙酸二甲基苄基原酯	5
乙酸戊酯	1	乙酸苏合香酯	1
甜橙油	2	异丁香酚	3
甲位己基桂醛	10	邻氨基苯甲酸甲酯	4
乙酸苄酯	15	苯乙醇	3
铃兰醛	10	肉桂醇	5

清果香香精的配方（单位为质量份）：

甜橙油	20	水杨酸丁酯	11
乙酸二甲基苄基原酯	4	二氢茉莉酮酸甲酯	4
芳樟醇	18	兔耳草醛	2
二氢月桂烯醇	2	苯甲酸苄酯	10
苯乙醇	10	甲位戊基桂醛	5
柠檬腈	2	乙酸苄酯	12

栀子花香精的配方（单位为质量份）：

洋茉莉醛	4	乙酸苏合香酯	2
二氢茉莉酮酸甲酯	6	十八醛	2
乙酸苄酯	20	紫罗兰酮	8
玫瑰醇	10	丁香油	2

甲位己基桂醛	5	铃兰醛	10
左旋芳樟醇	15	水杨酸戊酯	2
松油醇	4	苯乙醇	10

这个香精的香味比较和谐宜人，与天然栀子花的香气非常接近。

白兰香精的配方（单位为质量份）：

己酸烯丙酯	5	苯乙醇	2
甲酸香叶酯	1	茉莉酯	3
乙酸香茅酯	1	素凝香	8
乙酸丁酯	1	丁酸乙酯	2
乙酸苄酯	18	橙花素	2
甲位戊基桂醛	8	乙酸邻叔丁基环己酯	1
桂醇	3	水杨酸苄酯	5
丁香油	3	玫瑰醇	5
乙酸松油酯	5	10％吲哚	2
苯乙醛二甲缩醛	5	苹果酯	2
左旋芳樟醇	8	乙酸戊酯	1
二氢月桂烯醇	3	格蓬酯	1
松油醇	5		

鲜花茉莉香精的配方（单位为质量份）：

吲哚	4	甜橙油	3
乙酸苄酯	25	乙酸松油酯	10
甲位戊基桂醛	5	邻氨基苯甲酸甲酯	4
苯乙醇	10	乙酸苏合香酯	1
苯乙酸乙酯	4	苄醇	10
左旋芳樟醇	10	水杨酸苄酯	2
乙酸芳樟酯	10	橙花素	2

铃兰花香精的配方（单位为质量份）：

铃兰醛	40	甲位己基桂醛	10
左旋芳樟醇	30	香叶醇	5
乙酸苄酯	10	乙酸玫瑰酯	5

芳樟醇应用于芳香疗法的理论基础：

大量研究证实了芳樟醇的有效放松效果——许多人认为，芳樟醇通过气道吸收进入血液会直接影响到像 GABAARs（γ-氨基丁酸 A 型受体）这样的脑细胞受体，这类受体也是苯二氮平类药物的靶标。Kashiwadani 和他的同事们对小鼠进行了测试，以确定是否是芳樟醇的气味（也就是鼻子中嗅觉神经元的刺激）引发了放松。研究人员观察了暴露在芳樟醇蒸气中的小鼠的行为，以确定其抗焦虑作用。在先前的研究中，研究人员发现芳樟醇气味对正常小鼠有抗焦虑作用。值得注意的是，这并没有影响它们的行动。这与苯二氮平类药物和芳樟醇注射液形成对比，后者对运动的影响类似于酒精。最为关键的是，在嗅觉神经元被破坏（也就是嗅觉缺失）的小鼠中，并没有出现任何抗焦虑作用，这表明正常小鼠的神经放松是由气味引发的嗅觉信号引起的。更重要的是，当用氟马西尼预先处理正常小鼠后，芳樟醇的抗焦虑作用也随之消失了，因为氟马西尼阻断了响应苯二氮平类药物的 GABAA 受体。Kashiwadani 解释说："这些结果表明，芳樟醇不会像苯二氮平类药物一样直接作用于 GABAA 受体，必须通过鼻子中的嗅觉神经元来激活它们，才能产生放松的效果。"Kashiwadani 的研究还揭示了这样一种可能性，即在喂食或注射了芳樟醇的小鼠身上看到的放松实际上可能是由于它们呼出的化合物的气味引起的。总结来说，这些发现让焦虑症患者将更倾向于临床使用芳樟醇来缓解焦虑。对于有焦虑症的"困难的病人"（比如婴儿或老人），也可以利用蒸发的芳樟醇制作成口服液或栓剂，以便在外科手术中，替代抗焦虑药物进行预处理以减轻术前压力，从而帮助患者更顺利地进行全身麻醉。

芳樟醇可以用芳油、芳樟油、玫瑰木油、伽罗木油等精油作为原料，经分馏得到，也可以通过化学法合成。目前以松节油合成芳樟醇主要有两种路线：

（1）β-蒎烯高温裂解为月桂烯，然后经盐酸化、酯化、皂化等步骤制成芳樟醇。其他通过此法生成的醇还有橙花醇、香叶醇、月桂醇及松油醇等。此法产率比较高。

（2）α-蒎烯氢化至蒎烷，然后氧化为蒎烷氢过氧化物，再还原为蒎烷醇，最后经热解制芳樟醇。

六、二氢月桂烯醇

二氢月桂烯醇是现代相当成功的合成香料之一，三十几年来销售量几乎直线上升。这应"归功于"它的香比强值大、香气符合现代人的嗜好、价格（一降再降）相当低廉的缘故，但更重要的还在于调香师们不遗余力地"发掘"它的潜力，使之成为现代香料工业一颗耀眼的明星！

二氢月桂烯醇主要通过二氢月桂烯（自蒎烯的加氢产物蒎烷裂解生成）在酸催化下和水、甲酸加成而得。

在二氢月桂烯醇刚刚上市的时候，大部分调香师还没有注意到它，因为直接嗅闻这个香料的香气并不好，不"自然"，许多调香师把它丢到一边去。可是很快地，有人发现了它的重要价值：

（1）香气强度大；

（2）"削去"它的"尖锐气息"以后便可闻到不错的花香味，隐约还可闻出古龙香气；

（3）有许多香气强度大的香料与它配伍后散发出新的令人愉悦的香味。

市场上开始出现以二氢月桂烯醇的香气为主的各种新香型香精，价格低廉，引起调香师的注意。

可以"削去"二氢月桂烯醇的"尖锐气息"并同它组成和谐香味的香料有：对甲基苯乙酮、柠檬醛、香柠檬醛、红橘酯、柠檬腈、香茅腈、甜橙油、柠檬油、女贞醛、芳樟醇、乙酸苏合香酯、花青醛、乙酸龙脑酯、乙酸异龙脑酯、薄荷油、格蓬酯、叶醇、乙酸叶酯等。这些香料其中一个或几个同二氢月桂烯醇按一定的比例混合就能形成一股有特色的和谐的香气，也就是混沌数学中所谓的"奇怪吸引子"，再由这股"香味团"配成各种新的香型香精。

清果香香精的配方（单位为质量份）：

香料	质量份	香料	质量份
水杨酸苄酯	7	檀香 208	3
檀香 803	2	甲基紫罗兰酮	10
龙涎酯	1	乙基香兰素	2
10％十二醛	10	香豆素	2
甲基柏木酮	5	乙酸芳樟酯	4
甲位己基桂醛	1	玫瑰醇	6
苯甲酸苄酯	7	芳樟醇	4
素凝香	2	二氢月桂烯醇	14
广藿香油	3	甜橙油	12
龙涎酮	5	柠檬腈	2
甲基柏木醚	7	香柠檬醛	5
橡苔浸膏	2	合计	117
10％桃醛	1		

青瓜香精的配方（单位为质量份）：

香料	质量份	香料	质量份
西瓜醛	1	乙酸苄酯	10
柠檬叶油	10	柑青醛	20
兔耳草醛	19	二氢月桂烯醇	10
芳樟醇	10	1％顺-6-壬烯醇	10
二氢茉莉酮酸甲酯	10		

海洋香精的配方（单位为质量份）：

香料	质量份	香料	质量份
二氢月桂烯醇	2	乙酸香茅酯	2
乙酸芳樟酯	5	玫瑰醇	2
香叶醇	2	香豆素	2

水杨酸丁酯	3	乙酸松油酯	5
水仙醇	3	甲基壬基乙醛	1
檀香 208	2	松油醇	10
檀香 803	3	乙酸三环癸烯酯	1
柏木油	4	素凝香	4
乙酸苄酯	8	70%佳乐麝香	4
二氢茉莉酮酸甲酯	2	酮麝香	8
兔耳草醛	2	甲基二苯醚	4
二甲苯麝香	4	柑青醛	1
乙酸异龙脑酯	2	甲位己基桂醛	6
香茅腈	2	苯乙醇	3
乙酸对叔丁基环己酯	2	榄青酮	1

二氢月桂烯醇的生产方法：用全回流塔式反应器，以异丙醇作溶剂，大孔强酸性阳离子交换树脂催化二氢月桂烯直接水合制备二氢月桂烯醇。最佳反应条件为：D61 催化剂用量 18g，反应物料配比为 V（二氢月桂烯）：$V(H_2O)$：V（异丙醇）＝10：20：20，反应时间为 28h。

七、松油醇

松油醇有三种异构体，调香常用的松油醇三种异构体均存在，以 α-松油醇为主，虽然这种"香料级松油醇"香气"格调"不高，但价格非常低廉，所以也是调香师比较乐于使用的大宗香料之一。除了调配低档的紫丁香香精可以使用大量的松油醇作为主香成分，其他香精加入松油醇的目的往往是降低成本。

同苯乙醇一样，松油醇也是各种香料极好的溶剂——每当配制的香精显得浑浊、分层甚至有沉淀时，加些松油醇便能使香精变澄清、透明、稳定下来。

制备：以松节油为原料，在硫酸中加入少量平平加为乳化剂，常温下进行水合反应，使松节油中主要成分蒎烯生成水合萜二醇后，经脱水得粗松油醇，经分馏制得。

廉价的香精做气相色谱分析时，常看到松油醇的"大峰"，说明使用了多量的松油醇。松油醇的香气"格调"不高，留香期短，调香师常用二氢月桂烯醇、对甲基苯乙酮、甲位己基桂醛、甲位戊基桂醛、茉莉素、橙花素、二苯醚、乙酸邻叔丁基环己酯等香比强值大的香料对它的香气进行"修饰"，并克服它留香期短的缺点。调香师的"巧手"有时能用极大量的松油醇调成香气宜人、留香持久的香精出来，就像高明的烹调师能用价格低廉的材料（如豆腐、白菜、萝卜之类）做出众口交赞的菜肴一样。

含羞草香精的配方（单位为质量份）：

对甲基苯乙酮	10	依兰依兰油	2
大茴香醛	5	乙酸苄酯	2
松油醇	40	50%苯乙醛	1
芳樟醇	25	乙酸对叔丁基环己酯	10
异丁香酚	2	九醛	1
甲位己基桂醛	2		

休闲香精的配方（单位为质量份）：

洋茉莉醛	4	松油醇	12
左旋芳樟醇	5	苯乙醇	7
乙酸芳樟酯	8	"混合醛"	1
甜橙油	3	紫罗兰酮	5
乙酸苄酯	14	玫瑰醇	14
血柏木油	4	萨利麝香	5
铃兰醛	2	檀香 208	2
甲基柏木酮	6	丁香油	5
乙酸香叶酯	3		

百花香粉香精的配方（单位为质量份）：

芳樟醇	9	香豆素	5
紫罗兰酮	3	葵子麝香	4
松油醇	8	配制玫瑰油	10
乙酸苯乙酯	8	赖百当浸膏	10
羟基香茅醛	5	苯乙醇	2
玫瑰醇	15	杭白菊浸膏	1
配制茉莉油	10	乙酸苄酯	10

松油醇合成最佳的反应条件为：以异丙醇为溶剂，4.0g 松节油，4.0g 水，10.0mL 溶剂，反应温度为 80℃，催化剂（碳基固体酸）用量为 0.4g。在此条件下蒎烯转化率为 94.7％，松油醇产率为 40.2％。

第三节　醚类

一、二苯醚和甲基二苯醚

二苯醚和甲基二苯醚都是常用的廉价的合成香料，属于同一路香气，有人把它们归入"玫瑰花"之类，有人却认为应该归到"草香"类香料里面。两个香料的香气强度都较大，留香中等，但香气都较"粗糙"，用量大时难以调得柔和。在调配低档香精时可以用得多些。二苯醚在冬天会结晶（熔点为 27℃左右），配制前先要把它熔化，比较麻烦，所以有的调香师喜欢用甲基二苯醚。

在配制比较精致的玫瑰花香精时，二苯醚和甲基二苯醚的使用量要谨慎掌握，不要让"草香"暴露。在配制洗衣皂和蜡烛香精时，这两个香料既可以单独、也可以混合在一起大量使用，特别是配制香茅香精时，由于香茅醛的香气强度大，足以"掩盖"这两个"醚"的"化学气息"，而它们留香较好的优点也可弥补香茅醛留香差的缺点。

玫瑰香精的配方（单位为质量份）：

玫瑰醇	14	二苯醚	17
苯乙醇	40	松油醇	5
结晶玫瑰	5	水仙醇	13
乙酸苄酯	6		

香茅香精的配方（单位为质量份）：

柠檬桉油	20	酮麝香脚子	25
二苯醚	15	乙酸苄酯	15
松油醇	10	水仙醇	15

香茅香精的配方（单位为质量份）：

柠檬桉油	30	松油醇	10
甲基二苯醚	30	松节油	20
乙酸苄酯	10		

二苯醚的制备：由氯苯与苯酚在苛性碱溶液中，以铜为催化剂缩合而得。氢氧化钾、苯酚、氯苯按物质的量比为 1∶1.4∶1.06 混合，加入铜粉，搅拌加热进行缩合反应。反应结束后，用酸处理，分出二苯醚油层，经减压蒸馏得到二苯醚成品。也可将氯苯和苯酚在氢氧化钠溶液中反应。二苯醚的另一工业来源是氯苯水解制苯酚时的副产品。用氢氧化钠进行氯苯水解的过程中，约有 10％的氯苯转化成二苯醚，有些工艺的转化率可达 20％。通过萃取精制即得二苯醚产品。

精制方法：用氢氧化钠溶液和水洗涤，氯化钙干燥后减压分馏。醛类杂质可用对硝基苯肼沉淀除去。

甲基二苯醚也是用同样方法制备，只是原料苯酚改为甲基苯酚。

二、乙位萘甲醚和乙位萘乙醚

这两个"醚"都是具有粗糙的橙花香气但同时又带有草香的合成香料，可以用于调配橙花香精，也可用来调配低档的茉莉花和古龙香精。乙位萘甲醚在各种香料中的溶解性较差，但香比强值较大，用量宜少不宜多，而乙位萘乙醚在各种香料中的溶解性则要好得多，香气较为淡雅，可以多用一些。

由于古龙水在 20 世纪下半叶又流行起来，连女士们也趋之若鹜，带动了古龙香气在各种日用品中的普遍应用。橙花香气是古龙香型的重要组成部分，而天然橙花油价格昂贵，所以用廉价的乙位萘甲醚和乙位萘乙醚配制的"人造橙花油"便盛行起来，在许多对香气质量要求不太高的场合得到应用。

柠檬香精的配方（单位为质量份）：

十醛	1	玫瑰醇	1
甜橙油	54	乙酸苄酯	5
香柠檬醛	2	甲位戊基桂醛	1
柠檬醛	1	甲酸香叶酯	1
松油醇头子	10	乙酸香茅酯	1
乙酸丁酯	2	二氢月桂烯醇	1
苯乙酸丁酯	1	白柠檬油	1
乙位萘乙醚	6	山苍子油	4
邻氨基苯甲酸甲酯	2	乙酸松油酯	6

橙花香精的配方（单位为质量份）：

乙位萘乙醚	10	松油醇	2
橙花酮	5	乙酸松油酯	20
乙酸苄酯	5	玫瑰醇	3
乙酸芳樟酯	10	甜橙油	5
乙酸香叶酯	3	10%十醛	3
乙酸苯乙酯	1	羟基香茅醛	5
左旋芳樟醇	20	苯乙酸	5
苯乙醇	3		

茉莉香精的配方（单位为质量份）：

乙位萘甲醚	3	乙酸香茅酯	3
吲哚	4	邻氨基苯甲酸甲酯	25
肉桂醇	50	配制茉莉油	17
橙叶油	2	玫瑰醇	5
乙酸苄酯	70	配制玫瑰油	3
丁酸苄酯	1	苯甲酸苄酯	3
苄醇	2	芳樟醇	3
依兰依兰油	2	乙酸对甲酚酯	3
桂皮油	1	合计	200
甲酸香叶酯	3		

乙位萘甲醚合成主要是采用 β-萘酚与甲醇反应，收率较低，只有约 70%；如采用硫酸二甲酯与 β-萘酚反应制备，收率为 73%；采用 β-萘酚与甲醇钠反应生成 β-萘酚钠，再用硫酸二甲酯进行甲基化反应，收率可达 90%。

乙位萘乙醚的合成：在 2L 的装有回流冷凝管和温度计的三颈瓶中，依次加入 0.20L 溴乙烷（约 0.026mol）、β-萘酚 2.5g（约 0.018mol）、甲醇 0.20L，经电磁搅拌溶解后再加入饱和碳酸钾溶液 0.32L（约 0.018mol），加热使之回流反应 4h，液温为 65℃左右，停止反应，测其 pH 为 7～7.5，冷却至室温后，倒入盛有 0.50L 的冰水中，搅拌即有大量沉淀析出，放置一定时间后，真空抽滤，并用冷水洗涤 2～3 次，将所得粗产品用热水重结晶，用分液漏斗将油层与水层趁热分离，冷却结晶，室温干燥即得。

三、对甲酚甲醚

对甲酚甲醚存在于依兰、卡南加等为数不多的天然精油中。浓度高时气味尖刺，有动物皮的臭味；浓度淡的时候有似依兰、卡南加、风信子的花香，香气强但不持久。用于大花茉莉、依兰、水仙、风信子等花香型日用香精，偶尔用于坚果型食用香精。在配制依兰油和卡南加油时要用到对甲酚甲醚，否则就没有这两种油的特征香气，用量也较大。在配制其他香精时，对甲酚甲醚的用量一般很少，但有时可起到"画龙点睛"的作用，不可忽视它的存在——在一个带花香的香精里面加入少量对甲酚甲醚，香气就有相当大的变化，当别人用气相色谱法或气质联机法仿配这个香精的时候，由于对甲酚甲醚的量很少，它的色谱峰往往"躲"在一些杂峰里不被发觉，造成仿香的困难。不过通常在香精里面闻到或者测到的对甲酚甲醚大多是来自于天然或配制的依兰油和卡南加油，目前的调香师还较少使用单体对甲酚甲醚。

在香料工业里，对甲酚甲醚不但直接用于调配香精，也是合成大茴香醛等香料的原料。

下面是两个加了对甲酚甲醚的香精，虽然加入量都不大，但不可不用，读者有兴趣的话可以把它们和不加对甲酚甲醚的香精对比，闻一闻香气的差别。

水仙花香精的配方（单位为质量份）：

对甲酚甲醚	1	香叶醇	2
吲哚	0.1	乙酸苏合香酯	1
桂醇	6	羟基香茅醛	8
桂醛	0.5	橙花素	4
乙酸苄酯	17	苯甲酸苄酯	3
丁酸苄酯	1	芳樟醇	16
苄醇	2	乙酸对甲酚酯	0.1
松油醇	17.3	苯乙酸对甲酚酯	2
乙酸苯乙酯	3	苯乙醇	3
苯乙醛二甲缩醛	8	甲位己基桂醛	2
异丁香酚	1	桂酸桂酯	2

花海香精的配方（单位为质量份）：

对甲酚甲醚	0.2	二氢茉莉酮酸甲酯	2
吲哚	0.1	乙酸苯乙酯	0.1
甲基壬基乙醛	0.3	甲位己基桂醛	21
十二醛	0.3	橙花素	0.2
丙位十一内酯	0.3	四氢芳樟醇	0.3
玫瑰醚	0.1	乙酸松油酯	0.3
异丁基喹啉	0.1	邻氨基苯甲酸甲酯	0.3
乙位突厥酮	0.4	广藿香油	1
香叶油	0.4	异甲基紫罗兰酮	1.5
乙酸苄酯	18	香根油	0.3
檀香 208	1	甲基柏木酮	0.6
檀香 803	2	桂醇	0.3
覆盆子酮	1	合成橡苔	0.4
香叶醇	12	赖百当净油	0.3
香茅醇	10	乙酸苏合香酯	0.4
苯乙酸苯乙酯	1	水杨酸戊酯	0.6
结晶玫瑰	1	格蓬浸膏	0.2
佳乐麝香	5	格蓬酯	0.1
香兰素	0.3	苯乙醇	2
吐纳麝香	2	橡苔浸膏	0.3

乙酸玫瑰酯	1	苯乙酸香叶酯	1
香豆素	0.3	水杨酸苄酯	10

对甲酚甲醚的生产方法：由对甲苯酚在氢氧化钠存在下与硫酸二甲酯经甲基化反应制得。反应后经中和洗涤、分层分离、减压蒸馏而得成品。

四、玫瑰醚

玫瑰醚存在于世界各地产的玫瑰油、香叶油和其他多种植物花、果、枝叶的精油中。在某些酒类甚至昆虫分泌物中也有它的存在。在自然界中有 (一)-(4R)-顺式体和 (一)-(4R)-反式体存在，以顺式体为主。工业品有左旋、右旋和消旋三种异构体存在。香料用玫瑰醚有很强烈的花香，稀释时有玫瑰和叶青的香韵，顺式体香气细腻，左旋体有更甜的花香、浓的青香并还伴有一些辛香。以香茅醇为原料，经光敏氧化得相应的氢过氧化物，还原后再环化取得。"高顺式玫瑰醚"有天然的花香，清新、轻柔的天然玫瑰香气，新鲜的香叶香气以及香叶草（天竺葵）的香味。主要用于配制玫瑰型和香叶型香精，用量在 0.01%～0.2%。少量用于荔枝、西番莲果、黑醋栗等食用香精。

玫瑰醚虽然被发现得比较晚，在玫瑰花油里含量为 0.1%～1.0%，比香叶醇、香茅醇、橙花醇、苯乙醇少多了，但却被调香师公认是玫瑰花和香叶草里对香气"贡献"最大的成分之一——在一个"百花"香型的香精里面，可能用了百分之几十的香叶醇、香茅醇、橙花醇和苯乙醇，还是闻不出多少玫瑰花香，此时加入一点点玫瑰醚，玫瑰花香就显露出来了。正因为玫瑰醚的香气强烈，所以在一般的香精配方里它的用量较少，但千万不可忽视它的存在。

下面是带玫瑰醚的香精例子：

玫瑰香精的配方（单位为质量份）：

玫瑰醚	0.4	乙酸邻叔丁基环己酯	1
香茅醇	14	二苯醚	1
香叶醇	30	乙位突厥酮	0.1
橙花醇	10	紫罗兰酮	5
苯乙醇	20	纯种芳樟叶油	5
结晶玫瑰	1	丁香油	1.5
乙酸苄酯	1	苯乙酸苯乙酯	3
乙酸对叔丁基环己酯	5	佳乐麝香	2

山岔兒香精的配方（单位为质量份）：

玫瑰醚	0.2	玳玳花油	1
香茅醇	4	玳玳叶油	2
香叶醇	3	依兰油	2
甜橙油	3.5	香根油	1.5
香兰素	2	橡苔浸膏	2.5
甲位异甲基紫罗兰酮	12	黑香豆浸膏	1.5
香豆素	2	含羞花净油	1
鸢尾净油	1	香紫苏油	1.5
紫罗兰叶净油	0.2	赖百当净油	1.5
洋茉莉醛	0.5	海狸香膏	0.2
丁香油	2	灵猫香膏	0.1
异丁香酚	0.5	檀香 208	1.5
大茴香醛	2.5	麝香 105	5
苯乙酮	0.2	山萩油	2
苯乙醛	0.5	香叶油	1
大花茉莉净油	1	晚香玉净油	2
树兰浸膏	2	金合欢净油	1

香荚兰豆浸膏	1.5	水杨酸苄酯	10
香柠檬油	4	甲基壬基乙醛	0.1
十五内酯	4	二苯醚	0.2
环十五酮	4	苯乙醇	9.8
吐纳麝香	2		

食用荔枝香精的配方（单位为质量份）：

玫瑰醚	1.2	异丁酸橙花酯	0.5
香茅醇	4	乙酸苄酯	4
香叶醇	3	纯种芳樟叶油	1.5
橙花醇	6	乙酸芳樟酯	0.5
乙酸玫瑰酯	1	柠檬油	1.5
乙酸香叶酯	0.5	柠檬醛	0.1
乙酸二氢葛缕酯	1.2	丁酸乙酯	0.5
薄荷脑	0.4	二甲基硫醚	0.4
异丁酸桂酯	0.6	乙基麦芽酚	17.5
异丁酸香叶酯	0.3	香兰素	0.1
异丁酸苯乙酯	0.2	苯甲醇	55

玫瑰醚的生产方法：

（1）从香叶油中分离而得；

（2）以相对应的环氧酮为原料，与甲基溴化镁反应，脱水而得；

（3）以 β-香茅醇为原料，用过氧乙酸氧化，生成环氧化合物，与二甲胺反应，再用过氧化氢氧化，最后在酸性溶液中还原而得；

（4）以 β-乙酸香茅酯为原料，在 45～55℃下进行光氧化，在碱性溶液中生成二醇，在硫酸作用下脱水环化而得。

五、龙涎醚和降龙涎醚

龙涎醚和降龙涎醚都是龙涎香里主要的香气成分，是抹香鲸肠胃病理分泌物三萜化合物龙涎素的自氧化或光氧化物。所谓"龙涎香效应"就是它们带来的（一个香精里面只要含有少量龙涎香，这个香精的香气自始至终都可以感觉到龙涎香气的存在，而且留香持久，"龙涎香效应"可大大提高香精的扩散作用），降龙涎醚也存在于香紫苏油中。合成的龙涎醚和降龙涎醚都属于"天然等同香料"，同天然龙涎醚和降龙涎醚的性质完全一样。降龙涎醚在国内早期被称为"404定香剂"。

龙涎醚具有强烈的龙涎香气，还有柔和的木香香气。降龙涎醚具有龙涎干香香气，并有松木、柏木样的木香，以及青香和茶叶香韵。它们都可用于覆盆子、黑莓、笃斯越橘和茶风味等香精中，也用于高级香水及化妆品的香精中，对人体无刺激，适合于皮肤、头发和织物的加香，如肥皂、爽身粉、膏霜及香波等的加香及定香，运用在洗发液和清洁剂中也有不俗的表现。龙涎醚和降龙涎醚的香味、扩散性、稳定性、独特性等性质使得这种配方有着一种与众不同的特征。

左旋降龙涎醚是一种颇具效力的动物型龙涎香，其特征香气同龙涎呋喃相似，它的香气非常扩散，有点浊香，并伴随香根草样、鸢尾草的香气。虽然一开始会感觉到降龙涎醚的扩散性没有龙涎醚以及龙涎呋喃那样强，但它涵盖了比上述产品更丰富的香气特征。这是一种龙涎、木香、温暖而饱满的动物香、广藿香油的特征。降龙涎醚的气味在经过几个小时后会演变成为一种相对丰满并且更为复杂的气味。龙涎醚 DL 含有至少50％的龙涎醚和其他一些杂质峰，因而可以称得上是龙涎香家族中与龙涎香产品最没有直接联系的一员。它的木香特征应该特别归功于组成它的其他杂质峰的存在，被描述为木香、柏木香。它那温暖和丰富的香韵是木香、柏木、香根草并伴有一点赖百当的感觉。

相对来说，降龙涎醚可以较大量地使用，尽管在配方中龙涎香的特征十分清晰，但是它保持了优雅和协调其他原料的优点，还可提供一种"粉香"的特征。加入量较大时，仍能给配方带来幽雅、柔软、丰厚的龙涎香气。高含量地使用降龙涎醚，能增加配方的留香时间和"龙涎香效应"，并保留原有风格。这对用于皮肤、头发和衣物的最终产品来说是相当宝贵的。

龙涎香精的配方（单位为质量份）：

降龙涎醚	8.3	檀香803	5
龙涎醚	10	香紫苏油	2
甲基柏木醚	10	甲基吲哚	0.7
异长叶烷酮	10	香兰素	2
甲基柏木酮	5	甲基紫罗兰酮	5
吐纳麝香	5	香根油	1
麝香T	3	橡苔浸膏	1
佳乐麝香	5	赖百当净油	27

龙虎香精的配方（单位为质量份）：

降龙涎醚	7.5	海狸香酊（3%）	4.5
香紫苏油	1.5	乙酸柏木酯	15
香兰素	3	异长叶烷酮	15
6-甲基四氢喹啉	1.5	灵猫香膏	0.3
6-甲基喹啉	1.5	乙酸琥珀酯	6
紫罗兰酮	6	苯乙醇	40
紫罗兰醛	1.5	檀香803	4
柏木油	0.5	吐纳麝香	4.5
甲基柏木酮	15	佳乐麝香	3
甲基柏木醚	22.5	香豆素	3
橡苔浸膏	1.5	安息香膏	3
玫瑰油	3	秘鲁香膏	4
赖百当净油	7.5	龙涎酮	24.7
广藿香油	0.5	合计	200

龙涎醚生产方法：以二羟基龙涎醇为原料，在有机溶剂中，以固体超强酸为催化剂反应得到龙涎醚。

降龙涎醚生产方法：以紫苏醇为原料，经 $KMnO_4$ 两步氧化（瑞士用臭氧氧化，俄罗斯用铬酸钠氧化）得氧化物，然后将氧化物皂水、脱水、内酯化，则得降龙涎内酯。将内酯用氢化锂铝在乙醚中（或用硼烷在四氢呋喃中）还原成降龙涎二醇。用 D-樟脑-β-磺酸作环化剂环合二醇，即得降龙涎醚。

第四节　酚类及其衍生物

一、丁香酚和异丁香酚

丁香酚、甲基丁香酚、乙酰基丁香酚和异丁香酚、甲基异丁香酚、苄基异丁香酚、乙酰基异丁香酚都是同一路香气的香料，相对来说，异丁香酚衍生物的香气更"雅致"一些，也更耐热一些，留香期更长一些。它们的香气都像康乃馨花的香味，因此，都可以用来配制康乃馨花香精，从而进入配制"百花"香精的行列中。

"酚"是容易生成染料的中间体，化学上比较活泼，因此，这些酚类香料都易于变色，不适合用来配制对色泽有要求的香精。即使少量应用，配出的香精和加香产品都要进行架试、较长时间的观察确定没有问题了才能"推出"。

酚类香料都有杀菌和抑菌作用，因此，一个香精的配方里面如果有较多的酚类香料，该香精也便具有杀菌和抑菌的功能，这一点对于内墙涂料、地毯、纸制品、纺织品、橡胶、塑料、干花与人造花、胶黏剂、凝胶型空气清新剂、皮革、各种包装物等日用品的加香是有重要意义的。

有的调香师喜欢在调配香精时用丁香油代替丁香酚，这在"创香"实验时是比较"聪明"的做法，因为用了一个天然的丁香油，等于带进了一系列香料（在气相色谱图上表现为一大堆杂峰），如果调的香精销售成功，别人要仿香就增加了难度。但丁香酚与丁香油的香气是有差别的，前者香气较"清灵"，后者香气"浊"一些。

异丁香酚有个特点：易腐蚀塑料、树脂、橡胶、合成纤维等高分子化合物，连装着异丁香酚的瓶子也经常因为瓶盖粘得紧紧的旋不开，配制日用品香精如果用到异丁香酚时要记得这一点，并提醒做加香实验的人注意。

康乃馨香精的配方（单位为质量份）：

丁香酚	45	薄荷脑（合成）	2
玫瑰醇	10	香叶油（天然）	5
异丁香酚	7	甲基紫罗兰酮	5
水杨酸戊酯	10	吐纳麝香	3
桂皮油	3	秘鲁香膏	10

水仙花香精的配方（单位为质量份）：

纯种芳樟叶油	15	大茴香醛	20
异丁香酚	20	50%苯乙醛	28
玳玳叶油	14	晚香玉香基	4
对甲酚甲醚	1	配制玫瑰油	6
乙酸对甲酚酯	5	玳玳花油	1
松油醇	60	合计	214
左旋芳樟醇	40		

乙酸对甲酚酯的"臭味"在本香精中被巧妙地"掩盖"住，因此，这个香精的整体香气和谐自然舒适，较接近天然栀子花的香味。

罂粟花香精的配方（单位为质量份）：

桂醇	1	甜橙油	3
洋茉莉醛	2	乙酸苄酯	6
香豆素	3	铃兰醛	5
水杨酸丁酯	4	苄醇	10
水杨酸戊酯	10	苯乙醇	8
玫瑰醇	6	甲位己基桂醛	3
香柠檬油	4	大茴香醛	1
玳玳叶油	1	广藿香油	1
丁香酚	8	水杨酸苄酯	12
紫罗兰酮	5	酮麝香	4
苯乙酸乙酯	1	依兰依兰油	2

丁香酚天然存在于多种精油中，尤以丁香油（含80%）、月桂叶油（含80%）、丁香罗勒油（含60%）含量为最多，在肉桂叶、樟脑油、金合欢油、紫罗兰油、依兰油中均有存在。

生产方法：

（1）工业上可以从天然精油中单离，也可由化学合成而得。但化学合成法产生的同分异构体，沸点非常接近而分离极为困难，以单离法为主：用丁香油之类含有大量丁香酚的精油，加30%氢氧化钠溶液处理，再加无机酸或通入二氧化碳使之析出。或使上述精油与醋酸钠加成，使丁香酚游离出来后再经水蒸气蒸馏而得纯品。或以多年生亚灌木丁香罗勒为原料，经水蒸气蒸馏得精油和水的混合物。油水混合物中加入20%的氢氧化钠溶液，再进行水蒸气蒸馏除去非酸性物质。在50℃下将所得丁香酚钠溶液加入30%的硫酸搅拌中和至pH＝2～3（水层）。静置后分出下层粗丁香油，经减压蒸馏得丁香酚成品。

（2）化学合成法：将烯丙基溴、邻甲氧基苯酚、无水丙酮和无水碳酸钾加入反应釜中，加热回流数小时。冷却后加水稀释，然后用乙醚提取。提取物用10%的氢氧化钠溶液洗涤，再用无水碳酸钾干燥。常压蒸馏回收乙醚、丙酮后进行减压蒸馏，收集110～113℃（1600Pa）的馏分，即为邻甲氧基苯基烯丙醚。将其煮沸回流1h后冷却，所得油状物用乙醚溶解，再用10%的氢氧化钠溶液提取，提取液经盐酸酸化后用乙醚萃取。萃取液用无水硫酸钠干燥，常压蒸馏回收乙醚后即得丁香酚成品。也可由邻甲氧基苯酚与烯丙基氯在金属铜的催化和100℃下一步反应得到成品。

丁香酚的双键异构化生产异丁香酚：以 Pd(OAc)$_2$ 和 Al(OTf)$_3$ 为非氧化还原金属离子催化剂，反应温度为 50℃，反应时间为 6h，$n[\text{Al(OTf)}_3]：n[\text{Pd(OAc)}_2]＝2：1$，Pd(OAc)$_2$ 和 Al(OTf)$_3$ 的总用量为 3.45%（以丁香酚的质量分数计）。在此条件下，反应稳定性较好，产物得率可达 96.3%，其中反式异丁香酚的选择性为 89.5%，产品香气较为纯正。

二、麦芽酚和乙基麦芽酚

麦芽酚和乙基麦芽酚的香气都是甜的焦糖香味，还带有菠萝和草莓的"甜香"。后者比前者的香气强 5～6 倍，而价格相差不大，因此，工业上使用的主要是后者。在几乎所有的食品香精中都要用到乙基麦芽酚，因为它有"增强香气"和"增加甜味"的双重作用，所以受到调香师的特别重视。

在香水和化妆品香精里很少用到麦芽酚和乙基麦芽酚，因为它们"太甜"而且容易变色，但在其他日用品香精里，乙基麦芽酚还是经常要用到的，因为大部分的"可食性香味"香精特别是水果香精配制时都要用乙基麦芽酚，而水果香是各种日用品加香的"首选"香型。价格低廉也是一个因素。

水果香香精的配方（单位为质量份）：

丁酸戊酯	35	十六醛	2
苯乙醛二甲缩醛	1	水杨酸戊酯	6
柠檬腈	2	桃醛	1
苯乙酸乙酯	8	水杨酸丁酯	6
甲酸香叶酯	4	乙基麦芽酚	6
乙酸香茅酯	4	乙酸邻叔丁基环己酯	4
香兰素	4	苹果酯	17

菠萝香精的配方（单位为质量份）：

乙基麦芽酚	3	己酸乙酯	15
菠萝酯	5	丁酸戊酯	5
呋喃酮	1	素凝香	4
己酸烯丙酯	10	苯乙酸苯乙酯	10
庚酸烯丙酯	14	苯甲酸苄酯	10
庚酸乙酯	10	丁酸乙酯	13

麦芽酚和乙基麦芽酚的合成方法：以卤代烃与镁为主要原料制备格氏试剂，与糠醛反应合成 α-呋喃烷醇。向装有搅拌器、温度计、滴液漏斗及通气管的四口瓶中加入甲醇和水（体积比 2：3），冷却至 -5℃ 以下，由滴液漏斗逐滴加入甲醇和 α-呋喃烷醇的混合液。同时开始向瓶中通氯气，反应始终维持在 10℃ 以下进行。反应完毕后，蒸去反应混合物中的甲醇，在 90 ～95℃ 下加热回流 3h，趁热过滤，冷却。滤液用 50%NaOH 溶液调 pH 值至 2.2，置于 5℃ 下冷却 0.5h，过滤后得到第 1 批产物，滤液用氯仿萃取，回收氯仿，得到第 2 批产物，合并两次的粗产物，经无水乙醇重结晶得到白色针状结晶。

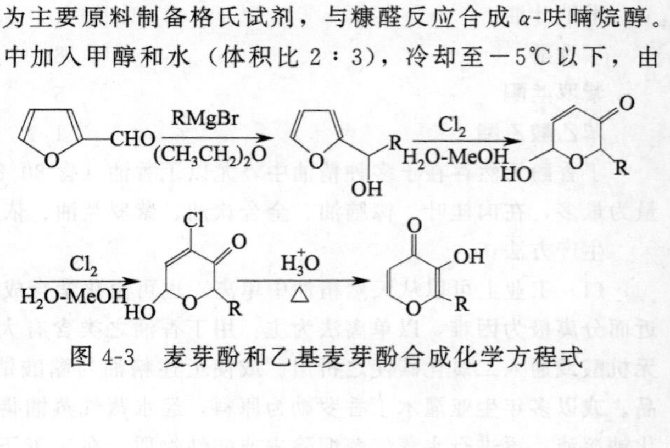

图 4-3　麦芽酚和乙基麦芽酚合成化学方程式

由糠醛制备麦芽酚和乙基麦芽酚合成路线见图 4-3。

三、麝香草酚

麝香草酚是香料，也是重要的杀菌剂，既可杀灭细菌又可杀灭真菌，杀菌力比苯酚还强，而且毒性小。对龋齿有防腐、局部麻醉作用，医学上用于口腔、咽喉的消毒杀菌、皮肤癣菌病、放射菌病及耳炎，有消炎、止痛、止痒等作用。能促进气管纤毛运动，有利于气管黏液的分泌，易起祛痰作用，故可用于治疗气管炎、百日咳等。因此，用麝香草酚配制牙膏、漱口液香精是非常适宜的，但用量不可太大，否则"药味"太浓，消费者不能接受。麝香草酚还有很强的杀螨和杀原头蚴作用，亦可用作驱蛔虫剂。用麝香草酚配制的饲料香味素可杀灭动物体内的有害细菌、寄生虫类，还有一定的促生长作用（类似抗生素），一举三得。麝香草酚的香气是带甜味的辛香，只有在低浓度时人和动物才能接受。在含有较多麝香草酚的香精里，加入甜橙油、柠檬油、薄荷油等果香和草香香料可以让香气协调、宜人一些。

同其他酚类香料一样，麝香草酚也容易变色，在调配浅色产品使用的香精时要注意这一点。目前还没有找到让麝香草酚减轻变色的香料（就像香叶醇可以让洋茉莉醛变色慢一些一样），一般的抗氧化剂也无效。含有麝香草酚的香精应尽量置放在阴凉暗处，绝对不要接触铁类（铁桶、铁制的搅拌器等），以免加速氧化变色。

在配制熏香香精的时候，加入适量的麝香草酚可使整体香气显得"沉重""有力"，具有中国传统熏香的韵调。熏香香精对色泽的要求不高，麝香草酚可以多用。

药香牙膏香精的配方（单位为质量份）：

麝香草酚	2	薰衣草油	2
椒样薄荷油	28	乙酸芳樟酯	3
薄荷脑	23	甜橙油	4
留兰香油	24	香柠檬油	2
丁香油	2	玫瑰醇	2
大茴香油	7	苯乙醇	1

黑檀熏香香精的配方（单位为质量份）：

麝香草酚	4	香叶醇	5
二甲苯麝香	6	大茴香醛	3
葵子麝香	8	玫瑰醇	13
广藿香油	10	乙酸苄酯	3
柏木油	10	苯甲酸甲酯	1
紫罗兰酮	13	芳樟醇	4
二苯醚	2	檀香803	6
乙酸玫瑰酯	2	桂醛	2
洋茉莉醛	6	杉木油	1
桂醇	1		

麝香草酚的生产方法：

（1）由间甲酚和异丙基氯在−10℃下按 Friedel-Crafts 法合成而得。

（2）由百里香油分离而得：将40%的氢氧化钠溶液加入百里香油中，搅拌反应后加入热水稀释，分出酚钠水溶液层。然后用稀盐酸酸化，分出油层，最后经干燥后减压蒸馏得百里香酚产品。

第五节　醛　类

一、脂肪醛

日用香料里"脂肪醛"一般是指从戊醛到十三醛的直链和带支链的"高碳醛"，使用得较多的有辛醛、壬醛、癸醛、十一醛、十二醛、十三醛、十一烯醛、甲基壬基乙醛等，这些脂肪醛都有明显的"脂蜡臭"，直接嗅闻之没有人会有好感，所以虽然这些脂肪醛很早就被合成出来，但调香师们一直不敢使用，偶尔在一些香精里面非常谨慎地加入一点点，也不敢让它们的气味暴露出来。

这些脂肪醛的香气除了"脂蜡臭"是共同的之外，分别也带着它们各自的特征气味——辛醛带柑橘香、壬醛带柑橘和其他果香、癸醛带柠檬香、十一醛和十一烯醛都带玫瑰香、十二醛带紫罗兰香、甲基壬基乙醛带龙涎香，在配制柑橘、柠檬、玫瑰、紫罗兰、龙涎等香精时，这些脂肪醛都可以适量加入以增强香气。

脂肪醛类是日化香精原料家族中的重要一支，它为女用型香水提供了花香的概念。花香-醛香概念的香水多由法国人调配而得。它也可以分成两个分支。醛香-花香分支具有脂肪、水样、油哈、吹灭蜡烛样的香气印象，用它调配的女用香水香气非常幽雅。另一分支是醛香-花香-木香-粉香型，它同样具有木香韵调，可用于多种女用型香水中。

敢不敢较大量地使用脂肪醛类香料在当今已经成为考验一个调香师实际能力的"试金石"。

蔷薇花香精的配方（单位为质量份）：

甲基二苯醚	25	苯乙酸乙酯	2
乙酸对叔丁基环己酯	10	乙酸苯乙酯	3
玫瑰醇	20	山苍子油	3
结晶玫瑰	4	苯乙醇	16
丁香油	4	松油醇	6
柏木油	6	十一醛	1

玫瑰香精的配方（单位为质量份）：

玫瑰醇	20	酮麝香	4
苯乙醇	10	70%佳乐麝香	8
檀香803	9	10%乙位突厥酮	2
柏木油	5	10%玫瑰醚	2
紫罗兰酮	3	10%降龙涎醚	1
桂醇	3	10%十一烯醛	1
乙酸香叶酯	3	香兰素	3
乙酸香茅酯	3	香叶醇（合成）	9
结晶玫瑰	4	香叶醇（天然）	10

"国际"香型香精的配方（单位为质量份）：

70%佳乐麝香	10	檀香803	28
麝香T	4	柑青醛	4
吐纳麝香	6	乙酸松油酯	8
铃兰醛	6	柏木油	8
新铃兰醛	6	香豆素	4
二氢月桂烯醇	6	乙酸苄酯	3
龙涎酮	5	水杨酸苄酯	2
甲基柏木酮	10	乙酸对叔丁基环己酯	2
甲位戊基桂醛	6	松油醇	2
玫瑰醇	3	乙酸异龙脑酯	1
二氢茉莉酮酸甲酯	2	香茅腈	2
异丁香酚	1	甲基壬基乙醛	1

醛香香水香精的配方（单位为质量份）：

柠檬油	2	乙酸芳樟酯	7
甜橙油	1	依兰依兰油	7
香柠檬油	10	苯乙醇	10
玳玳花油	2	香叶醇	10
50%苯乙醛	1	紫罗兰酮	10
纯种芳樟叶油	6	安息香浸膏	4
10%九醛	5	赖百当净油	1
10%十醛	5	苏合香膏	1
10%十一醛	5	香根油	1
10%十二醛	5	兔耳草醛	7
10%甲基壬基乙醛	5	檀香208	5

檀香 803	10	70％佳乐麝香	12
水杨酸戊酯	2	配制茉莉油	30
香豆素	1	玫瑰醇	3
铃兰醛	12	苯甲酸苄酯	10
异丁香酚	2	10％降龙涎醚	2
水杨酸苄酯	4	合计	200
10％十四醛	2		

脂肪醛香料品种众多，制备方法各异，下面是甲基己基乙醛的生产方法：

以甲基壬酮与 α-卤代酸酯在无水碱催化下，通过 Darzens 反应生成 α,β-环氧酸酯，经皂化、酸化、加热脱羧而得。如缩合反应以石油醚为溶剂，反应温度为 10～15℃，缩合反应收率可达到 75％；水解反应用 25％的 NaOH 溶液，脱羧反应用 2％的硫酸溶液，可以使甲基己基乙醛总收率达到 61％。

而甲基壬基乙醛的生产方法是以甲基壬基酮、氯乙酸甲酯和甲醇钠为起始原料，经 Darzens 缩合、水解和脱羧反应而得。在 Darzens 缩合时如采用环己烷为溶剂，反应收率可达到 87.9％。脱羧时再通过使用对甲苯磺酸催化剂降低反应温度，减少副产物的生成则总收率可达到 77.3％。

二、甲位戊基桂醛和甲位己基桂醛

化学家不是在自然界里找到，而完全是在实验室中发现并得以大规模生产应用的合成香料中，甲位戊基桂醛和甲位己基桂醛是最成功的例子。这两个香料完完全全是人工合成的，自然界里没有（当用"气质联机"或其他方法检测一个精油或者香精时，如果确定样品中有甲位戊基桂醛或甲位己基桂醛，就可以肯定这个精油或香精不是"全天然"的）。甲位戊基桂醛"发明"的动机是为了解决一种"下脚料"——蓖麻油裂解时副产的庚醛，希望利用它来合成一种有用的化合物，后来"发现"它与苯甲醛缩合形成的甲位戊基桂醛有茉莉花的香气。当然，又做了大量的实验证明它对人体健康、对环境各方面的安全性，最终才在香料界有了"地位"。

甲位己基桂醛则是在生产中用辛醛代替庚醛就得到了。由于现在从石油工业制得的辛醛价格也不高，使得甲位己基桂醛的生产成本有时还低于甲位戊基桂醛，加上甲位己基桂醛的香气比甲位戊基桂醛稍微好一点，"细致"一点，留香期也更长一点，因此，调香师在二者价格不相上下时会倾向于用甲位己基桂醛。

这两个醛都能与邻氨基苯甲酸甲酯起"席夫反应"生成"茉莉素"，由于分子大了，留香期更长一些，香气也更接近天然茉莉花一些，但其颜色深黄，着色力强（稀释以后是非常漂亮的橙黄色，在某些场合反而更招人喜爱），影响了它的使用范围。

在一个香精里先后加入甲位戊（或己）基桂醛和邻氨基苯甲酸甲酯，经过一段时间它们也会自己发生反应产生"茉莉素"，由于同时有水产生，香精会变浑浊，此时只要加入一定量的苯乙醇就可以让香精重新变澄清、透明。苯乙醇也能"掩盖"部分甲位戊（或己）基桂醛的"化学气息"，起到"一箭双雕"的效果。

茉莉花香精的配方（单位为质量份）：

乙酸苄酯	40	乙酸芳樟酯	5
丙酸苄酯	5	羟醛	10
甲位己基桂醛	20	苯甲酸苄酯	5
乙酸二甲基苄基原酯	5	水杨酸苄酯	5
左旋芳樟醇	5		

茉莉香精的配方（单位为质量份）：

乙酸苄酯	45	水杨酸甲酯	1
苯乙醇	7	水杨酸戊酯	2
吐纳麝香	5	邻氨基苯甲酸甲酯	2
松油醇	5	左旋芳樟醇	3
10％乙酸对甲酚酯	1	水仙醇	4
甜橙油	3	水仙醚	1
苯甲酸甲酯	1	苯甲酸苄酯	2
苯甲酸乙酯	1	苄醇	3

| 丁酸苄酯 | 1 | 甲位戊基桂醛 | 11 |
| 乙位萘乙醚 | 2 | | |

茉莉花香精的配方（单位为质量份）：

10％吲哚	5	苯乙醇	15
乙酸苄酯	40	芳樟醇	10
甲位戊基桂醛	12	苯甲酸苄酯	8
邻氨基苯甲酸甲酯	5	苄醇	5

三花香精的配方（单位为质量份）：

乙酸芳樟酯	8	铃兰醛	6
芳樟醇	10	丁香酚	2
甲位己基桂醛	8	苯乙醇	10
二氢茉莉酮酸甲酯	5	苯甲酸苄酯	6
香叶醇	10	松油醇	5
香茅醇	7	紫罗兰酮	4
桂醇	2	乙酸苄酯	7
羟基香茅醛	10		

甲位戊基桂醛的生产方法：以苯甲醛和正庚醛为原料，乙二醇为溶剂，在氢氧化钾催化作用下羟醛缩合而成。工艺条件：催化剂用量为正庚醛质量的 17.5％，苯甲醛和正庚醛的物质的量之比为 1.5：1，反应时间为 6h，乙二醇用量为 190.0g，收率可以达到 90.5％（以正庚醛计），副产物戊基壬烯醛含量小于 1.0％。

甲位己基桂醛的生产方法与甲位戊基桂醛相似，只是用正辛醛代替正庚醛为原料即可。

三、羟基香茅醛、铃兰醛、新铃兰醛和兔耳草醛

羟基香茅醛、铃兰醛、新铃兰醛和兔耳草醛都是人工合成的香料，自然界里没有，也都是难得的"全能性"香料——留香期长，香气强度又不低，加入一定量时在头香里就能发挥作用。但现在 IFRA 对羟基香茅醛的使用量有限制，原来在各种香精里大量使用的羟基香茅醛正在慢慢被后三者取代。

这四种醛都是以铃兰花的香气为主，各自带着特征的香味，要互相代用也不容易。许多人（包括笔者）刚接触这一组香料时，对它们的香气没有"反应"，或者觉得"很淡"，这是因为这一组香气在自然界里比较少，铃兰花很少有人熟悉，除了香水和化妆品以外，一般人难得闻到这类香气，当第一次闻到的时候，头脑里没有这种香味可供"对照"，就没有"反应"了。熟悉了这些香味以后，就会觉得它们的香气其实都是很强的，而且很容易分辨。自然界里有许多花如牡丹花、杜鹃花、紫荆花、荷花等大多数人们闻不出香味而调香师却闻得"津津有味"都是这个缘故。也说明人的嗅觉是可以改变以适应环境的。

与所有的醛类香料一样，这四个醛也都会与邻氨基苯甲酸甲酯反应生成色泽较深的化合物，羟基香茅醛的生成物叫作"橙花素"，可用来配制橙花香精和古龙水香精。

铃兰醛有一个缺点：暴露在空气中容易氧化变成固体。调香师和生产工人都有点"讨厌"它，这给新铃兰醛和兔耳草醛的应用多留出一些机会。

青兰香精的配方（单位为质量份）：

香叶油	2	橙花素	1
白兰叶油	6	叶青素	8
玳玳叶油	4	异丁香酚	2
二氢茉莉酮酸甲酯	24	橡苔浸膏	18
香紫苏油	2	甲基柏木醚	10
檀香 208	6	格蓬酯	1
香柠檬油	4	乙酸异龙脑酯	1
吲哚	0.1	乙酸香根酯	2
佳乐麝香	14	乙酸芳樟酯	14
吐纳麝香	4	乙酸苄酯	4

芳樟醇	6	女贞醛	1
苯乙醇	14.5	羟基香茅醛	10
玫瑰醇	6	格蓬浸膏	3
叶醇	0.4	赖百当浸膏	2
甲位己基桂醛	6	榄青酮	3
铃兰醛	8	乙位萘乙醚	2
甲基壬基乙醛	1	甲基紫罗兰酮	8
大茴香醛	2	合计	200

白牡丹香精的配方（单位为质量份）：

苯甲酸异戊酯	10	芳樟醇	10
甲位己基桂醛	20	乙酸芳樟酯	10
铃兰醛	10	羟基香茅醛	10
二氢茉莉酮酸甲酯	2	白兰叶油	10
乙酸苄酯	18		

铃兰花香精的配方（单位为质量份）：

10％吲哚	2	二氢月桂烯醇	3
羟基香茅醛	14	10％辛炔酸甲酯	1
铃兰醛	25	乙酸苄酯	5
白兰叶油	6	洋茉莉醛	4
松油醇	6	异丁香酚	1
二甲基苄基原醇	10	甲基紫罗兰酮	3
二氢茉莉酮酸甲酯	7	依兰依兰油	3
甲位己基桂醛	2	乙酸香茅酯	5
10％十二醛	1	桂酸苯乙酯	2

木兰花香精的配方（单位为质量份）：

乙酸苯乙酯	4	甲位戊基桂醛	8
山苍子油	2	甜橙油	5
玫瑰醇	10	甲酸香叶酯	1
乙酸苄酯	20	乙酸香茅酯	1
风信子素	1	丁酸乙酯	2
丁香油	1	乙酸丁酯	1
香柠檬醛	2	格蓬酯	1
柑青醛	1	乙酸戊酯	1
松油醇	6	铃兰醛	10
左旋芳樟醇	23	合计	160
苯乙醇	60		

荷花香精的配方（单位为质量份）：

芳樟醇	10	玫瑰醇	3
松油醇	15	乙酸芳樟酯	4
铃兰醛	5	甲位戊基桂醛	4
羟基香茅醛	3	乙酸苄酯	5
兔耳草醛	2	紫罗兰酮	3
苯乙醇	10	苯甲酸苄酯	36

果香桂花香精的配方（单位为质量份）：

桃醛	30	戊酸戊酯	10
苹果酯	40	紫罗兰酮	20

甜橙油	5	芳樟醇	15
乙酸苄酯	5	玫瑰醇	20
乙酸邻叔丁基环己酯	2	乙酸苯乙酯	30
兔耳草醛	8	乙酸香茅酯	10
甲基紫罗兰酮	5	合计	200

羟基香茅醛的生产方法：由香茅醛的水合反应制得。香茅醛的水合反应在无机酸存在下进行，但香茅醛在酸性介质中不稳定，需用亚硫酸氢钠、胺类、低级脂肪酸酐等保护醛基，在水合反应结束后，再在反应试剂作用下使醛基恢复。将香茅醛同亚硫酸氢钠作用生成亚硫酸氢盐化合物，然后再进行水合，是保护香茅醛醛基的最常用方法。随后用干燥的碳酸钠在甲苯中分解亚硫酸氢盐化合物，析出羟基香茅醛。

铃兰醛的生产方法：

(1) 在20℃以下，将三氯氧磷加入到 N,N-二甲基甲酰胺（DMF）中，升温至70～80℃，滴加4-叔丁基苯丙酮，然后在70～80℃反应5h，接着在70℃以下用30％的氢氧化钠溶液处理，得到96％的烯醛，该烯醛在钯/碳催化下加氢还原，得到相应的饱和醛，即2-甲基-3-（4-叔丁基苯基）丙醛。

(2) 由叔丁苯与甲醛、盐酸反应得到对叔丁基氯化苄，再与乌洛托品反应生成对叔丁基苯甲醛，进一步与丙醛缩合得到前铃兰醛，最后经选择性氢化制得铃兰醛。

新铃兰醛的生产方法：

(1) 以月桂烯醇和丙烯醛为原料，在惰性溶剂中，进行加成（1,4-加成）而得；

(2) 以月桂烯和丙烯醛为原料，于吗啉溶液中在酸存在下，在低温下（-15～+15℃）进行1,4-加成反应及缩合，生成［4-(4-羟基-4-甲基戊基)-1-(吗啉亚甲基)］环己-3-烯，再在酸性水溶液中水解而得；

(3) 以2,7-辛二烯和丙烯醛为原料，在锌催化剂作用下进行迪尔斯-阿尔德反应，生成4-（2-甲基-2-戊烯基）环己-3-烯-1-醛，再在乙醚中与苯胺反应，生成席夫碱，在酸性水溶液中水合可得。

兔耳草醛的生产方法：由异丙苯与甲醛和盐酸反应生成对异丙基氯化苄，再同乌洛托品反应生成莳萝醛，然后与丙醛缩合得到对异丙基-α-甲基桂醛，最后经催化加氢得到成品。如以叔丁基苯为原料，用上法生产可得到百合醛，其香气更为柔和。相类似的还有3-(β-萘基)-2-甲基丙醛，也具有兔耳草醛的香气，但带有更为细腻的香调。以异丙苯和α-甲基丙烯醛为原料，在催化剂氯化钛存在下可一步合成兔耳草醛，也是令人感兴趣的方法。

四、香兰素和乙基香兰素

香兰素和乙基香兰素都大量用于食品香精中，在日用品香精里也经常使用它们，如果不是存在易变色的缺点，它们理应用得更多、范围更大。这两个香料都被调香师称为"完美单体香料"，所谓"完美单体香料"是指一个单体香料就是一个完整的"香精"，其香气本身就"和谐""宜人"，香气强度不太低，留香好，可以直接当作香精用于食品或日用品加香。香兰素和乙基香兰素确实经常单独被用于某些食品（特别是饼干、面包之类）的加香，效果不错。乙基香兰素的香气比香兰素强3～4倍。

香兰素在各种香料中的溶解性较差，用量多一点就溶解不了，乙基香兰素的溶解性稍微好一些，但也很有限，特别是配方中有较多的萜烯时溶解度更低。这在配制"水质"食品香精（以乙醇为溶剂）时不成问题，因为香兰素和乙基香兰素在乙醇里的溶解度较高，但在配制"油质"食品香精（以丙二醇、油脂为溶剂，香兰素和乙基香兰素在丙二醇和油脂中的溶解性都较差）与日用品香精时问题有时候就很严重！所以虽然"香草"（香荚兰）香气受到世界各地人们的爱好和赞赏，在有些日用品里就是用不上，只因为香精不易配制。

香兰素和乙基香兰素都是易变色的香料，所以较少用于配制对色泽有要求的化妆品和香皂香精，用于配制其他日用品香精时，也要多做加香实验、架试和留样观察，有时与它们配伍的香料含一点点杂质都可能造成严重的变色事故。

销往欧美各国的蜡烛中，带"香草"香味的很受欢迎。但蜡烛香精最难调的就是香草香味的，首先，香兰素和乙基香兰素都难溶于石蜡，要先把香兰素和乙基香兰素溶于适当的溶剂里，由该溶剂把香兰素和乙基香兰素"带进"石蜡里，并不能真正溶解；其次是变色问题，不单香兰素和乙基香兰素要非常纯净、洁白，所用的溶剂也要非常纯净，石蜡也要高度精制；最后，在石蜡里面的香兰素和乙基香兰素不易扩散（因为并不是溶解在蜡里）挥发出来，所以还得加一些香气强度较大、较易溶于石蜡、香气与香兰素接近的香料来克服这个困难。

玫瑰香草香精的配方（单位为质量份）：

乙基香兰素	23	乙酸香叶酯	10
洋茉莉醛	13	乙酸香茅酯	10
苯乙醇	22	乙酸芳樟酯	5
香叶醇	38		
左旋芳樟醇	6	合计	127

香荚兰香精的配方（单位为质量份）：

香兰素	14	乙酸芳樟酯	10
萨利麝香	6	甜橙油	5
玫瑰醇	20	铃兰醛	5
苯乙醇	15	二氢茉莉酮酸甲酯	5
芳樟醇	10	橡苔浸膏	5
檀香 803	5		

香荚兰香精的配方（单位为质量份）：

香兰素	10	苄醇	30
乙基香兰素	8	苯乙醇	20
香荚兰醇	20	乙酸苄酯	2
邻二甲氧基苯	10		

奶油香精的配方（单位为质量份）：

苯甲酸苄酯	77	十八醛	1
香兰素	6	乳酸乙酯	1
乙基香兰素	6	双丁酯	2
对甲氧基苯乙酮	4	洋茉莉醛	1
丁二酮	1	乙基麦芽酚	1

巧克力香精的配方（单位为质量份）：

苯乙酸戊酯	66	苯甲酸苄酯	23
香兰素	10	三甲基吡嗪	1

香兰素生产方法：愈创木酚与三氯乙醛在纯碱或碳酸钾的存在下，加热至 27℃ 缩合生成 3-甲氧基-4-羟基苯基三氯甲基甲醇，未反应的愈创木酚用水蒸气蒸馏除去。在氢氧化钠存在下，用硝基苯作氧化剂，加热至 150℃ 氧化裂解得香兰素；也可用 $Cu-CuO-CoCl_2$ 作催化剂，在 100℃ 下空气氧化，反应后用苯萃取香兰素，经减压蒸馏和重结晶提纯得成品。

乙基香兰素生产方法：以乙基愈创木酚和水合乙醛酸在 30～33℃ 碱性条件下缩合，将产物酸化后用溶剂萃取出未反应的乙基愈创木酚，加入 NaOH 溶液，加入 $Cu(OH)_2$ 和间硝基苯磺酸，加热至 100℃，进行氧化裂化反应。将氧化物中和，用有机溶剂萃取乙基香兰素，减压蒸馏、重结晶得产品。

五、洋茉莉醛与新洋茉莉醛

洋茉莉醛又叫"胡椒醛"，在许多介绍香料香精的书籍里，洋茉莉醛的香气被描述为所谓的"葵花"香气，其实洋茉莉醛的香味应是带茴香味的豆香香气。这个香料也较容易变色，尤其是"碰上"微量的吲哚会变粉红色，需要注意。

以前有人把甲位戊基桂醛称作"茉莉醛"，所以一看到"洋茉莉醛"就以为它们是"一路香气"的，把它归到"花香香料"里去，这是很糟糕的做法。洋茉莉醛虽然可以适当加一些在金合欢、紫罗兰、香石竹、百合花香精里面，却偏偏不能加在茉莉花香精里，除了易于变色（因茉莉花香精大部分都含有吲哚或邻氨基苯甲酸甲酯）外，它的香气与茉莉花"格格不入"也是一个原因。

在香皂香精里，豆香香料是非常重要的，香豆素因为价廉，又没有变色之虞，成为"首选"，但香豆素的香气"太单调"，加入一些洋茉莉醛便有了一种"异国情调"，更能打动消费者的心。当洋茉莉醛加入量较多时，特别是有硝基麝香（葵子麝香、二甲苯麝香和酮麝香等）存在时，最好加些香叶醇，可以让制造出来的香皂色泽稳定不易变色。此外，洋茉莉醛与紫罗兰酮、麝香类香料配伍可产生一种特殊的"粉香"香气。

新洋茉莉醛由于分子更大，留香时间更长，是目前合成香料里难得的留香相当"持久"的品种之一。它的香气已经基本脱离了洋茉莉醛的"限制"，带有青香、醛香和臭氧样香气，花香也不太明显，倒是令人觉得有青瓜的气息，而这种青香气息可以在香精里贯穿始终。在调配花香香精时，主要用于配制兔耳草花、紫丁香香精等，但调香师更多的是把它用在配制"海字号"（"海洋""海岸""海风"等）香精和其他"现代"幻想型香精里。近十几年来涌现的名牌香水都或多或少地带着新洋茉莉醛的气息。

"密林深处"香精的配方（单位为质量份）：

香兰素	4	苯甲酸苄酯	5
乙基香兰素	15	左旋芳樟醇	5
邻苯二甲酸二乙酯	20	乙酸芳樟酯	5
洋茉莉醛	8	铃兰醛	9
苯乙醇	16	二氢茉莉酮酸甲酯	5
苯乙酸苯乙酯	8		

"海檬"香精的配方（单位为质量份）：

洋茉莉醛	8	水杨酸苄酯	2
酮麝香	4	山苍子油	4
二苯醚	4	松油醇	9
柏木油	5	乙酸松油酯	15
甲位戊基桂醛	1	甜橙油	30
邻氨基苯甲酸甲酯	1	水杨酸戊酯	1
二甲苯麝香	4	水仙醇	4
乙酸苄酯	8		

粉甜香精的配方（单位为质量份）：

乙酸二甲基苄基原酯	44	乙酸玫瑰酯	5
紫罗兰酮	10	丁香油	5
洋茉莉醛	4	甲基柏木酮	20
香兰素	8	柏木油	10
70%佳乐麝香	14	芳樟醇	10
苯乙醇	20	合计	150

"葵花"香精的配方（单位为质量份）：

洋茉莉醛	40	苯乙醇	22
紫罗兰酮	5	大茴香醛	3
香兰素	5	乙酸苯乙酯	5
香豆素	2	松油醇	2
苯甲醛	1	桂醛	3
玫瑰醇	2	茴香醇	5
乙酸苄酯	3	香叶醇	2

青山香精的配方（单位为质量份）：

新洋茉莉醛	4	苯乙酸苯乙酯	5
新铃兰醛	5	甲基壬基乙醛	0.2
兔耳草醛	5	格蓬酯	0.2
洋茉莉醛	2	丁香酚甲醚	3
羟基香茅醛	5	二甲基苄基原醇	7
紫罗兰酮	10	风信子素	2
香豆素	4	乙酸玫瑰酯	8
格蓬浸膏	1	桂酸乙酯	2

乙酸苄酯	11.6	甲位戊基桂醛	5
檀香 208	3	柑青醛	2
檀香 803	5	丙酸三环癸烯酯	4
吐纳麝香	4	桂醛	2

洋茉莉醛生产方法：在反应锅中加入 1.0 份（质量份，余同）黄樟油素与 6 份 50% 的氢氧化钾乙醇溶液，然后加热至 170℃，在减压下回流 6h 左右。当反应液的折射率达到 1.578 时，异构化反应即完成。冷却后用水洗涤至中性，蒸馏回收乙醇，分馏得异黄樟油素。158 份重铬酸钠、2.7 份对氨基苯磺酸、100 份异黄樟油素和 840 份水加入反应釜中，在不断搅拌下慢慢加入 660 份 32% 的硫酸溶液，控制温度在 50℃ 以下，硫酸加完后升温至 60℃，再搅拌反应 1h；反应完毕后用苯提取两次，提取液用水洗涤除去重铬酸盐，再用碳酸氢钠溶液洗涤至中性，最后用盐水洗涤一次。洗净的油状物用水蒸气蒸馏回收苯，再减压蒸馏得半固态洋茉莉醛粗品，收率约为 85%。粗品倒入结晶盘中，置于冷冻室过夜，结晶出的固体经甩滤分离去母液，并用 95% 的乙醇洗涤结晶，甩干得白色洋茉莉醛结晶。将结晶熔化后再进行二次冷冻结晶，即得精制洋茉莉醛。

新洋茉莉醛生产方法：反应条件为洋茉莉醛 100g，甲醇 100g，丙醛 40g，氢氧化钾 3g，反应温度 40℃，反应时间 1.5h，得亚胡椒基丙醛，收率为 71.4%。亚胡椒基丙醛加氢合成新洋茉莉醛，最佳反应条件为亚胡椒基丙醛 100g，甲醇 100g，5% 钯-碳催化剂 5g，加氢釜绝压 300KPa，反应温度 40℃，反应时间 3h，收率为 93.1%。两步总收率 66.5%。

一锅法合成新洋茉莉醛，即将合成和加氢两步反应在一个加氢釜内完成。最佳反应条件为：洋茉莉醛 100g，甲醇 100g，丙醛 40g，5% 钯-碳催化剂 5g，氢氧化钾 3g，加氢釜绝压 300KPa，反应温度 40℃，反应时间 3h，收率 64.8%。

六、女贞醛

在所有的青香香料中，女贞醛恐怕是"青气"最突出的了。一方面，它的香比强值大，在各种香精里加入一点点，"青气"就显露出来；再者，它的"青气"有特色，"青"得让人一闻到就好像看到绿色！

一般香精配制的时候如果要让它有点"青气"，只要加入一点点（0.1%～1.0%）女贞醛便可，再多加就要变成"青香"香精了。女贞醛的香气一暴露，就让人有"刺鼻"的感觉，这时最好加点其他的青香香料如柑青醛、叶醇、乙酸叶酯、水杨酸己酯、赛维它、叶青素、芳樟醇、二氢月桂烯醇、榄青酮、苯乙醛、西瓜醛等，让头香不会显得那么"刺鼻"，接下去再调"圆和"就不难了。

"雅量"香精的配方（单位为质量份）：

麝香草酚	2	水仙醚	3
榄青酮	1	苯乙醛二甲缩醛	6
格蓬酯	1	乙酸异龙脑酯	5
甲酸香叶酯	7	草莓酸乙酯	1
乙酸香茅酯	4	菠萝酸乙酯	1
白柠檬油	6	花萼油	34
乙酸柏木酯	3	女贞醛	1
10% 异丁基喹啉	1	芳樟醇	5
乙酸对甲酚酯	1	乙酸芳樟酯	5
杭白菊浸膏	2	乙酸苄酯	9
香茅腈	2		

"花草"香精的配方（单位为质量份）：

女贞醛	1	乙酸异龙脑酯	1
乙位萘乙醚	3	壬酸乙酯	1
杭白菊浸膏	1	苯甲酸甲酯	1
甲酸香叶酯	2	苯甲酸乙酯	1
乙酸香茅酯	1	水杨酸甲酯	1
乙酸苏合香酯	1	茉莉酯	1

邻氨基苯甲酸甲酯	2	纯种芳樟叶油	13
二氢月桂烯醇	2	二氢茉莉酮酸甲酯	3
乙酸丁酯	1	乙酸芳樟酯	7
甲位戊基桂醛	6	苯乙醇	1
玫瑰醇	6	丁香油	5
柑青醛	4	乙酸苄酯	5
桂醛	1	柠檬腈	1
白柠檬油	1	香茅腈	1
庚酸烯丙酯	1	香柠檬醛	1
甜橙油	11	格蓬浸膏	1
铃兰醛	3	叶醇	3
羟基香茅醛	3	乙酸叶酯	1
十八醛	1	辛炔甲酯	1

女贞醛的生产方法：用双丙酮醇催化氢化后脱水，再与丙烯醛双烯加成。

七、柑青醛

柑青醛的香比强值也是较大的，但它不像女贞醛那样"尖刺"，而且还能把女贞醛的"尖刺"气息减弱一些。因此，凡是在香精里面用了女贞醛，几乎都会加入 3～10 倍量的柑青醛。柑青醛是许多青香香料的"和事佬"，在大部分带青气的香精里都有它的"影子"。在配制柑橘类香精时反而只能小心翼翼地加入一点点，多加了就会"变调"。

甘露香精的配方（单位为质量份）：

二环缩醛	10	乙酸二甲基苄基原酯	10
甲位己基桂醛	18	甲基柏木酮	10
乙酸苄酯	22	女贞醛	1
玫瑰醇	10	柑青醛	9
羟基香茅醛	10		

青果香香精的配方（单位为质量份）：

柑青醛	5	香柠檬醛	1
女贞醛	0.5	10%甲基壬基乙醛	2
花青醛	1	甜橙油	4
玫瑰醇	10	乙酸松油酯	6
铃兰醛	10	邻氨基苯甲酸甲酯	5
芳樟醇	6	紫罗兰酮	5
乙酸芳樟酯	10	水杨酸苄酯	8
乙酸苄酯	6	苹果酯	4
茉莉素	2	橙花酮	1
甲酸香叶酯	3	玳玳花油	1
乙酸香茅酯	2	乙酸柏木酯	6.5
柠檬醛	1		

月桂烯和丙烯醛反应合成柑青醛工艺：以 0.4mol（78.2%）月桂烯和 0.72mol 丙烯醛（物料物质的量之比 1∶1.8）为原料，4.43g SnCl$_4$·5H$_2$O 为催化剂，2℃下，滴加月桂烯时间 5h，反应时间 3h，粗产品质量收率 89%，粗产物对间位比值 33，色谱纯化后对间位比例 97∶3；精馏最终产品对间位比值 15（91∶6），最终产品质量收率 73%。

八、苯甲醛

在分析自然界各种有香的物质（花香、果香、膏香、木香甚至动物香）时，经常会发现苯甲醛的存在，但是调香师在调配除了几种水果香以外的各种香型香精时，却很少想到苯甲醛。在调香师的心目中，苯甲醛就是"苦杏仁油"，配制苦杏仁油当然要用苯甲醛（以前有用硝基苯，现已禁用），其他香精用苯甲醛就相当少了，因为苯甲醛的香气有点"怪"，与大多数香料都不"合群"，用量稍多一点就不圆和。

最近调香师们又热衷于配制各种"精油"以满足"芳香疗法""芳香养生"的需要，苯甲醛在这些"配制精油"里有了新的"用武之地"，虽然在每一个配方里使用量都还是少得可怜，但毕竟"到处点缀"，总量还是可观的。

生产苯甲醛的化学方法有多种，可以由氯化苄用铬酸钠或重铬酸钠作用而得，也可通过二氯甲苯在氢氧化钙或氢氧化锌的存在下水解制造，在三氯化铝和氯化氢存在下由苯与一氧化碳也可制得苯甲醛，这些方法都因制成品含氯化合物杂质而影响香气质量，所以现在工业上采用的已经不多了，而倾向于由甲苯用空气（在催化剂存在下）直接氧化的方法制取。大规模生产时成本很低，因此这种"合成"的苯甲醛市场单价是相当便宜的。

虽然合成苯甲醛作为一种香料来说其全部质量指标（包括香气、毒性等）都不亚于天然苯甲醛，但发达国家还是有许多人愿意用上百倍的价钱购买天然苯甲醛。靠苦杏仁油制取苯甲醛的量太少了，现在有一种方法——从肉桂油中提取的桂醛"裂解"取得的苯甲醛也被调香师认作"天然苯甲醛"。

杏仁香精的配方（单位为质量份）：

苯甲醛	55	香豆素	5
桃醛	5	苯甲酸甲酯	1
丁酸戊酯	17	苯甲酸乙酯	1
丁酸乙酯	10	苯乙酸丁酯	4
壬酸乙酯	1	水杨酸甲酯	1

桂杏香精的配方（单位为质量份）：

苯甲醛	5	桃醛	20
桂醛	20	十六醛	10
丁酸戊酯	25	苯甲酸乙酯	5
戊酸乙酯	3	乙酸苄酯	10
庚酸乙酯	2		

第六节　酮　类

一、对甲基苯乙酮

对甲基苯乙酮的香气比较"粗糙"、强烈（香比强值相当大），调香师对它的用量非常小心，稍微多用一点点就难以调圆和。因为它的香气里面还隐隐约约有一点苦杏仁味，在调配含羞草花、山楂花、金合欢花这一类花香香精时可以多用一点，在其他香精里的用量一般都不超过1%。它同二氢月桂烯醇组成香气和谐的"香气团"，此时它的用量可随二氢月桂烯醇的加大而跟着加大，往往也就超过1%了。

含羞草花香精的配方（单位为质量份）：

对甲基苯乙酮	10	玫瑰花油	5
纯种芳樟叶油	30	异丁香酚	2
松油醇	13	苯乙醇	10
大茴香醛	5	香叶醇	10
依兰依兰油	5	苯甲酸苄酯	10

银合欢香精的配方（单位为质量份）：

对甲基苯乙酮	20	异丁香酚	3
芳樟醇	50	甲位戊基桂醛	1

苯乙醛二甲缩醛	1	依兰油	4
大茴香醛	5	辛醇	2
松油醇	80	依兰依兰油	9
含羞草油	25	合计	200

山楂花香精的配方（单位为质量份）：

大茴香醛	40	苯乙醇	5
对甲基苯乙酮	3	香豆素	3
二氢月桂烯醇	2	茴香醇	5
桂醇	9	洋茉莉醛	2
香茅醇	8	香叶醇	6
铃兰醛	8	纯种芳樟叶油	4
松油醇	5		

对甲基苯乙酮的生产方法：以甲苯和醋酸酐为原料，在无水三氯化铝催化剂存在下，进行乙酰化反应，然后经水解、中和、水洗、分离、蒸馏而得。也可从巴西檀香木、玫瑰木等天然原料中经精馏提取而得。

二、紫罗兰酮类

紫罗兰酮是香料科学家比较得意的"杰作"之一。它是最"标准"的一种体香香料，香气持久性中等，在各种香精里面起着"承上启下"的作用。紫罗兰酮属于"甜味"香料，想要让一个香精"带点甜"或者增加"甜味"，只要加上一些紫罗兰酮就可以了。

不知从什么时候开始，许多调香师都在讲"紫罗兰酮不宜与麝香类香料同用"，说是二者在一起香气会互相"抵消"，浪费宝贵的香料，更"妙"的说法是紫罗兰酮的"甜味"与麝香类香料的"苦味""中和"了，好像化学里的"酸碱中和"一样。对这种说法，笔者做了深入、细致的研究、"观察"，发现实际情况并非如此。紫罗兰酮与麝香类香料按一定的比例混合后，两种香味都没有"消失"，而是产生了高贵的"粉香"，这种完全是在"基香"阶段才显示出来的香气，直接嗅闻刚刚配好的香精是感觉不出来的，因此才会被人以为两种香气都"消失"了。

甲位紫罗兰酮与乙位紫罗兰酮的香气有明显的差别，应根据不同的用途选用。甲基紫罗兰酮、异甲基紫罗兰酮、二氢乙位紫罗兰酮等的香气也都各有特色，尤其是二氢乙位紫罗兰酮的香气在我国更受赞赏，被誉为"桂花王"，意即这个香料特别适合于配制桂花香精。国外调香师偏爱"丙位异甲基紫罗兰酮"，在各种日化香精的配方中经常看到它。事实上，只有配制高级的、香味"雅致"的香精才有必要这么认真地选用紫罗兰酮类香料，绝大多数日用品香精配制时使用的紫罗兰酮都是甲乙位体的混合物，只要香气固定就行了。

紫罗兰香精的配方（单位为质量份）：

左旋芳樟醇	14	丙位异甲基紫罗兰酮	15
苯乙醇	30	苯甲酸苄酯	5
松油醇	7	辛炔酸甲酯	1
玫瑰醇	2	柏木油	10
乙酸芳樟酯	16		

桂花香精的配方（单位为质量份）：

桃醛	3	左旋芳樟醇	8
二氢乙位紫罗兰酮	40	50％苯乙醛	1
丙位癸内酯	5	橙花素	1
香叶醇	10	羟基香茅醛	2
乙酸苄酯	10	二氢茉莉酮酸甲酯	3
洋茉莉醛	5	乙酸苯乙酯	1
松油醇	7	10％辛炔酸甲酯	2
乙酸香茅酯	2		

粉香香精的配方（单位为质量份）：

桂酸苯乙酯	7	玫瑰醇	20
结晶玫瑰	4	甲基柏木酮	10
麝香 T	4	丁香油	10
麝香 105	20	洋茉莉醛	20
70％佳乐麝香	20	紫罗兰酮	30
苯乙醇	30	乙酸二甲基苄基原酯	10
乙酸苄酯	15	合计	200

夏士莲香精的配方（单位为质量份）：

十一烯醛	4	丁香酚	16
羟基香茅醛	5	兔耳草醛	7
乙酸芳樟酯	21	甲基紫罗兰酮	8
洋茉莉醛	8	70％佳乐麝香	8
紫罗兰酮	6	芳樟醇	17

紫罗兰酮可用柠檬醛与丙酮在碱性条件下缩合，得到假性紫罗兰酮，如用路易斯酸或 80％磷酸处理，主要得到动力学产物 α-紫罗兰酮；如用强酸，例如浓硫酸和在较剧烈条件下处理，则得热力学产物 β-紫罗兰酮。α-紫罗兰酮主要用于香料，β-紫罗兰酮主要用于合成维生素 A。

三、覆盆子酮

直接嗅闻覆盆子酮会觉得它好像带有甜味的麝香气，也有点像香兰素的气味，不太令人愉快。稀释后则有浓甜的浆果香，很像树莓、草莓等浆果的香气，细细闻之还感到有一点糖浆气味、带着些许的木香和花香香韵。现在已经大量用于配制食用香精，部分取代了乙基麦芽酚、香兰素和乙基香兰素，但它的价格较高，影响了它的发展。在配制日化香精时，覆盆子酮除了赋予香精浆果样香气外，还能与橡苔、粉香、膏香香料协调得很好，在檀香香精里面，它起的作用比香兰素好，而且更透发，更能增加香气强度。覆盆子酮与香兰素都是配制"现代香型"香精重要的"点缀剂"。

覆盆子食用香基的配方（单位为质量份）：

覆盆子酮	10	乙酸乙酯	0.2
香兰素	0.1	十二酸乙酯	6
乙基麦芽酚	2	异戊酸乙酯	2
乙位紫罗兰酮	0.6	甲基-3-戊烯酸乙酯	2
桂酸桂酯	4	草莓醛	30
丁酸乙酯	10	乙酸异戊酯	2
乙酸胡椒酯	10	乙酸丁酯	5.5
丁二酮	0.2	丁酸戊酯	5
乙酰乙酸乙酯	0.4	戊酸戊酯	10

花束香精的配方（单位为质量份）：

覆盆子酮	0.5	苯乙醇	10.1
香柠檬油	4	十一醛	0.5
甲基柏木醚	5	吲哚	0.1
墨红净油	0.5	邻氨基苯甲酸甲酯	1
水杨酸异戊酯	0.5	丙位壬内酯	0.5
水杨酸己酯	1.5	乙酸苄酯	6
香豆素	3.5	二氢茉莉酮酸甲酯	4
格蓬浸膏	0.2	水杨酸苄酯	4
甲基紫罗兰酮	2	檀香 208	2.5
对甲基苯乙醛	1	檀香 803	2
羟基香茅醛	2	甜橙油	2

佳乐麝香	4	桂醛	2.4
白兰净油	0.2	玫瑰醇	2
灵猫净油	0.1	玫瑰油	4
洋茉莉醛	3	丙位癸内酯	0.1
甲基柏木酮	4	铃兰醛	2
龙涎酮	2	香叶醇	1
异丁基喹啉	0.1	橙花醇	2
桂酸苄酯	2	大茴香脑	0.5
赖百当净油	1	女贞醛	0.1
吐纳麝香	2	香叶油	0.5
吐鲁香膏	1	丁香油	0.1
乙基香兰素	0.2	苯乙醛	2
香根油	1	乙酸香叶酯	1
广藿香油	1.5	乙位突厥酮	0.1
玳玳花油	0.5	环己基乙酸烯丙酯	0.2
卡南加油	3	纯种芳樟叶油	3

覆盆子酮制法：

(1) 由羟基苯甲醛和丙酮缩合后氢化而成。

(2) 由丁酮酸与苯酚缩合而成。

四、突厥酮类

玫瑰花的"甜香韵"是花香里面非常吸引人的部分。早先的化学家们在玫瑰花油里测出了香茅醇、香叶醇、橙花醇、苯乙醇、乙酸香叶酯、乙酸香茅酯、乙酸橙花酯等成分，加上后来发现的玫瑰醚等，调香师以为靠这些已知的香料成分就可以调配出"惟妙惟肖"的玫瑰花香香精了。可惜调了数十年，虽然也有几款玫瑰花香精堪称佳品，香气也"接近"天然玫瑰花香了，但只要随便拿一朵天然玫瑰花对照着嗅闻，连外行人都会说"没有天然玫瑰花那种令人怦然心动的、动情的'甜香韵'"。直到有人在保加利亚玫瑰花油里面发现一个全新的成分——乙位突厥酮，调香师对玫瑰花的"甜香韵"之谜才算有了正确的答案。

经过有机化学家和香料科技工作者二十几年的努力，现在市面上的突厥酮类香料已经有十几种，它们是：甲位突厥酮、乙位突厥酮、丙位突厥酮、丁位突厥酮、二氢突厥酮、甲位二氢突厥酮、异甲位二氢突厥酮、乙位二氢突厥酮、突厥烯酮、乙位突厥烯酮、反式-2-突厥酮、异突厥酮等。这些突厥酮类香料的香气虽然都以甜蜜的玫瑰花香为主，但还是"各有千秋"的——乙位突厥酮带李子、圆柚、覆盆子、茶叶和烟草的香气；甲位突厥酮则带苹果香；丁位突厥酮比乙位突厥酮少一些李子香、比甲位突厥酮少一些苹果香，但它的"红玫瑰香"更重……这些细微的差别都只能由调香师自己反复嗅闻、比较、调配成香精再比较才能掌握，读者要是有兴趣的话，可以按下面的配方动手配几个看看：

玫瑰花香精的配方（单位为质量份）：

突厥酮	0.3	桂醇	2
玫瑰醚	0.3	左旋芳樟醇	5
柠檬醛	0.1	苯乙醇	10
十一醛	0.1	乙酸苯乙酯	1
玫瑰醇	25	乙酸香茅酯	2
香叶醇	22.2	乙酸香叶酯	2
香茅醇	20	橙花叔醇	5
苯乙醛二甲缩醛	2	苯乙酸苯乙酯	2
丁香油	1		

其中的"突厥酮"分别用各种不同的突厥酮类试配，放置一段时间后慢慢嗅闻，找出它们之间细微的香气差别，对突厥酮类香料的香气也就基本掌握了。

玫瑰香水香精的配方（单位为质量份）：

突厥酮	0.2	茉莉净油	1
玫瑰醇	12	桂花净油	1
香茅醇	10	玫瑰腈	1.5
香叶醇	10	甲基紫罗兰酮	1
苯乙醇	4.6	丁位癸内酯	0.1
桂醇	2	佳乐麝香	3
纯种芳樟叶油	2	二氢茉莉酮酸甲酯	5
山萩油	2	铃兰醛	3.5
广藿香油	1.5	檀香 208	4
香叶油	8	檀香 803	2
依兰油	3.5	紫罗兰酮	10
玳玳叶油	2	乙酸对叔丁基环己酯	2
柠檬油	4	乙酸邻叔丁基环己酯	1
墨红净油	3	灵猫香膏	0.1

"无我"香精的配方（单位为质量份）：

突厥酮	0.2	橡苔净油	2
乙酸戊酯	0.1	广藿香油	2
甲基壬基乙醛	0.2	柏木油	2
苯乙酸对甲酚酯	0.4	檀香 803	12
乙酸苄酯	12	邻氨基苯甲酸甲酯	1
兔耳草醛	2	依兰油	3
铃兰醛	8	甲位己基桂醛	16
新铃兰醛	5	二氢茉莉酮	0.1
羟基香茅醛	4	二氢茉莉酮酸甲酯	8
玫瑰醇	12	苯乙醇	8
芳樟醇	6.9	丁香油	3
晚香玉净油	5	海狸净油	0.2
玳玳花油	1	吐纳麝香	3
墨红净油	2	甲基柏木醚	6
赖百当净油	2	檀香 208	3
香柠檬油	10	香根油	2
红橘油	2	吲哚	0.1
甜橙油	4	麝香 T	2
合成橡苔	2	葵醛	0.1
异甲基紫罗兰酮	4	异丁香酚甲醚	0.1
鸢尾酮	3	佳乐麝香	4
纯种芳樟叶油	17	十一醛	0.1
草莓醛	0.6	甲基柏木酮	1
丙位壬内酯	0.4	降龙涎醚	0.2
乙酸对甲酚酯	0.1	香豆素	4
乙酰芳樟叶油	4	异丁香酚	4
水杨酸己酯	3	灵猫净油	0.2
茉莉净油	2	合计	200

"中华"烟用香基的配方（单位为质量份）：

乙位突厥酮	1	乙基香兰素	3

乙基麦芽酚	4	乙酸异丁香酚酯	5
洋茉莉醛	2	山萩油	2
二甲基丁酸	3	茶醇	2
甘松油	4	茶香酮	2
香紫苏油	5	苯乙酸	2
葫芦巴内酯	1	乙酸大茴香酯	1
芳樟叶酊	11.8	甲基环戊烯醇酮	11
降龙涎醚	0.2	香豆素	3
香兰素	2	苯乙酸苯乙酯	4
紫罗兰酮	1	苯乙酸甲酯	4
乙酸邻叔丁基环己酯	1	苯乙醇	10
橙花叔醇	10	丁香油	5

β-突厥酮合成工艺为：

（1）格氏反应，物料比 n（烯丙基氯）：n（环香叶酸乙酯）：n（镁）$=2.2:1:2.4$，产率 85.6%；

（2）分解反应，物料比 n（叔丁基钾）：n（2,6,6-三甲基-1-（4-羟基-庚-1,6-二烯-4-基）环己-1-烯）$=1.1:1$，产率 62.5%；

（3）异构反应，物料比 w（2,6,6-三甲基-1-（丁-3-烯酰）环己-1-烯）：w（对甲苯磺酸）$=1:0.05$，产率 95.6%。

该路线的中间体和产品易提纯，β-突厥酮纯度大于 98%，香气符合调香要求。

五、甲基柏木酮和龙涎酮

甲基柏木酮和龙涎酮都是带龙涎香气的木香香料，相对来说，龙涎酮的香气更加"优雅""细腻"些，但也有人觉得甲基柏木酮的香气更有动物气息，所以每个调香师对它们的使用是不同的。国外的调香师在调配香水和化妆品香精时都喜欢加入较多量的龙涎酮，而国内的调香师使用甲基柏木酮多些，这可能与早期进口的龙涎酮价格太贵有关。

这两个酮的留香时间都很长，与各种花香、果香、木香、膏香香料的香气都非常协调，因此，现代的香水、化妆品香精中常见它们的影子。在"东方型"香水香精配方里面，这两个香料的用量有时高达 50% 以上。调香师早就知道，当一个香精的配方里多用了二氢月桂烯醇、甲位己基桂醛、甲位戊基桂醛、二氢茉莉酮、女贞醛、格蓬酯等产生令人不快的刺激性气味时，这两个酮可以把不协调的气味"削"掉。甲基柏木酮与二氢月桂烯醇合在一起时便会产生一股带强烈木香的"现代古龙"香味，两个香料香气互补，相得益彰，恰到好处。

甲基柏木酮和龙涎酮也都有较弱的"龙涎香效应"，所有带龙涎香气的香料都有这种效应，包括甲基柏木醚、赖百当净油、异长叶酮以及属于麝香香料的葵子麝香、麝香 103 等。

龙涎香精的配方（单位为质量份）：

甲基柏木酮	30	吐纳麝香	5
龙涎酮	20	佳乐麝香	10
赖百当净油	5	香兰素	5
降龙涎醚	5	檀香 803	5
甲基柏木醚	10	异长叶烷酮	5

素心兰香精的配方（单位为质量份）：

甲基柏木酮	5	灵猫净油	0.1
香叶油	2	十五内酯	2
安息香膏	1.5	乙酸柏木酯	5
墨红浸膏	1	麝香 105	2
香豆素	1.5	洋茉莉醛	2
赖百当净油	1	橡苔浸膏	0.5
苯乙酸苯乙酯	1	海狸净油	0.1

吐纳麝香	1.5	玫瑰醇	4
佳乐麝香	2.5	玫瑰醚	0.1
檀香 803	1.5	甲位己基桂醛	1
檀香 208	1	新铃兰醛	2
甲基柏木醚	4	羟基香茅醇	2
降龙涎醚	0.2	异甲基紫罗兰酮	3
茉莉净油	1	柠檬油	1
水杨酸苄酯	3	二甲基庚醇	0.5
铃兰醛	3	苏合香醇	1.5
玳玳花油	1.5	叶醇	0.1
桂酸桂酯	1.5	十一醛	0.1
吲哚	0.1	十二醛	0.1
香柠檬油	2	苯乙醇	0.5
柠檬醛二甲缩醛	1	乙位突厥酮	0.1
水杨酸叶酯	0.5	香叶醇	2
格蓬浸膏	0.5	丁香油	2
壬烯酸甲酯	0.1	乙酸苄酯	6
癸醛二甲缩醛	0.2	乙酰芳樟叶油	14.1
覆盆子酮	0.1	纯种芳樟叶油	10

法林男用香水香精的配方（单位为质量份）：

龙涎酮	15	玫瑰醇	5
香柠檬油	6	二氢茉莉酮酸甲酯	5
红橘油	3	紫罗兰酮	4
圆柚油	3	乙酸柏木酯	2.5
榄香脂油	0.5	广藿香油	1.5
玳玳叶油	1.5	檀香 208	1
香叶油	0.5	檀香 803	3
二氢月桂烯醇	1	香根油	1.5
癸醛	0.1	甲基柏木醚	3
壬二烯醛	0.1	橡苔浸膏	1
辛炔羧酸甲酯	0.1	合成橡苔	1
叶醇	0.1	异丁基喹啉	0.1
甜瓜醛	0.1	薰衣草油	1.5
女贞醛	0.1	异丁香酚	2
2-甲基壬烯酸甲酯	0.1	丁香油	1
榄青酮	0.1	佳乐麝香	4
铃兰醛	2	十五内酯	1
羟基香茅醛	1	水杨酸苄酯	2.5
乙酸苄酯	3	香兰素	0.5
松油醇	1.5	水杨酸戊酯	2
甲位己基桂醛	2	吲哚	0.1
乙酸芳樟酯	4	苯乙醇	11
纯种芳樟叶油	1		

甲基柏木酮的生产方法：柏木烯 10.2kg，催化剂（多聚磷酸）35kg，醋酐 30kg，反应温度为 70℃，反应时间为 7h。在此条件下反应的甲基柏木酮得率为 60% 以上。

龙涎酮的生产方法：以乙醛、丁酮和月桂烯为原料，经羟醛缩合反应、狄尔斯-阿德尔反应和环化反应合成，三步反应的得率分别达 69％、81％及 93％。

第七节　缩醛缩酮类

一、苯乙醛二甲缩醛

苯乙醛二甲缩醛的香气同苯乙醛相差无几，但稳定性要好得多，留香期也较长，生产也比较容易（只要把苯乙醛和甲醇在酸性条件下缩合即成），因而得到较多的应用。在调配风信子、玫瑰、紫丁香花香精中用量较大，其他各种花香香精也可使用它作为"协调剂"，当然，配制"百花香""白花香"及各种以花香为主的"幻想型"香精也经常用到它，用途还算是比较广的。

旱金莲花香精的配方（单位为质量份）：

苯乙醛二甲缩醛	30	甲位己基桂醛	4
二甲基庚醇	20	香紫苏油	2
紫罗兰酮	12	香叶醇	14
芳樟醇	8	香茅醇	10

风信子花香精的配方（单位为质量份）：

苯乙醇	38	丁香酚	4
桂醇	15	格蓬浸膏	1
水杨酸戊酯	10	风信子素	2
50％苯乙醛	3	乙酸苯乙酯	3
苯乙醛二甲缩醛	3	乙酸苄酯	8
兔耳草醛	1	左旋芳樟醇	5
苯甲酸乙酯	4	紫罗兰酮	3

紫丁香香精的配方（单位为质量份）：

苯乙醛二甲缩醛	3	松油醇	50
桂醇	3	苯乙醇	14
甲位戊基桂醛	7	乙酸苯乙酯	4
对甲基苯乙酮	1	乙酸苄酯	15
大茴香醛	3		

苯乙醛二甲缩醛的生产方法：将苯乙醛与含有氯化氢（1％～2％）的甲醇及氯化铵混合搅拌，升温至 40～50℃，室温下放置两天，加入水、氯化钠和乙醚，分出油层，然后用水洗涤并分馏而得。

二、苹果酯

苹果酯是"缩醛缩酮类"香料中最为成功的例子，其原料（乙酰乙酸乙酯和乙二醇）来源丰富易得，制作容易（两种原料在柠檬酸的存在下缩合即得），香气强烈而又宜人，留香持久，因而这个香料从一面世就得到调香师的青睐，在各种日用品的加香中起着举足轻重的作用。

在苹果酯问世前，调香师虽然也早就用一些简单的酯类香料调出惟妙惟肖的食品用苹果香精来，但这种香精用在日用品的加香方面却暴露出许多问题，最严重的是香气太"冲"，不持久，太"甜腻"，有了苹果酯以后，这些问题迎刃而解，"苹果香"也得以在日用品里立足，并且大放异彩，经久不衰。

用原来调配食品用苹果香精的酯类（丁酸戊酯、戊酸戊酯等）加上苹果酯可以配出各种名牌苹果香气的香精，但不用这些酯类而完全用调配化妆品常用的香料加上苹果酯配出的"青苹果"香型香精现在似乎更加受到欢迎。在全世界排名前 25 种"最常用"和"用量最大"的合成香料中有一种叫做"乙酸三甲基己酯"（又称"乙酸异壬酯"）的就是同苹果酯一起作为配制"青苹果"香精的主要原料。

在调配不是以苹果香为主的其他香型香精时，苹果酯的用量较少，因为它的香气强度较大，容易"喧宾夺主"。

青苹果香精的配方（单位为质量份）：

苹果酯	20	丁酸乙酯	1
乙酸邻叔丁基环己酯	8	柠檬醛	1
乙酸三环癸烯酯	20	十四醛	4
二氢月桂烯醇	4	戊酸戊酯	4
乙酸苏合香酯	4	异长叶烷酮	10
乙酸苄酯	24	檀香208	2
乙酸丁酯	10	乙酸异壬酯	24
乙酸戊酯	4	苄醇	16
格蓬酯	4	合计	160

苹果香波香精的配方（单位为质量份）：

乙酸邻叔丁基环己酯	5	玫瑰醇	10
素凝香	10	水杨酸苄酯	5
乙酸松油酯	9	苯甲醇	5
乙酸苄酯	13	芳樟醇	4
苯乙醇	10	松油醇	8
苹果酯	15	乙酸戊酯	2
甜橙油	4		

苹果香精的配方（单位为质量份）：

苹果酯	34	柏木油	3
乙酸异壬酯	4	二甲苯麝香	4
香豆素	5	檀香803	38
香兰素	5	结晶玫瑰	3
洋茉莉醛	4		

苹果香香精的配方（单位为质量份）：

甲位己基桂醛	30	十六醛	10
水杨酸己酯	30	乙酸苄酯	17
水杨酸叶酯	2	素凝香	30
10%女贞醛	4	苹果酯	40
格蓬酯	2	苯乙醇	50
乙酸邻叔丁基环己酯	35	合计	250

制备方法：由乙酰乙酸乙酯和乙二醇在酸性催化剂存在下共沸脱水合成而得，硫酸铝、酸性树脂、三氯化铁漆酚树脂、纳米级固体超强酸 SO_4^{2-}/TiO_2 和活性炭固载的杂多酸（HPA／C）等催化剂对苹果酯的合成反应具有良好的催化活性。

三、风信子素

风信子素的化学名称是 2-(1-乙氧代乙氧代)乙基苯，它是乙醛和丙醛与苯乙醇的缩合产物，既不是醛也不是醇，是"缩醛"。国外类似的缩醛还有"风信子素-3""风信子醛"等，它们同风信子素一样，都带有强烈的风信子花香和铃兰花样的清甜香气，留香持久，在碱性介质中很稳定，也不变色，所以非常适合用来配制各种洗涤剂香精。相对来说，"风信子素-3"的香气更甜一些，也更接近风信子花的清甜香气；"风信子醛"的青气重一些。

风信子素适合用来配制风信子、铃兰、百合、紫丁香、栀子花等花香香精，能赋予香精清新花香，有增清、增强香气的作用，但用量不宜过多，太多了花香会被掩盖住。在配制青香型和"田园风光"类香型香精时可以多用一些。随着"回归自然"香型香精的大流行，风信子素的用量也是不断增加。

风信子香精的配方（单位为质量份）：

风信子素	2	50%苯乙醛	3

苯乙醛二甲缩醛	3	紫罗兰酮	3
乙酸苯乙酯	3	桂醇	15
苯乙醇	33	格蓬浸膏	1
丁香酚	4	水杨酸戊酯	10
乙酸苄酯	8	叶醇	1
兔耳草醛	1	水杨酸苄酯	2
纯种芳樟叶油	5	苯乙酸苯乙酯	2
苯甲酸乙酯	4		

乡间香精的配方（单位为质量份）：

风信子素	5	水杨酸苄酯	5
香柠檬油	2	苯乙醇	5
乙酸苄酯	5	龙涎酮	2
甜橙油	3	乙酸异龙脑酯	1
甲基柏木酮	3	纯种芳樟叶油	5
乙酰异丁香酚	2	桂酸乙酯	1
大茴香醛	1	吐纳麝香	2
洋茉莉醛	3	麝香 T	2
甲基壬基乙醛	0.4	佳乐麝香	5
十一醛	0.5	香根油	1
吲哚	0.1	广藿香油	1
神农香菊油	1	柏木油	2
檀香 208	2	卡南加油	2
檀香 210	1	大花茉莉净油	1
檀香醚	1	玫瑰净油	1
檀香 803	3	香兰素	1
香豆素	2	紫罗兰酮	5
二苯甲烷	2	二苯甲酮	2
乙酸松油酯	2	甲位己基桂醛	5
乙酸芳樟酯	5	桉叶油	1
乙酸苏合香酯	1	素凝香	5

制备方法：由乙缩醛和苯乙醇在盐酸存在下反应，或由乙烯基乙醚和苯乙醇反应制得。合成最佳条件为：反应时间 6h，催化剂为酸性离子液体 1-(4-磺酸基)丁基-3-甲基咪唑四氟硼酸盐，投料物质的量比 n(苯乙醇)：n(乙缩醛)＝1：5，反应温度 40℃，收率 81.96%。

第八节　酸　类

一、草莓酸

　　草莓酸直接嗅闻就已经有令人喜爱的草莓香气了，因此这个香料大量用于配制各种果香的食品香精，当然配制草莓香精更是少不了它，其甲酯和乙酯也都是同一路香气，用途也相近。

　　近年来日用品香精流行水果香型，草莓作为水果里面特别受到人们欢迎的一种，其香气自然也是很受人们喜爱。日用品用的草莓香精使用了大量的"草莓醛"（又称"十六醛"），这个香料价格不高，香比强值大，而又留香持久，但有一点生硬的"化学气息"，此时加入适量的草莓酸或其酯类，便能使调出的香精香气自然舒适，惹人喜爱。

草莓香精的配方（单位为质量份）：

草莓酸乙酸	1	十四醛	2
草莓酸	1	冰乙酸	2
十六醛	20	丁酸乙酯	5
己酸乙酯	5	乳酸乙酯	16
异戊酸乙酯	10	乙酸苄酯	20
乙酸乙酯	5	芳樟醇	5
叶醇	1	桂酸乙酯	5
乙酸异戊酯	2		

果香香精的配方（单位为质量份）：

草莓酸	5	己酸烯丙酯	4
甜橙油	35	乙酸松油酯	3
山苍子油	15	丁酸苄酯	6
兔耳草醛	10	庚酸乙酯	3
乙酸己酯	5	乙酸辛酯	3
乙酸苄酯	5	庚酸烯丙酯	6

草莓酸合成方法：一般采用 2-甲基-2-戊烯醛氧化的方法，氧化剂可采用硝酸银，但硝酸银消耗较大，约占原料成本的五分之三。如采用亚氯酸钠体系选择氧化 D-2-甲基-2-戊烯醛合成 D-2-甲基-2-戊烯酸，当 $n(NaClO_2):n(H_2O_2):n(醛)=1.2:1.1:1$ 时，转化率最高可以达到 97.8%。

二、苯乙酸

苯乙酸是价格非常低廉、留香又持久的香料之一，但它的香气不"清灵"，显得太"浊"一些，所以在配制大部分的香精时用量都不能太多，只有在配制熏香香精时可以多用——苯乙酸在熏燃时散发出来的香气还是不错的。

由于苯乙酸在水里有一定的溶解度，因此配制"水溶性香精"时它是"首选"，用苯乙酸、乙基麦芽酚、苯乙醇等水溶性较好的香料调成的"蜜甜"香精是难得的不用乳化剂就能溶解于水的香精之一，在许多日用品加香时可派上大用场。但在有碱性甚至弱碱性的水溶液里苯乙酸的香气散发不出来，这是苯乙酸在配制洗涤剂和漂白剂香精时很少被用到的主要原因。

茉莉香精的配方（单位为质量份）：

甲位己基桂醛	34	苯乙醇	10
二氢茉莉酮酸甲酯	10	吲哚	1
苯甲酸苄酯	5	苯甲醇	12
苯乙酸苯乙酯	5	苯乙酸	5
水杨酸戊酯	4	乙酸苄酯	14

"印度香"香精的配方（单位为质量份）：

苯乙酸	18	苯乙醇	2
乙酸对甲酚酯	5	水仙醇	30
吲哚	5	对甲酚甲醚	5
十八醛	10	松油醇	10
乙酸苏合香酯	5	水仙醚	10

果香香精的配方（单位为质量份）：

苯乙酸	12	乙酸丁酯	2
丁酸苄酯	3	香柠檬醛	1
乙酸苄酯	50	朗姆醚	1
乙酸邻叔丁基环己酯	1	邻氨基苯甲酸甲酯	2
甜橙油	20	庚酸烯丙酯	1

丙酸苄酯	5	丁酸乙酯	1
壬酸乙酯	1		

"蜜甜"水溶性香精的配方（单位为质量份）：

苯乙酸	20	芳樟醇	5
苯乙醇	43	香兰素	2
乙基麦芽酚	10	乙酸戊酯	2
玫瑰醇	5	乙酸丁酯	3
香叶醇	5	洋茉莉醛	5

制备方法：将 52.6kg70％的硫酸加入反应锅中，搅拌加热至 100℃左右，缓缓滴加苯乙腈，在 1h 内滴完 40kg 后升温至 130℃，继续保温反应 2h。然后加入 8kg 水，稀释反应生成的硫酸氢铵，静置分层，分去硫酸氢铵母液，在 120～130℃减压脱水 1h，得纯度 96％～97％的苯乙酸，收率为 95％～97％。苯乙腈的水解反应也可以在氢氧化钠溶液中进行，在 100～104℃回流 6h，至油状液体减少为止，冷却至 5℃，加盐酸调节 pH 至 1～2，甩滤，滤饼用水洗涤，在 40℃干燥，得苯乙酸。

第九节 酯 类

酯类香料是合成香料里最大的一组，单单链状脂肪酸与脂肪醇形成的"简单"酯类常用的就有几百个，加上芳香族、萜类化合物形成的酯类香料也有几百个。它们是自然界动植物、微生物产生的香气中最重要、含量最丰富的物质，至今已发现、深入研究的仍仅仅是其中的一部分而已。

低碳脂肪酸与脂肪醇形成的酯类化合物是配制各种水果香精的主要香料，许多以生产食用香精为主的香精厂都自己生产这些酯类降低成本，在配制日用品香精时虽然也有应用，有时还是非用不可的，但总的用量不大，本节中只介绍比较重要的几种酯类香料。

几乎所有的乙酸酯类香料在常温下都是液体，这是一个很有意思的现象。

一、乙酸苄酯

乙酸苄酯是"大吨位"的香料产品之一，全世界年消耗量近 1 万吨，调香师大量使用它的原因是价格低廉、香气好（花香中带果香）、质量稳定、不变色、可与各种常用的香料相混溶甚至可以"帮助"溶解度不好的香料溶入香精中。乙酸苄酯的香气是以茉莉花香为主带苹果香，这两种香味都是日用品香精里很受欢迎的。

天然茉莉花精油含乙酸苄酯 20％～30％。一般的茉莉花香精中，乙酸苄酯用量则高达 30％～60％，再加些带茉莉花香的、留香较好的香料如甲位戊（己）基桂醛、二氢茉莉酮酸甲酯等即组成了茉莉花"主香"，稍加修饰让它整体香气"连贯"、头尾一脉相传就是一个不错的香精了。

除了茉莉花香精外，其他花香香精调配时也几乎必加乙酸苄酯，如铃兰花、紫丁香花、百合花、栀子花、水仙花、桂花、玉兰花等香精都含有较多的乙酸苄酯，而像玫瑰花这种"纯甜"的香精看起来好像与乙酸苄酯"无缘"，调香师却还是喜欢在调配玫瑰香精时加一点乙酸苄酯，因为玫瑰香精中大量的醇类香料都显得有点"呆滞"，不够透发，加点乙酸苄酯可以让香气"轻灵"一些，"活泼"一些，而且不会使人闻起来太过"甜腻"。

其他非花香香精调配时如果觉得"沉闷""没有生气"，也可以考虑加点乙酸苄酯增加头香强度，加入量以不改变整体香气为限。

茉莉花香精的配方（单位为质量份）：

乙酸苄酯	40	乙酸芳樟酯	5
丙酸苄酯	5	铃兰醛	10
甲位己基桂醛	20	苯甲酸苄酯	5
乙酸二甲基苄基原酯	5	水杨酸苄酯	5
左旋芳樟醇	5		

茉莉香精的配方（单位为质量份）：

甲位己基桂醛	15	苄醇	5
邻氨基苯甲酸甲酯	10	甜橙油	3
水仙醇	20	松油醇	2
乙酸苄酯	40	苯乙醇	5

百花玫瑰香精的配方（单位为质量份）：

乙酸玫瑰酯	30	乙酸苄酯	10
苯乙醇	20	铃兰醛	10
结晶玫瑰	4	花萼油	10
二苯醚	16		

白兰香精的配方（单位为质量份）：

左旋芳樟醇	25	二甲苯麝香	10
甲位戊基桂醛	15	丁酸乙酯	2
邻氨基苯甲酸甲酯	15	甜橙油	5
乙酸苄酯	55	羟基香茅醛	5
己酸烯丙酯	3	10％吲哚	5
素凝香	10	合计	150

乙酸苄酯生产方法：

（1）以苯甲醇和醋酸为原料，硫酸为催化剂，加热回流制得粗的乙酸苄酯，粗乙酸苄酯用质量分数为 15％的碳酸钠溶液和 15％的氯化钠溶液洗涤，真空蒸馏制得乙酸苄酯。这个工艺的特点是产品质量好，但原料成本高，收率低。

（2）以氯化苄和醋酸钠为原料生产乙酸苄酯——理想投料比为：氯化苄∶醋酸钠（3 结晶水）∶三乙胺∶碳酸氢钠为 410∶540∶8.5∶5，工艺流程见图 4-4。

将氯化苄和三乙胺抽入反应釜中，搅拌加热升温到 80℃，继续搅拌 0.5h，冷却到 50℃以下，投入醋酸钠和碳酸氢钠，搅拌，回流脱水，温度在 125℃以下，反应 8～10h 以后，取样化验原料中不含氯化苄（薄层色谱法），加水搅拌，同时加碳酸氢钠中和到中性，将盐水放掉，用 30kg 焦亚硫酸钠和 200kg 盐水配成的溶液，搅拌脱醛 3h，最后用盐水洗涤。粗产品加入适量的硼酸，减压精馏，收集产品 430kg 左右。产品经高压液相色谱分析，含量大于 99％，不含氯。

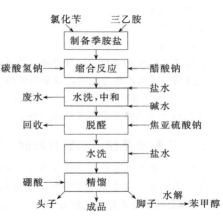

图 4-4　乙酸苄酯生产流程简图

二、乙酸苯乙酯

在香料工业中，乙酸苯乙酯的重要性远不如乙酸苄酯，在各种香精配方里出现的频率和总需求量都少得多，主要原因是乙酸苯乙酯的香气较为"逊色"——花香、果香都"不怎么样"，而价格虽然不高，但也比乙酸苄酯高了一倍。

在苯乙醇使用量大的香精里，适当加点乙酸苯乙酯可以让显得"沉闷""呆滞"的香气"活泼"起来，如乙酸苄酯的作用，但乙酸苯乙酯的用量要控制好，多加了香气质量就不行，会变调。在栀子花、桂花香精里乙酸苯乙酯可以多用一点，因为这两个花香都有"桃子香"——乙酸苯乙酯带的"果香"就是"桃子香"。

高度稀释、淡弱的乙酸苯乙酯香气有安神、镇定、催眠的作用，这是"芳香疗法"研究取得的最新结果，脑波测试、小白鼠"活动性"实验等都证实了这一点，因此，乙酸苯乙酯今后有望在"芳香疗法""芳香养生"方面得到更多的应用。

白玫瑰香精的配方（单位为质量份）：

香茅油	7.5	二苯醚	10
苯乙醇	45	苯乙酸	12

十醛	0.6	檀香 803	2.4
玫瑰醚	0.1	配制茉莉油	3
结晶玫瑰	1	桂醇	1.2
玫瑰醇	6	柏木油	4
紫罗兰酮	0.6	松油醇	1.8
乙酸苯乙酯	1.2	香兰素	1.8
左旋芳樟醇	0.6	50%苯乙醛	1.2

栀子花香精的配方（单位为质量份）：

乙酸苏合香酯	3	十四醛	3
十八醛	12	乙酸苯乙酯	12
乙酸苄酯	25	松油醇	4
铃兰醛	10	邻氨基苯甲酸甲酯	3
羟基香茅醛	4	丁香油	5
甲位戊基桂醛	7	乙酸芳樟酯	4
左旋芳樟醇	8		

桂花香精的配方（单位为质量份）：

十四醛	20	左旋芳樟醇	10
乙酸苯乙酯	5	叶醇	1
紫罗兰酮	20	乙酸玫瑰酯	9
乙酸苄酯	35		

乙酸苯乙酯生产方法：以酸性离子液体己基甲基咪唑硫酸氢盐 [n-C6Im][HSO$_4$] 为催化剂催化合成。最佳合成条件：2-苯乙醇与乙酸乙烯酯物质的量比为 1∶1.2，离子液体催化剂用量 5%（质量分数），反应温度为 140℃，反应时间为 6h，转化率为 91.8%。离子液体催化剂重复使用 4 次后，转化率开始缓慢下降，但补充适量硫酸后离子液体即可恢复催化活性。

三、乙酸香茅酯、乙酸香叶酯、乙酸橙花酯和乙酸玫瑰酯

这四个酯都是具有强烈的玫瑰香韵的香料，由于商品乙酸香茅酯总免不了带有一定量的乙酸香叶酯和乙酸橙花酯，乙酸香叶酯也免不了带有不少的乙酸香茅酯和乙酸橙花酯，乙酸橙花酯也不可能"纯净"，大量的"杂质"就是乙酸香茅酯和乙酸香叶酯，而商品"乙酸玫瑰酯"基本上就是前三个酯的混合物，所以这四个酯在调香师的心目中差不多是"一回事"。当然，即使是市场上购买到的商品，香气还是有所差异的，乙酸香茅酯在以玫瑰花的甜蜜香味基础上带一点点水果味或"青气"；乙酸香叶酯的香气较"沉重"，是比较"正"的玫瑰花香味；乙酸橙花酯则带点橙花的香气。

在配制玫瑰和其他花香香精、各种"幻想型"香精时，加入这四个酯中的任何一个或几个，都可以让香精的"体香"更为"丰满""细腻"，起着"承上启下"的作用。如果单单使用香茅醇、香叶醇、橙花醇、玫瑰醇、苯乙醇等，玫瑰的香气只能在"头香"中闻到，"体香"就是别的香气了。

把香茅油里面的香茅醛提取出来后留下的"母液"中含有较多的香叶醇、较少的香茅醇，如果直接把香茅油里的香茅醛还原成香茅醇，得到的混合物则含有较多的香茅醇、较少的香叶醇，这两种"玫瑰醇"用醋酸酐"乙酰化"或者"酯化"得到的产物都可以称为"乙酸玫瑰酯"，直接用于调香。商业上把它叫做"来自香茅油的乙酸玫瑰酯"以区别于"来自香叶油的乙酸玫瑰酯"，一般认为后者香气较好、留香也较持久，所以价格也较高。

红玫瑰香精的配方（单位为质量份）：

玫瑰醇	40	柏木油	4
苯乙醇	21	檀香 208	1
结晶玫瑰	4	檀香 803	7
乙酸香茅酯	4	柠檬醛	1
乙酸香叶酯	4	10%玫瑰醚	2

10％乙位突厥酮	4	乙酸苄酯	2
香兰素	4	10％降龙涎醚	1
10％十一烯醛	1		

玫瑰香精的配方（单位为质量份）：

香叶醇	40	甲酸香叶酯	1
苯乙醇	21	乙酸香茅酯	1
山楸油	4	乙酸橙花酯	5
玫瑰醇	20	结晶玫瑰	2
芸香浸膏	6		

玫瑰香精的配方（单位为质量份）：

结晶玫瑰	8	乙酸对叔丁基环己酯	15
苯甲酸甲酯	5	柏木油	10
二苯甲酮	12	苯乙醇	13
乙酸香叶酯	5	二苯醚	10
乙酸玫瑰酯	5	紫罗兰酮	2
香叶醇	15		

乙酸香茅酯的生产方法：以香茅醇与乙酸酐为原料，以 $NaHSO_4 \cdot SiO_2$ 为负载型固体催化剂，采用微波辐射的方式绿色合成乙酸香茅酯。合成的最佳条件为：$NaHSO_4$ 质量分数为40％，$n(酸酐):n(醇)=1.4:1$，反应时间为9min，催化剂用量为底物的20％，反应温度为70℃，微波辐射功率为480W，产品收率为98.3％。$NaHSO_4 \cdot SiO_2$ 催化剂循环使用4次，仍然显示出一定的催化活性。

四、乙酸芳樟酯

香柠檬油、薰衣草油是配制花露水、古龙水和各种香水时最常用，也是用量最大的天然香料，这两种精油都含有大量的乙酸芳樟酯，因此，在现代基本上以配制精油（特别是发现了香柠檬烯对皮肤的"光毒性"以后，调香师对天然香柠檬油的使用更加小心翼翼）为主时，乙酸芳樟酯更是"大放异彩"，几乎在所有的日用化学品香精配制时都用到。乙酸芳樟酯成为仅次于乙酸苄酯的"大宗香料"之一，年需求量高达5000t以上。

乙酸芳樟酯是属于直接嗅闻就令人愉快、舒适的单体香料之一，所以在调配几乎任何一种香味（包括青香、草香、花香、木香、膏香、壤香、药香等）的香精时，如果头香不好的话，都可以考虑加点乙酸芳樟酯试试让它的香气变好。在头香香料里，乙酸芳樟酯的香气强度是比较大的，所以在配制香精时，刚刚加入的乙酸芳樟酯香气马上把其他香料的香气"盖住"，有时调香师会被它"迷惑"，以为香气已经不错，过了一段时间以后，或者沾在闻香纸上稍过一会儿，香气就改变，还得再调。要让乙酸芳樟酯的香气保留较久的话，还应加入一些天然薰衣草油或者香紫苏油，尤其是后者，可以把这一路香气一直维持到最后（基香部分）。

乙酸芳樟酯的生产并不难，用芳樟醇加醋酸酐乙酰化（酯化）就行了，问题是芳樟醇在酸性、温度高时容易异构化，所以这个"酯化反应"如果用硫酸作为催化剂的话，产物是个"大杂烩"，工业上采用磷酸醋酐（低温反应）或醋酸钾（高温反应）等作催化剂的办法来克服这个困难。

"纯种芳樟叶油"含芳樟醇已达95％以上，可以直接酯化制造乙酸芳樟酯，由于香气特别美好，生产者为了显示它的"高天然度"和有别于用合成芳樟醇制造的乙酸芳樟酯，在商业上把它叫做"乙酰化纯种芳樟叶油"，如同"乙酰化香根油""乙酰化玫瑰木油"一样。乙酰化纯种芳樟叶油和纯种芳樟叶油都可以大量用于"重整"各种精油甚至配制各种惟妙惟肖的"天然精油"，例如薰衣草油、香柠檬油、苦橙花油等。

薄荷薰衣草香精的配方（单位为质量份）：

薄荷素油	10	丁香罗勒油	5
乙酸芳樟酯	40	芳樟醇	10
乙酸异龙脑酯	4	甜橙油	2
香豆素	2	山苍子油	5
桉叶油	4	二氢月桂烯醇	2
黄樟油	2	乙酸松油酯	14

花容香精的配方（单位为质量份）：

二氢茉莉酮酸甲酯	10	甲基壬基乙醛	1
龙涎酮	10	乙酸二甲基苄基原酯	5
二氢月桂烯醇	2	甲位己基桂醛	8
芳樟醇	3	羟基香茅醛	5
乙酸芳樟酯	10	水杨酸戊酯	1
麝香 T	6	水杨酸苄酯	5
檀香 208	4	甜橙油	10
兔耳草醛	5	乙酸苄酯	10
玫瑰醇	5		

琥珀金香精的配方（单位为质量份）：

10％降龙涎醚	5	乙酸芳樟酯	14
龙涎酮	5	芳樟醇	5
甲基柏木酮	25	檀香 208	2
麝香 T	10	香紫苏油	3
70％佳乐麝香	10	苯乙醇	15
香兰素	6		

古龙香精的配方（单位为质量份）：

70％佳乐麝香	9	邻氨基苯甲酸甲酯	12
甜橙油	20	黑檀醇	1
山苍子油	5	甲基柏木醚	9
二氢月桂烯醇	2	橙花酮	2
香豆素	4	檀香 208	2
乙酰化纯种芳樟叶油	27	广藿香油	2
甲基柏木酮	4	甲基壬基乙醛	1

姜花香精的配方（单位为质量份）：

香茅腈	5	己酸烯丙酯	1
柠檬腈	2	芳樟醇	20
叶醇	1	香柠檬醛	3
乙酸叶酯	1	乙酸芳樟酯	16
松油醇	30	苯甲酸苄酯	10
甜橙油	11		

薰衣草香精的配方（单位为质量份）：

乙酸芳樟酯	25	楠叶油	2
乙酸松油酯	5	苯乙醇	48
芳樟醇	15	香紫苏浸膏	5

配制香柠檬油的配方（单位为质量份）：

乙酸芳樟酯	60	乙酸松油酯	6
芳樟醇	6	邻氨基苯甲酸甲酯	2
甜橙油	25	香柠檬醛	1

上面例子的配方中"乙酸芳樟酯"和"芳樟醇"如分别改用"乙酰化纯种芳樟叶油"和"纯种芳樟叶油"则更好。

乙酸芳樟酯的生产方法：以芳樟醇和乙酸酐为原料，4-二甲氨基吡啶（DMAP）为催化剂，采用反应-蒸馏工艺合成。当 n（芳樟醇）：n（乙酸酐）：n（DMAP）＝1：2.0：0.01，反应温度为（82±2）℃，反应时间为9h时，芳樟醇摩尔收率大于96％。

五、乙酸松油酯

乙酸松油酯的香气接近于乙酸芳樟酯但"粗糙"得多，而留香倒是稍微持久一点。由于价格低廉，在许多大量使用乙酸芳樟酯的场合，适当用点乙酸松油酯代替乙酸芳樟酯可以降低成本，但不要代替太多，否则香气质量会下降。

低档的皂用香精和熏香香精可以大量使用乙酸松油酯，在现今"回归大自然"的热潮中，乙酸松油酯是配制"森林"气息"幻想型"香精的主要香料之一，用量也较大。

科龙香精的配方（单位为质量份）：

二氢月桂烯醇	14	山苍子油	5
甲基柏木酮	20	玫瑰醇	10
乙酸芳樟酯	5	柏木油	19
芳樟醇	5	乙酸松油酯	10
甜橙油	12		

橘青香精的配方（单位为质量份）：

甜橙油	25	柠檬醛	1
甲位己基桂醛	20	女贞醛	1
二氢茉莉酮酸甲酯	10	花青醛	1
芳樟醇	10	牡丹腈	3
铃兰醛	6	柑青醛	3
松油醇	4	乙酸松油酯	10
乙酸芳樟酯	6		

这个香精的香气相当持久，是"青香"香精中难得的一个好配方。

素心兰香精的配方（单位为质量份）：

广藿香油	2	铃兰醛	10
香根油	2	乙酸芳樟酯	5
檀香 208	7	10％甲基壬基乙醛	2
香紫苏油	2	10％十醛	1
乙酸苄酯	13	乙酸松油酯	7
乙位萘甲醚	2	洋茉莉醛	3
甲位戊基桂醛	2	香豆素	3
玫瑰醇	10	乙基香兰素	1
二苯醚	5	龙涎酮	1
苯乙醛二甲缩醛	1	酮麝香	4
紫罗兰酮	8	70％佳乐麝香	6
香茅腈	2	乙酸对叔丁基环己酯	3
茴香腈	2	橡苔浸膏	2
甜橙油	10	邻苯二甲酸二乙酯	10
苯甲酸苄酯	10	乙酸苏合香酯	2
甲基柏木醚	2	合计	140

松林香精的配方（单位为质量份）：

乙酸松油酯	14	四氢芳樟醇	4
月桂烯	10	四氢乙酸芳樟酯	3
石竹烯	31	乙酸芳樟酯	10
乙酸异龙脑酯	18	松节油	10

乙酸松油酯的生产条件：$n(\alpha\text{-蒎烯}) : n([\mathrm{HSO_3\text{-}pmim}]\mathrm{H_2PO_4}) : n(氯乙酸) : n(乙酸) = 5 : 0.9 : 5 : 14$，反应温度为 40℃，反应时间为 10h。在此条件下，α-蒎烯转化率为 85.6％，乙酸松油酯质量分数为 36.0％。该

催化体系可重复使用，重复使用 5 次时，α-蒎烯转化率为 83.5％，乙酸松油酯质量分数仍达 33.7％。

六、乙酸异龙脑酯

乙酸异龙脑酯的香气虽然比乙酸龙脑酯"稍逊一筹"，但它的价格低廉（与乙酸苄酯差不多），所以使用量远远超过乙酸龙脑酯。乙酸异龙脑酯与松节油、乙酸松油酯、松油醇、二氢月桂烯醇、柏木油等可以配制出成本非常低的"森林百花"幻想型香精，这种香型在今后一段时期内都是挺受欢迎的，因为它满足了人们在家里、办公室里享受"森林浴"的欲望。

早期的调香师对樟脑、龙脑、桉叶油素、薄荷脑、乙酸龙脑酯、乙酸异龙脑酯这一类带"辛凉药香"的香料不敢放手使用，甚至在一些书籍中关于"香料品位"的讨论时把带"辛凉"气味的香料（主要是天然香料）"降级"，例如"薰衣草油"的品级是"香气香甜、不带辛凉气息者为上品"，含有较多桉叶油素、樟脑的"穗薰衣草油"和"杂薰衣草油"当然"品位"就低了。在调配高级香水、化妆品香精时几乎不用这些带"辛凉"香气的香料。目前这种看法正在悄悄地改变。

洗发水、沐浴液、香皂等人体用的洗涤剂原来加入的香精香型主要是"百花香""木香""醛香"和流行的香水香型，近来由于受到"精油沐浴"的影响，加上有人希望家里浴室、卫生间也要有"大自然"的气息，逐渐倾向于带点"青香""辛凉香"甚至"草药香"的"自然香型"，乙酸异龙脑酯开始大量应用于这个领域。最近更有一种带强烈"森林气息"的香皂（使用的香精含多量的乙酸异龙脑酯，成本很低）畅销，人们把它放在卫生间里当"空气清新剂"用几个星期，到香气变淡时再作香皂使用。这种"一物两用"的新产品也是日用品创新的一种趋势。

药草香香精的配方（单位为质量份）：

甲酸香茅酯	40	香柠檬醛	1
龙涎酮	2	薄荷脑	3
檀香 208	2	樟脑	2
乙位萘乙醚	1	甜橙油	12
桂酸乙酯	1	苄醇	13
紫罗兰酮	1	水杨酸戊酯	10
乙酸柏木酯	1	桂醛	5
乙基香兰素	1	丁香油	10
香豆素	3	广藿香油	5
十八醛	2	桉叶油	5
香兰素	1	麦赛达	15
乙酸异龙脑酯	12	乙酸松油酯	40
洋茉莉醛	3	二氢芳樟醇	6
乙酸芳樟酯	1	合计	200
柠檬醛	2		

"国际香型"香精的配方（单位为质量份）：

二氢月桂烯醇	10	松油醇	10
甲基柏木酮	10	玫瑰醇	10
乙酸苄酯	4	香豆素	5
乙酸松油酯	10	乙酸异龙脑酯	10
甜橙油	5	柏木油	10
二甲苯麝香	8	檀香 803	6
苯甲酸苄酯	2		

松林香精的配方（单位为质量份）：

乙酸异龙脑酯	50	乙酸苏合香酯	1
大茴香醛	5	兔耳草醛	1
桉叶油	4	乙酸松油酯	10

香豆素	4	水杨酸戊酯	1
对甲基苯乙酮	1	松节油	10
乙酸苄酯	2	松油醇	11

"密林"香精的配方（单位为质量份）：

二氢月桂烯醛	17	乙酸苄酯	10
苯甲酸甲酯	10	松油醇	16
乙酸异龙脑酯	24	女贞醛	2
水仙醇	20	乙酸苏合香酯	1

乙酸异龙脑酯的生产方法：用乙酸和莰烯进行反应合成。在反应酸烯物质的量比为 2：1，催化剂（$TiCl_4$ 水解同时加入磷钨酸，氨水沉淀后，采用硫酸铵混合后焙烧工艺制备的 SO_4^{2-}/TiO_2 负载磷钨酸型固体酸）用量为酸烯总质量的 3％，反应时间为 6h，反应温度为 80℃的条件下转化率最高，可达 85.5％，经初步蒸馏后产品纯度可达 95％以上。

七、乙酸对叔丁基环己酯

这个完全是"人造"的合成香料一经合成就颇受调香师的青睐，全靠着它那强有力的、在各种条件下都较为稳定的、留香较为持久的、符合现代调香需要的有特色的香气——这香气有点鸢尾油的香气（所以乙酸对叔丁基环己酯有人把它叫做"鸢尾酯"），更多的是像柏木油那种木香，而在香精里面却又"表现"出玫瑰的甜香，这几种香味都是调香师所喜爱的、常用的，虽然直接嗅闻乙酸对叔丁基环己酯感觉不太好、有点"生硬"，但它在各种香精里面却能把它优秀的一面发挥出来。

在配制洗涤剂包括皂用香精时，乙酸对叔丁基环己酯的优点可以发挥到淋漓尽致的程度，它那有点"生硬"的木香味刚好抵消掉肥皂和高碳醇、高级脂肪酸的"油脂臭""蜡臭""碱味"，价格也刚好适中，所以现代的洗涤剂香精中乙酸对叔丁基环己酯用量是很大的。

鸢尾香精的配方（单位为质量份）：

乙酸对叔丁基环己酯	39	萨利麝香	4
香根醇	5	紫罗兰酮	13
洋茉莉醛	8	羟基香茅醛	15
10％香兰素	5	大茴香醛	2
玫瑰醇	1	桂醇	8

金玫瑰香精的配方（单位为质量份）：

二苯醚	2	配制茉莉油	8
10％乙位突厥酮	12	甲基紫罗兰酮	6
二甲基对苯二酚	1	芳樟醇	12
乙酸环己基乙酯	4	乙酸对叔丁基环己酯	40
玫瑰醇	62	铃兰醛	2
麝香 105	4	异丁香酚	1
甲位己基桂醛	30	乙酸三环癸烯酯	6
水杨酸己酯	10	合计	200

乙酸对叔丁基环己酯的生产方法：由对叔丁基苯酚经加氢、酯化而得。

八、乙酸异壬酯

乙酸异壬酯学名是乙酸-3,5,5-三甲基己酯，价格低廉，香气强度大，虽然头香有点"冲"，但当它与其他强烈苹果香的香料如乙酸邻叔丁基环己酯、苹果酯等一起使用时，香气就好得多了。由于这一组香料的香气强度很大，可以加入较多的廉价香料如松油醇、乙酸苄酯等组成相当低成本的苹果香香精。

与二氢月桂烯醇正好相反，乙酸异壬酯虽然香比强值大，但它很容易与其他香气不怎么强的香料组成"一团"好闻的香基，通常在调配花香、果香等香精时如果头香有些"刺激"，也可考虑加点乙酸异壬酯把头香调圆和。在这方面，乙酸异壬酯有点像乙酸芳樟酯，而它的香气接近于乙位乙酸十氢萘酯、乙酸诺卜酯和乙酸松油酯，这几个酯类香料都有薰衣草油的香气，这种香味这些年来深受人们喜受。

苹果香精的配方（单位为质量份）：

乙酸戊酯	3	乙酸异壬酯	10
戊酸戊酯	20	乙酸苄酯	10
丁酸乙酯	5	乙酸苏合香酯	1
丁酸戊酯	5	乙酸邻叔丁基环己酯	5
苹果酯	20	松油醇	13
乙酸己酯	8		

青苹果香精的配方（单位为质量份）：

乙酸苄酯	20	乙酸邻叔丁基环己酯	7
松油醇	30	苹果酯	28
乙酸异壬酯	15		

青苹果香精的配方（单位为质量份）：

苹果酯	20	格蓬酯	4
乙酸己酯	6	丁酸乙酯	1
乙酸邻叔丁基环己酯	8	柠檬醛	1
乙酸三环癸烯酯	20	十四醛	4
二氢月桂烯醇	4	戊酸戊酯	4
乙酸苏合香酯	4	异长叶烷酮	10
乙酸苄酯	24	檀香208	2
乙酸丁酯	10	乙酸异壬酯	34
乙酸戊酯	4	合计	160

薰衣草香精的配方（单位为质量份）：

乙酸芳樟酯	25	楠叶油	2
乙酸松油酯	5	苯乙醇	38
乙酸异壬酯	10	香紫苏浸膏	5
芳樟叶油	15		

乙酸异壬酯的生产方法：通过2,4,4-三甲基-1-戊烯和乙酸合成乙酸-3,5,5-三甲基己酯，见图4-5。

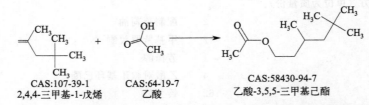

CAS:107-39-1　　　　　　CAS:64-19-7　　　　　　CAS:58430-94-7
2,4,4-三甲基-1-戊烯　　　乙酸　　　　　　乙酸-3,5,5-三甲基己酯

图4-5　2,4,4-三甲基-1-戊烯和乙酸合成乙酸-3,5,5-三甲基己酯的反应方程式

九、水杨酸丁酯和水杨酸戊酯类

水杨酸丁酯、水杨酸异丁酯、水杨酸戊酯和水杨酸异戊酯的香气接近，都是所谓的"草兰"香气，留香期都较长，在国外用量很大，国内现在使用量也在增加中。

除了用于配制各种"草兰""兰花"香精以外，这几个酯类香料也常用于配制一些"草香""药香""辛香"的香精，由于它们都属于"后发制人"的香料，调香师如果不小心用得过多，往往将配好的香精放置一段时间以后才闻到不良气息，还得再调。所以善于使用这几个香料的都是有经验的调香师。因为它们便宜，后期香气强度大，用得适当的话常常有意想不到的效果。

草兰香精的配方（单位为质量份）：

水杨酸异丁酯	35	水杨酸异戊酯	30

香柠檬油	10	薰衣草油	5
配制玫瑰油	6	香豆素	2
配制茉莉油	2	苯乙醛二甲缩醛	1
羟基香茅醛	1	70％佳乐麝香	1
依兰依兰油	7		

本书中所有"配制玫瑰油"统一配方如下（数字单位为质量份）：

香叶醇	20.0	乙位突厥酮	0.2
苯乙醇	12.6	赖百当浸膏	1.0
乙酸香叶酯	4.0	乙酸对叔丁基环己酯	4.0
乙酸玫瑰酯	5.0	柏木油	3.0
玫瑰醚	0.2		

"花间"香精的配方（单位为质量份）：

薰衣草油	30	乙酸异龙脑酯	5
甲位戊基桂醛	30	香茅腈	3
铃兰醛	10	女贞醛	1
二氢月桂烯醇	5	柑青醛	11
山苍子油	5	依兰依兰油	20
甜橙油	10	乙酸苄酯	30
玫瑰醇	10	水杨酸戊酯	10
纯种芳樟叶油	10	合计	200
乙酸芳樟酯	10		

桂花香精的配方（单位为质量份）：

乙酸对叔丁基环己酯	10	苯乙酸苯乙酯	5
紫罗兰酮	18	水仙醇	15
乙酸苄酯	4	芳香醚	5
乙酸苯乙酯	5	香叶醇	9
70％佳乐麝香	12	苯乙醇	2
桃醛	5	甲位己基桂醛	5
水杨酸丁酯	5		

风信子花香精的配方（单位为质量份）：

苯乙醇	38	丁香酚	4
桂醇	15	格蓬浸膏	1
水杨酸异戊酯	10	风信子素	2
50％苯乙醛	3	乙酸苯乙酯	3
苯乙醛二甲缩醛	3	乙酸苄酯	8
兔耳草醛	1	芳樟醇	5
苯甲酸乙酯	4	紫罗兰酮	3

水杨酸丁酯、水杨酸戊酯的生产方法：原料配比 n（水杨酸）：n（ROH，丁醇或戊醇）＝1：1.8，催化剂 ASA（芳基磺酸）的用量为酸质量的 5％～7％，反应温度为 110～140℃，反应时间为 4～7h，转化率达 92％～97％，产品纯度大于 99％。

十、二氢茉莉酮酸甲酯

二氢茉莉酮酸甲酯是香料工作者与化学家合作在合成香料方面杰出的"作品"之一，一个单体香料几乎就是一个"完整"的香精——它那"淡雅"的清香，既不会太"冲"又不至于淡得要用"暗香"来形容，留香非常持久，而且从头到尾香气不变。在各种香精配方里，二氢茉莉酮酸甲酯都默默地扮演着"配角"的角色，从不"出风头"，有时用量少到不足 1％就足以让头香"平衡""和谐""宜人"，大到将近 50％它也不"喧宾夺主"，因此，二氢茉莉酮酸甲酯不只是配制茉莉花香精的重要原料，也不只是配制各种花香的主要原料，差不多所有香型的香精都可以用到它，难怪调香师们非常喜欢它。

稳定、不变色也是二氢茉莉酮酸甲酯的优点之一，有许多高级化妆品、香皂、用于特殊场合的日用品香精特别"看中"它这一优点，配制这些对色泽要求较高的香精时可以多多使用二氢茉莉酮酸甲酯。请看下面几个香精配方例子：

高级茉莉香精的配方（单位为质量份）：

二氢茉莉酮酸甲酯	30	水杨酸苄酯	5
苯甲酸苄酯	10	乙酸香叶酯	2
乙酸苄酯	20	铃兰醛	3
丙酸苄酯	3	兔耳草醛	2
丁酸苄酯	2	10％甲基壬基乙醛	1
苯甲酸叶酯	3	10％十四醛	1
苯乙醇	2	龙涎酮	6
芳樟醇	8	檀香208	3
乙酸芳樟酯	4	70％佳乐麝香	12
苄醇	2	香紫苏油	10
叶醇	1	合计	130

茉莉鲜花香精的配方（单位为质量份）：

乙酸苄酯	39	乙酸苏合香酯	1
甲位戊基桂醛	5	苄醇	20
苯乙醇	10	水杨酸苄酯	2
苯乙酸乙酯	4	橙花素	2
芳樟醇	15	二氢茉莉酮酸甲酯	6
乙酸芳樟酯	20	吲哚	1
甜橙油	3	苯甲酸苄酯	13
邻氨基苯甲酸甲酯	4	合计	150
羟基香茅醛	5		

芬兰香精的配方（单位为质量份）：

二氢茉莉酮酸甲酯	15	乙酸香叶酯	2
甜橙油	5	水杨酸丁酯	2
己酸烯丙酯	2	铃兰醛	2
芳樟醇	13	乙酸芳樟酯	5
苯乙醇	14	水杨酸苄酯	3
乙酸苄酯	5	甲位戊基桂醛	2
乙基麦芽酚	2	苯甲酸苄酯	20
乙酸苏合香酯	1	龙涎酮	6
柠檬腈	1		

二氢茉莉酮酸甲酯的生产工艺操作步骤：首先以正戊醛和环戊酮为原料，在碱性条件下缩合成2-亚戊基环戊酮，适宜的反应条件为：n(正戊醛)：n(环戊酮)＝1：1.3，在80℃下进行滴加，反应时间为1h。然后经过负压精馏得到2-亚戊基环戊酮的成品。产物（2-亚戊基环戊酮）的收率达82.75％。接着2-亚戊基环戊酮在催化剂作用下，异构成2-戊基环戊烯酮，反应温度为125℃，n(对甲苯磺酸)：n(醋酐)：n(二甲苯)：n(2-亚戊基环戊酮)＝0.004：0.37：0.44：1，反应时间为3h时，反应效果最好，然后经负压精馏得2-戊基环戊烯酮成品。产物的收率达到86.01％。最后2-戊基环戊烯酮在一定条件下经Michael加成和选择性脱羧反应合成二氢茉莉酮酸甲酯。Michael加成的最优条件为：n(甲醇钠)：n(甲醇)：n(丙二酸二甲酯)：n(2-戊基环戊烯酮)＝1：1.69：3.27：2.84，反应温度10℃，反应时间1h；脱羧反应的最优条件为：反应温度200℃，水与2-戊基环戊烯酮的物质的量之比为5.74：1，反应时间1h，然后经过精馏分离得到二氢茉莉酮酸甲酯纯品。两步反应

总收率达到 82.51％。经过上述三步反应，总收率为 58.71％，得到的二氢茉莉酮酸甲酯纯品经气相色谱检测其含量为 97.04％。

十一、苯甲酸苄酯与水杨酸苄酯

这两个在香精配方中最常用的"定香剂"许多人认为几乎"无味"，但在调香师灵敏的嗅觉下，它们不但有香味，而且香气"有力"——因为它们留香持久，到"基香"阶段散发香味。初出茅庐的调香人员往往随意在香精中加入"一些"这一类香气"淡弱"的定香剂，不注意它们的"后劲"，待到调好以后沾在闻香纸上嗅闻，到最后才发现问题。

为什么原来香气那么淡弱的香料到后来却变得"有力"起来？这正是"真正的"定香剂的"魅力"所在——苯甲酸苄酯和水杨酸苄酯都有一个"本领"，就是能够在香精中所有的香料都在挥发时"拉住"（有的化学家认为应该是"络合"）一部分香料到最后才一起慢慢挥发（如果生成络合物的话挥发就更慢了），由于每一种定香剂"拉住"的香料都是有"选择性"的，所以香精中加入的定香剂不同，到"基香"阶段香气也大不一样。

事实上，苯甲酸苄酯和水杨酸苄酯各自的香气也是完全不一样的，苯甲酸苄酯有杏仁香脂样的香气，而水杨酸苄酯则除了有香脂香气外，还隐约有麝香样的动物香味。细细闻之，水杨酸苄酯的香气好一些。

杜鹃花香精的配方（单位为质量份）：

水杨酸苄酯	30	水杨酸甲酯	1
苯甲酸苄酯	20	苯乙醇	10
玫瑰醇	10	芳樟醇	10
羟基香茅醛	10	甜橙油	5
苯甲酸甲酯	1	松油醇头子	2
苯甲酸乙酯	1		

清鲜茉莉香精的配方（单位为质量份）：

10％甲基吲哚	10	甜橙油	3
乙酸苄酯	40	苯乙酸乙酯	4
苯乙醇	20	乙酸松油酯	10
苯甲酸苄酯	13	芳樟醇	10
水杨酸苄酯	10	合计	120

百花夜来香香精的配方（单位为质量份）：

水杨酸戊酯	5	甜橙油	3
苯甲酸甲酯	1	玫瑰醇	10
苯甲酸乙酯	1	香豆素	2
二氢月桂烯醇	2	苯乙酸	2
水杨酸甲酯	1	乙位萘甲醚	3
乙酸苏合香酯	1	柏木油	6
十八醛	1	苯甲酸苄酯	8
70％佳乐麝香	5	松油醇	10
苯乙醇	10	二氢月桂烯醇	2
乙酸苄酯	15	乙酸松油酯	8
素凝香	4		

苯甲酸苄酯的生产方法：

（1）以苯甲醛为原料，苯甲醇钠为催化剂，经 Tishchenko 反应合成。最佳合成条件为：苯甲醛与醇钠物质的量比为 33∶1，反应温度介于 50～60℃ 之间，反应时间为 1h。产率为 69％，产品纯度 99％以上。

（2）以氨基磺酸为催化剂，通过苯甲酸和苄醇来合成苯甲酸苄酯，最佳条件为：催化剂用量为 0.4g∶6.1g 苯甲酸，醇酸物质的量比为 3∶1，带水剂（甲苯）为 15mL，反应时间为 120min，反应温度为 140～160℃，酯化率可达 72.7％。

水杨酸苄酯的生产方法：采用水杨酸钠和氯化苄为原料，以 N,N-二甲基甲酰胺为溶剂，无相转移催化剂条件下，加热均相反应合成。反应的最佳条件为：n（水杨酸钠）：n（氯化苄）＝2.5：1，反应温度为 100℃，反应时间为 2.5h，此条件下水杨酸苄酯的收率达 98.4%。

十二、苯乙酸苯乙酯

苯乙酸酯类香料都有蜜一样的甜香，苯乙酸苯乙酯也不例外，虽然香气淡弱一些，但在"基香"阶段它的"蜜甜香"还是有力的，这是苯乙酸苯乙酯经过长期的"沉寂"以后，近年来重新受到调香师"宠爱"的主要原因。

同"味觉"一样，大多数人总是喜欢"甜蜜"一点的香气，果香是这样，花香也是这样，木香更是"甜一点"好，因此，在这些甜香的香精里，苯乙酸苯乙酯都可以作为基香的主要成分。

凤仙花香精的配方（单位为质量份）：

水杨酸甲酯	10	芳樟醇	10
羟基香茅醛	4	苯乙酸苯乙酯	16
铃兰醛	6	紫罗兰酮	10
洋茉莉醛	8	玫瑰醇	6
乙酸苄酯	10	苯乙醇	20

风信子香精的配方（单位为质量份）：

苯乙酸苯乙酯	10	乙酸苯乙酯	2
乙酸苄酯	24	二甲基苄基原醇	2
苯乙醇	8	苯乙醛二甲缩醛	3
叶醇	1	苯甲醇	15
芳樟醇	2	铃兰醛	3
丁香油	6	苯甲酸苄酯	5
桂醇	10	风信子素	2
肉桂醛	1	二氢茉莉酮酸甲酯	4
乙酸桂酯	2		

苯乙酸苯乙酯的生产方法：采用微波辐射下用二氧化硅负载磷钨酸作催化剂直接催化合成苯乙酸苯乙酯的反应。该反应的优化条件：当苯乙酸用量为 0.05mol 时，β-苯乙醇与苯乙酸物质的量之比为 1.6：1，磷钨酸负载量为 24.8%，催化剂用量为 1.2g，带水剂环己烷用量为 6mL，微波辐射功率为 500W，反应时间为 8min。在此条件下，酯化率可达 91.7%。

十三、乙酸叶酯

叶醇是调配绿叶香气最佳的香原料，它的低级脂肪酸酯类也都是有强烈青气的香料，乙酸叶酯是这些叶醇酯类中最常用也是青香气最强的，而且香气非常透发、扩散，留香时间虽然比叶醇长些，但也不长久，只能算"头香香料"。

乙酸叶酯的香气像未成熟香蕉皮的青果香，稀释后香气令人愉快，但直接嗅闻高浓度的乙酸叶酯感觉并不好，这是因为部分乙酸叶酯分解产生了乙酸增加了它的刺激性。除了带点酸味，乙酸叶酯的香气算是稳定的，在大部分配制好的香精和加香产品里面都"表现良好"，也不会变色。

从乙酸叶酯的香气特点我们可以估计它会经常用于配制食用香精中，事实也是这样，在配制香蕉、苹果、黄瓜、哈密瓜、青瓜等食用香精时，乙酸叶酯能增添它们的青果香气，但用量不大。现在反而是在配制日用香精时乙酸叶酯的用量越来越大了——带果香的"幻想型香精"要用到它，一些花香香精如铃兰、百合、水仙、茉莉等也要加一点乙酸叶酯让它们的花香更加新鲜、清雅，在"一切回归大自然"的呼声中，乙酸叶酯"表现"得更加令人注目，它让"田园香型""森林香型""草原香型""海洋香型"等"现代派"香精散发更加新鲜、自然的青香。

乙酸叶酯还有一个作用，就是能减轻女贞醛、二氢月桂烯醇、格蓬酯、辛炔羧酸甲酯等青香香料的尖刺气息，也就是说，当调配一个香精用到女贞醛、二氢月桂烯醇、格蓬酯、辛炔羧酸甲酯等后觉得香气"太刺"

时，可使用乙酸叶酯进行调和。

苹果食用香基的配方（单位为质量份）：

乙酸叶酯	8	2-甲基丁酸	8
叶醇	5	丁酸乙酯	8
乙酸	3.4	乙酸香叶酯	12
乙酰乙酸乙酯	16	乙酸乙酯	2
反式-2-己烯醛	16	丁酸戊酯	4
丙位癸内酯	1.6	戊酸戊酯	5
乙酸异戊酯	11		

青苹果香精的配方（单位为质量份）：

乙酸叶酯	2	对甲基苯乙酮	3
叶醇	1	苯乙醛	4
苹果酯	20	丁酸戊酯	6
丙酸苄酯	12	乙酸异壬酯	26
水杨酸苄酯	5	异戊酸丁酯	18
丁酸苄酯	3		

密林香精的配方（单位为质量份）：

乙酸叶酯	1	十二酸乙酯	1
女贞醛	0.2	橡苔浸膏	0.2
二氢月桂烯醇	0.8	橡苔素	0.5
癸醛	0.1	香豆素	3
甲基壬基乙醛	0.4	丙酸三环癸烯酯	3
格蓬酯	0.2	甲基柏木酮	4
乙酸苏合香酯	1	异长叶烷酮	3
二氢茉莉酮酸甲酯	5	乙酸对叔丁基环己酯	8
乙酸苄酯	5	松油醇	6
乙酸芳樟酯	4	兔耳草醛	2
甲位己基桂醛	4	铃兰醛	1.6
结晶玫瑰	2	新铃兰醛	2
玳玳叶油	1	香叶醇	4
玳玳花油	1	乙酸苯乙酯	2
广藿香油	1	水杨酸戊酯	3
香叶油	3	四氢芳樟醇	5
纯种芳樟叶油	2	乙酸香叶酯	1
香柠檬油	2	苯乙醇	5
丁香油	1	丙酸苄酯	3
赖百当浸膏	1	吐纳麝香	3
柠檬醛	1	麝香T	2
柑青醛	1		

乙酸叶酯的生产方法：一般采用乙酸和叶醇为原料，通过直接酯化的方法来合成。酯化反应的工艺条件为：投料的醇酸物质的量比为1∶1.2，反应时间为5h，催化剂的用量为加入叶醇量的30%。经过滤、中和水洗以及减压蒸馏后得到产品，产率可达到88.36%。

附：邻苯二甲酸二乙酯

邻苯二甲酸二乙酯不算香料，因为它没有香味，也不是定香剂，但作为廉价的香料溶剂它的用量却非常大，超过任何一种合成香料。在20世纪30—40年代邻苯二甲酸二乙酯甚至在德国等一些国家代替酒精作为香水的溶剂，用量也相当巨大。由于大部分固体香料在邻苯二甲酸二乙酯里溶解度都较大，所以在一个香精里面检测到邻苯二甲酸二乙酯时，不一定是调香师有意识加入的，有可能是随着某些香料进入香精里面的（我国生产的许多香料如佳乐麝香通常也用邻苯二甲酸二乙酯稀释以便于应用）。当然也不排除"不法商人"为了降低成本任意加进太多的邻苯二甲酸二乙酯。一般香精加了一些邻苯二甲酸二乙酯用鼻子闻不出来，化学分析也很费事，靠气相色谱仪才能较快地测出。

近年来邻苯二甲酸二乙酯有被滥用的趋势，调香师如果嫌一个香精调好的时候还太黏稠，就加些邻苯二甲酸二乙酯"稀释"；编写配方时不够 100 份也加邻苯二甲酸二乙酯"凑"成 100 份；为了"降低成本"（实际上是增加成本，因为邻苯二甲酸二乙酯完全没有香味，加进去白白浪费），也要加不少邻苯二甲酸二乙酯……以致现在很多香水、化妆品里面都含有大量的这个化合物，引起消费者团体的警觉，怀疑这么多邻苯二甲酸二乙酯进入人体（虽然仅仅用于人体皮肤表面，还是免不了有少量被吸收）会不会有潜在的危险。现正在做大量的动物实验和观察、调查，不管结果如何，此事本来就不应该发生。

白檀香精的配方（单位为质量份）：

檀香 803	27	乙酸香叶酯	3
檀香 208	35	甲基紫罗兰酮	3
乙基香兰素	8	甲基柏木酮	3
丁位癸内酯	2	十八醛	3
香兰素	3	邻苯二甲酸二乙酯	30
黑檀醇	5	合计	125
水杨酸戊酯	3		

香草百花香精的配方（单位为质量份）：

邻苯二甲酸二乙酯	20	甲位己基桂醛	3
香兰素	4	苯甲酸苄酯	5
乙基香兰素	15	芳樟醇	5
洋茉莉醛	8	乙酸芳樟酯	5
香豆素	5	乙酸对叔丁基环己酯	5
苯乙醇	11	铃兰醛	4
苯乙酸苯乙酯	2	二氢茉莉酮酸甲酯	5
乙酸苄酯	3		

第十节 内酯类

一、丙位壬内酯

丙位壬内酯俗称椰子醛或十八醛，在调香师的"速记本"上又常被写成 C18［相应的辛醛、壬醛、癸醛、十一醛、十二醛、十三醛、十四醛（即"桃醛"，不是十四碳醛）、十六醛（即"草莓醛"，不是十六碳醛）被记成 C8、C9、C10、C11、C12、C13、C14、C16］，高效液相色谱分析时有一种常用的柱子也被记作 C18，有时会搞错。从"椰子醛"这个称呼顾名思义就知它的香气像椰子，所以调配椰子香精当然少不了它，而在一种重要的花香——栀子花——香精里面，丙位壬内酯也几乎是必不可少的。事实上，丙位壬内酯加上一定量的乙酸苏合香酯便组成了栀子花的"主香"，再加些其他花香香料、修饰剂等调圆和便是一个"栀子花香精"了。

丙位壬内酯直接嗅闻之并不令人愉快，而有一股令人作呕的油脂臭，好在这股"臭味"容易被其他花香香气掩盖住。

丙位壬内酯也是配制奶香香精的主要原料之一，虽然奶香主要用在食品上，但由于小孩特别喜欢奶香，许多与小孩有关的日用品如儿童玩具、文具、儿童服装、儿童用的纸制品等便可用奶香香精加香，进而连家庭里的家具、餐具、内墙涂料等都可以考虑加上奶香味。此外，丙位壬内酯的安全性几乎无可置疑，天然的椰子香成分里就有它的存在，而合成品经大量的实验也肯定了它的高安全度。

椰子香精的配方（单位为质量份）：

十八醛	30	苯乙酸丁酯	2
香兰素	5	冷橘子油	1
丁香油	3	热橘子油	1
乙基香兰素	5	乙基麦芽酚	1
乙酸乙酯	1	苯乙醇	51

栀子花香精的配方（单位为质量份）：

吲哚	2	苯乙醇	21
乙酸苏合香酯	2	芳樟醇	20
十八醛	5	铃兰醛	10
甲位己基桂醛	10	乙酸苯乙酯	4
乙酸苄酯	20	乙酸芳樟酯	6

栀子花香精的配方（单位为质量份）：

甲位己基桂醛	20	70％佳乐麝香	10
邻氨基苯甲酸甲酯	8	香豆素	6
十八醛	4	洋茉莉醛	8
铃兰醛	5	异丁香酚	4
羟基香茅醛	5	乙酸苄酯	8
檀香803	10	芳樟醇	5
檀香208	2	乙酸芳樟酯	5

一般的栀子花香精或多或少都有用到乙酸苏合香酯，而这个香精里面不加乙酸苏合香酯，香气却是"纯正"的栀子花香，令人闻之舒适愉快，留香也较持久（天然的栀子花香气成分中也不含乙酸苏合香酯）。

丙位壬内酯的生产方法：

（1）由β,γ-壬烯酸在硫酸作用下内酯化制得，壬烯酸由庚醛与丙二酸反应制得。将80％的硫酸与壬烯酸一起搅拌，内酯化反应完成后，用水洗涤反应物，以油层用碳酸钠溶液中和，再经水洗，将油状物减压蒸馏即得丙位壬内酯。

（2）由7-羟基正壬酸与硫酸共热脱水而得。

（3）用铈、钒等高价醋酸盐或醋酸锰（＋3）作氧化剂，由α-庚烯与醋酸反应而得。

（4）以丙烯酸甲酯或丙烯酸和正己醇为原料，经过化学合成制得。

（5）用庚醛和丙二酸为原料在吡啶或其衍生物催化下进行缩合反应生成壬烯酸，后者再用硫酸重排环化而成。

二、丙位十一内酯

丙位十一内酯俗称"桃醛"或"十四醛"，看到前一个俗名就好像"闻"到了桃子香，调配桃子香精自然少不了它。一般来说，水果香总是让人觉得比较"轻飘"、不留香，桃子香精里面因为含有大量的丙位十一内酯而能留香持久，甚至在一些"现代派"的香水、化妆品、香皂香精里作为基香的主要成分。

在调配花香香精时，丙位十一内酯也有所"作为"，它可以让花香里面带有一些宜人的果香香气，并且改变传统的基香香调。调配桂花香精则可以较大量地使用丙位十一内酯，它可以改善合成紫罗兰酮类香料的"化学气息"，让香气更加宜人、舒适，也更接近天然桂花香。

西番莲香精的配方（单位为质量份）：

邻氨基苯甲酸甲酯	10	庚酸乙酯	2
十六醛	20	十四醛	20
丁酸乙酯	5	甜橙油	5
丁酸戊酯	5	乙酸苯乙酯	3
戊酸戊酯	5	乙基麦芽酚	3
庚酸烯丙酯	2	香兰素	5

| 乙酸戊酯 | 2 | 苯乙酸 | 13 |

桃香香精的配方（单位为质量份）：

十四醛	20	丁酸乙酯	3
苄醇	46	乙酸乙酯	5
戊酸戊酯	10	乙酸戊酯	5
丁酸戊酯	8	甜橙油	3

桂花香精的配方（单位为质量份）：

丁酸乙酯	2	乙酸苏合香酯	2
十四醛	20	乙酸邻叔丁基环己酯	2
丁酸戊酯	2	乙酸叶酯	1
戊酸戊酯	4	二氢茉莉酮酸甲酯	5
乙酸苄酯	20	辛炔酸甲酯	2
紫罗兰酮	30	苹果酯	18
十六醛	12	合计	120

丙位十一内酯生产方法：由 ω-十一烯酸与硫酸共热而得。反应时双键位置由链转移到 β、γ 位置上，而后再内酯化。在 $80\sim85℃$ 下将十一烯酸和 1.15 倍质量的 80% 的硫酸搅拌反应 4h，加水搅拌后静置分层，有机层依次用水、15% 的碳酸钠溶液、水洗涤。干燥后减压蒸馏，收集 $160\sim170℃$（1733.2Pa）馏分，即为丙位十一内酯。

三、丁位癸内酯

同丙位癸内酯一样，丁位癸内酯也具有强烈的奶香、坚果香和香甜的果香，但丁位癸内酯的奶香更"自然""纯正"一些，是天然奶油香的主要成分。丁位癸内酯主要用于调制食用香精，具体用于软饮料、冰淇淋、糖果、牛奶、奶制品、饼干、调味品和烘烤食品等，也是一种重要的高档饲料的添加剂，可以改善饲料风味，使畜、禽快速成长。丁位癸内酯广泛应用于奶香、黄油和果味香精中，能产生天然的香气与口味，也能用于日化香精中以增加果香。和丁位十二内酯 1∶1 合用，能产生逼真的奶香效果。丁位癸内酯天然存在于多种食品中，是许多日化香精和食用香精配方中不可缺少的物质。合成的丁位癸内酯是"外消旋体"，没有旋光性。有旋光性、用于调香的丁位癸内酯有两种对映体——R-体和 S-体，在配方中使用有旋光性的丁位癸内酯将给包括日化香精和食用香精在内的整个配方带来更加自然的香气，但价格昂贵。

炼奶香精的配方（单位为质量份）：

丁位癸内酯	22	乙酸异戊酯	1
丁位十一内酯	5	洋茉莉醛	2
丙位壬内酯	2	对甲氧基苯乙酮	2
丙位癸内酯	3	癸酸乙酯	2
丙位十一内酯	2	十二酸乙酯	2
5(6)-癸烯酸	20	乙基香兰素	10
牛奶内酯	20	乙基麦芽酚	4.9
乙酸乙酯	1	丁二酮	0.1
乙酸丁酯	1		

丁位癸内酯的生产方法：以戊二酸酐为起始原料，通过 Grignard 反应、还原反应和成环反应合成。戊二酸酐和溴戊烷 Grignard 试剂在铜盐催化下反应得到 5-氧代癸酸，质量收率为 79.8%；5-氧代癸酸钠盐经硼氢化钠还原得到 5-羟基癸酸钠；最后加盐酸酸化环合得到丁位癸内酯。气相色谱分析纯度为 99.6%，质量收率为 90% 左右，反应总收率达 72.0%。

四、香豆素

香豆素是有机化学家最早合成、提供给香料界使用的"人造香料"之一，它那自然的干草和豆香香气、一定的留香和定香能力、与各种常用香料的协调性包括足够的溶解度、甚至稳定"漂亮"的结晶体都给初学调香的人士留下深刻的印象。传统的香水、化妆品、香皂的香型如"馥奇""素心兰"等都要大量使用香豆素，没有香豆素就没有这些香型。

　　豆香在香皂香精里面占有非常重要的位置，它能够有效地掩盖各种动植物油脂和碱的臭味，但"三大豆香香料"——香兰素（包括乙基香兰素）、香豆素和洋茉莉醛——里面只有香豆素加在肥皂里能稳定不变色，所以调香师在调配香皂香精时常常是几乎不假思索就把香豆素加进去，待到香豆素溶解后再把它调圆和。

　　"深山"香精的配方（单位为质量份）：

兔耳草醛	4	丁香油	5
十醛	1	松油醇	20
水杨酸戊酯	2	玫瑰醇	10
香豆素	5	紫罗兰酮	3
洋茉莉醛	8	卡南加油	10
水杨酸苄酯	5	异长叶烷酮	10
甲位己基桂醛	3	甲基柏木酮	8
葵子麝香	6		

　　柠檬香精的配方（单位为质量份）：

乙酸苄酯	12	香豆素	8
水杨酸苄酯	6	山苍子油	17
甲位戊基桂醛	22	二氢月桂烯醇	10
苯甲酸苄酯	10	甜橙油	15

　　馥奇香精的配方（单位为质量份）：

香柠檬油	10	香豆素	10
檀香 208	6	香兰素	3
檀香 803	4	甲基柏木酮	6
薰衣草油	17	龙涎酮	2
广藿香油	7	酮麝香	5
乙酸对叔丁基环己酯	6	橙叶油	17
配制玫瑰油	5	洋茉莉醛	10
乙酸芳樟酯	17	合计	140
纯种芳樟叶油	15		

香豆素是利用 Perkin W 反应制取的。水杨醛和乙酸酐在乙酸钠的作用下，一步就得到香豆素。

第十一节　合成檀香

一、合成檀香 803

　　由于天然檀香的严重匮乏，而檀香香气又是很多香精里面少不了的，因此合成香料化学家从半个世纪前就开始研究天然檀香的香气成分与合成方法，至今虽然天然檀香的主成分"檀香醇"还是没有找到比较"经济"的合成路线，但有几个香气接近于天然檀香而生产又不太难的合成香料早已大批量制造出来并成功地用在香精配方里面代替天然檀香了。在我国最主要的是合成檀香 803 和合成檀香 208，这两个香料联合使用刚好"互补"不足——前者香气较接近于天然檀香，留香也较好，但香气淡弱；后者香气强度较大，留香则较差一些，香气较"生硬"。

　　合成檀香 803 是个"大杂烩"，不是"单体香料"，里面只有不到 30% 的成分在常温下能散发出檀香香味，其他的成分是这些香料成分的"异构体"，基本上没有什么香味。但根据观察，这些"异构体"在加热、熏燃时也能散发出香味，而且香气还不错！所以，合成檀香 803 最大的"用武之地"在于配制熏香香精，因为熏香香精把它 70% 的"惰性成分"也"开发"出来利用了。有的卫生香、蚊香制造厂自己也懂得买合成檀香 803

直接加进"素香"里，但最好还是由香精厂把它配成完整的香精再加进卫生香或蚊香里面，让它发挥更大的作用。因为合成檀香803直接嗅闻时香气太淡弱，应该加一些香比强值较大的香料让它在常温下嗅闻，香气也有一定的强度，而在高温下散发出更加宜人的香味出来。

檀香香精的配方（单位为质量份）：

檀香208	25	乙基香兰素	2
檀香803	30	香兰素	5
血柏木油	35	异长叶烷酮	40
苯乙酸对甲酚酯	1	合计	140
覆盆子酮	2		

玫瑰檀香香精的配方（单位为质量份）：

苯乙醇	35	香柠檬油	10
玫瑰醇	30	檀香208	5
乙酸香茅酯	10	檀香803	5
乙酸香叶酯	5		

罗兰香精的配方（单位为质量份）：

芸香浸膏	16	水杨酸苄酯	2
麝香T	10	苯甲酸苄酯	2
香豆素	8	十四醛	16
橙花素	26	乙位萘乙醚	8
茉莉素	20	桂酸苯乙酯	8
甲位己基桂醛	14	檀香803	25
苯乙酸苯乙酯	5	合计	160

这个香精留香相当持久，比较耐热，特别适合于卫生香、蚊香的加香。

合成檀香803的生产方法：以酸性白土为催化剂，进行异龙脑与愈创木酚的选择性烷基化反应，烷基化反应产物异龙脑基愈创木酚在雷尼镍存在下催化加氢，得到合成檀香异莰基环己醇混合物即合成檀香803。工艺流程见图4-6。

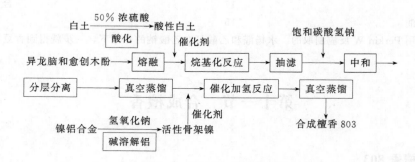

图4-6　合成檀香803生产流程图

二、合成檀香208

与合成檀香803不同，合成檀香208是"单体香料"，可以制得纯品（在色谱图上显示一个漂亮的峰）。这个自然界并不存在的完全是"人造"的合成香料虽然与天然檀香的香气差异较大，但可以同合成檀香803等木香香料调配成接近于天然檀香香味的香精出来，而这种"配制檀香油"的成本很低，所以能得到广泛的应用。

在绝大多数香水、化妆品和香皂香精里面加入一些天然檀香油，整体香气会令人觉得"高档"了许多，用合成檀香208代替天然檀香油也多少有这个"功效"，但合成檀香208留香较差一些，所以还得配合使用合成檀香803才能在基香阶段有檀香气息。

由于合成檀香208的香比强值较大，所以把它适量加入柏木油、乙酸柏木酯、异长叶烷酮等香气强度较低的木香香料中，便能调出香气宜人的木香香精，用于各种日用品的加香上。木香香味在当今世界也相当"流行"。

檀香香精的配方（单位为质量份）：

檀香 803	50	檀香醇	10
檀香 208	10	异长叶烷酮	20
鸢尾檀香	10		

檀香香精的配方（单位为质量份）：

檀香 208	28	甜橙油	5
甲基柏木酮	14	芳樟醇	5
玫瑰醇	12	广藿香油	2
异长叶烷酮	20	二氢月桂烯醇	2
乙酸芳樟酯	10	黑檀醇	2

佳木香香精的配方（单位为质量份）：

甲基柏木醚	20	芳樟醇	10
乙酸芳樟酯	40	二苯醚	10
二氢月桂烯醇	10	檀香 208	10

檀香 208 生产方法：由 α-蒎烯经环氢化、异构化得龙脑烯醛，再与丁醛发生醇醛缩合反应后选择氢化制得。

三、"爪哇檀香"

"爪哇檀香"长期以来是奇华顿公司的内控原料，在 2004 年的世界香料协会上"解禁"。这是一款同时具有醇和醛香气的檀香原料，特别具有天然感，并且有南印度檀香油那种奇妙而神秘的感觉。爪哇檀香的弥散性很好，而且头香更加强力而高质量，是目前最强力的"人造"檀香。其化学结构式见图 4-7。

"爪哇檀香"能增加东方香型配方中檀香的香气，几乎与任何香料配用都很适合，有着极好的稳定性，由于分子结构中不存在双键，所以能适应除漂白剂以外的任何用途。"爪哇檀香"留香非常持久。由于它的低水溶性及极低的阈值，在水洗测试中的强度是其他合成檀香的 8 至 10 倍。因此，洗涤剂香精里如果使用了一定量的"爪哇檀香"，洗过的物品便能长期带有令人舒适的檀香香味。

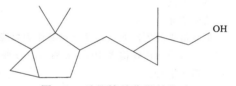

图 4-7　爪哇檀香化学结构式

由于"爪哇檀香"目前价格较高，所以在配制一般的香精时它的用量都较少，且其优美的檀香香气在后段体现出来。

洗涤剂用檀香香精的配方（单位为质量份）：

爪哇檀香	5	乙酸芳樟酯	5
檀香 803	20	香根油	1
檀香 208	13	芳樟醇	5
檀香 210	10	广藿香油	2
甲基柏木酮	14	二氢月桂烯醇	1
玫瑰醇	12	黑檀醇	2
异长叶烷酮	10		

"东方美人"香精的配方（单位为质量份）：

爪哇檀香	1	乙酸叶酯	0.1
檀香 803	5	甜橙油	1
檀香 208	3	癸醛	0.1
柏木油	2	十一醛	0.5
甲基柏木酮	5	甲基壬基乙醛	0.5
龙涎酮	5	丙位壬内酯	0.1
水杨酸叶酯	0.1	格蓬浸膏	1

格蓬酯	0.2	苯乙醇	5
邻氨基苯甲酸甲酯	1	纯种芳樟叶油	5
二氢茉莉酮酸甲酯	3	乙酸芳樟酯	4
二氢月桂烯醇	1	甲位己基桂醛	2
新铃兰醛	2	二氢茉莉酮	0.1
羟基香茅醛	2	松油醇	1
铃兰醛	2	吲哚	0.1
茉莉净油	1	乙位萘甲醚	0.5
玫瑰净油	1	桂酸苄酯	2
晚香玉净油	1	水杨酸苄酯	2
桂花净油	1	安息香膏	1
依兰油	2	甲基柏木醚	2
丁香油	3	香兰素	0.5
灵猫净油	0.1	吐纳麝香	2
异丁基喹啉	0.1	佳乐麝香	4
香叶醇	2	麝香 T	2
玫瑰醇	2	苯乙醛	2
乙位突厥酮	0.1	香豆素	3
玫瑰醚	0.1	洋茉莉醛	1
异丁香酚	1	异甲基紫罗兰酮	3
乙酸异戊酯	0.1	广藿香油	1
覆盆子酮	0.3	香根油	1
乙酸苄酯	6	香荚兰净油	0.4

爪哇檀香的生产方法：龙脑烯醛作为反应原料，以各种不同的催化剂和反应条件进行羟醛缩合反应和还原反应，获得中间产物檀香 194，然后再以各种不同的催化剂和反应条件使檀香 194 发生环丙烷化反应，最终得到产物爪哇檀香。

檀香 194 合成爪哇檀香的方法：

(1) 在氩气下将溶于四氢呋喃的檀香 194 和氢化锂混合加热，搅拌同时加入格氏试剂。再分两步加入二溴甲烷，反应完毕后用 2mol/L HCl 淬灭。之后用叔丁基甲基醚萃取，用水洗涤并用 $MgSO_4$ 干燥；其再经历两轮上述反应后，接着蒸馏便可得到较为纯净的爪哇檀香，据报道其产率仅为 43%。

(2) 在氮气、冷却下，将檀香 194 加入到溶于四氢呋喃的 3mol/L 甲基氯化镁中，搅拌，同时依次加入二溴甲烷和叔丁基氯化镁。反应完全后，加入浓 NH_4Cl 淬灭，用叔丁基甲基醚萃取、洗涤后在 $MgSO_4$ 上干燥，得到较为纯净的爪哇檀香，据报道其产率为 89%。

(3) 在氮气下，檀香 194、锌粉、氯化亚铜、乙醚和二溴甲烷按顺序加入烧瓶中，加入乙酰氯助剂和 $TiCl_4$ 作为催化剂，加热搅拌开始反应。回流开始后通过滴液漏斗将二溴甲烷和乙醚混合物滴加到反应物中，控制回流速度。反应完毕后冷却，用饱和氯化铵水溶液处理后过滤，过滤的固体用戊烷和饱和氯化铵溶液洗涤几次。滤水层用戊烷洗涤两次，用 10% 氢氧化钠水溶液和饱和氯化钠水溶液再洗一次。用无水硫酸钠干燥后，通过蒸馏除去溶剂即可得到纯净的爪哇檀香。

第十二节　人造麝香

一、葵子麝香、二甲苯麝香和酮麝香

这三个"硝基麝香"是化学家最早在实验室里合成出来带有麝香香味的化合物，用在各种香精配方里面已有上百年的历史了，现在因为有了香气更好、价格也不高、安全性高的其他类人造麝香，加上对这些硝基麝香长期以来安全性和环境污染的怀疑、生产时易爆炸等诸多原因，国外已基本不生产了。

葵子麝香是三个硝基麝香中香气最好、曾经最受欢迎的人造麝香，却最早被发现对人体皮肤有"光毒性"危害，从十几年前的"限量使用"发展到现在 IFRA 宣布对它"禁用"；二甲苯麝香因为价格低廉曾被广泛和大量使用，现被发现在人体和动物体内有"积累现象"和对环境有污染而将"淡出江湖"；酮麝香的香气较接近于天然麝香，但香味淡弱，其销售价格较高，现与其他人造麝香比较已失去"优势"，用量越来越少。

三个硝基麝香加在香精里面都有"变色因素"，其中尤以葵子麝香为甚，二甲苯麝香次之，酮麝香稍好一些。在配制皂用香精时最好加些香叶醇以防止变色。

在各种液体香料和溶剂里面，二甲苯麝香的溶解度最低，所以有的调香师因为它便宜想要多用一些，就会发现溶解不了的问题。酮麝香也较难溶解，葵子麝香的溶解性稍好一些。

这三种硝基麝香产品都是结晶体，生产时都会产生大量的"母液"，如不加以利用直接排出，将会严重污染环境。经过分析，这些"母液"都还含有不少的未能结晶出来的香料单体，但要直接作为配制与人体会有接触的日用品香精显然是不行的，以前曾经有一部分被用来配制皂用香精，现在也不允许了。卫生香与蚊香用的香精生产和使用时都不同人体直接接触，对色泽也不"讲究"，倒是利用这些香料下脚料的好"去处"。但要把这些下脚料调配成受欢迎的熏香香精也不是一件容易的事，因为下脚料本来香气就杂，要调得让人闻起来舒服，加在卫生香或蚊香里熏燃以后香气也要好，难度可想而知有多大！

麝香香精的配方（单位为质量份）：

葵子麝香	30	麝香 T	10
苯乙酸	6	70％佳乐麝香	20
香豆素	5	香叶醇	10
邻苯二甲酸二乙酯	119	合计	200

玫瑰麝香香精的配方（单位为质量份）：

二甲苯麝香	8	丁香酚	6
70％佳乐麝香	20	香叶醇	8
葵子麝香	5	香茅醇	4
甲基柏木酮	3	阿弗曼酮	7
铃兰醛	10	苯乙醇	5
香叶基丙酮	3	辛醇	1
香豆素	4	异长叶烷酮	24
洋茉莉醛	17	合计	125

檀香麝香香精的配方（单位为质量份）：

二甲苯麝香	4	香兰素	7
麝香 T	10	广藿香油	3
葵子麝香	8	香根油	3
檀香 208	10	水杨酸戊酯	5
檀香 803	25	香豆素	4
次檀油	18	甘松油	3

这 3 个香精配方中都用了葵子麝香，香气虽然甚好，但按照 IFRA 的规定，不能用于护肤护发品的加香中。

桂花香精的配方（单位为质量份）：

乙酸对叔丁基环己酯	10	苯乙酸苯乙酯	5
丙位异甲基紫罗兰酮	10	麝香 105	10
乙酸苄酯	4	水仙醇	5
乙酸苯乙酯	5	芳香醚	5
酮麝香脚子	12	芸香浸膏	9
二甲苯麝香脚子	13	苯乙醇	2
水杨酸戊酯	5	甲位己基桂醛	5

这个香精的配方中用了大量的香料下脚料，只能用作熏香香精等不与人体接触的加香中，以确保安全。葵子麝香的生产工艺流程见图 4-8。

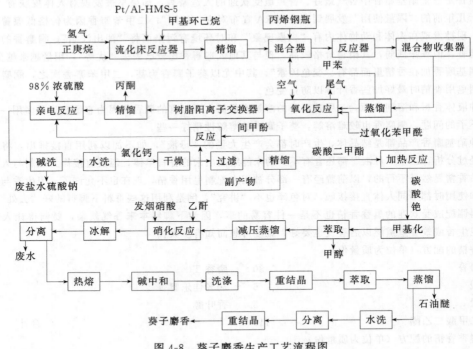

图 4-8　葵子麝香生产工艺流程图

二甲苯麝香生产方法：第一步，盐酸与叔丁醇反应，合成烷基化剂——叔氯丁烷，产品直接从反应器中蒸出，叔氯丁烷的产率为 89.58%；第二步，叔氯丁烷在无水三氯化铝催化下与间二甲苯作用合成中间体——叔丁基间二甲苯；优化工艺条件为：间二甲苯∶叔氯丁烷∶无水三氯化铝（物质的量比）为 8∶1∶0.04，反应温度为 0℃，反应时间为 4h，叔丁基间二甲苯的产率为 86.97%；第三步，叔丁基间二甲苯在 0℃、混酸作用下硝化制得二甲苯麝香，以间二甲苯计二甲苯麝香的总收率为 65.00%。

酮麝香的生产方法：以间二甲苯为起始原料，经过叔丁基化、乙酰化和硝化反应制得——在 300L 硝化反应锅内，先投入 150kg 发烟硝酸，通过夹套冷冻盐水使其降温至 -7～-5℃，在搅拌加入 35kg2,6-二甲基-4-叔丁基苯乙酮，加料反应时间以能维持上述温度为准。加完料后，任其自然升温至室温，在此温度下反应 2h，然后将硝化物投入水解锅内，在搅拌下用冰水进行水解，之后用水洗涤，再用纯碱中和，沉析出的产物用离心机甩干，粗制酮麝香的凝固点为 107℃ 以上。粗制酮麝香须用酒精重结晶三次，前两次可使用再生过的酒精，第三次则应使用精制过的酒精。经过三次结晶后的酮麝香放入干燥箱内，于 60～70℃ 进行干燥，得到符合调香规格的酮麝香产品。

二、佳乐麝香、吐纳麝香和萨利麝香

这几个"多环麝香"都是近年来较受欢迎的有麝香香味的合成香料，原先价格比硝基麝香高得多，现在有了"规模效益"，价格一降再降，有的（如佳乐麝香）甚至已降到低于硝基麝香的水平。它们的香气较为宜人（同硝基麝香比），无变色之虞，安全度高。

佳乐麝香是目前用量最大的多环麝香香料，这"归功于"它的香质好（香品值高）、在碱性介质中稳定、价格低廉，缺点是黏稠、使用不便，商品的佳乐麝香有 50%、70% 等规格，是加了无香溶剂（如邻苯二甲酸二乙酯）或香气淡弱的香料（如苯甲酸苄酯）稀释的产品。

吐纳麝香的香气也很受欢迎，在麝香的香味里带点木香味，调配木香香精时使用它既可以增加木香香味，又有很协调的麝香味。在调配其他香精时，如需要木香又需要麝香香味的大都想到使用吐纳麝香"一箭双雕"。

萨利麝香的香气也是温和的麝香与木香，同吐纳麝香差不多，有的调香师更喜欢它，觉得它的香气更"雅致”一些。

妙华香精的配方（单位为质量份）：

异丁香酚	9	铃兰醛	10
二氢茉莉酮酸甲酯	11	甲基柏木酮	10
芳樟醇	10	叶醇	1
乙酸芳樟酯	10	70％佳乐麝香	12
乙酸苄酯	10	白兰叶油	7
水杨酸苄酯	10		

麝兰香精的配方（单位为质量份）：

水杨酸苄酯	10	10％十四醛	3
苯甲酸叶酯	3	萨利麝香	12
10％乙位突厥酮	2	檀香 208	2
二氢茉莉酮酸甲酯	20	10％丙位癸内酯	2
甲基紫罗兰酮	10	玫瑰醇	6
甲基柏木酮	5	苯乙醇	1
羟基香茅醛	24		

该香精不但香气宜人，留香也非常持久。

“飘扬”香精的配方（单位为质量份）：

萨利麝香	12	苯乙醇	10
洋茉莉醛	8	乙酸苄酯	10
铃兰醛	5	薰衣草油	10
甜橙油	5	乙酸二甲基苄基原酯	10
苹果酯	18	榄青酮	2
玫瑰醇	10		

“国际香型”香精的配方（单位为质量份）：

吐纳麝香	16	乙酸松油酯	8
铃兰醛	12	柏木油	8
二氢月桂烯醇	6	香豆素	4
甲基柏木酮	15	乙酸苄酯	3
甲位戊基桂醛	6	水杨酸苄酯	2
玫瑰醇	3	乙酸对叔丁基环己酯	2
二氢茉莉酮酸甲酯	2	松油醇	2
异丁香酚	1	乙酸异龙脑酯	1
檀香 803	32	香茅腈	2
柑青醛	4	甲基壬基乙醛	1

玫瑰麝香香精的配方（单位为质量份）：

洋茉莉醛	16	玫瑰醇	13
香豆素	4	苯乙醇	20
水杨酸苄酯	12	柏木油	8
70％佳乐麝香	12	香叶醇	11
甲基柏木酮	3	紫罗兰酮	5
铃兰醛	5	合计	115
丁香油	6		

玫瑰麝香香精的配方（单位为质量份）：

香豆素	12	苯乙醇	30
萨利麝香	10	玫瑰醇	20

甲基柏木酮	5	香叶醇	5
紫罗兰酮	3	洋茉莉醛	8
铃兰醛	7		

佳乐麝香的生产方法：以 α-甲基苯乙烯（AMS）、叔戊醇、环氧丙烷、多聚甲醛为原料，采用三步法合成佳乐麝香——AMS 和叔戊醇在酸性催化剂的条件下发生缩合反应，生成的产物五甲基茚满与环氧丙烷发生羟异丙基化反应，生成的六甲基茚满醇再与聚甲醛发生醇醛半缩合反应，经缩合环化得到最终产品。优化的工艺条件：当 $n(AMS):n(H_3PO_4):n(叔戊醇):n(H_2O)=1.00:0.85:1.15:0.85$ 时，在 35℃下反应 6h，收率可达 59.7%。在合成六甲基茚满醇时优化的工艺条件：当 $n(CH_2Cl_2):n(茚满):n(环氧丙烷):n(AlCl_3)=10:0.93:1.00:0.87$ 时，在 $-20\sim-15$℃循环反应 5h，收率可达 62.7%。在合成佳乐麝香中优化的工艺条件：当 $n(CH_2Cl_2):n(六甲基茚满醇):n(甲醛):n(PCl_5):n(H_2O)=2.90:1.00:1.32:0.95:9.5$，在 40℃下反应 6h，碱环化 60min，收率可达 98.2%。

吐纳麝香的生产方法：分两步，一是由甲苯或对位取代的衍生物与烯、醇发生环化，生成中间体 1,1,3,4,4,6-六甲基四氢化萘（HMT）；二是 HMT 乙酰化，利用傅氏酰基化反应，制备 7-乙酰基-1,1,3,4,4,6-六甲基四氢化萘（即吐纳麝香），见图 4-9。

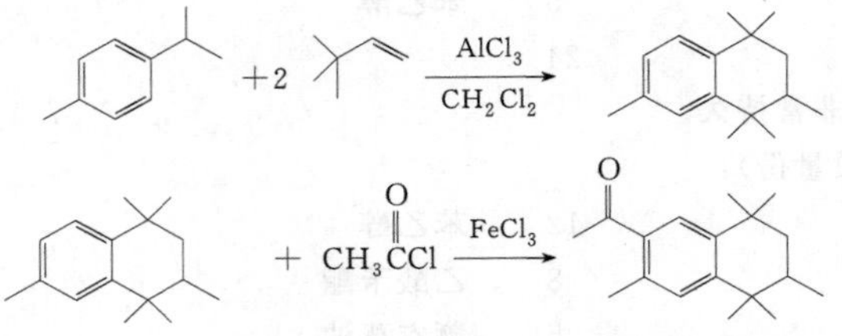

图 4-9 吐纳麝香合成反应方程式

萨利麝香的生产方法：以对叔丁基氯化苄和乙酰乙酸乙酯为反应初始原料合成 3-（4-叔丁基）苄基-乙酰乙酸乙酯，在 100℃、物料比 1.2、催化剂与原料物质的量比 0.6%、KOH 的乙醇溶液做溶剂的条件下，可使产品收率达到 80.5%。以上一步产物 3-(4-叔丁基)苄基-乙酰乙酸乙酯为原料，碱性条件下 70℃水解 120min，中和后 100℃反应 90min，脱羧得到 1-(2-丁酮)-4-叔丁基苯，产品收率可达 97.3%。以 1-(2-丁酮)-4-叔丁基苯为第三步的反应原料，通过格式反应使 1-(2-丁酮)-4-叔丁基苯中的酮基水解成羟基并生成 4-(4-叔丁基)苯基-2-甲基-2-丁醇，其产品收率为 80.3%。以上一步的 4-(4-叔丁基)苯基-2-甲基-2-丁醇为原料，用 88%硫酸在 20℃反应 90min，使其环化生成 1,1-二甲基-6-叔丁基茚满，产品收率可达 57.4%。最后，以上一步产品为原料，控制原料：乙酰氯：三氯化铝（物质的量比）=1:1.5:2.25，0℃下在四氯化碳溶剂中反应 60min，乙酰化反应使 1,1-二甲基-6-叔丁基茚满苯环生成最终产物萨利麝香，可使本步反应的产品收率达到 63.1%。此法原料易得，生产条件温和，最终产品萨利麝香的收率可达 25.0%。

三、麝香 105、十五内酯和麝香 T

麝香酮、灵猫酮和黄葵酮都是天然的大环麝香，虽然化学家们早已在实验室里把它们合成出来并少量生产给调香师们试用，但直到现在还是没有找到"经济"的合成方法来大规模生产供应，不过化学家们已另外合成了好几个化学结构与它们相似、香气也接近的大环麝香给香料制造厂生产，调香师也早已对它们的性质"了如指掌"、应用自如了。目前在实际调香时应用较多的有麝香 105、十五内酯和麝香 T。

麝香 105 香气强烈，虽带点令人讨厌的"油脂臭"，但"瑕不掩瑜"，在香精配方里稍加修饰就闻不出"油脂臭"了，高档香精里面多有它的"身影"。这个香料也常被用来作为香水、古龙水、花露水使用的酒精的"预陈化剂"——酒精里加入少量麝香 105 放置一段时间就可以去掉刺鼻的"酒精臭"，再用来配制香水等可以减少甚至不必"陈化"即可出售。

十五内酯（即环十五内酯）除了具有浓郁的麝香香味之外还带点"甜"味，适合于配制带"甜"味的香精，如玫瑰香精、桂花香精等，其定香效果也相当出色。

麝香 T 在香精中不但赋予强烈的麝香香味，还能增强花香味，其香气接近于价格昂贵的麝香 105，较有"灵气"，在大部分中档香精里可代替麝香 105 以降低配制成本，同样较受调香师的青睐。

花麝香精的配方（单位为质量份）：

水杨酸苄酯	9	龙涎酮	4
10％降龙涎醚	2	铃兰醛	20
10％水杨酸叶酯	30	羟基香茅醛	4
10％乙位突厥酮	2	檀香208	2
10％丙位癸内酯	2	10％十四醛	2
乙酸二甲基苄基原酯	3	10％香兰素	1
二氢茉莉酮酸甲酯	20	麝香T	12
甲基紫罗兰酮	10	合计	123

麝香香精的配方（单位为质量份）：

酮麝香	4	乙酸柏木酯	5
麝香105	1	铃兰醛	16
麝香T	2	异丁香酚	8
70％佳乐麝香	10	香豆素	6
十五内酯	6	玫瑰醇	10
葵子麝香	2	阿弗曼酯	5
龙涎酯	3	苯乙醇	5
甲基柏木酮	6	乙酸长叶酯	3
苯甲酸苄酯	8		

龙涎麝香香精的配方（单位为质量份）：

异长叶烷酮	30	水杨酸苄酯	5
70％佳乐麝香	14	甲基柏木醚	7
麝香T	14	10％降龙涎醚	5
十五内酯	10	龙涎酮	5
酮麝香	10		

酒精预陈化剂的配方（单位为质量份）：

麝香105	20	香兰素	17
十五内酯	10	佳乐麝香	8
安息香膏	28	芸香浸膏	18
格蓬浸膏	1	邻氨基苯甲酸甲酯	16
杭白菊浸膏	2	檀香208	30
玳玳花油	3	格蓬酯	1
缬草油	1	甲酸香叶酯	5
水杨酸苄酯	30	乙酸香茅酯	4
乙酸柏木酯	4	合计	200
赖百当浸膏	2		

麝香105的生产方法：

（1）以蓖麻油为原料，先进行碱裂解，然后酯化、卤代、缩合、脱脂、聚合、减压解聚、在乙醇中重结晶或精馏而得。

（2）以戊二醇和10-氯代癸酸为原料，进行酯化，然后聚合、解聚而得。

十五内酯的生产方法：以十二烷二酸为原料合成——十二烷二酸与甲醇发生酯化反应生成十二烷二酸二甲酯，十二烷二酸二甲酯与丁内酯发生克莱森酯缩合反应，然后水解脱羧，生成15-羟基-12-羰基十五酸，其在锌汞齐和浓盐酸的作用下发生克莱门森还原反应，生成15-羟基十五酸，15-羟基十五酸在催化剂（4-二甲基氨基吡啶盐酸盐、4-二甲基氨基吡啶和二环己基碳二亚胺）作用下进行环化反应，得到目标产物环十五内酯。十二烷二酸二甲酯发生克莱森酯缩合及水解脱羧反应合成15-羟基-12-羰基十五酸反应的最佳的条件是：十二烷二酸二甲酯与γ-丁内酯的物质的量比为1∶1；十二烷二酸二甲酯的质量和甲醇的体积之比为1∶1；氢氧化钠的浓度为 5%，产品收率为 68%。15-羟基-12-羰基十五酸在锌汞齐的催化作用下发生克莱门森还原反应生成 15-羟基十五酸反应的最佳的条件是：原料与氯化汞的物质的量比为 7：1（催化剂中氯化汞与锌的物质的量比为 1：42），原料的质量与浓盐酸的体积之比为 3：25，反应温度为 120℃，产品收率为 81%。15-羟基十五酸在 DCC（二环己基碳二亚胺）、DMAP（4-二甲氨基吡啶）、DMAP·HCl 的催化作用下发生环化反应，生成环十五内酯反应的最佳反应条件是：原料与二环己基碳二亚胺的物质的量比为 1：2.5（催化剂中 DMAP·HCl、DMAP 和 DCC 的物质的量比为 1：1.5：1），15-羟基十五烷酸的质量与四氢呋喃的体积之比为 1：560，反应温度为 80℃，产品收率为 84%。

麝香 T 的生产方法：合成麝香 T 的工艺流程主要分为酯化聚合、解聚环化及粗产品精制三步。见图 4-10。

图 4-10　麝香 T 合成工艺流程图

酯化聚合：按比例向反应釜投入正十三烷二元酸、乙二醇及阻聚剂，启动搅拌器，启动加热器，升温至设定值。二元酸充分溶解后即开始酯化反应。反应生成的水由反应釜顶管线馏出，经冷凝后流入水接收罐，到馏出口温度降到固定值以下，基本无馏出液，说明酯化基本完成。然后开始逐步减压将过量的乙二醇蒸出，馏出液由反应釜顶管线馏出，经冷凝后流入乙二醇接收罐。在减压下保持一段时间，使聚合均匀，反应进一步深化，排除杂质，有利于改善产品质量。解聚环化：酯化聚合结束后，加入解聚催化剂，在高温、高真空下进行反应。随着反应的进行，生产的粗产品麝香 T，不断地被蒸出，经冷凝后，流入粗产品接收罐。当蒸出口温度明显下降，无粗产品馏出时，反应结束。粗产品麝香 T 在精馏塔内，精馏得到成品。通过精馏，馏出前馏分、中间馏分及成品麝香 T，釜底有高沸点的残液。

第十三节　杂环类

一、吲哚

吲哚是调香师经常用来说明"有许多香料浓时是'臭'的，而稀释后就变'香'了"的好例子，直接嗅闻吲哚确实可以说"臭不可闻"，没有人对它有好感，连调香师也如此——长期以来，调香师对它"敬而远之"，在调配茉莉花等花香香精时用一点点，一般不超过 0.5%。但令人奇怪的是天然茉莉花的香气成分中，吲哚的含量竟高达 5%～18%，而茉莉花的香味却受到全世界大多数人的喜爱！那能不能"超量"使用吲哚呢？笔者曾做了大量实验，在一些香精里面使用吲哚量高至 10% 左右，再用某些能"削"去吲哚"臭味"部分的香料，配出了令人闻之舒适、香气强度又非常大的花香与其他香味的香精，成功地推向市场。不过，吲哚的大量使用还有一个难以逾越的障碍，就是它容易变色，至今吲哚含量大的香精只能用于对色泽"不讲究"或者深颜色的场合。

新鲜茉莉香精的配方（单位为质量份）：

吲哚	2	水杨酸苄酯	2
乙酸苄酯	34	橙花素	5
丁香油	4	甲位戊基桂醛	10
二氢茉莉酮酸甲酯	2	洋茉莉醛	11
芳樟醇	9	玫瑰醇	7
苄醇	2	紫罗兰酮	5
苯乙醇	4	叶醇	1
苯甲酸苄酯	2		

白兰香精的配方（单位为质量份）：

甲位戊基桂醛	15	乙酸苄酯	50
邻氨基苯甲酸甲酯	15	丁酸乙酯	2
10％吲哚	5	甜橙油	5
己酸烯丙酯	3	羟基香茅醛	5

栀子花香精的配方（单位为质量份）：

吲哚	3	芳樟醇（合成）	20
乙酸苏合香酯	2	铃兰醛	10
十八醛	5	乙酸苯乙酯	4
甲位己基桂醛	20	乙酸芳樟酯	6
乙酸苄酯	30		

茶香香精的配方（单位为质量份）：

吲哚	4	甜橙油	4
芳樟醇	20	紫罗兰酮	12
香叶醇	20	甲位己基桂醛	20
二氢茉莉酮酸甲酯	20		

吲哚的生产方法：

(1) 邻氨基乙苯在氮气流中，在硝酸铝（或三氧化二铝）存在下，在 550℃ 脱氢环化，经减压蒸馏得到二氢吲哚，再在 640℃ 脱氢得到；

(2) 由邻硝基甲苯和草酸酯反应，生成邻硝基苯基丙酮酸，然后再制成 α-吲哚羧酸，最后与石灰一起干馏而得；

(3) 将苯胺与乙炔在 600～650℃ 下加热合成；

(4) 将邻羧基苯基甘氨酸经 3-羟基-2-吲哚羧酸合成；

(5) 以浓硝酸或铬酸氧化靛蓝得到吲哚醌，后者与锌粉进行蒸馏可得；

(6) 将混合硝基肉桂酸与 10 份氢氧化钾粉末，加铁屑后加热将混合物熔化也可得到。

二、2,3,5-三甲基吡嗪

这个常用于配制食品香精的香料现在也频频出现在日用品香精的配方里，这是由于它具有"熟食性"的炒坚果香味，特别像炒花生的香味，这一类香味也属于人类最喜欢的几种香味之一，因而受到关注。有许多家庭用品、玩具、空气清新剂、包装品可以采用这种"熟食性"香气，不管男女老幼都可接受。

2,3,5-三甲基吡嗪与香兰素等香料可配制成儿童们（其实不只是儿童）特别喜爱的巧克力香精，可以想象，带着巧克力香味的玩具、文具、鞋帽等都能吸引小孩子的注意力，这成为香兰素与吡嗪类香料大量出现在日用品香精配方里的主要原因。

2,3,5-三甲基吡嗪也是配制烟用香精的重要原料，众所周知，烟草香是男用香水和化妆品的主要香型之一，现在也有相当比例的女性喜爱。有些日用品用烟草香型香精赋香取得意想不到的成功，配制这些香精使用了不少的 2,3,5-三甲基吡嗪。

花生香精的配方（单位为质量份）：

香兰素	4	10％甲基糠硫基吡嗪	1
乙基香兰素	4	10％2,3,5-三甲基吡嗪	1
10％4-甲基-5-羟乙基噻唑	15	苯乙醇	71
乙基麦芽酚	4		

巧克力香精的配方（单位为质量份）：

| 苯乙酸戊酯 | 66 | 苯甲酸苄酯 | 23 |
| 香兰素 | 10 | 2,3,5-三甲基吡嗪 | 1 |

2,3,5-三甲基吡嗪的生产方法：

(1) 丁二酮法——1,2-丙二胺与 2,3-丁二酮反应制得。

(2) 丁二醇法——1,2-丙二胺与 2,3-丁二醇反应制得。

以 1,2-丙二胺和 2,3-丁二酮为原料经缩合氧化合成 2,3,5-三甲基吡嗪反应的最佳条件为：将原料 2,3-丁二酮溶于乙醇（2,3-丁二酮与乙醇的质量比为 1：5）中，匀速滴加到 1,2-丙二胺的乙醇溶液（1,2-丙二胺与乙醇质量比为 1：6）中，滴加时间 3h，反应温度为 -5℃，1,2-丙二胺与 2,3-丁二酮的物质的量比为 1.1：1。最佳的脱氢氧化反应条件为：以空气做氧化剂，氢氧化钾与 2,3,5-三甲基-5,6-二氢吡嗪的物质的量比为 3：1，乙醇与 2,3,5-三甲基-5,6-二氢吡嗪的质量比为 10：1，反应温度为 68℃，反应时间为 7h，两步反应的总收率为 83.0%，产物 2,3,5-三甲基吡嗪的纯度可达 99.5%。

三、异丁基喹啉

异丁基喹啉没有花香，没有果香，只有强烈的皮革、木香和泥土香——但这也只是调香师的说法而已，一般人觉得它"臭不可闻"，闻过以后令人恶心，想要呕吐。调香师则认为异丁基喹啉"很有价值"，它的香气具有一种平滑、细致的木-香根-皮革特性，并带有琥珀和烟草样香气，用来"修饰"素心兰、馥奇、皮革香、木香和男用古龙水香型效果甚佳，还可以起到定香和弥散的作用——它既是"头香"香料，又是"体香"和"基香"香料，可圈可点。

异丁基喹啉的缺点是容易变色，但由于它在所有的香精里面用量都不多，所以这个缺点往往被忽略了。在配制用于"洁白色"日用品（雪花膏、护肤霜、香皂、涂料等）的香精时，这一点还是要注意的。

有人发现用檀香 803、檀香 208、檀香 210、檀香醚、爪哇檀香等合成檀香香料配制檀香香精时，只要加入极少量的赖百当浸膏和异丁基喹啉就会产生优美、强烈的天然檀香木香气，由于这个发现，异丁基喹啉就与当前非常时髦的"东方香型"香精紧密地结合起来了——20 世纪 90 年代至今几乎所有"东方香型"的香精都或多或少地用了异丁基喹啉。

新东方香精的配方（单位为质量份）：

异丁基喹啉	0.1	纯种芳樟叶油	2
水杨酸叶酯	0.1	乙酰芳樟叶油	2
乙酸叶酯	0.1	甲位己基桂醛	4
叶醇	0.1	二氢茉莉酮	0.1
甜橙油	1.2	松油醇	1.5
丙位壬内酯	0.2	吲哚	0.1
格蓬浸膏	1.2	乙位萘甲醚	0.5
邻氨基苯甲酸甲酯	2	苯乙醇	2
二氢茉莉酮酸甲酯	3	丁香油	3
二氢月桂烯醇	2	檀香 208	1.5
新铃兰醛	1.5	檀香 803	3.5
铃兰醛	3	乙酸香根酯	0.5
羟基香茅醛	2	灵猫净油	0.1
茉莉净油	1	十五内酯	1.5
玫瑰净油	1	佳乐麝香	14
晚香玉净油	1.5	吐纳麝香	3
癸醛	0.1	香豆素	3
十一醛	0.5	香荚兰净油	1
甲基壬基乙醛	0.5	甲基柏木酮	4
玫瑰醇	4.4	苯乙醛	2
乙位突厥酮	0.1	异甲基紫罗兰酮	3
依兰油	1.5	广藿香油	1
异丁香酚	1	降龙涎醚	0.1
乙酸异戊酯	0.1	海狸净油	0.1
覆盆子酮	0.3	赖百当净油	1
乙酸苄酯	6	香兰素	1

| 甲基柏木醚 | 4 | 水杨酸苄酯 | 4 |
| 安息香膏 | 1 | 桂酸苄酯 | 1 |

南亚风情香精的配方（单位为质量份）：

异丁基喹啉	0.2	乙基香兰素	1.5
香根油	12	桂醇	2
广藿香油	1	乙酸桂酯	3
龙涎酮	3	吐纳麝香	3
香柠檬油	14	麝香 T	3
甲基柏木酮	4	甲位己基桂醛	5
香豆素	7	乙酸苄酯	2
乙酸香根酯	10	异甲基紫罗兰酮	20
檀香油	4.3	玫瑰醇	5

异丁基喹啉的生产方法：由邻氨基苯甲醛同亚异丙基丙酮缩合后加氢而得。

第十四节　含氯、含氮、含硫化合物

一、结晶玫瑰

学名为乙酸三氯甲基苯甲酯，分子结构式见图 4-11。

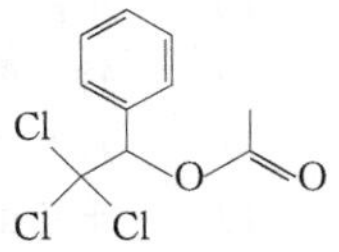

图 4-11　结晶玫瑰分子结构式

具有强烈的玫瑰香气，是一种很好的定香剂。通常用三氯甲基苯基甲醇和醋酸酐为原料制备，见图 4-12。

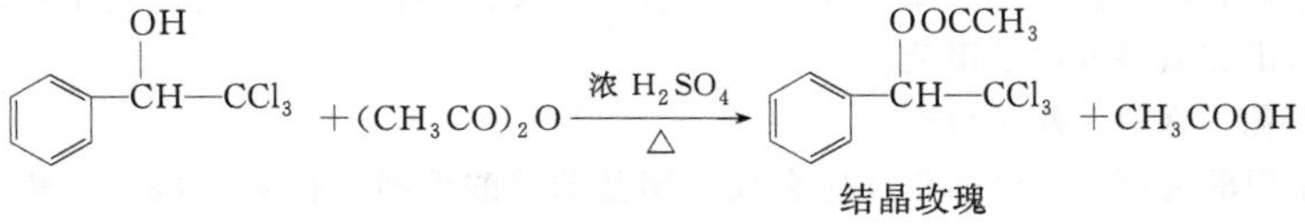

图 4-12　结晶玫瑰合成化学方程式

玫瑰香精的配方（单位为质量份）：

香茅醇	38	结晶玫瑰	4.7
香叶醇	19	玫瑰醚	0.2
芳樟醇	3	乙位突厥酮	0.1
苯乙醇	35		

结晶玫瑰的生产方法：首先是苯甲醛和氯仿反应生成 α-三氯甲基苯甲醇，α-三氯甲基苯甲醇在该过程中同时采用氢氧化钾和四丁基溴化铵作催化剂提高收率，然后第一步的中间产物同样在浓硫酸和四丁基溴化铵双催化剂作用下与乙酸发生酯化反应生成乙酸三氯甲基苯甲酯即结晶玫瑰。

二、邻氨基苯甲酸甲酯

在我国最早工业化生产的合成香料屈指可数的几个品种中，邻氨基苯甲酸甲酯是其中的一个。这个香料原来用量较大，现在用得越来越少了，原因是"变色因素"，在化妆品、香皂、蜡烛等对色泽有要求的日用品香精中基本上已经不用，它的"橙花"香气现在已有许多代用品，综合性能比它更好，价格也相差不多。现在生产的邻氨基苯甲酸甲酯有不少是用于进一步制造各种"席夫碱"（醛与胺的化合物）香料如"茉莉素"（甲位戊基桂醛与邻氨基苯甲酸甲酯合成）、"橙花素"（羟基香茅醛与邻氨基苯甲酸甲酯合成）等。

在香精配方里如果有醛的存在，加入邻氨基苯甲酸甲酯就会慢慢地与这些醛反应生成"席夫碱"化合物，同时有少量的水作为"副产物"析出，本来澄清透明的香精溶液变浑浊甚至分层。加入适量的醇可以令其重新变澄清透明（苯乙醇、松油醇、芳樟醇等均可，其中以苯乙醇的效果最好）。

邻氨基苯甲酸甲酯也是一个"后发制人"的香料，刚加入香精里面时，它的香气不会马上"显露"出来，把香精放置一段时间后才能体会它的"后劲"！所以一般在配制香精如果用到邻氨基苯甲酸甲酯时只能靠经验掌握用量。

大花茉莉香精的配方（单位为质量份）：

芳樟醇	8	丁香酚	3
苯甲酸甲酯	1	吲哚	8
乙酸苄酯	33	邻氨基苯甲酸甲酯	8
苄醇	2	苯甲酸苄酯	24
甲位戊基桂醛	13		

橙花香精的配方（单位为质量份）：

邻氨基苯甲酸甲酯	5	苯乙醇	5.7
乙位萘甲醚	2	松油醇	2
乙位萘乙醚	5	乙酸松油酯	20
橙花酮	5	玫瑰醇	3
乙酸苄酯	5	甜橙油	5
乙酸芳樟酯	10	十醛	0.3
乙酸香叶酯	3	铃兰醛	3
乙酸苯乙酯	1	羟基香茅醛	2
芳樟醇	18	苯乙酸	5

邻氨基苯甲酸甲酯的生产方法：

（1）由邻氨基苯甲酸与甲醇酯化得到——将邻氨基苯甲酸的甲醇溶液加热到 65℃，滴加硫酸，在 75℃下反应生成邻氨基苯甲酸甲酯的硫酸盐。然后用氢氧化钠溶液中和析出邻氨基苯甲酸甲酯。用甲苯萃取，洗涤甲苯萃取液并蒸去甲苯后，将粗制的邻氨基苯甲酸甲酯在存在碳酸钠的条件下进行减压精馏，将成品馏分冷至 12～15℃以下，即析出邻氨基苯甲酸甲酯。

（2）由苯酐经氨化、降解、酯化得到。

（3）以邻硝基苯甲酸为原料，经酯化反应合成邻硝基苯甲酸甲酯，收率为 88%，然后在雷尼镍存在下催化加氢制得邻氨基苯甲酸甲酯，收率为 80%，产品纯度大于 98%。

三、柠檬腈

柠檬腈的香气与柠檬醛差不多，但香气强度更大，留香也更持久一些，在调配皂用香精时用柠檬腈代替柠檬醛有明显的优越性——香气更透发，香质更好，稳定性高，在皂中不变色。因此，它同另外两个腈类香料——香茅腈和茴香腈都被大量用来配制各种皂用香精。

柠檬腈与二氢月桂烯醇、香柠檬醛、女贞醛、柑青醛、乙酸苏合香酯、叶青素、叶醇、乙酸叶酯等"青气"较重的香料可以调配成许多现代青香型的香精，迎合"回归大自然"的时代潮流。每个调香师都有自己研制的几个"青香"香基，这些香基或多或少都用了一些柠檬腈，这是因为在试调这些香基出现"尖刺"的、不容易调圆和的气息时，加点柠檬腈或柑青醛往往能够"削去"尖锐气味使整体香气往"宜人""舒适"的方向发展。当柠檬腈加入多量而香气还"不够圆和"时，再加点价格低廉的甜橙油基本上就行了。

柠檬香精的配方（单位为质量份）：

甜橙油	40	二氢月桂烯醇	5
柠檬油	10	柠檬腈	15

苯甲酸苄酯	10	乙酸松油酯	10
山苍子油	10		

芳兰香精的配方（单位为质量份）：

甜橙油	5	乙酸香叶酯	2
己酸烯丙酯	2	水杨酸丁酯	2
芳樟醇	3	铃兰醛	2
苯乙醇	4	邻苯二甲酸二乙酯	40
乙酸苄酯	5	水杨酸苄酯	3
乙基麦芽酚	2	甲位戊基桂醛	2
乙酸苏合香酯	1	苯甲酸苄酯	20
柠檬腈	1	龙涎酮	6

柠檬腈的生产方法：以柠檬醛为原料，在微波辐射及相转移催化剂聚乙二醇-600 催化作用下，由 SiO_2/Na_2CO_3-$NaOH$ 混合碱组成的无溶剂一步法直接制备柠檬腈。最佳反应条件是：n(柠檬醛)：n(盐酸羟胺)＝1：(1.6～1.8)；对应每 mmol 柠檬醛，SiO_2 的用量为 0.20～0.25g；催化剂 m(PEG-600)/m(柠檬醛)＝0.08，磨细后用功率为 520W 的微波辐射，反应 4min。在此条件下，从柠檬醛制备柠檬腈的平均产率达 90.7%。

四、二丁基硫醚

二丁基硫醚香气非常强烈，高度稀释以后有类似辛炔羧酸甲酯的香味，因此，在调配紫罗兰香精时可以用它代替已被 IFRA 限用的辛炔羧酸甲酯和庚炔羧酸甲酯，而香气更加自然。在调配其他青香型香精时，加极少量的二丁基硫醚常能收到意想不到的效果，稍微"过量"会让香气"急转弯"变调，有时会有新的"发现"，为调香师开辟新香型增加了一些途径。玫瑰、香叶和一些花香、果香香精里加入极少量的二丁基硫醚，能起到增加天然青气的作用。所以在现代的日用香精中也经常可以闻到它的特殊气息了。

紫罗兰香精的配方（单位为质量份）：

二丁基硫醚	0.1	水杨酸苄酯	2
辛炔酸甲酯	0.9	苯甲酸苄酯	2
紫罗兰酮	30	十四醛	6
香豆素	2	乙位萘乙醚	8
橙花素	6	桂酸苯乙酯	8
茉莉素	4	檀香 803	5
甲位己基桂醛	4	乙酸苄酯	19
苯乙酸苯乙酯	5		

单瓣紫罗兰花香精的配方（单位为质量份）：

二丁基硫醚	0.1	香柠檬油	10
庚炔酸甲酯	0.9	大茴香醛	4
甲基紫罗兰酮	40	紫罗兰叶净油	2
乙位紫罗兰酮	10	配制茉莉油	12
洋茉莉醛	6	依兰依兰油	6
羟基香茅醛	4	异丁香酚苄醚	5

花丛香精的配方（单位为质量份）：

二丁基硫醚	0.1	玫瑰净油	1
香柠檬油	2	茉莉净油	1
柠檬油	1	丙位壬内酯	0.1
玳玳花油	1	草莓醛	0.1
玳玳叶油	1	紫罗兰酮	5
晚香玉净油	1	香叶醇	14
金合欢净油	1	甲基柏木醚	3

柏木油	2	檀香 803	4
香兰素	0.1	香茅醇	1
水杨酸苄酯	4	玫瑰醇	2
乙酸香叶酯	1	吲哚	0.1
新铃兰醛	2	赖百当净油	1
铃兰醛	2	大茴香醛	1
羟基香茅醛	1	丙位十一内酯	0.5
纯种芳樟叶油	2	乙酸异壬酯	1
苯乙醇	10	乙酸邻叔丁基环己酯	1
玫瑰醚	0.1	乙酸对叔丁基环己酯	2
松油醇	2	反-2-己烯醛	0.5
乙酸苄酯	4	甲基柏木酮	3
甲位己基桂醛	3	十五内酯	2
洋茉莉醛	2	水杨酸己酯	3
佳乐麝香	2	苯甲酸苄酯	2
吐纳麝香	2	桂皮油	0.4
麝香 T	2	苯乙酸苯乙酯	1
檀香 208	2		

二丁基硫醚的生产方法：在 500mL 三颈烧瓶中加入焙烧过的 0.05mol $Na_2S \cdot 9H_2O$ 和 60mL 无水乙醇，在搅拌下将粉末溶解，然后迅速加入 1-溴丁烷 0.10mol，置于水浴中反应一段时间后，将反应液倾人 250mL 分液漏斗中，分离出上面的油层，用无水 Na_2SO_4 干燥，蒸馏并收集 180～185℃馏分即二丁基硫醚成品。

第十五节 "全合成香料"的制造工艺

1. 合成香料生产原料

(1) 农林加工产品，如松节油、甜橙油、柏木油、棕榈油、蓖麻子油、木质素、糖类、氨基酸等；

(2) 煤炭化工产品，如煤焦油中的苯、甲苯、二甲苯、苯酚、萘、蒽、咔唑、氢气、一氧化碳等；

(3) 石油化工产品，如各种烷烃、烯烃、乙炔、苯、甲苯、二甲苯、苯乙烯等。

2. 主要合成反应

(1) 氧化反应，见图 4-13。

(2) 还原反应，见图 4-14。

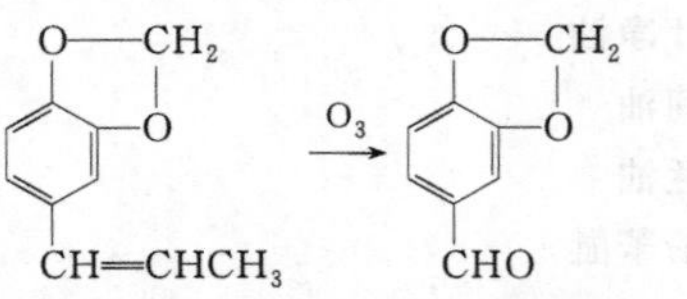

图 4-13 异黄樟油素氧化反应方程式

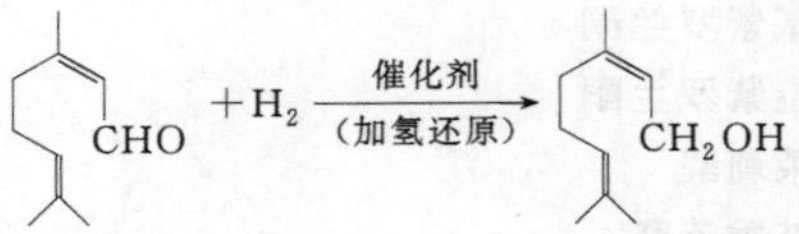

图 4-14 柠檬醛加氢还原反应方程式

(3) 缩合反应，见图 4-15。

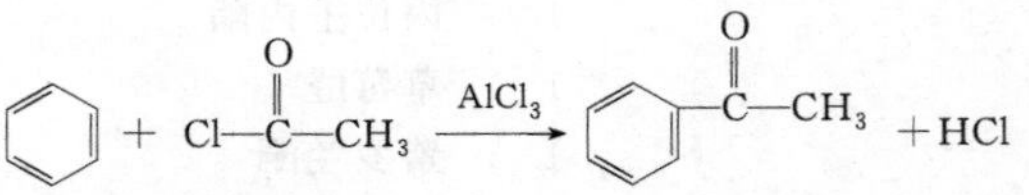

图 4-15 乙酰苯缩合反应方程式

（4）酯化反应，见图 4-16。

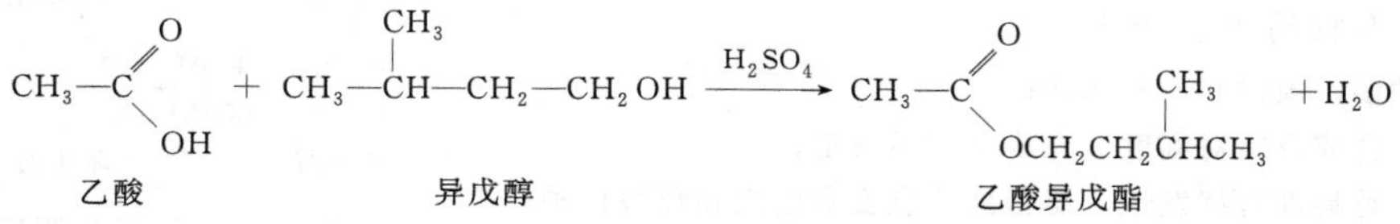

图 4-16　乙酸与异戊醇反应方程式

（5）醚化反应，见图 4-17。

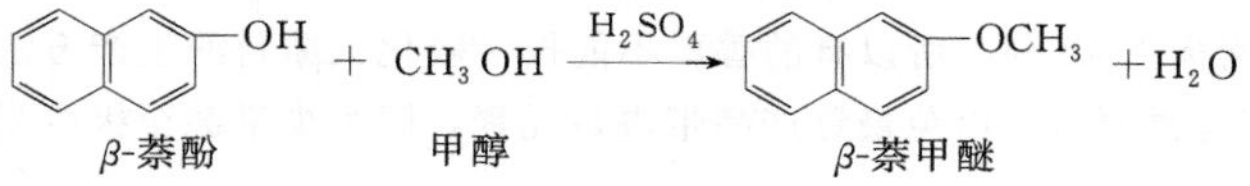

图 4-17　醚化反应方程式

（6）卤化反应，见图 4-18。

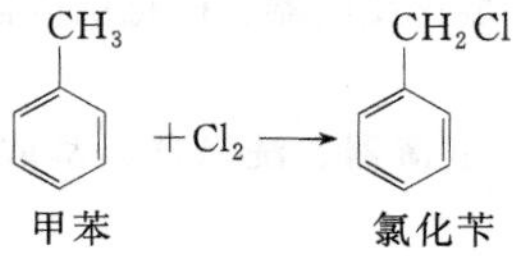

图 4-18　卤化反应方程式

（7）硝化反应，见图 4-19。

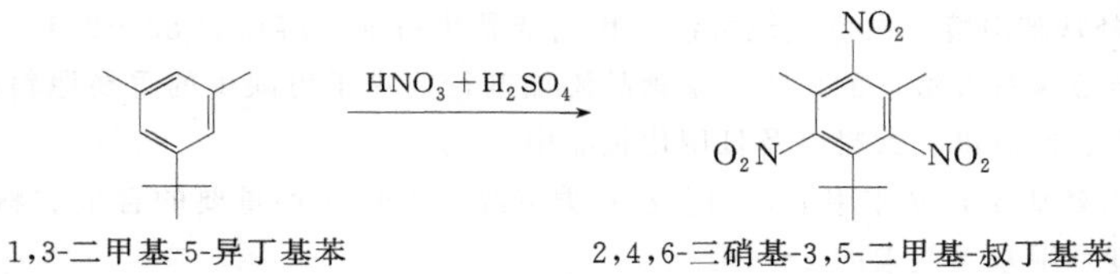

图 4-19　硝化反应方程式

（8）加水反应，见图 4-20。

（9）水解反应，见图 4-21。

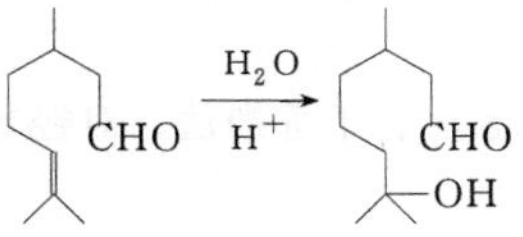

图 4-20　加水反应方程式

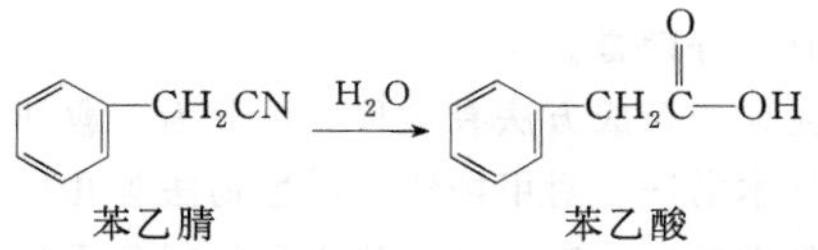

图 4-21　水解反应方程式

（10）闭环反应，见图 4-22。

（11）重排反应，见图 4-23。

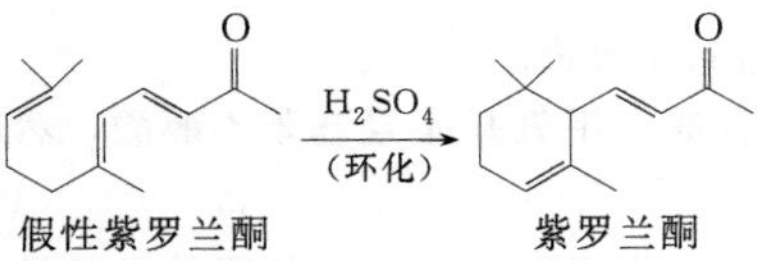

图 4-22　闭环反应方程式

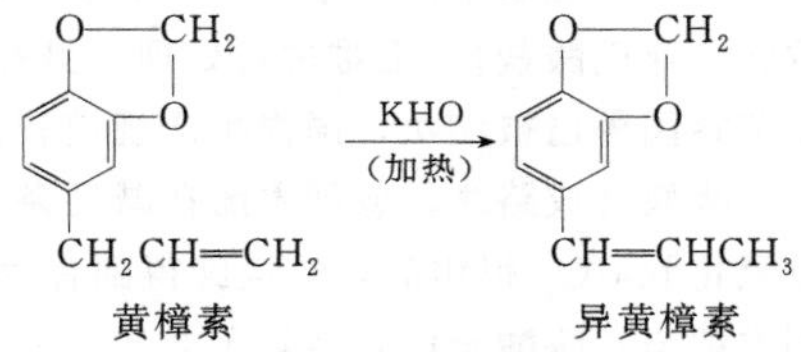

图 4-23　重排反应方程式

（12）坎尼扎罗反应，见图 4-24。

3. 合成香料的工艺特点

（1）品种多，规模小，利润高；

（2）有些合成香料对温度、光或空气不稳定；

（3）合成香料都有挥发性，要特别注意安全生产和环境保护；

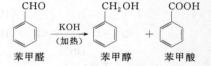

图 4-24　坎尼扎罗反应方程式

（4）要有安全卫生管理制度和做毒理检验；

（5）对产品除了要求达到一定的化学纯度外，对香气也有严格的具体要求。

与一般化工原料不同的是：香料的质量不单有理化指标，还有重要的香气指标。我国采用的"评分制"是理化指标占 60 分，香气指标占 40 分。所以有的香料不能按一般化工原料的生产方法制备，例如有许多合成香料生产过程中尽量不使用含氯原料，以免最终产品带进氯元素，因为少量甚至极少量的氯经常会"破坏"香料的香气。

一般化工过程的模式为：

$$原料 \rightarrow 预处理 \rightarrow 反应 \rightarrow 分离 \rightarrow 产品$$

反应设备：缩合反应器、加成反应器、酯化反应器、硝化反应器、高温异构化反应器、高压氢化或氧化反应器等。

分离设备：过滤器、压滤机、离心机、澄清器、洗涤器、萃取器、结晶器、干燥器、精馏塔、分子蒸馏器等。

设备的材料：大多数采用不锈钢、搪瓷或玻璃等。

以香兰素的合成工艺为例：

香兰素（3-甲氧基-4-羟基苯甲醛）一般可分为甲基香兰素和乙基香兰素。甲基香兰素又名香兰素、香草醛，学名 3-甲氧基-4-羟基苯甲醛，白色或浅黄色针状或结晶状粉末，熔点为 82～83℃。香兰素是重要的食品香料之一，具有香荚兰豆香气及浓郁的奶香，是食品添加剂行业中不可缺少的重要原料，起增香和定香作用，广泛用于食品、巧克力、冰淇淋、饮料以及日用化妆品中。

乙基香兰素即 3-乙氧基-4-羟基苯甲醛，别名乙基香草醛，也是一种重要的合成香料。它具有强烈香荚兰气及甜味道，香气强度是甲基香兰素的 2～4 倍。

香兰素和乙基香兰素都广泛应用于食品工业、医药工业、日用品制造工业、制烟工业和饲料工业中。在食品香料中，香兰素无疑是最出色的香料之一，有的食品只用单一的香兰素加香就可以获得成功，因为香兰素也有自始至终保持一种香气的特点。

我国是世界香兰素生产和供应大国，也是世界香兰素出口大国。我国香兰素在北美、欧洲、东南亚等地的市场享有良好信誉。

香兰素的合成方法有多种，可分为：愈创木酚法、木质素法、黄樟素法、丁香酚法、对羟基苯甲醛法、4-甲基愈创木酚法、对甲酚法、微生物法等几种。

愈创木酚法：以愈创木酚为原料制备香兰素工艺路线成熟，原料来源广，其中乙醛酸法的工艺具有条件易控制、收率高、污染少的特点，并且随着苯酚法合成愈创木酚工艺的成熟，愈创木酚的价格有望下降，使这一条工艺路线更具有优势。因此，该工艺是目前我国香兰素旧工艺改造的发展方向。

愈创木酚的学名为邻甲氧基苯酚，愈创木酚合成香兰素主要有以下两条路线：

（1）亚硝基法路线。以愈创木酚和乌洛托品、对亚硝基二甲苯胺为原料，经缩合-氧化-水解而得。该路线分离过程复杂，反应效率低，生产收率约为 57%，三废严重，生产 1t 香兰素约产生 20t 的废水（含有酚类、醇及芳香胺、亚硝酸盐），很难进行处理，另有 1～2t 的固体渣。

该工艺在国外已被淘汰，国内生产规模较大的厂家也对此法进行了改进。

（2）乙醛酸合成路线。愈创木酚在碱性条件下与乙醛酸经缩合成 3-甲氧基-4-羟基苯乙醇酸，然后在催化剂作用下氧化脱 CO_2 得粗品，经提纯得到香兰素。

愈创木酚与乙醛酸合成香兰素工艺产生三废较少，后处理方便，收率可达 70%，是国外目前最常用的方法，国外 70% 以上的香兰素是采用此法生产的。

我国目前只有少数厂家采用此法，主要原因是国内生产的乙醛酸价格相对较高，且一些关键技术问题尚未解决，如废水回用（1t 香兰素产生约 20t 废水）、产品收率等问题尚未很好地解决。

此外，国外还开发了三氯乙醛法（印度），收率约为 60%；氯仿法，收率约为 39%，以及电解氧化法，收率可达 90% 以上，且低污染，电耗少。但未见有大规模工业化生产的报道。

第十六节　"半合成香料"的制造工艺

人类从 20 世纪初就已经开始利用精油为原料，深度加工制备出所谓半合成香料，例如从丁香油合成香兰素；以柠檬醛制备紫罗兰酮；以黄樟油素制备洋茉莉醛；用香茅醛生产羟基香茅醛；以柏木油或杉木油提取柏木烯制备甲基柏木酮等。尤其是利用松节油生产松油醇、乙酸异龙脑酯、樟脑等，已实现工业化的产品多达 180 余种。这些半合成香料是香料的重要组成部分，一般由于它独特的品种或品质以及工艺过程的经济性而独具优势，是以煤焦油或石油化工基本原料为原料的全合成香料所无法替代的。

一、以香茅油和柠檬桉叶油合成

香茅油和柠檬桉叶油都是天然香料中的大宗商品，它们都含有香茅醛、香茅醇、香叶醇等重要的有香成分，将这些成分单离然后再进行合成反应是常见的工艺路线，但也有不需单离，直接处理精油而制得香料或香精的情况。

1. 柠檬桉叶油催化氢化制备香茅醇

柠檬桉叶油因含有大量香茅醛，香气中总含有"肥皂"气息，若通过催化氢化使香茅醛还原为香茅醇，则可使香气质量明显改观。氢化可进行至羰值接近于零，所得产物除香茅醇外，还含有四氢香叶醇和二氢香叶醇，它们是柠檬桉叶油中所含香叶醇的氢化还原产物，使得产品含有玫瑰香气之外的甜韵。反应式如图 4-25 所示。

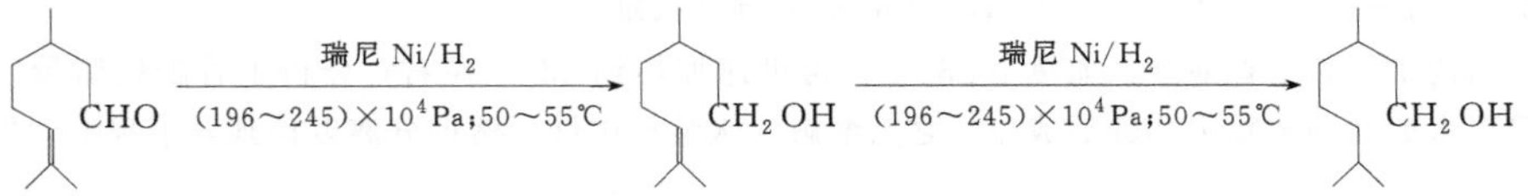

图 4-25　香茅醛还原为香茅醇及二氢香叶醇反应方程式

产物中的镍催化剂可经过滤回收，用 20% 的 NaOH 溶液活化，多次反复使用。

2. 合成羟基香茅醛

羟基香茅醛具有铃兰菩提花、百合花香气，清甜有力，质量好的还可以用于食用香精。目前主要的生产方法均属于半合成法，即以单离的香茅醛为起始原料。文献报道的有 5 条反应路线，其中一条重要的反应路线如图 4-26 所示。

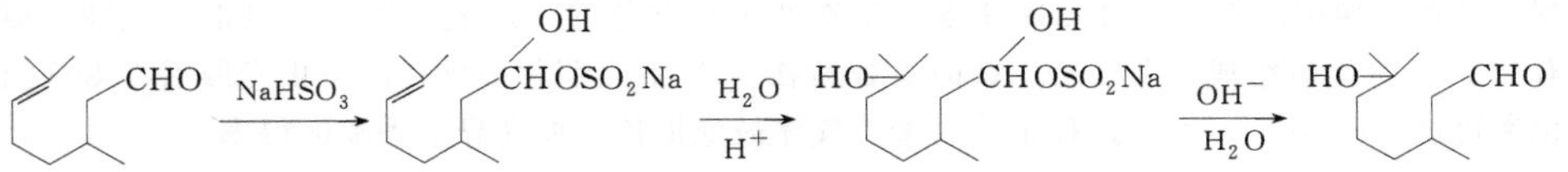

图 4-26　羟基香茅醛制造反应方程式

二、以山苍子油合成

山苍子产于我国东南部及东南亚一带，原为野生植物，现在我国已有大面积种植。山苍子油的主要成分为柠檬醛（含量为 66%～80%），是合成紫罗兰酮系列及 α（β）突厥（烯）酮香料的主要原料，在维生素合成、医疗应用等许多方面也有着广泛的应用。

三、以八角茴香油合成

八角茴香油主产于广西、云南及广东，是我国传统的出口物资。八角茴香油的主要成分为大茴香脑，主要用于牙膏和酒用香精，也是重要的合成香料的原料。

1. 大茴香脑的异构化

顺式大茴香脑有刺激性、辛辣等不良气味，而且毒性比反式大茴香脑高10～20倍，不能用于医药和食用香精中，在化妆品等日用香精中的限用量也要求很高，因此需要通过异构化反应使顺式大茴香脑转变为反式大茴香脑。异构化反应见图4-27。

异构化的条件为：在硫酸氢盐作用下在180～185℃加热1～1.5h，达到热力学平衡，此时顺式大茴香脑仅有10％～15％，经高效精馏可将其与反式大茴香脑分离。

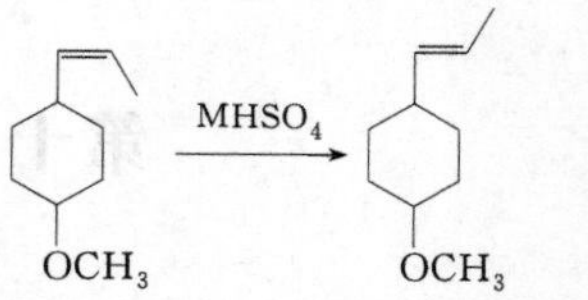

2. 大茴香醛的合成

大茴香醛具有特殊的类似山楂的气味，主要用于日用香精。通过臭氧化法，其得率可达55％以上；电解氧化法则可得到52％的大茴香醛及25％的大茴香酸；如将大茴香脑与硝酸和冰醋酸相作用，可得理论量70％的大茴香醛；若用15％～20％的重铬酸钠和对氨基苯磺酸在70～80℃下氧化，转化率可达50％～60％。反应式见图4-28。

图4-27　顺式大茴香脑转变为反式大茴香脑反应方程式

四、以丁香油或丁香罗勒油合成

我国丁香油的主产地是广西、广东，主要成分为丁香酚，含量最高可达95％。丁香罗勒则是从苏联引种种植于两广、江、浙、闽、沪等地的，丁香罗勒油的主要成分为30％～60％的丁香酚。

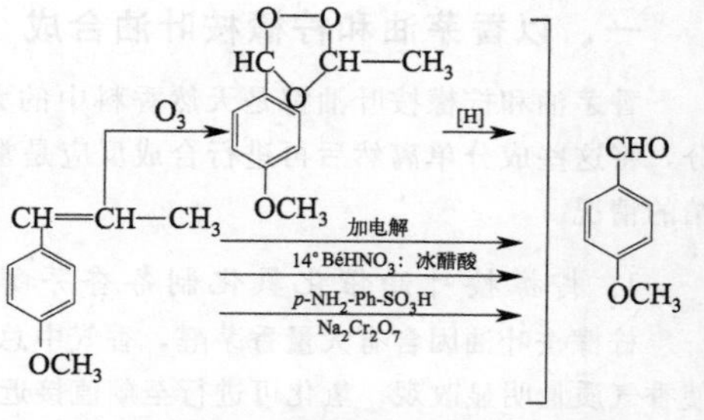

1. 异丁香酚的制取

异丁香酚是合成重要的香料化合物香兰素的中间原料，可通过丁香酚的异构化来制取。

（1）浓碱高温法——用40％～45％的KOH溶液1份（质量份，余同）加入约1份的丁香油中，加热至130℃，再迅速加热到220℃左右，分析丁香酚残留量以决定反应的终点。然后采用水蒸气冲蒸除去非酚油成分，之后酸解、水洗至中性，蒸馏分离以得到异丁香酚。见图4-29。

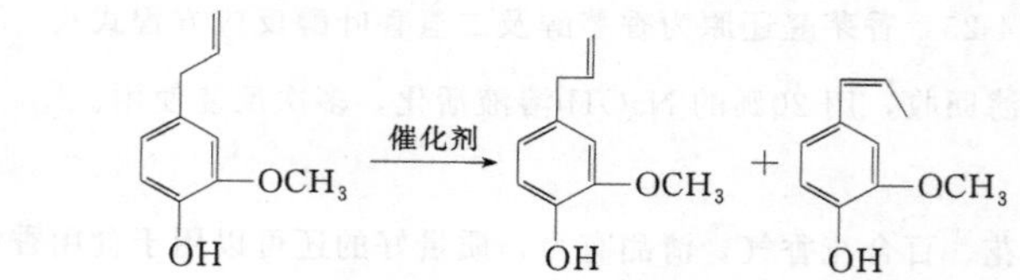

图4-28　大茴香醛制造反应方程式

图4-29　丁香酚异构化反应方程式

（2）羰基铁催化异构法首先通过光照使五羰基铁产生金黄色的九羰基二铁，重结晶、过滤、醚洗涤后备用。将含有0.15％（质量组成）九羰基二铁的丁香酚在80℃下光照约30min，停止光照后在80℃下加热5h，丁香酚转化率可达90％以上，实验过程中可以惰性气体鼓泡搅拌以提高异丁香酚的得率。

2. 异丁香酚合成香兰素

香兰素可以异丁香酚为原料合成，而异丁香酚可由丁香酚异构化而得。香兰素的合成原理是异丁香酚丙烯基的双键氧化，具体方法包括：硝基苯一步氧化法；或先以酸酐保护羟基，再进行氧化，最后通过水解使羟基复原；还可用臭氧氧化，然后再进行还原反应以制取香兰素。第二种方法的合成反应路线见图4-30。

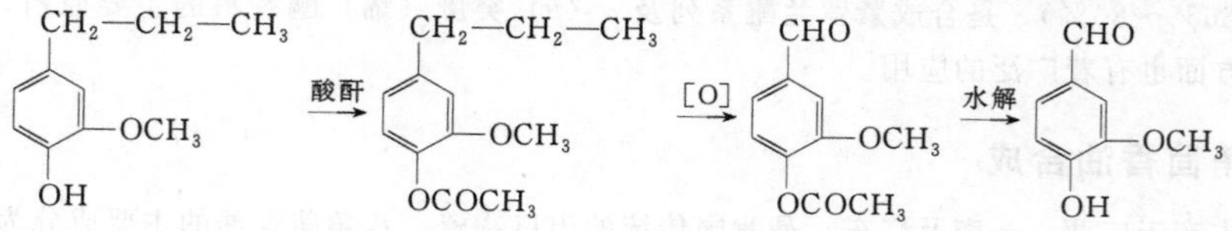

图4-30　香兰素制造反应方程式

五、以松节油合成

松节油是世界上产量最大的精油品种，全世界年产量约 300000t，占世界天然精油产量的 80％，其中 50％左右是纸浆松节油。从世界范围内来看，以松节油为原料合成半合成香料是香料工业的一大趋势。以美国为例，其合成香料的原料 50％为松节油，其余 50％来自石油化工原料。我国也是松节油的主产国之一，生产松脂、松节油的潜力颇大，资源相当丰富，近几年来的开发利用已逐步获得了较好的经济效益。

松节油的综合利用范围非常广阔，涉及选矿、卫生设备、印染助剂、杀虫剂、合成树脂、合成香料等，其中合成香料的种类非常多。如英国 BBA 公司利用松节油合成萜类香料的工艺路线及主要产品见图 4-31。

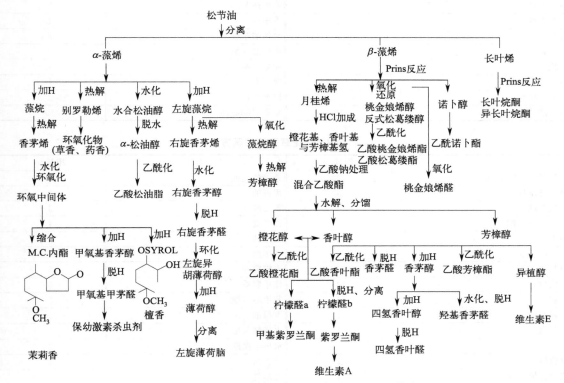

图 4-31　英国 BBA 公司利用松节油合成萜类香料等产品

第十七节　合成香料以及其他工业"下脚料"的利用

合成香料"下脚料"的利用也同天然香料"下脚料"利用类似，但合成香料的"下脚料"不是天然香料，其成分往往也更加复杂，并且有可能含有一些对人体皮肤和环境产生损害的物质，所以合成香料"下脚料"的利用更为复杂一些，也不能掉以轻心。

使用合成香料"下脚料"配制的香精主要用于日化产品第"十一类"（空气清新剂、动物用喷雾剂、蜡烛、猫砂、不与皮肤接触的祛臭剂、地板蜡、加香灯环、燃料、杀虫剂、朝佛用香、全机洗涤剂、有香气的蒸馏水、涂料、塑料制品、簧片扩散器、鞋油、厕所除垢剂、处理过的纺织品等）的加香。

笔者搜集了世界各地香料、香精生产企业产生的各种"头尾油"和"下脚料"，经过大量的分析检测，提出并在厦门牡丹香化实业有限公司等单位做这些"下脚料"的利用工作，取得很好的成效。表 4-2～表 4-4 的几个实例可能对读者有启发意义。

表 4-2　心仪香精的配方

组分	用量/g	组分	用量/g
柠檬油	2	甜橙油	3
乙酸苄酯	3	苯乙醇	3
乙酸苏合香酯	1	铃兰醛	4
柏木油	2	杉木油	1
合成檀香 803	5	鸢尾酯	5
甲基柏木酮	5	香柠檬油	6
合成檀香 208	2	佳乐麝香	5
薰衣草油	3	苯甲酸苄酯	8
广藿香油	1	香根油	1
香兰素	1	水杨酸苄酯	3
香豆素	4	水杨酸戊酯	2
玫瑰油	1	桂酸乙酯	1
纯种芳樟叶油	2	橡苔素	1
乙酸芳樟酯	3	橡苔浸膏	2
香叶醇头油	10	紫罗兰酮底油	10

表 4-3　花草香精的配方

组分	用量/g	组分	用量/g
二氢月桂烯醇头油	8	芳樟醇底油	12
甲位己基桂醛	3	甜橙油	2
乙酸苄酯	3	苯乙醇	3
乙酸苏合香酯	1	铃兰醛	4
柏木油	2	杉木油	1
合成檀香 803	5	鸢尾酯	5
甲基柏木酮	5	香柠檬油	5
合成檀香 208	2	佳乐麝香	5
薰衣草油	5	苯甲酸苄酯	5
广藿香油	1	香根油	1
香兰素	1	水杨酸苄酯	5
香豆素	2	水杨酸戊酯	2
玫瑰醇	1	桂花油	1
纯种芳樟叶油	4	二苯醚	1
乙酸芳樟酯	3	甲位萘乙醚	2

表 4-4　山谷香精的配方

组分	用量/g	组分	用量/g
二氢月桂烯醇	3	甜橙油	2
乙酸苄酯	5	苯乙醇	5
羟基香茅醛	1	铃兰醛	4
柏木油	2	杉木油	1
女贞醛	1	鸢尾酯	5
甲基柏木酮	5	甲位己基桂醛	5
合成檀香 208	2	吐纳麝香	5
薰衣草油	5	二苯醚	5
广藿香油	1	香附子油	1
香兰素	1	水杨酸苄酯	5
邻氨基苯甲酸甲酯	4	水杨酸戊酯	2
香叶醇	1	乙酸桂酯	1
纯种芳樟叶油	2	橡苔素	1
乙酸芳樟酯	5	桂醇	2
柑青醛底油	5	乙酸柏木酯头油	13

　　用各种"下脚料"配制香精的技术难度更大，因为"下脚料"的香气复杂，有些气味尖锐令人厌恶，怎样把这些"杂味"掩盖住或者让它们与其他香料组成比较"和谐"宜人的气味对调香师来说都是考验。由于成分复杂，用"下脚料"配制好香精以后，香气在一段时间内还会不断变化，调香师的长期工作经验成为解决这个难题的不二法宝。

　　同天然香料的下脚料一样，合成香料下脚料在配制香精前也要先测定或者评估它们各自的香比强值、留香值和香品值，再判定它们各自是属于哪一种香型，在"自然界气味关系图"里的哪一个位置，最好是品评、确定并填好它们各自的"气味 ABC 表"，这样就可以更好地利用它们了。

　　上述几种"头底油"的三值和"气味 ABC"数值如表 4-5、表 4-6 所示。

表 4-5　合成香料几种"头底油"的三值表

香料名称	香比强值	香品值	留香值
香叶醇头油	60	10	15
紫罗兰酮底油	50	3	80
二氢月桂烯醇头油	160	2	8
芳樟醇底油	80	15	85
柑青醛底油	160	1	78
乙酸柏木酯头油	80	5	10

表 4-6　合成香料几种"头底油"的"气味 ABC"数值表

香料名称 （英文字母） 香料中文简称	C 橘	B 橙	L 薰	J 茉	R 玫	Li 铃	O 兰	Le 叶	G 青	I 冰	Cm 樟	K 松	S 檀	Ag 沉	Z 芳	H 药	W 辛	P 酚	T 焦	Q 膏	Mo 苔	Mu 菇	Y 土	Vi 酒	D 乳	Ac 酸	E 醛	A 脂	X 麝	U 臊	Fi 腥	M 瓜	Ve 菜	V 豆	N 坚	F 果
香叶醇头油				40	10										20					20			10													
紫罗兰酮底油				30	20								20		10					10						10										
二氢月桂烯醇头油	10	10		10				10		10					20																	10	10			10
芳樟醇底油			20	20	20															20						10								10		
柑青醛底油	40														10					10						10									10	10
乙酸柏木酯头油		10	10								10	20	20																							10

　　世界各地香精厂每年生产各种香精时产生的"废料"（包括配方错误或其他原因产生的不合格香精、退货香精、变质香精、洗涤配制罐产生的"洗锅水"等）也跟合成香料"下脚料"一样，数量非常巨大，直接排放就成为污染源，成为每一个香精厂的头痛问题。把它们收集起来加以利用也是有必要的。笔者曾经在二十世纪九十年代收集了大量的香精"下脚料"，用它们配制了几个"百花香精"用于熏香品（卫生香、蚊香等）的加香，取得成功，也深受各地卫生香、蚊香生产厂家的欢迎。后来随着国内各种熏香品对香气质量的要求提高，这种简单的配制方法已经"过时"而没有实际意义了。现在的做法是采用精馏的办法把它们分离成一个个单体香料或者几个特定的馏分，再重新配制成各种香精。如果剔除掉不能食用也不能用作日用香料的成分，配制的香精可以用于各种日用品的加香，而不只是作为熏香香精使用了。

　　利用造纸废液中所含的木质素生产香兰素：造纸废液中，木质素主要以其磺酸盐的形式存在。造纸工业每吨硫酸盐纸浆副产废液约 $7m^3$，其中含木质素磺酸盐约 200kg。其合成方法是将木质素磺酸盐在碱性介质中水解，再经过氧化等反应后得香兰素。该方法原料来源广，生产历史较长，原料成本低，充分利用了废料，但产品收率低，只有 10%～15%，污染问题严重。据报道每生产 1t 香兰素产生废水近 150t，因此许多国家包括美国在内已陆续淘汰该路线。但是由于原料成本低，且利用造纸废液，该法继续研究还是有潜力的。

　　合成香料下脚料的利用还有许多方法，不一定用来制造、提取香料或配制成香精，把它们视为有机化工原料可以提出多种利用方案，这里就不一一列举了。

第五章　香精配制

第一节　调香理论

"知难行易"，不管从事任何工作，只要先在理论上有了足够的认识，实施起来就不会太难。调香工作更是如此。

作曲、绘画、调香自古以来被公认为世界三大艺术。有关作曲、绘画的著作浩如烟海，各种学派、流派的理论多如繁星，令人目不暇接，世界各国都有自己的"理论大师"，有时意见不一还要争吵一番，甚至大动干戈，互相批判，以求真谛。相对来说，有关调香的理论则寥若晨星，无处寻觅。

其实每个调香师都有一套"调香理论"指导自己和助手、学生的调香与加香实验，并在实践中不断充实和修正他的这套"理论"，不断完善，没有终止。只是绝大多数调香师仅把这些"理论"藏在自己的调香笔记里，不愿意加以整理，公布于世，与人分享。早期欧洲各国的调香师无不如斯，他们只把自己的理论用口头和笔记的形式传授给后代。

在合成香料问世前，所谓的"调香理论"以现代人的观点来看，似为"粗糙""简单"，其实未必尽然。试看中国古代宫廷里使用的各种"香粉"（化妆、熏衣、做香包用）、"香末"（用各种有香花草、木粉、树脂等按一定的比例配制而成，用于熏香）、香囊、香方璇玑图、香席（通过行香过程，来表现心灵的境界和内容），日本香道（从中国唐朝的熏香文化传到日本演化而成）的"61种名香"、宗教用香，埃及的"基福""香锭"，欧洲的"香鸢"以及后来进一步配制而成的"素心兰"香水和"古龙水"，调味料用的"五香粉""十三香""咖喱粉"等就知古代深谙此"道"（香道）者并不乏人。

所谓调香，就是将各种各样香的、臭的、难以说是香的还是臭的东西调配成令人闻之愉快的、大多数人喜欢的、可以在某种范围内使用的、更有价值的混合物。调香工作是一种增加（有时是极大地增加）物质价值的有意识的行为，是一种创造性、艺术性甚高的活动，但又不能把它完全同艺术家的工作画等号。调香工作是一门艺术，也是一门科学、一门技术。因此，调香理论也就介于艺术、科学、技术三者之间，并且三者互相贯穿，不能割离。单纯的化学家，不管是研究有机化学、分析化学、生物化学还是物质结构，盯着一个个分子和原子的运动调不出香精来；化工工程师，手持切割、连接各种"活性基团"的利剑和"焊合剂"，同样对调香束手无策；而将调香完全看成是艺术，可以随心所欲者，即使"调"出"旷世之作"，没有市场也是枉然。

研究色彩，可借助光学理论；研究音乐，可借助声学理论；可是研究香味，却发现"气味学"还未诞生。笔者曾经提出，要建立"气味学"的话，势必包含"化学气味学""物理气味学""数学气味学""生理气味学""心理气味学"五个学科。因此，符合科学的、能指导实践的调香理论应包括上述5个学科的内容，再加上艺术的、市场经济的基础理论并将它们有机地融合在一起。

本书的调香理论是笔者数十年调香工作的经验总结和调香实践中的"思路"，国外调香界人士的新思想也介绍一二，期望读者阅后对调香实践有所帮助、有所启发，知其然并知其所以然。

一、三值理论

世间万物，只要成为商品，我们总会给它一些数据，形容它的大小、品质、性能等，唯独"香"——包括香味、臭味、香料、香精、各种香制品等最令人头疼、难以捉摸，人们长期以来只能用极其模糊的词汇形容它们：香气"比较"好，香气强度"比较"大，留香"比较"持久，等等，讲的人吃力，听的人也吃力，最后还是听不出什么具体的内容来。

生产加香产品的厂家天天跟香精打交道，却对香精一无所知，这是一个普遍现象。每一个工厂的老板、采购负责人都会对购进的每一种原材料"斤斤计较",与供应商讨价还价,唯独在香精面前束手无策。

香料制造厂开发一个新香料是非常不容易的,寄给各地调香师后却长期受到"冷落",因为调香师对新香料可能了解不太多,不敢贸然使用,如果香料厂同时提供该香料的"三值"(香比强值、香品值、留香值)及其他理化数据(如沸点、在各种溶剂中的溶解性、安全性等),调香师无疑将更大胆地在新调配的香精中使用它。

1. 香料香精的三值

香料香精的三值理念是笔者于 1995 年最早提出来的,先是提出"香比强值",后来才有了"香品值"和"留香值"。香料香精有了这"三值"以后,不但初学者对每一个常用香料和常见的香精香型很快就有了"数据化的认识",摆脱了以前模模糊糊的概念,而且让已经从事调香工作的人员包括德高望重的老调香师对香料香精有一种重新认识的感觉。推广开了以后,香料厂、香精厂、用香厂家和从事香料香精贸易的人员在谈论、评价、买卖时都觉得有了一种"标尺"。在这以前,各地的香水制造厂、化妆品厂、气雾剂厂、洗涤剂厂、食品厂、酒厂、卫生香厂、蚊香厂、制皂厂、饲料厂、卷烟厂、蜡烛厂等用香厂家对香精制造厂存在着一种看法,觉得有时候买到的香精价格那么贵,又不知道贵在哪里——想讨价还价或者有意见也不知怎么提。现在好了,"你这个香精留香值太低,香比强值不大……"可以摆在桌面上谈判。虽然用香厂家不可能要求供应厂提供配方,但可以要求提供香精的"三值"。这样,供应方的透明度大了,供需双方的距离也接近了。

当然"三值理论"的意义不只是用在贸易上,假如把调香工作比作建房子,香料就像各种建筑材料一样,如果建筑师对每一种建筑材料的有关数据(如耐压、抗震、隔音性能、老化、抗腐蚀性、防火性等)不熟悉的话,他是不敢贸然使用的。早期的调香师凭着直觉和长期积累的对各种香料的"印象"(说穿了就是没有数字化的模糊"三值")也能调出好香精,一旦有了具体的数据,将是"如虎添翼",各种香料的使用更能"得心应手",对自己的调香作品能否在剧烈的市场竞争中取胜,将更加充满信心。反过来,对于竞争对手产品的评价,也比较容易通过一定的分析手段得出相对客观的结论。

自古以来,调香师基本上靠经验工作,"数学"好像与调香师无缘——调好一个香精以后,算一算各个香料在里面所占的百分比,仅仅用到加减乘除四则运算,小学里学到的数学知识就足够用了——这跟其他艺术没有什么两样,不会五线谱、不懂 do、re、mi、fa、so、la、xi 的人也能唱出动人的歌儿,也能奏出美妙的曲子,但是如果学会五线谱、对乐理懂得多一些肯定会唱得更好、演奏得更美妙。同理,掌握了香料香精"三值理论"的调香师则对每一次调香工作更加胸有成竹,更能调出令人满意也令自己满意的香精来。

综上所述,"三值理论"不管对用香厂家、香精厂、香料制造厂或者从事香料香精贸易的人们来说,都是非常有意义的,这些厂商的技术人员、管理人员、经营者掌握"三值理论"是很有必要的。

2. 香比强值

人们早已采用同其他"感觉"一样的术语用于嗅觉用语之中,阈值——最低嗅出浓度值——是第一个用于香料香气强度评价的词,虽然每个人对每一种香料的感觉不一样,造成一个香料有几个不同的实验数据,但从统计的角度来说,它还是很有意义的。一个香料的阈值越小,它的香气强度越大。阈值的倒数,一般认为就是该香料的"香气强度值"了。

但事情并没有这么简单。乙基香兰素的香气强度比香兰素强 3 倍左右,可是在各种资料里乙基香兰素的阈值却比香兰素高。水杨酸甲酯在水中的阈值是 40,石竹烯在水中的阈值是 64,而二者的香气强度一般认为相差 10 倍。甜橙油的阈值($3\sim6\mu L/L$)比除萜甜橙油($0.002\sim0.004\mu L/L$)高 1000 多倍,你能说后者的香比强值比前者大 1000 多倍吗?!这些例子都说明香气强度与阈值并不存在确定的数学关系。

如果把一个常用的单体香料的香气强度人为地确定一个数值,其他单体香料都"拿来"同它比较(香气强度),就可以得到各种香料单体相对的香气强度数值。笔者提出把苯乙醇的香气强度定为 10、其他单体香料都与它相比的一组数据,称为"香比强值",这是香料香精"三值"的第一个"值"。

香比强值是香料或香精的香气强度用数字表示的一种方式。把极纯净的苯乙醇的香气强度定为 10,其他各种香料和香精都与苯乙醇比较,根据它们各自的香气强度给予一个数字,如香叶醇的香气强度大约是苯乙醇的 15 倍,就把香叶醇的"香气强度"定为 150。这种做法带有很大的"主观片面性",不同的人对各种香料的感觉不一样,甚至同一个人在不同的时候对同一个香料或香精的感觉都可能不一样,加上每一个香料在不同的配方中有不同的"表现",因此这种人为给的数字经常有很大的差别,就同阈值一样。

阈值是人可以嗅出的最低浓度值，带着人们极喜爱和极厌恶气味的香料阈值可以表现得异乎寻常的低；而带给人们愉快、清爽、圆和香气的香料其阈值会表现得高一些。由此似乎可以推论：两个香料混合后测出的阈值如果比原来两个香料的阈值都低的话，说明这两个香料合在一起会更刺鼻、更"难闻"；如测出的阈值比原来两个香料的阈值都高，则可认为这两个香料合在一起时香气比较圆和。进一步说，一个调好的香精，其阈值应当比配方中各香料的阈值加权平均计算数值高，调得越圆和的香精其阈值比各香料阈值的加权平均计算数值高得越多，但其香比强值则仍为各香料香比强值的加权平均计算数值。这也说明香比强值与阈值之间并无一定的数学关系。

笔者"香气强度与香比强值"一文发表后，收到各地许多调香师的来信，建议对某些香料的数值修正，我们综合这些意见和建议，又做了大量的实验，在后来发表的"香料香精实用价值的综合评价"一文中修改了其中一部分香料"香比强值"数据，以求统一应用。

香比强值在本书中用英文字母"B"表示。

香比强值的应用是多方面的：对调香师来说，在试配一个新的香精时，准备加入的每一个香料都要先知道它的香比强值是多少，以初步判定应加入多少量——该香料如作为主香用料时，加入的量要让它的香气显现出来；如该香料只是作为"修饰剂"或"辅助香料"时，加入量就要控制不让它的香气太显，以免"喧宾夺主"。

用香比强值概念来表示一个香精里面各种香气所占的比例，比如说在一个"馥奇"香型的香精里面，花香占多少、草香占多少、豆香占多少、苔香占多少等，比原来告诉人家这香精里面用了多少花香香料、多少草香香料、多少豆香香料还有多少苔香香料要清楚多了，因为加入多少某某香型的香料并不表示这香精中某种香气占多少，例如加同量的乙酸苄酯与甲位戊基桂醛，二者赋予香精的茉莉花香香气相差实在太远了。

香比强值最为直观地反映一个香料或香精的香气强度，能直接看出一个香料或香精对加香产品的香气贡献，计算简便，已逐渐成为调香工作、香料和香精开发、贸易的重要数据。香精的香比强值可以用组成该香精的各香料单体的香比强值用算术方法计算出来。现举一例，某茉莉花香精配方如表 5-1 所示：

表 5-1 茉莉花香精配方

香料	用量/质量份	香比强值	香料	用量/质量份	香比强值
乙酸苄酯	50	25	水杨酸苄酯	4	5
芳樟醇	10	100	吲哚	1	600
甲位戊基桂醛	10	250	羟基香茅醛	5	160
苯乙醇	10	10	总量	100	
苄醇	10	2			

其香比强值为：

$$0.5 \times 25 + 0.1 \times 100 + 0.1 \times 250 + 0.1 \times 10 + 0.1 \times 2 + 0.04 \times 5 + 0.01 \times 600 + 0.05 \times 160 = 62.90$$

假如某日化产品中用香比强值 100 的茉莉香精 1%，采用上面这个茉莉花香精则必须加入 1.6%才够。当然，实际应用时还要考虑香气好不好，留香是否持久，对基质的不良气味能否掩盖住，等等，香比强值只是一个用量参考而已。

"香比强值理论"也可用于香型分类研究上：经常看到国内外一些调香、香料香精书籍中提到一个香精里面茉莉花香、玫瑰花香、木香、动物香等各占多少比例，这个比例是指用了多少百分比的某种香气的香料，显然不能说明该香精应该属于哪一种香型，因为各种香料的香气强度差别太大了。例如在一个"依兰花香"的配方里面，只要加入一点点吲哚就能把它变成"茉莉花香"，如果以配方原料的"百分比"来看的话，是看不出有多少变化的，倘若用"香比强值"计算的话，马上就能断定它的香气应该是"茉莉花香"了。一个现代香水，到底应该归到哪种香型来研究，这常常是很模糊的概念，笼统地把它们都称为"素心兰"香水也行，但这等于没有意义。即使是细分为"醛香素心兰""花香素心兰""豆香素心兰"等也得有个"分寸"才行。使用"香比强值"概念，"花香"是多少、"醛香"占多少，一清二楚。

对于用香厂家来说，香比强值概念最重要的一点就是可以直观地知道购进或准备购进的香精"香气强度"有多大，因为"香气强度"关系到香精的用量，从而直接影响到配制成本。例如配制一个洗发香波，原来用一种茉莉香精，香比强值是 100，加入量为 0.5%，现在想改用另一种香精，香比强值是 125，显然只要加入 0.4%就行了。

加香的目的无非是：盖臭（掩盖臭味），赋香。未加香的半成品、原材料有许多是有气味的，要把这些"异味"掩盖住，香气强度当然要大一些。如能得到这些原材料香比强值的资料，通过计算就能估计至少得用多少香精才能"盖"得住。一般得靠自己实验得到这些资料，最简单的方法是用一个已知香比强值的香精加到未加香的半成品中，得出至少要多少香精才能"盖"住"异味"，间接得出这种半成品的"香比强值"，其他香精要用多少很容易就可以算出来了。一个最明显的例子是煤油（目前气雾杀虫剂用得最多的溶剂）的加香，未经"脱臭"的煤油香比强值高达 100 以上，想要用少量的香精掩盖它的臭味几乎是不可能的。把煤油用物理或化学的办法"脱臭"到一定的程度，一个香比强值 400 的香精加到 0.5% 时几乎嗅闻不出煤油的"臭味"了，可以算出这个"脱臭煤油"的香比强值等于或小于 2。

有的用香厂家喜欢用买进来的香精"二次调香"，在没有掌握一定的诀窍时其实很难调出高水平的"作品"。这里提供给读者一个非常有用的实验技巧：采用黄金分割法。具体做法请见下一部分内容。

3. 黄金分割法

把一条线段分割为两部分，使其中一部分与全长之比等于另一部分与这部分之比，这个比值是一个无理数，其前三位数字的近似值是 0.618。由于按此比例设计的造型十分美丽，因此称为黄金分割，也称为中外比。这是一个十分有趣的数字，以 0.618 来近似，通过简单的计算就可以发现：

$$1/0.618 = 1.618$$
$$(1-0.618)/0.618 = 0.618$$

这个数值的作用不仅仅体现在诸如绘画、雕塑、音乐、建筑等艺术领域，而且在管理、工程设计等方面也有着不可忽视的作用。

黄金分割在文艺复兴前后，经过阿拉伯人传入欧洲，受到了欧洲人的欢迎，他们称之为"金法"，17 世纪欧洲的一位数学家，甚至称它为"各种算法中最宝贵的算法"。这种算法在印度称为"三率法"或"三数法则"，也就是我们现在常说的比例方法。

其实有关"黄金分割"，我国也有记载。虽然没有古希腊的早，但它是我国古代数学家独立创造的，后来传入了印度。经考证。欧洲的比例算法是源于我国而经过印度由阿拉伯传入欧洲的，而不是直接从古希腊传入的。黄金分割法在摄影中的应用见图 5-1。

图 5-1　黄金分割法在摄影中的应用

由于"黄金分割"在造型艺术中具有美学价值，在工艺美术和日用品的长宽设计中，采用这一比值能够引起人们的美感，在实际生活中的应用也非常广泛，建筑物中某些线段的比就采用了黄金分割。舞台上的报幕员并不是站在舞台的正中央，而是偏在台上一侧，以站在舞台长度的黄金分割点的位置最美观，声音传播得最好。就连植物界也有采用黄金分割的地方，如果从一棵嫩枝的顶端向下看，就会看到叶子是按照黄金分割的规律排列的。在许多科学实验中，选取方案常用一种 0.618 法，即优选法，它可以使我们合理地安排较少的试验次数而找到合理的配方和合适的工艺条件。也正因为它在建筑、文艺、工农业生产和科学实验中有着广泛而重要的应用，所以人们才珍贵地称它为"黄金分割"法。

调香也是一门艺术，同其他艺术一样，黄金分割可以帮助人们迅速寻找到各香料之间的和谐美，避免盲目的碰运气式调配，使调香工作有计划地循序进行。

请看表 5-2～表 5-4 的配方例：

表 5-2　茉莉香精 A 的配方

香料	用量/g	香比强值	香料	用量/g	香比强值
甲位戊基桂醛	18.2	45.5	10%吲哚	0.6	1.0
乙酸苄酯	70.0	17.5	二氢茉莉酮酸甲酯	1.5	0.4
芳樟醇	6.5	6.5	苯乙醇	2.0	0.2
邻氨基苯甲酸甲酯	1.2	2.4	总量	100.0	73.5

表 5-3　玫瑰香精 B 的配方

香料	用量/g	香比强值	香料	用量/g	香比强值
香茅醇	35.8	35.8	10%玫瑰醚	2.0	2.0
香叶醇	9.1	13.65	10%乙位突厥酮	0.6	1.2
苯乙醇	52.5	5.25	总量	100.0	57.9

表 5-4　檀香香精 C 的配方

香料	用量/g	香比强值	香料	用量/g	香比强值
合成檀香 208	12.8	64.0	香根油	0.8	4.0
合成檀香 803	42.6	63.9	广藿香油	0.6	2.1
檀香醚	24.4	24.4	总量	100.0	167.8
血柏木油	18.8	9.4			

用这三个香精配制茉莉玫瑰复合香精和玫瑰檀香复合香精时，可以有四种组合，即 A：B＝0.382：0.618，A：B＝0.618：0.382，B：C＝0.382：0.618，B：C＝0.618：0.382。

第一种组合　玫瑰茉莉香精（D）

茉莉香精（A）32.8g

玫瑰香精（B）67.2g

这个香精的香比强值为(32.8×73.5＋67.2×57.9)/100＝63.02，其中 A 占整个香精香比强值的 38.2%，B 占 61.8%。

第二种组合　茉莉玫瑰香精（E）

茉莉香精（A）56.0g

玫瑰香精（B）44.0g

这个香精的香比强值为(56.0×73.5＋44.0×57.9)/100＝66.64，其中 A 占整个香精香比强值的 61.8%，B 占 38.2%。

第三种组合　檀香玫瑰香精（F）

玫瑰香精（B）64.2g

檀香香精（C）35.8g

这个香精的香比强值为(64.2×57.9＋35.8×167.8)/100＝97.24，其中 C 占整个香精香比强值的 61.8%，B 占 38.2%。

第四种组合　玫瑰檀香香精（F）

玫瑰香精（B）82.4g

檀香香精（C）17.6g

这个香精的香比强值为(82.4×57.9＋17.6×167.8)/100＝77.24，其中 B 占整个香精香比强值的 61.8%，C 占 38.2%。

上面四种组合的香精都是和谐的，香气令人愉快。事实上，第一种组合［玫瑰茉莉香精（D）］已构成著名的 JOY 香水的头香和体香，而第三种组合［檀香玫瑰香精（F）］的香型则是我们非常熟悉的木香复合香精，在国内日用化学品中随处可以闻到。笔者用它配制安眠香水，取得异乎寻常的效果，这也说明它的香气是非常和谐的。

用黄金分割法指导调香，可以少走许多弯路，使调出的香精很快达到和谐美的程度，而"和谐是决定调香成功与否的最重要的因素"。

4. 头香、体香、基香的再认识

在香料分类法中，朴却的分类法是备受调香师推崇的。朴却依据各种香料在辨香纸上挥发留香的时间长短将香料分为头香、体香和基香三大类，并且在各种香精配方中列出分属于这三大类的常用香料，例如他列出了"玫瑰香精"中常用香料名，其中"油类"有：头香——苦杏仁油、香柠檬油、柠檬油、肉豆蔻油、罗勒油、玫瑰草油等；体香——愈创木油、鸢尾净油、防臭木油、丁香油、香叶油、玫瑰精油、依兰油等；基香——灵猫香净油、广藿香油、岩兰草油、檀香油等。这个分类法直到现在还是很有实际意义的，但容易使初学者产生一个错觉：将香精滴在辨香纸上后，先闻到的是"头香"香料的香气，次闻到的是"体香"香料的香气，最后闻到的是"基香"香料的香气。而事实是，有的香料香气自始至终贯穿其中，例如广藿香油的香气，它从"头香"开始即已能明显闻出来，即使加入量不大也是如此。

二氢茉莉酮酸甲酯问世后，在开头的短时间内未引起足够的重视，因为它的香气并不强烈，但留香持久，调香师自然而然把它放在"基香香料"里。在那个时候，调香师的注意力集中在那些香气强度（香比强度值）大而价格又相对较廉的合成香料，例如二氢月桂烯醇就完全符合这个要求。有一段时间甚至刮起"二氢月桂烯醇热"，几乎每个调香师都试着用二氢月桂烯醇配出自己喜欢的独特的新香精，从众多的"国际香型"香精都含有大量二氢月桂烯醇可以看出当时的情景。事实上，二氢月桂烯醇留香时间很短，比芳樟醇还差，按朴却的分类法，应被列为"头香"香料。二氢茉莉酮酸甲酯以其"后发制人"的特色逐渐受到调香师们的喜爱。人们发现，这个新香料即使少量加入一般的日用香精中，也能使头香圆和，清甜；而当它大量存在于香精中时，仍没有"喧宾夺主"，它的香气好像永远只是起"次要地位"似的，但却能使几乎任何一个香精的香气由于它的存在而保持自始至终变化不太大。自从合成香料问世至今一百多年来，极少有一种香料能以单一成分即可被调香师视为"完整香精"的，二氢茉莉酮酸甲酯做到了。有人称20世纪80年代为"二氢茉莉酮酸甲酯时代"，一点也不夸张。在食品香料中，香兰素无疑是最出色的，有的食品只用单一的香兰素加香即可获得成功。因为香兰素也有这种"自始至终"保持一种香气的特点。但在日化香精配方中，香兰素的许多缺点（溶解度不佳、易变色等）显露出来，影响了它的用途。

像香兰素、二氢茉莉酮酸甲酯、广藿香油这样的香料，只将它当作"基香"香料使用显然是有问题的。而像龙涎香醚、降龙涎香醚、突厥酮之类"高级香料"能以少量甚至极少量加入一个香精令其自始至终贯穿一股香气（所谓"龙涎香效应"等）则更暴露朴却分类法的缺陷。

一个理想的香料，应如二氢茉莉酮酸甲酯一样，既可作头香、体香，又可作基香香料使用。自然界这样的例子不少，如檀香醇、广藿香醇、香根醇、茉莉酮酸甲酯、苯甲酸叶酯、麝香酮、灵猫酮等，调香师长期以来虽然都将它们的"母体"——檀香油、广藿香油、香根油、茉莉浸膏、麝香、灵猫香膏用作基香香料，但从未忽视它们在头香、体香方面的"表现"。

从事合成香料的化学家们，从二氢茉莉酮酸甲酯的例子看出优选香料的有效途径——沸点不低、香气强度（香比强度值）不太大、稳定性良好、与其他香料的相容性好……而最重要的是前两点，二氢茉莉酮酸甲酯是最好的"榜样"。

被朴却列为"头香"的香料以果香香料最多，这样又给初学者一个错觉：以为"果香"香料都是留香极短的，殊不知有的"果香"香料留香极长久，如丙位十一内酯（"桃醛"或称"十四醛"）、草莓醛（"十六醛"）、丙位癸内酯、丙位壬内酯（"椰子醛"或称"十八醛"）、覆盆子酮、丁酸苄酯、邻氨基苯甲酸甲酯等。这些香料香比强度值都较大，香气可以贯穿始终，不能将它们看作"基香香料"。有意改变"香水都是麝香香气收尾"这个传统格局的调香师不妨试试这些带果香的"基香"香料。事实上，1985年问世的Poison（毒物）香水已相当成功地实现了这一点。

同样将香料分为三大类，阿尔姆强调了头香、体香香料的重要性，而忽略了对基香香料的重视。卡勒正好相反，他认为一个香精（香水）的主要香气特征取决于基香，将体香香料叫做"修饰剂"，头香香料几乎被忽略不计。这些观点似乎都有失偏颇，但在调香实践中有时却是正确的。如前所述，单一香料——二氢茉莉酮酸甲酯就可视为一个美妙的兰蕙香精而直接应用，将香兰素作为香荚兰豆香气直接用于食品中也屡见不鲜。食品香精配方更是经常看到只用头香和体香香料的例子，基香香料有时只是"点缀"一下，加入基香香料的目的经常也只是"留香"而已。

在调香实践中，"定香剂"的作用是经常引起讨论的话题。初学者往往简单地以为分子量大的、沸点高的化合物就是"定香剂"，其实不然。邻苯二甲酸二乙酯和白矿油沸点都比较高，但没有定香作用。许多人认为定香作用是"由于'定香剂'的加入，使得原来比较活泼、易于挥发的香料分子受到'束缚'，整体的挥发性降低，造成留香时间延长。"实践证明这个解释是有问题的。如一个公认的"定香剂"——降龙涎香醚（俗称"404定香剂"）在许多香精中只要加入一点点（0.1%甚至更低）就有定香作用。

笔者做了大量的实验，试图揭开这个谜底，现在还在进行着。比较能让多数调香师接受的解释是：所谓"定香剂"，是一些沸点较高、蒸气压较低、在极低的浓度下仍有香气的化合物。按此解释，苯甲酸苄酯、水杨酸苄酯、二氢茉莉酮酸甲酯、龙涎酮、降龙涎香醚、苯乙酸及其酯类、各种合成麝香、合成檀香803、松香酸甲酯、柏木油、各种花草浸膏和大多数食用油脂等可作"定香剂"，而邻苯二甲酸二乙酯、二丙二醇和白矿油等就不能作为"定香剂"使用。

5. 留香值

调香师每使用一个香料时，头脑里都会闪过这个香料的香气持久性问题，对配制成的香精也大致能估计其香气持久性长短，但这都是很模糊的概念，最好是能用数据表达。

一个香料或者一个香精留香久不久是调香师和用香厂家特别关心的问题。对调香师来说，调配每一个香精都要用到"头香""体香""基香"三大类香料，也就是说留香久的和留香不久的香料都要用到，而且用量要科学，让配出的香精香气能均匀散发、平衡和谐。对用香厂家来说，希望购进的香精加入自己的产品后能经得起仓库储藏、交通运输、柜台待售等长时间的"考验"后到使用者的手上时仍旧香气宜人，有的（例如香波、沐浴液、香皂、洗衣粉）甚至还要求在使用后在身体或物体上残存一定的香气（即"实体香"）。

朴却在1954年发表了330种香料的"挥发时间表"，把香气不到一天就嗅闻不出的香料系数定为1，100天和100天以后才嗅闻不出的系数定为100。我们扩大了这个实验，去掉了目前不常用的香料，增加了现在常用的香料，总共2000多种，直接把朴却的"嗅闻系数"（也就是留香天数）当作"留香值"，发表在第一版《调香术》和《日用品加香》（林翔云编著，化工出版社出版）中。后来通过实验，发现有许多香料单独存在时与在香精体系里的留香性能是不一样的，对调香师来说，后者更重要。为此，我们用了一年多的时间做了下列实验：

把常用的292种香料随机地分成10组，每一组的"头香""体香""基香"香料比例都差不多，每组香料按同样的比例配成"香精"（每一个香料在香精里都是3%～4%），把这些"香精"各自置于玻璃平皿中，不加盖，在室温下任其挥发，在第1、第2、第3、第5、第8、第13、第21、第34、第55、第89天后，暴晒1次、2次、3次后分别做这10个"香精"的气相色谱分析，发现这292个香料在香精的混合体系中，室温下5天内挥发一半以上的有异戊醇、三甲胺、乙酸乙酯、二甲基庚醇、甲位蒎烯（第一组）；

室温下5～21天内挥发一半以上的有甲位苧烯、风信子素、苯甲醛、2-乙酰基噻唑、乙酸异戊酯、2,4-庚二烯醛、丁酸异戊酯、缩酮、哌啶、乙酸苯乙酯、辛酸、二丙基二硫、己醛、二甲基丁酸乙酯、2,5-二甲基噻唑、异戊酸乙酯、丁醛、丁二酮、丁酸、乙酸丁酯、戊醛、乙酸丙酯、蒎诺异丁醛、乙酸十六酯、乙位松油醇（第二组）；

室温下21～89天内挥发一半以上的有丁酸苯乙酯、乙酰基异丁香酚、黄樟油素、乳酸乙酯、甲位戊基桂醛、邻叔丁基环己酮、庚酸、橙花素、甲基糠基醚、甜橙醛、己酸乙酯、2,6-二甲基庚烯醇、龙涎酮、蒎烷、己烯酸乙酯、香芹酮（天然）、庚醇、丙酸异戊酯、胡椒基丙酮、苯甲酸异戊酯、梅青素、丁酸丁酯、2-乙酰基呋喃、叶醇、圆柚醛、叶青素、丙酸乙酯、四氢芳樟醇、菠萝乙酯、异戊酸丁酯、二甲基二硫醚、长叶烯、榄青酮、依罗酯（第三组）；

暴晒1次以后挥发一半以上的有十四酸异丙酯、橙花醇、丙三醇（甘油）、3-甲硫基丙醛、乙酸芳樟酯、甲酸香茅酯、草莓酸乙酯、邻苯二甲酸二乙酯、蘑菇醛、乙酰基丁香酮、3-甲硫基丙醇、苯甲酸甲酯、石竹烯、星苹酯、丁酸乙酯（第四组）；

暴晒2次以后挥发一半以上的有愈创木酚、3-甲硫基己醇、乙酸鸢醇酯、乙酸对叔丁基环己酯、新玉兰酯、橙花酮、木香酮、二氢茉莉酮、茉莉素、戊酸戊酯、苯乙酸对甲酚酯、苯甲酸苯乙酯、二环缩醛、乙酸苄酯、辛炔羧酸甲酯、乙酸对甲酚酯、丁酸戊酯、阿弗曼酯、糠硫醇、乙酸苏合香酯、玫瑰醚、橡苔浸膏主成分、柏木脑、己酸烯丙酯、新香柠檬酯、2,3,5-三甲基噻唑、乙基香兰素、香柠檬酯、龙涎酯、赛维他、乙酸二甲基苄基原醇酯、甲基异长叶烷酮、对-1-孟烯-8-硫醇、桂醛、二丙二醇、甲基乙酰基呋喃、香茅腈、柠檬醛二乙醇缩醛、二甲基苄基原醇、3-甲硫基丁醛、庚醛二甲醇缩醛、乙酸松油酯、对甲酚甲醚、甲位松油醇、水杨酸甲酯、二氢乙位紫罗兰酮、2-辛醇、苯甲酸乙酯、甲基环戊烯酮酮、香叶醇、苯乙醇、乳酸、丁香酚甲醚、壬醛、1,8-桉叶油素、反-2-己烯酸、二丁基硫醚、苯乙醛二甲醇缩醛、橙叶醛（第五组）；

暴晒3次以后挥发一半以上的有香叶醛、二糠基二硫、茴香脑、女贞醛、庚酸烯丙酯、异戊酸、庚酸乙酯、二异丙基二硫、二甲基对苯二酚、2,6-壬二烯醛、倍半萜醇、大茴香腈、异柠檬醛、四氢香叶醇、异甲基紫罗兰酮、海洛酮、玫瑰香醇、樟脑、草莓酸、阿弗曼酯、丁酰基乳酸丁酯、苯乙酸丁酯、乙酸香茅酯、二氢月桂烯醇、龙葵醛、乙基麦芽酚、丙位壬内酯、香茅醛、苹果酯、香茅醇、香兰素、佳乐麝香、二氢芳樟醇、八醛、丁酸苄酯、龙脑、苯乙醛、甲基糠基二硫、苯乙醛、水杨酸戊酯、3-巯基-2-丁酮、丁香酚、丙酸苄酯、十二酸乙酯、癸酸乙酯、二氢香豆素、3-甲基吲哚、格蓬酯、乙位萘乙醚、丁酸二甲基苄基原酯、丙酸苏合香酯、洋茉莉醛、乙酸香叶酯、乙位萘甲醚、异丁香酚、丁位丁内酯、羟基香茅醛、2,3,5-三甲基吡嗪、开司米酮、桂酸甲酯、橙花醛、2-甲基-5-噻唑乙醇、乙酰基丙酸乙酯、桂醇、麝香83（第六组）；

挥发性最低、留香最持久的有香豆素、格蓬浸膏主成分、二氢紫罗兰酮、柏木酮、丁位癸内酯、苏合香膏主成分、紫罗兰酮、水杨酸丁酯、甲基柏木酮、乙酸薄荷酯、异丁酸苄酯、菠萝酯、万山麝香、乙酸邻叔丁基环己酯、天然桂醛、对甲基苯乙酮、癸醛、马来酸二丁酯、桂腈、乙酸异龙脑酯、吲哚、檀香醚、十二醛、麝香草酚、癸醇、邻苯二甲酸二丁酯、檀香803、二氢茉莉酮酸甲酯、柠檬腈、橙花叔醇、乙酸三环癸烯酯、麝香204、水杨酸苄酯、乙位紫罗兰酮、甜瓜醛、2-异丙基-4,5-二甲基噻唑、兔耳草醛、茉莉酯、水杨酸己酯、铃兰醛、异丁基喹啉、三甲基对戊基环戊酮、水杨酸叶酯、东京麝香、苯乙酸苯乙酯、丙位癸内酯、丙酸三环癸烯酯、异甲基突厥酮、芬檀麝香、甲基紫罗兰酮、水杨酸环己酯、乙酸二氢月桂烯酯、素凝香、丙位庚内酯、反-橙花叔醇、苯乙酸戊酯、二糠基硫醚、癸酸、壬酸乙酯、结晶玫瑰、草莓酯、甲位紫罗兰酮、甲酸香叶酯、异长叶烷酮、异丁酸叶酯、檀香208、呋喃酮、邻位香兰素、2-十一烯醛、甲基柑青醛、十六醛、桃醛、麝香T、辛醛二甲缩醛、邻氨基苯乙酮、乙位柏木烯、铃兰醇、羟基香茅醇、邻氨基苯甲酸甲酯、苯甲酸叶酯、乙位突厥酮、2,3-二甲基-5-乙基噻唑、桂酸乙酯（第七组）。

如果把第一组、第二组和第三组香料看作"头香香料"，把第四组、第五组香料看作"体香香料"，把第六组和第七组香料看作"基香香料"的话（它们才是真正的定香剂），无疑同朴却的分类大不一样，同调香师原来"理所当然"的想法也有不少"意外"，实际如何呢？

我们用第六组和第七组香料为主调配出如下几个定香基（数字为质量份）：

果香定香基——丁酸苄酯4、庚酸乙酯6、草莓酸2、苹果酯10、香兰素4、二氢芳樟醇2、乙基麦芽酚3、呋喃酮1、庚酸烯丙酯2、甜瓜醛2、2,6-壬二烯醛1、草莓酯2、乙基麦芽酚2、柠檬腈5、丙酸苏合香酯5、丙位壬内酯2、十六醛6、甲基柑青醛14、菠萝酯2、异丁酸苄酯2、异丁酸叶酯2、桂酸乙酯、草莓酯4、邻氨基苯甲酸甲酯4、丙位癸内酯2、丙位庚内酯1、桃醛4、素凝香4；

花香定香剂——倍半萜醇2、四氢香叶醇2、龙葵醛2、二氢月桂烯醇4、玫瑰香醇4、苯乙醛1、龙葵醛1、甲酸香茅酯2、香茅醇6、香叶醇3、橙花醇2、羟基香茅醛2、甲酸香叶酯2、丙酸苄酯2、铃兰醇2、乙酸香茅酯2、丁酚1、乙酸香叶酯7、紫罗兰酮8、乙位萘甲醚1、乙位萘乙醚2、丁酸二甲基苄基原酯1、异丁香酚1、铃兰醛2、羟基香茅醇2、橙花叔醇2、桂醇1、吲哚1、苯甲酸叶酯2、乙位突厥酮1、茉莉酯1、兔耳草醛1、水杨酸丁酯2、乙酸邻叔丁基环己酯1、二氢茉莉酮酸甲酯8、异甲基紫罗兰酮3、水杨酸戊酯2、结晶玫瑰2、橙花叔醇2、二氢茉莉酮1、水杨酸叶酯1、水杨酸己酯1、水杨酸环己酯1、结晶玫瑰2、桂酸乙酯1；

（青）草香定香基——女贞醛1、海洛酮2、阿弗曼酮5、乙酸二氢月桂烯酯6、甲基柑青醛2、倍半萜醇4、乙酸苏合香酯4、丙酸苏合香酯2、麝香草酚1、二甲基对苯酚1、异丁酸叶酯2、桂腈2、癸醇1、乙酸薄荷酯5、乙酸三环癸烯酯4、水杨酸丁酯8、丙酸三环癸烯酯2、水杨酸戊酯10、异丁基喹啉1、苯甲酸叶酯2、橡苔浸膏3、茉莉酯2、水杨酸叶酯4、水杨酸己酯2、水杨酸环己酯2、水杨酸苄酯10、大茴香腈2、桂醇2、邻苯二甲酸二丁酯2、素凝香4；

木香定香基——异长叶烷酮 17、乙酸二氢月桂烯酯 10、紫罗兰酮 6、柏木油 10、檀香醚 6、甲基柏木醚 5、208 檀香 8、803 檀香 12、甲基柏木酮 16、芬檀麝香 10；

动物香定香基——吲哚 1、苯乙酸 6、开司米酮 3、异长叶烷酮 10、水杨酸苄酯 10、甲基柏木酮 11、二甲苯麝香 4、酮麝香 6、吐纳麝香 8、105 麝香 10、佳乐麝香 15、麝香 T 10、204 麝香 6。

药草香定香基——二甲基对苯二酚 2、大茴香腈 2、樟脑 2、龙脑 2、阿弗曼酮 6、二氢月桂烯醇 4、龙葵醛 2、苯乙醛 2、水杨酸戊酯 15、水杨酸丁酯 5、丁香酚 5、异丁香酚 5、二氢香豆素 2、桂醇 3、大茴香脑 2、香豆素 2、格蓬浸膏 2、苏合香膏 4、乙酸薄荷酯 2、桂醛 2、对甲苯基乙酮 1、桂腈 2、邻苯二甲酸二丁酯 5、麝香草酚 2、乙酸三环癸烯酯 2、丙酸三环癸烯酯 2、水杨酸苄酯 5、水杨酸己酯 2、乙酸二氢月桂烯酯 6、桂酸乙酯 2。

上述几个定香基用于配制各种常用的日用香精，都表现为出色的定香效果，说明上述分类法与实践比较吻合，对调香工作有着更实际的指导意义。

本书中的"常用香料三值表和单价表"其中一列即为各种香料的留香值数据，这些数据都是各种香料在香精体系里表现的留香时间（相对值，以天计算），与第一版《调香术》和《日用品加香》两本书（都是林翔云编著，化工出版社出版）中的数据有很大的不同，以本书数据为准。根据这些数据可以计算香精的留香值，现举一个茉莉香精例子说明：

该香精配方和各香料的留香值如表 5-5 所示：

表 5-5　茉莉香精的配方及留香值

香料	用量/质量份	留香值	香料	用量/质量份	留香值
乙酸苄酯	40	5	羟基香茅醛	5	80
芳樟醇	19	10	丁香油	1	22
水杨酸苄酯	10	100	卡南加油	10	14
甲位戊基桂醛	10	100	安息香膏	5	100

这个香精的留香值为：

$$5×0.4＋10×0.19＋100×0.1＋100×0.1＋80×0.05＋22×0.01＋14×0.1＋100×0.05＝34.52$$

这个值更准确地应叫做"计算留香值"，因为它同实际留香天数有差距，这是由于各种香料混合以后互相会起化学反应产生留香更久的物质，实际上，所有高级香水香精的实际留香天数几乎都超过 100 天，而"计算留香值"是不可能达到 100 的。

香料的留香值与香精的计算留香值、实际留香值用途也是很广的——调香师在调香的时候可以利用各种香料的留香值预测调出香精的计算留香值，必要时加减一些留香值较大的香料使得调出的香精留香时间在一个希望的范围内。用香厂家在购买香精时，先向香精厂询问该香精的计算留香值是否符合自己加香的要求是很有必要的。"二次调香"时，计算留香值也是很重要的内容——希望留香好一点的话，计算留香值大的香精可以多用一些。

需要提请注意的是：计算留香值太大的香精往往香气呆滞、不透发，尤其一些低档香精更是如此。

要计算一个香精的"留香值"，也同"香比强值"的计算方法一样，例如表 5-6 中的香精例子：

表 5-6　香料的配方

香料	留香值	用量	香料	留香值	用量
乙酸苄酯	5	40	丁香油	22	1
芳樟醇	10	19	羟基香茅醛	80	5
水杨酸苄酯	100	10	甲位戊基桂醛	100	10
卡南加油	14	10	安息香膏	100	5

这个香精的留香值为：

$$5×0.4＋10×0.19＋100×0.1＋14×0.1＋22×0.01＋80×0.05＋100×0.1＋100×0.05＝34.52$$

需要说明的是，这个"留香值"只是计算值，不表示这个香精的挥发时间（天数）。实际上，通常一个香气均衡的日化香精特别是香水香精，如按朴却的实验方法"测定"的话，其挥发时间（天数）都应为 100。

对于用香厂家来说，购买一个香精，除了闻它的香气好不好，适合不适合自己的产品加香要求以外，最好能要求香精厂提供"两值"——该香精的香比强值与留香值，因为这"两值"调香师都可以根据配方计算出来。一个香精如果掺兑了一定量的无香溶剂的话，用鼻子不容易闻出来——有资料表明，在一般情况下，一个香料或香精的浓度改变28%人们才刚能明显地感觉到气味强度差异，而如果用计算的话，它的香比强值和留香值是应当马上改变的。香精厂不会也不必要公开他们的配方，但有义务对客户提供这"两值"。

同朴却的"留香系数"相似的概念，还有"挥发时间"，其测定方法是用闻香纸蘸取香料，称重，达到"恒重"时的时间，以小时计，超过999小时以999算。这种方法比较科学，其数据的"重现性"很好。但由于没有同"气味"挂钩，因而不能用于"感官分析"中，应用有限。如邻苯二甲酸二乙酯的"挥发时间"为60（小时），但它的"留香值"只能是1。香料的"挥发时间"比较准确，数据不会"因人而异"，因此，《调香术》（林翔云编著，化工出版社出版）第一版附录的"综合表"中有各种香料的"挥发时间"，读者可以将它与"留香值"比较，把这两组数据进行分析，对各种香料的留香性能会有更进一步的认识。

各种香料的"留香值"同它的分子结构、分子量、沸点、蒸气压等都有直接的关系，同香比强值和阈值也有关系，而且同它的"成分"也紧密相关——香料单体和纯度直接相关，如苯甲酸乙酯可能由于提纯不够或贮存时分解产生的少量苯甲酸使得"留香值"增大；混合物（如天然香料等）则由于内部各种香料单体的含量变动而表现不同，如苦橙叶油几乎每一批取样测出的留香值都不一样。因此，"常用香料三值和单价表"中每种香料的"留香值"只是实验者的实验数据（留香天数），仅供参考。读者使用这些数据时，最好用自己手头的样品重做一下留香实验。

混合物（如天然香料等）的"留香值"主要取决于其中沸点较高、蒸气压较低的香料单体的含量。所以，同一个天然香料，用水蒸气蒸馏法得到的"精油"的"留香值"就用萃取法得到的"净油"低；以低沸点成分为主体的天然香料（如芳樟叶油等）杂质越多留香越久。在香料贸易中，一些不法商人往香料里加入无香溶剂，如加入乙醇则降低"留香值"；加入油脂、香蜡、各种浸膏等会提高"留香值"。因此，可以把"留香值"作为天然香料质量指标的一项内容。

香精的"留香值"同天然香料相似，主要取决于其中高沸点低蒸气压的香料成分含量。香水和高级化妆品香精加入了大量的"定香剂"，如用实测法得出的"留香值"几乎都为100，而用配方计算则低于100。因此，香精的"留香值"不宜用实测法，或者说，用实测法得出香精的"留香值"，"理论上"常常是没有意义的。

请再留意一下上面一段的讨论：通过调香艺术，可以使调出的香精"实际"的"留香值"提高到100！这也可以视为调香工作"价值"的一部分。

有了各种香料的"留香值"数据后，调香者很容易通过调整配方使一个香精的"留香值"（"计算留香值"）达到一定的数据范围而不大改变香气格调，这就是调香时使用"定香剂"的意义。

在香料香精的贸易中，每个用户其实都迫切希望知道其"留香值"以便于使用，只是目前许多人尚不知有"留香值"这个概念，而只能询问该香料或香精"留不留香"或"留香大概多久"这种非常模糊的问题，此时供应方应主动告知购买方有关数据，免得买方重复做"留香实验"耗费大量的精力。

留香值在本书中用英文字母"L"表示。

6. 香品值

什么叫做"香"，什么叫做"臭"，这个问题看起来简单，随便问周围的人都可以回答：我闻起来舒服愉快就是"香"的，闻起来不舒服、难受就是"臭"的，可这个问题叫调香师回答，却就难了。要是更进一步问：甲与乙比，哪一个"更香一些"呢？这就是我们要提出"香品值"这个概念的缘由。

香料本来是无所谓"品位"的，任何香料都有它的价值，有的香料用在这个香精里面"价值"不大，或者"品味"不高，但在另一个香精里面可能"价值"就很大了，或者"品味"是高的。比如说格蓬酯，在不同的香精里面就有不同的"价值"和不同的"品味"，有时说它"香气太差劲"了，有时又把它捧上天——在某些香精里加入一点点可以起到"画龙点睛"的作用；再比如说吲哚，直接嗅闻之就像鸡粪一样的恶臭，稀释到1%以下的浓度时却有茉莉花一样的香气！你怎么评价它的"品味"呢？

其实大部分香料直接嗅闻时香气都不好，稀释以后也不一定都变好。各种香料的香气是在调配成香精时发挥它的作用的，使用不当不但发挥不了作用，有时反而会破坏整体香气！因此如果要给每一个香料一个"品位值"的话，只能放在一个香型范围内考察它的"表现"。例如乙酸苄酯一般都用于调配茉莉香精使用，我们就看它本身像不像茉莉花香，很像的话"分数"给得高一些，不太像的话"分数"就给得低一些。"香品值"的概念就是按这个思路创造出来的。

由于人们对"香水"的香气早已基本定型——以花香为主加些好闻的果香、木香、麝香、膏香等组成圆和一致的香韵。因此，在配制香水所用的香料中，带凉气、酸气、辛辣气、苦气、药草气、泥土味、油脂哈喇（酸败）味者一般都被认为较廉价，在配方中慎用。诚然，人们对香水的认识也在不断地变化着，香料的"品位"也随着变化。例如 20 世纪 80 年代开始流行带青香香气的香水，这是受了"回归大自然"思潮的影响所致，原先被调香师冷落的带青香香气的香料如格蓬酯、叶醇及其酯类、辛（庚、癸）炔羧酸酯类、女贞醛、柑青醛、二氢月桂烯醇、乙酸苏合香酯、紫罗兰叶油、迷迭香油、松针油、留兰香油、薄荷油、桉叶油等大量进入香水配方中，以至于调香师不得不反思以前对各种香料"品位"的认识。

好的香水应当是"头香、体香、基香基本一致"，或者叫做"一脉相承"，中间不断档，香气让人闻起来舒适美好，有动情感（这一点直到现在还是解不开的谜），留香持久。因此，像茉莉浸膏及其净油、玫瑰油、树兰花油、桂花浸膏及其净油、金合欢浸膏及其净油、香紫苏油、广藿香油、香根油、东印度檀香油、鸢尾浸膏及其净油、麝香、龙涎香、羟基香茅醛、铃兰醛、二氢茉莉酮酸甲酯、龙涎酮、异甲基紫罗兰酮、鸢尾酮、橙花叔醇、金合欢醇、龙涎香醚及降龙涎香醚、突厥酮类、酮麝香、佳乐麝香、吐纳麝香、香兰素、香豆素、洋茉莉醛、新洋茉莉醛、异丁香酚、合成檀香、丙位癸内酯等本身就已具备上述条件，当然也都被大量作为香水配方成分。用气相色谱法"解剖"香水及香水香精、高档化妆品香精时，上述香料的特征峰大量存在，或者说看一张香水、香水香精或高档化妆品香精的色谱图大部分峰时都应先猜到是上述香料。这些香料的"品味"都是比较高的。

如果把上述香料看作是"头等"香料的话，那么"第二等"香料应是：香叶油、橙叶油、玳玳叶油、白兰叶油、芳樟叶油、玫瑰木油、甜橙油、柠檬油、麝葵子油、赖百当浸膏（及其净油）、柏木油、血柏木油、愈创木油、楠叶油、大部分人造麝香、各种合成的草香木香果香膏香料等。

"第三等"香料包括香茅油、薄荷油、留兰香油、草果油、迷迭香油、杂樟油、桂皮油、桉叶油、橘叶油、茶树油、大蒜油、洋葱油、辣椒油与组成这些精油的主要单体香料以及类似香气的合成香料。

单用"头等"香料是可以配制出很不错的香水香精和高档化妆品香精的，我们分析了许多国内外著名的香水及其香精，早期的配方确实基本上就是由这些香料组成的，当然最早的香水香精只能用天然香料调配，香型较少，也会影响合成香料问世后一段时间的流行香型走向。"香奈儿 5 号"的成功动摇了这个根深蒂固的观念，在大量的"头等"香料里加入适量的"二等"和"三等"香料才能调出有个性的香精出来，这在当今已成共识。事实上，早期的古龙水就含有多量的迷迭香油。如追溯得更远，"匈牙利水"只是用迷迭香油加酒精配制而成。当然，现代人是不会把这种"匈牙利水"看作香水的。

调香、作曲、绘画被认为是艺术的"三大结晶"，它们之间有许多共通之处——贝多芬经常在自己的整体极端和谐统一的音乐结构中，融入一些不和谐音，不但不会破坏作品的完整和统一，反而增强了作品的内涵；齐白石也经常在他的国画中出现一些近看不和谐的点、线、板块等，而站在远处看方显出整体美来——在大量的"头等"香料中加入适量"二等""三等"香料而创造出美妙的新型的香水香精也是如此。

所谓"香品值"，就是一个香料或者香精"品位"的高低，由于这是一个相对的概念，需要一个"参比物"，而且这个"参比物"应该是大家比较熟悉的，比如"茉莉花香"，国人提到"茉莉花香"，马上想起小花茉莉鲜花（不是茉莉浸膏，也不是茉莉净油）的香气；西方人士一提到"茉莉花香"想起的是大花茉莉鲜花的香气，二者都有实物为证。要给一个"茉莉香精"定"香品值"，把它的香气同天然的茉莉鲜花（中国人用小花茉莉，外国人用大花茉莉）比较，心里就有谱了。如果人为地定"最低为 0 分，最高（就是天然茉莉花香的香气）为 100 分"，请一群人（最少 12 人）来"打分"，就像给歌手"打分"一样，"去掉一个最高分，去掉一个最低分"，然后取平均值，就是这个茉莉香精的"香品值"了。

模仿天然的各种花香、果香、木香、草香、动物香、蔬菜香、鱼肉香等可以采用上面用实物来对照的办法评香，应该说还是比较"客观"一些；对于那些"幻想型"的香精，怎样给它们定"香品值"，难度要大多了。像素心兰、馥奇、东方香、古龙香、"中国花露水"、"力士"、"五香"、"咖喱"、"可乐"等大家比较熟悉的香型，情况会好些，但调香师新创造的香型，"评香组"会给的"香品值"是多少是不确定的。一般情况下，很有特色的新香型往往不容易被多数人接受，免不了在初期被冷落（给分很低），如"香奈儿 5 号"在 1921 年问世的时候，喝彩的人并不多，谁能想到它的崇拜者近百年来与日俱增呢？后来的许多新香型香水，也有类似的"坎坷命运"。所以，对香精"香品值"的"评定"，虽然一般地可以请一些"外行人"当"评香组"成员（最好先把香精配在加香产品里放置一定的时间再评），但用于高级香水、化妆品和一些高档产品的香精最好还是请专家来评香，否则就更不公正。

香料"香品值"的评定比香精更复杂艰难，一般人难以胜任。可以想象："外行人"怎么给"甲位戊基桂醛"打分？所以只能请调香师。调香师们凭着"直觉"——根据以往的调香经验，认为这个香料应当属于什么香型就按这种香型的要求给它"打分"，如对于"甲位戊基桂醛"来说，所有的调香师都认为它应属于"茉莉花香"香料（加到香精里面起到产生或增加茉莉花香的作用），但甲位戊基桂醛的香气实在太"粗糙"了，有明显的"化学臭"，所以只能"给"个5分上下，有的调香师甚至才"给"2分。对于"乙酸苄酯"可不要看它价格低廉，生产很容易，就认为其分数低，但纯度高的产品香气相当不错，在茉莉花香里带有果香（调香师通常认为花香香料带果香和动物香为高档），所以给的分数甚高——平均高达80分！

必须指出，调香师"打分"是给"让他们闻的香料"打分，这个香料通常不能代表全部——比如"芳樟醇"这个香料就很有争议，调香师知道有两种芳樟醇，一种是"合成芳樟醇"，一种是"天然芳樟醇"，前者直到现在，香气还是不甚美好，即使纯度高达99％也是如此，所以给它的"香品值"不高；后者即使纯度不高，香气还是好得多，有明显的花香，特别是从白兰叶油、纯种芳樟叶油提取的"天然左旋芳樟醇"，完全闻不到生硬的木头气息和凉意（原来从"芳油""芳樟油"或"玫瑰木油"提纯的"天然芳樟醇"都带桉叶素和樟脑的生硬、凉气），闻到的是非常优美的花香，因而一致给它高分——平均90分！

本章"香料三值与单价表"中对于各种香料给出的"香品值"，上述情况比比皆是，请读者应用时注意：如果你用的某种香料香气不好，而此表中这个香料的"香品值"却是高的；或者你用的一种香料香气非常好，而表中给这个香料的"香品值"却不高，这时你可要斟酌一下，是否修正一下它的"香品值"呢？

香精的"香品值"可以按配方中各个香料的香品值、用量比例计算出来，计算方法同香比强值、留香值一样，计算出来的香品值叫作"计算香品值"，它同"实际香品值"（香精让众人评价打分，取平均值）有差距。调配一个香精，如果它的实际香品值小于计算香品值的话，可以认为调香是失败的；实际香品值超过计算香品值越多，调香就越成功。

由此我们可以得出一个结论：所谓"调香"，就是"最大限度地提高混合香料的香品值"。

用香厂家向香精制造厂购买香精时，可以要求后者提供该香精的计算香品值，然后自己组织一个临时"评香小组"给这个香精打分，就是所谓的"实际香品值"（最高分100，最低分0），如果实际香品值超过计算香品值甚多，这个香精应该就是比较符合自己要求的了。

香品值在本书中用英文字母"P"表示。

7. 香料香精实用价值的综合评价

前面讲的香料香精的三个值，每一个"值"都只是反映一个香料或者香精的一个方面属性，三个值都放在一块才能反映这个香料或者香精整体的轮廓。例如一个玫瑰香精的香比强值是150，计算留香值是60，计算香品值是50，我们觉得这个香精"还不错"，香气强度不小，留香较好，香气也是不错的，但要同时记住三个数据可不容易。把三个数据乘起来

$$B \times L \times P = 150 \times 60 \times 50 = 450000$$

这个数太大，把它除以1000

$$B \times L \times P/1000 = 150 \times 60 \times 50/1000 = 450$$

我们定义

$$B \times L \times P/1000 = Z$$

Z为香料、香精的"综合评价分"，简称"综合分"，如上述玫瑰香精的综合分是450，这是用它的香比强值、计算留香值、计算香品值算出来的，如果它的实际香品值不是50，而是60的话，那么它的综合分应为

$$150 \times 60 \times 60/1000 = 540$$

这个香精的销售价（按目前市价）为540元/kg比较适中，如高于540元/kg则太贵，低于540元/kg就是便宜了。

"常用香料三值和单价表"已经列出了各种常用香料通过三值计算出来的"综合分"，调香师可以根据这个表中的数据对各种香料进行评价、比较、选用，新香料可以自己测定三值、计算其综合分填补进去。

假如有一个茉莉香精（A），用该香精的配方算出它的香比强值为124，留香值为58，请了30个非专业人

员给它打分然后算出其"香品值"为 63，这个香精的"综合评价分数"为 $124 \times 58 \times 63/1000 \approx 453$；另一个茉莉香精（B）的香比强值为 85，留香值为 71，香品值为 82，"综合评价分数"为 $85 \times 71 \times 82/1000 \approx 495$。显然，香精（B）比香精（A）的"综合评价分数"高，虽然香精（B）的香气强度低些，但它留香较久，大多数人更喜欢它的香气，所以"综合评价分数"较高。

根据一段时间以来对各种香精"综合评价分数"的比较，日化香精一般分数在 500 以上为高档香精，200 以下为低档香精，200～500 为中档香精。上述茉莉香精（A）和（B）都属于中档偏高的香精。食品香精和烟用香精因为用大量溶剂稀释，"高中低档"香精的划分标准可以另定。

天然香料可以参考香精的做法用其"三值"给予"综合评价分数"。例如小花茉莉浸膏"香品值"为 80，"香比强值"为 600，"留香值"为 100，$80 \times 600 \times 100/1000 = 4800$！香茅油的"香品值"为 10，"香比强值"为 250，"留香值"为 28，$10 \times 250 \times 28/1000 = 70$，约只有小花茉莉浸膏的 1/70，而其市场价格也仅为小花茉莉浸膏的 1/70 而已。合成香料（包括从天然香料中提取的香料单体）的"综合评价分数"也是有实际意义的。如属于茉莉花香料的乙酸苄酯"香品值"为 80，"香比强值"为 50，"留香值"为 5，$80 \times 50 \times 5/1000 = 20$；甲位戊基桂醛"香品值"为 4，"香比强值"为 150，"留香值"为 88，$4 \times 150 \times 88/1000 = 52.8$；二氢茉莉酮酸甲酯"香品值"为 90，"香比强值"为 25，"留香值"为 100，$90 \times 25 \times 100/1000 = 225$。各种香料的市场价格和它们的来源（提取、制取）、品质、市场要求情况都有直接关系，有时候价格变化很大。特别是天然香料，在一段短时间内竟然可以相差数倍。但从长远来看，不管是天然香料还是合成香料，都会维持在一个比较"合理"的价格范围内，这取决于该香料的"实用价值"，只有香气好、香气强度达到一定的要求、留香期较长的香料才能卖到较高的价格。如果一个香料的"综合评价分数"不高而价格又居高不下的话，调香师在选用香料时只要有可能就会把它"拉下"的。上面提到的三个茉莉香料足够说明这个问题：二氢茉莉酮酸甲酯香气非常美好，虽然"香比强值"低，但是它的"综合评价分数"还是高的，目前价格已经降了许多，所以用量直线上升；乙酸苄酯的香气也不错，但不留香，"综合评价分数"低，由于价格低廉，调香师还是乐于使用它；甲位戊基桂醛的"香品值"相当低（由于明显的"化学臭"），但留香好，香气强度大，综合评价分数与市场价格相当，调香师还是乐于使用的——明知它有"化学臭"却还是希望多用它，然后再想办法使用各种"修饰剂"将香精气味调圆和。

有趣的是，目前有许多香料和香精的单价（以元/kg 计）刚好接近"综合评价分数"，即

$$P \times B \times L/1000 = Z \approx ¥$$

式中　P——香品值；

　　　B——香比强值；

　　　L——留香值；

　　　Z——综合评价分数；

　　　$¥$——单价（以人民币元/kg 计）。

这个现象不知能维持多久，通货膨胀和通货紧缩都会使这个现象不复存在，但我们可以根据现在的物价指数算出届时各种香料香精单价与其"综合评价分数"的基本比率，在 ¥ 前面加个系数，这个公式照样可以使用。

由于各种香料的香比强值与留香值是固定不变的，所以可以假定一个香料或香精的"正常"销售单价（元/kg）就是大多数人"认定"的该香料或香精的"综合评价分数"，把它乘以 1000 再除以"香比强值"与"留香值"的乘积而得出这个香料或香精的香品值，本章中"常用香料三值表"中部分香料的香品值就是这样算出来的。

计算一个香精的综合分，可以根据它的配方分别算出香比强值和留香值，然后召集几十个人（越多越好）给它"打分"计算"香品值"，这三值乘积的 1‰（$Z = PBL/1000$）即"综合分"，也就是该香精的"实用价值"。如其"综合分"超过它的市场销售价，说明"物美价廉"；反之则说明"价超物值"，调香师还需努力（提高"香品值"）。

为了说明这个问题，我们举个简单的例子来剖析：假如有三个香料的"香品值"都是 30，配成某种香精后其"香品值"或大于 30，或小于 30，小于 30 的话可以认为该调香师还需努力，因为调香的作用就是把几种香气品位（也就是"香品值"）比较低的香料调成整体香气品位比较高的香精。

一个香精的市场销售价等于配制该香精所用原料价值的 1.5 到 2 倍，而假设两个值（香比强值和留香值）

不变，要提高它的"实用价值"，只能靠"香品值"的大幅度提高来实现。调香师的工作就是要把所用各种香料的"平均香品值"提高50％以上（如上述例子要求配出的香精"香品值"至少达到45）。

这说明：香精厂的"毛利"来自于"通过调香提高香料的价值"，或者说"通过调香提高香料的平均香品值"而达到的。

任何一个香料或者香精，香比强值、香品值、留香值三个值都直接影响综合分的高低，其中一值升降，综合分也跟着增减。三值都高的香料或香精，其"综合分"才会高，对于香料制造厂来说，一个香料单体的留香值和香比强值基本上是固定的，无法改变，只有想办法提高它的"香品值"，其"综合分"才会高起来。例如"合成芳樟醇"，香比强值为100，留香值为10，如果香品值为10的话，其综合分100×10×10÷1000＝10；如"香品值"提到60（这就是目前国内外合成芳樟醇达到的水平），其综合分100×60×10÷1000＝60。从天然精油如白兰叶油、纯种芳樟叶油、玳玳叶油等单离得到的"天然芳樟醇"，其香比强值与留香值都同合成芳樟醇的差不多，但香品值可达80～90，其"综合分"100×80（90）×10÷1000＝80（90）。如果用杂樟油、"芳油"、低档玫瑰木油等单离出"天然芳樟醇"的话，由于这些精油含有大量的桉叶素、樟脑、龙脑等带辛凉气息的成分，只用精馏的办法很难把它们去除干净，成品"天然芳樟醇"的香品值只能达到40～70，与合成芳樟醇的香品值差不多，其"综合分"也不高。倘若采用"硼酸酯提纯法"（把芳樟醇先同硼酸结合生成硼酸芳樟酯，加热除去桉叶素、樟脑、龙脑等杂质，再用碱水分解硼酸酯析出纯净的芳樟醇）则可令最终成品"天然芳樟醇"的香品值提高到80～95，其"综合分"也就高了。

对香精制造厂来说，如何采用廉价一些的香料调出三值都高的香精，始终是调香师考虑的问题。三值都高的香料一定不廉价，"一高两低"或"两高一低"的香料可能有廉价的。如二甲苯麝香（"一高两低"）、甲位戊基桂醛（"一高两低"）、香豆素（"两高一低"）、合成香兰素（"两高一低"）等合成香料和甜橙油（"一高两低"）、纯种芳樟叶油（"一高两低"）、广藿香油（"两高一低"）、香根油（"两高一低"）等天然香料，可以通过调香技术配上"互补"的香料克服它们的缺点。顺便说一下，广藿香油的香品值不高（才定为20）是因为调香师们都把它作为"木香"香料使用。广藿香油虽有木香，却还具有浓厚的药草气息，影响它的"得分"——聪明的调香师正可以利用这一点，在配方里广藿香油加到恰好不露出药草气息为止。

注意看"常用香料三值表"，并与你"手头上"的香料单价比较，大多数香料的"综合分"都与其人民币单价接近，这在前面已有说明，它足以证明"三值理论"是比较符合客观规律的。一个香料的实用价值，也就是人们愿意购进使用的价格，直接同它的香比强值、香品值、留香值相关，而且主要就是由这三值决定。诚然，其他因素有时也会影响一个香料的单价，比如"物以稀为贵"——在一定的时间范围内，某种香料由于暂时短缺导致其价格急剧上涨，而调香师一下子还不可能修改配方只能"咬着牙"让采购部购进使用；或者相反的例子——某种香料由于盲目扩产导致价格大跌（每年都有许多这样的例子），但一段时间以后又慢慢回到"合理的单价"轨道上来。

表中可以看到有一些香料如苯乙醇、丙酸乙酯、丁酸乙酯、二甲基苄基原醇、甲酸苄酯、金合欢净油、金雀花净油、苦橙花油、没药树脂、没药油、玫瑰油、乳香、香柠檬油、芫荽籽油、鸢尾净油、6-甲基紫罗兰酮等"综合分"远小于其市场单价（以人民币计算），甚至差了几倍！其中天然香料较多。调香师们除非不得已，已经不乐意使用它们了，因为从"实用价值"来讲，它们的价格太高了。以后如有可能降价，还有"东山再起"的希望，否则难免被淘汰。一个特殊情况是苯乙醇，虽然调香师们给它的"香品值"已高达90，但由于香比强值太低，留香值也不高，"综合分"才27分，低于目前的市场单价，为什么不被淘汰呢？这是因为调香师使用苯乙醇时从来不把它当作主香剂，定香剂更不可能，而仅仅把它作为修饰剂使用，即使如此，它的香气仍无足轻重，调香师实际上把它当作稀释剂使用。一个香精配方里如采用了较大量的固体或膏状香料，调香师几乎出于习惯，随手就加一些苯乙醇将香精稀释，同时感觉上也降低了成本。苯乙醇对几乎任何一种香料都有出色的溶解力，更有一种"本事"——一般情况下配制香精出现混浊时只要加适量的苯乙醇就可以让香精变得透明——这种"本事"芳樟醇、松油醇等也具备，但苯乙醇不会改变整体香气，而芳樟醇、松油醇等香料缺少这个优点。

如果单从"稀释剂"来看，邻苯二甲酸二乙酯单价远低于苯乙醇，因此，目前的香精配方中邻苯二甲酸二乙酯大量使用，几乎取代了原来苯乙醇的地位，苯乙醇的前景令人担忧！邻苯二甲酸二乙酯现在的情景也同早先的苯乙醇一样，有被滥用的趋势。

表中还可以看到另外一些香料，如橙花素、甲基壬基乙醛、甲位己基桂醛、甲位戊基桂醛、甜橙油、香豆素、乙酸异龙脑酯、3-甲硫基丙醛、3-甲硫基丁醛等，它们的"综合分"远大于其市场单价（以人民币计），有的甚至超过几倍！可以肯定它们"实用价值"超过了目前的市场价格，因此我们断定这些香料的前景辉煌，今后还将获得更多的应用！调香师们确实也乐于多用它们，因为多用这些香料在达到需要的香气强度与留香性能时可以降低成本。但是也应该看到，这些香料的大部分"香品值"都很低，大量使用时可能会使香精整体香气显得粗糙、不圆和，这就靠调香师的经验和"艺术处理"了。

二、混沌调香理论

1. 混沌数学、分形与调香

数学是关于客观世界模式的科学，是对现实世界的事物在数量关系和空间形式方面的抽象。数学来源于人们的生产和生活实践，反过来又为人们的社会实践和日常生活服务，是人类从事各项活动不可缺少的工具。数学通过揭示各种隐藏着的模式，帮助人们理解周围的世界。无论是数、关系、形状、推理，还是概率、数理统计，都是人类发展进程中对客观世界某些侧面的数学把握的反映。数学思维是从抽象开始的，人们用数学的方法认识周围世界时，可以忽视某些无关因素，而思考更为本质的问题。

人们从实际中提炼数学问题，抽象化为数学模型，再回到现实中进行检验。从这个意义上来说，数学是作为一种技术或一种模型。现在的数学已不只是算术、代数和几何，而是由许多部分组成的一门学科。它处理各种数据、度量和科学观察；进行推理、演绎和证明；形成关于各种自然现象、人类行为和社会体系的数学模型。

马克思曾经说过，一门学科，只有当它能够成功地运用数学的时候，才有可能成为一门真正的科学。的确，数学总是以其简洁性、明确性走在所有科学的前列，任何学科都把能否成功地运用数学作为自身是否成熟的标志。

作曲、绘画和调香三大艺术产生于我们的知觉和语言。在这个范畴内，艺术家们使用比喻（明喻、暗喻、隐喻）、描述、协调等许多类推方式来产生和谐和冲突，和谐和冲突则常常出现令人惊讶的自我相似（self-similarity）和自我相异（self-different）的模式，反映出我们所在世界的令人好奇的神秘感。

众所周知：二维是"规则化的"，三维即产生混沌。用我们熟知的语言来解释就是：单是两个香料混合，虽然也有无限个组合（从0∶100到100∶0），但除了这两个香料发生化学变化再产生一或数个新香料外，混合物的香气是可以预料的。加入第三个香料以后，产生了混沌，香气变化复杂化了。

混沌理论虽然被数学家正式接纳才四十几年的历史，有些理论却已能比较深刻地解释一些过去的理论难以解释的事物。例如奇怪吸引子理论，用来解释许许多多自然科学甚至社会科学的现象都能得到比较满意的解答。为了把这一新的理论用于调香，这里先解释一下什么叫做"奇怪吸引子"。

在动力学里，就平面内的结构稳定系统——典型系统——而言，吸引子不外是：①单个点；②稳定极限环。也可解释为长期运动不外是：①静止在定态；②周期性地重复某种运动系列。在非混沌体系中，这两种情况都是"一般吸引子"；而在混沌体系中，第二种情况则被称为"奇怪吸引子"，它本身是相对稳定的、收敛的，但不是静止的。奇怪吸引子是稳定的、具分形结构的吸引子。

什么叫分形结构呢？举个例子最容易理解这个数学名词：地图上的海岸线就是天然存在的分形的一个佳例——在不同标度上描绘的海岸线图，全部显示出相似的湾、岬分布，每一个湾都有它自己的小湾和小岬，这些小湾和小岬又有更小的湾和岬……以此类推，无穷无尽。用数学家的话来说，它们具有有限的面积，却有无限的周长。日常见到的雪花、云朵（图5-2）和烟雾等都具有分形结构。我们很容易联想到"一团香气"应该也具有分形结构。

回到我们的主题上来，一股美好的香气——例如天然的茉莉花香——即是一个天然的"奇怪吸引子"，这个吸引子是如此地稳定——往其中加入些香料（当然也包括天然茉莉花香中含有的香料成分），它仍然是"茉莉花香"，除非大量加入强度大的其他香料掩盖住它的香气，但这已超出我们的讨论范围了。

这个"奇怪吸引子"，还真具有"分形结构"，你可以无穷尽地改变它香气成分中各种单体的数量，或者改变一些香气成分，而它仍然表现出公认的茉莉花香！它的"收敛性"也显而易见：少量的依兰花香、树兰花香、玉兰花香、紫丁香花香、玫瑰花香、桂花香、橙花香、苹果的果香、桃子的果香甚至麝香和龙涎香等都被它"吸入"而让嗅闻者不容易觉察到。

图 5-2　云朵

　　音乐家孜孜以求的是"寻找"到一个前人没有"发现"的旋律；调香师竭尽全力"寻找"的是"一团最令人愉快的香气"，也就是前人还没有"发现"的"奇怪吸引子"。

　　大自然早已为我们提供了大量的"奇怪吸引子"：茉莉花香、玫瑰花香、玉兰花香、茶香、苹果香、草莓香、桃子香、檀香、麝香、各种熟食香等，"吸引"了众多的调香师在自己的实验室中用人工合成的香料把它们一一再现出来；千百年来，人类也自造了许多"奇怪吸引子"：巧克力香、可乐香、古龙香、馥奇香、素心兰香、"东方"香、"力士"香等，香精制造厂就是大量生产带有这些"奇怪吸引子"的产品供人类使用。

　　如何"发现"或寻找新的"奇怪吸引子"呢？

　　根据前面对"奇怪吸引子"的介绍已经知道，"奇怪吸引子"是具有分形结构的稳定的吸引子，这就为我们提供了一种思路：利用各种香料单体的蒸气压、沸点、阈值、香比强值、香品值、留香值、分子量、"酸碱度"（路易斯酸碱理论和软硬酸碱理论的"酸碱度"）等数据，通过一定的数学处理，设计一个配方，再经过不断试配制，就能比较快地找到一个新的"奇怪吸引子"。虽然目前这样做难度还是比较大，但总比毫无目标地乱调（初学者往往以为这是一条"捷径"）好多了。

　　下面将稍微系统地介绍混沌、分形以及分维的基础知识，以便读者更好地理解和掌握"混沌理论"并指导调香工作：

　　混沌是决定论系统所表现的随机行为的总称，它的根源在于非线性的相互作用。所谓"决定论系统"是指描述该系统的数学模型是不包含任何随机因素的完全确定的方程。自然界中最常见的运动形态往往既不是完全确定的，也不是完全随机的，这就是混沌，有关混沌现象的理论，为我们更好地理解自然界提供了一个框架。

　　混沌的数学定义有很多种。例如正的"拓扑熵"定义拓扑混沌；有限长的"转动区间"定义转动混沌；等等。这些定义都有严格的数学理论和实际的计算方法。不过，要把某个数学模型或实验现象明白无误地纳入某种混沌定义并不容易。引用动力学的混沌工作定义：若所处理的动力学过程是确定的，不包含任何外加的随机因素；单个轨道表现出像是随机的对初值细微变化极为敏感的行为，同时一些整体性的经长时间平均或对大量轨道平均所得到的特征量又对初值变化并不敏感；加之上述状态又是经过动力学行为和一系列突变而达到的。那么，你所研究的现象极有可能是混沌。

　　把这个动力学的混沌工作定义用在调香作业上：首先，调配一个香精的过程是"确定"的，"不包含任何外加的随机因素"——比如将香茅醇 40%、香叶醇 40% 和苯乙醇 20% 加在一起，调配一个玫瑰香精，不管是谁调的，也不管什么时候调都一样；"表现出像是随机的对初值细微变化极为敏感的行为"——用"合成香叶醇"和用"天然香叶醇"调出来的香气就不一样，同时"一些整体性的经长时间平均所得到的特征量又对初值变化并不敏感"——虽然可能用"合成香叶醇"，也有可能用"天然香叶醇"调配，但调出来的香精香气还是公认的玫瑰香精；而这种"状态"（用香叶醇、香茅醇和苯乙醇调配出的玫瑰香精）又是"经过"调香"行为"和"一系列突变而达到的"——香叶醇是一种香气，加了香茅醇后香气有了"突变"，再加苯乙醇，香气又有了"突变"，最终形成了玫瑰香精，有了天然玫瑰花的香气。那么，我们所研究的现象——调香，"极有可能是混沌"。既如此，我们为什么不能用混沌的理论来指导调香工作呢？

初步认识混沌和混沌同调香的关系以后，我们再来了解一下"分形"。

分形是近20年来科学前沿领域提出的一个非常重要的概念，具有极强的概括力和解释力，分形理论是一种非常深刻、有价值、让人着迷的理论，是非线性科学中最重要的概念之一。著名理论物理学家惠勒说过，在过去一个人如果不懂得"熵"是怎么回事，就不能说是科学上有教养的人；在将来，一个人如果不能熟悉分形，他就不能被认为是科学上的文化人。

20世纪80年代前，分形概念的价值并没有引起人们的重视，一直到80年代中期，各个数理学科几乎同时认识了它的价值，人们惊奇地发现，哪里有混沌、湍动、混乱，分形几何学就在那里登场。

分形不但抓住了混沌与噪声的实质，而且抓住了范围更广的一系列自然形式的本质，这些形式的几何在过去相当长的时间里是没办法描述的，如海岸线、树枝、山脉、星系分布、云朵、聚合物、天气模式、大脑皮层褶皱、肺部支气管分支及血液微循环管道、香味等，用分形去描述大自然丰富多彩的面貌应当是最方便、最适宜的。

1975年，曼德布罗特在其《大自然界中的分形几何学》一书中引入了分形（fractal）这一概念。从字面意义上讲，fractal是碎块、碎片的意思，然而这并不能概括曼德布罗特的分形概念，尽管目前还没有一个让各方都满意的分形定义，但在数学上大家都认为分形有以下几个特点：

① 具有无限精细的结构；

② 比例自相似性；

③ 一般它的分数维大于它的拓扑维数；

④ 可以由非常简单的方法定义，并由递归、迭代产生等。

①②两项说明分形在结构上的内在规律性。自相似性是分形的灵魂，它使得分形的任何一个片段都包含了整个分形的信息。第③项说明了分形的复杂性，第④项则说明了分形的生成机制。

分形观念的引入并非仅是一个描述手法上的改变，从根本上讲分形反映了自然界中某些规律性的东西。以植物为例，植物的生长是植物细胞按一定的遗传规律不断发育、分裂的过程，这种按规律分裂的过程可以近似地看作是递归、迭代过程，这与分形的产生极为相似。在此意义上，人们可以认为一种植物对应一个迭代函数系统，人们甚至可以通过改变该系统中的某些参数来模拟植物的变异过程。

"自我相似"的分形，既可以是自然的，也可以是人为的；可以是线性的，也可以是混沌的。今天的科学家，可以使用计算机制作出由无数机械的分形所组成的美丽图案，并且成为艺术品，无论是否有艺术价值，我们都必须承认，这是存在的。见图5-3。

图5-3　用计算机画出的分形图案

事实上，具有自相似性的形态广泛存在于自然界中，如：连绵的山川、飘浮的云朵、岩石的断裂口、布朗粒子运动的轨迹、树冠、花朵、棉花、大脑皮层等。

　　自相似原则和迭代生成原则是分形理论的重要原则。它表示分形在通常的几何变换下具有不变性，即标度无关性。自相似性是从不同尺度的对称出发，也就意味着递归。分形形体中的自相似性可以是完全相同，也可以是统计意义上的相似。标准的自相似分形是数学上的抽象，迭代生成无限精细的结构，如科赫（Koch）雪花曲线、谢尔宾斯基（Sierpinski）地毯曲线等。这种有规分形只是少数，绝大部分分形是统计意义上的无规分形。

　　现在，我们可以把"一团香气"想象成一朵云彩，或者一簇放在水里的棉花糖，这团香气不断地运动、扩散，直至"无形"，它虽然在一定的时间内只占有有限的空间，但其"边界"是不定的，又是自相似的，可以看作是分形的一种。

　　那么，什么是"分维"呢？

　　分维，作为分形的定量表征和基本参数，是分形理论的又一重要原则。分维又称分形维或分数维，通常用分数或带小数点的数表示。长期以来人们习惯于将点定义为零维，直线为一维，平面为二维，空间为三维，爱因斯坦在相对论中引入时间维，就形成四维时空。对某一问题给予多方面的考虑，可建立高维空间，但都是整数维。在数学上，把欧氏空间的几何对象连续地拉伸、压缩、扭曲，维数也不变，这就是拓扑维数。然而，这种传统的维数受到了挑战。曼德布罗特曾描述过一个绳球的维数：从很远的距离观察这个绳球，可看作一点（零维）；从较近的距离观察，它充满了一个球形空间（三维）；再近一些，就看到了绳子（一维）；再向微观深入，绳子又变成了三维的柱，三维的柱又可分解成一维的纤维。那么，介于这些观察点之间的中间状态又如何呢？

　　显然，并没有绳球从三维对象变成一维对象的确切界限。数学家豪斯多夫（Hausdoff）在 1919 年提出了连续空间的概念，也就是空间维数是可以连续变化的，它可以是整数也可以是分数，称为豪斯多夫维数，记作Df。一般的表达式为：$K = L\mathrm{Df}$，也作 $K = (1/L) - \mathrm{Df}$，取对数并整理得 $\mathrm{Df} = \ln K / \ln L$，其中 L 为某客体沿其每个独立方向皆扩大的倍数，K 为得到的新客体是原客体的倍数。显然，Df 在一般情况下是一个分数。因此，曼德布罗特也把分形定义为豪斯多夫维数大于或等于拓扑维数的集合。

　　分形理论既是非线性科学的前沿和重要分支，又是一门新兴的横断学科。作为一种方法论和认识论，其启示是多方面的：一是分形整体与局部形态的相似，启发人们通过认识部分来认识整体，从有限中认识无限；二是分形揭示了介于整体与部分、有序与无序、复杂与简单之间的新形态、新秩序；三是分形从一特定层面揭示了世界普遍联系和统一的图景。

　　掌握了混沌、分形和分维的基础知识后，我们就可以利用它们来讨论、建立香味的"数学模型"了。

　　2. 香气的分维

　　调香师的工作是把 2 个以上的香料调配成有一个主题香气的香精，这个主题香气可能在自然界中存在，如茉莉花香、柠檬果香、麝香等，也可能是人类创造的各种"幻想型香气"，如咖喱粉香、可乐香、力士香等，模仿一个自然界实物的香气或者别人已经制造出来的"幻想型香气"的实验叫做"仿香"，而调香师自己创作一个前人没有的香气的实验叫做"创香"。不管是"仿香"还是"创香"活动，调香师都是先把带有他要调配的这个"主题香气"的香料找出来，然后确定每个香料要用多少，如果不考虑配制成本的话，带有这个主题香气越多的香料用量越大。

　　如果把一团具有一个明确主题的香气看作混沌体系中一个奇怪吸引子的话，这个奇怪吸引子将具有分形结构，可以用已有的关于混沌、分形的理论来分析这个奇怪吸引子的种种特征。

　　我们知道，调香师手头上的每一个香料一般都带有几种香气，例如乙酸苄酯就带有 70％的茉莉花香、20％的水果香、10％的麻醉性气味（所谓的"化学气息"），所以在配制茉莉花香香精时，乙酸苄酯的香比强值（香气强度值）只有 70％对茉莉花香做出"贡献"，其余 30％的香气被强度大得多的一团茉莉花香掩盖掉了。

　　在这里需要指出的是：所谓"70％的茉莉花香"是"动态"的，不是绝对的——当我们用闻香纸沾上少量乙酸苄酯拿到鼻子下面嗅闻时，我们马上会觉得它的香气里大约有 70％的茉莉花香；再闻一次，就会觉得"茉莉花香"少了些许；再闻一次，又少了些许……直至闻不到茉莉花香，或者我们认为"根本就不是茉莉花香"时为止。其他香料的香味感觉也全都如此。人类的所有感觉——视觉、听觉、嗅觉、味觉和肤觉都是这样，从对一个事物的"非常肯定"到"难以断定"到"模糊不清"。说一个例子恐怕人人都有同感：随便写一个字在纸上端详半天，越看越不像这个字，最后甚至对这个字产生怀疑。

正是香气的"动态"特征让我们把香气与混沌、分形挂上了钩。

假设用 3 个香料配制出一个茉莉花香（主题香气）香精，这 3 个香料原先都带着 2/3 的茉莉花香，配出的茉莉花香香精的主题香气强度是整体香气强度的 2/3，我们可以把用这 3 个香料配合而成的一团茉莉花香气看成一个康托尔集，见图 5-4。

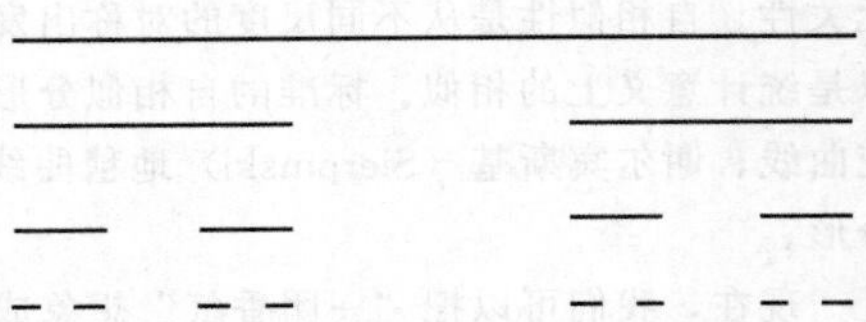

图 5-4　康托尔集图解

把每一个线段中间的 1/3 去掉，无限进行下去的结果是形成无限"稀释"的"康托尔尘"

那么这个康托尔集的分维 D_0 可以计算出来如下：

$$D_{01} = \ln K / \ln L = \ln 2 / \ln 3 \approx 0.6309$$

式中　D_0——分形的维数；

　　K——全部香料对主题香气的贡献值之和（本例中为 $3 \times 2/3 = 2$）；

　　L——香料的个数（本例中为 3）。

实际配制的一个茉莉花香精配方（质量份）如下：

乙酸苄酯	50
甲位己基桂醛	40
茉莉净油	10

查《香料气味 ABC 表》，乙酸苄酯有 70% 的茉莉花香气，甲位己基桂醛有 80% 的茉莉花香气，茉莉净油有 60% 的茉莉花香气，它们对配制出的茉莉花香精的平均香气贡献率为

$$0.50 \times 0.70 + 0.40 \times 0.80 + 0.10 \times 0.60 = 0.73$$

$K = 3 \times 0.73 = 2.19$

因此，这个茉莉花香精主题香气的分维为

$D_{02} = \ln 2.19 / \ln 3 \approx 0.714$

如果考虑香比强值的影响，上述茉莉花香精的香比强值为 $0.5 \times 120 + 0.4 \times 65 + 0.1 \times 800 = 166$，3 个香料对配制出的茉莉花香精的平均香气贡献率为 $0.5 \times 0.7 \times 120/166 + 0.4 \times 0.8 \times 65/166 + 0.1 \times 0.6 \times 800/166 = 0.667$，$K = 3 \times 0.667 = 2.01$。因此，这个茉莉花香精主题香气的分维 $D_{03} = \ln 2.01 / \ln 3 = 0.635$。

按这个方法计算了 280 个不同配方的茉莉花香精主题香气的分维，它们都在 0.6000～1.0000 之间。表 5-7 是其中的部分数据（随机十取一）。

表 5-7　28 个茉莉花香精主题香气的分维

编号	3	13	23	33	43	53	63	73	83	93	103	113	123	133
分维	0.6453	0.9236	0.8384	0.7501	0.6892	0.7577	0.6930	0.7135	0.7469	0.8677	0.7248	0.6986	0.8672	0.9013
编号	143	153	163	173	183	193	203	213	223	233	243	253	263	273
分维	0.7864	0.7438	0.8266	0.7026	0.7961	0.8249	0.7530	0.8387	0.8103	0.9015	0.7372	0.7604	0.8297	0.8923

由数十个有丰富评香经验的专业人员组成的评委组对这些香精的香气进行评价（打分），取平均值，按"越接近于天然茉莉花香的排得越靠左边"的规定排列如下（数字为编号）：

13/133/233/273/123/93/23/213/263/193/163/223/143/183/253/83/53/33/203/153/243/103/73/173/63/113/43/3

明显得得出：在通常的情况下，分维越接近 1，该香精的主题香气（天然茉莉花香气）就越突出，也就是这个香精的香气让人觉得更像天然茉莉花香。其他香型香气也是如此。

这个结论对调香工作的实际意义：假如用 100 个香料调配一个茉莉花香精，这些香料都带有 70% 的茉莉花香气，这个香精的分维

$$D_{03} = \ln 70 / \ln 100 \approx 0.9225$$

而用 50 个香料调配茉莉花香精，所有使用的香料也都带着 70% 的茉莉花香气，这个香精的分维

$$D_{04} = \ln 35 / \ln 50 \approx 0.9088$$

可以看出，用 100 个带有 70% 茉莉花香气的香料调出的茉莉花香精比用 50 个带有 70% 茉莉花香气的香料调出的茉莉花香精的分维更接近 1，前者香气明显要比后者更接近天然茉莉花香。这就是为什么高级化妆品和

香水香精的配方单总是那么长的缘故，也可以部分解释为什么香水和葡萄酒总是越陈越香——因为陈化后的香水和葡萄酒的成分更复杂多样了（K 值与 L 值同时增大）。当然，也有陈化以后香气变"坏"的特例，这是因为生成大量"异味"物质的结果，这同样可以用分维理论来解释：大量的"异味"造成 K 值变小，而 L 值增大，从而减小了主题香气的分维。

我们再来看用大量的带茉莉花香等于或少于 50％ 的香料能否配制出茉莉花香精：用 100 个带有 50％ 茉莉花香的香料或用 100 个带有 30％ 茉莉花的香料来调配一个茉莉花香精，它们的分维分别是

$$D_{05} = \ln50/\ln100 \approx 0.8495$$
$$D_{06} = \ln30/\ln100 \approx 0.7386$$

这两个分维值都比上面"实例"（实际用 3 个香料调的例子）的分维值（D_{02}）更接近 1，说明用多种虽然只带"一部分"主题香气的香料来调配该香气的香精是可行的——这早已为数百年来众多的实践经验所证实。实际上，所有的花香香料都可以用来配制茉莉花香精，因为它们多多少少都带有茉莉花香气。这里有个前提，就是每个香料带进来的非茉莉花香气是不一样的，否则用几个香料跟用一个香料有什么不同？

单单一个带 70％ 茉莉花香的香料嗅闻时与天然茉莉花香差距是很大的，因为另外 30％ 的"杂气"（非主题香气）影响不小，许多带茉莉花香的香料混合在一起以后，它们各自带着的"杂气"比例变小，如上述用 3 个香料调配茉莉花香精的例子中，乙酸苄酯所带的 10％"麻醉性气味"在配制后香精的整体香气里面降到 5％（10％×50％）的比例，嗅闻这个配制后的茉莉花香精时，它的"化学气息"小多了。这个分析也告诉我们，在为配制一个香精而选择香料的时候，最好不用或少用带着相同"杂气"的香料，尤其是那些带着"不良气息"的品种。气味接近的"杂气"也会组成奇怪吸引子，从而对主题香气产生较大的影响。

假设使用 100 个香料配制一个茉莉花香精，其中 30 个香料都带有 10％ 的麻醉性气味（"化学气息"），那么，它们组成的麻醉性气味奇怪吸引子的分维

$$D_{07} = \ln3/\ln100 \approx 0.2386$$

而用 50 个香料配制一个茉莉花香精，其中 15 个香料都带有 10％ 的麻醉性气味，它们组成的麻醉性气味奇怪吸引子的分维

$$D_{08} = \ln1.5/\ln50 \approx 0.1036$$

D_{07} 数值比 D_{08} 更接近 1，说明虽然都是 30％ 香料带有 10％ 的"杂气"，但使用的香料品种越多，"杂气"对主题香气的影响越大。

如果把香精香气的奇怪吸引子看作是一条科赫曲线的话，那么该曲线的分维见图 5-5。

经过计算，各种香精主题香气的分维都在 1.0000～1.50000 之间，同样可以得到"分维越接近 1，香精的主题香气就越突出"的结论。

本节的内容建立在"所有香料的香比强值都一样"的假设上，主要是为了计算的简化，实际情况当然要复杂得多，但文中用数学推导得到的结论同实践还是吻合的，对调香工作是有指导意义的。

这一节的讨论指明了调香工作的一个方向——当准备调配某一个确定香味的香精或者在调配一个香精的过程中需要增加某种香味时，应该把"手头上"所有带这种香气的香料尽量都"找出来"试用上去，当然，香气越接近标准物的香料用量可以越多，因为这样做有可能让调配出的香精分维越接近 1。调香师们长期的实践早已证明了这一点。仿香时如果手头上缺少一个或几个香料，不一定要等到这几个香料都到齐才调配，可以试着用几个带有所需香气的原料试调，也许能调出"惟妙惟肖"的香精来。

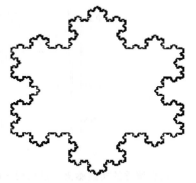

图 5-5 科赫（雪花）曲线

本书中列举的香精配方都是"框架式""示范性"的，或者说它们还不能算是"完整的配方"，一般都比较简单，读者在使用这些配方时应该再试着多加入一些香气类似的香料（使得香精的配方复杂一些，例如原配方里用的是"香茅醇"，可以试着改用香叶醇、玫瑰醇、苯乙醇和乙酸对叔丁基环己酯等代替一部分香茅醇），以使最终调出的香精香味更加宜人、和谐，更有使用价值。

实际上 $D = \ln K/\ln L = [\ln(LS)]/\ln L = (\ln L + \ln S)/\ln L = 1 + \ln S/\ln L$

即 $K = LS$。其中 S 表示"平均香气贡献率"。上例中 $S = 0.50 \times 0.70 + 0.40 \times 0.80 + 0.10 \times 0.60 = 0.73$，

$K = LS = 3S = 3 \times 0.73 = 2.19$。令 A_i 和 W_i 分别表示第 i 种香料的主题香气强度和浓度，A_i 和 W_i 都处在 0 到 1 之间且浓度之和为 1。例如上例中 $A_1 = 0.70$，$W_1 = 0.50$，$A_2 = 0.80$，$W_2 = 0.40$，$A_3 = 0.60$，$W_3 = 0.10$。

则 $S = A_1 W_1 + A_2 W_2 + A_3 W_3 + \cdots + A_L W_L < A_m W_1 + A_m W_2 + A_m W_3 + \cdots + A_m W_L = A_m$ $(W_1 + W_2 + W_3 + \cdots + W_L) = A_m$。即 $S < A_m$。平均香气贡献率 S 小于单个香料最大香气贡献率 A_m。因此恒有式(5-1)

$$D_0 = 1 + \ln S / \ln L < 1 + \ln A_m / \ln L \tag{5-1}$$

那么把式(5-1)中不确定的平均香气贡献率 S 值用各种参加配置的香料的最大香气贡献率 A_m 来代替以简化处理。即

$$D_0 = 1 + \ln A_m / \ln L \tag{5-2}$$

这样得出的结果 D_0 肯定偏大。其误差为

$$|(1 + \ln A_m / \ln L) - (1 + \ln S / \ln L)| / (1 + \ln S / \ln L) = (\ln A_m / \ln L - \ln S / \ln L) / (1 + \ln S / \ln L) =$$
$$[(\ln A_m - \ln S) / \ln L] / [(\ln L + \ln S) / \ln L] = (\ln A_m - \ln S) / (\ln L + \ln S) = \ln(A_m / S) / \ln(LS) \tag{5-3}$$

为了减小误差就要调整 A_m 值使之更接近 S。记调整后的 A_m 值为 a，式(5-2) 写成

$$D_0 = 1 + \ln a / \ln L \tag{5-4}$$

a 可以是最大的 5 个 A_i 值的平均，或是取最大的 5 个 W_i 所对应的 5 个 A_i 值的平均，更方便的是把 A_m 值降到原来水平的 0.9，使 $a = 0.9 A_m$。这三种方法都可以使 A_m 值十分接近 S，使得式(5-3)中的分子 $\ln(A_m / S) \approx \ln 1 = 0$，而 L 较大使得分母 $\ln(LS)$ 是一个比较大的数字，误差控制到了一个很低的水平。当 $A_m / S = 1.2$ 时(实践中这是很容易办到的)，$\ln(A_m / S) = 0.18$，只要 $L > 10$ 就可以使误差小于 8%，$L > 20$ 就可以使误差小于 6%。

以 L 为横坐标，D_0 为纵坐标画图，图中自下而上显示的是当 a 分别取 $a = 0.1, 0.2, \cdots, 0.9$ 这九个值时 D_0 从 $L = 2$ 到 $L = 100$ 时的变化情况。

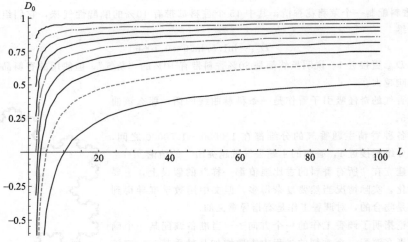

图 5-6　D_0 随 L 的变化情况

结合调香的实践感悟可以从图 5-6 得到诸多启示——当 a 固定而 L 不断增大时，D_0 单调递增且不断趋近于 1。这说明这个香气的分维公式是基本有效的。更为特别的是出现"拐点-平缓区"效应。曲线群在 $L = 20$ 左右时出现明显变动即"拐点"，其斜率急剧减小使曲线变得比较平坦，且 a 越大就越接近直线，使 L 的增大对 D 值的升高帮助不显著。因此要学会把有限的资源用到刀刃上面。即当曲线进入"平缓区"时，除非手头有香气贡献率特别大的香料，否则就不必花太大的代价去加入新的香料，因为这样帮助是很小的。相反，当曲线在拐点(通常 $L = 20$ 左右)之前时加入新香料会取得意想不到的效果。一定不要在所用香料在 20 种以下时就因眼前的失败而灰心，而应该继续加入香料。但当香料在 30 种以上时情况还没有显著改善就得考虑接受失败或大幅度改变配方的现实。这一猜想是从分维理论得到的。

图 5-7~图 5-14 为科赫曲线衍变图：

图 5-7　（$N=1$）

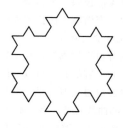

图 5-8　（$N=2$）

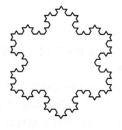

图 5-9　（$N=3$）

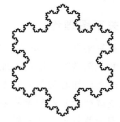

图 5-10　（$N=4$）

图 5-11　（$N=5$）

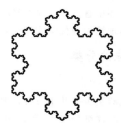

图 5-12　（$N=6$）

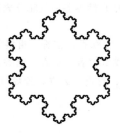

图 5-13　（$N=7$）

图 5-14　（真实雪花）

　　图 5-7～图 5-13 是用数学软件绘制的，维数 N 分别为 1～7 的科赫曲线，即所谓的"雪花图"；图 5-14 是自然界中的真实雪花照片。通过观察可以发现一个有趣的现象：当维数处于一个较低的水平时，维数多增加 1，其图形与真实图形的接近程度会显著增大，如图 5-8 明显比图 5-7 更像真实中的雪花（图 5-14）；但是当维数增大到较大水平时，维数的增加对图形真实性的贡献增加程度会显著减小直至微乎其微，如图 5-12 比图 5-13 的维数多 1，但二者与图 5-14 的相似程度几乎一样。综上所述，维数在不断增加的过程中其图形会不断接近它所模拟的真实图形，但是其贡献的效果会越来越小。

　　假设要调出 D_0 值为 0.9 以上的香精（这也是目前调香实践中切实可行的要求），就必须使得表示平均香气贡献率 S 在 0.6 以上，这样才能在香料种类数 L 在 100 种时达到 $D_0=0.9$ 的效果。实际上这也是我们手头能够找到香料种类的极限。为达到 $D_0>0.9$ 的要求，当 $S>0.7$ 时，$L>40$，$S>0.8$ 时，$L>20$ 即可。也就是说，实际操作中，当面临无法找到香气贡献率足够大的香料时，可以通过增大使用的香料种类来弥补这一弱势，但必须使 S 至少为 0.6。

可以使用的香料平均香气贡献率较小，并不意味着优势很小。因为增加香料的种类数 L 对 D_0 的提高越明显，所以需要恒心。有的时候可以"以次充好"，也就是撤掉名贵难得的香气贡献率高的香料，用几种稍次的香料来代替，也能取得类似效果。但是要强调的是，"稍次的"香料香气贡献率至少要在 0.7 以上才行。

根据图 5-6 的曲线走势，我们必须注意的是，不光主题香气有分维现象，杂气也有它们的分维，其平均香气贡献率越小，维数 D_0 随着种类数 L 的增加幅度就越大。即便杂气平均香气贡献率小到 0.1，当同种杂气的香料种类数大于 20 时，其维数便被放大到了 0.25 以上！对应的策略是尽量选取杂气各不相同的香料，使各种杂气的分维降到最低，对主题香气的影响小到可以忽略不计的程度。

三、气味关系图理论

图式的概念最早来自 19 世纪德国哲学家康德，他把图式看成是"原发想象力"的一种特定形式或规则，借此，可以把它的"范畴"应用到实现知识或体验的过程中的多种感知中。

现代图式理论是认知心理学兴起之后，在 20 世纪 70 年代中期产生的。由于图式概念有助于解释复杂的社会认知现象，很快被社会心理学家所采用。90 年代以来图式理论又被运用于跨文化交际的研究领域，与其他理论相比，图式理论兼具描述和解释功能，并可以借此开展一些实证研究，因此应当引起重视。

现代图式理论是在吸收了理性主义关于心理结构的思想和经验主义关于以往经历对心理具有积极影响的观点，又在信息科学、计算机科学和心理学关于表征研究所取得的新成果的基础上而产生的。他们认为图式是通过一段时间的对环境直接或间接的经验而学会和获得的，具有后天获得性。

气味关系图理论为现代图式理论之一。

（一）气味的分类

1. 自然感觉分类法

自然界的气味至少有几十万种，要研究它们就得把它们分门别类。早期 Harper 等人根据气味的"品质"，将自然界各种气味详细分成 44 类，如水果味、肥皂味、醚味、樟脑味、芳香味、香料味、薄荷味、柠檬味、杏仁味、花味、甜味、麝香味、酸味、鱼腥味、焦味、腐败味、石炭酸味、汗味、草味、树脂味、油味、腐臭味等。

现在全世界各国的调香师、香料香精公司也都按照一定的"顺序"把自然界各种气味分成几十种类别，以便于研究和工作。

笔者按照气味的相似度顺序把自然界所有气味分成油脂香、酸气、香橼香、苔香、柑橘香、樟木香、乳香、醛香、水果香、腥臭、青气、药香、冰凉气、茉莉花香、松木香、薰衣草香、瓜香、菇香、坚果香、兰花香、酚香、膏香、玫瑰花、檀香、焦香、尿骚味、豆香、蔬菜香、辛香、麝香、土香、芳烃气息等 32 种"基本"气味。

2. 心理学分类法

这个分类法是先让人闻了许多气味以后，把他所感受到的印象用某种基准来判断和表达（如这种气味的快适度），然后按某种评价法作出最为适宜的评价，最后根据分析结果找出潜在于气味内在的基本性质。

采用的基准主要有两种：一种是使用语言的描述法；另一种是不用语言为媒介的轮廓法。

Schutz 采用后一种基准，在让 182 人闻了 21 种物质以后，命这些人仅按照"快适度"这一基准尺度去评定这些气味性质，然后再将评定结果用多变量解析法进行分析，最后归纳得出 6 个因子。

A 因子为辛香味（是一种对三叉神经产生刺激，由不饱和有机化合物产生的气味成分）；B 因子为醚味（含氧元素，基本上属于快适型，有植物性气味成分）；D 因子为香甜味（动植物性气味相结合的成分）；E 因子为油脂味（含氮元素，可能属于动物性气味）；C 因子和 F 因子（解释困难）。

Wright 等人用 50 种气味与几种标准物进行比较，得出 8 个因子：对三叉神经产生刺激的 A 因子；香料性的 B 因子；树脂样的 C 因子；药味样的 D 因子；苯并噻唑样的 E 因子；乙酸己脂样的 F 因子；不快感的 G 因子；柠檬样的 H 因子等。

3. 按照嗅盲的研究进行分类

嗅盲也叫特异的嗅觉缺失，是指对某种气味没有感受能力，而对其他气味和普通人却有同样的嗅觉。从对色盲者的研究结果制订的三原色基础上得到启示，可以推断嗅盲者感受不到的气味很可能是"原臭"（基本嗅）。

Amoore 查遍所有有气味的有机物，任意选出 616 种，将表现气味的词汇搜集在一起制成直方图，结果发现樟脑气味、刺激（辛辣）气味、醚样气味、花香气味（如香片茶中的茉莉花、珠兰花、玉兰花，糕饼馅中的玫瑰，以及蜜蜂与发酵酒类中的香气等）、薄荷气味、麝香气味、腐败气味（难闻气味，尤其蛋白质分解的氨、酚、吲哚及硫化氢等）七个词汇的出现显然比其他表现气味的词汇多，后来又增加了第 8 种叫甜味。因此认为这 8 种气味可能就是"原臭"，即基本嗅。

从分子结构入手，把这些词汇所表现的物质制成了分子模型，在比较分子模型时发现，有相同气味的分子在外形上有很大的共同性。于是把这些气味分子以及接受这些分子的嗅觉细胞的感受部位比作"键与键孔"，也称"锁和锁匙"学说。该学说的基本论点是：感受气味的嗅觉细胞的感受膜是凹形的（像键孔或锁眼），当气味分子像键（或锁匙）插入合适凹形感受部位时（即匙插入锁），才能刺激感受部位而产生嗅觉。

对于不属于上述 8 种"原臭"（表 5-8）中任何一种的气味则看成是几种气味分子同时插入相应的凹形感受部位，受到刺激后所产生的复合气味。

表 5-8　8 种气味及对应的化合物

异戊酸	腋窝臭	5-雄甾-16-烯-3-酮	尿臭
1-二氢吡咯	精液臭	L-香芹酮	薄荷臭（气味）
三甲胺	鱼臭，人类月经血有这种气味，腥臭	ω-十五内脂	麝香
异丁醛	麦芽气味	L-1,8-桉树脑	樟脑臭（气味）

Amoore 迄今为止发现了八种气味可能是"原臭"。它们都是有特殊官能团结构的紧密的极性分子。

（二）香气表达词语和气味 ABC

人类通过五大感觉——视觉、听觉、嗅觉、味觉和肤觉（触觉）从周围得到的信息，以表示视觉信息的词语最为丰富，不单有光、明、亮、白、暗、黑，还有红、橙、黄、绿、蓝、靛、紫，更有鲜艳、灰暗、透明、光洁等模糊的形容词，近现代的科学和技术又进一步增加了许多"精确的"度量词，如亮度、浊度、光洁度、波长等，人们觉得这么多的形容词是够用的，"看到"一个事物时要对人"准确地"讲述或描述，一般不会有太大的困难。表示听觉信息的词汇也不少。但一般人从嗅觉得到的信息想要告诉别人就难了——几乎每一个人都觉得已有的形容词太少，比如你闻到一瓶香水的气味，你想告诉别人，不管你使用多少已有的形容词，听的人永远不明白你在说什么。有关嗅觉信息的形容词甚至比味觉信息的形容词还缺乏——世界各民族的语言里都经常用味觉形容词来表示嗅觉信息，如"甜味""酸味""苦味""鲜味"等。现今已知的有机化合物约 200 万种，其中约 20% 是有气味的，没有两种化合物的气味完全一样，所以世界上至少有 40 万种不同的气味，但这 40 万种化合物在各种化学化工书籍里几乎都只有一句话代表它们的气味："有特殊的臭味"。

由于气味词语的贫乏，人们只能用自然界常见的有气味的东西来形容不常有的气味，例如"像烧木头一样的焦味""像玫瑰花一样的香味"等。这样的形容仍然是模糊不清的，但已能基本满足日常生活的应用了。对于香料工作者来说，用这样的形容法肯定是不够的，他们对香料香精和有香物质需要"精确一点"的描述，互相传达一个信息才不会发生"语言的障碍"，最好能有"量"化的语言。早期的调香师手头可用的材料不多，主要是一些天然香料，而这些香料的每一个"品种"香气又不能"整齐划一"，所以形容香气的语言仍旧是比较模糊的，比如形容依兰依兰油的香气是"花香，鲜韵"，像茉莉，但"较茉莉粗强而留长"，有"鲜清香韵"而又带"咸鲜浊香"，"后段香气有木质气息"。这样的形容对当时的调香师来说已经够了，至少他们看了这样的描述以后，就知道配制哪一些香精可以用到依兰花油，用量大概多少为宜。

合成香料的出现和大量生产出来以后，调香师使用的词汇一下子增加了许多，甚至可以形容某种香味就像某一个单体香料，纯净的单体香料香气是非常"明确"的，一般不会引起误会。例如你说闻到一个香味像是乙酸苄酯一样，听到的人拿一瓶纯净的乙酸苄酯来闻就不会弄错。这样，调香师们在议论一种玫瑰花的香味时，就可以说"同一般的玫瑰花香相比,它多了一点点玫瑰醚的气息",听的人完全明白他说的是怎么一回事。

外行人看调香师的工作觉得不可思议,他们的脑子怎么比气相色谱仪还"厉害"?化学家也觉得不可思议,调香师是怎么把一个复杂的混合物"解剖"成一个一个的单体呢?难道他们的头脑真的像一台色谱仪?其实在调香师的脑海中,自然界各种香味早已一定的"量化"了,因为他们配制过大量的模仿自然界物质香味的香精,一看到"玫瑰花香",他们马上想到多少香茅醇、多少香叶醇、多少苯乙醇……就可以代表这个玫瑰花香了;同样地,多少乙酸苄酯、多少甲位戊基醛(或甲位己基桂醛)、多少吲哚……就能代表茉莉花香。这样,调香师细闻一个香水的香味时,脑海中先有了大概多少茉莉花香、多少玫瑰花香、多少柠檬果香、多少木香、多少动物香……接着再把这些香味分解成多少乙酸苄酯、多少香茅醇、多少柠檬油、多少合成檀香、多少合成麝香……一张配方单已经呼之欲出了。

例如调香师要调一个 Beautiful 香水香精,分段细闻 Beautiful 香水,觉得香味里大约有 50％左右的花香韵(茉莉花香、栀子花香和晚香玉花香)、20％左右的粉香韵(麝香、龙涎香和豆香)、5％左右的青香韵、10％左右的果香韵、10％左右的木香韵、5％左右的辛香和其他香韵,他就可以开出一张初步的配方单(表 5-9)如下:

表 5-9 Beautiful 香水香精配方

1	乙酸苄酯	5.0	27	乙酸对叔丁基环己酯	1.0
2	二氢茉莉酮酸甲酯	5.0	28	桂醇	1.0
3	顺式茉莉酮	0.5	29	橙花叔醇	2.0
4	二氢茉莉酮	0.5	30	松油醇	1.0
5	甲位己基桂醛	8.0	31	佳乐麝香	2.0
6	吲哚	0.1	32	吐纳麝香	5.0
7	纯种芳樟叶油	2.0	33	麝香 T	5.0
8	邻氨基苯甲酸甲酯	1.0	34	甲基柏木酮	5.0
9	羟基香茅醛	3.0	35	龙涎酮	4.0
10	铃兰醛	5.0	36	降龙涎香醚	0.2
11	苯乙醇	5.0	37	香豆素	2.0
12	香茅醇	2.0	38	洋茉莉醛	1.0
13	香叶醇	2.0	39	女贞醛	0.1
14	桂醇	1.0	40	格蓬酯	0.1
15	乙酸香叶酯	2.0	41	格蓬浸膏	0.3
16	结晶玫瑰	1.0	42	水杨酸己酯	2.0
17	乙酸苏合香酯	0.3	43	异丁基喹啉	0.1
18	丙位壬内酯	0.2	44	丙位十一内酯	0.2
19	苯甲酸甲酯	0.3	45	柠檬油	2.0
20	乙酸芳樟酯	1.0	46	苹果酯	1.0
21	甲基紫罗兰酮	8.0	47	合成檀香 208	1.0
22	依兰油	2.0	48	合成檀香 803	1.0
23	玫瑰油	1.0	49	乙酸香根酯	1.0
24	香柠檬油	1.0	50	丁香酚	2.0
25	薰衣草油	1.0	51	甲基壬乙醛	0.1
26	玳玳叶油	1.0	52	鸢尾浸膏	1.0

配方中序列号 1～30 是花香香料,31～38 是麝香、龙涎香和豆香香料,39～43 是青香香料,44～46 是果香香料,47～49 是木香香料,50～52 是辛香和其他香型香料。

细心的读者可能会注意到:果香香料为什么用这么少呢?这是因为排在果香香料前面的几个花香香料和豆香香料带有果香香气,例如乙酸苄酯有 70％的茉莉花香,还带有 20％的苹果香气;香柠檬油也是既有花香,也有果香。

按此配方配制出香精后,香气与原样还有差距,调香师根据香气的差异调整配方再配数次,直到自己觉得满意为止。

由此可见,调香师是把各种香料按香气的不同分成几种类型记忆在脑海中,然后才能熟练地应用它们。在早期众多的香料分类法中，都是把各种香料单体归到某一种香型中，例如乙酸苄酯属于"青滋香型"（叶心农分类法）或"茉莉花香型"（萨勃劳分类法），这个分类法在调香实践中暴露出许多缺点，因为一个香料（特别是天然香料）的香气并不是单一的，或者说不可能用单一的香气表示一个香料的全部嗅觉内容，所以近年来国外有人提出倒过来的各种新的香料分类法。例如泰华香料香精公司举办的调香学校里，为了让学生记住各种香料的香气描述，创造了一套"气味 ABC"教学法，该法将各种香气归纳为 26 种香型，按英文字母 A、B、C……排列，然后将各种香料和香精、香水的香气用"气味 ABC"加以"量化"描述，对于初学者来说，确实易学易记。笔者认为 26 个气味还不能组成自然界所有的气味，又加了 6 个气味，分别用 2 个字母（第一个字母大写，第二个字母小写）连在一起表示，总共 36 个字母表示自然界"最基本"的 36 种气味。兹将"气味ABC"各字母表示的意义列下（表 5-10）。

表 5-10　"气味 ABC"各字母表示的意义

Ac	酸味	acid	M	瓜香	melon
Ag	沉香	agar	Mo	苔香	mossy
B	香柠檬	bergamia	Mu	菇香	mushroom
Br	苔藓	bryophyte	N	坚果香	nut
C	柑橘	citrus	O	兰花	orchid
Cm	樟脑	camphor	P	苯酚	phenol
D	乳酪	dairy	Q	香膏	balsam
E	醛香	aldehyde	R	玫瑰	rose
F	水果	fruit	S	檀香	santana
Fa	油脂	fatty	T	烟焦味	smoke
Fi	鱼腥味	fishy	U	尿臊	urine
G	青，绿的	green	V	豆香	vanilla
H	药草	herb	Ve	蔬菜	vegetable
I	冰凉	ice	Vi	酒香	vinous
J	茉莉	Jasmin	W	辛香	spice
K	松柏	konifer	X	麝香	musk
L	薰衣草	lavender	Y	土壤香	earthy
Li	铃兰	lily	Z	芳烃	It-chem

需要说明的是，"气味 ABC"只能表示一部分人对各种香料香气的看法和描述，确是"见仁见智"、各说各的，难以统一。例如龙涎香酊在"泰华"学校提供的"气味 ABC"数据库里记为"100％尿臊气"，而麝葵子油为"100％麝香香气"，都难以令人信服。笔者对这些数据——做了修正，使它们更接近实际一些，又用了数年时间通过反复嗅闻、比较，增加了 2000 多个常用香料的数据，虽然如此，这些数据仍然带着作者的主观意识，与客观实际往往还有较大的差距。使用者可根据自己的看法改动，不应盲目生搬硬套。

各种香料的气味 ABC"量化"描述列于"常用香料气味 ABC 表"。

查表中乙酸龙脑酯的香气：10％冰凉香气，40％药草香，50％松柏香；

乙酸异龙脑酯的香气：2％冰凉香气，30％药草香，65％松柏香，3％土壤香。

可以看出乙酸龙脑酯和乙酸异龙脑酯的香气有所差异。

对于初学者来说，气味 ABC 表可作入门教材，通过该表可初步了解每一种香料的香气和用途。

调香师可以利用气味 ABC 表寻找适合的香料，比如在调制一个香精的过程中，需要适当加点茉莉花香，表中"茉"下面有"甲位戊基桂醛""乙酸苄酯""白兰叶油"等可供选择；需要加点豆香，表中"豆"下面有"香豆素""香兰素""洋茉莉醛""丙位己内酯"等可供选择。

由于"气味 ABC"主观地用现成的 32 个香型来表示所有的气味，其中难免有"遗漏"或"交叉""重复"的问题，例如"桂醛"可以说它有 40％药香、50％辛香和 10％木香，也可以说它有 10％药香、80％辛香和10％木香，因为"辛香"和"药香"分不清。这样就造成不同的人甚至同一个人在不同的时间里对一个香料或者香精的"气味 ABC"数值标注的不一样。但这并不影响"气味 ABC"的应用，因为人们看到一个香料或者香精的"气味 ABC"数值，至少对它初步有个认识，在使用它的时候就不会太盲目了。

利用"常用香料气味 ABC 表"可以计算每一个香精的气味 ABC 数值，从而对它进行"香气描述"。例如有个香精配方（质量份）如下：

阿弗曼酮　　　　　　　　　　　　　　　　　　　　　　　　20

艾蒿油　　　　　　　　　　　　　　　　　　　　　　　　　40

安息香净油　　　　　　　　　　　　　　　　　　　　　　　40

查表，假设三个香料的香比强值（见本章第一节"香料香精的三值"）一样，通过计算可以得出它的"香气描述"为：

果$_{3.2}$ 橼$_{6.0}$ 青$_{8.2}$ 冰$_{2.0}$ 樟$_{6.0}$ 松$_{1.0}$ 檀$_{8.0}$ 芳$_{4.0}$ 辛$_{11.0}$ 药$_{21.8}$ 酚$_{2.0}$ 土$_{2.0}$ 臊$_{0.8}$ 膏$_{24.0}$

如果考虑到各种香料香气强度的影响，计算就比较麻烦一点，例如阿弗曼酮的香比强值是160，艾蒿油的香比强值是200，安息香净油的香比强值是100，把这些数据代入计算，这个香精的"香气描述"为：

果$_{2.22}$ 橼$_{4.16}$ 青$_{8.88}$ 冰$_{2.22}$ 樟$_{6.93}$ 松$_{1.25}$ 檀$_{9.99}$ 芳$_{5.55}$ 辛$_{14.42}$ 药$_{24.41}$ 酚$_{2.77}$ 土$_{2.77}$ 臊$_{0.56}$ 膏$_{13.87}$

可以看出，这个香精花香、果香很轻，青香、木香、药香、膏香气较重，单看上面的"香气描述"就好像闻到它的香气了。

反过来，如果我们要仿配一个香精，可以先把它沾在闻香纸上细细地分段嗅闻，用"气味ABC"作"香气描述"，然后查表找出调配这个香精需要的各种香料，参考"香气描述"的数据，一个一个地加入香料试配，慢慢地就可以调配出香气比较接近于原样的香精了。

调香师之间在电话里谈论一个香味，同样可以使用"气味ABC"，例如可以说这个香味大约有"20％的果香，10％的茉莉花香，30％的玫瑰花香，30％的木香，还有10％的麝香香味"，这样听者基本上就能理解言者表达的是什么意思了。

实践证明，自然界所有的气味（包括"臭味"）基本上都可以用这36种"基本香"按一定的比例"调配"出来，所以每一种气味"原则上"也都可以简单到只用几个字母来表示，如"百花香"可以用B（香橼）、L（薰衣草）、J（茉莉）、R（玫瑰）、Li（铃兰）、O（兰花）表示，"东方香"可以用S（檀香）、Q（膏香）、R（玫瑰）表示，"素心兰"可以用C（橘香）、Mo（苔香）、S（檀香）、U（尿臊味，动物香）、R（玫瑰）、J（茉莉）表示，甚至"垃圾臭"也可以用Y（土臭）、Mo（苔香）、Ac（酸味）、Z（芳烃）、Fi（腥臭）、U（臊味）表示。字母后面加上数字可以表示各种香气所占的百分比，如一个"东方香"S$_{50}$Q$_{30}$R$_{20}$表示它的香气是由50％的檀香、30％的膏香和20％的玫瑰香组成的。

把自然界的所有气味归纳为36种"基本香"的一个原因是每一个香型都占有圆形360°的10°角，这样有利于我们今后采用"向量分析法"来描述、"计算"香味；另一个原因是可以在"气味关系图"里的一圈中填入3×12个音符，刚好把低音到高音的36个简谱音符填满进去。

20世纪的人们就已经开始预测"今后"的电影、电视、电脑都可以在"必要"的时候（如电影、电视的情节需要或电脑的"关键词"）散发出一定的香味，以让参与者身入其境，现在不难做到了——只要请调香师配出上述的36种"基本香"香精，分别装在特定的瓶子里，在需要散发某种香气的时候，电脑按照指令打开几个瓶子，让其中的香气混合并散发出来就可以了（可以使用超声波、电吹风等技术）。

（三）自然界气味关系图

假如"气味ABC表"不按"ABC……"顺序排列，而是按气味特征顺序排列。把首尾连接起来就成为"自然界气味关系图"（见图5-15）了，这样的处理有利于读者使用它们。

图中从内往外算第7、第8环是"简谱音符"，具体内容见本章本节"（t）调香与作曲"。

众所周知，太阳光可"分解"成七色光谱，下面是常见的七色光谱图［见图5-16（a）］。

图5-16（b）又把七色光谱"浓缩"成黄红蓝"三原色"。利用"三原色"原理，黄、红、蓝三种颜色就可以配制出人世间万物所有的色彩，这就是彩色印刷、彩色电影、彩色电视在现代能够实现的前提。

自然界中所有的气味能不能也像太阳光一样"分解"成几个"基本气味"或"基本香型"呢？如果可能的话，调香师可就"省事"多了，电脑调香、电脑评香、气味电影电视电脑、让人居环境香气变幻等也都将成为现实。

世界各国的调香师和香料工作者在这方面做了大量的工作和努力，发表了许许多多的"香味轮""气味轮""食品香气轮""香水香气轮"等，都各有特色，但都有所侧重，不能把自然界中所有的气味归纳进去。

我们参考捷里聂克香气分类体系和叶心农等的香气环渡理论加上现代芳香疗法的一些概念，结合几十年来的调香和评香经验提出一个较为"完整"的"自然界气味关系图"，首先发表于1999年笔者编写的一本科普

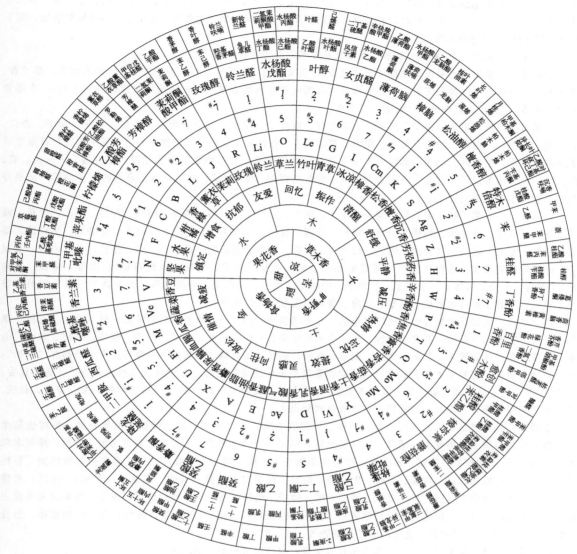

图 5-15 自然界气味关系图

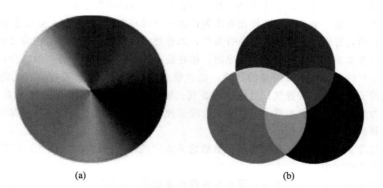

(a) (b)

图 5-16 七色光谱图 (a) 及 "三原色" (b)

书——《闻香说味——漫谈奇妙的香味世界》"附录"上，在笔者编著的《调香术》第一版、第二版、第三版中都有收录进去，每一次都有所改动和调整。国内不少调香师对这个"关系图"提出了一些不同的看法，图5-15是综合这些意见修改而成的。

以下是"关系图"中36种"基本"香型及其排列位置的说明：

坚果香——坚果和水果的气味都属于"果香"，英文中的"果香"类似某种干鲜果香，如核桃香、椰子香、苹果香等。在这个气味关系图里，自然而然让这两类比较接近的香气为邻——按顺时针排列（下同），水果香放在坚果香"后面"，坚果香的"前面"是豆香。

坚果包括可可、板栗、莲子、西瓜子、葵花籽、南瓜子、花生、芝麻、咖啡、松仁、榛子、橡子、杏仁、开心果、核桃仁、白果、腰果、甜角、酸角、夏威夷果、巴西坚果、胡桃、碧根果等，这其中有些在日常生活中被称为坚果，但实际上利用的部位并不完全符合坚果的定义。大多数坚果需要经过"热处理"——烧、煮、煎、烤、烘、焙等以后才会有令人愉悦的香气，就是所谓的"坚果香"。这一点与水果有较大的差异，坚果香与水果香的主要差别也在这里。

水果香——水果香指苹果、梨、桃子、李子、柰李、油柰、杏、梅、杨梅、樱桃、石榴、芒果、香蕉、桑葚、椰子、柿子、火龙果、杨桃、山竹、草莓、蓝莓、枇杷、圣女果、奇异果、无花果、百香果、猕猴桃、葡萄、菠萝、龙眼、荔枝、菠萝蜜、榴莲、红毛丹、甘蔗、乌梅、番石榴、番茄、余柑、橄榄、枣、山楂、覆盆子等的新鲜成熟果实，也包括各种山间野果如桃金娘、地稔、酸浆、野牡丹（野石榴）、山莓（树莓、悬钩子）、刺莓、赤楠、乌饭子、金樱子、牛奶子、枳椇子（拐枣、鸡爪梨）等的香气，大多数香气较强烈但留香都不长久，只有少数（水蜜桃、草莓、蓝莓、葡萄、覆盆子等）例外。

与"花香"类似，水果香也是比较复杂的——自然界里"纯粹的水果香"只有苹果、梨、香蕉、石榴、草莓、甘蔗等寥寥几个品种，其余的如桃、李、杏等有坚果香；梅、杨梅、桑葚、杨桃、葡萄、余柑、橄榄、山楂、酸浆等有较强的酸味；芒果、椰子、菠萝、龙眼、荔枝、番石榴、菠萝蜜、榴莲等热带水果都有"异味"，有的带蜂蜜甜味，有的带各种含硫化合物的动物香气甚至尿臊味；还有一些带有较强烈的青香、花香、豆香、"涩味"等；这些品种都只能算是"复合水果香"。所有的"复合水果香"都可以用这苹果、梨、香蕉、石榴、草莓等"纯粹水果香"加上一些特异的香气成分调配出来。

柑橘香——柑橘是橘、柑、橙、金柑、柚、枳等的总称，原产中国，现已传播至世界各地。柑橘也是水果，柑橘香当然属于水果香的一部分，但又明显地有别于一般的水果香，所以把它们列为另一香型，排在水果香"后面"。除了香柠檬、香橼、佛手柑（这三种都属于花香而不属于水果香）之外，绝大多数柑橘类〔各种柑、橘、柚、柠檬如红橘、黄橘、芦柑、巴甘檬、血橙、四季橘、枸橼、玳玳、葡萄柚（西柚）、金橘、来檬（青柠）、蜜橘、地中海红橙、日本夏橙、脐橙、橙、柚子、椪柑、酸橙、广柑、香橙、枳等〕的果肉和果皮主要香气成分（90%以上）都是苧烯（柠檬烯），这是一种低沸点、高蒸气压的头香香料，留香时间很短，但香气较强。"纯粹"的柑橘香其实就是纯品苧烯的香气。

香柠檬、香橼、佛手柑等的香气虽然还有水果香，但已经呈现明显的花香，另列一类。

柑橘树的花、叶精油都属于花香香料，不在这里讨论。

香橼香——花香香气包罗万象，非常复杂，在叶心农的"八香环渡"理论里，以梅花、香石竹、玫瑰、风信子、茉莉、紫丁香、水仙、金合欢等8种花香作为代表并"成环"，自成一体。但如果把花香放在自然界所有的气味里面讨论的话，有许多花香带有非花香香气，如香橼、佛手和香柠檬既有花香又有明显的柑橘果香气息——这也是把香橼香排在柑橘香"后面"的原因；桂花是花香与果香（桃子香）的结合；穗薰衣草、杂薰衣草和夜来香（晚香玉）的花香都带有明显的药香；依兰依兰花、水仙花和茉莉花带有动物香香气；梅花、荷花、香石竹花和风信子花都有辛香香气；兰花有草香气；等等——这些"花香"只能算是"复合花香"。"纯粹"的花香一般认为只有"正"薰衣草、铃兰和红玫瑰三种而已。所有的"复合花香"都可以用这三种"纯粹花香"加上一些特异的香气成分调配出来。

由于茉莉花香包含了几乎所有花香的香气，虽然它不太"纯粹"，但很有代表性，还是把它作为一种重要的花香类型放在气味关系图中。

在花香中，香橼香与正薰衣草香接近，薰衣草香排在香橼香"后面"。

薰衣草香——在香料工业上，薰衣草主要是三个品种：正薰衣草、穗薰衣草和杂薰衣草。

作为芳香疗法和芳香养生使用的主要是正薰衣草，商业宣传薰衣草的"功效"指的也是这个品种。其他两个品种香气较杂，效果不同。如正薰衣草有镇静、安眠作用，而穗薰衣草和杂薰衣草却有清醒、提神作用，刚好相反。

正薰衣草的香气才是"纯粹"的花香，穗薰衣草和杂薰衣草的香气都可以看作是带有浓厚药香的薰衣草香气。

五个重要的花香——薰衣草香、茉莉花香、玫瑰花香、铃兰花香、兰花香的香气成分中芳樟醇含量依次下降，所以这五个花香也按这个顺序"往下"排列。

茉莉花香——茉莉花香是所有花香的"总代表"，也是自然界里"最复杂"的复合花香。配制茉莉花香，可以用现成的三个"纯粹花香"薰衣草、红玫瑰和铃兰花的香基加入适量的动物香、果香、辛香、药香、青香、草香、膏香、木香等香气材料调配即成。

虽然调香师认为茉莉花香与玫瑰花香差异较大，前一个香气丰富而复杂，后一个香气则"简单"且"纯粹"，但是茉莉花香的香气成分里有不少的玫瑰花香香料，而且都还含有较多的芳樟醇，都带有明显的芳樟醇气息，这是把玫瑰花香排在茉莉花香"后面"的理由。

玫瑰花香——玫瑰花香几乎与自然界里所有的香气配合都能融洽和谐，这也是它出现于各种不同风格的日用品香精中的一个原因。在调香师眼里，玫瑰花香还可以再划分成几类：紫红玫瑰、红玫瑰、粉红玫瑰、白玫瑰、黄玫瑰（茶玫瑰）、香水月季、野蔷薇等，真正的"纯粹花香"只有"红玫瑰"一种。其他玫瑰花香都可以用红玫瑰香精加些"特异气味"香料调配出来。

玫瑰花香都是以甜韵为主，但也有部分玫瑰花的香气带青气，跟铃兰花的香气接近——玫瑰花香精加上铃兰醛类香料容易衍变成铃兰花香精，这是把铃兰花香排在玫瑰香"后面"的主要原因。

铃兰花香——铃兰花香优雅而清鲜，有茉莉花的鲜清、玫瑰花的甜韵，还有兰花的清幽，自然界里的紫丁香花、牡丹花、紫荆花等都属于铃兰花香类，它们跟草兰花香气比较接近，所以把铃兰花香排在草兰花香的前面是自然而然的事。

草兰花香——兰花的香气，在我国被文人们"抬"到极高的地位，称为"香祖"，有所谓的"空谷幽兰"。可惜在香料界，"兰花香"却没有这个"福分"，调香师一提到"兰花香"，头脑里马上闪出几种极其廉价的合成香料——水杨酸戊酯、异戊酯或丁酯、异丁酯，因为兰花香里这几种香料是必用的而且用量很大。久而久之，在调香师的心目中"兰花香"的"地位"低微，和我国的文人们对它的"高抬"形成鲜明的对比。

其实即使兰花单指"草兰"，其香气也是多种多样的，水杨酸酯类的香气只是其中一部分花香，不能代表全部，自然界里确有香气"高雅"的兰花，让人闻了还想再闻，不忍离去；但也有一些兰花散发出令人厌恶的臭味！

大多数兰花都有明显的青香气息，有些兰花的青气比较重，带有各种青草和叶子的芳香，所以把竹叶香排在兰花香的"后面"。

竹叶香——自然界里各种树叶、草叶散发着不同的叶香，其中箬竹叶的香气最有代表性，它既有嫩绿植物生机勃勃的"青春气息"，也有叶子、青草干燥后的清香。绿茶的香气也属于竹叶香（乌龙茶和红茶的香气都属于花香）。排在竹叶香后面自然是"青草香"了。

青草香——青香包括各种青草、绿叶的芳香，调香师常用的青香有绿茶香、紫罗兰叶香、"青草香"等，气味关系图里的"青气"或者"青香"主要指的是"青草香"。

青草的香气是怎么样的？一般人说不出个所以然来，最多只是说"新鲜""清新""有些青香气"，再问就没词了。其实要问调香师"青草香"应该怎么"界定"，调香师也难以回答。但调香师们早已约定俗成，将稀释后的女贞醛的香气作为"青草香"的"正宗"，就像水杨酸戊酯和水杨酸丁酯的香气代表兰花（草兰）香气一样。如此一来，"青草香"便有了一个"谱"，调香师互相交流言谈方便多了。当然，每个调香师调出的"青草香"香精还是有着不同的香味，就像茉莉花香精一样，虽然都有点像茉莉花的香味，但差别可以非常明显。

有许多青草的香气带有凉气，带凉气的草香更让人觉得"青"，所以紧跟青草香"后面"的是"冰凉气息"。

冰凉气息——凉香香料有薄荷油、留兰香油、桉叶油、松针油、白樟油、迷迭香油、穗薰衣草油、艾蒿油以及从这些天然精油中分离出来的薄荷脑、薄荷酮、乙酸薄荷酯、薄荷素油、香芹酮、桉叶油素、乙酸龙脑酯、樟脑、龙脑和其他"人造"的带凉香气的化合物。"凉气"本来被调香师认为是天然香料中对香气"有害"的"杂质"成分，有的天然香料以这些"凉香"成分含量低的为"上品"，造成大多数调香师在调配香精的时候，不敢大胆使用这些凉香香料，调出的香精香味越来越不"自然"，因为自然界里各种香味本来就含有不少凉香成分。极端例外的情形也有，就是牙膏、漱口水香精，没有薄荷油、薄荷脑几乎是不可能的，因为只有薄荷脑才能在刷牙、漱口后让口腔清新、凉爽。举这个例子也足以说明，要让调配的香精有清新、凉爽的感觉，就要加入适量的凉香香料。

樟木头的主要香气成分——樟脑的气味也带清凉，所以把"樟木香"放在"冰凉气息""后面"。

樟木香——樟木历来深受国人的喜爱，又因为它含有樟脑、黄樟油素、桉叶油素、芳樟醇等杀菌、抑菌、驱虫的成分，人们利用这个特点，用樟木制作各种家具特别经久耐用。

配制樟木香精可以用柏木油、松油醇、乙酸松油酯、芳樟醇、乙酸芳樟酯、乙酸诺卜酯、檀香803、檀香208、异长叶烷酮、二苯醚、乙酸对叔丁基环己酯、紫罗兰酮、桉叶油素、樟脑或提取樟脑后留下的"白樟油"和"黄樟油"等，没有一个固定的"模式"，因为天然的樟木香气也是各异的。

与樟脑一样，桉叶油和桉叶油素都是带冰凉气息的香料，我国大量出口的"桉樟叶油"含有大量的桉叶油素，在国外被称为"中国桉叶油"。

松杉香——松杉柏木的香气与樟香非常接近，所以排在樟香"后面"。

松木的香气原来一直没有受到调香师的重视，在各种香型分类法中常常见不到松木香，不知道被"分"到哪里去了。20世纪末刮起的"回归大自然"热潮，"森林浴"也成为时尚，松木香才开始得到重视。

松脂是松树被割伤后流出的液汁凝固结成的，在用松木制作纸浆时得到的副产品"妥尔油"主要成分也是松脂，但松脂的香气并不能代表松木的香气。一般认为，所谓"松木香"或者"森林香"应该有松脂香，也要有"松针香"才完整。因此，调配松木香或森林香香精既要用各种萜烯，也要用到龙脑的酯类（主要是乙酸龙脑酯，也可用乙酸异龙脑酯）。

有些松杉柏木的香气有明显的檀香香气，所以让松木香与檀木香为邻也是自然而然的事。

檀木香——檀香的香味是"标准"的木香，可以把它当作"纯粹"的木香，是木香香气的总代表。其他木香都可以用檀香为"基香"再加上各种"特征香"调配而成。例如"樟木香"可以用檀香香基加樟脑配制，"松木香"可以用檀香香基加松油醇、松油烯等配制，柏木香可以用檀香香基加柏木烯配制，"沉香"可以用檀香香基加几种药香香料配制而成，等等。

天然檀香与合成檀香的香气都带有明显的芳烃气息，所以我们把芳烃气息排在檀木香"后面"。

沉香——沉香虽然还属于"木香"，但其香气已经不是单纯的木香，而是带有发霉的、树脂样的令人觉得不太自然的"化学气息"，所以它刚好作为"木香"和"芳烃气息"的过渡。

芳烃气息——从"木香"到"药香"之间有一个"过渡"香气——芳香烃的气味，这种气味令人不悦，一般人说是有明显的"化学"气息，大多数合成香料都或多或少地带有这种气息，许多天然香料其实也带有这种"化学"气息，调香师把它们当作"不良气味"，从煤焦油里提取出来的苯和萘的气味就是"芳烃气息"的代表。

"芳烃气息"的"后面"就是所谓的"药香"了。

药香——"药香"是非常模糊的概念，外国人看到这个词想到的应该是"西药房"里各种令人作呕的药剂的味道——这就是"药香"与"芳烃气息"为邻的原因——而我国民众看到"药香"二字想到的却是"中药铺"里各种植物根、茎、叶、花、树脂等（非植物的药材也有香味，但品种较少）的芳香，不但不厌恶，还挺喜欢呢。

中国的烹调术里有"药膳"，普通老百姓也常到中药铺里去购买有香味的中草药回家当作香料使用，各种食用辛香料在国人的心目中也都是"中药"。这是东西方人们对"药香"的认识差异最大之处。

作为日用品加香使用的"药香"虽然每个人想到的不一样，但基本上指的是中药铺里这些药材的香味，调香师能够用现有的香料调出来的"药香"大体上可以分为桂香、辛香、凉香、壤香、膏香五类。这一节"药香"指的是"桂香"，也就是肉桂的香气，另外四种香气都各有特色，在下面各节里分别介绍。

辛香——天然的辛香香料都是"中药"，所以与"药香"为邻。食用辛香料有丁香、茴香、肉桂、姜、蒜、葱、胡椒、辣椒、花椒等，前四种的香气较常用于日用品加香中。直接蒸馏这些天然辛香料得到的精油香气都与"原物"差不多，价格也都不太贵，可以直接使用，但最好还是经过调香师配制成"完整"的香精再用于日用品的加香，这一方面可以让香气更加协调、宜人，香气持久性更好，大部分情形下还可以降低成本。

辛香香料里有的也含有"酚"成分，如丁香油里面就有丁香酚，虽然有"酚"的气息，但它们的香气不属于"酚香"，而是归入"辛香"里面。所以"酚香"紧跟在"辛香"的"后面"。

酚香——中草药里有不少带酚类化合物气息的，如百里香、荆芥、土荆芥、康乃馨、牛至等，它们是自然界里"酚香"的代表。合成香料里的苯酚、二苯酚、乙基苯酚、对甲酚、二甲基苯酚、愈创木酚、二甲氧基苯酚、麦芽酚、乙基麦芽酚以及它们的酯类香气有的属于"酚香"，有的属于"焦香"，差别在于"烧焦味"是否明显，"焦味"明显的就属于"焦香"了。

"酚香"香气处于"辛香"与"焦香"之间，与这两个香气"左右"为邻。

焦香——各种植物材料烧焦（高温裂解）后得到的焦油都含有大量的酚类物质，也就是说所谓"焦香"其实主要是各种酚类物质的气味，所以"焦香"与"酚香"为邻可以说是"天经地义"的。

焦香不一定令人厌恶，在日化香精里有许多"皮革香"带有焦香气息，食物里带焦香气息的也不少，如焦糖香、咖啡香、烧烤香等。香烟的香气更是明显的焦香气味，烟民们却对这种焦香趋之若鹜。

膏香——"皮革香"去掉焦香后有各种树脂的气息，即膏香。有膏香香味的天然香料包括安息香膏（安息香树脂）、秘鲁香膏、吐鲁香膏、苏合香、枫香树脂、格蓬浸膏、没药、乳香、防风根树脂等，合成香料有苯甲酸、桂酸及这两种酸的各种酯类化合物等，膏香香料大多数香气较为淡弱，但有"后劲"。常用的苔香香料——橡苔浸膏也有明显的膏香香气，所以把苔香排在膏香后面。

苔香——苔藓植物喜欢阴暗潮湿的环境，一般生长在裸露的石壁上或潮湿的森林和沼泽地，一般生长密集，有较强的吸水性，因此能够抓紧泥土，有助于保持水土，可以积累周围环境中的水分和浮尘，分泌酸性代谢物来腐蚀岩石，促进岩石的分解，形成土壤。

菇香——"菇香"指的是各种食用和非食用菌的香气，这些菌类生长在腐败的草木、土壤上，或长在树上，如花菇、草菇、茶树菇、杨树菇、长根菇、杏鲍菇、姬菇、金针菇、金福菇、黄金菇、白灵菇、白玉菇、海鲜菇、春菇、冬菇、平菇、红菇、松菇、香菇、滑菇、滑子菇、秀珍菇、巴西菇、鲍鱼菇、松乳菇、虎奶菇、猴头菇、凤尾菇、鸡腿菇、猪肚菇、蟹味菇、阿魏菇、大球盖菇、双孢菇、桦褐孔菌、北虫草、姬松茸、鸡油菌、青头菌、松菌、松茸菌、牛肝菌、干巴菌、珊瑚菌、羊肚菌、鸡枞菌、虎掌菌、银耳、木耳等。在闽南话里，"长菇了"或"生菇了"就是"腐败发霉"的意思，所以"菇香"也就是霉菌的香气。

霉菌的气味像土壤香，所以土香排在菇香后面。

土壤香——"土腥味"本来也是天然香料里面"令人讨厌"的"杂味"，在许多天然香料的香气里如果有太多的"土腥味"就显得"格调不高"，合成香料一般也不能有"土腥臭"。但大部分植物的根都有"土腥味"，有的气味还不错，尤其是我国的民众对不少植物根（中药里植物根占有非常大的比例）的气味不但熟悉而且还挺喜欢，最显著的例子是人参，这个世人皆知的"滋补药材"香气强烈，是"标准"的壤香香料。正因如此，调香师才创造了"壤香"这个词汇。

土壤香其实也是"大杂烩"，除了树根、草根气息，还有各种微生物发酵产生的气味，糖类发酵产生的酒味在地面常常可以闻到，所以土香后面跟着酒香。

酒香——酒香是植物体里淀粉、多糖类水解成糖和水果里的糖类发酵产生的，包括各种低级醇类、低级醛类、酮类、酯类化合物的气味。其中包括乳香和酸气息，所以酒香后面跟着就是乳香和酸气息了。

乳香——"乳香"包括鲜奶、奶油、奶酪和各种奶制品的香气，属于"发酵香"——鲜奶虽然没有经过微生物发酵，但也是食物在动物体内通过各种酶的作用产生的，等同于"发酵"，与霉菌的作用类似，香气也接近——都有一种特异的令人愉悦的鲜味。为此，把乳香放在菇香的"后面"，作为菇香与酸气息的"过渡"香气。

食物发酵大多数会产生酸，带有酸气息，所以把酸气息排在乳香"后面"。

酸气息——酸本来是味觉用词，是水里氢离子作用于味蕾产生的刺激性感觉。但所有可挥发的酸都会刺激嗅觉，产生"酸气息"。有些不是属于酸的香料也令人联想到酸，所以评香术语里面也有"酸味"这个形容词，不一定说明它的香气成分里含有酸。

脂肪酸的碳链越长，酸气越轻，高级脂肪酸已经闻不到多少酸味了，油脂气味慢慢出现。这中间"过渡"的香气是高级脂肪醇和高级脂肪醛的气味，香料界称之为"醛香"，所以醛香处在酸气息与油脂香之间。

醛香——醛香香精是"香奈儿5号"香水畅销全世界以后才在日用品加香方面崭露头角的"新香型"香精，由于"香奈儿5号"香水特别受到家庭妇女的喜爱，所以醛香香精非常适合家用化学品、家庭用品的加香。

　　为了解释"香奈儿5号"香水特别受到家庭妇女欢迎的原因，有人做了实验，发现暴晒过的棉被、衣物等织物有明显的醛香气息，进一步分析这些醛香成分主要是辛醛、壬醛、癸醛、十一醛、十二醛等，并且确定这些醛香成分是棉织品里的油脂成分在阳光下（紫外线）分解的产物。这也说明醛香与油脂香是比较接近的，所以把油脂香放在醛香的"后面"。

　　油脂香——油脂是油和脂肪的统称，从化学成分上来讲油脂都是高级脂肪酸与甘油形成的酯。自然界中的油脂是多种物质的混合物。纯粹的油脂是没有气味的，因为它们在常温下不挥发。所谓"油脂香"是指油脂中含有的少量稍微低级的油脂分解产物醇、醛、酮、酸等和某些"杂质"成分的混合气息。

　　没有酸败的食用油脂都带有各自令人愉悦的香气，如芝麻香、花生香、菜油香、茶油香、橄榄油香、椰子油香、猪油香、牛油香、羊油香等，这里讨论的不是这些"特色"香气，而是所有油脂共同的香气息，即"油香气"和"脂肪香"。

　　有些动物油脂带有动物"骚味"，即"动物香"，麝香是"骚味"的代表。

　　麝香——麝香是最重要的动物香之一，香气优雅，有令人愉悦的"动情感"。留香持久，是日用香精里常用的定香剂，其香气能够贯穿始终。合成的麝香香料带有各种"杂味"，有的带膏香香气，有的带甜的花香香气，也有带油脂香的。

　　日用香精里使用的动物香有麝香、灵猫香、龙涎香和海狸香，后三者尿臊气息较显，把它们的香气都归入"尿臊气息"中，列在麝香香气的"后面"。

　　尿臊气息——浓烈的尿臊气息令人不快，但稀释以后的尿臊味却令人愉悦——与粪臭稀释以后的情形相似，而且"性感"，这可能是人和动物的粪尿里含有某些人体信息素如雄烯酮、费洛蒙醇等的原因。

　　龙涎香的香气是尿臊气息的代表作——浓烈时令人不快，稀释后却人人喜爱。天然龙涎香是留香最为持久的香料，而龙涎香的气味是"越淡（只要还闻得出香气）越好"，合成的龙涎香料虽然已取得相当大的成就，但还是不能与天然龙涎香相比。现在常用的龙涎香料有龙涎酮、龙涎醛醚、降龙涎香醚、甲基柏木醚、甲基柏木酮、龙涎酯、异长叶烷酮等，这些有龙涎香气的香料都有木香香气，有的甚至木香香气超过龙涎香气，所以目前全用合成香料调配的龙涎香精都有明显的木香味。

　　在世界各国的语言里，腥臊气息常常混在一起，难以分清，指的都是动物体及其排泄物散发的气息，浓烈时令人作呕，腥味比臊味更甚。把血腥气息排在尿臊气息"后面"是意料中的事。

　　血腥气息——"血腥气息"包括鲜血的腥味和鱼腥气味，虽然这两种"腥味"不太接近，但带有这两种"腥味"的物质在加热以后都显出令人愉悦的带着"鱼肉香"的熟食味。

　　鱼肉一类食物在新鲜时令人不悦甚至恐怖畏惧，人类的祖先在"茹毛饮血"时代可能会觉得血腥味是"美味"，现在还保留一些痕迹，如生吃三文鱼、海蛎、血蚶等，一般都选取血腥味不太强烈的，而且大多数人吃的时候喜欢加点香料（调味料）以掩盖之。

　　加热（烧煮烤煎）以后的鱼肉没有了血腥气息，取而代之的是现代人类（可能也只有人类和人类豢养的动物）特别喜欢的"肉食香味"，这些香味主要来自于氨基酸和糖类加热时发生的美拉德反应。

　　瓜香——调香师在配制"幻想型"的"海洋""海岸""海风"等"海字号"香精时，免不了想到在海边经常嗅闻到的鱼腥气味，但太明显的鱼腥气味用在日化香精里令人不悦。聪明的调香师发现清淡的鱼腥香里似乎有一种青瓜的气息，而青瓜一类的香气更能唤起人们对于海洋的种种美好回忆，配制"海字号"香精常用的海风醛、环海风醛、新洋茉莉醛等合成香料也都有明显的瓜香香气，都是配制瓜香香精的原料。这就是我们把"瓜香"放在"血腥气息"后面的主要原因。

　　食用的瓜类有西瓜、甜瓜、木瓜、黄瓜、南瓜、菜瓜、冬瓜、苦瓜、丝瓜、葫芦瓜、八月瓜等，有许多瓜类都被人们当作"菜肴"，与各种蔬菜一样，生吃熟食均可，这是瓜香与菜香为邻的主要原因。

　　菜香——菜香也与果香、花香一样，品类众多，很难以哪一种香气作为菜香的"总代表"。有强烈香气的蔬菜有的被称为"荤菜"，如葱、蒜、韭、薤之属。

　　有许多豆类也被人们当作蔬菜，如荷兰豆、豌豆、扁豆、菜豆、蚕豆等，所有食用豆类发芽后制得的"豆芽菜"和各种豆制品尤其是豆腐制品也被广泛地用作菜肴，把菜香与豆香的距离拉近了，所以把豆香放在菜香的后面。

　　豆香——豆香香料有：香豆素、黑香豆酊、香兰素、香荚兰豆酊、乙基香兰素、洋茉莉醛、丙位己内酯、丙位辛内酯、苯乙酮、对甲基苯乙酮、对甲氧基苯乙酮、异丁香酚苄基醚、噻唑类、吡嗪类、呋喃类等，可以看出，许多豆香香料也是配制坚果香香精的常用香料，也就是说，豆香与坚果香有时候不易分清。

以上是自然界气味关系图中 36 个香型排列位置的说明。

（四）香料的"相生""相克"和"相辅相成"

利用"金木水火土"五行的观念来看这个关系图也是很有意思的。

中药研究中经常提到各种药物之间的"相生""相克"问题，那么香料香气有没有"相生""相克"现象呢？我们参考中医"五行"学说，把自然界气味分成五大类，分别与金、木、土、水、火对应：

金克木——木香（属木）香精里面如果有血腥味、尿臊味（属金）则容易"变型"，或者说，血腥味、尿臊味等容易把木香的香气"屏蔽"掉；

木克土——土香、苔香、菇香、乳香、酸气、醛香（属土）都"怕"木香（属木），木香对它们"伤害"都较大；

土克水——所有的花果香气（属水）都"怕"土香，在各种花果香精里只要有"土腥气"（属土）就变廉价了。

水克火——所有的"药香"（属火）都"怕"花果香气（属水），药香（属火）一有花果香气（属水）就容易"变调"；

火克金——药香、辛香、酚香、焦香（属火）可以掩盖血腥味、尿臊味（属金），这就是人们在烹调时常用烧烤（产生焦香）、加入香辛料等方法来掩盖动物腥臊味的原因。

至于金生水、水生木、木生火、火生土、土生金在气味关系图里也有各种不同的解释，比如可以按顺时针方向往下看：坚果香里有水果香，水果里面包含柑橘，柑橘类里有香橼，香橼的香气里带有薰衣草气息，薰衣草的香气里有茉莉花的气味，茉莉花香气里有玫瑰花的气息，玫瑰花的香味里面有铃兰花香气，铃兰花香气里有草兰花香气，草兰花香味里有竹叶香气，竹叶香气里有青香气，青气里有冰凉气息，冰凉香味里包含樟木香，樟木香里有松木香，松木香里有檀香香气，檀香香味有沉香香气，沉香香气里有芳烃气息，芳烃气息包含药香，药香里面有辛香，辛香里面有酚香，酚香里面有焦香，焦香里有膏香，膏香里有苔香，苔香里有菇香，菇香里面有土香，土香里面有酒香，酒香里面有乳香，乳香一般都带有酸气，酸气息包含着醛香，醛香里有油脂香，油脂香里有麝香香气，麝香味里有尿臊味，尿臊味里面有腥臭，血腥味里隐约可以闻到瓜香气息，瓜香气味里有蔬菜香，蔬菜里有豆类，豆香包含着坚果香……

"五行"学说是非常模糊的概念，难以说得清楚，有时还矛盾重重，不能自圆其说。有中医理论基础的人可以从中得到一些启发，如试图把它发展成一种调香理论基础，则非易事。

在有关调香的书籍中，经常提到某种香料忌与某些香料配伍，这里除了指香气的不协调以外，通常还指变色、分层、沉淀等物理现象，特别是"变色"问题对于白色加香产品来说，是不能不加以重视的。最明显的例子是邻位香兰素与邻氨基苯甲酸甲酯，这两个香料碰到一块立即变鲜红色，其灵敏度达到甚至可利用来互相定性检测对方的存在与否。其他含氮化合物和醛类香料合在一块都会产生有色物质，只是反应较为缓慢或变色不那么显著而已。酚类也经常发生同其他香料同用时的变色问题，特别是有微量铁等金属离子或金属化合物存在时为甚。这些现象都是调香时要注意的。

分层和沉淀现象最常发生在有萜烯（特别是苧烯）存在的场合，天然柠檬油、橘子油、甜橙油、香柠檬油、白柠檬油由于含有大量苧烯，用它们为原料配制香精时经常出现混浊、分层乃至沉淀，加入大量苯乙醇或松油醇可以增加苧烯的溶解度，直至香精溶液重新变为澄清透明。更通常的办法是使用除萜精油。

事实上，香料与香料之间并不存在真正的"相克"现象，就是说，没有两种香料绝对"势不两立"，不能同时存在于一个香精里面。在调香实践中有两种现象常常被认为是"相克"：①一种香料把另一种香料的香气掩盖住了；②两种香料混合时发出"异臭"。其实这两种现象都不是"相克"。第一种现象对调香师来说并不存在，调香师细细嗅闻总能"明察秋毫"找出香气较弱的香料来；第二种现象站在另一个角度来看，则是"相辅相成"，属于"1＋1＞2"现象，请看下面的讨论。

香料"相辅相成"现象有下列三种。

（1）1＋1＞2 现象。如甲位戊基桂醛与苯乙醇或邻氨基苯甲酸甲酯共用，前者有可能伴随着缩醛反应而后者则肯定生成席夫碱类物质，二者都有利于"产生茉莉花香气"。因此，1＋1＞2 现象往往不是简单的物理现象，而是伴随着化学变化；

（2）互补现象。例如乙酸苄酯与苄醇共用时可以明显看到这种现象：乙酸苄酯使得呆滞的苄醇活泼起来，而苄醇则弥补了乙酸苄酯极易挥发的缺点，二者联合产生了清甜的茉莉头香香气；

（3）互掩现象。如苯乙醇、香叶醇、香茅醇三种醇都各自带着自己的"土腥气息"，把它们按一定的比例合在一起则产生了清纯甜爽的玫瑰花香味，腥气完全消失。

可以看出，掌握香料之间的"相辅相成"现象是每一个调香师必备的知识，甚至可以说没有香料之间的"相辅相成"现象就没有调香这门艺术。但是，香料之间的"相辅相成"现象及其原理却又是调香工作者最难掌握的，几乎完全得靠自己的实践，从大量的实践经验中积累、总结而灵活应用。书本上有时可以告诉你某某香料与某某香料合在一起会产生异乎寻常的效果，但真正掌握它却只有靠自己动手配制才能体会到它的真谛，并在日后调香时应用之。语言和文字实在难以描述生动的、微妙的香气变化。调香这门古老而又"时尚"的艺术，实践永远是第一位的。

日用品加香无非是三个目的——盖臭、赋香、增效。所以选香型先要确定被加香的产品有没有"不良气息"，完全没有气味的日用品其实为数不多，只有那些经过高温（超过500℃）处理过的产品如玻璃、陶瓷和金属制品才"基本无气味"，它们的加香要"特殊处理"，香型选择比较简单，只要根据需要不需要留香或者对留香期的要求，再根据被加香物品的外观、用途选择适当的香精就可以了。工业品绝大多数都有"不良气息"，特别是石油制品、塑料、橡胶、纸制品、动植物制品等都有气味，有的气味浓烈（如气雾杀虫剂和蚊香用的煤油），需要"脱臭"后才能加香，但"脱臭"是不可能"脱"到没有一丝气味的。就拿石蜡为例来说，石蜡也是经过"脱臭"处理的产品，虽然一句成语"味同嚼蜡"足以说明它的气味已经够淡了，但还是有气味。

以上的讨论把所有日用品的加香归结为一个问题：带着淡淡的"不良气息"的日用品怎样选择适当的香精（这里指的是香型）？上文中的自然界气味ABC关系图，它就像"七色光谱图"一样，具有"对角补缺""相邻补强"性质，简单易懂。我们来举几个例子说明它的应用：

厕所、卫生间用什么香型的空气清新剂最好？看看这张图里在"臊"与"腥"的对角是"樟"与"松"，这就是人们在卫生间里放置"樟脑丸"的原因了。在"樟"与"松"旁边的"冰"与"檀"对"粪尿臭"的掩盖作用也较好，所以厕所的管理员总爱在厕所里点燃有檀香味的卫生香。

肥皂皂基免不了有"油脂臭"，用什么香型的香精"盖臭"最好呢？图中"脂"的对角是"冰"，旁边还有"青"和"樟"，用这几个香型的香精绝对没错。

"霉味"用什么掩盖最好呢？查一下"菇香"的对角是薰衣草、茉莉花和玫瑰花香，用这三种花香都可以把"霉味""消除"。

用"杂木"做的家具虽有淡淡的木香，但香气还是"不尽人意"，加入一般的木香香精，香气强度不够大，用什么香能增加木香香味的强度呢？图中属于"木香"的有"樟香""松香""檀香""沉香"，把这些香型的香精适量加入木香香精中就能加强木香香味了。

该图的应用是相当广泛的，对于用香厂家来说，为了掩盖某种臭味或异味，可以利用该图中呈对角关系的香气或香料（和由这些香料组成的香精）"互补"（补缺）的性质选择之，也可以利用相邻香气或香料（和由这些香料组成的香精）的"互补"（补强）性质来加强香气。调香师更可以利用这"对角补缺"和"邻近补强"的原理：为了加强某种香气，在图中该香气所在位置的邻近寻找"加强物"；为了消除某种异味，在该香气所在位置的对角寻找将其掩盖的香料。

建议读者将该图放大数倍，在最外一圈外面再加一圈或两圈，将常用香料单体填在适当位置上，贴在调香室里显眼的地方，它将会大大加快你调香实验的进度！

（五）气味关系图里多边形的重心

调香师在进行仿香或创香活动时，经常遇到一个难题，就是配好的香精香气发散，不能形成一股强大的"合力"。被仿的香精香气好像都比较大，有一股强大的"合力"；而模仿的香精香气力度好像小多了，没能形成强大的"合力"。用于某种产品的加香时更会出现"即使香气接近，但用量要增加"的状况，这都是香气合力发散的缘故。就像拔河比赛一样，一群人力量都往一处使，形成合力，就能产生较大的力量。比如30个人的力量往一个地方使劲，每个人都能产生100kg力气的话，理论上可以产生3000kg力量，但实际上只能产生2000多kg的合力，因为有一些力量"发散"掉了。比赛的哪一方合力最接近于3000kg的就会取胜。这里介绍一个利用"自然界气味关系图"画画法找出合力点的方法，对仿香和创香工作也许会有一些帮助和启发。请看图 5-16。

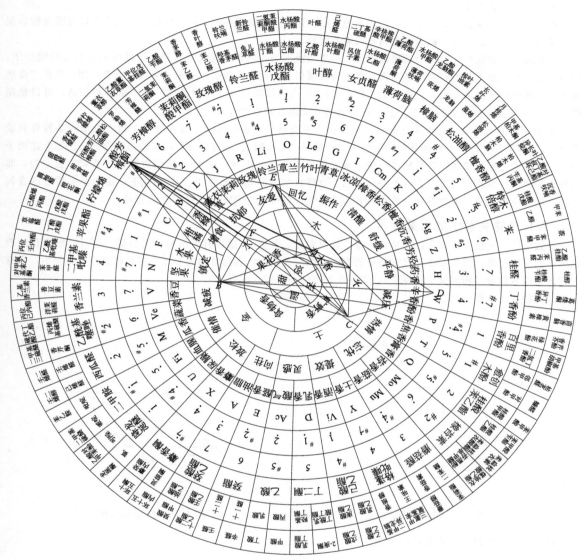

图 5-17　画画法找出合力点

图 5-17 是用表 5-11 中香精配方计算出来的数据画的：

表 5-11　五边形 ABCDE 对应的香精配方

点	香料名称	用量/质量份	香比强值	用量×香比强值
A	乙酸芳樟酯	36	175	6300
B	香豆素	6	400	2400
C	桂酸乙酯	18	100	1800
D	丁香酚	10	400	4000
E	铃兰醛	30	100	3000

先按"用量×香比强值"一格里的数量比例在"自然界气味关系图"中画出五边形 ABCDE，其中 A 点为圆心到乙酸芳樟酯方向的距离 6.3cm，B 点为圆心到香豆素方向的距离 2.4cm，C 点为圆心到桂酸乙酯方向的距离 1.8cm，D 点为圆心到丁香酚方向的距离 4.0cm，E 点为圆心到铃兰醛方向的距离 3.0cm。用几何法画出

五边形 $ABCDE$ 的重心点 F，此点处在"凉"与"甜"之间的位置，属于"果花香"，有抗抑郁功效，是茉莉花与薰衣草的混合香型。

在"自然界气味关系图"中，一个香精的重心点是这个香精里各种香料香气的合力处，可以改变香精的配方移动这个重心点，把香气的合力引到我们需要之处。

在混沌调香理论中，有一个重要的概念——奇怪吸引子，创香活动就是找到一个前所未有的奇怪吸引子，仿香就是寻找自然界已经存在或者前人发现的奇怪吸引子，这奇怪吸引子就是一个香精或者一团香气在"自然界气味关系图"中的重心点，也就是上述例子中的 F 点。如果对这"一团香气"还不太满意的话，可以根据图中 F 点的位置，改变香料配方，让 F 点移动到"更适合的地方"去。

从图 5-17 可以看出，增减某些香料，可以使"多边形"的重心向某个方向移动，当大量加入某种香料或香基时，"多边形"的重心移到其他香型格中，这就是"香型改变"，这些分析同实践是吻合的。比如上述例子中，可以在这个配方里减少丁香酚的用量，或者增加铃兰醛的用量，让 F 点移到更接近"茉莉"的方向，即花香更加突出，也许香气更令人愉悦——当然，也可以加入其他香料让 F 点移动，不一定是原来用过的香料品种。如果花香太重，需要多一些果香或者木香香气，也可以改变香料配方让 F 点移动。

（六）气味关系图的向量分析

在数学中，向量（也称为欧几里得向量、几何向量、矢量），指具有大小和方向的量。它可以形象化地表示为带箭头的线段。箭头所指：代表向量的方向；线段长度：代表向量的大小。与向量对应的只有大小，没有方向的量叫做数量（物理学中称标量），如图 5-18 的 a（OA）、b（OB）。

向量相加：见图 5-19。

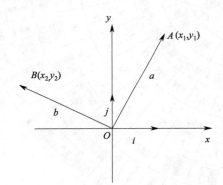

图 5-18　向量图示

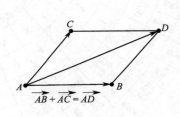

图 5-19　向量相加图示

有个香精配方如下：见表 5-12 和图 5-20。

表 5-12　香精配方　　　　　　　　　　　　　　　单位：质量份

A	香豆素	6
B	乙酸芳樟酯	20
C	玫瑰醇	30
D	松油醇	30
E	丁香酚	14

该香精的香比强值为 $0.06 \times 400 + 0.20 \times 175 + 0.30 \times 100 + 0.30 \times 50 + 0.14 \times 400 = 160$

在气味关系图上标出 $ABCDE$ 各点，它们与圆心 O 的距离分别为 $0.06 \times 400/160 = 0.1500$，$0.20 \times 175/160 = 0.2188$，$0.30 \times 100/160 = 0.1875$，$0.30 \times 50/160 = 0.0938$，$0.14 \times 400/160 = 0.3500$。

$$\overrightarrow{OA} + \overrightarrow{OB} = \overrightarrow{OF}$$
$$\overrightarrow{OC} + \overrightarrow{OD} = \overrightarrow{OG}$$
$$\overrightarrow{OF} + \overrightarrow{OG} = \overrightarrow{OH}$$
$$\overrightarrow{OH} + \overrightarrow{OE} = \overrightarrow{OI}$$

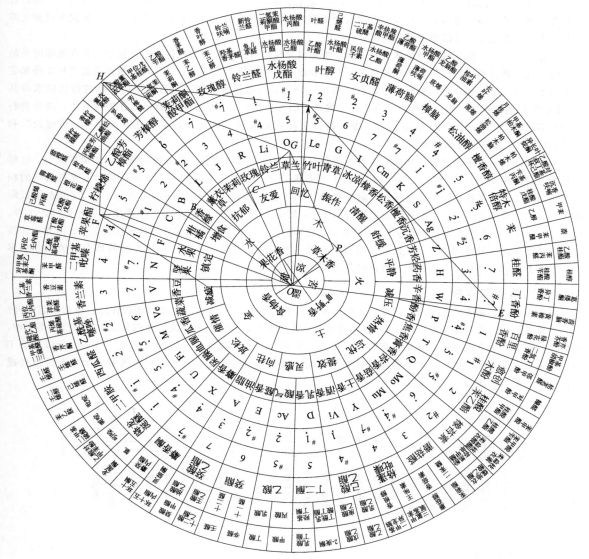

图 5-20 气味关系图上的向量分析

$\overrightarrow{OI}$ 即这个香精在此图上的向量，它表示这个香精的香气是强烈的叶香气，人闻之有清醒作用。如果在这个香精的配方里再加入适量的女贞醛和叶醇，其青草、青叶香气会更加强烈。

可以看出，不管是仿香还是创香，巧妙使用这个"自然界气味关系图"都是很有意义的。

将单体香料的各方面香气综合特征性质记为一个行向量，用"特征"的拼音首字母 TZ 表示。则编号为 i 的单体香料的香气特征性质表示为 $TZ = [B_i, P_i, L_i, c_i, b_i, l_i, \cdots, f_i]$。而两种编号分别为 i、j 的不同香料的相似程度用它们的特征性质向量之间的欧氏距离来表示。彼此之间的欧氏距离越小则香气特征越接近。为了使结果为整数并尽量使差距拉大，取欧氏距离的平方。例如，编号分别为 i、j 的两种单体香料之间的相似程度 $= (B_i - B_j)^2 + (P_i - P_j)^2 + (L_i - L_j)^2 + (c_i + c_j)^2 + (b_i - b_j)^2 + (l_i - l_j)^2 + \cdots + (f_i - f_j)^2$。

实际例子如下：芳樟醇的三值（香比强值、香品值、留香值）分别是 100、60 和 15，气味 ABC 分别是 0，0，10，10，5，40，10，3，0，0，5，0，0，5，10，0，0，0，0，0，0，0，0，0，0，0，0，2，0，0，0，0，0，0，0，0；苯乙醇的三值分别是 10、90 和 30，气味 ABC 分别是 0，0，0，70，10，10，0，10，0，0，0，0，0，0，0，0，0，0，0，0，0，0，0，0，0，0，0，0，0，0，0，0，0，0；玫瑰醇的三值是 100、90 和 18，气味 ABC 分别是 0，20，0，10，70，0，0，0，0，0，0，0，0，0，0，0，0，0，0，0，

0，0，0，0，0，0，0，0，0，0，0，0，0，0，0。将它们依次编号为1、2和3，不难得出各自的 TZ 值。计算得芳樟醇与苯乙醇、芳樟醇与玫瑰醇之间的欧氏距离平方分别是 m 和 n，m 比 n 大了许多，这说明就香气综合性质来看，苯乙醇比玫瑰醇更像芳樟醇。

实际上，单单比较区区几种单体香料的相似性是没有应用价值的。因为在调香的过程中调香师面临的是浩如烟海的几千种香料，只有将某种香料放在所有的香料中比较，得出与其综合香气特征最相近的几种才是起实际作用的。有人编写了一个计算机程序，可以将每一种香料与单体香料库中所有其他的香料进行比较求得其 TZ 值欧氏距离的平方，再通过排序筛选出与之最接近的五种香料。相信在单体香料的评价体系中，继各香料的"三值"和"气味 ABC"之后加入与之香气特征最接近的其他五种香料，就能更加发挥"三值理论"和"气味 ABC"的强大调香辅助作用。

该模型还有一些不足之处。比如，没有考虑到有的情况下调香师更看重某方面的特征，如留香值 L，这样的话就可以在模型中对 L 进行加权：把所有的 L 值都乘以 1.5 或 2 加大其权重；又如，实际上香气特征的相似性还与其 TZ 向量各数值的分布有关。假设有编号分别为 1、2 和 3 的三种香料，2 号与 1 号 TZ 值的欧氏距离平方仅比 3 号与 1 号 TZ 值的欧氏距离平方大 100，理论上看起来 3 号的综合香气特征比 2 号更接近 1 号。而 1 号、2 号和 3 号的香品值分别为 80、75 和 40，这样显然 2 号比 3 号香气综合特征更接近 1 号。因此，该模型应该还要设计一种筛选机制，在比较的过程中当某一香料 TZ 的某个数值比目标香料的那个数值相差很多（如 30 以上）时，则自动一票否决，直接将其无条件淘汰掉。

（七）调香与作曲

作曲、绘画、调香是人类三大艺术。人们常说"艺术是相通的"，那么，把调香当做作曲、绘画，能行吗？

一百多年前，调香师比斯（Piesse）认为香感与音乐感相似，香调宛如音调，也可分为 ABCDEFG 等 7 种，模仿音阶将香分为 8 度音阶，他认为像杏仁、葵花、香荚兰豆和铁线莲等给人的香感是一样的，所以皆为 D 型，只是香强度不同而已，因此其精油可以相互调配。比斯把当时常见的天然香料仿效音乐上之音阶排列成"香阶"，如图 5-21 所示。

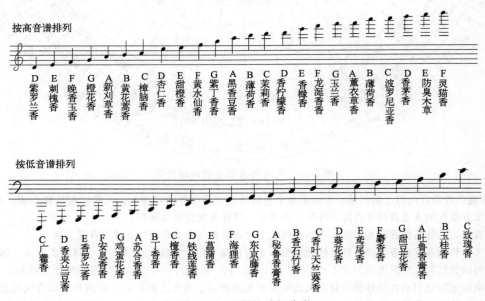

图 5-21　比斯的香气分类

在音谱上 1-4、1-5、1-i 最能调和，为完全协和音，同样在"香阶"中如配合 A-D，A-E，A-À 等则得完全和谐香。例如苦杏仁油对于枯草香、柠檬与薰衣草对于香豆等，均极调和。反之发生不协调音之配合如 1-2、1-7 等则成不调和音（香），例如缩叶薄荷或洋玉兰对于香豆等。

比斯通过将香型与旋律的比较，首次用艺术观点提出调香的和谐、协调概念，对懂得音乐又初学调香者有一定的启发。但比斯提出的香阶与实际情况并未能完全一致，发生协和音之配合未必都能配出芳香气味；反之，不协和音之配合而成调和香气者亦不在少数，尽管如此，比斯的尝试还是得到了多数调香师的肯定和赞许。

我们经过多年的研究和实践，把简谱音符 1234567i 按一定的顺序嵌入"自然界气味关系图"中，见图 5-21。

我们把美国 J.P. 奥德韦谱写的著名乐曲《送别》中的每一个音符依照上图填入相应的香型和香料（数个香料中选出一个，不要重复）名称，如表 5-13。

表 5-13　《送别》简谱音符与相对应的香型和选用香料

5	3	5	i	6	i	5	5	1	2
兰,乳	茉,菇	叶,酸	松,臊	青,醛	檀,腥	兰,乳	叶,酸	柑,酚	橡,膏
柳戊	二茉酮	叶醇	松油醇	女贞醛	檀香208	二茉酯	乙酸	甜橙油	乙芳

3	2	1	2	5	3	5	i	7	6
茉,菇	薰,苔	柑,焦	橡,膏	兰,乳	茉,菇	叶,酸	松,臊	冰,脂	青,醛
蘑菇醛	橡苔素	柑青醛	桂乙	乳酸丁酯	乙苄	乙叶	龙涎酮	薄荷脑	癸醛

i	5	5	2	3	4	7̣	1	6	i
檀,腥	兰,乳	叶,酸	薰,苔	茉,菇	玫,土	坚辛	果,酚	青,醛	松,臊
甲柏酮	柳己	柳叶	芳樟叶油	甲己桂	香根油	椰子醛	己烯丙	辛炔甲	吲哚

i	7	6	7	i	6	7	i	6	6
檀,腥	樟,麝	青,醛	冰,脂	松,臊	青,醛	樟,麝	檀,腥	青,醛	青,醛
柏木油	麝香T	甲壬乙醛	壬乙	长叶烯	十一醛	佳乐麝香	黑檀香醇	二丁硫继	苯乙醛

5	3	1	2	5	3	5	i	7	6
兰,乳	茉,菇	柑,焦	橡,膏	叶,酸	茉,菇	兰,乳	松,臊	冰,脂	青,醛
柳丁	茉莉内酯	橙花酮	香柠醛	苯甲叶	二苯醚	白兰叶油	降龙涎醚	椒薄荷油	风信子素

i	5	5	2	3	4	7̣	1		
檀,腥	叶,酸	兰,乳	薰,苔	茉,菇	松,酒	豆,药	柑,焦		
檀香803	叶醛	树兰浸膏	薰衣草油	茉莉素	松节油	桂醇	园柚醛		

即得到一个香精配方如下：

《送别》香精（A）配方（单位为质量份）：

柳戊	1	10%乙叶	1
二茉酮	1	龙涎酮	7
10%叶醇	1	10%薄荷脑	1
松油醇	2	10%癸醛	1
10%女贞醛	1	甲柏酮	4
檀香208	1	柳己	1
二茉酯	9	10%柳叶	1
10%乙酸	1	芳樟叶油	3
甜橙油	2	甲己桂	2
乙芳	4	香根油	1
10%蘑菇醛	1	10%椰子醛	1
橡苔素	1	10%己烯丙	1
柑青醛	1	10%辛炔甲	1
桂乙	2	10%吲哚	1
乳酸丁酯	1	柏木油	1
乙苄	3	麝香T	4

10%甲壬醛	1	二苯醚	1
10%壬乙	1	白兰叶油	2
长叶烯	2	10%降龙醚	3
10%壬醛	1	10%椒薄油	1
佳乐麝香	3	风信子素	1
黑檀香醇	1	檀香803	3
10%二丁硫	1	10%叶醛	1
苯乙醛	1	树兰浸膏	1
柳丁	1	薰衣草油	4
茉莉内酯	1	茉莉素	1
橙花酮	1	松节油	1
香柠醛	1	桂醇	1
10%苯甲叶	1	10%园柚醛	1

我们按这个配方配制出香精样品，发给评香组做评香实验，得到好评。有趣的是：许多评香人员形容它的香气带有深沉、回忆的"味道"，与《送别》曲子的音调非常吻合。

用类似的方法把几十个世界名曲都配制出香精，用于配制香水，取得成功，收获满满，所以在此提出供调香师们参考。

必须指出，用"自然界气味关系图"和乐曲结合来配制香精难度是很大的，得有几十年调香实践才能掌握其"奥妙"及技巧，因为每一个音符使用哪一个香料并不固定，都是调香师在某一个指定的范围内"随意"选出的。要选用哪一个香料，加入量多少，全在调香师的主观意识中，依赖于调香师长时间积累的经验。即使这样，每一个香精在拟出配方、实际调配后还得反复修饰、调整才能"奏效"。不过，该方法还是给所有调香师的创香工作提供了一种很有创意的思路。

四、香气总蒸气压连比例现象

香料大多是"易挥发物质"，在密封度不够或不密封或使用时（开封）会逐步挥发减量。多种香料在一起时（香精、香水和加香产品）的挥发有没有规律可循呢？

我们都知道，在一定的外界条件下，液体或固体中的分子会蒸发（或升华）为气态分子，同时气态分子也会撞击液面或固体表面回归液态或固态，这是单组分系统发生的两相变化，一定时间后，即可达到平衡。平衡时，气态分子含量达到最大值，这些气态分子对液体或固体产生的压强称为饱和蒸气压，简称蒸气压。任何物质（包括液态与固态）都有挥发成为气态的趋势，其气态也同样具有凝聚为液态或者凝华为固态的趋势。在给定的温度下，一种物质的气态与其凝聚态（固态或液态）之间会在某一个压强下存在动态平衡，此时单位时间内由气态转变为凝聚态的分子数与由凝聚态转变为气态的分子数相等，蒸气压与物质分子脱离液体或固体的趋势有关。对于液体来说，从蒸气压的高低可以看出其蒸发速率的大小。因此，要了解香料、香精及加香产品的香气变化规律一定要研究香料的蒸气压。

实际上，香料、香精和香水的香气与其蒸气压之间的关系非常密切，尤其是15～50℃时各种香料的蒸气压对研究香料的香气有着特别重要的意义。

表5-14是各种香料在25℃的蒸气压（μm Hg，$1\mu m$ Hg＝0.133Pa）数据（表中没有列出的香料读者可以自己测定填入使用，注意要统一在25℃测定）。

表5-14　各种香料在25℃的蒸气压数据　　　　　单位：μmHg

乙醛	837000	甲基己基甲酮	820	丙酸苯酯	65	苯甲酸戊酯	12.8
甲酸甲酯	584000	α-小茴香酮	800	枯茗醇	65	邻氨基苯甲酸甲酯	12
二甲基硫醚	500000	糠醇	770	乙酸松油酯	64	乙酸大茴香酯	12
甲酸乙酯	243000	小茴香醇	680	对甲基龙葵醛	62	乙酸桂酯	12
二乙酮	224000	乙酰乙酸乙酯	670	甲基壬基甲酮	62	吲哚	11.8
乙酸甲酯	218000	α-辛酮	560	苯甲酸异丁酯	60	乙二醇单苯基醚	10.6
乙酸乙酯	94600	庚酸乙酯	550	大茴香脑	58	金合欢醇	10

续表

丙酸甲酯	85300	甲酸庚酯	525	柠檬醛	58	β-紫罗兰酮	9.9
甲酸丙酯	82700	水杨醛	480	乙酸苯乙酯	58	对乙酰茴香醚	9.6
乙醇	59000	β-侧柏酮	435	L-薄荷脑	54	茉莉酮	9.4
异丁酸甲酯	50400	甲酸辛酯	400	苯乙醇	54	十一烯酸甲酯	9.4
异丙醇	44500	乙酸庚酯	400	丙酸芳樟酯	54	苄叉丙酮	9
甲酸异丁酯	42000	苯乙醛	390	异十一醛	54	橙花叔醇	8
甲酸	40000	正庚醇	380	水杨酸乙酯	54	大茴香醇	8
丙酸乙酯	36500	苯甲酸甲酯	340	黄樟油素	53	异丁酸香茅酯	8
乙酸丙酯	33600	薄荷酮	320	甲酸香叶酯	50	甲基紫罗兰酮	7.1
正丁酸甲酯	32600	甲酸苄酯	320	α-松油醇	48	桂酸乙酯	7.1
水	23756	苯乙酮	307	乙酸香茅酯	48	邻苯二甲酸二甲酯	7
异丁酸乙酯	22100	正壬醛	260	异丁酸龙脑酯	48	兔耳草醛	6.7
戊酸甲酯	19000	甲酸龙脑酯	240	乙酸对叔丁基环己酯	47	α-檀香醇	6.3
乙酸异丁酯	17200	香茅醛	230	四氢香叶醇	46	酒石酸二乙酯	6.2
异丁酸异丙酯	15900	龙葵醛	225	玫瑰油	45	檀香醇	6
丁酸乙酯	15500	苯甲酸乙酯	220	二苯甲烷	44	十一烯醇	6
乙酸	15200	丙二醇	220	丙酸苯乙酯	42	异丁酸香叶酯	6
甲酸异戊酯	14000	樟脑	202	甲基壬基乙醛	42	十一酸乙酯	5.5
丙酸丙酯	13100	二甲基对苯二酚	180	十二醛	42	3-甲基吲哚	5.3
二乙硫	8400	辛酸乙酯	175	格蓬油	40	香茅含氧乙醛	5
异戊酸乙酯	8100	芳樟醇	165	丙酸香茅酯	38	异丁香酚	5
异丁酸丙酯	7900	除萜香柠檬油	165	异丁酸芳樟酯	38	水杨酸异戊酯	4.9
丙酸异丁酯	6600	草莓醛	153	二苯醚	37	十一醇	4.5
乙酸戊酯	5600	乙酸苏合香酯	145	百里香酚	35	异丁香酚	4.5
苏合香烯	4900	琥珀酸二乙酯	140	乙酸二甲基苄基甲酯	34	羟基香茅醛	4.4
异丁酸异丁酯	4700	胡薄荷酮	138	乙酸香叶酯	34	桂醇	4.2
正丁酸正丙酯	4500	对甲基苯乙酮	137	龙脑	33.5	洋茉莉醛	4.2
α-蒎烯	4400	乙酸辛酯	135	二缩丙二醇	33	柏木脑	4
正壬烷	4250	苯乙醛二甲缩醛	130	异丁酸苯乙酯	33	丙位壬内酯	4
丙酸	4000	甲酸芳樟酯	125	大茴香醛	32	洋茉莉醛	4
甲基戊基甲酮	3850	苯乙酸甲酯	125	异丁酸苄酯	32	乙酸香根酯	4
异硫氰酸烯丙酯	3550	甲酸薄荷酯	120	桂醛	29.5	瑟丹内酯	3.8
正庚醛	3400	乙酸苄酯	120	苯乙酸异丁酯	29	苯乙酸	3.7
大茴香醚	3300	水杨酸甲酯	118	月桂醛	28	春黄菊倍半萜烯醇	3.5
莰烯	2700	甲酸苯乙酯	116	香芹酚	26	乙酰丁香酚	3.3
丙酸异戊酯	2600	苄醇	115	石竹烯	25.5	十二醇	3.2
正丁酸异丁酯	2250	甲基黑胡椒酚	110	羟基香茅醛二甲基缩醛	25	桂酸异丁酯	3.1
异戊酸丁酯	2200	龙蒿油	110	正壬醇	24	香豆素	3
丙酸正戊酯	2100	庚炔羧酸甲酯	110	苯丙醇	23	甲位戊基桂醛	3
异丁酸正戊酯	2100	溴代苏合香烯	105	丙酸香叶酯	23	麝香酮	2.5
异松油烯	1800	乙酸对甲酚酯	105	苹果酸二乙酯	23	苯乙酸苄酯	2
己酸乙酯	1700	乙酸芳樟酯	101	异黄樟油素	22.8	惕各酸香叶酯	2
桉叶油素	1650	正辛醇	100	N-甲基邻氨基苯甲酸甲酯	22	异戊基桂醛	1.3
月桂烯	1650	龙葵醛二甲基缩醛	100	甲基丁香酚	22	二苯甲酮	1
戊酸异丁酯	1550	香叶油	100	乙酸苯丙酯	22	丙位十一内酯	1
糠醛	1500	留兰香酮	95	香叶醇	20.5	柠檬酸三乙酯	0.9
对伞花烃	1450	乙酸壬酯	95	6-甲基喹啉	20	甲位己基桂醛	0.7
二聚戊烯	1400	苯丙醛	92	广藿香油	20	环十五内酯	0.5
异戊酸正戊酯	1400	乙酸异胡薄荷酯	92	橡苔浸膏	20	邻苯二甲酸二乙酯	0.5
甜橙油	1400	异胡薄荷醇	90	水杨酸异丁酯	19	苯甲酸苄酯	0.36
香柠檬油	1400	乙酸龙脑酯	86	异戊酸苄酯	18	6-甲基香豆素	0.2

续表

对甲酚甲醚	1200	壬酸乙酯	75	α-紫罗兰酮	16	香兰素	0.17
甲基庚烯酮	1200	乙酸薄荷酯	75	苯乙酸异戊酯	16	水杨酸苄酯	0.15
苯甲醛	1100	依兰依兰油	75	β-杜松烯	15.6	乙基香兰素	0.15
乙基戊基甲酮	1100	十一醛	74	桂酸甲酯	15.4	葵子麝香	0.025
α-水芹烯	1030	异戊基苯甲基醚	71	香茅醇	15.1	二甲苯麝香	0.01
正丁酸	1030	丙酸异龙脑酯	70	异丁香酚甲醚	15	酮麝香	0.0024
正辛醛	850	丙酸龙脑酯	68	正癸醇	14		
正丁酸正戊酯	850	苯乙酸乙酯	66	丁香酚	13.8		

假如把 25℃时蒸气压在 101μm Hg 和 101μm Hg 以上的香料看作"头香香料"作为第一组，21μm Hg 和 21μm Hg 以上、101μm Hg 以下的香料看作"体香香料"作为第二组，21μm Hg 以下的香料（低于 1μm Hg 的算 1μm Hg）看作"基香香料"作为第三组的话，来看一个茉莉香精：见表 5-15。

表 5-15　茉莉香精香料分组

组别	香料名称	百分含量 c/%	蒸气压 P/μmHg	$c \times P$
第一组	芳樟醇	6.0	165	990
	乙酸苄酯	23.0	120	2760
	苯甲醇	10.0	115	1150
	乙酸芳樟酯	9.0	101	909
总蒸气压				5809
第二组	丙酸苄酯	3.0	65	195
	乙酸苯乙酯	2.0	58	116
	苯乙醇	6.0	54	324
	松油醇	3.0	48	144
	乙酸二甲基苄基原醇酯	5.0	34	170
总蒸气压				949
第三组	甲位紫罗兰酮	3.0	16	48
	丁香酚	0.9	14	12.6
	邻氨基苯甲酸甲酯	4.0	12	48
	吲哚	0.1	12	1.2
	甲位戊基桂醛	10.0	3	30
	苯甲酸苄酯	10.0	1	10
	水杨酸苄酯	5.0	1	5
	总蒸气压			154.8

第一组香料与第二组香料的总蒸气压比为 5809/949＝6.12，第二组香料与第三组香料的总蒸气压比为 949/154.8＝6.13，5809/949≈949/154.8，三组香料的总蒸气压组成了 5809：949：154.8 即 37.5：6.12：1。37.5：6.12：1 与下面提到的 25：5：1 和 1169000：1081：1 叫做"连比例"，即 $a:b=b:c$，b 为连比例中项，简称"连比中项"它的平方等于头尾两项的乘积（$b^2=ac$）。上述茉莉香精与下面提到的香水香精、改良配方后的香水总蒸气压比都符合"连比例"规则，香气平衡、和谐。

我们发现按上面这个配方配制出来的香精不管放置多久，包括沾在闻香纸上"分段"或嗅闻，散发出的香气都令人愉悦，稍微改变一下配方，配制出来的香精放置时或沾在闻香纸上嗅闻，香气都有所差别，有"断档"现象。

再来看一个香水香精：见表 5-16。

表 5-16　香水香精香料分组

组别	香料名称	百分含量 c/%	蒸气压 P/μmHg	$c \times P$
第一组	香柠檬油	2.0	1400	2800
	甜橙油	2.0	1400	2800
	芳樟醇	4.0	165	660
	乙酸苏合香酯	2.0	145	290
	乙酸苄酯	8.0	120	960
	乙酸芳樟酯	2.0	115	230
总蒸气压				7740

续表

组别	香料名称	百分含量 c/%	蒸气压 P/μmHg	$c \times P$
第二组	依兰依兰油	4.0	75	300
	十一醛	0.5	74	37
	丙酸苄酯	2.0	65	130
	乙酸松油酯	6.0	64	384
	苯乙醇	10.0	54	540
	玫瑰油	2.0	45	90
	十二醛	0.5	42	21
	苯丙醇	2.0	23	46
总蒸气压				1548
第三组	香叶醇	6.0	20.5	123
	广藿香油	0.5	20	10
	橡苔浸膏	0.2	20	4
	香茅醇	2.0	15.1	30.2
	邻氨基苯甲酸甲酯	0.2	12	2.4
	甲基紫罗兰酮	7.0	7.1	49.7
	檀香醇	1.0	6	6
	异丁香酚	1.0	5	5
	洋茉莉醛	3.0	4	12
	羟基香茅醛	3.0	4.4	13.2
	乙酸香根酯	5.0	4	20
	香豆素	1.0	3	3
	甲位戊基桂醛	4.0	3	12
	苯甲酸苄酯	8.1	1	8.1
	香兰素	1.0	1	1
	赖百当浸膏	1.0	1	1
	吐纳麝香	4.0	1	4
	水杨酸苄酯	5.0	1	5
总蒸气压				309.6

第一组香料与第二组香料的总蒸气压比为 7740:1548=5，第二组香料与第三组香料的总蒸气压比为 1548:309.6=5，三组香料的总蒸气压组成了 7740:1548:309.6=25:5:1 的连比例。

按上面这个配方配制出来的香精香气和谐、稳定，随时闻之都令人愉悦，久贮不变，把它沾在闻香纸上分段细细嗅闻数天也是这样。

"香气总蒸气压连比例现象"只是说明该香精体系在贮存时的每个阶段香气基本稳定、平衡，也就是说组成该香精的每个单体香料在室温下（约 25℃）挥发是同步的，香精随时散发的都是相似的一团香气，千万不要误认为总蒸气压达到"连比例"时的香气会美好一些。

调香师在掌握了香气总蒸气压连比例现象的知识后，有必要对每一个即将完成的香精配方进行一番总蒸气压计算，必要时调整或增删几个香料的用量，让香精里头香、体香、基香三组香料的总蒸气压形成连比例结构。

香水（包括古龙水、花露水和液体空气清新剂）配方里大量的乙醇和水都将影响到香气是否"均衡挥发"，这个"秘密"目前还没有被大多数调香师们注意到，一般人以为加入乙醇和水的量只是区分香水"浓"或者"淡"而已，有影响的也只有制作成本，所以加入时有些"随意"。现在看起来花点时间算一算配制后每一组香料（包括乙醇、水）的总蒸气压，调整让三组总蒸气压达到"连比例"还是很有必要的。

要把乙醇和水等高蒸气压物质算进去的话，25℃时蒸气压在 10000μmHg 以上者应算为第一组，1～10000μmHg 者为第二组，余者为第三组。还是以上述香水香精为例，假如要把这个香精加乙醇、水配制成一个香水的话，用这个配方配出来的香精 100g，加 95% 乙醇 380g，水 20g，得到的香水 500g，这个香水含香精 20%，乙醇 72.2%，含水 7.8%，算一下这个香水里各组成分的全蒸气压：

第一组成分的全蒸气压（按总量 500g 计算）361×59000+39×23756≈22225000μm Hg，第二组成分的全蒸气压为 7740+1548+309.6-19.1=9578.5μm Hg，第三组成分的全蒸气压为 8.1+1+1+4+5=19.1μm Hg，

$9578.5^2 \approx 91750000 < 22225000 \times 19.1$（$\approx 424500000$），此时香气的全蒸气压不成连比例。如果再添加香柠檬油 7.9g 的话（此时香水总量为 507.9g），第一组成分的全蒸气压仍为 22225000，第二组成分的全蒸气压为 $9578.5 + 1400 \times 7.9 \approx 20640$，第三组成分的全蒸气压仍为 19.1，$20640^2 = 426000000$ 与 424500000 非常接近，也就是形成了 $222250000 : 20640 : 19.1 \approx 1169000 : 1081 : 1$ 的连比例结构，这个香水的香气平衡、和谐，长期贮存稳定不变。

$37.5 : 6.12 : 1$、$25 : 5 : 1$、$1169000 : 1081 : 1$ 都属于、$m^2 : m : 1$ 式连比例结构，6.12、5、1081 为"连比中项"m，对于香水香精来说，m 一般为 4～6，当 m 大于 6 时，该香精留香时间不长；当 m 小于 4 时，该香精留香时间很长，但香气沉闷，不透发；对于配制好的香水来说，m 一般为 500～2000。

五、香料、香精与香水的"陈化"

调香师经常有一些调好的香精觉得香气不理想，随手把它丢在一旁，过了一段时间偶然拿来闻一闻，发现它的气味变得非常宜人舒适。拿给评香小组评定，深得好评，终于"脱颖而出"，成为畅销品种——这种"二见钟情"在调香界早已不是什么新鲜事。对一般人来说，也早就知道，香水与葡萄酒一样，越陈越香，人们简单地称之为"陈化"，很少有人深入探讨其中的奥妙。

从微观方面来讲，香精和香水中各种各样的香气成分，由于里面的分子处在不断的运动、碰撞之中，每一次互相碰撞的两个或多个分子，都有可能再组成新的分子，比较容易想象和理解的如酸碱中和（包括路易斯酸碱理论和软硬酸碱理论的酸碱中和反应），酸与醇的酯化，酯的水解（皂化），酯与酸、醇、酯的酯交换，醇醛和醛醛缩合，醛与胺的缩合，分子重排（包括立体异构重排），聚合反应，裂解反应，歧化反应，催化连锁反应，萜烯的环化和开环反应，等等，这些反应的结果产生了大量新的化合物（最明显的是陈化前后的香精用气相色谱法打出的谱图，大部分陈化后的香精增加了许多"杂碎峰"，就像天然香料的情形一样），也有可能少掉了一些化合物，从而改变了原来香精的香气。但是为什么大多数香精和香水陈化以后香气较佳呢？这是因为许多气味比较尖刺的、生硬的香料化学活动性较大，分子通常也比较小，"陈化"以后这些物质减少并组成新的通常分子量较大的香气比较圆和的化合物，所以闻起来觉得香气较好。当然，"陈化"以后香气变劣的情形也并不少见，这同样可以理解。

笔者所著《调香术》第三版（化学工业出版社出版）p204～p207 列出一个香精经过 5 个月储存后打出的色谱图比较，可以看出，保存 5 个月后的香精多了一些成分，也少了一些成分，但最明显的是保留时间较长的物质总量增加了许多，可以肯定的是保存后的香精留香时间会长久一些，而香气也有了轻微的变化。

如果用热力学第二定律中"熵"的理论来解释"陈化"现象也可以。在一个密闭的系统中，熵是不断增大的，借用贝塔朗菲的术语：第二定律只说热力学平衡态是个"吸引中心"，系统演化将"忘记"初始条件，最后达到"等终极性"状态。孤立系中发生的不可逆过程总是朝着混乱度增加的方向进行的。因此，香精和香水"陈化"以后总是产生众多的新的化合物，将原来比较简单的组成变得复杂起来，让调香者本人以外的人们即使用气相色谱加质谱（气质联机）法或者其他更为"高级"的仪器分析也难以知道原来的配方是怎样的。调香师倾向于认为调配同一个香型的香精，用几十个香气接近的香料往往比用简单的几个香料调配时香气要圆和一些（所以高级香水的配方单总是很长），香精和香水的"陈化"等于把较简单的组成变成复杂的组成了。

从宏观方面来讲，混沌理论也可以解释香精香水的"陈化"过程。一团好的香气，就是一个"奇怪吸引子"，由于"奇怪吸引子"具有"分形结构"，它能把"周围"的"非主流香气"成分"吸引"进去，虽有所改变香气，但基本香型没有太大的变化，在大多数情况下，"吸引"了众多不同香气的"奇怪吸引子"香气将更圆和宜人。"陈化"后的香精香水产生众多的新的化合物，这些化合物的香气绝大多数接近于产生它们的母体物质，也就是说，它们仍是配制这个香精或香水的"最适合"的香料原料，在本章"香气的分维"里我们已经知道，用 100 个带有 70% 茉莉花香气的香料调出的茉莉花香精比用 50 个带有 70% 茉莉花香气的香料调出的茉莉花香精的分维更接近 1，香精或香水"陈化"以后，等于用更多香气接近的香料调配同一个香精，分维自然更接近 1，最终的产物香气自然就更"理想"了。

掌握了香精香水的"陈化"规律以后，就能化被动为主动，在调配香精时有意识地加入一些香料，估计它们将会与哪一些香料成分产生什么化学反应，生成什么物质，这些新的物质与所要调的香型有什么关系等。例如某茉莉香精含有大量的甲位戊基桂醛和吲哚，前者香气比较粗糙，而后者已用其他香料掩盖住它的"粪臭"气，不希望它再与前者缩合而影响香气，此时可以考虑添加邻氨基苯甲酸甲酯，让它与甲位戊基桂醛慢慢缩合产生"茉莉素"，预料这样配成的香精"陈化"以后香气将比刚配制的香精香气好些，实践证明确实如此。

香精配方成分中如有大量的醇类，也将与香气比较尖刺的醛酮化合物缩合产生香气较为圆和的化合物，而它不像醛醛、醛酮之间的缩合反应那样大幅度降低香精的香比强值（醇与醛的缩合一般也有所降低香比强值，但降低程度小一些，香气变化也小一些）。

类似的例子还可以举出许多，有经验的调香师也早已掌握了不少规律，总之，调香师对调制好的香精，不但要闻它现在的香气，还要"闻"出它贮藏一段时间以后的香气。

六、仿香与创香

调香师在用各种香料、香基进行调配的过程中不断地积累经验和体会，掌握"辨香"（评香）、"仿香"和"创香"三方面的基本功，这三方面又是互相联系的，也是学习调香技术过程中必不可少的阶段，既可循序渐进，也可适当地交叉进行，使之相辅相成而不断深入。

所谓"辨香"，就是能够区分辨别出各类或各种香气或香味，能评定它的"好""坏"以及鉴定其品质等级。辨别一种香料混合物（香精）或加香产品时，还要求能够指出其中的香气大概来自哪些香料，能辨别出其中"不受欢迎"的香气来自何处。

要熟悉目前国内外使用的数千种单体香料、数百种天然香料、数百种常见的"香基"和市场上几千种成功的香精的性能、香气特征、香韵分类、各香料间香气的异同和如何代用等知识，那是调香师一辈子的事，初学者只要在调香师的指导下用几十种最常见的香料和几十个最基本的香基、香精训练（主要是训练鼻子）一段时间，掌握"辨香"的基本功就可以开始学习调香了。我国老一辈调香师创立的"花香八香环渡理论"和"非花香十二香环渡理论"是学习辨香技巧的入门课。

调香作业无非是：仿香，创香。创香是建立在大量的仿香基础上的，所以调香师每天面对着的主要是仿香作业。

所谓"仿香"，是运用辨香的知识，将多种香料按适宜的配比调配成所需要模仿的香味。有两种香味是调香师一辈子要仿的：一是天然物的香味，二是国内外成功的加香产品和香精的香味。调香师模仿大自然，试图调配出与某种天然物惟妙惟肖的香味也有两个原因：一是人类长期生活在大自然中，对所有"自然"的物品熟悉而且喜爱，大自然中有无穷无尽的"奇怪吸引子"吸引着众多的调香师日复一日地想在实验室里把它们一个个重现出来；二是因为某些天然香料（精油、净油与浸膏等）价格昂贵或来源不足，调香师可以运用其他的香料特别是来源较丰富的合成香料，当然也可以用一些稍微廉价的天然香料仿配出与被仿配对象相同或相近似香味的香精来替代这些天然产品。

对于模仿天然品，可以参考一些成分分析的文献，而模仿一个加香产品、香精的香味则复杂和困难得多，这要有足够的辨香基本功和掌握仪器分析技术。

早期的调香师只能完全靠鼻子嗅闻仿香，通常要达到较高的"像真度"就需要调香师经过很长时间、数百次的反复实验才可能做到，对调香师的水平要求也很高。随着色谱技术（气质联用、双柱定性分析、顶空分析、液相色谱、手性分析等）在香料香精领域里的应用推广，现在的仿香工作比原来快多了，"像真度"也提高了。结合一定程度的鼻子训练，即使是年轻的调香师也有可能仿造出"惟妙惟肖"的香精来。

所谓"创香"，是运用科学与技术方法，在辨香和仿香的实践基础上，靠"艺术"的力量，设计创拟出一种新颖、和谐的香味来满足某一特定产品的加香需要。要经济、合理地运用各种香料，而且要使创拟出的香精能达到与加香产品的特点相适应的要求。掌握好各种香料的应用范围，才能选用合适的品种来调配各种香精。在调配时要参考、分析资料，运用香精的香气特点，按照香韵格调掌握好配方格局，传神地表现出香气的艺术传感力。这需要多次的重复、修改，不断地积累经验，才能成功。要达到不仅专家，就连一般的外行人也能感到香气优雅、自然、和谐的程度，因为购买加香产品的消费者大多是"外行"的。

香精是调香师主要靠嗅觉的方法调配出的、难以准确进行分析的、带有浓厚艺术风格的产品，经过调合后各种香料的香气已和谐地融合在一起，一个调香师调配出的香精，其他调香师不可能轻易、传神地模仿出来。这不但增加了香精的保密性，而且突出了香精的神秘性和趣味性。

1. 气相色谱条件

气相色谱法无疑是香料分析中最有力的武器，因为香料都是可挥发的，常压下的沸点在常温到 400℃，腐蚀性不大，这些条件都满足气相色谱法的要求，可以说绝大多数香料理化性能都在气相色谱法分析的"最佳适用范围"内。可是，时至今日，国内还有许多香料香精制造厂和用香厂家竟然连一台气相色谱仪也没有，或者虽有气相色谱仪而没有发挥其重要作用。许多调香师不会使用或不善于使用气相色谱法，在有关调香的书籍中很少提到气相色谱法。

资料的严重缺乏，特别是有关香料在各种条件下的保留指数等数据不易查到是影响气相色谱法在调香实践中应用的主要原因。为此，本章比较详细地介绍气相色谱法如何应用于调香实际。

气相色谱法的诞生让调香师"多长了一只眼睛"。可以说，不能善于应用气相色谱法的调香师只能算是"早期的调香师"了。

假设一个调香师靠鼻子嗅闻一个有香样品（香精或加香产品），一段一段仔细辨别，大概能猜出混合香气中70%的香气成分；而一台性能良好、各种常用香料保留指数或保留时间数据足够，在最佳的操作条件下工作的气相色谱仪加上现代的数据处理机或色谱工作站的配合下，可以"猜"出混合物中80%以上的单体出来，气红（气相＋红外）联机、气质（气相＋质谱）联机"猜"出的更多。二者结合的话就可以达到90%左右，有时候甚至高达95%！"定性"和"定量"两个方面都是如此。

讲到"定性"，几乎所有关于气相色谱法的书籍、资料都显示只靠保留时间单柱检测来定性是不够的，一般认为采用"双柱定性法""气质（质谱）联合定性""气红（红外光谱）联合定性"等办法比较可靠。在香料香精的分析上，一般情况下其实"单柱定性"就够了，因为调香师的鼻子本身就是极佳的"检测器"。当使用非破坏性检测器（热导检测器等）时，调香师可以嗅闻色谱柱流出的成分，记录下每一个峰的气味；而当使用破坏性检测器（氢火焰检测器）时，可在气相色谱仪上安装与检测器平行的嗅探口，调香师仍能直接嗅闻气味而"猜"出是什么香料单体。实践证明，这种"气鼻联合定性"法的准确度是相当高的，这是香料工业应用气相色谱法"得天独厚"之处。

基于以上分析，本章中只介绍"单柱定性法"（实际上应为"气鼻联合定性"法），读者如认为必要，在有条件时采用"双柱定性"当然会更好，方法也大同小异，只要再花一段时间把常用香料及中间体在另一个条件下（固定液的极性相差越大越好，如本章中介绍使用的固定液是"非极性的"SE-30，建议另一根柱子使用极性较大的固定液 Carbowax 20M 或 OV225）的保留时间测出来就可以了。

有了气相色谱仪，还必须找到最适条件，才能让仪器发挥最佳效果。笔者根据调香工作的特殊要求，经过多年摸索和实践，制订了一组使用国产气相色谱仪用于调香的比较理想的"条件"——既让常用和常见的香料单体在通常情况下都能分开清楚，在色谱图上显示出一个个单独的、尖锐的峰，又尽量缩短分析时间。为便于叙述，本书中引用的色谱图和有关色谱分析的数据全部是采用这组"条件"测定的结果。读者如有可能完全按这组条件实验，当能得出相近的结果；如有些"条件"改变，根据目前国内外有关专家们的"色谱理论"（例如"双柱换算公式""同系物的碳数规律"等）做些运算也可得到许多有用的结果。但须牢记：气相色谱分析目前仍是"实践第一"，"色谱理论"推导出的公式和数据都只能是近似值，有时甚至与实验数据相去甚远。即使是同一个仪器、同组条件、相同样品、同一个人操作，仍会得出不同的数据。因此，不得不再次提醒读者：本书中气相色谱分析的数据都只是"近似值"（绝大多数为作者长期测验数据的平均值），仅供参考。

现将这组分析"条件"列下：

色谱仪：上海分析仪器厂 GC112，见图 5-22。

色谱柱：毛细管 30mm×0.25mm，固定液 SE-30（CP 值为 5 的固定液如 Apiejon J、ApiejonN、DC 200、DC330、E-301、OV-1、OV-101、SE-31、SE-33、SF-96、SP-2100、UC W-982、UC L-46 等的性质与 SE-30 接近，也可代用，但实测的数据有时还有偏差）。

检测器：氢火焰 FID，H_2 压力旋至 4.50 圈；

单检测器测定（一般认为程序升温应使用双检测器，但根据我们长期使用的经验，用单检测器测定并没有出现严重的基线漂移现象），检测器温度 250℃；

空气压力旋至 6.40 圈；

载气 N_2 柱前压力旋至 4.00～4.80 圈，用手工控制压力稳定在 0.060MPa；

汽化室温度 250℃；

程序升温：100℃1min，升温（10℃/min）至 230℃，保持 230℃60min；

进样量：5μL；

图 5-22　GC112 气相色谱仪

灵敏度：7～9；

衰减：3～5；

分流：1/50～1/200；

峰宽：2～8；

斜率：50～100（根据需要可调整）；

内标物：无水乙醇（规定微量注射器每次注射后均用无水乙醇吸洗 8 次，抽取样品时"抽挤"8 次样品，无水乙醇残存量 0.2％～1.0％可作内标物）。

气相色谱保留时间的数据第一列是按上面的色谱条件测出来的。

在上述条件下测定乙醇的保留时间为 1.13，绝大多数在第一峰出现，如为 1.11、1.12 或 1.14、1.15 都视为正常，低于 1.11 和高于 1.15 时应旋转柱前 N_2（CARRY GAS）压力令其保持在 0.060MPa。

测定香水和食用（"水质"）香精时，由于乙醇含量极高，且乙醇浓度并非 100％（通常含水，FID 对水没有反应，但水与乙醇组成共沸物，出峰时间提前），因此第一峰常出现远低于 1.13（1.11～1.15）的情况，这也是正常的，只要柱前压力为 0.060MPa 就没有差错。

常用香料在各种色谱条件下的保留时间与保留指数表（表中数字为各香料含量在 0.1％～5.0％时的保留时间，超出这个范围数字会加大。如邻苯二甲酸二乙酯在 3％～5％时保留时间为 12.27min，在 50％时为 10.50min），其中有的香料或中间体的保留时间不止一个，这是由于这些数据来源于不同的资料，读者最好自己动手实测，表中的数据仅供参考。

如要测定旋光异构体的含量，可以采用手性柱子，例如测定左旋和右旋芳樟醇可以用 25m 熔融硅石毛细管柱，涂敷 6-O-甲基-2,3-二-O-正戊基-γ-环糊精，在柱温 75℃恒温或程序升温测定。

2. 气相色谱分析取样方法和初步仿香

用气相色谱法仿香，由于"进样"绝对不允许含有不挥发成分，所以，除了香精、香水（包括花露水、古龙水）、气雾型空气清新剂、加香燃油等可以直接进样外，其他产品第一步都先要把加香产品的香气成分提取出来，提取方法有点像从天然香料里提取精油一样，可以用蒸馏法，也可以用有机溶剂萃取法，下面分别叙述之：

水剂——如洗发香波、护发素、沐浴液、餐具洗涤剂、洗手液、液体皂、各种护肤膏、霜、乳液等，这些产品都可以用蒸馏法（操作时再加适量水稀释）蒸出香精，应当注意的是蒸馏时间，有的样品要蒸馏 24h。有的香气成分加热时会有变化，当馏出液的香气与原样有明显差别时，就要考虑用别的方法了。

油剂——如发油、按摩油、香蜡烛、润滑油脂、食用油、油墨、油漆等，这些产品如直接进样（做气相色谱分析），高沸点的油分几个小时也"出"不来（温度太高油会裂解），这类样品最好也是加水蒸馏，有的可以加入水、乙醇和苯混合后蒸馏，馏出液再用乙醚萃取出香精进行分析。

固体和半固体样品——种类很多，性质也不一样。先用不溶解该种固体或半固体的有机溶剂（乙醇、乙醚、苯等）浸泡溶解其中的香料成分，如溶出物含有不挥发物的话，则还要再加水蒸馏，取馏出液分析。

气溶胶——即气雾剂产品。注意罐子里是有压力的！先要把气雾剂容器在冰柜中冷却几个小时，按下阀门确定已无压力时用适当的工具打开盖子，把内容物倾入烧杯中，让喷雾剂挥发几个小时后，再按上述的方法取得香气成分进行分析。将气雾剂内容物直接喷入烧杯中，待压缩气体挥发后再用乙醚萃取分析也可以，但有部分低沸点成分损失影响分析结果。

用高效液相色谱法分析则简单多了：不管什么样品，通通把它加入 10 倍左右的乙醇在室温下浸泡过夜，第二天摇匀后过滤（如能全部溶解成透明澄清的"真溶液"就不必过滤），取滤液直接进样分析。

气相色谱分析取样具体操作方法如下：

（1）香水、古龙水、花露水、液体香精可以直接进样分析，但最好采用下法：

取 50mL 样品装入分液漏斗中，加 200mL 水稀释，每次用 75mL 乙醚萃取三次。合并乙醚萃取液，并用 50mL 水洗三次，用无水硫酸钠干燥萃取液 30min。将溶液转移到 400mL 烧杯中，在水浴上蒸发乙醚到大约 10mL，把溶液转移到 50mL 锥形离心管中，并使乙醚全部挥发，塞住离心管，供分析。

（2）洗发香波和其他含有表面活性剂、水、稳定剂的液体制剂。取 100mL 样品于 1L 的分液漏斗中，加入 200mL 水、600mL 乙醇。用 100mL 乙醚萃取两次，将每次萃取液收集到一个 400mL 的烧杯中，要确保萃取液有水相被带出。挥发萃取液至大约 40mL 然后转移至蒸汽蒸馏瓶中。控制蒸汽蒸馏的速度，使整个蒸馏过程中馏出液的温度保持室温。当馏出液收集到 300～400mL 时停止蒸馏，用 75mL 乙醚萃取两次，按照上节操作从乙醚萃取液中获得香精。

（3）雪花膏、洗剂、防晒制剂、口红、整发剂以及其他乳状的或者含有相当量能溶于乙醚的成分的化妆品取 100g 样品进行蒸汽蒸馏，收集 500mL 馏液，然后像上节那样从蒸馏液中分离香精。

（4）牙膏及其他含有难溶的研磨剂、水、水溶性化合物和表面活性剂的制剂。用搅拌器将 100g 样品和 200mL 甲醇混合搅拌 4～5min 直至均匀。如需要，补加甲醇直至得到稀薄的液浆。将液浆通过布氏漏斗抽滤，用 200mL 乙醚洗涤滤饼，在蒸汽浴上蒸发滤液到 50mL，按前文方法分离香精。

（5）肥皂和固体洗涤剂。将 100g 样品碎成小块或薄片，在搅拌器中与 400mL 甲醇混合，搅拌 4～5min 直至得到匀滑的液浆。将它通过布氏漏斗抽滤，用 200mL 乙醚洗涤滤饼，在蒸汽浴上蒸发，使提液减少到 50mL 左右。将此醇溶液转移到蒸汽馏瓶中进行蒸汽蒸馏，收集蒸馏液 300mL，按第二节方法从蒸馏液中分离香精。

（6）气雾剂制品。将气雾剂容器在干冰柜中冷却 2h 或在干冰酒精浴槽中冷却 30min。冷却后，按下阀门以确信容器内已无压力，用冷的凿子和锤子打开冷却后的容器盖子。将样品倾至一个已称重的烧杯中，让喷雾剂挥发 2～3h，称烧杯和样品的总质量，然后按差值求出样品的质量，按照前几节方法从样品中分离香精油。

（7）食用香味素和饲料香味素。取香味素 10g，加无水乙醇 90g，密闭浸渍 24h（必要时可延长至数天），期间多次剧烈振荡以加速浸出。将浸液用定性滤纸过滤，滤液可直接用于分析。分析时色谱仪的"灵敏度"加大 1～2，"最小面积"降至 1～10。

色谱分析测定按本章第一节"条件"进行，数据机打出各个峰的保留时间和按面积归一法计算的百分含量。

注意：气相色谱法用于定量分析有个"校正系数"问题，但由于香精里面组分的复杂性，致使各个香料的"校正系数"变动极大，一个香料在某种香精中"校正系数"是 0.8，在另一个香精中却可能是 1.2！各个香料的"校正系数"只能在组分极其相似的混合物中使用。因此，仿香时先用"面积归一法"计算的百分含量试配，试配样也在同等条件下做一次色谱分析，由此得到的"校正系数"比较准确。

分析谱图，注意观察有没有重叠峰被合并成一个峰统计的情形，如有的话，调节"峰宽"和"斜率"把它们分开；也可以用减少进样量的办法再测一次让重叠峰分离。

参照本章第一节各种香料的"保留时间"和被仿香精样品的香气，猜测数据表中每个重要峰指的是哪一个香料单体。全部猜完后就可以动手仿配该香精了。

仿配香精应把重点放在香比强值（香气强度）大和面积（百分比）大的香料上，它们构成了香气的主体。有时候这几个主要香料配好后香气已同被仿物很接近，这时只要凭经验略加修饰、圆和香气就行了。

对于色谱图中的"杂碎峰"，先注意有没有香比强值大的香料，如脂肪醛、吲哚、含硫含氮化合物、喹啉类、杂环化合物、叶醇及其酯类、水杨酸甲酯、桉叶素、莳萝醛、辛（或庚、癸）炔羧酸甲酯、乙酸苏合香酯、内酯类、草莓醛、榄香酮、格蓬酯、突厥酮类、玫瑰醚、二氢茉莉酮、乙酸邻叔丁基环己酯、檀香 208、麝香 105 等，如有的话先把它们试加在香精里，没有的话就不理这些杂碎峰，因为它们可能只是"大宗"香料带进的杂质。

大量的杂碎峰集中在一处有可能表示被仿香精加入了天然香料或香料下脚料，这种香精的仿配较难。

3. 天然香料和外来香精的剖析

大自然是最出色的调香师。自从世界上有"调香"这个职业开始，模仿大自然各种香气便是这支职业队伍中每个人一辈子也做不完的工作。不管目前全世界正在流行什么香型，自然界的香味总是少不了的。无论什么产品，香气都是越"自然"越好。虽然每一个调香师对每一种常用的自然香味都早已了如指掌、"手到擒来"，把它们调配得更"自然"些仍然是每日的必修课。由于大自然的各种芳香并不是随时随地都可以闻到，甚至有的自然香味调香师一辈子也没有闻过，有的调香师错误地把各种精油、浸膏、萃取物的香气看作"原香"进行模仿，这是远远不够的。调香师要创造条件经常闻到各种天然物的香味，并强迫自己牢牢记住，才能在实验室里再现它们。

利用仪器分析可以弥补鼻子的不足——一台性能良好的气相色谱仪再加上足够的"数据库"（各种常用香料在一定条件下的保留指数或保留时间）或气质联机几十分钟便能告诉你一瓶精油里百分之八十几的成分，结合现代的"顶空分析"技术模仿大自然的各种芳香已经越来越方便了。举一个例子来说明模仿自然香气的过程：

某种薰衣草油色谱图（图 5-23）。

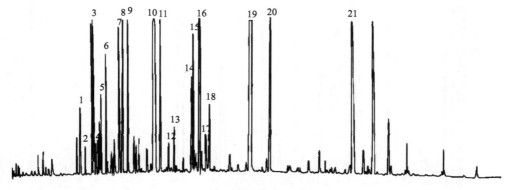

图 5-23　薰衣草油色谱图

1—α-蒎烯；2—莰烯；3—辛酮-3；4—β-蒎烯；5—月桂烯；6—乙酸己酯；7—1, 8-桉叶素＋苧烯＋β-水芹烯；8—cis-β-别罗勒烯；9—trans-β-别罗勒烯；10—芳樟醇；11—乙酸辛-1-烯-3-酯；12—异丁酸己酯；13—樟脑；14—龙脑；15—薰衣草醇；16—松油烯-4-醇；17—α-松油醇；18—丁酸己酯；19—乙酸芳樟酯；20—乙酸薰衣草酯；21—β-石竹烯

参照上面的薰衣草油色谱图，初步拟出一个"配制薰衣草油配方"单位为质量份如下：

月桂烯	3.0	松油醇	7.0
桉叶油	0.5	乙酸芳樟酯	40.0
罗勒烯	8.5	龙脑	2.0
芳樟醇	30.0	乙酸香叶酯	2.0
樟脑	1.0	石竹烯	6.0

按此配方配出香精后，香气已经与天然薰衣草油比较接近，再适当调节配方或增减几个香料即可配出"惟妙惟肖"的"配制薰衣草油"了。

对于外来香精的模仿，首先用鼻子嗅闻，打开瓶盖直接嗅闻只能笼统地得到该香精整体的香气印象，初步辨别该香精应属于哪一种类型、有没有特别的地方，如果它与自己曾经调过的某一种香精香气相似，仿香工作就简单多了，有时候只要增减某一些香料就可以了。这种情况常发生在经验丰富的"老调香师"身上，因为他调过的香精多了，常用的香型对他来说"如数家珍"，一闻便能想到一个香气极为接近的香精配方，但往往拿来一对照，还是可以闻出它们之间的差别。此时应把二者都沾在闻香纸上，分段嗅闻之，找出每一段香气的差别，再拟出初步配方开始仿香。

大部分被仿的香精，调香师用闻香纸沾上后分段嗅闻就能写下该香精80％以上的组成成分，再经过多次反复的试调、修改配方就能调出令人满意的仿香作品。最难模仿的是那些用了"特殊"香料（国外超大型香料公司经常把自己开发的某一种新型香料保密起来不对外公开、只供内部使用或把它配制成"香基"出售以获取更大的利润）的香精，有经验的调香师会想尽办法用其他香料仿配，但有时只能怨叹"巧妇难为无米之炊"。

"现代派"的调香师则不管哪里来的香料通通先做气相色谱分析，一面看着色谱图一面闻香精猜香料，这样很快就可以写下第一个实验配方，把它配制出来混合均匀后"打色谱"（做气相色谱分析），出来的谱图与被仿香精谱图比较，分析差别在哪里，再拟出第二个实验配方，配好后再打色谱……直到自己觉得满意为止。同样地，如果被仿香精用了某种"特殊"香料是调香师手头没有的，调香师仍然是"巧妇难为无米之炊"。

下面举一个仿香实例：

某公司寄来一个香精样品要求仿香，调香师打开瓶盖直接嗅闻就判定它为"三花"（茉莉、玫瑰、铃兰）香型，再用闻香纸沾上香精后分段闻香，同时"打色谱"，见图5-24。

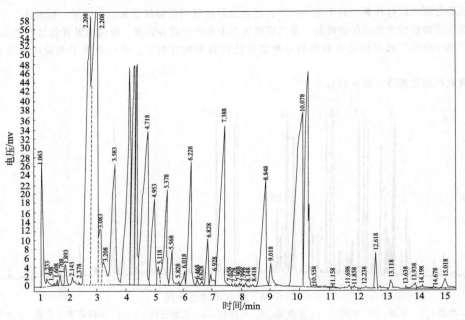

图 5-24　826107 三花香精色谱图

参照上面的色谱图，初步拟出一个"826108 三花香精配方"（单位为质量份）如下：

芳樟醇	11	桂醇	3
苯乙醇	15	丁香酚	3
松油醇	6	紫罗兰酮	4
香茅醇	8	铃兰醛	6
乙酸芳樟酯	7	二氢茉莉酮酸甲酯	4
香叶醇	6	苯甲酸苄酯	12
羟基香茅醛	8	甲位己基桂醛	7

按此配方配出香精后嗅闻之，与被仿样差距还是比较大的，经反复嗅闻，同时"打色谱"，见图5-25。

并与"826107 三花香精色谱图"比较，再次调整配方（单位为质量份）如下：

乙酸芳樟酯	8	二氢茉莉酮酸甲酯	5
芳樟醇	10	香叶醇	10
乙酸苄酯	7	香茅醇	7
甲位己基桂醛	8	桂醇	2

羟基香茅醛	10	苯甲酸苄酯	6
铃兰醛	6	松油醇	5
丁香酚	2	紫罗兰酮	4
苯乙醇	10		

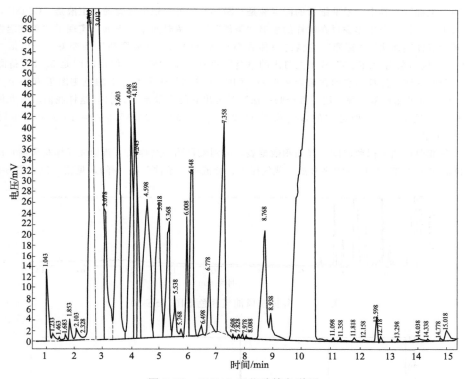

图 5-25　826108 三花香精色谱图

配好香精后与被仿样比较，香气已非常接近了。

由于这个被仿香精没有用"特殊"香料，因而比较容易被模仿。

中医看病时用"望、闻、问、切"，仿香的准备工作也可以相似地采用"望、闻、问、测"，上面已经讲了"闻"与"测"，我们再来讲讲"望"和"问"。

"望"——看外来香精的色泽，有时已能初步猜测用了哪些有色或容易变色的香料，如清亮的黄色有可能用了甜橙油、柠檬油、柑橘油（前面三种压榨油含有类胡萝卜素，久置颜色会变淡）、甲位戊基桂醛、甲位己基桂醛、橙花素、茉莉素等；绿色可能用了橡苔浸膏；蓝色可能用了洋甘菊油；鲜红色可能有血柏木油；红褐色比较复杂，可能是吲哚变色引起，也可能是用了其他带红褐色的香料；棕色可能由带棕色的香料带入，也有可能由香兰素、丁香酚、异丁香酚、邻氨基苯甲酸甲酯、硝基麝香等变色引起，还有可能由深颜色的香料下脚料引起；暗棕色至黑色则通常是由大量的香料下脚料造成，特别是柏木油、杉木油及其各种衍生物的"底油"……

"问"——询问带来仿香样的客户（有时是通过业务员询问）该香精的特点，通常客户正是由于该香精存在某些缺点需要改进才来要求仿香的，此时客户会滔滔不绝地诉说该香精的优缺点，倾听客户的诉说对仿香工作有极大的帮助。有时"言者无意，听者有心"，可以捕捉到重要的信息。例如笔者有一次听一个客户反映他带来的卫生香香精"比较特别"——会把手和竹枝（生产卫生香和拜佛用"神香"的骨材）染上黄色，不易洗净。香料里面有这个"特殊性能"的唯有邻位香兰素，仿香时用了比较多的这个香料，果然很快就仿配出来了。

仿香前的准备工作主要还是靠"闻"和"测"，"望"和"问"都仅仅作为辅助手段而已。

4. 气相色谱双柱定性法仿香

如有两台气相色谱仪、使用两条极性相差较大的色谱柱，或者把一台气相色谱仪改装成一次进样、分流后同时进两条极性相差较大的色谱柱，用两个检测器、一台工作站同时打出两个谱图，就可以做到"双柱定性查香料"。笔者把一台国产气相色谱仪中的"分流系统"改造成"一次进样，两路进柱"，即一个样品进样，分流后分别进入两根毛细管，其中一根毛细管的固定液是"SE-30"，另一根毛细管的固定液是"C20M"，两种固定液的极性相差很大，每一个单体香料在同样的色谱"条件"下保留时间差得很远，实现了"双柱定性法"的基本要求。这种"双柱定性法""猜测"香精的单体香料组成有时比"气质联机"还要好——包括"定性"和"定量"两方面。例如在用"SE-30"柱子上打出的色谱图里有一个"峰"的保留时间是 5.62，猜测可能是苯乙醇，用"百分归一法"计算出它的含量为 9.6%；而用"C20M"柱子上打出的色谱图里有一个"峰"的保留时间是 12.46，也可能是苯乙醇，用"百分归一法"计算出它的含量是 10.8%，这样我们就有九成把握认为这个"峰"代表的是苯乙醇，而且它的含量约为 10.2%〔（9.6%＋10.8%）/2＝10.2%〕，也同实际含量（10.0%）更接近了。

下面两个气相色谱图及保留时间、峰面积数据表，分别就是同一个样品（新加坡斧标祛风油）用 SE-30 与 C20M 两条色谱柱子"打"出的（程序升温、载气压力、分流等"条件"都一样），见图 5-26、图 5-27。

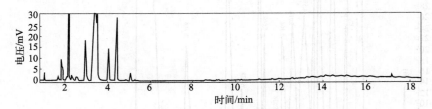

图 5-26　斧标祛风油气相色谱图（SE-30）

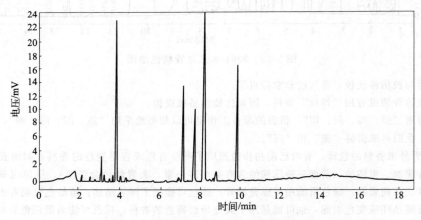

图 5-27　斧标祛风油气相色谱图（C20M）

读者可以把要模仿的香精用这两根柱子打出色谱图和按"归一法"得出的各成分百分比例，先看第一根柱子打出的谱图，使用第一个"保留时间表""猜"出是哪一些香料，再看第二根柱子打出的谱图，使用第二个"保留时间表"对照有哪一些香料吻合，哪一些不吻合，吻合的基本上就可以断定（使用该香料）了；不吻合的再"猜"、再对照，直至所有的成分都被"猜"出来为止。接下来的工作与"单柱定性法"一样，也是先按"猜"出的香料试配一个香精，再打色谱，再对照，直至与被仿样谱图和香气都非常相似的程度。此法效果相当不错，即使是刚学调香不久的新手，耐心多做几次也能取得比较满意的结果。像上面举的例子，我们可以"猜"出配方（单位为质量份）如下：

桉叶油	15	薄荷脑	20
樟脑	6	水杨酸甲酯	15

| 香叶醇 | 3 | 白矿油 | 33 |
| 乙酸异龙脑酯 | 8 | | |

按这个配方配出的香精就与原样非常接近了。

"双柱定性法"仿香的缺点是：被仿配的香精或香水里面所含的单体香料必须都是调香师"数据库"里已有的，一个香精或者香水里面只要含有调香师"数据库"里没有的单体香料成分，尤其是加了较多天然香料的香精或香水，调香师便很难用"双柱定性法"准确"猜"出里面的成分，也就难以仿配出"惟妙惟肖"的香精了。这种仿香难度较大的香精最好采用"气质联机"法"解剖"它的每一种成分然后仿香，详看下面章节内容。

5. 仿香与反仿香

在开发日用品新产品的时候，经常会提到仿香的问题。前面说过，一种新型香水推销成功，各种日用品便紧跟着采用这种新香型，模仿该香型的工作就落在每一个调香师的头上。食品和日用品制造者也经常拿着一个商品找调香师说：我喜欢这种香型，你把它调出来吧。

早期的调香师只能完全靠鼻子嗅闻仿香——如果被仿的是香水的话，用闻香纸沾一点香水，先闻它的"头香"，过一段时间再闻它的"体香"，再过一段时间闻它的"基香"，在每一段香气里猜它有可能含有哪几种香料，比例大概是多少，按这个想象的比例试调配。一个"好鼻子"经过多次、反复的试调配，仿香的"像真度"可以达到80％以上，有时也会达到几乎可以"乱真"（外行人分不清哪一个是原样、哪一个是模仿样）的程度，但这通常要花很长时间、数百次实验才可能做到，而且调香师的水平要相当高。

随着科学技术的快速发展，现代的仪器分析水平让老调香师们不得不另眼相看，特别是气相色谱技术在香料香精领域里的应用，香料工作者犹如多了一双眼睛。现代的仿香工作比原来快多了，也"好"（像真度提高）多了。年轻的调香师在掌握了气相色谱分析技术以后，再加上一定程度的鼻子训练，就能够与老调香师一样出色地工作，仿造出"惟妙惟肖"的香精来。

对调香师来说，仿香是为了更好地创香。通过大量的仿香工作，掌握当今世界香型的流行趋势，调香师就能够胸有成竹地进行创造性的工作了。经常与日用品制造者接触、交流、讨论，调香师可以对每一种新产品设计一种或几种最适合的香味，让这个新产品由于带着恰当的香气而身价倍增。

上一节介绍外来香精的模仿时提到在香精里加入某种"特殊"香料，就可让模仿者束手无策，这正是高明的调香师为防止别人模仿他千辛万苦、来之不易的香精惯用的手法，但这个方法只能在几个大公司里使用，对一般香精厂来说，没有别人拿不到的"特殊"香料。怎样才能有效地防止别人仿香呢？下面再介绍几个方法：

（1）在香精里有意识地加入几个天然香料。这方法相当有效，因为天然香料成分复杂，不同来源的天然香料香气又有所不同，这将给仿香者带来许多麻烦，不管用鼻子嗅闻还是用气相色谱都很难断定某一个香气成分是来源于哪一种天然香料或是一个合成香料，例如乙酸芳樟酯，它有可能来自天然香柠檬油、薰衣草油、橙花油、橙叶油、香柠檬薄荷油等，也有可能来自一个合成香料。天然香料的加入会给香精带来一些特征的"辅助香气"，在色谱图上表现为一大堆"杂碎峰"，仿香者最怕这种"杂碎峰"——不知有没有重要的、香气强度大的香料"躲"在里面。

（2）一些不与人体直接接触的日用品使用的香精（如熏香香精、蜡烛香精、空气清新剂香精及低档工业用香精等）可以加入适量香料下脚料，这方法与加入天然香料是一样的。香料下脚料包括各种天然香料和合成香料精馏过程中产生的头油、底油以及某些固体香料结晶分出的母液，也包括香精厂的"洗锅水"（大型香精厂把每次配制香精前后洗涤液、配制时发生错误或原料香气有变不得不弃掉的不合格香精、各种原因的退货等混合成为一个批量的大杂烩），这些下脚料成分都非常复杂，加进香精以后确实让人难以仿配。但要注意自己的库存量，不要出现销路打开后要用的下脚料告罄的难堪局面。最好是把各种下脚料混合成为一个大批量库存慢慢使用。

（3）在一个香精里面加入几个香气强度极大的用量很少的香料。因为"现代派"的调香师仿香时都要先做气相色谱或"气质联机"分析，在采用"归一法"计算数据（目前最常用的方法）色谱谱图上百分含量小的通常不受重视，或混在天然香料、下脚料的"杂碎峰"里不被发觉。

（4）巧用"反应型香料"。在一个配好的香精里面，各种香料不断地进行着化学反应，影响香气比较大的反应有：胺与醛的"席夫反应"、醇和醛的缩合反应、醇与酸的酯化反应、酯交换反应、置换反应等，有经验的调香师会有意识地在香精里面加入一点邻氨基苯甲酸甲酯、吲哚、小分子醛和酯等让配好后的香精香气、色谱谱图复杂一些，但这种"复杂化"要在自己的掌控范围内。

6. 高效液相色谱法协助仿香

现代的气相色谱法可以用极少量的样品（$0.1\mu L$ 甚至更少）就能够把里面的成分分析出来，这个量与沾在闻香纸需要的量差不多，也可以说现在的气相色谱法分析和调香师的鼻子"灵敏度"旗鼓相当。事实也是这样，有经验的调香师通过嗅闻可以"猜"出 80% 左右的香料，而一台中等灵敏的气相色谱仪加上足够的"数据库"（各种常用香料在一定"条件"下的保留指数或保留时间数据）、气质联机通常也可以"猜"出 80% 左右的单体香料——这对于初学者是最有吸引力的。初学调香的人往往幻想只靠气相色谱分析就能把一个香精里面的香料成分全部"打"出来，然后"依样画葫芦"就能配出一模一样的香精，完成仿香"作业"。前面已经说过，这是不可能的，即使动用"气质联机"（气相色谱与质谱联合）、"气红联机"（气相色谱与红外光谱联合）和"双柱定性"分析也是如此，因为气相色谱分析时是在高温下做的，有些"热敏香料"在高温时分解，也有一些香料在温度较高时互相反应产生新的化合物出来；还有一点是有许多香料成分尤其是天然香料里所含的一些成分现在还买不到，将来也不可能一个都不缺。食品、熏香、烟用香精使用的香料里包括一些不挥发的"潜香物质"，它们需要用酶或者高温才能释放出有香物质。不管用气相色谱或者鼻子分析，仿香工作主要还是靠"猜"——一步步地猜出每一种香气和每一个成分的来源。

既然是"猜"，多一种类似气相色谱的分析方法（也类似用鼻子分段嗅闻）便多一些"猜对"的可能。高效液相色谱法发展到今日，刚好可以协助气相色谱法和鼻子嗅闻法一起仿香，并且还可以弥补气相色谱法由于高温造成部分香料分解而影响分析结果的缺点，有条件的调香师不妨一试。

同气相色谱法一样，在香料香精的分析中应用高效液相色谱法，仍要求先找到一个比较理想的分析"条件"，让绝大多数常用的香料单体在这个"条件"下都有"出峰"，我们参考了大量的国内外色谱技术资料，结合多年来的工作实践，找到了一个切实可行的分析"条件"如下：

色谱柱——Kromasil-C18 柱（$5\mu m$，100Å，200mm×4.6mm）；

流动相——甲醇∶水＝70∶30（体积比）；

流速——2.0mL/min；

检测器和波长——紫外检测器，UV-210nm 或 254nm；

每次进样——1～10μL；

测试温度——室温。

在上述"条件"下，各种常用的香料单体保留时间列于林翔云编著《日用品加香》（化工出版社 2003 年出版）第 441～457 页。

如果采用示差检测器或蒸发激光散射检测器（ELSD）的话，效果会更好，分析"条件"如下：

色谱柱——Kromasil-C18 柱（$5\mu m$，100Å，200mm×4.6mm）；

流动相——乙腈∶水＝10∶90～90∶10（体积比）梯度洗脱；

流速——2.0mL/min；

检测器和波长——示差检测器或蒸发激光散射检测器（ELSD）；

每次进样——1～10μL；

测试温度——室温。

在上述"条件"下，各种常用的香料单体保留时间自己测定列表，便于以后查对。

现在"液质联机"（液相＋质谱联机分析）已经可以并开始在香料香精检测时使用了，但各种香料的"数据库"还偏少，需要待以时日。

一切都同气相色谱法的操作一样，被仿样品在上述条件下"打"出色谱图后，参照"保留时间表"和各种数据库，"猜"出每一个"峰"是什么香料，如果同一个样品的气相色谱分析也"猜"到是同一个香料时，那把握性就更大了，这相当于同一种色谱分析时的"双柱定性"，准确度是很高的。在"定量"方面，最好使用气相色谱的数据，因为气相色谱分析可以用"百分归一法"再加以校正就能接近实际含量，而高效液相色谱法（尤其是采用紫外检测器时）却不便使用"百分归一法"。当然，利用"峰面积计算法"也可弥补气相色谱法含量计算时的不足，只是工作量较大些，"精确度"在某些方面则胜过气相色谱法。两组数据一起考虑、分析可以"定量"得更加准确。

如果怀疑测试样品中含有极其微量甚至"痕迹量"的某个香料单体而这个化合物又可查到（自己也可以用DAD检测器测定）它的最大紫外吸收波长时，使用高效液相色谱分析也是非常方便的。如某香精样品可能含有微量樟脑，查资料知樟脑在274nm和289nm处有"最大吸收"，可以先在一个固定的分析"条件"下（同上，波长改在274nm或289nm处）作一条测定樟脑含量在一定范围内的"工作曲线"，待测的样品"打色谱"后查"工作曲线"，再经过简单的计算即可知其中樟脑的含量了。

对于含有不挥发物质的液体样品（如"芦荟花露水"就含有不挥发的芦荟素），用液相色谱法分析可以一次完成，无疑比气相色谱法方便多了〔详见林翔云编著《日用品加香》（化学工业出版社2003年出版）第459～461页〕。

用紫外检测器检测的优点是灵敏度高，大多数香料在210nm下都有一定的吸收；缺点是有的香料在此条件下吸收系数太小，有可能该香料含有的"杂质"在此条件下吸收系数大而干扰测定。用示差检测器检测时灵敏度太低，效果不佳。目前认为最好是采用蒸发激光散射检测器（ELSD）检测，它有可能像气相色谱使用的FID检测器那样对各种香料均有响应、响应因子基本一致、检测不依赖于样品分子中的官能团，而且还可用于梯度洗脱。

7. 气质联机仿香

质谱是按照带电粒子（即离子）的质量对电荷的比值（m/z）大小依次排列形成的图谱。物质在质谱仪中进行电子轰击，可获得该物质化学成分的EI-MS图，成分不同，所得质谱图显示的分子离子基峰及进一步的裂解碎片峰也不一致，可资鉴别。质谱法具有分析速度快、分析范围广、灵敏度高、精密度好、信息直观等优点，尤其是与气相色谱、液相色谱结合的气质联机、液质联机分析法在香料香精的分析中目前已占有非常重要的位置。

现今香料香精分析所用的"气质联机"都是以氦气为载气，对可挥发性有机化合物（即香料与香精）在气相色谱中进行高效分离。气相色谱柱的末端连接质谱仪，质谱仪配有EI与CI源，质谱检测范围0～1000，已包括了香料和香精中所有可挥发的成分。由于样品中各组分在气相色谱中已经得到高效的分离，各个气带进入质谱被检测，得出每一扫描时间内的质谱图以及总离子流强度色谱图，计算机自动谱库检索（NIST库）定性，还可以根据总离子流色谱图的峰高或峰面积定量。

事实上，可以把质谱仪看作是气相色谱仪的检测器，这个"检测器"得到了比FID（氢火焰检测器）更多的信息。但是千万记住一点：气质联机在"定性"方面仍旧是"猜"，例如色谱图上的一个"峰"有可能是"二氢茉莉酮酸甲酯"，也可能是"氧化石竹烯"，还有可能是另外一个香料，不要以为按照气质联机得出的"成分表""依样画葫芦"就可以配出一个"惟妙惟肖"的香精来。真正的仿香非调香师下一番苦功不可，调香师的鼻子在任何时候都比仪器重要得多。

诚然，调香师拥有一台气质联机，仿香的速度要快多了。下面是一个用气质联机仿香的例子。

色谱、质谱实验条件如下：

仪器：北京东西分析仪器有限公司，GC4000A-MS-3000；

色谱柱：SE-30石英毛细管柱（0.25mm×50m，0.25μm）；

进样口：240℃；

程序升温：60℃1min，升温速率10℃/min，终温240℃保持20min；

氦气流速：50mL/min；

柱前压：0.1Mpa；

进样量：0.2μL，不分流；

接口温度：200℃；

EI源电子能量：70eV；

电子倍增器电压：1400V；

质量扫描范围：30～400；

离子源温度：150℃；

四极杆温度：30℃；

检索：NIST02 谱库等。

分析：色谱分离后，根据每个色谱峰质谱碎片图查阅 NIST02 谱库等数据库，确定其化学组成，并用面积归一法定其各种成分的含量百分比。

按照以上分析条件测定，得到某"果香玫瑰香精"的谱图，分析这个谱图，有些原料（如 2-甲基丙烯酸壬酯、桃金娘烯醇、喇叭茶醇等）调香师手头还没有，而万山麝香已经禁用，必须用其他香料代替，二缩丙二醇和邻苯二甲酸二乙酯都只是溶剂，暂时不考虑，所以参照谱图初步拟出一张配方单如下：

果香玫瑰香精 A 的配方（单位为质量份）：

苯乙醛	0.3	异长叶烯	1.2
柠檬萜	0.4	紫罗兰酮	4.0
苯乙醇	5.7	水杨酸丁酯	0.7
乙酸苄酯	1.6	结晶玫瑰	1.0
香茅醇	14.4	丙位十一内酯	2.8
香叶醇	4.0	长叶烯	5.0
羟基香茅醛	5.0	吐纳麝香	3.0
十一醛	1.0	丙酸香茅酯	0.8
乙酸香茅酯	3.4	麝香 T	2.7
丁香酚	1.4	柏木油	5.0
鸢尾酯	0.2	合计	70.3
香兰素	6.7		

按这个配方配出的香精，香气与被仿样有较大的差距，根据香气的差距调整配方如下：

果香玫瑰香精 A 调整配方（单位为质量份）：

苯乙醛	0.4	香兰素	7.0
柠檬萜	0.5	异长叶烷酮	1.2
苯乙醇	20.0	紫罗兰酮	4.0
乙酸苄酯	2.0	水杨酸丁酯	1.0
香茅醇	10.0	结晶玫瑰	1.0
香叶醇	20.0	丙位十一内酯	3.0
羟基香茅醛	5.0	长叶烯	5.0
十一醛	1.0	吐纳麝香	3.0
乙酸香茅酯	4.1	丙酸香茅酯	0.8
丁香油	2.1	麝香 T	2.7
鸢尾酯	1.2	柏木油	5.0

按这个配方配出的香精，香气与被仿样非常接近，整体香气和谐，闻之令人愉快，留香时间也与被仿样差不多，评香组的意见是"基本可以"，仿香告一段落。

气质联机分析在"定量"方面比一般的气相色谱分析要差一些，有可能的话，用气质联机"定性"，再用气相色谱双柱法"定量"，可以得到更好的结果。

为了让读者更直观地看到气质联机分析法的优点与不足，笔者专门配制了一个香精，配方（单位为质量份）如下：

丙酸乙酯	0.98	"粗玫瑰醇"	8.35
异戊酸乙酯	1.47	洋茉莉醛	1.96
芳樟醇	14.7	邻氨基苯甲酸甲酯	4.90
苯乙醇	50.00	异丁香酚	1.47
乙酸苄酯	4.41	兔耳草醛	4.90
苯乙醛二甲缩醛	1.47	二氢茉莉酮酸甲酯	4.90
吲哚	0.49		

配方中的"粗玫瑰醇"从上海某公司购进，香气较杂，其成分未知。这个香精用"气质联机"法分析，得

到的谱图和"数据"经分析，配方中的所有香料单体都被分析出来了，多出的几个化合物（苎烯、香茅醇、乙酸香叶酯、植醇、邻苯二甲酸二乙酯、十九烷、二十六烷和一个未知物）可能是从"粗玫瑰醇"中带进来的。说明"气质联机"分析法在"定性"方面确实不错，但在"定量"方面就不行了——大多数与实际相去甚远，如"苯乙醇"用"百分归一法"得出的数据是 31.37%，同实际上的 50%差太多了，可以想象，仿香时如果完全采用"气质联机"法分析而后用"百分归一法"得到的数据调配香精的话，配制出来的香精与被仿样的差距就太大了！

要克服气质联机分析法的不足，最好的办法是仿香样品再用气质联机法分析一次，对照被仿样的图谱和数据，再拟出第二次仿香的配方，再配制，再"打样"分析，直到与被仿样的香气接近为止。

电脑对每一个色谱峰都为我们"匹配"了几个到几十个单体香料供选择，一般情况下，"匹配度"越高的就越有可能是正确的，但也常有例外，这是考验检测人员、调香师技术水平的关键时刻！调香师根据以往经验常常可以立即指出"匹配"不对的香料单体，尤其是"保留时间"不对的例子很快就会被发现剔除或改正，如同样在 SE-30 柱子上打色谱，乙酸芳樟酯是不可能比芳樟醇早"出峰"的，倍半萜烯也不可能在单萜烯前"出峰"，所以，调香师和气质联机操作人员熟悉、掌握各种香料在某种特定条件下的保留时间是很有必要的。

用液质联机分析仿香的做法与气质联机分析仿香的做法相似，本书不再详述。

8. 固相微萃取与顶空分析法

顶空进样技术是气相色谱法中一种方便快捷的样品前处理方法，其原理是将待测样品置入一密闭的容器中，通过加热升温使挥发性组分从样品基体中挥发出来，在气液（或气固）两相中达到平衡，直接抽取顶部气体进行色谱分析，从而检验样品中挥发性组分的成分和含量。使用顶空进样技术可以免除冗长繁琐的样品前处理过程，避免有机溶剂对分析造成的干扰，减少对色谱柱及进样口的污染。该仪器可以和国内外各种型号的气相色谱仪相连接。

顶空分析法分静态顶空分析技术与动态顶空分析技术两种：

（1）静态顶空分析技术（简称顶空进样技术）是顶空分析法发展中所出现的最早形态而得到广泛的推广和应用，主要用于测量那些在 200℃下可挥发的被分析物以及比较难于进行前处理的样品。静态顶空分析法在仪器模式上可分为三类，见图 5-28。

| (a) 顶空气体直接进样模式 | (b) 平衡加压采样进样模式 | (c) 加压定容采样进样模式 |

图 5-28　静态顶空分析仪器进样模式

顶空气体直接进样模式：

由气密进样针取样，一般在气体取样针的外部套有温度控制装置。这种静态顶空分析法模式具有适用性广和易于清洗的特点，适合于香精香料和烟草等挥发性含量较大的样品。加热条件下顶空气的压力太大时，会在注射器拔出顶空瓶的瞬间造成挥发性成分的损失，因此在定量分析上存在一定的不足。为了减少挥发性物质在注射器中的冷凝，应该将注射器加热到合适的温度，并且在每次进样前用气体清洗进样器，以便尽可能地消除系统的记忆效应。

平衡加压采样模式：

由压力控制阀和气体进样针组成，待样品中的挥发性物质达到分配平衡时对顶空瓶内施加一定的气压将顶空气体直接压入载气流中。这种采样模式靠时间程序来控制分析过程，所以很难计算出具体的进样量。但平衡加压采样模式的系统死体积小，具有很好的重现性。同样为了减少挥发性物质在管壁和注射器中的冷凝，应该对管壁和注射器加热到适当的温度，而且在每次进样前用气体清洗进样针。

加压定容采样进样模式：

由气体定量环、压力控制阀和气体传输管路组成，该系统靠对顶空瓶内施加一定的气压将顶空气压入六通阀的定量环中，然后用载气将六通阀定量环中的顶空成分进到色谱柱中。这种方法的优点是重现性很好，很适合进行顶空的定量分析。但由于系统管路较长，挥发性物质易在管壁上吸附，因此一般将管路和注射器加热到较高的温度。

静态顶空分析法的主要缺点是有时必须进行大体积的气体进样，样品的蒸汽体积过大，这样挥发性物质色谱峰的初始展宽较大会影响色谱的分离效能；特别对于组成复杂的样品，这种进样方式限制了高效毛细管色谱柱的使用，蒸汽中大量水分也往往有损于色谱柱的寿命。如果样品中待分析组分的含量不是很低时，较少的气体进样量就可以满足分析的需要时，而水分又不是很高时，静态顶空分析法仍是一种非常简便而有效的分析方法。

（2）动态顶空分析法源于采用多孔高聚物对顶部空气中的挥发性物质进行捕集和分析。连续用惰性气体不断通过液态待测样品将挥发性组分从液态基质中"吹扫"出来，挥发性组分随气流进入捕集器，捕集器中的吸附剂或低温冷肼捕集挥发性组分，最后将抽提物进行解吸分析。

该方法是一种将样品基质中所有挥发性组分都进行完全的"气体提取"的方法，适合复杂基质中挥发性较高的组分和浓度较低的组分分析，较顶空和顶空-固相微萃取方法有更高的灵敏度。动态顶空分析根据捕集模式分为吸附剂捕集和冷肼捕集两种。

吸附剂捕集常用的吸附剂有苯乙烯和二乙烯基苯类聚体的多孔微球、各种高聚物多孔微球和 Tenax-TA（2，6-二苯呋喃多孔聚合物），目前应用较广泛的是 Tenax-TA。在冷肼捕集分析中水是对测定最大的影响因素，因为水在低温时易形成冰堵塞捕集器。

固相微萃取（solid phase microextraction，SPME）技术是 20 世纪 90 年代兴起的一项新颖的样品前处理与富集技术，它最先由加拿大 Waterloo 大学的 Pawliszyn 教授的研究小组于 1989 年首次进行开发研究，属于非溶剂型选择性萃取法。将纤维头浸入样品溶液中或顶空气体中一段时间，同时搅拌溶液以加速两相间达到平衡的速率，待平衡后将纤维头取出插入气相色谱汽化室，热解吸涂层上吸附的物质。被萃取物在汽化室内解吸后，靠流动相将其导入色谱柱，完成提取、分离、浓缩的全过程。

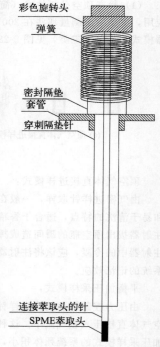

图 5-29 固相微萃取器

美国的 Supelco 公司在 1993 年实现商品化，其装置类似于一支气相色谱的微量进样器，萃取头是在一根石英纤维上涂上固相微萃取涂层，外面套细不锈钢管以保护石英纤维不被折断，纤维头可在钢管内伸缩。将纤维头浸入样品溶液中或顶空气体中一段时间，同时搅拌溶液以加速两相间达到平衡的速率，待平衡后将纤维头取出插入气相色谱汽化室，热解吸涂层上吸附的物质。被萃取物在汽化室内解吸后，靠流动相将其导入色谱柱，完成提取、分离、浓缩的全过程。固相微萃取技术几乎可以用于气体、液体、生物、固体等样品中各类挥发性或半挥发性物质的分析。发展至今短短的 10 年时间，已在环境、生物、工业、食品、临床医学等领域的各个方面得到广泛的应用。在发展过程中，主要涉及探针的固相涂层材料及涂渍技术、萃取方法、联用技术的发展、理论的进一步完善和应用等几个方面。固相微萃取器见图 5-29。

SPME 有三种基本的萃取模式：直接萃取（direct extraction SPME）、顶空萃取（headspace SPME）和膜保护萃取（membrane-protected SPME）。

直接萃取方法中，涂有萃取固定相的石英纤维被直接插入样品基质中，目标组分直接从样品基质转移到萃取固定相中。在实验室操作过程中，常用搅拌方法来加速分析组分从样品基质中扩散到萃取固定相的边缘。对于气体样品而言，气体的自然对流已经足以加速分析组分在两相之间的平衡。但是对于水样品来说，组分在水中的扩散速度要比气体中低 3～4 个数量级，因此须要有效的混匀技术来实现样品中组分的快速扩散。比较常用的混匀技术有：加快样品流速、晃动萃取纤维头或样品容器、转子搅拌及超声。

这些混匀技术一方面加速组分在大体积样品基质中的扩散速度，另一方面减小了萃取固定相外壁形成的一层液膜保护鞘而导致的所谓"损耗区域"效应。

在顶空萃取模式中，萃取过程可以分为两个步骤：

（1）被分析组分从液相中先扩散穿透到气相中；

（2）被分析组分从气相转移到萃取固定相中。

这种改型可以避免萃取固定相受到某些样品基质（比如人体分泌物或尿液）中高分子物质和不挥发性物质的污染。在该萃取过程中，步骤（2）的萃取速度总体上远远大于步骤（1）的扩散速度，所以步骤（1）成为萃取的控制步骤。因此挥发性组分比半挥发性组分有着快得多的萃取速度。实际上对于挥发性组分而言，在相同的样品混匀条件下，顶空萃取的平衡时间远远小于直接萃取平衡时间。

膜保护 SPME 的主要目的是在分析很脏的样品时保护萃取固定相避免受到损伤，与顶空萃取 SPME 相比，该方法对难挥发性物质组分的萃取富集更为有利。另外，由特殊材料制成的保护膜对萃取过程提供了一定的选择性。

目前，顶空固相微萃取分析已广泛应用于气体、液体、生物、固体等样品中各类挥发性或半挥发性物质的分析。

顶空固相微萃取与气质联机结合分析有香物质的香气成分弥补了直接抽样与气质联机结合分析的不足，但二者分析的结果大相径庭。为此，笔者配制了 2 个香精样品进行顶空固相微萃取与直接抽样气质联机的分析比较，先看其中之一"茉莉香精"的配方和顶空分析、直接抽样分析结果；见表 5-17。

表 5-17　茉莉香精配方与分析数据

物质名称	配方	顶空分析	直接抽样分析
茉莉素	0.2		
叶醇	0.2		
邻氨基苯甲酸甲酯	0.3		
吲哚	0.3		
甲基柏木酮	5.0		
苯乙醇	4.0		1.84
二甲苯麝香	4.0		3.81
甲位己基桂醛	4.0		11.17
甜橙油	4.0		
D-柠檬烯		16.92	5.13
异松油烯			0.08
异松油烯			0.09
苯甲酸苄酯	5.0		6.53
乙酸松油酯	5.0	6.41	4.56
乙酸松油酯		0.45	0.25
甲位戊基桂醛	8.0	2.75	9.79
未知物			0.28
苯甲醇	10.0	5.52	4.91
苯甲醇		0.87	2.96
松油醇	10.0	18.90	11.46
乙酸苄酯	40.0	49.04	35.76

上表中"配方"为质量份，"顶空分析"和"直接抽样分析"用"百分归一法"得到的数据。

顶空固相微萃取与气质联机（手性柱）分析方法如下：

仪器与试剂：

GC4000A/MS3100 型气相色谱-质谱联用仪，北京东西电子公司；

75μmCAR/PDMS 固相微萃取装置，美国 SUPELCO 公司。

固相微萃取法提取挥发油实验步骤如下：

取 1.00g 样品于顶空瓶中，用聚四氟乙烯隔垫密封，于 60℃下平衡 5min，用 75μm CAR/PDMS 萃取纤维头顶空取样 1h。

气相色谱-质谱测定条件：

气相色谱条件、手性柱：HP-5 弹性石英毛细管（30m×0.25mm×0.25μm）；

柱温：60℃（10℃/min）升温至 250℃；

汽化室温度：250℃；

载气：He；

载气流量：1mL/min；

分流比：60∶1。

质谱条件、离子源：EI 离子源；

离子源温度：150℃；

接口温度：220℃；

四极杆温度：150℃；

电子能量：70eV；

电子倍增器电压：1988V；

质量范围：40～350m/z。

测定方法：

由固相微萃取法提取的挥发油以顶空方式进样后，用气相色谱-质谱联用仪进行分析鉴定。通过 MS3000RT 工作站数据处理系统，检索 Nist 谱图库，并分别与标准谱图进行对照，复合，再结合有关文献进行人工谱图解析，确认其挥发油的各个化学成分，再通过 MS3000RT 工作站数据处理系统，按面积归一化法进行定量分析，分别求得各化学成分在挥发油中的质量分数。

从表 5-17 中可以看出，茉莉素、叶醇、邻氨基苯甲酸甲酯、吲哚、甲基柏木酮等 5 个香料用顶空分析法和直接进样分析法都测不出来；苯甲酸苄酯、苯乙醇、二甲苯麝香、甲位己基桂醛用顶空分析法测不出；其他成分测定后用百分归一法计算出的数据与配方对照有高有低；沸点较低、蒸气压较高的香料单体如柠檬烯、乙酸松油酯、松油醇、乙酸苄酯等用顶空分析法测定的结果含量都较高；沸点较高、蒸气压较低的香料单体如甲位戊基桂醛、苯甲醇等用顶空分析法测定的结果含量都较低。

再来看一个"百花香精"的配方与检测结果（方法同上）（表 5-18）。

表 5-18　百花香精配方与分析数据

香料名称	配方	顶空分析法	直接进样法
癸醛	0.5		
甲基壬基乙醛	0.5		
风信子素	1.5		
对甲氧基苯乙酮	1.5		
二甲基对苯二酚	1.5		
水杨酸戊酯	1.5		
异长叶烷酮	7.0		
二氢月桂烯醇	0.5		0.39
乙酸苏合香酯	1.0		1.06
香茅醇	7.0		5.24
香叶醇	3.0		2.29
洋茉莉醛	2.0		0.59
洋茉莉醛			1.72
紫罗兰酮	3.0		2.57
佳乐麝香	3.5		2.25
甲位己基桂醛	3.0		3.04
乙酸苯乙酯	1.5	3.09	
芳樟醇	10.0	14.52	14.03
丙酸三环癸烯酯	1.0	0.72	1.02
铃兰醛	5.0	1.23	9.28
松油醇	9.0	8.57	12.68
香豆素	2.0	2.15	0.18
乙酸苄酯	14.5	24.04	15.88
乙酸对叔丁基环己酯	4.0	2.63	1.70
乙酸对叔丁基环己酯		12.58	

续表

香料名称	配方	顶空分析法	直接进样法
乙酸芳樟酯	6.5	24.42	6.65
异丁香酚	2.0	0.40	0.16
玳玳叶油	2.0		
格蓬浸膏	0.5		
广藿香油	1.0		
柏木油	4.0		
侧柏烯		2.04	
大根香叶烯 D		1.54	
金合欢烯			0.44
羽毛伯烯			0.62
榄香烯		1.34	

从表 5-18 中可以看出，癸醛、甲基壬基乙醛、风信子素、对甲氧基苯乙酮、二甲基对苯二酚、水杨酸戊酯、异长叶烷酮 7 个香料用顶空分析法和直接进样分析法都测不出来；二氢月桂烯醇、乙酸苏合香酯、香茅醇、香叶醇、洋茉莉醛、紫罗兰酮、佳乐麝香、甲位己基桂醛用顶空分析法测不出；乙酸苯乙酯用直接进样分析法测不出来；其他成分测定后用百分归一法计算出的数据与配方对照也都有高有低；沸点较低、蒸气压较高的香料单体如乙酸苏合香酯、芳樟醇、乙酸苄酯、乙酸芳樟醇等用顶空分析法测定的结果含量都较高；沸点较高、蒸气压较低的香料单体如丙酸三环癸烯酯、铃兰醛、异丁香酚等用顶空分析法测定的结果含量都较低。经常分析的人可以从中找出一些规律性的东西，或者总结出一套"校正系数"以作测定时参考。

9. 在仿香基础上创香

仿香的目的是创香。其实每一个调香师在仿香的同时也是念念不忘创香的，当嗅闻到一个与众不同的新的香味时，当"解剖"一个香精的过程中发现使用了新的香料或者自己原先在配制这种香型时没有用到的香料时，当"仿配"到某一个程度闻到一股"全新"的香气时，当"看出"被仿的香精存在的某种缺点时，调香师会有强烈的创香欲望，甚至把仿香工作暂时丢在一旁，先来一段创香活动。

"创香"是一种高超的创作性艺术活动，同其他艺术创作活动——写作、画画、谱曲等——一样，需要捕捉"灵感"，而这"灵感"常常在仿香实践过程中产生。例如调香师第一次闻到"香奈儿 5 号"香水时，除了佩服创作者使用醛类香料的大胆，马上也会冒出"我也来一个"的想法。

既然是"创"，当然得先有一个"构思"，就像要盖一栋大楼一样，头脑里要有一个轮廓，要用哪些材料。而且应该有一个目的，即配出的香精用于何处？（这涉及用哪一个档次和哪一种规格的香料）——因为有时候仿配一个香水香精时会想到这个香型其实用作香皂也很适合——如果要"创"的香精用途与"仿"的不一样，那么看色谱（不管是气相色谱还是液相色谱）资料就要做一番分析。比如被仿样是香水香精，其中大量用到价格昂贵的天然香料，而你想要"创"的香精准备用于香皂，这些天然香料尽量少用或不用，用哪一些合成香料代替呢，还是用原来配好的"香基"代替？

仿香的纸上操作往往是：在写配方计划时各种香料的排列次序是同色谱图表一致的，即按沸点、分子量或是"极性"从小到大或从大到小排列，以便与被仿样对照、修改配方。而"创香"的纸上操作却不能这样，要"直奔主题"——先写下主香材料名称，并试配之，直到"主体香气"出现，再写下辅香材料名称，然后一个个试加入修饰之。在创香的整个过程中，闻到前所未有的香气时又会产生创造另一个香型的欲望。

许多初学调香的人往往想走"捷径"——没有经过大量的仿香训练就要"创香"了。须知这好像小孩子学画画，涂鸦、"乱画"当然可以，但要画出一定的水平可不是那么简单。"仿香"既是学习调香的"基础课"又是调香人员一辈子的"补习课"，在仿香时一有想法就"创香"一般是对的，但真能创出一个好作品则非得下苦功不可！

仿香有一个"框框"——每一种香料加入之前都要想一想：加进去会不会"走调"？加多少才不会"走调"？创香则没有这个"框框"，它鼓励打破常规，鼓励"破坏性"的实验，当调到一定的程度，香气虽然不错但一直没有"新意"时，加入香气强烈、有"怪味"的香料或香基让香精"变调"，再往里面加入"修饰剂"调圆和，这时好好地回忆一下：原来仿香时用到这个香料或者香基时又用了哪一些香料"修饰"调圆和？用量是多少？例如在仿香时经常看到只要用到女贞醛几乎必用柑青醛，而且后者用量往往是前者用量的数倍，这样当我们调一个香精想让它有点"青气"而加入女贞醛时，就知道再加入数倍于女贞醛量的柑青醛比较容易再调得圆和，一试就灵，省得走"冤枉路"。

下面是一个在仿香过程中创香的例子：

有一个"外来的""白玫瑰"香精，用"气质联机"打出色谱图表，仿配这个香精时，先按照谱图上的顺序和"面积百分比"四舍五入得到的数据试配，当第20个香料（乙酸香叶酯）加入摇匀时，闻到一股宜人的、以前好像没有闻过的香气，产生"创香"的欲望，暂时停止仿香，创造一个新的香型吧。

分析色谱图表，觉得里面有几个香气"粗糙"的香料用量很大，如素凝香、二甲苯麝香、甲酸苯乙酯、二苯醚、广藿香油等，嗅闻该香精，也觉得香气不够雅致，有刺鼻感，把这几个香料换成与玫瑰香气比较"协调"的香料如洋茉莉醛、吐纳麝香、乙酸芳樟酯、玫瑰花醇、龙涎酮等，反复试配几次，得到一个香气宜人、前所未有的香精。这个香精的香气与被仿的"白玫瑰"香精完全不同，香气柔和甜美，闻之令人舒适愉快，留香持久，而且不易变色，可用于各种化妆品的加香。

创香时可以考虑多加一些价格不太昂贵的天然香料（如上例中的纯种芳樟叶油、安息香膏和丁香油）或特殊香基，大公司还可以考虑往里面加点只有本公司才拥有的特殊香料品种，给想要模仿此香精的调香师制造一些困难。

创香时如果考虑到配制成本的话（大部分工业用香精配制成本是非常重要的），每一个新加入的香料都可以先用廉价的试试看，比如有两家香料厂提供的铃兰醛，一家的单价是60元/kg，另一家是80元/kg，前者香气较差，第一次试配时应该用60元/kg的，配好以后如觉得改用80元/kg的会更好些再试配一次——但通常都不这样做，有经验的调香师宁愿用其他香料把香精调圆和。卡南加油比依兰油便宜许多，创香时如有需要都是先用卡南加油试配。仿香时则只能用香气较为"纯正"的那一种。所以在一般情况下，香气非常接近、香气强度差不多、留香时间也一样的香精，仿香样品比创香样品的配制成本要高出不少。

10. 创香和给香精取名

前一节"在仿香基础上创香"已经讲到创香鼓励打破常规，鼓励"破坏性"的实验，这是创香工作一个很重要的思想，但这仅仅是"勇气"而已，创香工作单靠"勇气"是不够的，如同打仗一样，单靠勇气打不赢敌人，打赢敌人还得要有实力！而这"实力"除了"人数""武器"外，重要的是长期不懈的"练兵"。

假设有个香水公司准备花大力气推出一个全新的香水，向全世界的香精厂征集"有创意"的香精，发动一场调香师的"世界大战"，上面的比喻就太形象了！

先看"实力"：

"人数"——不是越多越有优势，而是"世界级"的顶尖调香师有多少；

"武器"——手头的香料品种有多少，有没有"新式武器"或"尖端武器"；

上面两个条件都是超大型香料公司拥有，对于中小型企业来说，在这两个方面是不可能有什么优势的。中小型香料厂要提高自己的"实力"，只有靠"练兵"，"勤学苦练"才能"出人头地"。事实上，超大型香料公司也有缺点，由于自己公司生产不少香料，公司里的调香师"有义务"多多使用自己公司生产的香料，对这些香料"了如指掌"，而对别的公司生产的香料特别是香气类似的香料"不屑一顾"，久而久之，每个公司调出的香精都有自己的"公司味"。小型香精厂反而更加灵活，全世界生产的香料，只要买得到的他都买，平时又大量地仿香、创香，手头有着更多香气特别的香基，参与这种世界性的竞争不一定都是"弱者"。

要创出一个"史无前例"的香气出来可不是一件简单的事，对于超大型香料公司里面的调香师来说，公司刚刚开发的还没有被别人掌握的新香料尽快把它调出一个"超级"的香精是"出人头地"的一条捷径，中小型香料厂就没有这个条件，手头的香料早已被前人千百次地用过，要再"创造奇迹"难上加难，勇气和毅力成为决定的因素。

以"香奈儿五号"为例说明创香的过程：

在"香奈儿五号"之前，香水几乎是花香"一统天下"，调香师们把当时所有能够得到的香料翻来覆去、反反复复地调配，还是"花香"！虽然有一些非花香如木香、豆香、膏香、动物香、草香等的香料也可调出一些其他用途的香精在使用，但主题不是花香的香水却几乎没有一个推销成功！醛香香料也早已有之，只是这些结构简单的"高碳醛"香气都"太差"了，在香精里只能极少量使用，稍微多用一点点香气就"不圆和"。香奈儿（代表调香师）也是想要调配一个"前所未有"、最好不是花香为主的香精，她（或他）想到了"醛香"，希望调出一个"自始至终"都是"醛香"而又要让人们闻起来愉悦的香精出来，这样势必醛香香料要"超量使用"（老调香师们根据自己长期调香的经验，告诉后人每一种香料在常用的香精里面的"用量范围"或"最高限量"，用过头就是"超量使用"），香奈儿找到了一种可以多用一些醛香香料的方法，就是几种醛香香料一起使用，并试出了这几种醛香香料放在一起的"最佳比例"，之后又逐一地试验其中每一种醛香香料与哪一些香料或香基配伍可以让醛香不太暴露，这些工作都完成以后，香奈儿已经有把握配制这种新型的香水香精了。当然，最终配出现在闻到的被世人称赞了近百年还会再继续称赞下去的香水还是要花费很长时间的努力的，须知在那个时代，调香师手头的香料还不到现在常用香料的十分之一！

香水香精的"创香"比较自由，几乎可以"随心所欲"，爱怎么调就怎么调。其他日用品香精的调配可就不能这么自由了，往往要受到许多限制——配制成本、色泽、溶解性、留香时间、"公众喜爱程度"（公共场合使用的物品香气不能太"标新立异"）等，还有像肥皂香精要求耐碱、漂白剂香精要耐氧化、橡胶和塑料用的香精要耐热、熏香香精要在熏燃时散发令人愉悦的香气……日用品香精的"创香"要先了解这些"限制"，对每一个准备加入的香料都要想一想是否符合要求，以免辛辛苦苦创出来的香精被评香部门在加香实验前否定！

干花、人造花的香精通常就采用该花（草、果）的天然香味，但有些花（草、果）本来就没有香气或者香气非常淡弱，此时调香师可以想象给它一个香味，比如牡丹花给它类似铃兰花的香味、扶桑花给它类似紫丁香花的香味、杜鹃花给它类似金合欢花的香味等；有些花（草、果）是几个品种放在一起的，此时可以调配"白花"香精（假如都是白花的话）、"三花"香精、"百花"香精、"热带水果"香精、"百果"香精、"森林百花"香精等"幻想型"香精，"创作新香气"的空间还是很大的。

化妆品、香皂、蜡烛的香精一般对"色泽"有要求，希望产品加香精以后不要变色，这就限制了不少香料在配制这些香精时的应用，100年前这是一个大问题，因为当时调香师手头上可用的香料品种很少，而且主要是容易变色的天然香料。当时美国出品的"象牙"香皂能做到那么洁白可以说是创造了奇迹！要是现在就容易多了，合成香料已经是"琳琅满目"，除去有颜色、易变色的香料，可供选择的还是多得很，调香师仍可以自由自在地"创香"。

牙膏、漱口水香精是被调香师认为最难有什么"新创意"的，因为牙膏、漱口水香精一定要"清凉""爽口"，调来调去都是薄荷、水果香味，或者加点"药味"什么的。最近有人注意到"茉莉花茶"能畅销全国而且还经久不衰的奥秘，大胆推出"茉莉香"和"茶香"牙膏香精，取得成功，不但说明花香完全可以用在牙膏香精里面，也说明不管什么日用品，随着人们生活质量的提高、生活习惯的改变，"携带"的香气也是可以改变的，调香师在所有日用品香精中的"创香"活动永远不会停止。

给辛辛苦苦创造好的香精取一个好名字也是一件值得花点精力、有意义的事，就如人的姓名一样，姓名是每一个人的第一张名片，虽然只是个文字符号，但它具有信息能量及文字的全息理念。一个恰到好处的佳名、雅号，在本质上应当是一种与时俱进、受时尚文化规定影响的高雅文化，应当是一幅赏心悦目的山水画，是一首语言凝练、内涵丰富的好诗。它能给人好的暗示导引、增加能量、激励上进，为事业成功助一臂之力。从这个意义上来说，好的名字，总是以最简练的语言来表达最深刻的意境。可惜目前国内众多的香精厂不重视香精的命名，千篇一律都是"玫瑰""檀香""麝香""东方""茉莉""百花"，好像除了这几个就再也想不出好名字来了。尤其熏香香精更有意思，几乎所有的香型都可以叫做"檀香"香精，弄得生产卫生香和蚊香的厂家都搞不清什么才是真正的檀香香味了。交谈、买卖、使用也极不方便。国内有一本《香精调配手册》，里面列出了31种"百花"香精；还有一本《配方手册》，单是"百花香精"就有79个！请看其中一个配方：

薰衣草油	100滴	香草油	73.93mL
玫瑰油	1滴	乙醇	1182.8mL
茉莉净油	73.93mL		

模仿自然界花花草草和动物的各种香气，直接用该植物品种来给香精命名是自然不过的事。一般来说，一个香精的香味闻起来"很像"自然界里某种气息，直接用该气息给这个香精命名是对的，比如"茉莉花香精""玫瑰花香精""麝香香精"等，众人一听到或看到这个名字就知道是什么香味，方便大家交流。但有的香精香气与自然物的香气差别太大，用该自然物给这个香精命名就不妥了，可能会误导人家，也可能引起争执。最好的处理方式是来点"幻想"，比如一个香精的香气有点像薰衣草香，干脆叫它"薰衣草之风"好了；香气像玫瑰花的，叫做"玫瑰花园"也不错。这样做，言者听者都心中有数，不会"千人一面"，也让"香味世界"更

加丰富多彩，更有魅力。

曾见过一个报道：英国曼彻斯特大学研究人员发现，某些感受气味的受体参与了人体头发的生长调控——在体外用人工合成的檀香气味刺激头发毛囊细胞，通过特异气味受体能显著减缓细胞凋亡、增加头发生长期。这个发现可能被用于脱发治疗。马上有人想到用合成檀香配制洗发、护发、生发、育发的药物和化妆品，此时，该产品和香精的命名可以跟檀香有关，令人联想到上述的报道。

明显带有两种自然物香味的香精，其名字一般是主香排前，次香靠后，如玫瑰檀香香精、白兰麝香香精等。自然物香气是主香，后面是"幻想香型"的有铃兰百花香精、玫瑰素心兰香精等。前后都是"幻想香型"的有粉香素心兰香精、果香馥奇香精等。自然物香气不太明显的香精可以用"幻想型"名称，几乎可以随心所欲，当然，最好给人的"想象空间"同该香精的香味要能吻合，如"海洋""海岸""海风""森林""热带雨林""山间流水"等。实践证明，一个好的香精带上一个好听的名称容易在商业上取得更大的成功，调香师和香精制造厂万万不可忽视。

反过来，有了一个好听的名字再围绕这个名字创香也是常有的事。前面说到香水公司向全世界征集新型香水香精时，有时候会带上一个名字，这个名字也许是老板喜欢的或者"脱口"说出来的，也可能是一组高级管理者经过深思熟虑产生的，名字的后面往往有一段文字说明，例如有人要调一个香水香精，名字叫做"圣诞节之夜"，要求它的香气以"甜的辛香、琥珀香和青膏香为主构成"。看了这段文字，你可以闭上眼睛，想一想圣诞节之夜看到了什么，听到了什么，又闻到了什么气息。围绕着"圣诞节之夜"充分发挥想象空间，调香师们创拟出许多有价值的新型香气，下面是一个比较成功的例子：

"圣诞节之夜"香精的配方（单位为质量份）：

甜橙油	1	洋茉莉醛	2
香柠檬油	8	玫瑰净油	1
纯种芳樟叶油	5	茉莉净油	1
苯乙醇	4	乙酸苄酯	4
香紫苏油	2	兔耳草醛	1
玫瑰醇	2	桂醇	4
乙酸芳樟酯	5	香兰素	2
香叶醇	4	香根油	1
羟基香茅醛	5	水杨酸丁酯	2
依兰油	4	水杨酸苄酯	2
丁香油	2	赖百当净油	3
紫罗兰酮	7	异长叶烷酮	2
铃兰醛	4	龙涎酮	2
二氢茉莉酮酸甲酯	5	麝香T	3
苯甲酸苄酯	1	吐纳麝香	3
甲位己基桂醛	4	檀香油	4

用这个配方配出的香精香气优雅，各种花香穿插其间，细细品尝则有甜美的辛香和膏香，尾段是含蓄的龙涎（琥珀）香气，作为一款新型的女用香水香精是非常合适的，也与标题"圣诞节之夜"相当吻合。可以说，这个香精的创造首先应归功于"圣诞节之夜"这么好的名字。

11. 电脑调香

一个小小的鼠标，一个巨大无比的"网络"，已经给我们的日常生活带来了翻天覆地的变化——放眼当今世界，电脑和"网络"已经渗入人们衣、食、住、行、学习和工作的各个方面，正在对人们产生广泛而深远的影响。电脑和网络时代已经到了，电脑和网络的大量使用会"改造"人们还是人们仍然要"改造"电脑和网络呢？

目前电脑虽名为"脑"，其实比人脑笨得多，并且不会主动思考，原因是现在电脑的复杂程度尚不及蚯蚓的"脑袋"。但是，著名数学家阿兰·图灵早在1950年就预测电脑有一天会达到人脑的水平。设计出和人脑一样会学习、会思考的电脑，是科学家半个多世纪以来的梦想。最初，科学家采用"从上到下"的方法来模仿人脑。这种方法是每当发现人脑的一种功能，设计师就编出一套软件，让电脑实现同样的功能。人们认为，随着程序代码逐渐积累，终有一天，电脑能够实现人脑的所有功能。但实践表明，这种从软件入手的想法行不通。大脑的本事是能够进行神经元编程，在思想和感受器之间传递电流。然而，模仿这种功能成为工程师不可逾越的高山。虽然电脑的性能日新月异，但至今人类也没有揭开"意识之眼"的秘密，没能制造出一台能够掌控公司运营的电脑，也就是说，电脑仍然不会思考。集成电路发明人罗伯特·诺伊斯1984年建议，改用"从下到上"的方式模仿人脑，也就是先绘制出一份详细的大脑地图，把大脑内所有弯弯绕绕的细枝末节搞得清清楚楚，然后按照这份"大脑地图"组装电脑，这样做出来的电脑，应该能和人脑有得一拼。

2001年初，由中国科学院、新华通讯社联合组织的预测小组预测"新世纪将对人类产生重大影响的十大科技趋势"，这十大科技趋势中的第四大趋势就是认知神经科学领域——揭示人脑奥秘，探索意识、思维活动的本质。有人认为，21世纪人类将在脑科学和认知神经科学研究的几个重大问题上取得突破性进展。对人脑和神经系统分子发育和工作机制的深入研究，将逐步揭示脑和认知过程的奥秘，促进认知科学、教育学和信息科学的发展，并可能为人的智力开发和电脑科学带来新的突破，人类生命的本质也会发生变化。神经植入将扩展人类的知识和思考能力，并且开始向一种复合的人机关系过渡，这种复合关系将会使人类逐渐停止对生物机体的需要。

调香师们做好准备了吗？

目前所谓的"电脑调香"都只能称之为"机器调香"而已，也就是让调香效率再提高一些，跟"电"有关系，跟"脑"没有关系。比较"先进"的是利用"混沌调香"和"三值理论"原理让电脑按某些规则、条件、要求"写"出大量的配方，再用玲珑小巧的"调香机"快速调配出样品供调香师和评香师嗅闻选用。虽然离真正的"电脑调香"还有十万八千里，但毕竟提高了调香速度，让调香师从繁重的体力劳动中解放出来，也为将来的"电脑调香"走出一大步了。

第二节　食用香基

我国食品工业的年产值约30000亿元（人民币），需要使用价值300多亿元（人民币）的食用香精。国内有数百家香精配制厂，总产值不到100亿元，而真正由国内"自主研制"的香精只是这其中的几分之一而已——大部分是拿国外的"香基"在国内加溶剂、载体稀释，没有多少"技术含量"的。究其原因，历史条件、经营方式、垄断因素、"崇洋媚外"等都有，但最重要的还是"技术"——可以说，在我国几乎没有一家香精厂真正有"研制"食用香精的能力，或者说，有一定的"研制能力"但不愿意脚踏实地去做。

食用香精的配制技术是一种看似简单却奇妙无穷的带艺术性的工作，由于它不像调配日用香精那样有太多的"创造性"可以"幻想"，可以"无中生有"，只能老老实实地"仿香"——仿配大自然各种食物的芳香，仿配别人已经成功应用的香精，很难有什么"创意"，所以有"艺术家头脑"的调香师对食用香精不屑一顾，觉得只要有一台功能优越的气质联机加上容量足够大的数据库，什么香精也"不在话下"，"马上"就可以把它仿配出来。

其实食用香精与日用香精最大的区别不在于"香"，而在于"味"，调香师调出一款极其美妙的令人垂涎欲滴的香精，有时甚至"超过上帝的杰作"，可到了评香部门，还是被否定了，理由是"味道不行"，也许有苦味或异味，也许加在食品里面"表现不佳"。这说明食用香精的"研制"需要一个庞大的评香机构。

"民以食为天"，中国的烹调技术、中国的食品有许多是世界一流的，只要认认真真"从头做起"，到大自然中去，到偏僻的农村和少数民族聚居的地方去，拜老百姓为师，每一个调香师用几年工夫研制一个"中国特色"的香味，相信不久的将来"中国食用香精"就会同"中国烹调技术""中国菜"一样享誉世界！

任何一种食品风味，从化学上来说都是由大量的食品香料单体（有时多至千种以上）构成的，靠单纯的一种或几种香料单体构不成与加工食品相匹配的风味。任何一种拟真的食品香精均由许多食品香料经过科学的搭配构成，这种构成基于对食品风味分析的结果和基于对每种香料功效的透彻了解，食品香精的配制消耗了大量的人力和物力，从而构成了知识产权。为了保质和使用上的需要，食品香精除含有许多经过筛选的香料之外，也含有少量防腐剂、色素、表面活性剂等其他食品添加剂，但它们只对食品香精起作用，在最终产品（即加香产品）中没有什么功效可言。从这个角度说，食品香精也是一种复合添加剂，但它又不是一种普通的复合添加剂。

世界各国对食品香精的生产使用均采用 GMP 的办法，即对食品香精只控制原料及其生产方法，只要其原料是合法的，生产条件是卫生的，则食品香精就是安全的，不必也不可能对每个食品香精加以申请和审批。事实上，几千种食品香料可以配制出无数的食品香精，要管也管不过来，世界上每天都在产生成千上万种的新香精，每天也在淘汰无数的食品香精。

关于食品香精的标签问题，由于香精配方的知识产权问题和配方的复杂性，无法在标签上标明所用的全部原料（这正如可口可乐只在标签上标明水、糖、色素和风味基料一样，不可能将基料的每个成分标明）。通过的办法是在标签上只注明为"天然食品香精""人造食品香精"或"加有其他天然原料的食品香精"。

食品香精的使用也按照 GMP 的原则，其使用范围不必单独申请，使用量也受自我限制，这不像色素和防腐剂可以任意多加，因为加有过量香精的食品是无法下咽的。

自从 20 世纪 80 年代我国贯彻食品卫生法和食品添加剂管理办法以来，对食品香料和香精的管理均采取与国际接轨的办法。此办法早已得到国家质量技术监督局、卫生部和各工业部门以及消费者的普遍认同。为了进一步加强对食品香精的管理，卫生部和国家质量技术监督局以卫生许可证和生产许可证的办法对香料香精生产企业加以管理。在发证条件中综合考虑了生产工艺、设备条件、人才、标准和卫生要求。通过这一措施的实施，香精的质量和安全性得到进一步提高。

食品香基大部分也可以作为日化和环境用香精，所用香料的卫生指标可以适当放宽。但食品香基多数留香较差，可往其中加入适量的定香剂，使用哪几种定香剂、加入多少为佳都要经过实验才能确定。

食用香基有如下几种常用香型：

一、水果香型

香蕉香基的配方（单位为质量份）：

乙酸异戊酯	60	纯种芳樟叶油	4
乙酸乙酯	4	辛酸乙酯	2
丁酸乙酯	3	甜橙油	3
丁酸异戊酯	4	柠檬醛	1
异戊酸异戊酯	10	香兰素	4
己酸乙酯	3	洋茉莉醛	2

哈密瓜香基的配方（单位为质量份）：

甜瓜醛	1	丁酸乙酯	5
叶醇	1.5	丁酸丁酯	4
乙酸叶醇酯	1	二甲基丁酸乙酯	1
纯种芳樟叶油	1	丁酸异戊酯	4
乙基麦芽酚	4	己酸乙酯	1
乙酸苯乙酯	0.2	庚酸乙酯	0.5
乙酸丁酯	18	辛炔酸甲酯	0.01
乙酸乙酯	10	辛酸乙酯	0.1
乙酸异戊酯	17	丙二醇	25.69
丙酸乙酯	5		

菠萝香基的配方（单位为质量份）：

异戊酸乙酯	20	柠檬醛	0.2
甜橙油	4	庚酸乙酯	6
丁酸乙酯	18	丁酸香叶酯	0.2
丁酸异戊酯	9.6	香兰素	2
庚酸烯丙酯	14	乙酸乙酯	3
丁酸丁酯	4	乙酸异戊酯	2
己酸烯丙酯	10	乙酰基乙酸乙酯	7

荔枝香基的配方（单位为质量份）：

苯甲醇	1	松油醇	0.5
乙酸香叶酯	0.1	纯种芳樟叶油	0.1
苯甲醛	0.1	甲基紫罗兰酮	1
乙酸香茅酯	0.1	玫瑰醚	0.1
丁酸丁酯	1	柠檬油	8
丁酸香叶酯	0.1	玫瑰醇	0.1
丁酸乙酯	1	辛炔酸甲酯	0.2
香叶油	1	乙酸异戊酯	2
乙酸苄酯	1	二丁基硫醚	0.4
苯乙醇	5	丙二醇	21.2
乙基麦芽酚	6	乙醇	50

草莓香基的配方（单位为质量份）：

草莓酸乙酯	1	丁酸乙酯	7
乙酸异戊酯	2	乙酸乙酯	5
己酸乙酯	4	香兰素	5
丁二酮	0.5	叶醇	3
乙基麦芽酚	4	乳酸乙酯	16
丙位癸内酯	4	乙酸苄酯	5
草莓酸	1	纯种芳樟叶油	5
乙酸	3	丙二醇	24.5
异戊酸乙酯	10		

橘子香基的配方（单位为质量份）：

甜橙油	19.5	柠檬醛	0.3
癸醛	0.1	蒸馏橘子油	10
冷压橘子油	70	香兰素	0.1

柠檬香基的配方（单位为质量份）：

柠檬油	70	癸醛	0.1
柠檬醛	2	白柠檬油	2
甜橙油	25.7	香兰素	0.2

水蜜桃香基的配方（单位为质量份）：

桃醛	10	丙位癸内酯	10
苯甲醛	0.5	橙叶油	0.52
香兰素	1	甲基丁酸	5
乙酸异戊酯	5	丁酸异戊酯	12
丁香油	0.5	纯种芳樟叶油	5
异戊酸异戊酯	12	丁酸乙酯	4
甜橙油	62	苯甲醇	10
异丙基	4	乙酸乙酯	10
甲基噻唑	0.5	桂酸苄酯	3
庚酸乙酯	0.5	丙二醇	4.5

苹果香基的配方（单位为质量份）：

戊酸戊酯	25	戊醇	2
乙酸乙酯	14	芳樟醇	2
丁酸戊酯	24	香兰素	1
乙酰乙酸乙酯	2	乙酸戊酯	4

丁酸乙酯	15	己醇	5
乙酸己酯	2	香叶醇	2
乙酸玫瑰酯	1	乙基麦芽酚	1

葡萄香基的配方（单位为质量份）：

邻氨基苯甲酸甲酯	50	乙酸乙酯	15
丁酸乙酯	10	丁酸戊酯	4
异戊酸乙酯	10	芳樟醇	4
己酸乙酯	2	乙酸	1
香兰素	2	乙基麦芽酚	2

覆盆子香基的配方（单位为质量份）：

草莓醛	40	覆盆子酮	4
甲基紫罗兰酮	10	乙酸苄酯	5
苯乙醇	5	甜橙油	5
乙酸丁酯	5	乙酸乙酯	1
乙酸己酯	1	己酸乙酯	1
丁酸戊酯	5	香叶油	1
丁香油	1	水杨酸甲酯	1
苯甲酸乙酯	1	苯甲醛	0.5
叶醇	0.5	大茴香醛	0.5
丁二酮	0.2	鸢尾浸膏	1.5
香兰素	3	乙基麦芽酚	1
洋茉莉醛	1	己醇	5.8

梨子香基的配方（单位为质量份）：

乙酸异戊酯	40	香柠檬油	3
乙酸乙酯	40	香兰素	2
丁酸乙酯	7	丁香酚	0.5
甜橙油	7	玳玳叶油	0.5

杏子香基的配方（单位为质量份）：

乙酸异戊酯	19	戊醇	1.3
乙酸乙酯	16	香兰素	2.5
丁酸乙酯	19	庚酸乙酯	10
丁酸丁酯	20	丙位十一内酯	10
丁香酚	0.3	大茴香脑	0.2
甜橙油	0.5	丁酸戊酯	1.2

芒果香基的配方（单位为质量份）：

乙酸异戊酯	2	丙位癸内酯	5
乙酸丁酯	8	纯种芳樟叶油	5
甲酸香茅酯	7.5	乙位紫罗兰酮	5
丁酸戊酯	6	玳玳叶油	1
丁酸丁酯	15	2-甲基丁酸	2.5
乙酰乙酸乙酯	30	乙基麦芽酚	2
丙位壬内酯	7.5	苯甲酸乙酯	1
丙位十一内酯	2.5		

樱桃香基的配方（单位为质量份）：

乙酸异戊酯	5	丁酸乙酯	8
乙酸乙酯	35.3	丁酸戊酯	14

甲酸戊酯	5	甜橙油	5
洋茉莉醛	5	香叶油	3
苯甲酸乙酯	4	玳玳叶油	1
香兰素	3	大茴香醛	1
庚酸乙酯	2	丙位十一内酯	0.2
苯甲醛	8	桂醛	0.5

二、坚果香型

杏仁香基的配方（单位为质量份）：

苯甲醛	80	丙位十一内酯	1
丙位癸内酯	1	丙二醇	5
香兰素	2	乙醇	10
洋茉莉醛	1		

椰子油香基的配方（单位为质量份）：

丙位壬内酯	30	乙酸乙酯	1
乙基香兰素	3	乙基麦芽酚	1
香兰素	5	苯乙酸丁酯	2
甜橙油	2	丙二醇	54
丁香油	2		

咖啡香基的配方（单位为质量份）：

吡啶	20	2,6-二甲基丙位硫代吡喃酮	4
2-乙酰基苯并呋喃	4	4-乙基苯酚	0.5
2-甲基-3-乙基吡嗪	20	4-乙基-2-甲氧基苯酚	2.5
2,3-二乙基吡嗪	0.5	2-羟基苯乙酮	5
2-甲基-3-异丙基吡嗪	7.5	3,4-二甲基苯酚	2
2-乙酰基吡嗪	10	甲基-2-羟基苯基硫醚	1.6
2-甲基-3-甲硫基吡嗪	2	2-甲氧基苯硫酚	5
硫代乙酸糠酯	3	糠硫醇	1.4
丙基糠基硫醚	1	咖啡酊	10

三、熟肉香型

"配制"鸡肉香基的配方（单位为质量份）：

1,6-己二硫醇	65.0	3-甲硫基丙醛	3.0
2,4-癸二烯醛	18.0	己醛	9.0
糠醛	3.0	3-甲硫基丙醇	0.5
苯甲醛	1.5		

这个香基的香比强值非常大，用丙二醇稀释至 0.1% 即为鸡肉香精。

四、乳香型

牛奶香基的配方（单位为质量份）：

丁酸	1.00	丁酸乙酯	12.50
丙酸	0.50	丁酸丁酯	12.50
己酸	0.05	乳酸乙酯	25.00
辛酸	0.30	3-羟基-2-丁酮	0.50
癸酸	1.25	丁二酮	0.20
丁位十二内酯	15.00	丁位壬烯-2-酮	10.00

2-庚酮	2.50	丁酰乳酸丁酯	6.00
乙基香兰素	1.00	乙基麦芽酚	3.80
牛奶内酯	7.90		

奶油香基的配方（单位为质量份）：

丁酸	10	丁酰乳酸丁酯	15
丁酸乙酯	20	对甲氧基苯乙酮	5
丁酸戊酯	20	二氢香豆素	5
丁酸丁酯	10	乙基香兰素	10
丁二酮	5		

牛奶鸡蛋油香基的配方（单位为质量份）：

香兰素	16	洋茉莉醛	0.4
椰子醛	0.8	丁二酮	1.5
对甲氧基苯乙酮	2	苯甲醛	0.1
水	3	乙醇	76.2

鲜奶油香基的配方（单位为质量份）：

丁酸	1.0	丁二酮	1.0
辛酸	0.1	2-庚酮	0.2
乙基吡嗪	0.2	己酸甲酯	0.1
丁位癸内酯	10.0	丙位壬内酯	2.0
丁位十二内酯	10.0	丙位十一内酯	1.4
乙基麦芽酚	5.0	丙位癸内酯	1.0
乙酸戊酯	3.0	色拉油	60.0
乙基香兰素	5.0		

奶酪香基的配方（单位为质量份）：

丁酸	15.0	乙酸乙酯	0.1
己酸	20.0	丁酰乳酸丁酯	0.1
辛酸	3.0	丁醇	1.0
癸酸	4.0	2-戊醇	1.0
丁二酮	0.1	2-庚醇	1.0
3-羟基-2-丁酮	1.0	2-庚酮	0.1
丁酸乙酯	0.2	丁位壬烯二酮	53.4

五、辛香型

大蒜香基的配方（单位为质量份）：

二烯丙基硫醚	15	烯丙硫醇	5
二烯丙基二硫醚	30	二丙基二硫醚	4
二烯丙基三硫醚	30	大蒜油树脂	15
丙硫醇	1		

洋葱香基的配方（单位为质量份）：

二甲基二硫醚	3	二丙基硫醚	7
二烯丙基二硫醚	3	2-甲基戊醛	7
丙基烯丙基二硫醚	3	4-己烯醛	7
二丙基二硫醚	30	洋葱油	7
二丙基三硫醚	33		

生姜香基的配方（单位为质量份）：

| 丁香油 | 6 | 柠檬油 | 20 |

白柠檬油	20	丙位癸内酯	1
甜橙油	10	姜油树脂	25
柠檬醛	10	辣椒油树脂	7
香兰素	1		

芫荽香基的配方（单位为质量份）：

芳樟醇	80	乙酸香叶酯	2
丙位松油烯	6	乙酸芳樟酯	1
苎烯	2	(E)-2-癸烯醛	6
松节油	3		

丁香香基的配方（单位为质量份）：

丁香酚	80	乙位石竹烯	16
乙酸丁香酚酯	1	香兰素	2
乙酸异丁香酚酯	1		

肉桂香基的配方（单位为质量份）：

桂醛	78	桂酸乙酯	2
乙位石竹烯	3	苯甲醛	1
丁香酚	8	芳樟醇	2
乙酸桂酯	6		

八角茴香香基的配方（单位为质量份）：

大茴香脑	80	香芹酮	1
甲基黑椒酚	2	大茴香醛	1
纯种芳樟叶油	2	丁香酚甲醚	3
丁香酚	3	柠檬油	8

香肠调味香基的配方（单位为质量份）：

丁香油	33	芫荽油	2
肉豆蔻油	15	黑胡椒油	20
辣椒油	30		

鱼香调味香基的配方（单位为质量份）：

丁香油	27	辣椒油	10
生姜油	4	众香果油	46
肉桂皮油	13		

红烧牛肉调味香基的配方（单位为质量份）：

八角茴香油	34	大蒜油树脂	12
花椒油	16	生姜油树脂	28
肉桂皮油	5	洋葱油	10

六、凉香型

薄荷香基的配方（单位为质量份）：

薄荷油	37	桉叶油	3
薄荷脑	35	水杨酸甲酯	2
留兰香油	20	大茴香油	3

留兰香香基的配方（单位为质量份）：

留兰香油	50	水杨酸甲酯	3
薄荷素油	20	丁香油	3
薄荷脑	20	大茴香油	4

桉叶香基的配方（单位为质量份）：

桉叶油	52	大茴香油	10
香叶油	5	薰衣草油	3
水杨酸甲酯	10	薄荷脑	10
乙酸松油酯	10		

七、菜香型

芹菜香基的配方（单位为质量份）：

丁二酮	0.10	辛醛	2.50
3-亚丙基-2-苯并[C]呋喃酮	0.25	松油醇	1.25
3-丁基-4,5,6,7-四氢苯酞	0.50	乙酸芳樟酯	2.50
香芹烯	12.50	乙酸香芹酯	5.00
石竹烯	12.50	乙酸叶酯	2.50
叶醇	2.50	苯甲酸苄酯	7.45
香芹醇	2.50	芹菜籽油	0.15
香芹酮	5.00	芫荽籽油	0.05
柠檬醛	5.00	柠檬油	15.00
十二醛	1.25	芹菜油树脂	19.00
癸醛	2.50		

黄瓜香基的配方（单位为质量份）：

反,顺-2,6-壬二烯醛	1	甲位己基桂醛	10
反,顺-2,6-壬二烯醛二乙缩醛	2	柠檬醛	2
叶醇	10	乙酸丁酯	10
香叶醇	8	丁酸乙酯	2
己醛	6	乙酸叶酯	4
反-2-己烯醛	4	丙酸叶酯	6
壬醛	4	丁二酸二乙酯	31

番茄香基的配方（单位为质量份）：

2-甲基-2-庚烯-6-酮	50.00	4-甲基-2-戊烯醛	0.40
3-甲硫基丙醛	29.38	己醛	0.60
叶醇	12.00	辛醛	0.40
丁酸	0.60	苯甲醛	0.60
纯种芳樟叶油	1.00	苯乙醛	1.00
3-己烯酸	0.60	顺-4-庚烯醛	0.20
异戊醛	0.40	二甲基硫醚	0.02
丁酸松油酯	2.00	2-异丁基噻唑	0.02
乙基香兰素	0.60	2-异丙基-3-甲氧基吡嗪	0.18

蘑菇香基的配方（单位为质量份）：

纯种芳樟叶油	1	苯乙醇	11
乙酰化芳樟叶油	1	1-辛烯-3-酮	13
己酸	4	1-辛烯-3-醇	65
苯甲醛	5		

马铃薯香基的配方（单位为质量份）：

3-甲硫基丙醛	50	4-甲基-5-羟乙基噻唑	5
2-乙酰基-3-乙基吡嗪	25	糠醛	5
2-乙基-3-甲基吡嗪	5	丁二醇	5
5-甲基-2-甲硫基甲基-2-呋喃丙烯醛	5		

八、花香型

茉莉花香基的配方（单位为质量份）：

乙酸苄酯	50	甲位己基桂醛	5
丙酸苄酯	5	纯种芳樟叶油	10
丁酸苄酯	5	乙酰化芳樟叶油	20
苯乙醇	5		

玫瑰花香基的配方（单位为质量份）：

香叶油	10	香茅醇	12
苯乙醇	50	乙酸香叶酯	4
香叶醇	10	纯种芳樟叶油	3
橙花醇	10	丁香油	1

桂花香基的配方（单位为质量份）：

二氢乙位紫罗兰酮	42	壬醛	2
丙位十一内酯	4	苯乙醇	20
芳樟醇	8	桂花净油	20
橙花醇	4		

白兰花香基的配方（单位为质量份）：

纯种芳樟叶油	80	己酸烯丙酯	2
乙酸苄酯	3	白兰净油	10
苯乙醇	5		

九、其他香型

可乐香基的配方（单位为质量份）：

白柠檬油	55	柠檬油	25
甜橙油	5	菊苣浸膏	5
肉桂油	0.5	肉豆蔻油	0.1
姜油	0.1	芫荽籽油	0.1
松油醇	0.1	香兰素	0.1
香荚兰豆酊	9		

巧克力香基的配方（单位为质量份）：

可可粉酊	50	香荚兰豆酊	30
香兰素	3	乙基香兰素	3
2,3,5-三甲基吡嗪	1	苯乙酸	1
异丁醛	1	异戊醛	2
丁位癸内酯	5	苯乙酸戊酯	4

香芋香基的配方（单位为质量份）：

香兰素	12	椰子醛	3
丙位癸内酯	6	苯甲酸苄酯	62.5
乙基香兰素	8	乙酰基噻唑	0.5
丁位癸内酯	3	3-甲硫基丙醇	1
乙基麦芽酚	4		

香荚兰香基的配方（单位为质量份）：

香兰素	23	乙基麦芽酚	4
椰子醛	1	洋茉莉醛	4
乙基香兰素	8	乙醇	60

食用香基除了用于配制各种食品、部分用于日用品加香外，还大量用作牙膏漱口液香精、酒用香精、烟用香精、饲料香精和药用香精等。

第三节　配制食用香精

一、甜食香精

我国习惯上把甜味食品香精分成"水质香精"和"油质香精"，前者主要用于配制饮料、奶制品等；后者比较耐热，用于配制糖果、饼干等"热作"食品。前者以乙醇、少量水为溶剂，后者以各种食用油如菜籽油、茶油、花生油、色拉油、棕榈油等为溶剂。国外则倾向于不分"水质""油质"香精，通通用丙二醇为溶剂。由于大大小小的食品厂特别是星罗棋布的小食品作坊，香精是由"师傅"们凭经验加入的，这些"师傅"们用惯了稀释后的食品香精（一般为10％～20％，但有的稀释到1％～2％的程度），对于所谓"3倍""5倍"直至100％的香精（也就是"香基"）使用不习惯，所以直到现在，食品香精都是稀释后的产品。有些书上介绍食品香精时同一个香型列举了好几个配方例子，差别仅仅在于没有香气的溶剂加入量不同而已。

我们希望让读者在尽可能短的时间里掌握食品香精的配制技巧，所以在这里只介绍用各种香型香基加适量的乙醇（有时可加少量纯水）、食用油和丙二醇成为"水质""油质"和"通用型"食品香精。

大多数香料易溶于乙醇，有的香料可少量或微量溶解于水，因此"水质"食用香精较易配制，水的加入量可以通过试配确定——常温下将水滴加到已经预先溶解好的香基乙醇溶液里，直至混浊再回加乙醇让其变澄清即得知水分的"最高加入量"——当然，水的加入量还是离"饱和点"远一些为佳，以免成品在冬季低温时混浊或析出沉淀。

食用油不是各种香基理想的溶剂，因此，上述香基如要配成"油质"香精必须通过实际调配试验。如溶解不好，可查阅本章末常用香料在水、乙醇、丙二醇和油中的溶解性表，把配方中不溶或难溶于油的香料换成易溶于油的香料。

各种香料在丙二醇中的溶解度也不如乙醇，因此，配制"通用型"食品香精也同上述"油质"香精一样必须通过实际试配才能确定，必要时换掉部分不溶于丙二醇的香料单体。

乳化香精是食品行业，尤其是饮料和冰淇淋生产中广泛应用的一大类香精，它具有使用方便、价格便宜、能产生浊度等一系列突出优点，在食品加工行业中广泛地应用着。

在一些特定的场合下，必须（或不得已）把油溶性（水溶性）香精加入水（油）质食品中，为了获得均一的食品感官和香气分布，需将香精均匀分散在食品系统中，这时就要用到乳化香精；为使果汁饮料具有天然混浊果汁的逼真感，必须人为地补充混浊、增强色泽和强化香气等，也必须添加乳化香精。

乳化香精通常指饮料用乳化香精，以食用香基、增重剂、色素、抗氧化剂等为油相（分散相），以增稠剂、防腐剂、去离子水为水相（连续相），经高压均质乳化而成。分别配制好水相和油相后，在高速剪切下，油相被分散到水相中，再经高压均质，油滴的直径达 $1\mu m$ 左右，就可得到乳化香精。

乳化香精属胶体溶液，在热力学上是不稳定的，受胶体化学规律支配，在浓缩状态下和在饮料中，出现分出乳油（结圈）、沉淀、絮凝或聚结。这几种现象单独发生或同时存在，在饮料中表现为瓶颈出现油圈或底部出现沉淀，饮用时香气强度先强后弱。

影响乳化香精稳定性的因素主要有：两相的密度差异、油相粒子大小、界面吸附引力、静电作用等。相应的解决不稳定的措施主要有：调整油相密度、选用合适的均质压力、调整体系离子强度、选用合适的乳化增稠剂、严格按照操作程序生产等。

在烘焙食品中，应用水包油（O/W）型乳化香精，加热时，表面的水分被蒸发，内相的油粒被一层胶膜包囊而形成一层保护层，起到减缓香精挥发的作用，达到在烘焙过程中耐热包香的效果。

有些柑橘风味的饮料要求澄清透明，这时需要微乳化的香精。微乳液，是两种互不相溶液体在表面活性剂作用下形成的热力学稳定的、各向同性、外观透明或半透明、粒径为1～100nm的分散体系。虽然有不少公司在研究，但市场上还不见有。主要的问题在于还没有找到一个能产生非常低的表面张力的、食品级的表面活性剂。

复合乳状液被认为是液态的微胶囊。复合乳状液，也叫多重乳状液，是指一种水包油型和油包水型乳状液共存的复杂体系，通常为双重乳化液，即 W/O/W 型和 O/W/O 型。复合乳化香精通过两个界面才能释放，起到了缓释的作用，另外还有保护香精免受反应、掩盖异味的作用，引起了食品业界人士的广泛注意，今后有可能大显身手。

乳化香精工艺流程如下：水相和油相配制——高剪切粗乳化——高压均质（1～2 次）——离心去杂（管式离心机或碟片分离机）——包装。

粉末香精是食用香基或微胶囊香精加载体、抗氧化剂、抗结块剂等混合而成的，有时还有酸（一般都是柠檬酸）和色素（食用色素）。常用的载体有面粉、玉米粉、玉米芯粉、淀粉、变性淀粉、乳清粉、大豆粉、糊精、环糊精、明胶、阿拉伯胶、果胶、各种糖（蔗糖、乳糖、葡萄糖、木糖、低聚糖、多糖等）、木糖醇、卵磷脂、蜂蜡、羧甲基纤维素钠盐、食盐、乙基香味素、碳酸钙、碳酸镁、硅酸钙等。常用的抗氧化剂有维生素C、维生素 E、BHA（丁基羟基茴香醚）、BHT（2,6-二叔丁基对甲酚）、没食子酸丙酯、没食子酸辛酯、没食子酸十二酯、茶多酚和其他植物多酚、植酸、卵磷脂等。常用的抗结块剂有碳酸钙、碳酸镁、硅酸钙、磷酸钙、硅酸镁、硬脂酸钙、白炭黑等。

二、咸味香精

咸味香精是 20 世纪 70 年代兴起的一类新型食品香精，我国在 20 世纪 80 年代开始研究生产咸味食品香精，90 年代是我国咸味食品香精飞速发展的十年。经过二十几年的时间，目前我国咸味食品香精生产技术已经进入世界先进行列，咸味食品香精生产量和消费量也进入世界前列。随着咸味食品香精生产和使用量的扩大，人们对咸味食品香精对食品安全影响的关注程度也在加深。由于咸味食品香精也称为调味香精，一些部门在管理过程中误将其按调味品或调味料管理，也给咸味食品香精生产和使用带来诸多问题。

咸味食品香精的定义是"由热反应香料、食品香料化合物、香辛料（或其提取物）等香味成分中的一种或多种与食用载体和/或其他食品添加剂构成的混合物，用于咸味食品的加香。"这个定义是权威的、准确的。根据这一定义，我们可以清楚地看到，咸味食品香精是用于咸味食品加香的一种食品香精。从品种来看，咸味食品香精主要包括牛肉、猪肉、鸡肉等肉味香精，鱼、虾、蟹、贝类等海鲜香精，各种菜肴香精以及其他调味香精。

人类对咸味食品香味的要求是多种多样的，也是日益增长的。咸味食品由于加工工艺、加工时间等的限制，在热加工过程中产生的香味物质从质和量两方面都难以满足人们的要求，必须通过添加咸味食品香精来补充或改善。

咸味食品香精在咸味食品的功能上是补充和改善食品的香味，这些食品包括各种肉类、海鲜类罐头食品、各种肉制品、仿肉制品、方便菜肴、汤料、调味料、调味品、鸡精、膨化食品等。和其他食品香精一样，为食品提供营养成分不是咸味食品香精的功能。

猪肉香精 A 的配方（单位为质量份）：

猪肉香基	98.90	1‰甲基-2-甲基-3-呋喃基二硫	0.15
乙基麦芽酚	0.22	1‰甲基烯丙基二硫醚	0.08
1‰3-巯基-2-丁醇	0.25	1‰二丙基二硫醚	0.06
1‰2-甲基-3-巯基呋喃	0.09	1‰二糠基二硫醚	0.09
4-甲基-5-羟乙基噻唑	0.06	1‰3-甲硫基丙醛	0.10

猪肉香精 B 的配方（单位为质量份）：

猪肉香基	99.41	4-甲基-5-羟乙基噻唑	0.03
1‰四氢噻吩-3-酮	0.05	4-甲基-5-羟乙基噻唑乙酸酯	0.02
1‰2-甲基四氢噻吩-3-酮	0.03	10‰2-戊基呋喃	0.02
1‰双（2-甲基-3-呋喃基）二硫	0.05	10‰2-乙基呋喃	0.05
10‰2-甲基-3-甲硫基呋喃	0.01	10‰3-巯基-2-丁酮	0.01
1‰2-甲基-3-呋喃硫醇	0.15	10‰2-甲基吡嗪	0.05
2-乙酰基呋喃	0.01	10‰二甲基-3-丙烯基吡嗪	0.05

10％2,3-二甲基吡嗪	0.05	10％3-甲硫基丙醛	0.01

熏猪肉香精的配方（单位为质量份）：

水	40.6	糠醛	0.1
食盐	45.0	愈创木酚	0.1
山核桃烟熏液	5.0	异丁香酚	0.1
水解明胶	4.0	壬酸	0.1
黄糊精	4.0	油酸	1.0

牛肉香精 A 的配方（单位为质量份）：

牛肉香基	99.56	10％2-乙酰基噻唑	0.05
4-甲基-5-羟乙基噻唑	0.05	10％3-甲硫基丙酸乙酯	0.05
2-甲基吡嗪	0.01	10％3-巯基-2-丁醇	0.02
2-乙酰基吡嗪	0.01	10％3-巯基-2-丁酮	0.01
2,5-二甲基吡嗪	0.01	10％2-乙基呋喃	0.05
2,3,5-三甲基吡嗪	0.01	10％甲基-3-呋喃硫醇	0.02
2,5-二甲基-3-乙基吡嗪	0.01	10％2-甲基-3-甲硫基呋喃	0.02
1％四氢噻吩-3-酮	0.05	10％甲基-2-甲基-3-呋喃基二硫	0.02
10％异丙烯基吡嗪	0.05		

牛肉香精 B 的配方（单位为质量份）：

牛肉香基	99.50	10％2,6-二甲基吡嗪	0.02
4-羟基-2,5-二甲基-3(2H)-呋喃酮	0.01	10％2,3,5-三甲基吡嗪	0.02
10％4-羟基-5-甲基-3(2H)-呋喃酮	0.05	1％2-乙酰基噻唑	0.05
10％二糠基二硫醚	0.02	10％三甲基噻唑	0.03
10％糠硫醇	0.01	10％2,4-二甲基噻唑	0.02
10％甲基-2-甲基-3-呋喃基二硫	0.04	10％5-甲基糠醛	0.02
10％2-甲基-3-甲硫基呋喃	0.02	10％3-甲硫基丙醛	0.03
10％双(2-甲基-3-呋喃基)二硫	0.04	10％3-甲硫基丙醛	0.02
10％2-甲基-3-呋喃硫醇	0.02	2,3-丁二硫醇	0.02
10％三硫代丙酮	0.02	10％3-巯基-2-丁醇	0.02
10％3-巯基-2-戊酮	0.02		

鸡肉香精的配方（单位为质量份）：

鸡肉香基	99.70	10％甲基-2-甲基-3-呋喃基二硫	0.01
4-羟基 2,5-二甲基-3(2H)-呋喃酮	0.03	10％双(2-甲基-3-呋喃基)二硫	0.05
2,5-二甲基吡嗪	0.01	10％甲基糠基二硫醚	0.01
2-甲基吡嗪	0.01	10％2,5-二甲基-2,5-二羟基-1,4-二噻烷	0.02
10％2,3,5-三甲基吡嗪	0.02	10％1,6-己二硫醇	0.01
10％3-甲硫基丙醇	0.01	10％二甲基二硫	0.01
10％3-甲硫基丙醛	0.01	10％二甲基三硫	0.02
10％3-巯基-2-丁醇	0.01	10％反,反-2,4-癸二烯醛	1.0
10％3-巯基-2-丁酮	0.03	10％反,反-2,4-壬二烯醛	0.02
10％2,5-二甲基-3-呋喃硫醇	0.01	10％反,反-2,4-庚二烯醛	0.01

羊肉香精的配方（单位为质量份）：

羊肉香基	89.16	3,6-二甲基-2-乙基吡嗪	0.15
羊油温和氧化产物	10.00	10％3-巯基-2-丁醇	0.01
2-甲基辛酸	0.01	10％硫代苯酚	0.02
10％2-乙基辛酸	0.05	10％3-甲硫基丙醇	0.03
10％4-甲基壬酸	0.15	10％反,反-2,4-癸二烯醛	0.02

1％反,反-2,4-庚二烯醛	0.25	1％2-甲基-3-呋喃硫醇	0.15

鱼香精的配方（单位为质量份）：

鱼肉香基	99.00	10％2-甲基庚醇	0.05
2-乙酰基呋喃	0.15	10％苄醇	0.15
4-乙基愈创木酚	0.15	10％异戊醛	0.05
33％三甲胺	0.14	10％2-辛酮	0.05
1,5-辛二烯-3-醇	0.05	1％2-甲基-3-呋喃硫醇	0.05
2,6-二甲氧基苯酚	0.01	1％1,4-二噻烷	0.15

蟹香精的配方（单位为质量份）：

蟹肉香基	94.55	1％吡啶	0.05
1％2-甲基吡嗪	0.10	1％1-辛烯-3-醇	0.50
1％三甲基吡嗪	0.50	1％1,5-辛二烯-3-醇	1.00
1％1,4-二噻烷	0.05	1％苄醇	1.50
1％2,5-二甲基-2,5-二羟基-1,4-二噻烷	0.05	1％异戊醛	0.50
1％2,5-二羟基-1,4-二噻烷	0.05	1％2-乙酰基呋喃	1.00
1％2-甲基-3-疏基呋喃	0.15		

虾香精的配方（单位为质量份）：

虾肉香基	93.05	1％2-甲基-3-疏基呋喃	0.25
1％吡啶	0.05	1％1-辛烯-3-醇	1.00
1％四氢吡咯	0.10	1％1,5-辛二烯-3-醇	1.00
1％2-甲基吡嗪	0.10	1％苄醇	1.50
1％三甲基吡嗪	1.00	1％异戊醛	0.50
1％4,5-二甲基噻唑	0.45	1％2-乙酰基呋喃	1.00

上面几例中的"猪肉香基""牛肉香基""鸡肉香基""羊肉香基""鱼肉香基""蟹肉香基""虾肉香基"分别见本书第二章第四节"美拉德反应产物"的有关内容。

三、混合香辛料

混合香辛料是将数种香辛料混合起来，使之具有特殊的混合香气。代表性品种有：咖喱粉、辣椒粉、五香粉、十三香、肉骨茶、沙茶酱等。

咖喱粉——主要由香味为主的香味料、辣味为主的辣味料和色调为主的色香料等三部分组成。一般混合比例是：香味料40％，辣味料20％，色香料30％，其他10％。当然，具体做法并不局限于此，不断变换混合比例，可以制出各种独具风格的咖喱粉。

辣椒粉——主要成分是辣椒，另混有茴香、大蒜等，具有特殊的辣香味。

五香粉——常用于中国菜，用茴香、花椒、肉桂、丁香、陈皮等五种原料混合制成，有很好的香味。

十三香——又称十全香，13种各具特色香味的中草药物，包括紫蔻、砂仁、肉蔻、肉桂、丁香、花椒、大料、大茴香或小茴香、木香、白芷、三奈、良姜、干姜等的混合物。其配比一般是：花椒、大茴香或小茴香各5份，桂皮、三奈、良姜、白芷各2份，其余各1份，然后把它们合在一起。

肉骨茶包配料：当归、枸杞、玉竹、党参、桂皮、牛七、熟地、西洋参、甘草、川芎、八角、茴香、桂香、丁香、大蒜、胡椒等，有的还加桂圆、淮山、陈皮、辣椒等。

沙茶酱的主要成分由花生仁、白芝麻、椰子肉、芹菜籽、芥菜籽、芫荽籽、辣椒粉、花椒、八角、小茴香、桂皮、生姜、香草、木香、丁香、胡椒、咖喱、白芍、三奈、葱头、蒜头、虾米、比目鱼干、精盐、白糖、花生油等几十种原料经磨碎熬制而成。

四、调味品

调味品是指能增加菜肴的色、香、味，促进食欲，有益于人体健康的辅助食品。它的主要功能是增进菜品质量，满足消费者的感官需要，从而刺激食欲，增进人体健康。从广义上讲，调味品包括咸味剂、酸味剂、甜味剂、鲜味剂和辛香剂等，像食盐、酱油、醋、味精、糖（另述）、八角、茴香、花椒、芥末等都属此类。在饮食、烹饪和食品加工中广泛应用，用于改善食物的香味并具有去腥、除膻、解腻、增香、增鲜等作用的产品。

按照我国调味品的历史沿革，基本上可以分为以下三代：

第一代，单味调味品，如酱油、食醋、酱、腐乳及辣椒、八角等天然香辛料，其盛行时间最长，跨度数千年。

第二代，高浓度及高效调味品，如超鲜味精、IMP（5′-肌苷酸钠）、GMP（5′-鸟苷酸钠）、甜蜜素、阿斯巴甜、甜叶菊和木糖等，还有酵母抽提物、HVP（水解植物蛋白）、HAP（水解动物蛋白）、食用香精、香料等。此类高效调味品从 20 世纪 70 年代流行至今。

第三代，复合调味品。现代化复合调味品起步较晚，进入 20 世纪 90 年代才开始迅速发展。

目前，上述三代调味品共存，但后两者逐年扩大市场占有率和营销份额。

调味品的每一个品种，都含有区别于其他原料的特殊成分，这是调味品的共同特点，也是调味品原料具有调味作用的主要原因。

调味品中的特殊成分，能除去烹调主料的腥臊异味，突出菜点的口味，改变菜点的外观形态，增加菜点的色泽，并以此促进人们食欲，杀菌消毒，促进消化。

例如味精、酱油、酱类等调味品都含氨基酸，能增加食物的鲜味；香菜、花椒、酱油、酱类等都有香气；葱、姜、蒜等含有特殊的辣素，能促进食欲，帮助消化；酒、醋、姜等可以去腥解腻。

调味品还含有人体必需的营养物质，如酱油、盐含人体所需要的氯化钠等矿物质；食醋、味精、"鸡精"等含有不同种类的多种蛋白质、氨基酸及糖类。此外，某些调味品还具有增强人体生理机能的药效。

各种调味品基本上都有自己特定的呈味成分，这与其化学成分的性质有密切的联系，不同的化学成分，可以引起不同的味觉。常用的调味品主要呈咸、甜、酸、辣、鲜、香、苦、涩等味——辣、香和涩不属于舌蕾感觉的"五味"，但人们出于习惯还是把它们列入其中。

1. 咸味

咸味是化合物中中性盐所体现的味道，如氯化钠、氯化钾、氯化铵等都有咸味，但同时又有各自的其他味道。各种盐的呈味程度与化合物的分子量有关，分子量越大，苦味等异味越重。咸味的主要来源是食盐，食盐的主要成分是氯化钠，由于氯离子和钠离子的特有性质，决定了氯化钠有"纯正"的味道。

咸味调味品有盐、酱油、酱类制品。对一些肾脏患者，在生活中不能用食盐，可以苹果酸钠、谷氨酸钾代用。

2. 甜味

甜味是普遍受欢迎的一种味型。甜味的产生主要是氨羟基等产甜味基因和助甜味基团共同作用的结果。聚合度较低的糖类物质都有甜味，如蔗糖、麦芽糖、葡萄糖、果糖等。

甜味调味品有食糖（包括白糖、红糖、冰糖）、蜂蜜、饴糖等。

甜味剂是指能赋予食品、饮料等甜味的食品添加剂。甜味剂按营养价值可分为营养性甜味剂和非营养性甜味剂两类；按其甜度可分为低甜度甜味剂和高甜度甜味剂；按其来源可分为天然甜味剂和合成甜味剂。非糖类的天然甜味剂有甜菊糖、甘草、甘草酸二钠、甘草酸三钾和甘草酸三钠等。人工合成甜味剂有糖精、糖精钠、环己基氨基磺酸钠、天门冬酰苯丙氨酸甲酯、阿力甜、三氯蔗糖、二氢查耳酮等。

葡萄糖、果糖、蔗糖、麦芽糖、淀粉糖和乳糖等糖类物质，虽然也是天然甜味剂，但因长期被人食用，且是重要的营养素，通常视为食品原料，在中国不作为食品添加剂。

3. 酸味

酸味由有机酸和无机酸电离的氢离子所产生。食醋、番茄酱、"变质"的果汁、酱油和酒都可以作为酸味调味剂，常见酸味的主要成分是醋酸（乙酸）、琥珀酸、柠檬酸、苹果酸、乳酸。有机酸是弱酸，能参与人体正常的代谢，一般对人体健康无影响，能溶于水，一般酸味远不及无机酸强烈。

4. 辣味

辣味是一些不挥发的刺激成分刺激口腔黏膜所产生的感觉。其成分较复杂，各品种的辣味来源于不同的成分。

辣椒的辣味主要是辣椒碱；胡椒的辣味是辣椒碱和椒脂；生姜的辣味主要是姜油酮、姜辛素；葱蒜的辣味主要是蒜素。

5. 鲜味

味精、鸡精、虾子、蚝油、虾油、鱼露等都有鲜味，虾子、蚝油、鱼露的呈鲜成分是各种酰胺、氨基酸，味精是谷氨酸钠，鸡精是肌苷酸钠。

6. 香味

香味来源于挥发性的醇、醛、酮、酸、酯、醚、萜、杂环、含硫含氮类等物质。

香味调味品有茴香、桂皮、花椒、料酒、香糟、芝麻油、酱、酱油、各种花类等。

7. 苦味

苦味来源于茶叶碱、可可碱、咖啡碱等生物碱、酮类化合物。粗盐中含有的氯化镁、硫酸镁等也具有苦味。苦味食物有茶、咖啡、苦瓜、莲蕊和许多中草药植物成分。

8. 涩味

食品中的涩味主要是单宁等多酚化合物，其次是一些盐类（如明矾等），还有一些醛类、有机酸如草酸、奎宁酸也具有涩味。水果在成熟过程中由于多酚化合物的分解、氧化、聚合等，涩味逐渐消失。茶叶中也含有多酚类物质，由于加工方法不同，各种茶叶中多酚类物质含量各不相同，红茶经发酵后，由于多酚物质被氧化，所以涩味低于绿茶。涩味是构成红葡萄酒的一个重要因素。

依调味品的商品性质和经营习惯的不同，可以将目前中国消费者所常接触和使用的调味品分为六类：

（1）酿造类调味品：酿造类调味品是以含有较丰富的蛋白质和淀粉等成分的粮食为主要原料，经过处理后进行发酵，即借有关微生物酶的作用产生一系列生物化学变化，将其转变为各种复杂的有机物，此类调味品主要包括酱油、食醋、酱、豆豉、豆腐乳等。

（2）腌菜类调味品：腌菜类调味品是将蔬菜加盐腌制，通过有关微生物及鲜菜细胞内酶的作用，将蔬菜体内的蛋白质及部分碳水化合物等转变成氨基酸、糖分、香气及色素，具有特殊风味。其中有的加淡盐水浸泡发酵而成湿态腌菜，有的经脱水、盐渍发酵而成半湿态腌菜。此类调味品主要包括榨菜、芽菜、冬菜、梅干菜、腌雪里蕻、泡姜、泡辣椒等。

（3）鲜菜类调味品：鲜菜类调味品主要是新鲜植物。此类调味品主要包括葱、蒜、姜、辣椒、芫荽、辣根、香椿等。

（4）干货类调味品：干货类调味品大都是根、茎、果干制而成，含有特殊的辛香或辛辣等味道。此类调味品主要包括胡椒、花椒、干辣椒、八角、小茴香、芥末、桂皮、姜片、姜粉、草果等。

（5）水产类调味品：水产中的部分动植物干制或加工，含蛋白质较高，具有特殊鲜味，习惯用于调味的食品。此类调味品主要包括水珍、鱼露、虾米、虾皮、虾籽、虾酱、虾油、蚝油、蟹制品、淡菜、紫菜等。

（6）其他类调味品：不属于前面各类的调味品，主要包括食盐、味精、糖、咖喱粉、芝麻油、芝麻酱、花生酱、沙茶酱、番茄酱、果酱、番茄汁、桂林酱、椒油辣酱、芝麻辣酱、花生辣酱、油酥酱、辣酱油、辣椒油、菌油等。

例如福建沙茶酱是用花生仁、白芝麻、左口鱼、虾米、椰丝、大蒜、生葱、芥末、香菜籽、辣椒等原料磨碎加油、盐熬煮而成，色泽金黄，辛辣香浓，是闽南菜常用的调味品之一。具有大蒜、洋葱、花生米等特殊的复合香味，虾米和生抽的复合鲜咸味，以及轻微的甜、辣味。沙茶在闽南地区也被称为沙嗲。

汕头沙茶酱是将油炸的花生米末，用熬熟的花生油与花生酱、芝麻酱调稀后，调以煸香的蒜泥、洋葱末、虾酱、豆瓣酱、辣椒粉、五香粉、芸香粉、草果粉、姜黄粉、香葱末、香菜籽末、芥末粉、虾米末、香叶末、丁香末、香茅末等香料，佐以白糖、生抽、椰汁、精盐、味精、辣椒油，用文火炒透取出，冷却后盛入洁净的坛子内，随用随取。汕头沙茶酱的香味较福建沙茶酱更为浓郁，可做炒、焗、焖、蒸等烹调方法制作的很多菜品的佐料。

目前调味品使用最多的香料和香精是各种香辛料的油树脂及这些油树脂的混合物（天然辛香香精），如辣椒油树脂、生姜油树脂、肉桂油树脂、五香粉油树脂等。随着社会的发展、食品科技的进步和人们生活的需求，近年来一些酒、醋、食用油、酱油、咸味香精也开始在调味品生产中使用。

第四节　酒用香精

酒用香精按说也属于"食品香精"范畴，全部只能用可以食用的香料配制。但酒用香精也有它的许多特点，没有"水质""油质""通用"香精之分，直接使用100％的"纯香精"，因此把它另辟一章讨论。

相对来说，酒用香精是比较简单的，仿配名牌酒的香精并不太难，只要有一台气相色谱仪（最好是气质联机），足够的数据库，特别是各种酸、醇、酮、醛、酯及部分天然精油成分的保留指数（最好是一定条件下的保留时间），加上灵敏的鼻子就能仿配了。

关于酒的起源，世界各民族有着各种各样的民间传说，而且每一个民族都声称酒是本民族"发明"的。其实这个争论是没有意义的。酒是一种"自然"发酵食品，它是由酵母菌分解糖类产生的。酵母菌是一种分布极其广泛的菌类，在广袤的大自然原野中，尤其在一些含糖分较高的水果，这种酵母菌更容易繁衍滋长。含糖的水果，是早期人类的重要食品。当成熟的野果坠落下来后，由于受到果皮上或空气中酵母菌的作用就可以生成酒。在我们的日常生活中，在腐烂的水果摊附近，在垃圾堆里，都经常会嗅到由于水果腐烂而散发出来的阵阵酒味。古人在水果成熟的季节，贮存大量水果于树洞、石洞、"石洼"或各种"窖"里，堆积的水果受自然界中酵母菌的作用而发酵，就有被叫做"酒"的液体析出，这样的结果，一是并未影响水果的食用，而且析出的液体——"酒"，还有一种特别的香味供享用。习以为常，古人在不自觉中"造"出酒来，这是合乎逻辑又合乎情理的事情。当然，古人从最初尝到发酵的野果到"酝酿成酒"，是一个漫长的过程。

有甜味的液体（含糖）发酵能够变成酒，动物的奶汁也是甜的，也含有糖，所以"奶酒"和"果酒"一样也是早就被古人发现并食用了。后来人类又有了把各种粮食里面的淀粉转化成糖（如麦芽糖等）的本领，再把这种"人造糖"通过发酵变成酒也是自然而然的事了。

不蒸馏的酒是"色酒"，主要是黄酒，也有"金酒"红酒"黑酒"等。各种"色酒"通过蒸馏变成白酒倒是需要"发明"的，只是现在也无从认定到底是哪一个民族、哪一个人最早发明酒的蒸馏技术。

除了"色酒"（葡萄酒、啤酒、黄酒、金酒等）和白酒（蒸馏酒）以外，世界各地还有用这些"色酒"和白酒加上其他物质混合（或浸泡滤取）而成的调配酒。事实上，古人用各种有香的材料（主要是中草药）浸泡在酒里也是给酒加香，同现在往酒里加香精是一样的道理。

有人认为只要把各种酒里面的成分"弄清楚"，"依样画葫芦"就可以配制出这些酒了。理论上这个想法没有错，只是到目前为止，虽然市面上"简单地"用食用酒精、酒用香精、水和色素调配而成的调配酒也有一定的销路，但它们的"品质"尤其是口感还是与用酿制法（白酒则要蒸馏）得到的酒（加适量的香精"调整"而不是"全配制"）有一定的差距，我们现在主要讨论的是各种酿制酒和蒸馏酒的加香。

白酒的香型有酱香型、浓香型、清香型、米香型、凤香型、特香型、药香型、豉香型、芝麻香型、老白干香型、兼香型、混合香型、白兰地香型、威士忌香型等。下面是这些香型的香精配方例子。

下面举几个名牌酒使用的香精配方为例，让读者试配时有个参考。需要指出的是，任何一种酒的每一批"酒基"都由于发酵、温度、容器、设备等因素而造成香气不一，经过"兑酒师"配兑后必须作气相色谱分析（有时还要加上其他化学和仪器分析方法），根据其中酸、酯、醇、醛、酮等含量与"标准物"的不同，调整生产配方，以使每一批酒的香气都比较接近——外行人难以"品"出不同的程度。想靠一张固定的配方作为"看家本领"是不现实的。

仅用化学、精馏"脱臭"的食用酒精配制各种酒也不能只靠一两张固定的配方纸维持生产，因为再怎么"脱臭"的酒精里面还是含有不同量的"杂醇"、酸、酮、醛、酯类等，这可以从它们的气相色谱图上看出来。根据谱图调整香精配方才能配出香气一致的配制酒来。

剑南春香精的配方（单位为质量份）：

己酸乙酯	42	乙缩醛	4
乳酸乙酯	20	丁酸乙酯	1.4
乙酸乙酯	14	甘油	18.6

五粮液香精 A 的配方（单位为质量份）：

己酸乙酯	45	庚酸乙酯	1
乳酸乙酯	21	丁酸乙酯	1.3
乙酸乙酯	13	甘油	18.7

五粮液香精 B 的配方（单位为质量份）：

己酸乙酯	30	丁二酮	6
乳酸乙酯	20	丁酸乙酯	3
乙酸乙酯	12	戊酸乙酯	0.7
乙缩醛	10	庚酸乙酯	0.8
乙醛	5	辛酸乙酯	0.3
甘油	12	壬酸乙酯	0.2

汾酒香精 A 的配方（单位为质量份）：

乙酸乙酯	60	丙酸乙酯	0.3
乳酸乙酯	24	乙酸	6
己酸乙酯	1.6	乳酸	2.5
丁酸乙酯	0.8	甘油	4.8

汾酒香精 B 的配方（单位为质量份）：

乙酸乙酯	38.2	异丁醇	1
乳酸乙酯	36	异戊醇	5
乙酸	10	乳酸	3
乙缩醛	5	己酸乙酯	0.2
乙醛	1.4	异戊醛	0.2

茅台香精 A 的配方（单位为质量份）：

乙酸乙酯	45	壬酸乙酯	4
乙酸戊酯	17	癸酸乙酯	1
乳酸乙酯	26	苯乙醇	1
己酸乙酯	6		

茅台香精 B 的配方（单位为质量份）：

乙酸乙酯	15	乳酸乙酯	14
乙缩醛	12	乙酸	10
异戊醇	5	乙醛	5
乳酸	11	己酸乙酯	4
己酸	2	糠醛	3
异戊醛	1	丙醇	2
异丁醇	2	庚醇	1
甲酸乙酯	2	丁酸乙酯	3
戊酸乙酯	0.5	丙酸	0.5
丁酸	2	戊酸	0.4
丁二酮	0.2	乙酸戊酯	3
丁醇	1	庚醇	0.4

泸州大曲香精的配方（单位为质量份）：

乙酸乙酯	20	乙酸	7.4
乳酸乙酯	21	异戊醇	3
己酸乙酯	18	甲酸乙酯	1
乙缩醛	13	丁酸	1
乙醛	4	己酸	2

乳酸	4		辛酸乙酯	0.2
丁酸乙酯	1.4		戊酸	0.2
丁醇	1		异丁醛	0.3
戊酸乙酯	0.5		异戊醛	0.4
乙酸戊酯	0.5		戊醛	0.5
庚酸乙酯	0.4		糠醛	0.2

三花酒香精的配方（单位为质量份）：

乳酸乙酯	30		丙醇	4
乳酸	25		乙酸丙酯	4
乙酸乙酯	7		乙醛	0.6
异戊醇	20		丙醛	0.4
异丁醇	9			

白兰地香精的配方（单位为质量份）：

癸酸乙酯	50		肉桂叶油	0.5
乙酸乙酯	20		肉桂皮油	0.5
朗姆醚	10		冷榨姜油	0.2
香兰素	10		杜松子油	0.1
椰子醛	0.3		康涅克油	5
柠檬醛	0.7		丁二酸二乙酯	2.7

威士忌香精的配方（单位为质量份）：

朗姆醚	45		庚酸乙酯	1.5
康涅克油	23		辛酸乙酯	1.2
丁香油	7		壬酸乙酯	4.5
桦焦油	3		癸酸乙酯	2.2
苯乙醇	2		乙酸戊酯	1.5
乙酸乙酯	3		乙酸苯乙酯	0.3
丁酸乙酯	0.8		乳酸乙酯	4.5
己酸乙酯	0.5			

朗姆酒香精的配方（单位为质量份）：

朗姆醚	40		桦焦油	0.5
乙酸乙酯	18		香兰素	3
丁酸乙酯	16		乙基麦芽酚	1
异戊酸乙酯	10		秘鲁香膏	1.2
壬酸乙酯	2		丁酸	6
辛酸乙酯	0.8		乙酸	0.7
乙酸苯乙酯	0.8			

雪利酒香精的配方（单位为质量份）：

丙酸乙酯	4.0		乳酸乙酯	1.6
戊酸乙酯	2.0		邻氨基苯甲酸甲酯	0.2
己酸乙酯	8.0		N-甲基邻氨基苯甲酸甲酯	0.2
己酸-3-甲基丁酯	4.0		丙位丁内酯	4.0
辛酸乙酯	3.2		3-甲基丁醇	4.0
壬酸乙酯	1.0		戊醇	20.0
癸酸乙酯	1.2		己醇	16.0
琥珀酸二乙酯	10.0		苯乙醇	8.0
十二酸乙酯	0.6		乙醛	4.0

甘油	8.0		

西凤酒香精的配方（单位为质量份）：

乙酸乙酯	20.0	异丁酸	0.1
乙酸异戊酯	0.4	己酸	1.7
丁酸乙酯	3.0	乳酸	2.0
戊酸乙酯	0.2	丙醇	5.0
己酸乙酯	10.0	丁醇	5.2
乳酸乙酯	17.0	仲丁醇	0.8
辛酸乙酯	0.2	异丁醇	4.5
十四酸乙酯	0.3	2,3-丁二醇	0.5
乙醛	7.0	异戊醇	2.0
乙缩醛	10.0	苯乙醇	0.2
乙酸	9.4	糠醛	0.1
丙酸	0.4		

"色酒"香精的配方也举几个例子，读者可以触类旁通：

葡萄酒香精的配方（单位为质量份）：

乙酸乙酯	10.0	丙位丁内酯	2.0
戊酸乙酯	5.0	乙基麦芽酚	1.0
己酸乙酯	9.0	2-甲基丁醇	11.0
己酸异戊酯	1.5	杂醇油	7.5
丁酸乙酯	2.0	白柠檬油	1.5
十二酸乙酯	5.0	甜橙油	3.5
邻氨基苯甲酸甲酯	20.0	康涅克油	1.0
N-甲基邻氨基苯甲酸甲酯	20.0		

黄酒香精的配方（单位为质量份）：

乙酸乙酯	6.0	乙醛	28.0
乙酸戊酯	0.4	异丁醛	4.0
乙酸己酯	2.0	赖氨酸	14.0
壬酸乙酯	4.0	组氨酸	4.0
琥珀酸乙酯	2.0	香兰素	2.0
丙醇	19.6	乙基麦芽酚	2.0
异丁醇	12.0		

清酒香精的配方（单位为质量份）：

乙酸乙酯	12.0	乳酸乙酯	0.4
乙酸异丁酯	0.1	丙醇	12.0
乙酸异戊酯	1.5	异丁醇	6.0
乙酸苯乙酯	0.7	异戊醇	17.0
丁二酸二乙酯	0.2	苯乙酮	0.2
己酸乙酯	1.0	谷氨酸	17.0
壬酸乙酯	0.5	赖氨酸	5.0
癸酸乙酯	1.0	丙氨酸	20.0
十二酸乙酯	1.1	甘油	3.1
桂酸乙酯	1.2		

金酒香精的配方（单位为质量份）：

杜松子油	70	香柠檬油	1
当归根油	5	柠檬油	8

康涅克油	1	肉豆蔻油	2
众香子油	1	肉桂皮油	1
芫荽籽油	3	丁香油	1
艾叶油	2	苦橙油	5

上述所有酒用香精配方一个共同的缺陷是"香气还行，味道不足"，"酯类香料用得多，醇、醛、酮、酸和萜类香料用得少"，所以单靠上述配方肯定是配不出好酒来的。这是因为影响味道的因素比影响气味的因素还要多、还要复杂。对于色酒来说，挥发性物质影响味道，不挥发的物质也有很多影响味道，这些不挥发的物质用气相色谱、气质联机"打"不出来。现在有人采用液质联机检测酒中丰量到痕量的所有物质，有了很多新的发现。须知酒里面的成分目前可以检测出来的有 1000 多种！今后有望靠气质联机和液质联机加上调香师、评香师的鼻子调配出"惟妙惟肖"的名酒香精。

第五节　日用香精

本书中有大量的日用香精配方，读者可以参考这些配方配制。不同用途的日用香精配方也不一样，例如茉莉花香精，有用于香水的，用于各种化妆品的，也有洗涤剂用的、蜡烛用的、熏香品用的等。在这些用途里面，有的要求耐热，有的要求洁白不易变色，有的要求低价位的，有的还有特殊要求——这些要求都可以通过调整配方达到。

食用香精绝大多数可以直接用作日化香精，也可以同其他日用香料、香精等再配制成各种日用品加香用的香精。一般情况下，食用香精和香气接近的日化香精所用的香料和配方比例是不同的，例如表 5-19 的食用哈密瓜香精和日用哈密瓜香精配方。

表 5-19　食用哈密瓜香精和日用哈密瓜香精的配方　　　　　　　　单位：质量份

原料	食用哈密瓜香精	日用哈密瓜香精
甜瓜醛	3	2
叶醇	3	
乙酸叶酯	2	
芳樟醇	2	
乙基麦芽酚	8	
乙酸乙酯	2	
乙酸丁酯	4	
乙酸戊酯	4	
丁酸乙酯	11	
丁酸戊酯	20	
顺-6-己烯醛	1	1
二氢月桂烯醇		10
甲酸乙酯	1	5
戊酸乙酯	5	10
戊酸戊酯	20	16
壬酸乙酯	2	5
桂酸甲酯	2	5
桂酸苄酯		5
柠檬油	3	5
苯甲酸苄酯	2	5
邻氨基苯甲酸甲酯		1
草莓醛	1	1
大茴香醛	1	

原料	食用哈密瓜香精	日用哈密瓜香精
50％苯乙醛		1
香兰素	2	2
苯乙醇		26

为什么差别这么大呢？这是因为：

（1）食用香精不只要求好的香气，还要好的味道（滋味），日用香精只考虑香气就够了，因此有些香料不适合配制食用香精；

（2）日用香精讲究头香、体香、基香平衡协调，一般要求留香时间长一些；

（3）人们的习惯，有的食用香气不适合用于日用品。

一般人认为配制食用香精的香料都可以用来配制日用香精，其实不然。有的香料虽然有 FEMA 编号，FDA（美国食品药品监督管理局）和我的国家卫生健康委员会也批准可以用来配制食用香精，但由于可能对皮肤有较大的刺激性或者"光致敏性"（光敏毒性）而不能用来配制与皮肤接触的化妆品或洗涤剂的香精，例如 6-甲基香豆素，FEMA 编号为 2699，中国编码为 A3026T，是一种常用的食用香精，经常用来配制椰子、奶油和其他带豆香的食用香精，但它有光致敏性，所以 IFRA 建议不能作为日用香精成分；还有许多食用香料在配制日用香精时有"限量"或必须与指定的某些香料共用，如肉桂油、桂醛、桂醇、柠檬醛、兔耳草醛、金合欢醇、羟基香茅醛、苯乙醛等。因此，用这些香料配制的食用香精如果要用作日用香精的话，就得按照 IFRA 的有关法规进行，千万不要想当然地以为所有食用香精都可以直接用来作为日用香精。

第六节　药用香精

人类使用的各种药物，主要通过口服、外涂和注射等方式进入人体而产生疗效。不言而喻，注射药是不用香精的；而口服药物大家知道"良药苦口"，有些难以入口的药物加适量的香精，特别是儿童药品像咳嗽药、驱虫药、口嚼片等，加一点苹果、香蕉、柠檬、草莓、蓝莓和杂果等香味的香精，可以非常明显地提高口感，患者容易接受——以前我国有一种驱蛔虫的药物叫做"宝塔糖"，因为加了糖和水果香精，受到了小朋友们的欢迎。外用药加香精的例子也很多，包括各种膏药、"追风膏"、皮肤外用药、风油精、祛风油、清凉油、万金油等，加入香精有的只是为了掩盖药物的不良气息或者让药剂带上患者容易接受的气味，有的香精里面所含的香料本身就是药，例如麝香、龙脑、樟脑、冬青油、桉叶油、薄荷油、薄荷脑等，"花露水"的发明就是有人往消毒用的酒精（75％的乙醇）里加香精的结果，这是"特殊用品"由于加入香精转变成日用品一个生动的例子。

下面这个风油精香精例子很有代表性：

风油精香精的配方（单位为质量份）：

乙酸芳樟酯	5		广藿香油		1
芳樟醇	7		水杨酸丁酯		1
苯乙醇	14		水杨酸戊酯		1
乙酸香叶酯	4		邻苯二甲酸二乙酯		2
香茅油	1		柏木油		3
香叶醇	11		吐纳麝香		7
香兰素	12		麝香 T		4
香豆素	3		佳乐麝香		24

用这个配方配出的香精适量（一般可以加到 20％左右）加入风油精中，可以让风油精的气味不那么刺激，而带有令人愉悦的香气。

这个香精的配方里用了几个非食用香料，所以配出来的风油精不能内服。如果把这几个非食用香料改为有

FEMA 编号而且是"一般认为安全"（GRAS）的食用香料的话，那么配出来的香精就是"食用香精"了，用这种食用香精加桉叶油、薄荷脑、水杨酸甲酯配制出来的风油精就既能外用，也可以内服。

第七节　牙膏漱口液香精

在日用品里面，口腔卫生用品有牙膏、牙粉、漱口水、假牙清洗剂、口腔喷雾剂等，它们都属于"洁齿品"。牙膏（包括牙粉）和漱口液香精既属于"日用香精"（牙膏、牙粉和漱口液属于"化妆品"）又属于食用香精（只能用食用香料配制），这就是不得不把它们单列一节的理由。

牙膏漱口液香精以薄荷脑、薄荷素油为主，配上适量的留兰香油、水杨酸甲酯、丁香油、肉桂油或肉桂醛、各种果香香料等就是留兰香、冬青、丁香、肉桂、果香牙膏漱口液香精了。国外有的倾向于使用椒样薄荷油，此油香气较佳，但含薄荷脑较少，使用时还要加薄荷脑。我国主要种植亚洲薄荷和留兰香，椒样薄荷种得少，有人用薄荷素油调配椒样薄荷油，但香气还有差距。由于牙膏漱口液香精含大量的薄荷香料，这些香精都应叫做"薄荷 XX 香精"或"XX 薄荷香精"，但有时"薄荷"二字被忽略掉。大量低沸点的果香香料（如乙酸戊酯、丁酸乙酯等）存在时直接嗅闻是这些果香，但其体香仍是薄荷香气为主。

用薄荷原油直接代替薄荷脑和薄荷素油于配方中也是可以的，但质量较不稳定，每一批薄荷原油都必须分析薄荷脑含量，必要时添加薄荷脑或薄荷素油，才能保证成品品质一致。

冬青薄荷香精的配方（单位为质量份）：

水杨酸甲酯	40	茴香油	4
薄荷原油	30	肉桂油	11
留兰香油	15		

留兰香香精的配方（单位为质量份）：

留兰香油	58	水杨酸甲酯	2
薄荷素油	20	薄荷脑	20

冬青香精的配方（单位为质量份）：

水杨酸甲酯	85	薄荷素油	2
留兰香油	10	薄荷脑	3

药香香精的配方（单位为质量份）：

桉叶油	36	薄荷原油	12
水杨酸甲酯	24	百里香酚	28

丁香肉桂香精的配方（单位为质量份）：

丁香油	20	薄荷素油	10
肉桂油	50	薄荷脑	20

冬青百里香香精的配方（单位为质量份）：

水杨酸甲酯	25	薄荷原油	25
百里香酚	25	薄荷脑	25

薄荷肉桂香精的配方（单位为质量份）：

薄荷原油	17	水杨酸甲酯	20
薄荷脑	5	桂醛	30
留兰香油	20	丁香油	8

肉桂薄荷香精的配方（单位为质量份）：

桂醛	50	留兰香油	10
肉桂叶油	6	桉叶油	2
丁香油	8	薄荷原油	10
百里香酚	4	薄荷脑	10

留兰果香香精的配方（单位为质量份）：

留兰香油	66	香叶油	1
甜橙油	5	百里香油	2
水杨酸甲酯	3	薄荷脑	20
葛缕子油	1.5	香兰素	1.5

果香薄荷香精的配方（单位为质量份）：

甜橙油	30	薄荷脑	30
丁酸乙酯	10	薄荷素油	10
丁酸戊酯	10	留兰香油	10

菠萝香精的配方（单位为质量份）：

己酸烯丙酯	14	柠檬醛	2
丁酸乙酯	8	香兰素	1
丁酸戊酯	7	薄荷脑	35
庚酸乙酯	3	薄荷素油	30

近来有人不用薄荷油、薄荷脑，而用其他新合成的"凉味剂"如薄荷缩酮、薄荷酰胺等加一些果香、花香、茶香香料配制出没有薄荷气味的牙膏漱口液香精，取得一定的成功。下面是这类香精的配方例子：

茉莉牙膏香精的配方（单位为质量份）：

二氢茉莉酮酸甲酯	5	乙酸芳樟酯	5
乙酸苄酯	35	苯甲酸叶酯	5
纯种芳樟叶油	10	薄荷缩酮	10
丙酸苄酯	5	薄荷酰胺	20
丁酸苄酯	5		

绿茶漱口液香精的配方（单位为质量份）：

甜橙油	25	香叶醇	5
乙酸苄酯	5	二氢茉莉酮酸甲酯	5
芳樟醇	25	薄荷缩酮	15
叶醇	5	薄荷酰胺	15

第八节　饲料香精

随着民众生活水平的迅速提高，肉类消费量快速增长，促使禽畜鱼虾饲料生产业也随之飞跃发展。目前，我国年产饲料 20000 多万吨，其中配合饲料 10000 多万吨，已成为仅次于美国的世界第二大饲料生产国。饲料工业在我国已形成一个大规模的产业部门。对饲料香精的研究开发，也早已提上议事日程。认识和研究国内外饲料香精的发展状况和应用技术，对提高我国饲料的质量、推动饲料工业的发展、提高动物生产水平都是很有意义的。

目前，我国的饲料香精已从早期的仿制和摸索阶段向着研制和创新阶段发展。香料香精、精细化工、生物化工以及微生物技术都得到广泛的应用，极大地促进了饲料香精技术的发展。

饲料香精常常被称为饲料风味剂、饲料香味剂、饲料香味素、诱食剂等，它属于非营养性添加剂，是根据不同动物在不同生长阶段的生理特征和采食习惯，在饲料中改善饲料香味，从而改善饲料的适口性、增加动物采食量、提高饲料品质而添加到饲料中的一种添加剂。饲料香精一般由醇、醚、醛、酮、酯、酸、萜烯化合物等具有挥发性的芳香原料组成。通过香味剂散发出来的浓郁香气，感染周围环境，通过呼吸刺激嗅觉，引诱动物采食量的增加。

一、饲料香精的作用机理

在我国，目前大多数人包括饲料厂、养殖场的管理人员、技术人员对饲料香精的认识还是相当模糊的，甚至还有许多人觉得饲料添加香精是"多此一举""白白增加了成本"。有相当多的人认为饲料加香是"给人闻的"，不是"给动物闻的"，加不加香都无所谓。之所以这样，主要是人们对饲料香精的作用机理了解不够。

饲料香精的作用机理是非常复杂的，它与畜禽鱼虾等的嗅觉、味觉、呼吸系统、消化系统等功能都有密切的关系。动物的味觉是其味觉器官与"某些物质"接触而产生的，而嗅觉是其嗅觉器官与"某些物质"接触而产生的。有香气或味道的"某些物质"与鼻、口腔的感觉器官接触后，通过物理或者化学作用形成香气和味道的感觉。各种动物的嗅觉和味觉的灵敏度差别很大，大多数哺乳动物的嗅觉和味觉都比人的灵敏。猪的嗅觉和味觉灵敏度都比人高得多，比狗也高。

动物嗅觉的敏感性与嗅细胞的多少有关，嗅细胞存在于鼻腔深部的嗅黏膜内，嗅神经细胞通过专门的组织结构捕捉气味分子，溴腺分泌物将之溶解。嗅细胞突起穿过筛板进入脑部嗅球，到达丘脑外嗅觉感受中心。按嗅觉能力的大小，动物，包括人在内，可分为三大类，如表 5-20 所示：

表 5-20　嗅上皮细胞

种类	嗅上皮细胞面积/cm^2	每 cm^2 神经细胞数
无嗅觉类（鲸、海豚）	0	0
钝嗅觉类（鸟、人类）	5	10~20
敏嗅觉类（家畜哺乳类，包括猪、牛、兔等）	70~100	125~225

动物味觉的敏感性与味蕾的多少有关。味蕾是味觉的基本单位，是由特殊神经细胞产生，位于舌黏膜上，由味觉细胞与支持细胞组成。味觉细胞有一系列感受纤毛，聚集在味孔处，溶解于唾液中的有味物质被味毛捕捉后，诱发了一系列类似嗅感觉的神经传递。调味剂内的挥发性部分引起动物对饲料的注意，在咀嚼过程中，出现新的味道，与饲料的味道混在一起，导致不同的味感觉。表 5-21 列出了各种动物味蕾数目的比较。

表 5-21　动物味蕾数目

物种	数目（平均值）	物种	数目（平均值）
鲇鱼	100000	狗	1700
奶牛	35000	人	900
牛犊	25000	猫	700
兔	16000	鸭	200
山羊	15000	鸡	20
猪	15000		

可以看出，家禽在嗅觉和味觉两方面都很迟钝。人的嗅觉也很迟钝，但味觉敏感度比家禽高。猪、牛、兔的嗅觉和味觉都很敏感。大多数哺乳动物的味觉敏感度都比人类高。因此，在动物饲料中加香味剂，不一定要让人嗅闻、品尝，也许人不觉得香味浓，而其他动物已经觉得很浓烈了。

有实验证明，动物味蕾的数目和分辨味道的相对能力有密切关系。通常地说，动物的味蕾越多，其味觉就越敏感。

嗅觉灵敏度同嗅黏膜的表面积和嗅细胞的个数都有直接关系，如狗的嗅觉灵敏度很高，对酸性物质的嗅觉灵敏度要高出人类几万倍，是因为狗的嗅黏膜表面积比人类多 3 倍，而嗅细胞数目比人类多约 40 倍。兔子的嗅细胞数目也比人类多 1.5 倍（人类每侧的嗅细胞约 2000 万个，兔子约 5000 万个）。

饲料香精的香气、甜味、咸味、酸味、鲜味甚至有的苦味都能刺激嗅觉和味觉引起食欲。通过嗅觉、味觉的共同作用，经反射传到神经中枢，再由大脑发出指令，反射性地引起消化道的唾液、肠液、胃液、胰液及胆汁大量分泌，提高蛋白酶、淀粉酶及脂肪酶的含量，加快胃肠蠕动，增强胃肠机械性的消化运动，这样就促使饲料中的营养成分被充分消化吸收。吸收快除了长膘快还会让动物需要更多更快地进食，促使动物产生更大的食欲和采食行为，提高采食量，促进畜禽生长发育，降低料肉比，提高动物的生产力和饲料报酬。

二、饲料香精的种类

1. 饲料香精的产品特性

大多数食物和饲料即使不加香精也都有一定的香味，其中均含有各种各样的香味物质，这些香味物质主要是天然的醇、醛、酮、醚、酸、酯类、杂环类、含硫含氮化合物、各种萜烯以及食物和饲料加工过程中产生的美拉德反应产物等。而饲料香精目前还是以合成香料配制为主，今后有可能主要从天然香料植物或美拉德反应产物、微生物发酵产物、"自然反应产物"中提取。

合成香料绝大多数是低分子量有机化合物，有一定的挥发性，可一定程度地溶解于水、醇或油脂。单体香料含碳数在 10～15 左右时香气最强，分子量一般在 17～330 范围内。猪饲料中常用的香味剂有乳香味、果香味、香草味、巧克力味、豆香味、"五谷"香味、"泔水"香味、鱼腥香、熟肉香等，它们分别由带有这些香气的各种香料配制而成，例如乳香香精可以用丁酰基乳酸丁酯、乳酸乙酯、丁二酮、丁酸、丁酸乙酯、丁酸戊酯、香兰素、丙位癸内酯、丁位癸内酯等各种带有乳香香味的合成香料配制，也可以用微生物发酵法、美拉德反应得到的带有乳香香味的"天然产物"配制。其他动物饲料的香型较少。

2. 微胶囊香精的产品特性

微胶囊香精，又称微胶囊风味剂或微胶囊香味剂。微胶囊是指粒径为 $50～500\mu m$、由 1～2 层不同物质构成的球形或类似球状的颗粒料，每个颗粒料的内容物为固体、液体或者气体。微胶囊香精有多种形态，如固态、液态及气态微胶囊香精、复合单体多味微胶囊香精、慢释放微胶囊香精、热敏性微胶囊香精、喷涂型和搅拌型微胶囊香精、彩色微胶囊香精、过胃肠溶微胶囊香精等。饲料用微胶囊香精主要是水溶性微胶囊香精，它能使各种香料在饲料加工储藏中挥发得慢一些，从而增强香味的持久性，猪、牛、兔子等动物在采食微胶囊香精后，在口腔唾液的作用下，由胶囊包被的香味慢慢释放出来，刺激动物的食欲，增进动物采食，因此，微胶囊香精具有很好的应用前景，经济效益也十分显著。

3. 甜味剂的产品特性

饲料的甜味来自饲料中的营养成分和非营养添加剂，如蔗糖、某些多糖、甘油、醇、醛和酮等，一些稀碱和无机元素也有甜味，大多数多肽、蛋白质无味，但有些天然多肽如托马丁多肽、应乐果甜蛋白等是目前已知最甜的化合物。由于各种动物对甜味的嗜好，促使饲料甜味剂的大量使用。最早人们使用蔗糖、麦芽糖、糊精、果糖和乳糖等天然糖类作为饲料甜味剂，但这几种饲料甜味剂甜度较低，要达到甜化饲料的效果，添加量较大，成本太高。后来有了一些新型甜味剂如糖精钠、环己基氨基磺酸钠（甜蜜素）、天门冬酰苯丙氨酸甲酯（甜味素、阿斯巴甜）、甘草酸（盐）、甜菊糖苷、托马丁多肽、三氯蔗糖及增效剂等。糖精甜度为蔗糖的 300～500 倍左右，但具有"金属"回味，仔猪对此较敏感，单独长期应用于动物，会引起动物"反感"，造成采食量下降。将糖精与某些强化甜味剂、增效剂配合使用，可掩盖糖精的不良味道；甜菊糖苷的安全性较好，但有草药味，苦味浓重；甜蜜素由于安全性有争议，美国 FDA 已禁用作为食品添加剂；三氯蔗糖由于会抑杀肠道里的有益微生物而受到质疑；托马丁多肽由于检测方法受限，致使现阶段动物饲养上应用不多；天门冬酰苯丙氨酸甲酯则由于其安全性、味质都较好，作为食品添加剂被世界各国广泛使用，但作为饲用甜味剂成本较高。最近出现的一些新型长效强化甜味剂如新橘皮苷二氢查耳酮（可以从柚皮或其他柑橘皮中提取、制取），甜度较高，而且产生的甜味比较缓慢、持久，能够掩盖饲料的苦味及其他不良味道，是一种较理想的甜味剂新产品，目前也已得到应用了。

三、饲料香精的功能

禽畜饲料也存在着"色、香、味、形、质"问题。饲料添加香精的目的在于利用动物喜爱的香味促进其食欲、增加饲料的摄取量，提高喂饲效率和养殖业的经济效益。家畜的嗜好性问题主要发生在猪、牛等的哺乳期。一般哺乳动物的嗅觉发达，猪、牛的嗅觉敏感程度更在人类之上。为了使猪、牛等尽早断离母乳而用人工乳喂养，对于配合饲料除了要求营养均衡和饲养效率高之外，提高幼畜的嗜好性自然也是很重要的。在宠物方面，饲料的嗜好性也是非常重要的问题，现在市面上已有许多种宠物专用饲料，这种饲料不但饲养方便，而且能取得营养均衡、达到调整动物生理机能、避免生病的目的。专用饲料对于动物嗜好性的优劣，已经成为市场销售量的决定性因素，饲料香精的重要性不言而喻。

1. 饲料香精对动物食欲和生产性能的影响

食欲是指动物想吃食的愿望，食欲能否满足，通常取决于饲料的适口性。适口性是饲料或饲粮的滋味、香味和质地特性的总和，是动物在觅食、定位和采食过程中视觉、嗅觉、触觉和味觉等感觉器官对饲料或饲粮的综合反应。适口性决定饲料被动物接受的程度，与采食量密切相关，它通过影响动物的食欲来影响采食量。要提高饲粮的适口性，除了选择适当的原料、防止饲料氧化酸败、不让饲料霉变外，在饲粮中添加饲料香精是最有效的措施。

动物采食饲料的多少直接影响到动物的生产水平和饲料转化率。如果能够在不引起动物健康问题的情况下，维持较高的采食量，用于动物生产的能量相对增加，动物的生产效率可大大提高。采食量太低，饲料有效能用于生产的比例降低，饲料转化率下降。因此，饲粮中添加适当的饲料香精可提高采食量，增加采食的饲粮用于生产的比例，从而提高饲料的转化率。

2. 饲料香精对饲料异味和调整饲料配方的影响

饲料中的药物及某些原料中的不适味道会引起畜禽拒食或采食量降低，加入饲料香精能掩盖或减缓适口性较差的饲料组分和抗营养因子（如某些蛋白质、脂肪、维生素、抗生素等）的不良异味，使饲料的香味保持一致，从而扩大饲料资源、提高适口性差的原料或代用品的应用，增加动物的采食量。

在配制各种动物的饲料时，有许多因素迫使配方需要调整：各种畜禽在不同生长阶段的营养需要不同，日粮配方也不一样；为了提高经济效益、降低饲料成本，需要开发新的饲料资源而改变日粮组成。随着人口的增长，谷物用作饲料会越来越少，而农副产品饲料数量则会增加，"工业化生产"的蛋白质、油脂（如石油发酵蛋白、天然气发酵蛋白、秸秆水解物发酵得到的蛋白质和油脂、各种工业废料提取的蛋白质和油脂等）在今后可能会大量出现。通常情况下，饲料配方的变化将影响饲料的适口性，从而影响动物的采食量。由于动物对已经习惯的味道和气味有一种行为反应，当日粮中存在动物喜欢的某一特别香味时，即使日粮的其他组分变化也不大影响它们的采食，这一特性将有利于畜禽鱼虾饲料配方的调整，节约饲料成本。饲料中添加香精能有效地保证在改变畜禽鱼虾日粮的配方时，饲料适口性和动物采食量不受影响，并满足畜禽鱼虾在不同生长阶段的营养需要。

此外，有些特定配方的饲料香精还可以对饲料中油脂的酸败起到抑制的作用。油脂的酸败产生"哈喇味"，动物一闻到这种不良气味就拒绝或减少采食。天然香料和合成香料里的某些成分可以防止油脂在贮存期间氧化酸败。

3. 饲料香精对动物采食行为和诱食的影响

动物具有天生的和从过去的采食经历或通过人为的训练而对饲料产生喜好或厌恶。由于动物只能通过感觉器官来辨别饲料，可能将饲料的适口性或风味（滋味和香味的总和）与过去某种不适（常常是胃肠道不适）或愉快的感觉联系在一起，产生"厌恶"或"喜好"，从而改变其采食行为。当动物对某种风味产生"厌恶"后，就会几乎或完全不采食含有这种风味的饲料；当动物对某种风味产生"喜好"后，就会喜爱含有这种风味的饲料。动物对某种风味产生的"厌恶"或"喜好"，取决于与该风味相关的饲料被采食后的效果，一旦确立后就难以改变，这与人类有较大的差别（人比较容易改变对某种风味的爱好或厌恶）。幼畜与年长的动物相比，易产生"喜好"，也易引起厌食。

实验证明，仔猪生下来12h之后就能辨认出自己母猪的气味，母猪采食后，食物的微量特殊风味通过奶传递给仔猪，当仔猪发现未知食物的气味与母奶气味相仿或一致时，仔猪就会"放心"采食。因此，在制造仔猪开食料时，保证开食料的气味与仔猪熟悉的气味一致，就能提高仔猪的采食量。

成年动物可从未知食物的气味或味道中判断该食物是否与过去接触过的食物相同或相似，如果气味或味道与已知的一种营养好的食物一样，它就开始采食，而且采食量提高；如果气味或味道与已知的一种"不好"（带有毒素、营养成分低、营养不平衡或给它带来不良感觉或不良反应）的食物一样，它就避开它，不采食或减少采食量。

4. 饲料香精促进动物消化腺的发育和养分的消化吸收

饲料香精通过动物嗅觉和味觉产生食欲刺激，通过大脑皮层反射给消化系统，促进动物消化腺的发育，引起消化道内唾液、肠液、胰液及胆汁的大量分泌，各种消化酶如蛋白酶、淀粉酶、脂肪酶等分泌量相对加大，加快胃肠蠕动，促进饲料的分解消化，使饲料中的养分得以充分消化吸收，提高了饲料消化率。饲料消化快速、良好又进一步刺激动物的食欲，形成多量采食的良性循环。

5. 饲料香精对缓解动物应激的影响

动物在断奶、转群、高低温、预防接种、疫病等条件变化时会产生应激反应，降低食欲，影响采食量，从而影响生产性能。这时饲喂添加香精的饲料能够提高其适口性，刺激动物的食欲，保证动物一定的采食量，缓解应激带来的不良影响，保证动物不受条件变化对生长、生产的影响。

饲料香精对降低仔猪断奶的应激损伤有特别重要的意义。断奶是仔猪一生中最大的应激，断奶应激会影响猪一生的生长水平。仔猪断奶后一周内的日增重水平将直接影响以后猪的生产性能，日增重高的生产性能好。断奶应激的首要因素是仔猪在断奶后采食的能量不能满足其维持需要，供应高消化率的饲料从而提高采食量是克服断奶应激的唯一途径。随着人们对仔猪断奶生理反应、断奶仔猪采食习性的深入认识，在仔猪饲料中添加饲料香精已经成为必不可少的手段。

6. 饲料香精对饲粮商品性的影响

商品饲料中添加香精在保证产品的适口性的同时，能有效地保证商品饲料特定的商品风味和香型，以区别于其他饲料产品，提高产品的质量档次；商品饲料中添加特定的香味剂，产生特定的风味和香型，可防止饲料产品被假冒，增强饲料产品的市场竞争力。由于香味最难模仿而又最易于被消费者识别，添加某种特定风味的香精已成为一些大型饲料制造厂最简单易行、最有效的防伪手段之一。

四、饲料香精配方

乳猪饲料香精的配方（单位为质量份）：

丁酸乙酯	8	丙位十一内酯	10
乳酸乙酯	20	丁位癸内酯	10
丁酰乳酸丁酯	6	丁二酮	1
乙酸戊酯	4	香兰素	4
丁酸	2	乙基麦芽酚	2
丁酸戊酯	10	对甲氧基苯乙酮	2
戊酸戊酯	10	洋茉莉醛	1
丙位壬内酯	10		

牛饲料香精的配方（单位为质量份）：

甜橙油	10	丙位壬内酯	4
丁酸乙酯	2	丙位十一内酯	10
3-羟基-2-丁酮	4	丁位癸内酯	4
乳酸乙酯	19	丁二酮	1
丁酰乳酸丁酯	6	香兰素	10
乙酸戊酯	1	乙基麦芽酚	4
大茴香油	12	对甲氧基苯乙酮	2
丁酸戊酯	3	洋茉莉醛	1
戊酸戊酯	2	二氢香豆素	5

兔饲料香精的配方（单位为质量份）：

叶醇	1	丁酰乳酸丁酯	5
乙酸叶酯	1	乙酸戊酯	1
甜橙油	4	大茴香油	10
丁酸乙酯	2	丁酸戊酯	3
香叶醇	10	戊酸戊酯	2
3-羟基-2-丁酮	1	丙位壬内酯	4
乳酸乙酯	10	丙位十一内酯	6

丁位癸内酯	4	对甲氧基苯乙酮	2
丁二酮	1	乙酸芳樟酯	10
乙基香兰素	3	二氢香豆素	6
乙基麦芽酚	4	纯种芳樟叶油	10

狗饲料香精的配方（单位为质量份）：

猪肉香基	99.00	4-甲基-5-羟乙基噻唑乙酸基	0.02
乙基麦芽酚	0.21	10% 2-戊基呋喃	0.02
香兰素	0.20	10% 2-乙基呋喃	0.05
1% 四氢噻吩-3-酮	0.04	10% 3-巯基-2-丁酮	0.01
1% 2-甲基四氢噻吩-3-酮	0.03	10% 2-甲基吡嗪	0.05
1% 双(2-甲基-3-呋喃基)二硫	0.05	10% 二甲基-3-丙烯基吡嗪	0.05
10% 2-甲基-3-甲硫基呋喃	0.01	10% 2,3-二甲基吡嗪	0.05
1% 2-甲基-3-呋喃硫醇	0.15	10% 3-甲硫基丙醛	0.01
2-乙酰基呋喃	0.01	10% 3-甲硫基丙醇	0.01
4-甲基-5-羟乙基噻唑	0.03		

猫饲料香精的配方（单位为质量份）：

虾酶解物美拉德反应产物	99.0000	甲基甲硫基吡嗪	0.0001
三甲胺	0.7000	2-甲基-3-巯基呋喃	0.0001
反-2-庚烯醛	0.0001	3-甲硫基丙醛	0.0070
2,3-二甲基吡嗪	0.0030	二甲基硫醚	0.2897

鸡饲料香精的配方（单位为质量份）：

大蒜素	30	丁酸乙酯	24
大茴香油	20	乙基麦芽酚	6
甜橙油	20		

鱼饲料香精的配方（单位为质量份）：

δ-氨基戊醛	1	香兰素	2
δ-氨基戊酸	2	乙基麦芽酚	2
大蒜素	2	鱿鱼浸膏	10
甜菜碱	2	味精	78
壬二烯醇	1		

宠物饲料香精（巧克力味）的配方（单位为质量份）：

苯乙酸异戊酯	10	丙位癸内酯	5
三甲基吡嗪	2	丁位癸内酯	10
苯乙酸	3	乙基香兰素	8
乳酸乙酯	6	乙基麦芽酚	6
丁酰乳酸丁酯	10	香荚兰豆酊	40

桑蚕饲料香精的配方（单位为质量份）：

叶醇	20	乙基麦芽酚	5
芳樟醇	60	甜橙油	10
香兰素	5		

五、饲料香味剂

饲料香精通常被称为饲料香味剂，或者说饲料香味剂也从属于饲料香精，但人们往往把香精看成只是香料的混合物，香精加上有味道（舌头感觉）的物质才被叫做"香味剂"。饲料香味剂是通过研究、利用畜禽嗅觉、味觉等生理学原理，用来改善和增强饲料天然口味与气味，促进采食、生长、生成的一类感官添加剂，是一类为了改善饲料适口性、增强动物食欲、提高动物采食量、促进饲料消化吸收与利用而添加于饲料中的特殊添加物。

饲料香味剂由香基（即一般说的液体香精）、抗氧化剂以及溶剂或载体组成。好的饲料香味剂要求香气纯正，头香、体香强烈，能迅速吸引动物。饲料香基在常温下一般是液状的，由各种食用香料配制而成，可以长时间掩盖饲料及周围的不良气味。一般要求香气"头尾"一致、协调，留香时间长，流动性好，保质期长（一般一年至一年半不变质）。液体香味剂一般使用乙醇、丙二醇做溶剂，固体香味剂要选择合适的载体。载体中一般有玉米淀粉、米糠、麦皮、糊精、环糊精、石灰石粉、膨润土等，还可以加入固定剂、抗结块剂或疏松剂，如磷酸氢钙、硫酸钙、磷酸氢钾等，它们的加入，可以加大饲料香味剂的流动性。饲料中有些物质如铜、钾、氯化胆碱、鱼粉、抗生素类药物和抗氧化剂等均能降低饲料香味剂的功效，影响香气；而有些物质如脂肪、盐、葡萄糖、核苷酸等对饲料香味有增效作用，可以使加香后的饲料香味更加稳定。

饲料香味剂按其性状及工艺特点，一般可分为液体型、拌合式粉末型及微胶囊型等。在饲料工业中使用较多的为拌合式粉末型饲料香味剂。在饲料生产中，考虑到一般饲料为颗粒状态，粉末型饲料香味剂易分散均匀。而液体型饲料香味剂和微胶囊型饲料香味剂在应用中较少，前者在饲料颗粒中不易分散；后者相对加香成本较高。

饲料用香味剂主要采用具有一定挥发性的天然物质（如从植物的根、茎、皮、叶、花、果、籽等提取的香味物质）和人工合成香原料（如醛、酮、醇、酸、酯、醚、杂环化合物等）的几种甚至数十、数百种香料，经过专业调香师科学和艺术的调配制成。由于饲料用香味剂是由多种香料物质组成的复杂混合体，也可以把它视为一种高浓度的食品级香精。

饲料香味剂不仅仅是一种香料，也是一种香、味统一的结合体；饲料香味剂具有动物喜好的香气和味道，引起动物食欲；能散发飘逸的香气，感染周围的环境，通过呼吸刺激嗅觉，诱导动物采食量的增加；具有良好的适口性，能刺激味觉，促进动物继续采食；"香"和"味"相互促进，发挥协同作用，构成饲料香味剂的基本特征。通过以上几种感觉的共同作用，使动物获得一种愉快的食欲心理，经过条件反射传导到消化系统，促进唾液、胃液、胰液及胆汁的大量分泌；促使淀粉酶、蛋白酶、脂肪酶的分泌增加，加快胃肠的蠕动，提高动物的消化吸收能力，从而促进畜禽的生长发育，提高动物的生产性能和饲料的利用效率。

我国生产的饲料目前应用香味剂最普遍的是猪饲料，鸡饲料、宠物饲料次之，其他动物（牛、羊、兔、鸭、鹌鹑、水产动物、特种动物等）饲料较少。用于猪饲料的香味剂虽然有很多香型，但饲料厂乐于使用奶香、果香、复合果奶香、鱼腥香香型等香味剂。鸡饲料用鱼腥香、辛香（如茴香、大蒜）等香型的香味剂。宠物饲料用鱼腥香、肉香等香型的香味剂。牛饲料用奶香（犊牛）、辛甜香（如茴香、肉桂）、草香等香型的香味剂。

此外，饲料用香味剂还有以下的作用：

（1）改善饲料适口性，增强动物食欲，促进动物对饲料的消化吸收和利用，加快动物生长速度，降低料肉比。

饲料适口性取决于其颜色、滋味和气味等。动物与人一样，对食物的色、香、味有感官上的要求。饲料用香味剂其实是利用香刺激嗅觉器官，再由大脑发出指令，促使消化液分泌和胃肠蠕动，产生食欲，启动采食行为。

（2）掩盖饲料中异味，改善适口性。现代畜牧业生产为了降低饲料成本，配合饲料中除了谷物类饲料外，还使用许多廉价适口性差的原料，如使用低价的能量或蛋白质饲料（如棉籽饼、菜籽饼、玉米胚芽饼等）、农副产品下脚料、食品轻工业的副产物、新开发的原料（如混合油、动物副产品）等，还添加了工业合成原料如维生素、无机盐、矿物质元素及各种药物等多种添加剂。这样就改变了谷物饲料的天然口味，有时还会有异味产生，从而影响了饲料的适口性。添加饲料用香味剂可掩盖饲料中不良气味。

（3）维持畜禽在应激状态下的采食量，提高应激或患病时畜禽的采食量，有助于治疗疾病。

由于在畜禽生长发育不同生长阶段的饲料原料、价格的变化，饲料配方需经常改变，虽然其营养价值不变，但由于各种原料对畜禽适口性不一，再加上畜禽对饲料风味的铭记特性，饲料变化势必影响采食量。使用饲料用香味剂可使不同批次的饲料具有相同的香味，使饲料保持原有的色香味，诱使动物采食，维持原有的采食量，顺利适应配方改变。动物应激时（热应激、断奶、分组、运输），导致采食量下降，而添加饲料用香味剂可缓解这一反应，抵抗换料、高温、疾病等引起的应激反应。

（4）使饲料更具商品性。目前顾客购买饲料时，不仅考虑营养水平，也要闻气味、看外观。添加饲料用香味剂，可使饲料具有独特的芳香气味或某些特征性气味风格；另外在饲料中使用特定的饲料用香味剂，可作为产品标记，提高饲料商品的竞争力，有效防止假冒。

（5）有利于开发新的饲料资源，降低饲料成本。使用饲料用香味剂，可提高非常规原料的用量，降低饲料成本，开拓新的饲料资源，扩大农副产品的综合利用范围和程度，缓解人畜争粮矛盾。

液体饲料香精可以先加入饲料配方所用的油中溶解均匀，然后喷入饲料中，也可以用专门的喷雾装置把香精直接喷在造粒、冷却后的颗粒饲料表面上。但大多数厂家乐于使用粉状的"饲料香味素"，把液体香精、甜味剂和鲜味剂与适当的载体（如玉米芯粉、米糠、轻质碳酸钙等）混合均匀就成为"饲料香味素"了。混合工作可在饲料厂里进行，也可在香精厂里进行。饲料厂购进液体香精自配"饲料香味素"是有利的，因为使用的载体、甜味剂和鲜味剂本来就是饲料厂的基本原料，简单的搅拌机械饲料厂多得是，随便利用一个小车间配制就可以了。

饲料香味剂的质量控制：

饲料用香味剂一般要求其特殊性能强，符合特定动物的品种年龄及口味嗜好要求；其香味浓度相对稳定性好，可不同程度地耐受加工、运输、贮存中各种不良因素作用；配伍性好，与饲料原料及其他饲料添加剂配伍性不冲突；均匀性及一致性好，以免在混合饲料时发生分级现象；安全性好，在动物产品中残留少。生产饲料用香味剂所用的各种天然、合成香料及溶剂等其他辅料，必须符合食品添加剂所允许使用原料的规定。为判断饲料用香味剂质量优劣，可以通过下列几项主要指标来控制：

1. 外观

外观主要由色泽、颗粒度、自由流动性几项质量控制指标，色泽可通过对生产样品与标准样品在适当的光线下用视觉进行比较。

颗粒度是控制粉末香味剂颗粒直径大小的指标。一般可规定一个幅度范围，并标明符合该幅度范围的颗粒在香味剂整体中占有的最低百分数，可用生物显微镜结合测微目镜测定。

香味剂本身加工颗粒体积越小，其单位体积内的表面积越大，且与饲料颗粒的接触机会就越多，越能发挥香味剂的作用。添加了香味剂的饲料颗粒越小，气味散发面积越大，香气相对就感觉越浓。

自由流动性可通过把粉末香味剂置于经干燥的有塞玻璃瓶中加以摇晃，应无粘壁现象。

2. 香气

感官指标，需熟悉香气和香味的有经验的人员来评判，方法是对生产样品与标准样品通过对比来进行感官评香和评味。

描述或交流"香气"是非常困难的，需要特殊培训。"香气语言"是建立在互相了解的表达方式上，例如：奶香、辛香或果香。这些描述方式都是不精确的，"辛香"可以表示茴香、丁香、肉桂，"果香"可以表示草莓、青苹果、香蕉。调香师采用单一标准以达到精确描述：玫瑰花香像苯乙醇，青苹果像顺式-2-己烯醛，新鲜奶香像牛奶内酯。不熟悉香气语言的人"知道"他们所想象的香味剂，但无法描述出来，最好是研发饲料用香味剂的调香师和客户之间加强交流，理解客户的意见，满足他们的想法，使客户得到满意的产品。

饲料香味剂是给动物闻的，不是给人闻的，只有带着饲养动物喜欢的香气才能作为饲料香味剂。所以研究饲料香精的调香师和饲料加香的实验师都必须反反复复地做"动物实验"，把香精和香味剂给饲养动物嗅闻，把加香后的饲料给动物试吃，观察动物的喜好或厌恶，通过实际采食量才能决定该香味剂是否有效。至于饲料厂的采购人员、饲料经销商、饲养员等对香味剂香气的要求都应该排在次要位置。

3. 含水量

水分指标可通过干燥失重法进行测定，是否符合在该产品标准所规定的范围。含水量过高的香味剂会形成黏结，失去疏松、自由流动的状态，给使用带来困难。可通过把粉末香味剂置于经干燥的有塞玻璃瓶中加以摇晃，应无粘壁现象。另外，含水量高，不利于香味剂气味散发，外在表现为香气不足。

4. 挥发性和热稳定性

饲料香味剂要具有一定的挥发性，又要有一定的稳定性（货架寿命，一般为一年），在饲料加工、制粒及贮存中不致逸失走味，保持其功效。还要求与饲料混合后有一定的保存期（一般为一个月）。

一般通过应用对比试验的数据来判定其优劣性。

5. 有效性

能改进饲料适口性，增进动物食欲，提高采食量和日增重，在饲料本身配制合理时还可提高饲料转化率。能赋予产品特殊风格和增强商品性。

6. 理化标准

质量要稳定，每批产品内和不同批次间都均匀一致，粉末固体产品不能分层和结块、结球，这便要求载体粒度小且各组分均不吸潮。且化学稳定性好，和饲料中的其他组分间不产生化学反应，也不致过快自身氧化分解，产生不好的气味和味道。

其他卫生和细菌、重金属指标按国家标准检验。

六、饲料香精中香料的研究方法

饲料香精是给饲养动物吃的，所以必须做动物嗜好性试验。这个试验对于香精生产厂来说是非常重要的，通过试验能够了解动物对各种香料的嗜好或者排斥。具体试验方法有两种：其一是把不同的香料稀释后涂在布上悬挂在作为试验对象的动物面前，同时用喷水的布作空白进行对照，观察动物嗅吸时的表情和反应并进行记录；其二是把香料放在送风机前让动物嗅吸散发出来的香气并观察其反应。这两种试验方法对于确定动物对香料的选择性都很方便，困难是必须根据动物的反应和行动作出判断，而动物对香刺激的反应会受到其他诸多因素的干扰。

七、饲料香精的研究概况

饲料香精在多数情况下以动物的实际嗜好性试验为基础，由香精厂和饲料厂共同研究制成。饲料香精的形态因使用目的不同而异，可以分为油溶性液体香精和粉末香精两大类。油溶性液体香精用喷雾法喷洒在颗粒状饲料中时香气得以很好地散发出来，用于加强饲料的芳香感。但重要的是必须设法防止饲料在贮存过程中香气的挥发、散失。粉末状香精有吸附型和喷雾干燥型。所谓吸附型就是把液态香精吸附在阿拉伯树胶、桃胶、糊精、环糊精、纤维素等基质上，然后制成粉末。喷雾干燥型是把香精加胶体物质制成乳液后用喷雾干燥机制成粉末。前一种香精主要用于粥状饲料中，后一种香精因为有胶层包裹，所以易保存、挥发性小，可用于伴有加热过程的颗粒状饲料中。从20世纪40年代开始，以美国各大学为中心对家畜、家禽的嗅觉进行了许多有意义的研究，同时还以鸡、猪、牛等经济动物为主进行了有关嗜好性的研究。

1946年建立的美国香料公司以这些研究成果为基础制出了最早的饲料香精。接着在美国成立了专门经营饲料香精的"饲料香精公司"和"化学工业公司"。后来美国香精公司也加入这一行业中来。在宠物香精方面，美国的一些大食品公司分别对狗、猫等动物的嗜好性进行了研究，并且制出了加有香精的饲料供应市场。日本从1965年开始利用饲料香精喂养家畜、家禽等动物。最初是使用美国香精公司生产的饲料香精，后来一些香料厂和饲料厂以仔猪的嗜好香料为中心进行研究，并逐渐由研究阶段进入实用阶段。研究范围也由仔猪扩大到仔牛、兔、狗、猫等。

八、饲料香精的防腐、抗氧化作用

全价配合饲料和浓缩料、油脂含量较多的饲料原料在贮运期间都容易氧化产生难闻的气味，这就是人们常说的油脂腐败。油脂腐败的原因是饲料中不饱和的脂肪酸及其酯在空气、水、金属盐、光线、热、微生物等作用下氧化产生低碳醛、酮和酸，这些低碳化合物组成人们厌恶的"油脂气味"，而且在食用时刺激喉咙，即所谓的"哈喇味"。腐败的油脂还能破坏饲料中的维生素A、维生素D、维生素E及部分B族维生素，降低赖氨酸和蛋白质的利用率，从而降低了饲料的生物学价值和能量价值。

目前国内外的饲料厂都在全价饲料和浓缩饲料中加入合成的抗氧化剂如乙氧喹、BHT、丁羟甲醇等，但这些合成化合物在允许添加的浓度范围内抗氧化作用有限，而且最近一再遭到非议，人们怀疑有致癌性，对肝、肺有影响，安全性不可靠。

香料，特别是天然香料中的许多品种具有优异的防腐抑菌和抗氧化作用，国内外早已对其作用进行研究，并应用于食品的生产实践中，而饲料生产中的应用则鲜见。

为此，笔者从1995年开始着手研究，筛选出多种具有防腐抑菌、抗氧化的香料单体，然后用它们调配成人和饲养动物都喜爱的饲料香精，发给各地饲料厂试用，反映良好。国内某著名饲料集团从 1996 年开始在其大量生产的一种猪用浓缩料中添加这种专用香精，浓缩料在正常贮存三个月后仍然同刚出厂时的气味一样，闻不出油"哈喇味"。该集团生产的这种浓缩料很快在当地成为名牌产品，购买者只要闻其是否有"哈喇味"就可断定是不是"正品"。

香料防止油脂腐败的机理是相当复杂的，不能用简单的一两个化学反应解释，根据目前国内外对于香料在食品中能起到防腐抑菌、抗氧化作用的机理整理归纳如下：

(1) 酚羟基的抑菌、抗氧化作用，类似于 BHT 和丁羟甲醚。例如丁香含有 15% 的丁香酚，其抗氧活性就可与 14% 的 BHT 相等。常用香料中有酚羟基的有丁香酚、愈创木酚、麝香草酚、香荆芥酚、异龙脑、香兰素、乙基香兰素、水杨醛、水杨酸及其酯类、麦芽酚、乙基麦芽酚等。

(2) 烯、醛等借助还原反应，降低饲料内部及其周围的氧含量。这些香料本身较易被氧化，与氧竞争性结合，使空气中的氧首先与其反应，从而保护了饲料，此类香料有萜烯（柑橘、橙、柠檬油中的主要成分）、蒎烯、香茅醛、柠檬醛、苯甲醛、C8～C12 醛等。

(3) 酸、硫醇、杂环化合物与饲料中重金属离子结合或络合，减少了这些金属离子对氧化的催化促进作用，此类香料有柠檬酸、乳酸、C1～C14 酸、草莓酸、3-巯基丙醇、烯丙硫醇、糠基硫醇、呋喃类、噻唑类、吡咯类、吡啶类化合物等。

(4) 醇、醛、胺与不饱和油脂氧化产生的低碳醛、酮、酸起缩醛缩酮、半缩醛、酯化、席夫反应等减轻了这些低碳醛、酮、酸的不良气味，这类香料有 C1～C12 醇、各种萜醇、苯甲醛、桂醛、氨基苯甲酸酯类等。

(5) 香料的香气掩盖了不饱和油脂氧化腐败的不良气味，氧化产生的低碳醛、酮、酸在一定的浓度范围内与香料组成比较宜人的气味。

当然，并不是所有香料都有防止油脂腐败的效果，有少数香料加进饲料中反而会促使饲料更快腐败变质。有的饲料香精不但不能掩盖饲料腐败气味，反而使腐败气味更明显。

从以上的分析中可以看出，全价饲料和浓缩料添加适量的、合适的香精可以大大降低它们在贮存、运输和销售期间腐败的可能性，但由于国内饲料香精起步晚，基础研究薄弱，至今不少饲料香精和香味素制造厂家生产时"知其然而不知其所以然"，只凭一知半解，简单的试配方就开始生产，殊不知有些香精加入全价饲料和浓缩料后不但不能防止和减轻油脂腐败，反而加速其变质，这就是为什么近年来有些文章指出某些不良的"饲料香味素"给饲料工业带来的危害性不容忽视的原因。这个问题应引起香料工业界和饲料工业界科研人员的重视。加强对饲料香精和香味素的基础研究，弄清楚香料在饲料中所起的各种作用及机理以指导生产，已刻不容缓。

下面是一个防油脂腐败的猪饲料香精配方例子：

防腐败饲料香精的配方（单位为质量份）：

丁酸乙酯	4	丙位十一内酯	5
乳酸乙酯	10	香兰素	6
丁酰乳酸丁酯	6	乙基麦芽酚	10
乙酸戊酯	4	对甲氧基苯乙酮	6
邻氨基苯甲酸甲酯	12	洋茉莉醛	2
丁酸戊酯	5	丁香油	10
戊酸戊酯	5	牛至油	10
丙位壬内酯	5		

九、无抗生素精油香味剂

畜牧业需要抗生素来治疗感染。但过量使用，背后的真正原因其实是希望加速生长及帮助动物忍受狭窄和不卫生的生存环境。抗生素的滥用，引发了"超级菌"对多数的抗生素产生抗药性，这不仅限于农场的动物，还有人类自身。事实上，这些用于牲畜的抗生素中大约 70% 被界定为有重要医学价值而用于人类。随着人们对食品安全的不断关注，全球禁抗抗生素呼声愈来愈高，中国也在不断加大对饲用抗生素的监管力度。饲料厂面临着减少抗生素、合成抗氧化剂的使用与客户投诉所带来的矛盾。无抗饲料的研究已经迫在眉睫。

无抗饲料，顾名思义，就是不含抗生素的饲料。民众倾向性认为无抗饲料应该不含抗生素与合成抗氧化剂。

饲料禁添抗生素是养殖发展的必然结果，从 2006 年 1 月 1 日起，欧盟所有成员国全面禁止动物使用抗生素促生长饲料添加剂。虽然为此付出了代价，养殖业的成本提高了 8%～15%。在最初的两年里，瑞典养猪业至少多消耗了 7 万吨饲料，而猪仔腹泻的发病率也从 1%～15% 提高到 50%。丹麦养殖业禁用抗生素的第一年，生猪的发病率达到历史巅峰。

但抗生素滥用的情况确实有所改观，瑞典 2004 年抗生素的使用量比 1986 年禁令颁布前减少了 65%，丹麦养殖业抗生素的消费总量从 1994 年的 206t 减少到 2003 年的 102t，丹麦人感染耐药性肠球菌的数量也不断减少。

目前人们讨论的较多的抗生素取代物有以下几种。

1. 微生态制剂及代谢产物

微生态制剂在代替抗生素方面发挥的功能应该是首要提倡的，尤其是近几年筛选出的抗感染效果优异的菌株，在抑菌性能方面甚至优于抗生素。通过微生态制剂的定植或肠道黏附，刺激肠道黏膜免疫，从而起到抗感染的效果。同时微生态制剂的代谢产物，如乳酸菌定植后产生的乳酸菌细菌素，具有很好的抑菌杀菌效果。另外，真菌类微生物发酵后产生的一系列代谢产物，如多糖、小肽、核苷也具有很好的抑菌效果。

只有来自曲霉、黑曲霉、根霉、枯草芽孢杆菌和地衣芽孢杆菌等可以直接用作饲用饲料添加剂。若使用含抗生素因子的基因工程菌和具有抗生素抗性的细菌用作微生态制剂的菌种，其结果将会和滥用抗生素一样，给人类造成不可估量的损害。

2. 益生元

益生元是指能够促进肠道内有益微生物增殖的一类物质，一般是指功能性寡糖，这类物质本身不能被单胃动物的消化酶所分解，所以进入动物的后肠段后，能够被益生菌所利用，进而促进有益菌的增殖，从而抑制有害菌的生长繁殖。益生元的添加量必须达到一定的量后，才能发挥出效果，但是往往受制于成本，很难大量使用。

不少研究表明，在动物（尤其是幼畜）日粮中添加寡糖，可以促进动物生长，减少疾病发生，提高饲料利用率。但也有一些实验表明，在日粮中添加寡糖对动物生产性能没有影响，说明寡糖饲料添加剂的添加效果与许多因素有关，如动物养殖环境、动物种类与年龄、日粮中寡糖固有的水平与饲料中寡糖的添加量等。有人认为寡糖过高会增加腹泻率，因此大多数学者建议寡糖用量在 1.0% 以下。

3. 酸化剂

饲料中添加有机酸和无机酸可作为在不用抗生素的条件下保护动物健康的一种方法。酸化剂直接刺激口腔的味蕾细胞，使唾液分泌增多，促进食欲，提高蛋白质的消化率和蛋白质的沉积，有利于微量元素的吸收，增强抵御疾病的能力。添加有机酸可提高幼龄动物不成熟消化道的酸度，激活一些重要的消化酶，有利于营养物质的消化。酸化日粮可抑制或防止肠道中大肠埃希菌或其他有害微生物的寄居和繁殖，预防肠道疾病的发生，还可提高动物抗应激的能力。

酸化剂主要作用部位是在胃部，通过降低胃内 pH 值，从而激活胃内蛋白酶原。但是酸化剂会被十二指肠的碱性胰液所中和，现在很多包被的有机酸，一旦能够到达后肠段，就能起到酸化后肠段的作用。具体是否能够过胃，值得商榷。

4. 中草药及植物提取物

中药制剂的抗菌作用主要包括两方面：一方面通过其中含有的抗菌物质，如小檗碱、大蒜素、鱼腥草素等植物杀菌素作用于微生物；另一方面通过调动机体免疫系统来杀灭微生物，例如大蒜素能杀灭病菌，调味诱食，促进生长。但是，中草药的资源瓶颈和居高不下的高成本，很难使其大量使用。

中草药是天然的动植物或矿物，主要有效成分为多糖、苷类、生物碱，含有丰富的维生素、矿物质、蛋白质，可增强机体抗菌、抗病毒和抗氧化能力，有些中草药可刺激内分泌系统和免疫系统。中草药饲料添加剂不存在抗生素的抗药性；不存在耐药性及药物残留问题；可补充营养，提高动物的生产性能，改进畜产品质量。大量研究表明，中药添加剂对雏鸡白痢、大肠埃希菌病、葡萄球菌病、曲霉菌病、禽霍乱等细菌性传染病有防治效果，对鸡传染性喉气管炎、传染性支气管炎、传染性霉形体病、传染性法氏囊病、鸡痘等病毒性传染病也有防治效果。对兔、禽球虫病，牛、猪流行性腹泻等病均有明显治疗效果。目前投放市场的天然植物及其提取物饲料添加剂大部分为粉剂或散剂，其生产工艺落后，生产设备简陋，加工粗糙简单，品种单一，使用剂量普遍偏大。

5. 酶制剂

通过酶制剂促进饲料在体内的消化，缩短在胃肠道的存留时间，从而减少被有害菌生长利用的机会。但是酶制剂的使用更多的是针对饲料原料的不同而选择，当饲料原料中所含抗营养因子含量较少时，酶制剂很难发挥较好的效果。

虽然酶制剂主要来源于微生物，但通常使用的不是酶的纯品，制品中的有关成分（包括微生物的某些代谢产物，有的是有害产物）有可能随食物链而影响人的健康。因此需要对酶制剂包括菌种进行安全评价。

6. 抗菌肽

抗菌肽，这是一类微生物普遍表达的抗菌抗病毒的小分子多肽。研究表明抗菌肽通过木桶式膜穿孔、环孔式膜穿孔、毯式膜穿孔及洗涤式膜穿孔几种模式使病原菌细胞膜穿孔，造成胞内原生质流失，使细胞死亡。目前抗菌肽的表达量和纯化还是一个难题，所以造成使用成本较高。

7. 二甲酸钾

这是欧盟批准的第一种用于替代抗生素促生长剂的非抗生素饲料添加剂产品，对仔猪的促生长和防治下痢有显著效果。可以降低沙门菌在生长育肥猪中的流行，还可以向小肠输送甲酸，在小肠内抑制革兰氏阴性菌（如大肠埃希菌、沙门菌）的生长。虽然二甲酸钾的功能与营养素的关系是间接的，但是由于二甲酸钾的组成特殊，均为营养物质。因此，以饲养试验观察高剂量添加二甲酸钾的影响，需要利用配方优化工具保持营养水平相同，特殊调整配制的等养分日粮。

巴斯夫建议饲料中添加 $1\%\sim2\%$ 二甲酸钾为宜，按目前市价，添加成本居高不下。我国钾资源极缺，很多靠进口也是一个问题。海水提钾进而制取二甲酸钾是发展方向。

8. 乳铁蛋白

简称 LF，是一种铁结合性糖蛋白，具有广谱抗菌作用。LF 既抑制需铁的革兰氏阴性菌（如沙门菌、大肠埃希菌和志贺氏菌等），也抑制革兰氏阳性菌（如单细胞增生性李斯特菌、葡萄球菌等），但是动物肠道有益菌如粪链球菌、双歧杆菌和乳酸菌等对 LF 具强抗性。另外，乳铁蛋白还具有抗病毒作用，天然的 LF 能够抑制人体免疫缺陷病毒和巨细胞病毒对 M 细胞合成纤维细胞的病变作用，此外，还能抑制流感病毒的活性。但是由于乳铁蛋白太昂贵在实际生产中目前还很少使用。

9. 有机金属微量元素

日粮添加铬可以降低家禽和猪的脂肪沉积，增加蛋白质沉积。此外，铬还可以缓解动物的应激反应。有机铬产品，是一种特殊筛选的酵母菌种，具有将无机铬聚集到体内的能力，经酵母细胞的代谢，无机铬转变为有机铬。无机铬在动物肠道中很难吸收，大约只能利用 $1\%\sim3\%$，而有机铬吸收率为 $10\%\sim20\%$，酵母中所络合的铬生物利用效率更高。大量研究表明，铬酵母能够促进动物体内葡萄糖的代谢，促进蛋白质的利用，减少脂肪的沉积，提高体内蛋白质的合成。动物试验结果发现，饲料中添加铬酵母（$200g/t$），可提高动物的免疫能力，缓解外界环境对动物造成的应激，进而提高动物的生长速度，改善胴体品质，减少发病率，降低死亡率。

氨基酸螯合铁或蛋白质螯合铁：在妊娠和哺乳母猪日粮中添加蛋白质螯合铁可以提高母猪的繁殖性能，降低死产和乳猪死亡率，仔猪健壮，精神状态好，更容易克服断奶应激。

赖氨酸铜：铜通过促进下丘脑分泌促黄体素释放激素而参与机体的繁殖活动。高铜有促生长作用。

10. 糖萜素

具有调节网状内皮系统，增强巨噬细胞、淋巴细胞、白细胞介素的活性。提高抗体水平、调节 cAMP 与 cGMP 含量和补体的生成等作用。其表现为增强机体非特异性免疫反应，提高畜禽的健康状况，同时协同增强特异性免疫效果，加强细胞免疫和体液免疫，提高疾病疫苗接种效果，延长免疫持续时间，提高治疗效果，缩短治疗和康复时间，提高畜禽生产性能。

合成抗氧化剂：

饲料中常用的抗氧化剂有二丁基羟基甲苯（BHT）、丁基羟基茴香醚（BHA）、没食子丙酯（PG）、乙氧喹（EMQ）、特丁基对苯二酚（TBHQ）等。

BHT有抑制人体呼吸酶活性等嫌疑。美国FDA曾一度禁用，希腊、土耳其等国也禁用。后因证明其他安全性还是能得到保证，ADI值降为0～0.3mg/kg后继续使用。BHT是白色结晶颗粒，即使磨成极细的粉末，当与饲料中易于氧化的组分混匀后组成的预混料或配合饲料中，各种组分仍是单独的颗粒，因此，BHT在其中无法充分起到抗氧化作用，这是BHT不能充分发挥效果的关键原因。

BHA有致癌的嫌疑。1981—1982年日本发现BHA有致癌作用；1986年FAO/WHO也曾报道大剂量BHA对大鼠前胃有致癌作用，对猪和狗引起食道增生。但1989年FAO/WHO再评价时，认为只有在特别大的剂量（20g/kg）时才会对大鼠前胃致癌，而对猪和狗无有害作用。由于人无前胃，故又将ADI值制订为0～0.5mg/kg，允许在食品中使用。

PG由于价格高且在油脂中溶解度小，在饲料中不可能单独使用。除了没食子酸丙酯外，还有没食子酸辛酯、没食子酸异戊酯、没食子酸十二酯等，基本上与PG类似。

EMQ的缺点是自身的色泽变化太快、太大，在预混料中大量使用时，由于EMQ的色泽急剧加深，常被误认为是饲料的质量发生了变化，实质上是EMQ色泽变化所引起，并不影响饲料质量，这也是食品中不愿添加EMQ的重要原因。EMQ对某些油脂的抗氧效果不甚理想。

TBHQ的抗氧效果优于BHA和BHT，尤其在油脂中值得推广使用。自1991年中国食品添加剂标委会年会上批准TBHQ用作食品抗氧化剂后，其生产应用取得一定的发展。据不完全统计，国内已有近10家企业在生产或准备生产TBHQ，目前的问题是推广应用的力度不够和价格偏高，目前国内最低报价为150～180元/kg，最高的可达250～300元/kg，如此高的价格在食品行业中尚能承受，在饲料中使用恐怕难以接受。

我国农业部1999年105公告中批准在饲料中使用的抗氧剂品种是乙氧基喹噻、BHT、BHA和PG。1998年11月召开的全国饲料添加剂标委会上规定：配合饲料中使用抗氧化剂的最高浓度是150mg/kg（指批准使用的各种抗氧化剂的浓度总和），超量添加抗氧化剂受到限制。

防霉剂：

饲料用防霉剂是指能降低饲料中微生物的数量、控制微生物的代谢和生长、抑制霉菌毒素的产生，预防饲料贮存期营养成分的损失，防止饲料发霉变质并延长贮存时间的饲料添加剂。

霉变饲料中含有大量霉菌，霉菌能利用饲料（谷物）中的营养进行生长繁殖，降低了饲料原有的营养价值，影响动物繁殖性能，干扰动物免疫系统。

在饲料中使用防霉剂必须保证在有效剂量的前提下，不能导致动物急、慢性中毒和药物超限量残留；应无致癌、致畸和致突变等不良作用；防霉剂也不能影响饲料原有的口味和适口性，如一般乙酸、丙酸等有机酸类挥发性较大，容易影响饲料的口味。较理想的防霉剂还应有抗菌范围广、防霉能力强、易与饲料均匀混合、经济实用等特点。

一般防霉剂都应与抗氧化剂一起使用，组成一个完整的防霉抗氧化体系，从而才能有效地保证和延长贮存期。

诱食剂：

用于改善饲料适口性，增进饲养动物食欲的添加剂。饲用诱食剂是由刺激味觉成分和辅助制剂组成的，因饲用动物的生活环境、生理特点、感受器官及味道的传播介质不同而有所区别。实际上任何一个饲料配方都是以一定的采食量为基础设计的，饲料适口性不好，采食量下降，势必影响摄入养分的总量，无疑也会影响到饲料的效果。

许多饲料原料本身也有适口性问题，如大豆中的腥味物质、豆类中的外源凝集素、菜籽饼粕中的硫代葡萄糖苷及其降解产物致甲状腺肿素，许多谷物和其他植物性饲料中的单宁、脂肪的氧化降解产物等，都会对饲料适口性造成不良影响。特别需指出的是一些蛋白质代用品和工业副产品的开发利用更会带来适口性问题，如血粉、鱼粉和发酵副产品等。

在畜牧生产中，随着生产力的提高，不仅要求保证日粮中的营养质量，还要求饲料有良好的适口性和足够的采食量，才能保证畜禽对养分的总需求。畜禽处于应激状态，如嘈杂、惊吓、拥挤、分群、转群、运输、断奶、去势、炎热、寒冷等，食欲减弱，采食量下降。综合这几种情况，在饲料中加入诱食剂是非常必要的。

精油：

精油是从植物的花、叶、茎、根、皮、果实、种子、分泌物等通过水蒸气蒸馏法、干馏法、挤压法、冷浸法、溶剂提取法、超临界二氧化碳萃取法等提炼萃取的挥发性芳香物质。

精油里包含很多不同的成分，如萜烯类、酸类、醛类、酮类、酯类、醇类等，有的精油，例如玫瑰花油，可由 250 种以上不同的分子结合而成。

每一种植物精油都有它自己特有的气味、色彩、流动性和它与系统运作的方式，也使得每一种植物精油各有一套特殊的功能特质。

精油大多具有亲脂性，很容易溶在油脂中。

精油较为人所熟知的功效，不外乎舒缓与振奋精神这种较偏向心理上的功效，但是精油的功效不仅于此。不同种类的精油还有各种不同的功效，对于一些疾病，也有舒缓和减轻症状的功能。精油对许多疾病都很有帮助，配合药物的治疗，可以让疾病恢复得更快。并且在日常生活中使用，可以起到净化空气、消毒、杀菌、驱虫的功效，同时可以预防一些传染性疾病。许多精油内服有开胃、祛风健胃、促进消化、促进胆汁分泌、保肝等作用。

牛至油、肉桂油、丁香油、芳樟叶油、薰衣草油、百里香油、姜油、茶树油、山苍子油、艾蒿油等可以破坏病原微生物细胞的内外物质交换平衡，导致病原微生物细胞膜通透性发生变化，破坏病原微生物细胞正常的代谢机能；进入病原微生物细胞，改变胞内细胞器的膜性结构，使重要细胞器的生理功能丧失；改变线粒体膜的通透性，阻止氧化呼吸过程，破坏能量代谢；进入核糖、内质网和高尔基体阻碍蛋白质及毒素等的合成和分泌，抑制病原微生物的生长。

畜牧业的发展长期有赖于抗菌促生长剂的"神奇"作用，尤其在规模化养殖条件下，畜禽只能依靠人为技术措施进行保健和疾病治疗。因此像天然精油这样的高效、环保、安全的绿色添加剂有很广阔的发展前景，是一种很有前途的抗菌促生长剂，而且在畜禽生产中使用不产生耐药性。这种全天然的抗菌促生长香精将给饲料行业带来新的希望和契机。

无抗精油香味剂：

单一精油在饲料里应用存在着气味单调、诱食性不够、功能不全、杀菌不完全等缺陷，无抗精油香味剂巧妙地解决了这个问题。

无抗精油香味剂具备一般抗生素和合成抗菌药物所没有的特点，作为治疗药物同时兼有促生长、残留低的特点，符合当今全社会日益关注的食品动物要求无残留、绿色健康的呼声，其应用前景很好。

无抗精油香味剂由肉桂油、纯种芳樟叶油、丁香油、牛至油、柠檬草油、玫瑰香草油、木醋液、香荚兰豆酊等配制而成，含有香兰素、麦芽酚、甲酸、乙酸、丙酸、丁酸、异丁酸、异戊酸、氨基酸、蒎烯、左旋芳樟醇、松油醇、β-榄香烯、柏木烯、柏木醇、糠醛、羟基丁酮、甲基环戊酮、甲基环戊烯酮、3-甲基-2-羟基-2-环戊烯酮、乙酰呋喃、呋喃酮、愈创木酚、香芹酚、桂醛、柠檬醛、香叶醇、二氢甲基呋喃、左旋葡聚糖等 300 多种成分，是一个组分复杂、功能多样和相对稳定的有机体系。

无抗精油香味剂作为一种新型饲料添加剂，以其绿色、环保、抗菌促生长、无残留、零停药期及不易产生抗药性等特点而引起人们的广泛关注。其抗菌谱广，可抑杀大肠埃希菌、巴斯德菌属、沙门氏菌属、大肠弧菌、曲霉菌属、似隐孢子菌属、念珠菌属、气荚膜梭状芽孢菌、产气肠杆菌、绿脓假单孢菌、金黄色葡萄球菌、猪葡萄球菌、生脓链球菌、粪便链球菌及霉菌属等，对组织滴虫、梨形鞭毛虫和球虫也能有效驱赶杀灭。抗菌机理是破坏病原微生物生物膜的通透性，使细胞内容物溢出，造成内环境失衡；阻止线粒体吸氧，破坏核糖体、内质网和高尔基体的生物合成及转运功能。多种精油成分能有效地预防与治疗大肠埃希菌或沙门氏菌引起的腹泻，明显降低感染仔猪的死亡率。在自然感染的病例中，治疗效果明显优于硫酸新霉素、黄霉素、金霉素等抗生素。在治疗犊牛和羔羊腹泻上也收到了预期效果。

无抗饲料复配精油对禽畜还有诱食和促生长作用，其促生长作用机理是抑杀有害病原体，保护肠道微生态平衡，促进生长。许多精油可刺激食欲，通过信息反馈系统有效激活消化酶，使食糜的黏稠度发生变化，促进饲料中营养物质充分吸收。精油里的芳樟醇、香叶醇、松油醇、萜烯、桂醛、丁香酚对肠黏膜成熟腔上皮细胞有活性效应，肠黏膜细胞受细胞内病原体影响引起死亡，然后在肠内腔脱落，带走坏死组织。精油里的活性物在肠绒毛表面加速成熟腔上皮细胞的更新率，减少病原体对腔上皮细胞的感染和提高营养吸收能力。在猪的日粮中添加这种香精可提高日增重、降低料肉比，对乳猪有良好的防病促生长作用。这些精油成分的促生长效果明显优于金霉素、抗敌素、黄霉素、弗吉尼亚霉素、林可霉素、阿维拉霉素等抗生素。

无抗饲料添加剂应用前景：

我国目前有兽药企业 2000 余家，兽药产品基本处于过剩阶段，在各种动物的养殖生产中需要通过抗生素的添加来保证饲养动物健康，使用量相当可怕，约占世界用量的一半，超过 5 万吨抗生素被排放进入水土环境中。养殖户对抗生素的过分依赖，滥用抗生素，如细菌耐药性、环境污染（土壤、水）、危害人体健康等一系列问题凸显。因此，禁抗是必然趋势，不可逆转。在生产实践中，可以通过使用多种替代物减少抗生素的使用，抗生素替代物应安全、高效、便利、价廉，非抗生素时代应该加强生产管理。

厦门牡丹香化实业有限公司研制的无抗精油香味剂是用精制浓缩木醋液和多种植物精油配制而成的，效果远超木醋液和每一种植物精油的单一使用，可以全部取代抗生素、合成抗氧化剂、防霉剂、有机酸、促生长剂、香味剂，一物多能。由于原料大多是农副产品及其加工后的"下脚料"，是目前各种无抗饲料添加剂中制作成本最低的，因而具有强大的竞争优势。目前我国年产各种饲料 2 亿吨，必须加入这种无抗饲料添加剂 100 多万吨，价值 100 多亿元（人民币）。

第九节 烟用香精

一、科学、全面地研究吸烟与健康的关系

自 1954 年以来，虽然各国政府和卫生部门在吸烟与健康问题的研究方面耗资巨大，但得出的结论仍停留在流行学的统计和一些推理性假说上，尚无直接的实验证据加以证明。这里有多方面的原因，一是医学界对许多疾病的病因不十分清楚，如癌症的病因就是一个典型的例子；二是烟草化学成分与发病的关系不是急性的毒害，且涉及遗传、环境和生活习惯等各种因素，还未能做到通过实验确定吸烟就是肺癌的病因。在这种情况下，研究烟草的危害时，不能忽视其他致病原因。

（1）环境因素。对于吸烟会导致癌变的主要依据是烟气中含有公认的致癌物苯并芘。有人收集过一些资料，全世界每年向大气释放出来的苯并芘的质量为 5004t。其实苯并芘到处皆有，也避免不了，如日常的食物、取暖、室内装修的建筑材料、呼吸的空气中都有苯并芘的存在。在大城市中，人们一天呼吸空气中的苯并芘的量就相当于吸 50～60 支烟的量，就是清洁的城市也相当于吸入 5～6 支卷烟。我们认为既不能完全肯定吸烟致癌的说法，但也不能忽视吸烟对健康的影响，为了减少吸烟的危害，应致力于发展较为安全的低焦油卷烟。

（2）实验方法与结论。用卷烟焦油做小白鼠的涂肤实验，往往被人认为是吸烟致癌最强有力的证据。但是，有的科学家同时对小白鼠和大白鼠做涂肤实验时，小白鼠长出了肿瘤，而大白鼠却没有。其他的一些动物包括猴子的涂肤实验，结果也是阴性。这里暂且不说小白鼠的血液与人体血液的性质相距有多远，小白鼠的皮肤与人体的呼吸道的结构功能更是大不相同，仅仅在实验时在单位面积上施加的焦油剂量就大大高于正常吸烟时烟气焦油作用于呼吸道的剂量。因此，依据涂肤实验就得出人体的肺部生癌是由吸烟所致的结论说服力不强。

1. 烟气的形成

在点燃卷烟的过程中，当温度上升到 300℃时，烟中的挥发性成分开始挥发而形成烟气；上升至 450℃时，烟丝开始焦化；温度上升到 600℃时，烟支就被点燃而开始燃烧。卷烟的燃烧存在两种方式：一种是抽吸的燃烧，另一种是抽吸间隙的阴燃。在烟支燃烧时，燃烧的一端是锥形体状，锥体周围的温度最高。抽吸时大部分气流从锥体与卷烟纸相接处的周围进入，这个区域称为旁通区，而锥体的中部却形成一个致密的不透气的炭化体，气流不大容易通过。锥体周围的含氧量很低，以致使燃烧受到限制，也就是说锥形体周围进行的燃烧是不完全的。这个区域的烟丝就处于一种缺氧干馏状态，处于还原状态。新生烟气中约含有 6.4%～8.2% 的氢气、10.6%～12.6% 的一氧化碳、1.3%～1.8% 的甲烷，另外还有许多其他的物质。

2. 烟气中的主要有害物质

烟叶及烟气中所含物质的种类是随分离鉴定手段的进步而逐步为人们所认识的。烟气气相物中的主要有害

物质有一氧化碳挥发性芳香烃、氢氰酸、挥发性亚硝胺。烟气粒相物质中的主要有害物质有稠环芳烃、酚类、烟碱、亚硝胺和某些杂环化合物，这些物质的总量不到粒相物质总量的 0.6％，而且在此 0.6％中，与癌症有关的不到 0.2％，但是有一点应指出，并非所有的稠环芳烃都有较强的致癌性，如苯并芘、烟碱在人体的代谢过程很快，在短时间内即可排出体外，基本不会造成累积性的危害。

3. 降低卷烟焦油量的意义

现代科学研究表明，卷烟焦油中确实存在着微量可能致癌和诱发癌症的物质，因此世界各国都在致力于降低卷烟焦油量的工作。

从国际烟草业来看，一些发达国家早在 20 世纪五六十年代即已投入大量的人力物力进行降低卷烟焦油技术及低焦油卷烟的研究，并取得了较大的成就。在降焦技术措施方面，从物理、化学、配方、加料加香、工艺技术等方面都做了大量的卓有成效的工作。从国内情况看，近年来国家烟草专卖局及国家有关部门也开始重视卷烟的焦油量问题。随着我国卷烟工业技术的不断进步和产品结构的不断调整，全国卷烟焦油量已大幅度下降，但与发达国家相比仍有较大差距，主要表现在卷烟焦油量仍普遍偏高且变化幅度较大。随着反吸烟运动的不断高涨和吸烟者健康意识的提高，发展低焦油卷烟，降低现有卷烟，尤其是名优卷烟产品的焦油量已成为烟草行业求得生存和发展的必由之路。因此，稳定、降低卷烟焦油量，对于国内卷烟企业来说，既是机遇又是挑战，更是企业自身参与市场竞争的需要，也是一个企业产品科技含量的体现。

4. 影响卷烟焦油产生量的因素

卷烟焦油量受烟丝组分、烟支燃烧物质数量、燃烧条件及过滤、稀释等因素作用，涉及从烟叶生产、产品设计到卷烟生产的各个环节。目前，我国烟草行业在大力开展降低卷烟焦油量的工作方面有几个因素值得研究。

（1）卷烟产品类型的影响。我国长期以来已形成以烤烟型卷烟为主体的消费习惯，而且短时间内难以改变这一事实。由于该类卷烟的配方本身就具有高焦油和烟气浓度较淡的特性，因此，降焦难度较大。

（2）烟叶质量的影响。我国烟叶长期以来实行计划调拨，烟厂对计划内调拨的烟叶没有选择余地。由于生产技术、气候条件以及小地区的差异而无法控制烟叶的化学成分，这本身就造成了卷烟焦油产生量的不稳定。

（3）辅料质量的影响。国外卷烟企业所需的辅料能够得到最大限度的质量保证，所设计的低焦油卷烟产品能够保持其焦油量的稳定性。

（4）科研机构及经费的影响。在一些发达国家的卷烟制品公司设有专门的产品科研发展部，有大量专职的科研人员，并配备有各种理化实验设备和仪器，设有实验工厂，科研经费完全能够满足需要，产品从设计、研制到投入市场所需的各项费用对于我国烟草企业来说暂时是难以想象的。

随着卷烟焦油量的大幅度降低，将导致烟味偏淡且香气不足，使消费者难以接受，因而在降低卷烟焦油量后，如何保持卷烟的香味，是降焦工作中的重中之重。为达到降焦保香之目的，应注意下面几点：

1. 烟叶的选择

烟叶是卷烟焦油产生的物质基础，烟叶的物理和化学特性直接影响着卷烟的特性和焦油量。烟叶和配方的多变性是导致卷烟焦油量不稳定的主要原因之一。因此，就降焦而言，叶组配方的设计需满足三方面的要求：一是降低卷烟焦油量；二是控制焦油波动幅度；三是满足卷烟降焦后的感官要求。

配方中烟叶的选择应着重于满足降焦后的感官要求，尤其是要保证各种降焦技术应用后的烟味浓度和口感。试图通过在配方中选用一些燃烧后焦油产生量较低的烟叶来达到降焦目的，在实际应用中很难实现。一是相对其他措施而言，降焦效果不甚明显，二是这类烟叶大多香味不足、香气质较差，难以满足感官质量要求。因此，应将烟叶生产目标调整为提高烟叶的香气质量，为卷烟工业采用各种降焦措施提供物质基础。同时要努力提高烟叶的醇化程度，这样一方面可降低烟叶的含糖量，有利于从根本上减少焦油的产生源，有利于改善烟叶的燃烧；另一方面，醇化好的烟叶香气质改善，香气量增多，对低焦油卷烟的香味有提高作用。

根据我国的情况，应将降低焦油量的重点放在烤烟型卷烟上，而不是单纯靠改变卷烟类型来达到降低焦油的目的，因为 85％以上的产品和消费市场是烤烟型卷烟。

2. "两丝一片"的使用

"两丝一片"是指在卷烟中加入膨胀烟丝、膨胀梗丝和烟草薄片。"两丝一片"的加入一方面可以减少烟支含丝量，另一方面由于其组织结构疏松、燃烧性较好，对降低卷烟焦油效果较为明显。

但对"两丝一片"的使用也要慎重，掺入不当会对卷烟香味产生负面影响。烟丝经膨胀后，由于燃烧速度加快，刺激性也随之增大，香味受到损失，特别是采用干冰膨胀的烟丝，由于液态 CO_2 将烟叶中的香味物质液化并随高温挥发掉，因此，较大比例的掺兑会降低卷烟的香味。梗丝和烟丝相比，本身的内含物就差了很多，木质气较重，就更显得烟味差，较大比例的掺兑亦会破坏卷烟的香味。烟草薄片在重组过程中由于一些添加剂的影响，也会产生不良的气息。

鉴于以上原因，应对"两丝一片"作适当的处理，烟丝和梗丝在膨胀前应先进行加料处理，目的在于增加它们的香味，可用一些较耐高温的加料物质。烟草薄片则可作为一些与烟香协调、有增香作用、对遮盖杂气有较明显效果的香味添加剂的载体，使"两丝一片"在利于降焦降耗的前提下为全配方提供一定的香味。

3. 发展加香料技术、开发应用新型香料

改变在加料时加入糖和酸的传统做法。因为这两类物质都会降低卷烟的 pH 值使卷烟烟气偏酸性而使烟气过于平淡，同时糖本身就是卷烟燃烧时增加焦油产生量的一个因素，并使烟丝的填充值下降，从而增加卷烟烟丝填充密度，造成焦油量增加。可考虑在加料时加入一些反应类物质及一些与烟香协调且挥发性小的天然浸膏类及增香效果明显的单体香料。在改变了传统的加料物质后，烟叶的物理性能（如韧性）可能会受影响，这可以通过调整工艺加工指标予以解决。即使是加料时要加糖，也应严格控制料液中的糖和含糖物质的用量，用量要控制在既使烟草中的含氮化合物全部或大部分参与烟叶工艺处理过程中的棕化反应，又不至于过量。

加香也宜采用一些挥发性小的香料及烟草的天然提取物成分等，使卷烟在燃烧时能产生足够的香味，以克服低焦油卷烟比一般卷烟加香加料较多而容易产生不协调的缺点。加入的香精尽量选用烟叶或烟气中已鉴定出的特征香味物质如异戊酸、β-甲基戊酸、吡咯类、吡嗪类、紫罗兰酮、突厥酮、二氢突厥酮、氧化异佛尔酮、氧化石竹烯和巨豆三烯酮以及烟草提取物、烟草精油和烟花精油等。

另外，采用滤嘴加香。与烟丝加香相比，滤嘴加香可以避免卷烟燃吸期间香料的变化，同时亦可避免卷烟静燃期间香料的损失。

二、烟草加香

烟用香料——配制烟草香精所用的原料称为烟用香料，这类物质既可调和使用也可以单独使用，其作用主要是增强烟草制品的香气和改善烟气吸味。所有的食用香料都可以作为烟用香料。也有极少数非食用香料现在也用作烟用香料，如香豆素等。

烟用香精——一类烟草制品添加剂。由两种或两种以上的烟用香料，按一定的配比并加入适当的辅料（溶剂、色素、增味剂等）组成，专供各种烟草制品加香矫味使用，使之在燃吸时产生优美的香气和舒适的"吃"味。

烟用香精有其专指性，只能用于卷烟（或其他类型烟草制品）中，而不能用于其他非烟草制品中。如果没有卷烟或其他烟制品的生产，烟用香精也就无法存在。

在烟草加工工业中，卷烟加香在产品设计中占有重要地位。烟草为什么要进行加香加料处理呢？因为卷烟的烟叶组配方是由几种至数十种烟叶组合而成的，经组合的烟叶配方其化学成分并不能完全达到平衡，抽吸时会表现出不同侧面和不同程度的缺陷，这就必须进行加香及加料。即使一个完美的烟叶组配方，若不进行加香或加料处理，产品就不会有特征的风味，也就难使有不同爱好和习惯的吸烟者得到满足。随着低焦油卷烟的发展，卷烟制品香气经过滤和稀释，香气显得明显不足，因此，卷烟加香越来越重要。对烟草企业而言，没有良好香气与吸味的卷烟产品，企业的经济效益就会受到直接影响。

卷烟加香的目的及作用——卷烟所用的烟叶，经过调制、陈化（或发酵处理）以及合理的配方，使各种烟叶的香味协调起来，形成不同类型风味的卷烟叶组。由于烟叶某些品质缺点在叶组中不可能完全得到改善，卷烟叶组尚存在例如杂气、刺激、余味等方面问题，尤其在上等烟叶原料短缺时表现更为突出，加香及加料的主要目的就是针对这些方面问题而进行的具体工作，以期达到使卷烟香气和吸味品质最佳的结果。加香以及加料可表现以下几个方面的作用：

（1）消除不同等级烟叶之间的差异。卷烟通过料香和表香的辅助和衬托作用，可以有效地达到补充香气，掩盖杂气，改进吸味的目的，原来叶组中各烟叶之间的香气通过加香协调起来，从而减少或消除不同等级烟叶

之间的差异；

（2）有目的地增加或增强其他香味，使烟味丰满。叶组配方之后，尤其在加入其他变体原料之后，经常出现香气欠丰满和单调的问题，这就要根据设计产品风格的总体要求增加或增强香味，使烟味丰满；

（3）降低干燥感，消除粗糙感，增加甜润度，改善吸味。烟气干燥和粗糙是配方人员经常遇到的问题，除合理配方以外，加香加料可以起到应有的作用，通过合理加香加料能达到增加甜润度，改善吸味的效果；

（4）加香赋予卷烟特征香，增加对消费者的吸引力。卷烟作为嗜好品，其特征香是否明显是产品设计成败的重要内容。卷烟的特征香应有独特风格，一是嗅香和开包香风格不同，另外抽吸风格更应有自己的特点，风格特征比较强的卷烟牌号例如"万宝路""中华"等；

（5）加香合适，在一定程度上能提高烟叶等级，由相对低等级烟叶组成的叶组配方产生级别较高的卷烟产品。

三、烟用香精的调香技术及需要注意的问题

1．确定加香的目的及香型

这是调香的第一步工作，和其他科研工作一样需要确定工作的目标。这一步工作内容包括：

（1）确定所调制的香精要解决何种问题——是解决烟气不够丰满还是解决杂气较重，或者余味问题，等等，这一步目标越具体，越详细越好，这样才能为第二步选择香料奠定基础；

（2）确定调制香精用于哪个工艺环节——是加料香精还是表香香精、滤嘴香精；加料香精是梗丝加料还是白肋烟加料等；

（3）确定调制的香精香型——首先要确定大的类型，即要明确调制的香精属烤烟型还是混合型、雪茄型，然后再在各大类里面确定具体类型，例如烤烟型里是清香型、中间香型还是浓香型；香型方向确定之后再确定是创香还是仿香，创香要在广泛调研基础上发挥调香工作者的想象力设计出独特的香气风格；若是仿香，就要对所仿的香气有深入的了解，一方面要对被仿对象的香气特征、香韵组成把握准确，另一方面有必要结合仪器分析了解被仿产品的香料使用情况。一般认为烤烟型卷烟常用的香气（或香韵）类别有：烘烤香、焦糖香、青（清）香、甜香、辛香、果香、酒香、花香等，混合型卷烟常用的香气类别有：烘烤香、焦糖香、各类烟草特征香、甜香、辛香、酒香、果香、青（清）香、花香、动物香等。综合比较而言，混合型香精所用的香气类别和香料范围比烤烟型要广泛得多，每个香韵下面可选的香料有较大的变化，最终设计出的香精配方也有较大的变化；

（4）确定调制香精加香对象的档次——由于各加香对象品质及档次不同，所以加香的目的不同，如烤烟型卷烟中，高档卷烟有良好的芳香和烟味，加香主要是衬托香气，修饰烟香，重点放在产品风格和特征上面，不能掩盖原有的烟香，香精与烟香充分协调，需具有甜香、酒香和清香，香气以清雅浓馥纯正为好；中档卷烟也有较好的香气和烟味，但微有杂气和刺激，余味不及高档卷烟，加香香精设计主要是衬托原有的烟香，又要掩盖杂气，去除刺激和改善余味，加香稍重于高档卷烟；低档卷烟香气不足，杂气较重，刺激性大，余味不净，设计香精时需增加类似烟香的香气，减少杂气和刺激性，改进吸味，香精香气要浓重，加香亦重。另外，调制香精的加香对象档次不同，所选用原料价格控制也不应相同。

2．选择合适的香料

在明确了以上各项具体工作目标之后，调香师就可以开始选择合适的香料，香料选择应满足以下要求：

（1）符合所设计香型及香韵的要求，不同香型的配方应有不同的香料与之适应；

（2）符合加香对象的要求，卷烟产品不同选择香料也应有所不同；

（3）符合加香工艺的要求，加料香精选择香料其主体香应选择耐受高温的、不易挥发的香料，尤其是白肋烟加料香精应注意这方面的要求；

（4）符合设计成本的要求。

此外，选择香料的同时应考虑好适当的溶剂和稀释剂，作为烟用表香香精常用的溶剂是乙醇、丙二醇、苄醇、三乙酸甘油酯等。作为香料香精常用的溶剂是水、低浓度乙醇、丙二醇等。选择香料的同时应适当考虑选用何种定香剂。

下面举例说明选香料的过程：

例一：高档混合型卷烟表香，单价 150 元/kg（成本），要求具有烘烤香、焦糖香、果香、辛香、青香、豆香，确定配方格局为以焦糖香、烘烤香、豆香为主体，头香体现果香、辛香和青香，其中以果甜、青甜并重，另外适当增补白肋烟和香料烟特征香。

选用溶剂为丙二醇、水、乙醇，定香剂从所选择香料中考虑。

选择香料如下：

（1）烘烤香：乙酰基吡嗪、三甲基吡嗪、愈创木酚、4-甲基-5-羟乙基噻唑、菊苣浸膏、胡芦巴酊（或浸膏）；

（2）豆香：可可提取物、咖啡提取物、香荚兰提取物、苯甲醛（坚果）、香豆素、洋茉莉醛、香兰素、乙基香兰素；

（3）焦糖香：麦芽酚、乙基麦芽酚、甲基环戊烯醇酮（MCP）、呋喃酮、硫代磷酸 S-（4-氯苯基）O,O-二甲基酯（DMCP）棕化产物（具焦糖香）；

（4）辛香：芹菜籽油、肉豆蔻油、肉桂油、甜牛至油、丁香油、大茴香油、姜油；

（5）果香：香柠檬油、柠檬油、甜橙油、乙酸戊酯、戊酸乙酯、苹果酯；

（6）青香：叶醇及其乙酸酯、女贞醛、γ-己内酯、芳樟醇；

（7）增补白肋烟和香料烟香：β-突厥酮，β-二氢突厥酮、茶醇、茶香酮、吲哚、2,6-二甲基吡啶、3-甲基戊酸、香紫苏内酯、降龙涎香醚、白肋烟及香料烟提取物、茄酮、巨豆三烯酮。

例二：烤烟型高档表香，要求香韵组成是清甜香为主，辅以焦甜香，同时具有辛香、果香、膏香和酿香，适当增补烤烟香。

选择香料如下：

（1）清香：纯种芳樟叶油、树兰花油、橡苔浸膏、叶醇及其乙酸酯；

（2）清甜香：β-二氢突厥酮、茶香螺烷、玫瑰油、香叶油、橙花叔醇、香叶基丙酮、金合欢基丙酮；

（3）辛香：大茴香油、大茴香醛、芹菜籽油（辛青）、丁香油、丁香罗勒油；

（4）果香：甜橙油、乙酸异戊酯、2-甲基丁酸乙酯、乙酸异壬酯；

（5）酒香：朗姆醚、庚酸乙酯、己酸乙酯；

（6）膏香：秘鲁浸膏、吐鲁浸膏、安息香浸膏、桂酸酯类；

（7）焦糖香：麦芽酚、乙基麦芽酚、甲基环戊烯醇酮、面包酮；

（8）烤烟香：云烟净油、烟草花油。

3. 拟定香精配方及实验过程

拟定配方是调香的第三步，也是最终的目的和要求。所谓拟配方就是在经过前两步之后所进行的具体处方工作阶段。通过配方试验（包括应用效果实验）来确定香精中应采用哪些香料品种（包括其来源、质量规格或特殊的制法要点、单价等）和它们的用量，有时还要确定该香精的调配工艺与使用条件的要求等。

拟配方一般要分两个阶段。第一，选出的各种香料通过配比（品种及用量）试验来初步达到原提出的香型与香气质量（包括持久性与稳定性）要求，也就是从香型香气上讲，使香精中各香韵组成之间，香精的头香、体香与基香之间达到互相协调，持久性与稳定性都达到预定的要求。在这个阶段主要是用嗅感评辩方法对试配的试样进行配方调整，如果是进行仿配，则要与仪器分析的结果配合起来进行调整。最后初步确定香精配方并从香精试样的香气上作出初步结论。

第二，将第一步初步确定的香精试样进行应用试验，也就是将香精按照加香工艺条件的要求加入加香对象中去，观察并评估效果如何。在这个阶段中，也包括对第一阶段初步确定的香精配方做进一步修改、调整，最后确定香精的初步配方。除此之外，还要确定其调配方法，再确定加香对象中的用量和加香条件及有关注意事项等，为取得这些具体数据需要进行的试验与观察的内容主要包括以下几个方面：

（1）确定香精调配方法，如调配时香料加入的先后次序，香料预处理要求，对固态和极黏稠的香料熔化或溶解条件要求等；

（2）确定香精加入介质中的方法及条件要求；

（3）观察与评估香精在加入介质之后（结合介质质量特点）所反映出的香型、香气质量是否与香精单独时所显示出的香型、香气质量基本相同及与加香对象的配伍适应性，必要时可结合仪器分析方法帮助对照；

（4）观察与评估香精在加入介质之后，在一定的时间和一定的条件下（如温度、光照、储放架试等），其香型和香气质量（持久性和稳定性）是否符合预期的要求；

（5）观察与评估香精加入产品中的使用效果是否符合要求；

（6）确定该香精在该加香对象中的最适当用量，其中包括从香气上、安全上及经济上的综合性衡量。

在确定配方时，调香师除征求原委托单位或提出试配者的意见外，还应多征求供销人员及熟悉该类加香产品市场动向甚至能代表消费者爱好人员的意见，以便集思广益，使调制的香精有较好的成功基础。

一个香精从配方结构上讲可以分为头香、体香和基香三个层次。那么，在香精处方中如何才能使这三个层次既相互衔接而又体现出来，形成一种和谐的香精呢？这就要求有一定的方法可循，这种方法属于"反复试验法"，可以概括为以下两种处理方法：

（1）层次法——先通过试配来取得香精的"体香部分"的配比，然后以此"体香部分"为基础，再进行加入基香或头香的试配，最后取得香精的初步整体配方。在试配"体香部分"时，可从少数几种体香核心香料开始，先找出最适宜的配比（形成香精体香的谐香），然后再逐步增加其他组成体香的香料品种，以取得"体香部分"的配方。如果是创拟性的香精，也要求"体香部分"的香型符合原构思设想，而且有与众不同的香气特征。"体香部分"这里指的是主体香料部分，从质量配比上讲，一般宜占整个香精配方一半以上的香料。

在确定"体香部分"的配比之后，应先在其中加入"基香部分"的香料，最后再加入"头香部分"的香料，在试加基香香料和头香香料的过程中，也有可能对已初步确定的配比稍作调整，以期求得在香气上的和谐、持久和稳定。这种方法对初学调香者是适合的。一方面由于初学者对不同香料之间的香气和谐、修饰与定香的效应，以及它们之间的"相生相克"作用还不太熟悉，而且对香料香气记忆积累也较少，采用分层分步法试配、评估的方法可以多取得比较殷实而深刻的体验，尤其是在开始进行创拟性工作中，将会有更多的机会发现和锻炼如何取得新颖而独特的香韵组合（发现新的"奇怪吸引子"）；另一方面，用这种方法进行香精配方还有助于调香者培养有条理的试配方法，减少"盲目性"。

（2）直接进行香精的初步整体配方的试拟与试配——根据仿制或创似对象的香型与香气质量要求，经过仔细思考，在配方单上一次写出所用香料品种与其配比用量。这里也包括三个组成部分，先写头香香料，然后再写体香香料、基香香料（当然也可以先写基香香料，再写体香香料，然后写头香香料），也包括有关和合、修饰和定香的香料或辅。经过小试、评估、修改、再试配、再评估直至满意为止，确定出香精初步整体配方。对已获得一定香精处方的调香工作者来说，一般多偏向采用直接配比法。特别是在进行"配制精油"（已有一定的成分分析资料）拟定配方时、在已有基本配方的基础上进行部分改变格调或增加香韵处方时或在仿制一个已有大体成分分析结果的香精时，常用直接法。

在试配小样时，要注意以下几点：

第一，要有一定格式的配方单或配方簿，其内容应可包括香精名称和编号，委托单位及要求，配方日期及试配次数，所用香料的品名、规格、来源用量、特殊制备方法，处方者与配样者签名，每次试配样的评估意见等，这些内容中，香精名称和编号是最重要的，因为贴在小配样容器上的纸标贴一般只能简单的几个字，忘了写编号以后就找不到配方了；

第二，在试配小样时，对香气十分强烈而用量较少的香料，宜先用适当的无嗅有机溶剂（如丙二醇、乙醇、十四酸异丙酯、二聚丙二醇、邻苯二甲酸二乙酯或香气极弱的香料如苯甲酸苄酯、苄醇、水杨酸苄酯等）稀释至10％、5％、1％或0.1％的溶液，按配方中该香料的用量百分比计算后加入稀释溶液；稀释后的香料瓶贴上应写百分比、香料名称、溶剂名称，如"10％吲哚（溶剂：邻苯二甲酸二乙酯）"；

第三，香料配方中各香料（包括辅料）的配比，一般宜用质量分数。特殊情况也可兼用质量与体积比；

第四，在试配小样时，每次配方总重一般宜为10g（便于计算和节约用料）。在配置体香时，如所用原料较少且配比不小、不过分悬殊，每次小样试配可减至5g或更小些；如配方中香料品种多且配比大小悬殊，每次配比可大于10g，以减少称量造成的误差；

第五，对在常温中呈极黏稠状态或固态的香料，可用温水（40℃左右）小心熔化后称用。对粉末状或微细结晶状的香料，则可直接称于试样容器中，并借用搅拌使其溶解于配方的其他液态香料中，如必须通过加热使之溶解，也要在温水浴上，小心搅拌使之迅速溶解，要尽量缩短香料受热时间；

第六，在称小样前，对所用的香料都要按配方纸上的逐一核对嗅辨，以防出差错。

第七，称小样时，所用的容器与工具均应洁净、干燥、不沾任何杂气；

第八，初学者在配置小样时，最好在每称一种香料和混匀后，即在容器口上嗅认一下香气；

第九，每次试配的小样，都要注明对香气的评估意见和发现的问题；

第十，对配方中的原料，要整体地计算成本，并考查各原料是否符合要求；

第十一，配好的小样要及时装入瓶子里，加盖密封，并贴上小纸标，纸标上至少要有香精名称和编号，其内容应与配方单或配方簿的内容一致。

4. 调香中应注意的几个重要问题

(1) 持久性

香气的持久性也称留香性，是指香精或香料在一定的环境下（如温度、湿度、压力、空气流通度、挥发面积等），于一定的介质中的香气留存时间限度。时间长者留香性强，持久性亦强，反之亦然。除特殊原因外，人们总是希望持久性越强越好。不过对调香要求而言，不仅要求香气要持久，还要使香气尽量长久地保持其香型或香气特征。香气的持久性与定香作用密切相关。

一种合成香料香气持久性强弱，人们可以用感官评定的方法也可用失重称量法来得出结论。但是，对天然香料和香精来讲，持久性就不容易评价，尤其是香精在卷烟制品中的评价更加如此。目前尚无一种仪器能满意地测出香精香气的持久性。香精香气持久性的评价仍以感官评价为主，并辅以顶空分析的结果进行。

顶空分析法：一种气相色谱分析方法，测平衡时顶空气体成分及含量。

香料香气的持久性大体上与它们的分子量（或平均分子量）大小、蒸气压高低、沸点（熔点）高低、化学结构特点或官能团的性质、化学活泼性等有关。一般认为，持久性强的香料作为香精中的体香和基香组分，而持久性较差但有一定扩散力的香料就较适合作头香组分。

由于香精香气的持久性与定香作用密切相关，这里有必要讨论定香作用与定香剂的有关问题。

定香剂：亦称保留剂或保香剂，是调和香料中最基本、最重要的组成部分，作用是使香精中各香料成分的挥发度均匀，防止易挥发香料的快速挥发及保持香精在应用中香型不变，有一定的持久性。

按定香作用分类定香剂可以分为四类：

① 真正定香剂：是利用其高分子结构的吸附作用来延缓其他分子的蒸发作用。这类定香剂有较好的定香作用，例如秘鲁、吐鲁和安息香的浸膏或香脂，檀香、岩兰草和广藿香的精油等都属此类定香剂。

② 专门定香剂：这类定香剂本身具有一种特殊香韵，加到香精中后，能使该香精在整个挥发过程中都带有该特殊香韵，这类定香剂对延缓香精蒸发时限的作用并不明显。树苔或橡苔的浸膏及精油均为此类定香剂。

③ 提扬定香剂：这类定香剂在香精中是作为香精的"香气载体"或增效剂来使用，使香精的其他组分香气有所增强和改善，同时使香精整个香气扩散力与持久性都有所提高。这类定香剂有灵猫香、海狸香、龙涎香等。

④ 假型定香剂：这类定香剂是香气淡弱的结晶体或黏稠液态物质，有较高的沸点。用于香精中主要是取其能提高香精沸点的作用，它们本身的香气对香精的头香和体香仅起次要作用，但能使香精中某些香气不平衡或粗糙的香气有所改善，这类定香剂虽不够理想，但使用较广。典型的品种例如动植物油脂、脂檀油、枞酸甲酯等。

定香剂既可以是一种化合物也可以是多种物质的混合物，若按物质分类可将定香剂分为动物性定香剂、植物性定香剂、化学合成定香剂和人工配制的定香剂四类。

这里所谓的定香作用就是由于物理或化学的因素使其中某些较易挥发散失的香料香气能保持持久的作用。关于定香作用的规律目前尚未完全定论，有以下几种解释：

① 定香剂能在被定香分子或颗粒的表面形成一种有渗透性的薄膜，从而阻止了香精中易挥发成分的散失。

② 定香剂与香料之间、香料与香料分子之间的静电引力、氢键作用或分子缔合作用的结果导致某种香料蒸气压下降或某组分的蒸气压下降，从而延缓其蒸发速率，达到持久与定香的目的。

③ 由于定香剂的加入，使香精中某些香料的阈值浓度发生变化或是改变了其黏度，因此，同一数量的香料就相对地使人们易于嗅觉到，或是延缓了被人嗅感的时限，也达到了提高香气持久性与定香的效果。

总的来看，定香作用是延缓香料或香精的蒸发速率或者说是降低了香料香精的蒸气压，这种作用的结果可达到某种程度的定香作用。

定香作用的目的就是延长香精中某些香料组分或整个香精的挥发时限，同时使香精的香气特征或香型保持持久与稳定，在加香制品及消费者使用的同时也持久。这种效果可以通过加入一种或多种定香剂来实现，或者通过香精中香料与香料组分之间的适当搭配（品种与数量）来实现。同时可以看出，香精持久性与定香作用之间关系是十分密切的。要求无限地延长持久性和要求稳定到整个挥发过程"一丝不变"是合理的，但是不合乎实际。

在创拟香精中，对香料与定香剂的作用，应以香型、香气等级、扩散力、持久性、稳定性、安全性、与介质和基质适应性等一起综合加以考虑。其中安全性这一要素必须严格，不能有丝毫疏忽。关于延长香精的持久性和提高定香作用是一项十分复杂的工作，要涉及几种因素及其各因素的复合因素，而每一种因素本身又往往是比较复杂的，所以只能从原则上和定香剂的用量上做一些总的规定。例如：在不妨碍香型或香气特征的前提下，通过使用蒸气压偏低、分子量偏大、黏度较高的香料或定香剂来达到持久性和定香作用较好的目的，同时还要考虑扩散力与香韵间的和合协调，也就是头香、体香、基香三者互相密切协调，并能使整个香气均衡地自加香产品中散发出来，以防顾此失彼。

（2）稳定性

香料、香精的稳定性主要表现在两个方面：一是它们在香型或香气上的稳定性，这就是说它们的香气或香型在一定时期和条件下，是基本上相同或是有明显变化。二是它们自身以及在介质或基质中的物理化学性能是否保持稳定，特别是在储放一定时间后或遇热、遇光照或与空气接触后是否会发生质量变化或是基本没有差异。上述这两个方面往往是互相联系或互为因果。

香料的稳定性可分别从合成香料或单离香料与天然香料两个方面来考虑。合成和单离香料由于它们是"单一体"，在单独存在时，如果不受光、热、潮湿、空气氧化的影响或存放不至过久，不受污染，它们的香气大多是前后一致的，所以相对来说是稳定的。天然香料，由于它们是多成分的混合物，这些成分含量大小不一、物理化学性质不同、特别是各成分蒸发速率的不同，所以相对来说其稳定性要差一些。有些品种的香气前后差异是比较明显的，如有些精油类的香料由于含有较多容易变化的萜烯类成分，香气变化很明显。

合成、单离和天然香料，它们化学成分的分子结构特点、官能团的活泼性和物理性质等方面是关系到加香介质是否适应或配伍相容的重要因素。譬如，某加香介质由于加入某香料而发生浑浊，或沉淀，或乳剂破坏，或变色，或应用效能变异，或包装容器内壁质量变化等现象，这就表明这个香料于这种加香介质中和这类包装材料是不稳定的。

香精的稳定性问题，在某些程度上与天然香料相仿。香精是由用量不等的合成与单离香料、天然香料、定香剂所组成，根据应用上的需要，还含有一定量的溶剂和载体，这些组分各自都有它们的物理化学性质，当混合在一起后，就会产生复杂的变化，这些变化都关联着香精的稳定性。就香精本身来说，如果它的整个挥发过程的蒸发速率都比较均衡，换言之，香精在相当时间的挥发过程中（外界因素要比较稳定），它的香型香气变化较小时或者说它的香气比较恒定时，都应认为是稳定的。

但仅仅达到这个要求还不够，还要考虑它在加入某加香对象中及以后使用过程中，它的香型是否仍比较稳定，与原香精的香型是否基本保持一致（即头香、体香和基香的演变是否稳定；它的香气扩散程度是否仍与该香精的相仿，提高了还是降低了；它的香气持久性及定香效果是否变化了；它是否会导致介质在形态上、色泽上，或着色上，或澄明度上，或介质的应用性质上，或与容器材料以及在消费使用过程中有无变化等等）。如果有上述的缺陷发生，那就要调整香精中有关组分，使之达到要求。

香精的组分要比天然香料复杂得多，它往往是由数十种乃至数百种不同分子结构的化合物所组成的混合物。这些化合物的物理化学性能往往是很不相同的，最突出的是它们在蒸气压或蒸发速率上的差异。如果配比恰当，它们可以形成一些共沸混合体，这些共沸混合体如果能紧密联串地、均衡地、有节奏地从香精和加香介质表面上挥发出来，那么就可以取得香型或香气较稳定的结果。要做到这点必须反复试验才能实现。

在为某一产品加香时，要了解加香介质的性能（其中包括其本身有无气息），还要按照在香型上、安全性上、经济上的要求来选择香料（包括修饰、和合、定香）、定香剂等品种，从头香、体香、基香按香气、物理化学、稳定性上综合考虑。通过品种、用量及应用的试验来提取各方面满意的香精配方，必要时还要加入一定量的添加剂，如抗氧剂、螯合剂等。

综上所述，形成香精不稳定的原因可以归纳为以下几个方面：香精中某些分子间发生的化学反应；香精中某些分子与空气发生的化学反应；香精中某些分子遇光照后发生的物理化学变化；香精中某些分子与加香介质中某些成分发生的化学变化；香精中某些分子与包装材料之间的反应。

由于上述原因可以使香精或在加香介质发生以下不稳定结果：香型或香气上的变化（扩散力、持久性、定香效果等）；导致加香介质的变异或变化；导致加香产品在使用功效上的变化；导致加香产品包装容器内壁的变化。

要考虑某香精在某加香介质中是否稳定，最能说明问题的方法是通过"架试"法，该法就是在模拟正常使用或存放的条件下，在不同间隔时间内，用感官（嗅觉、视觉、味觉等）或物理化学方法，做必要的评估、测试或分析工作，但这样做往往需要几个月或一年考察过程。目前人们可以采用一些快速强化的方法来检验，这些方法有：

① 加温法：将香精放于超过室温的温度下保存一定的时间后，评价其香型或香气的变化。

② 冷冻法：将香精或加香成品在低温中放置一定时间后，观察其黏度、澄明度（有无沉淀或晶体析出）的变化。

③ 光照法：用紫外光或人造光照射香精，在一定的时间内，观察其色泽、黏度变化和评辨其香型和香气的变化。

以上方法的具体条件，要根据具体情况来选定，评辨时要做空白对照。

总之，香精的稳定性问题是调香工作者在拟配处方时不能忽视的一个重要方面。对香料的物理化学性能要心中有数，对使用任何一种新香料品种都要经过仔细探讨，发现问题要随时记录。香精的处方，使它既要在加香介质中保持香型或香气稳定，又要与介质在物理化学性能上协调，因此，对所用的香料要严格检查其质量规格，保证小样与批量生产的香精一致。设计任何一个新配方，都要针对要求，通过应用实验来达到应用效果，确保加香成品的质量，这是调香工作者的责任。

（3）安全性

香料香精的应用量与应用范围的日益扩大，人们在日常生活中与之接触的机会渐渐增多，因此涉及对人的安全性问题越来越引起人们的关注。香料香精的安全性也是调香工作中的一个非常重要的问题。

世界卫生组织（WHO）对作为食品添加剂的食品香料安全性管理的品种还不多，有的可同时作为药用的香料有关国家在自己的药典中作了规定。我国的药典中也规定了一些品种。

对于食品香料的安全卫生管理，各国有其自己的法规和管理机制，如美国的食品和药物管理局，就是主管食用香料的政府组织。民间有"美国食用香料与提取物制造者协会"（Flavor and Extract Manufacture Association of the United States，简称 FEMA），该机构在政府的支持下，编制美国化学品法规（Food Chemicals Codex，简称 FCC），FEMA 从事关于食用香料毒性及使用剂量的研究，并公布 GRAS（Generally Recognised as Safe，一般认为安全）名单。欧洲国家共同组织的"欧洲委员会"（Council of Europe，简称 CE）对食品香料的安全使用问题也有正式规定。

我国也成立了食品添加剂标准化技术委员会，负责制订食用香料和食品添加剂的管理条例和法规，《中华人民共和国食品卫生法》也有关于食用香料的安全卫生管理要求。

关于日用香料香精的安全卫生管理工作，大多是民间组织在进行，他们实行"行业内自己管自己的"办法。如在 1966 年由 43 家具有一定规模的世界香料香精企业发起并出资在美国设立了"日用香料研究所"（Research Institute for Fragrance Materials Inc，简称 RIFM）从事有关香料（包括合成、单离与天然香料，但不包括香精）的安全问题研究。该所的主要任务是：

① 收集香料及有关原料样品并进行有关分析测定；

② 向成员企业提出香料的测试（包括有关安全性的）方法和评估方法；

③ 与政府或有关部门合作进行香料安全性的测试工作并评估结果；

④ 推动统一测试方法的实施等。

1973 年 10 月，十个国家的香料香精协会（同业协会）联合发起并在比利时首都布鲁塞尔组织成立了"国际日用香料香精协会"（International Fragrance Association，简称 IFRA），现在成员国已发展到了十几个，该机构采取公布开章法业的方式限制某些香料的使用。尽管 IFRA 发布的限制使用法规不是法定的，但仍具有一定的权威性。

关于烟用香料的安全性，目前世界范围内尚无统一的规定，一般参考食品香料的有关安全管理规定，例如可参照国外 FDA、FEMA、CE 以及我国食品卫生法管理的有关规定。我国烟用香料安全管理问题已开始列入议事日程，国家烟草局已委托郑州烟草院着手制订相应管理标准，其中包括允许使用的香料名单及最高用量。

从上述情况看，无论食用香料、烟用香料或是日用香料的使用都必须考虑安全性问题，这是一个涉及人民健康的严肃问题，我们必须认真对待。

香精的安全性依赖于其中所含香料和辅料是否符合安全性要求，所以，调香工作者在为某加香成品设计香精配方时，就要根据该加香成品的使用要求来选用包括持久性、稳定性和安全性在内的合适的香料和辅料，三者不可偏废。

本节虽然讲的是烟用香精的调配，其他香精的调配也类似，可作参考。

四、烟用香精配方示例

烟用香精是不是应当属于食品香精范畴，至今仍有争议。这主要是涉及配制烟用香精使用的香料是不是都得用食用香料的问题。一个明显的例子就是香豆素，由于怀疑这个香料有潜在的致癌性可能，食品香精中不能用，但在烟用香精的配制时却常常使用，含多量香豆素的"黑香豆酊"也常用于烟用香精中，而且历史悠久，并未受到质疑。现在又不能用了——虽然还没有可靠的证据说明吸了含有香豆素的香烟会致癌。下面的配方中如有香豆素或黑香豆酊可以把它们改换成二氢香豆素，当然，用量多少还得实验一下。

配制烟用香精要用到大量其他香精不用的天然香料，特别是各种浸膏、酊剂等，因此香精厂都把烟用香精专列一类，或在专门的车间中配制，使用专用仓库，以免串味。

我国生产的香烟以烤烟型为主，混合型较少，其他就更少了。因此，本节列举的香精主要也是用于烤烟型卷烟，一般也可用于混合型卷烟。

烤烟型卷烟有浓香、淡香和中间香三种，可分为甲、乙、丙、丁、戊五级，前三者又分为一级和二级（甲一、甲二、乙一、乙二、丙一、丙二），因此，烤烟用香精又可分为甲、乙、通用三大等级（丙、丁、戊级卷烟使用通用烤烟香精加香）。

烟用香精如按添加方式分类还可分为加料香精、表香香精、滤嘴用香精和外加香精（喷涂在铝箔内壁或盘纸上用的）四类，这四类香精有所差异，香精配制厂可根据卷烟厂提出的要求在原有的烟用香精配方上修改，以适应不同的加香要求。

烟草是农作物，由于品种、种植地、气候、管理、加工等因素经常性的变化，不能保证每一批烟草香气都一模一样，有时候卷烟厂因为各种原因不得不使用原来未曾使用过的新来源的烟草。因此，调香师得随时改变香精配方，以适应卷烟厂经常性的变化，使得一种牌号的香烟能保持一种固定的香型，至少不能让消费者明显地感到香气有变化。

下列香精配方基本反映了目前常见的各种名牌香烟的香型，读者可以参考它们灵活使用，千万不要生搬硬套。

苹果烟用香精的配方（单位为质量份）：

浓缩苹果汁	79	香兰素	5
异戊酸异戊酯	5	甘草酊	5
桃醛	1	香荚兰豆酊	5

枣香烟用香精的配方（单位为质量份）：

枣酊	60	乙基香兰素	2
山楂酊	13	香豆素	2
香兰素	3	云烟浸膏	20

可可香烟用香精的配方（单位为质量份）：

可可壳酊	73	香豆素	2
香兰素	3	苯乙酸异戊酯	10
乙基香兰素	2	烟花浸膏	10

阿诗玛烟用香精的配方（单位为质量份）：

香兰素	5	独活酊	5
乙基香兰素	5	香荚兰豆酊	10
浓缩苹果汁	32	浓缩葡萄汁	10
枣酊	10	香紫苏浸膏	2

黑香豆酊	5	云烟浸膏	10
甘草流浸膏	3	烟花浸膏	3

万宝路烟用香精的配方（单位为质量份）：

可可壳酊	62	云烟浸膏	5
苯乙酸异戊酯	5	烟花浸膏	3
香兰素	2	灵香草浸膏	2
乙基香兰素	1	排草浸膏	2
香豆素	1	香紫苏浸膏	2
浓缩苹果汁	10	甘草流浸膏	5

丁香烟用香精的配方（单位为质量份）：

丁香油	87	香豆素	1
香兰素	2	云烟浸膏	5
乙基香兰素	2	烟花浸膏	3

薄荷烟用香精的配方（单位为质量份）：

薄荷脑	40	香兰素	3
薄荷素油	52	烟花浸膏	5

蜜香烟用香精的配方（单位为质量份）：

苯乙酸	5	甘草流浸膏	10
苯乙酸乙酯	10	香荚兰豆酊	10
香兰素	5	浓缩苹果汁	53
乙基香兰素	2	云烟浸膏	5

骆驼牌烟用香精的配方（单位为质量份）：

肉桂油	40	苯乙酸乙酯	2
薰衣草油	18	香兰素	18
小豆蔻油	3	丙位十一内酯	2
芹菜籽油	3	烟花浸膏	14

果花香烟用香精的配方（单位为质量份）：

香豆素	2.5	丁香油	0.3
香兰素	0.5	肉豆蔻油	0.4
乙酸乙酯	1	葛缕子油	0.05
丁酸乙酯	0.4	大茴香醛	0.2
乙酸异戊酯	0.2	玫瑰醇	1
丁酸异戊酯	0.3	可可粉酊	15
苯乙酸乙酯	0.1	黑香豆酊	5
朗姆醚	0.5	枣酊	5
吐鲁香膏	0.3	甘草流浸膏	3
安息香膏	0.2	浓缩葡萄干汁	5
桃醛	0.05	甘油	5
肉桂皮油	0.2	乙醇	53.8

玫瑰烟用香精的配方（单位为质量份）：

香叶油	8	丁香油	0.2
玫瑰油	0.4	香豆素	1.4
甜橙油	2	丁酸戊酯	1
薰衣草油	1.6	鸢尾酊	20
香柠檬油	0.8	香荚兰豆酊	50
苦香木油	0.6	黑香豆酊	14

鸢尾香烟用香精的配方（单位为质量份）：

鸢尾酊	50	香叶油	5
香荚兰豆酊	20	柠檬油	3
香豆素	5	戊酸苯乙酯	2
丁香油	1.5	肉桂油	0.5
香柠檬油	3	黑香豆酊	3
甜橙油	2	云烟浸膏	5

花果香烟用香精的配方（单位为质量份）：

黑香豆酊	58.7	丁香油	1.2
香叶油	4	香兰酸乙酯	1.3
香柠檬油	3	甲基紫罗兰酮	1.3
柠檬油	3	异戊酸乙酯	0.1
甜橙油	2	香荚兰豆酊	20
肉桂油	0.4	烟花浸膏	5

玫瑰果烟用香精的配方（单位为质量份）：

香叶油	8	薰衣草油	2
甜橙油	2	玫瑰油	0.4
香柠檬油	1.2	苦香木油	0.6
甲基紫罗兰酮	1.2	香豆素	1.4
异戊酸乙酯	0.1	香兰素	0.6
黑香豆酊	77.5	云烟浸膏	5

肉豆蔻烟用香精的配方（单位为质量份）：

肉豆蔻油	3.2	玫瑰油	1.2
苦香木油	2	香豆素	2
柠檬油	6	洋茉莉醛	0.8
肉桂油	0.8	香兰素	0.8
丁香油	1.2	黑香豆酊	82

三炮台烟用香精的配方（单位为质量份）：

生姜油	2.7	香兰素	4.4
丁香油	1.2	丁酸丁酯	0.2
小豆蔻油	0.1	云烟浸膏	5
肉桂油	0.2	黑香豆酊	14.4
异丁香酚	1.8	香荚兰豆酊	70

选手烟用香精的配方（单位为质量份）：

黑香豆酊	60	葛缕子油	0.1
香荚兰豆酊	24	小豆蔻油	0.5
丁酸乙酯	0.1	肉桂油	5.8
丁香油	3.5	香柠檬油	6

可可豆烟用香精的配方（单位为质量份）：

可可粉酊	20	乙基麦芽酚	0.2
可可壳酊	48.1	甲基环戊烯醇酮	0.8
葫芦巴酊	4	香豆素	0.2
红茶酊	3	2-乙酰基噻唑	0.13
白芷酊	0.5	3-甲基戊酸	0.2
乙基香兰素	0.4	大茴香醛	0.1
香兰素	1	洋茉莉醛	0.2

紫罗兰酮	0.1	菊苣浸膏	2
香紫苏油	0.1	苯甲醛	0.2
茅香浸膏	0.2	朗姆醚	5
十四酸乙酯	0.1	欧莳萝酊	2
灵香草浸膏	1.5	香荚兰豆酊	10

炒豆烟用香精的配方（单位为质量份）：

黑香豆酊	50	没药油	0.1
香荚兰豆酊	29.3	赖百当浸膏	0.4
咖啡酊	10	香兰素	0.4
桦焦油	0.1	香豆素	1.4
杂酚油	3	秘鲁香膏	1
杂醇油	0.4	鸢尾浸膏	0.6
苯甲酸苄酯	2.7	玫瑰醇	0.6

豆果香烟用香精的配方（单位为质量份）：

黑香豆酊	50	香苦木油	1.4
香荚兰豆酊	30.7	柠檬油	0.4
枣酊	10	朗姆醚	4
丁香花蕾酊	0.8	苯甲醛	0.3
独活酊	0.4	香豆素	0.2
肉豆蔻酊	1	香兰素	0.1
小茴香酊	0.2	洋茉莉醛	0.1
安息香膏	0.1	欧莳萝油	0.1
鸢尾浸膏	0.1	壬酸乙酯	0.1

花豆香烟用香精的配方（单位为质量份）：

黑香豆酊	38.9	苯甲醛	0.5
香荚兰豆酊	30	肉桂醛	0.2
咖啡酊	10	洋茉莉醛	0.3
香叶油	1.5	香兰素	0.1
桦焦油	0.1	香豆素	0.5
甜橙油	0.5	秘鲁香膏	0.2
桃醛	0.1	杂酚油	0.1
草莓醛	0.1	赖百当浸膏	0.2
乙酸乙酯	3	苯甲酸戊酯	0.1
薄荷素油	0.2	乙酸	3
肉豆蔻油	0.4	云烟酊	10

花桂香烟用香精的配方（单位为质量份）：

黑香豆酊	30	香叶油	0.1
香荚兰豆酊	55.6	桂叶油	0.2
独活酊	2	香苦木油	0.1
忽布酊	4	吐鲁香膏	0.4
肉豆蔻酊	2	鸢尾浸膏	0.1
香紫苏浸膏	0.5	烟花浸膏	5

甜豆烟用香精的配方（单位为质量份）：

黑香豆酊	40	枣酊	20
香荚兰豆酊	24.8	肉豆蔻油	0.1
欧莳萝酊	2	甜橙油	0.4

柠檬醛	0.1	朗姆醚	4
生姜油	0.2	苯乙醇	0.4
甲位戊基桂醛	0.1	云烟浸膏	5
桂叶油	0.4	乙酸乙酯	0.4
茅香浸膏	1.2	吐鲁香膏	0.2
洋茉莉醛	0.2	乙酸芳樟酯	0.2
大茴香油	0.2	香豆素	0.1

青花烟用香精的配方（单位为质量份）：

黑香豆酊	59.1	苦香木油	0.1
香荚兰豆酊	30	桂叶油	0.1
独活酊	2	香叶油	0.1
忽布酊	5	香紫苏浸膏	1
肉豆蔻酊	2	吐鲁香膏	0.4
紫罗兰叶油	0.1	鸢尾浸膏	0.1

清香型烟用香精的配方（单位为质量份）：

枣酊	20	香豆素	0.2
香荚兰豆酊	38.3	香兰素	0.1
黑香豆酊	30	洋茉莉醛	0.1
欧莳萝酊	1	肉豆蔻酊	2
苯甲醛	0.1	独活酊	1
鸢尾浸膏	0.1	丁香油	0.2
安息香膏	0.1	苦香木油	0.2
壬酸乙酯	0.1	柠檬油	2
朗姆醚	4	小茴香酊	0.5

红茶烟用香精的配方（单位为质量份）：

红茶酊	49.5	香豆素	0.1
乙位突厥酮	0.1	香兰素	0.3
香荚兰豆酊	20	枣酊	10
黑香豆酊	10	云烟浸膏	10

高级花香烟用香精的配方（单位为质量份）：

鸢尾酊	70	香叶油	0.9
香荚兰豆酊	16.9	玳玳花油	0.5
黑香豆酊	10	晚香玉油	0.3
苯乙酸乙酯	0.1	茉莉油	0.2
广藿香油	0.2	薰衣草油	0.3
玫瑰油	0.5	金合欢油	0.1

中华烟用香精的配方（单位为质量份）：

橡苔浸膏	0.7	乙基麦芽酚	0.2
甲位异甲基紫罗兰酮	0.3	二氢猕猴桃内酯	0.2
氧化异佛尔酮	0.1	二氢香豆素	0.3
乙位突厥酮	0.1	香叶醇	2.0
茶醇	0.2	纯种芳樟叶油	1.0
洋茉莉醛	0.2	木瓜酊	94.3
乙基香兰素	0.4		

双喜烟用香精的配方（单位为质量份）：

| 橡苔浸膏 | 2.5 | 花青醛 | 0.2 |

覆盆子酮	0.2	丁香油	5.0
二氢猕猴桃内酯	0.3	异戊酸	5.0
合成橡苔	0.6	二甲基丁酸	5.0
乙酸乙酯	0.2	黄葵内酯	0.5
二氢茉莉酮酸甲酯	2.0	乙基香兰素	0.5
茶醇	0.3	乙基葫芦巴内酯	0.5
兔耳草醛	0.2	茶香酮	1.0
苯乙醇	12.0	木瓜酊	50.0
二氢香豆素	2.0	纯种芳樟叶酊	12.0

五、烟用香精评香的方法及要求

烟用香精的评香应包含以下两方面的内容：

1. 香料香精自身的香气评价

（1）评香方法。常见的评香方法有以下几种：

① 用辨香纸评辨：这是最常用的方法，辨香纸通常设计成宽 6～7mm，长 13～16cm，坚实而又有良好吸收性的纸条。辨香前在辨香纸上写明香料或香精的名称、产地、规格、日期、时间等内容，然后沾取一定量的样品进行评辨；

② 固体样品的评辨：用玻璃棒挑出少量样品，均匀涂于洁净的纸片或表面皿上，仔细嗅闻分辨；

③ 喷雾法：将香料样品雾化喷施于特制的试香橱中进行嗅辨，该法较适于香气浓度评价；

④ 通气法：用无气味溶剂溶解香料，通入洁净空气，控制空气流量，然后在空气出口处进行嗅辨，此法适合于考察香气强度；

⑤ 其他方法：如将香料涂于洗净的手背进行嗅辨等。

（2）评辨香气应注意的问题有以下几点：

① 要在清静安宁的环境中进行，思想要集中，精神要愉快；

② 室内空气要流通、清洁，不应有其他香气干扰，室内不许吸烟；

③ 应在常温（20～25℃）条件下进行；

④ 评辨前要清洗脸面和双手，勿使自身带有香气；

⑤ 香气强度高的香料应稀释后进行评辨；

⑥ 嗅辨同一类型香料不能长时间进行，以免嗅觉疲劳，嗅觉迟钝时，应予适当休息；

⑦ 两样品评价时间至少应有 3min 间隔；

⑧ 对比样品要有标样，标样要适当保存；

⑨ 要有香气评辨记录，记录内容包括：样品名称和代号、香型、香韵归属、强度、挥发度、香气变化情况、留香性、初步评价内容等。

一个样品要反复评辨，有时要间隔几天进行多次，并不断复习方可。

2. 香料在卷烟中的作用评价

由于烟用香料的使用对象是烟草制品，其香气应和烟气一起发挥作用，所以说香料香精在卷烟中的作用评价更为重要。香料自身的评价是为了调好香精，而香料施加于卷烟中的评价才是调制烟用香精的最终目的和最终要求。烟草调香师必须具备烟用香精的直接评香和香精在烟气中的作用评价两个方面的基本功。

香料香精在卷烟中作用的评价方法有以下三种：

（1）辨香纸涂渍法。将香精、香料用溶剂稀释至一定浓度，用剪刀将辨香纸剪成尖状，然后用辨香纸沾取香料均匀涂渍在卷烟纸外表面，放置一段时间后对卷烟进行评吸；

（2）微量进样器注射法。将香精或香料用溶剂稀释至一定浓度，用微量进样器吸取一定量稀释后的香精、香料，然后均匀地注射于卷烟烟丝中，放置一段时间后对卷烟进行评吸；

（3）微量喷雾器喷施法。准确称取一定量的香精或香料，用一定量的溶剂稀释后，均匀喷施于一定配方的烟丝中，放置于密封袋内一定时间后，卷制成卷烟，调节好卷烟水分，进行评吸。

（1）对于判断一种香料或香精对卷烟的协调性及初步印象是一种快捷的方法，但对香气衍变判断不够准确；

（2）往往用于（3）的初步试验；（3）较为全面，在不同量情况下能反映出烟用香料香精的协调性和作用效果。

评吸方法可按照"卷烟感官评吸技术"有关要求进行。对于香精可按现行国标方法。对于香料可采取不同的方法来进行评吸，应侧重考察以下几个方面。

① 与烟香的协调性及风格特征；

② 烟气的甜润度和细腻程度；

③ 烟气的刺激性及生理强度；

④ 余味的干净程度；

⑤ 香气的浓度、强度和持续性；

⑥ 杂气的变化。

以上内容可自行设计成表格以便对香料或香精在烟气中的感官评价更系统、更科学一些。

对香烟评吸人员的基本功要求中，不仅要求对烟气质量做出准确判断，而且要求评吸人员能够运用专业术语正确描述。因此，熟悉专业术语并理解其含义是很重要的。目前，国标规定的评吸术语大体有24个，分述如下：

（1）油润：烟丝光泽鲜明，有油性而发亮。

（2）香味：对卷烟香气和"吃"味的综合感受。

（3）味清雅：香味飘溢，幽雅而愉快，远扬而留暂，清香型烤烟属此香味。

（4）香味浓馥：香味沉溢半浓，芬芳优美，厚而留长，浓香型烤烟属此香味。

（5）香味丰满：香味丰富而饱满。

（6）协调：香味和谐一致，感觉不出其中某一成分的特性。

（7）充实：香味满而富有，实而不虚，能实实在在地感受出来。但比半满差一些，即富而不丰，满而不饱。

（8）纯净：香味纯正，洁净不杂。

（9）清新：香味新颖，有一种优美而新鲜的感受

（10）干净：吸食后口腔内各部位干干净净，无残留物。

（11）舌腭不净：吸食后在口腔、舌头、喉部等部位感受有残留物。

（12）醇厚：香味醇正浓厚，浑圆一团，给人一种圆滑满足的感受。

（13）浑厚：香味浑然一体，似在口腔内形成一实体，并有满足感。

（14）单薄：香味欠满欠实。

（15）细腻：烟气粒子细微湿润，感受如一下子滑过喉部，产生愉快舒适感。

（16）浓郁：香味多而富，芳香四溢，口腔内变有饱满感。

（17）短少：香味少而欠长，感觉到了，但不明显。

（18）充足：香味多而不欠，但却不优美丰满。

（19）淡薄：香味淡而少、轻而虚，感觉不出主要东西。

（20）粗糙：感受烟气似颗粒状，毛毛的，产生不舒适感。

（21）低劣：香味粗俗少差，虽有烟味但不产生诱人的感受。

（22）杂气：不具有卷烟本质气味，而有明显的不良气息。如青草气、枯焦气、土腥气、松质气、花粉气等。

（23）刺激性：烟气对感官造成的轻微和明显的不适感觉。如对鼻腔的冲刺，对口腔的撞击和喉咙的毛辣火燎等。

（24）余味：烟气从口鼻呼出后，口腔内留下的味觉感受。

六、电子烟

电子烟又名电子香烟，主要用于戒烟和替代香烟。它有着与香烟一样的外观，与香烟近似的味道，甚至比一般香烟的口味要多出很多，也像香烟一样能吸出烟、吸出味道跟感觉来。电子烟没有香烟中的焦油、悬浮微粒等其他有害成分，生产商也认为电子烟没有弥漫或缭绕的二手烟。但一些研究认为电子烟还是有二手烟。由于电子烟一直缺乏有系统的临床实验数据支持，一些国家认定电子烟非法，一些国家认定电子烟必须符合药物

标准才能当成戒烟药品贩售。

中国最初的电子烟是应国外的要求制造的，因为国外有很多法律法规禁止在公共场所吸烟，而且国外人的生活水准普遍较高，对生活质量要求严格。所以，最初就是设计用来外贸出口的。

电子烟当时在国内也有一些品牌，但价格非常昂贵，几乎没有在国内销售，都是出口的，所以很多国人都不知道。但是随着金融危机的到来，很多出口产品都转内销了，价格也慢慢降下来了。

一代电子烟的设计从外形上完全是模仿普通真烟——电子烟的形状，烟弹是黄色，烟体是白色。这种一代电子烟流行了几年，因为其外形类似于真烟，在第一感觉上就被顾客所接受。但是，随着人们对第一代电子烟的使用越来越多，尤其是国外客户，慢慢地在使用过程中就发现了第一代电子烟的许多缺点，主要是表现在雾化器上面。第一代电子烟的雾化器很容易烧断，另外在更换烟弹的时候，容易伤害到雾化器的尖头部位。日积月累就会完全磨坏，最后导致雾化器不出烟。

二代电子烟要比一代电子烟稍长，直径一般为 9.25mm，最主要的特点是二代电子烟的雾化器经过了改进，雾化器外面带有保护罩，烟弹是插入雾化器里面，而一代电子烟是雾化器插入烟弹里面，两个正好相反。二代电子烟的特点就是把烟弹与雾化器进行了合并，这是最为显著的特点。

第三代电子烟有些采用一次性雾化器烟弹，相当于雾化器也是一次性的，解决了以前的问题，质量有很大的提升，并且外观和原材料做了更换。

一般电子烟主要由盛放尼古丁溶液的烟管、蒸发装置和电池 3 部分组成。雾化器由电池杆供电，能够把烟弹内的液态尼古丁转变成雾气，从而让使用者在吸时有一种类似吸烟的感觉。它甚至可以根据个人喜好，向烟管内添加巧克力、薄荷等各种味道的香料。制造商宣称，电子烟中没有香烟中的焦油、悬浮微粒等有害成分，因此比传统香烟健康。

由于电子卷烟技术相对较新颖，以及与烟草法律和医药政策的某些联系，因此在许多国家，关于电子卷烟的立法和公共健康调查都没有定论。在澳大利亚，销售含有尼古丁的电子卷烟是违法的。2014 年 3 月，洛杉矶决定在部分公共场合禁止吸电子烟，这项限制先前也曾出现在纽约和芝加哥。

WHO 在报告中说，有足够的证据表明，孕妇和育龄妇女使用电子烟，可能会对胎儿大脑发育产生不良影响；电子烟所产生的二手烟不会对周围人造成健康风险。

WHO 的建议还包括：禁止生产商和第三方宣称电子烟具有健康效益，包括声称电子烟是戒烟辅助品；不得在室内使用电子烟制品；各缔约方应考虑对电子烟的广告、促销和赞助进行有效的限制等。

国外有部分研究表明，电子烟的烟弹中包含的化学药品对人体造成的伤害要远小于香烟烟雾，但有公共健康专家表示当前对于电子烟能够产生的二手烟危害尚无非常全面的认识。

电子烟香精的成分：

尼古丁(烟碱)	<50%	稳定剂	<1%
烟草致香物质	<1.6%	增稠剂	<10%
除烟碱烟草提取物	<8%	保湿剂	0%～80%
烟草香精	<3%		

其中的"烟草香精"由食用级香料配制，"保湿剂"一般为丙二醇和甘油。

用 15% 的电子烟香精加上 15% 的水、70% 的丙二醇和甘油搅拌均匀即为电子烟液。

一般来说，烟弹里面的尼古丁浓度有：

超高浓度：	24mg	低浓度：	6mg
高浓度：	16mg	零浓度：	0mg
中浓度：	11mg		

不含焦油，所以人们普遍认为它的危害性低于卷烟。

第十节　香精的制造

一般香精的配制过程如下：

① 确定香基或香精配方；

② 按配方要求选取符合目标香型的香料和溶剂；

③ 按配方比例混合搅拌均匀制得香基或香精；

④ 装入密封容器里经一定时间陈化、圆熟；

⑤ 取样分析看香气和各项理化指标是否达到要求；

⑥ 合格的香精包装为成品。

⑦ 合格的香基通过不同的工艺可以再加工成水溶性香精、油溶性香精、乳化香精、吸附型粉末香精或微胶囊香精。

水溶性食用香精按制法可分为柑橘型香精和酯型水溶性香精（水果香精）。柑橘型香精制备较为复杂，将柑橘类植物精油和香基 10～20 份与 40%～60% 乙醇 100 份放入带有搅拌装置的锅中搅拌 2～3h，然后在 60～80℃ 热浸，也可常温冷浸，浸提 2～3d 后，分离出乙醇溶液于 -5℃ 冷却数日，加助滤剂过滤除去低温下难溶于乙醇的萜类等，经圆熟后制得溶解度良好的去萜柑橘型香精。

酯型水溶性食用香精制备相对简单，将果香型香基与乙醇、蒸馏水混溶，冷却，过滤并着色即可制得。

油溶性食用香精制备也较为简单，将香精基 10～20 份和 80～90 份植物油、丙二醇、甘油溶剂混匀即可制得。

乳化香精制备时需分别制备油相和水相，将主香剂、食用油、密度调节剂、抗氧化剂和防腐剂混合制备油相，将蒸馏水、乳化剂、酸味剂、稳定剂、着色剂等混匀制成水相，再将水相和油相经高压匀质乳化即可制得乳化香精，乳化香精一般用 20% 的阿拉伯胶溶液做乳化体系。

粉末香精分为吸附型和微胶囊型。将粉末香料和乳糖等吸附型载体混匀，使香料均匀吸附到载体上即可制成吸附型粉末香精。微胶囊香精一般需要先将香料、乳化剂、赋形剂溶于水中形成胶体分散液，然后经喷雾干燥制得，香料一般包埋于微胶囊内，更加稳定。

第十一节 香精的再混合

许多日用品制造者喜欢向几个厂家购买不同的香精来自己调配，这种行为有几种解释：

（1）对买来的香精都不满意，好像没有一种香精可以适合自己产品加香的需要；

（2）厂里的技术人员或者管理人员甚至企业主有一点点香料香精知识，认为在买进来的香精里加入一些廉价的香料可以降低成本，如茉莉香精加乙酸苄酯、玫瑰香精加苯乙醇等；

（3）担心别的厂家模仿自己的产品，买来几家工厂生产的香精自己再调配使用，这样，即使想要模仿的厂家找到这些香精厂，也还是配不出与自己一模一样的香味……不管理由有多充分，对这种做法调香师还是很不以为然，但确有其事，所以不得不在这里讨论一下这种"再配香精"怎样做才不会"弄巧成拙"：

首先要指出的是"香与香混合"不一定还是香的，有时候甚至会变"臭"。香精与香精的配合有许多技巧，主要是靠经验，当然也有一些规律可循，例如上一节中的"自然界气味关系图"就很有参考价值，"相邻的香气有补强作用、对角的香气有补缺作用"似乎可以像画画那样利用色彩的"补强""补缺"性质来加以应用。一般来说，同一种香型的香精是可以随便混合的，例如不同厂家生产的玫瑰香精都可以混合在一起使用，随便两个或三个茉莉香精合在一起也不会有问题，除非其中有香精原配方实在太离谱，用了一些"不合群"的香料，或者有的香精名称乱叫，虽然叫做"玫瑰香精"而闻起来根本就不是玫瑰花的香气，叫做"茉莉香精"而没有茉莉花的香味！其次，香气较为接近的香精混合在一起也比较不会有问题，这有点像植物学里利用"嫁接"育种——越是近缘的品种嫁接越容易成活。例如花香与花香、果香与果香混合都比较容易成功。此外，学一点早期的比较"原始"的香水香精配方技术对这种"香精再配合"很有好处，因为早期的香水香精只能用天然香料配制，现在可以把茉莉香精当作茉莉油、把玫瑰香精当作玫瑰油……

下面举几个早期的香水香精配方例子，供参考：

百花香水香精的配方（单位为质量份）：

香柠檬油   25   柠檬油   10

玫瑰油	12	鸢尾油	1
橙花油	1	晚香玉油	1
橙叶油	15	丁香油	1
茉莉油	5	灵猫净油	1
依兰依兰油	5	香根油	1
长寿花油	2	3%麝香酊	10
金合欢油	1	5%龙涎香酊	10

薰衣草型花露水香精的配方（单位为质量份）：

薰衣草油	60	橡苔净油	0.1
香柠檬油	25	10%黑香豆酊	2.4
鸢尾浸膏	2	10%香荚兰豆酊	2.4
玫瑰油	2	3%灵猫香酊	2
橙花油	2	3%麝香酊	2
广藿香油	0.1		

赛氏香水香精的配方（单位为质量份）：

香柠檬油	22	龙蒿油	2
薰衣草油	5	赖百当净油	2
依兰依兰油	10	广藿香油	2
香根油	6	鸢尾浸膏	2
橡苔净油	6	茉莉油	2
檀香油	5	黑香豆酊	20
安息香香树脂	5	3%麝香酊	8
香紫苏油	3		

麝香百花香水香精的配方（单位为质量份）：

香柠檬油	4	香紫苏油	2
茉莉油	3	香根油	2
玫瑰油	3	甘松油	1
依兰依兰油	5	广藿香油	1
晚香玉油	2	檀香油	2
薰衣草油	3	5%灵猫香酊	5
赖百当净油	2	5%麝香酊	65

东方香水香精的配方（单位为质量份）：

檀香油	20	茉莉油	2
香根油	12	玫瑰油	3
广藿香油	4	桂花油	2
香紫苏油	6	依兰依兰油	5
丁香油	7	香荚兰豆酊	5
安息香膏	10	5%龙涎香酊	5
橡苔浸膏	4	3%麝香酊	5
香柠檬油	10		

轻骑香水香精的配方（单位为质量份）：

薰衣草油	25	安息香膏	10
香柠檬油	20	广藿香油	1
迷迭香油	3	香叶油	1
依兰依兰油	10	檀香油	5
橡苔浸膏	5	黑香豆酊	15

3%麝香酊   5

古龙水香精的配方（单位为质量份）：

香柠檬油	50	迷迭香油	2
柠檬油	20	橙花油	5
薰衣草油	10	丁香油	2
依兰依兰油	5	3%麝香酊	6

上面列举的香精配方中，各种精油或净油、浸膏、香树脂、酊等都可以用相应的香精代替，只是用量要稍作调整，因为有许多天然精油的香气强度要比配制香精高得多，下面的"替代比例"可供参考：

5 份茉莉香精替代 1 份茉莉油

4 份玫瑰香精替代 1 份玫瑰油

2 份依兰香精替代 1 份依兰依兰油

4 份桂花香精替代 1 份桂花油

5 份檀香香精替代 1 份檀香油

2 份香石竹香精替代 1 份丁香油

3 份晚香玉香精替代 1 份晚香玉油

2 份广藿香香精替代 1 份广藿香油

1 份麝香香精替代 1 份 5%麝香酊

1 份龙涎香香精替代 1 份 5%龙涎香酊

1 份香荚兰（香草）香精替代 5 份香荚兰酊

1 份香豆香精替代 4 份黑香豆酊

5 份灵猫香香精替代 1 份 3%灵猫香酊

事实上，调香师也经常把几个已经调配好的香精混合起来成为一个"复合香精"，但混合以后往往还要再加些香料修饰或者加强头香、体香或基香的某些不足，使整体香气更加和谐、圆和，更能适合某一类产品的加香要求。

第十二节　微胶囊香精

微胶囊香精是一种用成膜材料把固体或液体包覆而形成的微小粒子，一般粒子在微米或毫米范围。微胶囊技术是一项比较新颖、用途广泛、发展迅速的新技术。

香精都具有挥发性，特别是受热挥发性增强，使其应用受到了限制，微胶囊香精可以克服它的这个缺点。运用微胶囊香精有如下优点：

① 微胶囊化后的香精可保护其特有的香气和香味物质避免直接受热、光和温度的影响而引起氧化变质；

② 避免有效成分因挥发而损失；

③ 可有效控制香味物质的缓慢释放；

④ 提高贮存、运输和应用的方便性；

⑤ 更好地应用于各种工业等。

如何使香精稳定，使之在适当的时候能准确并持久地释放，已成为重点研究项目，从而有了各种胶囊化技术的开发，以稳定香精、防止香精降解，以及控制香味释放的条件。

微胶囊香精的制作有以下几种方法：

1. 原位聚合法

把 36%浓度的甲醛溶液 488.5g 与 240g 尿素混合，加入三乙醇胺调节 pH＝8，并加热至 70℃，保温下反应 1h 得到黏稠的液体，然后用 1000mL 水稀释，形成稳定的尿素-甲醛预聚体溶液。

把油溶性香精加到上述尿素-甲醛预聚体溶液中，并充分搅拌分散成极细微粒状。加入盐酸调节 pH 值在

1～5 范围，在酸催化作用下缩聚形成坚固不易渗透的微胶囊。

控制溶液 pH 值很重要，当溶液 pH 值高于 4 时，形成的微胶囊不够坚固，易被渗透；而当 pH 值在 1.5 以下时，由于酸性过强，囊壁形成过快，质量不易控制。如要获得直径在 2.5μm 以下的微小胶囊，加酸调节 pH 值的速度要慢，比如在 1h 内分 3 次加酸，同时要配合高速搅拌。而在碱性条件下，同样可得到尿素-甲醛预聚体制成的微胶囊，pH 值控制在 7.5～11 范围，反应时间为 15min～3h，温度控制在 50～80℃。温度高，反应时间则可缩短。

当缩聚反应进行 1h 后，适当升温至 60～90℃，有利于微胶囊壁形成完整，但注意温度不能超过香精和预聚体溶液的沸点。一般反应时间控制在 1～3h，实践证明，反应时间延长至 6h 以上并没有显著改进效果。

用尿素-甲醛预聚体进行聚合形成的微胶囊有惊人的韧性和抗渗透性。这种方法制得的微胶囊有别的制法无可比拟的良好密封性。缺点是甲醛的气味难以全部消除干净，整体香味会受影响，很少用于微胶囊香精的制作。

2. 锐孔-凝固浴法

把褐藻酸钠水溶液用滴管或注射器一滴滴加入氯化钙溶液中时，液滴表面就会凝固形成一个个胶囊，这就是一种最简单的锐孔-凝固浴法操作。滴管或注射器是一种锐孔装置，而氯化钙溶液是一种凝固浴。锐孔-凝固浴法一般是以可溶性高聚物作原料包覆香精，而在凝固浴中固化形成微胶囊。

用 1.6％褐藻酸钠、3.5％聚乙烯醇、0.5％明胶、5％甘油等水溶液作微胶囊壁材，凝固浴使用 15％浓度的氯化钙水溶液。用锐孔装置以褐藻酸钠包覆香精滴入氯化钙凝固浴时，在液滴表面形成一层致密、有光滑表面、有弹性但不溶于水的褐藻酸钙薄膜。

采用锐孔-凝固浴法可把成膜材料包覆香精的过程与壁材的固化过程分开进行，有利于控制微胶囊的大小、壁膜的厚度。

3. 复合凝聚法

复合凝聚法的特点是使用两种带有相反电荷的水溶性高分子电解质做成膜材料，当两种胶体溶液混合时，由于电荷互相中和而引起或膜材料从溶液中凝聚产生凝聚相。复合凝聚法的典型技术是明胶-阿拉伯树胶凝聚法。

具体操作工艺为：将 10％明胶水溶液保持温度在 40℃，pH＝7，把油性香精在搅拌条件下加入，得到一个将香精分散成所需颗粒大小的水包油分散体系。继续保持温度在 40℃，搅拌并加入等量 10％阿拉伯树胶水溶液混合，搅拌滴加 10％浓度的醋酸溶液直至混合体系的 pH 值为 4.0，此时溶胶黏度逐渐增加，变得不透明。结果使原来的水包油两相体系转变成凝聚相，在油性香精周围聚集并形成包覆。当凝聚相形成后，使混合物体系离开水浴自然冷却至室温，再用冰水浴使体系降温至 10℃，保持 1h，然后进行固化处理。把悬浮液体系冷却到 0～5℃，并加入 10％ NaOH 水溶液，使悬浮液变成 pH＝9～11 的碱性。加入 36％甲醛溶液，搅拌 10min，并以 0.033℃/min 的速率，升温至 50℃使凝聚相完成固化，过滤、干燥，即得到香精微胶囊。

4. 简单凝聚法

用聚乙烯醇包覆形成有半透性的香精微胶囊的制备工艺，可将油性香精搅拌分散在聚乙烯醇胶体溶液中形成分散乳化体系，在此乳化体系中加入羧甲基纤维素溶液，由于羧甲基纤维素亲水性比聚乙烯醇更强，使聚乙烯醇分子的水化膜被破坏而形成不溶于水的凝胶，并在香精油滴表面凝聚成膜。当加入的羧甲基纤维素与溶液中的聚乙烯醇质量比例在 40：(4～6) 范围时，得到大小均匀、颗粒细、膜壁强度适中的微胶囊。为增加膜的力学强度，可用醛类固化剂进行闪联硬化处理，甲醛用量以膜重的 3％为宜。固化过度会使膜壁封闭太强，无法释放香味。为得到颗粒小、均匀的微胶囊，在形成香精聚乙烯醇溶液为分散体系时，加入占体系总质量 0.6％的香精乳化剂。可用不同的香精乳化剂与各种香精配伍。在聚乙烯醇壁膜固化处理液中加入少量无机盐，可使体系黏度降低，使聚乙烯壁膜固化反应更易进行。

据说以这种方法制备的各种香精微胶囊，用于纺织品上，在纯棉和毛织物这些对微胶囊黏附好的织物上留香时间可达一年。化纤织物由于表面空隙小，黏附微胶囊小，亲合力低，留香时间在半年左右。经多次洗涤仍可保持一定清香。

此法的缺点同"原位聚合法"一样，甲醛的气味难以完全祛除，影响香味。

5. 分子包埋法

环糊精像淀粉一样，可以贮存多年不变质。分子包埋法是用 β-环糊精作微胶囊包覆材料，是一种在分子水平上形成的微胶囊，也是近年来应用较广的制备微胶囊的一种物理方法。

从环糊精分子外形看，似一个内空去顶的锥形体，有人形容其形状像一个炸面圈。环有较强的刚性，中间有一空心洞穴。环糊精的空心洞穴有疏水亲脂作用以及空间体积匹配效应，与具有适当大小、形状和疏水性的分子通过非共价键的相互作用形成稳定的包合物。香料、色素及维生素等大小合适的分子都可与环糊精形成包合物。形成包合物的反应一般只能在水存在时进行。当环糊精溶于水时，环糊精的环形中心空洞部分也被水分子占据，当加入非极性外来分子（香精）时，由于疏水性的空洞更易与非极性的外来分子结合，这些水分子很快被外来分子置换，形成比较稳定的包合物，并从水溶液中沉淀出来，即形成香精微胶囊。

具体工艺如下，环糊精：水＝1∶1混合均匀，搅拌加入香精后均匀干燥粉碎。

用环糊精包结络合形成的微胶囊，有吸湿性低的优点，在相对湿度为85％的环境中，它的吸水率不到14％，因此这种微胶囊粉末不易吸潮结块，可以长期保存。环糊精本身为天然产品，具有无毒、可生物降解的优点，已被广泛应用于香精等油性囊心的微胶囊。

6. 喷雾干燥

喷雾干燥是将固体水溶液以液滴状态喷入热空气中，当水分蒸发后，分散在液滴中的固体即被干燥并得到几乎总成球形的粉末。这是一种工业上制备香精微胶囊常用的方法。

喷雾干燥主要分为2个步骤，先将所选的囊壁溶解于水中，可选用明胶、阿拉伯胶、羧甲基纤维素钠（CMC-Na）、海藻酸钠、黄原胶、蔗糖、变性乳蛋白、变性淀粉、麦芽糖等作囊壁，然后加入液体香精搅拌，使物料以均匀的乳浊液状态送进喷雾干燥机中；在喷雾干燥机中，可使用多种技术将乳浊液雾化，然后通过与180～200℃热空气接触，使物料急速干燥。水的急骤蒸发作用使载体物料在香精珠滴周围形成一层薄膜，这层薄膜能使包埋在珠滴中的水继续渗透并蒸发。此外，大的香味化合物分子则会保留下来，其浓度不断增加。最后，在干燥机中停留30s后除去相对小的载体相。

第六章　加香工艺学

给一个食品、日用品、烟草、饲料加香最重要的是香精的选用，香精选对了有时甚至可以说"成功了一半"。纵观所有有香味的食品、日用品，消费者购买时总是先闻后买，经常用鼻子决定最终购买与否，原先头脑里对该产品的印象——包括从各种广告得到的、从亲友的推荐得到的和经过"深思熟虑"的结果都有可能被嗅觉信息"一票否决"或"一票当选"，对生产日用品的厂家来说这不能不引起高度重视。遗憾的是至今为止，除了生产香水和化妆品的厂家不敢轻视香精的作用外，其他食品和日用品生产者还没有把这么重要的事务排上日程。

笔者就曾听到一位香皂制造厂的负责人抱怨香精占他们生产香皂成本的大部分，"比皂基占的成本还高"，却不反思消费者的购买心理：同样一块香皂，香气好的比香气差的价格即使多一倍，在当今大多数人已经进入小康生活的时代背景下，前者还是更受欢迎，至少购买以后不会"遗憾"。生产厂选用香气好的香精只会获取更大的利润，而不是"白白地增加了成本"。这个道理在发达国家早已不必解释，也早已被大量的事实证明了，但对我国一些企业及其经营者来说，还不是那么容易就能接受的。

当然，购买香精也绝对不是"越贵越好"，即使不提那些随意加价或在本来已经配好的香精里面再乱加无香溶剂的"非正常"事故，坚持"一分钱、一分货"的香精制造厂提供的香精也要谨慎选择。

本章主要介绍用香厂家怎样做加香实验、感官分析原理和做法、电子鼻与电子舌的应用，如何评香与辨香以及加香工艺、有关香料香精的法规和香物质的分析等内容。

第一节　加香产品制造厂的加香实验室

给各种食品、饲料、烟草和日用品加香最重要的是加香实验，可惜国内直到现在绝大多数生产厂家和香精制造厂都还没能给予重视，香精厂随便给食品和日用品生产厂几个香精是很普遍的事。须知每一种食品和日用品都有它的特性，不是随便一种香精加进去都能达到加香的目的。"乱加香精"有时不但造成极大的浪费，整个生产厂因此倒闭的事也时有发生。要使自己的产品带上最让消费者喜欢的香气，只有重视、勤做加香实验。因此，加香产品生产厂家和香精制造厂建立加香实验室都是很有必要的。

对于加香产品生产厂来说，理想的加香实验室应由四个部分组成：香精室，加香室，评香室，架试室。香精室把平时收集到的、各香精厂家送来的香精样品分门别类置于各种架子上，做加香实验的人员要经常来嗅闻这里的每一个香精的香气并记住它们，以便需要时把它们找出来。加香室的面积一般比较大，里面安装着各种小型的加香实验机械，如香皂制造厂的加香室应有拌料机、研磨机、挤压机、成型机等，这些机械虽小，但都要尽量做到与车间里操作的"工艺条件"（如温度、压力等）接近；评香室就像是一个小型的会议室，一般可容纳十几个人围坐讨论，有条件的可以用能升降的隔板把它分割成十几个或几十个小室，每个小室配备一台电脑和一个洗手盆、没有香味的洗涤剂或无香肥皂（洗手用），进空气和排气系统能保证室内在评香时没有干扰的气息存在；架试室就同小型图书馆一样，放着许多架子，层层叠叠，以便多放样品，架试室也要有进气和排气装置，保持室内"负压"以免"串味"影响评香结果。

一个产品的加香实验全过程是这样的：

（1）通知各香精厂送香精样，要把开发这个新产品的目的、意义、计划生产量、准备工作让香精厂知道，并尽量详细地向香精厂介绍该产品的理化性能，以便香精厂能有的放矢地调配适合的香精样品送来实验。有的香精厂也做加香实验，可以把未加香的样品寄给香精厂让他们先做实验，这样香精厂送来的样品会更接近自己的需要；

(2) 初选香精：把各香精厂送来的和原来"库存"的香精反复比较挑选，找出适合做实验的香精样品；

(3) 按照香精厂的"建议加香比例"把香精和未加香的样品搅拌均匀，固体、半固体产品还要经过"挤压""成型"或者加热、冷冻、烧烤等步骤才能把香精加进去，加工工艺尽量与大量生产时的实际操作接近；

(4) 做出的样品包装或不包装置于架试室的样品架上，一般在自然通风条件下放置，有的样品根据需要放在冷或热的恒温箱里，有的要放在紫外灯下照射一定的时间；

(5) 每天（或每周、每月，根据需要而定）都要观察、记录架试室里的每一个样品外观有没有变化、香气是否变淡了或者消失了，做完实验、不用再观察的样品要及时清理掉；

(6) 评香：做完"架试"（规定的时间）后的样品就可做评香测试了。"评香组"可以临时组合，但其中要有几位相对固定的人员。每次评香至少 10 人以上，评香时主持人要详细给每一位参加评香的人员讲解本次评香的目的，要求，注意事项，如何按统一的规格把各人的感受输入电脑或写在统一发放的设计、印制好的表格纸上，等等，参加评香的人员全都理解了才开始嗅闻香气，此时有隔板装置的要"上隔板"把评香人员各个隔开，根据每个人的感觉给样品"排序"或"打分"，具体看第三节"感官分析"。

(7) 评香结论：评香主持人根据电脑（由专门设计的评香统计软件计算结果）显示或收集评香人员填写的评香结果进行简单计算得出的数据、排序表做评香结论。保存好每一次评香的结论，即使出现"意外"的评香结论也不能轻易丢弃。

第二节 香精厂的加香实验室

香精厂的加香实验室，在工厂整体设计的时候就应当足够重视了——它必须选择在工厂里位置最佳的地方！首先它必须是一个通风条件好、光照强度适中、视线清晰、环境优雅美观的实验室（给评香人员好的心情才有助于得出正确的评香结论），车间、仓库和调香室的气味尽量不飘往这个实验室。面积可根据厂家实地面积而定，大致需 $100m^2$ 以上，并且有两个以上的隔离房。因其设备器械较多，保险丝容量必须达到 60A 以上，以保证同时开启几种器械所能承受的电压。整个实验室需一个单独的安全开关，保证防火功能。

同加香产品制造厂的加香实验室一样，香精厂的加香实验室也分为四大区，但名称不一样，它们分别被叫做样品区、加香区、洗涤区、留样区。其中样品区与留样区应与加香区完全隔离开。

首先介绍样品区，这里所谓的样品区是指未加过香的各种样品存放的区域。如未加香的护肤护发品、洗衣粉、洗发香波、洗洁精、蚊香坯、小环香坯、塑料制品、橡胶制品、石油制品、纸制品、鞋子、干花、人造花等，还有各种规格的"塑料米"、橡胶粒或片、皂粒、石蜡、果冻蜡、气雾剂罐等。因为品种不同，各种保存方式不大相同。所以对温度、湿度有一定的要求，室温最好保持在 $21\sim25℃$，相对湿度控制在 60% 左右。有的样品久置，若室内湿度太大，会长霉，影响加香效果。所以样品区内通常是设计成一个柜子，依墙而立。柜子类似中药房药柜的造型，由许多小柜组合而成，采用拉式抽屉，并且底部是用小滚珠拖动，方便取样。紧贴地面的那一柜应做成左右打开式柜门，并且高度在 $80\sim100cm$ 之间，宽度为 50cm，深度为 100cm，这是为了专门存放一些较重的样品而设计的，如皂粒、洗衣粉、"塑料米"、橡胶片、石蜡、果冻蜡等。上面的柜子都采用拉式，各小柜高度为 50cm，宽度为 50cm，深度为 100cm，整柜体积为 $300cm×100cm×300cm$，各个柜应有标签标明，以备用之。平常应把样品区门关闭，以免有香气进入，并保持地面干燥。再者，公司一般不喜欢置放太多未加香的样品，而采取现用现买和随时向用香厂家索取的办法，因为香精厂内免不了会有一些香气笼罩，这些未加香的样品自然而然地会略带些香气，对实际加香效果会有影响。

有了样品，就要进行加香实验了，一般的加香实验在加香区里进行，加香区里有操作台，操作台设计应具人性化。以人体高度和操作时的舒适度为宜，一般高 $80\sim100cm$，宽为 $50\sim100cm$，长 $400\sim500cm$，操作台以下部分做成柜子，以存放物品。操作台以上应做成壁式柜子，且需以瓷砖或玻璃板为表面，减少腐蚀。实验室应具备以下器械和仪器：最小感量为 0.01g、最大感量为 300g 的电子秤一台，药物天平 500g、1000g 各一台，分析天平，恒温水浴锅，封口机，电炉，研磨机，压模机，气雾罐装机，冰箱，电热恒温干燥箱，紫外灯照明箱，空调，排气扇，空气净化器，等等。各种器械、仪器的用途将在以下章节中详细介绍。要注意的是在进行气雾剂加香实验特别是罐装时，千万不能使用电炉，并且避免使用烘箱，以免引起火灾。

加香完后，把样品放入留样区，留样区的室内设计与样品区的设计是有区别的，采取的是书柜的造型，一个大柜的尺寸为300cm×50cm×300cm，各小柜为70cm×50cm×40cm。因各种加过香的样品香气都不同，如何保证让它们不串味，是个较难解决的问题，所以各种样品都须密封包装，有次序地摆列于柜内，并作记录。室温保持在21～25℃，相对湿度为60％左右，排气扇也要定时打开，室内处于正常的通风状态。留样室的门也不宜经常开启。

加香实验做完以后或者样品从留样区取出来后，就得把用于加香实验或做容器用的玻璃器皿、工具等放置清洗槽中清洗。清洗槽置于专门的洗涤区内。洗后烘干放在相应的位置，以免杂乱无章，待到用时找不着。

以上介绍的是日化品加香实验，比较简单一些。如果是食品、饮料、烟草、饲料等产品的加香实验，因为涉及评香时还要评价"入口感觉"、"滋味"、动物感觉等，评香前的准备工作相对还要复杂一些，这里不再详细介绍了。

图6-1为加香实验室平面图（洗涤区可以根据操作方便而定，一般也可以就在加香区里），供参考。

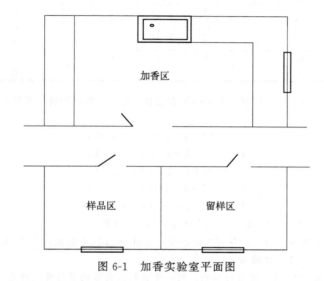

图 6-1 加香实验室平面图

安全防火是加香实验特别要重视的事，加香实验室至少得具备三个以上不同性质的灭火器，以确保安全。

随着人们生活水平的提高，越来越讲究生活的质量。应运而生的加香产品也会越来越多，香精厂的加香实验室内容也会日趋增多，里面的实验器械也得"与时俱进"，逐渐完善。

第三节 感官分析

感官分析一般可分为两大类型：分析型感官分析和偏爱型感官分析。加香产品的评香属于偏爱型感官分析，这种分析依赖人们心理和生理上的综合感觉，分析的结果受到生活环境、生活习惯、审美观点等多方面的因素影响，其结果往往因人、因时、因地而异。

常用的感官分析方法可分为三类：

（1）差别检验：有两点检验法，二、三点检验法，三点检验法，"A""非A"检验法，五中取二检验法，选择检验法，配偶检验法，等等。

（2）使用标度和类别的检验：有排序检验法、分类检验法、评分检验法、成对比较检验法、评估检验法等。

（3）分析或描述性检验：有简单描述检验法、定量描述和感官剖面检验法等。

本节主要介绍产品评香最常用的排序检验法，具体做法如下：

首先把准备评香的样品（要求事先做成外观尽量一致、用同样的容器盛装）贴上代号标签，代号可用英文字母、天干地支或随便一个没有任何暗示性的"中性"文字，唯不能用数字。评价主持人要对每一个参加评香的人员说明如何排序，是按照自己的喜好排序呢，还是按照某一种香气（比如天然茉莉花香或者一个外来样品的香气）的"相似度"排序，从左到右还是从右到左排序，由主持人或通过电脑记录下每一个评香者的排序结果。

表 6-1 是 ABCDE 五个样品请七个人评香的结果，主持人要求每个评香员把五个样品按自己认为香气最好的排在最左边，次者排在第二……自己认为香气最不好的排在最右边，如表 6-1 中的 1 号评香员认为 B 的香气最好，A 次之，C、D 更次，认为 E 的香气最不好。

表 6-1　评香员评香结果

评香员	1	2	3	4	5
1 号评香员	B	A	C	D	E
2 号评香员	B	E	C	A	D
3 号评香员	B	A	D	C	E
4 号评香员	A	C	B	D	E
5 号评香员	C	A	B	E	D
6 号评香员	B	A	D	C	E
7 号评香员	A	C	B	E	D

如果把排在第一位算 1 分，第二位算 2 分……第五位算 5 分（分数越低香气越好）的话，五个样品的得分如下：

$$A \quad 2+4+2+1+2+2+1=14$$
$$B \quad 1+1+1+3+3+1+3=13$$
$$C \quad 3+3+4+2+1+4+2=19$$
$$D \quad 4+5+3+4+5+3+5=29$$
$$E \quad 5+2+5+5+4+5+4=30$$

7 个评香员评香总结按香气好到不好的排列次序是 B/A/C/D/E。

再多几个人来参与评香的话，这个次序可能会改变，也许 A 排在 B 前面或者 E 排在 D 前面，一般认为参与评香的人数越多，其"可信度"会越高。

香料香精行业里有一套"40 分"评分检验法：对一个香料或者香精进行香气评定，"满分"为 40 分，"纯正"为 39.1～40 分，"较纯正"为 36.0～39.0 分，"可以"为 32.0～35.9 分，"尚可"为 28.0～31.9 分，"及格"为 24.0～27.9 分，"不及格"为 24.0 分以下。对评香组成员的要求很高，由公认的"好鼻子"、德高望重的调香师或评香师担任。重大的检验和有关香气的仲裁由"全国评香小组"执行。企业可以参考这种评分检验法自己组织调香师和评香师对香料、香精与加香产品进行评价，但实际意义并不大。

第四节　人的嗅觉

前一节提到偏爱型感官分析因人、因时、因地而异，这是因为人的嗅觉有差别，爱好也不一样，即使同一个人在不同时间嗅闻一个样品，也不一定得出同样的结论。这些因素直接影响到评香结果。因此，本节简要地叙述人的嗅觉理论，以便读者对评香结果和"结论"有更清楚的认识。

嗅觉属于化学感觉，是辨别各种气味的感觉。嗅觉感受器位于鼻腔最上端的嗅上皮内，其中嗅细胞是嗅觉刺激的感受器，接受有气味的分子。引起刺激的香气分子必须具备下列基本条件才能引起嗅神经冲动：有挥发性、水溶性和脂溶性；有发香原子或发香基团；有一定的分子轮廓；分子量为 17～340；红外吸收光谱为 7500～1400nm；拉曼吸收光谱为 1400～3500nm；折光率为 1.5 左右。

人的嗅脑（大脑嗅中枢）是比较小的，通常只有小指尖那么小的一点点，鼻腔顶部的嗅区面积也很小，大约为 5cm²（猫为 21cm²，狗为 169cm²），加上人类一级嗅神经比其他任何哺乳动物都少（来自嗅感器的信号经嗅球中转后，一级神经远不能满足后继信号传递的需求），因此，人的嗅觉远不如其他哺乳动物那么灵敏。人类的嗅感能力，一般可以分辨出 1000～4000 种不同的气息，经过特殊训练的鼻子可以分辨高达 10000 种不同的气味。

嗅细胞容易产生疲劳，这是因为嗅觉冲动信号是一峰接着一峰进行的，由第一峰到达第二峰时，神经需要 1ms 或更长的恢复时间，如第二个刺激的间隔时间大于神经所需的恢复时间，则表现为兴奋效应；如间隔时间过短，神经还处于疲劳状态，这样反而促使绝对不应期的延长，任何强度的刺激都不引起反应，就表现为抑制性效应。这就是"入芝兰之室，久而不闻其香；入鲍鱼之肆，久而不闻其臭"的道理。因此，一般人嗅闻有气味的物品时，闻了 3 个样品之后就要休息一下再闻，否则会得出不正常的结果，影响评判。

嗅觉的个体差异也是很大的，有的人嗅觉敏锐，有的人嗅觉迟钝。人的身体状况也会影响嗅觉，感冒、身体疲倦或营养不良会引起嗅觉功能降低，女性在月经期、妊娠期和更年期都会发生嗅觉缺失或过敏的现象。

通过训练可以提高人的嗅觉功能。"好鼻子"应该是嗅觉灵敏度高，同时对各种气味的分辨力也要高。嗅觉灵敏度是"先天性"的，有的人"天生"就对各种气味灵敏，同时每一个人随着年龄的增长嗅觉灵敏度也会下降；但人对各种气味的"分辨力"却可以通过训练得到极大的提高，大部分调香师和评香师的嗅觉灵敏度只能算一般，但对各种气味的"分辨力"则是一般人望尘莫及的，这都是长期训练的结果。

第五节　电子鼻和电子舌

人鼻子和舌头的许多缺点会影响评香结果，近年来随着化学传感器和电子技术的快速发展，有人开始提出能否用"电子鼻"和"电子舌"代替人的鼻子和舌头评香，期望鉴香结果能更"公正""客观"一些，也更"轻松"一些。本节简单介绍一下这方面近期的进展。

电子鼻又称气味扫描仪，是 20 世纪 90 年代发展起来的一种快速检测食品的新颖仪器。它以特定的传感器和模式识别系统快速提供被测样品的整体信息，指示样品的隐含特征。电子舌是一种使用类似于生物系统的材料作传感器的敏感膜，当类脂薄膜的一侧与味觉物质接触时，膜电势发生变化，从而产生响应，检测出各类物质之间的相互关系。这种味觉传感器具有高灵敏度、可靠性、重复性。它可以对样品进行量化，同时可以对一些成分含量进行测量。基于电子舌与电子鼻各自的特点与检测中的优越性，它们都已有了各种应用与潜在发展领域，国内外在食品工业、环境检测、医疗卫生、药品工业、安全保障、公安与军事等方面都报道了不少研究成果。

电子鼻（图 6-2）的构成：电子鼻由气敏传感器、信号处理系统和模式识别系统等功能器件组成。由于食品的气味是多种成分的综合反映，所以电子鼻的气味感知部分往往采用多个具有不同选择性的气敏传感器组成阵列，利用其对多种气体的交叉敏感性，将不同的气味分子在其表面的作用转化为方便计算的与时间相关的可测物理信号组，实现混合气体分析。

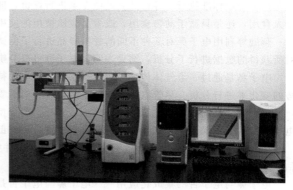

图 6-2　电子鼻

在电子鼻系统中，气体传感器阵列是关键因素，目前电子鼻传感器的主要类型有导电型传感器、压电式传感器、场效应传感器、光纤传感器等，最常用的气敏传感器的材料为金属氧化物、高分子聚合物材料、压电材料等。在信号处理系统中的模式识别部分主要采用人工神经网络和统计模式识别等方法。人工神经网络对处理非线性问题有很强的处理能力，并能在一定程度上模拟生物的神经联系，因此在人工嗅觉系统中得到了广泛的应用。

由于在同一个仪器里安装多类不同的传感器阵列，使检测更能模拟人类嗅觉神经细胞，根据气味标识和利用化学计量统计学软件对不同气味进行快速鉴别。在建立数据库的基础上，对每一样品进行数据计算和识别，可得到样品的"气味指纹图"和"气味标记"。电子鼻采用了人工智能技术，实现了由仪器"嗅觉"对产品进行客观分析。由于这种智能传感器矩阵系统中配有不同类型传感器，使它能更充分模拟复杂的鼻子，也可通过它得到某产品实实在在的身份证明（指纹图），从而辅助专家快速地进行系统化、科学化的气味监测、鉴别、判断和分析。

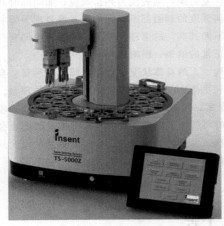

图 6-3　电子舌

电子舌（图 6-3）是用类脂膜作为味觉物质换能器的味觉传感器，它能够以类似人的味觉感受方式检测出味觉物质。目前，从不同的机理看，味觉传感器大致有以下几种：多通道类脂膜传感器、基于表面等离子体共振、表面光伏电压技术等。模式识别主要有最初的神经网络模式识别，最新发展的是混沌识别。混沌是一种遵循一定非线性规律的随机运动，它对初始条件敏感，混沌识别具有很高的灵敏度，因此也越来越得到应用。

在近几年中，应用传感器阵列和根据模式识别的数字信号处理方法，出现了电子鼻与电子舌的集成化。在俄罗斯，研究电子舌与电子鼻复合成新型分析仪器，其测量探头的顶端是由多种味觉电极组成的电子舌，而在底端则是由多种气味传感器组成的电子鼻，其电子舌中的传感器阵列是根据预先的方法来选择的，每个传感器单元具有交叉灵敏度。这种将电子鼻与电子舌相结合并把它们的数据进行融合处理来评价食品品质将具有广阔的发展前景。

电子鼻和电子舌是 20 世纪 90 年代发展起来的新的分析、识别和检测复杂香气成分的方法。与常规分析仪器相比，电子鼻得到的不是待测样品中某种或某几种成分定性或定量的分析结果，而是快速地提供样品中挥发成分的整体信息，并指出样品的隐含特征。

在食品新鲜程度检测中的应用——人类主要通过嗅觉与味觉系统来辨别食品的好坏与新鲜程度，因此，电子鼻与电子舌在食品检测中有其自身的应用价值。在原材料方面，已采用电子鼻来检测橄榄油及其他食用油是否变质及鱼、肉、蔬菜、水果等的新鲜度。在电子舌的发展上，味觉传感器也已经能够很容易区分几种饮料，比如咖啡、离子饮料等。

在酒类识别中的应用——电子鼻与电子舌在酒类方面的应用，尤其在品牌的鉴定、异味检测、新产品的研发、原料检验、蒸馏酒品质鉴定、制酒过程管理的监控方面大有用武之地。

在粮食贮存与加工中的应用——为了减少由微生物引起的谷物品质的改变，在欧洲对谷物的处理和品质控制是按照一定标准执行。谷物品质是由专家进行评价，他们用谷物的香气分级体系来决定所评价的谷物是适合于人食用，还是只适于动物食用，或者是应该被拒绝使用。

蒋健等利用电子鼻对 9 种不同的香精样品进行了测试，采用主成分分析以及判别因子分析、多元统计方法对所获得的数据进行了分析，结果表明，电子鼻可以分辨不同香型及有一定相似性的香料香精。

电子鼻是通过一组气体传感器对具有不同灵敏度的待测气体进行信号的识别与处理，而电子舌是根据膜电势的变化来进行分析。尽管电子舌与电子鼻均可分析芳香化合物，但二者的结合可以大大提高识别能力。

顾永波等利用电子舌检测了 6 个烤烟型和 3 个混合型卷烟样品主流烟气水处理液的味觉特征，结果表明，电子舌能区分不同香型卷烟味觉特征，有望成为一种辅助的卷烟感官质量评价方法。

Rudnitskaya 等使用电子舌检测啤酒的味觉属性，并报道了电子舌多传感器系统作为一种分析工具快速评估风味啤酒的特点。

电子鼻与电子舌的集成化应用——电子鼻与电子舌是从不同角度分析同一种物质。电子鼻是由一组气体传感器组成，具有不同选择模式、信号处理、模式识别等功能；电子舌是基于膜电势的变化对液体进行分析。尽管电子鼻与电子舌可以分别区分物质，但它们结合起来则可大大提高识别能力。F. winquist 对橘子、苹果、菠萝这三种水果进行了检测，每一种水果又分成 4 组，每一组又测量 3 次。首先用电子鼻获得数据信号，再用电子舌进行检测。完成所有的测量后，用主成分分析法进行模式识别，结果表明，若仅用电子鼻来分析，橘子可以明显地从苹果、菠萝中区分开来，但苹果与菠萝不能很好地区分。若用电子舌来检测分析，则橘子与菠萝不能很好地区分，但若电子鼻与电子舌结合一起来分析检测，则可以大大提高其检测率。用最小二乘法对这一结论进行预测验证，表明将电子鼻与电子舌相结合将大大提高水果检测的准确率。

另外，如在牛奶检测中，由于用电子鼻检测与电子舌检测是两个不同的系统，所以在数据融合过程中，有些特征数据会在独立传感器系统中丢失。试验表明，用电子舌在辨别超高温与灭菌牛奶时有明显的区别，而在辨别新鲜牛奶与变质牛奶时却不很明显，若利用电子鼻检测却刚好相反，所以利用电子鼻与电子舌集成化检测，不仅能很好地区分超高温牛奶与灭菌牛奶，也能判别牛奶的新鲜度。

通过特定的传感器阵列、信号处理和模式识别系统组成的电子鼻和电子舌，能快速提供被测样品的整体信息。各种各样的电子鼻和电子舌，除在食品工业中应用外，还有许多潜在的应用领域，如环境检测、医疗卫生、药品工业、安全保障、公安与军事等。

然而电子鼻和电子舌也存在许多问题和需研究的课题。首先，由于传感器具有选择性和限制性，电子鼻和电子舌往往有一定的适应性，不可能适应所有检测对象，即没有通用的电子鼻和电子舌。但大力研究、制作有针对性专用的，如烟草专用电子鼻、肉用电子鼻、鱼用电子鼻和酒用电子舌、饮料用电子舌等，则能提高检测精度和使用寿命。这也意味着需要加强研制并发展合适的传感器结构和传感器材料。其次，在模式识别系统上亦应多样化。采用某一种模式识别方式可能不能识别或不很理想，或许用另外一种模式识别方式或改进模式识别方法后，则可能获得理想的结果。

至今电子鼻和电子舌的实际应用还不多，还有诸多问题需要解决。随着现代科学技术和科学理念的不断发展，电子鼻和电子舌技术作为一个新兴技术必将给众多领域带来一次技术革命，也将使其逐步走向实用。

电子鼻与电子舌技术再发展下去将成为"仪器分析"的组成部分，但在目前只是作为感官分析的辅助手段，所以把它们放在本章里讨论。

电子鼻评香方面的应用：

前几节都讲到人鼻子的许多缺点会影响评香结果，近年来随着化学传感器和电子技术的快速发展，有人开始提出能否用"电子鼻"代替人的鼻子评香，期望评香结果能更"公正""客观"一些，也更"轻松"一些。本节简单介绍一下这方面近期的进展：

气体传感器：1953 年，Brattain 和 Bardeen 发现气体在半导体表面的吸附会引起半导体电阻的明显变化，20 世纪 80 年代 Zaromb 和 Stetter 提出传感器阵列的思想，并出现了用半导体微加工技术研制的微型氧化物气体传感器。

人工嗅觉系统：典型的人工嗅觉系统（AOS）是由传感器阵列模式识别系统及支持部件——微处理机和接口电路等构成的，阵列由多个具有不同选择性的气敏元件构成，各传感器响应经接口电路输入微处理机，进行预处理（滤波、变换等）和特征提取之后，通过模式识别实现气体组分分析。分析结果大致可分为三种类型：一是混合与单一气体鉴别，二是根据气体浓度进行分类，三是定量组分分析。

对传感器阵列的输出信号进行适当处理，以获得混合气体组分信息和浓度信息。AOS 采用的识别方法主要包括统计模式识别和人工神经网络模式识别，后者自 20 世纪 80 年代以来已得到广泛应用。

英国 Warwick 大学研制的电子鼻由 12 个传感器组成，每一个传感器响应电阻都对啤酒的前缘空间的某一局部特性灵敏，来自传感器组的信号经过接口电路，由一个化学的或神经系统的分类器处理，最后使用多变量统计法得出结果。这种电子鼻能区分不同品牌的啤酒，更重要的是能区分合格的和腐败的啤酒。

意大利 Rome Tor Vergata 大学研制的电子鼻已经应用于区分鱼的新鲜度和西红柿的质量等食品分析中。他们用这种电子鼻和 7 名经过训练后的品尝者来确定西红柿浆的总体质量，结果表明，电子鼻和品尝者在定性识别方面具有类似性，但电子鼻给出了更加好的分类结果。

最近的报道证实，电子鼻已经发展为能分类和识别大量不同的食品，例如咖啡、肉类、鱼类、干酪、酒类等。有一种电子鼻采用了大量的附有改进后的金属功能卟啉和相关化合物的石英微平衡器（QMB），传感器对具体应用中所感兴趣的种类具有较宽范围的可选择性。电子鼻在真实的、不用特殊调整的环境中进行检测，所有测量方法都是在室温和 40% 的相对湿度、标准大气压下进行。它的性能已经通过几种食品分析中所感兴趣的物资成分的灵敏度进行了检验，这些化合物是很有代表性的，例如有机酸、乙醇、胺、硫化物、金属羰基化合物等。对鳕鱼和牛肉的分类和识别存储天数、对西红柿浆产生的醋酸浓度、对红葡萄酒暴露在空气中的香味等检测工作中，电子鼻得出的结果优于经过训练的人鼻。

电子鼻还可用于医疗诊断——呼吸气体诊断，英国的学者们正在研究用它诊断肠胃病、消化不良、艾滋病和糖尿病。

1998 年，Joel 等人根据人的嗅觉机理，建立了一个新的"人工鼻"系统，该系统采用的光纤化学传感器响应特性与人的嗅觉感受神经元类似，接近实际生理系统输出随时间变化的动态信号，该信号经嗅球的计算机仿真模型处理，转化为与气体种类相对应的具有一定时空编码的信号模式，采用一个线性延迟神经网络实现最终的模式识别。这个系统比传统的由前向人工神经网络构成的电子鼻具有更高的维度。经验证，无论在识别范围还是精度上都有十分明显的优势，而且需要的"训练"数据要少得多。

可以看出，这种新的"人工鼻"系统已经非常接近人的鼻子，如果把一种特定的香气（某名牌香水或者某种鲜花的香味）给这个系统"训练"让它"记住"，再把仿香的样品给它"嗅闻"并按人的喜恶"打分"或"排序"，"人工鼻"系统将会像初学评香的人逐渐"掌握"直到能"独立工作"为止，就像现在电脑的"语音输入"训练一样。

我国的华东理工大学信息学院建立了一个功能较为完善的嗅觉模拟装置（香气质量分析仪器），用它对醇类、酯类、酸类、醛类等（甲酸乙酯、乙酸乙酯、乙酸异戊酯、丙酸乙酯、丁酸乙酯、戊酸乙酯、己酸乙酯、庚酸乙酯、辛酸乙酯、乳酸乙酯、月桂酸乙酯、乙酸、丁酸、40％乙醛、丁醛、乙醇、丁醇、丙醇、己醇、丙三醇）共 20 种单体香料和一种混合液（五粮液）进行识别实验，正确率可达 95％以上；对甲醇、花露水、冷榨橘子油、蒸馏橘子油、苯甲醛、丁酸乙酯、奶油香精、小花茉莉净油、十六醛、十九醛、薄荷脑、乙酸异戊酯等 13 种简单与复杂成分呈香物质的挥发气体进行测试，通过学习，该仪器的识别正确率可达 100％。在对环境和测试箱的温湿度进行控制的前提下，也可以实现对呈香物质浓度的定量分析。实验显示用该仪器对甲苯、乙醇、乙酸乙酯、己酸乙酯、乳酸乙酯的浓度进行估计，正确率超过 95％；对天然苯甲醛中是否含有微量苯进行了分析，结果"较为满意"。与色谱方法相比，这种电子鼻具有操作简便、测试速度快、对环境条件要求不高等优点，在香气强度和头香、体香、基香的连续监测中具有优势。

从以上介绍的国内外情况来看，电子鼻作为评香工具已具雏形。当然，不管是电子鼻或是"人工鼻"用来作为评香的工具，都只能是机械地模仿一个或一群人的工作，永远不可能全部代替人的鼻子，"电脑调香"也是如此。

第六节　现代评香组织

产品的加香无非就是为了让消费者对其气味产生欢愉而激起购买欲，所以对香气的品质评价，人的嗅觉是最主要的依据。至今在香气的评定检测中，仍没有任何仪器分析和理化分析能够完全替代感官分析。如何科学地提高感官分析结果的代表性和准确性，便是评香组织的工作目的。本节将从嗅觉的基本规律、评香的类型、评香员的选择和培训、试验环境条件、感官分析常用方法等方面详细探讨。

较早期的评香组织是由一些具有敏锐嗅觉和长年经验积累的专家组成的。一般情况下，他们的评香结果具有绝对的权威性。当几位专家的意见不统一时，往往采用少数服从多数的简单方法决定最终的评香结果。这是原始的评香分析，这样的做法存在很多弊端：第一，评香组织由专家组成，人数太少，而且不易召集。第二，各人对不同香气敏感性和评价标准不同，几位专家对同一香气评价各有不同，结果分歧较大；第三，人体自身的状态和外部环境对评香工作影响很大；第四，人具有的感情倾向和利益冲突，会使评香结果出现片面性，甚至作假；第五，专家对物品的评价标准与消费者的感觉有差异，不能代表消费者的看法。由于认识到原始评香的种种不足，在嗅觉分析试验中逐渐地融入了生理学、心理学和统计学方面的研究成果，从而发展成为现代评香组织。现代评香组织对于评香组织的各项工作要求，将不再依靠权威和经验，而是依靠科学。

一、嗅觉的基本规律

嗅觉在评香组织的工作中占主要地位，嗅觉的误差对于评香分析结果将造成极大的影响。因此，我们必须了解会造成嗅觉误差的嗅觉生理特点及嗅觉的基本规律，以便在评香员的选择、试验环境的布置、试验方案的设定、结果的处理等方面尽量将嗅觉的误差减小到最低程度。

嗅觉是辨别各种气味的感觉。嗅觉的感受器位于鼻腔最上端的嗅上皮内，其中嗅细胞是嗅觉刺激的感受器，接受有气味的分子。嗅觉的适宜刺激物必须具有挥发性和可溶性的特点，否则不易刺激鼻黏膜，无法引起嗅觉。

"入芝兰之室，久而不闻其香"，这是典型的嗅觉适应。嗅细胞容易产生疲劳，而且当嗅球等中枢系统由于气味的刺激陷入负反馈状态时，感觉受到抑制，气味感消失，这便是对气味产生了适应性。因此，在进行评香工作时，数量和时间应尽可能缩短。

二、评香的类型

在评香分析中，根据评香目的的不同而分为两大类型，即分析型评香和偏爱型评香。

分析型评香是把人的嗅觉作为一种测量的分析仪器，来测定物品的香气与鉴别物品之间的差异。如质量的检查、产品评优等。为提高分析型评香测定结果的准确性，可以从以下几个方面做起。

首先，评香基准的标准化：选择并配制出标准样品作为基准，让评香员有统一、标准化的对照品，以防他们采用各自的基准，使结果难以统一和比较；其次，试验条件的规范化，在此类型评香试验中，分析结果很容易受环境的影响；最后，评香员的选定，参加此类型评香试验的评香员，在经过恰当的选择和训练后，应维持在一定的水平。

分析型评香是评香员对物品的客观评价，其分析结果不受人的主观意志干扰。

偏爱型评香与分析型评香正好相反。它是以物品作为工具，来测定人的嗅觉特性。如新产品开发时对香气的市场评价。偏爱型评香不需要统一的评香标准和条件，而是依赖人的生理和心理上的综合感觉，即人的嗅觉程度和主观判断起决定性作用。分析结果受到生活环境、生活习惯、审美观点等方面因素影响，其结果往往是因人、因时、因地而异。

在各种评香试验中，必须根据不同的要求和目的，选用不同类型的评香分析。

三、评香员的选择和培训

建立一支完善的评香组织，首要任务就是组成评香队伍，评香员的选择和培训是不可或缺的。如前所述，评香分析按其评香目的不同而分为分析型评香和偏爱型评香。因此，评香队伍也应分两组，即分析型评香组和偏爱型评香组。分析型评香组的成员有无嗅觉分析的经验，或接受培训的程度，会对分析结果产生很大影响。偏爱型评香组织仅是个人的喜好表现，属于感情的领域，是人的主观评价。这种评香人员不需要专门培训。分析型评香组成员根据其评香能力可分为一般评香员和优选评香员。

由于评香目的性质的不同，偏爱型评香所需的评香员稳定性不要求太严，但人员覆盖面应广泛些。如不同祖籍、文化程度、年龄、性别、职业等，有时要根据评香目的而选择。而分析型评香组人员要求相对稳定些，这里要介绍的评香员的选择和培训，大部分是针对此类型评香员而言的。当然，两种类型评香组成人员并非分类非常清楚，评香员也可同时是偏爱型评香员和分析型评香员。

1. 候选评香员的条件

一般的用香企业和香料香精企业均是从公司内部职员或相关单位召集志愿者作为候选评香员。候选者应具备以下条件：

（1）兴趣是选择评香员的前提条件。

（2）候选者必须能保证至少80％的出席率。

（3）候选者必须有良好的健康状况，不允许有疾病、过敏症，无明显个人气味如狐臭等。身体不适时不能参加评香工作，如感冒、怀孕等。

（4）有一定的表达能力。

2. 评香组人员的选定

并非所有候选评香者都可入选为评香组成员，还可从嗅觉灵敏度和嗅觉分辨率来考核测试，从中淘汰部分不适合的候选员，并从中分出分析型评香组的一般评香员和优选评香员。

基础测试：

挑选三四个不同香型的香精（如柠檬、苹果、茉莉、玫瑰），用无色的溶剂配稀成1％浓度。让每个候选评香员得到四个样品，其中有两个相同、一个不同，外加一个稀释用的溶剂，评香员最好有100％选择正确率。如经过几次重复还不能觉察出差别，此候选员直接淘汰。

等级测试：

挑选 10 个不同香型的香精（其中有两三个较接近易混淆的香型），分别用棉花沾取同样多的香精，然后分别放入棕色玻璃瓶中，同时准备两份样品，一份写明香精名称，一份不写名称而写编号，让评香候选员对 20 瓶样品进行分辨评香，将写编号的样品与其对应香气的写了名称的样品"对号入座"。本测试中签对一个香型得 10 分，总分为 100 分，候选员分数在 30 分以下的直接淘汰。30～70 分者为一般评香员，70～100 分者为优选评香员。

3. 评香组成人员的培训

评香组成人员的培训，主要是让每个成员熟悉试验程序，提高他们觉察和描述香气刺激的能力，提高他们的嗅觉灵敏度和记忆力。使他们能够提供准确、一致、可重现的香气评定值。

(1) 评香员工作规则。评香员应了解所评价带香物质的基本知识（如评价香精时了解此香精的主要特性、用途等，而评价加香产品时，应了解未加香载体的基本知识）。

评香员应了解试验的重要性，以负责、认真的态度对待试验。

进行分析型评香时，评香员应客观地评价，不应掺杂个人情绪。

评香过程应专心、独立，避免不必要的讨论。

在试验前 30min，评香员应避免受到强味刺激，如吸烟、嚼口香糖、喝咖啡、吃食物等。

评香员在试验前应避免使用有气味的化妆品和洗涤剂，避免浓妆。试验前不能用有气味的肥皂或洗涤剂洗手。

(2) 理论知识培训。首先应该让评香员适当地了解嗅觉器官的功能原理、基本规律等，让他们知道可能造成嗅觉误差的因素，使其在进行评香试验时尽量地配合以避免不必要的误差。

香气的评价大体上也就是香料、香精的直接评价或加香物品的香气评价。因此，评香员还应在不断的学习中，了解香料、香精的基本知识和所有加香物品的生产过程、加香过程。

(3) 嗅觉的培训。在筛选评香员时，已对嗅觉进行了测试，选定合格的评香员就无需再进一步训练。应该让评香员进入实际的评香工作中，不断锻炼和积累，以提高其评香能力。

(4) 设计和使用描述性语言的培训。设计并统一香气描述性的文字，如香型、香韵、香气强度、香气像真度、香型的分类、香韵的分类等。反复让评香员试验不同类型香气并要求详细描述，这样可以进一步提高评香结果的统一性和准确性。

另外，可用数字来表示香气强度或两种香气的相近度等，例如，香气强度表示：

0＝不存在，1＝刚好可嗅到，2＝弱，3＝中等，4＝强，5＝很强。

四、评香试验环境

评香试验环境要求的原则是尽量远离一切有杂味的物品。因此，评香试验的场所最好远离香精、香料生产车间、加香车间、加香实验室、调香室、香料香精仓库及洗手间等。评香组织的场所应包括办公室、制样、分配室、单独评香室和集体评香室及其他附属部门，见图 6-4。

1. 办公室

评香表的设计、分类，评香结果的收集、处理以及整理成报告文件的场所，常用设备有办公椅、文件柜、电脑、书架、电话等。

2. 制样分配室

这里的制样分配室并非加香实验室，而是从加香实验室取来加香样品或预备进行评香的物品进行制样，如香精统一用棉花沾取一样的量分别置于瓶子中，盖上瓶盖，标上记号，再分配给每个评香员进行评香试验。

制样分配室与评香室相邻隔壁，要求之间的隔墙要尽量密闭，制样分配室在制样过程中会产生香气散发问题，要求分配室必须有换气设备，有些香气太浓烈的物品应在通风橱内操作，香气太强烈的物品需在分配室内放置较久时，应放在有通风设备的样品柜中。

3. 评香室

分为单独评香室和集体评香室。单独评香室分为几个单独评香间，每个评香间用隔板分开，各自具备有提

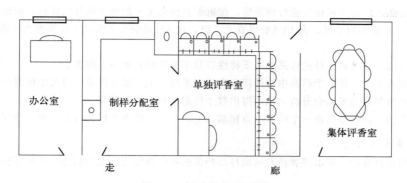

图 6-4　评香组织平面图

供样品间、问答表等的窗口；群体评香室可供数个评香员边交换意见，边评价香气品质，也可用于评香员与组织者一起讨论问题，评香员培训以及评香试验前的讲解。

评香室的装修应尽量营造一个舒适、轻松的环境，让评香员在没有压力情况下进行评香试验，从噪声、恒温恒湿、采光照明等方面考虑。这里要特别提出的是换气。评香室的环境必须无气味，一般用气体交换器和活性炭过滤器排除异味。如经常会有香料香精的直接评香，为了驱逐室内的香味物质，必须有相当能力的换气设备。以 1min 内可换室内容积 2 倍量空气的换气能力为最好。评香室的建筑材料必须无气味、易打扫，内部各种设施都应无气味，如外界空气污染较严重，必须设置外界空气的净化装置。

4．附属部分

如有条件的话，应另设更衣室、洗涤室等附属部分。有些特殊的加香物质评香试验，可根据需要附加其他部分。如卫生香、蚊香等加香产品需要点燃后才进行香气评定试验，可准备几间与一般房间空间大小相当的空房。评香试验时，在每个空房中分别同时点燃加香产品几分钟后，让评香员进入空房进行评香。

五、评香分析常用方法

评香分析的常用方法一般有以下三大类：差别评香、使用标准和类别的评香、分析或描述性评香。

1．差别评香

差别评香常用方法有：两点评香法，二、三点评香法，三点评香法，"A""非 A"评香法，五中取二评香法，选择评香法，配偶评香法，等等。

(1) 两点评香法。以随机的顺序同时出示两个样品给评香员，要求评香员对这两个样品进行比较，判定整个样品或某些特征顺序的评香方法。如两个样品让评香员选择哪个更有甜味或更有玫瑰花香，以及两个样品中哪个闻了最舒适。

(2) 二、三点评香法。先提供给评香员一个对照样品，接着提供两个样品，其中一个与对照样品相同。要求评香员挑选出与对照样品相同的样品。

(3) 三点评香法。同时提供三个编号样品，其中有两个是相同的，要求评香员挑选出其中单个样品。

(4) "A""非 A"评香法。先让评香员对样品"A"进行嗅闻记忆以后，再将一系列样品提供给评香员。样品中有"A"和"非 A"。要求评香员指出哪些是"A"，哪些是"非 A"。

(5) 五中取二评香法。同时提供给评香员五个以随机顺序排列的样品，其中两个是一种类型，另外三个是一种类型。要求评香员将这些样品按类型分成两组。

(6) 选择评香法。从 3 个以上的样品中，选择出一个最喜欢或最不喜欢的样品。

(7) 配偶评香法。把数个样品分成 2 群，逐个取出各群的样品，进行两两归类的方法。如评香员选择中嗅觉的等级测试。

2．使用标度和类别的评香

(1) 排序评香法。比较数个样品，按指定特性的强度或程度排定一系列样品的方法，如几个香精中，请评香员按香气强度强弱顺序排序。

（2）分类评香法。评香员对样品进行评香后，按组织者预先定义的类别划分出样品，如预先定义某个样品香气中若含有 20％的果香为 1 级，含 10％的果香为 2 级，含 5％果香为 3 级，不含果香为 4 级。请评香员将 4 个样品分级。

（3）评分评香法。要求评香员把样品的品质特性以数字标度形式来评香的方法。

（4）成对比较评香法。把数个样品中的任何 2 个分别组成一组，要求评香员对其中任意一组的 2 个样品进行评香，最后把所有组的结果综合分析，从而得出数个样品的相对评香结果。

（5）评估评香法。由评香员在一个或多个指标基础上，对一个或多个样品进行分类、排序的方法。

3. 分析或描述性评香

（1）简单的描述评香法。要求评香员对构成样品特征的各个指标进行定性描述，尽量完整地描述出样品品质的方法。

（2）定量描述评香法。要求评香员尽量完整地对形成样品感官特征的各个指标强度进行评价的方法。

以上数种评香方法，可根据评香试验目的和要求不同而选择。可能在评定一个物品时会使用数种评香方法，那样可以更全面地了解此物品的香气品质和特征。本书在此仅列简单方法介绍，详细介绍和评香结果的统计在此就不赘述。

第七节　各种产品的加香

一、食品的加香

食品、日用品的加香技术和加香量与一个国家或民族的物质文明和精神文明程度几乎成正比。不加香的食品未必就是好食品，但遗憾的是，由于目前我国仍处于改革开放过程之中，商业诚信基础极其脆弱，有鉴于国内经济发展情形、国民的需求和担忧，对食品的加香要求不得不制定比国外严厉的规定，2014 年中国国家卫生和计划生育委员会发布的《食品安全国家标准　食品添加剂使用标准》（GB 2760—2014）等食品安全国家标准，其中增加了食品用香料香精和食品工业用加工助剂的使用原则，规定发酵乳、灭菌乳、生鲜肉等食品不得添加食用香料香精，规定使用食品添加剂不得掩盖食品腐败变质、不得掩盖食品本身或者加工过程中的质量缺陷，不得以掺杂、掺假、伪造为目的而使用等。标准强调，在食品中使用食品用香料、香精的目的是使食品产生、改变或提高食品的风味。食品用香料一般配制成食品用香精后用于食品加香，部分也可直接用于食品加香。食品用香料、香精不包括只产生甜味、酸味或咸味的物质，也不包括增味剂。

不得添加食用香料、香精的食品名单是：巴氏杀菌乳，灭菌乳，发酵乳，稀奶油，植物油脂，动物油脂（猪油、牛油、鱼油和其他动物脂肪），无水黄油，无水乳脂，新鲜水果，新鲜蔬菜，冷冻蔬菜，新鲜食用菌和藻类，冷冻食用菌和藻类，原粮，大米，小麦粉，杂粮粉，食用淀粉，生、鲜肉，鲜水产，鲜蛋，食糖，蜂蜜，盐及代盐制品，婴幼儿配方食品（较大婴儿和幼儿配方食品中可以使用香兰素、乙基香兰素和香荚兰豆浸膏，最大使用量分别为 5mg/100mL、5mg/100mL 和按照生产需要适量使用，其中 100mL 以即食食品计，生产企业应按照冲调比例折算成配方食品中的使用量；婴幼儿谷类辅助食品中可以使用香兰素，最大使用量为 7mg/100g，其中 100g 以即食食品计，生产企业应按照冲调比例折算成谷类食品中的使用量；凡使用范围涵盖 0 至 6 个月婴幼儿配方食品不得添加任何食用香料），饮用天然矿泉水，饮用纯净水，其他饮用水，茶叶，咖啡。

除了以上食品外，其他食品目前是可以添加食用香料、香精的。

（一）家居食品的加香

家居食品就是烹调食品，家居食品使用的香料、香精主要就是家庭和菜馆厨房里常用的各种调味料。老百姓过生活"开门七件事：柴米油盐酱醋茶"，除了"柴"和"米"外，后面五件都在其中，现在已经包括了生姜、大蒜、葱、洋葱、辣椒、虾夷葱、韭菜、香菜（芫荽）、香芹、辣根、山葵、白松露菌、胡椒、花椒、干姜、辣椒、八角（大茴香）、丁香、月桂叶、肉桂、桂皮、陈皮、小茴香、柠檬叶、薄荷、香荚兰豆、豆蔻、九层塔（罗勒）、百里香、茶叶、迷迭香、薰衣草、鼠尾草、番红花（藏红花）、甘草、紫苏、芝麻、麻油、芝麻酱、花生酱、罂粟籽、芥末、兴渠、食茱萸、罗望子、玫瑰香水、石榴、香茅、五香粉、十三香、咖喱粉、七味粉、鸡精、味精、鸡粉、番茄酱、噫汁、卤水、蚝油、XO酱、HP酱、太太乐浓汤宝、辣鲜露、食盐、白糖、味精、醋、酱油、酱、鱼露、虾酱、豆豉、面豉、南乳、腐乳、豆瓣酱、味噌、料酒、味酥、酿造醋等。

烹调是指将可食性的动植物、菌类等原料进行粗细加工、热处理及科学地投放调味品等烹制菜肴的过程，是通过加热和调制，将加工、切配好的烹饪原料熟制成菜肴的操作过程，包含两个主要内容：一个是烹，另一个是调——烹就是对食物加热，把生的食物原料加热成熟食，使食物在加热过程中发生一系列的物理和化学变化，这些变化包括食物凝固、软化、溶解等；调就是调味，在食物加热过程中，同时加入所需调味品，使菜肴滋味可口，色泽诱人，形态美观。

烹调有许多方法，最常用的有炸、煮、炒、煎、煨、炖及烤等。不同的烹调方法，加入不同的调味料，即使是同一种菜，也可做出多种味道不同的菜肴来。

好的食品应该是"色香味形质"皆好，烹调就是为了让食物尽量达到这"五好"，满足人们的食欲。

随着科技的进步、人们生活质量的提高、中西方烹调方法的交流融汇、年轻人口味的变化，厨房用品、工具开始变得琳琅满目，各种甜味香精、咸味香精也都在慢慢变成家用"调味料"，逐渐成为新式烹调的材料了。食品调香师、评香师和加香实验师今后在这方面大有作为。

调味的意义和方法主要有以下几点。

1. 调味的作用

（1）确定滋味。调味最重要的作用是确定菜肴的滋味。能否给菜肴准确恰当定味并从而体现出菜系的独特风味，显示了一位烹调师的调味技术水平。

对于同一种原料，可以使用不同的调味品烹制成多样化口味的菜品。如同是鱼片，佐以糖醋汁，出来是糖醋鱼片；佐以咸鲜味的特制奶汤，出来是白汁鱼片；佐以酸辣味调料，出来是酸辣鱼片。

对于大致相同的调味品，由于用料多少不同，或烹调中下调料的方式、时机、火候、油温等不同，可以调出不同的风味。例如都使用盐、酱油、糖、醋、味精、料酒、水豆粉、葱、姜、蒜、泡辣椒作调味料，既可以调成酸甜适口微咸但口感先酸后甜的荔枝味，也可以调成酸甜咸辣四味兼备而葱姜蒜香突出的鱼香味。

（2）去除异味。所谓异味，是指某些原料本身具有使人感到厌烦、影响食欲的特殊味道。

原料中的牛羊肉有较重的膻味，鱼虾蟹等水产品和禽畜内脏有较重的腥味，有些干货原料有较重的臊味，有些蔬菜瓜果有苦涩味……这些异味虽然在烹调前的加工中已解决了一部分，但往往不能根除干净，还要靠调味中加相应的调料，如酒、醋、葱、姜、香料等，来有效地抵消和矫正这些异味。

（3）减轻烈味。有些原料，如辣椒、韭菜、芹菜等具有自己特有的强烈气味，适时适量加入调味品可以冲淡或综合其强烈气味，使之更加适口和协调。如辣椒中加入盐、醋就可以减轻辣味。

（4）增加鲜味。有些原料，如熊掌、海参、燕窝等本身淡而无味，需要用特制清汤、特制奶汤或鲜汤来"煨"制，才能入味增鲜；有的原料如凉粉、豆腐、粉条之类，则完全靠调料调味，才能成为美味佳肴。

（5）调合滋味。一味菜品中的各种辅料，有的滋味较浓，有的滋味较淡，通过调味实现互相配合、相辅相成。如土豆烧牛肉，牛肉浓烈的滋味被味淡的土豆吸收，土豆与牛肉的味道都得到充分发挥，成菜更加可口。菜中这种调合滋味的实例很多，如魔芋烧鸭、大蒜肥肠、白果烧鸡等。

（6）美化色彩。有些调料在调味的同时，赋以菜肴特有的色泽。如用酱油、糖色调味，使菜肴增添金红色泽，用芥末、咖喱汁调味可使菜肴色泽鲜黄，用番茄酱调味能使菜肴呈现玫瑰色，用冰糖调味使菜肴变得透亮晶莹。

2. 调味的阶段

（1）原料加热前调味。调味的第一个阶段是原料加热前的调味，即菜中的码味，使原料下锅前先有一个基本滋味，并消除原料的腥膻气味，例如下锅前，先把鱼用盐、味精、料酒浸渍一下。有一些炸、熘、爆、炒的原料，结合码芡加入一些调味品，许多蒸菜都在上笼蒸前一次调好味。

（2）原料加热过程中的调味。调味的第二个阶段是在原料加热过程中的调味，即在加热过程中的适当时候，按菜肴的要求加入各种调味品，这是决定菜肴滋味的定型调味。如菜中的兑滋汁，就是在加热过程中调味的一种方法。

（3）原料加热后的调味。调味的第三阶段是原料加热后的调味，属于辅助性调味，借以增加菜肴的滋味。有些菜肴，如锅巴肉片、脆皮全鱼等，虽在加热前、加热中进行了调味，但仍未最后定味，需在起锅上菜后，将随菜上桌的糖醋汁淋裹在主料上。在菜中，炸、烧、烤、干蒸一类菜肴常在加热装盘后，用兑好调料的滋味汁单独下锅制成二流芡浇淋在菜肴上；煮、炖、烫一类菜肴一般调制味碟随菜上桌蘸用；而各种凉拌菜则几乎全都是在加热烹制或氽水后拌合调料的，如用事先调好的滋味汁浇淋在菜上，或调制味碟随菜上桌。

3. 调味的原则

（1）定味准确、主次分明。一味菜品，如果调味不准或主味不突出，就失去风味特点。只有按所制菜肴的标准口味，恰当投放各种调味品，才能味道准确且主次分明。

例如川菜虽然味型复杂多变，但各种味型都有一个共同的要求，就是讲究用料恰如其分、味觉层次分明。同样是咸鲜味菜品，开水白菜是味咸鲜以清淡见称，而奶汤海参则是味咸鲜而以醇厚见长。再如同样用糖、醋、盐作基本调料，糖醋味一入口就感觉明显甜酸而咸味淡弱，而荔枝味则给人酸、甜、咸并重，且次序上是先酸后甜的感觉。川菜中的怪味鸡丝使用 12 种调味品，比例恰当而互不压抑，吃起来感觉各种味反复起伏、味中有味，如同听大合唱，既要清楚听到男女高低各声部，又有整体平衡的和声效果，怪味中的"怪"字令人玩味。

（2）因料施味、适当处理。即是依据菜肴中主辅料本身不同性质施加调味品，以扬长抑短、提味增鲜。

对新鲜的原料，要保持其本身的鲜味，调味品起辅助使用，本味不能被调味品的味所掩盖。特别是新鲜的鸡、鸭、鱼、虾、蔬菜等，调味品的味均不宜太重，即不宜太咸、太甜、太辣或太酸。

带有腥气味的原料，要酌情加入去腥解腻的调味品。如烹制鱼、虾、牛羊肉、内脏等，在调味时就应加酒、醋、糖、葱、姜之类的调味品，以解除其腥味。

对本身无显著滋味或本味淡薄的原料，调味起增加滋味的主要作用。如鱼翅、燕窝等，要多加鲜汤和必需的调味品来提鲜。

一些颜色浅淡、味道鲜香的原料，最好使用无色或色淡的调料且调味较轻，如清炒虾、清汤鱼糕等菜肴，只放少量的盐和味精，使菜品有"天然去雕饰"的自然美。

此外，应根据季节变化适当调节菜肴口味和颜色。人们的口味，往往随季节的变化而变化，在天气炎热的时候，口味要清淡，颜色要清爽；在寒冷的季节，口味要浓，颜色要深些。还要根据进餐者的口味和菜肴多少投放调味品，在一般的情况下，宴会菜肴多口味宜偏轻一些，而便餐菜肴少则口味宜重一些。

调制咸鲜味，主要用盐，某些时候，可以适当加一些味精，但千万别太靠味精增鲜。因不同菜肴的风味需要，也可以加酱油、白糖、香油及姜、椒盐、胡椒调制，但一定要明白糖只起增鲜作用，要控制用量，不能让人明显地感觉到放了甜味调料；香油亦仅仅是为了增香，若用量过头，也会适得其反的。应用范围是以动物肉类、家禽、家畜内脏及蔬菜、豆制品、禽蛋等为原料的菜肴。如：开水白菜、鸡豆花、鸽蛋燕菜、白汁鱼肚卷、白汁鱼唇、鲜熘鸡丝、白油肝片、盐水鸭脯等。

一般制作牛肉风味除特殊香韵需加葱、蒜、姜、黑胡椒、青椒、辣椒之外，选择辛香料烘托主香、平衡香气，贯通香与味，是十分关键的，常用的辛香料有：黑胡椒、肉豆蔻、草果、芫荽、众香子、陈皮、孜然、小茴香、花椒等。

一般制作猪肉、排骨风味除葱、蒜、姜等之外，常用的辛香料有：大茴香、花椒、丁香、桂皮、鼠尾草、甘牛至、肉豆蔻等。

一般制作海鲜类风味食品常用的辛香料有：白豆蔻、生姜、白胡椒、莳萝、小茴香、花椒、月桂叶等。

中国菜不但有地域的差异，民族、宗教、风俗语习惯的差异，而且在饮食文化特点上习惯百菜百味，在辛香料及各种食品原料的使用上个性发挥，不属于标准化，所以就"红烧牛肉"一个品种，几百家不同的厂家在风味上各有差异，各有各的独到之处。中式菜肴讲求"五味调和，百味生"，"善于用香，精于和味"，力求做到：香与味的和谐统一，使香为味的表现，使味是香的基础。利用辛香料作为风味剂能调出各式风格不同的香韵与香型。

（二）方便食品的加香

方便食品就是快速食品，是指以米、面、杂粮等粮食为主要原料加工制成，只需简单烹制即可作为主食的，具有食用简便、携带方便、易于储藏等特点的食品制造。种类很多，大致可分成以下四种。

1. 即食食品

如各种糕点、面包、馒头、油饼、麻花、汤圆、饺子、馄饨等，这类食品通常买来后就可食用，而且各具特色。

2. 速冻食品

速冻食品是把各种食物事先烹调好，然后放入容器中迅速冷冻，稍经加热后就可食用。

3. 干的或粉状方便食品

这些食品像方便面、方便米粉、方便米饭、方便饮料或调料、速溶奶粉等通过加水泡或开水冲调也可立即食用。

4. 罐头食品

即指用薄膜代替金属及玻璃瓶装的一种罐头。这种食品较好地保持了食品的原有风味，体积小，重量轻，卫生方便，只是价格稍高。

另外，还有一部分半成品食品，也算是方便食品。

5. 方便菜肴

是指将中式菜品经过工艺改进批量生产，之后定量包装、速冻的方便菜品，水浴加热开袋即食。它继承了传统烹饪工艺的色香味，满足了快节奏生活对美味的需求。

随着中国经济的迅速发展，尤其是生活节奏的加快促使着人们改变了传统的生活方式，人们越来越不愿意在厨房里多花时间，新一代的消费群体在不断壮大，使方便食品越来越保持良好的增长势头。

方便食品得到发展的主要原因是：除了便宜、方便外，卫生、营养、口感也是消费者考虑的重要因素，方便食品正随着人们的需求变化而不断变化着。

目前国内以菜肴为主要内容的新型方便食品，将中华传统美食的"色、香、味、型"四大要素延伸到方便食品中，使得方便食品市场已进入一个新的发展阶段，全国市场上方便菜肴式品种约有250种之多，方便食品正随着人们的需求变化而不断变化着。

从目前来看，我国方便食品行业在收入上仅占食品制造业的16%，而从国内贸易局中华商业信息中心每月公布的全国16种连锁商业食品销售排行榜来看，仅方便食品就占了七种。北京、上海、广州等大城市最新调查统计显示，方便食品销售年增长率连续几年保持在8%～10%。方便食品消费很大程度上是与"旅游热"的兴起有关，通过有关市场调查机构对10000家超市、商场和便利店调查，方便食品的销售量和销售额已位居所有销售商品的前茅，我国的方便食品加工业尚处于成长阶段，方便食品市场有着巨大的发展潜力，方便食品将占我国食品市场的大半江山。

说到方便食品，就不能不提到日本的方便食品。我们都知道，方便面的创始人就是日本人，同时方便饭也是日本的专利。日本的方便食品生产量也一直高居世界第一。在日本，方便食品占到了总食品量的95%！这比欧美国家还要高。

方便食品加香主要用的是复合调味料，复合调味料是指用两种或两种以上的调味品配制，经特殊加工而成的调味料。

一般可分为：

1. 固态复合调味料

以两种或两种以上的调味品为主要原料，添加或不添加辅料，加工而成的呈固态的复合调味料。

（1）鸡精调味料。以味精、食用盐、鸡肉或鸡骨的粉末或其浓缩抽提物、呈味核苷酸二钠及其他辅料为原料，添加或不添加香辛料和/或食用香料等增香剂，经混合干燥加工而成，具有鸡的鲜味和香味的复合调味料。

（2）鸡粉调味料。以食用盐、味精、鸡肉或鸡骨的粉末或其浓缩抽提物、呈味核苷酸二钠及其他辅料为原料，添加或不添加香辛料和/或食用香料等增香剂，经混合加工而成，具有鸡的浓郁香味和鲜美滋味的复合调味料。

（3）牛肉粉调味料。以牛肉粉末或其浓缩抽提物、味精、食用盐及其他辅料为原料，添加或不添加香辛料和/或食用香料等增香剂，经加工而成的具有牛肉鲜味和香味的复合调味料。

（4）排骨粉调味料。以猪排骨或猪肉的浓缩抽提物、味精、食用盐、糖和面粉为主要原料，添加香辛料、呈味核苷酸二钠等其他辅料，经混合干燥加工而成，具有排骨鲜味和香味的复合调味料。

（5）海鲜粉调味料。以海产鱼、虾、贝类的粉末或其浓缩抽提物、味精、食用盐及其他辅料为原料，添加或不添加香辛料和/或食用香料等增香剂，经加工而成的具有海鲜香味和鲜美滋味的复合调味料。

（6）其他固态复合调味料。

2. 液态复合调味料

以两种或两种以上的调味品为主要原料，添加或不添加其他辅料，加工而成的呈液态的复合调味料。

（1）鸡汁调味料。以磨碎的鸡肉/鸡骨或其浓缩抽提物以及其他辅料等为原料，添加或不添加香辛料和/或食用香料等增香剂，加工而成的，具有鸡的浓郁鲜味和香味的汁状复合调味料。

（2）糟卤。以稻米为原料制成黄酒糟，添加适量香料进行陈酿，制成香糟；然后萃取糟汁，添加黄酒、食盐等，经配制后过滤而成的汁液。

3. 复合调味酱

以两种或两种以上的调味品为主要原料，添加或不添加其他辅料，加工而成的呈酱状的复合调味料。

（1）风味酱。以肉类、鱼类、贝类、果蔬、植物油、香辛调味料、食品添加剂和其他辅料配合制成的具有某种风味的调味酱。

（2）沙拉酱。西式调味品。以植物油、酸性配料（食醋、酸味剂）等为主料，辅以变性淀粉、甜味剂、食盐、香料、乳化剂、增稠剂等配料，经混合搅拌、乳化均质制成的酸味半固体乳化调味酱。

（3）蛋黄酱。西式调味品。以植物油、酸性配料（食醋、酸味剂）、蛋黄为主料，辅以变性淀粉、甜味剂、食盐、香料、乳化剂、增稠剂等配料，经混合搅拌、乳化均质制成的酸味半固体乳化调味酱。

（4）其他复合调味酱。

复合调味料发展趋势如下：

随着餐饮业和食品加工业的繁荣，调味料行业正以前所未有的速度在发展，呈现出空前繁荣的景象。中国调味料市场经过几轮的行业整合和国内、国际资本整合之后，已经从一个相对滞后的行业，大跨越地转型为激烈的市场竞争行业。当人们从单一的味精鲜调，到普遍接纳鸡精之后，新一代的复合调味料其实已经悄然兴起了，这就是鸡粉、牛肉粉、排骨粉、海鲜粉、蘑菇精以及鸡汁等以增味剂为基础的增鲜产品。

目前，国外复合调味料对传统调味料替代率已达到60％以上，我国复合调味料的年产量约为200万吨，已成为食品行业新的经济增长点，且正以每年超过20％的幅度增长，成为食品制造业中增长最快的行业之一。

复合调味料则以新鲜植物（如蘑菇）和动物肉类（如鸡肉、牛肉、猪肉、海鲜）为原料，再配以盐、糖、香辛料、核苷酸等多种物质复合而成，具有更多元、更强的鲜味，所以在调味的鲜美度上自然比口味单调味精更胜一筹。尤其是餐饮专用的复合调味料、休闲食品特色调味料、简单便捷的家庭用调味料，将成为复合调味品中最受市场欢迎的大类产品。

复合调味料快速发展的原因有以下几点：

1. 快速发展的餐饮业需求

肯德基、麦当劳、必胜客等"洋快餐"的大量涌入，促使餐饮后厨化进程加快，带动蘸料等快速上市。

火锅等长足发展，带动了鸡精复合调味料、汤精、汤粉、鸡粉等快速发展。火锅系列发展呈现出芝麻油香精、高汤粉、鲜香宝等新产品。

卤菜行业的快速发展呈现出卤菜增香粉、卤菜增香汁等。

从鸡精调味料等的市场占有量不难看出，快速发展的餐饮业是当今复合调味料的最主要需求行业。

2. 食品加工专业化需求

主要是以下几个方面的需求导致复合调味料的深度研发：

（1）方便食品的快速发展。目前有很多复合调味料生产厂家的主要职责就是为方便面厂家配套生产而实现复合调味料的研发。

（2）肉制品的快速发展。肉制品的快速发展也带来了一些专业为肉制品加工的复合调味料，如香肠腊肉调味料的畅销就是个证明。

（3）膨化及其小食品的快速发展。土豆片专用麻辣味调味料、烤肉味调味料等，薯片调味料、土豆掉渣调味料等。

3. 家庭简捷化需求

当今居民对快节奏的家庭用复合调味料呈上升态势。主要有以下几方面：

（1）汤料系列。玉米羹、酸辣汤、胡辣汤、黑胡椒酸辣汤等，这些是因家庭需求而出现的快捷方便汤料，只要 3min 即可得到 3～4 份汤，总计在 600mL 左右，多数只需要添加一个鸡蛋即可。

（2）炸鸡料。系列炸鸡配料非常之多，这系列产品高标准的要求是：肉的外皮较脆，肉质较嫩，口感较好，香味扑鼻，炸后的鳞片比较好看且均匀分布、不容易掉，色泽比较好看。这样的炸鸡粉很受消费者的欢迎。

（3）烧菜料。如鱼香肉丝调味料、麻辣鱼调料、香水鱼调料、麻婆鱼调料等。这些复合调味料的品种非常丰富，需求也在不断上升。

（4）出口的需求。如块状复合调味料（汤块），该产品已经形成系列：（按口味不同分类）鸡味汤块、牛肉味汤块、鱼味汤块、虾味汤块、羊肉味汤块、洋葱味汤块、番茄味汤块、胡椒味汤块、咖喱味汤块、茄子味汤块等，产品主要面对非洲、亚洲、大洋洲、欧洲、美洲等国家，目前产品供不应求。

复合调味料产生的原因是人们饮食消费档次的提高，是人们追求口味多样化、使用方便快捷化的结果。因为传统以及提纯型调味品在味道的表现力上是有局限性的，它们只能在某种味道的表现上起协调作用，一般不能指望用某种单一的调味品完成对某种食物的调味。

复合调味食品被消费者认可的主要原因是使用复合调味料后产生的肉香特征。

对于复合调味食品而言，其肉香体现如下：

1. 复合调味食品具有纯肉香的特点

复合调味食品的肉香风味是人们饮食所接受的风味，它接近于自然，风味特色较明显，其主要特点是：

（1）传统菜肴或传统小吃等流传下来的风味。如葱清香肉风味、葱白香肉风味、椒香肉风味、蒜香肉风味、姜香肉风味等。味道比较逼真、醇厚，头香较淡。

（2）复合调味精品的肉香风味往往是复合的，而不是单一的风味，其肉香比较饱满，回味无穷。

（3）日常生活中比较熟悉的肉香风味容易被消费者接受，特色风味比较容易创新复合调味料精品，也会诞生很多新的食用方法和创造新风味。

2. 复合调味料的研发不可缺少肉香风味

复合调味食品没有肉香，就没有其特色，风味相当平淡。如鸡精调味料肉香风味的好坏，会直接影响菜肴的整体风味。

复合调味精品不可缺少特色的肉香风味，特色的肉香风味也是消费者认同的关键原因，特色的肉香来源于特殊的复合调味料。

复合调味料的研发离不开高品质肉香风味化原料，研发高品质的风味化原料成为咸味香精研发所不得不下功夫的必然趋势。

复合调味食品核心特征的实现可归因于以下几点：

1. 咸味香精精品或新品发挥很大的作用

工业时代与便捷时代丢弃了很多传统的饮食工艺，让人失去很多美味。比如回锅肉，现在的回锅肉为什么很多人会感觉已经没有 20 年前好吃了，因为现在的猪肉已经不再是 20 年前的猪肉了，通过天然的原味的复合调味料来弥补这些食品的美味与营养，是复合调味料加香发展的一个方向。

复合调味料加香的核心部分是咸味香精，同质化的咸味香精研发的复合调味料大同小异，这样的产品在市场上没有竞争力。

咸味香精之中尤其是精品香精或者新品在复合调味料研发之中发挥了很大的作用。没有咸味香精的精品就没有高品质的复合调味料，也就没有高品质的复合调味食品。

2. 复合调味料的加香技术

（1）传统技术。以发酵产品为主体原料——这类产品是以发酵的酱油、豆酱、面酱为底料，辅以白砂糖、食盐、味精、增稠剂等调配而成；在市场上有柱侯调味酱、海鲜调味酱、排骨调味酱、卤水汁、烧烤汁、豉油鸡汁等。

以肉类抽取物为主体原料——这类产品是以猪肉、鸡肉、牛肉等禽类抽取物为主体原料，辅以食盐、味精、增稠剂、乳化剂等调配而成，在市场上有鸡精、鸡粉、排骨调味粉、浓缩鸡汁、鸡汤等。

以海鲜或其抽取物为主要原料——这类产品以水产的虾、鱼、贝类的粉末或其抽取物、食盐及其他辅料调配而成，在市场上有沙茶酱、沙爹酱、浓缩海鲜汁。

（2）微生物发酵技术。利用食品级微生物发酵技术，获得天然、安全的鲜味食品调味配料，替代化学合成产品，实现"味料同源"技术创新理念，以肉骨蛋白抽提物为基料，借助食品原料来源的呈味核苷酸等成分，通过各种风味成分协同作用，使产品肉风味具有浓郁、醇厚、回味绵长、持久等特点，大幅提高了产品整体风味水平。

（3）新型抽提技术。花溪牛肉米线上百年来一直是西南地区鼎鼎有名的美食，影响力很大，可谓是家喻户晓。但传统的花溪牛肉米线，秘密不在于牛肉，令它美味无比的在于其汤，传统的花溪牛肉米线制作的汤品并不是牛肉汤，而是骨头汤，是牛骨头、猪骨头与鸡骨架复合熬制的汤品，辅以植物香辛料。鲜骨提取物香度自然浓郁，调味效果好，而且鲜骨富含钙质，容易被人体吸收；如果能用不同类的鲜骨，按照科学配比进行复合，辅以一些植物香辛料，再以现代增鲜增香技术精制，将是一种全新的天然营养型复合调味料。

（三）烘焙食品的加香

现代人生活节奏的加快和工业化的规模生产，使烘焙食品趋于携带方便化、品种丰富化、口味多样化。市场需求的不断变化和快速发展也给食用香精生产企业提供了新的机遇和市场空间。在烘焙食品的生产过程中，考虑到其不同的生产工艺和特殊的操作方式的要求，对食用香精的选用一直有其特殊的要求和使用目的。

1. 烘焙食品加香的意义

烘焙食品的加香同其他食品的加香一样，对整个烘焙食品有着举足轻重的作用。

（1）赋予烘焙食品以诱人的香气。例如夹心面包、饼干中使用的果香型香精可以赋予制品新鲜的水果风味；

（2）掩盖原料中的不良气味，矫正和补充烘焙食品中的香气不足。例如在蛋糕中使用各种乳脂香型的烘焙香粉可以掩盖蛋腥味，给制品带来愉快的气味，增加食欲；

（3）稳定和辅助烘焙食品固有的香气。例如巧克力饼干中加入巧克力、香草等香精可以使巧克力饼干香气更加饱满、圆润；

（4）用来不断创造出新产品，做到口味多样化。例如通过不同风味色泽的色香油，调制出不同风味的奶油蛋糕。

2. 烘焙食品的加香方式

烘焙食品传统的风味形成是基于其特殊工艺加工过程所产生的浓郁香味，以此作为烘焙食品的基本风味呈现，再借助于天然食品原料呈香剂（如从各种天然植物的花、果、叶、茎、根皮或动物的分泌物中提取出来的致香物质），进一步烘托出烘焙食品的基本风味，强化某种原料的特色诱人风味。如香肠乳酪、洋葱热狗、粟米火腿、肉松芝士条、奶酪肉松杯、葱香奶油、水果比萨等面包、饼干产品，无一不是利用了天然食品原料中洋葱、乳酪、玉米等特有的风味特点。随着烘焙食品的工业化生产，根据烘焙食品的生产工艺和产品特性要求的不同，更多有助于产生诱人风味的加香方式被不断演绎出来。

（1）在调制面团时的预混合阶段加香。出于操作方便和传统习惯双重因素考虑，几乎所有的烘焙食品都会考虑在此阶段添加风味物质，直接与面粉及其他辅料混合。由于在面团成型后要经过200℃以上的高温烘烤，有些产品还要经过发酵过程，这个阶段的加香需要考虑的因素相对较多，因而对香精的要求也较高。所以此阶段的加香多选用一些稳定性好、具有耐高温特点的微胶囊类、天然精油类风味物质。随着食品配料业的快速发展，越来越多的烘焙产品生产厂家逐渐推行使用已加入香精的各种预拌粉，这样不仅简化生产工艺，提高生产效率，而且还可以降低采购成本。

（2）在发酵后烘烤前阶段加香。面团分割成型、醒发完成后，在进入烘烤阶段前，可通过表面撒粉、刷液、喷淋、涂抹等处理，然后再进入烘烤阶段。这个阶段的加香不必顾虑打面、分割、成型、醒发等长时间操作过程所导致的风味挥发损失，但需考虑有些产品长达半小时 200℃ 的耐高温性能。所以在选用香精时也必须考虑到香精的耐高温性能，一般选用易于分散，没有凝冻、沉淀等不良现象的油溶性或者粉末香精，确保香气能够均匀分布于饼胚的表面。

（3）在烘烤出炉后阶段加香。即在产品烘烤出炉后经过喷油工序进行风味强化。如饼干在出炉后，以液体油脂为载体，将香精或香料溶于其中再喷洒于饼干的表面。这种方式可以避免高温烘烤，能够有效地保留香精的风味，方便生产和使用。但是这种加香方式也不能完全避免受热损失，因刚出炉的烘烤食品，仍有较高的表面温度，因此仍需选用耐高温香精。

（4）在夹心、涂饰工艺段加香。这种方法适用于夹心饼干、各种卷式夹心蛋糕、注心蛋糕及涂饰蛋类芯饼、派类等，需要在饼干单片之间或蛋糕卷层之间夹入馅料，有些还要进一步进行表面涂衣。将易分散的香精、香料与糖、油脂、乳制品、果酱、饴糖等均匀混合在一起，然后经夹心机或人手加工，将夹心馅料固定在饼干单片之间。还可进一步调配出涂衣层涂布于产品的外层，使最终产品获得更多口感的同时，也收获更多的风味。此工艺阶段的加香多用于冷加工食品，对香精的要求不是很高，一般水油两用香精就可以达到要求。

（5）在售前阶段加香。此类加香方式也多用于冷加工产品，同上述的夹心、涂饰方式所不同的是，香精呈现的载体不同，终产品的保质期也比较短。如裱花蛋糕、花式面包等，在烘烤或冷却后的蛋糕、面包等胚体的表面、中间或内部，利用奶油、果酱、果膏、果馅等进行售前装点修饰，创造出不同的风味、造型和口感。这类加香方式不需要耐高温，多为水果风味并兼有绚丽的水果色泽，通常会借助于已经成熟的烘焙辅助原料，色香油、果酱、果膏、果馅等来体现色、香、味的效果，比如借助于色香油获得不同风味色泽的奶油于蛋糕表面进行裱花处理，达到加香调色的目的。

3．烘焙食品的香精选择

（1）液体香精。水溶性香精主要用于蛋糕裱花、饼干夹心等加工温度较低或冷加工的产品中，一般以水果风味占主导地位。油溶性香精耐高温，不易挥发，留香时间较长，主要适用于较高温度的烘焙产品。耐高温、滋味型的乳化香精，用于打粉既能提供目标香型的表香，又能协同提供部分滋味感，可很好地带出天然风味底料的滋味。水油两用香精是一种既亲水又亲油的香精，能耐一定高温，留香时间较油质香精稍短，但由于价格一般较低，受一些中低端产品的青睐，在饼干或各式休闲食品的表面喷洒着味的产品生产中被广泛使用。而一些不耐高温、表香型的奶香精，用于饼表面的喷洒，可简单低成本地提供奶表香，但人们的嗅觉迟钝性会影响其持久性地提供奶香气。

（2）粉末香精。粉末香精是以油溶性香精经糊精等载体类物质吸附、包埋或混合而制成的一类为避免香精受高温逸失、留香时间较长的一种香精。尤其是微胶囊类香精，通过特殊工艺和选材能将液体香精包埋到微小、半透性或封闭的胶囊内，将液体香精变成流散性良好的固体粉末，从而使内容物在特定的条件下以可控的速度释放；并能够防止光、热、氧等导致香精的损失和变质，降低挥发性，有效隔离活性成分，掩盖不良风味，延长风味滞留期，因非常适合烘焙食品的工艺特性要求和物料系统组分，其使用的便利性，得以在应用方面迅速增长。另外此类香精也常借助于（乙基）香兰素、（乙基）麦芽酚等提香元素被大量调配成各种风味特色的烘焙香粉，在烘焙食品及其他相关食品中得以广泛应用，不但有甜味、咸味、肉香味、醇香味等的特殊风味配料在焙烤类食品中也屡见不鲜。

（3）天然香料。天然香料是指通过物理方法，从自然界的动植物（香料）中提取出来的完全天然物质。通常可获得天然香味物质的载体有动物器官，植物的根、茎、叶、皮、花、果及种子等，其提取方法有萃取、蒸馏、顶空捕集、浓缩等。因提取的产品具有天然纯正、风味完整、香气持久、安全性高等优点，在烘焙产品中底香、留香效果好，能够很好地与烘焙食品中用到的各种原辅材料和发酵、烘烤等生香工艺相融合并协同增效，最终使烘焙产品在保质期内香味持久、稳定、厚实。这类风味物质虽然价格高，有的品种每千克达数百元，但由于食用方便，能够简化各种生产工艺，越来越受到许多注重口感和滋味感的品牌生产厂家的关注，目前多在一些预拌粉、风味油脂等产品中得到广泛应用。

（4）生物香精。生物香精多采用大宗谷物、牛奶等天然原料通过酶解或发酵等组合生物技术将香味物质按组分释放，经纯化、富集、修饰和微胶囊包埋，制成高度浓缩、风味纯正的天然风味强化基料，能够最大化保留风味的天然、营养，自然逼真、柔和圆润，在使用过程中具有相当高的安全性。

4．香精使用注意事项

以上香精在选择和应用时，除本身的溶剂、载体、储存环境、光照、氧化、用量控制等因素会影响到最终的使用效果外，还要掌握它们自身的物理和化学性质与整个烘焙产品配方、口感、滋味的一致性，以求得香型的协调、和谐和完美；同时还要避免用量少而香味不突出，而大量使用给产品带来不良异味和成本压力。总之，使用香精时要考虑到以下几个因素对烘焙食品的影响。

（1）高温烘烤。要求所使用的香精、香料有较高的沸点，在高温条件下挥发损失少，以确保经高温烘烤后仍有足够的香气。如果调制面团需要较长时间时（如制作面包），还应注意选择加入的适当时间，尽量减少香料在调制过程中的挥发。

（2）香气成分之间的化学反应。香精化合物可能含有几十种不同的化学物质，并带有大量的活性基团，不但各组分之间可能会发生反应，烘焙食品的发酵过程也会产生大量的独特香气物质，若组合不当，各组分不能稳定地存在于统一食品系统中，就会影响到香气的正常发挥，或达不到理想的香气效果。

（3）食品质构与酸碱度。烘焙食品的质构对香气的释放和香味效果有一定影响，尤其是对滋味的感觉。另外面糊或面团的酸碱度（pH 值）对产品的加香效果也有不同影响。如香精在弱酸性条件下，香气会很好地挥发，而在碱性条件下，则不但会影响到产品的色香味等，还会导致香气成分的变化或降低香味。所以在投放香精时应尽量避免和有关碱性产品的直接接触，尤其是在使用化学疏松剂的蛋糕、饼干等烘焙产品中，要尽量避免香精与小苏打的直接混合。

（4）香精的溶剂或载体的选用。香味物质仅占大多数香精的 10%～20%，其他部分都是由液态或粉态的载体来填充或稳定体系。有些溶剂或载体会弱化面团的面筋网络结构，在面包制作时，虽然面团的流变性会有所改善，但也易导致粘手、粘机，使制作出的面包成品外观形状扁塌、内部结构粗糙。有些溶剂或载体则有助于烘烤时的美拉德反应和焦糖化反应，不但使制品表皮色泽均匀诱人富有光泽性，还能缩短烘烤时间、加速生产流程而节约能耗。

总之，烘焙食品所用到的香精香料除要求香气满意之外，更追求热稳定性留香性好、滋味感强。在给烘焙食品加香时，根据消费者的年龄层次和口味嗜好等特点，结合烘焙食品制作的不同生产工艺，对不同口味的烘焙产品进行针对性的加香，做到选用适当的香精类型、讲究方法、技巧以及加入时间，用量适中就可获得逼真、良好、愉快的香气，使产品香飘四逸，令消费者回味无穷。

（四）糖果类的加香

由于香精、香料必须在冷却盘中的糖稍微冷却后，尚有可塑性时加入，这时糖的温度约为 100℃，所以必须选用那些挥发性低的，在受热时不会发生臭味、异味的香精、香料，并且尽可能缩短香精、香料停留在糖表面的时间，迅速地把香精、香料拌入糖中并混匀。在通常情况下使用油质香精香料，加香率也较高，一般加香率为 0.2%～0.4% 之间。香气种类一般以水果为主，但其他类型香气也适用，如薄荷、果仁、咖啡、红茶以及洋酒等，品种非常广泛。

（1）奶糖。把砂糖、麦芽糖、炼乳、油脂、乳化剂等混合后，在 120℃ 下熬煮到含水分 8%～10% 左右。在熬糖过程中发生的焦糖化反应和美拉德反应都产生焦糖香气，加入香精香料后放入冷却盘中冷却、成形、切块，制造过程见图 6-5。

香精或香料

主要原料 → 混合 → 熬煮 → 冷却盘 → 碾压 → 切块 → 包装

图 6-5 奶糖的工业制造过程

温度过低时加入香精或香料混合会促使砂糖结晶化，在奶糖质地方面造成很大的缺陷，所以必须在 100℃ 左右的高温下加入香精、香料，因此要求香精、香料的耐热性能好，一般使用油质香精或香料。奶糖中所用的香精或香料主要是以油树脂为主体的香荚兰豆香精和牛奶香精。有时配合使用柠檬、香橙等柑橘类香精。在软型奶糖中含有多量黄油等乳制品，为了加强乳制品香气，除了加入香草香精外还可加入奶油香精和黄油香精。其他风味奶糖可以加入和原料相称的巧克力、咖啡、果仁、水果等各种香精。

（2）澄清型透明水果糖要求在原料呈流动的液体状态时用简单的混合方法加入香精，所以香精必须能经受 140℃ 的高温，即对于耐热性能的要求比水果糖更高，而且要求香精有良好的溶解、扩散性，因此必须在经过充分的设计和实验的基础上选用合适的香精。

（3）高级糖果在原料、形态上容易研制出新的花色品种，商品的附加值高，对厂家来说有利可图，对研制人员来说，可以充分发挥自己的才智、能力。从使用的香精来看，种类和形态上灵活运用的范围非常广泛，并且逐渐更多地采用天然香料、含酶香精、咸香型香精等新的技术。

（4）胶冻类糖果是用琼脂、果胶等制成的果冻、胶质软糖。凝胶的形成能力因胶化剂的种类而异，糖度在50%～85%范围内，熬煮的最高温度不超过105℃，加入香精时基本原料的温度为85℃，对于糖果来说这是比较低的加香温度。

这类食品分为鲜胶冻和干胶冻两种。鲜胶冻是指在容器中凝胶后一直到消费者食用前，一直保持在低温状态的果冻等冷食，所用的香精一般与清凉饮料、冷食相同，用水质香精等。干胶冻是指液体倒入撒有淀粉的模型或浅盘中冷却凝胶后，经过干燥工序制成胶质状的软糖等食品。在干燥过程中会造成香气损失。

在制造干胶冻类食品时，因对香精的溶解性、香气、香质等方面的要求，大多使用以丙二醇、丙三醇作为溶剂的油水两用型香精。加香率大约为0.3%。从香气的种类来看，国外最普遍的是水果类、咖啡、红茶、洋酒等；我国较流行的产品是高粱饴、阿胶饴、人参饴、鹿茸饴、桂花饴等。

（5）巧克力。这种糖果原料本身的香气具有鲜明的特征，很有魅力，但只有香荚兰豆（香草）香精最能充分地利用原料的香气特征，并加以发挥使它变得更加美好。出于增加花色品种的目的，有时也使用香橙、柠檬等柑橘类香精，以及咖啡、果仁、薄荷、酒类等香精香料，但这类产品占的比例很小。

由于巧克力的原料可可豆的价格昂贵且变化很大，我国企业大量采用可可代用品来仿制巧克力等产品，因此就必须使用巧克力和牛奶香精来增加香气效果。但口感不佳，味同嚼蜡。改进的思路有两条，一是在产品中只用部分可可代用品，以提高产品的档次；二是改进生产工艺和更新生产设备。

一般使用的香精以油质香精为最佳，因为作为溶剂的水或丙二醇使巧克力组织受到损害以至造成表面起霜等恶劣的影响。即使使用油质香精，也要尽量减少香精的用量。解决的方法是在香荚兰香精中，所加的香兰素、乙基香兰素之类的单体香料的比例大大增加，这样既取得良好的着香效果，香精的用量又可减少。也可使用"中心填馅"的加香方式，避免在巧克力中直接加香。加香率随工艺和生产条件的变化而变化很大。

（6）口香糖。只有部分成分可以食用，用大约60%的糖和40%的树胶为主要原料，混合、乳化后，固化成为一种特殊的食品。在香气表现上的圆和性、持续性非常重要，一般使用油质香精，并且对香精的要求很严格。入口前香气要有诱人的魅力，入口后在咀嚼过程中刺激性和香气的散发性要相当强烈，在口中形成"滋味"，但苦味和胶味等令人不快的因素要弱。

口香糖的魅力几乎全部是由包含在基质中的香精所决定和提供的，所以是最能表现香精的技术水平的商品，最能代表一名调香师的个人水平。口香糖中油质香精与树胶的亲和性要比与糖的亲和性高，因此咀嚼数分钟之后口香糖中残留香精的比例依然很高，一般加香率为0.5%～1%。所以应选用香气强度高、扩散性能好的香精。同时加大产生尾香效果香料的比例。

成人用口香糖中使用的香精以薄荷为主，以儿童为对象的泡泡糖大多使用儿童喜爱的水果香精。在以酯类为主的香精中溶剂应降到最低限度，也就是说使用最浓的香精；柑橘精油等需经过除萜处理等方法，以提高其香气强度后再使用。

口香糖吃起来食感不重，嚼上一颗可以享受很长时间，具有健齿和锻炼脸部肌肉的功效，作为一种符合现代生活方式的时髦食品，今后全世界的需求量都有增加的趋势。目前一些富有魅力的咖啡、花香、洋酒等香型的口香糖新品种已陆续进入市场，竞争趋于白热化。

（五）饮料的加香

1. 软饮料的加香

软饮料是指不含酒精（或酒精含量占全容量的1%以下）的饮料。根据是否含有二氧化碳分为两大类，即碳酸饮料和非碳酸饮料。

碳酸饮料又可分为三类：

水果类：柑橘和一般水果；

药草、辛香类：可口可乐、滋补剂、营养保健饮料、运动型饮料等；

乳类：奶油苏打水、牛奶色克等。

非碳酸饮料可分为：

果实饮料：果汁水、果实蜜、果味糖浆等；

乳类饮料：乳酸饮料等；

嗜好饮料：咖啡、茶、可可等。

（1）清凉饮料

有代表性的碳酸饮料和所用的香精：

① 汽水。它的定义为 pH 值在 2～4.6 之间、填充二氧化碳的饮料。如雪碧、七喜等。

汽水要求有清澄、透明的外观，通常加入 0.1% 左右的水溶性香精，起调香作用。香精和其他辅料溶解后饮料清澈透明。必要时选择以丙二醇或丙三醇为溶剂的油水两用型香精。

② 水果苏打水。从外观来看，一般都有很鲜明的水果般颜色，在香味方面则强调水果感，清凉性居次要地位，CO_2 气体的压力较弱。

有时为了强调天然感使用乳化香精，并加入乳化剂和稳定剂，同时加入有特色的酸味剂。

需要注意的是，加入或不加入 CO_2 对香精的选择有很大的影响，因为 CO_2 有强调苦味和把香气巧妙地遮蔽起来的作用。加香率一般在 0.1%～0.2% 左右。

③ 可乐型。如可口可乐和百事可乐，使用的香精以可乐豆的提取物和白柠檬为主，配以肉桂、肉豆蔻、姜、芫荽等多种辛香料，以及一些药草的精油或浸提物，其中有著名的毒品古柯叶的提取物，古柯叶中的古柯碱虽然被提走，但仍有少部分残留，并存留了咖啡因。其他的可乐型饮料大都含有咖啡因。这些物质经过巧妙调和后，香气具有奇妙的魅力。

酸味剂为磷酸，着色剂为焦糖，并加入咖啡因补强。这些物质对于饮料滋味的清爽、浓郁、和谐都起重要的作用。

各种香料的配比和着香率都是制造公司的核心机密，少有公开。

④ 奶类。奶油苏打水、牛奶色克等饮料一般是指冷饮店出售的表面浮有冰淇淋的水果苏打水，或牛奶和糖浆等混合而成的发泡饮料等。但饮料中不一定含有牛奶成分，欧美等国的奶油苏打水一般就不含乳类成分而是用香精来表现乳类香气，并且外观是透明的。

香气成分以香荚兰豆（香草）为主，配合柑橘、蜂蜜，有时加入玫瑰等香精。目前，由于乳类成分在碳酸饮料中能保持稳定的乳化状态，所以含有二氧化碳的乳类饮料已经进入市场，主要采用香橙、柠檬、圆柚、香瓜、草莓等香精。

（2）果实饮料

从完全不含果汁全凭香精表现果实感的制品到含有多量果汁的制品都可以叫作果实饮料。加香一般在均质前进行，加香率一般在 0.2%～0.3% 之间，多数情况下香精与乳化剂同时使用，以强调天然感。

① 果味饮料。不含果汁或只含少量果汁的饮料。使用以香橙为代表的柑橘系列香精，但许多其他果实香精也都适用，香精与乳化剂同时使用。它们和碳酸饮料的区别是更加强调天然感，清凉性次之。

② 含果汁的清凉饮料。饮料中果汁含量在 10% 以上，所适用的水果种类和香精的使用方法与上述果味饮料大致相同，但必须考虑香精和果汁间的调和以及加热过程中的香味劣化等具体问题。

③ 果汁饮料。果汁含量在 50% 以上，果汁含量多并不一定会提高呈味嗜好性，有时反而使人感到有过于酸涩、味道过浓和后感有点苦等缺点。

这类饮料加香在于矫正果汁含量过多时的弊病（如过于酸涩或味道太浓）、加强香气的新鲜感、补充果汁因加工过程中香气的损失，其次才是为了表现香精本身的香气。

④ 天然果汁。使用香精的目的和果汁饮料相同，但只限使用天然香料。因此只能使用天然精油和果汁浓缩时的回收香气物质。

⑤ 果肉型饮料。此类型饮料虽因果实种类不同而有一定的差别，但其中都含有百分之几十的果泥，是一种黏稠状的饮料，如曾流行一时的各种果茶。

强调呈味满足感，使用香精的目的是补充因加工过程中香气的损失和增加花色品种，香精与果汁饮料相同。

⑥ 果子露（国外也叫果味糖浆）。除用于夏季刨冰等特殊食品外，已几乎没有市场。饮用时加水稀释 5～6 倍。

所用的香精是不含天然品的低档次香精，并且预先制成各种瓜果类型后直接加入制品中，属于典型的三精一素制品。

（3）乳类饮料

这类饮料最初是为了使不喜欢喝牛奶的儿童提高嗜好性而设计，用乳、脱脂乳或发酵乳制成的饮料，种类非常广泛。

在我国较闻名的品牌有娃哈哈和乐百氏等系列乳类饮料。

一般加香率为 0.4%～0.5%，在均质前加入香精，并与乳化剂同时使用。

调入牛奶后容易产生香气效果的香精有咖啡、巧克力、草莓和一些水果香精，为了补强牛奶的香气必须添加牛奶香精或奶油香精。

这类饮料与果实饮料非常匹配，可以组合成各种类型，这时除了加入牛奶香精或奶油香精外，也可加入其他香精，其要求可参照果实饮料部分。

① 乳类饮料中使用的香精。根据不同消费群体的不同嗜好，乳类饮料的种类非常多，比纯奶更受欢迎。

a. 牛奶水果饮料中使用香橙、草莓、菠萝等香精，加香率一般为 0.1%。有时配合果汁或果肉一起使用，加入量视香气、味道效果和成本确定。

加香时，应先在低温搅拌下把果汁加入牛奶、砂糖和稳定剂的混合液中，然后加入香精和酸味剂，经过灭菌、冷却、填充、封口等过程最后得到成品。

b. 有代表性的乳类饮料有牛奶咖啡、牛奶水果饮料等。咖啡和牛奶的香气很匹配，牛奶香气可以使咖啡香气变得柔和，而咖啡香气则可掩盖牛奶的腥膻气味。

制作牛奶咖啡饮料时，先在牛奶、脱脂乳、砂糖、咖啡提取物或速溶咖啡的混合液中加入香精，再按照制作牛奶水果饮料的过程制作。

② 乳酸菌饮料中使用的香精。这类饮料是用脱脂乳和乳酸菌发酵制成的，有的保留活菌，有的则经灭菌措施，但以活体乳酸菌饮料为现在流行的趋势。

活体乳酸菌饮料有两种类型，分别是浓厚型和单纯型。

① 浓厚型所用的香精以柑橘类的香橙、柠檬为主，一般采用柑橘原油和无萜精油。

除了可以单独使用香橙香精之外，还可采用加入 25%～30% 柠檬香精的混用型，这种香精类型不仅能够遮盖发酵乳特有的发酵臭，同时可以产生清凉感，使嗜好性显著提高。

一般加香率为 0.5% 左右。

② 单纯型活体乳酸菌饮料是使脱脂乳发酵后加入灭菌砂糖糖浆和香精，经过搅拌、冷却、填充、冷藏、出料等过程制成的。

香精香型以香草为主，配合使用少量香橙、柠檬、草莓、葡萄、苹果等水果香精。因为在使用香草香精时配合使用微量的水果香精可以取得遮盖发酵臭的效果，并使香气具有特征。

加香率为 0.4% 左右。

（4）粉末饮料或固体饮料

如速溶咖啡、果珍、高乐高、麦乳精、豆浆精，以及最近迅猛发展的速溶茶类饮料和泡腾饮料，据专家预计泡腾饮料将在我国市场上迅速崛起，并占一定的份额。

固体饮料的制造工艺分为混合吸附型和喷雾干燥型。

着香率一般为 0.8% 左右，因为饮用时加水稀释，最终饮品的着香率为 0.1%。

要注意区分着香率和加香率两个概念，加香率是指在生产时加入香精的百分率；着香率是指在最终产品中含香精的百分比。

① 混合吸附型。采用粉末香精（最好是胶囊型粉末香精），分二次加入。现在以这种工艺制造的固体饮料（如麦乳精、豆浆精等）已不多见，被其他类型的饮料所替代。

泡腾饮料采用胶囊型粉末香精，筛别后加一道压片工序。

② 喷雾干燥型采用液体香精，所用的香型与品种和一般饮料类似。

（5）豆乳饮料

加入香精的目的为掩蔽豆乳固有的豆腥气，这在欧美等国是非常重要的，因为他们对豆腥气特别敏感，而且不适应这种气味。

现在一般不采用加香的方式来掩蔽豆腥味，而是采用以下两种方法的结合使用而除臭：

① 磨豆浆时保持温度在 80℃ 以上或将脱皮大豆在沸水中煮 30min，钝化或抑制脂肪氧化酶活性，防止产

生豆腥味。

② 采用真空脱臭的方法除去豆乳中固有的不良气味。

为了增加豆乳的花色品种，可加入各种水果类香精、牛奶类香精、咖啡香精和香草香精。各种形态的香精都可以使用，但最好是乳化香精。加香率和加香方式与其他饮料相同。

2. 冷食、冷点的加香

这类食品包括冰淇淋、雪糕、雪泥、冰棍等产品。

在所用香精方面倾向于强调各种香精能互相取长补短、香气融合为一，加工成为一个完整的商品；对于每种香精具有鲜明个性的要求居于次要地位。

在这类食品中香精所起的作用越来越重要，可以说对公司的生存有决定意义。

冰淇淋类食品的加香：

（1）对香精的要求

这类食品属于嗜好食品范畴，所以香气十分重要。香精调配应注意以下几点。

① 香精的香气和冰淇淋基质的气味必须协调一致。如其香气必须和奶油等乳类香气相称；在果汁冰淇淋和果肉冰淇淋中，香精与果汁、果肉之间香气和谐很重要；对于品种日益增多的冰冻甜食来说，所用的香精不仅与冰淇淋基质要和谐，与搭配冰淇淋一道食用的点心、饼干等也需保持和谐。

② 低温时必须能达到香气平衡，而且香气散发性或挥发性好。低温对于香精有利的方面是可以利用对温度和光比较敏感的天然香料，只有这些香料最有可能调配出种类丰富的香气。

③ 香精在冰淇淋基质中能均匀分散，但有例外的情况。

香精大多在冰淇淋基质杀菌后至冷冻前，分几次加入，一般着香率在 0.1% 左右；调味汁和果仁等在填充时加入，其加入量视具体品种而定，并且调味汁和果仁等在加入前要杀菌和冷却。

（2）所使用香精的主要形态

① 水质香精。这种形态香精的芳香成分容易在水中溶解、分散，不仅在冰淇淋基质中能够混合均匀、操作简便，而且具有低温时香气易于散发这一优点。

② 乳化香精。香气比水质香精柔和，并可以产生很强的浓厚感。

有牛奶、咖啡、果仁等多种类型香精。

③ 粉末香精。用胶囊型粉末香精，香气特征和用法与乳化香精类似。

与上述几种香精以芳香成分为主，使用时着香率只有 0.1% 相比，调味汁中使用了多量巧克力、咖啡等呈味成分和果汁香精，调制成香和味具备的浆状，使用时加入量可高达 5%～20%。

从质地来看，有蛋黄酱状、果酱状、果冻状等各种形态。各自具有独特的色、香、味，并且可以无需加工而直接食用。

使用方法也很别致，有的掺入冰淇淋中形成大理石般花纹或其他的图案，有的做成棒状插在冰淇淋中心，有的浇在冰淇淋表面，也有把调味汁混入冰淇淋基质中使用的。

（3）冰淇淋类食品所用香精的香型和特征

① 香荚兰豆（香草）型香精。香荚兰豆（香草）型香精是冷食中最广泛采用的一种类型，低档次的"香草"香精是用香兰素、乙基香兰素、麦芽酚、乙基麦芽酚、胡椒醛等合成香料调配而成；高档次的"香草"香精是以香荚兰豆浸提液和油树脂为主体，再用香兰素、乙基香兰素、麦芽酚、乙基麦芽酚、胡椒醛、桃醛等合成香料强化、变调后成为一种完整的香精。还可用牛奶类、鸡蛋、槭糖、柑橘、洋酒等香精香料调合后形成多种香气类型。

在选择香精香料时必须仔细考虑冰淇淋基质的组成和商品的形象特征。如果是高档"香草"香精，则要求香精生产厂家提供香荚兰豆的产地和提取方法，因为香荚兰豆浸提液和油树脂的香气和味道，因产地和提取方法的不同而异。

② 巧克力香精。以天然可可浸提液（如可可酊）和油树脂为主体，再用合成香料调合而成。

合成香料包括噁唑类、吡嗪类和吡啶类化合物，这些都是美拉德反应的产物，在形成巧克力香气方面起重要的作用，在调配巧克力香气时可灵活运用。

巧克力香精根据使用的可可种类、提取方法以及配合使用的合成香料种类等情况，其香气可以有种种变化，所以必须按照冰淇淋基质的类型和加入可可的量来选择合适的香气类型。

③ 乳类香精。因为所用原料乳的质和量所限制（如每批原料乳的香气存在一定差别），常有奶味不足的感觉，所以使用乳类香精补强乳类的风味，使每批产成品的质量和香气达到稳定和一致的目的。

乳类香精可分为鲜乳型、炼乳型、鲜牛奶型、黄油型等。

这类香精除了可用合成香料调配外，还可以利用从天然原料得到的香气物质，如把牛奶或奶油等乳类成分用脂肪酶或其他酶处理后使牛奶、奶油或黄油的香气得到加强，也可作为香料来使用。

④ 咖啡型香精。在冷食中大多使用咖啡浸提物或速溶咖啡，如为了增强这些天然咖啡的香气、突出咖啡的形象才使用咖啡香精。

这些香精是以咖啡浸提物为主体，再用噁唑类、吡嗪类和吡啶类等杂环化合物类香料调配，以补强天然咖啡的香气。

根据咖啡豆的品种、产地、焙烤条件、提取条件等，咖啡浸提物可分多种类型。在采购时提出产品的具体要求，厂家会按要求生产的。

⑤ 草莓型香精。草莓型香精有时直接使用天然草莓，但现在市售的草莓因品种、栽培条件和大量使用化肥、农药，所以香气越来越无味，因此合成香料配制的草莓型香精使用得更加普遍。

草莓型香精分为两大类，一类叫做天然型，模仿天然草莓的香气；另一类叫做幻想型，创造出的香气为天然草莓所没有。有些厂家选用兼有幻想型之华丽、天然草莓之真实感的混合型。

不管选用哪种类型的草莓香精必须与冷食基质的香气和谐一致。

3. 乳制品

乳制品是以牛乳为原料加工后所得产品的总称。包括炼乳、奶粉、黄油、乳酪、冰淇淋类、发酵乳、乳酸菌饮料、乳饮料及人造黄油等多种产品。

由于人们在饮食方面受到西方文化的影响而日益趋向西洋化、高级化和面向绿色食品，乳制品作为一种重要的蛋白质来源及嗜好食品，其种类和数量在我国呈逐年增加的趋势。

由于冰淇淋类、发酵乳、乳酸菌饮料、乳饮料等产品已在前几节介绍过，所用的香精有共同之处，可以互相参考。

以下将介绍乳酪，以及和乳类香气关系密切的人造黄油这些产品的香精调香与加香。

（1）乳制品中适用的香精类型

乳制品中应用的香精以不损害乳类固有的香气，与乳类香气和谐一致为首要条件。

从乳制品的性质来看，要求加入的香精为天然型香精。

下面以常用于乳制品的香精加以介绍。

① 香荚兰（香草）香精。香荚兰豆是制造香草香精的原料之一。在乳制品香草香精的调配中除了使用香荚兰豆的浸提物和含油树脂等天然香草香料外，为了达到变调和增加强度等目的还使用合成的单体香料，如香兰素、乙基香兰素、胡椒醛、麦芽酚、环甘素等。

② 咖啡香精。咖啡香气是咖啡豆在焙煎时发生的热分解反应、美拉德反应等过程中生成的，因此焙烤过程对于咖啡香气的生成非常重要。

阿拉伯品种的咖啡香气和味道均佳，罗巴斯塔种的咖啡风味不好，但有苦味强烈这一特征。

调香时必须按照目的、要求来选择合适的品种和焙烤度，有时也使用咖啡浸提物。如可以用咖啡浸提物作为香基，然后加入糠基硫醇、吡嗪类（增加美拉德反应香气）、脂肪酸类、丁二酮、麦芽酚、环甘素等合成的单体香料进行香气的强化和变调而制成咖啡香精。

咖啡的香气与牛奶的香气很相称，所以对于乳制品来说是重要的香精。

③ 柑橘类香精。柑橘类香精不仅广泛用于清凉饮料，对于乳制品来说也是重要的香精之一。主要包括柠檬、香橙、葡萄柚、酸橙等种类。

原料从形态来看，包括用压榨法、蒸馏法得到的精油，以及果汁浓缩时馏出的水溶性精油或回收的精油。

这些精油在实际使用时，先用含水乙醇提取（以达到除萜的目的），制成富含精油中水溶性成分的香精后再使用。

乳制品使用的香精要求有一定的强度和表现天然感，为了满足这些要求基本上同时使用由蒸馏或溶剂提取法得到的无萜油和合成的无萜油等进行香精调配。最近已采用分子蒸馏技术生产高品质的无萜油。有的类型是配合其他柑橘油制成的，可以满足在香气上的不同需要。

从香型的变化趋势来看，已逐渐从果皮型向果汁型转变。

④ 水果类香精。在适合用于乳类制品的水果类香精中以草莓为首，还有菠萝、葡萄、桃、苹果等许多品种。

香精的特点——天然感。为了适合于乳类制品本身的天然风韵，要求在这类制品使用的水果香精也要有强烈的天然感。

另外由于使用果汁、果肉的乳类制品大量增加，与果汁、果肉香气的调和、强调天然感的香精的大量使用已成必然趋势。

a. 草莓香精。分为天然型和果酱型两大类。

在乳制品中使用的天然型草莓香精以鲜草莓香调的占多数。

从成分特征来看，用天然成分中的叶醇类、芳樟醇、内酯、麦芽酚作为主体香气，巧妙地配合脂肪酸的香气，效果比较好。

在乳类饮料中，用叶醇类强调青香气息、用内酯类来增强奶感的类型比较符合嗜好性。

b. 菠萝香精。在菠萝香精中以有果汁感的熟香型为主流。

主要香气成分是以烯丙酯为中心的硫代丙酸酯类、麦芽酚类和柑橘油类等组成。

有时也配合使用果汁和天然香料，今后发展的趋势是鲜果调香精。

c. 桃子香精。以黄桃型为主，最近已有强调青香、新鲜感的白桃型和类似黄桃、但更加强调甜韵的熟香型香精面市。

d. 葡萄香精。在葡萄香精中顶香部分由带甜味的乙酯类化合物和邻氨基苯甲酸酯组成的类型很多。最近出现了一种用鲜葡萄制成的、嗜好性很强的"巨峰型"葡萄香精。

调制葡萄香精的关键在于如何抑制鲜葡萄的青气味，增强香气的强度和甜度。

目前在水果香精中最引人注目的成就是高度利用了天然有机物分析结果和有效地利用了天然等同物之类的新型香原料。

⑤ 黄油香精和酶香精。为了使人造黄油等制品与天然食品更为接近，要求在这些人造食品中使用的黄油香精有强烈的天然风味。

在黄油的香气成分中已知有脂肪酸类、醛类、酯类、内酯、硫化物等各种化合物，以目前的调香水平可调制出具有相当水平的黄油香精。

与家用黄油香精相比，工业上使用的黄油香精其耐热性显得更为重要，为了提高耐热性能，在原料中使用了高沸点的内酯类及其前体物质，因而与家用黄油香精组成不同。

在家庭和工业方面都可广泛使用的黄油香精是酶香料，这种香料是乳类成分用脂肪酶处理后得到的黄油样香料，具有独特的脂肪酸组织，呈味效果也很显著。

(2) 几种乳制品的加香

酸乳酪是历史悠久的乳制品，在欧美各国是传统食品，他们的产品嗜好性强，不加香精，有独特的发酵臭。

这类食品在我国大部分省市尚处于萌芽期，只是在内蒙古、新疆、青海、西藏等地区比较普及，在其他地区找到这类食品则非常困难。

酸乳酪分为硬型和软型两种。

① 硬型酸乳酪。在欧美各国和我国上述部分地区流行的是不加任何香精的乳酪。现在越来越多的产品加入香精，以满足多数人的口味。

多采用精油形态的香橙、柠檬等柑橘类香精与香草香精并用，也有使用什锦水果和蜂蜜等类型的产品。

要求香精的香气与发酵乳的香气和谐一致，并有遮蔽不快气味的效果。

加香率一般为 0.1%左右。

② 软型酸乳酪。它有加入果肉等强调天然风味的各类制品。

当制造加入果肉的酸乳酪时，不要在加入酵母后立即加入果肉，而应在发酵罐中使乳类发酵后加入果肉，混匀后再填充。

天然香料与香精并用，天然香料可用柑橘类的回收香气成分、水果浸液、果肉等，用香精加以强化。适用的天然物有香橙、草莓、桃、菠萝等，有效地利用了酸乳酪的酸味特点。

天然香料的加香率为 0.2%～1% 就可以取得天然感的效果；并用的香精一般使用强度比精油更强一些的香精，加香率为 0.1%～0.2%。

（3）人造黄油

定义：在食用油脂中加入水等乳化后，经过急速冷却、搅拌制成的可塑性物质或流动状物质。

一般分为家庭用和食品工业用两大类。

① 家庭用人造黄油。家庭用的人造黄油，制造时的重点在于改进物理性质方面存在的一些缺点，提高营养价值和风味。

把牛奶或奶粉与精制食用油脂配合后，加入黄油香精着香，即在乳化过程中加入香精。

加香率因香精的浓度而异，在 0.01%～0.10% 之间。如果同时加入 0.2%～1.0% 的发酵香料还可以提高呈味效果。

因有乳化剂存在，可以使用水质香精、油质香精和乳化香精。

② 工业用人造黄油。工业用人造黄油主要用来制作点心、面包等食品，改进的重点放在硬度和延展性等物理性质方面。

在这类食品中使用的人造黄油必须经过加热过程，对香精而言重要的是其耐热性能以及经过加热后残留的香气品质良好。

现在经过惰性气体搅打的搅黄油在我国市场上走俏，搅黄油中使用了巧克力、甜柠檬、花生等类型的香精。并且还出现了在乳脂肪中加入植物性脂肪的制品，使全部脂肪含量接近于天然黄油或人造黄油的一半，专门用于高蛋白低热量面包的焙烤。

（六）肉制品的加香

最近几年，随着肉制品工业的发展，香精发挥的作用越来越大，这一方面因为产品品种越来越丰富，口味呈现多样化，这些都要求厂家在调味方面大做文章；另一方面，香精的技术也在不断提高，人们可以通过科技手段分析出肉香味的关键成分（牛肉经煮、炖、烤制熟以后，人能闻到的肉香味成分就有 240 多种，猪肉也有 200 多种），这有助于人们利用生物技术提取呈味物质，因此所做的香精香气逼真，能明显增加引起食欲的肉香。更重要的一点是，现在高出品率的产品非常多，这就更离不开香精来助一臂之力。总结起来，香精的作用可概括为六点：

（1）增加香味。所谓增加香味，是指所用原料本身并没有明显的特征香气，在加工过程中也不会产生明显的香味，只有依靠肉类香精来增加食品香味，如在仿肉食品中，使人造肉呈现牛肉香，就需添加牛肉香精。在高出品率产品中，只加入很少的原料肉，这就更需要香精来增加产品的香气。

（2）增强香味。原料在经热加工后会产生一定的香味，但由于大多数原料肉都是经催肥养殖所产生的肉，肉香本身相对较弱。或在肉的冷冻、解冻过程中，丧失大量血水，使肉风味劣化，这都需添加香精予以补充，增强香味。

（3）掩蔽不良气味。有的原料带有不愉快的气味，加工中又难以彻底驱除，如大豆腥味、牛肉腥味等，添加一定量的香精，可掩蔽不愉快的气味，使产品将最好的一面呈现给消费者。

（4）补充香味。肉制品加工中，会产生一定的香味，像烟熏香肠中使用木材烟熏产品的熏烟，但在加工中香气也很有一定的损失，使香气不浓，需添加同类型的香精，予以补充。如烟熏剂，以补充烟熏香肠的熏香味。

（5）修饰香味。加工产品时，为使产品新颖，具有创新性，往往需要添加不同香气类型的香精予以修饰，如猪肉火腿，可加入红烧肉香精予以修饰。

（6）增强口感。在肉类香精中，反应调理型香精是利用蛋白质原料、糖类原料、脂肪原料等有机原料，经美拉德反应而成。它的反应物配比和原料肉中很多呈味前提取物相同，所以就可生成如生肉在加工过程中产生的非常逼真的风味物质，产生如真肉一样的口感和风味，可增强肉的口感，在生产中可使原料肉含量少的产品增强口感，达到良好效果。

香精的魅力的确不小，但只有选择品质优秀、香气稳定、适合企业产品的香精，才能达到最终目的。香精一般分为粉末、液体、膏状三大类：

粉末香精，属于半天然、半化学合成香精。其中有一部分天然成分，还有一部分是合成香料。这种香精的特点是直冲感强，香气浓郁。其缺点是耐高温性稍差。如果采用微胶囊技术或喷雾干燥精制而成，挥发性就会大大减弱。这种香精的用量一般为0.15％左右。

液体香精，浓度高，其载体大多是水解植物蛋白或丙二醇，很少的用量就可赋予产品浓郁的风味，这种产品用在高出品率产品中的效果更为明显，更突出。

膏体香精，这种香精属天然香精，是天然原料肉经美拉德反应精制而成。所以其香气完全是原汁原味，而且肉香浓郁，留香持久，耐高温。

另外，就香气而言，各厂家急需解决的问题就是留香不足，尾香不够。为解决留香问题，一些厂家已开发出几种香精，可弥补留香不足的缺陷。

有了好的香精，还要选择合适的添加工序，比如高温火腿的制作：

高温火腿一般都采用以下三种工艺：

（1）原料肉→分割→搅碎→配料；

（2）搅拌→乳化→灌制→灭菌→冷却→成品；

（3）搅拌过程中加入香精和香辛料。

在此过程中必须特别注意一点，就是避免香精和磷酸盐（焦磷酸钠、三聚磷酸钠、六偏磷酸钠等）直接接触、堆集在一起，磷酸盐作为品质改良剂，其pH值偏碱性（约为9），而香精pH值则偏酸性（在5～6附近，甚至更低），因为如果这两种物质直接接触或堆积在一起，在有水分的情况下，会发生中和反应，作用都会减弱，所以在添加香精时一定不能和磷酸盐同时添加，可先加磷酸盐，待其分散均匀以后，再添加香精以防止其作用减弱，达不到预期效果。另外，不管采用哪种工艺，都要保证香精加入后能分散均匀，以保证起到应有的效果。

低温肉制品：例如采用注射滚揉工艺的西式火腿，制作工艺如下：

原料肉→分割→盐水注射→嫩化→真空滚揉→灌制→装模→蒸煮→冷却→成品

香精在此工艺中，最好在配置盐水时的最后阶段加入，以减少香气损失，并要搅拌均匀后再注射，低温肉制品采取搅拌或斩拌工艺生产灌肠类产品，其加工工序和高温肠相同。

香精添加时的注意事项：不同的肉制品加工工艺选用不同类型的香精。目前，很多人认为同一种肉类香精可通用于高低温肉制品中，而在实践和理论上，这种观点并不十分正确，因为他们忽视了肉制品生产中，高低温生产工艺的不同对香精的影响和不同档次的肉制品对香精的要求也不同，高温火腿的热杀菌温度为120℃，在此条件下，有些香精的成分会发生分解，或发生变化，失去原有的香味，甚至产生不愉快的杂味，达不到预期加香的目的。这就是香精的耐温性问题，并且经过高温灭菌后，火腿肠本身的结构相对于低温肉制品来讲，其在肉感、弹性、口味方面也受到影响，口感比低温肉制品差，肉感不强，有蒸煮味。根据这两种情况，最好选用耐高温，能改善口感的香精，因此主要选用反应型香精为好，如猪肉精膏、鸡肉精膏、牛肉精膏等，这些香精在高温情况下，还可继续以美拉德反应，生成更多的呈味物质，改善高温肉制品的口感和香气。

相对来讲，低温肉制品加热温度低，其产品具有口感细嫩、肉感强、弹性好的优点，而且低温肉制品在流通过程中一般都采用冷藏方式，在食用时，大多不加热，直接切片食用，香精挥发性又起到很大作用，即在相对较低温度下，食用时香气挥发能起到诱人食欲的作用，可选用液体或粉末香精。

要考虑添加香精的方便性。肉制品生产中各类产品的生产工艺不同，就要考虑到香精使用的方便性。在采取斩拌工艺的产品中，采用水溶性香精和水油溶性香精，以利于香精能均匀分散在盐水中，保证产品质量。在搅拌工艺中，选择粉末香精和液体香精都可以比较容易添加，分散均匀，而膏体香精则难于分散，可在添加前用5倍水先使其溶解再用。

香辛料在肉制品中的应用：天然香辛料的历史及在肉制品中的应用是伴随着人类文明发展而不断进步和推广应用直到今天。早在远古时代人类由于偶然发现，大自然造成的火灾使来不及逃离的动物被活活烧死，我们的祖先从被迫接受到能够品尝到熟肉的美味，这一漫长的过程改变了人类长期食用生食品的历史，熟食食用的重大改变使人类自身消化吸收营养成分更加完善，促进了人类大脑及骨骼的强健。同时人类对工具的发明和使用，很快让人类进入一个相对食物剩余的时代，在与自然和动物紧密接触的过程中，人类也发现了许许多多可被用来食用和调味的植物，在实践中他们慢慢领悟到不同植物对他们身体的作用及与动物躯体共烹时所起的不同味道。天然香辛料就这样走进人类的生活并与人类的生活质量休戚相关，起到不可替代的作用。

天然香辛料以其独特的滋味和气味在肉制品加工中起着重要作用。它不仅赋予肉制品独特的风味，还可以抑制和矫正肉制品的不良气味，增加引人食欲的香气，促进人体消化吸收。并且很多香辛料还具有抗菌防腐功能，而且大多数香辛料无毒副作用，在肉制品中添加量没加以限制。因此充分了解香辛料的特征、应用以及鉴别，在肉制品调味中非常重要。

香辛料的分类、在肉制品中的使用形式及使用原则：

1. 香辛料的分类

（1）以芳香为主的香辛料：大茴香、肉豆蔻、肉桂、丁香、小茴香、豆蔻、多香果、花椒、孜然、莳萝籽等；

（2）以辣味增进食欲为主的香辛料：姜、辣椒、胡椒、芥末等；

（3）以香气矫臭性为主的香辛料：大蒜、葱类、月桂叶、洋苏叶等；

（4）以着色为主的香辛料：红辣椒、姜黄、藏红花等。

2. 香辛料在肉制品中的使用形式

（1）香辛料整体：香辛料不经任何加工，使用时一般放入水中与肉制品一起煮制，使呈味物质溶于水中被肉制品吸收，这是香辛料最传统、最原始的使用方法。

（2）香辛料粉碎物：香辛料经干燥后根据不同要求粉碎成颗粒或粉状，使用时直接加入肉品中（如五香粉、十三香、咖喱粉等）或与肉制品在汤中一起卤制（像粉碎成大颗粒状的香料用于酱卤产品），这种办法较整体香辛料利用率高，但粉状物直接加入肉馅中会有小黑颗粒存在。

（3）香辛料提取物：将香辛料通过蒸馏、压榨、萃取浓缩等工艺即可制得精油，可直接加入肉品中，尤其是注射类产品。因为一部分挥发性物质在提取时被去除，所以精油的香气不完整。

（4）香辛料吸附型：使香辛料精油吸附在食盐、乳糖或葡萄糖等赋形剂上，如速溶五香粉等，优点是分散性好、易溶解，但香气成分露在表面、易氧化损失。

（七）酒的勾兑与加香

按照调香师的分类法，酒有三种类型：蒸馏酒，非蒸馏酒，药酒。调香师最喜欢蒸馏酒，因为蒸馏酒容易调配，单单用食用酒精、蒸馏水和香精就可以配制得跟各种名牌酒"惟妙惟肖"的程度，而且蒸馏酒香精也比较容易调配出来。

酒主要是以粮食、水果、农副产品等为原料经发酵酿造而成。酒的化学成分主要是乙醇和水，一般含有微量的其他醇和醛、酮、酸、酯类物质，未经蒸馏的酒还含有色素、糖、氨基酸等不挥发物质。食用白酒的浓度一般在60度（即60%）以下。白酒经分馏提纯至75%以上为医用酒精，95%以上为工业酒精，提纯到99.5%以上为无水乙醇。调香师和香精制造厂主要研究的是饮用酒里面的"杂质成分"。

1. 酒的勾兑

勾兑酒是用不同口味、不同生产时间、不同度数的纯粮食酒，经一定工序混合在一起，以达到特定的香型、度数、口味、特点。GB/T 15109—2008《白酒工业术语》对白酒生产中的"勾兑"一词作了定义："勾兑"就是把具有不同香气、口味、风格的酒，按不同比例进行调配，使之符合一定标准，保持成品酒特定风格的专门技术。同时，GB/T 17204—2008《饮料酒分类》在对各种白酒进行定义时也指出，勾兑是白酒生产中一项重要的工艺生产过程。

"勾兑酒"并不是贬义词，也不是说酒不好，它只是酿酒的一个工序而已。

勾兑是靠"勾兑师"的感官灵敏度和技巧来完成的，有丰富经验的勾兑师才能调出一流的产品，历来有"七分酒三分勾"之说，勾兑师的水平代表着企业产品质量风格。

"勾兑"对葡萄酒的酿造而言也同样重要，在葡萄酒生产中，勾兑过程通常被称为"调配"。在许多优质葡萄酒的酿造过程中，酿酒师根据葡萄酒的风格需要对两个或更多不同葡萄品种的原酒进行一定比例的调配，从而使得不同品种葡萄酒感官品质能够相互补充和协调。当然，用于调配的这些原酒只能是按照国标用100%葡萄酿造出来的葡萄酒或葡萄蒸馏酒，而不能是其他非葡萄发酵而成的酒。

鸡尾酒现在已经走进了国人的生活，闲暇时间在酒吧喝点鸡尾酒，已经逐渐成为一种时尚。鸡尾酒也是一种现场调配的"勾兑酒",它是一种量少而冰镇的酒,是以朗姆酒、金酒、龙舌兰、伏特加、威士忌等烈酒或是葡萄酒作为基酒,再配以果汁、蛋清、苦精、牛奶、咖啡、可可、糖等其他辅助材料,加以搅拌或摇晃而成的一种饮料,最后还可用柠檬片、水果或薄荷叶作为装饰物。

2. 酒的加香

有人认为"勾兑酒"是指完全或大比例使用食用酒精和食品添加剂(主要是香精)调制而成的酒,也就是"配制酒",对"配制酒"大加鞭挞。其实这种配制酒生产和销售并不违法,全世界都有,但质量相差甚远,有优劣之分。一般由正规的生产厂制造、在正规的流通环节出售的酒,手续齐全、质量相对有保证,饮用是没有问题的。至于到底哪种酒才是"好"的,最简单的回答是:在具备基本质量和卫生指标合格的前提下,在众多的酒品中选取适合自己的口味就是"好"的,不管它是勾兑的、配制的还是全部酿造生产的。

高明的勾兑师用好的专用酒精加上适当的香精确实可以调制出中低档的饮用酒,目前还调不出高档酒,这是因为我们对酒真正的认识还在"初级阶段",这种配制酒由于缺少发酵过程的生物代谢产物,一般不如好的原浆发酵优质酒。站在化学家的角度看,用食用酒精加香精配制的酒安全度更高,香味、品质更加稳定可靠。非专业的勾兑者和配制者调制出来的产品质量不好,用极其廉价的材料调制出来却想获取暴利的当然只能是"伪劣产品"了。实际上,缺少技术、设备落后的一般发酵酒口感差,卫生指标、成分等还不如配制酒,饮用以后也会出现视力下降、头痛等不适反应。

消费者有权知道自己购买的酒是"原浆发酵酒"还是"配制酒",所以生产厂家必须在商标上注明。半"原浆发酵"半"配制"的酒、在酒醅里加酒精蒸馏或搅拌过滤得到的酒等也都要如实告诉消费者,让消费者自己选择是否购买。

相对来说,各种白酒的配制是比较容易的——中国白酒香精有:浓香型白酒香精、酱香型白酒香精、清香型白酒香精、米香型白酒香精、凤香型白酒香精、豉香型白酒香精、芝麻香型白酒香精、药香型白酒香精、特香型白酒香精、兼香型白酒香精等;洋白酒香精有白兰地香精、威士忌香精、朗姆酒香精、伏特加酒香精等。用这些香精加上食用酒精、水就可以配制出香气不错的白酒,但味感稍差一些,还得根据评香组的意见进行某些调整,必要时再加入少量的酸、甜、苦、咸、鲜、辛、辣、涩等味感物质才行。

色酒的配制就难得多了——果酒香精有白葡萄酒香精、红葡萄酒香精、橘子酒香精、荔枝酒香精等;黄酒香精有浙江绍兴黄酒香精、山东即墨老酒香精、河南双黄酒香精、福建龙岩沉缸酒香精、福建老酒香精等;啤酒香精有生啤酒香精、黑啤酒香精、低醇啤酒香精、无醇啤酒香精、运动啤酒香精、果味啤酒香精、小麦啤酒香精等。用这些香精加上食用酒精、色素、水、二氧化碳(汽酒)可以配制出外观有点像、香气也不错的酒,但味感差多了,还必须加入各种糖、苦味物质、涩味物质、辛辣味物质、酸味物质等才能调出令人满意的"作品"。有的果酒可以加入各种水果原汁,像真度会高些,口感也比较好。

药酒的配制有各种技巧,直接用食用酒精浸泡中草药或某些植物材料,滤出清液后再加入适量的药酒香精、水、色素就可以配制出不错的药酒了——有时候加水后会显得浑浊,还需过滤一次才能装瓶。药酒香精有春生堂药酒香精、五加皮药酒香精、妙沁药酒香精、龟寿酒香精、劲酒香精、五蛇酒香精、五精酒香精、周公百岁酒香精、安胎当归酒香精、愈风酒香精、红颜酒香精、腰痛酒香精、八珍酒香精、十全大补酒香精、鹿茸参鞭酒香精、五味子药酒香精、八珍酒香精、人参酒香精、枸杞酒香精、调经酒香精、当归酒香精、杜松酒香精、金酒香精、利口酒香精、味美思酒香精、苦味酒香精、龙舌兰酒香精等,这些香精在配制的时候都已大量使用中草药或某些植物材料的提取物(包括精油),有的直接加食用酒精、水过滤后就是各种药酒了。

各种酿制酒和蒸馏酒经过勾兑后往往香气还是不够,可以使用上述的各种香精加香,也可以根据检测结果加入适量的某些香料以加强香气,这是所有酒厂公开的"秘密"。用勾兑后的酿制酒和蒸馏酒加上完全用食用酒精制作的"配制酒"混合也能制造出质量上乘的各种"名牌酒",只是酒厂目前还不愿意公开让民众知道罢了。

二、饲料的加香

(一) 正确选用饲料香味剂

饲料质量的高低主要取决于营养水平、采食量和消化吸收三大要素。营养均衡、采食量大、消化吸收好的饲料才是优质饲料。在饲料中添加香味剂不仅可以提高采食量和消化吸收率,缓解断奶、高温、惊吓、运输、更换饲料等各种应激反应导致的食欲下降，生产性能降低，而且可以大大提高饲料产品的质量档次，增强饲料企业的市场竞争能力，有利于商品销售，给厂家和用户都带来显著的经济效益。一些经营效益较好的饲料厂生产的饲料价格虽然高，但质量好，猪、鸡爱吃，长得快，用户欢迎，畅销不衰，其奥秘之一就是使用了饲料香味剂。因此，正确选用饲料香味剂是提高饲料产品质量的有效途径。

在饲料中加香味剂时必须根据不同动物对香味的敏感性，采用不同类型的香味剂。选择时除考虑香味剂本身的味道是否适用动物及饲料成本外，还应考虑以下几方面：

（1）稳定性：指香味剂在贮藏期、饲料加工期、饲料再贮藏期的品质稳定性；

（2）调和性：与其他原料、添加剂混合时是否会影响香味剂的功效；

（3）香味剂本身的均匀度、一致性、分散性、吸湿性是否正常；

（4）用量效力、耐热程度、安全性；

（5）酯类化合物及芳香族醛类对碱性物质很不稳定，混合时应注意。

明确使用对象和使用目的，了解使用动物的风味嗜好：如果目的是诱食、维持或提高采食量，必须选择带有动物喜好的风味的香味剂，结合嗅觉和味觉的效果更佳；在乳猪料中，如果所用香味剂不带甜味剂，需另加。另外乳猪、小猪与中大猪对气味、口味的偏爱不一致，应选择相对应的香味剂。

对香味剂性能有更好的了解：用户须了解的香味剂性能包括香气的香型、安全和稳定性、用量与香气强度的关系、加香技术等。

选用动物所熟悉和喜爱的风味：在改变香味剂产品时，避免太突然的改变风味，可采取渐进或过渡的方法，这样可避免动物对带有新风味饲料的排斥。同时兼顾传统偏爱，协调香味剂的风味与购买者心理感觉之间的关系，使顾客只要一闻到或感觉到那香味，就知道饲料的质量可靠。

添加香味剂不是万能的：香味剂添加是在保持饲料质量前提下对饲料的衬托，而不是喧宾夺主，这对饲料生产者更为重要，要有充分认识。目前多数饲料厂自制饲料只考虑营养与价格，而把适口性完全寄希望于香味剂上，忽视有些原料缺陷是香味剂不能弥补的。一些含有较高有毒有害成分的原料，像含胰蛋白酶抑制因子的大豆饼粕、含抗硫胺素因子的生鱼粉等，常常伴有苦、涩、辣、麻等不良口味，如制订配方时不加选择、处理和限制，香味剂就不能有效发挥其作用。

不要试图用香味剂掩盖腐败变质和霉变污染的饲料：这样做会对动物造成极严重的后果。霉变的原料加香味剂不仅不能起掩盖作用，还会因香气组分的挥发而增大不好的霉变气味，饲料中腐败油脂味在香味的作用下极易挥发增大。

不要用与香味剂有拮抗作用的原料预混合：避免香味剂与矿物质、药物等直接接触，以保护香味剂香气在饲料中发挥作用。

香味剂的形态：香味剂也属添加剂范畴，对其粒度要求同其他添加剂一样。加工颗粒越小，与饲料颗粒接触机会就越多，越能发挥作用。另外，对加工时辅助基质的选择及加工方法也有一定的要求。

避免香味剂中香味过浓：在香味剂应用上有一个误区，用户为了追求促销效果，认为香味越浓越好，实际上这可能对饲料的诱食性有负面影响。

（二）饲料加香的试验方法

1. 并列试验法

把两种要做试验的香精以相同的浓度分别加入水中或相同的饲料中，并排放置。每日或隔日把加香饲料（或加香水）的位置调换一次。根据试验动物光顾不同加香饲料的平均次数，可以容易地对供试香精作出评价。这种方法适合于评价动物对两种香精的嗜好性差别。

2. 反转试验法

把试验动物分为两群，并准备 A、B 两种饲料（同一种配方的饲料分别加入不同的香精）。把饲料 A 在一群动物中投放一定时间后，再投放一定时间的饲料 B。将这种操作反复进行数次后求出平均值作为结果。这种方法的优点是对于大家畜（牛、猪等）比较方便，缺点是得出试验结果所需要的时间较长。

3. 单一投放试验法

把试验动物按品种、日龄、性别、体重等均匀地分为 A、B 两群，在 A 群投放一定期间饲料 I，B 群投放一定期间饲料Ⅱ，求出结果。

除了上述方法之外，研究适用于各种动物的新的试验方法是重要的，有必要在反复进行试验的基础上研制出有重现性的香精。现在国外已经有用电脑观察、记录、分析动物采食状况的设备，国内也有大型饲料生产厂家引进使用了。

（三）饲料香精的添加方法

液体饲料香精可以采用喷雾加香的方法加入饲料中，但目前应用得最普遍的是把液体香精先同甜味剂、咸味剂、酸味剂、抗氧化剂和各种添加剂及载体拌成粉状"预混料"（俗称饲料香味剂或饲料香味素）再加入饲料中去。

在颗粒料、膨化料生产中，由于有一段"高温处理"过程，会造成一部分香精挥发损失。此时可以采用内外加结合的添加方法，在制粒前和制粒后各加入一部分香料，这样可使颗粒料里外都有香料，既能使头香浓郁，又保证了香味的持久性。对于不同香型的香味剂添加方法也有差异，奶香型、豆香型、坚果香型等香精较耐高温，宜于内添加，果香型香味剂飘香性较好，宜于外添加。在颗粒料、膨化料、预混料、浓缩料中采用内加甜、外加香的效果也是不错的。

一般来说，液体或颗粒状香味剂可在从预混到制粒任何环节添加，但应考虑香味剂的类型与组成。香味剂的香味主要由挥发性含氧化合物所致，氧化速度直接影响香味剂作用时间长短。因此可采用中效和长效香味剂进行混合；在颗粒饲料生产中，需用对热相对稳定的香味剂；有机酸可与香味剂化合，颗粒黏合剂会吸附香味剂而影响其作用，另外香味剂添加顺序也很重要。

1. 内加

首先取适量香味剂与粉末状谷物或其副产品进行 10 倍以上预混合，使香味剂在饲料中均匀分布。其次待所有营养和非营养性添加剂进入混合机后，再从投料口投入已预混合好的香味剂。制粒过程中，在满足制粒要求条件下，使温度、压力减到最低，减少香味剂气味的散失，同时也可减少维生素的损失。

2. 外加

由于在制粒过程中，高温高压及抽气快速降温二道工序使香味剂损失很大，近年来有的国家采用喷雾加香技术，即在制粒冷却后将香味剂喷雾加入饲料中。在我国目前加工条件下，一般可在颗粒料经振荡筛落入饲料袋中的过程中加入，也可直接在封口时加入。

3. 内外加相结合

内加香味剂可用持久性好、耐高温的香味剂，外加时可用有耐 60℃ 温度、价格较低的香味剂。

（四）猪饲料加香

猪的嗅觉敏锐，仔猪喜食带甜味的、牛奶香味的饲料。仔猪在舒适或非应激条件下，一般不会采食不同气味的新饲料，喜食与母乳相似的香味。大量饲养试验表明，在仔猪开食料中，添加与母乳气味相似的、带有奶酪味和甜味的饲料最易被仔猪接受。尽管饲料香精的作用随仔猪日龄的增长越来越小，饲料香精对生长猪仍有显著效果。一般情况下，猪饲喂香味剂后采食量提高 5%～20%，日增重提高 17%～25%，饲料报酬提高 8%～12%。

在食物供应充足时，猪对香味相当挑剔。国内应用较多的猪用饲料香味剂有乳香香型、果香香型、甘草香型和谷物香型等，现在还有巧克力香型、鱼腥香型和辛香型等。近年来还有一些生产厂家在奶香型中添加青草香味，使饲料更具有天然风味。

乳香型饲料香味剂主要作用是使仔猪尽快断奶采食，有效地缓解断奶应激反应。使用的香料一般有丁二酮、香兰素、乙基香兰素、乙基麦芽酚、二氢香豆素、丙位庚内酯、丙位壬内酯、丙位癸内酯、丁位癸内酯、丙位十一内酯、乳酸乙酯、丁酰乳酸丁酯、丁酸以及其他有机酸，有的为了加强香味的厚重感，在香精配方中加入茴香油等；有的用丁酸酯类以及乙酸酯类使香型带有水果味，使香味更易飘散出来；有的在乳香型的配方中加大香兰素、乙基香兰素、乙基麦芽酚的用量，使香味显得更甜一些。

巧克力香型的饲料香味剂常用 2,3-二甲基吡嗪、2,3,5-三甲基吡嗪以及噻唑类香料；鱼腥香型使用的香料有三甲胺、苯乙胺等；辛香型使用的香料主要有茴香、胡椒、辣椒、肉豆蔻、肉桂、丁香、姜汁、大蒜以及香荚兰豆等。

在猪的饲料中添加香料最初是为了使那些开始用人工乳代替母乳的仔猪喜欢吃食。一般仔猪生下后先由母猪哺乳 1～2 个月左右，然后逐渐用饲料代替母乳。如果不及时断奶，便会影响母猪下一次受胎。在人工乳中加有母乳香气的香料可以提高仔猪对人工乳的嗜好性。一般仔猪饲料中使用的香料是带甜味的牛奶味香料，它可以使仔猪联想起母乳的香气。加入香料的人工乳可以使仔猪消化酶的作用活跃起来，促进消化。由于猪的嗅觉敏感，所以香料的用量以及饲料中鱼粉、氨基酸等成分对于香味的影响都必须充分考虑在内。仔猪喜好的香料成分有丁二酮、乳酸乙酯、丁酰乳酸丁酯、丁酸和异丁酸及其酯类、香兰素、乙基香兰素、乙基麦芽酚、茴香脑等。有人提出猪对蔗糖和谷氨酸钠也有嗜好性。

（五）家禽饲料加香

家禽味觉差，对苦、咸不敏感，故苦药不影响采食和饮水。严格控制食盐含量（0.3％以下），含盐药物或添加剂尽量拌料给药，尽量不饮水补盐，否则，越饮越渴，越渴越喝，尤其是一月龄以内小鸡，血液中食盐比成年鸡更容易通过血脑屏障而中毒。

家禽有挑食颗粒料习性，又几乎无味觉，故食盐或药物颗粒细度最好接近饲料，否则容易中毒，需严格控制含量、均匀度和细度。

家禽嗅觉比味觉好，拒饮、拒食有气味药物，如：氯苯胍、氯羟吡啶等，这些药物的存在会影响家禽觅食，也影响采食和饮水。对于喜欢的气味则能促进饮食。

例如鸡的味蕾只有 20 个，由于鸡的味觉较差，为了增加鸡的采食量、重量和成活率，节省饲料，一般采用辛香型、鱼腥香型、巧克力香型的饲料香味剂。因为这类香料和香精的香比强值高（阈值较低），可以对鸡的嗅觉和味觉产生刺激。

鸡几乎没有嗅觉，虽有味觉但较差，对好的味道不敏感，对不好的味道反而相当敏感。因此，在质量较差的饲料尤其是杂粮较多的饲料中添加香精能掩盖其不良气味的影响，促进鸡的采食。实验表明，大蒜粉和大蒜油可增进鸡的食欲和采食量。

过去对于鸡是否有味觉曾有过许多争论，后来美国科尼尔大学的 M. R. K. 等在进行了一系列研究后终于得出结论，证实了鸡对气味是有识别能力的。用 4000 只小鸡对 32 种香料进行试验，结果表明：小鸡对于加了香料的水和没加香料的水是有选择性的，而且效果还随浓度的改变发生很大变化。但是香气对嗜好性的影响没有饲料的形态、颜色、表面状态等对嗜好性的影响大。鸡用饲料可以分为产蛋鸡用和食肉鸡用两种。在鸡的饲料香精中大蒜等辛香料很有实用价值。大蒜中所含的大蒜素可增进鸡的食欲，杀死肠内细菌，防止下痢，从而降低鸡的死亡率和防止产蛋率下降。辛香料对鸡的肉、蛋品质无任何不良影响。

其他家禽也与鸡接近，选择饲料香味剂都同鸡的相似。

（六）牛和其他食草动物饲料的加香

牛对甜味的喜爱程度很强，对酸味的喜爱程度中等，犊牛喜爱牛奶香味的人工乳，它含有浓郁的奶香味。此外，牛对乳酸酯、香兰素、柠檬酸及砂糖等也有嗜好性。试验表明，牛用饲料香精对犊牛诱食能力明显，可以提高采食量 15％～16％，日增重提高 23％～24％。

根据牛的不同种类、年龄和重量调配的香味主要用途在于犊牛断奶和喂养奶牛。犊牛断奶期间，如需要尽快地过渡到使它进食，可以采用代乳品和加香饲料。一般犊牛喜欢乳香味和甜味，奶牛喜欢柠檬、干草、茴香和甜味的饲料。奶牛出的牛乳与饲料有很大的关系。夏天用青草作为主要的饲料，牛乳中会有青草香味；而到冬天用干草作为主要的饲料，牛乳中会有香甜气味。

牛奶的风味、色调能随饲料发生变化，也就是说饲料中的香气成分可以转入牛奶中去。另外，当强迫犊牛断奶时，犊牛常常因为一时不习惯而不爱吃食，以致造成营养不足停止生长发育或生病等情况。通常，犊牛生下后用母乳哺育十天左右开始用代用乳饲养。在代用乳中加有牛奶味香料。直到犊牛长到六七周时才逐渐改用人工乳饲养。但人工乳中所用香料仍然以牛奶味香料为主。反刍胃尚未发育完全可和单胃作同样考虑。除了牛奶味香料以外还可使用茴香油，但也有报告提出在实际应用时茴香油使牛的嗜好性降低，其原因可与人类的嗜好作相同的解释。还有一些报告指出，牛对于乳酸酯类、香兰素、柠檬酸、丁二酮、3-羟基-2-丁酮、尿素、砂糖等也有嗜好性。

其他食草动物饲料的加香都同牛饲料加香大同小异。

一般来说，食草动物用的饲料香精可以接近于牛饲料香精。绵羊喜爱低浓度甜味；山羊对酸、甜、咸、苦等四种基本滋味均能接受；鹿对甜味的喜爱程度最强，对酸味和苦味的喜爱程度弱或中等。食肉性动物用的饲料香精可以参考猫、狗的饲料香精。

（七）鱼饲料加香

鱼用饲料香味剂中主要有鱼粉、酵母、植物蛋白以及鱼类喜好的各种香料。使用鱼用饲料香味剂时要考虑鱼的种类对嗅觉的要求以及鱼的味觉等对饲料的要求。一般来讲，肉食性鱼类喜欢腥味和肉味的香料，而草食性鱼类喜欢具有草香、酒香型等有植物芳香的香味。此外，大蒜素、甜菜碱、酸味、苦味、甜味和咸味都对味觉迟钝的鱼类有反应。现在许多厂家利用天然香料、特有鱼油以及各种甲壳类提取物为原料，将鱼类香味剂的市场不断翻新。

鱼虾类水族一般都喜欢鱼腥香味的饵料，其香味的主体大致是 δ-氨基戊醛、δ-氨基戊酸等。曾经用鳗鱼、鲤鱼、鳟鱼、鲫鱼、虾等对鱼用饲料香精进行对照试验。在这些鱼的饲料中主要原料是鱼粉，出于经济目的也可用植物蛋白质代替，在其中添加壬二烯醇、δ-氨基戊醛、δ-氨基戊酸、甜菜碱、海鲜香味料等。植物蛋白质在咬食、嗜好性、消化性等方面还存在一些问题。在上述各种鱼类中幼鳗鱼的饲料主要使用蛤仔香精、虾香精、海扇香精等。

南方常见鱼种适用的添加剂：

鲫鱼——蛋奶、草莓精、香草、花生粉、地瓜粉、杏仁精、寒梅粉、香虎、氨基酸、南极虾粉、蚕蛹粉等；

鲢鱼——凤梨精、寒梅粉、蛋奶、香草、杏仁精、香蕉精、花生粉、地瓜粉、黑粉、蒜头精、香虎、玉米淀粉等；

草鱼——凤梨精、香蕉精、杏仁精、花生粉、香虎、蛋奶、草莓精、地瓜粉、氨基酸、蒜头精等；

福寿鱼——南极虾粉、鸡肝粉、鳗鱼粉、蛋奶、黑粉、香虎、氨基酸、玉米淀粉等；

鲮鱼——香草、杏仁精、花生粉、香虎、蛋奶、草莓精、虾粉、玉米淀粉等；

鲤鱼——花生粉、地瓜粉、蛋奶、草莓精、香虎等；

乌头鱼——蛋奶、花生粉、寒梅粉、香虎等；

武昌鱼——香虎、香草等。

不同季节、不同水域环境、不同厂商香精品牌型号不同，香精扩散力和渗透力会有差异；同时，不同水域鱼的嗜好不同，香料香精对鱼的诱食性会有不同程度的差异，如何用好香料香精还是要多实践，多摸索。

鱼饵香精：钓鱼调饵的参考用量：

（1）油质香精一般用量为 0.1%～0.15%；

（2）水质香精一般用量为 0.35%～0.75%；

（3）水油两用香精一般用量为 0.25%左右；

（4）乳化香精一般用量 0.1%左右（0.08%～0.12%）；

（5）粉末香精适用于膨化饵用量为 0.2%～0.5%；

（6）调味料香精一般用量为 1%左右；

（7）饲料用香精，一般用量为 0.5%左右。

总的原则是：必须根据季节、水温、水质的变化，对饵料"香、酸、甜"进行调整。例如：当水温较高，水底有较厚的淤泥时，所配制的饵料为"六分酸四分香"，初闻是酸味，再仔细闻是香味，即"酸里透香"。为什么水温高时，要"六分酸四分香"呢？因为水底的食物容易变馊发酸，鱼儿对此已经习惯。假如光香不带酸味，反而不灵。然而季节渐渐变凉后，水温也随之下降，应以"六分香四分酸"为宜，即"香里透酸"。实践证明，只要随季节变化而调整饵料的味道，就可以收到较为满意的效果。

夏季还可以考虑使用臭味饵！一般臭味饵用臭豆腐或者韭菜大葱发酵水。

不同的水产动物，其首选的饲料香精不同，养殖者应根据所饲养水产动物的品种选择最适宜的饲料香精。在水产动物不同的生长阶段和养殖条件下，饲料香精的适宜添加量有所不同，应根据实际情况选择最佳添加量。针对水产动物的不同化学感受器，水产饲料的香精可由两种或两种以上的引诱物质混合组成，以达到功能协同增强的效果。

将上述原料拌匀即为鱼用香味素，既可用于饲养鱼虾，也可用作鱼饵添加剂。

（八）宠物饲料加香

随着人们生活水平的提高，宠物的饲养在城市中流行，在欧美诸国，宠物饲料工业已很发达。近年来我国宠物市场发展很快，宠物饲料生产已具有一定规模，宠物用加香饲料极具开发潜力。

一般宠物用香味剂有牛肉味、乳酪味、鸡肉味、牛奶味、黄油味和鱼味等，可以分为狗饲料、猫饲料、（观赏）鱼饲料、鸟饲料等四大类。如果按照饲料水分含量分类，可以分为干型（粒状、饼干状，水分含量在12％以下）、湿型（罐头、香肠，水分含量在70％～75％）、半湿型（水分含量在20％～40％）。在这些制品中狗饲料占大部分，从嗜好性来看湿型比干型好。

（九）其他动物用饲料加香

人类饲养的动物品种越来越多，数也数不清。现在的饲料香精已经包括诸如蚕、蚊、蝇、蛇、甲鱼、鸟食（撒用）中使用的香精。如果把昆虫引诱剂也包括在内，气味对于动物的利用范围实在太大了。这些饲料中香料的开发研究今后还需作很大努力，有些已经初见成效，例如在幼蚕的人工饲料方面现在已经取得相当进展。各种动物饲料香精都是根据该种动物的嗜好而研制的，加香方法各异，这里不再详述。

（十）无抗精油香味剂的使用

根据无抗精油香味剂使用书的介绍，该产品在一般全价饲料里的添加量是0.5％～1.0％，也就是每吨全价饲料添加这种香味剂5～10kg，搅拌均匀即可。如果需要造粒的话，造粒温度尽量低些，造粒时间尽量短一点，减少香味剂在高温下的挥发损失。

饲料里添加了足够量的无抗精油香味剂后，不必使用合成抗氧化剂、防霉剂、酸化剂、促生长剂、诱食剂、肉质改良剂，养殖场全部用这种香味剂饲养动物后，环境有很大的变化，臭味减少80％左右，蚊蝇大幅减少，空气中的有害微生物被抑杀，养殖场所的卫生条件获得极大的改善。

养殖实践证明，无抗精油香味剂将能完全替代动物抗生素与合成抗氧化剂，对促生长、缩短出栏时间、提高料肉比等具有极其明显的作用。

（1）诱食。无抗精油香味剂有酱香、肉香、烧烤香、坚果香、辛香、中药香和适当的酸味，各种动物，包括乳猪、小猪、中猪、大猪、母猪、牛、羊、家兔、肉鸡、蛋鸡、肉鸭、蛋鸭、鹌鹑、鸽子、鱼、虾等都喜欢这种香味。经各地大量的养殖实验，证实它有明显的诱食作用、促生长作用、保健作用，养殖场所气味也改善了许多。有几次发现饲养动物一开始不太适应气味，但很快就适应并喜欢采食了。乙基麦芽酚、甲基环戊烯酮和3-甲基-2-羟基-2-环戊烯酮等都是甜味增效剂。氨基酸对许多动物尤其是水生动物有诱食作用。

（2）改善肉质与风味。无抗精油香味剂添加至牛、猪、鸡、鸭、鸽或其他动物饲料中，饲养动物肉质会更鲜美，同时可减少涩味。生产出的蛋较无腥味，经济价值更高。猪肉中不饱和脂肪酸含量明显高于对照组，鲜肉保鲜期延长一倍，肉色鲜红，"大理石纹"明显，渗出液明显减少，猪肉无腥味，效果十分明显。

（3）提高免疫力。无抗精油香味剂中的左旋葡聚糖可提高动物免疫力，增强动物对病菌的抵抗能力，并提高动物的生产性能及饲料利用率。

（4）促生长。缩短出栏时间作用。无抗精油香味剂可平衡肠道有益菌群、增强肌体免疫力、提高胃酸含量、促进蛋白和淀粉消化，饲料利用率提高了10％～11％；家禽的日增重和产蛋量明显提高，蛋产量增加6％～8％，保鲜期延长一倍。

精油对动物的促生长作用机理，研究认为一是无抗精油香味剂中的香料成分能促进动物肠胃蠕动同时不会破坏肠胃菌落群，加速动物血液循环；二是能增强饲料香味和适口性，诱使动物多进食；三是能提高动物免疫力，降低应激性。

（5）防霉。无抗精油香味剂含有的甲酸、乙酸、丙酸等有机酸和醇类、酚类、醛类物质，防霉效果显著，能通过损伤霉菌细胞膜而进入细胞，使胞内大分子空间结构改变并且有序的新陈代谢被破坏，导致杀灭、抑制霉菌的生长，从而起到防腐防霉的作用。这些香料成分对真菌有很强的灭杀抑制作用，对大肠埃希菌、枯草杆菌及金黄色葡萄球菌、白色葡萄球菌、志贺氏痢疾杆菌、伤寒和副伤寒甲杆菌、肺炎球菌、产气杆菌、变形杆菌、炭疽杆菌、肠炎沙门氏菌、霍乱弧菌等有抑制作用，对革兰氏阳性菌杀菌效果显著，对黄曲霉、黑曲霉、橘青霉、串珠镰刀菌、交链孢霉、白地霉、酵母均有强烈的抑菌效果。

（6）抗氧化。无抗精油香味剂里面的酚类、醛类、萜烯类的还原作用，降低饲料体系中的氧含量，中断氧化过程中的链式反应，阻止氧化过程进一步进行，破坏、减弱氧化酶的活性，使其不能催化氧化反应的进行，将能催化及引起氧化反应的物质封闭，如络合能催化氧化反应的金属离子等。其抗氧化机理与合成抗氧化剂相似。

（7）抗菌抑菌。无抗精油香味剂中的芳樟醇、愈创木酚、香兰素、桂醛等不仅对各种致病菌有很好的抑制效果，都是芳香性健胃祛风剂，对肠胃有缓和的刺激作用，可促进唾液及胃液分泌，增强消化功能，解除胃肠平滑肌痉挛，缓解肠道痉挛性疼痛。用于治疗胃痛、胃肠胀气绞痛，有显著的健胃、祛风效果。

事实上，无抗精油香味剂的最大特点在于用一些精油杀灭对饲养动物有害的细菌而用另一些精油滋养益生菌。

由于无抗精油香味剂中众多微量物质活性因子的天然综合平衡作用机理，在实际应用中表现出不可思议的效能，是一类目前人工无法全合成和其他产品无法替代的物质。无抗精油香味剂对平衡动物肠道有益菌群、增强肌体免疫力、提高饲养动物胃酸、促进蛋白和淀粉消化、提高饲料利用率、降低单位动物饲料消耗量，动物的早期增重以及防病治病（尤其是多发病毒性疾病和常见腹泻）都有极佳效果，使生产纯天然绿色肉类食物成为现实。

三、各种日用品的加香

生产各种日用品的工厂技术人员，虽然对自己的产品比较熟悉，对各种日用品生产加工所用的原料也应该都是熟悉的，唯独对使用的香精却知之甚少，不懂得向香料厂和调香师提出具体的要求，待到拿来香精样品试用时才发现问题不少；而香精制造厂这边，直到现在有许多人包括调香师还未能重视香精在各种日用品里的"表现"——不管对象如何，通通给一样的香精！差别只在于所谓的"档次"也就是价格的不同而已。这是很不应该的，须知每一种日用品都有它的特点，对香精的各种理化性质要求不同，没有一种香精配方可以适应所有日用品的加香。例如用于发油的香精要求能溶于白矿油，而用于气雾杀虫剂的香精则根据溶剂的不同分别要求能溶于煤油、乙醇或能方便地乳化于水中，还要同液化气体形成稳定的"气溶胶"。蜡烛用的香精与香皂用的香精要求比较接近，但前者要求香精能全溶于矿物油（包括蜡），而后者因为有"游离碱"问题，部分原来用于蜡烛"表现"很好的香精移植用于香皂却"表现"不佳。

这些例子都是比较"浅显"、容易理解的，而更多的问题是在加香的时候才暴露出来。因此，要求每一个香精的"推出"都应做足够的加香实验。问题是加香实验应由谁来做：用香厂家做加香实验有个优势，就是除了香精以外的材料都与今后实际使用的一样，做加香实验时的工艺条件也容易与实际情形一致，但由于用香厂家的技术人员一般香料香精知识较为缺乏，而且完全不知道香精里面的成分，有了问题不知道出在哪里、怎样解决；香精制造厂做加香实验有更大的优势，需要的实验材料和要求的工艺条件可以向用香厂家索取。

因此，现代化的香精制造厂都拥有大量的加香实验技术人员、大面积的加香实验室和加香实验器材设备。当今香精制造厂的业务推销员拿给用香厂家的样品几乎都是自己信心十足的已加香的产品，小瓶香精只是给用香厂家技术人员闻闻香气好不好、适合不适合而已。

诚然，用香厂家也不是就不用做加香实验了：

① 虽然已提供自己生产用的原材料样品和工艺条件给香精制造厂，但仍有所保留；

② 生产使用的原材料和工艺条件也在不断地改变着；

③ 怀疑香精制造厂的推销员没有全说实话；

④ 不一定得完全按照香精制造厂的配方生产，有时候想试一下也许可以少用一点香精以降低成本；

⑤ 几个不同厂家生产的香精再混合成一个新的香精，这样可以使自己的产品让别人更难模仿——当然加香实验得自己做了。

本节中的介绍内容有简有繁，凡涉及"配方"的日用品（如气雾剂、化妆品、洗涤剂、熏香品等）讲解都比较详细，这是因为"配方"中各种化工原料可能与香精中的各种香料起作用影响到加香效果和其他理化性能，介绍详细一些让读者能更好地分析、作出判断。

各种产品加香时常用的香型、香精形态、添加量和对香精的要求一览表见资料库。

（一）气雾剂

1931年挪威人俄利克·波希姆开始研究气雾剂，1933年成功地用液化天然气作为气雾剂的抛射剂，申请并获得世界上第一个气雾剂的专利权。同年，米德里·亨内和纳利等人发明了氟碳化氢（氟利昂）作气雾剂的抛射剂，也获得了专利。1948年已经发展到使用无缝的不锈钢罐和铝罐。超低容量气雾剂也是在这段时期开始研究，到20世纪60年代世界各国才形成工业化生产的。我国从1973年开始引进超低容量气雾剂技术，

1978 年前后才大规模应用于农业上，后来再进一步扩大到卫生防疫的杀灭害虫和空气灭菌消毒等方面。

气雾剂近几十年来发展最快的是在日用化学品领域，在发达国家人均使用量达十几罐/年，每个家庭任何时候都有几十罐气雾剂，包括空气清新剂、化妆品、护肤护发品、舞会和舞台用品、各种洗涤剂、食品、药品、驱虫杀虫剂、涂料、宠物用品、花卉用化学品、家用胶黏剂、灭火剂、旅游用品、汽车清洁防雾剂等，而我国目前人均使用量较少，品种也较少，主要是空气清新剂和家用杀虫剂、护肤护发品，其他的还不多，说明发展潜力还很大。如果人均达到 10 罐/年的话，每年一百多亿罐，价值上千亿元（人民币），相当可观。如每罐使用价值一元（人民币）的香精的话，就有一百多亿元的香精市场，这不能不引起香精制造厂和调香师们的兴趣和关注。

以前气雾剂采用氟利昂作抛射剂，氟利昂几乎没有什么气味，所以香精的选择几乎可以随心所欲，想用什么香型都可以。由于现在禁用氟利昂，气雾剂的抛射剂普遍采用液化石油气（LPG，主要成分是丙烷、丁烷以及其他烷系或烯类等，丙烷和丁烷含量超过 60%）和二甲醚，液化石油气和二甲醚不管怎么"精制"都还是带有让人闻起来不舒服的"异味"，这就需要气雾剂生产厂和香精厂多做加香实验，才能让每一个气雾剂产品都香气宜人、广受欢迎。

液化石油气带有石油的"有机溶剂"气息，在自然界气味关系图里属于"草木香"范畴，可以用草木香类和花果香类香精让它在头香中不暴露而在体香中出现而不被人们厌恶。二甲醚带有淡淡的醚类果香气息，用花果香香精可以让它的这种气息与香精的头香结合而形成令人愉悦的香味。这都仅仅是理论上的想法，实际做加香实验时要复杂得多，没有这么简单。只有实践才能出"真知"。

1. 空气清新剂

空气清新剂可以看作是"环境用香水"或"公众香水"，与香水不同的是：第一，它是让众人闻的，不是供自己享受的；第二，在掩盖"臭味"方面，香水要掩盖的是"体臭"，而空气清新剂要掩盖的是"环境臭"。因此，虽然二者都是给人"鼻子的享受"，使用的香精配方却有很大的不同。香水香精可以大量使用价格昂贵的天然香料，而空气清新剂香精基本上全用合成香料，如用到天然香料也都是一些单价比较低的，毕竟空气清新剂是"大众化"的产品，不是奢侈品。

自然界各种花香、草香、水果香、木香、"五谷香"等都是空气清新剂用香的首选，因为这些香气有让人投身大自然的感觉。人类各种嗜好品——烟、茶、咖啡、酒以及各种熟食的香味有时也可用于一些特定的场合。各种古龙水、花露水的香型用于空气清新剂也颇受欢迎，因为它们也属于"大众化香型"，绝大多数人喜欢，并且"百闻不厌"。我国特色的花露水香型（玫瑰麝香香型）也可作为空气清新剂使用，但在一些特定的场所比如餐厅、厨房、卫生间等就不适合使用了。

同其他香精的作用一样，空气清新剂香精的功能也是一"盖臭"（消除、抑制或掩盖臭味）、二"赋香"、三"增效"。消除臭味可以用易与胺类、硫化物、吡啶等起反应的异丁烯酸月桂酯、正丁烯酸癸异二烯酯、洋茉莉醛、柠檬醛、苯甲醛、香兰素、乙基香兰素、香豆素等和一些天然香料如芳樟、鼠尾草、丁香、月桂等的提取液，利用它们的"反应基团"与发生臭味的化合物起作用变成无臭或者臭味较淡的物质；也可以用麻醉嗅觉神经、减少对臭味及刺激性气体的感觉的香料，如薰衣草、茉莉花、松树等提取液。"赋香"则要求香精从头香、体香到基香都要完全"压"过残存的臭味，也就是既要用蒸气压大的也要用蒸气压中与低的香料，当然，这些香料还要配制得让人们闻起来舒服、清爽。至于"增效"那就要根据不同的使用场合来选择香料了。

市售的空气清新剂除了气雾剂以外，还有做成凝胶状的产品，"汽车香水"也应算为空气清新剂的一种，这两种产品我们将另外介绍，本节只讨论气雾剂型的空气清新剂。

气雾剂型空气清新剂有"醇基"和"水基"两种剂型，"醇基"型更接近于香水，配制比较简单，但制造成本较高，香精配方用料可以比较随意，因为绝大多数香料都易溶于乙醇；"水基"型是靠乳化剂把香精乳化（或微乳化）在水里的，由于各种香料的"HLB值"（亲水亲油平衡值）差别很大，因此要使用各种不同的乳化剂，而且要做大量的乳化实验才能确定一个配方。一般说来，含醇量较高的香精比较"亲水"，用在"醇基型"空气清新剂里可以多加一些水（既降低成本又可减慢香精的挥发），而用在"水基型"空气清新剂里却反而不易乳化（或微乳化）。

因此，空气清新剂使用的香精还分成"亲水型"和"亲油型"两个类型。用香厂家在向香精厂购买香精时要注意区分这两个类型，香精厂也要主动向用香厂家介绍这两个类型不同的性质和使用方法。

用纯种芳樟叶油、丁香油、肉桂油、茶树油、百里香油等按一定的比例配制的"复配精油空气清新剂"，喷洒在室内空间可以快速杀灭空气中各种有害细菌，供医院、公共场所、家庭里消毒杀菌使用，安全高效，香气令人愉悦，值得大力推广。

2. 家用杀虫剂

香精在气雾杀虫剂中的用量很少，只占其中的 0.2%～0.5%，虽然香精不是有效成分，但它的作用非常关键，是必不可少的添加剂之一。一个杀虫剂生产厂家的产品能否受到市场的欢迎，香味是主要因素之一。香精选用恰当，既能掩盖产品中原料的异味，又能发出高雅的气味，满足消费者的追求。

香精的选用应考虑到消费者的爱好，如生活环境和习惯、文化经济发展情况的不同和变化，对香味的感觉及需要也不同。中国人大多喜爱茉莉、玫瑰、桂花、兰花等花香和各种水果香味。如产品销售北方市场，因北方天气较冷，偏爱浓郁香气，应以甜美果香为主；产品销售南方市场，因南方气候温和，偏爱清雅的香气，应以清淡花香为主；出口欧美及日本的产品，选择柠檬、柑橘及百花香型最好。

不同剂型的杀虫气雾剂对香精的选择也不一样。大多数气雾杀虫剂不能使用碱性香精，以避免药液中有效成分的稳定性受到影响，铝制的气雾罐也怕碱性腐蚀。

利用复配精油驱虫杀虫的，虽然也有可能加入一些有气味的杀虫剂，但现今家用杀虫剂的气味都较淡，所以香味选择基本上不需要考虑杀虫剂的气味影响，而是复配精油的气味能不能调得圆和一些，不太刺鼻、令人不悦。当然，能调到既有驱杀虫功能又"像香水一样"香喷喷的就更受欢迎了。

家用杀虫剂有三种剂型：油基型、水基型和醇基型。

(1) 油基型气雾杀虫剂：主要以脱臭煤油为溶剂的气雾杀虫剂称为油基型气雾杀虫剂。油基型气雾杀虫剂的溶液是将击倒剂、致死剂、增效剂及其他添加剂充分溶解的均相溶液。因为煤油属饱和烃，有合适的沸点，所以对人畜安全。煤油接触到昆虫就能将其表皮的蜡质层溶化使药液较快溶入昆虫的中枢神经，所以油基型气雾杀虫剂杀虫效果好。杀虫成分在煤油中不会分解，药效稳定性也比较好。油基型杀虫气雾剂还具有对容器无腐蚀性的优点。所以，我国气雾杀虫剂中油基型气雾杀虫剂还占比较大的比例。

油基型以煤油为溶剂，要求香精全溶于煤油中。由于煤油气味浓烈，即使是"脱臭煤油"仍带着令人厌恶的"煤油味"，想要用一种香精的香气把它完全掩盖住几乎是不可能的。最好的方案是把煤油的气味当作一种头香的成分，让它有机地与香精的整体香气结合起来，让人初次嗅闻时觉得不那么"臭"，还能接受，以后慢慢就习惯了。

还有一点是应当注意的：煤油按"平均沸点"来区分的话，还可以分成"轻煤油""中煤油""重煤油"三种类型，"轻煤油"接近于汽油，"重煤油"接近于柴油，"中煤油"介乎二者之间。"轻煤油"要用"平均沸点"较低的香精，"重煤油"则要用"平均沸点"较高的香精。最好用气相色谱测一下煤油，看它打出来的"峰"主要在哪一段，采用"主要峰"也在那一段的香精比较能"掩盖"或与煤油组成较为宜人的头香（也就是"轻煤油"用比较"轻"的香精，"重煤油"用比较"重"的香精）。

(2) 水基型气雾杀虫剂：主要以水为溶剂的气雾杀虫剂称为水基型杀虫气雾剂。水基型气雾杀虫剂的优点是不仅能大幅度降低气雾剂的成本，减少溶剂对环境的污染，减弱对人体的刺激性，而且水基型杀虫剂不燃烧，在生产、运输及使用过程中安全性都比较高。所以，从 20 世纪的 80 年代起，水基型杀虫气雾剂的开发已成为国内各大厂家发展的主要方向。

水基型气雾杀虫剂中因水对"药液"的溶解能力较差，所以要用乳化剂（或微乳化剂）。对乳化剂的选择，要根据相互之间的物质特性、油相和水相的比例及所要求的最后状态（一般做成水包油型）。

乳化剂（或微乳化剂）的品种很多，可以分为阳离子型、阴离子型、两性离子型和非离子型等。在水基气雾杀虫剂中使用的乳化剂（或微乳化剂）有吐温系列、司盘系列、平平加系列、肥皂、天然皂素以及各种农药专用乳化剂，虽然加大剂量可以用一种乳化剂乳化所有的农药和香精，但这是不合算的。最好是多做实验，找到"最佳的"乳化剂和乳化剂使用量。因为水不会像煤油那样有股难闻的"臭味"，香精在水基气雾杀虫剂中"抑臭"比较容易，所以香精的使用在水基气雾杀虫剂中应选用香品值比较高的，一般以清淡香型为主。

另外选择香精添加在水基气雾杀虫剂中，还应考虑香精与乳化剂的结合，使之乳化效果能达到最佳程度。香精加入量一般为 0.2%～0.3%。同水基型空气清新剂用的香精一样，水基型家用杀虫剂的香精也可分为 2 类："亲水型"和"亲油型"。

（3）醇基型气雾杀虫剂：以乙醇作溶剂制成的杀虫气雾剂称为醇基型气雾剂。因为乙醇挥发快、在空间持效短、亲水性大，雾滴对虫体表皮渗透力小，药效稍差，而且杀虫有效成分的稳定性也不如油基型。所以醇基型杀虫剂在我国的生产数量比油基型杀虫剂少得多，也不是今后发展的方向。因乙醇对香精的溶解性比较好，所以对香精的选择性就比较广泛。厂家可以根据市场销售的喜好进行选择。

3. 喷发胶和摩丝

在我国，许多人懂得"气雾剂"这种产品是从喷发胶和摩丝开始的。20世纪70年代我国就已少量生产喷发胶供文艺界作舞台化装用，80年代中期开始进入家庭，同时头发定型摩丝也出现了，霎时全国上千家新的、老的化妆品生产厂家来分享这杯"羹"，各地的理发店、发廊、美容院都摆满了这两个商品。

喷发胶和摩丝所用的头发定型材料——大分子树脂、聚合物有两个来源，一是合成化学品，二是天然物如虫胶、贝壳素等，后者虽然迎合了"回归大自然"的呼声，但也有致命的缺点：会堵塞气雾剂罐的喷嘴和导管，影响使用，也造成浪费。所以现在绝大多数喷发胶和摩丝用的成膜材料是聚醋酸乙烯酯或聚乙烯吡咯烷酮与醋酸乙烯共聚物等，它们都具有与抛射剂的互溶性良好、水洗后容易去掉、有很好的特性黏度和抗潮湿性能、喷在头发上不会发硬、可增强头发的弹性等优点。

喷发胶和摩丝用的香精香型可谓丰富多彩，因为喷发胶的配方中，除了抛射剂以外，最大量的是无水乙醇，几乎所有的香精都易溶于乙醇，所以各种香精都能使用；而摩丝虽然除了抛射剂以外是以水作为溶剂的，但因为有使用乳化剂，只要先把香精（和其他不溶于水的物质如硅油等）用乳化剂乳化于少量的水中再加入其余原料即可。

4. 芳樟消醛液和芳樟消醛香包

甲醛是无色、具有强烈气味的刺激性气体，是一种原浆毒物，能与蛋白质结合，吸入高浓度甲醛后，会出现呼吸道的严重刺激和水肿、眼刺痛、头痛，也可发生支气管哮喘。皮肤直接接触甲醛，可引起皮炎、色斑、坏死。经常吸入少量甲醛，能引起慢性中毒，出现黏膜充血、皮肤刺激症、过敏性皮炎角化和脆弱、甲床指端疼痛，孕妇长期吸入可能导致新生儿畸形，甚至死亡，男子长期吸入可导致男子精子畸形、死亡，性功能下降，严重的可导致白血病、气胸、生殖能力缺失，全身症状有头痛、乏力、胃纳差、心悸、失眠、体重减轻以及植物神经紊乱等。

各种人造板材（刨花板、密度板、纤维板、胶合板等）中由于使用了脲醛树脂黏合剂，因而可含有甲醛。各种家具的制作，墙面、地面的装饰铺设，都要使用黏合剂。凡是大量使用黏合剂的地方，总会有甲醛释放。此外，某些化纤地毯、油漆涂料也含有一定量的甲醛。甲醛还可来自化妆品、清洁剂、杀虫剂、消毒剂、防腐剂、印刷油墨、纸张、纺织纤维等多种化工轻工产品。

甲醛现在被各界普遍认为是室内第一杀手，它的释放期长达3～15年，对人体尤其是婴幼儿、孕期妇女、老人和慢性病患者甚为严重。空气中的甲醛气体释放周期较长，轻微超标时居住者不易察觉。超标四五倍时，居住者才能嗅出气味。

除特殊工作岗位外，目前甲醛的危害主要来自装修污染，一般家庭装修后保持通风半年以后再入住，人们迫切希望能有一种简单易行的可以在装修后即能进驻又不受到甲醛伤害的办法。

目前各种"专业针对性清除甲醛"方法，虽然效果快速、强力、高效，但往往治标不治本，仅仅靠喷涂一层甲醛清除剂不可能把板材内部的甲醛清除干净，因为甲醛还会慢慢释放出来，只是释放的周期变得更长而已。所以"清除"后还得配合"固态吸附剂类"产品以养护和巩固清除的效果。市场上此类产品很多，选择不好还会造成二次污染。

市面上的其他"消醛产品"及方法如玛雅蓝、活性炭、竹炭、木炭、茶水、通风、植物吸收、光触媒、光催化法等除甲醛都不同程度地存在着"除醛不净""操作不便""不适合家庭使用""二次污染"等缺点。活性炭、竹炭、木炭等是目前人们使用最多的"消醛产品"，但有关的实验结果却清楚地表明：炭吸收了甲醛以后还要释放出来，所以实际上所有的炭类产品都是无效的。

纯种芳樟是樟树里一个特殊的品种，其树叶用水蒸气蒸馏法得到的精油含左旋芳樟醇90%以上。纯种芳樟树的各个部位含有大量的多酚、木脂素、萜类化合物，这些成分可以同空气中的甲醛产生化学反应而变成无毒无害的物质。因此，用乙醇提取纯种芳樟的叶子、树枝、树根、树皮等得到芳樟叶酊、芳樟枝酊、芳樟根酊、芳樟皮酊等加入适量的香精即可得到芳樟消醛除臭液，通过喷雾的方法就可以消除空气中的甲醛、杀灭有害细菌、除去不良气息。

芳樟消醛除臭液按一般生产气雾剂的方法进一步加工成芳樟消醛除臭液气雾剂，或者把它与芳樟枝叶粉混合制成"消醛香包"，使用时喷雾或靠香气散发在空中可与空气中的甲醛产生化学反应变成无毒无害物质，又可杀灭空气中对人有害的细菌，除去不良气息，使空气清新，有利于人的身心健康。

对于 $20\sim40m^2$ 的密闭房间，在室内空间喷雾芳樟消醛液或者放置一包芳樟消醛香包后可使室内甲醛浓度从 $1.00mg/m^3$ 迅速降到 $0.05mg/m^3$ 以下（中华人民共和国国家标准《居室空气中甲醛的卫生标准》规定：居室空气中甲醛的最高容许浓度为 $0.08mg/m^3$）。

这种消醛产品使用的香精全部用食品级香料配制而成，带明显的水果香味，人群接受度很高。

除了上述几种产品以外，目前国内常见的气雾剂制品还有各种护肤护发品和化妆品（如发油喷雾剂、喷雾香水、防晒喷雾乳液、剃须摩丝、染发摩丝、护发素、爽发水、收缩水、化妆水、亮肤水、止汗水、祛毛剂、剃须液、胭脂、口红、指甲油等）、口腔清新剂、司机清醒剂（疲劳康复剂）、安眠香水、衣领净（强力洗涤剂）、花卉喷施用品、宠物用品、油漆、涂料、油墨、军队"迷彩"用品、药品、食品、舞会和舞台用品、家用胶黏剂等，这些气雾剂的加香和制作方法基本上可以参考上述空气清新剂、喷发胶、摩丝和家用杀虫剂所用的方法，部分产品下面各节有专门讨论。

采用气雾剂的形式给各种日常用品加香也是非常简便有效的方法，现在已经在"服装加香"等方面得到应用，今后还会推广到其他加香领域。这种"气雾剂香精"的生产是很简单的——只要把香精灌装到容器容量的1/3 至 1/2 左右，抽真空，再加进抛射剂就行了。它与一般的空气清新剂是完全不同的：首先，它几乎是100％的香精（如香精配方中用了较多的固体香料或者配出的香精黏度太大，可以用苯乙醇、苯甲酸苄酯、邻苯二甲酸二乙酯、二缩丙二醇等溶解、稀释，不能用酒精，因酒精会加快香精的挥发，而且施工时较危险）；其次，这种香精的留香值大，因为被加香的对象都是要求留香持久的。

（二）洗涤剂

洗涤剂是通过洗净过程用于清洗物品而专门配制的产品，通常由表面活性剂、助洗剂和添加剂等组成。洗涤剂的种类很多，按照去除污垢的类型，可分为重垢型洗涤剂和轻垢型洗涤剂；按照产品的外形可分为粉状、块状、膏状、浆状和液体等多种形态。实践证明：在织物的水洗中只有阴离子表面活性剂和非离子型表面活性剂，对织物去污能够起到正面有效的作用。因此这两种表面活性剂成为衣物洗涤剂的主要材料。

洗涤剂要具备良好的润湿性（LBW-1）、渗透性、乳化性、分散性（LBD-1 分散剂）、增溶性及发泡与消泡等性能。这些性能的综合就是洗涤剂的洗涤性能。洗涤剂的产品种类很多，基本上可分为肥皂、合成洗衣粉、液体洗涤剂、固体状洗涤剂及膏状洗涤剂几大类。

1. 洗衣皂

人类从 2000 多年以前就懂得用肥皂洗衣服了。最早也许是出于偶然，人们发现草木灰和油脂混合（长时间放置以后）产生的物质搅在水里会起泡，用来洗衣服比直接用草木灰更能去污，后来便有意识地用草木灰提取的碱同油脂熬煮制造肥皂。到路布兰发明用芒硝制造纯碱的方法发展至大规模的工业化生产以后，肥皂工业慢慢普及到全球，成为日用化工的先驱。

普通的洗衣皂是块状的肥皂，早期的洗衣皂生产很简单，把各种动植物油脂、松香与烧碱（氢氧化钠水溶液）按一定的比例入锅熬煮"皂化"，待到形成均匀的胶体时注入冷凝器冷却结成硬块后，切成条块状，打印，包装即成。现代洗衣皂的生产要复杂多了，大型工厂要回收甘油，皂体里还要加入许多种添加剂和填充料如水玻璃（泡花碱）、碳酸钠（纯碱）、沸石粉、透明剂、着色剂、钙皂分散剂、荧光增白剂和香精等。

由于许多动植物油脂带有浓烈的气味，用石蜡氧化得到的高碳酸（在某些国家曾是制作肥皂的重要原料）也有难闻的气味，人们便使用一些天然的、比较廉价的香料来掩盖这些油脂和合成脂肪酸的不良气息。来自东南亚的一种禾本科植物——香茅（"刚好"与椰子油和棕榈油——制造肥皂最佳的原料同籍）被一些大型制皂厂看上并得以大面积人工栽培、提炼精油直接用于肥皂加香，后流行全世界。直至今日，洗衣皂加香用的香精香型仍以香茅为主，甚至许多人以为洗衣皂"本来"就应该是香茅味的，一般老百姓一闻到香茅的气味就说是"肥皂味"。

到了现代，虽然洗衣皂都还是以香茅香气为主，但已经较少直接使用天然香茅油了，而是用香精厂配制的香茅香精。

洗衣皂用的香精香气比较"粗糙"，对色泽要求不高，价格相对低廉，因此，许多合成香料和天然香料的"脚子"和"底油"在这里得到应用。这些香料下脚料加入香精里可以大幅度降低配制成本，但不能把它们完全看作是"填充料"，它们对香气也有贡献，而且有一定的定香作用。所以香料下脚料也不是可以随便"乱"加的，同样需要做大量的加香实验才能得到一个好的配方。高明的调香师既能够尽量多地使用香料下脚料，又能把它们的香气调配得让众人都能接受、甚至"喜爱"的程度。

2. 香皂

现代的香皂有许多品种已经不只具备一个"洗涤"的功能，变成"多功能香皂"了，如"强香香皂"——消费者买回家以后解开包装置于卫生间里先当作"空气清新剂"让它散香一段时间，待到香味变淡时作香皂使用；再如"护发香皂"——在香皂里加了护发、调理等添加剂，让香皂像"二合一香波"一样洗发又护发；"工艺品香皂"——把香皂做成各种漂亮的造型，有观赏价值；"药皂"——在香皂里加了中草药、杀菌药物等，用这种香皂洗澡、洗发可以防治皮肤病；"芳香疗法香皂"——在香皂里加了某种单一精油或复配精油，声称这种香皂有稳定情绪、消除疲劳或振作、兴奋等作用，其原理如同精油沐浴；还有"美容香皂""芳疗香皂""养生香皂""保健香皂""驱蚊香皂""香水皂""手工皂"等。调香师得根据这些"多功能香皂"的特点来调配适合的香精。

3. 手工皂

手工皂是使用天然油脂与碱液，用人工制作而成的肥皂。基本上是油脂和碱液起皂化反应的结果，经固化、熟成程序后可用来洗涤、清洁。常用的油脂包括大豆油、花生油、茶油、菜油、橄榄油、棕榈油、棉籽油、椰子油、可可脂、猪油等。碱液通常为氢氧化钠或氢氧化钾的水溶液。手工皂还可依据个人的喜好与目的，加入各种不同的添加物，例如牛乳、母乳、豆浆、精油、香精、花草、中药药材、竹炭粉、防腐剂、天然色素、染料、颜料等。香精的使用量为 0.5%～5.0% 不等。

4. 洗衣粉

20 世纪 40 年代，化学工作者利用石油炼制得到的一些组分生产出一种比肥皂性能更好的洗涤剂原料——四聚丙烯苯磺酸钠，用它加上磷酸盐等制出了"第一代"的合成洗衣粉。之后，又开发出直链烷基苯磺酸钠、烷基磺酸盐、烯基磺酸盐、烷基硫酸盐等表面活性剂，到了 20 世纪 60 年代，全世界生产使用的洗衣粉总量已超过了肥皂，我国也在 80 年代中期完成了这个"超过"。我国现在生产的洗衣粉基本上都是用十二烷基苯磺酸钠、烷基磺酸钠加上三聚磷酸钠、水玻璃（泡花碱）、碳酸钠、硫酸钠、羧甲基纤维素（抗再沉积剂）、荧光增白剂、香精等配制而成的，1% 水溶液的 pH 值为 9.5～11.0，与肥皂差不多。

中国洗衣粉国家标准规定的洗衣粉属于弱碱性成品，适合于洗涤棉、麻和化纤织物，按品种、性能的规格分为含磷和无磷两类，每类又分为普通型和浓缩型两种，即 HL-A、HL-B、WL-A、WL-B 四个品种。

现在不只是高档洗衣粉有加香精，中低档洗衣粉也都陆续加入香精了，加入量为 0.2%～1.0%。早先加入香精只是为了掩盖洗衣粉的"化学气息"，加入量较少。现在则要求加入香精后不但洗衣粉闻起来有香味、洗衣时香喷喷，还要让衣物洗完晒干、熨烫以后还留有香味，这就给调香师提出了研究的课题——洗衣粉的"实体香"问题。当然，这并没有难倒调香师。经过大量的加香实验和理论分析以后，满足洗衣粉这个特殊要求的香精被研制出来了。但现在洗衣粉生产厂购买的香精不一定有"实体香"，这有许多原因，可能有的洗衣粉生产厂还不知道有这种"特殊功能"的香精；有的香精厂没有这个技术；还有"价格"因素——具有"实体香"功能的香精配制成本比较高，中低档洗衣粉还"用不起"。

用微胶囊香精给洗衣粉加香也有"实体香"功能，但成本较高。

5. 液体皂

目前市售的液体皂有两种：

（1）以肥皂为主要活性成分。用氢氧化钾代替氢氧化钠来同各种动植物油脂"皂化"就可以制得液体肥皂，再根据用途加入各种添加剂如护肤剂、富脂剂以及阴离子、非离子或两性表面活性剂、甘油、香精等。这种液体皂一般是黏稠的液体，有时是"半固体"，俗称"皂膏"，可以用玻璃瓶、塑料瓶或软管包装，也可以做成气雾剂的形式，使用更加方便。由于这种液体皂多数泡沫丰富、细致，作为剃须膏非常合适——至今剃须膏仍以这种液体皂为主；作沐浴液也不错，许多人认为肥皂是"天然物质"，虽然制作过程中用了碱，但至少人类已经使用 2000 多年没有听说有什么"副作用"或"潜在毒性"的，洗澡的时候放心；作洗衣皂也不少——俗称"肥皂膏"，但通常在钾皂里面再加了合成的表面活性剂和洗涤助剂，这样可以克服肥皂"怕"硬水的缺点。

（2）以合成表面活性剂为主要活性成分。这种"液体皂"现在更普遍的叫法是"液体洗涤剂"，用各种表面活性剂如烷基苯磺酸钠、醇醚硫酸盐、醇醚、烷醇酰胺、烷基磺酸盐等和助剂、香精、水配制而成，有"重垢型"与"轻垢型"之分，我国目前生产的几乎都是"轻垢型"的，根据发达国家的经验，我国还应当发展"重垢型"液体洗涤剂，因为"轻垢型"洗涤剂去污力较差，只用于洗涤羊毛、羊绒、丝绸等柔软、轻薄织物及高档面料服装，而"重垢型液体洗涤剂"碱性高、去污力强，可以代替肥皂和洗衣粉。液体洗涤剂生产时耗能低，可节省大量的无机盐，使用方便，是洗涤剂发展的方向。

液体皂使用的香精跟洗衣粉一样，只是不使用微胶囊香精。

6. 洗衣膏

洗衣膏与洗衣粉相似，只是少用或不用对洗涤不起作用的无机盐（主要指硫酸钠）而已，取代的是水，因此可以降低制造成本，而且使用更加方便，因为洗衣膏在水里的溶解性更好，也更易于溶解，去污力较高，机洗手洗都行。一般洗衣膏的固体总含量为 50%～60%。

市售的洗衣膏也有用"复合皂"为主体加合成的表面活性剂配制的，它保持了肥皂良好去污力的特点，又克服了肥皂"怕"硬水和单纯用肥皂洗衣会使织物发硬、变脆的缺点，泡沫低，易漂洗。早期的钾肥皂有时也被叫做"洗衣膏"。

洗衣膏绝大多数都有加香，使用的香精与洗衣粉大同小异。

7. 溶剂型洗涤剂

水基洗涤剂虽然使用方便、价格便宜、毒性低、污染小，但有些天然纤维吸水后会膨胀，干燥时又会收缩，使得水洗后的织物出现褶皱、变形、缩水。尤其是一些羊毛织物干燥时发生缩绒，纤维变硬，手感、色泽变差。因此，市场上便有了"干洗剂"，即溶剂型洗涤剂。

下面是一个常用的"干洗剂"配方例子：

AEO-9	40	十二烷基苯磺酸	33
丙二醇	17	单乙醇胺	7
丁基溶纤素	3		

单乙醇胺要加到 pH 值 7～8 为止。

上述组分混合后，再以 1.0%～1.5% 的量加入四氯乙烯中溶解均匀即为"干洗剂"。

由于四氯乙烯有醚样臭味，需要加入适量的香精掩盖它的臭味。

8. 餐具洗洁精

餐具洗洁精是液体洗涤剂的一种，属于轻垢型洗涤剂。由于餐具洗洁精洗涤的是同人的食物直接接触的物品甚至直接用来洗涤食品，所以要求无毒、不伤皮肤、去油污性能好、色浅、无异味，最好气味芬芳但又是"可食性"的香味。

美国每年消耗的餐具洗洁精将近 100 万吨，欧洲各国 100 多万吨，日本 40～50 万吨，我国也已高达 30 万吨以上。如果香精的加入量为 0.1% 的话，全世界在这方面年耗香精达 5000 吨，非常可观。

餐具洗洁精使用的香精比较简单，不需要留香，配制成本也都较低，大部分食用的水果香精都可以作餐具洗洁精香精，如香蕉、菠萝、柠檬、柑橘、甜橙、草莓、哈密瓜等香味的"香基"——就是全部用香料配制的，还没有用酒精、丙二醇、水、植物油等"稀释"的所谓"5 倍""10 倍""20 倍"食用香精，它们全都有被加入餐具洗洁精过。有一点要注意的是：餐具洗洁精大部分是碱性的，上述的各种水果香基或多或少都含有一些遇碱容易变色的香料如香兰素、乙基香兰素、乙基麦芽酚等，这几个香料加在香精里面的目的是让香精留香好一些，既然餐具洗洁精香精不必留香，干脆在配制"香基"的时候就不用它们了。

在餐具洗洁精里加入杀菌抑菌"消毒剂"，用该洗洁精洗过的餐具、水果、蔬菜等更加安全、卫生，但使用的杀菌剂都是合成化学品，有一定的毒性和潜在毒性，甚至有潜在的致癌性。用各种有杀菌抑菌功能的精油如肉桂油、丁香油、茶树油等都有令人不悦的气味。现在最好的杀菌抑菌"消毒剂"是天然纯种芳樟叶油，加入餐具洗洁精里既能有效杀灭有害细菌，洗涤后又留下极淡的"佐食香味"，一举数得，相得益彰。

9. 洗发精

洗发精用的香精早期也是五花八门，各种香皂、化妆品、甚至食品用的香精都曾被使用于洗发精的加香。经过多年的"百花争艳"以后，现在已基本"定型"：人们希望洗发精的香味应该是洗头的时候感觉清爽、舒适，洗完以后有一定的留香，这残留的香味不但自己喜欢，别人也要喜欢，至少不要"招人白眼"。大部分人倾向于使用果香加花香，"后面"再加上木香的洗发精"专用"香精（而不是随便把洗洁精、香皂、香水或其他产品已经用惯了的香型），当然，果香、花香、木香香料也是"丰富多彩"的，所以洗发精的香型仍是多种多样，不一而足。

10. 洗面奶

洗面奶属于清洁类化妆品，用于清洁、营养、保护人体的面部皮肤。在清洁类化妆品的产品中，目前销售量最大的就是洗面奶。由于用洗面奶洗脸御妆具有极好的洁肤保健功效，具有用香皂洁肤无可比拟的优点，因此深受消费者的青睐和喜爱。

一般来说，洗面奶是由油相物、水相物、部分游离态的表面活性剂、营养剂等成分构成的乳液状产品。根据相似相溶原理，洗面时借助油相物溶解脸面上的油溶性脂垢；借助其水相物溶解脸面上水溶性的汗渍污垢。此外，洗面奶中部分游离态表面活性剂具有润湿、分散、发泡、去污、乳化等五大作用，是洁面的主要活性物，在洗面过程中，协同油相物与水相物共同除去污垢、油彩、脂粉、美容化妆品残迹等。若在洗脸过程中辅以轻柔按摩，令肌肤吸收营养和疗效成分，其洁肤营养保健的效果就更好了。

洗面奶加香的目的主要是使人们在使用洗面奶产品的过程中能嗅感到令人舒适的香气，另一方面，加香也是为了掩饰或遮盖洗面奶制品中某些组分所带有的令人不愉快或不良的气息。由于是为了面部皮肤的滋润保护，因此在洗面奶产品的香型选择上，应具有舒适、惬意、愉悦的香气，整体香气要细腻、文雅、留香时间长，香型要轻灵、飘逸、新鲜。如玫瑰、茉莉、白玉兰、铃兰百花、青瓜、苹果等香型。由于脸部皮肤是人体皮肤最受重视的部分，因此，洗面奶香精在选用香料的品种和用量时，要非常慎重，避免对皮肤产生刺激或引起过敏。配制洗面奶香精时应注意：

（1）选择刺激性弱、稳定性好的香料；

（2）选择不易引起变色的原料，因为洗面奶类产品一般色泽洁白或淡雅；

（3）不要选用树脂浸膏，因其对皮肤毛孔有阻塞作用；

（4）选择的香料品种要与介质性能相配，要考虑介质的酸碱性问题。

洗面奶用的香精香型非常广泛，花香型、草香型、清香型、果香型、麝香型、幻想型香精均可用于洗面奶中，可以说适用于香水类的香型都可以使用，不过在香料品种及用量上应作相应的调整，香精用量通常在1%左右。

11. 洗浴液

洗浴液又称沐浴液，也是一种液体洗涤剂，许多人认为它应该就是"液体状的香皂"，同香皂是"一样"的，无非是"使用方便""更适于老年人、儿童使用"罢了，此话未必尽然，须知现代的洗浴液不是古代的"液体香皂"（钾皂），一般都是中性或微酸性的，没有"游离碱"，对皮肤更温柔、无刺激性、容易冲洗、安全无毒，不但能去除污垢、清洁肌肤，还能促进血液循环，且浴后皮肤滑爽、留香持久，因而广受欢迎，逐渐普及到每一个家庭中。

洗浴液用的香精也是多种多样的，一般要求在洗澡时要感觉清爽、令人愉快，洗澡后留香持久，留在身上的香味要让自己和周围的人都喜欢，所以洗浴液用的香精香型也与洗发精用的香型差不多，只是基香部分可以多一些动物香味如龙涎香型和麝香香型，头香仍是果香、花香最受欢迎。

由于现在时髦"精油沐浴"，把洗澡同"芳香疗法"和"芳香养生"挂起钩来，所以洗浴液使用的香精也可以考虑用"复配精油"，让洗浴液再多一个"功能"也是不错的。

12. 洗手液

人们的日常活动很多都是通过两只手来完成的，接触东西繁多，沾上的污渍多种多样，洗手是人们日常卫生清洁生活中发生频次最多的。因此，洗手产品应运而生。受生活条件和市场的制约，以前人们洗手通常用的是香皂、肥皂和洗衣粉等，虽然它们能达到一定的清洁洗效果，但对皮肤有刺激作用，长期使用，会导致部分人皮肤粗糙、皲裂和脱皮。手作为人体的"第二张脸",人们尤其是女性更愿意为养护"她"付出努力。

洗手液作为专门用于洗手的清洁护理用品,随着技术的进步,新型表面活性剂、助剂及温和、天然消杀剂的应用,采用压泵瓶包装,使得洗手液以"滋润,而且杀菌"的特殊功能,"压泵取用,防止交叉感染"的使用方式,"液体洗涤,更加时尚"的卖点切入消费群体,很快被消费者所认可,成为传统洗手用品的替代品,这已经成为洗手清洁护理产品的发展趋势。

洗手的目的就是要将手上的污渍和细菌去掉,因此洗净力是首先要考虑的,但洗净力和脱脂力是成正比的,优异的去污力伴随着强力的脱脂作用,应选择性能温和的、无刺激的表面活性剂。丰富而持久的泡沫和易冲洗性,是洗手液产品质量的重要指标,泡沫丰富持久易冲洗,能带给使用者洗净手而没有负担的轻松体验,因此在配方设计中要重点考虑发泡和稳泡性能及易冲洗性。能够去除细菌,是洗手能达到真正洁净的关键,是作为洗手液主要应用于公众场合的原因。杀菌组分要有广谱性,如 3,4,4'-三氯-2'-羟基苯醚、氯代二甲苯酚、中草药提取物等,为了提高杀菌剂的杀菌效率,还需要添加增加渗透力的助剂,使其促进杀菌组分渗透进细菌壁,快速杀菌,增强杀菌效率。

随着人们安全、环保意识的提高,对绿色天然产品更加崇尚,因此在洗手液配方中加入天然原料是许多洗手液品牌的选择。这些天然添加剂起到了降低刺激、滋润皮肤、抗菌、抑菌以及提供天然的香气和色泽的作用,例如各种植物、中草药、水果提取物、芦荟、银杏、菊花、人参、田七、甘草、牡丹皮、茶果、柠檬等。用纯种芳樟叶油、丁香油等配制的"复配精油洗手液"是目前公认最好、最安全的洗手液。

13. 浴盐

浴盐也称温泉浴盐,开发这种产品的最初"动机"是看到天然温泉可以治疗皮肤病、关节风湿症等疾病受到的启发,因此,产品模仿天然温泉中的无机盐类而制成。浴盐具有一定的作用,如保湿、抗菌、使角质软化,这可以从它们的配方中看出来,因为市售的浴盐均含有硫酸钠、氯化钠、碳酸氢钠、碳酸钠、硼砂、羊毛脂、甘油、蔗糖、曲酸、脂肪酶、胰酶、色素、香精等,这些原料都价廉易得(后几个原料虽然价格较高一些,但用量少,对成本影响不太大),不必"偷工减料",对人体皮肤的作用是可以"预料"的。

浴盐用的香精以玫瑰、檀香、馥奇、素心兰等香型为主,它们的香气都比较"沉重"。天然温泉中,硫磺温泉的疗效是最引人注目的,也是公认对皮肤病的治疗效果最好的,所以也有人曾经设想开发"硫磺温泉水浓缩液"。由于硫化氢的恶臭难以进入现代家庭,而所有香精的香气都掩盖不了它,只好作罢。

(三) 护肤护发品

皮肤是人体的第一道防线,是人体的"衣服",是人体抵御外界刺激和伤害的屏障。除此以外皮肤还能阻止水分过度蒸发和外界水分大量渗入,使其含水量处于正常状态。

尽管皮肤的组织结构貌似天衣无缝,其实并非无懈可击。皮肤的表面沟纹是积垢纳污形成有害物质的场所。太阳光强烈的紫外线照射,会被皮肤中黑素细胞吸收,产生黑斑。因此清洁皮肤使皮肤常常保持滋润、免受强烈紫外线照射、使皮肤处于正常工作状态,显得非常重要。

毛发是一种弹性丝状物,它由角化的表皮细胞构成,分为毛干、毛根、毛囊和毛乳头几部分。毛发具有保护皮肤、保持体温的功能。毛发的主要成分是硬质蛋白,虽然化学性质较稳定,但在日光强烈照射、碱、氧化剂、酸等作用下,仍会产生一些反应,使毛发变得粗硬、降低强度、减少光泽、易断掉落等。因此,保持发质、使之光泽、柔顺、使生活充满"美"已经是人们日常生活最基本的追求。

爱美之心,人皆有之。由于皮肤和毛发对人体有不可替代的功能,又是形象美最直观的表露,因此美容美发化妆品有着十分悠久的历史。《诗经》中有"自伯之东,首如飞蓬。岂无膏沐,谁适为容"的诗歌,表达当时女性在化妆时的心情。从古时候人们采集芦荟、皂角、红藻等天然植物进行美容美发,到创立于 1830 年的扬州"谢馥春"牌化妆品的问世,直至 20 世纪上海等地"雪花膏"的生产,都说明国人对护肤护发的重视,也证明人们对美的追求,对生活的憧憬!

现代的化妆品琳琅满目,可供人们选择的多得不可记数,由于人的皮肤肤质和毛发的发质不只是一种,因此在选择使用这些护肤护发品前,首先要了解自己的肤质发质是属于什么类型的,各种护肤护发产品有什么功效,怎样使用。选择一种自己喜欢的香味的护肤护发产品也是一件非常惬意的事。目前市场上护肤护发的产品都是由具有不同功能的天然或合成的化工原料经过合理比例混合加工而成的。其起主要作用的是基质原料,当然辅助原料也不可缺少,它能对化妆品赋予更多的其他特性的功能作用。如化妆品添加的香精就是其中的一种

"未曾使用先知其香"的香味作用。而香气的好坏可以是这种产品价格的杠杆。香味已经变成一种产品的"包装"，香味包装现在甚至已成为一种极其重要的防伪标志。好的香气的化妆品更会使人产生购物冲动，并最终成为这种香型、这种品牌的忠实消费者。

1. 护肤品

市场上目前的护肤产品有：洗面奶、卸妆水、面膜、清洁爽、花露水、爽身粉、痱子粉、沐浴液、护肤露、化妆水、润肤露、早晚霜等。属于清洁类化妆品的洗面奶和沐浴液前面已介绍过，这里不再重复。还有一些特殊功能护肤产品，如去斑、去死皮等。平时消费者根据自己的肤质选择不同的护肤品。一般认为人的皮肤分为干性皮肤、油性皮肤、中性皮肤和混合性皮肤，不同肤质皮肤需要不同的方式呵护及选择不同的护肤品。除此以外，护肤品的香气也是消费者选择的标准之一，在尚未使用护肤品时并不清楚这种护肤品的效果到底如何，但可以通过鼻子清楚地了解这种护肤品的香气如何，是不是自己喜爱的香型。消费者不管原来对该类化妆品的印象（通过广告、亲友介绍等获知的信息）如何，都有可能被刚打开化妆品时闻到的香气所改变，也就是说，购买化妆品时香气常常成为最终决定买或不买的关键。

护肤品的原料大体可分为二大类：基质原料、辅助原料。基质原料主要是油质原料、粉质原料、胶质原料和溶剂原料以及保湿剂、抗菌防腐剂、抗氧剂以及表面活性剂等。所有这些基质原料的使用以及配方的设计和具体操作实例，大部分的厂家都差不多，所以其功效也大同小异。较能真正区别，让别人分清品牌的是辅助原料中的色素和香精，特别是其中添加的香精。

在护肤品当中，一般香精的添加量所占比例在 $0.5\%\sim1\%$ 范围，如果生产过程需要对原料进行加热溶解，正常情况下是在温度降到 $40\sim50℃$ 时再加入香精。因为香精容易挥发，尤其是加热时的高温挥发更快，这样就会影响到香精所添加比例，直接影响香精在这个产品的留香时间及香气强度。而一个好的香精的加入，对护肤品可以起到画龙点睛的作用。怎样选择一个较适合、能被多数人接受的香型呢？

护肤品香精根据不同的香型大体可分为三大类：花香香型、瓜果香香型和幻想混合香型。花香型有：茉莉花香、玫瑰花香、桂花花香、栀子花香、铃兰花香、米兰花香、玉兰花香等；瓜果香香型有：哈密瓜香、香橙、柠檬香、苹果香、菠萝香等；幻想混合香型有：国际香型、海岸香型、森林香型、海洋香型等。

由于护肤品中"油蜡"类的原料占比例较大，没有加香前，有较强的油腻味，闻起来令人极不舒服。使用香气强度较大的香精，能够较好地掩盖这类护肤品中的"油腻"味。除茉莉花香外，其他如玫瑰花香、国际香型等一些香气强度较大的香精都适合用于护肤品，所以护肤品中所添加的香精首选应是香气强度较大的香精，其次才是香气的优雅、清新。

正常情况下，护肤品的生产厂家先有一个完整比例的产品配方，然后开始选择香型，香精生产厂家根据客户的要求会送上几种不同香型、用于护肤品加香的香精。由于护肤品是直接接触皮肤，因此，所要添加的香精必须安全。目前较权威和通常的做法是香精生产厂家所调配生产的香料要全部符合 IFRA 认可的安全的香料，按 IFRA 的规定做。

护肤品生产厂家拿到各种香型的香精添加到护肤品中进行选香。通常采用"双盲"的评选方法，也就是不告诉评香者所添加的是什么香型，是哪个生产厂家生产，只要求评香者认真辨别一下，哪一种香型较喜爱，会让人感到舒服，同时也试着使用一下。如雪花膏，可以当场涂抹在手背上，看一看它的留香时间长不长，最后计算出哪一种香型喜欢它的人多，留香时间又最长，这就初步选中这种香精的香型。然后做一小批量投放市场进行市场再调查，了解一下消费者的意见，从中最后确定一个能被大众所接受的香型的香精。

我国从 20 世纪 20 年代开始生产的雪花膏算起，到现在市场上五花八门的护肤品，其所添加的香精的香型从单一的花香型到现在混合花香型和幻想混合香型，都说明护肤品使用的香型是从单一的花香到混合花香、复合花香变化，一直朝着"香水"香型发展的趋势。

这类制品中所用的油脂性原料因其质量不同而气息相差很大，如工业品蜂蜡、十八醇、硬脂酸等油脂气息较重，劣质的羊毛脂常有特殊的臭气；常用的乳化剂，如司盘，带有油酸气息，三乙醇氨则为氨样刺激性气味等；营养霜中的添加物异味更强，主要有药草气（当归、人参）、腥气（珍珠）等。

膏霜类化妆品对香气的要求：

膏霜类化妆品的基质大部分为白色，常带有一些轻微的脂蜡气息。因此，在加香用的香精中，除了要选用对皮肤较为安全者外，应尽量避免使用深色和少用脂蜡香的香料，少用或不用易导致膏霜基质乳胶体稳定性遭到破坏的或影响添加物性能与其使用效果的香料。

由于膏霜类制品的加香温度在 50℃ 左右，因此在香精试样配得后，宜于 50℃ 存放一定时间，观察其色泽及香气有无大变化，再进行加香测试来确定是否适合。

可用于膏霜类化妆品用香精的香型也是较多的，几乎所有香水香型都可以用于膏霜类化妆品，但容易导致严重变色的香型宜少选用。润肤霜以轻型的新鲜清香为宜，如茉莉、铃兰和兰花等。一般膏霜类化妆品的加香量为 0.5%～1.0%，营养霜应为 1.0% 或更高。

2. 护发品

护发品顾名思义是用来保护、清洁和美化人们头发的一类产品。其主要品种有：洗发精、护发素、发蜡、发油、焗油膏等。这些产品主要作用是柔软头发、去除头皮中的头皮屑、调整头发使之易于梳理、光洁美观。一些特定功能的护发品如喷发胶、摩丝、染发水、生发剂等产品，则有固定发型、滋润头发、使掉完的头发再生、美化、修饰头发的作用。

护发品使用的香型千姿百态：有玫瑰香型、铃兰香型、茉莉香型、香水香型、芳草香型等。这些香型由单一的果香型或花香型向复合花香、混合香型发展，如从"苹果""草莓"香型到"海飞丝"香型、"潘婷"复合香型。后来这些复合香型由于找不到一种较准确、适当能让大家接受的香型词汇，也由于这几个品牌广告深入人心，因此大家就以这种护发品的品牌名称定义其所使用的香精的名称直至如今，如"海飞丝""飘柔"等。所有这些无不体现人们对护发品不但在使用功能上有要求，而且对其使用香型也越来越讲究。它不但能有香气，而且还要有较长的留香时间，使人们充分享受着香精散发的清香。

摩丝、喷发胶除对发型起固定作用外，还具有护发、乌发、抗静电、营养头发的作用。摩丝、喷发胶所添加的香精比例是在 0.4%～1.0% 之间，由于其配方中的原料有异味的原因，开始生产厂家较多使用花香型来掩盖，如"玫瑰香型"，这种带有点甜香、又具香茅气味的香精能较好地抑制摩丝、喷发胶中的原料异味，起到掩盖作用，并散发出甜甜清香的效果。当然其他花香型也有类似的香气效果。

随着人们生活质量的提高，原本单一清洁、保护皮肤的功能已经不能满足人们对生活质量提高的要求。随着植物精油悄悄进入市场，也随着植物精油宣传广告的深入，新一代的护肤护发品已植入植物精油的功效。

目前市场上首推的精油护肤护发品，主要是玫瑰精油，由于玫瑰精油具有安抚神经紧张、促进睡眠、改善皮肤、延缓衰老的效能，也由于玫瑰代表着爱情，千百年来一直被人们所青睐，于是有人推出添加有玫瑰精油的护肤护发品，能较快被人们所接受，从而进一步推广其他植物精油的化妆品。其实，植物精油具有不同功效的品种比比皆是，如薰衣草油，是所有植物精油中最受推崇的，它能改善失眠、偏头痛、鼻膜炎，消毒驱虫、改善皮肤老化、静心修禅有助记忆。其他如纯种芳樟叶油、天竺葵油、迷迭香油、茶树油、百里香油、依兰依兰油等都具有特定的某些功效，添加在护肤护发品中，能与护肤护发品的原有功能相互辉映，发扬光大，把植物精油作用应用于普通日常的护肤护发品中，让人们充分享受香味世界里多姿多彩的功效。

3. 色彩化妆品

色彩化妆品是人们对其外表的一种美化、修饰以达到美丽效果的产品。从人类的原始社会开始，就有了最早的化妆活动——"纹身"。随着生产力的发展、社会的进步，人们先后发明了"宫粉"这种专供皇帝妃子使用的"化妆品"，并有了"朱砂""胭脂"等大众使用的美容品。随着社会生产力的进一步发展，内服外用的美容产品把传统的化妆品发挥得淋漓尽致。

目前市场上的色彩化妆品大致有：洗甲液、护甲水、指甲硬化剂、指甲油；唇部卸妆液、润唇膏、唇膏、唇彩、唇线笔；粉饼、胭脂、眼影、眼线笔、眉笔、染发剂等产品。这些产品能较好弥补人们表情的某些不足或者使原本美丽的面孔、头发变得更加光亮、生动。当人们在欣赏美丽的时候，别忘了让鼻子也享受一下，因为这些色彩化妆品中当然也含有一定比例的香精。

色彩化妆品添加香精比例一般在 0.6%～1.0% 范围里。由于色彩化妆品配方中所含"油脂"料比例较大，因此香精添加量相应要加大，以能掩盖"油腻"又能散发淡淡清香。因为这些色彩化妆品大都是直接施展于人的面庞和其他部位的皮肤上，如果香味太过浓烈，长时间这种浓烈的香气环境会使人觉得不舒服。但是不添加香精也不行，其中的"油脂"味本身就让人难以接受。因此添加香精比例以达到掩盖异味并略有清香为标准。同样这些色彩化妆品的配方原料需要加热时，也应在降温到 50℃ 左右才加入香精。当然，色彩化妆品并不是每一样都要添加香精，如眉笔、睫毛膏就无需添加或添加量很少。

色彩化妆品所添加的香精香型，大部分以花香型为主，例如唇膏大部分厂家都是添加玫瑰香精。而指甲油由于有"天那水"的气味，所要添加的香精必须能掩盖"天那水"异味或者同"天那水"气味组成让人们嗅闻时觉得舒适的香味。一般情况下，使用果香型的会比花香型掩盖性能好些。这是由于指甲油所用的溶剂本身的香气强度已不小，如果要用强度超过它的香精加以掩盖，则会提高不少的加香成本，直接影响到厂家的利润空间。因此，可以把指甲油溶剂当成香精的头香，进行香气修饰，"天那水"本身就是属于果香型的，所以果香型比较适合，如香蕉香型，这样既可不影响厂家的利润空间又能真正起到掩盖其异味的功效。

（四）香水类

香水是香料或香精溶于乙醇、水中的制品。有时根据需要，还可以加入微量的色素、抗氧化剂、杀菌剂、甘油、表面活性剂等添加剂。按照香气可分为花香型香水和幻想型香水两大类。花香型香水的香气，大多是模拟天然花香调配而成，主要有玫瑰、茉莉、水仙、玉兰、铃兰、栀子、橙花、紫丁香、晚香玉、金合欢、金银花、风信子、薰衣草等。幻想型香水是调香师通过自然现象、风俗、景色、地名、人物、情绪、音乐、绘画等方面的艺术想象，创造出的新香型，幻想型香水往往具有非常美好的名称，如素心兰、香奈儿五号、夜航、夜巴黎、圣诞节之夜、欢乐、响马、毒药、鸦片、沙丘等。

配制香水时乙醇的浓度从 $75\% \sim 95\%$（其余 $5\% \sim 25\%$ 是纯净水）不等，香精用量越大，乙醇的浓度也越高：花露水香精含量 3%，乙醇浓度是 75%；古龙香水香精含量 $3\% \sim 5\%$，乙醇浓度是 $80\% \sim 90\%$；淡（一般为喷雾型）香水香精含量为 $7\% \sim 15\%$，乙醇浓度 $90\% \sim 92\%$；浓高级香水香精含量 $15\% \sim 30\%$，乙醇浓度为 $92\% \sim 95\%$。实际上，乙醇浓度还与香精配方有关系，含醇量较高的香精使用的乙醇浓度可以低一些。

香水中添加的香精浓度的差异，决定了香水的等级。由于香精非常昂贵，香水的价格大多由香精含量高低来决定，香精的浓度越高价格越高。在购买香水的时候，一定要看清上面的标记。

（1）PARFUM，即浓香水，也称"香精"，香料含量 $15\% \sim 40\%$。这种香水的纯度很高，香气浓郁经久不散，适合晚宴舞会使用。当然价格也很昂贵。

（2）EAU DE PARFUM（亦称 EAUPARFUM），含有 $7\% \sim 15\%$ 的香料，香气可持续 $5 \sim 6h$，适合晚间使用。价格中等偏上。

（3）EAU DE TOILETTE，淡香水，香精含量 $8\% \sim 15\%$，是目前较受欢迎的级别。它香气清爽淡雅，可维持 $3 \sim 4h$，是平时生活工作之首选。这类香水是目前消费量最大的，容量也大，香型多种多样，价格中档，很受消费者欢迎。

（4）EAU DE COLOGNE，古龙水，香精含量为 $4\% \sim 8\%$。香味淡而短暂，约能持续 $1h$ 左右，适合淋浴和运动后使用。男性香水多半属于此等级。

（5）Eau Fraiche，极淡香水。香精含量为 $1\% \sim 3\%$，市面上的剃须水、香水剂等都属于这一等级，可给人带来神清气爽的感觉，但留香时间较短。

需要说明的是，并非所有的香精都可配制浓度较高而气味又宜人的香水，有些香精在其浓度较低时反而更受欢迎。

1. 香水

香水的制造是非常简单的，只要把香精加入酒精中溶解均匀，冷冻一夜，滤取透明澄清的溶液就可以装瓶了。所谓的"技术"在于香精和酒精的选用，酒精应该选用"脱臭酒精"。

香水制造厂是很难得到香精配方的，但可以用实验来确定酒精浓度：先把香精按比例溶解于 95% 酒精中，再慢慢滴加纯净水（同时搅拌）至浑浊为止，算出水"饱和"时的酒精浓度，实际配制时加水量要低于"饱和"用量，以免配制好的香水在气温低时又显浑浊或分层。

刚配制的香水香气肯定不好，须要"陈化"一段时间香气才变得圆和、宜人，为了减少"陈化"时间，可以采用让酒精预先"陈化"的办法，即工厂把刚购进的酒精统加入"陈化剂"搅拌均匀，配制香水时用已经"陈化"多时的酒精就可以在冷冻过滤后马上装瓶发货，减少流动资金在仓库里的积压。下面介绍一例"陈化剂"配方供参考：

香水陈化剂的配方（单位为质量份）：

麝香 105	30	麝香 T	18
佳乐麝香	20	麝香酮	10

降龙涎醚	2	苯甲酸苄酯	10
水杨酸苄酯	10	纯种芳樟浸膏	10

使用时在酒精里加入"陈化剂"0.1%~0.2%,搅拌均匀密封保存数月即可。

在"现代派"的调香师眼里,所有香水除了"单体"香型(花香、木香、麝香、龙涎香等)以外,其余都可以归入"素心兰"香型之中,因为"素心兰"香型已包含花香、果香、青香、豆香、醛香、木香、动物香、膏香等基本香型了,当今许多"新香型"无非是突出其中的一部分而已,如"醛香素心兰""青香素心兰""花香素心兰"等。

2. 古龙水

现代人可能已经不把古龙水看作香水了,觉得它香精含量太低,不留香,但调香师可忘不了它——现代香水是从古龙水开始的!

现代的古龙水配方已经发展到与香水一样精致细腻,香气也有多种,但最受欢迎的仍然是经典的"香柠檬橙花"香韵,特别是德国科隆出产的4711古龙水数百年来盛销不衰,独霸全球,连法国人都称羡不已!

传统的古龙水配方使用了大量的天然香柠檬油,由于天然香柠檬油免不了含有过量的香柠檬烯(IFRA对香柠檬烯有严格的限量指标),所以现在的调香师倾向于使用自己调配的"人造香柠檬油"。下列几个古龙水配方中,如用到天然香柠檬油时,请注意先检测它香柠檬烯的含量。外购的"人造香柠檬油"或"配制香柠檬油"也要检测。

配制古龙水香精用到的原料中,排在第二位的是苦橙花油,我国已有自己的"苦橙花油"——玳玳花油可以代用,但用惯进口苦橙花油的调香师则倾向于以玳玳花油配制的"人造苦橙花油"。

现代的古龙水配方中加了不少体香和基香香料以弥补原来古龙水不留香的不足之处,但这些香料也不能加得太多,以免香气变调。

3. 花露水

严格地说,花露水不能算作"香水",只能算为"卫生消毒用品",因为它含的香精量实在太少了。事实上,正是有人在医用的消毒酒精(浓度为75%)里面加了一点薰衣草油就"发明"了现在的"花露水"。在欧美国家,花露水都是带薰衣草香味的。而在我国,由于花露水传入时国内还没有薰衣草油,进口这种香料又太贵了,当时的调香师就改用比较容易配制的玫瑰麝香香精加入75%的酒精里去,成了"中国特色"的花露水。将近一个世纪,这种香型在中国盛行不衰,谁也改变不了。

一般花露水配方(单位为质量份)如下:

95%乙醇	80	香精	3
水	22		

先将香精加入95%乙醇里溶解均匀,再加入水搅拌,一般会显得有点浑浊,置于-15℃一夜后过滤,取清液装瓶,在仓库里陈化数月才能出售,否则"酒精味"太"冲",消费者不能接受。如要减少陈化时间,可以在购进的乙醇里加入前面介绍过的陈化剂适量,预先陈化一段时间,这样有可能在配制成花露水后短时间里就上市销售、回笼资金。

我国生产的花露水都是"玫瑰麝香"香型的,这是由于20世纪30年代上海生产的"明星""双妹"和后来的"上海"花露水都采用这种香型的缘故,国人已经普遍接受并喜欢它,不易改变。国外的花露水香型都是比较"清爽""明快"的,基本上不留香。

20世纪90年代,上海家化厂厦门联营厂利用厦门一种名贵中成药"六神丸",把它加入原来的花露水配方里去,制成"六神花露水",一炮打响,畅销全中国。"六神花露水"巧妙地利用了国人对名贵中药及中成药的崇拜,构思新颖,广告也到位,因而获得空前的成功。

利用芦荟的消毒、抑菌、止痒、抗过敏、保湿、软化皮肤、促进皮肤表面细胞新陈代谢等功效,把芦荟提取物加入花露水中,将赋予花露水更多的功能。厦门牡丹香化实业有限公司用膜分离技术加工芦荟原汁得到的芦荟浓缩物制成芦荟多糖,芦荟中可溶于75%酒精的成分作为一种副产品——芦荟酊出售,这种芦荟酊含有的芦荟素为芦荟原汁的3~5倍,而价格与芦荟原汁差不多,由于它的酒精浓度刚好为75%,用它直接加入3%香精就成了地地道道的芦荟花露水了,而成本又极其低廉,芦荟的种种功效在这种产品里可以淋漓尽致地发挥出来。

芦荟花露水的配方（单位为质量份）：

| 芦荟酊 | 97 | 香精 | 3 |

芦荟酊是中国芦荟或库拉索芦荟原汁经纳滤膜分离浓缩至 10～20 倍，然后用乙醇萃取其中对皮肤有良好功效的成分而得的，含乙醇 75%～80%，"生物水" 20%～25%，有效成分是芦荟原汁的 4～5 倍，配制芦荟花露水非常适合。将芦荟酊与香精按上述比例混合溶解，于 -15℃冷冻一夜后过滤，取滤清液装瓶即为成品。因芦荟酊已经用芦荟素"陈化"过，不必再经过长时间的陈化才出售，这也是用芦荟酊配制芦荟花露水的一大好处。

如市场上购买不到芦荟酊，可以用下列方法自制：

芦荟花露水的配方（单位为质量份）：

| 20 倍芦荟浓缩液 | 17 | 香精 | 3 |
| 95%乙醇 | 80 | | |

三种原料混合均匀后置 -15℃一夜，滤去粉状沉淀，装瓶即为成品。同一般花露水一样，也需要陈化数月才能出售，或者使用已经预先陈化过的乙醇。

（五）牙膏、漱口水

牙膏是由摩擦剂、发泡剂、甜味剂、胶黏剂、保湿剂、香精、防腐剂等原料按配方工艺制得。牙膏中加入香精可掩盖膏体中的不良气味，并使人感到清凉爽口、气味芳香，同时具有一定的防腐杀菌作用，用量为 1%～2%。用量过多会影响泡沫的产生和刺激口腔黏膜。牙膏香精由天然香料及合成香料调和而成，所用的香料有薄荷油、柠檬油、留兰香油、橙油、橘子油、冬青油、丁香油、肉桂油、肉豆蔻油、茴香油、薄荷脑、龙脑、柠檬醛、月桂醛、香兰素、乙酸戊酯和乙酸异戊酯、丁酸乙酯、己酸烯丙酯等。

牙膏中的原料大多味苦，摩擦剂又有粉尘味，因此牙膏中加入香精的目的就是掩盖膏体中的不良气味，消除发泡剂等原料的味道和香气，使人感到清新爽口，气味幽雅芳香，同时具有一定的防腐杀菌的作用。牙膏是在口腔中使用，因此必须要求香精可以入口，防腐性好，调配香精所选用的香料必须用食用级的。对于牙膏香精香型的爱好，因人因地而异，普遍大多以使用果香型和花香型为主。

牙膏香精配方中，可不用定香剂，而增大留兰香、橘子油、薄荷油、柠檬油、香柠檬油的用量。常用的香型有留兰香型、水果型、薄荷型、桉叶型、冬青型、茴香香型、沙土香型等。用量一般为 0.5%～2%，用量应适宜，过多会影响泡沫的产生和刺激口腔黏膜。

牙膏的传统流行香型为留兰香型、薄荷香型、水果香型三种，国产牙膏香型如上海防酸牙膏、田七牙膏、两面针牙膏、长白牙膏等都是留兰香型；厚朴牙膏、素美牙膏、健美牙膏等是薄荷香型；中华牙膏、富强牙膏、贝贝牙膏、小儿牙膏等是水果香型。

花香、草香香型本来很少用于牙膏的加香，欧美国家比较喜欢冬青油和桉叶油的香气，但在我国，桉叶油的香味在牙膏里行不通，冬青油还可以。近几年推出的茉莉花香和茶香香味的牙膏，也取得不小的成功。

漱口水是口腔卫生用品的一种，是一种口腔保健用品，作用是清洁牙齿，净化口腔，除去食物残渣、菌膜、牙垢，预防龋齿和牙周炎，减轻口臭等。漱口水可分为美容性（或清洁性）和治疗性（或功能性）两大类。美容性漱口水主要作用是去除口腔异味；治疗性漱口水是对口腔常见病进行辅助性治疗。

漱口水的配制是在杀菌剂等药效成分中配入水、酒精、香精、色料等。原则上与牙膏制备的成分一致，但必须注意使用浓度在法规许可的情况下，如未曾有先例使用的成分，则必须进行安全性的试验。

漱口水中常用的杀菌剂有：薄荷脑、硼酸、安息香酸、一氯麝香草酚、麝香草酚、间苯二酚、烷基吡啶季铵盐、柠檬酸、氯化锌、氟化物、酶等。现在倾向于全部用精油如丁香油、纯种芳樟叶油、肉桂油、茶树油等杀菌，少用或不用有安全隐患的物质。

漱口水除了含可控制牙斑和口臭的专用制剂外，几乎都含有 4 种基本组分——醇、湿润剂、表面活性剂和香精。其中香精是很重要的，因为气味是消费者选择此类产品的关键因素。由于是在口中使用，所以应使香精有使人清爽可口的味感，能够遮掩组分中不愉快的气味，而且使用安全。漱口水用的香精属于食品香精。

漱口水香精中所用的主要香料是薄荷油、留兰香油、肉桂油、冬青油、薄荷脑、水杨酸甲酯等。薄荷脑、酚类（药用）和薄荷香料是漱口水最常用的。流行的漱口水中所用的香化剂具有明显的抗微生物活性。薄荷香的漱口水通常含薄荷油和留兰香油的混合物（称之为"双薄荷"香料），含量一般为 0.05%～0.5%。

为使漱口水产品中香味发挥出来，以达到防止口臭、抑制齿垢、掩蔽恶臭的目的，要求混合许多组分，以制备出具有良好的初始效果和留下清新舒适味感的最佳混合物。选择的香料还必须可与漱口水的其他组分相配伍，并在产品贮存期间具有良好的稳定性。

漱口水制造一般是将香精和乳化剂溶解于乙醇中，在不断均匀搅拌下逐渐注入水溶性物质的水溶液，混合均匀冷却至 5℃ 以下，存贮 1 周左右即可过滤灌装。通常漱口水的香精用量为 0.2%～1.0%。

（六）纺织品

随着人们生活质量的迅速提高，纺织品的加香现在已经不是什么新鲜事。棉、麻、丝、绸、毛及"人造纤维"等天然物的主要成分是纤维素和蛋白质，它们的纤维末端都是"极性基团"，可以吸附香料分子，采用浸渍、涂抹、喷雾、熏蒸等方法或者在印染的同时加香都是可行的；"合成纤维"有的有"极性基团"，有的（如聚乙烯、聚丙烯等）没有，最好在成丝前或成丝时让香料进入纤维内部，这样即使是留香不好的香精也能有一定的留香能力，增加了香味的"花色品种"。

纺织品加香用的香精有"一般"液体香精和微胶囊香精两种，"一般"香精都是留香比较持久的品种，香气大部分较为"沉重""呆滞"，不够"清灵"；微胶囊香精则各种香气都有，但制作成本较高。

1. 服装

"佛要金装，人要衣装"。衣、食、住、行四个字，"衣"还排在"食"的前面，说明服装的重要性。食品加香古已有之，不是什么新鲜事，而服装加香好像才刚刚听说。其实古人早就懂得用各种天然香料来熏蒸衣服让它们带上令人愉悦的香味，有一种香料草叫做"薰衣草"，顾名思义就是能给衣服"薰"上香味的草。宫廷里有专门给皇帝、嫔妃、王公大臣们"熏衣"的工匠，他们给服装加香的技术用现代"科学"的眼光来看也堪称一流，有的甚至让现代人自愧不如。

当然，现在的人们要给服装加香已经是轻而易举的事——随便拿一瓶香水或者空气清新剂对着衣服喷洒就算"加香"了，有的地方甚至已经可以买到服装加香专用的"气雾剂香精"和"服装加香机"。但要让衣服上带的香味留住几天、几个星期甚至几个月和多次洗涤、熨烫、暴晒以后还能有宜人的香味则不是简单的事。

让服装带上宜人的香味有许多方法，最简单的是在裁剪、缝纫的时候把装着粉末状或者小颗粒状微胶囊香精的布袋子固定在适当的位置上（如领内、袖口、腋下等夹层处），微胶囊香精平时散香少，随着衣服穿在身上时人一动香味就飘散出来，既节约香精（让留香更加持久），香气又不会太"冲"。

留香特别持久、在水里溶解度特别低的香精（如下面所举例子中的龙涎麝香香精、新东方香精、铃兰百花香精等）可以采用直接喷雾的方法加香，如果香精黏稠度太大，可以先用少量酒精稀释。喷雾加香后要密封一段时间，香精进入衣服纤维里面会通过毛细管渗透到各处，所以不必担心会有"香气不匀"的问题。这个方法的缺点是随着一件衣服穿着、贮藏的时间和洗涤的次数、熨烫的次数多了香气会逐渐减弱直至消失。

给服装（其他纺织品也一样）加香最好的方法自然是在纺、织甚至（对"人造纤维"与"合成纤维"来说）在成丝前后就把香精加进去，例如可以把香精喷在纤维上，或者把微胶囊香精混在纤维里面，纺出的线带香味；也可以把香精喷在纺出的线上，织出的布就带香味了；如果是"合成纤维"的话，可以考虑把香精加在聚合物里面或者"凝固浴液"里面，拉出的丝就有香味了。

用印染的办法加香也是常见的，特别是 T 恤、衬衫、背心、各种广告衫等，往印染"药液"里加粉状微胶囊香精搅拌均匀然后印在这些织物上就行了，香味也能维持较久的时间。

以上各种加香方法对香精的性质有不同的要求，调香师已经根据这些不同的要求调出许多适合的香精以供应用，香型也是变化无穷的。

健康、舒适的高品质生活是现代人所追求和向往的，芳香气味能愉悦人的身心，净化空气，改善人体健康状况。纺织品与人们的生活息息相关，密不可分，是芳香气味的理想载体，但香精是易挥发物质，直接施加在纺织品上大多会很快散失，不能持久地发挥作用。采用微胶囊技术将芳香物质包覆起来，通过后整理的方式施加在织物上，可以在织物使用的过程中缓缓释放出芳香物质，从而延长作用时间。

微胶囊实际上是采用某种材料包裹另一种物质所形成的微小粒子，直径一般在 $1\sim1000\mu m$ 之间。据统计到目前为止，微胶囊的制备方法已发展到 200 多种，在实际的应用中，应根据具体的用途来选择适宜的微胶囊制备方法。

芳香微胶囊可以采用多种方法施加在织物上，如：涂层法、浸渍法、喷雾法等。

聚氨酯芳香微胶囊整理过的织物上的初始香精含量较高，但释香速率较快，而β-环糊精芳香整理的织物上的香精初始含量较低，但释香速率慢，可以使芳香物质在织物上保留更长的时间。对于不与人体直接接触的纺织品，可以采用聚氨酯芳香微胶囊整理，它释放芳香物质的性能比较显著，而对于与人体密切接触的纺织品，可以采用β-环糊精芳香微胶囊整理，它可以实现促进人体健康的作用。β-环糊精芳香微胶囊与纤维素的接枝技术目前已经实现，用这个技术可以让织物香味保持数年之久。

芳香整理是一种很有市场前景的功能整理技术，可以赋予纺织品芳香和医疗保健功能。将芳香微胶囊添加到涂料印花色浆中，可以在印花的过程中实现芳香功能，也可以与其他功能性添加剂一同加入整理剂中，使织物获得多重功能。

2. 鞋

给鞋子加香，虽然许多人现在才听说，或者最近才买到，其实这并不是什么"新事物"，古代就有"香鞋"的故事。

现代人给鞋子加香则简单得多，除了前面"服装加香"用的方法都可以应用在鞋子加香上以外，根据鞋子的特点，采用下面鞋面喷雾加香和鞋底加香是目前最常见的两种方法：

（1）鞋面喷雾加香

① 使用方法：

a. 把香精装入喷枪装液瓶内，把喷枪头雾状颗粒调大，但不能形成"点滴"；

b. 掀开鞋的面衬，把枪头尽量伸到"鞋头"处按设定要求量喷射；

c. 盖好鞋的面衬，无需烘干可直接包装装箱。

② 加香成本控制：

a. 加香成本（即加香量）可根据对香气浓度的要求调整。一般的鞋子建议加香成本 0.2～0.3 元/双，高级品 0.8～1.0 元/双。喷雾一次留香时间可达 2～4 个月。

b. 加香量（每双鞋加香量）的计算方法：

$$1000 \times 每双鞋的加香成本(元)/香精单价(元/kg) = 加香量(g)$$

③ 使用注意事项：

加香时，应避免把香精喷洒到鞋面及鞋帮等橡胶质上，避免导致变色、皱面等现象产生。

（2）鞋底加香

同一切塑料、橡胶制品加香一样，鞋底加香碰到的问题也是：香精加入鞋料里混合，在高温（150～180℃）成型时大部分香精被蒸发掉，留下的也是气味很不好的那一部分，且能在这一温度中留香的香精其成本较高，不适合批量生产。解决的办法有：

① 全部用高沸点香料调配香精；

② 使用"反应型香精"——各种香料在高温下反应产生较大的香料分子，减少香料损失；

③ 使用"微胶囊香精"——将"微胶囊"香精加入鞋底料混合使用，加香比例为 0.3%～0.5%，这样鞋底的留香（常态下）可以达到一至两年。

3. 帽子、头巾、围巾、领带

因为帽子和头巾、围巾、领带等的加香方法一样，所用的香型也相似，所以合在一起讨论。

与服装、鞋子的加香一样，帽子、头巾、围巾、领带除了在成丝、纺、织、缝纫等工序的前后加香，也可以在成型后采用喷雾、印染、熏蒸等方法加香，帽子和领带还可以用粘贴（在里面）的方法——把微胶囊香精撒在帽子和领带里面的中间位置，然后贴上不干胶纸即可。

帽子、头巾、围巾、领带加香使用的香型一般是玫瑰、铃兰、檀香、麝香、素心兰等，以柔和、淡雅为主，不要太标新立异，因为帽子、头巾、围巾、领带的香味主要是"给别人闻的"。

4. 劳保用品

现代的劳保用品包罗万象，在这里只讨论属于纺织品类的劳保服装、鞋帽、手套等，这些产品是劳动者（包括体力劳动和脑力劳动）在劳动的时候穿戴在身上的。根据目前人们对香味的认识，人在劳动的时候闻到某些香味可以提高效率、减少差错，有些气味可以引起警觉、重视，所以给这些劳保用品加上适宜的香味是很有必要的，不是"奢侈"。

劳保服装、鞋子、袜子、帽子、头巾、围巾、袖筒、手套等的加香方法与前面介绍的方法也都大同小异，有些纺织品和橡胶、塑料混合制作的物品像雨衣、雨靴、胶布手套等也可以采用类似"鞋底加香"一样的方法先给橡胶、塑料加香，再同纤维材料合为一体。"滴珠手套"更是可以先在胶乳里面加香精（要用耐热型的）混合均匀，滴注在手套上然后加热固化。

茉莉花的香味已经被大量的实验证实能提高工作效率、减少差错，这种香味又几乎人人喜爱，百闻不厌，因此，可以预料将来有更多的劳保用品带上这种香味。

5. 床上用品

床上用品就是"卧具"，属于纺织品的有床单、棉被、棉絮、被套、褥子、毛毯、枕头、枕套、枕心、枕巾、蚊帐等，这些物品的加香都可以采用前面介绍的各种方法，包括成丝、纺织、缝纫前后的混入、掺和、喷雾、印染、不干胶贴等，可以用液体香精，也可以用微胶囊香精。棉被、枕头的加香还有一个办法，就是把带香味的纤维物品装到里面，这些有香物品包括天然香料和加了香精的干花、叶片、木头刨花等。把装着微胶囊香精的小布袋塞在适当的位置也是床上用品加香的常用方法。

加香目的有二——①创造一个温馨、浪漫的"窝"；②提高睡眠质量。因此，床上用品加香所用的香型可以有：玫瑰花香、铃兰花香、薰衣草香、檀香、麝香、龙涎香和各种淡雅、时尚的香水香，有时也可以考虑一些水果香，其中薰衣草和檀香、桃子的香味有安眠作用，其他香型是"制造气氛"的。各种床上用品如果采用的香型不一样，有时可以组成宜人的混合香味，但有时适得其反，变成令人不快、不安的甚至龌龊的气味，所以香气的搭配还是大有学问的！

蚊帐加香可以同驱蚊药物结合起来，也就是把香精和驱蚊药物先混合，采用浸渍、喷雾、涂刷、黏着等办法让蚊帐吸附药物和香料，有些天然香料及其配制而成的驱蚊精油香气宜人又有较好的驱蚊效果，当然可以"优先考虑"了。

6. 地毯挂毯

地毯是中国著名的传统手工艺品。中国地毯已有两千多年的历史，以手工地毯著名，有文字记载的可追溯到3000多年以前，有实物可考证的，也有2000多年。在两千多年以前的西汉时代，随着佛教的传入，藏民用牛、羊毛制成拜佛垫，后来就制作毯子使用，从而形成了我国早期的地毯业。

天然纤维加香比较容易，在加工过程中的每一步都可以把香精喷上去让天然纤维吸收；人造纤维的加香较难一些，最好在纺纱之前把香精喷在"丝"上，让香精进入纱线里面，留香可以较久一些。事实上，在所有织造好的地毯上喷雾加香也都是可行的，当然，选择留香较为持久的香精是必要的。

地毯加香用的香精香型主要有：龙涎香、檀香、玫瑰麝香、藏红花香等。

挂毯的加香技术、工艺都与地毯相似，但挂毯加香用的香精品种更多，一般留香时间要长一些，也更高档一些。常用的香型有：玫瑰花香、桂花香、檀香、龙涎香等。

7. 窗帘

窗帘有竹、木、金属、塑料、橡胶等制作的，但更多、更常见的还是各种"窗帘布"制作的，竹、木、金属、塑料和橡胶制品的加香方法在本章各节有介绍，可以参考使用。这里主要谈谈"布窗帘"及其加香方法。

"窗帘布"也是由各种天然的棉、麻、毛、丝、绸和"人造纤维""合成纤维"等制造的，与其他纺织品的加香方法一样，可以在成丝前、纺、织、缝纫时把液体香精或微胶囊香精加入，也可以在制成品上喷雾加香。因为窗帘的洗涤次数要少一些，所以对留香的要求相对放宽一点，如采用喷雾加香的办法，可以根据洗涤间隔时间的长短来选用香精——洗涤间隔时间长的应当选用留香时间也长一些的香精。生产和出售窗帘布的工厂、商店可以给消费者配套供应香精和喷雾器——这也不失为一种有效的促销方法，因为消费者还可以用来给各种床上用品、家具、服装等加香。窗帘还有一种特殊的加香方法，就是在窗帘的"边缝"里置放微胶囊香精（可以把微胶囊香精与胶黏剂混合，然后粘贴在窗帘布边上再缝好）——大部分微胶囊香精摩擦时香味会释放得多一些，装着微胶囊香精的窗帘在拉的时候感觉要香得多了！

用于窗帘加香的香精香型宜用"淡雅型"的，以花香、木香、果香为主，同室内其他物品的香味要协调，而且要考虑房间的用途和性质，如餐厅的窗帘最好采用果香香型；客厅的窗帘可以采用温馨的花香香型；卧室的窗帘使用薰衣草、檀香等香型是最好的，因为这两种香型都有安定、催眠的作用。

（七）熏香品

古代熏香是原态香材、香料经过清洗、干燥、分割等简单的加工制作而成的一种香料。熏香的习俗来源于宗教信仰。根据外形特征可分为原态香材、线香、盘香、塔香、香丸、香粉、香篆、香膏、涂香、香汤、香囊、香枕等。熏香在古代是非常流行的一种活动，特别是在贵族阶级和文人墨客的生活当中应用极其广泛，是他们居家养生、陶冶情操必备的日常用品。熏香大多采用沐浴、佩戴、雾化释放、加热释放、常温释放等方式，是以植物次生代谢合成的挥发性物质为媒介的一种无创伤、简单、安全的缓解或干预手段，与现代芳香疗法的吸入疗法较为相似。现代熏香的概念已经扩展到所有能够散发香味的香制品，包括卫生香、蚊香、熏香炉、各种扩香器、香氛处理机、香精片、香精丸等。

1. 卫生香

卫生香是人们采用各种木粉（会燃烧的树皮、树干弄碎）、黏粉，根据一定的比例，制成各式的香饼、香球、线香、棒香、盘香等，加上一些有香的物质（可以是有香的沉香粉、檀香粉、桧木粉、樟木粉、柏木粉，也可以是各种中药粉或是各种香料香精），通过点燃，使之发出香味作为敬神拜佛、熏屋熏衣、防虫驱瘟、香化环境、调理身心作用的一种传统民族生活用品，所以大家称之为卫生香，有时也被称为"神香""拜佛香""檀香"。由于卫生香是点燃后熏香，所以也有人喜欢把卫生香叫做"熏香"，现在统一叫做"燃香"。

熏香有防病驱瘟的作用，古代就有在端午节焚烧艾蒿的习惯，确实非常科学，它不但可以杀菌、驱除瘴气，还能赶走蚊蝇。现代生活水平高了，人们有时在房间、宾馆里或公共场所点燃好闻的卫生香，使人一闻顿感空气清新、环境优雅。

目前我国的燃香可以归纳为"南方人喜欢焚烧的棒香、塔香"和"北方人喜欢焚烧的线香、盘香"4大类。

古代特别是四大文明古国的宗教徒们礼拜时用的燃香，就大量用一些天然植物材料如艾叶、菖蒲、沉香、檀香、樟木、柏木、杉木、松针、玫瑰花、茉莉花、薰衣草等掺入其中，使之燃烧时发出更好闻的香气。那时候香料的使用局限于天然香料，由于古人无法知道各种天然香料所含的成分，也不知道这些香料焚烧时所起的化学变化，他们只能凭借经验将各种香料合理配搭，使之在焚烧时散发出更加美好的香气。所以"经典"的燃香仅局限于沉香、檀香、樟香、柏香四大木香，后来才多了几个花香如玫瑰、茉莉、桂花和某些中草药香等几种比较固定的香型。

到了现代，香料的应用已不只是在焚香方面，而扩大到化妆品、食品、饲料、洗涤用品、香水、香烟等，技术的进步使得香料也不只局限于天然香料，大量合成香料的成功投产，给了调香师们施展才华的广阔空间，各式各样的香精广泛地应用到人们的衣、食、住、行各个领域，而燃香的香精只是其中的一小部分而已，甚至已很少受到调香师们的注意了。

多数的调香师只是将现成的一部分"日化香精"推荐给香厂，让香厂的技术人员自己去试配，其中对焚香香精的点燃效果不去研究，这样造成了非常大的资源浪费。为什么呢？因为熏香香精有它特殊的地方，香精是要经过熏燃而发出香味，有许多本来香气非常好的香精点燃后香气变劣，而有些闻起来不好的香精点燃后却令人心旷神怡。因此选择应用比较对路的熏香专用香精已是各香厂、蚊香厂的重头戏，甚至是在剧烈的市场竞争中能否脱颖而出、占领市场的有力武器。目前国内也已经有了专门生产熏香香精的香精厂，他们对熏香的特点进行研究，发现熏香香精的调制只能是"将各种物质焚烧产生的气味调配成惹人喜爱的香气"，而不是香料原香的调配，因此调配出一种成功的焚香香精比一般的日化香精、香水香精更难，不只是"照顾"香精的头香、体香、尾香即可，而应加入基料中进行点燃试验才能评出其优劣。许多香精厂和制香厂、蚊香厂都设有专门的加香实验室、评香室。

因为大量香厂的激烈竞争，香厂对香精的配制成本提出越来越"苛刻"的要求，希望香精香气不管是直接嗅闻或者加在"素香"里点燃嗅闻都要好、留香要长、价格又要低，这是很矛盾的，怎么办呢？香精厂就要对香料的使用、配方等进行调整，结果发现：有些价格昂贵的香料点燃后的香味比一些价格低廉的香料点燃后的香味还差，如：价格昂贵的合成檀香208点燃后发出的香味不如只是其价格四分之一的合成檀香803的香味；调配高级香水常用的龙涎酮点燃后只有淡淡的木香，而价格只是其三分之一的乙酰柏木烯（甲基柏木酮）却发出了浓厚的珍贵木香；价格低廉的苯乙酸焚烧时散发出好闻的蜜甜香，而通常用于调配高级玫瑰香精的墨红浸膏焚烧时只有淡淡的甜味和烧焦味；调配日化香精时被认为"深沉"不透发的羟基香茅醛焚烧时却散发出强烈的铃兰花香味……更重要的是生产合成香料紫罗兰酮产生的大量下脚料——"紫罗兰酮底油"点燃后散发出非常好的紫罗兰花香味来，甚至比提纯后的紫罗兰酮香气还好！其他还有许多合成香料和天然香料生产时产生的下脚废料都有此现象，完全可以也应当把它们拿来配制熏香香精。这有很大的经济效益和社会效益：一方面熏香香精不直接接触人体，对原料的"卫生"要求可以低一些，对色泽要求也不高，使用下脚料可以大幅度降低香精的配制成本；另一方面，为香料厂解决了一个老大难的问题——这些下脚料如不应用而随便倒掉会污染环境。诚然，这些下脚料在应用之前也要经过严格的检测和安全、卫生测试，不能给人体、环境带来不利影响。

随着人们生活质量的提高以及燃香用途的多样化，"鼻子的享受"逐渐被提到重要的位置上来，燃香香精的选用也就越来越高档，各式各样的香型都被广泛应用到燃香中来，甚至有的燃香点燃后散发出某种特别的香水香味，那么到底燃香可以选用什么样的香型呢？

目前各香厂选用最多的是沉香和檀香香型，最为昂贵的是天然沉香油和天然檀香油，这两种香油最好的每千克数十万元、数万元人民币，且资源越来越紧缺，价格还会越来越高，用得不多，而大量用的是经过调香师调配的各种适合于熏香用的檀香香型，这种香型比较"庄重"，最适合用在寺庙里熏燃。

玫瑰香型、茉莉香型和桂花香型也是被大量使用的熏香香精，目前用的玫瑰香精、茉莉香精和桂花香精，一般不用天然玫瑰花净油、天然茉莉浸膏和天然桂花浸膏，因为天然玫瑰净油点燃后的香气还不如只有其价格百分之一的"人造玫瑰油"好，天然玫瑰净油只是在高级香水香精中用上一些，使配出的香水香气更加优美圆和，而在熏香香精中使用这么高贵的材料实在是极大的浪费。"纯粹"的玫瑰花香精用于熏香，还是被认为太单调一些，其他花香精油和浸膏也是如此。

采用玫瑰作为头香成分比较成功的熏香香精，往往是玫瑰与檀香、玫瑰与麝香、玫瑰与其他"浓重"香气的"复合香型"，利用玫瑰的"甜"气掩盖其他香料中带来的"苦"味等杂气味。玫瑰与檀香的配合能取长补短，更是目前大量使用的香精之一。

茉莉花香型以清淡出名，但由于香型较为单调，一般是和其他香型一并使用的，而"茉莉鲜花香精"单独使用却很受欢迎。

桂花的香气在中国倍受"宠爱"，留香时间比较久，在燃香中也占有不小的比例。

中药香精是模仿台湾生产的"中药卫生香"而产生的，主要特点是药香浓烈、味多、味杂。我国台湾流行的"中药"卫生香，取"上药"中二十几种气味比较浓烈的中药如甘草、丁香、桂皮、茴香、甘松、缬草等，按一定比例配比混合粉碎后直接加入木粉基料中合成散发出令人愉快的芬芳气味。但天然的中药卫生香，使用大量名贵药材，令人惋惜，且价格较高，点燃后也只有淡淡的"中药"味，很多贵重的药材在点燃后嗅闻不出来。因此调香师们根据"中药"卫生香的特点，配制出"中药"卫生香香精，使其点燃后发出的气味与纯中药卫生香点燃后的气味接近，不必强调二十几种气味，这样的"中药"卫生香香精比纯粹的中药卫生香点燃后的气味更强烈，而成本则大大降低。有的香厂则采用部分中药材加"中药"卫生香香精合起来的办法生产。

燃香香型中不仅有来自植物的香料，还有一些动物香料，且特别珍贵，常见的有麝香、龙涎香、灵猫香和海狸香。此外，目前流行的"印度香""奇楠香""菩提香""粉香"等都是一些混合香味，既有花香也有动物香。"印度神香"更是将未加香料的"素香"浸入香精溶液中片刻捞出晒干，这样的燃香加入的香精成本比较大，但其香味浓烈，留香时间特别长。

近年来燃香生产厂家采用的香型更为"大胆"，将可以食用的香草香型、奶油、草莓、水蜜桃，以及一些草香、香水香型，还有各种幻想型香型都应用到卫生香上来，燃香香型真的正在向流行香水香型靠拢，整个燃香走向真正的"芳香世界"。

2. 蚊香

蚊香自1880年发明至今已有100多年了，一直是家庭驱灭蚊虫的必备用品，它是将杀虫有效成分混合在木粉等可燃性材料中，然后让它在一定的时间里缓慢燃烧，将杀虫的有效成分挥散出来，当空间里这样的有效成分达到一定浓度后，就能对蚊虫产生刺激、驱赶、麻痹、击倒及致死的作用。

在没有蚊香之前，人们是用香茅草、桉树叶来驱赶蚊子，有的是用破布蘸点敌敌畏或六六六粉来熏蚊虫；就是后来有了蚊香了，一些较贫穷的地区，还是用这种"原始"的方法驱赶蚊虫。

蚊香以前是细棒状，称之为线香，长约30cm，可点燃1h。1902年，日本发明了螺旋形线蚊香，是用含有除虫菊干花的粉末和楠树叶的粉末加水混合，制成螺旋状线条，干燥而成。现在还是这种螺旋状产品，以盘式为主，故称之为盘式蚊香，一般可点燃 7～8h，蚊香燃烧点的温度高达 700～800℃，但在它后面 6～8mm 处的温度在 170℃ 左右，正好是蚊香中杀虫有效成分所需的挥散温度，也是香精挥发特别快的温度。

现在的蚊香有盘式蚊香、电热蚊香片、电热液体蚊香、线蚊香、纸蚊香等。

同燃香香精一样，蚊香香精的选用不能只是到化工商店随便买些回来试配、只要勉强可以就满足了。应注意的是化妆品、洗涤品和食品用的香精与熏香香精是不一样的，前者只需要闻起来舒服、香气连贯、留香好就可以，后者除了有前者的特点外，更重要的是熏燃时香气要好。一些日用化工用的香精闻起来香气非常好，但点燃后却不好，甚至有臭味。有一些用下脚料调出来的香精，闻起来不怎么好闻，但点燃后，却清香怡人，有的香精熏燃时发出的香气与原味接近，有的却变化极大。蚊香香精的选用，不是简单的闻闻其头香、体香、基香即可，而应加入基料中进行评香，最后还要进行点燃试验，才能品评出其优劣。例如很多水果香味的香精：香蕉、菠萝、柠檬等，香气天然、逼真，香气很好，闻了都有垂涎欲滴的感觉，但点燃后几乎闻不出什么香气。所以熏香香精都是专门配制的。

虽然卫生香常用的香精大部分也都可以用作蚊香香精，但蚊香里含有杀虫剂，有的香精里面部分香料可能会影响杀虫效果，倒过来有些杀虫剂也会影响香精的香味，加上目前蚊香还"用不起"高档香精，也就是说蚊香香精"既要省又要猛"，调配这种既要成本低廉又要香气浓烈的香精，难度比燃香香精还大！

电热蚊香片把药物挥散温度设定在 160～170℃ 范围，然后应用 PTCP 元件的温度自动调节性能，用电加热替代燃烧生热，来保证达到药物挥散温度及挥散量的稳定。

电热蚊香片是由驱蚊片和电加热器两部分组成，驱蚊片是指浸渍过一定量驱蚊药液的专用纸片，一般是 23mm×35mm×2.8mm 的原纸片，通常含有 10mg 稳定剂（BHT），20mg 增效醚，香精适量，杀虫有效成分按品种而异，如 40mg 右旋丙烯菊酯，20mgEs-生物丙烯菊酯，15mgd-反式呋喃菊酯；电加热器是利用 PTCR 电阻产生的热量，通过热传达装置将热量传达到电加热器的导热板上，导热板的温度也就随着 PTCR 电阻的温度自动调节使其发热，温度保持在 160～170℃ 之间，正好是驱蚊片中药物和香精挥散的要求。当驱蚊片水平贴放在导热板上后，驱蚊片中浸渍的药物就和香精开始徐徐均匀地挥散，当然驱蚊片上浸渍的药液量及挥散速度必须充分考虑到 8～12h 对蚊虫的驱赶杀灭作用，而香精也应在这段时间内均匀散发。

电热蚊香片原液除了杀虫有效成分、增效剂、稳定剂、香精和溶剂外，还含有挥发调整剂和特种染料。挥发调整剂的作用是控制杀虫有效成分在规定作用时间内均匀挥发。特种染料的作用是当杀虫有效成分逐渐挥发直至消失时可根据纸板色泽判断是否继续使用。

如上所述，电热蚊香片使用的香精除了不得影响杀虫药剂的药效以外，还要保证在 160～170℃、8～12h 内均匀散发，不能"头重尾轻"，香气刚好足以掩盖杀虫药剂的臭味即可，最好不影响睡眠质量（能有安眠作用更好），调配这种香精的难度可想而知。目前能满足上述条件的香型还不多，但已能满足生产的需要。

电热液体蚊香与电热纸片蚊香一样，是由驱蚊药液和电加热器组成，当电加热器接入电源后，PTCR 元件就开始升温发热，然后依靠 PTCR 元件自身的温度调节功能，使它的温度保持在一定的范围内。PTCR 元件产生的热量通过热辐射传递到药液挥发芯，使得通过挥发芯毛细作用从药液瓶中吸至芯棒上端的药液在热辐射加热下增加挥散速度，当空间的杀虫有效成分达到一定浓度后，就对蚊虫产生驱赶、麻痹、击倒及致死作用。

香精的选用很关键，因为多数香精中成分复杂，不能很好地溶解于脂肪烃中，选择不当会造成芯棒的堵塞，也可能会带出部分有效成分沉淀，造成损失并影响药效。

电热液体蚊香香精的加香实验显然是极其重要的，即使很有经验的调香师，也不敢肯定他调出来的香精一定不会堵塞芯棒。因为香精里面所含的各种成分有可能同杀虫药剂起化学反应，长时间的高温（90～100℃）也有可能造成更多的"状况"（包括低沸点成分挥发以后有些物质可能析出、香料之间"缩聚"等化学变化等），这些都很难完全从理论上解析清楚，只有通过耐心的、细致的加香实验才能确定一个香精到底"行"或者"不行"。

线蚊香是线香与驱杀蚊虫有效成分的组合，用各种线香加杀虫药液、香精制成，也有用中草药、驱蚊精油制作的"全天然线蚊香"，驱蚊效果也不错。

纸蚊香的特征在于由一层或多层纸，其上被喷有驱杀蚊药，被冲压成两条或两条以上连续条形，各条间隔盘在一起而构成盘状。盘状可以是圆形、方形、三角形或多边形；条形纸构成的盘状表面可喷有或印有一层彩色层。由于采用条状纸作为基材，不易折断，卫生干净，形式多种多样，色彩可随心所欲，给人一种新颖和上档次的感觉，驱蚊效果显著提高，盘式纸蚊香的诞生，有人说是蚊香历史上的一次革命。

其实纸蚊香与盘式蚊香、线蚊香差不多，但用材节省了许多，生产工艺也较简单易行，对环境影响较小，值得大力推广。

纸蚊香加香更加随心所欲，各种香型的香精都可以使用，目前的发展趋势是使用带有增效作用的精油，有的干脆不用杀虫剂，直接用驱蚊精油，效果也不错，深受消费者欢迎。

这五种蚊香使用的香精共同点是耐热，在加热的时候香气能均匀发散；不同点在于被加香的素材不一样，电热蚊香香精颜色要浅淡，香味也要"清淡"一些；液体蚊香的香精必须能全部溶解于"药液"里的有机溶剂，不能堵塞芯棒；盘式蚊香、线蚊香和纸蚊香所用的香精则广泛得多，各种花型、果香、木香、膏香、"香水香"都可以应用，色泽较深也没有关系，甚至可以用一些香料香精厂的下脚料配制。

五种蚊香的香精用量：盘式蚊香、线蚊香、纸蚊香较大，电热蚊香少一些，液体蚊香用量最少。

3. 熏香炉

古代的熏香炉是金属或陶瓷做的外表有着精美图案的火炉，在里面点燃炭火，时时撒上香料散香。现代的"熏香炉"则是使用加热方法（一般是煮水）使香精的气味散发在空气中以调节环境气氛的一种器皿，它结合了陶瓷艺术、蜡烛火焰和芳香疗法、芳香养生于一体，兼具实用、收藏、欣赏价值之功能。其构成由"炉体"、加热用蜡烛和香精（通常加入水中与水蒸气一起挥发）。使用时，将选择好的适当香型的香精滴入适于开敞或封闭的容器上，同时加入少许的水，再将蜡烛放入炉膛中点燃即可。本节主要介绍这种"煮水型"熏香炉。

"现代"熏香炉的使用，在发达国家如美国、法国、瑞士和德国等，已有很长的历史，仅美国每年从中国进口的熏香炉数量就达数千万套，在其国内已基本普及使用。在发展中国家如非洲各国、印度及中国等，随着人们生活水平的提高，熏香炉也正在悄然走俏，越来越受到人们的喜爱。我国最大的熏香炉批发市场在浙江，其销售量每年以大约20%左右的速度在增长，市场前景极为可观。我国主要的熏香炉制造产地在广东省潮州市和福建省的德化县，产品已远销全球各地。

熏香炉的炉体一般用陶瓷或玻璃制成，可设计成各种不同的造型，如：茶壶、酒盅、各种动物和人物造型等，配以款式多样的精美的装饰图案，也可作为点缀家居及办公室等室内环境的艺术品。其基本构成由加热炉膛和盛装香精的容器两部分组成。

熏香炉使用的香精，可根据不同环境及个人爱好进行选择或根据芳香疗法、芳香养生的需要选用。对于香味"好""坏"，各人自有见解，可谓见仁见智，只要自己喜欢的也就是香的，不适合或不喜欢的也可称之为"臭"。在不同的场合里不同的背景，令人愉悦的气味总会带给人一种自信安宁，有益于身心的健康，香气在一定场合里也会取得良好的经济效益和社会效益。在使用熏香炉时，如果使用一些芳香精油，则效果更好，既可以净化空气，又有益于健康。

下面举几种芳香精油及其功效供大家参考：

薰衣草油具有镇静、催眠、抗抑郁、提高记忆力、祛风祛邪、杀菌、净化空气等。

柠檬油具有兴奋、醒脑提神、清凉、抗抑郁、提高记忆力、净化空气等。

薄荷油具有醒脑提神、清凉、提高记忆力、祛风祛邪、杀菌抑菌、净化空气、抑制感冒、治口臭等。

菊花油具有醒脑、清凉、提高记忆力、激发灵感、抑制感冒、治咳嗽、治气管炎等。

檀香油具有催情、镇静、催眠、提高记忆力等。

玫瑰油具有催情、镇静、净化空气等。

橙油具有催情、镇静催眠、提高记忆力、激发灵感、祛风祛邪、驱赶蚊虫等。

以上所列的一些功效都已得到科学验证，对人具有实用的价值，也可以作为清新剂净化空气使用。

市场上还有一种"更有创意"的新型熏香炉，这是法国摩尔·贝格发明的，所以也被称为"贝格灯"（图6-6）。它整体上看起来就像一个漂亮的酒精灯，"熏香"的原理也类似于酒精灯，使用时先把"灯头"（用特殊的贵金属陶瓷做成，可使异丙醇在催化剂的作用下缓慢氧化保持恒温60℃左右）用打火机或火柴点燃，烧几分钟后熄火，"灯头"可保持高温（60℃）一段时间，此时利用"灯芯"（用棉纱或其他纤维素材料制作而成）的"虹吸"作用把瓶子里装的"香水"（含2%～3%香精或天然精油的异丙醇溶液，内含一定量的催化剂"微氧素"，也可加少量水以延缓燃烧）"汲引"到"灯头"处散香。这种熏香炉造型非常美观，价格不菲。

图 6-6　贝格灯

贝格灯"香水"配方（单位为质量份）：

精油或香精	3	异丙醇	90
水	7	"微氧素"	适量

香茅油、桉叶油、茶树油、艾蒿油以及上面提到的几种用蒸馏法提取的精油都能用于配制这种熏香炉的"香水"，而用溶剂萃取法制得的浸膏和净油则不能使用，因为浸膏和净油里面含有一些蜡质、大分子树脂等会堵塞毛细管。同样，使用配制的香精也要注意不能使用大分子、高沸点物质，这同"汽车香水"一样，可用的香精也一样，但配制时香精的浓度只要 2%～3% 就够了，详细请看"汽车香水"一节。

（八）固体香水

自古以来，人们就用天然樟脑驱虫、防蠹，后来开始有了合成樟脑，再后来大量使用煤焦油和石油提取出来的萘制成的"臭丸"，现在有部分改用另一种化学药剂——对二氯苯。

我国现用于宾馆、饭店、会议及娱乐场所的卫生间、公共厕所的"臭丸""香精丸"年需超过 10 万吨，且每年都在增加。但樟脑的气味不适合于卫生间，而且制造成本很高（天然樟脑的成本就更高了）；萘是致癌物，毒性太大，已被国家卫生健康委员会下文禁用；对二氯苯也有潜在的致癌性，部分国家也已限用或禁用，有的准备禁用而一时尚无经济、实用的代替物。现在卫生间大多用喷雾型或凝胶型空气清新剂，前者留香时间太短，一天要喷数次；后者香气淡，达不到卫生间祛臭赋香的目的，正在积极寻找、开发替代品。

厦门市牡丹香化实业有限公司的科研人员已成功地开发出卫生间专用清香片和衣橱、卫生间"两用固体香水"，该产品具有长效（留香时间长达 3 个月以上，是目前市售的"臭丸""香精丸"的 10 倍）、安全无害、香气美好、掩盖臭味能力大、使用方便（既可以直接放置于男小便槽里，也可以用小挂钩钩起挂在冲水马桶中间）等优点，预计以后有可能全面取代现在普遍使用的"臭丸""香精丸"。

固体香水配方（单位为质量份）：

液体香料	20～80	固体香料	80～20

制作方法：把上述 2 类香料混合用水浴加热至 80℃ 熔化成均匀液体状，趁热注入模具中，待冷却后从模具中取出即为成品。

香型可以随心所欲挑选，目前以"森林香型""果香型""薄荷香型""芳樟香型""玫瑰花香型""铃兰百花型"为主，高档的则具有各种名牌香水香型。除了赋香以外，还有较好的杀菌效果，可以代替消毒剂使用；"芳樟香型"和"玫瑰花香型"固体香水还可以用于衣橱驱虫防蛀，有的直接可以用来驱蚊、驱蝇、驱螨等，一物多用，见图 6-7。

目前市面上畅销的一种"两用固体香水"，配方里含有较多的驱虫精油，香气诱人，使用时可以先把这种固体香水置于衣橱里散香驱虫防蛀 2 个月，香气较淡时取出置于男用小便池里，在经常冲水的情形下还可以继续飘香 3 个月，直至消失殆尽，没有遗物，对环境零污染。

图 6-7　两用固体香水

（九）环境用加香机

给人类居住、生活、工作、学习、旅游、各种社交活动等场所赋予令人愉悦的香味是千百年来普天之下民众的追求和香料工作者孜孜不倦的努力，由此出现了各种各样的"加香技术"和"加香机器"，各种熏香器物都是环境加香的好帮手。古代宫廷里有"熏衣匠"，采用的是各种香味材料加水蒸煮熏衣的办法，可以香一条街，就是说，"水煮香料"也是环境加香不错的选择。

到了现代，除了上面各节提到的自然散香（凝胶型固体清新剂、"香精丸"、各种香材料片等）、焚香、电热加香、喷雾加香、水煮加香以外，还出现了吹风加香、超声波散香、飞行物加香等新技术、新方法：

所谓"吹风加香"，就是将有香物质置于"风头"，利用自然风、电吹风、空调机等制造的气流把香气带到各个角落去；

超声波散香有两种方式，一是直接使用超声波增湿机，在水里加入香精或精油（溶解或沉浮都不影响效果），利用超声波"蒸出"水汽的同时把香味带到各处；二是类似液体蚊香，在瓶子里装香精或精油，利用虹吸原理和芯棒上面的超声波发生器产生的剧烈震荡，把香气散发出来；

"飞行物加香"适用于大场所，如影剧院、会场、广场等，利用"无人机"喷雾或吹风把机上带的香精或精油散布于各处。

随着时间的推移，越来越多的人开始关注家居健康，追求舒适高雅的生活。如何提升家居生活品质、享受舒适养生的家居生活呢？

家对于每个人来说，不单单只是一个劳累时可以休憩的场所，也是情感的归宿和心灵的乐园，更是家人之间进行情感交流、互动的载体。每个人都希望把自己的家打扮得赏心悦目、舒适宜人，因而对家居装潢格外尽心。因此对于提升家居舒适度的一个重要层面——家居的嗅觉品质不容忽视，它对于人的身心健康也有非常重要的作用。因此，缔造完美的舒适家居，使居住其中的人感到身心愉悦，家居气味是非常关键的。以下几点建议值得参考：

1. 使用天然香品进行家居熏香

焚香也是古人抑制霉菌、驱除秽气的一种方法。从中医的角度来说，焚香当属外治法中的"气味疗法"。在家居环境中进行熏香，可以免疫避邪、杀菌消毒、醒神益智、养生保健。当然，在熏香的时候，可以根据自己的喜好和心情来选择合适的香品。例如：在家中进行瑜伽健身的时候，可以选择天然檀香，香韵醇厚绵长，放松效果极佳，对于瑜伽打坐、冥想有很好的助益。若是与家人小憩闲谈，则可以选用沉香进行熏香，香味清新淡雅，既可怡情助兴，促进交流，又可以改善家居环境，提升生活品质。

2. 合理掌控熏香时间

进行家居熏香养生的时候，可以选择在每天清晨、中午及每晚临睡前三个时段进行。这三个时段是家居香道养生保健的黄金期，此时进行家居熏香可以使香品更好地发挥养生保健的作用，改善家居环境，保持身心健康水平。

3. 家居熏香贵在持之以恒

家居熏香是一个长期的养生功课，需要长期坚持，通过量的积累而逐步改善家居环境和人体的健康水平，使人的身心与环境达到一个相对的平衡。

4. 不同的场所选用不同功效的香品进行熏香

卧室、客厅、书房等可以选择怡情、养生、改善睡眠的天然香品，香味宜淡雅。厨房、卫生间等场所宜选择除菌效果较好的天然香品进行熏香，香味可选择醇厚、留香持久的，用以覆盖分化异味。除此之外，也可以选择一些便携的轻便装香品随身携带，方便随时进行熏香养生。

5. 房屋建筑加香

通过在空调系统或者房屋空气循环系统加装香味传播系统，可以让整个建筑持续散发迷人香味。适用于 KTV、休闲会所、娱乐场所、婚纱影楼、酒店、汽车 4S 店、展厅、高档购物广场、品牌服装店、女性美容休闲场所、售楼部、高档写字楼、会议室等高档公共场所，见图 6-8。

酒店香味营销起源于国外，是国外酒店管理集团或个性化酒店为自己的酒店品牌塑造属于自己酒店的香味品牌，在酒店的大堂、客房、酒廊等区域安装酒店加香设备，一般安装在中央空调新风系统等不起眼的地方。酒店香味的材料一般选用纯植物精油或经过调和过的复方芳香精油，通过合理的提纯调配，达到一个理想的香味，让人感觉是一种自然的味道。通过中央空调输送到各个区域的出风口，加香设备的功能发展到现在已经非常丰富和完备，能够随心所欲地按照人们的意愿和需要扩散香味到不同的区域，并可调节香味在空间中浓或淡，根据中央空调的分布及图纸，进行设定。

图 6-8　飘香机

（十）蜡烛

我国石油中石蜡含量比世界上其他国家的石油都高，300℃以后馏分的含蜡量在我国平均高达 80%，而中东石油和美国石油 300℃以后馏分含蜡量分别才 50% 和 30%。因此，我国自从二十世纪六十年代开始大规模开采和加工石油就同时大量出口石蜡。近年来，欧美发达国家加香蜡烛需求量大增，如美国每年就消耗价值将近 30 亿美元的香蜡烛。由于我国石蜡价格便宜，劳动力价格也相对较低，因此，这些国家从原来向我国进口石蜡自己加工蜡烛转向直接向我国购买蜡烛，其中大部分是加香蜡烛。

本节从理论上探讨蜡烛香精有别于其他日用香精的地方，结合作者多年的实践经验对蜡烛香精的配制提出一些看法。

目前蜡烛制造厂反映使用香精时经常出现的问题是：

（1）香精在石蜡里溶解不好，因此出现浑浊、沉淀，香精上浮或下沉等现象，强烈搅拌令其勉强混合，冷却后蜡烛上下层不一样，或"冒汗"，蜡烛中有气泡和可见杂质等；

（2）白蜡烛加香后变色，加染料的有色蜡烛出现染色不匀，色泽不鲜艳；

（3）香气不稳定，不透发，留香不长……

要解释这些现象，先要从石蜡的化学成分分析入手：

石蜡的主要成分是正构烷烃，极纯净的正构烷烃无色、无臭、透明或半透明，暴露于大气中长期也不会变色变质，但市售的石蜡不可能是 100% 的正构烷烃，而含有少量环烷烃，异构烷烃，芳香烃，不饱和烃，微量铁、硫、氮等无机和有机物杂质，这些杂质可以让石蜡带"石蜡味"、带色（特别是长期暴露在空气中颜色逐渐变深）、降低沸点，更重要的是会与香精中的各种香料起化学变化或者催化各种成分的化学作用导致香气的变化以及加香后颜色的变化与不稳定。

正构烷烃就是标准的"油"，无极性。因此，越是亲水的物质越难溶解于正构烷烃里面。在常见的香料单体中，酯类和萜烯类绝大多数易溶于正构烷烃；醇、醛、酮、酸、醚、杂环化合物在正构烷烃里的溶解度则难以料定，一般碳链越长（如从正辛醛到正十六醛）越易溶解，单环而不带长侧链者（如苯乙醇、苯乙醛、苯乙酸、苯甲醇、苯丙醇、苯丙醛、桂醇、桂醛、硝基麝香、香豆素、香兰素、洋茉莉醛、甲位戊基桂醛、大茴香醛、对甲氧基苯乙酮、丁香酚、异丁香酚、萘甲醚等）在正构烷烃里的溶解度都较小，大部分只能溶解1%左右，有的甚至低于0.1%。兹将常用香料在油（正构烷烃）中的溶解度列于资料库中，供参考。

各种香料在油（正构烷烃）中的溶解度是配制蜡烛专用香精时最重要的参考数据：在一个香精配方中，如果用了大量难溶（于油）的香料，当把这个香精加入熔化的石蜡中时，这些难溶的香料势必析出沉淀或悬浮在石蜡里，冷却后就出现分层、"冒汗"等现象，这个配方就是失败的。不过这并不是说这些难溶于油的香料就完全不能用于配制蜡烛香精，而是说这些香料在蜡烛香精中使用的量应控制在一定的范围内。有些特殊香型的蜡烛香精例如在欧美国家非常受欢迎的"香草"（香荚兰）香，配制时免不了大量使用香兰素与乙基香兰素、香豆素、洋茉莉醛等，这就需要通过大量的实验，把这些溶解性不佳的香料先溶解在香气强度较低的酯类或萜烯类香料中，由它们"带入溶解"在石蜡里面。

同皂用香精一样，用于制造白蜡烛的香精配方里要尽量少用易变色的香料，如吲哚、邻氨基苯甲酸酯类、酚类、喹啉类、香兰素、乙基香兰素、桂醛、硝基麝香、天然香料油及浸膏等，如不得不较大量地使用时，应注意包装不能用铁桶，并告知蜡烛制造厂"该香精易变色"。即使用于生产有色蜡烛，也必须选用纯度较高的石蜡，避免在生产时接触铁器，同染料的配伍也要先做实验并经较长时间的"架试"观察方能确定。

向蜡烛制造厂推荐使用的香精最好先在香精厂做好"加香实验"。其实蜡烛加香实验是最容易、最简单的实验，不像其他种香精的加香实验需要配备专用设备：首先向蜡烛制造厂索要该厂使用的石蜡、染料，将石蜡加热到熔化温度以上20～30℃，加入染料搅拌溶解后，按工艺要求加入香精样品，搅拌并观察溶解情况，如能全溶，则可浇铸于小表面皿里或预先制作的塑料模具里，冷却后取出进行各种"架试"实验（日光照、紫外线照射、耐热、耐寒、观察色泽与香气的变化并详细记录之）；如溶解不好或者冷却后出现分层、色泽不匀、冒汗等现象，则说明香精配方有问题，需要重配。

从上面"加香实验"可以看出，蜡烛的加香是在较高的温度下（工厂生产时温度更高，常高于100℃）进行，因此，蜡烛专用香精的配方里低沸点香料应尽量少用，否则熔化石蜡的高温会使这些低沸点香料挥发殆尽，既浪费香料又影响香气；加入太多低沸点香料的香精使用时也很不安全。

按照现在的分类法，蜡烛香精应属于环境用香精一类，常用的香型有：香草、肉桂、香茅、茉莉、玫瑰、紫丁香、葵花、栀子花、百合、铃兰、康乃馨、金合欢、水仙花、苹果、香柠檬、香蕉、樱桃、草莓、覆盆子、檀香、龙涎、古龙、馥奇、素心兰等各种花香、果香、木香、曾经广泛流行过的香水香型及一些近年来较受欢迎的"幻想型"香味。这些香型香精的配制可参考一般日化香精"基本配方"，注意配方中在油里溶解度不大的香料如果用量大时尽量用香气接近的易溶香料代用，实在找不到代用品时就增加香气较淡的酯类用量，如香草香精的配制，多用一些苯甲酸苄酯、水杨酸酯类和邻苯二甲酸酯类香料，既作为香兰素等固体香料的溶剂，也可让它们"带"着这些香料溶解在石蜡里面。

蜡烛用的石蜡熔点一般为58℃左右，加入香精会使熔点下降，一般香精加入量为2%左右，熔点会降几摄氏度。因此，要求蜡烛专用香精香气应较透发、香气强度大一些（香比强值100以上）。如香比强值低，香气沉闷，蜡烛厂不得不加大香精的用量，这样会造成蜡烛成品熔点下降太多，达不到出口要求——须知我国南方集装箱海运到欧美各国要经过赤道高温地区，蜡烛熔点太低将造成蜡烛变形，严重时甚至粘成一大块，这损失就大了。

一些不法商人为了贪图高利润，人为地往香精里大量加入无香溶剂稀释出售，蜡烛厂使用时不得不加大香精用量，这也是有的蜡烛厂制造不出高质量加香蜡烛的一个原因。

"果冻蜡"（图6-9）是将高分子树脂在高温下溶解在白矿油里冷却后制成的，主要基质是分子量稍小的正构烷烃。因此"果冻蜡"与一般蜡烛使用的香精大同小异，也是要求香精配方里少用难溶于油的香料以免香精溶解不好造成浑浊、沉淀或悬浮不清影响外观。"果冻蜡"产品一般都是非常鲜艳透明、光彩夺人的，因而对香精的要求更高些，易变质变色的香精尽量不用为佳。

（十一）凝胶型清新剂

液体的香精、香水使用时有许多不便之处——只能瓶装，盖要紧密，一不小心碰倒或者溢出便造成"污染"……把它做成不流动的就好了——以上的想法导致"凝胶型空气清新剂"的出现，有人把它叫做"固体清

图 6-9　果冻蜡

新剂"。其实"凝胶"还不能算是"固体"，它只是用"凝固剂"把水溶液或者醇、油溶液凝固让它不流动而已，我国现在生产的凝胶型空气清新剂几乎都是水凝胶，在本节里也只讨论这种剂型的产品。

把琼脂、明胶、海藻酸、果胶、卡拉胶、刺槐豆胶、淀粉或"变性淀粉"、甲基纤维素、羧甲基纤维素等加入热水中溶解（有时还要加其他助剂），冷却后就可以得到"凝胶"。所以只要先把香精乳化或微乳化（比乳化更加稳定、透明）于水中，在一定的温度下加上上述能形成凝胶的物质，就能够制造出凝胶型空气清新剂。

乳化剂有阴离子表面活性剂、阳离子表面活性剂、两性离子表面活性剂、非离子表面活性剂等多种，要选择哪一种或者几种表面活性剂来乳化一个指定的香精不是简单的事，一般要做几十次乃至几百次实验才能确定。用非离子表面活性剂如 AEO、平平加、烷基酚聚氧乙烯醚、脂肪酸聚氧乙烯酯、吐温、司盘、烷醇酰胺等配合，调整到适合的 HLB 值（亲水亲油平衡值）基本上可以乳化目前常用的各种香精，也是现在最常用的方法。但各种香精的"极性"不同，表面活性剂的比例要根据香精的性质调整、实验，尽量找到"最佳"的配方比例，否则既浪费乳化剂，做出来的产品又不美观，也不稳定。

凝胶型空气清新剂配方（单位为质量份）：

香精	3.0～6.0	刺槐豆胶	0.4～0.8
表面活性剂	适量	防腐剂	适量
琼脂	0.3～0.5	水	加至 100.0
卡拉胶	0.3～0.5		

表面活性剂经常不只使用一种，各种表面活性剂的用量和比例对每一个香精来说都是不同的，比如用乳化玫瑰香精的配方来乳化柠檬香精就肯定不行，反过来也一样。所以上述表面活性剂的使用量只写上"适量"，读者应用时必须自己做实验才能确定。

"散装"的凝胶型空气清新剂也可以作为家具、人造花果、纺织品、纸制品、金属制品、塑料制品、橡胶制品、工艺品、家用电器、玩具、文具、灯具、钟表等加香用，因为凝胶型空气清新剂就像水溶性胶黏剂一样，只要在这些制品里面人的肉眼看不到的地方涂抹凝胶型空气清新剂就行了。

（十二）汽车香水

随着汽车的普遍使用，汽车香水也大步走进了人们的生活。汽车香水的好坏直接影响了驾车者的心情和安全，选择合适的汽车香水显得特别重要了。汽车香水能保持车内空气洁净，去除车内异味、杀灭细菌，起到净化空气的作用。有利于驾驶人员行车安全，它能够在狭小的车内空间里营造出一种清馨可人的氛围，以保持驾驶人员头脑清醒和镇静，从而能够减少行车事故的发生率，增添车内雅趣。现在许多汽车香水的造型都相当可爱，除了香味，还是很好的车内装饰小件，活跃车内气氛，提高驾驶乐趣。

汽车香水也是空气清新剂的一种，我们在前面介绍了气雾剂型和凝胶型的空气清新剂，这一节讲的是香水（液体）型的空气清新剂。利用类似于灯芯的纤维素物质的毛细管把"香水""汲引"到瓶口散香，其他虽然也用于汽车上散香但不是这一类型的就不在本节里讲解了。

在"熏香炉"一节里，我们已经讲到一种类似于酒精灯的"熏香炉"，它与汽车香水的不同在于加热与不加热，因为汽车香水不通过加热散香，所用的"香水"香精浓度自然要高得多，一般用 5%～6%（是用 95% 乙醇配制的），和古龙水的浓度差不多，同时配制香精用的香料要"轻快"的——也就是不能使用沸点高的、分子量太大的及固体香料，浸膏和净油之类也不能用，以免堵塞毛细管。

汽车香水中，乙醇对驾驶员有副作用，现在改用二缩丙二醇和二缩丙二醇乙醚为主溶剂，可以缓慢释放芳香，对人无害。

汽车香水和人用香水有一个共性，就是可以去除异味，不过相比而言，汽车香水的这个特点尤为突出，消除车内异味，让旅途空气更加清新。它散发的味道是淡淡的，不同于人用香水那么浓烈。挑选镇定功效较好的汽车香水对行车安全很有帮助，如清凉的药草香味、宁人的琥珀香味、薄荷香味、果香味清甜的鲜花香味能松弛神经等。

一些化学合成的高档香料比天然合成的香料价格更高一些。好的车用香水主要以果香居多，花香其次，药香再次之。劣质品在使用很短时间后就会闻不到香味，而且气味上也无法与优质产品相比。

有些汽车香水的成分会对人体器官，特别是呼吸系统造成不同程度的刺激，这种劣质香水有可能造成车内的二次污染。通常劣质的汽车香水挥发较快，香气刺鼻，在太阳光的照射下，经过一段时间颜色会逐渐变成白色。

在汽车香水香型方面，有柠檬、桂花、古龙、玫瑰、水果等。夏天车内的香品气味不要太浓烈，应选择较为清淡的气味。长期驾驶的人可以考虑选择提神醒脑的香型，薄荷味的香型可以消除在驾驶中的疲惫和困意。

在严寒的冬季，薰衣草香型的汽车香水不宜选择，这种味道比较香甜，使用后让人容易产生困意，直接影响开车安全。车主可以根据自己的实际情况需求选择适合自己的汽车香水，比如爱抽烟的人选择苹果香味的汽车香水，可以清除车内烟味。

汽车香水用的香型也是比较广泛的，但以果香型为主，这是因为水果香比较能掩盖汽油和柴油的气味，而且人人都可以接受。欧美国家人士比较喜欢柠檬香味，我国不管男女老少好像更喜欢甜橙的清新气息，这两种香型的香精配制时都大量使用苧烯（有时高达 90%），这个香料价格低廉，沸点较低，扩散性较好，完全符合汽车香水的要求，所以被大量应用。其他像香蕉、菠萝、哈密瓜等香型也是常用的。

常用汽车香水香型分类：

古龙香型——由柑橘类的清甜新鲜香气配以橙花、迷迭香气息。新鲜、清爽、醒脑、舒适而愉快的淡雅气息，散发自然韵味，令人充满自信，含蓄中蕴藏低调沉稳的尊贵。

海洋香型——由晚香玉、水百合、紫罗兰、浆果混合成清新与洁净的气息，仿佛徜徉于大海的怀抱中。清新海风总会使你体验到自由的芬芳。自然的海风清香淡雅，一股来自海洋的气味。

苹果香型——将天然的苹果萃取使用于香水中，一颗酸甜爽口的青苹果，形状简单却意义非凡，综合了清新的果香以及异国花香调。

柠檬香型——自然的柠檬配以醒目提神的薄荷，令人难以忘怀的气息，讲求无拘无束、崇尚自然本位。

玫瑰香型——由大马士革玫瑰配以少量佛手柑香气混合茉莉和小苍兰。它散发出来的优雅芬芳，迷人的花香映照出成熟韵味，让深邃的美感余韵不绝，增添与众不同的魅力。

（十三）干花与人造花果

干花不只是干燥的花朵，许多干后不易变形的树叶、花蕾、果、树枝、树根、草、贝壳等也都包括进来，这些本来只有在博物馆里才有的"标本"目前都已经进入许多家庭，成为时尚。有的植物组织干燥后还有香味，是不可多得的"干花"品种，但绝大多数气味很淡或不佳，此时就要考虑给它"加香"了。

单一种干花如果该花种是有香味的（如玫瑰、茉莉、百合花、菊花、玉兰花等），加香就直接加该花种香型的香精；如该花种没有香味或香味很淡，可以凭想象"给"一种香味，但最好是请教调香师，因调香师比较有经验，嗅觉也较灵——常人闻不到香味的他们可能闻出香来，有的则可能已经"约定俗成"；"混合干花"的加香一般不用单花香，而用"复合香"或者"幻想香"，香型要根据"干花"的特色加以选择，例如松针、柏叶、松果（马尾松、杜松、杉等裸子植物的树蕾）、卷柏、蕨类、铺地蜈蚣、杉木刨花等最好用"松林百花"或"森林香"，芒花、竹叶、麦穗、"狗尾巴"花等可以用"田园风光"或"喜庆丰收"，油茶果、酸枣籽、葵花托、莲房、木贼等建议用"铃兰百花"或"花果山"，贝壳、海藻类、木麻黄等用"海岸"或"龙涎"……

给干花加香是比较容易的事，一般只要把香精或香精的乙醇溶液喷雾加上去就行了。经过充分干燥的花草很容易吸收香精，并通过花草中的纤维素毛细管渗入内部。香精中的许多香料成分有杀菌防腐作用，有利于干花的保存、保鲜。

人造花果一般是用布（各种合成纤维制作）、纸、塑料、蜡等为材料做的，这些产品有的可以在制作完毕后喷上香精或者在适当的地方装上小包的粉状或微胶囊香精，有的要在成型前加到材料里面，大部分用单体香（花香、木香、青香、动物香、瓜果香等），如茉莉香、玫瑰香、百合花香、兰花香、菊花香、莲花香、牡丹花香、松香、柏香、苹果香、桃子香、草莓香、荔枝香、龙眼香、香蕉香、柠檬香、柑橘香、菠萝香、西瓜香、甜瓜香、麝香等，现在的制作技术已发展到登峰造极、足以乱真的程度，但如果没有香精的加入，"像真度"是要大打折扣的。也有一些人造瓜果，其被仿的天然品本身就没有香味或香味很淡，如茶花、扶桑花、玫瑰茄、竹子、圣诞树等，也可以加上香气较淡而留香较久的香精，让购买者更加喜爱。

（十四）纸制品

造纸术虽然发源于古埃及尼罗河两岸的"纸草"制造法，传入我国后有了较大的变化和改良，并被大规模制造和使用，因而被公认为是我国古代科学技术"四大发明"之一。到了现代，纸已经不仅仅用于书写、印刷文字，而成了人们日常生活中不可或缺的"伴侣"——吃饭时要用餐巾纸，餐桌上要铺桌纸，已消毒的筷子是用纸袋包的，菜单是印在纸上的，"买（埋）单"掏出来的"钞票"大部分是纸做的，满目看到的都是纸做的宣传品（书籍、报刊、招贴画、传单、各种商标、说明书、名片等），纸制的一次性内衣裤，香纸巾，手帕纸，卫生纸，香卡，扑克、纸牌、生日卡，贺年片，信封，信纸，各种参观券，入场券，门票，车票，各种包装用纸，纸箱，油纸，油毡，等等，举不胜举。这些纸制品有许多已经用上香精加香了，有的还没有加，大部分早晚也要加，因为加香可以提高档次，卖出好价钱，当然也有利于延长使用寿命（主要是利用香料的杀菌、防腐、驱虫等功能）。

纸的主要化学成分是纤维素，纤维素几乎不与任何有机溶剂起化学反应，也不溶于绝大多数有机溶剂。因此，少量的香精加在纸制品里，一般不会有什么变化，只是要注意有色香精对纸的污染——对白色纸制品来说，应尽量用无色或浅颜色、不变色的香精，因此，纸制品的加香实验和"架试"还是要重视的。

相对于其他制品来说，纸制品的加香方法算是比较简单的——报刊、书籍、传单、说明书、簿籍、扑克、纸牌等印刷品可以预先把香精加在油墨（详见"文具"一节里有关油墨加香的介绍）里，印刷以后这些物品就有香味了；卫生纸、纸巾、各种包装用纸、纸箱等可以在生产流水线上喷雾加香；油纸、油毡等可以预先把香精溶解在油里，也可以在生产流水线上加香（把香精喷雾加在纸上或加在油里都行）；至于用纸做的材料，可以先把香精与纸浆混合搅拌均匀再压制成型，这样香料进入纤维素材料里面留香会较为持久一些，当然也可以在材料压制成型后往表面上喷雾加香，香精通过纸纤维素的毛细管渗透到里面。要记住一点：任何纸制品都是在干燥的时候最容易吸收香精。

各种纸制品的加香也要根据其用途的不同而异，例如餐巾纸和餐具的加香，用水果、蔬菜、茶等香精有利于增加食欲，如果用香水或化妆品香精就不妥当——可能反而要"倒胃口"了；各种宣传品的加香则要用香气较强烈的有特征的香精让人容易记住、印象深；纸内衣裤用比较"性感"、带甜味的香精较好；家具、家用电器外壳、建筑材料等应该选用留香持久、人人都不厌恶的香型，尽量不要"标新立异"；贺卡、票券之类可以用素心兰、馥奇、木香之类的香精……这里不再一一列举，读者可从下列香精中选取：苹果香精，菠萝香精，哈密瓜香精，香蕉香精，莴苣香精，乌龙茶香精，玫瑰花香精，茉莉花香精，铃兰花香精，紫丁香香精，玫瑰檀香香精，素心兰香精，馥奇香精，木香香精，等等。

（十五）塑料制品

现代人已经离不开塑料，并且被塑料"包围"得紧紧的，随时随地举目望去都是塑料品的天下——衣食住行所有用品无一不是：穿的不单"雨衣"、拖鞋是塑料，"合成纤维"其实也是塑料，只是经过"拉丝"而已；吃的方面，餐具大部分是塑料；住的方面就更不必细说了，建筑材料、家具、家用电器塑料占了一半以上；行的方面，从行李箱开始就大部分是塑料，至于汽车、轮船、飞机、宾馆、酒店里的设施、用品几乎离不开塑料。住在城市里的人们每天清除出的"垃圾"中塑料占了一半以上，这已经充分说明我们现在是生活在"塑料的时代"里。

这么多的塑料制品要是都加香的话，世界香料总产量恐怕还要翻几番！只不过现在塑料制品加香还是极少数，其原因除了加香要增加制作成本以外，加香技术也是一个原因：塑料加工时需要 100 多℃的高温，大部分香料会挥发掉。要让塑料制品"吃香"，首先要攻克这个难题！

全部用耐高温的香料配制出来的香精当然也比较耐高温，但耐高温的香料品种不多，所以用这个方法可供选择的香型较少，而且香料都是易挥发的，即使沸点较高，在高温下还是会有一定的损失。许多塑料在"注塑"或"造粒"加工时要混合多种添加剂如增塑剂、稳定剂、填充剂、颜料等，这些添加剂有部分可能会同香精中的各种香料发生化学反应影响到各自原来应有的效果，包括香气的改变等。微胶囊技术的出现较好地解决了这个难题，因为微胶囊在 100～200℃时"外壁"还不会被破坏，"包"在里面的香精可以在以后慢慢地散发出来。只是目前微胶囊香精制作成本还较高，影响了塑料制品加香的积极性。

在塑料制品的外面加香也是一个好办法，有些塑料（树脂）是"极性的"，如聚氯乙烯、聚苯乙烯、尼龙、"有机玻璃"等都可以直接在外面喷涂香精或香精溶液，让香精被吸收在塑料的表面达到加香的目的；"非极性的"塑料（聚乙烯、聚丙烯等）就比较麻烦，它们不吸收香精，可以采用塑料表面氧化、"接枝"等手段让它表面带"极性"而能吸收香精，在这种塑料表面印刷商标、文字也采用类似的方法，可以借鉴。

下面介绍几个"耐高温"、微胶囊和"一般的"塑料制品用香精以供选择：草莓香精、铃兰百花香精、水果香香精、檀香香精、水蜜桃香精、蓝莓香精、玫瑰香精、青苹果香精、雨林香精、桂花香精、香草（香荚兰）香精（耐高温）、葵花香精（耐高温）、茉莉香精（耐高温）、橙花香精（耐高温）、檀香香精（耐高温）、麝香香精（耐高温）、兰花微胶囊香精、茉莉花"分子微胶囊"香精、玫瑰微胶囊香精、薰衣草微胶囊香精等。

塑料加香的加香量一般为 1%～5%。

（十六）橡胶制品

橡胶制品也是多得不可记数，常见的有各种汽车轮胎、自行车胎、摩托车胎、绝缘片、橡胶气球、广告气球、彩色胶乳气球、工业用手套、工业用指套、农用指套、医用导管、三角带、胶管、胶辊、乳胶管、胶管拉力器、医用手套、检查手套、乳胶制品、胶带、输送带、密封圈、橡胶圈、地板、管材、形材、海绵、回力胶、家用手套、乳胶手套、避孕套、橡皮筋、橡皮擦、热水袋、水床、游泳帽、鞋底、胶鞋、雨衣、地毯胶垫、保温杯内迫紧及外套、奶嘴、胶黏剂等，几乎遍及人们工作、生活的各个角落，无处不在。这些橡胶制品如果都带上香味的话，无疑将使我们的生活更加"香甜"，更加美好。

目前橡胶制品加香的还不多，其原因与塑料制品是一样的——除了加香会增加成本之外，加香技术还没有普及也是一个重要因素。其实橡胶制品的加香技术并不难，因为橡胶（不管是天然橡胶或是"合成橡胶"）是"极性"的，相当于有弹性的"极性"塑胶，与香料容易结合，许多橡胶制品只要在外面用涂抹或者喷雾的方法就可以让香精慢慢渗透进入橡胶里面，当然这个方法在使用前要考虑到橡胶遇到香精会有变形之虞，对于精密的橡胶制品是不适宜的。

一般橡胶制品厂希望在橡胶"硫化"工序中加香，也就是把香精与胶片（或胶粒）、硫化剂、抗老化剂、补强剂、填充剂等混合均匀，高温硫化成型，出炉后的产品直接就带上香味。这方法与塑料制品的"高温加香"是相似的，只是加在橡胶里的硫化剂和其他添加剂会在高温下同香精里面的各种香料起反应，有可能产生臭味物质。因此，采用这种方法加香更要强调多做加香实验，不是单单挑选"平均沸点"高的香精就"万事大吉"的。微胶囊香精用在这个方法里效果很好，因为香精被包裹在胶囊里面，不易同外面的各种添加剂起反应，只是成本要高出许多。

前一小节介绍塑料制品加香的香精大部分也都适合于橡胶制品加香，但都必须再做加香实验才能确定。专用于橡胶制品加香用的香精还有香草（香荚兰）香精、太阳花香精、檀香香精、豆香香精、巧克力香精等，使用前仍然必须做加香实验，因为每一种橡胶制品"硫化"时使用的添加剂是不一样的。

用粉状香精给橡胶制品和塑料制品加香是比较方便的，所谓"粉状香精"有两类，一类是用惰性粉末材料如轻质碳酸钙（偶尔也用重质碳酸钙）、滑石粉、白土（高岭土）粉、碳粉（用于黑色制品）、各种颜料粉、木粉等吸附液体香精制成；另一类就是微胶囊香精。后一种有耐热、散香较慢的特点，但制作成本较高。

（十七）动物皮革与人造皮革

16 世纪欧洲皮革制造业兴起，为了掩盖有些动物皮（主要是羊皮）的臭味，人们使用了各种天然香料（当时还没有合成香料），从只用单一的香料到后来发展至混合、调配几种香料（也就是香精）再加进去让制成品的香气更加宜人、更有"高档感"，所以有人说是欧洲的皮革业加香产生并直接促使香料香精成为现在这样一个大工业。

在香水开始流行于上层社会时，"皮革香"作为一种不太常用的香型偶尔出现在一些"女用香水"里。而在后来"异军突起"的"男用香水"里，皮革香已经成为一个重要的"经典香型"，颇受一些"时髦男女"的青睐，并进入许多日用品的加香领域中。传统的皮革香型有"俄罗斯皮革香""西班牙皮革香"等。

现代皮革加香用的香精已经大量使用合成香料，但香型还是传统的几种较受欢迎，像木香型、草香型、药草香型等，原来配制皮革香香精必用的香料——桦焦油现在也显得不是非用不可了，在需要"焦香"的场合，有时也可用其他香料如"干馏柏木油"和一些合成的焦香香料代替，并有向"烟草香"香气靠拢的趋势。

动物皮革的加香可以采用把香精加在"鞣革""整理"等工序中使用的"化学药剂"里，也可以在"整理"后直接喷在皮革表面让香精慢慢渗透进去，因为皮革蛋白质可以吸收香料。

人造皮革的加香则要采用另外的方法，因为"人造皮革"不是蛋白质，而是塑料（树脂）和"合成纤维"，要让人造皮革留香持久的话，最好采用：

（1）塑料直接加香——见前面"塑料制品"和"橡胶制品"两节内容；

（2）在纤维里面加香，这同前面的"纺织品"加香一样，请见该节内容。

"仿真皮革"希望有同天然动物皮革香气非常接近的香精使用，因此市面上就有了各种"羊皮香精""牛皮香精""貂皮香精"，这些香精直接嗅闻确实有点像各种动物皮革的香气，但加在人造皮革里以后则令人大失所望，究其原因主要是橡塑材料加香时有个"高温处理"阶段，许多沸点较低的香料挥发掉了，所以"仿真皮革"至今在香味方面还是不尽人意的，有待调香师的努力。

动物皮革与人造皮革常用的香精香型有：各种花香，百花香，各种木香，麝香，馥奇，素心兰，东方，醛香等。

（十八）建筑涂料

在中国，一般将用于建筑物内墙、外墙、顶棚、地面、卫生间的涂料称为建筑涂料。实际上，建筑涂料的范围很广，除上述内容外还包括功能性涂料（如钢结构防火涂料、屋面防火涂料等）。

一般地讲，建筑涂料具有装饰功能、保护功能和居住性改进功能。装饰功能是通过建筑物的美化来提高它外观价值的功能；主要包括平面色彩、图案及光泽方面的构思设计及立体花纹的构思设计；保护功能是指保护建筑物不受环境的影响和被破坏的功能，不同种类的被保护体对保护功能要求的内容也各不相同，如室内与室外涂装所要求达到的指标差别便很大，有的建筑物对防霉、防火、保温隔热、耐腐蚀等有特殊的要求；居住性改进功能主要是对室内涂装而言，就是有助于改进居住条件的功能，如空气清新、散发香味、隔音、吸音、防结露等。

建筑涂料使用较多的是内墙涂料和外墙涂料。外墙涂料要经历风吹、雨淋、日晒，即使加入香精也不能持续多长时间；再者，人们在生活中距离外墙相对内墙而言比较远，难以闻到不良气味或香精气味，所以外墙涂料的加香不具有现实意义。下面着重探讨内墙涂料加香的必要性：

（1）大多数人在装修新房子完毕后都要经过一段时间才搬入居住，其中当然有许多原因，但主要是刚装修好的新房子有不良气味散发出来，让人觉得难受，这不良气味就是涂料和油漆（油漆也是涂料的一类，只是人们习惯将涂料和油漆这两个术语分开来讲，以为是不同的建筑涂料，其实不然）散发出来的，如果加入合适的香精将不良气味掩盖，同时散发出清新气味，那人们就不用受这份苦。

（2）随着人们生活水平的提高，对家居环境的要求越来越高。在一般家庭中，日用品像牙膏、洗衣粉、洗发香波、沐浴露、香皂、蚊香、杀虫剂、空气清新剂、香水、芳香疗法精油等产品都是香的，建筑涂料作为家居产品的一种，人们对这种产品的品质自然也是要求越来越高，所以20世纪80年代中国开始使用乳胶涂料（优点是气味小、易施工、干燥迅速、安全无毒），使用量逐年增加，是推荐和优选的建筑材料。虽然乳胶涂料气味小，但毕竟还是有一定气味产生，对人们还是有影响的。因此，在乳胶涂料中加香，掩盖其不良气味，让其散发出清新气味，这是建筑涂料今后发展的趋势，才能满足人们追求高生活质量的要求。

如上所述，内墙涂料必须加香，而内墙涂料推荐和优选的大多是乳胶涂料，因此对内墙用乳胶涂料的加香应注意的问题进行探讨是切合实际的。

乳胶涂料属于水溶性涂料，而香精一般是油溶性的，油溶性的香精加入水中本来是难以溶解的，然而乳胶涂料中有一定比例的乳化剂（极细的粉末也是乳化剂），加上涂料的黏性有利于不溶物悬浮而不易沉淀，所以一般情况下香精可"溶"（分散）于乳胶涂料中。如果其他涂料加香，就必须注意香精是否可溶于涂料中这一问题。

建筑涂料常用的香精香型：玫瑰花、茉莉花、铃兰百花、玫瑰麝香、檀香、芳樟香、龙涎香、馥奇、素心兰、东方香等。

（十九）工艺品

工艺品包罗万象，金银首饰、钻翠镶嵌、玉雕摆件、织金彩瓷、各类刺绣、檀香花扇、工艺画扇、景泰蓝、挂画、木雕、红豆礼品、十二生肖饰物、纪念币、地球仪、中国结、手机饰品（手机链等）、背包挂件、汽车挂件、室内壁挂、竹编动物、插花器、花盆套、仿古制品、软木画、寿山石、脱胎漆器、贝雕画、相框、首饰盒、文房四宝、仿真植物、绢花、盆景、风铃、仿真瓜果、泥人等，不一而足，它们分别由树脂、金属、丝绸、蜡、陶瓷、玻璃、蔓、人造丝花、铝膜、玻璃、琥珀、水晶、竹、木、藤、石、塑料、橡胶、矿石、泥土、石膏等制成，这些产品中有小部分带着天然的气味，如樟木、花梨木、柏木、檀香、琥珀等，经常也得人为地加一点香精让它们香味更浓一些；而绝大多数的工艺品没有气味，为了再"提高一个档次"，现在也纷纷开始加香了。

给各种工艺品加香，首先要看制作它们的材料，根据材料的不同，分别有不同的加香工艺：

纺织品、塑料、橡胶、石蜡等——在前面已经做了介绍，可以参照应用；

陶瓷——"素烧"陶瓷或者叫"微孔"陶瓷加香是比较容易的，只要把香精用涂抹或者喷雾的方法加在物品表面上即可，这种陶瓷自然会把香精吸收进去再慢慢释放出来，使得香精留香更为持久；也有人专门制作了一种"微孔"陶瓷小罐子，装进几毫升香精以后可以散香好几个月，不愧为"能工巧匠"。一般陶瓷是不能在烧制前加入香精的，因为陶瓷烧制时的温度高达 1000 多℃，所有的香料全部"跑"掉了！只能想其他办法，如在陶瓷物品的某个地方开洞装香精或者塞一小袋微胶囊香精散香，也可以把微胶囊香精加在涂料或者胶黏剂里涂在陶瓷的某个位置上，等等。

竹木藤材料——竹编、木雕和藤器是我国传统的出口工艺品，在国内也很有市场。除了小部分木料（如檀香木、花梨木、樟木等）含有较多的香料成分并且有一定的防腐防虫能力而可以不加保护层以外，一般都是制好以后在外面涂刷油漆（包括透明的"清漆"）让制成品能保存较长的时间不坏。可以先在未曾上漆的竹木藤制品上喷香精，等到香精被吸收以后再上油漆；也可以把液体香精或微胶囊香精加在油漆里涂刷。现在市场上可以买到"香味油漆"，"香味油漆"有两种，一种加香只是掩盖溶剂的"臭味"而已，不留香，也不适合竹木藤工艺品的加香；另一种有留香效果，涂刷在物品上以后能持久地散发出香味，可以使用。对于一些质地比较好的木料工艺品，采用"浸渍"（将制品烘干后投入香精液浸渍一会捞起滴干即可，浸渍液可以直接用液体香精，也可以用经过酒精稀释后的香精溶液）的办法加香，如果香精选择得好的话，是可以做到不必"上漆"也能长期保存的，因为大部分香精都有防腐防虫的功效。其实现在有许多"假"檀香工艺品就是这样做的。

泥土、石膏制品的加香是很容易的，既可以把香精预先加在泥土、石膏粉里拌匀再加水制"浆"浇模，也可以等到成型以后用喷雾或者涂刷的方法把香精加在工艺品表面让它吸收进去，然后慢慢散香。

金属、珠宝、玻璃、石头等制品的加香比较困难，虽然有见到一些报道声称这些材料都可以采用"表面处理"的方法加香，但实际应用不多；大部分是采用加香的油漆、胶黏剂或油膏等涂抹在不被人看到的地方；有的是用钻孔或者其他办法让这些材料留有孔隙或洞穴，把香精（液体香精和微胶囊香精）加在孔隙或洞穴里，用塑料塞堵住孔隙或洞口不让香精泄漏就行，采用聚乙烯塑料或软木制造的塞子都可以让香精缓慢地散发出来。

各种工艺品常用的香精有：各种花香香精、百花香精、木香香精、草香香精、玫瑰檀香香精、玫瑰麝香香精、素心兰香精、各种名牌香水香精等。

（二十）家具

南方人把家具叫做"家私"，指的是家庭、宾馆、学校、办公场所等广泛使用的桌、椅、凳、沙发、床、橱、柜等器材，以实木、人造板材、竹、藤、金属（主要是钢管）、塑料、玻璃、石头、皮革（包括人造皮革）、纺织品、棕绳等为材料制作，是衣食住行中"住"的主要内容，家家户户都需要，除了占用每个家庭购房装修后必需的一大笔开支外，平时也得经常添置、换新，是普通老百姓一生中货币支出的重要组成部分，也是人们工作、学习、休息时最经常接触的物品。现代科学研究显示：家具的外观形状、色泽、气味等都直接影响到每一个人的情绪，从而影响工作效率、学习成绩、休息效果和人的精神面貌、健康情况等，不可忽视，因此，家具的加香也不可等闲视之。

竹、木（包括刨化板、纤维板、胶合板等人造板材）、藤等可以采用干燥、吸收的办法加香，即把制好的物品用太阳晒、热空气烘干或者干燥剂吸水（在密封室里放生石灰、无水氯化钙、浓硫酸等，再把准备干燥的物品放进去一段时间，这种常温干燥的办法可使已经定型的家具不易变形）到"足够干"的程度，喷雾或者涂抹香精，经过干燥后的竹、木、藤家具会把香精吸收到内部然后慢慢散香，所以留香也较为持久。需要油漆的家具也可以把香精（包括微胶囊香精）加在油漆里或者填补孔隙、不平的"腻子"里再"施工"，同样达到加香的目的，也能让香气保存较久时间。

塑料、皮革和纺织品的加香前面已经都有介绍，这里不再赘述。棕绳可以吸收香精，只要把香精喷上去就可以了。

最难办的还是金属、玻璃、石头等材料，它们都既不吸收香精，也不让香料透过——与香料香精格格不入，加香得另辟蹊径。钢管家具可以往钢管里塞装着微胶囊香精的布袋，但要有足够的散香口，必要时在钢管上多钻几个洞眼；其他金属材料和玻璃、石头制品就只能采用钻孔、塞进用香精浸泡过的软木或泡沫塑料、装微胶囊香精的布袋、涂刷有香涂料、使用带香味的胶黏剂等办法加香了。

家具加香用的香精一般选用温馨淡雅、留香持久的木香、花香、香草香、龙涎香等香型，不宜使用香气强烈、过于标新立异的香味，以免长期"熏陶"引起不快、厌腻。

（二十一）箱包袋

旅行箱、公文箱、化妆箱、登机箱、美容美发用品箱、电脑箱（包）、旅行包、书包、工艺藤包、餐具包、帆布包、拼皮包、木珠包、塑料珠包、纸草包、钱包、手袋、休闲袋、背囊袋、保温袋、化妆袋、购物袋、礼品包装袋、乐器包袋、学生用品袋、拖轮袋、体育用品袋等各种箱、包、袋已是现代人们居家旅行必备的物品，市场广阔，生产这类商品的工厂不需要太"高精尖"的技术，几乎人人都会，投资可大可小，所以遍布全国城乡各地，竞争激烈。为了使自己生产的产品在众多的同类中"出人头地"，引起消费者的注意和喜爱，设计师们除了绞尽脑汁在外观上不断地"推陈出新"以外，让它们分别带上令人陶醉的香味也成了当今最有力的竞争手段之一。

现代箱、包、袋的制作材料最重要的是动物皮革、人造皮革，小部分用塑料、橡胶、纺织品、竹、木、藤、金属等，这些材料的直接加香在前面都已有介绍，如留到制作的时候再加香的话，也可以采用喷雾、涂布香精和在适当的"角落"固定放置（缝、钉或胶贴等）装有微胶囊香精的布袋子等办法。

箱、包、袋加香用的香精可以根据"男用"或"女用"选择，"女用"的手袋、化妆箱（包）等最好使用花香香精，如茉莉、玫瑰、桂花、玉兰花、铃兰花、栀子花等香型；"男用"和"通用"的包、袋、箱子等常用木香、龙涎香等香型。

（二十二）家用电器

家用电器包括电视机、电话机、电脑、洗衣机、吸油烟机、燃气炉具、电饭煲、消毒柜、微波炉、电风扇、冷暖风机、电磁炉、榨汁机、豆浆机、热水器、面包机、电烤箱等，品种之多，大大超出当年爱迪生的想象范围。有人觉得家用电器"发明创造"的黄金时期已经过去，今后很长一段时间只是"变变花样"而已。聪明的调香师恰恰在这个时刻看到了"施展拳脚"的机会——该是让鼻子也享受一番的时候了！

事实上，已经有人在空调机、冷暖风机、空气清新器、加湿器上进行了改进，让它们在工作的时候徐徐放出各种自然界清新的气息，人们不出门也能享受到"鸟语花香"，犹如投身大自然的感觉。电视机、电脑荧屏、音响等可以配合"情节"释放出各种香味，这在技术上已经不存在问题，只需要定做"零部件"来"组装"就行了。

要让一种香味在一定的空间范围内、一定的时间里释放，可以采用喷雾、加热、吹风、超声波"雾化"等办法，下面分别叙述之：

喷雾：与气雾型空气清新剂一样，香精用乙醇稀释到 3％～5％左右，装入耐压容器里，注入抛射剂，密封。一按（根据电脑指令自动操作）就喷出香气。

加热：在香精溶液里置放电热片，通电时电热片发热散发香气，停电时液温下降，香气停止散发，通电停电指令由电脑发出。

吹风：有两种形式：①将香精制成凝胶（像凝胶型空气清新剂一样），置于适当的小塑料盒子里，向凝胶表面吹风，香味飘出；②液体香精装在金属或玻璃制的容器里，插入纸板，接到指令时纸板提起，吹风散香。

超声波"雾化"：同加热散香一样，电热片换成超声波元件，通电时香料分子运动加速，散发香味。

让空调机等定时或不定时地散发出几种固定的香气，这在日本早已商品化生产，并在一些办公室、工厂车间、富有的家庭里实现。香味品种只要 10 个左右（如清醒、警惕、提高工作效率、减少差错、抗疲劳、唤起团队精神、增加食欲、安眠等）就够了，设计不难，生产也比较简单。电视机、电脑、音响等要做到可以配合"情节"释放各种香味，难度要大得多了——首先得解决"基本气味"问题，因为早先科学家希望找到像色彩"三原色"一样的"原气味"计划已经落空，现在只能按调香师基本认定的大约四十几种"基本气味"来调配所有的香味，有人认为去掉那些"恶臭味"也可以，这样就只需要三十几种"基本气味"了。把带着这些"基本气味"的香精溶液装在一个个特定的容器里，采用加热或者超声波"雾化"的办法散香。调香师用这四十几种或者三十几种气味调配自然界数以千计的气味，设计一个软件，把配方输入，电视剧（包括电影）、电脑荧屏和音响根据"情节"的需要发出指令，让几个"基本气味"散发出来并组成混合气味，例如"情节"里是"森林"，电脑发出指令让木香、草香、苔香、树叶香等气味同时飘出来，就组成"森林"的香味了，可以使观看、倾听或者操作的人员有身临其境的感觉。

自然界 24 种气味如下：木香，辛香，药草香，苔香，壤香，焦香，奶酪气，酸败气，油脂气，腥臭，尿臭，粪臭，琥珀香，膏香，脂蜡香，豆香，甜花香，酒香，草香，草花香，青香，青花香，樟脑香，桉叶香等，每一种气味都可以再"分解"成 2 个"更基本"的气味（如"木香"还可以再"分解"成"檀香"和"柏木香" 2 个气味），这样就有四十几个"基本气味"了。当然，每个人可能都有自己的"基本气味"分类法，但其实大同小异。

其他家用电器的加香采用的是"固定香型"，即在制作的时候把香精加进去，长期散发一种香味，这些家用电器大多数是塑料制品，即使用其他材料制作也几乎都用到塑料，它们的加香方法和常用的香精可参考前面"塑料制品"一节。

（二十三）玩具

随着社会经济生活节奏的日益加快，现代社会群体的生活压力也越来越大，人们需要更多的娱乐、休闲活动方式把压力发泄出来进而让自己的身心得到放松，玩具就是一种很好的放松方式。同时，随着科学技术不断地向前发展，人们对玩具功能观念的不断改变，玩具的消费群体也正在迅速扩大。玩具发展到今天，已不再是儿童的专利，也是成人的消遣娱乐方式，越来越多高档、新颖的玩具开始成为成年人休闲放松的娱乐用品（事实上，扑克、纸牌、各种棋类以及我国古代就流传很广的"九连环""关公放曹操"和比较"现代"的"魔方"等也都是成人玩具）。在美国，早就有了生产成人玩具的专业公司，其 40% 以上的玩具是专门为成人设计制造的。玩具的技术开发和销售开发面向成年人，是世界玩具业的新热点。

玩具是将日常生活中的一些健身娱乐或休闲玩耍的项目，通过巧妙构思、设计，创作成为有趣的玩具，将智力发展和体能焕发融于高尚而愉悦的游戏中，具有帮助调节人体智力、体能和情绪的综合能力，有益于身心健康。

让玩具带上适当的香味以促进消费，是当今玩具生产厂家的新课题。设计师们往往认为，人们购买化妆品、洗涤用品等会先闻一闻香味再决定是否掏钱，购买玩具时不会注意到香味，其实不然，由于玩具是放在家里的，如果有一款玩具的气味与家里各种用品的香味不协调的话，还是不行的。布娃娃、"芭比"娃娃、卡通玩具等带上特殊的香味就更有"个性"，更能吸引购买者；益智型、搞笑型、仿真型玩具带上适合的香味可增加"玩"的效果。

花香、果香、木香、各种香水的香型都适合于玩具加香，但塑料、橡胶做的玩具香型较少，因为能耐热的香精香型有限，当然如果采用微胶囊香精加香的话，香型会多一些。纺织品、竹木、金属等材料制作的玩具加香可参考前面各节介绍的方法灵活使用。有趣的最近有些别出心裁的厂家推出一系列带"臭味"的玩具，如垃圾桶、死鱼等造型，只是想劝一劝这些"贪玩"的玩具生产厂家和年轻人——玩的同时请别污染环境。

（二十四）文具

讲到文具，第一个映入眼帘的是"文房四宝"，"文房四宝"是中国独具特色的文书工具。文房之名，起于我国历史上南北朝时期（公元 420——589 年），专指文人书房而言，以笔、墨、纸、砚为文房所使用，而被人们誉为"文房四宝"。四宝品类繁多，丰富多彩，名品名师，见书载籍。四宝以湖笔、徽墨、宣纸、端砚著称，至今仍享盛名。文房四宝不仅有实用价值，也是融汇绘画、书法、雕刻、装饰等各种艺术为一体的艺术品。

文房用具除四宝以外，还有笔筒、笔架、墨床、墨盒、臂搁、笔洗、书镇、水丞、水勺、砚滴、砚匣、印泥、印盒、裁刀、图章、卷筒等，也都是书房中的必备之品。

松烟墨用松树枝烧烟，再配以胶料、香料而成，墨色浓而无光，入水易化。

油烟墨用油烧烟（主要是桐油，并和以麻油或猪油等），再加入胶料、麝香、冰片等制成，墨色乌黑有光泽。油烟墨以质细而轻、上砚无声者为佳。

什么样的墨是上品呢。第一，质地坚细，所谓坚细是指质地紧实，磨出的颗粒细腻；第二，色泽黑亮，以黑得泛紫光为最上乘，纯黑次之，青光又次之；第三，胶质适中，太重粘笔，太轻则不浓；第四，香味宜人，以天然麝香与龙涎香为极品，书写在纸上能留香持久，甚至数十年后仍可闻到"墨香"。

现代的文具则多得让人眼花缭乱。单单笔就有钢笔、圆珠笔、签字笔、毛笔、水性笔、中性笔、水彩笔、夜光笔、发光笔、闪光笔、蜡笔、铅笔、粉笔等，簿籍就有练习本、大楷簿、中楷簿、小楷簿、算术簿、作文簿、外语簿、描红簿、电话本、笔记本、名片册、相册、邮集等，其他还有文具盒、书包、文件夹、纸类制品、皮塑制品、塑料制品、胶水胶棒、印盒印台、调色盒板夹、复写板、墨盒、砩油、印泥、电子白板、白板笔墨水、磁性白板、涂改（修正）液等，这些文具可以按照它们不同的材料采用不同的加香方法，其中纸制品、塑料制品、橡胶制品、竹木制品等可以参考前面介绍的各种办法加香，这里重点介绍一些"特殊材料"的加香方法：

墨汁：前面已经介绍过，墨汁用松烟或油烟（现代主要用炭黑，其实松烟和油烟也是炭黑）、香料或香精、胶（古代用牛皮胶、骨胶，现代则还可以用其他水溶性大分子材料）和水配制而成，香料或香精本来不溶于水，由于极细的粉末也是"乳化剂"，加上胶水的悬浮作用，只要先把香料或香精和"烟"（炭质粉末）搅拌混合均匀，再加到胶水里面搅匀即可"溶解"。胶水是微生物的"良好培养基"，所以墨汁生产时应加入足够量的防腐剂，香精里的部分香料有防腐作用，但如果单靠香料防腐的话，则要经过长期的"架试"观察，特别要经过梅雨天的考验不变质才能在生产中采用。加香墨块则是把香精、松烟或油烟、浓度很大的胶水混合均匀压块，再经过干燥、包装而成。

油墨：油墨是由有色体（颜料、染料等）、连接料、填充料、附加料等物质组成的均匀混合物，能进行印刷，并在被印刷物体上干燥，是有颜色、具有一定流动性的浆状胶黏体。油墨如按印刷版型来分的话，即分成凸版油墨、平版油墨、凹版油墨和滤过版油墨 4 种；如以干燥形式分类的话，可分为氧化干燥型油墨、渗透干燥型油墨、挥发干燥型油墨和凝固干燥型油墨等；如以产品用途分类的话，可分为书籍油墨、印铁油墨、玻璃油墨和塑料油墨等；如以产品特性分类的话，可分为安全油墨、亮光油墨、光敏油墨、透明油墨和静电油墨等；对我们的讨论来说，最好把它们分成醇溶性油墨和水溶性油墨两大类，因为香精都易溶于醇类，"醇溶性油墨"只要把香精加入搅拌溶解就是"加香油墨"了，而"水溶性油墨"则有可能要使用乳化剂才能把香精乳化加进油墨中。

油墨中的连接料是各种油（包括动物油、植物油、矿物油）、有机溶剂或水、蜡（包括动物蜡、植物蜡、矿物蜡、合成蜡）和树脂（包括天然树脂、合成树脂）组成的，香精可以加入有机溶剂或各种油中溶解后再加入其他原料；用水作溶剂有时也不一定要使用乳化剂，直接把所有原料混在一起用强力搅拌均匀也可以让香精稳定地悬浮在油墨之中，这同"墨汁"的情形一样，如果预先把香精同颜料或染料混合均匀再加入其他原料会更好些，因为油墨中使用的颜料或染料是非常细的粉末，极细的粉末也是乳化剂。

油墨加香除了可以遮掩油墨的不愉快气味，还可以起到防伪和识别的作用，以嗅觉感官来粗略地鉴别油墨中的某些组成特性，是一些有经验的油墨制造者惯用的手法。应当注意的是：有些香料如丁香油、迷迭香油等有抗氧化作用，这对于需要靠氧化干燥（如桐油、亚麻油等干性油）的油墨来说是有问题的，要尽量避免使用。

圆珠笔油墨可分成油基型油墨和醇基型油墨两大类，我国生产的圆珠笔油墨主要是醇基型的，其配方（单位为质量份）如下：

苯甲醇	30	醇酸树脂	36
颜料	30	三乙醇胺	4

其中"醇酸树脂"的制造配方（单位为质量份）如下：

蓖麻油酸	24.4	邻苯二甲酸酐	36.3
甘油	30.3	苯甲醇	9.0

把香精预先加在苯甲醇里就可以实现加香的目的，但要注意加入香精以后有可能影响油墨的干燥速度从而影响到书写（流利程度），所以加什么香精、加入量多少都要靠加香实验才能确定。另外有一点需要提请注意的是苯甲醇与颜料的混合溶解时间要 12h，温度 80～85℃，长时间的高温会造成香料的挥发损失，最好是待颜料溶解后再加入香精。

涂改（修正）液也同油墨差不多，使用的原料是白色颜料（钛白粉为主）、连接料、填充料等，为了让它使用后快速干燥，其连接料中的有机溶剂用二氯甲烷、三氯乙烷、二甲苯、乙酸乙酯等，香精很容易溶解在这些有机溶剂里，只是这些有机溶剂气味浓烈，不易被香精的香味掩盖，所以涂改液香精要用沸点低的、香比强值又要大的香料调配。

印泥：漳州的"八宝印泥"自古以来闻名海内外，其中一"宝"是天然麝香，所以"正宗"的八宝印泥用鼻子就能辨别出来。现在制作印泥习惯上也加麝香，但主要用的是合成（人造）麝香，并且都是配成麝香香精然后加入印泥中。印泥含大量的油质成分，先把香精加入油里面溶解再加其他原料，可以让香精在印泥中分布均匀。

粉笔的加香也是比较容易的，只要把香精加在高岭土、矿石或"煅烧石膏"粉里面搅拌均匀，石膏加水凝固以后，香精就在粉笔里面了。粉笔是疏松的物质，香味很容易散发出来，书写的时候会感觉更香。

铅笔的加香既可以把香精加在"木杆"中，也可以加在铅笔芯里，更可以加在油漆上。"木杆"的两半片一硬一软，软木比较容易加香，因此只要把软木干燥后浸在香精溶液里片刻取出就完成加香"作业"了；铅笔芯是用石墨粉或其他颜料、填充料（主要是黏土粉）制成的，这些粉料都只要把香精加入混合均匀再压铸成型即可；用加香油漆（见下面的"油漆"一节）给铅笔加香是最简单的事了，只是留香不久，不如前两个方法好。

（二十五）通信器材

属于"日用品"的通信器材指的是各种电话机、手机、对讲机等。最早加香的"动机"是"公用电话"，稍有医学常识的人都会担心一个话筒那么多人对着它讲话会不会传染疾病，而且随时拿起一个公用电话的时候都会闻到别人的"口臭"，令人恶心。有厂家看到了商业机会，生产了一种"香贴消毒片"，声称在使用公用电话前往话筒上贴一张"香贴消毒片"就可以预防传染病，而且香味宜人，不会再闻到别人的"口臭"了。有人再向前发展一步，设计生产了一种话筒，既有消毒的功能，又会散发香味。

现在差不多人手一手机了，如果在接听电话的时候也能闻到香味，甚至可以设计根据不同的"来电号码"散发不同的香味，这样，闻到熟悉的香味脑海中就立即闪出那个人的身影，犹如来到面前讲话，对于热恋中的情人、夫妻、亲朋好友无疑拉近了距离；不想接听的来电一闻到气味就可以不接。

至于让这些通信器材带上一种固定的香味或者轮换散发不同的香味，其加香方法与一般的家具、家用电器、钟表等一样，这里就不再赘述了。

手机加香机：利用紫外线进行灭菌、消毒；利用超声波震荡原理，超声波在液体中传播时的声压剧变使液体发生强烈的空化和乳化，产生强大的冲击力和负压吸力，使加香剂、消毒剂渗入手机内部的机器。

手机被称为"细菌的温床"，在使用过程中难免会沾上汗渍、油渍、灰尘和脏物，这些污物为细菌和病毒提供理想的生存繁衍环境，严重危害了人体健康，同时也影响手机的美观。手机加香机通常包括定位清洗、双重长效加香、三重杀菌消毒三大功能，使处理后的手机焕然一新。手机加香业在美国、欧洲、韩国等国家和地区已经成为一种健康时尚消费理念，深入人心，而国内这一前所未闻的全新行业才刚刚开始。

使用手机专用的加香剂即可对手机进行渗透熏香和固化，使其缓慢释放香气，发香时间达 1～6 个月。

手机清洗：

利用每秒钟能产生数百万计的超声干洗波，能对手机表面细小缝隙孔道内的脏物进行清理，使手机焕然一新，并且清洗过程中不会对手机表面、电子元件及功能造成任何损害。

手机消毒：

① 手机加香剂内含消毒剂能杀灭手机表面的细菌；

② 采用紫外线对手机进行灭菌；

③ 通过超声波强大的灭菌作用将细菌杀死。

使用方法：

涂抹香料——

① 使用前准备工作，手机关机，手机电池取下；

② 将棉签沾上手机专用加香剂涂在手机侧面缝隙里，同时还要取下手机电池，电池盖里侧及手机里面缝隙处，如果想要香味时间更长，可以再多涂一次。把以上动作再重复一次；

③ 加装内置香料。把片剂贴在电池上。

机器的操作——

① 手机保持关机，电池取下，电池不得放入加香机操作；

② 把涂好香剂的手机放入专业配置的辅助工具上；

③ 将主机电源插入电源插座内，此时显示屏将显示待机动画，说明电源已经接通等待下一操作；

④ 轻按加香机第一个按钮，主机开始工作（此时加香与紫外线同时启动，开始加香、固香），这时屏幕上显示当前的工作次数，工作 3min 后将自动停止；

⑤ 取出手机；

⑥ 检查有无液体留在电源接口或者线路板上，如有要擦拭干净，把粘贴内置香料片剂的电池安装到手机上；

⑦ 加香过程结束；

⑧ 轻按加香机第二个按钮，即可查看累计工作次数；

⑨ 如果需要自己调节固香的时间时，先轻按下加香机第二个按钮，每按一次可加 1min，当时间设置好后，再轻按下加香机第一个按钮即可开始固香工作；

⑩ 随着电池散发热量，香味会不断沁出。以上加香的手机可以保持香味超过一个月，甚至更久。

（二十六）灯具

自从爱迪生发明电灯让世界"告别黑暗、走向光明"以来，到了今日，电灯已经不仅仅用于照明，人们赋予它们太多太多的功能。现代的灯具真的是琳琅满目，连生产灯具的工厂管理人员都说不清现在灯具"品种"到底有多少，随便上网浏览一下，"灯具"项下一大堆广告扑面而来：普通电灯、日光灯、台灯、吊灯、吸顶灯、壁灯、落地灯、座灯、吧台灯、埋地灯（水下灯）、石头灯、柔光管、护栏灯、礼花灯、椰树灯、七色变幻数码管、美耐灯、防水树灯、景观灯、低压灯、餐吊灯……让你目不暇接，看不完，数不清。这些灯具遍布世界各个角落，人类如要实现"全世界都充满香"的话，只要让这些灯具都能散发香味就行了。

让各种灯具带上香味、散发香味需要许多技巧——组成灯具的材料有金属、玻璃、陶瓷、石头、塑料（包括有机玻璃）等，这些材料都难以直接加香，塑料制品可以用耐热香精或者微胶囊香精在"注塑"的时候加进去，陶瓷采用"微孔陶瓷"（素烧陶瓷）就能吸收液体香精，而金属、玻璃和石头与香精"格格不入"，得想办法在适当的位置钻孔，加进香精以后能传递散发香精的塞子塞紧，或者在整体设计的时候留下散香的孔、洞、缝隙，让香味从这些空隙散发出来。大型灯具可以布设"机关"，自动或手动、定时或不定时散发一种或者几种香味，例如音乐喷泉就可以设计成根据灯光、音乐的节奏间断地飘出不同的香味以增加乐趣，香味的释放采用喷雾、加热、超声波等方式，这在前面都有过介绍，可以参考。

普通照明用的"电灯"灯泡在使用的时候会发热，这正好可被利用来散发香味——有人设计了一种装置，在灯泡工作的时候，定时滴放香精在灯泡上面，香精遇热挥发就把香味扩散开来。如果在这套装置里放置几种不同香味的香精，并按预先设计的方案自动控制轮流滴在灯泡上，即能经常变换气味，效果更好。

自然界各种"单体香"像茉莉花香、玫瑰花香、百合花香、桂花香、金合欢花香、栀子花香、白玉兰花香等花香和苹果香、菠萝香、草莓香、桃子香、香蕉香、柠檬香等果香以及檀香、柏木香等是目前各种灯具加香和散发香味的主要香型，这些香味男女老少均喜欢，百闻不厌。

（二十七）钟表

利用钟表准时散发特定的香味以调节人们的生活、工作和学习，这个想法由来已久，但市场上一直看不到。

家庭用的"香味闹钟"只要5种香味就够了：早晨，清凉的薄荷气味把你从睡梦中唤醒，并逐步改变睡懒觉的坏习惯；三餐前，"美味佳肴"的香味把你的肚肠诱得咕咕叫；看书、看电视、听音乐、与亲友聊天在充满温馨气息的环境里度过；做家务劳动时，飘过来一阵阵茉莉花的清香，让你忘掉疲乏；临睡时，"安眠香水"就像"瞌睡虫"一样，偷偷地布满你的卧室，催你早早进入梦乡。

办公室、工厂里的"香味闹钟"也只要4种香味就够了：上班时间快到，"催促集合"的香味让你不知不觉加快脚步；工作时间，可以"提高效率、减少差错"的香味弥漫，过一段时间"插播"原始森林气息；下班前飘来一阵"警觉"香味，让你记得收拾好工具，关好门窗，回家的路上开车小心。

其他地方的"香味闹钟"也大同小异，增减几个香味就是了。

至于香味如何散发，可以参阅前面介绍的加热、吹风、超声波"雾化"等方式，把这些装置安装在座钟里，用电池或者交流电作为电源。

手表、怀表、秒表等体积小，不能像"香味闹钟"那样同时存放多种香精，只能固定散发一种香味。在表里适当的角落里置放液体香精并用会传递散发香味的"盖子"或塞子封紧，也可以放微胶囊香精并用胶黏剂固定住，香精要用香比强值、留香值都较大的。

（二十八）伞

现代的伞有晴雨伞、直骨伞、二折伞、三折伞、太阳伞、沙滩伞、钓鱼伞、高尔夫伞、"拐杖"伞、动物伞、礼品伞、舞台表演伞等，是家家户户必备用品。制伞的材料有纸、布、丝绸、油布、塑料、竹、木、金属等，加香可以在伞面上，也可以在"伞骨"里。有一种"双层伞"里面是布做的，布用的是"香布"（布的加香方法可参考前面"纺织品"一节），外面是塑料薄膜，伞打开的时候香味扑面而来，很受欢迎。在"伞骨"里面加香也有许多方法，竹、木材料可以预先干燥后再浸泡在香精的乙醇溶液里数小时，让香精进入"伞骨"里面；塑料可用前面介绍"塑料制品"加香的方法；金属材料不好直接加香，因为金属"伞骨"都是空心（金属管做的）的，可以在里面装"凝胶香精"，在"伞骨"的某一个位置有散香孔，打开伞的时候散香孔也被同时"推"开，香味散发出来。

伞加香用的香型可以较随便，以大自然的各种"单香型"为主，如茉莉、玫瑰、铃兰、栀子、桂花、白玉兰等花香，苹果、桃子、草莓、菠萝等果香，檀香、柏木、花梨木等木香都可以使用。广告伞香型的选用则应该与广告内容协调、合拍，如宣传的产品有香味，则最好就用该产品的香型，可以起到更好的宣传效果。

（二十九）餐具

传统的餐具有中式餐具、日式餐具、西餐餐具等，制作餐具的材料有竹、木、陶瓷、金属、塑料等，它们几乎与香精都"无缘"——人们并不希望筷子、刀叉、碗、碟、盘、杯、盅、罐、瓶等这些与食物直接接触的物品有香味影响食物的"本味"。现在成"地球村"了，常用的餐具已大同小异，加上生活节奏的加快，人们出门旅游多了，快餐成了真正的"家常便饭"，许多餐具都是"一次性消费"的。近年来由于人们环保意识的加强，希望被丢弃的餐具"可降解"、不污染环境，出现了用纸浆、芦苇、甘蔗渣、竹子、芒杆、龙须草、麦草、稻草、谷壳、锯木屑等纤维素材料及淀粉配合各种塑料原料制作的"环保餐具""绿色餐具"，这些餐具或多或少有点异味，加香问题便不得不提出来。

给快餐盒加香，目的是掩盖天然与合成材料的不良气息，选择香型是非常重要的。一般都是选用"可食性的"香味如水果香（香蕉、菠萝、草莓、桃子、李子、梨子、甜瓜、哈密瓜、西瓜等）、熟食香（饭香、煮面香、炒豆香等；鱼、虾、蟹、牛肉、猪肉、鸡肉、羊肉等的香味属于"专用型"，要与快速食品的调味料一致，否则"串味"反而不好）之类的香精，"香草"（香荚兰豆的香味）香精是"通用"的（对甜食性和咸食性食品都能适合），也较常用。香精的加入量宜少不宜多，以刚好能掩盖"异味"让人们嗅闻到极淡的香味就行了。配制这种香精的香料全部应为食品级（也就是有FEMA编号的），因为餐具与食品直接接触。

"环保型"快餐盒的制作有"冷压成型"和"热压成型"两种方法，前者加香比较容易——只要把香精喷加在待压制的纤维素材料里搅拌均匀，压出后盒子就带上香味了；后者就跟"塑料制品"的生产工艺一样，要使用耐热的香精，所以可供选用的香型较少，用的香精也要多一点，因为香精遇热免不了要挥发损失一部分，也可以用可食用的微胶囊香精加香。

（三十）体育用品

随着全民健身运动的兴起，体育用品也开始走进千家万户，成为平民百姓的日常用品，几乎每一个家庭都或多或少有几件体育用品，如各种球类——乒乓球、羽毛球、台球（桌球）、篮球、足球等以及钓鱼、潜水、游泳、冲浪、划船、赛艇、滑雪、飞镖、溜冰、射击、滑板、自行车、登山、跳绳的健身器材、运动服装等，这些体育用品目前加香的还不多，有"潜力"可挖。球类一般是不加香的，除非制作球类的材料（橡胶、塑料、羽毛、皮革等）有不良气息，加香的目的也只是为了掩盖这些不良气息而已，并不要求有太多的香味。而各种球拍、球杆、球棒、球桌、球网、球架、护具等如果带有香味的话，无疑会增加许多乐趣，让使用者更加喜欢它们。其他体育用品尤其是放在家里的各种器材也都很有必要加香，香味使它们更有魅力，更能增加对体育锻炼的兴趣；有的香味可以消除疲劳，提高自信心；有的香味能唤起"团队意识"，增强凝聚力。

给各种体育用品加香，主要依加香"对象"的制作材料而定。橡胶、塑料、皮革、纺织品、木制品等的加香方法前面已经都有介绍过，可以参照使用。下面只介绍几个体育用品特殊的加香方法：

钓鱼用品——可以给饵料加上被钓鱼类最喜欢的香味，如鱼虾的腥味、蚯蚓等小动物的气味、洋葱味等，增加"上钓率"，也增加钓鱼的乐趣。市场上已经有加了各种香味的塑料鱼饵出售，据说"效果"还是相当不错的。

高尔夫球——有人喜欢带着爱犬去打高尔夫球，让爱犬"代劳"追捡打出去的球，如果让高尔夫球带上爱犬喜欢的香味，追球的积极性肯定大大提高！

各种球拍、球杆、球棒——这些都是个人专用的，给它们带上自己特别喜欢的香味，在使用的时候闻到熟悉的香味会增加自信心。

运动服装、鞋类——它们的加香可以参阅"纺织品"一节。篮球、足球、橄榄球、手球、棒球、曲棍球、水球等活动需要唤起"团队精神"，可以使用本队队员共同喜欢的香味，平时训练、生活在一起经常闻到该香味，既熟悉又喜爱，比赛时一闻到这熟悉的气味马上知道是"自己人"，增加了团队凝聚力。由于各种各样的体育活动肯定要多流汗，所以使用的香精要能掩盖"汗臭气"，最好是"清爽"一点的香精。鞋类可以加入止汗剂。

（三十一）乐器

乐器作为人们享受艺术熏陶、提高自身素质的精神产品，其作用随着社会的进步将会越来越大。乐器有钢琴、电子琴、口琴、柳琴、扬琴、风琴、马头琴、吉他、琵琶、古筝、阮、三弦、月琴、二胡、小号、长笛、单簧管、萧等，还有各种民族的、地方的、古代的乐器，有的已经失传，也有新的品种在不断地创造出来。

有人喜欢在钢琴上放一束香味扑鼻的鲜花，有人觉得在"温馨"（令人愉悦的香味气氛中）的烛光晚会上演奏一段美好的曲子特别兴奋、久久不忘，还有人更是不辞劳苦抱（背、扛）着心爱的乐器到海边、沙滩、田野、山谷等地一面享受大自然的"气息"一面弹奏自己喜欢的乐曲，自然界的芳香能激起他们的"灵感"，实现一次次艺术的"再创造"。乐器制造商们从中发现了商机——为何不让乐器带上或者"随机"散发某些特定的香味呢？

体积较小的乐器可以让它们带上固定的香味，加香的方法因乐器的制作材料而异：竹木制品可以在充分干燥以后"喷雾加香""涂抹加香"或"浸渍加香"（投入香精或香精的乙醇溶液中片刻取出，让香精进入内部）；塑料可以用微胶囊香精或"耐热香精"直接加香（见本章"塑料制品"一节）；金属制品加香最难，只能在乐器的"内部"涂抹带香味的涂料，但涂抹的位置要恰当，不能影响音色和发音；国外有用特殊处理技术让金属表面产生"网状结构"（或者叫做"微孔金属"）而能吸收香精但肉眼却看不出来，这个方法还有一个好处就是当乐器"休息"的时候散香较少，演奏的时候由于振荡香味散得多一些，符合"节约的原则"。

体积较大的乐器如钢琴、电子琴、风琴、手风琴、大提琴、马头琴、编钟等可以让它们在演奏的时候不断地变换香味，如再设计一套"散香软件"并把它与"散香开关"结合起来的话，就可以根据演奏出的旋律散发"配套"的香味出来，音乐的魅力与香味的魅力有机地结合在一起，"气氛"自然更加不同寻常。这种加香和散香方法请参阅前面"家用电器"一节。

（三十二）油漆

油漆也属于"涂料"，只是人们一提到"涂料"想到的往往是"建筑涂料"，把油漆给"忘"了。油漆的第一个作用是保护表面，第二个作用是修饰作用。以木制品来说，由于木制品表面属多孔结构，不耐脏污，同时表面多节眼，不够美观。油漆能同时解决这两个问题。

油漆的品种很多，我们在这里只简要介绍与日用品有关的油漆，也就是一般家具和家庭中使用的油漆（下面提到的"油漆"指的都是"家用油漆"）。也只有这部分油漆加香比较重要，其他油漆加香较少，需要加香时也可以参考下面介绍的方法。

香精可以溶解在油性漆里，油漆"干"了以后香味可以从"漆膜"里面散发出来，并且油漆里有许多成分还可以使香精挥发得慢一些。但硝基漆等使用了大量的低沸点有机溶剂，这些低沸点有机溶剂大都气味浓烈，要想用香精把它们的气味全部掩盖住是不可能的。调香师只能把这些低沸点有机溶剂当作"头香成分"来调配香精，也就是香精里有一部分香比强值大的香料能与低沸点有机溶剂组成闻起来比较舒适一点、不会那么令人讨厌的气味。比如"香蕉水"既然已经有点香蕉的气味了，那就干脆把它调配成更接近于天然熟透了的香蕉气味好了，这样在油漆施工的时候操作人员和周围的人们才不会太难受，而等到溶剂挥发尽了以后，留下的是淡淡的清香。

（三十三）胶黏剂

现代人已经越来越离不开胶黏剂了，虽然不一定每一个人都经常使用胶黏剂，但身边的所有物品几乎都用胶黏剂胶结。对本书讨论的"日用品加香"来说，胶黏剂意义更大，因为有许多材料如金属、玻璃、陶瓷、塑料、石头等难以加香，如果把香精加在胶黏剂里就很容易附着在这些材料上，当然，涂抹"加香"胶黏剂的地方要"隐蔽"，必要时采用钻孔、留缝等方法然后塞进加了香精的胶黏剂。

胶黏剂有葡萄糖衍生物胶黏剂、氨基酸衍生物胶黏剂、天然树脂胶黏剂、无机胶黏剂、合成树脂胶黏剂、橡胶黏合剂、瞬间胶黏剂、厌氧胶黏剂、结构胶黏剂、应变胶黏剂、热熔胶黏剂、微胶囊胶黏剂、压敏胶带（不干胶）等，这些胶黏剂加入香精的方法多种多样——用水做溶剂的可以把香精直接加入搅拌乳化进去（与建筑涂料一样），必要时加点表面活性剂帮助乳化；用苯、甲苯、二甲苯、乙酸酯类、醇类、石油类等做溶剂的加香更加方便，因为这些有机溶剂都能溶解香精，只要把香精加入搅拌均匀就行了，但使用的香精"香比强值"要比较大的，而且选择要有技巧，否则难以掩盖有机溶剂的"臭味"；不用溶剂的胶黏剂加香比较难一点，因为大部分都是热熔物质，可以用比较耐高温的香精（用高沸点香料配制而成），在这些胶黏剂加热熔化时加入香精搅拌均匀。

加入香精的目的假如只是掩盖胶黏剂的不良气息，除了含大量有机溶剂的品种以外，一般香精用量较少，低于1%；如含大量有机溶剂，香精也不必加到把有机溶剂的气息全部掩盖住的程度（这一般也做不到），只要选择香精的头香可以同所用的有机溶剂组成令人不太厌恶的气味、用量刚够也就行了，因为有机溶剂和香精的头香成分挥发以后，留下的胶黏剂就变香的了。如果加入香精的目的是给其他物品加香的，那么香精的用量就要大多了，一般为3%～8%，有时可以加到10%～20%，只要不让配好的胶黏剂变得太稀就行了。使用大量有机溶剂的胶黏剂可以把香精也算在有机溶剂的用量里，甚至全部用香精来溶解（橡胶、树脂等）、配制胶黏剂，也就是说，香精也是有机溶剂。

（三十四）消毒剂

消毒剂用于杀灭传播媒介上病原微生物，使其达到无害化要求，将病原微生物消灭于人体和动物之外，切断传染病的传播途径，达到控制传染病的目的。

消毒剂按照其作用的水平可分为灭菌剂、高效消毒剂、中效消毒剂、低效消毒剂。灭菌剂可杀灭一切微生物使其达到灭菌要求，包括甲醛、戊二醛、环氧乙烷、过氧乙酸、过氧化氢、二氧化氯、氯气、硫酸铜、生石灰、乙醇等。

目前市面上的消毒液按成分分类有：

(1) 氧化类——杀菌机理是释放出新生态原子氧、氧化菌体中的活性基团；杀菌特点是作用快而强，能杀死所有微生物，包括细菌芽孢、病毒。以表面消毒为主，如二氧化氯、双氧水、臭氧、次氯酸钠等，该类消毒剂为灭菌剂。

（2）**醛类**——杀菌机理是使蛋白变性或烷基化；杀菌特点是对细菌、芽孢、真菌、病毒均有效。但温度影响较大。如甲醛、戊二醛等。该类消毒剂可做灭菌剂使用。

（3）**酚类**——杀菌机理是使蛋白变性、沉淀或使酶系统失活；杀菌特点是对真菌和部分病毒有效。

（4）**醇类**——杀菌机理是使蛋白变性，干扰代谢；杀菌特点是对细菌有效，对芽孢、真菌、病毒无效，如乙醇、乙丙醇等。该类消毒剂为中效消毒剂，只能用于一般性消毒。

（5）**碱、盐类**——杀菌机理是使蛋白变性、沉淀或溶解；杀菌特点是能杀死细菌繁殖体，能杀死细菌芽孢、病毒和一些难杀死的微生物。杀菌作用强，有强腐蚀性，如氢氧化钠，氧化钙，食盐（无腐蚀性）等。一般只能作为预防消毒液和灭菌洗涤液。

（6）**卤素类**——杀菌机理是氧化菌体中的活性基因，与氨基结合使蛋白变性；特点是能杀死大部分微生物，以表面消毒为主，性质不稳定，杀菌效果受环境条件影响大，如次氯酸钠、优氯净等。该类消毒剂为中效消毒液，可以作为一般消毒剂使用。

（7）**表面活性剂类**——杀菌机理是改变细胞膜透性，使细胞质外漏，妨碍呼吸或使蛋白酶变性；杀菌特点是能杀死细菌繁殖体，但对芽孢、真菌、病毒、结核病菌作用差。碱性、中性条件下效果好，如新洁尔灭、百毒杀等。该类消毒剂为中低效消毒剂，可以作为一般消毒剂使用。

这些消毒剂都有一定的毒性或潜在的致病、致癌性，生产、运输、仓储、使用时都要高度警惕，特别要注意不能让儿童接触到。有的消毒剂有强烈的臭味，嗅闻后头晕、恶心甚至中毒。例如现在使用量最大的消毒剂——84消毒液，它属于氧化类消毒液。"84消毒液"是以次氯酸钠为主要有效成分的消毒液，有效氯含量为 $1.1\%\sim1.3\%$，可杀灭肠道致病菌、化脓性球菌和细菌芽孢。适用于一般物体表面、白色衣物、医院污染物品的消毒。早期仅在医院内使用，用于多种医疗器械、布类、墙壁、地面、便器等的消毒。现在市面上到处可买到84消毒液。

"84消毒液"具腐蚀性，可致人体灼伤；有致敏性，经常用手接触该品的工人，手掌大量出汗，指甲变薄，毛发脱落；放出的游离氯有可能引起中毒。

洁厕灵与84消毒液都是消毒液，但不能混用。因为84消毒液的主要成分是NaClO（次氯酸钠），洁厕灵的主要成分是HCl（盐酸），若将两者混合使用，发生化学反应会生成有剧毒的氯气。氯气是一种呈黄绿色、有强烈刺激性气味、挥发性较强的有毒气体。它主要刺激人的眼睛、皮肤和呼吸道，受到氯气的刺激，眼睛会流眼泪，还有可能伴有恶心、呕吐、头晕、呼吸困难等症状，再严重还能引发肺水肿。

理想的消毒液应具备杀菌谱广、杀菌能力强、作用速度快、稳定性好、毒性低、腐蚀性、刺激性小、易溶于水、对人和动物安全、价廉易得、对环境污染程度低等特点。目前市面上常见的消毒液都离这些要求有一定的距离，各地的科研人员不遗余力地研究创新，陆续推出一些更加安全可靠的、天然材料制造的消毒剂，如各种植物提取物消毒剂、中草药消毒剂、精油消毒剂等。之后出现的芳樟消毒液和芳樟精油消毒液就具备以上"理想消毒液"希望做到的几点要求。

纯种芳樟是樟树里一个特殊的品种，其树叶用水蒸气蒸馏法得到的精油含左旋芳樟醇90%以上。樟树的各个部位含有大量的多酚、木脂素、萜类化合物，这些成分可以杀灭或抑制空气中的有害细菌。因此，用乙醇提取纯种芳樟的叶子、树枝、树根、树皮等得到芳樟叶酊、芳樟枝酊、芳樟根酊、芳樟皮酊等加入适量的芳樟精油即可得到芳樟消毒除臭液，通过喷雾的方法就可以杀灭或抑制空气中的有害细菌、除去不良气息。

芳樟消毒液的制作方法如下：

（1）纯种芳樟树的叶子、树枝、树根或树皮等100kg，加入95%乙醇500～1500kg浸渍1h，过滤去渣，得到芳樟叶酊、芳樟枝酊、芳樟根酊或芳樟皮酊；

（2）在搅拌桶里加入芳樟叶酊、芳樟枝酊、芳樟根酊或芳樟皮酊100kg，芳樟精油2～20kg搅拌混合均匀；

（3）混合均匀后如有浑浊、沉淀必须过滤得到澄清的液体；

（4）澄清的液体用各种容量的容器包装即为芳樟消毒液成品。

芳樟消毒液按一般生产气雾剂的方法进一步加工成芳樟消毒液气雾剂，使用时喷在空中可杀灭空气中对人有害的细菌，除去不良气息，使空气清新，有利于人的身心健康。

按标准方法测试，芳樟消毒液气雾剂在实验柜内空间喷雾后细菌杀灭率为 99.92%。

用纯种芳樟叶油加 75% 乙醇配制成 "芳樟精油消毒液" 也是目前备受欢迎的新型安全高效消毒剂。以纯种芳樟叶油为主加入茶树油、肉桂油、丁香油、牛至油等配制的 "复配精油消毒剂" 也相当不错。

用 "芳樟精油消毒液" 加入水和少量凝胶物质制成的 "芳樟精油免洗洗手液（凝胶）" 其实也是一种使用方便、安全可靠的消毒剂。

第八节　微胶囊香精的应用

1. 在食品工业中的应用

食品香精微胶囊化后制成的粉末香精，目前已广泛用于糕点、固体饮料、固体汤料、快餐食品以及休闲食品中。

（1）在焙烤制品中的应用——在焙烤过程的高温、高 pH 值环境中，香精易被破坏或挥发。形成微胶囊后香精的损失大为减少，尤其是一些有特殊刺激味的风味料如羊肉、大蒜的特殊气味可被微胶囊掩盖。如果制成多层壁膜的香精微胶囊，其外层又是非水溶性的，在烘烤的前期，香料受到很好保护，只在高温条件下才破裂并放出香精，这样可减少香精的分解损失。膨化食品是在挤压机中经过 200℃ 和几个兆帕的高温高压条件下焙烤后突然减压降温使食物快速膨化、蒸发水分而形成的一种新型食品。为了减少在这一剧烈变化过程中的香精损失，也要使用特别设计的香精微胶囊。

（2）糖果食品中的应用——将粉末香精微胶囊应用于糖果产品中，消费者在咀嚼产品的机械破碎动作下使香味立即释放出来。在口香糖的应用中，香味除需要在咀嚼时立即释放之外，还要求能维持一段时间（20～30min）。

（3）在汤粉中的应用——在各种固体粉状的汤料调味品中，使用微胶囊形成的固体香辛料，容易运输，损失少，而且可以把葱、蒜等的强刺激气味掩盖住。

2. 在洗涤剂中的应用

在合成洗涤剂中加入香精，不仅可以保持原有的去污效果，而且可以赋予衣物香味。但是要在洗涤过程中把香精转移到衣物上并不容易，因为香料都是易挥发的物质，特别是用较热的水洗衣服时，这更易挥发散失掉。而衣物在洗涤后的熨烫烘干中，也会造成香精的大量挥发。所以用普通加香洗衣粉，只能使洗后的衣物获得微弱的香味。把香精微胶囊化不仅可以保证香精在洗涤剂贮存期间减少挥发散失，也避免香精与洗涤剂中的其他组分相互作用而失效。在洗涤和烘干熨烫过程中会有一部分微胶囊破裂，而使衣物带上香味。同时仍有相当数量的香精微胶囊未破裂而渗入到织物缝隙内部保留下来，在穿着过程中缓慢释放出香味来。

洗涤剂中使用的香精是有香味和能抵消恶臭的物质，在室温下通常呈液态。从化学成分看属于萜烯、醚、醇、醛、酮、酯类有机物，从香味来源看可以是麝香、龙涎香、灵猫香等动物香味，也可以是茉莉、玫瑰、紫罗兰等花卉香味，还可以是柑橘油、甜橙油、柠檬油、菠萝、草莓等水果香味或檀香、柏木等木头的香味。还有一些香精本身并不具有特别的香味，但它可以抵消或降低令人不愉快的气味，这些物质也可以加入洗涤剂中同香精一起使用。

香精微胶囊的壁材要求不能被香精溶液所溶解，一般也具有半透性，只有在摩擦过程中才破裂释放出来香味。要使香精微胶囊在洗涤过程中沉积到衣物纤维的缝隙中并在穿着时仍能释放香味，微胶囊粒径最大不得超过 $300\mu m$，一般香精在微胶囊中质量占 50%～80%，微胶囊壁厚在 1～10μm 之间，以保证在穿着和触摸时微胶囊易于破碎。研究表明，香精微胶囊在不同材料的衣物上附着能力不同，在具有平滑表面的棉、锦纶织物上附着能力低，在表面粗糙的涤纶针织物表面容易附着。因此，洗涤不同织物时，香精微胶囊用量应有所变化。能够渗入织物内部并牢固附着的香精微胶囊，能经得住多次洗涤而不脱落，并能使衣物较长时间保持香味。在粒状合成洗衣粉中，通常是把洗衣粉各种配方加好之后再加入香精微胶囊的，而在液体洗涤剂中香精微胶囊是以悬浮状态存在的。

3. 在化妆品中的应用

化妆品也大量使用香精微胶囊。香精微胶囊化后，可以减少香精的挥发损失，利用微胶囊的控制缓放作用，使化妆品的香气更加持久。

4. 在建筑涂料中的应用

建筑涂料希望加了香精以后能在涂上墙壁后，香味保持比较长的时间。一般的香精虽然也有留香比较持久的，但香味品种少而且都较"呆滞"，要让清新爽快的香精留香持久，最好是把它们制成微胶囊香精，再加入涂料中去。

微胶囊香精在日用品中的应用是非常广泛的，使用方法和优点也都与上面的应用大同小异，这里就不一一举例了。

第九节　香料香精法规

香料是具有香气或风味的物质。香料根据其用途可以分为食用香料和日用香料两大类，但大多数香料既是食用香料又是日用香料，少数香料只有一种用途。除个别场合外，香料不能直接用于消费品，只有配成香精后才能使用于食品、化妆品等。香精是由多种香料和附加物（如溶剂、载体、抗氧化剂、乳化剂、防腐剂等）构成的混合物。根据其用途一般也分为食用香精和日用香精两大类。食品香精用于各种食品、药品、饲料及部分可能接触口腔的日用品（如牙膏、唇膏等）。烟草用香精通常列入食用香精范畴。日用香精用于化妆品、个人和家族卫生护理用品。纺织品、纸张、塑料、涂料等日用品用的香精一般也称为日用香精。

由于食用和日用香精是一种混合物，应用场合不同，流行趋势不同，香精的配方千变万化。香精的安全性取决于所用原料的安全性。只要构成香精的各种原料符合法规要求，它们的安全性是有保证的。一般不要求也不可能对每种香精的安全性一一进行评价。香精是科学、技术和艺术结合的产物，每种香精的创新要花费大量的人力物力，故香精配方属知识范畴，具有保密性。各国的法规都不要求在产品标签上标示香精的各种组分。

因此谈香料和香精的安全性和立法只要谈香料的安全和立法就足够了。

一、食用香料的立法和管理

1. 食用香料的分类

国际上将食用香料分成天然的、天然等同的和人造香料三类。天然香料是指完全用物理方法从动植物原料（不论这类原料处于天然状态还是经过了供人类食用的加工过程和处理）中获得的具有香气或风味的化合物。一般来说人们将用生物工艺手段（如发酵）从天然原料（如粮食）制得的香料以及由天然原料（如糖类和氨基酸类等）经过了供人类食用的加工过程（如烹调）所得反应产物也划入天然香料范畴。天然等同的食用香料是指从芳香原料中用化学方法离析出来的或是用化学合成法制取的香味物质，它们在化学上与供人类食用的天然产品中存在的物质相同，所谓人造食用香料是指那些尚未从供人类食用的天然产物中发现的香味物质（即其化学结构是人造的）。食用香料分类是立法的基础，必须充分理解。

2. 食用香料的特点

（1）食用香料品种繁多，大多天然存在于供人类消费的食品中。目前人们已从各类食品中发现存在的风味物质达1万余种，且随着食品工业的发展和分析技术的进步，新的食用香料还会大量涌现。由于使用量和经济的原因，目前世界上允许使用的食品香料约2600余种，其允许使用的数目每年还以相当快的速度在增长。

（2）食品香料同系物众多。所谓同系物是指结构上完全类似的系列产物。如果一个食品中含有乙醇、丙醇和丁醇，同时含有乙酸、丙酸和丁酸，那么它很可能同时含有9种酯类，这9种酯类在结构上只有微细差别，香味上也有微细差别，但是它们哪一个都不能缺少，缺少其中任何一个就构不成某一食品和谐的特征的味道。由于它们是同系物，往往从一个或几个化合物的毒理学资料，可推断其他同系物的毒理学性质，不必要对每个同系物都一一进行试验。

（3）食用香料用量极度低。尽管目前使用的食用香料已达 2600 余种，但除个别用量较大的外，绝大多数（>80%）用量很少。评价一个化合物安全不安全，一个重要的因素是暴露量。对于用量很小的化合物，即使其急性口服毒性（LD_{50}）很大，也不一定是不安全的。食用香料在食品中的添加量绝大多数小于其天然存在量。即使人们不吃含食品香精的食品，事实上人们也天天在吃天然存在的食用香料。

早在 20 世纪 80 年代初世界食品科技界就提出了消费比（consumption ratio，简称 CR）的概念。CR 是指天然等同的食用香料以天然存在于食物中形成的消费量与同一物质作为食用香料添加物的消费量之间的比值。从现已发表的 350 种比较重要的天然等同香料的 CR 看，CR 大多大于 1。例如 2,3-二甲基吡嗪，它天然存在于咖啡和土豆中，由于人们食用这两种食品而消费的该化合物为 7365kg/a，而作为食品添加剂加入食品的量只有 11kg/a，共 CR 为 670。

（4）食用香料是一种自我限量的食品添加剂。这一点很容易理解，食品的风味浓淡要适度才能为消费者接受，过量使用食品香精的食品是无人消费的，尽管它的营养价值可能很高。因此人们不必像关心防腐剂、色素等那样来担心食用香精的超量使用问题。

由于食用香料上述的特殊性便引出了食用香料立法管理的特殊性。

3. 美国对食用香料的立法管理简况

自 1958 年开始，美国根据新的食品法将食品香料列入食品添加剂范围并进行立法管理。最早美国 FDA（食品药品管理局）直接参与法规的制订和管理。他们根据人们长期的使用经验和部分毒理学资料将允许使用的食用香料列入联邦法规的有关章节，当时他们仅将香料分为天然香料和合成香料两大类。在法规的第二部分共列入约 1200 种允许使用的食用香料，对使用范围和使用量未作规定。但这毕竟确定了用"肯定表"的形式为食用香料立法，即只允许使用列表中的食用香料，而不得使用表以外的其他香料。但是随后 FDA 发现新的食用香料层出不穷，用量又是那么小，仅靠国家机构来从事食用香料立法是不可能的。这一任务随之落到了美国 FEMA 头上。FEMA 是个行业组织，成立于 1956 年，它是一个行业自律性组织。FEMA 组织内有一个专家组，它由行业内外的化学家、生物学家、毒草理学家等权威人士组织。自 1960 年以来连续对食用香料的安全性进行评价（注意这里用的是"评价"一词，因为如上所说，不必要也不可能对每个食用香料进行毒性理事学试验，但必须逐个加以安全评价）。评价的依据是自然存在状况、暴露量（使用量）、部分化合物（或相关化合物）的毒性理事会学资料结构与毒性的关系等。自 1965 年公布第一批 FEMA GRAS 3 名单以来到 2003 年 5 月已公布到 FEMA GRAS 21（公开发表于"Food Technology"杂志上），对每个经专家评价为安全的食用香料都给一个 FEMA 编号，编号从 2001 号开始，目前已达 4068 号，即共允许使用 2600 多种食用香料。FEMA GRAS 得到美国 FDA 的充分认可，作为国家法规在执行。已通过的 2600 余种食用香料也属于"肯定表"，也不是一成不变的，专家组每隔若干年根据新出现的资料对已通过的香料要求进行再评价，重新确立其安全地位。到目前为止已进行过二次再评价，撤去 GRAS（通过者为安全）称号的只有极度个别化合物。

美国 FDA 的名单及 FEMA 名单不仅适用于美国，它在世界上有广泛的影响。目前全盘采用的国家有阿根廷、巴西、捷克、埃及、巴拉圭、波多黎各、乌拉圭等；原则采用的国家和地区有（以英文字母为序）：阿富汗、奥地利、澳大利亚、孟加拉、巴巴多斯、玻利维亚、保加利亚、哥斯达黎加、智利、中国、哥伦比亚、塞浦路斯、厄瓜多尔、萨尔瓦多、斐济、希腊、危地马拉、洪都拉斯、匈牙利、印度尼西亚、牙买加、约旦、韩国、黎巴嫩、马尔代夫、墨西哥、尼泊尔、新喀里多尼亚、新几内亚、尼加拉瓜、巴拿马、巴基斯坦、秘鲁、菲律宾、波兰、罗马尼亚、斯里兰卡、苏丹、泰国、土耳其、英国、萨摩亚等。

4. 欧洲的食用香料法规和管理

欧盟并没有真正国家法规意义上的食用香料名单，但它确实有 COE 蓝皮书。它包括一份可用于天然食品香料的天然资源表，天然资源中活性成分的暂时限制已有的规定，它指出了使用于饮料和食品的香料最高浓度。蓝皮书还包括一份可加到食物中而不危及健康的香味物质表和一份暂时能加到食物中的物质表。每种食用香料都有一个 COE 编号，目前共有 1700 余种。由此可见欧盟对天然和天然等同香料是采用否定表形式加以管理，即只规定哪些天然和天然等同香料不准用或限量使用。对人造食用香料才用肯定表形式加以管理，即只有列入此表的人造食品香料才允许使用。但是这一蓝皮书不是法律文件，而是一批专家的准备报告。此专家组于20世纪九十年代初已停止工作。

目前欧洲大多数国家实际上采用 IOFI（International Organization of Flavor Industry）的规定。该组织成立于 1969 年，现有成员国 20 余个，绝大多数为发达国家（如英、美、日、法、意、加等）。IOFI 的《实践法规》（Code of Practice）对于天然和天然等同香料采用否定表加以限制，而对人造香料才用肯定表来规定，目前列入此肯定表的约 400 种人造香料。由此看出欧洲国家对食用香料的立法和管理大多不是靠政府而是靠行业组织，以行业自律为主。食用香料和香精的安全性实行的是行业负责制。事实上没有一个企业愿冒不依据实践法规的规定来生产产品的风险，一旦违规被揭露就受到欧洲香料香精行业协会 EFFA（European Flavour & Fragrance Association）的查处，严重的会倾家荡产。

5. 日本的食用香料法规和管理

日本于 1947 年由厚生省公布食品卫生法，并对食品中所用化学品有了认定制度。但是日本的添加剂法规到 1957 年才真正公布和实施。1957 年同时出版日本食品店添加剂物公定书。这是日本食品添加剂的标准文件，文中规定了各种试验方法并对约 400 种食品添加剂规定了质量标准。随着科技进步和食品工业的发展，此公定书已进行过数次修正。事实上，此公定书涉及的食用香料并不多。日本对天然香料也是采用否定表的形式加以管理，而对合成香料才一一列出名单，并规定质量规格，但有标准可查的食品香料不足 100 种（氨基酸、酸味剂除外）。

由于日本国内的食品香精市场有限，许多香精以外销为主。对于这部分香精他们执行的是进口国的法规。目前日本已倾向接受 IOFI 和 JECFA（食品添加剂联合专家委员会）的规定，其食品香料法规已逐步国际化。

日本香料协会对日本香料行业的自律，对法规执行情况的监督检查起至关重要的作用。

由于世界各国食用香料的法规并不完全一致，WHO 的 CAC（食品法典委员会）下的 JECFA 对食品添加剂的安全进行客观的评价，这一机构评价的结果具有世界最高权威。但是，由于食用香料具有上文部分所述的特点，对食品香料的安全评价采用与其他大宗食品添加剂不同的评价方法（JECFA 的有关文件）。又由于食用香料品种太多，从人力物力上来说不可能胡子眉毛一把抓地对每种食用香料加以评价，只能根据用量和从分子结构上可能预见的毒性等来确定优先评价的次序。到目前为止只评价了约 900 种食用香料，从评价的结果看更证明 FEMA GRAS 是正确的。FEMA GRAS 并未真正受到 JECFA 的挑战。

二、日用香料的立法和管理

日用香料的立法和管理比较简单。到目前为止很少有国家对日用香料进行立法。但这并不是说对日用香料没有管理。在对日用香料的管理方面，带头羊仍是美国行业组织和国际组织 IFRA。早在 20 世纪 60 年代（1966 年）美国日用香料香精企业为了日用香料的安全，出资成立了 RIFM（Research Institute Fragrance Materials）。后来该组织还吸收世界上跨国公司成为其成员。该组织与 IFRA 合作制订对日用香料安全评价的程序、办法以及评价计划。该组织内的专家组人员来自世界上发达国家的化学家、生物学家、毒草性毒理学家等。该专家组与有关科研院所、大学等建立合作关系，分批对日用香料安全进行试验和评价，评价的结果交IFRA 执行。RIFM 的评价结果分批公布于 "Food & Chemical Toxicology" 杂志上（该杂志以前称为 "Food & Cosmetics Toxicology"），到目前为止共公布了四批资料（约近 1000 种日用香料的安全资料）。IFRA 根据 RIFM的结果在其规定中提出禁用和限用（限制用量，限制使用范围，或规定达到一定纯真度时才允许使用）的推荐意见。到目前为止约有 90 种日用香料属于禁用、限用范围。尽管这是一种推荐意见，但其成员国完全遵守，如违背规定也会受到 IFRA 的处罚。

三、结论

从上面的论述可以看出：

（1）日用香料和食用香料确有一定安全问题。日用香精和食用香精的安全决定于原料，原料的安全把好关，香精的安全就有保证，因为这是一种物理混合过程。不必也不可能对无以计数的香精进行安全试验或评价。

（2）对食用香料的安全考虑优先于日用香料。目前对食用香料的立法和管理主要依靠行业组织，绝大多数国家政府并未插手这一工作。

（3）行业自律是对日用香料和食用香料管理的基础，只有当市场经济充分发育以后，企业真正承担安全责任时，管理才能到位。将政府的管理职能转移到行业协会是发展方向。

（4）在我国目前的条件下，对食用香料的立法工作仍应重视，但不必事事从头做起。我们完全可以借鉴国外的经验，大胆引入允许使用名单，而不必从事重复的毒理学验证试验，但其先决条件是验证产品质量的合作，因为任何毒理资料都是建立在一定的产品质量基础之上的。当然对于国内外认为是新的食用香料品种，则必须严格按程序试验和审批。

（5）加强我国的标准化工作，多制订一些食用和日用香料的标准，让企业有所依据，也为检测工作创造条件。这样便可在企业（行业）自律上跨出一大步。

（6）香料香精行业是个小行业，但已是一个全球化的行业。增强与国际组织（IOFI、IFRA、RIFM、EFFA、FEMA等）的沟通，及时了解国外立法和管理信息是搞好我国香料香精工业立法和管理的必要条件。尽管目前有这样那样的困难，但要努力创造条件去办。

我国应用日用香精的11类产品见表6-2。

表6-2 应用日用香精的11类产品

类别	产品
第1类	1. 所有类型的唇用产品（固体和液体唇膏、香脂、透明的等）[lip products of all types(solid and liquid lipsticks,balms,clear,etc.)]； 2. 玩具(toys)。
第2类	1. 所有类型的祛臭和抑汗产品（喷雾的、棒状的、滚球式的、腋下的和身体的等）[deodorant and antiperspirant products of all types(spray,stick,roll-on,under-arm and body,etc.)]； 2. 加香手镯(fragranced bracelets)； 3. 鼻贴(nose pore strips)。
第3类	1. 用于刚剃过毛（须）的皮肤上的水醇产品(hydroalcoholic products applied to recently shaved skin)； 2. 所有类型的眼用产品[眼影、睫毛油（膏）、眼线膏（笔）、眼美容品、眼膜、眼枕等]，包括眼护理品[eye products of all types(eye shadow,mascara,eyeliner,eye make-up,eye masks,eye pillows,etc.),including eye care]； 3. 男性脸用膏霜(men's facial creams,balms)； 4. 棉塞(止血塞)(tampons)； 5. 婴幼儿膏、霜、露、油(baby creams,lotions,oils)； 6. 儿童用体绘用品(body paint for children)。
第4类	1. 用于未剃毛（须）的皮肤上的水醇产品，包括古龙水、淡香水、香水(hydroalcoholic products applied to unshaved skin)； 2. 不用在腋窝上的体用喷雾产品(body sprays,with no intended or reasonably foreseeable use on the axillae)； 3. 定发助剂，所有类型的喷发产品（泵式、气溶胶、喷雾等）[hair styling aids,hair sprays of all types(pumps,aerosol,sprays,etc.)]； 4. 体用膏霜、油、露，所有类型生香膏霜（婴幼儿膏霜、露除外）[body creams,oils,lotions,solid perfumes,fragrancing creams of all types(except baby creams and lotions)]； 5. 成套芳香产品组件(ingredients of perfume kits)； 6. 用于成套化妆品的日用香精(fragrance compounds for cosmetic kits)； 7. 香垫、箔包(scent pads,foil packs)； 8. 水醇产品香条(scent strips for hydroalcoholic products)； 9. 护足产品(footcare products)； 10. 发用祛臭剂(hair deodorant)； 11. 成人用体绘用品(body paint for adults)。

类别	产品
第5类	1. 女性脸用膏霜/脸部美容品（woman's facial creams/facial make-up）； 2. 手用膏霜（hand cream）； 3. 面膜（facial masks）； 4. 婴幼儿用粉和滑石粉（baby powder and talc）； 5. 长效烫发剂和其他头发化学处理剂（例如直发剂），但不包括染发制品［hair permanent and other hair chemical treatments（e. g. relaxers）but not hair dyes］； 6. 脸、颈、手、体用擦拭物或清新纸巾（wipes or refreshing tissues for face,neck,hands,body）； 7. 干洗香波或免洗香波（或不用水洗的香波）（dry shampoo or waterless shampoo）； 8. 手用卫生洗涤剂（hand sanitizers）。
第6类	1. 漱口水（包括清新喷雾剂）（mouthwash including breath sprays）； 2. 牙膏（toothpaste）。
第7类	1. 私生活用擦拭用品（intimate wipes）； 2. 婴幼儿擦拭用品（baby wipes）； 3. 用于皮肤上的昆虫驱避剂［insect repellent（intended to be applied to the skin）］。
第8类	1. 所有类型的卸妆用品（不包括脸用清洁剂）［make-up removers of all types（not including face cleaners）］； 2. 所有非喷雾型的定发助剂（摩丝、凝胶、驻留型调理剂等）［hair styling aids non-spray of all types（mousse,gels,leave-in conditioners,etc.）］； 3. 护甲用品（nail care）； 4. 所有粉类制品和滑石粉（不包括婴幼儿用粉和滑石粉）［all powders and talcs（except baby powders and talcs）］； 5. 染发用品（hair dyes）。
第9类	1. 块皂（香皂）［bar soap（toilet soap）］； 2. 浴用凝胶、泡沫、摩丝、浴盐、油和加入洗澡水用的所有产品（bath gels,foams,mousses,salts,oils and other products added to bathwater）； 3. 所有类型的身体洗涤用品（包括婴幼儿洗涤用品）和所有类型的淋浴用凝胶［body washes of all type（including baby washes）and shower gels of all type］； 4. 即洗型调理剂［conditioners（rinse-off）］； 5. 所有脱毛用品（包括用于机械脱毛的蜡）［depilatory（including waxes for mechanical hair removal）］； 6. 所有类型的脸部清洁剂（洗涤用品、凝胶、磨面用品等）［face cleaners of all types（washes,gels,scrubs,etc.）］； 7. 脸用纸巾（facial tissues）； 8. 妇女卫生巾（feminine hygiene-pads）； 9. 妇女卫生垫（feminine hygiene-liners）； 10. 加香面膜（fragranced face masks,or surgical masks）； 11. 液皂（liquid soap）； 12. 餐巾（napkins）； 13. 纸巾（paper towels）； 14. 所有类型香波（包括婴幼儿用香波）［shampoos of all types（including baby shampoos）］； 15. 所有类型的剃毛（须）膏霜（棒状、凝胶状、泡沫状等）［shaving creams of all types（stick,gels,foams,etc.）］； 16. 卫生纸（toilet paper）； 17. 其他气溶胶产品（包括空气清新喷雾剂，但不包括祛臭/抑汗用品、定发喷雾助剂）［other aerosols（including air fresheners sprays but not including deodorant/antiperspirant,hair styling aids spray）］； 18. 芳香治疗用冷热敷袋（wheat bags）。（俗称麦兜，或谷疗袋，常在棉布袋中装上谷物、香料和芳草，用于芳香治疗）。

续表

类别	产品
第 10 类	1. 所有类型手洗衣服洗涤剂(包括浓缩液)(handwash laundry detergents all types including concentrates); 2. 包括织物柔软片在内的所有类型的织物柔软剂(fabric softeners including fabric softener sheets); 3. 其他家用清洁用品(织物清洁剂、软表面清洁剂、地毯清洁剂)[other household cleaning products (fabriccleaners, soft surface cleaners, carpet cleaners)]; 4. 用机器洗的衣服洗涤剂(液、粉、片等)(包括衣物漂白剂及浓缩液)[machine wash laundry detergents(liquids, powders, tablets, etc.) including laundry bleaches and concentrates]; 5. 手洗餐具洗涤剂(hand dishwashing detergent); 6. 所有类型的硬表面清洁剂(浴室和厨房清洁剂,家具上光用品)[hard surface cleaners of all types (bathroom and kitchen cleaners, furniture polish)]; 7. 婴儿尿布(diapers); 8. 爱畜(宠物)用香波(shampoo for pets); 9. 干洗成套用品(dry cleaning kits); 10. 卫生间座位擦洗品(toilet seat wipes); 11. 加香的手套、短袜、带有保湿剂的紧身衣(scented gloves, socks, tights with moisturizers)。
第 11 类	所有不与皮肤接触或偶尔与皮肤接触的产品,包括:(all non-skin contact or incidental skin contact, including;) 1. 所有类型的空气清新剂和芳香用品[浓缩型喷雾空气清新剂、插入式、固体底物型、膜传递型、电热式、组合式、粉末状、香袋(囊)、线香、重注液、清新空气用结晶体][air fresheners and fragrancing of all types(concentrated aerosol air fresheners, plug-ins, solid substrate, membrane delivery, electrical, pot pourri, powders, fragrancing sachets, incense, liquid refills, ait freshening crystals)]; 2. 通风系统(air delivery systems) 3. 动物用喷雾用品(animal sprays); 4. 蜡烛(candles); 5. 猫砂(cat litter); 6. 不与皮肤接触的祛臭剂/掩盖剂(例如织物干燥机械除臭剂、地毯粉)[deodorizer/maskers not intended for skin contact(e.g. fabric drying machine deodorizers, carpet powders)]; 7. 地板蜡(floor wax); 8. 加香灯环(fragranced lamp ring); 9. 燃料(fuels); 10. 杀虫剂(例如蚊虫香、纸、杀虫电器、防昆虫衣服),但不包括气雾产品[insecticides(e.g. mosquito coil, paper, electrical, for clothing), excluding aerosols]; 11. 朝佛用香(joss sticks or incense sticks); 12. 机用餐具洗涤剂和除臭剂(machine dishwash detergent and deodorizers); 13. 全机洗洗涤剂(例如泡腾片)[machine only laundry detergent(e.g. liquitabs)]; 14. 有香气的蒸馏水(可加入蒸汽熨斗中)[odored distilled water(that can be added to steam irons)]; 15. 涂料(paints); 16. 塑料制品(不包括玩具)[plastic articles(excluding toys)]; 17. 簧片扩散器(reed diffusers); 18. 鞋油(shoe polishes); 19. 厕所去垢剂(toilet blocks); 20. 处理过的纺织品(例如淀粉喷雾剂、洗涤后加香的织物、织物祛臭剂)[treated textiles(e.g. starch sprays, fabric treated with fragrances after wash, deodorizers for textiles of fabrics)]; 21. 应用干燥空气技术释放香气的香味传递系统(scent delivery system using a dry air technology); 22. 气味刮嗅卡(取样技术)[scratch and sniff(sampling technology)]; 23. 手机套(cell phone cases)。

十一类加香产品中限用香料的最高限量见表 6-3。

表 6-3 限用香料的最高限量

编号	中文名称	英文名称	CAS 号	在加香产品中的最高限量/%										
				第 1 类	第 2 类	第 3 类	第 4 类	第 5 类	第 6 类	第 7 类	第 8 类	第 9 类	第 10 类	第 11 类
1	α-戊基肉桂醇	α-amyl cinnamic alcohol	101-85-9	0.1	0.1	0.5	1.6	0.8	2.5	0.3	2.0	5.0	2.5	无限制
2	α-戊基肉桂醛	α-amyl cinnamic aldehyde	122-40-7	0.7	0.9	3.6	10.7	5.6	17.1	1.8	2.0	5.0	2.5	无限制
3	大茴香醇	anisyl alcohol	105-13-5 1331-81-3	0.04	0.06	0.23	0.68	0.36	1.09	0.11	1.52	5.00	2.50	无限制
4	苄醇	benzyl alcohol	100-51-6	0.2	0.2	0.9	2.7	1.4	4.3	0.4	2.0	5.0	2.5	无限制
5	苯甲酸苄酯	benzyl benzoate	120-51-4	1.7	2.2	8.9	26.7	14.0	42.8	4.5	2.0	5.0	2.5	无限制
6	肉桂酸苄酯	benzyl cinnamate	103-41-3	0.1	0.2	0.7	2.1	1.1	3.4	0.4	2.0	5.0	2.5	无限制
7	水杨酸苄酯	benzyl salicylate	118-58-1	0.5	0.7	2.7	8.0	4.2	12.8	1.3	2.0	5.0	2.5	无限制
8	对叔丁基二氢肉桂醛	p-tert-butyldihydrocinnamaldehyde	18127-01-0	0.03	0.04	0.2	0.5	0.3	0.8	0.1	0.6	0.6	0.6	无限制
9	对叔丁基-α-甲基氢化肉桂醛(铃兰醛)	p-tert-butyl-α-methylhydrocinnamaldehyde	80-54-6	0.12	0.15	0.62	1.86	0.98	2.97	0.31	2.00	5.00	2.50	无限制
10	肉桂醇	cinnamic alcohol	104-54-1	0.09	0.1	0.4	0.4	0.4	2.2	0.2	0.4	0.4	0.4	无限制
11	肉桂醛	cinnamic aldehyde	104-55-2	0.02	0.02	0.05	0.05	0.05	0.4	0.04	0.05	0.05	0.05	无限制
12	柠檬醛	citral	5392-40-5 141-27-5 106-26-3	0.04	0.05	0.2	0.6	0.3	1.0	0.1	1.4	5.0	2.5	无限制
13	香茅醇	citronellol	106-22-9 1117-61-9 26489-01-0 6812-78-8 141-25-3 68916-43-8 7540-51-4	0.8	1.1	4.4	13.3	7.0	21.4	2.2	2.0	5.0	2.5	无限制
14	丁香酚	eugenol	97-53-0	0.2	0.2	0.5	0.5	0.5	4.3	0.4	0.5	0.5	0.5	无限制
15	金合欢醇	farnesol	4602-84-0	0.08	0.11	0.4	1.2	0.6	2	0.2	2	5.0	2.5	无限制
16	香叶醇	geraniol	106-24-1	0.3	0.4	1.8	5.3	2.8	8.6	0.9	2.0	5.0	2.5	无限制
17	反式-2-己烯醛	trans-2-hexenal	6728-26-3	0.001	0.001	0.002	0.002	0.002	0.02	0.002	0.002	0.002	0.002	无限制
18	α-己基肉桂醛	α-hexyl cinnamic aldehyde	101-86-0	0.7	0.9	3.6	10.7	5.6	17.1	1.8	2.0	5.0	2.5	无限制
19	水杨酸己酯	hexyl salicylate	6259-76-3	1.0	1.3	5.3	16.0	8.4	25.7	2.7	2.0	5.0	2.5	无限制

续表

编号	中文名称	英文名称	CAS号	在加香产品中的最高限量/%										
				第1类	第2类	第3类	第4类	第5类	第6类	第7类	第8类	第9类	第10类	第11类
20	羟基香茅醛	hydroxycitronellal	107-75-5	0.1	0.2	0.8	1.0	1.0	3.6	0.4	1.0	1.0	1.0	无限制
21	异环柠檬醛	isocyclocitral	1335-66-6 1423-46-7 67634-07-5	0.2	0.3	1.1	3.2	1.7	5.1	0.5	2.0	5.0	2.5	无限制
22	异环香叶醇	isocyclogeraniol	68527-77-5	0.11	0.14	0.5	0.5	0.5	2.8	0.3	0.5	0.5	0.5	无限制
23	异丁香酚	isoeugenol	97-54-1	0.01	0.01	0.02	0.02	0.02	0.2	0.02	0.02	0.02	0.02	无限制
24	甲氧基二环戊二烯醛	methoxydicyclopentadienecarboxaldehyde	86803-90-9	0.1	0.2	0.5	0.5	0.5	3.6	0.4	0.5	0.5	0.5	无限制
25	2-甲氧基-4-甲基苯酚	2-methoxy-4-methylphenol	93-51-6	0.003	0.004	0.01	0.01	0.01	0.09	0.009	0.01	0.01	0.01	无限制
26	α-甲基肉桂醛	α-methyl cinnamic aldehyde	101-39-3	0.1	0.1	0.5	1.6	0.8	2.5	0.3	2.0	5.0	2.5	无限制
27	甲基紫罗兰酮（异构体混合物）	methyl ionone (mixed isomers)	1335-46-2 127-42-4 127-43-5 127-51-5 7779-30-8 79-89-0	2.00	2.59	10.56	31.67	16.67	50.72	5.30	2.00	5.00	2.50	无限制
28	1-辛烯-3-醇乙酸酯	1-octen-3-yl acetate	2442-10-6	0.1	0.1	0.3	0.3	0.3	2.5	0.3	0.3	0.3	0.3	无限制
29	秘鲁香膏提取物和蒸馏物	Peru balsam extracts & distillates	8007-00-9	0.03	0.04	0.1	0.4	0.2	0.7	0.07	0.4	0.4	0.4	无限制
30	苯乙醛	phenylacetaldehyde	122-78-1	0.02	0.02	0.09	0.3	0.1	0.4	0.04	0.6	3.0	2.5	无限制
31	玫瑰酮类（又名异突厥酮，γ-突厥酮）	rose ketones (isodamascone, γ-damascone)	23696-85-7 23726-93-4 43052-87-5 24720-09-0 23726-94-5 23726-92-3 23726-91-2 57378-68-4 71048-82-3 39872-57-6	0.003	0.004	0.02	0.02	0.02	0.07	0.008	0.02	0.02	0.02	无限制

续表

编号	中文名称	英文名称	CAS 号	在加香产品中的最高限量/%										
				第1类	第2类	第3类	第4类	第5类	第6类	第7类	第8类	第9类	第10类	第11类
31	玫瑰酮类（又名异突厥酮，γ-突厥酮）	rose ketones (isodamascone, γ-damascone)	70266-48-7 33673-71-1 35087-49-1 35044-68-9	0.003	0.004	0.02	0.02	0.02	0.07	0.008	0.02	0.02	0.02	无限制
32	茶叶净油	tea leaf absolute	84650-60-2	0.01	0.02	0.07	0.2	0.1	0.3	0.04	0.5	2.4	2.5	无限制
33	香豆素	coumarin	91-64-5	0.1	0.13	0.5	1.6	0.8	2.5	0.3	2.0	5.0	2.5	无限制
34	甲基铃兰醇[2,2-二甲基-3-(3-甲基苯基)丙醇]	majantol [2, 2-dimethyl-3-(3-methylphenyl) propanol]	103694-68-4	0.28	0.36	1.5	4.5	2.4	7.2	0.8	2.0	5.0	2.5	无限制
35	1-(1,2,3,4,5,6,7,8-八氢-2,3,8,9-四甲基-2-萘基)乙酮（龙涎酮）	1-(1, 2, 3, 4, 5, 6, 7, 8-octahydro-2, 3, 8, 8-tetramethyl-2-naphthalenyl)ethanone	54464-57-2	1.34	1.73	7.1	21.4	11.2	34.2	3.6	2.0	5.0	2.5	无限制
36	2-乙氧基-4-甲基苯酚	2-ethoxy-4-methylphenol	2563-07-7	0.01	0.01	0.03	0.1	0.1	0.2	0.02	0.2	1.2	1.9	无限制
37	香芹酮	carvone	6485-40-1(l-) 99-49-0 2244-16-8(d-)	0.08	0.1	0.4	1.2	0.6	1.9	0.2	2	5	2.5	无限制
38	依兰-依兰各种提取物	ylang-ylang (various extracts)	8006-81-3	0.05	0.06	0.27	0.8	0.4	1.3	0.1	1.8	5.0	2.5	无限制
39	大花茉莉净油	jasmin absolute (grandiflorum)	93686-30-7 68606-83-7 83863-30-3	0.04	0.05	0.22	0.7	0.4	1.1	0.1	1.5	5.0	2.5	无限制
40	小花茉莉净油	jasmin absolute (sambac)	8022-96-6 8024-43-9 90045-94-6 84776-64-7 91770-14-8	0.25	0.32	1.33	4.0	2.1	6.4	0.7	2.0	5.0	2.5	无限制
41	肉桂腈	cinnamyl nitrile	1885-38-7 4360-47-8	0.03	0.04	0.125	0.125	0.125	0.8	0.08	0.125	0.125	0.125	无限制
42	2-己叉基环戊酮	2-hexylidene cyclopentanone	17373-89-6	0.01	0.01	0.05	0.06	0.06	0.2	0.02	0.06	0.06	0.06	无限制

编号	中文名称	英文名称	CAS号	在加香产品中的最高限量/%										
				第1类	第2类	第3类	第4类	第5类	第6类	第7类	第8类	第9类	第10类	第11类
43	新铃兰醛[3-和4-(4-羟基-4-甲基戊基)-3-环己烯-1-醛]	lyral[3 and 4-(4-hydroxy-4-methylpentyl)-3-cyclohexene-1-carboxaldehyde]	31906-04-4 51414-25-6	0.02	0.02	0.2	0.2	0.2	0.2	0.02	0.2	0.2	0.2	无限制
44	对盖-1,8-二烯-7-醛（紫苏醛）	p-mentha-1,8-dien-7-al (perilla aldehyde)	2111-75-3	0.02	0.03	0.1	0.1	0.1	0.5	0.05	0.1	0.1	0.1	无限制
45	盖二烯-7-甲醇甲酸酯[2-(4-异丙基环己二烯)乙醇甲酸酯]	menthadiene-7-methyl formate [2-(4-isopropyl-cyclohexadienyl) ethyl formate]	68683-20-5	0.03	0.04	0.1	0.1	0.1	0.8	0.08	0.1	0.1	0.1	无限制
46	3-丙叉基苯酞	3-propylidene phthalide	17369-59-4	0.01	0.01	0.01	0.01	0.01	0.7	0.01	0.01	0.01	0.01	无限制
47	庚炔羧酸甲酯	methyl heptine carbonate	111-12-6	0.003	0.004	0.01	0.01	0.01	0.08	0.008	0.01	0.01	0.01	无限制
48	辛炔羧酸甲酯	methyl octine carbonate	111-80-8	0.001	0.001	0.002	0.002	0.002	0.02	0.002	0.002	0.002	0.002	无限制
49	橡苔提取物	Oakmoss extract	90028-68-5（栎扁枝衣提取物）9000-50-4（橡苔净油）68917-10-2（橡苔油）	0.02	0.03	0.1	0.1	0.1	0.5	0.1	0.1	0.1	0.1	无限制
50	树苔提取物	treemoss extract	90028-67-4（粉肩扁枝衣提取物）68648-41-9（树苔油）68917-40-8（树苔香树脂香）	0.02	0.03	0.1	0.1	0.1	0.5	0.1	0.1	0.1	0.1	无限制
51	苯氧乙酸丙酯a	allylphenoxyacetate	7493-74-5	0.02	0.03	0.11	0.32	0.17	0.51	0.05	0.70	3.50	2.50	无限制
52	苯甲醛	benzaldehyde	100-52-7	0.02	0.02	0.09	0.27	0.14	0.43	0.05	0.60	3.00	2.50	无限制
53	α-丁基肉桂醛	α-butylcinnamaldehyde	7492-44-6	0.03	0.04	0.15	0.45	0.24	0.72	0.08	1.01	5.00	2.50	无限制

编号	中文名称	英文名称	CAS号	在加香产品中的最高限量/%										
				第1类	第2类	第3类	第4类	第5类	第6类	第7类	第8类	第9类	第10类	第11类
54	肉桂醛二甲缩醛	cinnamic aldehyde dimethylacetal	4364-06-1	0.02	0.03	0.12	0.37	0.20	0.59	0.06	0.80	4.10	2.50	无限制
55	枯茗醛	cuminaldehyde	122-03-2	0.03	0.04	0.17	0.50	0.26	0.80	0.08	1.11	5.00	2.50	无限制
56	兔耳草醛	cyclamen aldehyde	103-95-7	0.17	0.22	0.89	2.67	1.40	4.28	0.45	2.00	5.00	2.50	无限制
57	十五内酯	cyclopentadecanolide	106-02-5	0.16	0.20	0.83	2.50	1.31	3.93	0.42	2.00	5.00	2.50	无限制
58	二苄醚	dibenzyl ether	103-50-4	0.07	0.08	0.35	1.04	0.55	1.67	0.17	2.00	5.00	2.50	无限制
59	二氢香豆素b	dihydrocoumarin	119-84-6	0.029	0.037	0.15	0.45	0.24	0.72	0.08	1.01	5.0	2.5	无限制
60	二甲基环己-3-烯-1-醛（异构体混合物）	dimethylcyclohex-3-ene-1-carbaldehyde (mix isomers)	68737-61-1 68039-49-6 68039-48-5 27939-60-2 67801-65-4	0.17	0.22	0.89	2.7	1.4	4.3	0.45	2.0	5.0	2.5	无限制
61	α-王朝酮	1-(5,5-dimethyl-1-cyclohexen-1-yl)-4-penten-1-one	56973-85-4	0.07	0.09	0.38	1.13	0.60	1.81	0.19	2.00	5.00	2.50	无限制
62	对乙基苯甲醛	p-ethylbenzaldehyde	4748-78-1	0.03	0.04	0.17	0.50	0.26	0.80	0.08	1.11	5.00	2.50	无限制
63	糠醛	furfural	98-01-1	接触皮肤产品 0.001%，不接触皮肤产品 0.05%（此规定不按照 QRA 进行）(2013.6.10)										
64	2-庚叉环戊-1-酮	2-heptylidene cyclopentan-1-one	39189-74-7	0.03	0.04	0.15	0.45	0.24	0.72	0.08	1.01	5.00	2.50	无限制
65	对异丁基-α-甲基氢化肉桂醛	p-isobutyl-α-methylhydrocinnamaldehyde	6658-48-6	0.07	0.08	0.35	1.04	0.55	1.67	0.17	2.00	5.00	2.50	无限制
66	香蜂花油	Melissa oil(Melissa officinalis)	8014-71-9 84082-61-1	0.04	0.05	0.21	0.63	0.33	1.01	0.11	1.40	5.00	2.50	无限制
67	对甲氧基苯甲醛	p-methoxybenzaldehyde	123-11-5	0.10	0.13	0.54	1.61	0.84	2.53	0.27	2.00	5.00	2.50	无限制
68	邻甲氧基肉桂醛	o-methoxycinnamaldehyde	1504-74-1	0.03	0.04	0.15	0.45	0.24	0.72	0.08	1.01	5.00	2.50	无限制
69	4-甲氧基-α-甲基苯丙醛	4-methoxy-α-methyl benzenepropanal	5462-06-6	0.17	0.22	0.89	2.57	1.40	4.28	0.45	2.00	5.00	2.50	无限制
70	新洋茉莉醛	α-methy-1,3-benzodioxole 5-propionaldehyde	1205-17-0	0.34	0.43	1.78	5.3	2.8	8.6	0.89	2.0	5.0	2.5	无限制

续表

编号	中文名称	英文名称	CAS号	在加香产品中的最高限量/%										
				第1类	第2类	第3类	第4类	第5类	第6类	第7类	第8类	第9类	第10类	第11类
71	丁香酚甲醚	methyl eugenol	93-15-2	不可作日用香料使用,由天然香料带入的,在最终产品中有限量:香水≤0.02%,淡香水(盥洗水)≤0.008%,加香膏霜≤0.004%,其他驻留型化妆品≤0.0004%,淋洗型≤0.001%,不接触皮肤的产品≤0.01%。										无限制
72	6-甲基-3,5-庚二烯-2-酮	6-methyl-3,5-hepta-diene-2-one	1604-28-0	0.002	0.002	0.002	0.002	0.002	0.100	0.002	0.002	0.002	0.002	无限制
73	3-甲基-2-戊氧基环戊-2-烯-1-酮	3-methyl-2-(pentyloxy)cyclopent-2-en-1-one	68922-13-4	0.03	0.04	0.17	0.50	0.26	0.80	0.08	1.11	5.00	2.50	无限制
74	2-壬炔醛二甲缩醛	2-nonyl-1-al dimethyl acetal	13257-44-8	0.66	0.84	3.47	10.41	5.48	16.67	1.74	2.00	5.00	2.50	无限制
75	红没药(香树脂、油、净油、酊剂)	opponax	8021-36-1 9000-78-6 93384-32-8	0.03	0.04	0.15	0.45	0.24	0.80	0.08	0.60	0.60	0.60	无限制
76	1-(2,4,4,5,5-五甲基环戊-1-烯-1-基)乙-1-酮	1-(2,4,4,5,5-pentamethyl-1-cyclopenten-1-yl)ethan-1-one	13144-88-2	0.03	0.04	0.15	0.45	0.24	0.72	0.08	1.01	5.00	2.50	无限制
77	3-苯基丁醛	3-phenylbutanal	16251-77-7	0.17	0.22	0.89	2.7	1.4	4.3	0.45	2.0	5.0	2.5	无限制
78	2-苯基丙醛	2-phenylpropionaldehyde	93-53-8	0.01	0.01	0.06	0.17	0.09	0.28	0.03	0.40	1.90	2.50	无限制
79	5-乙酰基-1,1,2,3,3,6-六甲基二氢茚	5-acetyl-1,1,2,3,3,6-hexamethyl indan	15323-35-0	在驻留型皮肤用产品中浓度≤2%。										
80	苏合香提取物(Liquidamberstyra ficula L. var. macrophylla 和 Liquidamberorientalis Mill. 的粗胶禁用)	styrax extracts	8046-19-3 8024-01-9 94891-27-7 94981-28-8	0.04	0.05	0.23	0.60	0.36	0.60	0.11	0.60	0.60	0.60	无限制
81	邻,间,对-甲基苯甲醛及其混合物	o, m, p-tolualdehydes and their mixtures	529-20-4 620-23-5 104-87-0 1334-78-7	0.03	0.04	0.17	0.50	0.26	0.80	0.08	1.11	5.00	2.50	无限制
82	2,6,6-三甲基环己-1,3-二烯基甲醛(藏红花醛)	2,6,6-trimethylcyclohex-1,3-dienyl methanol	116-26-7	0.001	0.001	0.004	0.005	0.005	0.02	0.002	0.005	0.005	0.005	无限制
83	马鞭草净油	Verbena absolute	8024-12-2 85116-63-8	0.05	0.06	0.2	0.2	0.2	1.2	0.12	0.2	0.2	0.2	无限制

续表

编号	中文名称	英文名称	CAS号	在加香产品中的最高限量/%										
				第1类	第2类	第3类	第4类	第5类	第6类	第7类	第8类	第9类	第10类	第11类
84	乙酰化香根油	acetylated Vetiver oil	117-98-6 62563-80-8 73246-97-6 68917-34-0 84082-84-0	0.07	0.08	0.35	1.04	0.55	1.67	0.17	2.00	5.00	2.50	无限制
85	6,7-二氢-1,1,2,3,3-五甲基-4(5H)-茚满酮	6,7-dihydro-1,1,2,3,3-pentamethyl-4（5H）-indanone	33704-61-9	0.34	0.44	1.81	5.43	2.86	8.70	0.91	2.00	5.00	2.50	无限制
86	3-间叔丁基苯基-2-甲基丙醛	3-(m-tert-butylphenyl)-2-methylpropionaldehyde	62518-65-4	0.12	0.15	0.62	1.86	0.98	2.97	0.31	2.00	5.00	2.50	无限制
87	乙酸,乙酸酐与1,5,10-三甲基-1,5,9-环十二碳三烯反应产物(商品名为Tri-mofixO,Fixamber)	acetic acid, anhydride, reaction products with 1,5,10-trimethyl-1,5,9-cyclododecatriene	144020-22-4 28371-99-5	0.16	0.20	0.83	2.49	1.31	3.99	0.42	2.00	5.00	2.50	无限制
88	当归精油	Angelica root oil	8015-64-3	在驻留型皮肤用产品中浓度≤0.8%(光毒性同题),淋洗型和不接触皮肤产品无限制。										
89	压榨香柠檬精油	bergamot oil expressed	908007-75-8	在驻留型皮肤用产品中浓度≤0.4%(光毒性同题),淋洗型和不接触皮肤产品无限制。										
90	压榨苦橙皮精油	bitter orange peel oil expressed	68916-04-1 72968-50-4	在驻留型皮肤用产品中浓度≤1.25%(光毒性同题),淋洗型和不接触皮肤产品无限制。										
91	柑桔精油及其他含呋喃并香豆素的精油	Citrus oil and other furocoumarins containing essential oils	—	在驻留型皮肤用产品中以5-甲氧基呋喃并香豆素计浓度≤15ppm(光毒性同题),淋洗型和不接触皮肤产品无限制。										
92	枯茗精油	Cumin oil	8014-13-9	在驻留型皮肤用产品中浓度≤0.4%(光毒性同题),淋洗型和不接触皮肤产品无限制。										
93	压榨幽柚精油	grapefruit oil expressed	8016-20-4	在驻留型皮肤用产品中浓度≤4%(光毒性同题),淋洗型和不接触皮肤产品无限制。										
94	冷榨柠檬精油	lemon oil cold pressed	8008-56-8	在驻留型皮肤用产品中浓度≤2%(光毒性同题),淋洗型和不接触皮肤产品无限制。										
95	压榨白柠檬精油	lime oil expressed	8008-26-2	在驻留型皮肤用产品中浓度≤0.7%(光毒性同题),淋洗型和不接触皮肤产品无限制。										
96	芸香精油	rue oil	8014-29-7	在驻留型皮肤用产品中浓度≤0.15%(光毒性同题),淋洗型和不接触皮肤产品无限制。										
97	小万寿菊精油和净油	Tagetes oil and absolute	91722-29-1 8016-84-0	在驻留型皮肤用产品中浓度≤0.01%(光毒性同题),淋洗型和不接触皮肤产品无限制。										
98	β-萘乙酮	methyl β-naphthyl ketone	93-08-3	在驻留型皮肤用产品中浓度≤0.2%(光毒性同题),淋洗型和不接触皮肤产品无限制。										
99	N-甲基邻氨基苯甲酸甲酯	methyl N-methyl anthranilate	85-91-6	在驻留型皮肤用产品中浓度≤0.1%(光毒性同题),淋洗型和不接触皮肤产品无限制。										

a 游离烯丙醇含量≤0.1%。
b 化妆品中禁用。

日用香精中禁用物质见表 6-4。

表 6-4　日用香精中禁用物质

编号	中文名称	英文名称	CAS号
1	万山麝香(乙酰基乙基四甲基萘满)	versalide(acetyl ethyl tetramethyltetralin)	88-29-9
2	乙酰异戊酰(5-甲基-2,3-己二酮)	acetyl isovaleryl (5-methyl-2,3-hexanedione)	13706-86-0
3	土木香根油	allantroot oil(elecampane oil)	97676-35-2
4	庚炔羧酸烯丙酯	allylheptine carbonate	73157-43-4
5	异硫氰酸烯丙酯	allylisothiocyanate	57-06-7
6	2-戊基-2-环戊烯-1-酮	2-pentyl-2-cyclopenten-1-one	25564-22-1
7	茴香叉基丙酮[4-(对甲氧基苯基)-3-丁烯-2-酮]	anisylidene acetone[4-(p-methoxyphenyl)-3-butene-2-one]	943-88-4
8	顺式和反式-细辛脑[a]	cis-and trans-asarone	2883-98-9 5273-86-9
9	苯[b]	benzene	71-43-2
10	苄氰[c]	benzyl cyanide	140-29-4
11	苄叉丙酮(4-苯基-3-丁烯-2-酮)	benzylidene acetone (4-phenyl-3-buten-2-one)	122-57-6
12	桦木裂解产物[d]	birch wood pyrolysate	8001-88-5 84012-15-7 85940-29-0 68917-50-0
13	3-溴-1,7,7-三甲基双环[2.2.1]-庚烷-2-酮	3-bromo-1,7,7-trimethyl bicyclo[2.2.1]heptane-2-one	76-29-9
14	溴代苯乙烯(溴代苏合香烯)	bromostyrene	103-64-0
15	对叔丁基苯酚	p-tert-butylphenol	98-54-4
16	刺柏焦油[e]	Cade oil(Juniperusoxycedrus L.)	90046-02-9 8013-10-3
17	香芹酮氧化物	carvone oxide	33204-74-9
18	土荆芥油	Chenopodium oil (Chenopodiumambrosioides L.)	8006-99-3
19	肉桂叉丙酮	cinnamylidene acetone	4173-44-8
20	松香	colophony	8050-09-7
21	广木香根油、浸膏、净油	costus root oil,absolute and concrete	8023-88-9
22	兔耳草醇[f]	cyclamen alcohol [3-(4-isopropylphenyl)-2-methylpropanol	4756-19-8
23	1,3 二溴-4-甲氧基-2-甲基-5-硝基苯(α-麝香)	1,3-dibromo-4-methoxy-2-methyl-5-nitro-benzene(musk alpha)	63697-53-0
24	1,3-二溴-2-甲氧基-4-甲基-5-硝基苯	1,3-dibromo-2-methoxy-4-methyl-5-nitro-benzene	62265-99-0
25	2,2-二氯-1-甲基环丙基苯	2,2-dichloro-1-methylcyclo-propylbenzene	3591-42-2
26	马来酸二乙酯	diethyl maleate	141-05-9

编号	中文名称	英文名称	CAS 号
27	2,4-二羟基-3-甲基苯甲醛	2,4-dihydroxy-3-methyl benzaldehyde	6248-20-0
28	4,6-二甲基-8-叔丁基香豆素	4,6-dimethyl-8-tert-butyl coumarin	17874-34-9
29	3,7-二甲基-2-辛烯-1-醇	3,7-dimethyl-2-octen-1-ol	40607-48-5
30	顺式甲基丁烯二酸二甲酯	dimethyl citraconate	617-54-9
31	二苯胺	diphenylamine	122-39-4
32	2-辛炔酸酯类(庚炔羧酸甲酯外)	esters of 2-octynoic acid, except methyl heptine carbonate	10031-92-2
33	2-壬炔酸酯类(辛炔羧酸甲酯除外)	esters of 2-nonynoic acid, except methyl octine carbonate	10484-32-9 10519-20-7
34	丙烯酸乙酯	ethyl acrylate	140-88-5
35	乙二醇单乙醚及其乙酸酯	ethylene glycol monoethyl ether and its acetate	110-80-5 111-15-9
36	乙二醇单甲醚及其乙酸酯	ethylene glycol monomethyl ether and its acetate	109-86-4 110-49-6
37	无花果叶净油	Fig leaf absolute	68916-52-9
38	糠叉基丙酮	Furfurylideneacetone	623-15-4
39	香叶腈	geranyl nitrile	5146-66-7 5585-39-7 31983-27-4
40	反式-2-庚烯醛	trans-2-heptenal	18829-55-5
41	六氢香豆素	hexahydrocoumarin	700-82-3
42	反式-2-己烯醛二乙缩醛	trans-2-hexenal diethyl acetal	67746-30-9
43	反式-2-己烯醛二甲缩醛	trans-2-hexenal dimethyl acetal	18318-83-7
44	氢化枞醇,二氢枞醇	hydroabietyl alcohol, dihydroabietyl alcohol	13393-93-6 26266-77-3 1333-89-7
45	氢醌单乙醚(4-乙氧基苯酚)	hydroquinone monoethyl ether (4-ethoxy-phenol)	622-62-8
46	氢醌单甲醚(4-甲氧基苯酚)	hydroquinone monomethyl ether (4-methoxy-phenol)	150-76-5
47	异佛尔酮	isophorone	78-59-1
48	6-异丙基-2-十氢萘酚	6-isopropyl-2-decalol	34131-99-2
49	香厚壳桂皮油	massoia bark oil	85085-26-3
50	马索亚内酯(5-羟基-2-癸烯酸内酯)	mossoia lactone (5-hydroxy-2-decenoic acid lactone)	54814-64-1 51154-96-2
51	7-甲氧基香豆素ᵍ	7-methoxy coumarin	531-59-9
52	1-(4-甲氧基苯基)-1-戊烯-3-酮	1-(4-methoxyphenyl)-1-penten-3-one	104-27-8
53	6-甲基香豆素	6-methylcoumarin	92-48-8
54	7-甲基香豆素	7-methylcoumarin	2445-83-2
55	巴豆酸甲酯	methyl crotonate	623-43-8

续表

编号	中文名称	英文名称	CAS号
56	4-甲基-7-乙氧基香豆素	4-methy-7-ethoxycoumarin	87-05-8
57	对甲基氢化肉桂醛	*p*-methyl hydrocinnamic aldehyde	5406-12-2
58	甲基丙烯酸甲酯	methyl methacrylate	80-62-6
59	3-甲基-2(3)-壬烯腈	3-methyl-2(3)-nonenenitrile	53153-66-5
60	伞花麝香(1,1,3,3,5-五甲基4,6-二硝基茚满)	moskene(1,1,3,3,5-pentamethyl-4,6-dinitroindane)	116-66-5
61	葵子麝香	musk ambrette	83-66-9
62	西藏麝香(1-叔丁基-2,6-二硝基-3,4,5-三甲基苯)	musk tibetene(1-tert-butyl-2,6-dinitro-3,4,5-trimethylbenzene)	145-39-1
63	二甲苯麝香	musk xylene	81-15-2
64	硝基苯	nitrobenzene	98-95-3
65	2-戊叉基环己酮	2-pentylidene cyclohexanone	25677-40-1
66	秘鲁香膏粗品	Peru balsam crude	8007-00-9
67	苯基丙酮[甲基苄基(甲)酮]	phenyl acetone(methyl benzyl ketone)	103-79-7
68	苯甲酸苯酯	phenyl benzoate	93-99-2
69	假性紫罗兰酮(2,6-二甲基十一碳-2,6,8-三烯-10-酮)[h]	pseudoionone(2,6-dimethylundeca-2,6,8-trien-10-one)	141-10-6
70	假性甲基紫罗兰酮(7,11-二甲基-4,6,10-十二碳三烯-3-酮)[i]	pseudo methylionone(7,11-dimethyl-4,6,10-dodecatrien-3-one)	1117-41-5 26651-96-7 72968-25-3
71	黄樟素、异黄樟素、二氢黄樟素[j]	safrole,isosafrole,dihydrosafrole	94-59-7 120-58-1 94-58-6
72	山道年油	santolina oil	84961-58-0
73	甲苯[k]	toluene	108-88-3
74	马鞭草油	Verbena oil	8024-12-2
75	博尔多油	boldo oil	8022-81-9
76	2,4-二烯醛(一组物质)	2,4-dienals	764-40-9 80466-34-8 5910-85-0 30361-28-5 6750-03-4 2363-88-4 13162-46-4 21662-16-8 142-83-6 25152-84-5 30361-29-6 4313-03-5 ……
77	糠醇	furfuryl alcohol	98-00-0
78	喹啉	quinoline	91-22-5
79	桧油(得自 Juniperus Sabina L.)	Savinoil	8024-00-8

续表

编号	中文名称	英文名称	CAS 号
80	1,2,3,4-四氢-4-甲基喹啉	1,2,3,4-tetrahydro-4-methylquinoline	19343-78-3
81	2,4-己二烯-1-醇	2,4-hexandien-1-ol	111-28-4 17102-64-6
82	(反式,反式)-2,4十二碳二烯-1-醇	(E,E)-2,4-dodecadien-1-ol	18485-38-6

a 因香精中使用含顺式和反式-细辛脑的精油而带入最终加香产品的此化合物含量应不大于 100mg/kg。

b 在日用香精中，苯的含量应不大于 1mg/kg。

c 因香精中使用含苄氰的天然原料而带入最终加香产品的此化合物含量不大于 100mg/kg。

d 允许使用经精制的桦木裂解产物。

e 允许使用经精制的刺柏焦油。

f 兔耳草醇可能作为杂质存在于兔耳草醛中，但其含量应不大于 1.5%。

g 因香精中使用含 7-甲氧基香豆素的天然原料而带入最终加香产品的此化合物含量应不大于 100mg/kg。

h 紫罗兰酮中可能含有作为杂质存在的假性紫罗兰酮，但其含量应不大于 2%。

i 甲基紫罗兰酮中可能含有作为杂质存在的假性甲基紫罗兰酮，但其含量应不大于 2%。

j 因香精中使用含黄樟素的天然原料而带入最终加香产品的此化合物含量应不大于 100mg/kg，加香产品中黄樟素、异黄樟素和二氢黄樟素的总量应不大于 100mg/kg。

k 日用香精中甲苯的含量越低越好，但应不大于 100mg/kg。

综上所述，天然香料的安全性研究及法规管理欧美走在我国的前面，这里有认识问题，也有经济能力，也有科学研究的能力问题。我国政府管理部门对食品和化妆品的安全需要有更深刻的认识。就具体管理而言，落后于欧美国家，急需加大研究和立法工作力度。

就食用天然香原料而言，主要还是关注天然香料某些成分的致癌性、肝毒性、依赖性等以及它们的暴露量的研究。

就日化天然香原料而言，主要是关注天然香料某些成分的过敏性和光毒性，以及它们在人类消费品种中最终暴露量的研究。

第十节　香物质的分析

广义地说，有气味的物质都是"香料"，而世间万物几乎都是有气味的——虽然理论上自然界里有大量的无机物、有机物是不挥发的，所以没有气味，但它们都免不了沾染一些"杂质"，这些"杂质"里只要有少量气味物质的存在，它们也就都有气味了——比如可以嗅闻到石头的气味、土壤的气味、金属的气味、塑料的气味、衣服的气味等。诚然，在香料工业里，只有那些可以用来配制香精的有气味物质才算是"香料"，极纯净的香料物质我们不一定知道它们"应该"是什么气味，因为我们已经习惯了含有各种"杂质"的香料气味，而且把这些气味看作是该香料"应当具备的"气味。所以，有人甚至提出研究"香料"其实主要是研究香料里的"杂质"，这种说法不无道理。

所以，有香味的物质，或者叫做"香物质"，要分析它们的"主香物质"，更要分析它们的"次香物质"甚至属于"杂质"的香气成分。

香料、香精、有香物质、加香产品等"含香量"的分析都是用适量的溶剂（一般用乙醇）溶解后直接进样打色谱（气相色谱或液相色谱），也可以采用同时蒸馏萃取法、固相微萃取法、顶空分析法和溶剂辅助蒸发法，例如有人针对河南漯河地区肉制品和仿肉制品常用的一种咸味香精（猪肉味香精），分别采取同时蒸馏萃取法（SDE）、静态顶空法（HS）和顶空固相微萃取（HS-SPME）三种提取方法对该香精主要挥发性呈香物质进行提取，并结合 GC-MS 法对其进行了主要挥发性呈香成分分析。研究显示，经 SDE 提取的主要是茴香醛、4-甲基-2-甲氧基苯酚、乙酰基吡嗪；HS 提取的主要为乙基麦芽酚、3-甲基-2-羟基-2-环戊烯-1-酮、茴香醛；HS-

SPME 提取的主要为水杨酸甲酯、α-古巴烯等九种物质。其中，SDE 法对醛类及酚类化合物的提取效果较好，HS 法和 HS-SPME 法对酮类提取效果较好，而对含硫含氮类化合物的提取中三种方法差异不显著，并均表现出较好的提取效果。

有人研究比较了同时蒸馏萃取、超声辅助-液固萃取法（ULSE）、吹扫捕集法（P&T）、液液萃取法（LLE）、微量液液萃取法（mLLE）和直接进样等多种不同前处理方法分析烟草和烟用香精样品中的致香成分，并分别对影响定性定量分析结果的相关影响因素进行了分析研究。结果表明：SDE 和 ULSE 都适用于较为精确的烟草致香成分定性定量分析研究；P&T 比较适用于烟草样品中致香成分的快速定性分析；LLE 较适合用于烟用香精日常检测的前处理方法。

采用石油醚提取、水蒸气蒸馏提取、超临界流体萃取三种常用方法提取陈皮和柚皮挥发油，并用气相色谱-质谱联用仪分析其成分差异以及陈皮烟抽吸效果的区别。结果表明水蒸气蒸馏获得的挥发油效果最好。超临界流体萃取技术在挥发油提取中占有重要地位，但人们往往只关注挥发油的得率，而忽视其组分的变化。

有人采用同时蒸馏萃取的方法提取虾的挥发性风味化合物，比较 OV1701 中等极性石英毛细管柱、DB-5 非极性石英毛细管柱和 PEG-20M 极性石英毛细管柱对提取物的分离效果，实验结果表明 OV1701 中等极性石英毛细管柱分离出的风味化合物的种类和总量最多。三种虾共鉴定出 116 种风味物质，含硫和含氮化合物含量较高。

对于金华火腿风味成分的检测，同时蒸馏萃取法较佳的条件为：以乙醚为溶剂，蒸馏 2h。固相微萃取（SPME）法的较佳条件为：采用 75μm CAR/PDMS 萃取头效果更佳，60℃下吸附 40min，250℃下解吸 2 min。热脱附法（TD）：-30℃低温冷阱利于低沸点化合物的富集，在 60℃下直接吸附 40min。采用各自较优的操作条件，SPME 法检出的化合物最多，为 81 种，SDE 法可以检出 79 种化合物，TD 法虽然只能检出 60 种化合物，但是它对低沸点化合物的检出效果较佳。SPME 法的平均相对标准偏差最低，为 16.14%，重现性最好；TD 法的次之，为 18.29%；SDE 法的为 24.10%，重现性稍差。但总体来讲三种方法均能较好地用于分析金华火腿的挥发性风味组分。SDE 法由于含有高温蒸煮因而其结果可以表征熟金华火腿的风味；而 SPME 和 TD 法的结果可以表征生金华火腿的风味。三种各有优缺点的方法检出结果相互补充，共能检出金华火腿中风味化合物 113 种。

采用静态顶空进样、直接溶剂提取和静态顶空固相微萃取等不同的样品前处理方式结合气相色谱-质谱对酿造酱油中挥发性组分进行分析，通过图谱比较发现，静态顶空固相微萃取所得的分析结果优于其他三种方式。对该前处理方式进行条件优化，优化后条件为：萃取纤维头为聚丙烯酸酯（PA），萃取温度为 40℃，萃取时间为 30min，进样时间 2min，氯化钠加入量为 1.0g。

有人以油煸香葱的香气和口味为主要研究对象，采用有机溶剂萃取法和固相微萃取法来对天然油煸香葱样品中的有效呈香物质进行提取，并通过气相色谱-质谱联用来对天然油煸香葱中的有效呈香成分进行分析。以分析结果为基础，挑选出其中对油煸香葱香气和口感贡献大的香原料，设计出油煸香葱香精初始配方。

热解吸是一种提取、分析样品中挥发性和半挥发性组分的较为新颖的预处理方法，该方法不需使用任何有机溶剂，操作方便，灵敏度高，检测限达到 10^{-9} 级。目前该方法已应用于环境样品、食品饮料、药物、植物、矿物分析等多种领域，几乎任何含有挥发性有机物的样品都能使用该技术进行分析，大大拓展了气相色谱的分析范围。

有人对超声雾化萃取法在萃取香料样品中香气成分方面的应用进行了研究，建立了两种新型的萃取方法：超声雾化-加热气流传递-顶空单滴微萃取法和超声雾化加热-吹扫载带-顶空单滴微萃取法。这两种萃取方法分别将超声雾化萃取法、顶空单滴微萃取法、吹扫和加热技术结合起来形成了快速有效的萃取技术，并与气相色谱-质谱联用仪相结合，将其应用于香料样品的萃取与检测的分析当中。将超声雾化顶空单滴微萃取法应用于萃取液体样品中的挥发性物质，不仅对果汁中的 β-月桂烯、D-柠檬烯、异戊酸叶醇酯进行了定性的分析，而且首次解决了该方法定量分析的问题，实现了对挥发性成分含量的测定。采用超声雾化-加热气流传递-顶空单滴微萃取法对孜然样品中的挥发性成分进行了萃取，对实验条件进行了优化，并比较该方法与水蒸馏萃取法、超声辅助萃取法和超声雾化顶空单滴微萃取法的萃取结果。将超声雾化顶空单滴微萃取法进行了改进，利用该方法萃取了孜然油中的香气物质，并通过气相色谱-质谱联用仪进行了分析鉴定，对其化合物组成进行了研究，证实了该方法可用于植物样品中挥发性组分的萃取分析。将果汁样品中的挥发性组分通过超声雾化顶空单滴微萃取法进行了萃取，在最佳实验条件下不仅进行了定性的分析，同时完成了含量的测定，首次实现了该方法在液体样品挥发性成分定性、定量方面的同时应用。该方法适合于萃取液体样品中的香气组分，其为质量控制的施行和掺假产品的鉴别研究提供了依据。

第七章　芳香疗法和芳香养生

第一节　亚健康

世界卫生组织（WHO）的一项全球预测性调查表明，目前全世界真正健康的人只占5％，患病的人占20％，75％的人处于亚健康状态。因此，亚健康已经成为当今全球医学研究的热点之一。

亚健康状态是指无器质性病变的一些功能性改变，又称第三状态或"灰色状态"。因其主诉症状多种多样，又不固定，也被称为"不定陈述综合征"。它是人体处于健康和疾病之间的过渡阶段，在身体上、心理上没有疾病，但主观上却有许多不适的症状表现和心理体验。

20世纪70年代末，医学界依据疾病谱的改变，将过去单纯的生物医学模式，发展为生物-心理-社会医学模式。1977年，世界卫生组织将健康概念确定为"不仅仅是没有疾病和身体虚弱，而是身体、心理和社会适应的完满状态"。20世纪80年代以来，我国医学界对健康与疾病也展开了一系列的研究，其结果表明，当今社会有一庞大的人群，身体有种种不适，而去医院检查又不能发现器质性病变，医生没有更好的办法来治疗，这种状态称为"亚健康状态"。

24种常见"亚健康"状态表现——①浑身无力；②容易疲倦；③思想涣散；④坐立不安；⑤心烦意乱；⑥头脑不清爽；⑦头痛；⑧耳鸣；⑨面部疼痛；⑩眼睛疲劳；⑪视力下降；⑫鼻塞眩晕；⑬咽喉异物感；⑭手足发凉；⑮手掌发黏；⑯手足麻木感；⑰便秘；⑱颈肩僵硬；⑲胃闷不适；⑳睡眠不良；㉑心悸气短；㉒容易晕车；㉓起立时眼前发黑；㉔早晨起床有不快感。

现代医学研究的结果表明，造成亚健康的原因是多方面的，例如过度疲劳造成的精力、体力透支；人体自然衰老；心脑血管及其他慢性病的前期、恢复期和手术后康复期出现的种种不适；人体生物周期中的低潮时期等。

在中国医学里，很早就有"治未病"的说法："上医医未病之病，中医治欲病之病，下医医已病之病。""未病"和"欲病"实际上指的就是亚健康状态。专家指出，人体存在着一种非健康和非疾病的中间状态，这种状态即为亚健康状态，具有向疾病或向健康方向转化的双向性。

医学心理学研究表明，心理疲劳是由长期的精神紧张、压力过大、反复的心理刺激及复杂的恶劣情绪逐渐影响而形成的，如果得不到及时疏导化解，长年累月，在心理上会造成心理障碍、心理失控甚至心理危机，在精神上会造成精神萎靡、精神恍惚甚至精神失常，引发多种心身疾患，如紧张不安、动作失调、失眠多梦、记忆力减退、注意力涣散、工作效率下降等，以及引起诸如偏头痛、荨麻疹、高血压、缺血性心脏病、消化性溃疡、支气管哮喘、月经失调、性欲减退等疾病。

心理疲劳是不知不觉潜伏在人们身边的，它不会一朝一夕就置人于死地，而是到了一定的时间，达到一定的"疲劳量"，才会引发疾病，所以往往容易被人们忽视。

当"疲劳量"还不足以引发明显的疾病，而个人又处于身心不愉快的状态时，人就是处在亚健康状态。

据医学调查发现，处于"亚健康"状态的患者年龄多在20～45岁之间，且女性占多数，也有老年人。它的特征是患者体虚困乏易疲劳、失眠及休息质量不高、注意力不易集中，甚至不能正常生活和工作……但在医院经过全面系统检查、化验或者影像检查后，往往还找不到肯定的病因所在。

有关资料表明：美国每年有600万人被怀疑患有"亚健康"。澳大利亚处于这种疾病状态的人口达37％。在亚洲地区，处于"亚健康"疾病状态的比例则更高。有资料表明，不久前日本公共卫生研究所的一项新调研发现并证明，接受调查的数以千计员工中，有35％的人正忍受着慢性疲劳综合征的病痛，而且至少有半年病史。在中国的长沙，对中年妇女所作的一次调查中发现60％的人处于"亚健康"疾病状态。据世界卫生组织统计，处于"亚健康"疾病状态的人口在许多国家和地区目前呈上升趋势。有专家预言，疲劳是 21 世纪人类健康的头号大敌。

世界卫生组织提出"健康是身体上、精神上和社会适应上的完好状态，而不仅仅是没有疾病和虚弱"。近年来世界卫生组织又提出了衡量健康的一些具体标志，例如：

① 精力充沛，能从容不迫地应付日常生活和工作；

② 处事乐观，态度积极，乐于承担任务不挑剔；

③ 善于休息，睡眠良好；

④ 应变能力强，能适应各种环境的变化；

⑤ 对一般感冒和传染病有一定抵抗力；

⑥ 体重适当，体态匀称，头、臂、臀比例协调；

⑦ 眼睛明亮，反应敏锐，眼睑不发炎；

⑧ 牙齿清洁，无缺损，无疼痛，牙龈颜色正常，无出血；

⑨ 头发光洁，无头屑；

⑩ 肌肉、皮肤富弹性，走路轻松。

世界卫生组织提出了人类新的健康标准。这一标准包括肌体和精神健康两部分，具体可用"五快"（肌体健康）和"三良好"（精神健康）来衡量。

"五快"是指：

① 吃得快：进餐时，有良好的食欲，不挑剔食物，并能很快吃完一顿饭。

② 便得快：一旦有便意，能很快排泄完大小便，而且感觉良好。

③ 睡得快：有睡意，上床后能很快入睡，且睡得好，醒后头脑清醒，精神饱满。

④ 说得快：思维敏捷，口齿伶俐。

⑤ 走得快：行走自如，步履轻盈。

"三良好"是指：

① 良好的个性人格。情绪稳定，性格温和；意志坚强，感情丰富；胸怀坦荡，豁达乐观。

② 良好的处世能力。观察问题客观、现实，具有较好的自控能力，能适应复杂的社会环境。

③ 良好的人际关系。助人为乐，与人为善，对人际关系充满热情。

有人认为亚健康是一种处于健康与疾病之间的状态，其部分表现与抑郁症很相似，但它们是两种不同的疾病。亚健康状态可以包括躯体和心理两方面，在心理方面可以出现情绪低落、休息不好、全身无力等现象，但抑郁症是独立的疾病，是以情绪障碍为主要症状表现。最可怕的是抑郁症患者没有求治欲望或表现，有很强的负罪感，觉得自己是社会的负担，自杀死亡率很高。而亚健康人群却往往相反，他们会积极求治，只不过平时工作忙而没有时间去看病。

英国广播公司会计部的工作人员曾经频频抱怨，说办公室太安静，让人感到寂寞。为此，专家建议在大厅内不断播放专门录制的生活背景音响，包括聊天、打电话，甚至偶尔发出的笑声。数天实践证明，专家的这一招果然十分有效。

心理学家称，人们长期在过于宁静的环境中工作会感染落叶综合征。而声音可激发起人们的不同感情。负面心理通过优美声乐可以转化为正面生理效应。

有些人尤其是老年人长期生活在极其安静的环境中，没有人与之聊天、谈心，也听不到富有生活气息的声音，时间长了就会变得性情孤僻，对周围的一切漠不关心，从而丧失生活的信心，健康状况日趋下降，甚至过早离开人世。

声响蕴含的情感极其丰富，有病需要声响，无病也需声响。特别是那些处于亚健康状态、工作特别紧张而又没有时间休息的人们，通过音响效果松弛调整，使人的大脑深度放松，将会产生意想不到的效果。

上面是用"声响"或"音乐"治疗亚健康的例子，类似的还有"体育疗法""艺术疗法""旅游疗法""听故事疗法"等，但几十年来的实践证明，治疗亚健康和抑郁症最有效和最容易被接受的方法是"芳香疗法"。

第二节　现代芳香疗法的兴起

　　回顾一下香料发展的历史不难发现，我国早在 3700 年前就已应用香料植物驱疫避秽；古巴比伦和亚述人在 3500 年前便懂得用薰香治疗疾病；3350 年前的埃及人在沐浴时已使用香油或香膏，并认为有益肌肤；古希腊和罗马人也早就知道使用一些新鲜或干燥的芳香植物可以令人镇静、止痛或者精神兴奋。

　　明代李时珍的《本草纲目》中谈到古代人们用薰香法止瘟疫同中世纪欧洲人的做法是一样的，说明古代东西方在"芳香疗法"和"芳香养生"方面是有联系、互相学习、共同提高的，例如宗教焚香、香料枕头、烹调用香、食物保存、香料治病、尸体防腐、香料驱虫、沐浴按摩等都有相似的地方。古代中国对外联系的四条通道——北丝绸之路、南丝绸之路、海上丝绸之路和通过西藏的"麝香之路"——后三条现在都被学者称为"香料之路"，"芳香疗法"与"芳香养生"也随着这些"香料之路"互相交流、相辅相成地发展起来。

　　十七世纪是欧洲药草的全盛时期。精油的蒸馏技术飞速进步，精油被大量应用于医药和化妆品的生产中。到了十八世纪末，实验化学开始应用在医学上，合成药物逐渐取代了天然药草，从此芳香疗法走向没落，而被视为另类疗法。进入二十世纪，精油的开发研究进入了一个新的阶段。随着各种科学试验的进行，人们对精油成分有了更深入的了解，通过对各种不同精油的混合利用，现在的精油包括树脂浸膏等，除了具有抗病菌、止痛解毒、愈合伤口、促进新陈代谢及内分泌、促进血液循环、调整血压、健胃整肠等的治疗功效，还具有激发肌体本身治愈的能力。

　　近代芳香疗法缘起于胡文虎、胡文豹兄弟俩，他们的父亲胡子钦是侨居缅甸的中医，在仰光开设永安堂中药铺。胡子钦早年行医时，曾用一种国内带去的中成药"玉树神散"（功能清神解暑）给人治病，颇受欢迎。1909 年，胡家兄弟根据中西药理，采择中、缅古方，并重金聘请医师、药剂师多人，用科学方法，将"玉树神散"改良成为既能外抹、又能内服、携带方便、价钱便宜的万金油；同时，又吸收中国传统膏丹丸散的优点，研制成八卦丹、头痛粉、止痛散、清快水等成药。永安堂"虎标良药"从此畅销于整个西太平洋和印度洋的广大地域，包括中国、印度和东南亚这 3 个人口最多的市场，销售对象达到全球总人口的半数以上。万金油说明书上一句"居家旅游必备良药"也成为现代芳香疗法最有力的广告语，只是胡家兄弟没有正式提出"芳香疗法"这个词组。

　　和现代芳香疗法关系最密切的国家还有一个是法国，法国人首先将芳香疗法技术发展为一门独立学科——"芳香疗法学"。1920 年，法国化学家盖得佛斯发现精油的杀菌防腐作用比化学药剂效果还要好。他于一次实验意外中严重灼伤双手，使用薰衣草精油后竟然发现受伤的部位两天后就痊愈了，由此激发了他对芳香精油的研究兴趣。1928 年他将研究成果发表在科学刊物上面，首创了"芳香疗法"这个词组，在法国他也被尊称为"现代芳香疗法之父"。

　　盖得佛斯的成就，鼓舞了法国对于芳香疗法的高度兴趣，精油不只能够治疗表面的肌肤问题，也能够强化身体的自主防御功能。曾任法国军医的尚瓦涅则贡献了芳香疗法医疗方面的价值。因为盖得佛斯的启发，尚瓦涅在第二次世界大战期间使用植物精油来治疗士兵的伤口。之后，他还提出使用精油治愈一些长期的精神病患的成功经验。由于这些患者之前使用化学药物来治疗幻觉或是沮丧曾造成身体不当的副作用，尚瓦涅尝试让他们逐渐减少化学药物，并同时进行精油治疗，他同时用外在吸收的方式（芳香沐浴及擦上芳香调和油），以及内在口服及皮下注射的方式来治疗。他的疗程强化了药草配方以及严格的饮食方法，结果同时改善了病患的心理以及身体的问题，甚至这些精神病患到后来许多天都不需要使用化学药物控制。

　　1950 年，一位非医学专业人士——法国的玛格丽特·摩利夫人，首度将芳香疗法带入健康美容及护肤领域。经过多年的临床经验与研究，摩利夫人了解到植物精油被皮肤吸收的能力和精油进入人体的途径。摩利夫人研究发现精油沿着呼吸道行进的路程，是由感觉神经末端一直行进至底程的终点——大脑中枢神经的。脑部中枢神经是掌管记忆并影响情绪的。摩利夫人的发现是"人类精力的唤醒、智力的刺激及生命力与平衡的发现"。摩利夫人对植物精油及芳香疗法的贡献，使其于 1962 年及 1967 年各获得了两项国际性大奖。此外，摩利夫人根据人体构成和精油进入人体的途径又发明了一套使用精油的按摩手法，现今在芳香疗法治疗中心或美容中心所使用的按摩手法，就是当年摩利夫人所研究传授的。

芳香疗法是指使用植物芳香精油来舒缓压力与增进身体健康的一种自然疗法，其以芳香精油为物质基础，以芳香疗法学为理论指导，依不同的方法如香熏、按摩、吸入、沐浴、热敷等，让精油于人体上作用，而通过调节人体的各大系统，激发人类机体自身的治愈平衡及再生功能，达到强身健体、改善精神状态的目的。

2012年，世界卫生组织在一份报告中指出：精油香熏对人们健康的影响和效用，从来没有像今天这样被人们所接受，并越来越多地渗透到人们的生活中。

世界卫生组织还提出：精油或成为抗生素的替代品，传统的抗生素只能专一性地抗菌，而精油复杂多元可以使抗生素难以产生抗药性，同时部分精油本身就能提高患者免疫力。大家都知道，滥用抗生素很容易使病菌产生耐药性，导致细菌变异，使疾病不能得到有效治疗。

第三节　香料植物及其精油的功能

一、杀菌防腐功能

古埃及在把香料植物作为香料使用的同时，也用在食品的保存方面和传染病的预防上。古埃及人将没药作为木乃伊的防腐剂，没药的主要成分是丁香酚、澂烯、间甲酚等，这几种成分同时也在其他许多香料植物中含有。香料植物精油中的常见成分，在不同程度上对葡萄球菌、大肠埃希菌、真菌都有一定的抵抗能力。草香和辛香的香料均具有很强的杀菌防腐能力，有人在一个每立方米空间内含有900万个微生物的密闭房间里喷洒由百里香、薄荷、迷迭香、薰衣草、丁香、肉桂的精油混合物，在半小时内，所有霉菌和葡萄球菌都被杀灭，可见这类精油具有强大的杀菌功效，但每一种精油只能杀死特定的一部分细菌，因此植物精油混合成复方使用，才能取长补短达到更理想的效果。

20世纪60年代初，法国政府在进行肺结核病普查时，发现蔻蒂香水厂的女工们没有一个患有肺病。这个现象促使人们对各种香料特别是天然精油的杀菌抑菌作用重视起来，并深入加以研究。已经证实的有：精油中的芳樟醇对大肠埃希菌、变形杆菌、肠炎膜杆菌、葡萄球菌、酿酒酵母菌、白色念珠菌、黑曲霉菌等有很好的抗菌活性；苯甲醇可以杀灭绿脓杆菌、变形杆菌和金黄色葡萄球菌；苯乙醇和异丙醇的杀菌力都大于酒精；龙脑和8-羟基喹啉可以杀灭葡萄球菌、枯草杆菌、大肠埃希菌和结核杆菌；鱼腥草、金银花、大蒜等精油对金黄色葡萄球菌等有显著的抑制作用。

纯种芳樟叶油的芳樟醇含量是薰衣草油的3倍多，所以有人认为前者的杀菌抑菌能力也是后者的3倍多，这有一定的道理。当然，薰衣草油还含有一些其他杀菌抑菌的成分，所以这"3倍多"的说法是不太准确的。

二、驱虫、杀虫和消除甲醛等功能

根据专家对驱虫杀虫机理的研究表明，香料植物精油对害虫具有引诱、驱避、拒食、毒杀和抑制生长发育等作用，几乎所有的香料植物精油对害虫均表现出一定的生物活性。据文献记载，16世纪欧洲人即使用薰衣草来驱虫、杀虫。万寿菊中有一种无色液体有杀线虫的作用。桃金娘与桉树提取物是十分理想的杀虫剂，因而有驱虫树之称。香料植物可以有效地驱除害虫，与化学药物比较起来，它们几乎没有安全上的顾虑，尤其在厨房和其他储存食物的地方更重要。中世纪时，人们常常在地上散放香料植物，以驱除跳蚤、虱子、蛾和害虫，还能掩饰难闻的气味，并且抵御冬日的寒冷和夏季的炎热。不过这种方式并不适合现代，但可以在踏垫、地毯下和玄关上放置香料植物枝条或粉末。

科学研究证明，通过对香料植物精油杀虫驱虫活性进行深入研究，若能在防治害虫、抗性育种、生物防治、生态调控等方面取得突破，则有利于综合防治害虫，优化可持续农业中害虫的防治理论。目前，香料植物精油的研究和应用多限于化妆品、食品、烟酒和日用化工品等，对精油的质量要求较高，所以低品质的精油若能用于农药工业，将使得天然精油资源得到更充分的利用。

厦门牡丹香化实业有限公司用食用级酒精加适量的纯净水浸泡新鲜的纯种芳樟树叶或经过不同干燥方法得到的纯种芳樟干叶，滤取清液（纯种芳樟叶酊），都是香气清甜，令人愉悦，内含不同量的左旋芳樟醇、樟多酚、樟叶黄酮、樟木脂素、樟叶皂苷、叶绿素、类胡萝卜素、樟叶色素、各种单糖、低聚糖、氨基酸、小肽、有机酸、维生素、微量元素等，带纯正的天然芳樟气息，无樟脑、桉叶油素等"药味"。由于纯种芳樟叶酊里的多种成分可杀灭和抑制空气中各种对人有害的细菌，与空气中各种对人有害的化学物质如甲醛、一氧化碳、二氧化硫、氯气、光气、硫化氢、氮氧化物等产生化学反应生成无害物，还可杀灭、驱赶和抑制蚊子、苍蝇、虱子、跳蚤、臭虫、蟑螂、蛀虫、衣鱼、螨虫、蟑螂、蚂蚁、白蚁、蜘蛛和各种飞蛾、爬虫等，已成为家庭卫生用品的首选。全天然的芳樟除螨液、芳樟消毒液、芳樟驱蚊液、芳樟驱蟑液、芳樟消醛液等系列家庭卫生用品（简称"五良液"）是在纯种芳樟叶酊的驱虫杀菌基础上加上食用级的天然香料来加强其作用。经北京、上海、广州、武汉、厦门等地多次抽检结果显示：芳樟除螨液的灭螨率均为100%；芳樟消毒液对空气中白色葡萄球菌杀灭率平均为99.92%；芳樟驱蚊液对小黄家蚁的驱避率均为100.0%；芳樟驱蟑剂对德国小蠊的驱避率平均为99.60%，对难以控制的德国小蠊具有理想的驱避效果，该植物源驱避剂的研发为蟑螂的防控增添了新的有效药剂；芳樟消醛液能迅速降低房间里的甲醛浓度，使室内空气中甲醛浓度迅速降低到低于0.08mg/m³（国标）甚至为零（所有检测方法都测不出含有甲醛）。

三、抗氧化功能

欧洲一些国家以及日本从20世纪80年代就已经开始以天然的抗氧化物质取代人工合成的抗氧化物质，并发现许多香料植物中都有抗氧化物质，甚至得出香料植物的抗氧化性要比维生素E高出几倍的结论。早在古罗马时用于肉类防腐的香料植物有莳萝、甜牛至、百里香、荷兰芹和薄荷，然而当时人们并不了解这些植物的防腐机理。随着近代化学工业的发展，在较长的一段时间内，人工合成的抗氧化剂取代了天然香料植物。近年来越来越多的人对化学合成产生了疑惑，使得天然抗氧化剂重新得到了重视。茶多酚是我国近年开发的天然抗氧化剂，在国内外颇受欢迎，其抗氧化性比维生素E高20倍；由唇形科植物迷迭香可得到高品质的抗氧化物质；从橘皮、胡椒、辣椒、芝麻、丁香、茴香等均可得到优于维生素E和BAT的抗氧化剂。在实践中人们还发现，香料植物有许多人工合成的抗氧化剂所不能替代的优点，比如它可以作为食品的防腐剂。科学实验结果还表明：不同的香料植物，其抗氧化物质的存在形式不一，有些抗氧化物质存在于石油醚抽提物中，有些存在于提取精油后的残渣中，比如迷迭香的石油醚提取物中含有很强的抗氧化物质。

四、美容香体功能

精油的活性成分通过皮肤和嗅觉进入体内，除清洁皮肤、调节内分泌和促进新陈代谢和血液循环外，还作用于身体器官和神经系统，实现生理和心理的双重疗效。天然精油会刺激并调和皮肤、皮下组织及结缔组织，使局部温度增加并促进毒素的排除，可保持肌肤的湿润、滋养，增加皮肤的弹性，恢复皮肤光泽，防止过敏、消炎，增强代谢功能等，从而维持皮肤的年轻活力及光彩，使皮肤健康亮丽。头发具有保存体内热量、减少散热的功能，对人而言更具有美化、吸引的特质。毛干俗称头发，是露出体表的部分；发根部是唯一活的部分，不断地生长，把上面角质化的部分推出皮肤。使用精油来护理头部，主要是从2个方面来进行：祛风止痛，芳香开窍；对头发进行杀菌、消炎，抑制头皮屑产生。

香体——这里所说的香体，是利用天然香料植物的精油、浸膏和酊剂等安全自然的产品，因势利导，科学合理地利用其消炎杀菌、渗透性强、排毒、挥发性、不残留、代谢快、滋养性好等特性，以外用为主，如沐浴、按摩、熏香等手段。当然，也不反对科学地内服，以营造一个芬芳、干净、美妙、祥和的氛围。

五、平衡心理功能

香料植物不同的香成分有不同的生理效能，并对人体产生广泛的影响。香气成分经由呼吸道进入鼻腔，吸气时，香气分子会被带到鼻子最顶端的嗅觉细胞，透过细胞中纤毛来记忆和传达香味，再透过嗅觉阀，传递到大脑的嗅觉区，对大脑系统和网状结构具有一定的调节作用，可以提高神经细胞的兴奋性，使人的情绪得到改善。同时通过神经体液的调节，能促进人体分泌多种有益于健康的激素、酶及乙酰胆碱等具有生理活性的物质，改善人体各系统功能。香气中的化学物质促进神经化学物质的释出，而产生镇定、放松或是兴奋的效果。香气也会进入肺部，经过气体交换，进入血液循环。另外，香气成分经提取，形成精油产品，由按摩进入皮肤的毛孔，随着血液的流动，停留在体内影响各系统可达数小时、数天甚至数星期之久，依个人的体质和健康状态而定。

六、香化功能

园林界人士普遍认为，园林事业发展的基本规律是"绿化-美化-香化"这样一个发展过程，绿化是基础，美化是提高，香化是升华。香化为最高境界，最佳追求。三方面的和谐发展、不断进步，是人居环境改善的目标，而香料植物是集三者为一体的首选植物。

美化是在绿化基础上的深入发展，美化让大好河山色彩斑斓、多姿多彩，让人们赏心悦目，这是绿化基础上的提高。香化全球，就是引导人们多栽种香料植物和应用香料植物产品，让人们的生活处处飘清香，这是绿化基础上的升华，是园林建设的高级阶段，这项工作将全面启动。香化有三层涵义：一是说要用香料植物把大地和城乡绿化起来；二是说要通过科普宣传让人们广泛应用香料植物及其产品；三是说要让天然香料产业成为国民经济新的增长点。这样看来，香化就不是一个简单的绿化问题了。除了种植香草、香花、香树、香蔬、香果、香藤之外，还要加工和利用香料植物的产品，让民众生活丰富多彩。同时，还要让天然香料产业成为出口创汇、促进国民经济发展的新途径。显然这是在绿化基础上的升华和创新。开发和利用这一棵棵植物能改变人的观念，提升人们的生活质量，甚至影响到未来世界。

举一个例子：樟属植物的所有树种全株各部位几乎都是香料，从樟属植物可以得到左旋芳樟醇、右旋芳樟醇、1,8-桉叶油素、桂醛、柠檬醛（橙花醛＋香叶醛）、香茅醛、樟脑、龙脑、黄樟油素、香叶醇、橙花叔醇、异橙花叔醇、丁香酚、甲基丁香酚、甲基异丁香酚、苯甲酸苄酯、甲位侧柏烯、月桂烯、甲位水芹烯、甲位蒎烯、香桧烯、乙位蒎烯、莰烯、辛醛、β-罗勒烯、丙位松油烯、香松烯、对-聚伞花素、甲位松油烯、松油烯-4-醇、橙花醇、丁位榄香烯、石竹烯、乙位丁香烯、乙酸龙脑酯、乙酸松油酯、香叶酸甲酯、丁香酚甲醚、异丁香酚甲醚、乙位桉叶醇、甲位橙椒烯、甲位胡椒烯、蛇麻烯、丙位木罗烯、乙位榄香烯、丙位榄香烯、匙叶桉油烯醇、蓝桉醇、甲位杜松醇、甲位松油烯、金合欢醇、反-乙位罗勒烯、1,4-桉叶油素、异松油烯、乙位松油醇、苎烯、波旁烯、乙位马榄烯、乙位芹子烯、佛木烯、丁位杜松烯、叶醇、己醇、乙酸香叶酯、别芳萜烯、丙位杜松烯、愈创醇、乙酸香茅酯、乙位甜没药烯、罗勒烯、对-聚伞花烃、愈创木醇、4-松油醇、倍半萜类、月桂烯醇、香茅醇、芳萜烯、白千层醇、桃金娘烯醇、甲位金合欢烯、榄香醇、水合香桧烯、别罗勒烯、香桧醇、甲位杜松醇、1-己醇、甲位罗勒烯、顺-氧化芳樟醇、对-聚伞花-2-醇、3-甲基-2-（1,3-戊烯）-1-酮、甲位香苎烯、甲位愈创烯、丁位愈创烯、甲位桉醇、棕榈酸、乙位石竹烯、乙位罗勒烯（E）、葛缕酮、甲位石竹烯、丙位依兰油烯、乙位月桂烯、倍半萜烯、乙位水芹烯、乙位杜松烯、苏子油烯、水合蒎烯、匙叶松油烯醇、小茴香醇、库贝醇、癸醛、癸酸、壬醛、辛烯、壬烯、碳酸二辛戊酯、5-甲基四氢糠醇、氧化芳樟醇、壬醇、癸醇、2-十一酮、十一醛、乙酸庚酯、乙酸壬酯、十二醇、2-十二烯醛、乙酸癸酯、十一酸、2-十五烯醇、水合桧烯、大香叶烯、金合欢醛、甲位榄香烯、9-氧化橙花叔醇、乙位侧柏烯、乙酸乙位松油酯、丙位松油酯、侧柏烯、薄荷酮、异薄荷酮、反式-乙位金合欢烯、顺式-乙位金合欢烯、乙位橙椒烯、乙酸金合欢酯、异丁香烯、甲位芹子烯、丁位杜松醇、丁位芹子烯、丁香烯氧化物等400多种单体香料，排在前面的是在樟属植物里比较"丰量"的香料，它们中有许多已经被人们熟知而且大量从樟树中提取得到，这些香料的大多数对各种动物尤其是昆虫类有驱杀作用。如樟脑对各种蛀虫的驱避作用世人皆知，对蟑螂、虱子和蚂蚁也有驱杀作用；芳樟醇对各种蚊虫、苍蝇、跳蚤、虱子、蚂蚁、蛾、螨虫、蜗牛、德国小蠊、麻雀、乌鸦、鸽子等有明显的驱避活性；桉叶油素对蚊虫、仓储害虫和稻象鼻虫有驱避作用；蒎烯、水芹烯、莰烯和金合欢烯对麦蛾科害虫有驱避作用；苎烯对蚊虫、家蝇、蟑螂、蛀虫等害虫有驱避作用；柠檬醛对蚊虫、苍蝇有驱避作用；苯甲醛对蚊虫、螨虫有驱杀作用；丁香酚对蚊虫、蜜蜂有驱避作用；对伞花烃对各种蛀虫、蜜蜂有驱避作用；松油醇、乙酸松油酯和乙酸龙脑酯对黑拟谷幼虫有驱杀作用；4-松油醇对蛀虫和仓储害虫有驱杀作用；香叶醇对蚊虫、蟑螂、蛀虫等有驱杀作用；等等。因此，从樟树的各部位提取的樟叶油、樟木油、樟根油、樟花油、樟籽精油等既可以用来配制各种杀菌消毒剂，也可以用来配制驱蚊油、驱蝇油、驱蟑油、驱蚁油、驱螨油及其他各种家用、农用驱杀虫剂和动物驱避剂。使用这些精油杀菌抑菌、驱杀害虫的一个特点是病菌和害虫不会产生耐药性。

七、调味功能

香料植物中有很大一部分是辛香料植物资源，同时也是人们生活中不可或缺的调味品和天然色素植物资源。中华饮食历史悠久，一向以营养丰富、制作精巧、色香味形质俱全而驰名于世界。食物的营养源于原料本身，制作精巧源于烹制工艺，至于色香味则有赖于香料和调味品的适当运用，然后才能烹制出精美可口的饭菜。辛香料和调味品是烹饪过程中主要用于调配食物口味的烹饪原料，故对辛香料和调味品的来源、性质、特点、作用、应用等进行深入的研究，对提高烹饪技术以及烹制出口味完美的食物具有重要意义。

香料植物向来是烹调术的灵魂、厨师的法宝，如果使用得当，厨师能将千篇一律的餐饮变成为芳香扑鼻的感官饕餮盛宴，令人食欲大增、大快朵颐。从视觉、嗅觉和味觉方面来说，加与不加适量的香料植物，做出的菜肴的效果是截然不同的。若是几种香料植物组合后还能变化出各种不同的口味。东北人最熟悉的远近闻名的高档菜——得莫利炖鱼，其鲜味就是由藿香来烘炖。八角茴香不仅是我们菜肴中的调料，它提取的莽草酸是抗甲型 H1N1 流感特效药物"达非"的主要原料，因为它的帮助，人们又一次战胜了威胁人类生存发展的疾病。驰名中外的清真调味品——王守义十三香，小小一包调料，因为加入了香料植物，大名远扬，四海传播，经久不衰。"五香粉"更是国人皆知的混合辛香料，在没有电冰箱的时代发挥了让佳肴美食能够长期保存的重大功能。

八、食用功能

西方世界对于香料植物尤其是能食用的，情有独钟。香料植物蔬菜是蔬菜与健康、时尚与情趣的有机结合。在欧美国家无论是主食面包还是饭后的甜点，也无论是煎烤还是烹调，均习惯加入具有各种芳香味的蔬菜，以增加食品和菜肴的色香味。东西文化的交流，促进了人们观念和生活习惯的改变，国人对芳香蔬菜产生了新奇感和时尚感。一种古老而又新兴的蔬菜——芳香蔬菜，悄然走进人们的生活。芳香蔬菜是指含有特殊芳香或辛香物质的一类蔬菜，即香料植物蔬菜，简称为"香蔬"。

我国自古以来就有用药草泡煮来治病和保健的做法，药草茶如各式的凉茶、人参茶等，但人们主要注重的是其对人体的保健功能，而较少关注它的色香味，因良药苦口，很少将它作为一种日常的饮料。直至近二三百年，法国人首先开始有意识地选择一些色香味俱全又有一定保健功能的植物，调配成日常的饮料，称为香料植物茶或花草茶。这种香料植物茶逐渐发展成为一种休闲情趣饮品。香料植物茶日常的饮品有明显的保健和祛病功效，能将人体内毒素和老化废物排出体外，带给身体活力、舒缓和镇静；其含有的人体必需的维生素、矿物质和一些色素成分，具有抗氧化、抗衰老等作用。这种具有药用效果的茶饮，已经成为世人最喜爱的日常生活饮品——可口可乐就是其中一例。

九、着色功能

在香料植物品种中，有部分香料植物是天然色素植物，而且是独特的天然色素植物。食品着色有利于增加食欲，而且也具卖点。香料植物是理想的优秀的着色植物种类，其含有丰富的千变万化的颜色，是天然色素中的佼佼者。香料植物既能给食品加色，又能给食品添香，可生产出色、香、味俱佳的大众喜爱的食品。除此之外，香料植物尚可做天然染料，可以把人们日常生活衣食住行用品染成需要的颜色。利用香料植物的多种功能，还可生产绿色保健服装。随着社会的进步，科技的发展，以及人们的应用实践，天然色素逐渐成为美化人们社会生活不可缺少的一部分。

在 19 世纪中叶以前，人们用天然色素进行着色处理。自 1856 年英国人 W. H. Perkins 发明了第 1 个合成色素苯胺紫之后，相继又有人合成了不少有机合成色素。由于合成色素色泽鲜艳、性能稳定、成本低，很快取代了天然色素。随着绿色、健康浪潮推波助澜，人们在近年来发现许多合成色素对人体有毒害，有些合成色素甚至可以致癌，因此很多种合成色素已被许多国家禁止使用。合成染料中部分品种被禁用，人们对天然染料的兴趣又浓厚了起来。主要原因是大多数天然染料与生态环境的相容性好，可生物降解，而且毒性较低，生产这些染料的原料可以再生。由于天然色素染料的安全性越来越受到消费者的青睐，因此世界各国对天然色素的研究和开发已是大势所趋。

近年来，我国在研究和开发天然色素方面发展较快，已相继提取并生产出了一批天然色素产品。当前，国际上天然色素的研究工作，除从生物体中提取外，还正朝着合成与天然色素相同化合物的方向发展。我国也成功合成了 β-胡萝卜素，结束了依赖进口的局面。然而，目前对许多天然染料的化学结构还不十分清楚，提取的工艺也相对落后。因此，研究和开发天然染料的提取和应用工艺很有必要，特别是综合利用香料植物的枝干、叶、花、果实及根茎，利用提取香料植物精油后的废料来提取天然染料也很有现实意义。

十、赋香功能

近年来，芳香商品显示出旺盛的增长活力，其中芳香纺织品作为芳香商品的一类有了很大发展。在国内外市场上，芳香絮棉、芳香手帕、芳香围巾、芳香床单、芳香窗帘、芳香服饰等开始流行，这些高附加值产品具有良好的社会效益和经济效益。这是因为近年来天然香料产业有了长足发展，香料植物科研有了重大进步，香料植物独具的赋香功能在实践中广泛应用的结果。

随着技术进步和人们生活水平的提高，越来越多的人开始崇尚自然和健康的生活方式，各种加香产品蓬勃兴起也是必然的发展趋势。科学研究和人们的实践已经证明，许多芳香剂具有镇静、治疗、养生等作用。如果将具有医疗和养生价值的薰衣草、薄荷、洋甘菊、茉莉、杜松等植物提取精油处理在服装上，可以起到抑菌、驱虫、掩盖异味、医疗保健等作用。纺织品赋香后可具有防霉、防蛀作用，延长使用寿命，而且穿着突出形象，显得时尚，令人效仿和佩服。

20 世纪 60—70 年代，用浸香和涂香的办法把芳香传给织物颇为流行。20 世纪 80 年代的微胶囊涂层技术，真正打开了芳香纺织品的市场。近年来，在不断拓新和完善微胶囊涂层技术的同时，又发展了新型芳香后整理技术。美国采用环糊精为整理剂的主要成分，使芳香物质包含在其中浸涂到织物上。日本中户研究所以乙基硅酸酯为整理剂主要成分，把芳香物质容纳到织物涂层的皮膜晶格结构中取得成功。这些方法都能得到长效芳香织物。近年来，人们又开发了直接使纤维具有香味的技术，如将香料直接混入纺织液纺丝得到芳香纤维。而今，芳香纤维已走向市场，用作芳香絮棉和纺织成芳香织物。

随着纺织品芳香整理技术和芳香纤维的不断发展，芳香织物的品种会越来越丰富。而且在织物加工过程中，一般可把芳香整理与提高美学效果结合起来，如涂料印花将香气与花案相配；芳香整理也可与衣物的功能结合，如袜子、内衣等，既可用抗菌除臭香精，又可用美肤香精，床上用品可用镇静安神的香精，工作服上可用提神醒脑香精，也可结合驱虫、驱蚊等作用制成防护性服装。

十一、养生功能

近年来"芳香疗法"和"芳香养生"的理念已经深入市井小巷，老百姓开始身体力行。芳香疗法是利用香料植物精油，通过沐浴、按摩、呼吸、涂敷、室内设香、闻香、香熏等多种方式，促使人体神经系统受良性激发，诱导人体心身朝着健康方向发展，实现调节新陈代谢，加快排除体内毒素，消炎杀菌，保养皮肤的医疗方法和养生妙法。20 世纪 80 年代芳香疗法盛行于欧、美、澳洲，经过香料化学家、调香师、心理学家和美容化妆师的试验研究和实践应用，趋于成熟并得到社会认同。芳香疗法芳香浪漫、颐养身心，可以对人体产生多种作用。芳香气味具有温馨、恬适、亲切和迷人的魅力；芳疗过程会营造出清爽气氛和美好心情；美妙香气扑面而来，把人带入一个芬芳缭绕的梦幻世界。芳香疗法令人心旷神怡、精神焕发，并能改变和优化生活环境，令人宛如置身于森林浴中。

香料植物从古至今与人类生活有着密切的关系。早在几千年前，人类就已经跟这些美妙的天然香料植物结下了不解之缘。文明古国中国、埃及、印度和希腊就已广泛应用天然香料。在我国民间，香料植物的用法也是多种多样的。云南大理的白族喜欢用菊科植物艾蒿燃烧熏室，以驱避蚊虫，防止疾病的传播。许多地方的人们在端午节，将菖蒲、艾蒿等香料植物插在门上，寺庙也常将香料植物的枝、叶磨成粉用于供香，其意味消灾避祸，并起消毒杀菌、杀虫、净化空气的作用。而今珍藏宫廷的一些养生美容方法，许多都是以香料植物精油作为主要原料。从古沿用至今的兰汤沐浴、焚蒿熏衣等，为祛病健身、洁身去秽、美容华发、醒脑解乏的良方。这充分体现了中华民族民间使用芳香疗法的源远历史。

21 世纪是创新的时代，芳香疗法与芳香养生也要与时俱进。近年来，人们正在探讨用博大精深的中医药理论改进和完善蓬勃兴起的芳香疗法和芳香养生。尤其是近年来兴起的园艺疗法，就是新世纪人类对芳香疗法的新发展。园艺疗法，最初产生于 17 世纪末的英国，1978 年英国成立了"英国园艺疗法协会"，并作为一门"治疗的园艺"课程进入了大学课堂。随后，美国、日本、欧洲各国先后开展了园艺疗法的研究和实践。

阿尔茨海默病俗称老年痴呆症，是人类大脑中丘脑部分受到损坏而引起的记忆力衰退，原来经历的事情、认识的人和存储的记忆都不知道哪里去了。有人选用橙花的气味来唤醒患者的记忆，取得了非常好的效果。这是为什么呢？我们知道人的一生中最安全、最舒服、最愉悦的一段时间是他的哺乳期，也就是在母亲怀抱里长大的这段时间内，法国很多人使用橙花油安抚小孩，如果小孩睡眠不好就给他用橙花精油，或者往他的奶瓶里面添加橙花纯露喝下去，所以橙花的味道是和一个人最安全、最无忧无虑的一段时间密切相关的。实验证明，很多阿尔茨海默病患者在闻到橙花香味的时候，突然想起了以前听过的一段美好的歌曲。在这个香气的诱发下想起来了，说明香气确实能够唤起过去记忆中最好的一段时光，所以芳香疗法经常用橙花的香气治疗阿尔茨海默病，可以收到很好的效果。

从橙花气味治疗阿尔兹海默病的案例可以看出，人接触到某种气味会产生某些出于本能的反应，那么这种本能的反应究竟能够影响人多长时间呢？在法国曾经做过猫和老鼠的实验。在实验室人工培养一批猫和人工培养一批老鼠，猫在一种封闭的环境下成长繁殖，老鼠也是一样。这期间过了十代，这十代的老鼠、猫没有碰见过，即在实验室生长的猫没见过老鼠，老鼠也没见过猫，等第十代猫和老鼠放在一起，发现老鼠继续怕猫，看到猫继续发抖。结论是：不是猫的长相让老鼠害怕，而是猫的气味让老鼠害怕。人对气味的记忆是来自基因方面，而不是简单的文化、生活经历的影响，基因中有对某种气味的一种本能的反应，猫和老鼠的例子就说明这一点。人也是一样，基因层面储存了一些对某种香气的感受及其相应的反应。人的基因中有对香气和香味的感知能力。

可见气味是可以写进基因的重要元素，有一些深刻的气味，即便是经过了十生十世也依然存在，在某种特定的情况下，这种气味会影响我们的情绪，影响我们的生理状态以及行为。所以，选用正确的香气可以达到积极的治疗效果。和一个人过去有良好回忆的生活经历相关联的香气，通过对香气的使用（方法其实很简单，就是闻一下就可以了），可以达到相关的相应的正确的疗效，克服紧张情绪，克服或者是减缓某些症状。

十二、药用功能

香料植物可以治疗多种疾病，从生理和心理两个层面对人体健康产生积极的作用。许多香料植物本身就是传统的中药品种，用来治疗疾病由来已久。在古雅典瘟疫蔓延时，素有"医学之父"之称的希波克拉底，教导民众在街头燃烧有香味的植物，利用植物的精油成分来杀死空气中的细菌，防止了瘟疫的传播。17世纪时，芳香药草可以消炎抗菌的功效已获得科学证实。我国古代名医华佗用麝香、丁香等制成小巧玲珑的香囊，悬挂于室内，用来治疗肺结核、吐、泻等疾病。在我国民间，端午节有燃烧艾熏剂的传统。现代科学研究表明，艾熏剂中的艾叶、苍术、白芷等可有效地杀灭和抑制多种病菌，对呼吸道传染、水痘、腮腺炎、猩红热等疾病具有一定的预防效果。在中国的香料宝库中，有很大一部分香料植物既是香原料又是药原料，难以区别是香料植物还是药用植物，因而有香料植物与中药同源之说。事实上，天然香料和传统中医药是一脉相承的。植物精油用于提神醒脑、辟邪逐秽、除瘟疫、驱蚊虫，是我国人民的传统习俗；而在中药学里，精油被认为有通经活络、抗皱、护肤之功。例如麝香既是珍贵的香料，又是重要的芳香开窍药物，用于治疗中风痰厥、神志昏迷有奇效；另一种天然香料——龙脑（冰片）与麝香一起使用，是中医医伤、外科不可缺少的重要药品；香气清雅的藿香，在中医中常用于清热、祛湿、防治感冒、胸闷、腹泻等症，有显著疗效。在法国，药剂师会根据医生的诊断，调配出适宜的精油处方对患者的疾病进行治疗；在英国，将治疗的焦点集中在调配好的香熏精油应用于按摩；在美国，美国人比较看重香熏的心理疗效，期望借此来消除日趋紧张的经济、社会及日常生活中所带来的心理负担和精神压力。

香料植物提取的精油成分有广泛的生理效能，对多种的疾病均有明显的治疗或是预防作用，具有重要的药用价值。利用香料植物中的挥发性物质和非挥发性物质，可以开发出许多医药品。

研究发现，具有挥发性的芳香气味多淡而不薄、散而不走、缓缓释放且持久留于空间，与人体鼻腔内的嗅觉细胞接触后，通过肺的呼吸作用于全身，可提高人体神经细胞的兴奋性，使人的生理与心理随之而发生变化，并能迅速而精确地产生效应，进入心旷神怡、神清气爽的境地，以起到平衡气血、防治疾病的作用。与此同时，可以使神经体液进行相应调节，促进人体相应器官分泌出有益健康的激素及体液，释放出酶、乙酰胆碱等具有生理活性的物质，改善人体的神经系统、内分泌系统等，从而达到和谐全身器官功能的作用。

第四节　常用的芳香疗法精油

芳香疗法其实也就是通过天然植物的芳香，使人舒爽、愉悦、安宁，达到身心健康的自然疗法。它通过人吸入香气后在心理方面起作用来调动人体内积极因素抵抗一些致病因子，来治疗、缓解、预防各种病症与感染，已被实践证明是一种对"亚健康"行之有效的方法。

现代的芳香疗法主要指的是"精油疗法"。精油一般指的是天然香料油，早期并不被人们当作治疗药物使用，可是随着时代变迁，科学进步，精油的医疗效果不断被证明，芳香疗法精油也逐渐被人们接受，使用的频率增加了，应用的范围也越来越广。下面是几个常用的芳香疗法精油例子：

1. 薰衣草油

是芳香疗法中使用最多、用途最广的精油之一。一种比较柔和的精油，有镇静、促进胆汁分泌、愈创、利尿、通经、催眠、降血压、发汗等作用，可平衡情绪、放松精神，使人心情开朗，有帮助睡眠、安抚心情、净化空气的作用。可平衡油脂分泌，促进细胞再生、改善疤痕、晒伤、红肿、灼伤、偏头痛、鼻黏膜、皮肤老化与干燥皮肤炎、湿疹，消毒驱虫，有助沉思记忆。

注意：薰衣草有三个品种："正"薰衣草、"杂"薰衣草和"穗"薰衣草。上面讲的是"正"薰衣草油，它可以镇定神经、降血压、有安眠作用。而"穗"薰衣草油正相反，有提神、兴奋、消除疲劳的作用。"杂"薰衣草是"正"薰衣草和"穗"薰衣草的杂交种，很少用于芳香疗法。

2. 纯种芳樟叶油

香气颇佳，百闻不厌，闻之使人感到愉悦，心情开朗，精力充沛，有提高睡眠质量、安抚心情作用。对人体皮肤表现特别温柔，少量可以直接涂抹在皮肤上。是目前已知抗抑郁效果最好的精油之一。有良好的镇静、催眠、降血压、发汗等作用，可平衡情绪、放松神经，提高工作效率，减少差错，平衡油脂分泌，促进细胞再生。还可净化空气，营造优美气氛。增强生理功能，恢复自信心。温暖情绪，修复疤痕，延缓肌肤老化，放松紧张心情、排除不安，开车时可提神振奋、赋予活力。

一般的"芳樟叶油"或"芳樟油"由于含有较多的桉叶油素、樟脑和其他杂质，香气较差，所以使用效果不能同纯种芳樟叶油相比。

3. 柠檬油

有祛风、利尿、解热、行血、止血、清凉作用，使人感到愉悦，精力充沛，提神、清凉、祛风、清净。能澄清思绪，疲惫时转换心情，提神醒脑使头脑清晰，消除烦躁感。降血压、降血糖、降体温，治头痛、痛风、静脉曲张。还有去除扁平疣、美白、淡斑、平衡皮脂分泌、收敛皮脂孔、预防指甲岔裂等功效。

4. 柚花油

香气优雅。有镇静、促进胆汁分泌、利尿、通经、催眠、降血压等作用，可平衡情绪、放松精神，使人心情开朗，有帮助睡眠、安抚心情、净化空气的作用。

5. 薄荷油

有祛风、通经、健胃作用。凉爽、清香，是舒解感冒头痛的最佳精油，可安抚愤怒，缓解疲惫、沮丧、精神疲劳。对记忆力减退、晕车晕船、宿醉、晒伤、神经痛、胀气、鼻塞、休克、昏倒有一定作用。能抑制发烧和黏膜发炎、鼻窦炎充血、气喘、支气管炎，可减轻头痛、肌肉酸痛、风湿痛、痛经等。

6. 茉莉油

香气诱人，可提高工作效率，减少差错，净化空气，营造优美气氛。增强生理功能，恢复自信心。安抚神经、温暖情绪，减轻产后忧郁、痛经、痉挛，促进产后子宫恢复、平衡荷尔蒙，改善妊娠纹。止咳嗽，帮助呼吸系统，修复疤痕，延缓肌肤老化，可助产。改善忧郁、放松紧张心情、排除不安，开车时提神振奋、赋予活力。

7. 玫瑰油

玫瑰的香气被誉为爱情的信使。玫瑰油的香气甜美、性感，可催情浪漫增加爱欲，增强血液循环，缓解情绪低落。抗忧郁，舒缓神经紧张和压力，有催情作用。也有消炎、抗菌、抗痉挛的作用。对成熟、干燥、老化、敏感皮肤，更年期症候群，产后忧郁，经前紧张有疗效。

8. 迷迭香油

清凉尖辛的药香香气，给人以清爽之感，香气强烈、透发，而且留长，是缓解头痛的最佳精油。刺激提神醒脑，增强记忆力，改善紧张情绪。具有镇咳、治哮喘、祛风的作用。能治疗头痛、偏头痛、感冒、气喘、支气管炎、糖尿病、风湿、关节炎、咬伤、面疱、扭伤症。对松垮的皮肤有紧实效果，收敛剂、瘦身减肥，通经、发汗，调节皮脂分泌，促进毛发生长，减少头皮屑，有镇咳、祛风、利尿、排汗、消浮肿、治疗低血压、健胃作用，也有促进胆汁分泌作用。

9. 尤加利油（桉叶油）

可节制食欲，有提神、兴奋、杀菌、消除疲劳的功能。对情绪有冷静效果，可使头脑清楚、集中注意力，对呼吸道有帮助，能缓和发炎现象，使黏膜舒适，预防感冒及呼吸道感染、喉咙感染、咳嗽、黏膜发炎、鼻窦炎气喘，可降体温、除体臭、改善腹泻、抗冷、振奋，对肌肉酸痛、神经痛、风湿疼痛、偏头痛、支气管炎、鼻窦炎、发高烧、溃疡等有一定的疗效。

10. 天竺葵油（香叶油）

平抚焦虑、沮丧，提振情绪、舒解压力。适合各种皮肤，平衡皮肤分泌，对松垮、毛孔阻塞及油性皮肤很好，堪称全面性洁肤油，使皮肤红润有活力。有镇定及兴奋、抗咳、创伤止血、促进愈合、刺激毛发生长（秃头）、肌肉厥痉、平衡内分泌、平衡皮肤酸碱度等作用，对于静脉曲张极具效果。对扁桃腺炎、断经症候群（更年期问题）也有一定的效果，夜间使用可以放松心情舒畅入睡。

11. 檀香油

安眠、镇静、缓和情绪紧张及焦虑，有助于思考、宁神、定神，可改善膀胱炎，促进阴道液分泌、催情。适用于恶心、喉咙发炎、支气管炎、腹痛、宿醉、紫外线受伤、皮肤发炎等症，为一种高贵而平衡的精油，其香气有极强的持续力，对于干性湿疹及老化缺水的皮肤特别有助益。

特性：改善痤疮、干性、老化缺水、收缩毛孔。

12. 依兰油

可平衡身心的情绪舒压力，放松神经系统。健胸、镇定安抚、降血压。平衡皮脂分泌，对油性发炎有帮助，能使头发更具光泽。具强烈杀菌作用，对疲劳产生的食欲不振、神经性失眠和高血压、肠胃炎有效。

13. 洋甘菊油

可激发儿童的智慧和灵感，使之萌发求知欲和好奇心。具有清新空气、抗忧郁、利神经、通经、祛除肠胃胀气等作用。有杀菌功能，可改善失眠，其镇静和安定的效果令人爱不释手。洋甘菊精油可当作薰衣草精油的替代品或与薰衣草油混合使用，有调理干燥老化肌肤、柔软皮肤促进结疤软化的特性。

14. 桂花油

镇静、抗菌。能净化空气，是极佳的情绪振奋剂，对疲劳、头痛、生理痛等都有一定的减缓功效。

15. 茶树油

可令头脑清新、恢复活力，改善消沉情绪。有抗菌、杀菌、消炎、排毒、改善分泌、净化尿道等作用，可改善膀胱炎、尿道炎、白带过多等症状。用于治疗流行性感冒，对头皮过干与头皮屑过多有效，可改善化脓面疱，收敛平衡油脂，治口腔炎、香港脚、疣、鸡眼、疮、癣等，有强劲的抗病毒与杀菌特性，舒缓一般性的瘙痒。

16. 香茅油

驱蚊效果显著，激励、提振精神。净化皮肤、改善敏感、调理油性，驱虫、抗菌、减轻头痛、神经痛及风湿性疼痛。

17. 甜橙油

有净化功能，帮助阻塞皮肤排出毒素，改善干燥、皱纹皮肤，治失眠、腹泻，助消化脂肪、舒解肌肉疼痛，使心情开朗。

18. 葡萄柚油

提振精神、清新、抗抑郁，疏解压力，对中枢神经有平衡作用。减肥、开胃、利尿、强肝。美白皮肤，收敛毛细孔，平衡油脂，控制液体流动，对肥胖症和水分滞留能发挥效果，也能改善蜂窝组织炎、刺激胆汁分泌以消化脂肪，能安抚身体，减轻偏头痛、经前症及怀孕期间的不适感。增进脑力、记忆力及注意力。

19. 柏木油

保湿、平衡油脂分泌、收敛毛孔，促进伤口愈合、结疤，对所有过度现象均有帮助，如浮肿、大出血、经血过多、多汗和各种失禁等，对蜂窝组织炎也有帮助，改善静脉曲张和痔疮，调节月经问题等。可舒缓愤怒的情绪，净化心灵，除去胸中郁闷情绪。

20. 佛手柑油

原产地意大利、摩洛哥，极具提神振奋，使头脑清晰，可消除体臭及消毒杀菌，止咳化痰，缓解支气管炎、喉咙痛，并可增强记忆。安抚愤怒、挫败感，消除神经紧张，刺激食欲，利尿、抗菌、退烧，对胀气、尿路感染、呼吸道感染有效。对油性、脂溢性皮肤炎、湿疹、干癣、粉刺、带状疱疹等有作用，可与尤加利油并用，对溃疡效果绝佳。

21. 野姜油

调节放松情绪、排除压力，对卵巢和子宫很有帮助，预防流产，改善孕妇呕吐、月经不顺等症状。调理衰老皮肤、改善苍白皮肤。有助于调节体内湿气或体液过多的状态，如感冒、多痰、流涕等，调节因受寒而规律不定的月经、产后护理，缓解关节炎、风湿痛、抽筋及消散瘀血等，能激励人心、增强记忆。

22. 苦橙叶油

消除粉刺、青春痘，是神经系统的镇静剂，可调理呼吸、放松痉挛的肌肉，有除臭的特性，安抚胃部肌肉、助消化，安抚愤怒与恐慌。

23. 松树油

可清晰头脑，令人冷静，加强记忆力，并有杀菌和驱虫功能。使身体重现活力，可预防和治疗支气管炎、喉炎、流行性感冒、呼吸不顺。有益肌肉酸痛、僵硬、神经痛，促进毛发生长。

24. 茴香油

给予力量和勇气，有净化、强化效果，有除皱功能，消除体内毒素，改善蜂窝组织炎，缓解肾结石、改善消化系统，有去痰治咳功效，能帮助经前症、更年期及性冷感等问题。

25. 百里香油

香气强烈粗糙，是清凉带焦干的药草香，具有强的杀菌力，可杀灭水中及皮肤上的病菌，对一些皮肤病有疗效。有祛风、促进胆汁分泌、利尿、通经、去痰、治疗低血压、健胃、发汗作用。可安眠及加强肺部功能，治急促呼吸、风湿痛、喉咙痛及各种疼痛、红肿，可激发细胞再生，并有兴奋作用。

26. 广藿香油

促进细胞再生，除臭。最大的特色为镇静、调理、杀菌，带着木香、药香和泥土的气息，给人实在而平衡的感觉，也能抑制胃口，所以适用于减肥计划。

27. 玉兰油

增强免疫功能，消除异味，通鼻窍，改善头痛流涕，抑制细菌，调整精神，焕发神采，消除沮丧，平衡身心情绪，缓和精神压力，能营造浪漫气氛。

28．兰花油

优雅的香味，能澄清思绪，抑制神经过度兴奋，改善呼吸，消除紧张，减轻愤怒焦虑的感受，治疗哮喘。

29．苹果油

镇定，安眠、抗忧郁，可使神清气爽，增进食欲，改善胃肠功能，清肝、美白、除皱。

30．栀子花油

自然的香气四溢，细致、芬芳的花香，让身心带来清新的感受。清热泻火，消肿散瘀，安神去烦，消炎杀菌。放松神经系统，缓和工作后的压力，调适心情。

31．乳香油

松弛镇定、安抚神经，让心宁静、产生安全感。使老化皮肤恢复活力，是芳香疗法中重要的肌肤保养精油。治疗急性腹泻、鼻黏膜炎，减缓气喘。

32．百合油

调节精神，平衡内分泌，调理身体机能，健美瘦身，最适于女性调节放松情绪，解除压力及沮丧，对卵巢和子宫很有帮助，预防流产，改善月经不顺和孕妇晨吐等症状。

第五节　正确认识精油

精油指的是用物理方法从动植物的某些部位取得的可挥发成分。所谓"物理方法"包括水蒸气蒸馏法、直馏法、溶剂萃取法、压榨法、吸收解脱法、"手工"法等。水蒸气蒸馏法仅仅是其中的一种方法而已，但目前充斥市面的各种"芳香疗法"小册子却几乎异口同声地说只有水蒸气蒸馏法得到的才是"精油"，才"有效"，这是不正确的。须知每一种精油的提取都有它最适宜的方法，如柑橘类（柠檬、白柠檬、甜橙、柑、橘、柚等）精油品质最好的是"冷榨法（或叫冷磨法）"制取的，水蒸气蒸馏法得到的精油品质最差，二者的香气简直有天壤之别。茉莉花、玫瑰花、桂花、玉兰花、树兰花等高贵材料现在更不可能也不允许用水蒸气蒸馏法提取精油（目前用鲜花水蒸气蒸馏真正的目的是得到"纯露"），一来得率太低，浪费原料，因为有许多易溶于水的宝贵成分丢失了；二来香气不好，这么娇嫩的花把它煮熟煮烂，香气会发生变化。（这些花原来是用有机溶剂萃取法得到"浸膏"，再用乙醇溶出精油成分，除去乙醇得到精油，在香料工业中叫做"净油"；品质更好的是用油脂吸收花朵释放的香气成分，吸到"饱和"后再用乙醇溶出，除去乙醇得到精油；现在还有更好的"超临界二氧化碳萃取法"，得到的精油品质更佳。）

天然精油有些确实很贵，如玫瑰（花）油，保加利亚产的一千克要十几万人民币，国产的一千克也要一万多元，茉莉（花）油、桂花油、玉兰花油、树兰花油等国产的一千克也要一万多元；檀香油、玳玳花油、月季油等一千克五千元左右；也有很便宜的，如桉叶油、甜橙油、山苍子油、薄荷油、柏木油等一千克有时候还不到一百元，不需要也不可能配制；薰衣草油、依兰油、广藿香油、柠檬油、茶树油、纯种芳樟叶油、玫瑰木油、玳玳叶油、迷迭香油、留兰香油等一千克都是几百元，同一般的香精价格差不多。一些不法商人用国产精油贴上外国商标用高价骗消费者，如桉叶油贴上"法国产有加利油"（有加利是桉树的英文名称直译）每千克卖到几千元人民币。更常见的是用廉价的无香溶剂稀释，一般人单靠鼻子嗅闻是辨别不出来的。

说"天然精油是绝对安全的"，而"配制油无效并且有毒"，这种论调是不正确的。天然精油有毒的品种不少，对人体皮肤有刺激性的就更多了。目前世界各国对香料香精的管理已经走上正轨，每年国际日用香料香精协会组织（IFRA）都会公布一批"准许使用""禁止使用"和"限制使用"的香料名单，只要属于"准许使用"的，就说明是"安全可用的"，不分"天然"还是"合成"。

当然，消费者出于各种考虑（不单单是所谓的"疗效"，可能还会考虑生产时会不会污染环境、生态是否友好、价格是否合理等）而有自己的看法，也有权知道自己购买的产品是"天然"的还是"合成"的。这一方面要靠商家们的诚信和自律，另一方面消费者多学习这方面的知识也是很有必要的，不要盲目听信那些片面的、不符合科学的、蛊惑人心的宣传，有可能的话多听听香料工作者和化学家的意见，必要时做些测试，就不容易上当受骗了。

天然精油的成分比较复杂，在化学家的眼里大体上可以分为下列几类：

萜烯及其衍生物——萜烯有蒎烯、月桂烯、松油烯、柠檬烯、水芹烯、莰烯、蒈烯、罗勒烯、柏木烯、依兰烯、樟烯、榄香烯、杜松烯、荜澄茄烯、石竹烯、长叶烯、姜烯、檀香烯、桧烯、金合欢烯、丁香烯、红没药烯、大叶香根烯等，它们的香气各异，但基本上都属于"森林木头香"，人嗅闻之会觉得清醒振作，提高工作效率。这些萜烯的衍生物有芳樟醇、松油醇、4-松油醇、香叶醇、香茅醇、橙花醇、橙花叔醇、倍半萜醇、金合欢醇、薄荷醇（薄荷脑）、龙脑、植醇、柏木醇、檀香醇、广藿香醇、香根醇、桉叶油素、茴香脑、樟脑、黄樟油素、薄荷酮、异薄荷酮、胡薄荷酮、香芹酮、胡椒酮、侧柏酮、柠檬醛、甜橙醛、香茅醛、乙酸芳樟酯、乙酸松油酯、乙酸香叶酯、乙酸香茅酯、乙酸橙花酯、乙酸薄荷酯、乙酸龙脑酯、薄荷呋喃等，香气与萜烯有较大的不同，有的有"药味"，闻之凉爽清新，如薄荷醇、薄荷酮、异薄荷酮、胡薄荷酮、胡椒酮、桉叶油素、樟脑、龙脑、乙酸薄荷酯、乙酸龙脑酯、薄荷呋喃等；有的有花草的清香，闻之舒适愉快，如芳樟醇、香叶醇、香茅醇、橙花醇、橙花叔醇、金合欢醇、乙酸芳樟酯、乙酸松油酯、乙酸香叶酯、乙酸香茅酯、乙酸橙花酯等；有的则有木头的香味，人闻之心情放松，有安眠作用，如檀香醇、广藿香醇、香根醇、松油醇、黄樟油素等。

脂肪醇类——乙醇、丙醇、丁醇、异丁醇、戊醇、异戊醇、己醇、叶醇、庚醇、辛醇、3-辛醇、壬醇、癸醇、十二醇、十四醇等，这些醇香气都比较淡弱，且在精油里含量一般也较少，不易引起注意。低浓度的醇令人有"陶醉"感，心态比较平静；但叶醇和其他一些"不饱和醇"例外，人闻了它们的气味会感觉清醒，低浓度时有清新感。

芳香醇类——苯甲醇、苯乙醇、桂醇等，香气也都比较清淡，苯乙醇有玫瑰香气，桂醇有定香作用。人闻到以后感觉舒适、安静。

酚类——苯酚、愈创木酚、丁香酚、异丁香酚、甲基丁香酚、百里香酚（麝香草酚）、香荆芥酚、甲基黑椒酚、地奥酚等，这些酚都有强烈的"药味"，且都有驱虫、杀菌、抑菌的作用。"药味"会使人警觉，但精油中适量的"药味"会让人觉得"厚实"，不会太"轻飘"，而且"良药苦口"的古训也使一部分人对"芳香疗法"增强了信心。

酸类——甲酸、乙酸、丙酸、丁酸、戊酸、异戊酸、己酸、辛酸、癸酸、乳酸、苯甲酸、苯乙酸、水杨酸、桂酸等，在精油里面一般含量都比较少，由于味觉里的"酸味"是"五个基本味"（酸、甜、苦、咸、鲜）之一，闻到"酸味"会刺激舌蕾分泌唾液，所以低分子的酸气味令人增加食欲；而分子量较大的酸尤其是"芳香族酸"（苯甲酸、苯乙酸、水杨酸、桂酸等）挥发性小，主要用作日化香精的"定香剂"。

酯类——乙酸乙酯、乙酸丁酯、乙酸戊酯、乙酸异戊酯、乙酸辛酯、乙酸叶酯、丁酸乙酯、丁酸异戊酯、异戊酸乙酯、异戊酸戊酯、异戊酸异戊酯、异戊酸叶酯、十二酸乙酯、十四酸乙酯、乙酸苄酯、乙酸桂酯、乙酸丁香酯、乙酸异丁酯、邻氨基苯甲酸甲酯、N-甲基邻氨基苯甲酸甲酯、桂酸苄酯、苯甲酸苄酯、水杨酸甲酯、水杨酸戊酯、水杨酸苄酯、茉莉酮酸甲酯等，水果和部分鲜花的香味主要由这些酯类产生，酯类的香气令人兴奋、愉快，低级脂肪酸和低级脂肪醇组成的酯类香气能刺激人的食欲。芳香族酸的酯类都有"药味"，浓度太高时令人厌食，精神压抑。

内酯类——丙位己内酯、丙位庚内酯、丙位辛内酯、丙位壬内酯、丙位癸内酯、丙位十一内酯、丙位十二内酯、丁位十一内酯、丁位十二内酯、香豆素等，一般有豆香、桃子香、椰子香、奶香，香气较沉闷，留香较持久，也是各种食物里固有的香气成分，低浓度时可以刺激食欲。

醚类——对甲酚甲醚、丁香酚甲醚、异丁香酚苄基醚等，都有花香，让清纯的花香带点"灵气"；对甲酚甲醚有动物香，浓度高时令人不快。

醛类——乙醛、丁醛、异戊醛、癸醛、苯甲醛、桂醛、香兰素等，除了香兰素以外，前几个醛在浓度高时气味都令人不快，幸而脂肪醛在精油里含量都不高，而苯甲醛和桂醛在某些精油里（如苦杏仁油、肉桂油等）含量有时可高达90%以上，"药味"很重，有特殊的治疗价值——不少人觉得有"药味"才是"真正的芳香疗法"。香兰素的气味是所谓的"饼干味"，因为大多数饼干都以香兰素为主要香气成分，人们闻到香兰素的气味也能勾起食欲。

酮类——丁二酮、紫罗兰酮、甲基紫罗兰酮、鸢尾酮、茉莉酮等，丁二酮是奶类发酵的主要气味成分之一，强烈的"酸奶味"，浓度低时也能激起人的食欲，浓度高时则令人不快；紫罗兰酮、甲基紫罗兰酮、鸢尾酮、茉莉酮等都是很好闻的花香，闻之令人舒适、愉快，但紫罗兰酮类闻久了对鼻子会有"麻醉"作用，短期内感觉不到任何气味，稍事休息就可以恢复。桂花的香气成分里面有较多的紫罗兰酮类，所以桂花香气虽好，但不耐闻。

杂类——吲哚、甲基吲哚、吡嗪、甲基吡嗪、乙酰基吡嗪、呋喃、甲基呋喃、乙酰基呋喃、噻唑、甲基噻唑、乙酰基噻唑、烯丙基硫化物、二丙基二硫化物、异硫氰酸烯丙酯等，都是气味强烈、甚至恶臭的化合物，只有在浓度极低时才是鲜花或者食物的香味。茉莉花和苦橙花的"鲜味"来自吲哚，配制茉莉花和橙花香精时如果不加点吲哚就没有所谓的"动情感"。食物加热时由于糖和氨基酸的"美拉德反应"产生了吡嗪、呋喃、噻唑等杂环化合物而有各种各样的"烹调香味"，人闻到时产生食欲；含硫的化合物是一些芳香蔬菜（葱、蒜、甘蓝菜等）特殊的香气成分，有人喜欢，有人讨厌，大多数人闻到时有厌食情绪，因而含硫的精油也可有助于减肥。

还有一点需要告诉大家的是：绝大多数精油的香气与它们的"母体"是不同的，有的甚至有着天壤之别！如茉莉油同茉莉鲜花的香味就大相径庭，前者有明显的"药味"，而后者的清鲜气息几乎人人赞赏！玫瑰油与玫瑰鲜花的香味也不一样，前者带有沉重的膏香气息而后者是清甜芬芳，让人闻了还想再闻。（有时调香师拿不到"实物"就闻着它们的精油仿配，如市面上长期以来销售的"茉莉香精"和"玫瑰香精""玉兰花香精"绝大多数是花精油的气味，而不是鲜花的香味。后来情况有些改变，因为调香师又有了一个新的检验手段——顶空分析法，可以分析鲜花散发出的香气成分。）其他精油也都类似，所以直接使用香草植物和使用精油效果是不一样的，不能套用。

古今"芳香疗法"都有两个含义：

① 有香物质直接进入人体或与人体直接接触（内服或外用）起到治疗作用；

② 有香物质的香气通过嗅觉影响人体心理或（和）生理状态起到治疗作用。

按照第一个含义，这些有香物质是药，不管是"中药"还是"西药"，都已经进入现代的"科学"范畴，我们可以讨论得少一些；第二个含义是大家更关心的内容，即香气通过嗅觉到底能对人体产生哪些确定无疑的作用？是否真正有治疗作用？

其实用化学家的眼光看待芳香疗法和芳香疗法使用的各种精油，并不是复杂到深不可测的地步，也不需要故弄玄虚——只要看看这些精油里含有哪些成分，这些成分各自对人的心理和生理有哪些影响，再从宏观的角度综合分析，就能断定它们各自的"疗效"了。有的精油化学成分比较简单，例如纯净的冬青油含有 99% 以上的水杨酸甲酯，已知水杨酸甲酯有收敛、利尿、减轻肌肉痛感等作用，人嗅闻到它的香气时有兴奋感，可令 α-脑波振动频率从每秒 8～10 次增加到每秒 10～12 次，便可推知冬青油也有收敛、利尿、减轻肌肉痛感等作用，人嗅闻到它的香气时也有兴奋感，也可令 α-脑波振动频率从每秒 8～10 次增加到每秒 10～12 次。桉叶油（"尤加利"）含有 60%～70% 的桉叶油素，已知桉叶油素有止呕吐、抗昏迷、抗偏头痛、杀菌作用，其香气可令人兴奋、提神，有消除疲劳、节制食欲的作用，桉叶油也有这些作用。薄荷油含有 70%～80% 的薄荷脑，薄荷脑有抗抑郁、抗偏头痛、杀菌、止呕吐、抗昏迷、舒解感冒头痛等作用，其香气对人有凉爽、清香、兴奋、安抚愤怒、提振精神的作用，薄荷油也具有这些作用。纯种芳樟叶油含有 90% 以上的左旋芳樟醇，桉叶油素和樟脑含量都在 0.2% 以下，左旋芳樟醇的香气令人愉悦、镇静，有一定的安眠作用，可以抗抑郁、抗菌、治疗偏头痛，可推知纯种芳樟叶油也有这些作用；而从杂樟油通过精馏得到的"芳油""芳樟油"和"芳樟叶油"不一定有这些作用，因为它们含的芳樟醇有左旋的，也有右旋的（右旋芳樟醇的疗效见下面内容），而且桉叶油素和樟脑含量太高，这些杂质损害了左旋芳樟醇的香气，也破坏了左旋芳樟醇对人的镇静和安眠作用。

大多数天然精油成分复杂，有的甚至没有一个"起主导作用的成分"，下面列出芳香疗法常用精油的主要成分（按含量多寡排列）：

（正）薰衣草油：乙酸左旋芳樟酯，左旋芳樟醇，薰衣草醇，乙酸薰衣草酯。

穗薰衣草油：1,8-桉叶油素，左旋芳樟醇，乙酸左旋芳樟酯，樟脑，龙脑。

杂薰衣草油：左旋芳樟醇，1,8-桉叶油素，乙酸左旋芳樟酯，樟脑。

大花茉莉花油：乙酸苄酯，左旋芳樟醇，吲哚，苯甲酸苄酯，植醇，异植醇，乙酸植酯。

小花茉莉花油：乙酸苄酯，左旋芳樟醇，α-金合欢烯，邻氨基苯甲酸甲酯，乙酸叶酯。

玫瑰花油：香茅醇，香叶醇，苯乙醇，橙花醇，左旋芳樟醇。

蓝桉油：1,8-桉叶油素，蒎烯，苧烯。

迷迭香油：1,8-桉叶油素，蒎烯，乙酸龙脑酯，樟脑。

天竺葵油（香叶油）：香茅醇，香叶醇，左旋芳樟醇。

香茅油：香叶醇，香茅醇，香茅醛，乙酸香叶酯。

香紫苏油：乙酸左旋芳樟酯，左旋芳樟醇，乙酸香叶酯。

佛手柑油：苧烯，乙酸左旋芳樟酯，左旋芳樟醇。

姜油：姜烯，橙花醛，香叶醛，莰烯，芳姜黄烯。

松油：蒎烯，松油醇，松油烯。

广藿香油：广藿香醇，广藿香烯，布黎烯，布黎醇。

愈创木油：愈创木酚，布黎醇。

百里香油：百里香酚，左旋芳樟醇，伞花烃。

岩兰草油（香根油）：香根醇，香根酮，香根烯。

茶树油：松油烯-4-醇，1,8-桉叶油素，松油烯。

依兰依兰油：左旋芳樟醇，对甲酚甲醚，石竹烯，大根香叶烯，苯甲酸甲酯。

丁香油：丁香酚，乙酰丁香酚，石竹烯。

丁香罗勒油：丁香酚，1,8-桉叶油素，石竹烯。

八角茴香油（大茴香油）：茴香脑，甲基黑椒酚。

肉桂油：桂醛，丁香酚，甲氧基桂醛，乙酸桂酯。

肉桂叶油：丁香酚，桂醛，左旋芳樟醇。

甜橙油：苧烯，月桂烯，左旋芳樟醇。

柠檬油：苧烯，松油烯，蒎烯，橙花醛，香叶醛。

白柠檬油：苧烯，松油醇，松油烯，左旋芳樟醇。

香柠檬油：苧烯，乙酸左旋芳樟酯，左旋芳樟醇。

圆柚油（葡萄柚油）：苧烯，月桂烯，癸醛。

柚子油：苧烯，松油烯，月桂烯，左旋芳樟醇。

鼠尾草油：樟脑，守酮，1,8-桉叶油素。

牡荆油：桧烯，1,8-桉叶油素，石竹烯。

当归油：水芹烯，蒎烯，环十五内酯。

罗勒油：甲基黑椒酚，左旋芳樟醇，1,8-桉叶油素。

橙花油：左旋芳樟醇，乙酸左旋芳樟酯，邻氨基苯甲酸甲酯，橙花叔醇，金合欢醇。

玳玳花油：乙酸左旋芳樟酯，左旋芳樟醇，邻氨基苯甲酸甲酯。

玳玳叶油：左旋芳樟醇，乙酸左旋芳樟酯，桧烯。

柚花油：乙酸左旋芳樟酯，左旋芳樟醇，橙花叔醇。

冷杉油：蒎烯，乙酸龙脑酯，水芹烯。

松针油：乙酸龙脑酯，樟脑烯，蒎烯。

柠檬草油：香叶醛，橙花醛，甲基庚烯酮，月桂烯。

山苍子油：香叶醛，橙花醛，甲基庚烯醛。

玫瑰草油：香叶醇，乙酸香叶酯，左旋芳樟醇。

玫瑰木油：左旋芳樟醇，1,8-桉叶油素，松油醇，香叶醇，樟脑。

白兰花油：左旋芳樟醇，邻氨基苯甲酸甲酯，苯乙醇，乙酸苄酯，吲哚。

白兰叶油：左旋芳樟醇，石竹烯。

柏木油：柏木烯，柏木脑。

缬草油：缬草醛，缬草烷酮，榄香醇，莰烯，蒎烯。

甘松油：广藿香烯，古芸烯，马榄烯，马兜铃烯醇。

胡萝卜籽油：红没药烯，细辛脑。

艾叶油：守酮，乙酸桧酯。

白草蒿油：守酮，樟脑，1,8-桉叶油素。

龙蒿油：甲基黑椒酚，桧烯，罗勒烯。

黄花蒿油：蒿酮，樟脑，1,8-桉叶油素。

留兰香油：香芹酮，苎烯，1,8-桉叶油素。

芹菜籽油：苎烯，蛇床烯，瑟丹内酯。

芫荽籽油：右旋芳樟醇，香叶醇，茴香脑。

月桂叶油：1,8-桉叶油素，乙酸松油酯，桧烯。

肉豆蔻油：桧烯，蒎烯，肉豆蔻醚，松油烯-4-醇。

春黄菊油：当归酸甲基戊酯，当归酸甲基烯丙酯，异丁酸甲基戊酯。

檀香油：檀香醇，檀香醛，檀香烯。

甘牛至油：1,8-桉叶油素，松油烯-4-醇，左旋芳樟醇。

桂花油：紫罗兰酮类，左旋芳樟醇，氧化芳樟醇，丙位癸内酯。

杜松油：杜松烯，甜旗烯，木罗烯。

樟脑油：樟脑，1,8-桉叶油素，黄樟油素。

松节油：蒎烯，长叶烯。

薄荷油：薄荷脑，薄荷酮，乙酸薄荷酯，苎烯。

椒样薄荷油：薄荷脑，薄荷酮，1,8-桉叶油素，乙酸薄荷酯。

上述精油主要成分的香气和疗效（上面已经提及的不再列出）如下：

乙酸左旋芳樟酯和乙酸薰衣草酯：佳木香，花香，香气优美，有镇静、放松和安眠作用。

薰衣草醇：薰衣草的花香气，有镇静、安抚和抗抑郁作用。

樟脑、龙脑和乙酸龙脑酯：特殊的药香气，有令人兴奋、清醒、杀菌、止呕吐、抗昏迷和节制食欲作用。

乙酸苄酯：茉莉花和果香香气，有催人上进、发奋、振作作用。

苯甲酸苄酯：沉闷的膏香香气，有令人安静、松弛、节制食欲的作用。

植醇、异植醇和乙酸植酯：淡弱的花香香气，留香长久，有令人轻松、愉快、镇静、抗抑郁作用。

金合欢烯、广藿香烯、布黎烯、香根烯、石竹烯、大根香叶烯、桧烯、马榄烯、红没药烯、蛇床烯、檀香烯、杜松烯、甜旗烯、木罗烯和长叶烯：都有一定的木香、药香香气，留香较久，令人镇静、安详、松弛、节制食欲。

邻氨基苯甲酸甲酯：橙花香气，可消除紧张、沮丧、惶恐，有节制食欲作用。

乙酸叶酯：有绿叶和果香香气，令人清爽愉快，可改善忧郁、放松紧张心情。

香茅醇、香叶醇、橙花醇、苯乙醇和乙酸香叶酯：都有玫瑰花香香气，香气甜美、性感，闻之令人愉悦，有催情作用，并有消炎、抗菌作用。

蒎烯：松节油的香气，有令人置身于原始森林中的感觉，放松，消除疲劳。

苎烯：柑橘类果香香气，可令人兴奋，增加食欲。

姜烯和芳姜黄烯：有生姜的香气，可令人兴奋，放松情绪，排除压力，增加食欲。

松油烯：松油香气，可令人兴奋，清醒，提振精神。

广藿香醇和布黎醇：药香、木香和草香香气，留香长久，有抗抑郁、节制食欲的作用。

愈创木酚：焦木香气，令人不快，有节制食欲和强烈的杀菌作用。

百里香酚：强烈的带焦干的药香气，令人不快，有强杀菌和节制食欲作用。

香根醇和香根酮：壤香、木香和药香香气，有令人祥和、安静的作用。

松油醇和松油烯-4-醇：梧桐木香气，令人头脑清醒，有强烈的杀菌作用。

对甲酚甲醚：令人不快的药物和动物香气，有节制食欲作用。

苯甲酸甲酯：有夜来香和依兰依兰花的香气，浓度高时令人不快，有节制食欲作用。

丁香酚和乙酰丁香酚：康乃馨的香气，有强烈的杀菌作用。

甲基黑椒酚：罗勒草香气，有兴奋、抗偏头痛、抗抑郁和增进食欲和杀菌作用。

桂醛、甲氧基桂醛和乙酸桂酯：肉桂的药香气，有抗抑郁、忌烟和杀菌作用。

月桂烯：黄柏香气，有清新、抗疲劳作用。

橙花醛和香叶醛：合称柠檬醛，强烈的柠檬香气，有清新空气、令人兴奋、抗偏头痛、忌烟、止呕吐、杀菌、抗昏迷、抗抑郁、增进食欲作用。

癸醛：脂肪醛类令人不快的香气，可抑制食欲。高度稀释时有暴晒棉被的气息，给人一种温暖、安全的感觉。

守酮和蒿酮：艾、蒿的草香气，有清新空气、令人兴奋、减轻疲劳、抗昏迷作用。

环十五内酯：药物和动物香气，有动情感。

橙花叔醇和金合欢醇：都有淡而温和的木香和花香香气，留香持久，有令人愉快、增加爱心、减轻紧张情绪作用。

水芹烯：略带清凉的果香香气，有清新空气、令人愉悦、爽快、减轻疲劳的作用。

甲基庚烯酮和甲基庚烯醛：带樟脑香气的果香，有清凉、爽快、减轻疲劳的作用。

吲哚：浓度高时有令人不快的粪臭味，稀释时有茉莉鲜花的香气，闻之有动情感。

柏木烯和柏木脑：柏木香气，有令人镇静、放松、催眠的作用。

缬草醛和缬草烷酮：缬草和甘松的药香气，有镇静、抗抑郁、抗惊厥、抗菌和安眠作用。

香芹酮：留兰香香气，有清凉、醒脑、令人兴奋、愉悦、增进食欲和抗偏头痛作用。

右旋芳樟醇：有蔬菜香、淡的花香和果香，有清新空气、令人愉悦、增进食欲作用。

当归酸甲基戊酯、当归酸甲基烯丙酯和异丁酸甲基戊酯：菊花的药香气，有令人置身于山野、田园的感觉，也有增进食欲和催眠的作用。

檀香醇、檀香醛、檀香烯：檀香木香气，令人镇静，有安全感和催眠作用。

紫罗兰酮类：蜜甜花香，有令人愉悦、爽快、减轻疲劳的作用。

薄荷脑、薄荷酮和乙酸薄荷酯：薄荷的清凉药香气，有令人兴奋、愉悦、爽快、杀菌、抗偏头痛、抗昏迷、抗抑郁作用。

其他成分在精油里含量较少，不太重要，这里就不一一介绍了。

一般情况下，精油的疗效主要由含量最丰的香气成分决定，其他成分如果疗效与主成分相似则增强该疗效，如玫瑰花油的主成分是香茅醇，其香气甜美、性感，闻之令人愉悦，有催情作用，并有消炎、抗菌作用；次要成分如香叶醇、苯乙醇的香气和疗效与之相似，所以玫瑰花油的香气也是甜美、性感，有催情、消炎和抗菌作用。若是次要成分与主成分的疗效相左，其疗效有时会互相抵消，例如穗薰衣草油和杂薰衣草油虽然都含有左旋芳樟醇和乙酸左旋芳樟酯，按说应该有镇静、安眠作用，但大量的桉叶油素和樟脑、龙脑等成分却有兴奋作用，二者相互抵消，穗薰衣草油和杂薰衣草油较少用于芳香疗法就是由于这个缘故。

第六节　复配精油

由两种或两种以上的精油配合而成的"复配精油"——在调香师的眼里其实就是一个个"香精"——情形要复杂一些，调配肯定有一个目标，比如要调配"安眠复配精油"，可以按下列配方（单位为质量份）：

（正）薰衣草油	30	玳玳叶油	10
纯种芳樟叶油	20	柏木油	10
香柠檬油	10	檀香油	20

调配好的精油主要成分是左旋芳樟醇、乙酸左旋芳樟酯、檀香醇、柏木烯、柏木脑，这些成分都有镇静、安神、催眠作用，混合以后香气更加宜人，安眠效果更佳。

当然，复配精油的香气和疗效不是其中各种精油香气和疗效的简单叠加，巧妙的调配可以起到相辅相成、1+1大于2的效果，这已经属于调香艺术的范畴了。

从上面的分析可以看出，合成香料以及由合成香料调配而成的香精也同样可以用于芳香疗法，其疗效也是以配方里含量最丰或主要香气成分决定，与天然香料是一样的。现在已有几个天然精油可以完全用合成香料惟妙惟肖地调配出来，达到可以"乱真"的水平，用于芳香疗法效果也一样。只是目前人们似乎只关注天然香料，觉得天然香料香气"自然""有安全感""可靠"，并有千百年来的实践"证实"。随着调香技术的进步，科学研究的深入，对各种精油有了更加全面、系统的认识，对芳香疗法的科学机理更加透彻理解以后，合成香料也将逐渐走进芳香疗法园地，发挥其应有的作用，这同一百多年来香料香精和"西医西药"的发展情形是一样的。

单一精油用于芳香疗法虽各有特色，但都存在一些缺点，就像中草药一样，"单方独味"虽然也能治病，总是不如医生根据"辨证"开出的多种药物组成的"处方"好。中医开处方讲究"君臣佐使"，一帖药有主（君）有次（臣）有辅（佐）有引（使），才能保证疗效。事实上，现代芳香疗法如以胡文虎兄弟制造的万金油作为起步的话，一开始就是复配精油了——万金油就是一个不可多得的疗效卓著的复配精油好例子！只是从法国医生金·华尔奈特创造"芳香疗法"这个词汇以后，人们又绕了一个圈子，"单方独味"的精油用了几十年。近年来，喜欢芳香疗法的人们总结了这几十年成功与失败的教训，逐渐认识到单一精油使用的缺点，"复配精油"开始像雨后春笋一样出现，并逐步取代单一精油的使用。

中草药使用时有"单方独味"效果不错，但更多的是许多种药材组成的"处方"或叫"配方"，中医医生推崇的是后者，讲究"君臣佐使"、辨证施治、因人而异，数千年来的实践证实了它的正确性。西医原来大多使用单方独味治病，头痛医头，脚痛医脚，如早期的磺胺药、抗生素，一针下去，药到病除，到了现代，也学起中医来，药方里总要加点维生素什么的，以减少一些药物的毒性和副作用，这足以说明药物配伍的必要性了。

厦门牡丹香化实业有限公司的调香师根据市场的需要，在国内率先推出一系列复配精油直接用于芳香疗法和芳香养生，部分用作日化产品加香使用（功能性香精），取得巨大的成功。兹介绍几个复配精油的"处方"例子：

司机清醒剂（疲劳康复剂）的配方（单位为质量份）：

薄荷脑	10	纯种芳樟叶油	20
樟脑	5	松油	60
桉叶油	5		

安眠复配精油的配方（单位为质量份）：

檀香油	20	柏木油	5
薰衣草油	40	香柠檬油	10
纯种芳樟叶油	20	玫瑰油	5

薰衣草复配精油的配方（单位为质量份）：

薰衣草油	40	香紫苏油	5
纯种芳樟叶油	15	依兰油	5
玫瑰木油	10	楠叶油	5
香柠檬油	10	玫瑰油	5
柏木油	5		

玫瑰复配精油的配方（单位为质量份）：

玫瑰净油	20	白兰叶油	9
纯种芳樟叶油	30	赖百当净油	1
玫瑰木油	5	柏木油	15
玫瑰草油	5	依兰油	5
山苍子油	1	檀香油	2
山萩油	4	桂花净油	3

茉莉复配精油的配方（单位为质量份）：

小花茉莉净油	20	白兰叶油	20
纯种芳樟叶油	20	树兰花油	2
依兰油	20	柏木油	5
玫瑰木油	10	桂花净油	3

玉兰花复配精油的配方（单位为质量份）：

玉兰花油	20	白兰叶油	30

纯种芳樟叶油	25	山萩油	6
玫瑰木油	10	香紫苏油	2
柏木油	5	桂花净油	2

风油精的配方（单位为质量份）：

薄荷油	40	冬青油	33
桉叶油	12	柏木油	2
薰衣草油	3	樟脑	3
丁香油	4	白矿油	3

清凉油的配方（单位为质量份）：

薄荷油	26	肉桂油	2
丁香油	2	樟脑	18
桉叶油	10	凡士林	14
冬青油	1	石蜡	27

防感冒精油的配方（单位为质量份）：

薰衣草油	18	丁香油	10
纯种芳樟叶油	10	迷迭香油	6
桉叶油	20	柏木油	3
茶树油	15	檀香油	3
薄荷油	15		

丰胸精油的配方（单位为质量份）：

香叶油	15	依兰油	20
玫瑰油	10	大茴香油	15
桂花油	5	丁香罗勒油	10
纯种芳樟叶油	10	柏木油	10
茉莉油	5		

丰胸精油的配方（单位为质量份）：

香叶油	20	大茴香油	20
依兰依兰油	25	柏木油	20
丁香罗勒油	15		

降血压精油的配方（单位为质量份）：

依兰油	25	茶树油	10
香紫苏油	25	玳玳花油	2
玫瑰油	10	玳玳叶油	10
山苍子油	2	纯种芳樟叶油	16

降血压精油的配方（单位为质量份）：

依兰依兰油	28	山苍子油	3
香紫苏油	30	茶树油	10
玫瑰花油	15	玳玳叶油	14

净化清新精油的配方（单位为质量份）：

丁香油	15	纯种芳樟叶油	24
广藿香油	10	玳玳花油	4
桉叶油	4	柏木油	20
薄荷油	7	松针油	4
薰衣草油	4	樟脑	8

百花精油的配方（单位为质量份）：

茉莉净油	5	玫瑰净油	5

桂花净油	3	丁香油	5
白兰花油	2	广藿香油	2
树兰花油	5	香根油	2
纯种芳樟叶油	10	柏木油	3
玫瑰木油	5	依兰油	15
香紫苏油	3	玳玳花油	3
楠叶油	2	玳玳叶油	15
薰衣草油	10	檀香油	5

油性调理精油的配方（单位为质量份）：

薰衣草油	32	依兰依兰油	20
柠檬油	15	柏木油	23
薄荷素油	10		

暗疮调理精油的配方（单位为质量份）：

薰衣草油	17	丁香罗勒油	7
柠檬油	17	桉叶油	10
香茅油	10	薄荷素油	10
茶树油	10	樟脑油	19

敏感调理精油的配方（单位为质量份）：

檀香油	10	玳玳叶油	17
薰衣草油	25	茉莉花油	10
玳玳花油	3	纯种芳樟叶油	35

黑斑净化调理精油的配方（单位为质量份）：

香叶油	30	柠檬油	30
玫瑰花油	10	依兰依兰油	30

除皱调理精油的配方（单位为质量份）：

香叶油	20	甜橙油	30
茉莉花油	10	玫瑰花油	10
薰衣草油	30		

保湿调理精油的配方（单位为质量份）：

香叶油	25	柏木油	25
甜橙油	25	薰衣草油	25

美白调理精油的配方（单位为质量份）：

香叶油	25	檀香油	25
柠檬油	25	薰衣草油	25

干性皮肤调理精油的配方（单位为质量份）：

檀香油	25	香叶油	25
柏木油	25	薰衣草油	25

眼部调理精油的配方（单位为质量份）：

茶树油	10	桉叶油	20
香叶油	20	甜橙油	20
薰衣草油	30		

双下巴调理精油的配方（单位为质量份）：

丁香罗勒油	10	香叶油	20
桉叶油	20	薰衣草油	30

减肥精油的配方（单位为质量份）：

大茴香油	10	姜油	20

甜橙油	20	柠檬油	10
橘皮油	10	桉叶油	10
薰衣草油	10	柏木油	10

淋巴引流精油的配方（单位为质量份）：

香叶油	15	广藿香油	5
柠檬油	20	大茴香油	15
柏木油	20	薰衣草油	25

紧实精油的配方（单位为质量份）：

丁香罗勒油	15	橘皮油	15
桉叶油	15	香茅油	15
柏木油	20	柠檬油	20

结实精油的配方（单位为质量份）：

桉叶油	20	松针油	10
香叶油	23	龙脑	28
丁香罗勒油	19		

驱虫精油的配方（单位为质量份）：

柠檬桉油	20	丁香油	10
樟脑油	15	薄荷素油	10
百里香油	8	冬青油	6
桉叶油	20	大茴香油	6
肉桂油	5		

净化清新精油的配方（单位为质量份）：

丁香油	15	纯种芳樟叶油	14
广藿香油	10	玫瑰花油	4
桉叶油	4	柏木油	20
薄荷油	7	松针油	4
薰衣草油	4	樟脑	8
龙脑	10		

抗疲劳精油的配方（单位为质量份）：

薄荷油	30	松针油	10
松节油	15	桉叶油	5
茉莉花油	10	柠檬油	10
纯种芳樟叶油	10	甜橙油	10

防感冒精油的配方（单位为质量份）：

薰衣草油	10	茶树油	30
桉叶油	30	薄荷油	30

日本有人根据中国古代阴阳五行学说，创造了一套复配精油系列，在日本推广使用，取得令人瞩目的好成绩。兹将该系列复配精油的配方介绍于下，供参考：

金的配方（单位为质量份）：

百里香油	10	桉叶油	15
茶树油	10	柏木油	20
松针油	25	香紫苏油	20

木的配方（单位为质量份）：

薄荷素油	20	薰衣草油	20
甜橙油	20	香柠檬油	20
玫瑰花油	20		

水的配方（单位为质量份）：

| 柏木油 | 30 | 薰衣草油 | 20 |
| 姜油 | 30 | 香叶油 | 20 |

火的配方（单位为质量份）：

依兰依兰油	20	香叶油	15
桉叶油	10	姜油	30
樟脑油	20	山苍子油	5

土的配方（单位为质量份）：

香根油	25	柠檬油	10
檀香油	30	大茴香油	10
广藿香油	5	香荚兰豆酊	20

天的配方（单位为质量份）：

香柠檬油	5	桉叶油	10
柏木油	5	檀香油	20
纯种芳樟叶油	8	赖百当净油	4
甜橙油	5	白兰叶油	20
玳玳花油	10	香荚兰豆酊	13

地的配方（单位为质量份）：

薰衣草油	10	广藿香油	15
香根油	15	柠檬油	10
薄荷油	10	大茴香油	10
檀香油	10	百里香油	20

春的配方（单位为质量份）：

| 甜橙油 | 30 | 薄荷油 | 20 |
| 柠檬油 | 30 | 茉莉花油 | 20 |

夏的配方（单位为质量份）：

| 圆柚油 | 30 | 柠檬油 | 30 |
| 椒样薄荷油 | 30 | 姜油 | 10 |

秋的配方（单位为质量份）：

| 檀香油 | 40 | 乳香油 | 20 |
| 柠檬草油 | 30 | 柏木油 | 10 |

冬的配方（单位为质量份）：

| 迷迭香油 | 40 | 薄荷油 | 20 |
| 杉木油 | 30 | 依兰依兰油 | 10 |

在家庭里，也可以自己把几种精油混合起来使用，这也属于"复配精油"，需要一定的技巧，如把令人兴奋和令人安静的精油混合使用，显然有问题。下面介绍几例常用的"配方"，读者可以参照使用，举一反三：

安眠：薰衣草油 3 滴，香柠檬油 2 滴，柏木油 1 滴，檀香油 2 滴。

清醒：薄荷油 3 滴，桉叶油 2 滴，甜橙油 3 滴，柠檬油 1 滴，茉莉花油 1 滴。

减轻压力：薰衣草油 3 滴，玳玳花油 2 滴，玫瑰油 2 滴，纯种芳樟叶油 3 滴。

克服烦闷不安：薰衣草油 3 滴，纯种芳樟叶油 2 滴，甜橙油 2 滴，香柠檬油 2 滴。

抗忧郁：柠檬油 3 滴，椒样薄荷油 2 滴，茉莉花油 2 滴，玫瑰油 1 滴。

压惊：甜橙油 3 滴，依兰油 2 滴，纯种芳樟叶油 2 滴，香叶油 2 滴。

增强记忆：迷迭香油 3 滴，椒样薄荷油 2 滴，菊花油 2 滴，茶树油 2 滴。

消除疲劳：薰衣草油 3 滴，香叶油 2 滴，茉莉花油 2 滴，杜松子油 2 滴。

清净空气：椒样薄荷油 3 滴，桉叶油 2 滴，甜橙油 2 滴，柠檬油 2 滴。

驱虫：穗薰衣草油 4 滴，桉叶油 2 滴，丁香油 2 滴，樟脑油 2 滴。

可以看出，其实在家庭里实施芳香疗法和芳香养生，只要有二十几种精油就够了，它们是——薰衣草油，香柠檬油，柏木油，檀香油，薄荷油，桉叶油，甜橙油，柠檬油，茉莉花油，玫瑰油，玳玳花油，纯种芳樟叶油，椒样薄荷油，依兰油，香叶油，杜松子油，丁香油，穗薰衣草油，樟脑油，迷迭香油，菊花油，茶树油。

第七节　精油的使用方法

在美容院里精油的用途和使用方法是：护肤、护发、制作香氛、蒸熏、浸浴、全身各部位（包括足部）按摩、冷（热）敷、直接吸入、加入化妆品中使用等。

在家里，芳香疗法其实非常简单，既不用咬着牙忍受针扎的痛苦，也不必被人捏着鼻子灌下苦不堪言的药水，整个治疗过程确确实实是一种享受！下面介绍几种常见的芳香疗法供参考：

（1）直接嗅闻法：随便打开一瓶精油直接嗅闻之，并猜测是什么香型，每隔20min嗅闻一个香型。经常嗅闻各种香气可以令人振作，减少疲劳，促进记忆，防治阿尔茨海默病。

（2）置于清水中用微火加热散香：此法适于多人同时使用，而香气更加柔和舒适。如熏香炉：于熏香炉上加8分满之水，滴2～3滴精油，加热使其挥发扩散于空气中。功效同（1）。

（3）熏香法：用纸条蘸少许精油涂抹于素香（未加香的卫生香）上，熏燃香条令其散香。功效同（1），也可将少量精油滴于电热蚊香上熏香，掩盖蚊香的臭味。

（4）精油沐浴：将精油滴数滴于洗澡水中沐浴，可解除疲劳，促进皮肤新陈代谢，防治常见的一些皮肤疾病。

（5）精油按摩：将10mL基础保养油（一般用橄榄油或甜杏仁油）加5滴精油使用于脸部按摩擦拭，一次1～2滴，身体按摩约10～15滴，于关节或相关穴位上按摩，可有效防治各种皮肤疾病，消除疲劳，振奋精神。

大多数精油在浓度高的时候，刺激性强，会灼伤皮肤或引发过敏，所以一般精油不能直接涂抹皮肤，芳香按摩疗法时必须使用基础油稀释，通常基于治疗和养生目的精油浓度为1%～10%，刺激性低的像正薰衣草油、玫瑰木油、白兰叶油等还可以配制浓度更高一些，纯种芳樟叶油有时甚至不用稀释可以直接使用。一般来讲，常温液体天然油脂均可作为基础油，但出于安全考虑实际上绝大多数基础油属于可食用油脂类别，其中不乏我们日常的食用油，如杏桃仁油、鳄梨油、橄榄油、茶籽油、棕榈油、花生油、椰子油、葡萄籽油、月见草油、荷荷巴油、胡桃油、玫瑰果油、甜杏仁油、小麦胚芽油等。

基础油本身带有一些治疗作用，如软化皮肤角质层、保持皮肤水分滋嫩、抗菌消炎、促进活性成分透皮吸收等。过去芳疗基础油一直是使用植物性油脂，但一些动物性油脂也是值得探索和尝试的。实际上，如猪油、海鱼油、鳄鱼油等一些动物性液态油已在护肤品中添加应用。

一些富含 α-亚麻酸、EPA、DPA、DHA 等 N-3 系多不饱和脂肪酸的植物油和动物油，具有极强的透皮吸收进入血液循环代谢以及显著的抗菌消炎活性，特别值得一提的是这些人体营养必需又不能自身合成的脂肪酸已被多数科学实验和临床研究证实具有促进大脑发育、缓解脑功能衰退以及防治抑郁症等方面作用。这些基础油若与植物精油巧妙搭配用于皮肤按摩，有望在调理人的记忆、情感情绪方面获得更好应用。

（6）喷洒法：将精油少许喷洒于床单、枕头上，令卧室充满"温馨"，此法对长期睡眠质量不佳，有心理疾病患者有特效。如使用香气较为强烈的精油，则可起到防治感冒、哮喘、支气管炎、肺结核等疾病的作用。

（7）加入化妆品、洗涤剂中：有些化妆品、洗涤剂的香味不适合自己，可往其中加入少量自己喜欢的香料精油，搅拌均匀后使用，会发现这些产品的香味比原来好闻多了。

（8）自配香水：找一个干净的小瓶子，用滴管（医药商店有卖）吸取一种精油数滴加入瓶子中，嗅闻并记住香气；再吸取另一种精油数滴加入，摇匀后嗅闻……直到调出一种自己特别喜欢的香气为止，此法可增进操作者的"嗅商"，从而提高其艺术鉴赏能力，促进身心健康，是治疗抑郁症的最佳方法。

注意事项：

（1）未经稀释的100％纯精油，本身浓度极高，挥发性强，大部分不宜直接使用于皮肤上，必须与媒介油（如茶油、橄榄油、荷荷巴油等）混合调配，以免灼伤皮肤。

（2）只能外用，不可内服。

（3）使用后，精油瓶必须紧封并储存于阴凉处，避免阳光直接照射。

（4）勿让儿童接触。

（5）不要使用于眼部及眼部四周，避免入眼。

（6）孕妇、高血压、癫痫症、身体或皮肤敏感者，不宜使用某些精油，须向香薰疗师询问用法，并在使用前测试皮肤的接受程度。

（7）不要使用超过指定分量的精油，以免造成身体不适。

（8）调配精油时要使用玻璃或不锈钢器皿，不可用塑胶制品，以免影响疗效。

第八节　精油直接用于日用品的加香

近年来，由于芳香疗法的广泛宣传和应用，人们趋之若鹜，直接影响到日用品的加香。不少日用品制造厂商看到了机会，陆续推出一系列直接用"天然精油"加香的产品，受到热烈欢迎和赞赏。几乎所有日用品都可以用精油直接加香，而不只是与皮肤有接触的产品。天然精油也不一定比用合成香料配制的香精贵，如桉叶油、柏木油、香茅油、柠檬桉油、薄荷油、茶树油、甜橙油、柠檬油、柑橘油、丁香油、丁香罗勒油、大茴香油、肉桂油、月桂油、芳樟叶油、薰衣草油、依兰依兰油、玳玳叶油、白兰叶油、肉豆蔻油、广藿香油、香根油、留兰香油、香叶油、迷迭香油、安息香浸膏、秘鲁香膏、苏合香膏、格蓬浸膏等，单价都在每千克几十元到几百元（人民币）之间，与一般的中低档香精差不多，可以直接使用。贵重的精油如玫瑰花油、茉莉花油、玉兰花油、树兰花油、桂花油、东印度檀香油、紫罗兰叶油、鸢尾油等原先只有少量进入复配精油中用于日用品的加香，现在也已改变，因为它们的"三值"高，使用很少的量就能"起作用"，加香成本不一定高到不可接受的程度。

用于与皮肤接触的产品加香的精油，应该按 IFRA 的规定执行。如肉桂油"在日用香精中用量不能超过1％"，柑橘类精油"在与阳光接触的肤用产品香精中使用时香柠檬烯含量不能超过 7.5×10^{-6}"，等等。

单一精油直接用于日用品加香都有这样那样的缺点，有的不留香，有的留香持久但香气沉重不易散发，有的气味不适合，有的太贵，最好用复配精油，取长补短，现在已经开始流行。复配精油的再次流行可以说是调香工作的一场"复古"行动——100 多年前调香师们就是全部用天然精油调配香精的。除了前面（第六节）介绍的"复配精油"以外，下面再举几个早期日用品加香用的复配精油例子供参考（其中有许多是合成香料还没有得到大规模应用时的配方——从它们的名称也可以看出来）：

千花油的配方（单位为质量份）：

桂皮油	0.2	鸢尾油	0.5
橙花油	1	香叶油	8
玫瑰油	1.1	柠檬油	19
丁香油	0.2	香柠檬油	65
橙皮油	1	马鞭草油	4

快艇俱乐部香精的配方（单位为质量份）：

玫瑰油	10	檀香油	20
茉莉油	10	依兰依兰油	10
薰衣草油	10	安息香膏	20
橙花油	20		

元帅香水香精的配方（单位为质量份）：

龙涎香酊	12	麝香酊	12

橙花油	16	香根油	5
黑香豆酊	10	玫瑰油	10
香荚兰豆酊	20	丁香油	5
鸢尾油	5	檀香油	5

闰年香精的配方（单位为质量份）：

茉莉油	10	晚香玉油	5
依兰依兰油	30	马鞭草油	2
芳樟叶油	23	香根油	10
檀香油	10	玫瑰油	10

全球香香精的配方（单位为质量份）：

茉莉油	10	依兰依兰油	10
玫瑰油	10	檀香油	5
薰衣草油	10	晚香玉油	10
麝香酊	44	紫罗兰叶油	1

模特香香精的配方（单位为质量份）：

薰衣草油	20	晚香玉油	10
茉莉油	20	苦杏仁油	2
橙花油	20	肉豆蔻油	2
依兰依兰油	20	灵猫香酊	6

吻春香精的配方（单位为质量份）：

薰衣草油	20	香柠檬油	20
茉莉油	10	柠檬油	10
玫瑰油	10	龙涎香酊	18
紫罗兰叶油	2		

接吻香精的配方（单位为质量份）：

薰衣草油	10	灵猫香酊	3
龙涎香酊	35	玫瑰油	10
长寿花油	10	柠檬草油	2
黑香豆酊	20	香叶油	5
鸢尾油	5		

爱神香精的配方（单位为质量份）：

薰衣草油	20	玫瑰油	20
龙涎香酊	30	麝香酊	17
茉莉油	10	紫罗兰叶油	3

快乐香精的配方（单位为质量份）：

香柠檬油	15	晚香玉油	10
柠檬油	15	玫瑰油	10
鸢尾油	5	龙涎香酊	40
紫罗兰叶油	5		

和雅香精的配方（单位为质量份）：

薰衣草油	20	依兰依兰油	20
茉莉油	10	香柠檬油	10
玫瑰油	10	丁香油	2
晚香玉油	10	肉豆蔻衣油	2

麝香酊   6   龙涎香酊   10

春花香精的配方（单位为质量份）：

玫瑰油   10   香柠檬油   25
紫罗兰叶油   5   龙涎香酊   30
薰衣草油   30

狩猎香精的配方（单位为质量份）：

薰衣草油   20   鸢尾油   5
橙花油   20   柠檬油   10
黑香豆酊   10   玫瑰油   10
麝香酊   25

森林香精的配方（单位为质量份）：

松节油   8   黑香豆酊   10
松针油   40   依兰依兰油   10
桂皮油   2   玫瑰油   10
橙皮油   10   柏木油   10

宫廷香精的配方（单位为质量份）：

香柠檬油   20   苏合香膏   5
橙花油   10   麝香酊   60
鸢尾油   5

王宫香精的配方（单位为质量份）：

薰衣草油   20   香根油   5
茉莉油   10   丁香油   2
紫罗兰花油   10   香柠檬油   10
玫瑰油   10   香紫苏油   13
依兰依兰油   20

帝室香精的配方（单位为质量份）：

香紫苏油   10   香柠檬油   20
茉莉油   10   柠檬油   20
玫瑰油   20   橙花油   10
紫罗兰花油   10

近卫骑兵香精的配方（单位为质量份）：

薰衣草油   20   依兰依兰油   20
橙花油   20   鸢尾油   10
香紫苏油   10   丁香油   10
玫瑰油   10

维多利亚女皇香精的配方（单位为质量份）：

薰衣草油   10   橙花油   10
香柠檬油   20   晚香玉油   5
柠檬油   20   紫罗兰叶油   5
玳玳叶油   15   灵猫香酊   5
玫瑰油   10

柏林香水香精的配方（单位为质量份）：

香柠檬油   55   小豆蔻油   2
大茴香油   15   柠檬油   4

芫荽油	4	玫瑰油	4
香叶油	4	檀香油	4
玳玳叶油	6	百里香油	2

林风香精的配方（单位为质量份）：

松节油	20	柠檬草油	10
薰衣草油	30	松针油	40

第九节　芳香疗法和芳香养生的科学依据

一、气味对身体的影响

1. 对呼吸器官的影响

当人们闻到芬芳的气味时总会不自觉地深深吸一口气，当闻到某种可疑的气味时呼吸变得短而强以便搞清它究竟是什么气味。与此相反，当闻到恶臭气味时便会下意识地暂停呼吸，然后再一点点开始呼吸。如果是刺激性气味有时会引起咳嗽。因此气味可以改变呼吸类型，但仅仅因气味并不会引起呼吸障碍或窒吸，这些情况都是由于组成气味的物质直接损伤了呼吸器官的黏膜才发生。

2. 对消化器官的影响

美味佳肴的气味能使人产生腹鸣以至饥饿感，腐败气味则会使食欲消失，甚至恶心、呕吐。前者是由于美好的气味促进了消化器官的运动和消化液的分泌，后者是因为胃肠活动受到了抑制。在动物饲养场，为了使动物发育迅速、肥壮，饲料量高于一般需要量，如在饲料中加入该种动物喜爱的气味时动物的食欲就会增加。

3. 对循环器官的影响

当人们闻到美好气味，不自觉地深呼吸时会产生身心愉快、精神宁静之感。美好气味可使血压下降，解除过度紧张。因此国外许多公司在办公室内喷洒或通过中央空调导入香气，提高工作效率。

4. 对皮肤的影响

气味会使皮肤电阻发生变化。气味越强，不快程度越高，电阻变化就越大。可以在手的皮肤上任选两点分别放置两块小银板，经测定发现两板之间有微弱电流通过，人们把这种电流变化增幅后加以观察，研究气味对皮肤的影响。这种现象称之为"电流性皮肤反射"（GSR）或"精神电流现象"。

5. 对精神活动的影响

恶臭气味会使人产生头重、头痛、心情焦躁、丧失活动欲望等现象；相反当人闻到美好气味时立刻觉得神清气爽，人们在集中精神工作时气味对精神的影响并不严重，但是当处于精神松弛（如下班后在家中休息时）状态时影响就会增强。

6. 对生殖的影响

气味和生殖的关系是人们常常提到的话题。动物雌雄之间寻求配偶很多是依靠气味进行的，具有这种特别意义的气味叫做信息素。相距数千米之遥的雄狗可以闻到处于发情期的雌狗气味，并沿气味寻到雌狗。

芳香疗法和芳香养生是以吸入挥发性物质来治疗、缓解、预防各种病症及感染的一种方法，精油按摩和精油沐浴也可视为芳香治疗的又一种方法，因为操作时鼻子对芳香也有少量的吸入。有人对芳香疗法的效果持怀疑态度，认为通过鼻子吸入的物质含量太少，达不到治病的目的，这个看法是错误的。须知"芳香疗法"与药物疗法有着本质的不同，芳香疗法的实质是人吸入香气后在心理方面起作用，它可以调动人体里面的积极因素抵抗一切致病因子，达到治疗、减轻和预防疾病发生的效果。

由芳香治疗学延伸出的芳香心理学是专门研究人吸入香料后与人的心理状态内在关系的科学，它用实验和各种测量仪器的测量结果来证实芳香疗法的效果，能定量地表示出来，使芳香疗法走上科学的道路。

二、简单易行的实验

下面几个比较简单的实验都可以说明芳香疗法和芳香养生是可以"实证"的：

1. 脑电波测试

薰衣草油、桉叶油、檀香和 α-蒎烯的香气会引起人的 α-波活动性增加，而茉莉花香气会增强人的 β-波活力。

2. 伴随性阴性脑电波变化（简称 CNV）

这是脑电图上记录的一种慢的向上移动的脑电波。茉莉花香气在大脑皮层前部和左中部的 CNV 引起明显的增加，同喝咖啡后的 CNV 变化是同一方向，这是兴奋的表现；而闻了薰衣草油香气后 CNV 呈显著的下降，说明有镇静作用。柑橘味和有些花香也会增加 CNV，表示快乐、兴奋，麝香、檀香等香气则使 CNV 下降。

3. 心脏收缩期血压

当一个人受到一点轻微的生理压力时，典型的表现是心脏收缩、血压升高，适度吸入肉豆蔻油、橙花油、缬草油的香气后会明显地降低升高了的血压。

4. 微小震动

温血动物的一种细微的抖动，受肌肉扩张而影响。人在闻了橘子、薰衣草油后会减少微震的频率和振幅，表示得到了松弛，而茉莉、甘菊、麝香气味则会增加这个参数。

5. 心率

1991 年 Kikuchi 探测出柠檬香味会使心率减速，而玫瑰香气会使心率加快。心率和 CNV 在同一香气条件下的变化趋向是一致的。

6. 瞳孔扩大

发现所有香气刺激后都会诱起瞳孔扩张，表示激动。

7. 大脑的血液流动

人在吸入 1,8-桉叶油素（桉叶油的主要成分）的香气时，大脑血液流动增加，说明大脑皮层活力增加了，连不能辨别嗅觉的人也一样，说明这不是条件反射的结果。实验同时测定血液中增加吸入香料的浓度，表示吸收是很快的，从 4min 到 20min，桉叶油素在血液中的浓度几乎呈直线上升，直到最高值 275ng/mL。当一旦吸入停止，在静脉血液中的香料浓度也立刻下降，证明这样使用香料对人体来说是非常安全的，不会成瘾的。

香味对人的心理和生理作用都是巨大的，不可忽视的。可以这样理解，由于鼻子是大脑唯一暴露在外面的部分，大脑直接"闻香"，不同的香气刺激大脑立即作出反应，而大脑是人体的"最高司令部"，它指挥着全身所有的组织和器官有秩序地工作和应付各种紧急状况。因此，少量的香料分子就能通过大脑这个"最高司令部"对全身各处"发号施令"，做到药物所不能做到的事。这就是"芳香疗法"同一般的药物疗法完全不同之处。

三、动物实验

许多现象表明某些植物的芳香物质对人的生理和心理会产生各种影响。为了科学地评价这些作用，除了动物参照实验，直接以人为对象的测试计量方法也不断地推陈出新，进步。生物测试技术的进步推动了日本芳香生理心理学的发展。

动物参照实验——一些胁迫性实验无法直接以人为对象进行测试，只能利用动物进行实验，以提供参照数据。动物参照实验表明某些芳香物质可以提高肝脏的解毒功能。供试老鼠被注射安眠药后，放在一个铺有某种刺柏木材刨花的实验小室内（老鼠不接触刨花），对照实验的小室内则不铺。比较两种情况下老鼠睡眠时间，结果显示在铺有这种刺柏木材刨花的小室内老鼠的睡眠时间缩短。经调查确认，这是由于刺柏木材刨花的气味使肝脏细胞色素酶 P-450 的活性增大 2～3 倍的缘故。用该种刺柏的主要成分之一 α-杜松烯做实验，结果表明 α-杜松烯可使肝脏细胞色素酶 P-450 的含量和活性增大。芳香物质的作用效果与其作用浓度密切相关，测定浓度不同，其作用效果往往会表现出较大的差异，甚至出现相反的结果。其关键在于必须考虑承受阈值。在 1mg/L 以下的落叶松叶油挥发物的空气环境中，供试白鼠的运动量增大，在 0.08mg/L 时，运动量的值最大；与此同时，摄食量也增加。而在 1mg/L 以上的测试浓度下，供试白鼠的运动量减小，摄食量也减少，浓度的增加成为疲劳的原因。

奥地利 Gerhard Buchbauer 等人采用标准吸入方法探索日用香料化合物对小鼠能动性的作用。计算对能动性的影响以表明纯香料和精油在芳香治疗应用之后有力的镇静和兴奋作用。有镇静作用的 40 多个香料被证明对小鼠具有增加和降低能动性的作用，见表 7-1。

表 7-1　对小鼠具有增加和降低能动性作用的香料

化合物	对小鼠能动性的作用/%	对经咖啡因预处理的小鼠的能动性作用/%
茴脑	−1.26	−10.81
邻氨基苯甲酸甲酯	17.7	38.22
蜜蜂花叶油(奥地利)	−5.21	16.29
苯甲醛	−43.69	−34.28
苯甲醇	−11.21	−23.68
龙脑	−3.05	−1.88
乙酸龙脑酯	−7.79	2.27
水杨酸龙脑酯	−17.29	−2.99
香芹酮	−2.46	−47.51
柠檬醛	−1.43	17.24
香茅醛	−49.82	−37.4
香茅醇	−3.56	−13.71
香豆素	−15	−13.75
二甲基乙烯基原醇	5.36	−2.11
乙基麦芽酚	9.73	2.09
丁香酚	2.1	38.73
金合欢醇	5.76	36.34
乙酸金合欢酯	4.62	−30.71
糠醛	3.04	−4.51
香叶醇	20.56	1.2
乙酸香叶酯	−29.18	−7.46
异龙脑	46.9	−11
乙酸异龙脑酯	3.16	−22.6
异丁香酚	30.05	−74.24
β-紫罗兰酮	14.2	−27.97
薰衣草油(法国勃朗峰)	−78.4	−91.67
白柠檬花油(法国)	−34.34	30.41
芳樟醇	−73	−56.67
乙酸芳樟酯	−69.1	−46.67
麦芽酚	13.74	−50.04
水杨酸甲酯	16.64	−49.88
橙花醇	12.93	29.31
橙花油	−65.27	1.87
甜橙花油(西班牙)	−4.64	−14.62
甜橙油萜	35.25	−33.19

化合物	对小鼠能动性的作用/%	对经咖啡因预处理的小鼠的能动性作用/%
西番莲花油(美国)	8.15	-27.93
2-苯乙醇	2.67	-30.61
乙酸苯乙酯	-45.04	12.42
α-蒎烯	13.77	4.73

薰衣草油、橙花油及纯的芳樟醇、乙酸芳樟酯和香茅醛在吸入 1h 之后具有明显的降低小鼠能动性的作用；苯甲醛、2-苯乙醇的乙酸酯、2-松油醇和檀香油也具有相同的作用。其他化合物如橙油萜、麝香草酚、异龙脑和异丁香酚具有明显的增强能动性的作用。

这些资料表明这些化合物中的一部分能在芳香治疗中作温和的镇静剂使用。此外，薰衣草油、异丁香酚、芳樟醇、麦芽酚、香芹酮和乙酸芳樟酯能抵消因咖啡因引起的过分激动，相反，邻氨基苯甲酸甲酯、金合欢醇、白柠檬花油和橙花醇能强化过分激动，具有活泼作用。比较用咖啡因与不同咖啡因预处理结果可以看出，列于表 7-1 的物质中有 14 种香料或精油，能使吸入这些物质的小鼠明显地降低其能动性。笔者认为能动性的降低仅为未处理的对照组的 90% 时为不明显。一种引人注目的情况是，23 种香料能使过激的动物安静下来，有趣的是某些化合物，如麦芽酚、β-紫罗兰酮、异丁香酚、异龙脑和橙油萜的混合物能增强未经咖啡因预处理动物的能动性，但能明显降低过激小鼠的能动性。很明显，使生理上经扰乱的动物安静下来比使处于正常条件下的小鼠产生镇静作用要容易得多。

香豆素（干草的主要香成分）在吸入后会降低经咖啡因处理的和未经咖啡因处理的小鼠的能动性。因此，自古以来在民间草药中干草的催眠作用得到解释。檀香油、橙花油，特别是薰衣草油及其主要组分芳樟醇和乙酸芳樟酯的镇静作用也与传统使用相一致。薰衣草油在催眠作用方面不仅排在被试香料的前列，而且还发现它能抵消由咖啡因引起的小鼠过激现象。实验无法证明古代报道的玫瑰油的镇静作用，因为玫瑰油降低小鼠能动性很有限。

在萜醇中（香茅醇、金合欢醇、香叶醇、芳樟醇、橙花醇和 α-松油醇），只有叔醇——芳樟醇和 α-松油醇——在两种实验条件下都产生明显的镇静作用，而其他具有伯羟基的醇类并不表现出这种镇静能力。作用上的明显差异也存在于芳族醇和酚类之间：除麝香草酚外，所有被试化合物只对经过咖啡因处理从而引起过激的小鼠产生很强的平静（缓和）作用，但对未经咖啡因前处理的动物不产生这种作用。纯种芳樟叶油的芳樟醇含量是薰衣草油的 3 倍多，所以前者的镇静、安眠、抗抑郁作用都比后者出色得多。

最后应该注意的是以小鼠为实验对象时，醇类和它们的酯类具有相当不同的生物学活性。具有较大亲油性的酯类比相应的醇类在被动物吸入之后能更多地降低动物的运动能力。例如，异龙脑看来是一种"活化剂"，与未处理的对照动物相比，增加动物的能动性约 48%，而乙酸异龙脑酯降低这种"活泼性"至正常值。同样的作用也可见于香叶醇和乙酸香叶酯中（+20.56%/-29.18%），这里乙酸香叶酯明显降低小鼠的能动性。2-苯乙醇既不活化也不镇静小鼠，而乙酸苯乙酯在表 7-1 所列物质中属于最起镇静作用的物质之一（-45.04%）。乙酸芳樟酯和芳樟醇在被小鼠吸入和在经咖啡因预处理后，再被小鼠吸入的情况下都表现出最明显的平静（缓和）作用。此外，与金合欢醇相比，乙酸金合欢酯能降低生理被扰乱的动物（用咖啡因前处理）的能动性约 30%。龙脑及乙酸龙脑酯对于小鼠的运动行为缺乏明显作用，这可能是由这些单萜化合物的结构性质引起的。酯类比醇类的亲油性强，因此能更容易通过膜屏障，特别是血-脑屏障，而表现出与它们较好的镇静性质密切相关的较高的膜活性。

四、芳香物质对人体的影响

1. 芳香物质对人体生理机能的影响

随着芳香生理心理学研究的发展，人体生测计量方法也不断地丰富完善，借此得以科学、定量地评价芳香物质对人体生理机能的影响。用指尖容积脉波计测定指尖血流量，用皮肤电位反射计测定精神性发汗量等，以此了解人的生理和心理状态的变化。如低浓度的 α-蒎烯可使人因紧张而引起的精神性发汗量减少，指尖血流量增加，脉搏少而稳定。低浓度的 α-蒎烯抑制了交感神经的兴奋，促进副交感神经的作用，使人体趋于放松。台湾扁柏材油的芳香气味，可使人的血压降低，提高工作效率，R-R 间隔即脉搏的每拍间隔的变动系数减少。

这说明台湾扁柏材油的芳香气味可使人集中注意力。还可通过测量冷却后指尖温度的回复速率，了解芳香物质对自律神经调节功能的影响。实验表明依兰油、薰衣草油的芳香可增强自律神经的调节功能，提高健全人指尖温度的回复速率。

2. 芳香物质对人的想象能力的促进作用

其测试方法类似于心理学测试，现援引一测试实例加以说明。测试所使用的香料是迷迭香、薄荷香、橙香，以无香料空气为对照。测试的内容是"易拉罐的使用方法"，让被测者发挥想象力尽可能多地将答案写出来，当思考发生困难时，让被测试者闻香气，调查芳香物质对人的想象能力的促进作用。将答案分成柔软型和独创型两类。柔软型的答案仅将易拉罐作为容器来使用，如烟灰缸、花瓶、储钱罐等，独创型的答案又可分为两种，一种抛开易拉罐容器的功用但仍局限于其原型如乐器、风铃、握力计等，另一种答案则不仅抛开容器功用的束缚而且能突破其原型，答案如刀、锯子、保险丝等。实验结果显示，香料组和无香料组作出柔软型回答的人数相差不多，而闻有迷迭香、薄荷香的一组，作出独创型回答的人数增多。对于独创能力较低的人，芳香物质对其想象力的促进作用表现得更明显。

3. 芳香物质的抗菌作用

目前使用的抗菌物质其中很多来源于植物。有关植物精油或芳香成分的抗菌作用的报道，其实验方法是将精油或芳香成分混入琼脂培养基中，有效浓度一般为 $100 \sim 1000 \mathrm{mg/L}$，而在挥发状态则难以表现出抗菌效果。近年来，日本市场抗菌产品方兴未艾、名目繁多，芳香的抗菌产品尤为受人青睐。有关芳香物质抗菌作用的研究报告很多。有关大环状麝香系香料的抗菌报告较为引人注目。大环状麝香系香料对腋臭原菌以及导致过敏性皮炎等皮肤病的黄色葡萄球菌表现出很高的增殖阻碍作用，因为麝香系香料的沸点较高，不易挥发，有望长期保持抗菌作用。

4. 芳香物质对人情绪的影响

$1/f$ 摇摆是自然界中可见到的张弛有度、节律微妙的摆动。$1/f$ 摇摆曲线是指以摆动频率为横坐标，以不同频率的摆动所对应的能量为纵坐标，作图而得的双曲线。若两轴用对数表示，则可得一斜率为 -1 的直线。令人心情舒畅的微风、波涛声、古典音乐以及当人心情愉快，身体处于放松状态时，身体所发出的信号，其节奏也是时紧时缓，与 $1/f$ 摇摆曲线相符，而并不是机械地固定于某一频率。有实验表明，当人疲劳时，吸入宜人的香气，α 脑波（比对照不吸入香气）可较早地恢复到 $1/f$ 摆动状态。因此，可通过观察和捕捉身体信号的变动规律，来评价芳香物质对人情绪的影响。

5. 芳香物质的镇定与觉醒作用

植物的芳香物质通过嗅觉器官感觉后，通过嗅觉神经直接将全部的信息传到大脑，所以脑波的变化常用来评价作用效果。早期的实验大多观察闭眼安静状态下自发的脑波变化，主要观测 α 波的变化，以此来评价人体吸收芳香物质后的放松状态。最近的实验较多地从事件关联脑波的方向加以研究，伴随性阴性变动（CNV）是其中之一。CNV 是大脑的事件相关电位之一，一般认为它与人的注意、期待、预期等心理过程以及意识水平的变化密切相关。CNV 早期成分的变化可用来评价芳香物质的镇静与觉醒作用。如薰衣草、檀香木、柠檬、侧柏、莳萝等植物的精油能导致 CNV 早期成分减少（表现为镇静作用）；茉莉、百里香、迷迭香、薄荷、留兰香等植物的精油能导致 CNV 早期成分增加（表现为觉醒作用）。

科学的进步使人体检测技术与手段不断提高，新的仪器和装置不断涌现。如正电子断层装置（PET），这种装置可将大脑的活动图像化，可以观察身体各部位的机能、化学变化。这将成为脑科学研究的有力武器，也将有助于更进一步了解芳香物质对人体生理和心理的影响。

人是高级的、复杂的社会性动物，每个人都有各自的生活经历，处在不同的生活环境。以人为对象进行研究，其困难可想而知。目前在芳香生理心理学研究领域处于领先地位的日本，其研究也只是处于兴起和发展阶段，仍有许多问题有待解决，研究的手段与技术也有待发展与提高。随着研究的进一步深入，研究数据的积累，芳香物质对人体的作用将逐渐得以阐明。

临床试验证据：

芳香疗法最常见的反对声音之一是认为它没有科学依据，因此不应该被认为是可靠的治疗方法。许多人认为芳香疗法仅仅是关于香薰蜡烛和薰衣草浴这些感性的体验而并没有任何定量的有价值的东西。然而实际上，很多有关精油的研究正在进行，以便更多地了解其化学性质，以及如何影响我们的身心健康。

制药公司赞助的医药研究有很多，而针对精油的研究资金却难以获得，因为它们无法轻易获得产品专利进而获取利益。精油不像合成药物那样可以标准化——它们受气候变化和不可预测的收成影响。从商业角度来看，创建其人工合成版本并将其作为药物销售将会是更好的选择。

然而好消息是，替代疗法虽然缓慢，却变得越来越主流。不使用药物的替代疗法的趋势越来越大，最终可能导致更全面的医学方法。医疗行业也意识到超量药物不是唯一的解决方案，而且实际上可能是一个滴答作响的定时炸弹。

抗生素耐药性危机表明，依赖药物并不总是最好的解决办法。精油逐渐被认为是一种有效的替代品，但不会一夜之间改变。芳香疗法临床试验通常是小规模的，需要更多的研究。

下面选录一些关于精油的科学研究的相关例子，可以说明精油与健康有效的相关性。

焦虑：

1. 苦橙花和术前焦虑

"苦橙花对轻微手术前的术前焦虑减轻可能有效。"（2011）

2. 芳香疗法焦虑症患者焦虑效果的系统评价

"大多数研究表明平息焦虑的积极作用。没有报告不良事件。建议使用芳香疗法作为焦虑症患者的补充疗法。"（2011）

3. 随机对照试验提供芳香疗法可以减少乳腺活检妇女焦虑的支持证据

"使用芳香疗法提供循证护理干预，以改善适应证，减少乳腺活检妇女的焦虑症。"（2017）

4. 芳香疗法按摩对韩国老年妇女焦虑和自尊的影响：一项试点研究

"这些结果表明芳香疗法按摩对焦虑和自尊有积极的作用。"（2006）

5. 音乐干预与芳香疗法对重症监护病房机械通气患者焦虑影响的比较：随机对照试验

"音乐和芳香疗法组的心率和血压比对照组低。"（2017）

6. 芳香疗法的嗅吸对心肌梗死患者焦虑的影响：随机临床试验

"芳香疗法治疗后，实验组焦虑意义明显低于对照组。"（2014）

7. 薰衣草和迷迭香精油对研究生护理学生考试焦虑的影响

"在这项研究中，使用薰衣草和迷迭香精油香囊可以降低研究生护理学生的考试压力，焦虑测量、个人陈述和脉搏更低可以证明其效果。"（2009）

8. 芳香疗法有效减少在儿科诊所接受输注的病童母亲的焦虑症

"芳香疗法中母亲的焦虑程度明显低于对照组。"（2014）

9. 薰衣草精油制剂 silexan 的多中心、双盲、随机研究与劳拉西泮（lorazepam）对于广泛性焦虑症的比较

"总之，我们的研究结果表明，silexan 与成人 GAD（广泛性焦虑障碍）同劳拉西泮一样有效。还证明了 silexan 的安全性。由于薰衣草油在我们的研究中没有显示出镇静作用，并且没有药物滥用的可能性，所以 silexan 似乎是一种有效且耐受性良好的替代苯二氮䓬类药物（benzodiazepines）以改善广泛性焦虑症的选择"。（2010）

10. 吸入天竺葵精油对未产妇女生育初步阶段焦虑和生理参数的影响：随机临床试验

"吸入天竺葵精油香气后，平均焦虑评分显著下降，舒张压也有显著的下降……天竺葵精油的香气可以有效减少生育过程中的焦虑，可以作为分娩期间的非侵入性抗焦虑辅助药物推荐。"（2015）

11. 芳香疗法中冬香薄荷（satureja montana）类型的两种精油和正念冥想，以减少人类的焦虑

"基于 S. brevicalyx 和 S. boliviana 精油的芳香疗法以及正念冥想单独或协同应用可被认为是焦虑的替代治疗方案。"（2017）

12. 苦橙对慢性骨髓性白血病患者的溶血作用

"结果表明，苦橙表现出抗焦虑作用，减少慢性骨髓性白血病患者和焦虑有关的体征和症状。"（2016）

13. 柠檬草香气对人类焦虑实验的影响

"与对照组不同，暴露于测试香气的个体（3滴和6滴）在治疗后立即呈现状态焦虑和主观紧张程度的降低。此外，虽然他们对任务显示了焦虑的回应，但是与对照组不同，他们在 5min 内就完全恢复了。这项实验表明，非常短暂地暴露于这种香气中会产生一些抗焦虑作用。"（2015）

14. 嗅吸晚香玉精油对学生考试焦虑的影响：临床试验

"结果表明，利用晚香玉精油进行芳香疗法有效降低了学生的焦虑。"（2016）

15. 玫瑰和甜橙精油的嗅觉刺激对前额叶皮层活动的影响

"由玫瑰或甜橙精油引起的嗅觉刺激：①使正常前额叶皮层氧合血红蛋白浓度显著降低，②"舒适""轻松"和"自然"感觉增加。这些研究结果表明，玫瑰或甜橙精油引起的嗅觉刺激引起生理和心理放松。"（2014）

16. 通过薄荷和依兰依兰芳香调理认知表现和情绪

"这项研究的结果清楚地支持了健康成人志愿者精油调理心理和认知表现的观点。"（2008）

17. 芳香疗法对抑郁症状的有效性：系统评价

"芳香疗法显示有可能被用作一种有效的治疗方案，以缓解各种各样的受试者的抑郁症状。特别地，芳香疗法按摩显示出比吸入芳香疗法更有益的效果。"（2017）

18. 芳香疗法按摩似乎增强了烧伤儿童的放松：观察性试点研究

"芳香疗法按摩似乎是减少住院儿科烧伤患者痛苦的非药物治疗方法。"（2012）

19. 佛手柑精油芳香疗法对41个健康女性的情绪状态、副交感神经系统活动和唾液皮质醇水平的影响

"这些结果表明，与水蒸气一起吸入的佛手柑精油在相对较短的时间内会产生心理和生理影响。"（2015）

20. 薰衣草精油的香气在产后早期对孕产妇疲劳和情绪的影响：随机临床试验

"薰衣草精油芳香疗法从产后第一小时开始，导致与不使用精油群体相比，身体和情绪状况更好。"（2017）

21. 芳香疗法对青少年压力和压力反应的影响

"与接受安慰剂治疗相比，学生接受香气治疗时，压力水平显著降低。芳香嗅吸可能是高中生非常有效的压力管理方法。"（2009）

22. 芳香疗法通过平衡自主神经系统提高工作表现

"芳香疗法（吸入苦橙叶精油）可以提高工作场所的表现。这些结果可以通过苦橙叶主要成分（乙酸芳樟酯、芳樟醇和月桂烯）的联合作用，通过交感神经/副交感神经系统的自主平衡来解释。最终的效果可能是通过降低压力水平和激励参与者的注意力水平的组合来改善心理和情绪状况。"（2017）

23. 鼠尾草属的香气对记忆和情绪的差异效应

"数据分析显示，鼠尾草香气组比对照组在记忆质量和次级记忆之间的差异。警戒情绪测量显示两种香气和对照条件之间的显著差异。"（2010）

24. 吸入精油对精神疲劳和中度倦怠的影响：小型试点研究

尽管两个小组对于精神疲劳和中度倦怠的觉知都有降低，但芳香疗法组的降低效果非常明显，结果表明吸入精油可能会降低精神疲劳/倦怠感觉水平。"（2013）

25. 一项关于芳香疗法按摩对成人心理健康的情绪、焦虑和放松影响的试点研究

"在每次按摩之前和之后，使用视觉模拟记录受试者的情绪、焦虑和放松水平，然后在最后一次按摩之后再次记录6周。在总共八位受试者中的六位医院焦虑抑郁量表显示了改善。比较视觉模拟量表结果时，所有方面都得到了改善。"（2003）

26. 等离子体1，8-桉树脑与嗅吸迷迭香精油香气后的认知表现相关

"这些研究结果表明，迷迭香所含的化合物通过不同的神经化学途径独立地影响认知和主观状态。"（2012）

27. 神经性疼痛的芳香疗法按摩和糖尿病患者的生活质量

"干预组神经性疼痛评分明显下降……芳香疗法按摩是一种简单有效的非药物性护理干预，可用于治疗神经性疼痛并改善疼痛性神经病变患者的生活质量。"（2017）

28. 香蜂草精油的体内潜在抗炎活性

"我们可以得出结论，香蜂草精油具有潜在的抗炎活性，这也解释了这种植物在传统上应用于治疗与炎症和疼痛相关的各种疾病的原因。"（2013）

29. 薰衣草精油的芳香疗法应用对首次分娩妇女的生产痛苦和生产时间的影响效果

"结果表明，两组干预前后的生产疼痛具有显著差异性。薰衣草精油的芳香疗法可能是生产妇女疼痛管理的有效治疗方法。"（2016）

30. 芳香疗法中茉莉花精油和鼠尾草精油对未生育过妇女的疼痛严重程度和生育过妇女的效果比较

"干预 30min 后，使用鼠尾草精油香疗法组的第一和第二阶段的疼痛严重程度和持续时间显著降低。"（2014）

31. 薰衣草精油治疗偏头痛：安慰剂对照临床试验

"目前的研究表明，吸入薰衣草精油可能是偏头痛急性治疗中有效和安全的治疗方式。"（2012）

32. 应用大马士革玫瑰进行芳香疗法的效果评估。关于 2013 年伊斯法罕医科大学附属选定医院住院儿童术后疼痛强度：随机临床试验

"在每次芳香疗法和治疗结束后，应用大马士革玫瑰的芳香疗法组的疼痛评分与安慰剂组相比显著降低。"（2015）

33. 薰衣草精油对冠状动脉旁路移植后动脉硬化相关疼痛强度的有效性

"研究结果表明，干预 30～60min 后病例组疼痛感知强度低于对照组，结果表明，芳香疗法可用作术后疼痛减轻的补充方法，因为它减轻了痛苦。"（2015）

34. 吸入大马士革玫瑰精油对于烧伤患者敷料后疼痛强度的影响：临床随机试验

"芳香疗法中大马士革玫瑰精油的嗅吸可有效缓解烧伤患者敷料后引起的疼痛。因此，可以将其作为烧伤患者的补充疗法，以缓解疼痛。"（2016）

35. 芳香疗法按摩和反射疗法对类风湿关节炎患者的疼痛和疲劳的影响：随机对照试验

"芳香疗法按摩和反射组与对照组相比，疼痛和疲劳评分显著降低。"（2016）

36. 芳香疗法减少疼痛的有效性：系统评价和元分析

"芳香疗法（与安慰剂或治疗作为常规对照相比）从视觉模拟量表报告上看，在减少疼痛方面有显著的积极作用。"（2016）

37. 薰衣草精油对肾绞痛患者的影响：使用目标和主观结果测量的前瞻性对照研究

"这些研究结果表明，使用非药物治疗方法的芳香疗法作为常规治疗方法的佐剂将有助于减轻疼痛，特别是在女性患者中。"（2015）

38. 精油对颈痛患者的疗效：随机对照研究

"干预前后 MAS 值的比较表明，实验组 10 个运动区域有显著改善。这一发现表明，实验组比对照组更好。本研究中开发的精油霜可用于改善颈部疼痛。这项研究似乎是第一个通过使用 PPT 和 MAS 量化这一点的。"（2014）

39. 局部应用薰衣草精油对血液透析患者透析针插入引起的疼痛强度的影响：随机临床试验

"根据研究结果，薰衣草的局部应用在透析针插入期间减轻了中度强度的疼痛。因此，薰衣草精油可能是插入血液透析针后减轻疼痛的选择。"（2015）

40. 薰衣草精油的抗氧化、镇痛和抗炎作用

"本研究的结果揭示（体内）薰衣草精油的镇痛和抗炎活性，并表明其重要的治疗潜力。"（2015）

41. 尤加利精油吸入对全膝关节置换后疼痛和炎症反应的影响：随机临床试验

"总之，在全膝关节置换术后吸入尤加利精油有效减少患者的疼痛和血压，表明尤加利精油的吸入可以是减轻全膝关节置换术后的疼痛干预护理。"（2013）

42. 选择抗菌精油消灭假单胞菌和金黄色葡萄球菌生物膜

"总而言之，我们证实了，肉桂、秘鲁香脂和红色百里香精油比选择重要的抗生素更有效地消除假单胞菌和金黄色葡萄球菌生物膜，使其成为生物膜治疗的有趣候选者。"（2012）

43. 来自玫瑰草、月见草、薰衣草和晚香玉精油的抗菌活性

"从玫瑰草提取的精油在测试的精油中显示出对革兰氏阳性菌和革兰氏阴性菌的最高活性……所有精油中玫瑰草精油显示出最有效的抗菌活性。"（2009）

44. 各种精油的不同浓度对牙龈卟啉单胞菌的抗菌效果

"在 100% 浓度下，所有测试的油具有抗癣菌的抗微生物活性，桉树油最有效，其次是茶树油、洋甘菊油和姜黄油。"（2016）

45. 在肉仔鸡中使用迷迭香、牛至等复方精油混合物：体外抗菌活性和对生长性能的影响

"通常，含有迷迭香、牛至等精油可替代生长促进剂抗生素。"（2012）

46. 肉桂树皮精油的抗菌作用方式，单独和与哌拉西林组合，抗多药耐药大肠埃希菌菌株

"从这项研究中，肉桂树皮精油有可能通过两个途径逆转大肠杆菌 J53 R1 对哌拉西林的抗性；改变外膜的渗透性或细菌 QS 抑制。"（2015）

47. 使用罗勒和迷迭香精油作为有效抗菌剂的潜力

"结果表明，两种测试的精油对来自大肠埃希菌的所有临床菌株都具有活性，包括广谱 β-内酰胺酶阳性细菌，但罗勒油具有较高的抑制生长的能力。"（2013）

48. 替代药物与对照治疗口腔真菌感染的疗效比较

"研究得出结论，作为天然产物的 TTO（茶树精油）与克霉唑相比，在口腔真菌感染的治疗中是一种更好的无毒方式，并且在口腔保健产品中具有潜在应用前景。"（2016）

49. 百里香和洋茴香精油和甲醇提取物之间的协同抗菌活性

"精油和甲醇提取物使用微量肉汤稀释法显示出对大多数病原体有前景的抗菌活性。针对金黄色葡萄球菌，蜡状芽孢杆菌和普通变形杆菌观察到百里香和洋茴香精油和甲醇提取物（MIC 15.6ng/mL 和 62.5ng/mL）的最大活性。精油和甲醇提取物的组合显示对大多数测试病原体，特别是铜绿假单胞菌的添加作用。"（2008）

50. 尤加利精油和简单吸入装置的免疫修饰和抗微生物作用

"尤加利精油及其主要成分 1，8-桉树脑对许多细菌［包括结核分枝杆菌和耐甲氧西林金黄色葡萄球菌（MRSA）、病毒和真菌（包括念珠菌）］具有抗微生物作用。"（2010）

51. 百里香精油抗多药耐药临床菌株的抗菌活性

"百里香精油强烈抑制了临床细菌菌株的生长。"（2012）

52. 抗多种耐药菌株的抗争：抗生素精油的复兴是对抗医院获得性感染的最有前途的力量

"对于白百里香、柠檬、柠檬草和肉桂精油，观察到大量有效的抑制区。其他精油也显示出相当的效力。值得注意的是，几乎所有被测试的精油都显示对医院获得性分离物和参考菌株的效力，而来自对照组的橄榄油和石蜡油没有产生抑制作用。如体外证明，精油代表一种便宜且有效的抗菌药物局部治疗的选择，即使是抗生素抗性菌株，如 MRSA 和抗霉菌抗性假丝酵母属。"（2009）

53. 评估用各种精油配制的抗甲氧西林金黄色葡萄球菌抗菌活性的凝胶基质

"含有柠檬草和百里香精油的卡波姆 940 凝胶适用于人体皮肤时对 MRSA 具有良好的抗菌活性，并且不会出现皮肤刺激。"（2013）

54. 白千层提取物的抗氧化、抗菌活性和植物化学特征

"在这项研究中，我们发现白千层提取物具有抗氧化和抗菌活性。结果表明，两种提取物具有显著的抗氧化和自由基清除活性。两种提取物对金黄色葡萄球菌、表皮葡萄球菌和蜡状芽孢杆菌具有抗菌活性。"（2015）

55. 白千层属精油的抗菌活性对抗抗生素耐药金黄色葡萄球菌的临床分离物

"白千层属精油在体外对从多种抗生素耐受的下肢伤口分离的菌株具有抗菌性。"（2015）

56. 精油对幽门螺杆菌的抗菌活性

"这些结果表明，精油对幽门螺旋杆菌具有杀菌作用，而没有发展出耐药性，这表明精油可能成为新型和安全的抗幽门螺旋杆菌的潜力。"（2003）

57. 香蜂草精油影响包膜疱疹病毒的感染性

"因此，香蜂草精油能够对疱疹病毒产生直接的抗病毒作用。考虑到香蜂草精油的亲油性，使其能够穿透皮肤，并具有高选择性指数，香蜂草精油可能适用于局部治疗疱疹感染。"（2008）

58. 欧白芷精油对假丝酵母、隐球菌、曲霉和皮肤癣菌的抗真菌活性

"欧白芷精油及其与细胞毒性活性相关的主要成分所显示的活性证实了它们作为抗真菌剂的潜力，这种抗真菌药物经常涉及人类真菌病，特别是隐球菌病和皮肤真菌病。与商业抗真菌化合物的联合可以带来益处，并用于黏膜皮肤念珠菌病治疗。"（2015）

59. 柠檬草和葡萄柚精油对五种金黄色葡萄球菌的抗生物膜活性

"与其他测试的精油相比，柠檬草展示出最有效的抗微生物和抗生物膜活性……柠檬草精油的作用值得提出！"

60. 使用精油吸入法对原发性高血压患者血压和应激反应的影响

"结果表明，精油吸入方法可以被认为是一种有效的护理干预措施，可减少心理压力反应和血清皮质醇水平，以及原发性高血压患者的血压。"（2006）

61. 精油吸入对高血压患者血压和唾液皮质醇水平的影响

"实验组与安慰剂组和对照组相比，唾液皮质醇浓度显著降低（$P=0.012$）。总之，吸入精油对家庭收缩压（SBP）、白天血压和压力降低产生立即和持续的影响。精油可能具有控制高血压的松弛作用。"（2012）

62. 细胞学方面关于柠檬提取物对鼻喷雾的效果及精油对过敏性鼻炎的作用

"柠檬型鼻喷雾剂是治疗常年性、季节过敏性和血管舒缩性鼻窦炎常规药物的良好替代品。"（2012）

63. 薰衣草精油吸入抑制哮喘小鼠模型中的过敏性气道炎症和黏液细胞增生

"薰衣草精油抑制过敏性炎症和黏液细胞增生，抑制 T-helper-2 细胞因子和 Muc5b 在哮喘小鼠模型中的表达。因此，薰衣草精油可能作为支气管哮喘的替代药物是有用的。"（2014）

64. 芳香疗法嗅吸柠檬精油对妊娠恶心呕吐的影响：双盲、随机、对照临床试验

"柠檬香味可以有效减少怀孕的恶心和呕吐。"（2014）

65. 研究姜精油嗅吸对肾切除术后恶心呕吐的影响

"两组对呕吐发作次数的差异具有统计学意义。吸入姜精油对术后恶心呕吐具有积极作用。"（2015）

66. 药用薰衣草调节肠溶微生物群，以防止柠檬酸杆菌诱导的结肠炎

"总的来说，我们的研究结果表明，奥卡那根薰衣草精油可以通过微生物免疫联系来防治结肠炎，而且是一种药理剂，在这种情况下，奥卡那根薰衣草精油会改变正常的肠道微生物群。"（2012）

67. 来自姜黄和姜精油的胃保护活性

"结果表明，姜黄和姜精油可以减少大鼠胃的胃溃疡并从胃溃疡指数和胃组织病理学观察到。此外，发现由乙醇产生的氧化应激也因姜黄和姜精油而显著降低。"（2015）

68. 肠溶包衣、pH 依赖性薄荷精油胶囊，用于治疗儿童肠易激综合征

"2 周后，75% 接受薄荷精油治疗的人减轻了与过敏性大肠综合征 IBS 相关的疼痛严重程度。"（2001）

69. 芳香疗法按摩对手术重症监护病房患者睡眠质量和生理参数的影响

"研究结果表明，芳香疗法按摩增强了外科重症监护室患者的睡眠质量，并导致其生理参数的一些积极变化。"（2017）

70. 芳香疗法对伊斯法罕医学科学院心脏病医院重症监护病房住院的缺血性心脏病患者睡眠质量的影响

"数据分析显示，通过芳香疗法熏蒸薰衣草精油后，两组实验和对照组睡眠质量均值有显著差异性。芳香疗法熏蒸薰衣草精油后，缺血性心脏病患者睡眠质量明显改善。"（2010）

71. 大马士革玫瑰通过芳香疗法对心脏病患者睡眠质量的影响：随机对照试验

"大马士革玫瑰通过芳香疗法可以显著提高重症监护室住院患者的睡眠质量。"（2014）

72. 芳香疗法的嗅吸对老年痴呆症睡眠障碍症状的影响

"这些结果表明芳香疗法的嗅吸对老年痴呆症患者睡眠障碍症状的积极作用。"（2017）

73. 芳香疗法对急性白血病患者失眠和其他常见症状的影响

"芳香疗法具有统计学显著的积极影响……芳香疗法是改善急性白血病患者常见的失眠症和其他症状的可行手段。"（2017）

74. 芳香疗法对患者睡眠质量和焦虑的影响

薰衣草精油提高了睡眠质量，降低了患者的焦虑程度……作为非侵入性、便宜、易于适用、成本效益高、独立的护理干预，适合心脏病人，薰衣草精油可用于 ICU。"（2017）

75. 健康和自我评估变化：具有睡眠问题的大学生嗅吸薰衣草和睡眠卫生的 RCT 的二次分析

"结果表明，薰衣草干预对自我健康评估的三个领域，能量、活力和睡眠有积极影响。"（2016）

76. 薰衣草芳香疗法减轻月经前情绪症状吗？随机交叉试验

"本研究表明，薰衣草芳香疗法作为潜在的治疗方式可以缓解经前期的情绪症状，至少部分归因于副交感神经系统活动的改善。"（2013）

77. 吸入鼠尾草精油后绝经妇女 5-羟色胺和皮质醇血浆水平的变化

"吸入鼠尾草精油后，皮质醇水平显著降低，而 5-羟色胺（5-HT）浓度显著增加。"（2014）

78. 薰衣草芳香疗法对原发性痛经疼痛严重程度的影响：三盲随机临床试验

"使用薰衣草芳香疗法 2 个月可能有效降低原发性痛经的疼痛严重程度。"（2016）

79. 芳香疗法腹部按摩对护理学生减轻月经痛的影响：前瞻性随机交叉研究

"这些结果表明，芳香疗法有效减轻月经痛、持续时间和月经过多。可以提供芳香疗法作为非药物性疼痛缓解措施，以及为遭受痛经或月经过多的女孩提供护理服务的一部分。"（2013）

80. 芳香疗法按摩对土耳其学生痛经的影响

"当比较薰衣草按摩和安慰剂按摩时，发现薰衣草按摩的视觉模拟量表评分在统计学上显著降低。这项研究表明按摩有助于减轻痛经。此外，这项研究表明，芳香疗法按摩对疼痛的影响高于安慰剂按摩。"（2012）

81. 嗅吸苦橙精油对绝经后妇女更年期症状、压力和雌激素的影响：随机对照试验

嗅吸 0.5% 的橙花精油组的收缩压显著低于对照组。与对照组相比，两个橙花精油组舒张压显著降低，倾向于改善脉搏率、血浆皮质醇和雌激素浓度。这些研究结果表明，吸入橙花精油有助于缓解绝经期妇女的绝经症状，增加性欲，降低绝经后妇女的血压。橙花精油可能有潜力作为减轻压力和改善内分泌系统的有效干预措施。"（2014）

82. 薰衣草芳香疗法对绝经热潮红的影响：交叉随机临床试验

"干预组的潮红数显著低于对照组……这项研究表明，使用薰衣草芳香疗法可减少更年期潮红，似乎这种简单、无创、安全和有效的方法可用于绝经妇女，有明显的收益。"（2016）

83. 茶树精油减少组胺诱导的皮肤炎症

"这是第一个通过实验证明茶树油可以减少组胺诱导的皮肤炎症的研究。"（2002）

84. 洋甘菊提取物和皮质类固醇对伤口愈合的比较分析：体外和体内研究

与用皮质类固醇处理的动物相比，使用洋甘菊处理的动物显著加快了伤口愈合。根据本研究的条件，我们得出结论，洋甘菊与皮质类固醇相比促进了伤口愈合过程。"（2009）

85. 5% 局部茶树精油凝胶在轻度至中度寻常型痤疮中的疗效：随机双盲安慰剂对照研究

"茶树油凝胶与安慰剂在总痤疮计数（TLC）改良方面有显著差异，也涉及痤疮严重程度指数（ASI）的改善。局部 5% 茶树油是轻度至中度痤疮寻常痤疮的有效治疗方法。"（2007）

86. 芳香和药用植物精油的神经保护和抗衰老潜能

"总之，精油对几种病理学目标有效，并在动物模型和人类受试者中提高了认知能力。因此，精油可以被开发为具有更好的功效、安全性和成本效益的神经障碍的多效药物。"（2017）

87. 吸入橙花和薄荷精油对肺功能和运动表现有一定的影响：准实验不受控制的前后对比研究

"我们的研究结果支持了橙花和薄荷精油对运动性能和呼吸功能参数的有效性。"（2016）

88. 香蜂草精油在糖尿病实验模型中的抗伤害感受和抗高血糖作用

"这项研究表明，香蜂草精油的慢性给药在糖尿病痛觉过敏的实验模型中显示出有效性。因此，香蜂草精油可能会有希望作为糖尿病神经性病变疼痛的治疗方案。"（2015）

89. 芳香疗法随机试验：成功治疗斑秃

"结果表明，芳香疗法是对斑秃进行安全有效的治疗。这些精油的治疗比单独使用载体油的治疗更有效。"（1998）

90. 芳香疗法对阿尔茨海默病患者的影响

"总之，我们发现芳香疗法是一种有效的非药物治疗阿尔茨海默病的方法。"（2009）

91. 芳香疗法、足底和反射疗法的综合治疗方法可缓解癌症患者的疲劳

"由芳香疗法、足底和反射疗法组合起来的治疗方式似乎对缓解终末期癌症患者的疲劳是有效的。"（2004）

92. 芳香疗法对台湾小学教师进行自主神经系统监管

数据显示，芳香疗法可有效促进副交感神经活化，降低血压和心率。因此，芳香疗法可能有助于缓解工作压力。"（2011）

93. 薰衣草油对血液透析患者不宁腿综合征的影响：随机对照试验

"研究结束时，干预组的平均不宁腿综合征评分显著下降，而对照组的评分依然保持不变。薰衣草油按摩有助于改善血液透析患者的不宁腿综合征。没有不利影响，具有实用性和成本效益。"（2015）

94. 芳香疗法对放射性碘治疗分化型甲状腺癌降低唾液腺损伤有效性的随机对照试验

"因为在本研究中观察到唾液腺功能的改善，我们的研究结果表明芳香疗法在预防治疗相关唾液腺疾病方面的疗效。"（2016 年）

95. 比较芳香指压和芳香疗法治疗痴呆伴随性焦躁的功效

"香薰指压比芳香疗法对痴呆症患者的焦躁有更大的影响。然而，两组患者的焦躁均得到改善，使痴呆患者变得更加轻松。"（2015）

96. 十一种精油对成年网纹革蜱的驱避效力

"丁香花苞、匍枝百里香和红百里香精油是最有效的——当分别稀释至 3％时能排斥 83％、82％和 68％的蜱。含有 1.5％浓度的百里香和香茅草的混合物比 3％浓度的单种精油显示有更高的趋避性（91％）。"（2017）

97. 在小鼠实验中评价欧白芷根精油的抗发作效能活性。

"研究表明，精油显示出抗发作效应。抗发作效应可归因于精油中萜烯的存在。"（2010）

98. 确定香蜂草在严重痴呆症人群中的芳香疗法的价值

"虽然香蜂草组和葵花籽油（安慰剂）组经历了显著的躁动减退（CMA），但是用香蜂草膏治疗减退更多。"（2002）

99. 黑胡椒精油的 2 型糖尿病和高血压相关酶的抗氧化性质和抑制作用

"最终，黑胡椒精油提取物的酚含量、抗氧化活性、α-淀粉酶、α-葡萄糖苷酶和血管紧张素转换酶活性的抑制作用可能是精油可以控制机制的一部分，或预防 2 型糖尿病和高血压。"（2013）

参 考 文 献

[1] 别洛夫 B H. 香料化学与工艺学 [M]. 黄致喜，金其璋，罗寿根，等译. 北京：中国轻工业出版社，1991.

[2] 丁德生. 美妙的香料 [M]. 北京：中国轻工业出版社，1986.

[3] 杜建. 芳香疗法源流与发展 [J]. 中国医药学报，2003，18（008）：454-456.

[4] 柏智勇，吴楚材. 空气负离子与植物精气相互作用的初步研究 [J]. 中国城市林业，2008，6（1）：58-60.

[5] 黄士诚，张绍扬. 芳香植物名录汇编（十九）[J]. 香料香精化妆品，2009（1）：45-46.

[6] 何坚，孙宝国. 天然香料 [M]. 北京：北京轻工业学院，1990.

[7] 陈祥，刘锦雯. 神奇的"花香疗法"[J]，医药与保健，1998（10）：38.

[8] 丁敖芳. 香料香精工艺 [M]. 北京：中国轻工业出版社，1999.

[9] 林翔云. 香味世界 [M]. 北京：化学工业出版社，2011.

[10] 陈辉，张显. 浅析芳香植物的历史及在园林中的应用 [J]. 陕西农业科学，2005，000（003）：140-142.

[11] 丁耐克. 食品风味化学 [M]. 北京：中国轻工业出版社，1996.

[12] 董丽丽，刘桂华，朱双杰，等. 7种室内观赏植物挥发性物质对4种微生物抑制的作用 [J]. 安徽农业大学学报，2008，35（003）：380-384.

[13] 丁德生，龚隽芳. 实用合成香料 [M]. 上海：上海科学技术出版社，1991.

[14] 樊慧，金幼菊，李继泉，等. 引诱植食性昆虫的植物挥发性信息化合物的研究进展 [J]. 北京林业大学学报，2004（03）：76-81.

[15] 范成有. 香料及其应用 [M]. 北京：化学工业出版社，1990.

[16] 冯兰宾，童俐俐. 化妆品工艺学 [M]. 北京：中国轻工业出版社，1987.

[17] 徐易，曹怡，金其璋，等. 日用香料香精的安全性与法规标准 [J]. 日用化学品科学，2009，32（005）：36-39.

[18] 傅若农. 色谱分析概论 [M]. 北京：化学工业出版社，2000.

[19] 徐易，曹怡，金其璋. 食用香料香精安全性与国内外法规标准 [J]. 中国食品添加剂，2009（02）：49-54.

[20] 格哈特·布赫鲍尔，李宏，叶咏平. 芳香疗法研究中使用的各种方法 [J]. 香料香精化妆品，2000（03）：37-41.

[21] 巩中军，周文武，祝增荣等. 昆虫嗅觉受体的研究进展 [J]. 昆虫学报，2008（07）：761-768.

[22] 顾良英. 日用化工产品及原料制造与应用大全 [M]. 北京：化学工业出版社，1997.

[23] 林翔云. 樟属植物资源与开发 [M]. 北京：化学工业出版社，2014.

[24] 韩文领，韩斌. 奇妙的色彩养生疗病法 [M]. 北京：华龄出版社，1997.

[25] 何坚. 季儒英. 香料概论 [M]. 北京：中国石化出版社，1993.

[26] 顾忠惠. 合成香料生产工艺 [M]. 北京：轻工业出版社，1993.

[27] 林翔云. 加香术 [M]. 北京：化学工业出版社，2016.

[28] 陈煜强，刘幼君. 香料产品开发与应用 [M]. 上海：上海科学技术出版社，1994.

[29] 黑格尔. 美学（第三卷上册）[M]. 朱光潜，译. 北京：商务印书馆出版，1979.

[30] 洪蓉，金幼菊. 日本芳香生理心理学研究进展 [J]. 世界林业研究，2001（03）：62-67.

[31] 黄恩炯，郭晓霞，赵彤言. 昆虫嗅觉反应机理的研究进展 [J]. 寄生虫与医学昆虫学报，2008，15（002）：115-119.

[32]　李继刚，郑伟，吴岷．嗅觉的分子生物学基础［J］．生物学通报，2007（10）：8-11．

[33]　黄梅丽，姜汝焘，江小梅．食品色香味化学［M］．北京：中国轻工业出版社，1987．

[34]　李时珍．本草纲目［M］．北京：人民卫生出版社，1985．

[35]　陈代文，李小兵．饲用调味剂在畜禽饲粮中的应用．饲料工业网络版，2004．

[36]　何坚，孙宝国．香料化学与工艺学［M］．北京：化学工业出版社，1995．

[37]　黄致喜，王慧辰．萜类香料化学［M］．北京：中国轻工业出版社，1999．

[38]　济南轻工研究所．合成食用香料手册［M］．北京：中国轻工业出版社，1985．

[39]　江燕，章银柯，黎念林．浙江省园林芳香植物的开发利用现状及其前景［J］．西北林学院学报，2008（04）：210-214．

[40]　林翔云．调香术［M］．3版．北京：化学工业出版社，2013．

[41]　蒋开云．恶臭的测试、影响评估和控制技术［A］//恶臭污染测试与控制技术——全国首届恶臭污染测试与控制技术研讨会论文集［C］，2003．

[42]　金其璋．再谈天然食品香精［J］．香料香精化妆品，2018，000（001）：76-81．

[43]　梁雅轩，廖鸿生．酒的勾兑与调味［M］．北京：中国食品出版社，1989．

[44]　晋锴，肖敬，长勇，等．香烟的启示［M］．北京：职工教育出版社，1989．

[45]　居来提，朱宝，胡新梅．针刺加薰衣草香薰疗法治疗失眠32例［J］．光明中医，2009，24（5）：897．

[46]　俱西驰，屈秋民，张明，等．嗅觉功能测查联合磁共振嗅球容积测定对阿尔茨海默病的早期诊断价值［J］．第四军医大学学报，2009，31（7）：636-639．

[47]　瞿新华．植物精油的提取与分离技术［J］．安徽农业科学，2007（32）：10194-10195．

[48]　柯国秀，刘春风．帕金森病的嗅觉障碍［J］．临床神经病学杂志，2009（02）：75-77．

[49]　李浩春．分析化学手册第五分册——气相色谱分析［M］．北京：化学工业出版社，1999．

[50]　林翔云．半个鼻子品天下［M］．台北：凌零出版社，2015．

[51]　李红亮，王海燕，高其康，等．中华蜜蜂两种化学通讯相关蛋白基因时空表达分析［J］．农业生物技术学报，2009，17（1）：73-77．

[52]　林进能．天然食用香料生产与应用［M］．北京：轻工业出版社，1991．

[53]　李少球．花卉情趣［M］．广州广东科技出版社，1997．

[54]　金紫霖，张启翔，潘会堂，等．芳香植物的特性及对人体健康的作用［J］．湖北农业科学，2009，48（5）：1245-1247．

[55]　林翔云．日用品加香［M］．北京：化学工业出版社，2003．

[56]　李燕莉，王令，程晖，等．恶臭污染及危害分析［A］//恶臭污染测试与控制技术——全国首届恶臭污染测试与控制技术研讨会论文集［C］，2003．

[57]　利昂·格拉斯，迈克尔·C·麦基．从钟摆到混沌——生命的节律［M］．潘涛，译．上海：上海远东出版社，1996．

[58]　梁伟．关于恶臭监测分析方法的探讨［A］//第二届全国恶臭污染测试及控制技术研讨会论文集［C］，2005．

[59]　刘月红，魏永祥，苗旭涛．嗅觉图谱的建立——从嗅黏膜到嗅球［J］．临床耳鼻咽喉头颈外科杂志，2009，23（008）：381-384．

[60]　林佳蓉．芳香疗法是森林浴——芬多精的延伸［A］//第十届东南亚地区医学美容学术大会论文汇编［C］，2006．

[61]　孙明，李萍，吕晋慧，等．芳香植物的功能及园林应用［J］．林业实用技术，2007，000（005）：46-47．

[62]　黄利斌，李晓储，蒋继宏，等．城市绿化中环保型与保健型树种选择［J］．中国城市林业，2006，004（001）：47-49．

[63]　林翔云．古今芳香疗法与芳香养生［A］//2002年中国香料香精学术研讨会论文集［C］，2002．

［64］ 程鹏，潘勤，许善初．薰衣草精油的生物活性［J］．国外医药（植物药分册），2008（01）：7-10.

［65］ 江燕，章银柯，应求是．我国芳香植物资源、开发应用现状及其利用对策［J］．中国林副特产，2007，000（005）：64-67.

［66］ 魏永祥，韩德民．嗅觉研究现状［J］．中国医学文摘（耳鼻咽喉科学），2007，22（004）：214-215.

［67］ 吴烈钧．气相色谱检测方法［M］．北京：化学工业出版社，2000.

［68］ 邓肯．科学的未知世界［M］．黄绍元，译．上海：上海科学技术出版社，1985.

［69］ 林翔云．香樟开发利用［M］．北京：化学工业出版社，2010.

［70］ 林友智．居室色彩与心理效应［J］．住宅科技，1996，000（001）：33-34.

［71］ 凌关庭，王亦芸，唐述潮．食品添加剂手册［M］．北京：化学工业出版社，1989.

［72］ 刘树荃，陆惠秀．国外香料香精［C］．中国香化协会、轻工业部香料工业科学研究所编印，1992.

［73］ 金其璋．有关天然香料的术语和定义［J］．香料与香精，1984（04）：68-69.

［74］ 王建新，王嘉兴，周耀华．实用香精配方［M］．北京：中国轻工业出版社，1995.

［75］ 卢佩章，戴朝政，张释民．色谱理论基础［M］．北京：科学出版社，1998.

［76］ 罗吉，鲁冰山，黄妙玲，等．分子蒸馏用于植物油精制及在芳香疗法中应用的研究进展［A］//第七届中国香料香精学术研讨会论文集［C］，2008.

［77］ 马春，王爱民．脑的老化与痴呆［M］．北京：北京医科大学中国协和医科大学联合出版社，1997.

［78］ 林翔云．香料香精辞典［M］．北京：化学工业出版社，2007.

［79］ 梅家齐．十四经腧疾症与芳香疗法的应用研究［A］//第七届中国香料香精学术研讨会论文集［C］，2008.

［80］ 南开大学化学系《仪器分析》编写组．仪器分析（下册）［M］．北京：人民教育出版社，1978.

［81］ 倪道凤，刘剑峰，王剑，等．国内嗅觉障碍研究［J］．中国医学文摘（耳鼻咽喉科学），2007，22（004）：212-213.

［82］ 钮竹安．香料手册［M］．北京：中国轻工业出版社，1958.

［83］ 钱松，薛惠茹．白酒风味化学［M］．北京：中国轻工业出版社，1997.

［84］ 黄致喜．萜烯类在合成香料中的应用［J］．化学通报，1963（07）：11-19.

［85］ 全国香料香精工业信息中心．国内外香化信息，1990—2006.

［86］ 全国香料香精工业信息中心．科技与商情，1990—2006.

［87］ 芮和恺，王正坤．中国精油植物及其利用［M］．昆明：云南科技出版社，1987.

［88］ 桑田勉．香料工业［M］．黄开绳，译．北京：商务印书馆，1951.

［89］ 邵俊杰，林金云．实用香料手册［M］．上海：上海科学文献出版社，1991.

［90］ 石磊，王亘，李秀荣，等．目前国内外恶臭污染研究现状及展望［A］//恶臭污染测试与控制技术——全国首届恶臭污染测试与控制技术研讨会论文集［C］，2003.

［91］ 史筱青．浅谈芳香疗法的历史渊源［A］//第八届东南亚地区医学美容学术大会论文汇编［C］，2004.

［92］ 舒宏福．新合成食用香料手册［M］．北京：化学工业出版社，2005.

［93］ 四川日用化工研究所．四川日化，1990—1999.

［94］ 宋小平，韩长日．香料与食品添加剂制造技术［M］．北京：科学技术文献出版社，2000.

［95］ 林翔云．第六感之谜［M］．北京：化学工业出版社，2016.

［96］ 张燕华，石磊，徐金凤，等．恶臭污染物排放标准的制定方法［A］//恶臭污染测试与控制技术——全国首届恶臭污染测试与控制技术研讨会论文集［C］，2003.

［97］ 孙启祥，彭镇华，张齐生．自然状态下杉木木材挥发物成分及其对人体身心健康的影响［J］．安徽农业大学学报，2004，031（002）：158-163.

［98］ 谭真．滋补酒配方与生产技术［M］．北京：中国食品出版社，1988.

［99］ 唐乾．芳香植物的特异功能［J］．民防苑，2008（02）：43.

[100]　唐薰．香料香精及其应用［M］．长沙：湖南大学出版社，1987.

[101]　藤卷正生．香料科学［M］．夏云，译．北京：中国轻工业出版社，1988.

[102]　汪正范．色谱定性与定量［M］．北京：化学工业出版社，2000.

[103]　王德峰，王小平．日用香精调配手册［M］．北京：中国轻工业出版社，2002.

[104]　林翔云．神奇的植物——芦荟［M］．福州：福建教育出版社，1991.

[105]　王桂荣，吴孔明，郭予元．昆虫感受气味物质的分子机制研究进展［J］．农业生物技术学报，2004，012（006）：720-726.

[106]　吴先进．人的嗅觉是如何产生的［J］．解放军健康，2008（04）：78.

[107]　王修璧，宋孔智，李向高．人体特异功能探秘［M］．北京：人民军医出版社，1994.

[108]　王箴．化工辞典［M］．3版．北京：化学工业出版社，1992.

[109]　张承曾，汪清如．日用调香术［M］．北京：中国轻工业出版社，1989.

[110]　王丹，谢小丽，胡璇，等．天然香料在化妆品中的应用现状［J］．现代生物医学进展，2013，13（031）：6189-6193.

[111]　文瑞明．香料香精手册［M］．长沙：湖南科学技术出版社，2000.

[112]　巫建国，安志林．香精配方集［M］．四川日用化工研究所情报室（内部资料），1985.

[113]　吴楚材，郑群明．植物精气研究［J］．中国城市林业，2006，（4）：61-63.

[114]　田红玉，陈海涛，孙宝国．食品香料香精发展趋势［J］．食品科学技术学报，2018（2）：1-11.

[115]　吴鸣．香味对人的心理作用［J］．酿酒，1994（01）：48-52.

[116]　孙宝国．食用调香术［M］．北京：化学工业出版社，2003.

[117]　张宁，李维虎．天然香料深加工：机遇与挑战，第十届中国香料香精学术研讨会论文集［C］，2014.

[118]　夏南强．色彩趣典［M］．武汉：湖北人民出版社，1995.

[119]　张玉奎，张维冰，邹汉法．分析化学手册第六分册——液相色谱分析［M］．北京：化学工业出版社，2000.

[120]　项延军．浅谈园林中的嗅觉效应［J］．农业科技与信息（现代园林），2007（05）：36-37.

[121]　徐莹，杨勇，邹绍芳，等．用于嗅觉机理研究的 MEMS 微探针阵列［J］．中国生物医学工程学报，2009，28（1）：83-89.

[122]　许戈文，李布清．合成香料产品技术手册［M］．北京：中国商业出版社，1996.

[123]　许鹏翔，贾卫民，毕良武，等．芳香植物精油分析的气相色谱技术［A］//2002 年中国香料香精学术研讨会论文集［C］，2002.

[124]　杨薇炯．微生物发酵法制得的天然苯乙醇香料．中国生物信息技术网.

[125]　林翔云．闻香说味——漫谈奇妙的香味世界［M］．上海：上海科学普及出版社，1999.

[126]　黄致喜．亚洲某些国家的芳香植物概况［J］．香料与香精，1980.

[127]　尹可嘉．开发芳香植物前景看好［J］．农家科技，2008（01）：26.

[128]　印藤元一．基本香料学［M］．欧静枝，译．台南：复汉出版社，1978.

[129]　有慧，金征宇，冯逢，等．外伤后嗅觉功能障碍的 MR 成像研究［J］．中国医学影像技术，2008，24（06）：858-861.

[130]　于观亭．茶叶加工技术手册［M］．北京：中国轻工业出版社，1991.

[131]　于海鹏，刘一星，刘镇波．应用心理生理学方法研究木质环境对人体的影响［J］．东北林业大学学报，2003（06）：70-72.

[132]　于青青，唐隽．人嗅球体积改变与嗅觉功能的相关性［J］．中国医学文摘（耳鼻咽喉科学），2009，01（v.24）：50.

[133]　余星明．林野拾趣［M］．呼和浩特：内蒙古人民出版社，1993.

[134]　恽季英．香精制造大全［M］．上海：上海商务印书馆，1925.

[135] 张成才，陈奇伯，韩伟宏．香化艺术在园林中的应用［J］．北方园艺，2008（12）：81-83.

[136] 夏铮南，王文君．香料与香精［M］．北京：中国物资出版社，1998.

[137] 张力，郑中朝．饲料添加剂手册［M］．北京：化学工业出版社，2000.

[138] 郑华，李文彬，金幼菊，等．植物气味物质及其对人体作用的研究概况［J］．北方园艺，2007（06）：76-78.

[139] 张雪青，王世民．嗅觉诱发电位的应用研究［J］．医学综述，2009，15（004）：607-609.

[140] 周申范，宁敬埔，王乃岩．色谱理论及应用［M］．北京：北京理工大学出版社，1994.

[141] 张燕军，郑建旭，张爱军，等．植物化感作用研究方法综述［J］．安徽农学通报，2008，14（21）：66-67.

[142] 张瑶，张升祥，崔为正．家蚕嗅觉相关蛋白质的研究进展［J］．蚕业科学，2008（02）：196-201.

[143] 李和．食品香料化学［M］．北京：中国轻工业出版社，1992.

[144] 张志三．漫谈分形［M］．长沙：湖南教育出版社，1996.

[145] 赵淑敏．宋代香药考［J］．中医研究，1999，06：8-9.

[146] 赵廷强，娄昕，马林．3.0T磁共振在嗅觉传导通路成像中的应用［J］．神经损伤与功能重建，2009，4（3）：205-207.

[147] 珍妮，梁燕贞．阴阳五行与芳香精油养生［A］//2006年中国香料香精学术研讨会论文集［C］，2006.

[148] 郑华，金幼菊，周金星，等．活体珍珠梅挥发物释放的季节性及其对人体脑波影响的初探［J］．林业科学研究，2003（03）：328-334.

[149] 任喜军．量子纠缠中若干问题的研究［D］．合肥：中国科学技术大学，2008.

[150] 郑茜茜．嗅觉识别模型研究新进展［J］．温州医学院学报，2009（01）：94-96.

[151] 钟庆辉．烟草化学基本知识［M］．北京：中国轻工业出版社，1985.

[152] 仲秀娟，李桂祥，赵苏海，等．谈芳香植物应用及前景［J］．现代农业科技，2008，494（24）：105.

[153] 周良模．气相色谱新技术［M］．北京：科学出版社，1998.

[154] 倪光炯，陈苏卿．高等量子力学［M］．上海：复旦大学出版社，2004.

[155] 朱鑫，王俊杰，吴秀英．芳香植物及其栽培技术简介［J］．天津农业科学，2008（02）：36-39.

[156] 《合成香料工艺学》编写组．合成香料工艺学（上、下册）［M］．上海：上海轻工业高等专科学校，1983.

[157] 《天然香料加工手册》编写组．天然香料加工手册［M］．北京：中国轻工业出版社，1997.

[158] 《天然香料手册》编委会．天然香料手册［M］．北京：中国轻工业出版社，1989.

[159] 《香料与香精》编辑部．香料与香精，1977—1984.

[160] 《中国香料植物栽培与加工》编写组．中国香料植物栽培与加工［M］．北京：中国轻工业出版社，1985.

[161] 品德尔 A R．萜类化学［M］．刘铸晋，译．北京：科学出版社，1964.

[162] 姚雷，吴亚妮，乐云辰，等．薄荷品种间遗传关系分析与植物学性状和精油成分差异［A］//第七届中国香料香精学术研讨会论文集［C］，2008.

[163] 丛浦珠，苏克曼．分析化学手册第九分册——质谱分析［M］．北京：化学工业出版社，2000.

[164] 何坚，闫世翔，香料学［M］．北京：北京轻工业学院，1983.

[165] 阿诺尼丝 D P．调香笔记——花香油和花香精［M］．王建新，译．北京：中国轻工业出版社，1999.

[166] 浮宁 G．食品香料化学——杂环香味化合物［M］．李和，译．北京：中国轻工业出版社，1992.

[167] 马斯 H，贝耳兹 R．芳香物质研究手册［M］．徐汝巽，林祖铭，译．北京：中国轻工业出版社，1989.

[168] 毛多斌，马宇平，梅业安．卷烟配方和香料香精［M］．北京：化学工业出版社，2001.

[169] 勃拉图斯 N H．香料化学［M］．刘树文，译．北京：中国轻工业出版社，1984.

［170］　林翔云 . 辨香术 ［M］. 北京：化学工业出版社，2017.

［171］　陈建新 . 合成香料企业的现状及未来发展的对策 . 第十届中国香料香精学术研讨会论文集 ［C］，2014.

［172］　Louw S. Recent trends in the chromatographic analysis of volatile flavor and fragrance compounds：Annual review 2020 ［J］. Analytical Science Advances，2021，2：157-170.

［173］　Southwell I. Backhousia citriodora F. Muell.（Lemon Myrtle），an Unrivalled Source of Citral ［J］. Foods，2021，10（7）：1596.

［174］　Qian M C. Introduction to the Second International Flavor and Fragrance Conference ［J］. Journal of Agricultural and Food Chemistry，2019，67（50）：13775-13777.

［175］　Winkler M. Carboxylic acid reductase enzymes ［J］. New Biotechnology，2018，44.

［176］　Priebe X，Daugulis A J. Thermodynamic affinity-based considerations for the rational selection of biphasic systems for microbial flavor and fragrance production ［J］. Journal of Chemical Technology & Biotechnology，2018.

［177］　Mattos L，Speziali M G. Patent landscape：Technology development behind science in the flavor and fragrances（F&F）area ［J］. World Patent Information，2017，51（DEC.）：57-65.

［178］　de Groot，Anton，et al. Essential Oils，Part I：Introduction ［J］. Dermatitis：contact，atopic，occupational，drug：official journal of the American Contact Dermatitis Society，North American Contact Dermatitis Group，2016，27（2）：39-42.

［179］　Marsili R. Flavor，Fragrance，and Odor Analysis. Marcel Dekker，Inc，2002.

［180］　Waltz，Emily Engineers of scent ［J］. Nature Biotechnology，2015，33（4）：329.

［181］　The Introduction of Medical Product's Applications by Using Flavor and Fragrance Analyzer" FF-2020" ［J］. Yakugaku Zasshi，2014，134（3）：339-347.

资料库（电子版二维码）

请扫描下方二维码关注化学工业出版社"化工帮 CIP"微信公众号，在对话页面输入"香料学资料库"发送至公众号获取香料学资料库电子版的下载链接。